Teedrogen
und Phytopharmaka

Teedrogen
und Phytopharmaka

Ein Handbuch für die Praxis
auf wissenschaftlicher Grundlage

3., erweiterte und vollständig überarbeitete Auflage

Herausgegeben
von
Max Wichtl,
Marburg

Unter Mitarbeit von
Franz-Christian Czygan,
Würzburg
Dietrich Frohne,
Kiel
Christoph Höltzel,
Reutlingen
Astrid Nagell,
Hamburg
Peter Pachaly,
Bonn
Hans Jürgen Pfänder,
Kiel
Günter Willuhn,
Düsseldorf
Wolfram Buff,
Biberach

492 vierfarbige Abbildungen
312 Schwarzweiß-Abbildungen
405 Formelzeichnungen

Wissenschaftliche Verlagsgesellschaft mbH Stuttgart 1997

Herausgeber:	emer. Prof. Dr. Max Wichtl Institut für Pharmazeutische Biologie der Philipps-Universität Marburg Deutschhausstraße 17A D-35032 Marburg/L.
Autoren:	Prof. Dr. Franz-Christian Czygan Lehrstuhl für Pharmazeutische Biologie Julius-von-Sachs-Institut für Biowissenschaften mit Botanischem Garten der Universität Würzburg Mittlerer Dallenbergweg 64 D-97082 Würzburg
	Prof. Dr. Dietrich Frohne Prof.-Anschütz-Straße 66 D-24118 Kiel
	Apotheker Dr. Christoph Höltzel Rosen-Apotheke Dresdnerplatz 1 D-72760 Reutlingen
	Apothekerin Dr. Astrid Nagell Addipharma GmbH Wandalenweg 24 D-20097 Hamburg
	Prof. Dr. Peter Pachaly Pharmazeutisches Institut der Universität Bonn Kreuzbergweg 26 D-53115 Bonn
	Dr. Hans Jürgen Pfänder Institut für Pharmazeutische Biologie der Christian-Albrechts-Universität Kiel Grasweg 9 D-24118 Kiel
	Prof. Dr. Günter Willuhn Institut für Pharmazeutische Biologie der Universität Düsseldorf Universitätsstraße 1 D-40225 Düsseldorf
	Apotheker Dr. Wolfram Buff Schlehenhang 13/1 D-88400 Biberach

Ein Markenzeichen kann warenzeichenrechtlich geschützt sein, auch wenn ein Hinweis auf etwa bestehende Schutzrechte fehlt.

Die Deutsche Bibliothek – CIP-Einheitsaufnahme

Teedrogen und Phytopharmaka : ein Handbuch für die Praxis auf wissenschaftlicher Grundlage / hrsg. von Max Wichtl. Unter Mitarb. von Franz-Christian Czygan ... – 3., erw. und vollst. überarb. Aufl. – Stuttgart : Wiss. Verl.-Ges., 1997
  ISBN 3-8047-1453-6
NE: Wichtl, Max [Hrsg.] ; Czygan, Franz-Christian

Alle Rechte, auch die des auszugsweisen Nachdrucks, der photomechanischen Wiedergabe (durch Photokopie, Mikrofilm oder irgendein anderes Verfahren) und der Übersetzung, vorbehalten.

© 1997 Wissenschaftliche Verlagsgesellschaft mbH
Birkenwaldstraße 44, 70191 Stuttgart
Printed in Germany
Einbandgestaltung: Atelier Schäfer, Esslingen
Reproduktionen: Eder-Repros, 73760 Ostfildern 3
Satz, Druck und Bindung: Universitätsdruckerei
H. Stürtz AG, 97080 Würzburg

Vorwort
Zur 3. Auflage

Die beiden ersten Auflagen der „Teedrogen" haben sich, wie aus zahlreichen Gesprächen hervorgeht, als ein nützliches und viel gebrauchtes Nachschlagewerk besonders bei Apothekern, aber auch bei Ärzten, bei Phytopharmakaherstellern und bei Drogisten und nicht zuletzt bei Pharmazie-Studenten bewährt. Die enormen Fortschritte, die auf dem Gebiet der Arzneipflanzenforschung gerade in den letzten Jahren zu verzeichnen sind, machen eine Neuauflage erforderlich, dazu kommt, daß das Buch seit einigen Monaten nicht mehr lieferbar ist.

Der abgeänderte Titel der 3. Auflage „Teedrogen und Phytopharmaka" macht bereits deutlich, daß eine gewisse Erweiterung stattfindet, indem nicht nur Drogen zur Bereitung eines Tees berücksichtigt sind, sondern auch Drogen, die ausschließlich in Form von Extrakten, als Bestandteil von Phytopharmaka Anwendung finden (Neuaufnahme von Drogen wie z.B. Ginkgoblätter, Roßkastaniensamen, Kava-Kava-Rhizom, Rauwolfiawurzel u.a.); diese Tendenz war bereits in der 2. Auflage merklich (Aloe, Mariendistelfrüchte, Myrrhe, Safran sind keine Teedrogen im eigentlichen Sinne). Das Buch liefert daher auch für viele Phytopharmaka eine wissenschaftlich fundierte Information über Inhaltsstoffe, Indikationen und Prüfmethoden.

Ein auffälliger Unterschied zur 2. Auflage liegt in der Verwendung lateinischer Haupttitel anstelle der – nun an die 2. Stelle gerückten – deutschen Drogenbezeichnungen. Dies entspricht einer europaweiten, ja internationalen Tendenz: Auch die Übersetzungen der „Teedrogen" in die englische, italienische, französische und spanische Sprache verwenden lateinische Haupttitel. Für den Benutzer ergeben sich aus dieser Umstellung keine Nachteile, da neben dem lateinischen Register eine besondere Korrespondenzliste (S. XIII) jede gewünschte Monographie leicht auffinden läßt, zudem bietet das Sachverzeichnis, das alle Synonyme enthält, raschen Zugang zum gesuchten Text.

Am bereits bewährten Aufbau wurde festgehalten, er ist im Abschnitt „Was finde ich in diesem Buch?" ausführlich beschrieben. Die 3. Auflage wurde in allen ihren Teilen sorgfältig überarbeitet und auf den neuesten Stand gebracht; die Literatur ist bis Ende 1995, an vielen Stellen bis Mitte 1996 berücksichtigt worden. Dies hat teilweise zu völlig neuen Texten (z.B. Droserae herba/Sonnentaukraut), häufiger zu starken Änderungen des Textes geführt. Leider war damit eine Erweiterung des Umfanges unvermeidlich, zumal auch die 1996 erschienenen Monographien der Standardzulassungen ziemlich viel Text enthalten (siehe z.B. Lini semen/Leinsamen).

In der 3. Auflage sind zahlreiche Farbabbildungen neu, z.T. ersetzen sie Abbildungen der 2. Auflage, die fehlerhaft oder wenig geeignet waren. Für viele DC-Abbildungen konnte Prof. Dr.

Vorwort zur 3. Auflage

P. Pachaly, Bonn (dessen „DC-Atlas – Dünnschichtchromatographie in der Apotheke" weithin bekannt ist) als neuer Mitarbeiter gewonnen werden.

Autoren und Herausgeber danken vielen Kolleginnen und Kollegen für Hinweise und Anregungen, die weitestgehend berücksichtigt wurden. Besonders danken möchten wir Prof. Dr. Rudolf Bauer, Düsseldorf, Dr. Maria Grünsfelder, Würzburg, Dr. Sebastian Hose, Frankfurt, Dr. Peter Laux, Ettlingen, Ruth Levels, Würzburg, Prof. Dr. Heinz Schilcher, Berlin/München, Prof. Dr. Elisabeth Stahl-Biskup, Hamburg, Dr. Markus Veit, Würzburg, Dr. Diethilde Warncke, Ulm und Dr. Alfred Zänglein, Köln.

Herrn Dr. Hans Schmidt, München-Solln, danke ich für die kostengünstige Überlassung mehrerer Literatur-Recherchen aus seiner Phytodatenbank „Phytodok®".

Ganz herzlich danken möchte ich meiner Frau, die mich wiederum während der ganzen Arbeit und zuletzt bei den Korrekturen außerordentlich unterstützt hat.

Nicht zuletzt gilt ein besonderer Dank auch dem Verlag, Herrn Dr. K.G. Brauer und Herrn W. Studer für die stets erfreuliche, reibungslose Zusammenarbeit und das wohlwollende Eingehen auf Sonderwünsche.

Wir alle, Autoren und Herausgeber, die mit Begeisterung an der Sache waren, hoffen, daß auch die 3. Auflage ein praktikables Nachschlagewerk geworden ist, das der Benützer gerne zur Hand nimmt. Für Anregungen, Verbesserungsvorschläge und Kritik sind wir dankbar.

Marburg, im Oktober 1996

M. Wichtl

Vorwort
Zur 1. Auflage

> Die Kraft, das Weh im Leib zu stillen
> verlieh der Schöpfer den Kamillen.
> Sie blühn und warten unverzagt
> auf jemand, den das Bauchweh plagt.
> Der Mensch jedoch in seiner Pein
> glaubt nicht an das, was allgemein
> zu haben ist. Er schreit nach Pillen.
> Verschont mich, sagt er, mit Kamillen,
> um Gotteswillen!
>
> K.H. Waggerl: „Heiteres Herbarium".

Diese beziehungsvollen Worte Waggerls scheinen sich heute beinahe ins Gegenteil zu wenden: die Abkehr von Tabletten, Dragees und „Pillen", ausgelöst durch verschiedenste Ursachen und nicht immer begründet, ist verbunden mit dem Streben weiter Bevölkerungskreise, ihre Gesundheit mit „natürlichen Mitteln" zu erlangen oder zu erhalten. Und so erleben Pharmazeuten und Mediziner das Phänomen der „grünen Welle" auch auf dem Gebiet der Arzneimittel: die Nachfrage nach Teedrogen ist in den letzten Jahren stark angestiegen. Sind die Apotheker und Ärzte hierauf vorbereitet? Sind Sie ausgebildet für alle damit zusammenhängenden Fragen nach der Anwendung, den Inhaltsstoffen, den Indikationen und Nebenwirkungen, der Prüfung auf Verwechslungen und Verfälschungen?

Diese Fragen standen Pate bei der Überlegung, ein Buch über Teedrogen herauszugeben. Unmittelbarer Anstoß, diese Überlegung in die Tat umzusetzen, waren die mit außergewöhnlichem Interesse besuchten APV-Fortbildungskurse „Teedrogen in der Apotheke". Dabei wurde mir bewußt, daß Apotheker und Arzt zwar über Drogen mit stark wirksamen Inhaltsstoffen gut Bescheid wissen, über viele zur Herstellung von Tees verwendete Drogen während ihres Studiums aber nichts erfahren, obwohl solche Drogen in der täglichen Praxis eine große Rolle spielen. Nicht zuletzt die vielfältigen Anregungen von Kursteilnehmern führten schließlich zu dem Konzept für das vorliegende Teedrogen-Buch.

Auf der Basis einer sorgfältigen Durchsicht der Literatur strebten wir die Behandlung aller Aspekte des Themas an, also Inhaltsstoffe, Indikationen und Nebenwirkungen, Prüfung, Aufbewahrung, aber natürlich auch der Teebereitung, der Teepräparate und Phytopharmaka nach dem derzeitigen Kenntnisstand. Besonderes Augenmerk war bei den Indikationen darauf zu legen, zwischen medizinisch begründeter Anwendung und rein empirischem, volksmedizinischem Gebrauch klar zu unterscheiden. Drogen, bei denen Beweise für eine Wirksamkeit fehlen, sind im Buch deutlich als solche kenntlich gemacht, – ohne damit ein endgültig negatives Urteil fällen zu wollen. Das Bemühen um die Erforschung der Wirkstoffe wird zumindest angedeutet durch vielfache Verweise auf pharmakologische Prüfung isolierter Inhaltsstoffe; der Nachweis der Wirksamkeit eines Teegetränkes bei einer bestimmten Erkrankung des Menschen darf daraus freilich nicht (ohne weiteres) abgeleitet werden. Des weiteren sollen mit diesem Buch dem Apotheker, der für Identität und Qualität der von ihm abgegebenen Drogen gerade zu stehen hat, wichtige Hinweise für die Prüfung auch von Drogen, die nicht offizinell sind, gegeben werden.

Zu realisieren war dieses Vorhaben nur Dank der bereitwilligen Mitarbeit von

Vorwort zur 1. Auflage

Kollegen aus der Praxis und der Hochschule, die trotz der zuvor festgelegten „Arbeitsteilung" an der Gestaltung des Ganzen mitgewirkt haben. Jeder Mitarbeiter hat den gesamten Text gelesen und durch viele Hinweise die letztendlich vorliegende Fassung mitgestaltet. Als Herausgeber fiel mir dabei (neben meinem Anteil am Text) die Aufgabe zu, eine mittlere Linie zwischen zu ausführlichen und zu knappen Beiträgen der einzelnen Autoren (Prof. Dr. F.-C. Czygan, Prof. Dr. D. Frohne, Dr. A. Nagell, Prof. Dr. G. Willuhn) herzustellen. Frau Dr. A. Nagell hat die Angaben zur Herkunft der Drogen und zu den heute aktuellen Verfälschungen beigesteuert, Herr Dr. Chr. Höltzel lieferte die Beiträge zu den jeweiligen Abschnitten „Teebereitung" und „Teepräparate". Eine besonders wichtige Aufgabe hat Herr Dr. H. J. Pfänder übernommen mit der Herstellung der Farb- und Schwarzweiß-Aufnahmen, die entscheidend dazu beitragen, das Anliegen dieses Buches zu verwirklichen.

Für mannigfache Hilfe danken Autoren und Herausgeber Herrn H. Büttner (Würzburg), Frau Dr. R. Jaspersen-Schib (Zürich), Herrn Prof. Dr. K.-H. Kubeczka (Würzburg), Frau A. Krüger (Würzburg), Herrn Dr. W. Schier (Würzburg), Frau Chr. Schoor (Würzburg) und Frau S. Schubert (Hamburg).

Herzlich danken möchte ich meiner Frau für viele anregende Diskussionen und für die ausdauernde Mithilfe bei den Korrekturarbeiten.

Dem Verlag, besonders Herrn Dr. W. Wessinger und Herrn W. Studer, danke ich für die reibungslose Zusammenarbeit und die Bereitschaft, besondere Wünsche zu erfüllen. So konnte das Buch großzügig ausgestattet werden, es ist Platz für Notizen geblieben (und vielleicht auch Raum, um in einer Neuauflage etwa auftauchende Wünsche unterzubringen).

Herausgeber und Autoren sind für Anregungen, Kritik und Verbesserungsvorschläge schon jetzt dankbar.

Marburg, im August 1984

M. Wichtl

Inhaltsverzeichnis

Vorwort — V

Abkürzungsverzeichnis — XV

Wichtige Hinweise für den Benutzer dieses Buches

Was finde ich in diesem Buch? — 2

Allgemeiner Teil

Grundsätzliches zu Teedrogen und Teepräparaten

Einleitung — 6

Teedrogen und Teemischungen — 7

Indikationen und Therapiemöglichkeiten — 13

Teepräparate — 15

Teebereitung — 17

* in der 3. Auflage neu aufgenommene Drogenmonographien

Aufbewahrung, Lagerung, Haltbarkeit — 20

Eingangskontrolle und Prüfung — 22

   Im Arzneipflanzen- und Drogen-Großhandel — 22

   In der Apotheke — 22

Rückstände auf pflanzlichen Drogen (Kontaminationsprobleme) — 24

   Mikrobielle Kontamination — 24

   Kontamination mit Schwermetallen — 25

   Kontamination mit Pflanzenbehandlungsmitteln — 26

   Kontamination mit radioaktiven Stoffen — 27

Standardzulassungen — 28

Aufbereitungsmonographien der Kommission E für den humanmedizinischen Bereich, phytotherapeutische Therapierichtung und Stoffgruppe — 29

Phytopharmaka — 31

Inhaltsverzeichnis

**Monographien-Teil:
Die einzelnen Teedrogen**

Absinthii herba	35
Agrimoniae herba	39
Alchemillae herba	42
Alkannae radix	45
Allii ursini herba	47
Aloe barbadensis, capensis	49
Althaeae folium	54
Althaeae radix	56
Ammeos visnagae fructus	58
Angelicae radix	62
Anisi fructus	66
Anisi stellati fructus	69
Anserinae herba	72
Apii fructus	75
Arnicae flos	78
Artemisiae herba	83
Aurantii flos	86
Aurantii fructus immaturi	88
Aurantii pericarpium	89
Avenae herba	92
*Balsamum peruvianum	95
Bardanae radix	98
Barosmae folium	101
Basilici herba	104
Betulae folium	107
Boldo folium	110
Bursae pastoris herba	113
Calami rhizoma	116
Calendulae flos	119
*Capsici fructus acer	123
Cardui mariae fructus	126
Cardui mariae herba	130
Carlinae radix	132
Carvi fructus	134
Caryophylli flos	136
Castaneae folium	139
Centaurii herba	141
Chamomillae romanae flos	144
Chelidonii herba	147
Cinchonae cortex	150
Cinnamomi cortex	153
Citri pericarpium	156
Cnici benedicti herba	158
Condurango cortex	160
Consolidae regalis flos	163
Coriandri fructus	165
Crataegi folium cum flore	168
Crataegi fructus	173
Croci stigma	175
Cucurbitae semen	178
Curcumae longae rhizoma	181
Curcumae xanthorrhizae rhizoma	185
Droserae herba	188
Echinaceae angustifoliae radix	191
*Echinaceae pallidae radix	195
Epilobii herba	199
Equiseti herba	203
Eucalypti folium	208
Euphrasiae herba	211
Farfarae folium	214
Foeniculi amari/dulcis fructus	218

* in der 3. Auflage neu aufgenommene Drogenmonographien

Foenugraeci semen	221	Juniperi fructus	322	*Pasta Theobromae	426
Fragariae folium	225	Juniperi lignum	326	Petasitidis folium	428
Frangulae cortex	227	*Kava-Kava rhizoma	328	Petroselini fructus	432
Fucus	232	Lamii albi flos, herba	331	Petroselini radix	435
Fumariae herba	234	Lavandulae flos	335	Phaseoli pericarpium	438
Galangae rhizoma	237	*Leonuri cardiacae herba	338	Pimpinellae radix	440
Galegae herba	240	Levistici radix	340	Plantaginis lanceolatae folium, herba	443
Galeopsidis herba	243	Lichen islandicus	343	Plantaginis ovatae semen	447
Galii veri herba	246	Lini semen	346	Polygalae radix	450
Gei urbani rhizoma	249	Liquiritiae radix	351	Polygoni avicularis herba	452
Genistae herba	251	Lupuli strobulus, glandula	356	Primulae flos	454
Gentianae radix	254	Lycopodii herba	360	Primulae radix	457
*Ginkgo folium	257	Maidis stigma	362	Pruni spinosae flos	460
Ginseng radix	261	Malvae flos	364	Psyllii semen	463
Graminis flos	265	Malvae folium	367	Pulmonariae herba	465
Graminis rhizoma	267	Marrubii herba	370	Quassiae lignum	468
Hamamelidis cortex	270	Mate folium	372	*Quebracho cortex	470
Hamamelidis folium	273	Matricariae flos	375	Quercus cortex	472
Harpagophyti radix	277	Meliloti herba	380	Quillajae cortex	476
Hederae folium	280	Melissae folium	383	Ratanhiae radix	479
Helenii rhizoma	283	Menthae crispae folium	388	*Rauwolfiae radix	482
Helichrysi flos	287	Menthae piperitae folium	391	Rhamni cathartici fructus	485
Hennae folium	291	Millefolii herba	395	Rhamni purshiani cortex	488
Herniariae herba	294	Myrrha	400	Rhei radix	492
Hibisci flos	297	Myrtilli folium	403	Rhoeados flos	497
Hippocastani cortex	299	Myrtilli fructus	406	Ribis nigri folium	499
Hippocastani folium	302	Nasturtii herba	408	Rosae pseudofructus	502
*Hippocastani semen	305	Ononidis radix	410	Rosae „semen"	505
Hyperici herba	309	Orthosiphonis folium	413	Rosmarini folium	506
Ipecacuanhae radix	313	Paeoniae flos	417	Rubi fruticosi folium	509
Iridis rhizoma	316	Passiflorae herba	419	Rubi idaei folium	512
Juglandis folium	319	*Pasta Guarana	423	*Rusci aculeati rhizoma	514

Inhaltsverzeichnis

Salicis cortex	517
Salviae folium	521
Salviae trilobae folium	525
Sambuci flos	528
Sambuci fructus	531
Santali lignum rubri	533
Saponariae rubrae radix	535
Sassafras lignum	537
Scoparii herba	539
Senecionis herba	542
Sennae folium	546
Sennae fructus acutifoliae, angustifoliae	551
Serpylli herba	555
Sinapis nigrae semen	558
Solidaginis (giganteae) herba	561
Solidaginis (virgaureae) herba	623
Spiraeae flos	565
Symphyti radix	568
Taraxaci radix cum herba	571
Theae nigrae folium	575
Thymi herba	578
Tiliae flos	581
Tormentillae rhizoma	584
Trifolii fibrini folium	587
Urticae folium/herba	590
Urticae fructus (semen)	593
Urticae radix	596
Uvae ursi folium	599
Valerianae radix	603
Verbasci flos	608
Verbenae herba	611
Veronicae herba	614
Viburni prunifolii cortex	616
Violae tricoloris herba	619
Virgaureae herba	623
Visci herba	628
Zingiberis rhizoma	631

Verzeichnisse

Indikationsverzeichnis	637
Literaturverzeichnis	643
Sachverzeichnis	645

* in der 3. Auflage neu aufgenommene Drogenmonographien

Korrespondenzliste

Alantwurzelstock / Helenii rhizoma 283
Alkannawurzel / Alkannae radix 45
Aloe, Curacao-, Kap-/
   Aloe barbadensis, capensis 49
Ammi-visnaga-Früchte /
   Ammeos visnagae fructus 58
Andornkraut / Marrubii herba 370
Angelikawurzel / Angelicae radix 62
Anis / Anisi fructus 66
Arnikablüten / Arnicae flos 78
Augentrostkraut / Euphrasiae herba 211
Bärentraubenblätter /
   Uvae ursi folium 599
Bärlappkraut / Lycopodii herba 360
Bärlauchkraut / Allii ursini herba 47
Baldrianwurzel / Valerianae radix 603
Basilikumkraut / Basilici herba 104
Beifußkraut / Artemisiae herba 83
Beinwellwurzel / Symphyti radix 568
Benediktenkraut /
   Cnici benedicti herba 158
Besenginsterkraut / Scoparii herba 539
Bibernellwurzel / Pimpinellae radix 440
Birkenblätter / Betulae folium 107
Bitterholz / Quassiae lignum 468
Bitterkleeblätter /
   Trifolii fibrini folium 587
Bockshornsamen /
   Foenugraeci semen 221
Bohnenhülsen /
   Phaseoli pericarpium 438
Boldoblätter / Boldo folium 110
Brennesselblätter/-kraut /
   Urticae folium/herba 590
Brennesselfrüchte (-samen) /
   Urticae fructus (semen) 593
Brennesselwurzel / Urticae radix 596
Brombeerblätter /
   Rubi fruticosi folium 509
Bruchkraut / Herniariae herba 294
Brunnenkressenkraut /
   Nasturtii herba 408
Buccoblätter / Barosmae folium 101
Cascararinde /
   Rhamni purshiani cortex 488
Cayennepfeffer /
   Capsici fructus acer 123
Chinarinde / Cinchonae cortex 150
Condurangorinde /
   Condurango cortex 160
Curcumawurzelstock /
   Curcumae longae rhizoma 181
Eberwurz / Carlinae radix 132
Echinacea-pallida-Wurzel /
   Echinaceae pallidae radix 195
Edelkastanienblätter /
   Castaneae folium 139
Efeublätter / Hederae folium 280
Ehrenpreiskraut / Veronicae herba 614
Eibischblätter / Althaeae folium 54
Eibischwurzel / Althaeae radix 56
Eichenrinde / Quercus cortex 472
Eisenkraut / Verbenae herba 611
Enzianwurzel / Gentianae radix 254
Erdbeerblätter / Fragariae folium 225
Erdrauchkraut / Fumariae herba 234
Eucalyptusblätter / Eucalypti folium 208
Färberginsterkraut / Genistae herba 251
Faulbaumrinde / Frangulae cortex 227
Fenchel, bitterer/süßer /
   Foeniculi amari/dulcis fructus 218
Flohsamen / Psyllii semen 463
Flohsamen, indische /
   Plantaginis ovatae semen 447
Frauenmantelkraut /
   Alchemillae herba 42
Galgantwurzelstock /
   Galangae rhizoma 237
Gänsefingerkraut / Anserinae herba 72
Geißrautenkraut / Galegae herba 240
Gelbwurz, javanische /
   Curcumae xanthorrhizae rhizoma 185
Gewürznelken / Caryophylli flos 136
Ginkgoblätter / Ginkgo folium 257
Ginsengwurzel / Ginseng radix 261
Goldrutenkraut, echtes /
   Virgaureae herba 623
Goldrutenkraut, Riesen- /
   Solidaginis (giganteae) herba 561
Guarana / Pasta Guarana 423
Hafer, grüner / Avenae herba 92
Hagebuttenschalen /
   Rosae pseudofructus 502
Hagebutten-Kerne / Rosae „semen" 505
Hamamelisblätter /
   Hamamelidis folium 273
Hamamelisrinde /
   Hamamelidis cortex 270
Hauhechelwurzel / Ononidis radix 410
Heidelbeerblätter / Myrtilli folium 403
Heidelbeeren / Myrtilli fructus 406
Hennablätter / Hennae folium 291
Herzgespannkraut /
   Leonuri cardiacae herba 338
Heublumen / Graminis flos 265
Hibiscusblüten / Hibisci flos 297
Himbeerblätter / Rubi idaei folium 512
Hirtentäschelkraut /
   Bursae pastoris herba 113
Hohlzahnkraut / Galeopsidis herba 243
Holunderbeeren / Sambuci fructus 531
Holunderblüten / Sambuci flos 528
Hopfen / Lupuli strobulus, glandula 356
Huflattichblätter / Farfarae folium 214
Ingwer / Zingiberis rhizoma 631
Ipecacuanhawurzel /
   Ipecacuanhae radix 313
Johannisbeerblätter, schwarze /
   Ribis nigri folium 499
Johanniskraut / Hyperici herba 309
Kalmuswurzelstock / Calami rhizoma 116
Kamille, römische /
   Chamomillae romanae flos 144
Kamillenblüten / Matricariae flos 375
Katzenpfötchenblüten /
   Helichrysi flos 287
Kavakavawurzelstock /
   Kava-Kava rhizoma 328
Klatschmohnblüten / Rhoeados flos 497
Klettenwurzel / Bardanae radix 98
Koriander / Coriandri fructus 165
Krauseminzblätter /
   Menthae crispae folium 388
Kreuzdornbeeren /
   Rhamni cathartici fructus 485
Kreuzkraut / Senecionis herba 542
Kümmel / Carvi fructus 134
Kürbissamen / Cucurbitae semen 178
Labkraut, echtes / Galii veri herba 246
Lavendelblüten / Lavandulae flos 335
Leinsamen / Lini semen 346
Liebstöckelwurzel /
   Levistici radix 340
Lindenblüten / Tiliae flos 581
Löwenzahn /
   Taraxaci radix cum herba 571
Lungenkraut / Pulmonariae herba 465
Mädesüßblüten / Spiraeae flos 565
Maisgriffel / Maidis stigma 362
Malvenblätter / Malvae folium 367
Malvenblüten / Malvae flos 364
Mariendistelfrüchte /
   Cardui mariae fructus 126
Mariendistelkraut /
   Cardui mariae herba 130
Mate / Mate folium 372
Mäusedornwurzelstock /
   Rusci aculeati rhizoma 514
Melissenblätter / Melissae folium 383

Mistelkraut / Visci herba	628
Moos, isländisches / Lichen islandicus	343
Myrrhe / Myrrha	400
Nelkenwurz / Gei urbani rhizoma	249
Odermennigkraut / Agrimoniae herba	39
Orangenblüten / Aurantii flos	86
Orthosiphonblätter / Orthosiphonis folium	413
Passionsblumenkraut / Passiflorae herba	419
Perubalsam / Balsamum peruvianum	95
Pestwurzblätter / Petasitidis folium	428
Petersilienfrüchte / Petroselini fructus	432
Petersilienwurzel / Petroselini radix	435
Pfefferminzblätter / Menthae piperitae folium	391
Pfingstrosenblüten / Paeoniae flos	417
Pomeranzen, unreife / Aurantii fructus immaturi	88
Pomeranzenschale / Aurantii pericarpium	89
Primelblüten / Primulae flos	454
Primelwurzel / Primulae radix	457
Quebrachorinde / Quebracho cortex	470
Queckenwurzelstock / Graminis rhizoma	267
Quendelkraut / Serpylli herba	555
Ratanhiawurzel / Ratanhiae radix	479
Rauwolfiawurzel / Rauwolfiae radix	482
Rhabarberwurzel / Rhei radix	492
Riesengoldrutenkraut / Solidaginis (giganteae) herba	561
Ringelblumen / Calendulae flos	119
Ritterspornblüten / Consolidae regalis flos	163
Rosmarinblätter / Rosmarini folium	506
Roßkastanienblätter / Hippocastani folium	302
Roßkastanienrinde / Hippocastani cortex	299
Roßkastaniensamen / Hippocastani semen	305
Safran / Croci stigma	175
Salbei, dreilappiger / Salviae trilobae folium	525
Salbeiblätter / Salviae folium	521
Sandelholz / Santali lignum rubri	533
Sassafrasholz / Sassafras lignum	537
Schachtelhalmkraut / Equiseti herba	203
Schafgarbenkraut / Millefolii herba	395
Schlehenblüten / Pruni spinosae flos	460
Schneeballbaumrinde / Viburni prunifolii cortex	616
Schöllkraut / Chelidonii herba	147
Seifenrinde / Quillajae cortex	476
Seifenwurzel, rote / Saponariae rubrae radix	535
Selleriefrüchte / Apii fructus	75
Senegawurzel / Polygalae radix	450
Senfsamen, schwarze / Sinapis nigrae semen	558
Sennesblätter / Sennae folium	546
Sennesfrüchte, Alexandriner-, Tinnevelly- / Sennae fructus acutifoliae, angustifoliae	551
Sonnenhutwurzel, schmalblättrige / Echinaceae angustifoliae radix	191
Sonnentaukraut / Droserae herba	188
Spitzwegerichblätter, -kraut / Plantaginis lanceolatae folium, herba	443
Steinkleekraut / Meliloti herba	380
Sternanis / Anisi stellati fructus	69
Stiefmütterchenkraut / Violae tricoloris herba	619
Süßholzwurzel / Liquiritiae radix	351
Tang / Fucus	232
Taubnesselblüten, -kraut, weiße(s) / Lamii albi flos, herba	331
Tausendgüldenkraut / Centaurii herba	141
Tee, schwarzer / Theae nigrae folium	575
Teufelskrallenwurzel / Harpagophyti radix	277
Thymian / Thymi herba	578
Tormentillwurzelstock / Tormentillae rhizoma	584
Veilchenwurzel / Iridis rhizoma	316
Vogelknöterichkraut / Polygoni avicularis herba	452
Wacholderbeeren / Juniperi fructus	322
Wacholderholz / Juniperi lignum	326
Walnußblätter / Juglandis folium	319
Weidenrinde / Salicis cortex	517
Weidenröschenkraut / Epilobii herba	199
Weißdornblätter mit Blüten / Crataegi folium cum flore	168
Weißdornfrüchte / Crataegi fructus	173
Wermutkraut / Absinthii herba	35
Wollblumen / Verbasci flos	608
Zimtrinde / Cinnamomi cortex	153
Zitronenschale / Citri pericarpium	156

Abkürzungsverzeichnis

AB-DDR	ehemaliges Arzneibuch der DDR in der zuletzt gültigen Fassung 1989.
BAnz	Bundes-Anzeiger, Herausgegeben vom Bundesminister der Justiz.
Berger	F. Berger, Handbuch der Drogenkunde, 7 Bände. Verlag W. Maudrich, Wien 1949–1967.
DAB 6	Deutsches Arzneibuch, 6. Ausgabe. R. v. Decker's Verlag, Berlin 1926.
DAB 7	Deutsches Arzneibuch, 7. Ausgabe. Deutscher Apotheker Verlag, Stuttgart, und Govi-Verlag GmbH, Frankfurt/M. 1968.
DAB 8	Deutsches Arzneibuch, 8. Ausgabe. Deutscher Apotheker Verlag, Stuttgart, und Govi-Verlag GmbH, Frankfurt/M. 1978; 1. Nachtrag 1980, 2. Nachtrag 1983.
DAB 9	Deutsches Arzneibuch, 9. Ausgabe. Deutscher Apotheker Verlag, Stuttgart, und Govi-Verlag GmbH, Frankfurt/M. 1986.
DAB 1996	Deutsches Arzneibuch 1996, in der ab 1. März 1996 gültigen Fassung. Deutscher Apotheker Verlag, Stuttgart und Govi-Verlag GmbH, Frankfurt/M./Eschborn, 1996.
DAC 1986	Deutscher Arzneimittel-Codex 1986 (Ergänzungsbuch zum Arzneibuch) einschl. 1.–7. Ergänzung (1989–1995). Govi-Verlag GmbH, Frankfurt/M., und Deutscher Apotheker Verlag, Stuttgart 1986/1995.
DC	Dünnschichtchromatographie, dünnschichtchromatographisch.
Erg.B. 6	Ergänzungsbuch zum Deutschen Arzneibuch (6. Ausgabe). Neudruck 1953. Deutscher Apotheker Verlag, Stuttgart 1953.
Fließmittel (80+18+2)	Die Angaben in Klammern bedeuten immer Volumenteile.
Hager	Hagers Handbuch der Pharmazeutischen Praxis. Herausgeber L. Hörhammer(†) und P.H. List, 4. Ausgabe, Bände 1–8. Springer Verlag, Berlin-Heidelberg-New York 1967–1980 und 5. Ausgabe, Bände 4–6 (1992–1994).
Kommentar DAB 10	K. Hartke, H. Hartke, E. Mutschler, G. Rücker und M. Wichtl (Hrsg.), DAB 10 – Kommentar. Deutsches Arzneibuch, 10. Ausgabe mit 1.–3. Nachtrag 1996 mit wissenschaftlichen Erläuterungen. 5 Bände. Wissenschaftliche Verlagsgesellschaft, Stuttgart, und Govi-Verlag, Frankfurt/M./Eschborn, 1993–1996.
Kommentar Ph. Eur. I/II	H. Böhme und K. Hartke, Europäisches Arzneibuch Band I und Band II, Kommentar. 3. Auflage. Wissenschaftliche Verlagsgesellschaft mbH, Stuttgart, und Govi-Verlag, Frankfurt/M., 1983.
Kommentar Ph. Eur. III	H. Böhme und K. Hartke, Europäisches Arzneibuch Band III, Kommentar. 2. Auflage. Wissenschaftliche Verlagsgesellschaft mbH, Stuttgart, und Govi-Verlag, Frankfurt/M., 1982.
ÖAB	Österreichisches Arzneibuch, 7 Bände, einschl. 1.–3. Nachtrag. Verlag der Österreichischen Staatsdruckerei, Wien 1990–1996.
Ph. Helv. VII	Pharmacopoea Helvetica, Editio septima einschl. 1.–7. Nachtrag. Verlag: Eidgenössische Drucksachen- und Materialzentrale, Bern, 1995, 4 Bände.
UV 254	Ultraviolettes Licht, 254 nm.
UV 365, 366	Ultraviolettes Licht, 365 bzw. 366 nm.

Wichtige Hinweise

für den Benutzer dieses Buches

Was finde ich in diesem Buch?

In diesem Buch sind 192 Drogen beschrieben, die (zum größten Teil) zur Herstellung von Tees oder als Bestandteil von Teemischungen verwendet werden; sie sind nach ihrer lateinischen Bezeichnung in alphabetischer Reihenfolge geordnet. Die Auswahl erfolgte anhand einer Umfrage in 180 Apotheken [1] und unter Berücksichtigung zahlreicher Leserwünsche, die nach Erscheinen der 1. und 2. Auflage an den Herausgeber gerichtet wurden. Die Auswahl umfaßt insbesondere alle Drogen, für die Standardzulassungen (s. S. 28) existieren. In die 3. Auflage wurden auch Drogen aufgenommen, die *nicht* als Teedrogen verwendet werden, die aber zur Herstellung von Phytopharmaka gebraucht werden, z.B. Ginkgoblätter, Kava-kava-Rhizom, Rauwolfiawurzel, Perubalsam u.a.; dies wird auch durch den neuen Untertitel dieses Buches betont (schon in der 1. und 2. Auflage gab es einige „Nicht-Tee"-drogen, z.B. Myrrhe, Aloe, Safran, Brennesselwurzel u.a.).

In den Überschriften der einzelnen Drogenmonographien findet man den lateinischen und deutschen Namen. Weitere Drogenbezeichnungen stehen im Abschnitt „Synonyme" der jeweiligen Monographie. Wenn man eine Droge im Inhaltsverzeichnis nicht findet (dieses enthält korrespondierend lateinische und deutsche Namen), so benutze man das Register: denn es war nicht immer möglich, sich streng an Regeln zu halten, so heißt es statt des korrekten „Cetrariae lichen" in diesem Buch Lichen islandicus, statt „Menyanthis folium" blieben wir beim vertrauteren Trifolii fibrini folium, aber statt „Cardui benedicti herba" wurde doch der im DAC gewählte Name Cnici benedicti herba bevorzugt. Über das Register wird man aber in jedem Fall die gewünschte Monographie finden. Sofern die Droge im Deutschen Arzneibuch als eigene Monographie zu finden ist, erscheint ein entsprechender Hinweis im Balken. Ferner sind – soweit zutreffend – die Drogennamen des ÖAB und der Ph. Helv. VII als der offizinellen Arzneibücher der deutschsprachigen Nachbarländer und des DAC einschl. seiner Ergänzungen bis 1995 angeführt, weiters – wenn erforderlich –, des DAB 7, DAB 6 und/oder Erg. B. 6.

Soweit für Drogen Standardzulassungen bestehen, wird jeweils auch die entsprechende Zulassungsnummer angegeben, z.B. für Arnikablüten: St. Zul. 8199.99.99.

Der weitere Text ist folgendermaßen gegliedert:

Abbildung und Beschreibung: Jede Droge wird in geschnittener Form als Farbaufnahme vorgestellt. Der begleitende Text gibt die zur Erkennung der Droge typischen Merkmale an und nennt, soweit vorhanden, Geruch und Geschmack.

Stammpflanze: Angeführt sind der wissenschaftliche Name, wobei wir uns im wesentlichen an die Flora Europaea bzw. den Index Kewensis gehalten haben, der deutsche Name und die Pflanzenfamilie.

Für viele Stammpflanzen sind (in der 2. und jetzt vorliegenden 3. Auflage) Habitusaufnahmen und teilweise auch Aufnahmen charakteristischer Teile der Pflanze, z.B. Blüten oder Früchte, eingefügt worden; ein kurzer Begleittext liefert zugehörige Informationen.

Synonyme: Hier sind die gebräuchlichen deutschen Drogenbezeichnungen, auch volkstümliche, angegeben, ferner lateinische, englische und französische Namen der betreffenden Droge; es handelt sich demnach nicht um Synonyme im Sinne der systematischen Botanik.

Herkunft: In diesem Abschnitt findet man Angaben über die natürliche Verbreitung der Pflanze, Hinweise auf Kultivierung und Anbau sowie auf eventuell vorkommende Handelsformen der Droge. Die Exportländer sind entsprechend ihrer heutigen Bedeutung gereiht, das wichtigste Land wird zuerst genannt; es sei aber bemerkt, daß hier von Jahr zu Jahr Verschiebungen möglich sind.

Inhaltsstoffe: Es werden zunächst die für die Anwendung der Droge wesentlichen Stoffe genannt, anschließend Begleitstoffe. Soweit wie möglich sind dabei auch Mengenangaben gemacht worden; auf Forderungen der Arzneibücher wird hingewiesen. Die Zusammensetzung von Stoffgruppen (ätherisches Öl, Flavonoide, Saponine, Bitterstoffe) ist mehr oder weniger ausführlich angegeben: dies spiegelt meist den Stand unserer Kenntnisse, andererseits kommt hier auch die persönliche Einschätzung der Bedeutung solcher Fakten durch den jeweiligen Autor zum Ausdruck (der Herausgeber hat hier mitunter ausgleichend gewirkt).
Auf charakteristische Eigenschaften der Inhaltsstoffe (hämolytisch wirksam; leicht oxidierbar; Löslichkeit; Verteilung in der Droge) wird häufig hingewiesen.

Indikationen: Hier wurde besonderer Wert darauf gelegt, die klinisch oder pharmakologisch begründete therapeutische Anwendung der Droge deutlich vom *volksmedizinischen*, rein empirischen Gebrauch zu unterscheiden. Soweit wie möglich sind wichtigere Untersuchungen zur Wirksamkeit bzw. zur Wirkung der Droge zitiert. Auf die Pharmakologie einzelner Inhaltsstoffe wird häufig hingewiesen (hier haben vor allem die letzten Jahre, 1990–1995, viele neue Ergebnisse geliefert), allerdings nur, um dem Apotheker und Arzt einen Einblick in den gegenwärtigen Stand der phytochemischen und medizinischen Forschung zu geben. Keineswegs darf aus diesen Angaben, die sich auf isolierte Inhaltsstoffe beziehen, ein Rückschluß auf eine entsprechende Wirksamkeit des aus der Droge hergestellten Teegetränkes gezogen werden, solange nicht der Beweis dafür geliefert wurde, daß die betreffenden Inhaltsstoffe in das Teegetränk übergehen und aus dem Magen-Darm-Trakt in ausreichender Menge resorbiert werden. (Gegen diesen Grundsatz wird von vielen Seiten verstoßen, von Kräuterbuchautoren, Journalisten der Laienpresse usw.; typisches Beispiel: ein Wochenblatt-Report „Safran hält die Adern sauber", obwohl nur über die blutlipidsenkende Wirkung eines isolierten Inhaltsstoffes [Crocetin] am Kaninchen berichtet wurde [2]).
Angaben zur *volksmedizinischen* Anwendung erfolgten eher zurückhaltend.
Neu eingefügt in die 2. und 3. Auflage wurden die Angaben der Kommission E (s. S. 29) des (ehemaligen) Bundesgesundheitsamtes, soweit sie Indikationen, Neben- und Wechselwirkungen, Dosierung, Anwendungsart und Wirkungen betreffen, siehe die Erläuterungen dazu S. 29.

Nebenwirkungen: Auch bei der Anwendung von Teedrogen sind unerwünschte, ja sogar toxische Wirkungen möglich. Soweit solche bekannt sind, haben wir sie in dieser Rubrik beschrieben, auch dann, wenn sie bei bestimmungsgemäßem Gebrauch der Droge nicht zu erwarten sind.

Teebereitung: In dieser Rubrik findet man Einzeldosis (pro Teetasse = etwa 150 ml), Zerkleinerungsgrad der Droge und Zubereitungsart, ferner eine Umrechnung des Löffelmaßes in Gewicht. (Da die heute gebräuchlichen Löffel kleiner sind, entsprechen sie nicht den „Normal"-Löffelmaßen der Arzneibücher. Wir haben uns an der Praxis orientiert, Differenzen zu den Angaben in der Standardzulassung sind daher möglich).

Standardzulassung: Soweit bereits verfügbar, ist der Text der Packungsbeilage angegeben; dieser Text ist innerhalb der Bundesrepublik Deutschland für Fertigarzneimittel der jeweiligen Droge verbindlich (s. Seite 28).

Teepräparate: In dieser Rubrik sind Fertigarzneimittel genannt, die der Verbraucher unmittelbar einsetzen kann wie z.B. Filterbeutel, Instant-Tees oder Tubentees. Näheres dazu siehe S. 15 ff.

Phytopharmaka: Um Apotheker und Arzt einen Hinweis zu geben, in welchem Umfang und in welchen Indikationsgruppen die Droge zur Herstellung von Fertigarzneimitteln gebraucht wird, sind hier häufig Präparate genannt. Es ist damit aber keinerlei Bewertung verbunden:
Erwähnung bestimmter Präparate (oder auch Unterlassung einer solchen) darf nicht als Werturteil angesehen werden. Eine Einflußnahme der Hersteller war weder vorgesehen noch ist eine solche erfolgt.

Prüfung: Diese Rubrik gibt Hinweise auf besondere Merkmale der Droge, die für eine sichere Identifizierung nötig sind. Neben der mikroskopischen Prüfung ist hier auch die Dünnschichtchromatographie (DC) in weitem Umfang berücksichtigt worden. Soweit wie möglich sind Hinweise auf Arzneibücher und auf leicht zugängliche Literatur erfolgt.
Im Abschnitt Prüfung ist die „Identitätsprüfung mittels DC" einheitlich gestaltet und nennt:

1. Herstellung der Untersuchungslösung
2. Herstellung der Referenzlösung
3. Auftragmenge
4. Fließmittel, Entwicklungshöhe und Zeit
5. Detektion und Auswertung

Die Angaben beziehen sich entweder auf 4×8 cm Folien mit Kieselgel GF_{254}, die man direkt beziehen oder einfach aus größeren DC-Folien ausschneiden kann, oder auf Glasplatten 5×10 cm mit Kieselgel $60 F_{254}$, die nicht so leicht überladen werden können und die bei der Untersuchung von Tee-Drogen bei Entwicklungshöhen von etwa 8 cm meist eine bessere Auftrennung zeigen. Beide Formate sind gut geeignet, um die Entwicklung mit wenigen ml Fließmittel in kleinen Trennkammern vorzunehmen [3]. Entsprechende Farbabbildungen in Originalgrößen ermöglichen den direkten Vergleich mit eigenen Untersuchungsergebnissen.

Verfälschungen: Hier wurde versucht, den aktuellen Stand zu berücksichtigen. Viele Angaben in Lehr- und Handbüchern entsprechen nicht mehr den tatsächlichen Verhältnissen. Angestrebt wurde, den Apotheker in die Lage zu

Was finde ich in diesem Buch?

versetzen, Verfälschungen mit Sicherheit erkennen zu können.

Aufbewahrung: Generell gilt, daß Drogen vor Licht und Feuchtigkeit geschützt aufzubewahren sind. Falls keine weiteren Angaben erforderlich waren, ist diese Rubrik weggeblieben. Man findet diesen Abschnitt deshalb nur bei den Teedrogen, bei denen zusätzliche Hinweise nötig waren; der Vollständigkeit wegen sind in diesen Fällen auch Licht- und Feuchtigkeitsausschluß erwähnt.

Literatur: Obwohl bevorzugt die dem Apotheker und Arzt leicht zugängliche Literatur Berücksichtigung fand, sind in der 3. Auflage vermehrt auch Publikationen in solchen Zeitschriften zitiert worden, die in der Apothekenbibliothek nicht a priori vorhanden sind; es ging hier meist darum, dem Leser das Gefühl zu geben: diese Daten sind veröffentlicht und nachkontrollierbar.

[1] M. Wichtl, Dtsch. Apoth. Ztg. **124**, 60 (1984).
[2] F.-C. Czygan, Dtsch. Apoth. Ztg. **124**, 1069 (1984); die „Safran-Story".
[3] M. Wichtl, Prüfung von Drogen in Apotheken (Schriftenreihe der Bundesapothekerkammer, Davos 1984, Dokumentation der Vorträge).

Allgemeiner Teil

Grundsätzliches zu Teedrogen und Teepräparaten

Einleitung

Tagtäglich erscheinen in den Apotheken Patienten, die für einen bestimmten Indikationsbereich einen Tee verlangen. Auf die routinemäßige Frage des Apothekers, ob es ein „einfacher" Kräutertee sein soll, eine spezielle Teemischung, ein Filterbeutel oder ein tassenfertiger Instant-Tee, kommt meist die stereotype Antwort: „Herr Apotheker, Sie wissen doch, welcher der beste ist, geben Sie mir den!"

Dieses Vertrauen, das der Patient dem Apotheker entgegenbringt, soll nicht enttäuscht werden, aber – Hand aufs Herz – hat nicht doch hin und wieder der Apotheker Bedenken, das Richtige empfohlen zu haben?

Wer solche Zweifel beseitigen will, sucht Rat in der Literatur, aber in welcher? Als die „Teedrogen" 1984 in der 1. Auflage erschienen, gab es zwar gute Lehrbücher der Pharmakognosie, in denen man vieles über Inhaltsstoffe finden konnte; Hagers Handbuch der Pharmazeutischen Praxis war in seiner 4. Auflage allerdings schon etwas veraltet, so daß viele den Apotheker interessierende Fragen offen bleiben mußten. Die „Teedrogen" füllten damals eine Lücke.

Inzwischen sind viele neue Bücher erschienen, die sich mit Arzneipflanzen und Phytopharmaka beschäftigen (s. Literatur-Verzeichnis S. 643); zu erwähnen ist vor allem die 5. Auflage des „Hager" mit seinen drei Drogenbänden Nr. 4–6, die eine wahre Fundgrube darstellen. Dennoch bleiben für den Apotheker und Arzt Informationsdefizite offen und der Wunsch nach einer *zusammenhängenden* Darstellung *aller* auf dem Gebiet der Teedrogen interessierenden Teilbereiche. Es ist das Anliegen der 3. Auflage dieses Buches, eine solche zusammenfassende Behandlung des Themas zu geben.

Im **allgemeinen Teil** werden zunächst das Angebot an Teedrogen und Teemischungen, die Indikationen und Therapiemöglichkeiten besprochen sowie die Teepräparate, Teebereitung, Lagerung und Prüfung erläutert. Kurze Kapitel sind den Standardzulassungen und der Belastung von Drogen durch Kontamination (mikrobiologischer Status, Pflanzenschutzmittel, Schwermetalle, Begasung, radioaktive Substanzen) gewidmet.

Im **Hauptteil** sind 192 Drogen in Form von Monographien ausführlich dargestellt. Zum Aufbau dieser Monographien s. „Hinweise für den Benutzer", S. 2ff.

Grundsätzliches zu Teedrogen und Teepräparaten

Teedrogen und Teemischungen

Die durch Trocknen von Pflanzenteilen erhaltenen Drogen können in verschiedener Weise arzneilich genutzt werden: sie können lediglich Rohstoff zur Gewinnung der Inhaltsstoffe sein (z.B. Digitalisblätter, Roßkastaniensamen), man kann aus ihnen Extrakte bereiten (z.B. Weißdornfrüchte, Mariendistelfrüchte) oder sie werden direkt zur Herstellung von Tees gebraucht. Von dieser letztgenannten Kategorie soll im folgenden die Rede sein: von den Teedrogen.

Ein wesentliches Merkmal dieser – in der Regel arzneilich genutzten – Pflanzenprodukte besteht, wie ihr Name sagt, darin, daß der Patient sie als sein eigener Arzneihersteller zur Bereitung eines Tees verwendet; der Tee ist gewöhnlich zum Trinken bestimmt, in seltenen Fällen wird der wäßrige Auszug aber auch äußerlich, für Umschläge gebraucht, oder die Drogen finden als Kräuterkissen Anwendung. Nur solche Drogen sind als Teedrogen geeignet, die Inhaltsstoffe oder Wirkstoffe mit verhältnismäßig großer therapeutischer Breite aufweisen; andernfalls kämen sie für eine Selbstmedikation nicht in Betracht (z.B. Belladonnablätter, Rauwolfiawurzel u.a.). Ausnahmen wie z.B. Ipecacuanhawurzel oder Schöllkraut bestätigen auch hier die Regel.

Teedrogen werden in grob- bis feingeschnittener Form angeboten, als Schnitt- oder „*concis*"-Droge; Blätter kommen häufig als Quadratschnitt in den Handel, Hölzer, Wurzeln und Rinden als Würfelschnitt, die meisten Früchte und Samen allerdings unzerkleinert als Ganz- oder „*toto*"-Droge, z.T. werden sie vor ihrer Verwendung gequetscht. Der Zerkleinerungsgrad spielt bei der Herstellung des Teegetränkes eine wichtige Rolle (s. unter Teebereitung).

Eine Reihe von Teedrogen wird allein, unvermischt gebraucht, man bezeichnet sie dann (sprachlich nicht sehr schön) als „Monodroge"; Beispiele sind Kamillenblüten, Pfefferminzblätter, Wermutkraut u.a. In diesem Buch sind 192 solcher „Monodrogen" beschrieben.

Neben diesen Einzel-Teedrogen, von denen einige wenige auch zur Einnahme in Pulverform bestimmt sein können (z.B. Kürbissamen, Ratanhiawurzel u.a.) spielen in der Praxis auch Teemischungen (lat. species) eine große Rolle. Es handelt sich dabei um entweder in der Apotheke oder in der Industrie hergestellte Gemische mehrerer Drogen, häufig derselben Indikationsgruppe, denen noch die Wirkung unterstützende Drogen sowie als Geschmackskorrigentien verwendete hinzugefügt sein können. Im Rahmen der Standardzulassungen (s. den entspr. Abschnitt) sind auch zahlreiche Monographien von Teemischungen für verschiedene Indikationsgebiete vorgesehen [1]; dabei wird zwischen Leitdrogen (mit erster Relevanz für den Indikationsanspruch), Ergänzungsdrogen (nachgeordnete Relevanz für den Indikationsanspruch) und Hilfsdrogen (für Aroma und Geschmack wichtig, auch sog. Schmuckdrogen gehören hierher) unterschieden. Es gehört zu den guten pharmazeutischen Regeln, eine Teemischung aus nur wenigen, etwa 4–7 Drogen zusammenzustellen. Die Komposition einer Teemischung aus 20–30 Drogen, die manche Hersteller fertigbringen, stellt einen Therapieversuch mit vielen unterdosierten Drogen dar, der zumeist nur wenig taugt. Gute Beispiele für zweckmäßig zusammengesetzte Teemischungen bieten einige Arzneibücher sowie die Standardzulassungen. Bei letzteren ist vorgesehen, dem Hersteller einen gewissen Spielraum hinsichtlich der Zusammensetzung zu lassen; dabei wird zwischen den „wirksamen Bestandteilen" (oder auch „Leitdrogen", mit erster Relevanz für die Indikation) und den „Sonstigen Bestandteilen" (Ergänzungs- und Hilfsdrogen) unterschieden wie z.B. beim Erkältungstee I, s.d. nachstehenden Beispiele.

Im ÖAB und in der Ph. Helv. VII (nicht im DAB 1996) werden für Teemischungen Angaben zum Zerkleinerungsgrad der einzelnen Bestandteile gemacht; im ÖAB sind dies die Siebnummern I bis VI (entsprechend einer Maschenweite von 8, 6, 4, 0,75, 0,30 und 0,15 mm), in der Ph. Helv. VII bedeuten die Siebnummern die lichte Maschenweite in μm (5600 bedeutet dem-

Grundsätzliches zu Teedrogen und Teepräparaten

Teedrogen und Teemischungen

Species – Teemischungen (Ph. Helv. VII)

Teemischungen sind Gemenge von unzerkleinerten oder angemessen zerkleinerten Arzneidrogen, denen Drogenextrakte, ätherische Öle oder andere Arzneistoffe zugesetzt sein können.

Herstellung

Die Drogen sind, wenn in den Monographien nichts Besonderes vorgeschrieben ist, angemessen zu zerkleinern (V.1.4):

Blätter, Blüten, Kräuter	(5600)
Blätter, Blüten und Kräuter mit über 300 µm dicken Blattorganen	(4000)
Früchte, Samen, Hölzer, Rinden, Wurzeln, Rhizome	(4000)

Früchte und Samen, die ätherisches Öl in Exkretbehältern im Innern der Droge enthalten, z.B. Umbelliferenfrüchte und Wacholderbeeren, sind gequetscht zu verwenden. In einzeldosierten Packungen oder in Kataplasmen müssen alle Arzneidrogen einen Zerkleinerungsgrad zwischen 250 und 2000 aufweisen. Zuzusetzende Drogenextrakte oder Arzneistoffe sind zunächst in Wasser oder Ethanol zu lösen und durch Versprühen oder Durchfeuchten entweder auf die gesamte Teemischung oder auf solche Drogen zu verbringen, deren Wirkstoffe durch das Lösungsmittel nicht oder möglichst wenig verändert werden. Das Lösungsmittel ist anschließend durch Trocknen bei Raumtemperatur oder bei höchstens 40 °C zu entfernen.

Die einzelnen Bestandteile einer Teemischung sollen möglichst gleichmäßig verteilt sein. Falls sie sich leicht entmischen, sind sie vor der Abgabe in geeigneter Weise (z.B. durch Schütteln im Vorratsgefäß) erneut durchzumischen.

Prüfung auf Identität und Reinheit

Eine genügend große, gewogene Probe (10 bis 20 g) wird ausgebreitet und eventuell unter der Lupe in die einzelnen Bestandteile zerlegt. Die Anteile werden identifiziert und gewogen; sie dürfen höchstens ±20 Prozent von den vorgeschriebenen oder deklarierten Anteilen abweichen. Teemischungen für einzeldosierte Packungen und für Kataplasmen sind dabei wenn nötig unter dem Mikroskop zu untersuchen, und die mengenmäßige Zusammensetzung ist zu schätzen.

Lagerung

Gut verschlossen, vor Licht geschützt.

---

nach 5,6 mm). Als geradezu mustergültig kann die allgemeine Monographie „species-Teemischungen" der Ph. Helv. VII gelten die auf dieser Seite wiedergegeben ist.

Im ÖAB findet sich in der allgemeinen Monographie „species" auch folgender Hinweis:

„Die beim Zerkleinern der Drogen anfallenden pulverförmigen Anteile sind vor dem Mischen durch Absieben (Sieb V) zu entfernen."

Nachstehend einige Beispiele von Teemischungen des ÖAB bzw. der Ph. Helv. VII.

Species amaricantes = Bittertee (ÖAB)

20 Teile Wermutkraut (I)
20 Teile Tausendgüldenkraut (I)
20 Teile Bitterorangenschale (II)
10 Teile Bitterkleeblatt (I)
10 Teile Kalmuswurzel (I)
10 Teile Enzianwurzel (I)
10 Teile Ceylonzimtrinde (II)

Species sedativae = Beruhigender Tee (Ph. Helv. VII)

15 Teile Anisi fructus (contusus)
20 Teile Aurantii flos (5600)
10 Teile Menthae piperitae folium (5600)
10 Teile Melissae folium (5600)
20 Teile Passiflorae herba (5600)
25 Teile Valerianae radix (4000)

Species carminativae
= Blähungswidriger Tee (Ph. Helv. VII)

15 Teile Calami rhizoma (4000)
30 Teile Carvi fructus (contusus)
25 Teile Matricariae flos (5600)
20 Teile Menthae piperitae folium (5600)
10 Teile Valerianae radix (4000)

Species Althaeae
= Eibischtee (ÖAB)

55 Teile Eibischblatt (I)
25 Teile Eibischwurzel (I)
15 Teile Süßholzwurzel (I)
5 Teile Malvenblüte (I)

Species anticystiticae
= Blasentee (Ph. Helv. VII)

25 Teile Betulae folium (4000)
45 Teile Uvae ursi folium (4000)
30 Teile Liquiritiae radix (4000)

Unter den Standardzulassungen für Fertigarzneimittel sind derzeit (Stand: Juli 1994) 44 Teemischungen angeführt [1]. Jeder Apotheker ist damit in der Lage, ohne das zeitraubende Zulassungsverfahren sehr individuell zusammengesetzte Teemischungen auf Vorrat herzustellen. Hier folgen zunächst die Standardzulassungen für festgelegte Zusammensetzungen (Zerkleinerungsgrade sind in den St. Zul. *nicht* angegeben!):

Beruhigungstee I
(St. Zul. 1949.99.99)

40 Teile Baldrianwurzel
20 Teile Hopfenzapfen
15 Teile Melissenblätter
15 Teile Pfefferminzblätter
10 Teile Pomeranzenschale

Text der Packungsbeilage gemäß Standardzulassung:

8.1 Anwendungsgebiete
Nervöse Erregungszustände, Einschlafstörungen.

8.2 Dosierungsanleitung und Art der Anwendung
1 Eßlöffel voll Tee wird mit siedendem Wasser (ca. 150 ml) übergossen, bedeckt etwa 10 bis 15 Minuten ziehen gelassen und dann durch ein Teesieb gegeben. Soweit nicht anders verordnet, wird 2- bis 3mal täglich und vor dem Schlafengehen eine Tasse frisch bereiteter Tee getrunken.

8.3 Hinweis
Vor Licht und Feuchtigkeit geschützt aufbewahren.

Blasen- und Nierentee I
(St. Zul. 1959.99.99)

20 Teile Birkenblätter
20 Teile Queckenwurzelstock
20 Teile Riesengoldrutenkraut
20 Teile Hauhechelwurzel
20 Teile Süßholzwurzel

Text der Packungsbeilage gemäß Standardzulassung:

8.1 Anwendungsgebiete
Zur Erhöhung der Harnmenge bei Katarrhen im Bereich von Niere und Blase; zur Vorbeugung von Harngrieß und Harnsteinbildung.

8.2 Gegenanzeigen
Wasseransammlungen (Ödeme) infolge eingeschränkter Herz- oder Nierentätigkeit.
Bei chronischen Nierenerkrankungen soll vor der Anwendung von Blasen- und Nierentee der Arzt befragt werden.

8.3 Dosierungsanleitung und Art der Anwendung
2 bis 3 Teelöffel voll Tee werden mit siedendem Wasser (ca. 150 ml) übergossen, bedeckt etwa 15 Minuten ziehen gelassen und dann durch ein Teesieb gegeben. Soweit nicht anders verordnet, wird 3- bis 4mal täglich 1 Tasse frisch bereiteter Tee zwischen den Mahlzeiten getrunken.

8.4 Hinweis
Vor Licht und Feuchtigkeit geschützt aufbewahren.

Brusttee
(St. Zul. 1969.99.99)

10 Teile Anis
10 Teile Süßholzwurzel
20 Teile Isländisches Moos
30 Teile Eibischwurzel
30 Teile Huflattichblätter

Text der Packungsbeilage gemäß Standardzulassung:

8.1 Anwendungsgebiete
Zur Reizlinderung bei Katarrhen der oberen Luftwege mit trockenem Husten.

8.2 Dosierungsanleitung und Art der Anwendung
Etwa 1 Eßlöffel voll Tee wird mit siedendem Wasser (ca. 150 ml) übergossen, bedeckt etwa 10 Minuten ziehen gelassen und dann durch ein Teesieb gegeben. Soweit nicht anders verordnet, wird mehrmals täglich, besonders morgens nach dem Aufwachen und abends vor dem Schlafengehen, eine Tasse frisch bereiteter Tee getrunken.

8.3 Hinweis
Vor Licht und Feuchtigkeit geschützt aufbewahren.

Erkältungstee I
(St. Zul. 1979.99.99)

30 Teile Holunderblüten
30 Teile Lindenblüten
20 Teile Mädesüßblüten
(diese 3 Drogen werden als „Wirksame Bestandteile" definiert)
20 Teile Hagebuttenschalen
(gelten als „Sonstige Bestandteile").

Text der Packungsbeilage gemäß Standardzulassung:

8.1 Anwendungsgebiete
Fieberhafte Erkältungskrankheiten, bei denen eine Schwitzkur erwünscht ist.

Grundsätzliches zu Teedrogen und Teepräparaten

Teedrogen und Teemischungen

8.2 Dosierungsanleitung und Art der Anwendung

Etwa 1 Eßlöffel voll Tee wird mit siedendem Wasser (ca. 150 ml) übergossen, bedeckt etwa 10 Minuten ziehen gelassen und dann durch ein Teesieb gegeben. Soweit nicht anders verordnet, wird mehrmals täglich eine Tasse frisch bereiteter Tee getrunken.

8.3 Hinweis

Vor Licht und Feuchtigkeit geschützt aufbewahren.

Gallentee I
(St. Zul. 1989.99.99)

10 Teile Kümmel
20 Teile Javanische Gelbwurz
30 Teile Löwenzahn
20 Teile Mariendistelfrüchte
20 Teile Pfefferminzblätter

Text der Packungsbeilage gemäß Standardzulassung:

8.1 Anwendungsgebiete

Zur Unterstützung bei der Behandlung von nichtentzündlichen Gallenblasenbeschwerden und bei Störungen im Bereich des Gallenabflusses; Beschwerden im Bereich von Magen und Darm wie Völlegefühl, Blähungen und Verdauungsbeschwerden.

8.2 Gegenanzeigen

Entzündungen oder Verschluß der Gallenwege; Darmverschluß.

8.3 Dosierungsanleitung und Art der Anwendung

Etwa 1 Eßlöffel voll Tee wird mit siedendem Wasser (ca. 150 ml) übergossen, bedeckt etwa 10 bis 15 Minuten ziehen gelassen und dann durch ein Teesieb gegeben. Soweit nicht anders verordnet, wird 3- bis 4mal täglich eine Tasse frisch bereiteter Tee eine halbe Stunde vor den Mahlzeiten getrunken.

8.4 Hinweis

Vor Licht und Feuchtigkeit geschützt aufbewahren.

Hustentee
(St. Zul. 2009.99.99)

25 Teile Eibischwurzel
10 Teile Fenchel
10 Teile Isländisches Moos
15 Teile Spitzwegerichkraut
10 Teile Süßholzwurzel
30 Teile Thymian

Text der Packungsbeilage gemäß Standardzulassung:

8.1 Anwendungsgebiete

Bei Anzeichen von Bronchitis sowie bei Katarrhen der oberen Luftwege.

8.2 Dosierungsanleitung und Art der Anwendung

Etwa 1 Eßlöffel voll Tee wird mit siedendem Wasser (ca. 150 ml) übergossen, bedeckt etwa 10 Minuten ziehen gelassen und dann durch ein Teesieb gegeben. Soweit nicht anders verordnet, wird mehrmals täglich eine Tasse frisch bereiteter Tee getrunken.

8.3 Hinweis

Vor Licht und Feuchtigkeit geschützt aufbewahren.

Magentee I
(St. Zul. 2019.99.99)

20 Teile Enzianwurzel
20 Teile Pomeranzenschale
25 Teile Tausendgüldenkraut
25 Teile Wermutkraut
10 Teile Zimtrinde

Text der Packungsbeilage gemäß Standardzulassung:

8.1 Anwendungsgebiete

Bei Magenbeschwerden, wie z.B. durch mangelnde Magensaftbildung; zur Appetitanregung.

8.2 Gegenanzeigen

Magen- und Darmgeschwüre.

8.3 Nebenwirkungen

Gelegentlich können bei bitterstoffempfindlichen Personen Kopfschmerzen ausgelöst werden.

8.4 Dosierungsanleitung und Art der Anwendung

2 Teelöffel voll Tee werden mit siedendem Wasser (ca. 150 ml) übergossen, bedeckt etwa 5 bis 10 Minuten ziehen gelassen und dann durch ein Teesieb gegeben.

Soweit nicht anders verordnet, wird mehrmals täglich eine Tasse frisch bereiteter Tee mäßig warm eine halbe Stunde vor den Mahlzeiten getrunken.

8.5 Hinweis

Vor Licht und Feuchtigkeit geschützt aufbewahren.

Magen- und Darmtee I (St. Zul. 2029.99.99)

25 Teile Baldrianwurzel
25 Teile Kümmel
25 Teile Pfefferminzblätter
25 Teile Kamillenblüten

In den letzten Jahren sind die Standardzulassungen für Teemischungen laufend erweitert worden, wobei der Anteil an den einzelnen wirksamen Bestandteilen innerhalb bestimmter Grenzen vom Hersteller variiert werden kann; verlangt wird, daß die wirksamen Bestandteile mindestens 70% der Teemischung ausmachen. Die sonstigen Bestandteile (meist sog. „Schmuckdrogen", die dem Tee ein gefälliges Aussehen verleihen, aber auch „Hilfsdrogen", die für Geschmack und Aroma wichtig sind) können aus einer Liste entsprechender Drogen ausgewählt werden. Inzwischen sind Standardzulassungen für folgende Teemischungen erschienen: Beruhigungstee (II bis VIII), Blasen- und Nierentee (II bis VII), Brust- und Hustentee (I bis VIII), Erkältungstee (II bis V), Magentee (II bis VI) und Magen- und Darmtee (II bis XII).

Als Beispiel seien die Erkältungstees II bis V vorgestellt.

Text der Packungsbeilage gemäß Standardzulassung:

8.1 Anwendungsgebiete

Beschwerden wie Völlegefühl, Blähungen und leichte krampfartige Magen-Darm-Störungen; nervöse Herz-Magen-Beschwerden.

8.2 Dosierungsanleitung und Art der Anwendung

1 Eßlöffel voll Tee wird mit siedendem Wasser (ca. 150 ml) übergossen, bedeckt etwa 10 Minuten ziehen gelassen und dann durch ein Teesieb gegeben.

Soweit nicht anders verordnet, wird mehrmals täglich eine Tasse frisch bereiteter Tee warm zwischen den Mahlzeiten getrunken.

8.3 Hinweis

Vor Licht und Feuchtigkeit geschützt aufbewahren.

Erkältungstee II bis V

Zusammensetzung

A. Wirksame Bestandteile (in Masseprozenten)

Bestandteile	II	III	IV	V
	Zulassungsnummer			
	1979.98.99	1979.97.99	1979.96.99	1979.95.99
Holunderblüten	20,0 bis 40,0	20,0 bis 30,0	30,0 bis 50,0	20,0 bis 40,0
Lindenblüten	20,0 bis 40,0	25,0 bis 40,0		20 bis 40,0
Mädesüßblüten		20,0 bis 30,0		
Thymian			20,0 bis 30,0	20,0 bis 30,0
Weidenrinde	20,0 bis 35,0		20,0 bis 35,0	

B. Sonstige Bestandteile

Anis,
Brombeerblätter,
Fenchel,
Hagebuttenschalen,
Malvenblüten,
Quendelkraut,
Ringelblumenblüten,
Schwarze-Johannisbeerblätter,
Süßholzwurzel.

Die wirksamen Bestandteile nach A müssen insgesamt mindestens 70 Masseprozente der jeweiligen Teemischung ergeben. Die sonstigen Bestandteile müssen – sofern solche verwendet werden – aus der Gruppe B ausgewählt werden. Sie dürfen pro Bestandteil nicht mehr als 5 Masseprozente der jeweiligen Teemischung betragen.

Text der Packungsbeilage wie bei Erkältungstee I (S. 9 und 10).

Grundsätzliches zu Teedrogen und Teepräparaten

Teedrogen und Teemischungen

Es ergibt sich aus den Angaben bei den einzelnen Drogenmonographien daß der Erkältungstee III vorwiegend schweißtreibend sein wird; die Tees II und IV wird man bevorzugt Patienten mit leicht erhöhter Temperatur empfehlen (fiebersenkende Wirkung der Weidenrinde), die Tees IV und V enthalten mit Thymian noch eine expektorierend wirksame Komponente.

Zur Beurteilung der unterschiedlichen Zusammensetzung der Teemischungen dürfte es sich stets empfehlen, die Abschnitte „Indikationen" bei den einzelnen Drogen nachzulesen.

Gelegentlich sind in Teemischungen außer den Drogen noch anorganische oder organische, wasserlösliche Verbindungen enthalten. Diese werden zuerst in einem geeigneten, indifferenten Lösungsmittel (meist Wasser) gelöst; mit der erhaltenen Lösung durchfeuchtet (imprägniert) man bestimmte Bestandteile des Teegemisches und trocknet anschließend bei 30–40° C. Zum Durchfeuchten sind nur solche Drogen zu wählen, bei denen es nicht zu einer Veränderung der Inhaltsstoffe kommen kann. Ein Beispiel hierfür wäre Species laxantes (ÖAB).

Species laxantes = Abführender Tee (ÖAB)

50 Teile Sennesblätter
20 Teile Holunderblüten
 5 Teile Kamillenblüten
15 Teile Fenchel (zerstoßen)
 6 Teile Kalium-Natriumtartrat
 4 Teile Weinsäure

Außer den arzneilich verwendeten Teegemischen gibt es dann noch die sog. Haustees, die von coffeinempfindlichen Personen oder solchen, die keinen regelmäßigen Konsum coffeinhaltiger Getränke wünschen, bevorzugt werden. Haustees werden aus Drogen gemischt, die außer kleinen Mengen an Gerbstoff lediglich Aromastoffe und eventuell Pflanzensäuren enthalten: Brombeerblätter, Erdbeerblätter, Himbeerblätter, Hibiscusblüten, Hagebutten und Apfelschalen sind häufige Bestandteile solcher Haustees [2, 3].

[1] Standardzulassungen für Fertigarzneimittel. Text und Kommentar mit 11. Ergänzungslieferung. Herausg. R. Braun, Deutscher Apotheker-Verlag Stuttgart und Govi-Verlag Frankfurt, 1996.
[2] Chr. Höltzel, Dtsch. Apoth. Ztg. **124**, 2479 (1984).
[3] M. Pahlow, Dtsch. Apoth. Ztg. **124**, 1117 (1984).

Grundsätzliches zu Teedrogen und Teepräparaten

Indikationen und Therapiemöglichkeiten

Zu den Besonderheiten der Teedrogen gehört es, daß ihre Indikationen zum überwiegenden Teil von Empirie bestimmt werden. Das ist leicht verständlich: die meisten Teedrogen werden seit sehr langer Zeit zur Linderung oder Heilung von Krankheiten, vor allem aber bei Befindensstörungen gebraucht. Ihre Einführung in die Therapie erfolgte zu einer Zeit, als Pharmakodynamik und Pharmakokinetik unbekannte Begriffe waren, kein Arzneimittelgesetz forderte den Nachweis der Qualität, Wirksamkeit und Unbedenklichkeit einer Teedroge. Heute, wo bei der Einführung eines neuen Arzneimittels im Interesse der Arzneimittelsicherheit umfangreiche Untersuchungen vorgeschrieben sind, erscheint manchem die Forderung nach einem Wirksamkeitsnachweis etwa der Kamille als überzogen; und doch wird man als Vertreter einer naturwissenschaftlich orientierten Pharmazie bestrebt sein, die Teedrogen aus ihrem derzeitigen Niveau der reinen Empirie herauszuführen und durch Aufklärung von Wirkstoffen ihrer Anwendung eine sichere Basis zu geben.

Der fehlende Nachweis wirksamer Inhaltsstoffe belastet zweifellos das Ansehen vieler Teedrogen bei Ärzten (vor allem bei jungen Ärzten, die in ihrer Hochschulausbildung fast nichts darüber erfahren) und Pharmakologen (Teedrogen kommen in Pharmakologielehrbüchern nicht vor); verstärkt wird diese Tendenz auch dadurch, daß sich in der Anwendung der Teedrogen viele Ausdrücke aus der Vergangenheit erhalten haben, die heute wirklich unzeitgemäß sind, wie „zur Anregung des Stoffwechsels", „zur Blutreinigung", „zur Entschlackung", „bei Lungenleiden", „für die Nerven". Es sollte das gemeinsame Bemühen aller am Arzneimittel Interessierten sein, diesen unbefriedigenden Zustand zu ändern. Es ist zwar dem Patienten wenig damit geholfen, daß man ihm versichert, der molekulare Wirkungsmechanismus und der Metabolismus des von ihm eingenommenen Arzneimittels sei bekannt, während andererseits gleiches vom Nerventee einer bestimmten Zusammensetzung nicht behauptet werden könne.

Entscheidend in der Therapie ist sicher der Erfolg; aber die bloße Aussage eines Patienten, „der Tee hat geholfen", genügt den heutigen wissenschaftlichen Ansprüchen eben nicht. Es wird notwendig sein, auch für die pharmakologisch weniger spektakulär wirksamen Inhaltsstoffe der Teedrogen Methoden zu entwickeln, mit denen ihre Wirksamkeit exakter erfaßt werden kann. Eine andere Möglichkeit bietet das sog. wissenschaftliche Erkenntnismaterial, das bereits in vielen Fällen als ausreichender Beleg für Standardzulassungen Anerkennung gefunden hat. Vielleicht hängen manche Schwierigkeiten des Wirksamkeitsnachweises bei Teedrogen, wie er für Arzneimittel zu Recht gefordert wird, damit zusammen, daß man derzeit nur bei einem Teil der Teedrogen bekannte Inhaltsstoffe auch als direkte Wirkstoffe ansprechen kann, wie z.B. die Sennoside in Sennesblättern und -früchten. In diesen Fällen ist sowohl die Anwendung problemlos (rascher Wirkungseintritt, dosisabhängige Wirkung) als auch der Wirksamkeitsnachweis.

Bei vielen Drogen sind aber die wirksamen Inhaltsstoffe (noch) nicht bekannt; die Prüfung ihrer Wirksamkeit wird häufig dadurch erschwert, daß auf Grund der Erfahrung eine Einnahme über einen längeren Zeitraum erforderlich ist. In diesen Fällen wird oft davon gesprochen, daß die betreffende Droge die körpereigenen Abwehrmechanismen zu stimulieren vermag: früher bezeichnete man den Einsatz solcher Drogen als unspezifische Reizkörpertherapie, heute wird der Begriff der Immunstimulation gebraucht oder von Paramunitätsinducern gesprochen [1–6].

Schließlich kann auch damit gerechnet werden, daß einige Teedrogen im Sinne einer Psychotherapie Anwendung finden (können): schon die Bereitung des Teegetränkes, das Umrühren, das langsam schlürfende Trinken über den Tag verteilt kann eine Umstimmung der psychischen Verfassung eines Patienten bewirken. Damit kommt man nahe an eine Plazebowirkung heran, die ja von manchen Pharmazeuten oder Medizinern, die sich selbst als besonders

Grundsätzliches zu Teedrogen und Teepräparaten

Indikationen und Therapiemöglichkeiten

kritisch eingestellt einschätzen, als „für Teedrogen typisch" hingestellt wird. Das mag im einen oder anderen Fall auch zutreffen, aber die Plazebowirkung ist keineswegs auf Teedrogen beschränkt: bei Testserien im Gebiet der Analgetika oder Sedativa werden für Plazebos hohe Wirksamkeitsraten beobachtet.

Es gibt über die verschiedenen Aspekte der Anwendung von Teedrogen und über die Vorstellungen ihrer Wirkweise bereits zahlreiche Publikationen, von denen einige zitiert seien [7–12].

Unbelastet durch theoretische Überlegungen wird man für Teedrogen einige Indikationsbereiche als geradezu charakteristisch ansprechen dürfen:

Störungen im Magen-Darmbereich: Teedrogen finden hier vielfältige Anwendung, sowohl zur Anregung der Magensaftsekretion und des Appetits (Bitterstoffdrogen), zur Beseitigung der Obstipation (quellfähige Drogen wie Leinsamen; anthraglykosidhaltige Drogen) ebenso wie zur Beeinflussung der Diarrhöen (Gerbstoffdrogen). Auch karminativ wirksame Drogen (mit ätherischem Öl) sowie spasmolytisch wirksame sind in dieser Indikationsgruppe häufig vertreten.

Gallenwegserkrankungen: Die Zahl der hierfür zur Anwendung kommenden Drogen ist zwar ebenfalls groß, doch befinden sich darunter nur wenige mit gesicherter Wirksamkeit; eine kritische Einstellung gegenüber „Gallentees", die 15 oder mehr Drogen enthalten, ist angezeigt.

Psychische Störungen: Bei Nervosität, Einschlafstörungen und ähnlichen Symptomen finden Teedrogen häufig, und häufig zu Recht, Anwendung. Es ist auffallend, daß dabei meist aromatische Bestandteile (ätherisches Öl) als Inhaltsstoffe vorkommen.

Husten und Erkältungskrankheiten: Hierzu gehören zahlreiche sekretolytisch und sekretomotorisch wirksame Expektorantien, die Saponine und/oder ätherisches Öl enthalten, sowie die hustenreizlindernden Schleimdrogen.

Nieren- und Blasenleiden: Teedrogen mit dieser Indikation kommen in der Regel nur für eine unterstützende Therapie in Frage, da die harndesinfizierende und diuretische Wirksamkeit meist gering ist, worauf bei den einzelnen Drogen hingewiesen wird.

Mit diesen fünf Indikationsgebieten läßt sich der größte Teil unserer arzneilich verwendeten Teedrogen erfassen. Relativ gering ist ihre Zahl in einigen weiteren Anwendungsbereichen: man findet sie vereinzelt bei den Dermatika, Lebertherapeutika, Koronarmitteln, durchblutungsfördernden Mitteln und in anderen Arzneimittelgruppen.

Zusammenfassend kann man sagen, daß die Möglichkeiten, mit Teedrogen Therapie zu betreiben, aus verschiedenen Gründen beengt sind: bei einer Reihe von Erkrankungen wie schwere Herzinsuffizienz, Tumoren, Infektionskrankheiten, Diabetes u.a. sind Teedrogen keine adäquaten Arzneimittel, auch wenn dies in manchen Publikationen sträflicherweise behauptet wird. In einer Reihe von weiteren Fällen werden sie nur als unterstützende Maßnahme der eigentlichen medikamentösen Behandlung Anwendung finden, da aber von Wert sein.

Die Domäne der Teedrogen sind jedoch zweifellos die im Grenzbereich zwischen gesund und krank anzusiedelnden Befindlichkeitsstörungen; es wäre allerdings grundfalsch, daraus ein negatives Pauschalurteil über Teedrogen zu fällen: sie sind eine wichtige Ergänzung stark wirksamer Arzneimittel und ein Instrumentarium, um bei Bagatellkrankheiten (sofern diese eindeutig als solche erkannt sind!) den Einsatz risikobelasteter Arzneimittel zu verringern.

[1] H. Wagner, Dtsch. Apoth. Ztg. **131**, 117 (1991).
[2] A. Mayr, Sandorama **1**, 9 (1983).
[3] H. Raettig, Fortschr. Med. **100**, 792 (1982).
[4] U. Lindequist und E. Teuscher, Pharmazie **40**, 10 (1985).
[5] R. Hänsel, Dtsch. Apoth. Ztg. **125**, 155 (1985).
[6] H. Wagner, Z. Phytother. **13**, 42 (1992).
[7] R. Mohr, Österr. Apoth. Ztg. **36**, 472 (1982).
[8] H. Schilcher, Z. Phytother. **12**, 71 (1991).
[9] K.Ch. Schimmel, Z. Phytother. **8**, 6 (1987).
[10] H. Brüggemann, Z. Phytother. **4**, 577 (1983).
[11] G. Vogel, Dtsch. Apoth. Ztg. **124**, 639 (1984).
[12] V. Fintelmann, Z. Phytother. **11**, 161 (1990).

Grundsätzliches zu Teedrogen und Teepräparaten

Teepräparate

Hierzu rechnen wir alle Zubereitungsformen, bei denen der Verbraucher entweder kein Abmessen der für eine Tasse bestimmten Drogenmenge vornehmen muß, also z.B. Teefilterbeutel, oder Produkte, die aus Teedrogen hergestellte, meist sofortlösliche Extrakte enthalten, wie man sie bei Instant-Tees und Tubentees antrifft.

Teefilterbeutel bieten manche Vorteile, weisen aber auch bestimmte Nachteile auf. Als vorteilhaft wird der Patient es zweifellos empfinden, daß er a priori die richtige Portion (= die richtige Dosis) zur Hand hat; weitere Vorteile liegen darin, daß infolge der bei Filterbeuteln stets notwendigen starken Zerkleinerung der Drogen meist eine bessere Extraktion der Inhaltsstoffe (Ausnahme: Drogen mit ätherischem Öl, s. nächster Absatz) erfolgt und daß die Entmischungstendenz, wie man sie beim Transport und Lagern von Teegemischen beobachtet, hier wegfällt.

Nachteile ergeben sich vor allem aus dem Zerkleinerungsgrad bei Drogen mit ätherischem Öl, weil durch Zerstören von Drüsenhaaren oder Ölräumen erhebliche Anteile Öl verloren gehen. Eigene Untersuchungen an Kamillen-, Fenchel- und Pfefferminz-Teeaufgußbeuteln haben gezeigt, daß diese besonders im Lebensmittelhandel teilweise einen Gehalt an ätherischem Öl aufweisen, der weit unter dem vom Arzneibuch geforderten Mindestgehalt liegt. Ein weiterer Nachteil von Aufgußbeuteln kann darin gesehen werden, daß in ihnen Fremdanteile (den Inhalt sieht der Verbraucher ja nicht!) in mehr oder minder bedeutendem Umfang vorkommen können. In umfangreichen Untersuchungen fanden Franz u. Mitarb. [1], daß in Kamille-Filterbeuteln nicht selten auch Kamillenkraut (statt nur Blüten), in Pfefferminz-Teeaufgußbeuteln auch Stengelanteile (statt nur Blätter) enthalten sein können. Dies ist im Lebensmittelhandel zulässig, da hier keine arzneiliche Anwendung vorgesehen ist und geschmackliche Wertungen eine große Rolle spielen (reine Kamillenblüten schmecken etwas bitter, Kamillenkraut würzig); der Tee ist entsprechend auch billiger. In der Apotheke muß auch der Inhalt der Filterbeutel den Anforderungen des Arzneibuches entsprechen, der Apotheker muß deshalb darauf achten, daß die Lieferfirma Arzneibuchqualität garantiert, und er wird sich stichprobenweise auch davon überzeugen.

Ein in der Apotheke angebotenes Filterbeutelprogramm sollte folgenden Qualitätsnormen entsprechen:

- Ausgangsdroge mit Arzneibuchqualität
- nichtgeleimte Doppelkammerbeutel mit Faden und Kennzeichnung (damit eine Identifizierung auch der abgeteilten Arzneiform möglich ist)
- sicherer Aroma- und Feuchtigkeitsschutz, im Sonderfall Aromaschutz für den Einzelbeutel
- erkennbares Herstellungs- oder besser Verfallsdatum

Der höhere Preis für solche Filterbeutel rechtfertigt sich durch die höhere Qualität des Produkts. Jeder Apotheker sollte in der Lage sein, diesen wesentlichen Vorteil auch seinem Kunden klar zu machen.

Instant-Tees bieten dem Anwender die Annehmlichkeit der raschen Zubereitung – es genügt, das Produkt in heißem Wasser zu lösen, ein „Ziehenlassen" und Abseihen entfällt – und weisen eine gleichmäßige und gleichbleibende Zusammensetzung auf.

Hergestellt werden Instant-Tees durch zumeist erschöpfende Extraktion von Drogen, wobei nicht nur Wasser, sondern auch Wasser-Ethanol-Mischungen eingesetzt werden, womit eine Anreicherung bestimmter Inhaltsstoffe oder Wirkstoffe erreichbar ist. Die industrielle Herstellung solcher Extraktlösungen erlaubt es, auch Drogenpartien einzusetzen, die nicht dem Arzneibuch entsprechen, weil man sie mit den Extrakten von Drogen höherer Qualität einstellen kann. Dieser Aspekt ist nicht nur wirtschaftlich von Interesse, sondern hat auch im Hinblick auf die mögliche Erschöpfung natürlicher Vorkommen (Artenschutz bei Pflanzen!) Bedeutung. Durch entsprechende Steuerung

Grundsätzliches zu Teedrogen und Teepräparaten

Teepräparate

Berücksichtigt man alle dargelegten Fakten, so dürfte der Patient mit dem klassischen Tee oder Teegemisch das vergleichsweise am wenigsten befriedigende Ergebnis erzielen, weil bei der Herstellung des Teegetränkes die größte Zahl an Unsicherheitsfaktoren zusammenkommt. Etwas bessere Ergebnisse lassen sich mit Filterbeuteln erwarten (außerhalb der Apotheken ist dies heute die Teeform mit dem weitaus höchsten Marktanteil), vorausgesetzt die Anforderungen an Qualität von Inhalt und Verpackung sind erfüllt. Der sprühgetrocknete Instant-Tee kommt den Idealvorstellungen der Anwendung von Tees für arzneiliche Zwecke am nächsten: besonders bei Drogen, in denen lipophile und hydrophile Wirkstoffe enthalten sind (Beispiel: Kamillenblüten), bei denen Wasser also nicht unbedingt das optimale Extraktionsmittel ist, können standardisierte Präparate der Teedroge überlegen sein – ein Gesichtspunkt, der bei der Kundenberatung in der Apotheke mehr Beachtung verdient.

des Herstellungsprozesses kann im Endprodukt eine Standardisierung bestimmter Wirkstoffe oder Wirkstoffgruppen erfolgen.

Bei seiner Empfehlung muß der Apotheker berücksichtigen, daß ihm hauptsächlich zwei Typen von Instant-Tees angeboten werden, die sich nach ihren Herstellungsverfahren und dadurch bedingten Qualitätsmerkmalen grundsätzlich unterscheiden:

Sprühextrakt: Die im Sprühturm durch eine Düse versprühten Drogenextraktlösungen sinken in Form feiner Tröpfchen im warmen Luftstrom nach unten, verlieren dabei ihre Feuchtigkeit und gelangen als mit der Lupe erkennbare trockene Extrakt-Hohlkügelchen in den Abscheider. Der Sprühextrakt benötigt nicht viel an Trägersubstanzen, deshalb ist der Anteil an drogenfremden (und evtl. als Broteinheit zu berücksichtigenden) Kohlenhydraten relativ gering. Bei der Trocknung verlorengegangene ätherische Öle können als Wirkstoffe wieder zugesetzt werden, entweder durch einfaches Verreiben oder – besser – in mikroverkapselter Form. Das resultierende Produkt ist ein leicht wasserlösliches Pulver geringer Dichte; da es etwas hygroskopisch ist, kommt es hin und wieder zu Reklamationen wegen Verklumpung des Packungsinhalts, weil Patienten mit feuchtem Löffel Pulver entnehmen, bei der Teebereitung (Dampf!) das Gefäß längere Zeit offen stehen lassen oder nach Gebrauch nicht sorgfältig verschließen.

Granulat-Tee: Beim Granulations- oder Agglomerationsverfahren werden die flüssigen Drogenextrakte auf Trägermaterial (zumeist Saccharose oder andere Kohlenhydrate) aufgesprüht und in der Wärme getrocknet. Man zerkleinert die trockene Masse in geeigneten Mahlwerken zu korn- oder zylinderförmigen Aggregaten („Würstchen"). Diese Granulate mittlerer Dichte sind sehr leicht löslich in Wasser bei nur geringer hygroskopischer Tendenz, Verklumpungen des Packungsinhaltes sind hier selten zu beobachten. Wegen seiner leichten Handhabung und seines von Anfang an süßen Geschmackes wird dieser Typ des Instant-Tees vom Patienten manchmal bevorzugt; der Apotheker muß aber bedenken, daß besonders Diabetiker auf die Beachtung der Broteinheiten hinzuweisen sind; in für Kinder bestimmten Tees wird die Saccharose (kariesfördernd!) bereits durch andere Trägerstoffe ersetzt.

Beim Vergleich des Gehaltes an Drogenextrakt im Endprodukt schneiden Granulattees meistens viel schlechter ab als Instant-Tees, die aus sprühgetrockneten Extrakten hergestellt wurden: Granulattees enthalten neben 97–98% Füll- und Trägerstoffen oft nur 2–3% Trockenextrakt, während im sprühgetrockneten Produkt fast die zehnfache Menge, nämlich durchschnittlich 20% Drogenextrakt, enthalten ist [2].

Auch in einer 1994 publizierten Untersuchung von Blasen- und Nierentees (Teemischungen, Filterbeutel, tassenfertige Instanttees) erwiesen sich Instanttees und Filterbeutel im Hinblick auf die Flavonoidfreisetzung bzw. den Flavonoidgehalt als den Teemischungen überlegen [3].

[1] Ch. Franz, D. Fritz und E. Ruhland, Planta Med. **42**, 132 (1981).
[2] Ch. Höltzel, Dtsch. Apoth. Ztg. **130**, 1388 (1990).
[3] K. Schneider-Leukel und G. Franz, Dtsch. Apoth. Ztg. **134**, 4763 (1994).

Grundsätzliches zu Teedrogen und Teepräparaten

Teebereitung

Die Herstellung eines Teegetränkes, auch für arzneiliche Zwecke, geschieht überwiegend nach Erfahrungsgrundsätzen, die sich an der Bereitung eines Aufgusses von Schwarzem Tee orientieren: die trockenen Teedrogen werden, in geschnittener Form, mit kochendem Wasser übergossen und nach 5–10 min langem „Ziehenlassen" abgeseiht.

Von dieser einfachen Vorschrift gibt es manche Abweichungen, die in Arzneibüchern als Decocta – Abkochungen, Infusa – Aufgüsse und Macerata – Mazerate (so z.B. im DAB 8 [nicht mehr im DAB 1996], ÖAB) beschrieben sind und in kurzem (Infusa) oder längerem (Decocta) Erhitzen von Drogen mit Wasser bzw. Extraktion mit kaltem Wasser (Macerata) bestehen. Während im DAB 8 nähere Angaben zur Drogenextraktion nur bei Bärentraubenblättern, Eibischwurzel und Leinsamen gegeben wurden, findet man im ÖAB unter der Rubrik „Dosierung" für alle Drogen, die zur Teebereitung in Frage kommen, entsprechende Hinweise (z.B. „Gebräuchliche Einzeldosis als Aufguß": 1,5 g auf 1 Teetasse [Baldrianwurzel] oder „Gebräuchliche Einzeldosis als Abkochung": 1 g auf 1 Teetasse [Faulbaumrinde]).

Es gibt einige allgemeine Regeln, welches dieser Verfahren anzuwenden ist, doch beruhen auch diese vorwiegend auf Empirie; selbst bei Drogen mit strukturell genau bekannten und pharmakologisch geprüften Inhaltsstoffen fehlen zumeist Untersuchungen, die eine Optimierung der Teebereitung zum Gegenstand haben; es überrascht daher nicht, daß vor allem in Büchern über Heilkräuter oder Arzneipflanzen für ein und dieselbe Droge recht differierende Angaben zur Teebereitung zu finden sind.

Bei der Herstellung eines Teegetränkes sollte man folgende Angaben beachten:

- Menge an Droge (Einzeldosis) und Menge an Flüssigkeit
- Zerkleinerungsgrad der Droge
- Art der Extraktion (Temperatur, Zeitdauer)

Menge an Droge und an Flüssigkeit

Die Einzeldosis einer Teedroge leitet sich zumeist aus der Erfahrung ab, nur bei wenigen Drogen läßt sie sich aus der Wirksamkeit der Inhaltsstoffe berechnen. Da aber sehr viele Teedrogen nur schwach wirksame und untoxische Substanzen enthalten, die therapeutische Breite also groß ist, spielen Überschreitungen der Dosierung häufig nur eine geringe Rolle; der Apotheker muß allerdings wissen, wo die Ausnahmen liegen: in diesem Buch wird in den Abschnitten Nebenwirkungen und Teebereitung auf solche Fälle speziell hingewiesen (z.B. Arnikablüten, Süßholzwurzel u.a.).

Für eine Teetasse (150 ml [ÖAB] bis 250 ml – die Angaben der Standardzulassungen beziehen sich meist auf 150 ml) wird die erforderliche Menge in g angegeben, oder – weil praktikabler – in Löffelmaßen (Normalmaße: 1 Teelöffel=etwa 5 ml, 1 Eßlöffel= etwa 15 ml; hier gibt es große Unterschiede! Die heute üblichen Löffel fassen meist erheblich weniger Volumen). In diesem Buch sind bei den Dosierungsangaben einige Arzneibücher (ÖAB, Erg. B. 6) und Kommentare zu den Arzneibüchern berücksichtigt worden; bei anderen Drogen haben wir die Dosierungsangaben der Fachliteratur (Normdosentabelle von Haffner-Schultz, Stoffliste u.a.) entnommen. In nicht wenigen Heilpflanzenbüchern liegen die Dosierungsempfehlungen (Teelöffel oder Eßlöffel), wenn man auf das Drogengewicht umrechnet, erheblich über den Angaben in den Arzneibüchern.

Zerkleinerungsgrad der Droge

Für die Extraktion der Inhaltsstoffe kommt dem Zerkleinerungsgrad der Droge eine ganz besondere Bedeutung zu, wie einige (bisher nicht veröffentlichte) eigene Untersuchungen ergaben; erwartungsgemäß nimmt mit fortschreitender Zerkleinerung der Gehalt an Inhaltsstoffen im Teegetränk zu, mit fein gepulverter Droge erzielt man die höchsten „Ausbeuten". Auch im Arbeitskreis von H. Schilcher wurde bei

Grundsätzliches zu Teedrogen und Teepräparaten

Teebereitung

entsprechenden Untersuchungen festgestellt, daß die Extraktivstoffausbeute bei Verwendung von pulverisierter Droge im Vergleich zu Concis-Droge „höher bis wesentlich höher" ist [1]. Von wenigen Ausnahmen abgesehen erwartet jedoch der Verbraucher einen Tee nicht in Pulverform, sondern als mehr oder weniger fein zerschnittene Droge.

Für einzelne Drogen (nicht für Teemischungen) haben sich folgende aus der Empirie abgeleitete Schnittgrößen als zweckmäßig herausgestellt:

Blätter, Blüten, Kräuter in grob bis mittelfein geschnittener Form (Teilchengröße etwa 4 mm);

Hölzer, Rinden, Wurzeln in fein zerschnittener bis grob gepulverter Form (Teilchengröße etwa 2,5 mm);

Früchte und Samen möglichst knapp vor der Verwendung gequetscht oder grob gepulvert (Teilchengröße etwa 2 mm);

alkaloidhaltige und saponinhaltige Drogen sowie Bärentraubenblätter in mittelfein gepulverter Form (Teilchengröße etwa 0,5 mm).

Die Definitionen „grob geschnitten" bis „fein gepulvert", für die früher in den Arzneibüchern bestimmte Siebgrößen-Angaben gemacht wurden, sind heute meist ohne solche verbindlichen Aussagen; im DAB 1996 (in V.4.N6) wird nur noch zwischen „grob geschnitten" (Siebe von 4000 bis 2800), „fein geschnitten" (Sieb 2000) und „gepulvert" (Siebe von 710 bis 180) unterschieden. Gegen die große Spannbreite der Teilchengrößenangabe sind wohl zu Recht kritische Stellungnahmen vorgetragen worden [2, 3], die auf z.T. umfangreichen Untersuchungen beruhen. Vor allem bei Teemischungen muß auf eine möglichst gleichmäßige Teilchengröße der Bestandteile geachtet werden, weil sonst schon beim Aufbewahren, erst recht aber beim Transport eine Entmischung eintritt. Bei der Herstellung kleiner Mengen einer Teemischung ist es sicher zweckmäßig, die abgewogenen Teilmengen zusammen auf das ausgewählte Sieb (z.B. 4000 oder 2800) zu geben, zu sieben und den Rückstand schonend zu zerkleinern [3].

Es ist zu bedenken, daß beim Zerkleinern Öldrüsen und Ölräume verletzt werden, was das Verflüchtigen von ätherischem Öl (Pfefferminzblätter, Kamillenblüten, Fenchel, Anis, Pomeranzenschale u.a.) beschleunigt, auch werden Oxidationsprozesse (z.B. Bildung unlöslicher Phlobaphene aus Gerbstoffen) begünstigt. Andererseits wird aus den meisten Apiaceenfrüchten, wie am Beispiel Fenchel gezeigt wird, das ätherische Öl aus der Ganzdroge nur sehr schlecht extrahiert, während man bei zerquetschten oder gepulverten Früchten ein Mehrfaches an ätherischem Öl im Teegetränk findet. Es ist zweckmäßig, solche Drogen in toto auf Vorrat zu halten und nur jeweils dem voraussichtlichen Verbrauch angepaßte Mengen zu zerkleinern. Ganz allgemein werden natürlich die Inhaltsstoffe aus stärker zerkleinerten Drogen besser extrahiert, so daß der Zerkleinerungsgrad immer ein Kompromiß zwischen den Parametern optimaler Wirkstoffgehalt (toto-Droge) und optimale Extraktion (stark zerkleinerte Droge) ist.

Daß jedoch der Zerkleinerungsgrad allein für die Freisetzungskinetik von Wirkstoffen nicht relevant ist, sondern offenbar auch Art und Menge der Begleitstoffe eine wesentliche Rolle spielen, wurde am Beispiel der Sennoside in wäßrigen Zubereitungen (Heißansätze und Kaltmazerate) aus Sennesfrüchten und Sennesblättern gezeigt [4].

Art der Extraktion

Drei verschiedene Methoden kommen in Betracht, von denen der Aufguß (Infus) am häufigsten angewendet wird. Sofern keine begründeten Sondervorschriften zu beachten sind, kann man sich an folgenden allgemeinen Regeln orientieren.

Aufguß (Infus): Die vorgeschriebene Drogenmenge in einem feuerfesten Glas oder Porzellangefäß mit kochendem Wasser (150–250 ml) übergießen, das Gefäß abdecken, evtl. gelegentlich umrühren; wenn nichts anderes angegeben ist, nach 5–10 min abseihen. Dieses Verfahren kann bei den meisten Blatt-, Blüten- und Krautdrogen, aber auch bei manchen entsprechend zerkleinerten Rinden- und Wurzeldrogen angewendet werden.

Abkochung (Decoct): Die erforderliche Drogenmenge wird mit kaltem Wasser angesetzt und zum Sieden erhitzt, man läßt dann noch kurze Zeit (meist 5–10 min lang) kochen und seiht nach kurzem Stehen ab. Dieses Verfahren eignet sich besonders für Drogen mit harter bis sehr harter Konsistenz (Hölzer, Wurzeln, Rinden), besonders wenn diese Gerbstoffe enthalten (Ratanhiawurzel u.a.).

Kaltauszug (Mazerat): Die vorgeschriebene Drogenmenge wird mit der nötigen Menge kaltem Wasser übergossen und mehrere Stunden bei Raumtemperatur stehengelassen; anschließend gibt man durch ein Teesieb. Das Mazerat kann kalt getrunken werden oder man bringt es auf Trinkwärme. Diese Herstellungsart kommt ganz besonders für schleimhaltige Drogen in Frage (Eibischwurzel, Leinsamen, Isländisches Moos u.a.); auch bei einigen anderen Drogen wird das Mazerat zur Teebereitung bevorzugt, wenn es darum geht, unerwünschte Begleitstoffe fernzuhalten (Gerbstoffe in Bärentraubenblättern; Viscotoxine in Mistelkraut), die in kaltem Wasser weniger gut löslich sind; so enthält eine Abkochung aus Bärentraubenblättern 600 mg Gerbstoff und 600 mg Arbutin, ein Kaltauszug aber nur 300 mg Gerbstoff und 800 mg Arbutin, dem Kaltauszug ist hier also der Vorzug zu geben [5].

Das Ergebnis auch dieser Teebereitungsmethode wird durch gelegentliches Umrühren oder Schütteln verbessert.

Gegen den Kaltauszug sind mehrfach Bedenken geäußert worden: so hat z.B. Hameister [6] berichtet, daß eine Teezubereitung aus einer mikrobiell nicht einwandfreien Ausgangsdroge beim üblichen Überbrühen mit kochendem Wasser ein bakteriologisch unbedenkliches Teegetränk ergab; hingegen waren in Auszügen, die mit nur 60 °C warmem Wasser bereitet wurden, höhere, in Kaltauszügen aber sehr hohe Keimzahlen nachweisbar. Inzwischen haben auch mehrere Drogenimporteure und Vorlieferanten ihren gewerblichen Abnehmern nahegelegt, in Gebrauchsanweisungen für den Verbraucher grundsätzlich das Überbrühen der Droge mit kochendem Wasser in allen Fällen vorzuschreiben.

Das Überbrühen von Drogen reduziert die Keimzahl meist auf ein Zehntel des ursprünglichen Wertes und tötet evtl. vorhandene Enterobakterien ab [7, 8]. Eine Keimreduzierung kann durch kurzes Erhitzen des (abgeseihten) Auszuges erreicht werden, worauf der Apotheker gegebenenfalls hinweisen sollte.

Hingewiesen sei auf die sehr interessante Möglichkeit, Drogen vor ihrer Anwendung als *Tee*drogen durch Druckbehandlung und schnelles Entspannen (sog. PEX-Verfahren) einer Art „Aufschluß" zu unterziehen, wobei viele Inhaltsstoffe bei der anschließenden Teebereitung besser freigesetzt werden; vor allem überkritisches CO_2 kommt hierfür in Betracht [9].

Das Resultat einer Berücksichtigung der drei genannten Faktoren Dosis-Zerkleinerungsgrad-Extraktionsverfahren sollte ein Teegetränk sein, das einen optimalen Gehalt an wirksamen Inhaltsstoffen aufweist. Es gibt aber derzeit erst ganz wenige Untersuchungen, die Auskunft zu der häufig gestellten Frage geben: welcher Anteil der in der Droge enthaltenen Wirkstoffe geht in das Teegetränk über?

So werden aus geschnittenen Sennesfrüchten bei einem Heißwasseraufguß innerhalb 5 min etwa 85% der Sennoside A/B extrahiert, aus geschnittenen Sennesblättern aber (bei gleichen Extraktionsbedingungen) nur 65% der Sennoside A/B [4].

Welch großen Einfluß der Zerkleinerungsgrad der Droge auf die Freisetzung von Wirkstoffen bei der Teebereitung hat, zeigen Untersuchungen mit Faulbaumrinde und Cascararinde: bei Verwendung von gepulverten Drogen sind fast 90% der Anthraderivate im Teegetränk zu finden, bei Verwendung von grob geschnittener Droge aber nur noch etwa 30% [10].

Bei Lindenblüten finden sich in einem mit geschnittener Droge hergestellten Tee etwa 60% der Flavonoide im Aufguß, aus gepulverter Droge bereiteter Tee enthält ca. 80% der in der Droge enthaltenen Flavonoide [10].

Bekannt ist auch, daß bei üblicher Teebereitung in dem beim Abseihen anfallenden Drogenrückstand bei Fenchel noch etwa 70% des ätherischen Öles der Ausgangsdroge enthalten sind, bei Kamille immerhin auch 50–70% des ätherischen Öles (dabei 60–70% des Chamazulens), bei Pfefferminze sind etwa 30% des ätherischen Öles im Drogenrückstand. Auch wenn sich diese Angaben auf lipophile, schlecht wasserlösliche Inhaltsstoffe beziehen, so belegen sie doch, daß Wasser nicht immer das zur Teebereitung ideale Extraktionsmittel ist; gerade bei diesen Drogen ist zu überlegen, inwieweit standardisierten Teepräparaten der Vorzug zu geben ist (s. auch den Abschnitt Teepräparate).

[1] H. Schilcher, Vortrag auf dem APV-Symposium in Darmstadt, 10.+11.10.1994; Dtsch. Apoth. Ztg. **134**, 4583 (1994).
[2] Chr. Höltzel, Dtsch. Apoth. Ztg. **124**, 2479 (1984).
[3] U.H.T. Hagenström und G. Bleske, Dtsch. Apoth. Ztg. **125**, 1597 (1985).
[4] H. Miething, W. Boventer und R. Hänsel, Dtsch. Apoth. Ztg. **127**, 2587 (1987).
[5] D. Frohne, Planta Med. **18**, 1 (1970).
[6] W. Hameister, in: „Qualität pflanzlicher Arzneimittel", Herausg. G. Hanke, Wiss. Verlagsgesellschaft, Stuttgart 1984.
[7] Chr. Härtling, Pharm. Ztg. **128**, 1006 (1983).
[8] R. Leimbeck, Dtsch. Apoth. Ztg. **127**, 1221 (1987).
[9] W. Carius und E. Stahl, Dtsch. Apoth. Ztg. **127**, 901 (1987).
[10] Bisher unveröffentlichte Ergebnisse, die im Rahmen von sog. Literaturarbeiten unter Leitung von M. Wichtl durchgeführt wurden (A. Gerlach, D. Hüttner, B. Bozek, Th. Fingerhut, St.A. Molinski, H. Schmidt).

Grundsätzliches zu Teedrogen und Teepräparaten

Aufbewahrung
Lagerung
Haltbarkeit

Geht man davon aus, daß Teedrogen arzneilich gebraucht werden, so wird man bei ihrer Aufbewahrung und Lagerung die gleiche Sorgfalt walten lassen wie bei anderen Arzneimitteln auch. In den Arzneibüchern sind nicht allzuviele Hinweise zu finden, wie Drogen zweckmäßig aufbewahrt werden.

Wesentliche Faktoren, die bei der Lagerhaltung von Drogen, aber auch bei der Aufbewahrung z.B. beim Patienten zu beachten sind, sind:

- Licht
- Temperatur
- Luftfeuchtigkeit
- Zerkleinerungsgrad

Nahezu für alle Drogen ist Lichtschutz erforderlich und in den meisten Arzneibüchern auch zwingend vorgeschrieben; diese Forderung ergibt sich zum einen aus dem Umstand, daß Blatt-, Blüten- und Krautdrogen im Licht rasch ausbleichen und unansehnlich werden; zum anderen beschleunigt Licht den Ablauf zahlreicher chemischer Prozesse, die einen Abbau oder eine Veränderung der Drogeninhaltsstoffe bewirken können.

Für die Erhaltung der Drogenqualität ist die Temperatur ein weiterer wesentlicher Parameter. Nach einer von van't Hoff (1884) aufgestellten Regel bedeutet eine Temperaturerhöhung um 10 °C eine Verdoppelung der Reaktionsgeschwindigkeit, d.h. daß nicht nur durch Licht, sondern auch durch Erwärmen Veränderungen an Drogeninhaltsstoffen beschleunigt werden; der Gehalt an flüchtigen Inhaltsstoffen (ätherisches Öl) nimmt bei zunehmender Temperatur rascher ab. Daraus ergibt sich die Notwendigkeit, Drogen möglichst kühl aufzubewahren. Für die Lagerhaltung ist einem *trockenen* Kellerraum unbedingt der Vorzug zu geben vor einem (zwar auch trockenen) warmen bis heißen Dachboden; der früher so beliebte Kräuterboden sollte der Vergangenheit angehören!

Zu hohe Luftfeuchtigkeit wirkt sich in zweierlei Hinsicht nachteilig auf die Haltbarkeit der Drogen aus: zum einen kann durch Feuchtigkeit die Aktivität bestimmter Enzyme, vor allem der Glykosidasen, mobilisiert werden und damit ein Abbau von Inhaltsstoffen in Gang gesetzt werden, zum anderen bedeutet höhere Luftfeuchtigkeit eine erhöhte Gefahr des Befalles durch Schimmelpilze oder andere Mikroorganismen. Es ist darum angezeigt, Drogen trocken, d.h. bei einer relativen Luftfeuchte unter 60% aufzubewahren bzw. zu lagern.

Letztendlich spielt auch der Zerkleinerungsgrad eine Rolle, wenn es um die möglichst werterhaltende Aufbewahrung geht: Zu starke Zerkleinerung bringt infolge Oberflächenvergrößerung die negativ wirkenden Faktoren stärker und rascher zur Geltung als dies bei der Ganz-Droge möglich ist. Dieser Umstand verdient vor allem Beachtung bei Drogen, die ätherisches Öl, Gerbstoffe und Bitterstoffe enthalten [1, 2]. Teedrogen mit diesen Wirkstoffen sollen nicht in gepulverter Form vorrätig gehalten werden.

Die Gefäße, in denen Drogen aufbewahrt werden oder auf Lager liegen, sollen die Erfüllung der eben genannten Forderungen gewährleisten. In manchen Arzneibüchern sind diesbezügliche Angaben genauer definiert, z.B. im ÖAB „In gut schließenden Gefäßen" = hinreichender Schutz gegen Verunreinigung oder Beeinflussung durch andere Stoffe; darüber hinausgehend „In dicht schließenden Gefäßen" = zusätzlicher Schutz vor einer Beeinträchtigung durch den Wassergehalt der Luft. Bei manchen Drogen kann der Zusatz „mit einem geeigneten Trocknungsmittel" angezeigt sein (z.B. bei Wollblumen), um Verfärbungen oder sonstige Veränderungen hintanzuhalten; es empfiehlt sich, Gefäße mit doppeltem Boden zu wählen, bei denen sich z.B. Blaugel im unteren Boden befindet und auf dem oberen, durchlöcherten Boden, über einer Lage Mull, die Droge. Bei einigen Wurzeldrogen findet man im ÖAB auch den Hinweis „Vor Insektenfraß geschützt", wobei die Droge zuvor mit Chloroformdämpfen begast und anschließend gut durchlüftet wird, ein Vorgehen, das auf manche Kritik stößt (wegen der Verwendung eines chlorierten Kohlenwasserstoffes), sich aber nur schwer durch andere Verfahren ersetzen läßt (s. dazu auch den Abschnitt Pflanzenbehandlungsmittel-Rückstände).

Als Vorratsgefäße sind Weißblechdosen in der Apothekenpraxis problemlos, sofern sie wirklich dicht schließen; für kleinere Drogenmengen sind (mit Ausnahme der Drogen mit ätherischem Öl) auch Kunststoffbehälter geeignet, ebenso dicht schließende Dosen aus Holz oder Hartkarton. Drogen, die ätherisches Öl enthalten, sind in kleineren Mengen optimal in braunen Glasgefäßen aufzubewahren, allenfalls auch in Polyamid-Behältern, hingegen sind Gefäße aus Polyethylen, Polypropylen oder Polyvinylchlorid ungeeignet, weil sie rasch ätherisches Öl absorbieren, auch aus dem über der Droge befindlichen Luftraum, der sich gewöhnlich rasch mit flüchtigen Stoffen sättigt.

Zur Abgabe von Teedrogen an den Patienten können Papierbeutel nicht uneingeschränkt empfohlen werden. Besser ist es, arzneilich verwendete Tees in Pergamin- oder Zellophanbeutel abzupacken, bei aromatischen Drogen sind die (etwas teureren) Beutel mit Aluminiumfolie ideal. Geeignet sind auch Teedosen aus Polyamid oder Hostalen®, wenn sie zwecks Lichtschutz entsprechend eingefärbt sind. Auf die Bedeutung der Tee-Etiketten, die nicht nur eine sachgerechte Information bieten müssen, sondern auch eine ansprechende Aufmachung besitzen sollten, sei ausdrücklich hingewiesen [3, 4].

Zur Stabilität der Teedrogen liegen erst wenige Untersuchungen [5, 6, 7] vor, die alle Parameter (Licht, Temperatur, Luftfeuchte, Zerkleinerungsgrad, Material der Lagergefäße) berücksichtigen; aus ihnen lassen sich keine allgemeingültigen Angaben über die Verwendbarkeitsdauer der Drogen ableiten. Während im ehemaligen AB-DDR für nahezu alle Drogen Aufbewahrungsfristen vorgeschrieben waren (3 Jahre oder auch nur 18 Monate, bei einigen Drogen im gepulverten Zustand 24 Std.), fehlen in der Ph. Eur., im DAB 1996, ÖAB und der Ph. Helv. VII solche Hinweise, obwohl der Frage der Lagerdauer der Teedrogen mehr Aufmerksamkeit geschenkt werden muß, auch im Interesse der Arzneimittelsicherheit. Im Rahmen der Standardzulassungen sind für eine ganze Reihe von Drogen entsprechende Hinweise zur Haltbarkeit vorgesehen; bei Drogen mit ätherischem Öl kann aus dem Ausgangswert (Gehalt zum Zeitpunkt der Abpackung) und der (prozentuellen) Abnahme in der Zeiteinheit die Haltbarkeitsdauer berechnet werden, bei anderen Drogen wird die Haltbarkeit direkt in Jahren angegeben. Für den Apotheker ergibt sich daraus, nur Drogen der letzten Ernte einzukaufen (nicht alle Drogengroßhandlungen machen allerdings diesbezügliche Angaben) und auch nur solche Mengen auf Vorrat zu nehmen, die voraussichtlich bis zur nächsten Ernte abgegeben werden.

[1] H. Flück, Pharm. Acta Helv. **43**, 1 (1968).
[2] M. Wichtl, Pharmazie **25**, 692 (1970).
[3] U.H.T. Hagenström und A. Schmidt, Pharm. Ztg. **130**, 3102 (1985), einschl. Kommentar von H. Morck.
[4] Anonym (schle), Dtsch. Apoth. Ztg. **127**, 875 (1987).
[5] D. Fehr und G. Stenzhorn, Pharm. Ztg. **124**, 2324 (1979).
[6] L. Kreutzig, Pharm. Ztg. **127**, 893 (1982).
[7] D. Fehr und G. Stenzhorn, Pharm. Ztg. **127**, 111 (1981).

Grundsätzliches zu Teedrogen und Teepräparaten

Eingangskontrolle und Prüfung

Im Arzneipflanzen- und Drogen-Großhandel

Teedrogen werden aus den verschiedensten Teilen der Welt importiert, aus Übersee in Containern, aus osteuropäischen Ländern meist in LKW oder per Bahn, wobei neben toto-Droge auch concis-Ware in den unterschiedlichsten Behältern (Säcke aus Jute, Papier, Polypropylen etc.) angeliefert wird [1]. Die Eingangskontrolle der zuerst auf Quarantäne gelegten Drogenpartien erfaßt durch visuelle Prüfung, ob Übereinstimmung der Kennzeichnung von Gebinde und Lieferschein mit dem Inhalt besteht. Ferner wird auf Transportschäden, Insekten- und Pilzbefall sowie auf Gewicht geachtet. Nach einem bestimmten Plan werden aus jeder Charge Proben gezogen und diese makroskopisch, mikroskopisch und phytochemisch untersucht, wobei man sich möglichst an den Arzneibüchern orientiert; häufig prüft man auch auf mikrobielle Kontamination, auf Rückstände von Pflanzenbehandlungsmitteln, Schwermetalle und radioaktive Rückstände.

Entspricht die Droge allen Anforderungen, so wird die Partie – nach Einbehalten eines Rückstellmusters – zum Verkauf freigegeben. Wenn nur einzelne Prüfpunkte zu Beanstandungen führen (Feuchtigkeit, Aschegehalt etc.) wird die Droge entweder nachbearbeitet (getrocknet, gereinigt) oder entsprechend gekennzeichnet z.B. für die industrielle Bearbeitung (Extraktion) freigegeben. Bietet ein Mindergehalt an Wirkstoff(en) Grund für eine Beanstandung, so wird je nach Erfahrung entschieden, ob die Droge für Extraktionszwecke freigegeben werden kann oder ob durch Vermischen mit Drogen höheren Gehaltes eine Standardisierung möglich ist.

In der Apotheke

Obwohl der Apotheker nach der Apothekenbetriebsordnung die Prüfung der Arzneimittel durch Einrichtungen außerhalb seiner Apotheke vornehmen lassen darf (z.B. durch das Zentrallaboratorium Deutscher Apotheker, das dann das sog. ZL-Zeichen vergibt [2]), entbindet ihn dies nicht von seiner persönlichen Verantwortung für die Qualität der Droge. Es muß deshalb immer die Kontrolle eingelieferter Drogen, auch wenn diese vorgeprüft sind, erfolgen, zumindest ist die Feststellung der Identität eine Tätigkeit der täglichen Praxis. Sehr häufig kann schon makroskopisch erkannt werden, ob die Droge in Ordnung ist: Leinsamen, Kamillenblüten, Pfefferminzblätter lassen sich bei einiger Erfahrung ohne besondere Hilfsmittel untersuchen, d.h. als unverfälscht und nicht verunreinigt beurteilen, sehr gute Dienste leistet hier auch eine Stereolupe.

Bei sehr vielen anderen Drogen ist es hingegen unerläßlich, zur sicheren Identifizierung bzw. zum sicheren Ausschluß von Verfälschungen das Mikroskop zu Hilfe zu nehmen. In diesem Buch ist der mikroskopischen Prüfung ein hoher Stellenwert zugemessen worden, was sich auch in den vielen Bildern der entsprechenden Drogenmerkmale zeigt. Dabei haben wir auch den Größenangaben besondere Aufmerksamkeit geschenkt, weil sie für die Beurteilung nicht selten wesentlich sind (s. z.B. Salbei/Dreilappiger Salbei, Basalzellen der Gliederhaare); deshalb ist auch in allen mikroskopischen Aufnahmen ein Maßstab angegeben. Wo die Größenangaben einen Spielraum zulassen, kann anstelle der Eichung eines Meßokulars mittels Objektmikrometer auch der Zusatz von wenig Lycopodium als „Maßstab" (eine winzige Spatelspitze pro Präparat reicht aus) erfolgen: die Sporen haben einen Durchmesser von ziemlich genau 30 μm und können so als „Meßlatte" dienen.

Neben der Mikroskopie spielt die DC bei der Identifizierung und Qualitätsprüfung der Drogen eine sehr wichtige Rolle; sie läßt sich auch im Apothekenlaboratorium mit einfachsten Hilfsmitteln durchführen [3].

Die DC liefert eine erstaunliche Fülle von Informationen bei **minimalem Bedarf an Probenmaterial und Chemikalien** [3, 4]. Anstelle teurer und spezieller DC-Kammern lassen sich ohne Qualitätseinbuße auch gereinigte Marmeladen- oder Baby-Nahrungsgläser für die Entwicklung verwenden (Abb. 1). DC-Kammern für die Horizontal-Entwicklung mit HPTLC-Fertigplatten sind nicht erforderlich, ebensowenig HPTLC-Platten, deren besondere Trennqualitäten ohnehin nur bei sehr sorgfältige und geübter Auftragetechnik voll ausgenutzt werden können. Die in diesem Buch vorgestellten **DC-Beispiele** wurden alle mit **4×8 cm Kieselgel GF$_{254}$ Folien** oder mit **5×10 cm Kieselgel 60 F$_{254}$ Glasplatten** mit einem kleinen **Marmeladenglas** als **Trennkammer** erhalten. Als Fließmittel genügen 10 bis 12 ml, bei einer **Entwicklungshöhe von 6 bis 8 cm** liegt die benötigte Zeit zwischen 10 und 30 Min. Das DC-Ergebnis wird von der **Auftragetechnik** entscheidend beeinflußt. Unbedingt empfohlen sei an dieser Stelle, die **Untersuchungs- und Referenzlösungen als 10 mm** breite und möglichst **schmale (<2 mm) Zonen auf die Startlinie** aufzutragen. Zum Auftragen genügen ausgezogene Schmelzpunktkapillaren (1 cm Füllung entspricht ±4 µl), käufliche Mikrokapillaren mit definiertem Volumen (meist 0,75 µl) oder eine variable Mikrokapillare (z.B. Transferpettor), bei der man vorteilhaft für schmale Auftragzonen die Kapillaren an der Spitze etwas ausziehen kann.

Die Größe der Rf-Werte wird von der **rel. Luftfeuchtigkeit** im Labor beeinflußt, das gilt besonders für die DC von Drogen mit zahlreichen ätherischen Ölkomponenten in unpolaren Fließmitteln. Hier empfiehlt es sich, die jeweilige rel. Feuchte im Labor zu notieren. Allgemein gilt: **Höhere rel. Feuchte erhöht, niedrigere rel. Feuchte (z.B. in zentral geheizten Räumen) er-** **niedrigt die Rf-Werte** und führt u.a. zur schlechteren Trennung nahe beieinander liegender Substanzzonen mit kleinem Rf-Wert. Deshalb wird generell empfohlen, eine 2. Vergleichslösung aus authentischer Droge z.B. aus der vorhergehenden Drogen-Charge mitlaufen zu lassen. Für die Messung der rel. Feuchte genügt ein Haar-Hygrometer. Zur **Detektion** müssen die meisten Chromatogramme in einem gut ziehenden Abzug mit speziellen Reagenzien besprüht werden. Alternativ läßt sich auch das entwickelte DC in speziellen Tauchkammern in die Reagenzlösung tauchen, wobei allerdings die Benetzung der DC-Rückseite und die sehr viel größere Reagenzmenge nachteilig sind. Die eigentliche Farbentwicklung erfordert meist gleichmäßiges **Erhitzen des besprühten DC** – was auch auf einer mit Alufolie bedeckten Heizplatte möglich ist (Abb. 2).

Zur **Dokumentation** ist es am einfachsten, das erhaltene DC entweder direkt zu archivieren oder eine **sw-Kopie** nach Markierung der evtl. nur im UV-Licht erkennbaren Zonen zusammen mit den übrigen experimentellen Daten anzufertigen. Für die aufwendigere Photodokumentation besonders im UV-Licht finden sich nähere Angaben bei [4]. Ausführlichere Angaben zur DC-Arbeitstechnik einschließlich zahlreicher DC-Beispiele von Drogen und Arzneistoffen finden sich in dem speziell für die Bedürfnisse der Apothekenpraxis geschriebenen farbigen „DC-Atlas" [4]. Ein ausschließlich der Identifizierung von Drogen dienendes Handbuch [5] ermöglicht ebenfalls den Vergleich mit farbigen DC-Abbildungen für zahlreiche Drogen. Als weitere zweckmäßige Vorschriftensammlung zur Drogenprüfung sind die „Apotheken-gerechten Prüfvorschriften" [6] zu nennen. Die Dünnschicht-Chromatographie wurde in diesem Buch an vielen Stellen berücksichtigt, vor allem bei solchen Drogen, bei denen die mikroskopische Prüfung allein nicht ausreicht oder schwierig ist.

Weitere wertvolle Hinweise zur DC und zur Prüfung von Drogen liefern auch Lit. [7] und [8].

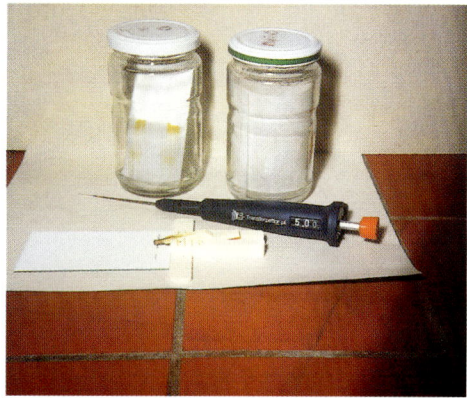

Abb. 1: Marmeladenglas als DC-Trennkammer und verschiedene Auftragegeräte

Abb. 2: Heizplatte CAMAG zur Farbentwicklung von besprühten DC

[1] A. Nagell, in: „Qualität pflanzlicher Arzneimittel", Hrsg. von G. Hanke; Wiss. Verlagsgesellschaft, Stuttgart 1984.

[2] H. Blume, Pharm. Ztg. **132**, 1638; 2323 (1987).

[3] M. Wichtl, Prüfung von Drogen in Apotheken (Schriftenreihe der Bundesapothekerkammer, Davos 1984, Dokumentation der Vorträge).

[4] P. Pachaly, DC-Atlas – Dünnschicht-Chromatographie in der Apotheke, Wiss. Verlagsgesellschaft Stuttgart, 1.–3. Lieferung, 1995.

[5] H. Wagner, S. Bladt, Plant Drug Analysis, a Thin Layer Chromatography Atlas, Springer Verlag, Berlin, Heidelberg, New York, 1995.

[6] P. Rohdewald, G. Rücker u. K.W. Glombitza, Apothekengerechte Prüfvorschriften, Dtsch. Apotheker Verlag Stuttgart, 1986.

[7] G. Franz und H. Koehler, Drogen und Naturstoffe; Grundlagen und Praxis der chemischen Analyse, Springer-Verlag Berlin etc. 1992.

[8] Lj. Kraus, A. Koch und S. Hoffstetter-Kuhn, Dünnschichtchromatographie, Springer Labor Manual, Springer-Verlag Berlin etc. 1996.

Grundsätzliches zu Teedrogen und Teepräparaten

Rückstände auf pflanzlichen Drogen (Kontaminationsprobleme)

Pflanzen, auch arzneilich genützte, sind im Verlauf ihres Wachstums mannigfachen Umwelteinflüssen ausgesetzt, von denen uns im Hinblick auf Teedrogen folgende interessieren: Befall durch Mikroorganismen (Bakterien, Pilze), Kontamination mit Schwermetallen (z.B. Blei, Cadmium u.a.) und Behandlung mit Pflanzenschutzmitteln (Pestizide), aber auch Begasungsrückstände.

Bei der Drogenherstellung durch Trocknen der Pflanzenteile können die genannten Umweltfaktoren als Rückstände auf den Teedrogen verbleiben, was aus hygienischen und toxikologischen Gründen unsere besondere Aufmerksamkeit erfordert. Während bei den Trocknungsvorgängen die Pflanzenbehandlungsmittel in Abhängigkeit von ihrer chemischen Struktur mindestens teilweise abgebaut werden und Schwermetalle als solche auf den Drogen verbleiben, kann die Zahl der Mikroorganismen je nach Art der Trocknung u.U. sehr stark zunehmen, so daß Drogen, die langsam und bei relativ hoher Luftfeuchte (z.B. in Scheunen während einer Regenperiode) getrocknet werden, eine höhere Keimzahl aufweisen können als die Frischpflanzen.

Mikrobiologische Kontamination ist nicht nur aus hygienischen Gründen, sondern wegen der Toxinbildung durch Pilze und Bakterien ebenso toxikologisch bedenklich wie das Vorhandensein von Schwermetall- und Pestizidrückständen.

Bei Lebensmitteln ist die gesamte Problematik seit langem bekannt und z.B. durch die sog. Pflanzenschutzmittel-Höchstmengenverordnung teilweise gesetzlich geregelt. Auf dem Gebiet pflanzlicher Drogen beschäftigt man sich hingegen mit diesen Fragen erst seit einigen Jahren. Ohne die hier anstehenden Probleme verniedlichen zu wollen, muß man natürlich bedenken, daß Lebensmittel vom Menschen regelmäßig zu sich genommen werden, Teedrogen-Aufgüsse aber nur hin und wieder, wenn man von kurmäßigem Gebrauch absieht; das Problem ist daher auf dem Lebensmittelsektor ungleich brennender gewesen.

Mikrobielle Kontamination

Je nährstoffreicher ein Pflanzenteil ist und je langsamer der Trocknungsvorgang abläuft, um so höher werden die Keimzahlen der resultierenden Drogen ausfallen: Wurzeldrogen, die durch Bodenpartikel primär ohnehin stärker belastet sind, weisen daher stets höhere Zahlen an Mikroorganismen auf als z.B. Blüten, die von Bakterien und Pilzen weniger gut als Nährboden genützt werden können.

Die Gesamtkeimzahlen variieren von Droge zu Droge sehr stark [1–3], sie liegen zwischen $10^2/g$ und $10^8/g$. Dabei ist zu berücksichtigen, daß der Mensch selbst „weder steril ist noch in einer sterilen Umwelt lebt" [1]; die Mundflora enthält etwa 300 verschiedene Keimarten, insbesondere ca. 10^9–10^{12} Anaerobier/g und 10^5–10^{11} Aerobier/g Speichel [1], und dieser wird zum größten Teil verschluckt! Auch die menschliche Haut ist mit etwa 10^5–10^6 Keimen/cm² besiedelt. Deshalb sind die Gesamtkeimzahlen von relativ geringer Bedeutung, wichtig erscheint es hingegen, die Abwesenheit pathogener Keime sicherzustellen und die Zahl der Enterobakterien zu limitieren, was auch im Lebensmittelbereich üblich ist. Die Begrenzung der Keimzahlen bei pflanzlichen Drogen ist in den letzten Jahren intensiv diskutiert worden.

Als besonders gut fundiert erwiesen sich die Vorschläge von B. Frank [1], die er auf Grund umfangreicher Literaturstudien und eigener Untersuchungen an Teedrogen gemacht hat. Sie dienten, neben den FIP-Richtlinien [2] als Basis für die 1991 erfolgte Regelung im Deutschen Arzneibuch (Abschnitt VIII.N5), wobei aus Gründen der Arzneimittelsicherheit etwas strengere Anforderungen gestellt wurden als sie von Frank vorgeschlagen waren.

Bei den Vorschriften zur Begrenzung von Keimzahlen bei Drogen mußte man auch bedenken, daß es bisher so gut wie kein Verfahren gibt, Drogen ohne Schädigung der Inhaltsstoffe keimarm zu machen:

- Pasteurisation oder Autoklavieren kommt bei Drogen nicht in Frage;
- Trockene Hitze ist nur bei ganz wenigen Drogen anwendbar;
- Begasung mit Ethylenoxid führt zwar zu einer drastischen Reduktion der Keimzahlen (und gleichzeitig zur Vernichtung von Schadinsekten), doch ist das Verfahren wegen der Bildung toxischer Reaktionsprodukte (Ethylenchlorhydrin, Ethylenglykol) ab 01.01.1990 EG-weit für Drogen verboten.
- Ionisierende Strahlen: eine Behandlung ist deklarationspflichtig, entsprechende Drogen würden wenig Akzeptanz beim Publikum, das Naturprodukte erwartet, erfahren [4]. Die erforderlichen hohen Strahlendosen dürften auch meist zu Veränderungen der Inhaltsstoffe führen.

Es bleibt abzuwarten, ob die im Labormaßstab durchgeführten und teilweise erfolgreichen Versuche zur Keimzahlreduzierung mittels unter sehr hohem Druck stehenden Kohlendioxid [5] oder durch Mikrowellenenergie [6] sich auch zu technisch brauchbaren Verfahren weiterentwickeln werden.

Die für Deutschland gültige Regelung sieht im Abschnitt VIII.N5, Mikrobiologische Reinheit von Fertigarzneimitteln des DAB 1996 differenzierte Anforderungen für Drogen vor: zur Teebereitung bestimmte Drogen dürfen etwas höhere Keimzahlen aufweisen als solche, die als Pulver – z.B. in Kapseln oder in einer Flüssigkeit aufgeschwemmt – innerlich angewendet werden (Ratanhiawurzel in Rotwein u.a.). Die Anforderungen sind nachstehend auszugsweise (d.h. also nur die Drogen betreffenden Teile) wiedergegeben.

VIII.N5 Mikrobiologische Reinheit von Fertigarzneimitteln

Fertigarzneimittel sollten, falls im Arzneibuch nichts anderes vorgeschrieben ist, den in der Tabelle angegebenen mikrobiologischen Reinheitsanforderungen genügen. Die mikrobiologische Reinheit der Ausgangsstoffe sowie die Herstellungsbedingungen einschließlich des zur Herstellung verwendeten Wassers sollten derart sein, daß die mikrobiologischen Reinheitsanforderungen an das Endprodukt, d.h. die pharmazeutische Zubereitung, eingehalten werden.

Kontamination mit Schwermetallen

In den letzten Jahren sind Umweltbelastungen durch Blei, Cadmium und Quecksilber wiederholt festgestellt worden und Anlaß von (z.T. übertriebenen) Berichten gewesen.
Für Drogen liegen bereits einige Untersuchungen vor [7, 7a]. Im allgemeinen orientiert man sich an den von der ZEBS (Zentrale Erfassungs- und Bewertungsstelle für Umweltchemikalien) aufgestellten Richtwerten. Diese betragen bei Lebensmitteln:

- **Blei**
  max. 0,5 ppm* (Frucht- und Wurzelgemüse, Getreide)
  max. 1,2 ppm (Blattgemüse)

---

* 1 ppm = 1 part per million = 0,0001%

Tabelle: Mikrobiologische Reinheitsanforderungen an Fertigarzneimittel (DAB 1996)

4a	Drogen und Drogenmischungen für Arzneitees, die vor Anwendung eine Keimzahlverminderung erfahren (z.B. durch Überbrühen mit siedendem Wasser), und äußerlich anzuwendende, ganze oder zerkleinerte Droge enthaltende Zubereitungen.	Je Gramm: – höchstens 10^7 aerob wachsende Bakterien – höchstens 10^4 Hefen und Schimmelpilze – höchstens 10^2 *Escherichia coli* – höchstens 10^4 andere Enterobakterien – keine Salmonellen Prüfung nach (V.2.1.8.1) und (V.2.1.8.2), wobei zur Bestimmung der Keimzahlen von Enterobakterien und *Escherichia coli* entsprechende Verdünnungen erforderlich sind.
4b	Sonstige innerlich anzuwendende, ganze oder zerkleinerte Droge enthaltende Zubereitungen.	Je Gramm: – höchstens 10^5 aerob wachsende Bakterien – höchstens 10^3 Hefen und Schimmelpilze – höchstens 10^1 *Escherichia coli* – höchstens 10^3 andere Enterobakterien – keine Salmonellen Prüfung nach (V.2.1.8.1) und (V.2.1.8.2), wobei zur Bestimmung der Keimzahlen von Enterobakterien und *Escherichia coli* entsprechende Verdünnungen erforderlich sind.

Grundsätzliches zu Teedrogen und Teepräparaten

Rückstände auf pflanzlichen Drogen (Kontaminationsprobleme)

- **Cadmium**
  max. 0,1 ppm (Blatt- und Fruchtgemüse, Getreide)
  max. 0,05 ppm (Wurzelgemüse)
- **Quecksilber**
  max. 0,03 ppm (Getreide).

Für Leinsamen wurde expressis verbis ein Höchstwert für Cadmium von 0,3 mg/kg vorgeschrieben (Bundesgesundheitsblatt **30**, 11, 391 [1987]).
Zu berücksichtigen ist stets, daß von den Schwermetallen jeweils nur ein Bruchteil in das Teegetränk übergeht. Wegen der sehr geringen Konzentrationen lassen sich entsprechende Analysen nur mittels Atomabsorptionsspektroskopie, nach Aufschluß der Drogen mittels Perchlorsäure-Salpetersäure (und damit nicht im Apothekenlaboratorium), durchführen.

Kontamination mit Pflanzenbehandlungsmitteln

Wie im Nutzpflanzenanbau kommt man auch im Arzneipflanzenanbau ohne den Einsatz von Pflanzenschutzmitteln nicht aus: der sog. biologische Anbau kann aus Kostengründen nur im Kleinstbetrieb (Hausgarten) durchgeführt werden – oder man nimmt das Risiko schwerer bis schwerster Ausfälle durch Schädlinge in Kauf.

Während der Einsatz von Pflanzenbehandlungsmitteln für Nahrungspflanzen in vielen europäischen und überseeischen Ländern gesetzlich geregelt ist, fehlen entsprechende Bestimmungen in manchen Entwicklungsländern, bzw. werden dort in der Praxis nicht beachtet. Es kann demnach vorkommen, daß Drogen aus diesen Ländern noch Pestizide (z.B. DDT) enthalten, die bei uns längst verboten sind – ein Problem auch für den Analytiker, der ohnehin auf eine Palette unterschiedlichster Substanzen wie Thiophosphorsäureester, chlorierte Kohlenwasserstoffe, Carbamate u.v.a. zu prüfen hat. Bei der Drogenuntersuchung nach Arzneibuch fallen Rückstände von Pflanzenbehandlungsmitteln in die Kategorie „ungewöhnliche Verunreinigungen", man orientiert sich dabei an den Verordnungen über Rückstände an Pflanzenschutzmitteln bei Lebensmitteln. Zu beachten ist, daß man sowohl bei Lebensmitteln als auch bei Arzneipflanzen heute stets Rückstände findet, gleichgültig, ob die lebenden Pflanzen mit Pestiziden behandelt wurden oder nicht, weil sich diese Umweltchemikalien nahezu weltweit verbreitet haben. Wesentlich ist, ihre Menge in Grenzen zu halten, was man unter anderem durch Einhalten der Wartefristen (Abstand von letztem Behandlungsdatum bis Erntedatum) erreichen kann. In einer umfangreichen Studie an 2654 Proben hat Schilcher [7, 8] gezeigt, daß ein Teil nicht der Höchstmengen-Verordnung entsprach. Auch hierbei ist aber zu bedenken, daß bei der Herstellung eines Teegetränkes nur Bruchteile des Pestizides in den Aufguß übergehen, nämlich nur etwa 10% [7–9].

Da für die Analytik unbedingt ein Gaschromatograph und/oder ein Hochdruckflüssigkeitschromatograph bzw. ein empfindliches DC-Direktauswertegerät erforderlich ist, können die einschlägigen Untersuchungen normalerweise nicht im Apothekenlaboratorium durchgeführt werden. Renommierte Teedrogengroßhandlungen untersuchen inzwischen regelmäßig ihre Drogenpartien auf Rückstände oder lassen dies in entsprechenden Laboratorien durchführen.

Auf die Problematik der Rückstände von Ethylenoxid ist bereits im Abschnitt „Mikrobielle Kontamination" hingewiesen worden.

1995 wurde für pflanzliche Drogen die ganze Problematik durch Aufnahme eigener Abschnitte in das DAB 1996 geregelt: in V.4.6, Pestizid-Rückstände (mit einer sehr weit gefaßten Definition, der Angabe von Grenzwerten für 34 Pestizide, Probenahme und Analytik) und VIII.17, Prüfung auf Pestizide, wobei (zunächst) mit VIII.17.1 Organochlor-, Organophosphor- und Phyrethroid-Insektizide erfaßt sind. Die Vorschriften sind das Ergebnis langjähriger Beratungen von Expertenkommissionen und beruhen auf zahlreichen Untersuchungen, von denen Lit. [10–13] nur einen kleinen Ausschnitt gibt. Obwohl die GC mit Kapillarsäulen nach wie vor als die Methode der Wahl gilt, muß man der DC auf HPTLC-Platten mit nachfolgender Direktauswertung [14] zumindest eine gute Brauchbarkeit für einige Pestizide zubilligen.

Kontamination mit radioaktiven Stoffen

Seit dem Reaktorunfall in Tschernobyl (Mai 1986) ist auch die Kontamination von Drogen mit radioaktiven Stoffen Gegenstand regelmäßiger Untersuchungsberichte gewesen. Inzwischen sind im EG-Raum für Lebensmittel Höchstwerte von 600 Bq/kg festgesetzt worden, an denen sich auch die Drogen-Importeure und -Lieferanten orientieren. In den Monaten „nach Tschernobyl" wurden für einige Drogen erheblich höhere Bq-Werte gemeldet; vor allem osteuropäische Drogen waren hier zu finden. Für die Teetrinker bestand jedoch kaum eine wirkliche Gefährdung, da in das Teegetränk jeweils nur ein kleiner Teil der Radionuklide übergeht; Trinkmilch wies damals etwa 20-fach höhere Bq-Werte auf als ein aus kontaminierter Droge bereitetes Teegetränk [15]; auch 1987 durchgeführte Untersuchungen kamen zu ähnlichen Aussagen [16].

[1] B. Frank, Keimreduzierung und mikrobiologischer Status von Drogen und Drogenzubereitungen. Vortrag auf dem APV-Seminar „Qualität pflanzlicher Arzneimittel IV.", Darmstadt 3. Mai 1988.
[2] FIP-Sektion Industrieapotheker, Pharm. Acta Helv. **51**, 41 (1976).
[3] M. Thonke, N.D. Khang und H. Dressel, Pharmazie **46**, 284 (1991).
[4] H. Declinee und Mitarb., Pharm. Ztg. **135**, 684 (1990).
[5] E. Stahl und G. Rau, Dtsch. Apoth. Ztg. **125**, 1999 (1985).
[6] A. Brantner und W. Lück, Pharmazie **50**, 762 (1995).
[7] H. Schilcher, Planta Med. **44**, 65 (1982).
[7a] H. Peters und H. Schilcher, Planta Med. **52**, 521 (1988).
[8] H. Schilcher, Fresenius Z. Anal. Chem. **321**, 325 (1985).
[9] S.L. Ali, Pharm. Ztg. **130**, 1927 (1985).
[10] DFG: Rückstandsanalytik von Pflanzenschutzmitteln. VCH-Verlagsges. Weinheim 1989.
[11] DFG: Dünnschichtchromatographie in der Rückstandsanalytik von Pflanzenschutzmitteln und deren Metaboliten. VCH-Verlagsges. Weinheim 1987.
[12] T. Gabrio, H. Schlenkrich und D. Ennet, Pharmazie **45**, 209 (1990).
[13] J. Tekel und Mitarb., Pharmazie **49**, 899 (1994).
[14] Chr. Gardyan und H.P. Thier, Z. Lebensm. Unters. Forsch. **192**, 40 (1991).
[15] H. Pratzel und D. Reinelt, Dtsch. Apoth. Ztg. **126**, 1957 (1986).
[16] S.L. Ali und M. Ihrig, Pharm. Ztg. **132**, 2537 (1987).

Standardzulassungen

In Deutschland bedürfen aufgrund des am 1.1.1978 in Kraft getretenen Arzneimittelgesetzes (AMG 76, derzeit gültige Fassung vom 19.10.1994) alle Fertigarzneimittel einer besonderen Zulassung; hiervon sind nur wenige, meist rezepturmäßig in begrenztem Umfang hergestellte Arzneimittel ausgenommen (§ 21 Abs. 2 Nr. 1).

Dies bedeutet, daß auch zahlreiche gleichartige oder sogar identische Handverkaufs-Arzneimittel, z.B. in größeren Stückzahlen (über 100) fertig abgepackte Teedrogen, einer Zulassung bedürfen. Der damit zusammenhängende Aufwand (Antrag und Unterlagen betreffend Qualität, Wirksamkeit und Unbedenklichkeit) wäre weder für die Zulassungsbehörde noch für die Apotheken zumutbar gewesen. Der Gesetzgeber hat deshalb den Ausweg der Standardzulassungen (§ 36 AMG) geschaffen: im Verordnungswege werden für die in Betracht kommenden Arzneimittel Monographien veröffentlicht, in denen die qualitativen und quantitativen Merkmale des Arzneimittels, die Kennzeichnung (nach § 10 AMG) und die Angaben zur Packungsbeilage (nach § 11 AMG) enthalten sind. In der Praxis wird eine solche Monographie über die eines Arzneibuches hinausgehen, weil sie zusätzliche Angaben zur Haltbarkeit und zum Behältnis enthalten muß. Im Zeitpunkt der Fertigstellung des Manuskriptes zum vorliegenden Buch (März 1996) lagen für 88 Drogen und für 44 Teemischungen entsprechende Monographien zu Standardzulassungen vor, sie sind bei der Textabfassung durchwegs berücksichtigt worden, vor allem ist bei allen diesen Drogen der Text der Packungsbeilage gesondert angeführt.

Die Standardzulassungen ermöglichen es dem Apotheker, diese Drogen sowie die Teemischungen (s.S. 8ff) als Fertigarzneimittel (d.h. in gleichbleibender Zusammensetzung im voraus hergestellte, zur direkten Abgabe an den Verbraucher bestimmte Packungen) herzustellen und abzugeben, ohne das langwierige Zulassungsverfahren für Fertigarzneimittel auf sich nehmen zu müssen: es ist lediglich nötig, die in der Monographie der Standardzulassung festgelegten Auflagen einzuhalten.

Weiterführende Angaben finden sich in [1].

[1] Standardzulassungen. Text und Kommentar (einschl. 11. Ergänzungslieferung), Hrsg. R. Braun, Deutscher Apotheker Verlag und Govi-Verlag, Stuttgart und Frankfurt/M., 1996; wird laufend ergänzt.

Aufbereitungsmonographien der Kommission E für den humanmedizinischen Bereich, phytotherapeutische Therapierichtung und Stoffgruppe

In Deutschland werden nach Inkrafttreten des 2. Arzneimittelgesetzes (AMG) seit 1978 alle Arzneimittel im Zulassungsverfahren nicht nur auf ihre Qualität, sondern auch auf Wirksamkeit und Unbedenklichkeit geprüft (§ 22 AMG). Die zu diesem Zeitpunkt im Verkehr befindlichen Arzneimittel konnten entsprechend den Übergangsbestimmungen (Art. III § 7 AMNG) angezeigt werden und erhielten eine „fiktive" Zulassung, die am 31.12.1989 ablief. Diese zwölfjährige Übergangsfrist sollte nach der Philosophie des Arzneimittelgesetzes dazu genutzt werden, die Aufspaltung des bestehenden Marktes in Neu- und Altpräparate abzubauen bzw. entscheidende Vorarbeiten dafür zu leisten. Ein wichtiger Baustein hierzu war (und ist) die Aufbereitung des wissenschaftlichen Erkenntnismaterials von Arzneimitteln nach § 25, Absatz 7 AMG durch die speziell eingesetzten Aufbereitungskommissionen beim (ehemaligen) Bundesgesundheitsamt bzw. seit 1.10.1995 beim Bundesminister für Gesundheit. Die aus dieser Arbeit resultierenden Monographien stellen die Grundlage für die Zulassung und die sogenannte Nachzulassung dar.

Bisher (Stand März 1996) sind mehrere Hundert Monographien, darunter mehr als 300 *Drogen*monographien veröffentlicht worden.

Das Ergebnis ist nicht allseits befriedigend ausgefallen. Zum einen darf man erwarten, daß für viele Präparate eine „Nachzulassung" vereinfacht wurde, zum anderen ist nicht zu übersehen, daß die Risikoaussagen gegenüber den z.T. stark schematisierten und vereinheitlichten Indikationsangaben nunmehr einen bedeutenden Raum einnehmen. Für Kombinationsarzneimittel (z.B. auch Teemischungen) brachte das am 1. Februar 1987 in Kraft getretene 2. Gesetz zur Änderung des AMG weitere Probleme: nunmehr ist zu begründen, daß jeder arzneilich wirksame Bestandteil einen Beitrag zur positiven Beurteilung des Arzneimittels liefert (§ 22, 3. (3a)). Das Bundesgesundheitsamt (BGA) veröffentlichte zunächst die von der Kommission (in diesem Fall der für Phytotherapie zuständigen Kommission E) erarbeiteten Entwürfe zur Stellungnahme der an den Monographien interessierten Personen und Stellen und veröffentlichte sie anschließend, unter Berücksichtigung der eingegangenen Stellungnahmen, durch Bekanntmachung im Bundesanzeiger (BAnz). Die Arbeit der Kommission E wurde Mitte 1994 unterbrochen (eine Folge der 5. AMG-Novelle), sie ist aber im Oktober 1995 wieder aufgenommen worden. Offenbar hat sich die Erkenntnis durchgesetzt, daß das Fortschreiten der Wissenschaften eine Kontinuität in der Arbeit der Aufbereitungskommissionen notwendig macht.

Die Aufbereitungsmonographien haben seit Beginn der Arbeiten der Kommission E (1979) manchen Wandel erfahren. So sind z.B. die ersten veröffentlichten Monographien über Crataegus/ Weißdorn von 1984 inzwischen durch völlig überarbeitete Monographien von 1994 ersetzt worden, wobei der Umfang erheblich zugenommen hat, weil ausführliche Angaben zur Pharmakologie, Pharmakokinetik und Toxikologie eingefügt wurden; auch ist die Kommission E dazu übergegangen, anstelle der einfachen Aussage im Abschnitt Dosierung „Zubereitungen entsprechend" präzisere Angaben zu machen (siehe z.B. die Monographie „Crataegi folium cum flore", S. 170). Das am Schluß dieses Kapitels gegebene Beispiel für Kamillenblüten läßt den Aufbau einer Monographie der Kommission E gut erkennen.

Obwohl die Angaben vor allem für die Hersteller von Phytopharmaka wichtig sind, dürfte es doch auch Apotheker und Ärzte interessieren, welche Indikationen, Gegenanzeigen, Neben- und Wechselwirkungen, Dosierungen, Anwendungsart und Wirkungen sozusagen amtlich anerkannt werden; in einigen Fällen, in denen das Erkenntnismaterial nicht ausreicht, kam die Kommission E zu dem Schluß, eine therapeutische Anwendung nicht zu befürworten – dies stellt selbstverständlich kein Verbot einer Anwendung dar, doch sollte der Apotheker im Gespräch mit dem Kunden in der Empfehlung zurückhaltend sein bzw. entsprechend

Beispiel einer Aufbereitungsmonographie der Kommission E

Kamillenblüten (Matricariae flos)

1 Bezeichnung des Fertigarzneimittels
Kamillenblüten

2 Darreichungsform
Tee

3 Eigenschaften und Prüfungen
Haltbarkeit:
Der Gehalt an ätherischem Öl in Kamillenblüten nimmt in den Behältnissen nach 4 etwa um 0,25 Prozent absolut pro Jahr ab. Die Dauer der Haltbarkeit errechnet sich somit aus der Differenz des zum Zeitpunkt der Abpackung bestimmten Gehaltes an ätherischem Öl und dem durch das Arzneibuch vorgeschriebenen Mindestgehalt.

4 Behältnisse
Geklebte Blockbodenbeutel bzw. Seitenfaltenbeutel aus einseitig glattem, gebleichtem Natronkraftpapier 50 g/m², gefüttert mit gebleichtem Pergamyn 40 g/m².

5 Kennzeichnung
Nach § 10 AMG, insbesondere:
5.1 Zulassungsnummer
7999.99.99

5.2 Art der Anwendung
Zum Trinken, Gurgeln, Spülen, Inhalieren und für Umschläge nach Bereitung eines Teeaufgusses. Zur Bereitung von Bädern.

5.3 Hinweis
Vor Licht und Feuchtigkeit geschützt lagern.

6 Packungsbeilage
Nach § 11 AMG, insbesondere:

6.1 Stoff- oder Indikationsgruppe
Pflanzliches Magen-Darm-Mittel/Mittel bei örtlichen Entzündungen.

6.2 Anwendungsgebiete
Innerliche Anwendung bei
– Krämpfen und entzündlichen Erkrankungen im Magen-Darm-Bereich.
Äußerliche Anwendung bei
– Haut- und Schleimhautentzündungen sowie bakteriellen Hauterkrankungen einschließlich der Mundhöhle und des Zahnfleisches
– entzündlichen Erkrankungen und Reizzuständen der Luftwege (Inhalationen)
– Erkrankungen im Anal- und Genitalbereich (Bäder, Spülungen).

6.3 Gegenanzeigen
Bekannte Überempfindlichkeit gegenüber Korbblütlern, wie z.B. Arnika, Kamille, Ringelblumen, Schafgarbe.

6.4 Wechselwirkungen mit anderen Mitteln
Keine bekannt.

6.5 Dosierungsanleitung und Art der Anwendung
Soweit nicht anders verordnet, wird bei Erkrankungen im Magen-Darm-Bereich 3- bis 4mal täglich eine Tasse des wie folgt frisch bereiteten Teeaufgusses zwischen den Mahlzeiten getrunken:
1 gehäufter Eßlöffel voll (ca. 3 g) Kamillenblüten oder die entsprechende Menge in einem oder mehreren Aufgußbeutel(n) wird mit siedendem Wasser (ca. 150 ml) übergossen, zugedeckt und nach etwa 5 bis 10 Minuten gegebenenfalls durch ein Teesieb gegeben.
Zum Gurgeln, Spülen, Inhalieren und zur Bereitung von Umschlägen wird ein Aufguß in der angegebenen Menge oder dem benötigten Vielfachen wie folgt hergestellt:
3 bis 10 g Kamillenblüten werden mit 100 ml siedendem Wasser übergossen, zugedeckt und nach etwa 5 bis 10 Minuten durch ein Teesieb gegeben.
Als Badezusatz werden 50 g Kamillenblüten auf 10 l Wasser eingesetzt.
Hinweis:
Der Aufguß darf nicht im Bereich des Auges angewendet werden.

6.6 Dauer der Anwendung
Bei akuten Beschwerden, die länger als eine Woche andauern oder periodisch wiederkehren, wird die Rücksprache mit einem Arzt empfohlen.

6.7 Nebenwirkungen
Keine bekannt.

6.8 Hinweis
Vor Licht und Feuchtigkeit geschützt aufbewahren.

---

informieren. Da die Angaben über die Bestandteile des Arzneimittels in diesem Buch meist ausführlicher sind als in der Monographie der Komm. E, haben wir sie hier in der Regel weggelassen.
Der Leser findet den entsprechenden Text jeweils im Abschnitt Indikationen, etwas abgesetzt und besonders gekennzeichnet.

Wichtl

Phytopharmaka

Wie bereits auf S. 2 vermerkt, werden in die vorliegende 3. Auflage der „Teedrogen" auch solche Drogen aufgenommen, die nicht zur Teebereitung bestimmt sind, sondern zur Herstellung von Phytopharmaka. Die Grenze zwischen Teedrogen und anderen pflanzlichen Drogen ist allerdings unscharf: während Lindenblüten hauptsächlich zur Teebereitung dienen, werden die Kamillenblüten als klassische Teedroge in Form wäßrig-alkoholischer Extrakte als Phytopharmaka therapeutisch eingesetzt. Roßkastaniensamen, Ginkgoblätter u. a. Drogen werden ausschließlich in Form von bestimmten Extraktzubereitungen arzneilich verwendet.

Phytopharmaka sind Arzneimittel pflanzlichen Ursprungs, die zumeist in Form von Extrakten oder Tinkturen zur Anwendung kommen, an die die gleichen Anforderungen hinsichtlich Qualität, Unbedenklichkeit und Wirksamkeit gestellt werden wie an andere Arzneimittel auch; Reinstoffe wie Reserpin, Chinin oder Digitoxin rechnet man nicht zu den Phytopharmaka.

Phytopharmaka beanspruchen ihre Sonderstellung, die sich auch durch Einrichtung der Kommission E (S. 29) dokumentiert, aus folgenden Gründen:

1. Phytopharmaka sind stets **komplexe Stoffgemische** und weisen von Natur aus eine gewisse Variabilität ihrer Zusammensetzung auf, die man durch Standardisierung des Ausgangsmaterials und durch normierte Herstellungsvorschriften in möglichst enge Grenzen zu zwingen bemüht ist.

2. Die für die Wirksamkeit bestimmenden Inhaltsstoffe sind zwar in vielen Fällen bekannt, es ist aber zu beachten, daß **die Hauptwirkung durch Begleitstoffe** mehr oder weniger stark **modifiziert** wird oder modifiziert werden kann, ein Aspekt, der häufig unbeachtet bleibt oder unterschätzt wird.

3. Bei nicht gerade wenigen Phytopharmaka sind die für die Wirksamkeit maßgeblichen **Inhaltsstoffe noch nicht bekannt** (Beispiel Hyperici herba), bei diesen orientiert man sich zur Beurteilung der pharmazeutischen Qualität an den für die Droge spezifischen Inhaltsstoffen (sog. Leitsubstanzen).

4. Der **Nachweis der Wirksamkeit** bereitet nicht selten besondere Probleme, weil die der klinischen Prüfung vorangehenden Tierversuche in Ermangelung geeigneter Modelle oft noch gar nicht existieren (Beispiel Prostatamittel, siehe Urticae radix). Allerdings haben einige Arzneimittelhersteller inzwischen große Anstrengungen unternommen, diese unbefriedigende Situation zu überwinden; in der vorliegenden 3. Auflage wurde diesem Aspekt besondere Aufmerksamkeit geschenkt.

Der Gesetzgeber hat den Phytopharmaka mit Einrichtung der Kommission E eine besondere Behandlung zuteil werden lassen. Diese Kommission hatte und hat den Auftrag, das wissenschaftliche Erkenntnismaterial zu sammeln und aufzubereiten; daraus leiten die Zulassungsbehörden ihre Argumente für die Beurteilung der Arzneimittel aus der Gruppe der Phytopharmaka her.

Wo der Wirksamkeitsnachweis völlig fehlt, hat der Gesetzgeber andere Möglichkeiten vorgesehen: so können für traditionell bei Befindlichkeitsstörungen angewendete Präparate nach § 109a des AMG sog. Muster erstellt und amtlich veröffentlicht werden, an denen sich Arzneimittelhersteller orientieren können (§ 105, Abs. 3a Satz 2 Nr. 5 des AMG).

Für traditionell angewendete Phytopharmaka regelt § 109a (3) die Anforderungen an die Wirksamkeit: solche Arzneimittel erhalten den Zusatz „Traditionell angewendet" und als Anwendungsgebiete jeweils Formulierungen wie „Zur Stärkung und Kräftigung des…", „Zur Besserung des Befindens…", „Zur Unterstützung der Organfunktion des…", „Zur Vorbeugung gegen…" oder „Als mild wirkendes Arzneimittel bei…", diese Arzneimittel dürfen in Deutschland auch außerhalb der Apotheke abgegeben werden. Es ist verständlich, daß diese Formulierungen die Vertreter einer wissenschaftlich orientierten Phytotherapie nicht befriedigen. Es wird deshalb auch in naher Zukunft große Anstrengungen geben, die arzneiliche Qualität der Phytopharmaka, nicht zuletzt im Hinblick auf ihre Wirksamkeit, zu verbessern.

Monographien-Teil

Absinthii herba

Wermutkraut
DAB 1996

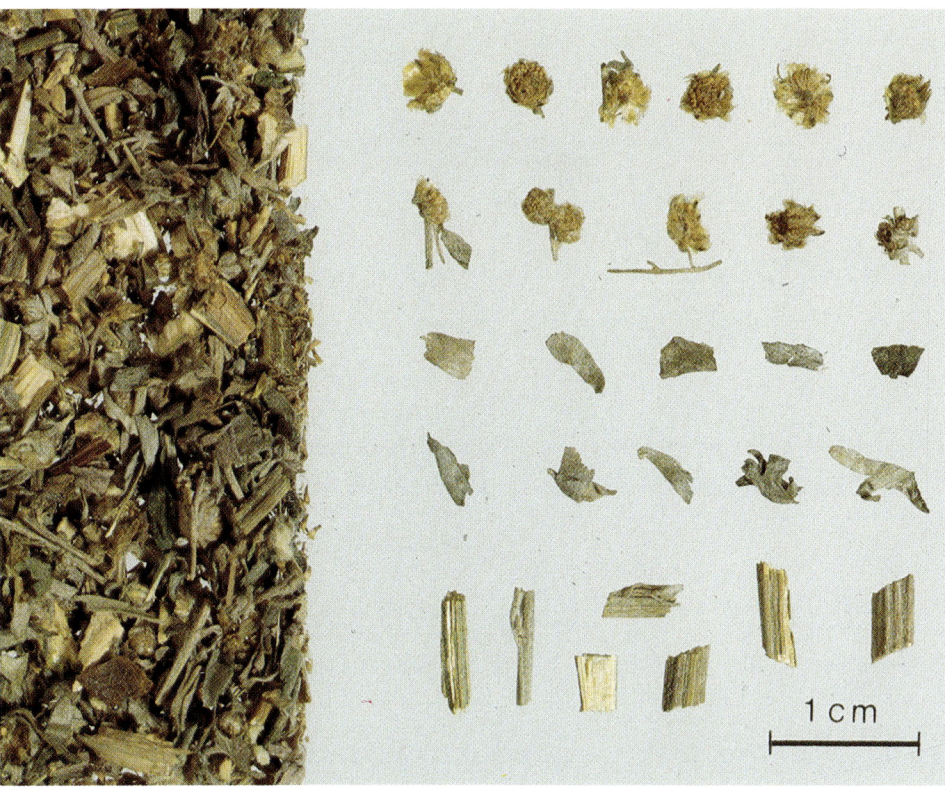

Abb. 1: Wermutkraut

Die Droge besteht aus den getrockneten Zweigspitzen der blühenden Pflanze mit nicht über 4 mm dicken Stengeln.

Beschreibung: Blattbruchstücke beiderseits fein behaart, daher silbrig-mattgrau aussehend, zum Teil ist noch die Herkunft von mehrfach fiederschnittigen Blättern zu erkennen: etwa 2 mm breite, lanzettliche, stumpfe bis zugespitzte Zipfel (Abb. 4) herrschen vor. Gelbe, annähernd kugelige Blütenköpfchen mit wenigen Rand- und vielen Röhrenblüten (Abb. 4), z.T. noch im Knospenstadium. Die Stengelstücke sind kantig, außen silbergrau, innen markig.

Geruch: Aromatisch, charakteristisch.

Geschmack: Aromatisch, stark bitter.

Abb. 2 und 3: *Artemisia absinthium* L.

Ein bis 1 m hoher Halbstrauch mit aromatisch riechenden, 2- bis 3fach fiederteiligen und – im Unterschied zu *A. vulgaris*, dem Beifuß – beiderseits dicht seidig behaarten Blättern. Die kleinen, gelben, fast kugeligen Blütenköpfchen sind in reich verzweigten Rispen angeordnet.

ÖAB: Herba Absinthii
Ph. Helv. VII: Absinthii herba
St. Zul. 1339.99.99

Stammpflanze: *Artemisia absinthium* L. (Wermut), Asteraceae.

Synonyme: Absinth, Bitterer Beifuß, Wurmkraut. Wormwood, Absinth (engl.). Herbe d'absinthe (franz.).

Herkunft: Heimisch in trockeneren Gebieten Europas und Asiens. Die Droge wird aus den ost- und südosteuropäischen Ländern importiert.

Inhaltsstoffe: 0,15–0,4% Bitterstoffe und 0,2–1,5% ätherisches Öl als wertbestimmende Komponenten. (Bitterwerte nach DAB 1996 mind. 15000, nach ÖAB mind. 10000, nach Ph. Helv. VII mind. 250 Ph. Helv.-Einheiten; Ätherisches Öl nach DAB 1996 und Ph. Helv. VII mind. 0,2%, nach ÖAB

[Strukturformeln: Absinthin, β-Thujon, Hydroxypelenolid, Artabsin]

Abb. 4: Gelbes Blütenköpfchen (links), silbergraue Blütenknospe (Mitte) und fiederschnittiges Blattbruchstück (rechts)

mind. 0,3%). Die Bitterstoffe gehören zum Typ der Sesquiterpenlactone, die Hauptkomponente (0,20–0,28%) ist Absinthin ein Dimeres des Guajanolids Artabsin [1]; weitere Dimere sind das Isoabsinthin, Absintholid und Artenolid [2, 3]. Als monomere Sesquiterpenlactone seien Artanolid, Desacetylglobicin, Parishin B und C [3, 4] sowie das Matricin [5] genannt. Die meisten dieser labilen Verbindungen gehen bei der Wasserdampfdestillation in das blau gefärbte Chamazulen über. Von den in einigen Provenienzen der Droge gefundenen Sesquiterpenlactonen, den sog. Pelenoliden gehört das Hydroxypelenolid [6] zu denjenigen Substanzen, die bei der Identitätsprüfung mittels DC nachgewiesen werden. Das ätherische Öl besteht überwiegend aus Terpenen. Je nach geographischer Herkunft der Droge können die folgenden Komponenten vorherrschend sein und über 40% Anteil im Öl erreichen: β-Thujon (1S,4R-Thujan-3-on) [7, 8], trans-Sabinylacetat [8], cis-Epoxy-ocimen [7] oder Chrysanthenylacetat [5]. Von den über 50 weiteren, bisher identifizierten Mono- und Sesquiterpenen seien Thujan, Thujylalkohol, Linalool und Cineol bzw. α-Bisabolol, β-Curcumen und Spathulenol genannt. In der Droge sind verschiedene Flavonoide [9] sowie Kaffeesäure und andere Phenolcarbonsäuren [10] nachgewiesen worden; das Vorkommen von Polyacetylenen scheint sich auf die Wurzeln zu beschränken [11].

Indikationen: Als Amarum aromaticum zur Appetitanregung, bei Störungen im Verdauungstrakt, z.B. bei Gastritis mit verringerter Säurebildung. Aufgrund der *leicht* hyperämisierenden Wirkung des ätherischen Öles auch bei chronischer Gastritis.
Ferner als Karminativum, als Choretikum und bei krampfartigen Störungen im Darm- und Gallenwegs-Bereich [12].

Auszug aus der Monographie der Kommission E (BAnz Nr. 228 vom 05. 12. 1984)

Anwendungsgebiete
Appetitlosigkeit,
Dyspeptische Beschwerden,
Dyskinesien der Gallenwege.

Gegenanzeigen
Keine bekannt.

Nebenwirkungen
Keine bekannt.

Wechselwirkungen
Keine bekannt.

Dosierung
Soweit nicht anders verordnet:
Mittlere Tagesdosis:
2 bis 3 g Droge als wäßriger Auszug.

Art der Anwendung
Geschnittene Droge für Aufgüsse und Abkochungen, Drogenpulver, ferner Extrakte oder Tinkturen ausschließlich als flüssige oder feste Darreichungsformen zur oralen Anwendung.

Hinweis
Kombinationen mit anderen Bittermitteln oder Aromatika können sinnvoll sein. Thujon als wirksamer Bestandteil des Öls wirkt in toxischer Dosierung als Krampfgift. Deshalb sollte isoliertes ätherisches Öl nicht verwendet werden.

Wirkungen
Die Wirkung im Sinne eines Amarum aromaticum wird auf den Gehalt an Bitterstoffen und ätherischen Ölen zurückgeführt.
Verwertbare experimentelle pharmakologische Daten liegen aus neuerer Zeit nicht vor.

Nebenwirkungen: Nur bei Überdosierung zu befürchten; es handelt sich dabei im wesentlichen um Wirkungen des (toxischen) Thujons. Die Symptome sind Erbrechen, Magen- und Darmkrämpfe, Harnverhaltung, in schweren Fällen Benommenheit, Nierenschäden und zentrale Störungen. Thujon läßt sich durch Hochdruckextraktion mit überkritischem Kohlendioxid quantitativ aus Wermut extrahieren [13, 14]. Alkoholische Wermutauszüge und Lösungen des ätherischen Öls in Alkohol (Absinth-Liköre u.a.) sind wegen ihrer schädlichen Wirkungen insbesondere nach Dauerkonsum („Absinthismus") in vielen Kulturstaaten verboten. Ob ihre Toxizität auf das Thujon allein, auf die Kombination Thujon/Alkohol oder früher auch auf giftige Zusätze zum Absinth-Likör (Kupferacetat, Antimontrichlorid) zurückzuführen war, wird kontrovers beurteilt [15].

Teebereitung: 1–1,5 g feingeschnittene Droge werden mit kochendem Wasser übergossen und nach 10 min durch ein Teesieb gegeben. Zur Appetitanregung vor dem Essen, als Cholagogum nach dem Essen.
1 Teelöffel = etwa 1,5 g. Dosierung nicht überschreiten!

Teepräparate: Die Droge wird auch in Filterbeuteln (0,9–1,8 g) angeboten und ist Bestandteil einiger Leber-Galle- bzw. Magen-Tees (z.B. I nach St. Zul.).

Phytopharmaka: Die Droge sowie aus ihr hergestellte flüssige und Trocken-Extrakte sind Bestandteil einiger Fertigarzneimittel in den Indikationsgruppen Magen-Darm-Mittel, Cholagoga und Roborantia, z.B. Aristochol®N (Tropfen), Cefatropin®N (Tropfen), Digestivum-Hetterich® (Tropfen), Stomachysat® Bürger (Tropfen) u.a..

Prüfung: Makroskopisch (s. Beschreibung) und mikroskopisch nach DAB 1996. Neben dem Vorkommen von Asteraceen-Drüsenschuppen (Abb. 5) sind vor allem die auf Blattober- und unterseite vorhandenen T-Haare (Abb. 6) typisch. Der Blütenstandsboden der kleinen Körbchen trägt Schlauchhaare mit mehrzelligem Stiel und langer, dünnwandiger Endzelle, die bis 1500 µm lang sein kann (Abb. 7).
Auf das Vorhandensein von Pollen ist zu prüfen. Sind keine oder nur ganz wenige Pollen zu finden (bei Drogen in Pulverform nicht selten!), so stammt

---

Wortlaut der Packungsbeilage gemäß Standardzulassung:

6.1 Stoff- oder Indikationsgruppe
Pflanzliches Magen-Darm-Mittel.

6.2 Anwendungsgebiete
Appetitlosigkeit; Verdauungsbeschwerden mit leichten Krämpfen im Magen-Darm-Bereich, Völlegefühl, Blähungen; krampfartige funktionelle Störungen im Bereich der Gallenwege.

6.3 Gegenanzeigen
Keine bekannt.

6.4 Wechselwirkungen mit anderen Mitteln
Keine bekannt.

6.5 Dosierungsanleitung und Art der Anwendung
Soweit nicht anders verordnet, wird 2mal täglich zur Appetitanregung jeweils ca. eine halbe Stunde vor den Mahlzeiten, bei Beschwerden im Magen-Darm-Bereich nach den Mahlzeiten eine Tasse des wie folgt bereiteten Teeaufgusses getrunken:

1 Teelöffel voll (ca. 1,5 g) Wermutkraut oder die entsprechende Menge in einem oder mehreren Aufgußbeutel(n) wird mit siedendem Wasser (ca. 150 ml) übergossen und nach etwa 10 bis 15 Minuten gegebenenfalls durch ein Teesieb gegeben.

6.6 Dauer der Anwendung
Bei akuten Beschwerden, die länger als eine Woche andauern oder periodisch wiederkehren, wird die Rücksprache mit einem Arzt empfohlen.

6.7 Nebenwirkungen
Keine bekannt.

6.8 Hinweis
Vor Licht und Feuchtigkeit geschützt aufbewahren

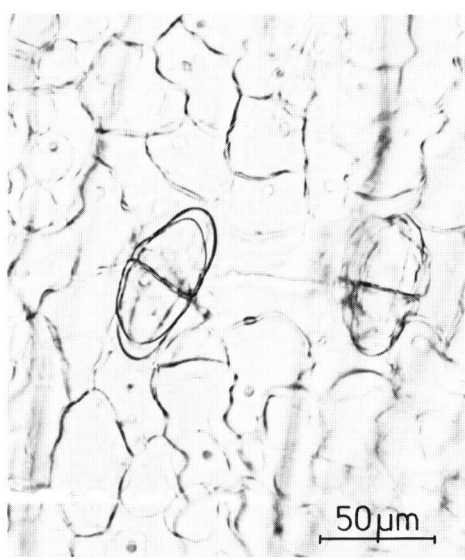

Abb. 5: Asteraceen-Drüsenschuppen in der Aufsicht

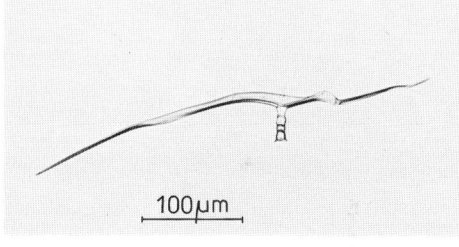

Abb. 6: T-förmiges Haar der Blatt- und Stengelbruchstücke

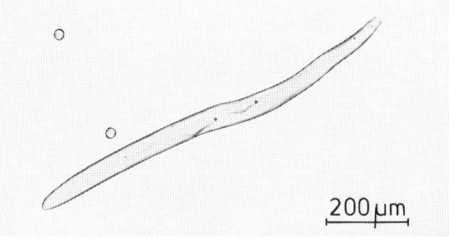

Abb. 7: Glattwandige Pollenkörner und bandförmiges Schlauchhaar des Blütenstandsbodens

das Material nicht wie vorgeschrieben von blühenden Pflanzen und ist deshalb nicht vollwertig.

DC-Prüfung eines Dichlormethan-Extrakts nach DAB 1996 (Nachweis von Bitterstoffen und Komponenten des ätherischen Öls).

Absinthin als der wertbestimmende Bitterstoff kann neben Artabsin und Matricin photometrisch [5] oder mittels HPLC bestimmt werden. Auch für die Identifizierung weiterer Bitterstoffe ist die HPLC geeignet [16].

Verfälschungen: Selten, aber gelegentlich doch vorkommend; meist handelt es sich um Beimengungen des Krautes von *Artemisia vulgaris* L. (Gemeiner Beifuß), s. Beifußkraut, S. 83; die ähnlich dem Wermut gestalteten Blätter sind nur unterseits behaart und schmecken weit weniger bitter. Die T-Haare besitzen eine peitschenförmig gewundene Querzelle; Spreuhaare des Blütenstandsbodens fehlen.

Aufbewahrung: Vor Licht geschützt, kühl, trocken, in dicht schließenden Gefäßen, nicht aus Kunststoff (ätherisches Öl!).

Literatur:

[1] J. Beauhaire und J.L. Fourrey, J. Chem. Soc. Perkin Trans. **1**, 861 (1982).
[2] J. Beauhaire und Mitarb., Tetrahedron Lett. **22**, 2269 (1981) u. **25**, 2751 (1984).
[3] A. Ovezdurdyev und Mitarb., Khim. Prir. Soedin 667 (1987); C.A. **108**, 164684 (1988).
[4] S.Z. Kasymov und Mitarb., Khim. Prir. Soedin 794 (1984); C.A. **102**, 146143 (1984).
[5] G. Schneider und B. Mielke, Dtsch. Apoth. Ztg. **118**, 469 (1978) und **119**, 977 (1979).
[6] M. Suchy und Mitarb., Coll. Czech. Chem. Commun. **32**, 3917 (1967).
[7] O. Vostrowsky und Mitarb., Z. Naturforsch. **36c**, 369 (1981).
[8] F. Chialva, P.A.P. Liddle und G. Doglia, Z. Lebensm. Unters. Forsch. **176**, 363 (1983).
[9] B. Hoffmann und K. Herrmann, Z. Lebensm. Unters. Forsch. **174**, 211 (1982).
[10] L. Swiatek und E. Dombrowicz, Farm. Pol. **40**, 729 (1984).
[11] H. Greger, Planta Med. **35**, 84 (1979).
[12] H. Kreitmair, Pharmazie **6**, 27 (1951).
[13] E. Stahl und D. Gerard, Planta Med. **45**, 147 (1982).
[14] E. Stahl und D. Gerard, Z. Lebensm. Unters. Forsch. **176**, 1 (1983).
[15] W.N. Arnold, J. Am. Med. Assoc. **260**, 3042 (1988), auch in Spektr. Wissensch., H. 8, 64 (1989).
[16] N. Perez-Souto und Mitarb., J. Chromatogr. **593**, 209 (1992).

Frohne

Agrimoniae herba — Odermennigkraut

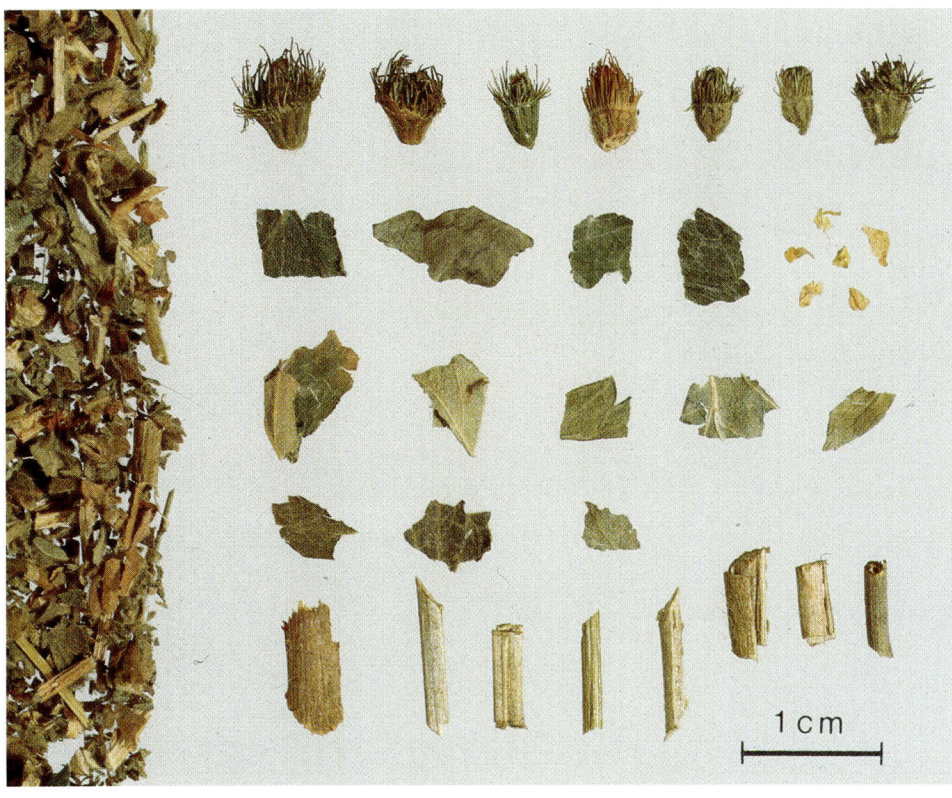

Abb. 1: Odermennigkraut
<u>Beschreibung</u>: Fiederblättchen 2–3 cm lang, mit grobgesägtem Blattrand; Blattbruchstücke unterseits graufilzig behaart (Abb. 4), oberseits nur wenig behaart, grün. Stengelteile borstig behaart. Für die Schnittdroge charakteristisch sind die vereinzelt zu findenden kleinen Sammelfrüchte mit hakig gekrümmten Kelchrand-Borsten (Abb. 3). Selten gelbe Blütenteile.

<u>Geruch</u>: Sehr schwach aromatisch.

<u>Geschmack</u>: Etwas bitter.

Abb. 2: *Agrimonia eupatoria* L.
Die etwa 0,5 bis zu 1 m hohe, kalkliebende Staude besitzt unpaarig unterbrochen gefiederte Blätter mit Nebenblättern, oberseits dunkelgrün, unterseits filzig behaart. Die goldgelben, 5–8 mm großen Blüten stehen in langen Ähren, der Fruchtknoten ist gefurcht und mit kleinen, abstehenden Haken versehen.

ÖAB: Herba Agrimoniae
DAC 1986: Odermennigkraut
St. Zul.: 2379.99.99

Stammpflanzen: *Agrimonia eupatoria* L. (Kleiner Odermennig) und, seltener, *Agrimonia procera* WALLR., syn. *Agrimonia odorata* auct. non MILL. (Wohlriechender Odermennig), Rosaceae.

Synonyme: Fünffingerkraut, Ackerkraut, Ackermennig, Griechisches Leberkraut, Herba Lappulae hepaticae, Herba Eupatoriae. Agrimony herb, Liverwort, Stickwort (engl.). Herbe d'aigremoine, Herbe d'eupatoire (franz.).

Herkunft: Auf der nördlichen Erdhälfte verbreitet. Importe aus Bulgarien, Ungarn und Kroatien.

Inhaltsstoffe: In den Blättern 4–10% Catechingerbstoffe neben wenig Ellaggerbstoff [1], in den Stengeln in Spuren

40 Agrimoniae herba

Abb. 3: Mit Widerhaken ausgestattete Borstenfrüchte von *Agrimonia eupatoria*
Abb. 4: Dicht behaarte Blattunterseite

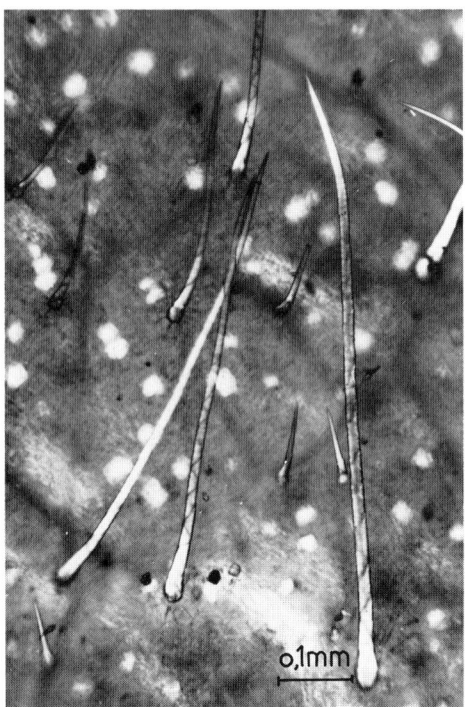

Abb. 5: Einzellige, dickwandige Haare mit Spirallinien und zahlreiche Oxalatkristalle (Drusen, Prismen) im Blattgewebe [polarisiertes Licht]

auch Gallotannine, nach DAC 1986 mindestens 5,5% mit Hautpulver fällbare Gerbstoffe, ber. als Pyrogallol; Triterpene, darunter Ursolsäure; angeblich bis zu 12% (?) Kieselsäure [2]; Flavonoide, darunter Luteolin-, Apigenin- und Kämpferolglykoside [3, 4]; Spuren an ätherischem Öl (wohl nur, wenn in der Droge *Agrimonia procera* vorhanden ist); sonstige Angaben beziehen sich nur auf ubiquitäre Pflanzenstoffe.

Indikationen: Als mild wirkendes Adstringens, innerlich und äußerlich, bei Rachenentzündungen, Gastroenteritis, Darmkatarrhen.

In der *Volksmedizin* bei Cholezystopathien (Leberkraut!), wofür es jedoch von den bisher bekannten Inhaltsstoffen her keine Begründung gibt; insofern ist die Droge als Bestandteil von

---

Auszug aus der Monographie der Kommission E (BAnz Nr. 50 vom 13.03.1986 und Nr. 50 vom 13.03.1990).

Anwendungsgebiete

Innere Anwendung:
leichte unspezifische, akute Durchfallerkrankungen;
Entzündungen der Mund- und Rachenschleimhaut.
Äußere Anwendung:
leichte, oberflächliche Entzündungen der Haut.

Gegenanzeigen
Keine bekannt.

Nebenwirkungen
Keine bekannt.

Wechselwirkungen mit anderen Mitteln
Keine bekannt.

Dosierung
Soweit nicht anders verordnet:
innere Anwendung: Tagesdosis 3 bis 6 g Droge;
Zubereitungen entsprechend.
Äußere Anwendung: mehrmals täglich Umschläge mit einem 10proz. Dekokt.

Art der Anwendung
Kleingeschnittene oder gepulverte Droge für Aufgüsse, andere galenische Zubereitungen zur inneren und lokalen Anwendung.

Wirkungen
adstringierend.

Phytopharmaka mit Skepsis zu beurteilen.
Ethanolische Extrakte haben antivirale Eigenschaften [5].

Teebereitung: 1,5 g feingeschnittene Droge werden mit kaltem Wasser angesetzt und kurz aufgekocht oder mit kochendem Wasser übergossen und nach 5 min durch ein Teesieb gegeben. Als Adstringens zum Gurgeln oder Spülen. Innerlich bei Darmstörungen 2–3mal täglich 1 Tasse Tee.
1 Teelöffel=etwa 1 g.

Teepräparate: Keine.

Phytopharmaka: Die Droge ist Bestandteil weniger Kombinationspräparate aus der Gruppe Urologica, z.B. Rhoival® Dragées u. Tropfen, u.a.

Prüfung: Makroskopisch (s. Beschreibung) und mikroskopisch nach DAC 1986. Besonders auffallend sind die dickwandigen Borstenhaare mit Spiralstreifung (Abb. 5) und die im Mesophyll vorkommenden Oxalatkristalle und/oder -drusen (Abb. 5). Mehrzellige Drüsenhaare sind selten.

Verfälschungen: Kommen in der Praxis kaum vor; die als Substitution angesehene, von *Agrimonia procera* stammende Droge läßt sich durch mikroskopische Prüfung sowie am Flavonoidmuster erkennen [6].

Literatur:
[1] F. von Gizycki, Pharmazie **4**, 276 und 463 (1949).
[2] H.A. Hoppe, Drogenkunde Band 1, Verlag de Gruyter, Berlin-New York (1975).
[3] G.A. Drozd und Mitarb., Khim. Prir. Soedin **1983**, 106; C.A. **98**, 194984 (1983).
[4] A.R. Bilia und Mitarb., Phytochemistry **32**, 1078 (1993).
[5] S.S. Chon und Mitarb., Med. Pharmacol. Exp. **16**, 407 (1987).
[6] A. Carnat, J.L. Lamaison und C. Petitjean-Freytet, Plantes Med. Phytothér. **25**, 202 (1991).

Frohne

Wortlaut der Packungsbeilage gemäß Standardzulassung:

6.1 Stoff- oder Indikationsgruppe
Pflanzliches Magen-Darm-Mittel/Mund- und Rachenmittel/Mittel bei örtlichen Entzündungen.

6.2 Anwendungsgebiete
Innerliche Anwendung bei:
leichten unspezifischen, akuten Durchfallerkrankungen; Entzündungen der Mund- und Rachenschleimhaut
Äußerliche Anwendung bei:
leichten, oberflächlichen Entzündungen der Haut.

6.3 Gegenanzeigen
Keine bekannt.
Durchfälle bei Säuglingen und Kleinkindern sind in jedem Fall von einer Selbstbehandlung auszuschließen.

6.4 Wechselwirkung mit anderen Mitteln
Keine bekannt.

6.5 Dosierungsanleitung und Art der Anwendung
Soweit nicht anders verordnet, wird 2- bis 4mal täglich eine Tasse Teeaufguß getrunken oder es wird mit einem lauwarmen Teeaufguß gespült oder gegurgelt. Der Aufguß wird wie folgt bereitet:
Etwa 1½ Teelöffel voll (ca. 1,5 g) Odermennigkraut oder die entsprechende Menge in einem oder mehreren Aufgußbeutel(n) werden mit siedendem Wasser (ca. 150 ml) übergossen und nach etwa 10 bis 15 Minuten gegebenenfalls durch ein Teesieb gegeben.
Für Umschläge wird mehrmals täglich eine Abkochung in der angegebenen Menge oder dem benötigten Vielfachen wie folgt hergestellt:
10 g Odermennigkraut werden mit 100 ml kaltem Wasser angesetzt, einige Minuten lang aufgekocht und dann durch ein Teesieb gegeben.

6.6 Dauer der Anwendung
Bei Durchfällen, die länger als zwei Tage andauern oder mit Blutbeimengungen oder Temperaturerhöhung einhergehen, ist die Rücksprache mit einem Arzt erforderlich.

6.7 Nebenwirkungen
Keine bekannt.

6.8 Hinweis
Vor Licht und Feuchtigkeit geschützt aufbewahren.

Alchemillae herba — Frauenmantelkraut
DAB 1996

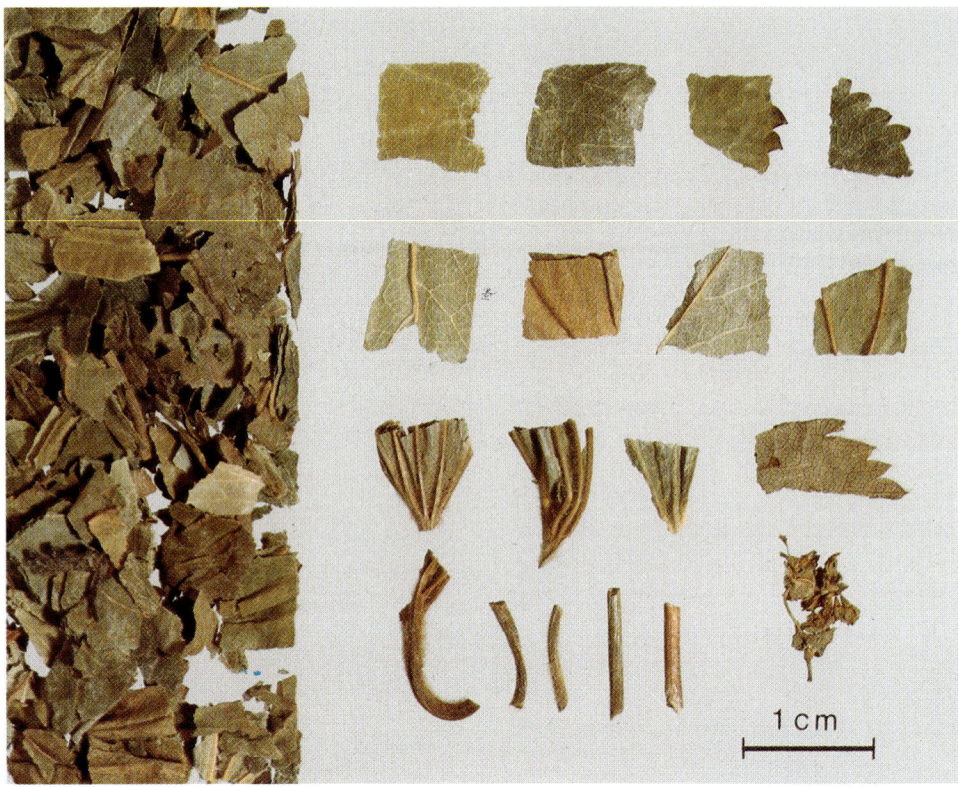

Abb. 1: Frauenmantelkraut

Beschreibung: Blätter bis 8 cm im Durchmesser, nierenförmig, sieben- bis neunlappig, infolge starker Behaarung weißsilbrig glänzend; in der Droge sind auch weniger stark behaarte Stücke älterer Blätter anzutreffen (Abb. 3). Blattrand grob gezähnt (Abb. 4), Hauptnerv unterseits hervortretend; behaarte Stengelstückchen; gelblichgrüne Blütenknäuel.

Geschmack: Leicht bitter und adstringierend.

Abb. 2: *Alchemilla vulgaris* auct.

Im Aussehen variable, mehrjährige Sammelart. Blätter rundlich mit 7–11 Zähnen, handförmiger Nervatur und gesägt-gezähntem Rand. Blüten klein, gelbgrün, in verzweigten Blütenständen.

St. Zul. 9499.99.99

Stammpflanze: *Alchemilla xanthochlora* ROTHM. = *Alchemilla vulgaris* auct. non L. (Gemeiner Frauenmantel), Rosaceae.

Synonyme: Marienmantel, Taumantel, Tauschüsselchen, Sinau, Löwenfuß, Alchemistenkraut, Silberkraut, Herba Leontopodii. Common ladies mantle, Lion's foot (engl.). Feuilles d'alchemille (franz.).

Herkunft: Verbreitet in Europa, Nordamerika und Asien. Die Droge wird aus Polen, Tschechien, Bulgarien und Ungarn eingeführt.

Inhaltsstoffe: 6–8% Gerbstoffe u.zw. sowohl Gallotannine [1] als auch Ellagitannine; von letzteren wurden als Einzelkomponenten isoliert: Agrimoniin und Laevigatin (Dimere) und das monomere Pedunculagin [2–5].

*Auszug aus der Monographie der Kommission E
(BAnz Nr. 173 vom 18.09.1986)*

Anwendungsgebiete
Leichte unspezifische Durchfallerkrankungen.

Gegenanzeigen
Keine bekannt.

Nebenwirkungen
Keine bekannt.

Dosierung
Soweit nicht anders verordnet:
mittlere Tagesdosis 5–10 g Droge;
Zubereitungen entsprechend.

Art der Anwendung
Zerkleinerte Droge für Aufgüsse und Abkochungen sowie andere galenische Zubereitungen zum Einnehmen.

Dauer der Anwendung
Sollten die Durchfälle länger als 3–4 Tage anhalten, ist ein Arzt aufzusuchen.

Wirkungen
Adstringierend.

Abb. 3: Älteres, wenig behaartes Blatt (links) mit feinmaschigem, dunklem Nervennetz und seidig behaarte Unterseite eines jungen Blattes (rechts)

Weitere Inhaltsstoffe: Ca. 2% Flavonoide (Glykoside und freies Aglykon Quercetin) [6]. Sonstige Angaben beziehen sich nur auf ubiquitäre Stoffe.

Indikationen: Auf Grund des Gerbstoffgehalts als Adstringens gegen Blutungen und Diarrhoe, als Wundheilmittel (?). Gynäkologische Indikationen – bei Menorrhagie oder bei „Erschlaffungszuständen des Unterleibs" –, wie sie sich früher durch die Verwendung der Droge in einigen Phytopharmaka manifestiert haben, gingen auf *volksmedizinische*, wissenschaftlich nicht gesicherte [7] Vorstellungen [Signaturenlehre (?): *Frauenmantel*] zurück.
Gerbstoffhaltige Extrakte der Droge zeigen antimutagene Wirkungen [8]. Wässerige Drogenauszüge erwiesen sich als starke Antioxydantien und wirksam bei der Beseitigung von Superoxid-anionen [9]. Eine gute Übersicht über Anwendungen der Droge in Vergangenheit und Gegenwart findet sich in Lit. [10].

Der Hinweis in der Standardzulassung auf mögliche Leberschäden erscheint übertrieben.

Teebereitung: 1–2 g Droge werden mit heißem Wasser übergossen und 10 min lang stehen gelassen; anschließend gibt man durch ein Teesieb. Auch das Ansetzen mit kaltem Wasser und mehrstündiges Stehenlassen bei Raumtemperatur wird empfohlen.
1 Teelöffel = etwa 0,9 g.

Teepräparate: Die Droge ist auch Bestandteil einiger Teemischungen des Handels.

Phytopharmaka: Keine.

Prüfung: Abgesehen von den makroskopisch erkennbaren Merkmalen sind als wesentliche mikroskopische Identifizierungshilfe die einzelligen, langen, z.T. gewundenen Borstenhaare mit verdickter Wand zu nennen, die sich auf beiden Seiten des Blattes finden. Vereinzelt Calciumoxalatdrusen im Mesophyll.

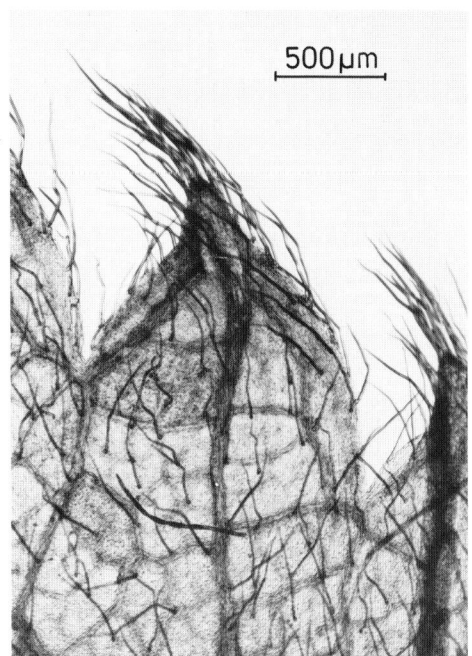

Abb. 4: Grobgezähnter und fein gewimperter Blattrand von *Alchemilla xanthochlora*

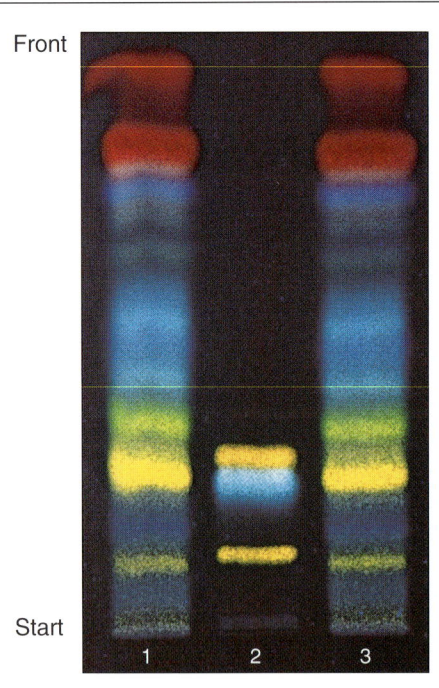

Abb. 5: DC von Frauenmantelkraut auf Glasplatten 5 × 10 cm, Laufstrecke 8 cm, besprüht mit Diphenylboryloxyethylamin-Reagenz, unter UV_{365},
1 Frauenmantelkraut (3 µl)
2 Referenzlösung (2 µl)
3 Frauenmantelkraut (5 µl)

Identitätsprüfung mittels DC:

Sorbens: Kieselgel 60 F_{254} (lufttrocken) (Merck) (5 × 10 cm, Glas oder Folie).

Untersuchungslösung:
1 g pulv. Droge wird mit 5 ml Methanol 10 min unter Rückfluß erhitzt und warm filtriert. Das Filtrat dient als Untersuchungslösung.

Referenzlösung:
Je 5 mg Rutosid, Chlorogensäure und Hyperosid werden in 5 ml Methanol gelöst.

Aufzutragen:
3–5 µl Untersuchungslösung und 2 µl Referenzlösung strichförmig (10 × 2 mm).

Fließmittel: Ethylacetat-wasserfreie Ameisensäure-Wasser (80 + 8 + 12) (Kammersättigung).

Laufstrecke: 8 cm, **Zeit:** 20 min.

Sichtbarmachung und Auswertung:
Nach vollständigem Abdunsten des Fließmittels (im Heißluftstrom): Besprühen a) mit einer 1%igen methanolischen Lösung von Diphenylboryloxyethylamin und b) mit einer 5%igen methanolischen Lösung von Polyethylenglykol 400 und anschließende Auswertung unter UV_{365}. Die Referenzsubstanzen erscheinen mit folgenden Rf-Werten und Fluoreszenzfarben: Rutosid (0,12, orangegelb), Chlorogensäure (0,24, hellblau), Hyperosid (0,28, orangegelb). Das DC der Untersuchungslösung zeigt eine charakteristische Folge zumeist gelb fluoreszierender Zonen etwa auf der Höhe der Referenzsubstanzen (Quercetinglykoside).

Wortlaut der Packungsbeilage gemäß Standardzulassung:

6.1 Stoff- oder Indikationsgruppe
Pflanzliches Magen-Darm-Mittel.

6.2 Anwendungsgebiete
Unspezifische leichte Durchfallerkrankungen.

6.3 Gegenanzeigen
Keine bekannt.
Die Behandlung von Durchfällen bei Säuglingen und Kleinkindern ist in jedem Fall nur nach Rücksprache mit einem Arzt vorzunehmen.

6.4 Wechselwirkung mit anderen Mitteln
Keine bekannt.

6.5 Dosierungsanleitung und Art der Anwendung
Soweit nicht anders verordnet, wird 3- bis 5mal täglich eine Tasse des wie folgt bereiteten Teeaufgusses getrunken:
2 Teelöffel voll (ca. 2 g) Frauenmantelkraut oder die entsprechende Menge in einem oder mehreren Aufgußbeutel(n) wird mit siedendem Wasser (ca. 150 ml) übergossen und nach etwa 10 bis 15 Minuten gegebenenfalls durch ein Teesieb gegeben.

6.6 Dauer der Anwendung
Bei Durchfällen, die länger als zwei Tage andauern oder mit Blutbeimengungen oder Temperaturerhöhung einhergehen, ist die Rücksprache mit einem Arzt erforderlich.

6.7 Nebenwirkungen
Keine bekannt.

6.8 Hinweis
Vor Licht und Feuchtigkeit geschützt aufbewahren.

Verfälschungen: Kommen in der Praxis nicht vor.

Literatur:
[1] L. Tuka und H. Popescu, Clujul Med. **52**, 78 (1979); ref. C.A. **91**, 198835 (1979).
[2] K. Lund, Dissertation Universität Freiburg i. Br. 1986.
[3] C. Geiger und H. Rimpler, Planta Med. **56**, 585 (1990).
[4] C. Geiger, Dissertation Universität Freiburg i. Br. 1991.
[5] C. Geiger, E. Scholz und H. Rimpler, Planta Med. **60**, 384 (1994).
[6] L. Tuka und M. Tamas, Farmacia (Bukarest) **25**, 247 (1977).
[7] P. Petcu und Mitarb., Clujul Med. **52**, 266 (1979).
[8] O. Schimmer und M. Lindenbaum, Planta Med. **61**, 141 (1995).
[9] J. Filipek, Pharmazie **47**, 717 (1992).
[10] O. Schimmer und C. Felser, Z. Phytother. **13**, 207 (1992).

Frohne

Alkannae radix — Alkannawurzel

Abb. 1: Alkannawurzel

Beschreibung: Das walzenförmige, zerklüftete, außen von einer brüchigen, dunkelpurpurnen, leicht abblätternden Borke umgebene Rhizom trägt oberseits noch rauhbehaarte Blatt- und Stengelreste (untere Reihe, s. auch Abb. 3). An Bruchstücken bzw. in der Schnittdroge erkennt man unter der Borke eine schmale weiße Rinde und einen unregelmäßig strahligen, helleren Holzkörper mit einem bräunlichen Mark.

Geschmack: Schleimig, etwas bitter.

Abb. 2: *Alkanna tinctoria* (L.) Tausch

Auf Sandstränden und Felsfluren vorkommende, meist niederliegende, bis 30 cm hohe Staude. Lanzettliche Blätter und Stengel rauhhaarig, die leuchtend blauen Blumenkronblätter unbehaart.

Erg. B.6: Radix Alkannae

Stammpflanze: *Alkanna tinctoria* (L.) Tausch (Alkannawurzel), Boraginaceae; es sind mehrere Unterarten bekannt.

Synonyme: Schminkwurzel, Alkermeswurzel, Färberkrautwurzel, Rotfärbewurzel, Rote Ochsenzungenwurzel, Radix Anchusae, Radix Anchusae tinctoriae, Radix Alkannae spuriae. Alkanna root, Alkanet, Anchusa Dyer's Bugloss, Orchanet (engl.). Racine d'orcanette, Racine d'alcanna (franz.).

Herkunft: Heimisch in Südeuropa. Die Droge stammt aus Kulturen und wird aus der Türkei und aus Ungarn eingeführt.

Inhaltsstoffe: Ein Gemisch roter Farbstoffe („Alkannarot"), das besonders in der Rinde (dort 5–6%) enthalten ist; es

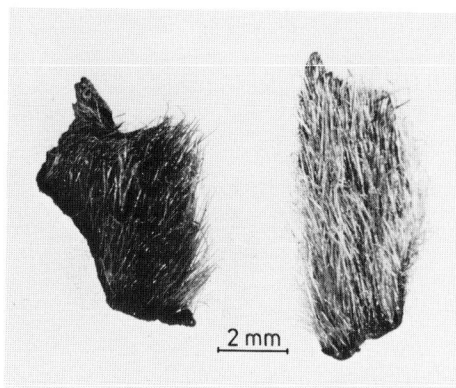

Abb. 3: Behaarte Blatt- und Stengelfragmente von *Alkanna tinctoria*

besteht im wesentlichen aus Estern des S(−)-Alkannins, einem Naphtharizin (=5,8 Dihydroxy-1,4-naphthalin-dion)-derivat [1]. Alkannarot ist in vielen organischen Lösungsmitteln, in fetten Ölen und z.T. auch in ätherischen Ölen löslich (Anwendung in der Mikroskopie zum histochemischen Nachweis!). Als Phenole sind die einzelnen Komponenten des Alkannarot in Alkalihydroxidlösungen löslich, wobei Farbumschlag nach grün bzw. blau erfolgt. Wie in vielen anderen Boraginaceen, so sind auch in *Alkanna tinctoria* Pyrrolizidinalkaloide mit 1,2-ungesättigtem Necingerüst einschließlich ihrer N-Oxide nachgewiesen worden [2], z.B. Triangularin, 7-Angeloylretronecin u.a., doch fehlen bisher genauere Angaben über deren Konzentrationen in einzelnen Pflanzenteilen [2].

Indikationen: Die Droge hat *keine medizinische Bedeutung* (sie ist früher als Adstringens verwendet worden), sondern spielt nur als Färbemittel eine, allerdings bescheidene, Rolle. Da Alkanna zum Färben von Lebensmitteln in vielen Ländern nicht zugelassen ist, wird die Droge fast nur noch zur Färbung von Kosmetika gebraucht. Für ein Haarfärbemittel, das Alkannawurzel enthält, wurde 1993 ein deutsches Patent erteilt [3].

Für einige Alkanninester sind antibiotische und wundheilende Effekte (z.B. Ulcus cruris) beschrieben worden [4, 5]. Alkannarot läßt sich auch aus Gewebekulturen von *Alkanna tinctoria* herstellen [6].

Phytopharmaka: Keine.

Prüfung: Diese kann sich auf die Bestimmung des Färbewertes beschränken: man extrahiert 2,5 g gepulverte Droge mit 100 ml Toluol-Ethanol (1 + 1) und verdünnt die erhaltene Lösung 1:25. Diese Verdünnung soll die gleiche Farbintensität aufweisen wie eine Mischung von 20 ml 0,01%iger $KMnO_4$-Lösung und 5 ml 0,1%iger $K_2Cr_2O_7$-Lösung.

Verfälschungen: Kommen heute praktisch nicht vor, obwohl solche früher in der Literatur vielfach beschrieben wurden. Zu achten ist allerdings darauf, daß die Droge nicht „entrindet" ist, da nur in den äußeren Partien Farbstoffe enthalten sind.

Literatur:
[1] V.P. Papageorgiu u.a., Flavour Fragance J. **1**, 21 (1985).
[2] E. Röder u.a., Phytochemistry **23**, 2125 (1984).
[3] D. Pat. DE 4,201.749 vom 29.07.1993.
[4] V.P. Papageorgiu, Planta Med. **31**, 390 (1977).
[5] V.P. Papageorgiu, Experientia **34**, 1499 (1978).
[6] G. Mita und Mitarb., Plant Cell Rep. **13**, 406 (1994).

Wichtl

Allii ursini herba — Bärlauchkraut

Abb. 1: Bärlauchkraut

Beschreibung: Die oberseits dunkelgrünen, unterseits hellgrünen Blattbruchstücke zeigen parallele Nervatur, wobei der Hauptnerv auf der Unterseite stark hervortritt, während die Seitennerven nur undeutlich erkennbar sind. Die hellgelben bis gelbbraunen Blüten (obere Reihe) sind sechszipfelig, kurz gestielt; die Früchte, kleine Kapseln, enthalten schwarze Samen. Stiele des doldigen Blütenstandes (untere Reihe) kommen vor.

Geruch: Schwach würzig.

Geschmack: Etwas scharf, knoblauchartig.

Abb. 2: *Allium ursinum* L.
Zwiebelpflanze mit breit lanzettlichen Blättern, Trugdolden mit weißen Blüten. Knoblauchgeruch, besonders beim Zerreiben.

Stammpflanze: *Allium ursinum* L. (Bärlauch), Alliaceae (Liliaceae s.l.).

Synonyme: Waldknoblauch, Bärenlauch, Wilder Lauch, Waldlauch, Zigeunerlauchkraut, Ramsel, Hexenzwiebel. Ramson, Wild garlic, Wood garlic, Bear's garlic oder Hog's garlic, Gipsy onion (engl.). Ail des ours, Ail des bois (franz.).

Herkunft: Der Bärlauch wächst in Europa und Nordasien, zerstreut vorkommend, aber oft auch massenhaft in feuchten, humusreichen Laub- und Auwäldern und den ganzen Waldboden bedeckend. Importe aus osteuropäischen Ländern.

Inhaltsstoffe: Die Droge ist nur wenig untersucht, ältere Angaben bedürfen der Nachprüfung. Bei der Wasserdampfdestillation wird zu etwa 0,007% ein „Lauchöl" erhalten, wie es auch bei

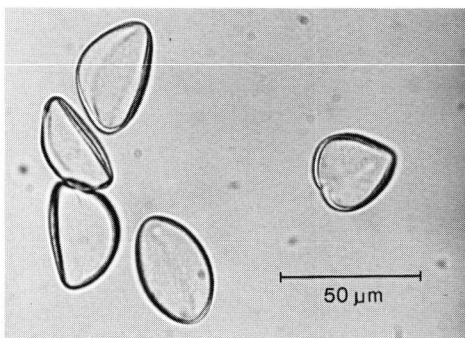

Abb. 3: Pollenkörner von *Allium ursinum*

Knoblauch und anderen *Allium*-Arten aus geruchlosen Vorstufen (z.B. Alliin) entsteht. Beim Trocknen der Pflanze geht ein erheblicher Teil dieses Lauchöles verloren, so daß die Verwendung der frischen Pflanze sinnvoll ist. Mittels HPLC gefundene Werte ergaben für frische Bärlauchblätter 0,005% Alliin, für getrocknete 0,07% [1].
Ob die in Zwiebelextrakten nachgewiesenen Verbindungen, insbesondere Methylthiosulfinate und deren Abbauprodukte auch in den Blättern enthalten sind, ist nicht untersucht. Die in wäßrigen Blattextrakten gefundenen γ-Glutamylpeptide [1a], darunter γ-Glutamylallylcysteinsulfoxid, zeigen in vitro eine beachtliche ACE-Hemmwirkung [2]. Bärlauchkraut enthält neben den S-haltigen Verbindungen Flavonoide [3] und Spuren an Prostaglandinen A, B und F [4].

Indikationen: In der *Volksmedizin* wie *Allium sativum* bei Magen-Darmstörungen, wegen der antibakteriellen Wirkung bei Gärungsdyspepsien, als Karminativum; auch als Antihypertonikum und Antiarteriosklerotikum. Die frische Pflanze wird vor allem auch als Gewürz verwendet.

Nebenwirkungen: Sind bei normaler Anwendung nicht zu befürchten; übermäßiger Gebrauch kann zu Magenreizungen führen.

Teebereitung: Kaum gebräuchlich. Frische Blätter werden ähnlich wie Schnittlauch, Zwiebel oder Knoblauch als Gewürz verwendet.

Teepräparate: Keine.

Phytopharmaka: Wenige Preßsäfte verschiedener Hersteller.

Prüfung: Makroskopisch (siehe Beschreibung) und mikroskopisch [5]. Die Blattepidermen bestehen beiderseits aus langgestreckten Zellen; Spaltöffnungen nur auf der Unterseite, groß und rundlich, mit vier Nebenzellen, davon zwei jeweils an den Polen. Das Mesophyll zeigt keine Differenzierung in Palisaden- und Schwammparenchym. Haare und Kristalle fehlen. Die Pollen sind oval oder halbmondförmig, 35–40 µm lang und 20–25 µm breit und besitzen eine lange Austrittsspalte, die Exine ist schwach gekörnt (Abb. 3).

Verfälschungen: Nicht bekannt; auch Verwechslungen sind wegen des markanten Geruchs beim Sammeln unwahrscheinlich. Trotzdem sind wiederholt Verwechslungen mit Herbstzeitlosenblättern vorgekommen, darunter auch solche mit letalem Ausgang [6; 7].

Literatur:
[1] H. Wagner und A. Sendl, Dtsch. Apoth. Ztg. **130**, 1808 (1990).
[1a] H. Matsuura und Mitarb., Planta Med. **62**, 70 (1996).
[2] A. Sendl und Mitarb., Planta Med. **58**, 1 (1992).
[3] A. Carotenuto und Mitarb., Phytochemistry **41**, 531 (1996).
[4] K. Poboszny und Mitarb., Herba Hung. **18**, 71 (1979); C.A. **92**, 211834 (1980).
[5] K. Kraus, Dissertation Univ. Innsbruck 1985.
[6] L. Theus, Dissertation Univ. Basel 1994.
[7] D. Frohne und H.J. Pfänder, Giftpflanzen, 4. Aufl., Wiss. Verlagsges. Stuttgart (1996).

Frohne

Aloe barbadensis Ph. Eur.
Aloe capensis Ph. Eur.

Curaçao-Aloe DAB 1996
Kap-Aloe DAB 1996

Abb. 1: Curaçao-Aloe (rechts) und Kap-Aloe (links)

Curaçao-Aloe
Aloe barbadensis

Beschreibung: Die Droge besteht aus dem zur Trockne eingedickten Saft aus den Exkretzellen der Aloe-Blätter. Sie stellt eine tiefbraune, schwach glänzende, undurchsichtige Masse mit muscheligen Bruchflächen dar. Das Pulver ist braun. Es ist in der Wärme löslich in Ethanol, teilweise löslich in siedendem Wasser, praktisch unlöslich in Ether und Chloroform. Der wäßrige Auszug färbt sich nach Zusatz von Laugen rot (Bornträger-Reaktion).

Geruch: Charakteristisch, stark.

Geschmack: Bitter, unangenehm.

Kap-Aloe
Aloe capensis

Beschreibung: Die Droge ist der zur Trockne eingedickte Saft aus den Exkretzellen der Aloe-Blätter. Sie stellt eine tiefbraune Masse mit grünlichem Schimmer und glänzenden muscheligen Bruchflächen dar. Das Pulver ist grünlichbraun. Es ist in der Wärme löslich in Ethanol, teilweise löslich in siedendem Wasser, praktisch unlöslich in Ether und Chloroform. Der wäßrige Auszug färbt sich nach Zusatz von Laugen rot (Bornträger-Reaktion).

Geruch: Charakteristisch, stark.

Geschmack: Bitter, unangenehm.

Abb. 2: *Aloe vera* (L.) BURM. f.
Stammlose, xerophytische Rosettenpflanze. Blätter fleischig, dick, bis 50 cm lang, mit derb gezähntem Blattrand. Gelbe bis orangegelbe Blüten in dichter, oben schmäler werdenden Traube, Blütenstand bis 1 m hoch.

ÖAB: Aloe (= Aloe capensis)
      Aloe barbadensis
Ph. Helv. VII: Aloe barbadensis
      Aloe capensis

Aloe barbadensis
Ph. Eur.

Curaçao-Aloe
DAB 1996

Stammpflanze: *Aloe vera* (L.) Burm. f. (syn.: *Aloe barbadensis* Mill.) Asphodelaceae (früher: Liliaceae s.l.)

Synonyme: Venezuela-, Barbados-Aloe. Aloe (engl.). Aloès (franz.).

Herkunft: Heimisch in Afrika, nach Amerika eingeführt. Kulturen besonders auf den westindischen Inseln und in den Küstengebieten von Venezuela. Die Droge gelangt vor allem über Curaçao in den Export, ist in *Mittel*europa aber praktisch nicht im Handel, während sie im westlichen Europa, auch auf den Britischen Inseln, durchaus genutzt wird. Seit einigen Jahren nimmt die Kultivierung von *Aloe vera* in Plantagen in den subtropischen Regionen der USA (Florida, Texas, Arizona) hauptsächlich zur Gewinnung des in Kosmetikpräparaten und Trinkprodukten der Lebensmittelindustrie verwendeten „Aloe-vera-Gels" ständig zu (s. auch Anmerkungen zu Phytopharmaka).

Inhaltsstoffe [1, 2]: 1,8-Dihydroxyanthracenderivate: mit 25–40% die Hauptinhaltsstoffe Aloin A und Aloin B (syn.: Aloin, Barbaloin) (ebenfalls in Aloe capensis; s. dort). Es sind diastereomere 10-C-β-D-Glucosylderivate des Aloeemodinanthrons. Das von der Pflanze biosynthetisierte Aloin A hat die absolute Konfiguration 10S,1'S, das sekundär durch Umlagerung entstandene Aloin B die Konfiguration 10R,1'S; 6'-O-Zimtsäureester und 6'-O-p-Cumarsäureester der Aloine, geringe Mengen an Aloeemodin, Chrysophanol und ihren Glykosiden; 3–4% 7-Hydroxyaloine A+B und 8-O-Methyl-7-hydroxyaloine A+B (fehlen in Kap-Aloe!); keine Aloinoside und kein 5-Hydroxyaloin (s. aber Kap-Aloe!). – Das Harz ist vor allem aus 2-Alkylchromonen zusammengesetzt: bis zu 30% Aloeresin B (=Aloesin) u.a.m., in kleiner Menge die zuckerfreie Verbindung Aloeson sowie die davon abgeleiteten Aloeresin A (=2'-p-Cumaroylaloesin) und Aloeresin C (=7-O-β-D-Glucosid des Aloeresin A). Offenbar keine Bitterstoffglykoside (vgl. aber Anmerkung bei Kap-Aloe). – Das DAB 1996 fordert einen Mindestgehalt von 28% Hydroxyanthracenderivaten (berechnet als wasserfreies Aloin=Barbaloin).

Indikationen: Aufgrund der Anthraderivate als stark wirkendes Dickdarmlaxans; Aloeemodinanthron, die vermutliche Wirkform, entsteht im Dickdarm durch reduktive Spaltung der Anthraderivate mittels zelleigener Enzyme oder durch Bakterien. Die Anthrone reizen die Schleimhaut, die Schleimsekretion wird gesteigert und so die Peristaltik des Darms angeregt. Gleichzeitig wird die Rückresorption von Wasser und Elektrolyten gehemmt [1, 2].
Für einige C-Glucosylchromone wurden starke antiphlogistische Effekte nachgewiesen [3].

Nebenwirkungen: Der Wirkungsmechanismus bedingt bei chronischer Anwendung anthrachinonhaltiger Laxantien häufig Störungen des Elektrolythaushalts. Insbesondere kommt es zu einem Kaliumverlust. Gleichzeitig werden bedingt durch den Wasserverlust Natriumionen ausgespült. Die Kaliumverarmung führt schließlich zu Lähmungen der Darmmuskulatur und zum Wirkungsverlust der Laxantien. Die eingenommene Arzneimittelmenge muß, um den gleichen Effekt zu bewirken, zwangsläufig erhöht werden. Bei Patienten mit Herzerkrankungen kann der Kaliummangel Herzrhythmusstörungen hervorrufen. Außerdem führt die häufige Verwendung von Anthrachinonen zu Schädigungen der Membran des Oberflächenepithels und zu einer irreversiblen Schädigung der Muscularis mucosae. Es treten Darmtenesmen mit Abgang von Schleim auf. Da-

Aloine A/B (Barbaloin)

Aloinosid B

Aloeresin B (= Aloesin) (R¹, R² = H)
Aloeresin A (R¹ = p-Cumarsäure, R² = H)
Aloeresin C (R¹ = p-Cumarsäure, R² = Glucose)
Aloeson = Aglykon des Aloeresins B

Aloenin A

gegen ist die Braunfärbung der Schleimhaut harmlos. Sie ist bedingt durch die Einlagerung von Reduktionsprodukten verschiedener Anthrachinone. Hinzuweisen ist schließlich darauf, daß Aloe in höheren Dosen eine Blutfülle im kleinen Becken erzeugt. Außerdem wird über die Dickdarmreizung reflektorisch die Uterusmuskulatur angeregt, so daß es in der späteren Schwangerschaft zum Abort bzw. zur Frühgeburt kommen kann. In toxischen Dosen führt Aloe zu schweren hämorrhagischen Durchfällen und zu Nierenschädigungen, u.U. mit Todesfolge. Als tödliche Dosis wird die Einnahme von 1 g über mehrere Tage angegeben. Die Indikation bei der Anwendung von Aloe sollte streng gestellt werden: Akute Obstipation. Kontraindikationen: Gravidität, Menstruation, Nierenerkrankungen. Auf die Interferenz, die wegen Hypokaliämie zu Saliuretika besteht, muß geachtet werden. Anthrachinone sind bei unkontrolliertem Gebrauch nicht unbedenklich und daher zur Selbstmedikation nur unter Vorbehalt geeignet [1, 2].

Teebereitung: Entfällt.

Auszug aus der Monographie der Kommission E (BAnz Nr. 133 vom 21.07.1993)

Pharmakologische Eigenschaften, Pharmakokinetik, Toxikologie

1,8-Dihydroxyanthracenderivate haben einen laxierenden Effekt. Dieser beruht vorwiegend auf einer Beeinflussung der Colonmotilität im Sinne einer Hemmung der stationären und einer Stimulierung der propulsiven Kontraktionen. Daraus resultieren eine beschleunigte Darmpassage und aufgrund der verkürzten Kontaktzeit eine Verminderung der Flüssigkeitsresorption. Zusätzlich werden durch eine Stimulierung der aktiven Chloridsekretion Wasser und Elektrolyte sezerniert.

Systematische Untersuchungen zur Kinetik von Zubereitungen aus Aloe fehlen, jedoch ist davon auszugehen, daß die in der Droge enthaltenen Aglyka bereits im oberen Dünndarm resorbiert werden. Die β-glykosidisch gebundenen Glykoside sind Prodrugs, die im oberen Magen-Darm-Trakt weder gespalten noch resorbiert werden. Sie werden im Dickdarm durch bakterielle Enzyme zu Aloe-Emodinanthron abgebaut. Aloe-Emodinanthron ist der laxative Metabolit. Beim Menschen wurde nach Einnahme von 86 bzw. 200 mg Aloepulver im Urin Rhein nachgewiesen.

Aktive Metaboliten, wie Rhein, gehen in geringen Mengen in die Muttermilch über. Eine laxierende Wirkung bei gestillten Säuglingen wurde nicht beobachtet. Tierexperimentell ist die Plazentagängigkeit von Rhein äußerst gering.

Drogenzubereitungen besitzen, vermutlich aufgrund des Gehaltes an Aglyka, eine höhere Allgemeintoxizität als die reinen Glykoside. Ein Aloe-Extrakt mit ca. 23% Aloin und weniger als 0,07% Aloe-Emodin sowie Aloin zeigten in bakteriellen und Säugetiertestsystemen keine mutagene Wirkung. Für Aloe-Emodin, Emodin und Chrysophanol liegen teilweise positive Befunde vor. Zur Kanzerogenität liegen keine Untersuchungen vor.

Klinische Angaben

1. Anwendungsgebiete

Obstipation.

2. Gegenanzeigen

Darmverschluß, akut-entzündliche Erkrankungen des Darmes, z.B. Morbus Crohn, Colitis ulcerosa, Appendizitis; abdominale Schmerzen unbekannter Ursache, Kinder unter 12 Jahren, Schwangerschaft.

3. Nebenwirkungen

In Einzelfällen krampfartige Magen-Darm-Beschwerden. In diesen Fällen ist eine Dosisreduktion erforderlich.

Bei chronischem Gebrauch/Mißbrauch: Elektrolytverluste, insbesondere Kaliumverluste, Albuminurie und Hämaturie; Pigmenteinlagerung in die Darmschleimhaut (Pseudomelanosis coli), die jedoch harmlos ist und sich nach Absetzen der Droge in der Regel zurückbildet. Der Kaliumverlust kann zu Störungen der Herzfunktion und zu Muskelschwäche führen, insbesondere bei gleichzeitiger Einnahme von Herzglykosiden, Diuretika und Nebennierenrindensteroiden.

4. Besondere Vorsichtshinweise für den Gebrauch

Stimulierende Abführmittel dürfen ohne ärztlichen Rat nicht über längere Zeiträume (mehr als 1–2 Wochen) eingenommen werden.

5. Verwendung bei Schwangerschaft und Laktation

Aufgrund unzureichender toxikologischer Untersuchungen nicht anzuwenden in Schwangerschaft und Stillzeit.

6. Wechselwirkungen mit anderen Mitteln

Bei chronischem Gebrauch/Mißbrauch ist durch Kaliummangel eine Verstärkung der Herzglykosidwirkung sowie eine Beeinflussung der Wirkung von Antiarrhythmika möglich. Kaliumverluste können durch Kombination mit Thiaziddiuretika, Nebennierenrindensteroiden und Süßholzwurzel verstärkt werden.

7. Dosierung und Art der Anwendung

Aloepulver, wäßrige, wäßrig-ethanolische Trocken-, Dick- und Fluidextrakte sowie methanolische Trockenextrakte zum Einnehmen.

Soweit nicht anders verordnet:
20–30 mg Hydroxyanthracenderivate/Tag, berechnet als wasserfreies Aloin.

Die individuell richtige Dosierung ist die geringste, die erforderlich ist, um einen weichgeformten Stuhl zu erhalten.

Hinweis:
Die Darreichungsform sollte auch eine geringere als die übliche Tagesdosis erlauben.

8. Überdosierung

Elektrolyt- und flüssigkeitsbilanzierende Maßnahmen.

9. Besondere Warnungen

Eine über die kurzdauernde Anwendung hinausgehende Einnahme stimulierender Abführmittel kann zu einer Verstärkung der Darmträgheit führen.

Das Präparat sollte nur dann eingesetzt werden, wenn durch eine Ernährungsumstellung oder Quellstoffpräparate kein therapeutischer Effekt zu erzielen ist.

10. Auswirkungen auf Kraftfahrer und die Bedienung von Maschinen

Keine bekannt.

Hinweise

Im Laufe der Behandlung kann eine harmlose Rotfärbung des Harns auftreten.

Phytopharmaka: Aloe ist nur noch in wenigen Fertigarzneimitteln enthalten, z.B. in Laxatan® (Dragees) oder in Hepaticum Medice® N (Tabletten und Dragees). Hingegen wird Aloeextrakt (eingestellter Aloetrockenextrakt DAB 1996) etwas häufiger verwendet, z.B. in Aristochol® Konzentrat (Granulat, +Chelidoniumextr.), Kräuterlax Rheogen® N (Dragees) u.a.

Anmerkung: Unter der Bezeichnung „Aloe-vera-Gel" spielt in der Kosmetik (in den USA auch in Lebensmitteln und sog. Fitneßpräparaten) neuerdings der stabilisierte viskose Saft des Schleimparenchyms im Innern der sukkulenten Aloe-Blätter vor allem von *Aloe vera* eine große Rolle. Er wird verschiedensten Zubereitungen (u.a. Cremes) zugesetzt, da dem „Aloe-vera-Gel" hydratisierende, entzündungswidrige und antibakterielle Wirkungen zugeschrieben werden [2].

Prüfung: Makroskopisch (s. Beschreibung), mikroskopisch und vor allem dünnschichtchromatographisch nach DAB 1996 [1]. Die DC-Methode kann sowohl als Identitäts- als auch als Reinheitsprüfung genutzt werden. Da die Inhaltsstoffe der Aloe (besonders Aloin) in Lösung nicht stabil sind, muß die Untersuchungslösung, auch wenn sie bei 4 °C aufbewahrt wird, innerhalb von 24 Std. verwendet werden. Auf entsprechende Reinheit der Vergleichssubstanz Aloin ist besonders zu achten [zitiert nach 1]. Die Auswertung des DC ist im DAB 1996 genau angegeben [1]. Bei Curaçao-Aloe müssen Aloinoside fehlen, 7-Hydroxyaloin anwesend sein (bei der Kap-Aloe sind Aloinoside vorhanden, 7-Hydroxy-Aloine fehlen; charakteristisch ist hier 5-Hydroxyaloin A). – Weitere Identitätsreaktionen (nach Schouteten und nach Rosenthaler) siehe DAB 1996 [1]. – Bei der photometrischen Gehaltsbestimmung („Bornträgerreaktion"), die als Konventionsmethode sehr genau nach der DAB 1996-Vorschrift [1] durchgeführt werden muß, wird im DAB 1996 (wie bei anderen Anthranoid-Drogen auch) Lichtschutz vorgeschrieben; Lösungsmittel ist Ether (es ersetzt den toxischen Tetrachlorkohlenstoff des DAB 9!); spezifische Absorption von Aloin 255 (früher: 240).

Verfälschungen: Kommen heute höchst selten vor. Früher galten insbesondere homonataloinhaltige Sorten (z.B. die südafrikanische Natal-Aloe) als grobe Verfälschung (Homonataloine sind C-10-Glucosylderivate des 1,7-Dihydroxy-8-methoxy-3-methylanthrons). Verwechslungen mit anderen *Aloe*-Arten können mittels DC nach DAB 1996 erkannt werden.

Aufbewahrung: Vor Licht geschützt!

Anmerkung: Beim Fehlen von besonderen Angaben ist in der Apotheke immer die an Anthranoiden ärmere Kap-Aloe abzugeben!

Literatur:
[1] Kommentar DAB 10, Curaçao-Aloe/Kap-Aloe.
[2] Hager, Band **4**, 209, 1992.
[3] J.A. Hutter und Mitarb., J. Nat. Prod. **59**, 541 (1996).

Czygan

Aloe capensis
Ph. Eur.

Kap-Aloe
DAB 1996

Stammpflanzen: *Aloe ferox* MILLER und Hybride; Asphodelaceae (früher: Liliaceae s.l.). Die früher häufig als Stammpflanze genannte *Aloe perryi* BAKER wird heute zur Gewinnung der Droge praktisch nicht mehr genutzt.

Synonyme: Afrikanische Aloe. Aloe (engl.). Aloès (franz.).

Herkunft: Heimisch in Afrika; angebaut in Süd- und Ostafrika; Einteilung der Handelssorten nach ihrer Herkunft: Südafrika: Kap-Aloe, Ostafrika/Arabien: Kenia-, Uganda-, Sokotra-, Sansibar-, Mokka-Aloe.

Inhaltsstoffe [1, 2]: 1,8-Dihydroxyanthracenderivate: mit 13–27% Aloine A und B (syn.: Aloin, Barbaloin) (s. Curaçao-Aloe). Außerdem die Aloinoside (ca. 10%) B (=11-O-α-L-Rhamnosid eines Aloins) und A (vermutlich das Diastereomere von Aloinosid B) in wechselnden Anteilen, gelegentlich auch fehlend je nach Herkunft der Droge. Charakteristische Substanz der Kap-Aloe ist 5-Hydroxyaloin A; außerdem kleine Mengen an Aloeemodin und Chrysophanol; keine 7-Hydroxyaloine (s. aber Curaçao-Aloe). Der Harzanteil ist vor allem aus den 2-Alkylchromonen Aloeresin A und B (=Aloesin) zusammengesetzt; in kleiner Menge auch das Aloeresin C. Kap-Aloe enthält außerdem Bitterstoffglykoside (Grundkörper: 6-Phenyl-2-pyron-Derivate) Aloenin A und B, das sich aus Aloenin A (früher: Aloenin) und p-Cumaroylglucose zusammensetzt; p-Cumarsäuremethylester; Methyltetralinderivate (Feroxidin) in Spuren. – Das DAB 1996 fordert einen Mindestgehalt von 18% Hydroxyanthracenderivaten (berechnet als wasserfreies Aloin=Barbaloin).

Indikationen: Siehe Curaçao-Aloe.

Teebereitung: Entfällt. Die Droge wird heute in der Apotheke als Bestandteil von Schwedenkräuter-Mischungen (Ansetzen mit Alkohol) gebraucht.

Phytopharmaka: s. Curaçao-Aloe.

Prüfung: Siehe Curaçao-Aloe.

Verfälschungen: Siehe Curaçao-Aloe.

Aufbewahrung: Vor Licht geschützt!

Anmerkung: Beim Fehlen besonderer Angaben ist immer Kap-Aloe zu verwenden und abzugeben!

Identitätsprüfung mittels DC:

Sorbens: Kieselgel 60 F_{254} (lufttrocken) (Merck) (5 × 10 cm, Glas oder Folie).

Untersuchungslösung:
1,0 g pulv. Droge wird mit 5 ml Methanol 10 Min. unter Rückfluß erhitzt und warm filtriert. Das Filtrat dient als Untersuchungslösung. Es darf vor Verwendung höchstens 24 h bei 4 °C aufbewahrt werden.

Referenzlösung:
10 mg Barbaloin werden in 2 ml Methanol gelöst.

Aufzutragen:
1 µl Untersuchungslösung und 2 µl Referenzlösung strichförmig (10 × 2 mm).

Fließmittel: Ethylacetat – Methanol – Wasser (77 + 13 + 10), Kammersättigung).

Laufstrecke: 8 cm, **Zeit:** 24 min.

Sichtbarmachung und Auswertung:
Nach vollständigem Abdunsten des Fließmittels (im Heißluftstrom) wird das DC mit 10proz. methanolischer Kalilauge besprüht, 5 Min. lang auf 110 °C erhitzt und im UV_{365} sowie im Tageslicht ausgewertet.

Die Referenzsubstanz Barbaloin erscheint bei Rf-Wert ~0,35 mit gelber Fluoreszenz im UV_{365} und mit rotbrauner Farbe im Tageslicht (Abb. 3 und 4). Das DC der Untersuchungslösung zeigt mit gleichem Rf-Wert und Färbung eine Aloinzone; Curaçao-Aloe zeigt dicht darunter eine rotviolette Zone von 7-Hydroxy-aloin, die erst nach dem Erhitzen sichtbar wird. Eine im UV_{365} intensiv hellblau fluoreszierende Zone ist im unteren Drittel dem Aloeresin B zuzuordnen. Im Tageslicht sind im DC der Kap-Aloe im unteren Drittel die Zonen der Aloinoside A und B (gelbbraun) erkennbar, unter UV_{365} gelb fluoreszierend.

Literatur
s. Seite 52 Aloe barbadensis.   *Czygan*

Abb. 1: *Aloe ferox* MILLER. 2–3 m hoher Xerophyt mit sukkulenten, bis 50 cm langen, am Rande bedornten Blättern.

Abb. 2: Herstellung von Aloe. Der Zellsaft der Blätter wird über offenem Feuer etwa 4 Stunden lang eingedickt, anschließend in Blechkanister ausgegossen, wo die Masse erstarrt.

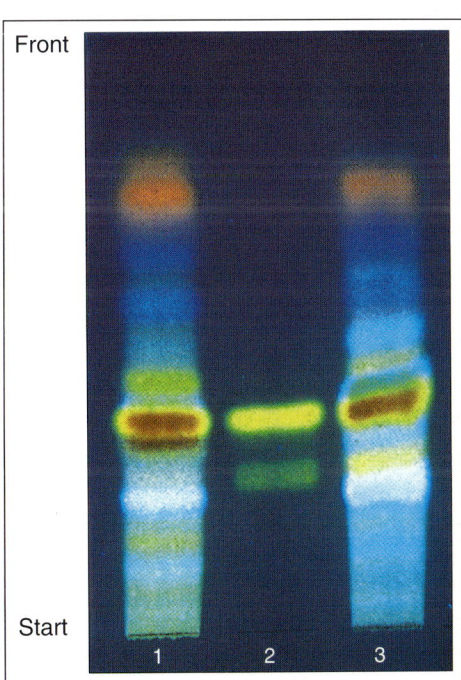
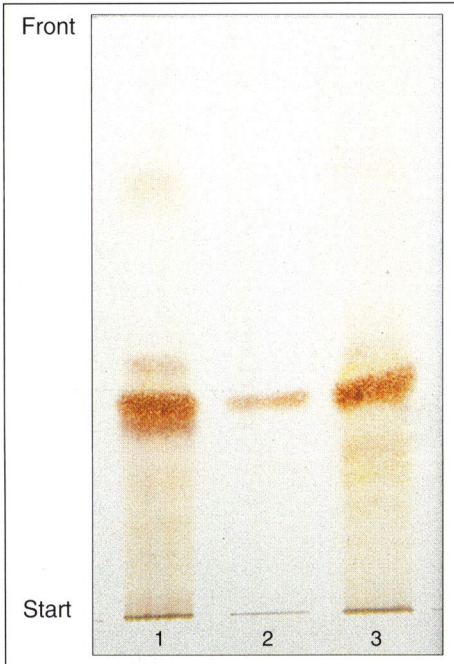

Abb. 3 DC von Aloe, auf Glasplatte 5 × 10 cm, besprüht mit KOH, unter UV_{365}
1: Curaçao-Aloe (1 µl)
2: Referenzlösung (2 µl)
3: Kap-Aloe (1 µl)

Abb. 4 DC von Aloe, auf Glasplatte 5 × 10 cm, besprüht mit KOH, im Tageslicht
1: Curaçao-Aloe (1 µl)
2: Referenzlösung (2 µl)
3: Kap-Aloe (1 µl)

Althaeae folium — Eibischblätter

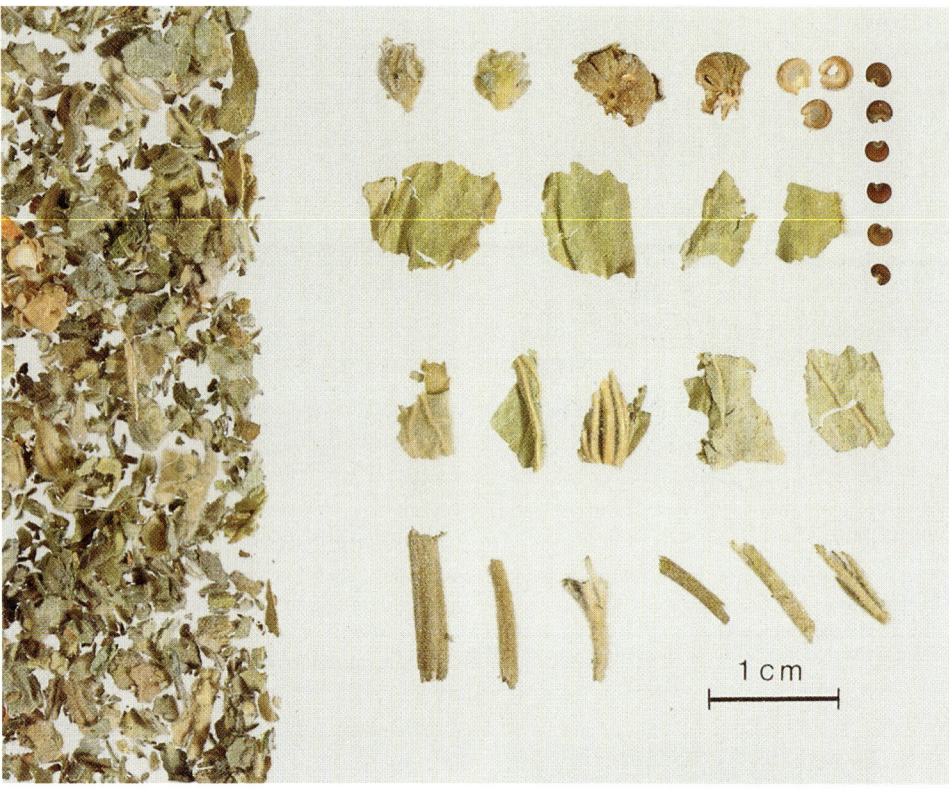

Abb. 1: Eibischblätter

Beschreibung: Feinfilzig bis samtig behaarte Blattbruchstücke (Behaarung sowohl auf der Blattoberseite, 2. Reihe, als auch auf der Unterseite, 3. Reihe), wobei stets Bruchstücke zu finden sind, an denen man die typische handförmige Nervatur erkennen kann. In der Droge sind stets behaarte Blattstielfragmente und vereinzelt Bruchstücke der Fruchtstände, Teilfrüchtchen und Samen (oberste Reihe) vorhanden.

Geschmack: Schleimig.

Abb. 2: *Althaea officinalis* L.

Mehrjährige, bis 150 cm hohe, weich behaarte Pflanze. Blätter 3- bis 5-lappig, samtig, mit handförmiger Nervatur. Blüten weiß bis rosa, Außenkelchblätter 6–9 cm, am Grunde verwachsen.

ÖAB: Folium Althaeae
DAC 1986: Eibischblätter
St. Zul. 1469.99.99

Stammpflanze: *Althaea officinalis* L. (Echter Eibisch), Malvaceae.

Synonyme: Altheeblätter, Herba Malvae visci. Marshmallow leaf (engl.). Feuilles de guimauve (franz.).

Herkunft: Eibisch ist eine in ganz Europa und Westasien verbreitete, zur Drogengewinnung auch kultivierte Staude. Die Blattdroge wird aus osteuropäischen Ländern importiert.

Inhaltsstoffe: 6–9% Schleimstoffe (höchster Gehalt in Blättern, die kurz vor der Blüte geerntet wurden), im wesentlichen aus Arabinogalactanen und Galacturonorhamnanen bestehend [1]; letzteres ist ein verzweigtes Polysaccharid mit einem mittleren Molekularge-

Wortlaut der Packungsbeilage gemäß Standardzulassung:

6.1 Anwendungsgebiete

Zur Reizlinderung bei Schleimhautentzündungen im Mund- und Rachenraum sowie im Magen-Darm-Bereich; zur Milderung eines Hustenreizes bei Bronchialkatarrh.

6.2 Dosierungsanleitung und Art der Anwendung

1 Teelöffel voll (1 bis 2 g) **Eibischblätter** wird mit heißem Wasser (ca.150 ml) übergossen und nach etwa 10 Minuten durch ein Teesieb gegeben. Der Teeaufguß kann auch durch Ansetzen mit kaltem Wasser und etwa einstündiges Ziehen bei gelegentlichem Umrühren bereitet werden.
Soweit nicht anders verordnet, wird mehrmals täglich eine Tasse frisch bereiteter Teeaufguß getrunken.

6.3 Hinweis

Vor Licht und Feuchtigkeit geschützt aufbewahren.

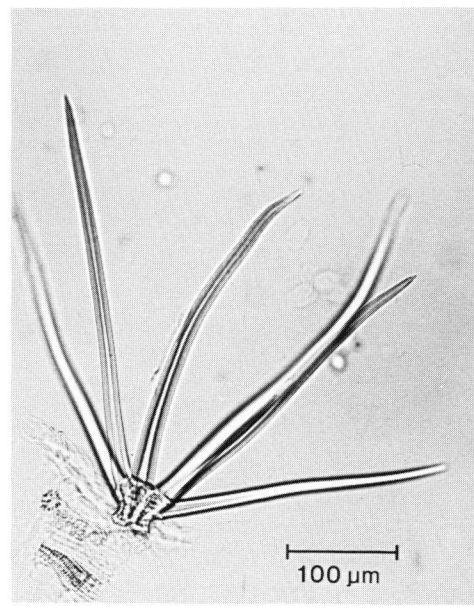

Abb. 3: Büschelhaar aus 6 dickwandigen, zugespitzten Zellen zusammengesetzt, Basis getüpfelt

Auszug aus der Monographie der Kommission E (BAnz Nr. 43 vom 02.03.1989)

Anwendungsgebiete
Schleimhautreizungen im Mund- und Rachenraum und damit verbundener trockener Reizhusten.

Gegenanzeigen
Keine bekannt.

Nebenwirkungen
Keine bekannt.

Wechselwirkungen mit anderen Mitteln
Keine bekannt.
Hinweis:
Die Resorption anderer, gleichzeitig eingenommener Arzneimittel kann verzögert werden.

Dosierung
Soweit nicht anders verordnet:
Tagesdosis: 5 g Droge; Zubereitungen entsprechend.

Art der Anwendung
Zerkleinerte Droge für wäßrige Auszüge sowie andere galenische Zubereitungen zum Einnehmen.

Wirkungen
Reizlindernd.

wicht von 1 800 000 d [2]. In der Blattdroge wurde auch ein α-1,6-Glucan (ca. 7000 d) nachgewiesen [3]. Eibischblätter enthalten verschiedene Flavonoide, vor allem 8-Hydroxyluteolin-8-gentiobiosid und -8-glucosid [4].

Indikationen: Vor allem als Antitussivum bei Reizhusten sowie entzündlichen Katarrhen im Mund- und Rachenraum. Anwendung auch bei Schleimhautentzündungen im Magen-Darmbereich. In der *Volksmedizin* wird bei Insektenstichen das Auflegen frischer, angequetschter Blätter empfohlen.

Teebereitung: Etwa 2 g (1 gehäufter Teelöffel) fein geschnittene Droge mit kaltem Wasser ansetzen, unter häufigem Umrühren stehen lassen, nach 1–2 Stunden abseihen; leicht angewärmt trinken, mehrmals täglich 1 Tasse. Der Kaltwasseransatz ist dem Heißwasseraufguß (s. auch St. Zul.) vorzuziehen.
1 Teelöffel = etwa 1,4 g.

Phytopharmaka: Hierfür wird fast ausschließlich die Eibischwurzel verwendet, selten die Blattdroge, z.B. im Ribbeck-Sirup.

Prüfung: Makroskopisch (s. Beschreibung) und mikroskopisch. Charakteristisch sind die zahlreichen Büschelhaare, die aus 2 bis 8 (meist 6) dickwandigen, zugespitzten Zellen zusammengesetzt sind (Abb. 3). Daneben findet man etagenförmige Drüsenhaare, Oxalatdrusen und im Mesophyll Schleimzellen (s. auch DAC 1986). Quellungszahl mindestens 12, wobei zum Vorfeuchten der Droge – abweichend von der normalen Vorschrift – 4,0 ml Ethanol zu verwenden sind (starke Behaarung!). Braun gefleckte Blätter (Rostpilzbefall, s. Malvae folium, S. 368, Abb. 5) dürfen nicht vorhanden sein.

Verfälschungen: Sehr selten, z.B. durch Blätter anderer Malvaceen. Die Blätter von *Lavatera thuringiaca* L. (Thüringer Strauchpappel) haben einen breit gezähnten Blattrand; die Büschelhaare sitzen auf einem halbkugeligen Gewebepolster.

Literatur:
[1] M.S. Karawya, S.I. Balbaa und M.S.A. Afifi, Planta Med. **20**, 14 (1971).
[2] N. Shimizu und T. Tomoda, Chem. Pharm. Bull. **33**, 5539 (1985).
[3] A. Kardosova und Mitarb. Coll. Czech. Chem. Comm. **48**, 2082 (1983).
[4] J. Gudej und H.L. Bieganowska, Chromatographia **30**, 333 (1990).

Wichtl

Althaeae radix
Ph. Eur.

Eibischwurzel
DAB 1996

Abb. 1: Eibischwurzel

Beschreibung: Meist durch Schälen von den äußeren Rindenschichten befreite Wurzelstücke. Diese sind hell gelblichweiß, fast zylindrisch und zeigen auf der Außenseite dunkle Narben, die von Seitenwurzeln herrühren, sowie kleine, sich ablösende Bastfasergruppen. Der im äußeren Teil faserige, im Inneren glatte Bruch ist weiß und zeigt eine dunkle Kambiumlinie. Mit der Lupe ist die konzentrische Schichtung des Rindenteiles, besonders nach Aufweichen in Wasser, deutlich erkennbar.
Beim Betupfen mit Ammoniaklösung färbt sich die Droge gelb (untere Reihe, links), mit Iodlösung blau (untere Reihe, rechts).

Geruch: Schwach, eigenartig, etwas mehlig.

Geschmack: Schleimig und etwas süß.

Abbildung von Althaea officinalis L. siehe bei Althaeae folium.

ÖAB: Radix Althaeae
Ph. Helv. VII: Althaeae radix
St. Zul. 8899.99.99

Stammpflanze: *Althaea officinalis* L. (Echter Eibisch), Malvaceae.

Synonyme: Weißwurzel, Schleimwurzel, Schleimtee. Marshmallow root, Guimauve (engl.). Racine d'althée, Racine de guimauve (franz.).

Herkunft: Heimisch in Europa und Westasien. Die Droge stammt aus Kulturen in Bulgarien, dem ehemaligen Jugoslawien, Rußland, Ungarn und Belgien; die Produktion in Deutschland ist nicht mehr kostendeckend.

Inhaltsstoffe: 5–10%, fallweise bis 20% Schleimstoffe (stark abhängig vom Erntezeitpunkt und von der Aufarbeitung der Wurzeln, z.B. Waschen, Schälen, Trocknen). Der Schleim besteht aus mehreren Polysacchariden, darunter einem sauren Rhamnogalacturonan und einem neutralen α-Glucan [1–4]. Reichlich Stärke, sehr kleine Mengen an Flavonoiden und Flavonoidsulfaten, phenolischen Carbonsäuren und Scopoletin [5] sowie Aminosäuren.

Indikationen: Als Antitussivum, besonders bei Reizhusten und bei katarrhalischen Entzündungen im Rachenraum, *nicht* als Expektorans! Weniger häufig auch bei Gastroenteritis, selten als Kataplasma bei Entzündungen oder Verbrennungen der Haut. Anwendung auch als Klysma (2- bis 3-prozentiges Mazerat) bei Proktitis (Entzündungen im Enddarm).
In der *Volksmedizin* gelegentlich bei Diarrhöe, Zystitis und Fluor albus, in allen diesen Fällen ohne rechte Begründung.

Die antitussive Wirkung des Althaea-Schleimes ist experimentell an der nichtnarkotisierten Katze überprüft und bestätigt worden [6–8].

Teebereitung: 3–10 g der fein zerschnittenen Droge werden mit kaltem Wasser angesetzt und bei Raumtemperatur 30 min lang mazeriert (öfter umrühren!); anschließend wird durch ein Teesieb oder ein feines Tuch koliert. Eine gebräuchliche Zubereitung ist auch der Eibischsirup (DAC 1986, bzw. Sirupus Althaeae ÖAB).
1 Teelöffel = etwa 3 g.

Teepräparate: Einige tassenfertige Hustentees enthalten Auszüge aus Eibischwurzel (z.B. Bronchialtee Solubifix® (Instant) u.a.).
Eibischwurzelextrakte können mittels DC der Aminosäuren nachgewiesen und in Mischpräparaten auch quantitativ be-

Auszug aus der Monographie der Kommission E (BAnz Nr. 43 vom 02.03.1989)

Anwendungsgebiete:

a) Schleimhautreizungen im Mund- und Rachenraum und damit verbundener trockener Reizhusten.
b) Leichte Entzündung der Magenschleimhaut.

Gegenanzeigen:
Keine bekannt.

Nebenwirkungen:
Keine bekannt.

Wechselwirkungen mit anderen Mitteln:
Keine bekannt.
Hinweis:
Die Resorption anderer, gleichzeitig eingenommener Arzneimittel kann verzögert werden.

Dosierung:
Soweit nicht anders verordnet:
Tagesdosis: 6 g Droge; Zubereitungen entsprechend.
Eibischsirup: Einzeldosis 10 g.

Art der Anwendung:
Zerkleinerte Droge für wäßrige Auszüge sowie andere galenische Zubereitungen zum Einnehmen.
Als Eibischsirup nur bei Anwendungsgebiet a) anzuwenden.

Hinweis:
Eibischsirup:
Diabetiker müssen den Zuckergehalt von (nach Angabe des Herstellers) ...% (entsprechend ... Broteinheiten) berücksichtigen.

Wirkungen:
Reizlindernd,
Hemmung der mukoziliaren Aktivität,
Steigerung der Phagozytose.

Wortlaut der Packungsbeilage gemäß Standardzulassung:

6.1 Stoff- oder Indikationsgruppe
Pflanzliches Mittel zur Behandlung von Atemwegserkrankungen.

6.2 Anwendungsgebiete
Schleimhautreizungen im Mund- und Rachenraum und damit verbundener trockener Reizhusten.
Leichte Entzündung der Magenschleimhaut.

6.3 Gegenanzeigen
Keine bekannt.

6.4 Wechselwirkungen mit anderen Mitteln.
Keine bekannt.
Hinweis:
Die Resorption anderer, gleichzeitig eingenommener Arzneimittel kann verzögert werden.

6.5 Dosierungsanleitung und Art der Anwendung
Soweit nicht anders verordnet, wird 3mal täglich eine Tasse des wie folgt bereiteten Kaltauszuges getrunken:
Ein knapper Teelöffel voll (ca. 2 g) Eibischwurzel oder die entsprechende Menge in einem oder mehreren Aufgußbeutel(n) wird mit kaltem Wasser (ca. 150 ml) übergossen, unter öfterem Umrühren 1 bis 2 Stunden stehengelassen, kurz zum Sieden erhitzt und gleich wieder abgekühlt und dann gegebenenfalls durch ein Teesieb gegeben.

6.6 Dauer der Anwendung
Bei akuten Beschwerden, die länger als eine Woche andauern oder periodisch wiederkehren, wird die Rücksprache mit einem Arzt empfohlen.

6.7 Nebenwirkungen
Keine bekannt.

6.8 Hinweis
Vor Licht und Feuchtigkeit geschützt aufbewahren.

stimmt werden [9]. Der Schleim ist thermolabil und lichtempfindlich, was bei der Herstellung und Lagerung von Fertigarzneimitteln zu beachten ist [10].

Phytopharmaka: Drogenpulver oder Extrakte aus der Wurzel sind in wenigen Kombinationspräparaten aus der Gruppe der Antitussiva enthalten, z.B. Lapidar® 8 Tabletten.

Prüfung: Makroskopisch (siehe Beschreibung) und mikroskopisch nach DAB 1996. Quellungszahl, bestimmt mit gepulverter Droge, mindestens 10, ebenso nach ÖAB, nach Ph. Helv. VII mind. 15. Braune Stücke dürfen bei geschälter Droge nicht vorhanden sein.

Verfälschungen: Wurzeln von *Althaea rosea* (L.) CAV. (Stockmalve, schwarze Malve) sind gelegentlich beobachtet worden. Sie sind grobfaserig, stark holzig und im Querschnitt deutlich gelblich. Die in der Literatur beschriebenen Verfälschungen mit Wurzeln von *Atropa bella-donna* L. kommen in der Praxis nicht vor; sie würden sich durch Kristallsandzellen (anstatt Oxalatdrusen) leicht erkennen lassen.

Literatur
[1] A. Madaus, Dissertation, Regensburg 1989.
[2] P. Capek und Mitarb., Carbohydr. Res. **164**, 443 (1987).
[3] M. Tomoda und Mitarb., Chem. Pharm. Bull. **25**, 1357 (1977).
[4] G. Franz, Planta Med. **55**, 493 (1989) und **14**, 90 (1966).
[5] J. Gudej, Planta Med. **57**, 284 (1991).
[6] G. Nosalova, J. Carbohydr. Chem. **12**, 589 (1993).
[7] G. Nosalova und Mitarb., Pharmazie **47**, 224 (1992).
[8] G. Nosalova und Mitarb., Pharm. Pharmacol. Lett. **2**, 195 (1992).
[9] E. Hahn-Deistrop, Dtsch. Apoth. Ztg. **135**, 1147 (1995).
[10] G. Franz und A. Madaus, Dtsch. Apoth. Ztg. **130**, 2194 (1990).

Wichtl

Ammeos visnagae fructus — Ammi - visnaga - Früchte
DAB 1996, nicht mehr im DAB 1997

Abb. 1: Ammi-visnaga-Früchte

Beschreibung: Kleine, graubraune, elliptische, breiteiförmige bis birnenförmige Doppelachänen, meist in ihre Teilfrüchte zerfallen; diese sind ca. 1,5–3 mm lang und ca. 0,9 mm breit, eiförmig und an der Fugenfläche etwas abgeplattet. Sie sind unbehaart, tragen 5 hellere, erhabene Rippen und am oberen Ende ein bräunlichgelbes Griffelpolster mit dem Griffelrest (Abb. 3).

Geschmack: Schwach bitter, etwas aromatisch.

Abb. 2: *Ammi visnaga* (L.) LAM.
Bis 1 m hoch werdendes, ein- oder zweijähriges Kraut. Mehrfach fiederschnittige Blätter mit fädigen Zipfeln. Doppeldolde schirmförmig, Doldenstrahlen verholzend und als Zahnstocher benützt (Name!).

Stammpflanze: *Ammi visnaga* (L.) LAM. (Zahnstocher-Ammei), Apiaceae.

Synonyme: Visnagafrüchte, Bischofskrautfrüchte, Zahnstocherammeifrüchte, Khella. Visnaga fruit (engl.). Fruit de Khella (franz.).

Herkunft: Heimisch im Mittelmeergebiet; in Argentinien, Chile, Mexiko und Nordamerika angebaut. Die Hauptdrogenmenge stammt aus dem Anbau in Marokko, Ägypten, Tunesien, neuerdings auch aus Rußland.

Inhaltsstoffe: Furanochromone (γ-Pyrone) (2–4%, DAB 1996 mind. 1%): 0,3–1,2% Khellin (=Visammin), 0,05–0,3% Visnagin [1], Norvisnagin, 0,3–1% Khellol und sein Glucosid Khellenin, Khellinol, Ammiol und sein Glucosid [2], Visammiol, Khellinon, Visnaginon. 0,2–0,5% Pyranocumarine (Visnagane): Visnadin, Samidin und Dihydro-

Abb. 3: Teilfrüchtchen (Achäne) von *Ammi visnaga*, z.T. mit anhaftendem Griffel

samidin. Spuren der Furanocumarine Xanthotoxin und Ammidin [3]. Flavonoide: Quercetin, Isorhamnetin und ihre 3-Sulfate, Kämpferol. 0,02–0,03% ätherisches Öl, u.a. mit Campher, Carvon, α-Terpineol, Terpinen-4-ol, Linalool sowie cis- und trans-Linalooloxid. 12–18% fettes Öl, 12–14% Proteine.

Indikationen: Die Droge wirkt muskulotrop spasmolytisch auf die Bronchialmuskulatur, die Muskulatur des Magen-Darm-Kanals, der Gallenwege, des Urogenitalbereichs und der Coronargefäße, des weiteren diuretisch. Die wesentlichen Wirkstoffe sind die Furanochromone (Khellin, Visnagin). Die Cumarinderivate (Visnadin, Samidin) sind an der Gesamtwirkung vor allem durch ihre spasmolytische, koronarerweiternde Wirkung beteiligt. Die Droge ist indiziert bei Keuchhusten, krampfartigen Erregungszuständen des Magen-Darm-Kanals, bei Gallenkoliken, schmerzhafter Menstruation, zur Entfernung kleiner Blasen- und Nierensteine und zur Unterstützung der postoperativen Behandlung von Harnsteinerkrankungen, sowie bei Angina pectoris und Asthma bronchiale. *Als Teedroge wird sie nur selten verwendet. Bevorzugt werden Fertigpräparate* mit Auszügen der Gesamtwirkstoffe oder mit den isolierten Reinsubstanzen Khellin oder Visnadin. Experimentell wurde nachgewiesen, daß die natürlichen Begleitstoffe des Ammi-visnaga-Trockenextrakts die Löslichkeit und die spontane Auflösung von Khellin stark erhöhen [4].

Visnadin wirkt koronarerweiternd und zeigt eine ausgeprägte Steigerung der Koronardurchblutung, weshalb visnadinhaltige Präparate (z.B. Carduben®) bei Herzerkrankungen mit Durchblutungsmangel des Herzmuskels verordnet werden.

Khellinhaltige Präparate werden vorzugsweise eingesetzt bei asthmatoider bzw. spastischer Bronchitis, bei Asthma bronchiale, Angina pectoris sowie bei Nieren-, Gallen- und Darmkoliken. Die Wirkung von Khellin bei Angina pectoris ist umstritten [5].

Im Meerschweinchen-Aortenstreifen-Modell hemmen das Dihydropyranocumarin Visnadin und in geringerem Ausmaß auch die Furanochromone Khellin und Visnagin die durch K^+-Depolarisation sowie auch Norepinephrin induzierte Aortenkontraktion [6, 7]. Während die Furanochromone beide Spasmen gleich stark hemmen, ist bei Visnadin der Effekt bei den K^+-Spasmen signifikant stärker, was auf einen Wirkungsmechanismus als Calciumkanalblocker hindeutet.

Für Khellenin, Khellol und Ammiol werden nützliche Effekte auf die Serumlipoproteinwerte, das Gesamtcholesterin und atherosklerotische Gefäßveränderungen angegeben [8, 9].

Nebenwirkungen: Als Nebenerscheinungen bei längerer Anwendung oder aber bei Überdosierung wurden Übelkeit, Schwindel, Obstipation, Appetitlosigkeit, Kopfschmerzen, allergische Erscheinungen (Juckreiz) und Schlafstörungen beobachtet. Bei der Prüfung

	R^1	R^2	R^3
Khellin	OCH_3	CH_3	OCH_3
Visnagin	H	CH_3	OCH_3
Norvisnagin	H	CH_3	OH
Khellol	H	CH_2OH	OCH_3
Khellenin	H	CH_2O-Glucose	OCH_3
Khellinol	OCH_3	CH_3	OH
Ammiol	OCH_3	CH_2OH	OCH_3

Visnadin : R = (2-methylbutanoyl)
Samidin : R = (3-methylbut-2-enoyl)
Dihydrosamidin : R = (3-methylbutanoyl)

Visnaginon : R = H
Khellinon : R = OCH_3

Visammiol

Auszug aus der Monographie der Kommission E (BAnz Nr. 71 vom 15.04.1994)

Pharmakologische Eigenschaften, Pharmakokinetik, Toxikologie

Pharmakologische, pharmakokinetische und toxikologische Untersuchungen liegen vor für einen eingestellten Trockenextrakt aus Ammi-visnaga-Früchten, entsprechend 10,5% gamma-Pyronen, berechnet als Khellin (Auszugsmittel: Methanol/Wasser 70:30; 70–99% nativer Extrakt, Droge-Extrakt-Verhältnis=6,2–10:1).

Am modifizierten Langendorff-Herzpräparat des Meerschweinchens wurde innerhalb der ersten 10 Minuten eine leichte (8,8%) und kurzdauernde Steigerung der koronaren Perfusion (beginnend bei einer Konzentration von 20 µg/ml) beobachtet.

Bei Ratten kommt es nach einer Infusion des Extraktes von 1 mg/kg KG × min zu einer Erhöhung des Herzminutenvolumens; der Effekt hält etwa 1 Stunde nach Absetzen der Infusion an.

Unter einer 30minütigen Infusion von 1 mg/kg KG × min steigt bei Ratten die Herzfrequenz signifikant an.

KCl- bzw. Noradrenalin-induzierte Spasmen an der Aorta von Meerschweinchen werden durch den Extrakt wie auch durch die Inhaltsstoffe Khellin, Visnadin und Visnagin in mikromolarer Konzentration relaxiert. Für den Extrakt beträgt die Reduktion am K^+-Spasmus in der höchsten Konzentration (316 µg/ml) 46,3% und für die Noradrenalin-induzierte Kontraktur 64,9%.

Nach oraler Gabe von 140 mg Extrakt bei 6 Probanden wurden Khellin und Visnadin im Plasma bestimmt. Visnadin wurde nicht nachgewiesen; die maximalen Khellin-Konzentrationen wurden zwischen 20 und 60 min mit 29,4 und 276,5 ng/ml erreicht. Die Elimination erfolgte rasch, nach 10 h war kein Khellin mehr nachweisbar. Für Khellin ergab sich ein mittlerer C_{max}-Wert von 98,3 ng/ml.

Die LD_{50} des Extraktes peroral beträgt bei Ratten und Mäusen > 2000 mg/kg KG.

Nach Verabreichung von 10, 150 und 600 mg Extrakt/kg KG peroral über 4 Wochen an Ratten ergab sich eine minimale toxische Dosis zwischen 10 und 150 mg/kg KG. Nach der Dosis von 600 mg/kg KG fand sich eine gering- bis mittelgradige zentrolobuläre Hypertrophie des Leberparenchyms mit hepatozellulärer Degeneration.

Zur chronischen Toxizität, zur Kanzerogenität, Mutagenität und Teratogenität liegen keine Untersuchungen vor.

Klinische Angaben

1. Anwendungsgebiete

a) Anwendungsgebiete als Aufbereitungsergebnis:
Keine.

b) Beanspruchte Anwendungsgebiete mit Begründung ihrer negativen Bewertung:
Zubereitungen aus Ammi-visnaga-Früchten werden bei Angina pectoris, Koronarinsuffizienz, paroxysmaler Tachykardie, Extrasystolen, Altersherz mit Hypertonie, Asthma, Keuchhusten sowie krampfartigen Beschwerden des Unterleibs angewendet.

In Kombinationen werden Zubereitungen aus Ammi-visnaga-Früchten zusätzlich zur Verhütung vorzeitiger Altersbeschwerden im Bereich von Herz, Kreislauf- und Gefäßsystem, nach Herzinfarkt, bei nervösen Störungen des Herzens, Hypotonie, Bronchitis, Bronchialasthma und Husten, Spasmen des Magen-Darm-Traktes, der Gallen- und Harnwege, bei Erkrankungen des Leber-Galle-Systems, Urolithiasis, bei Neigung zur Steinbildung nach Operationen, Niereninsuffizienz, zur Reduktion der hormonell bedingten Ureterdilatation im 2.+3. Trimenon der Schwangerschaft sowie infolge der Einnahme von Kontrazeptiva, zur Unterstützung der antibakteriellen Therapie der akuten und chronischen Pyelonephritis in therapieresistenten Fällen, bei klimakterischen Störungen, Depressionen sowie zur Vorbeugung gegen allgemeine Arterienverkalkung und deren Begleiterscheinungen angewendet.

Die Wirksamkeit der Droge bei den beanspruchten Anwendungsgebieten ist nicht ausreichend belegt. (Es liegt nur eine Anwendungsbeobachtung vor.)

2. Risiken

In Einzelfällen pseudoallergische Reaktionen, reversibler cholostatischer Ikterus.

Das in der Droge enthaltene Khellin macht die Haut lichtempfindlicher. Für die Dauer der Anwendung der Droge sollte daher auf längere Sonnenbäder und intensive UV-Bestrahlung verzichtet werden.

Nach hohen Dosen Khellin (100 mg/Tag peroral) sind im Plasma reversible erhöhte Aktivitäten der Leber-Transaminasen und der Gamma-Glutamyltransferase beobachtet worden.

Beurteilung

Da die Wirksamkeit der Droge und ihrer Zubereitungen bei den beanspruchten Anwendungsgebieten nicht ausreichend belegt ist, kann die therapeutische Anwendung der Droge angesichts der Risiken nicht vertreten werden.

Inwieweit aufgrund einer spasmolytischen Wirkung ein Beitrag zur positiven Bewertung der Wirksamkeit von fixen Kombinationen gegeben ist, muß präparatespezifisch belegt und geprüft werden.

---

einzelner Inhaltsstoffe auf chronische Toxizität an Hunden (10fache therapeutische Dosis [!] über 3 Monate [!]) ergaben sich besonders für Samidin toxische Effekte [10]. Auch schwache phototoxische Wirkungen wurden nachgewiesen [11]. Für Visnagin, Khellol, Khellin und Khellinol wurden an Albinomäusen kontaktirritative Effekte beschrieben [12].

Teebereitung: 0,5 g der Früchte werden zerstoßen, mit kochendem Wasser übergossen und nach 10–15 min durch ein Teesieb gegeben.
1 Teelöffel=etwa 2,5 g.

Phytopharmaka: Aus der Droge hergestellte und auf Khellin eingestellte Extrakte sind enthalten in wenigen Monopräparaten, z.B. Carduben® Ammi-visnaga (Kapseln) u. Steno-Loges® (Tropfen), ebenso in wenigen Kombinationspräparaten, z.B. Cefedrin®N (Tropfen) u. Stenocrat® (Tropfen u. Dragees) bei Atemwegserkrankungen bzw. als Herzmittel.

Prüfung: Makroskopisch und mikroskopisch nach DAB 1996. Charakteristisch sind u.a. das großzellige, nicht pa-

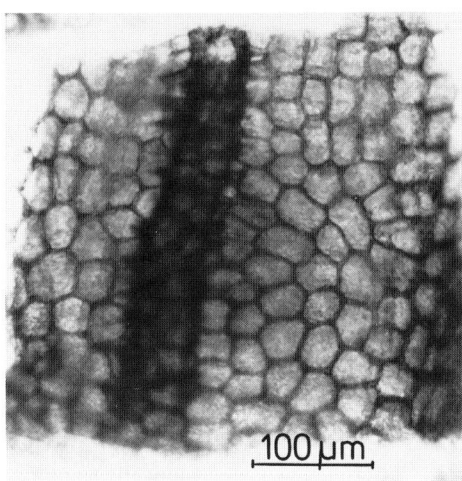

Abb. 4: Großzelliges Exokarp mit durchscheinendem Exkretgang (Ölstriemen)

pillöse Exokarp mit durchscheinenden Exkretgängen (Abb. 4) sowie das Vorkommen von großen Interzellularräumen in den Rippen. Im DAB 1996 findet man auch Identitäts- und Reinheitsprüfung durch Farbreaktion mit Schwefelsäure (Bildung der Oxoniumsalze der γ-Pyronderivate) und durch dünnschichtchromatographische Auftrennung der Furanochromone [13].

Verfälschungen: Selten; die makroskopisch sehr ähnlich aussehenden Früchte von *Ammi majus* L. (Große Knorpelmöhre) lassen sich im Querschnitt mikroskopisch durch das Fehlen großer Interzellularräume in den Rippen erkennen.

Literatur

[1] P. Martelli und Mitarb., J. Chromatogr. **301**, 297 (1984).
[2] L.W. Tjarks, G.F. Spencer und E.P. Seest, J. Nat. Prod. **52**, 655 (1989).
[3] P.W. Le Quesne und Mitarb., J. Nat. Prod. **48**, 496 (1985).
[4] K.H. Frömming, N. Eisenbach und W. Mehnert, Pharm. Ind. **51**, 439 (1989).
[5] Martindale 1989, S. 1519
[6] H.W. Rauwald, O. Brehm und K.-P. Odenthal, Phytother. Res. **8**, 135 (1994).
[7] H.W. Rauwald, O. Brehm und K.-P. Odenthal, Planta Med. **60**, 101 (1994).
[8] R. Greinwald und H.-P. Stobernack, Z. Phytother. **11**, 65 (1990).
[9] T.J. Stevens und Mitarb., Arzneim.-Forsch. **35**, 1257 (1985).
[10] A. Kandil und E.E. Galal, J. Drug Res. **7**, 109 (1975)
[11] O. Schimmer, R. Beck und U. Dietz, Planta Med. **40**, 68 (1980).
[12] M.A. Saeeds, F.Z. Khan und A. Satter, J. Fac. Pharm. Gazi Univ. **10**, 15 (1993); C.A. **120**, 127 236 h (1994).
[13] Kommentar DAB 10.

Willuhn

Angelicae radix

Angelikawurzel
DAB 1996

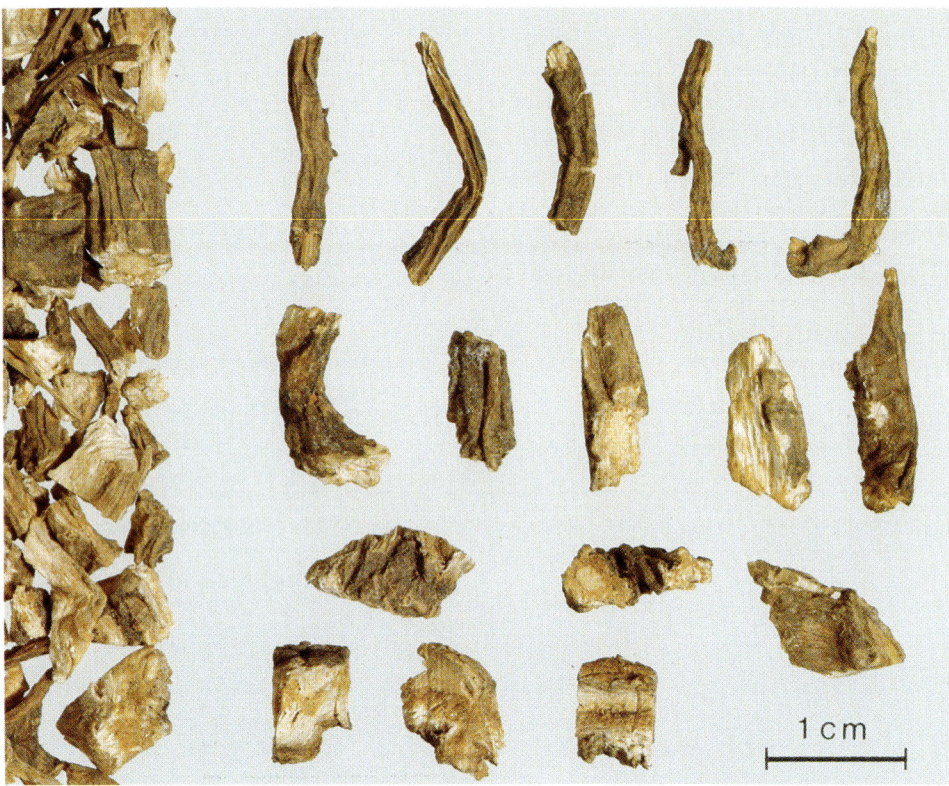

Abb. 1: Angelikawurzel

Beschreibung: Außen grau-, rötlich- oder schwarzbraune, längsgefurchte, oft auch dünne Wurzelstücke mit radial angeordneten Exkretgängen (Durchmesser 100–200 µm) in der Rinde und einem gelben, radial gestreiften Holzkörper. Daneben unregelmäßig gestaltete Fragmente des Rhizoms, ebenfalls mit Exkretgängen.

Geruch: Stark würzig.

Geschmack: Zunächst aromatisch, dann scharf, bitter und anhaltend brennend.

Abb. 2: *Angelica archangelica* L.

1–2,5 m hohe, kräftige Staude mit 2- bis 3fach gefiederten Blättern, diese mit breiter Blattscheide. Große Doppeldolde, ohne Hülle, Hüllchenblätter etwa so lang wie die Döldchen.

ÖAB: Radix Angelicae
St. Zul. 1419.99.99

Stammpflanze: *Angelica archangelica* L. (Engelwurz), Apiaceae.

Synonyme: Rad. Archangelicae, Rad. Angelicae sativae, Rad. Syriacae, Heiligenwurzel, Heiligengeistwurzel, Heiligenbitter, Geistwurzel, Erzengelwurzel, Theriakwurzel, Brustwurz, Waldbrustwurz, Giftwurz, Zahnwurzel, Glückenwurzel. Gartenangelika. Angelica root, Root of the Holy Ghost, (engl.). Racine d'angélique (franz.).

Herkunft: Heimisch mit verschiedenen Unterarten und Varietäten in allen gemäßigten Zonen Europas und Asiens, vor allem in den nördlichen Regionen. Die Droge stammt fast ausschließlich aus Kulturen in Polen, Holland, Ostdeutschland, seltener aus Belgien,

Bergapten : R = CH₃

Isoimperatorin: R = (3-methylbut-2-enyl)

Xanthotoxin (OCH₃)

Angelicin

Archangelicin : R = (angeloyl)

2´-Angeloyl-3´-isovaleryl-vaginat : R = (isovaleryl)

Osthenol : R = H
Osthol : R = OCH₃

Archangelenon

makrocyclische Lactone n = 10, 12, 14

Italien oder der ehemaligen Tschechoslowakei. Kultiviert wird die Subspecies *archangelica*.

Inhaltsstoffe: Ca. 0,35–1,3% ätherisches Öl (DAB 1996: mind. 0,25%; ÖAB: mind. 0,3%), zu 80–90% aus Monoterpenkohlenwasserstoffen zusammengesetzt, mit β-Phellandren (13–28%), α-Phellandren (2–14%) und α-Pinen (14–31%) als Hauptkomponenten. Daneben u.a. β-Pinen, Sabinen, Δ3-Caren, Myrcen, Limonen sowie ca. 60 weitere identifizierte Komponenten [1, 2]. Sesquiterpene wie β-Bisabolen, Bisabolol, β-Caryophyllen und die makrocyclischen Lactone Tri-, Penta-, Heptadecanolid sowie 12-Methyltridecanolid. Über 20 Furanocumarine, u.a. Bergapten, Isoimperatorin, Xanthotoxin, Angelicin, Archangelicin (=Kwannin), 2´-Angeloyl, 3´-isovaleryl-vaginat, die C-prenylierten Cumarine Osthenol und Osthol, Umbelliferon u.a. [3–7] und das Chromon Peucenin-7-methylether; Phenolcarbonsäuren: Kaffeesäure, Chlorogensäure; das Flavanon Archangelenon; Sitosterol; Fettsäuren (C_{14}–C_{18}); Gerbstoffe; Saccharose.

Indikationen: Die Angelikawurzel gehört zu den Amara-Aromatica (Bitterstoffe und ätherisches Öl), die die Magensaft- und Pankreassekretion anregen. Sie wird zur Appetitanregung, als Stomachikum bei Dyspepsien mit mangelhafter Magensaftsekretion sowie als spasmolytisch und antimikrobiell wirkendes Karminativum verwendet. Sie ist Rohstoff für die Gewinnung von Gewürzextrakten und zur Herstellung von Bitterschnäpsen und Kräuterlikören (u.a. Boonekamp, Benediktiner, Karthäuser, Chartreuse).

In der *Volksheilkunde* wird sie gelegentlich auch als antiseptisch wirkendes Expektorans, als Diuretikum, Emmenagogum und bei nervöser Schlaflosigkeit verwendet (ätherisches Öl).

Neben der Droge kommt die Tinktur, das abgetrennte ätherische Öl (Oleum Angelicae) und der Spiritus Angelicae

---

Auszug aus der Monographie der Kommission E
(BAnz Nr. 101 vom 01.06.1990)

Anwendungsgebiete
Appetitlosigkeit: dyspeptische Beschwerden wie leichte Magen-Darm-Krämpfe, Völlegefühl, Blähungen.

Gegenanzeigen
Nicht bekannt.

Nebenwirkungen
Die in Angelikawurzel enthaltenen Furocumarine machen die Haut lichtempfindlicher und können im Zusammenhang mit UV-Bestrahlung zu Hautentzündungen führen. Für die Dauer der Anwendung von Angelikawurzel oder deren Zubereitungen sollte daher auf längere Sonnenbäder und intensive UV-Bestrahlung verzichtet werden.

Wechselwirkungen mit anderen Mitteln
Nicht bekannt.

Dosierung
Soweit nicht anders verordnet:
Tagesdosis:
4,5 g Droge;
1,5–3 g Fluidextrakt (1:1)
1,5 g Tinktur (1:5); Zubereitungen entsprechend.
10–20 Tropfen ätherisches Öl.

Art der Anwendung
Zerkleinerte Droge sowie andere galenische Zubereitungen zum Einnehmen.

Wirkungen
– spasmolytisch
– cholagog
– Förderung der Magensaftsekretion

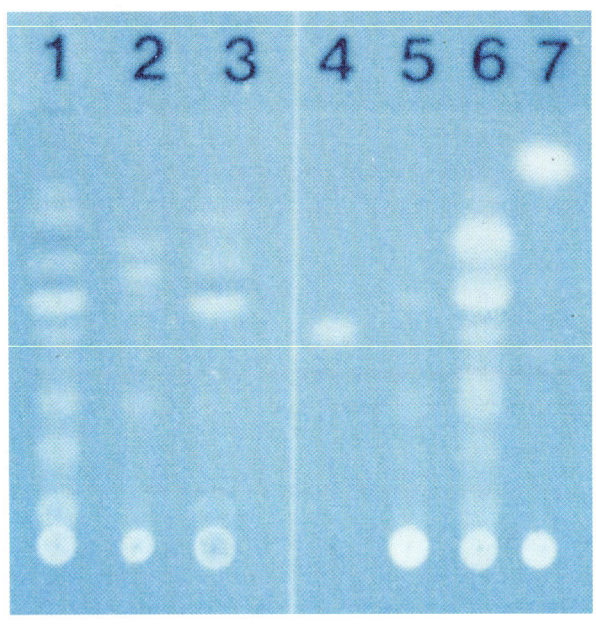

Abb. 3: DC auf 4 × 8 cm Folien
Verschiedene Apiaceenwurzeldrogen
1: sog. „Weiße" Bibernellwurzel
2: Bibernellwurzel
3: Bärenklauwurzel
4: Umbelliferon (Referenzsubstanz)
5: Pastinakwurzel
6: Angelikawurzel
7: Liebstöckelwurzel
Einzelheiten s. Text

compositus zur Anwendung, hier vielfach auch äußerlich als mildes Hautreizmittel bei Neuralgien und rheumatischen Beschwerden. In größeren Dosen (bei Ratten 1,87 mg/kg) ist das ätherische Öl toxisch [8].

Nebenwirkungen: Die Furanocumarine verursachen Photodermatosen [9]. Sie wirken in Verbindung mit UV-A-Licht phototoxisch, photomutagen und cancerogen [10, 11]. Die Furanocumarine besitzen eine calciumantagonistische Wirkung [6, 12]. Verbindungen vom Archangelicin-Typ hemmen in vitro die Wirkung von Tumorpromotoren [13] und die Blutplättchen-Aggregation [14]. Unter anderem auch wegen der geringen Wasserlöslichkeit sind bei der Teebereitung diesbezüglich jedoch keine Risiken gegeben [11].

Teebereitung: 1,5 g der fein zerschnittenen oder grob gepulverten Droge mit kaltem Wasser ansetzen und kurz aufkochen oder mit kochendem Wasser überbrühen (bedecktes Gefäß). Jeweils 30 min vor den Mahlzeiten 1 Tasse ungesüßt.
1 Teelöffel = etwa 2,5 g.

Teepräparate: Angelikawurzel ist in wenigen Teegemischen verschiedener Hersteller enthalten.

Phytopharmaka: Wurzelextrakte sind in wenigen Kombinationspräparaten aus der Gruppe der Magen- und Darmmittel enthalten, z. B. Gastritol® Tropfen, Carvomin® Tropfen, Ventrimarin® novo Tropfen, u. a.

Prüfung: Makroskopisch und mikroskopisch nach DAB 1996. Größere Sicherheit bietet jedoch die DC der Cumarine nach DAB 1996, die auf den Nachweis des für die Angelikawurzel spezifischen Osthenol abhebt. Eine Alternative ist die DC-Auftrennung der Cumarine nach [15, 16].

Untersuchungslösung: 3,0 g gepulverte Droge mit 30 ml Methanol 30 min zum Sieden erhitzen (Rückfluß), nach dem Abkühlen filtrieren. Filtrat unter vermindertem Druck eindampfen, Rückstand in 9 ml Methanol lösen.

Referenzlösung: 5 mg Umbelliferon in 20 ml Methanol gelöst.

Auftragen: Je 5 µl jeder Lösung.

Fließmittel: Oberphase einer Mischung Ether-Toluol (1+1), die durch Schütteln mit einer 12proz. Essigsäure gesättigt wurde; 6 cm hoch.

Auswertung: Nach dem Abdunsten des Fließmittels unter UV 366 beobachten (Abb. 3).

Wortlaut der Packungsbeilage gemäß Standardzulassung:

7.1 Anwendungsgebiete

Beschwerden wie Völlegefühl, Blähungen und leichte, krampfartige Magen-Darm-Störungen; Magenbeschwerden, z.B. durch mangelnde Bildung von Verdauungssäften.

7.2 Gegenanzeigen

Magen- oder Darmgeschwüre.

7.3 Dosierungsanleitung und Art der Anwendung

Ein Teelöffel voll (2–4 g) **Angelikawurzel** wird mit siedendem Wasser (ca. 150 ml) übergossen und nach etwa 10 Minuten durch ein Teesieb gegeben. Der Tee kann auch durch eine kurze Abkochung bereitet werden.
Soweit nicht anders verordnet, wird mehrmals täglich eine Tasse Teeaufguß mäßig warm eine halbe Stunde vor den Mahlzeiten getrunken.
Hinweis: Für die Dauer der Anwendung von Angelikawurzelzubereitungen sollte auf längere Sonnenbäder oder intensive UV-Bestrahlung verzichtet werden.

7.4 Hinweis

Vor Licht und Feuchtigkeit geschützt aufbewahren.

Angelikawurzel zeigt unmittelbar oberhalb der Umbelliferonzone eine intensiv blau fluoreszierende Zone, darüber drei blau bis gelblich fluoreszierende Zonen. Direkt unterhalb der Umbelliferonzone liegt eine bläulich fluoreszierende, darunter eine gelbbraun fluoreszierende Zone (diese zeigt intensive Fluoreszenzminderung bei 254 nm). Oberhalb des Startpunkts liegt eine gelbbraun fluoreszierende Zone.
Abweichende Chromatogrammbilder weisen auf Verfälschung durch andere Apiaceenwurzeln hin (siehe Abb. 3).

Verfälschungen: Vor allem in der Schnittdroge möglich; in Betracht kommen Wurzeln anderer Apiaceen, besonders *Levisticum officinale*, *Pimpinella*-Arten und *Heracleum sphondylium*. Erkennung mittels DC, siehe Prüfung.

Aufbewahrung: Dicht verschlossen, vor Licht geschützt. Nicht in Kunststoffbehältern (ätherisches Öl!).

Literatur:

[1] I. Héthelyi und Mitarb., Herb. Hung. **24**, 149 (1985).
[2] I. Nykanen, L. Nykanen und M. Alkio, J. Essent. Oil Res. **3**, 229 (1991).
[3] S. Harkar, T.K. Radzan und E.S. Waight, Phytochemistry **23**, 419 (1984).
[4] H. Sun und J. Jakupovic, Pharmazie **41**, 888 (1986).
[5] P. Härmälä, S. Kaltia und H. Vuorela, Planta Med. **58**, 287 (1992).
[6] P. Härmälä und Mitarb., Phytochem. Anal. **3**, 42 (1992).
[7] J.C. Chalchat und R.Ph. Garry, J. Essent. Oil Res. **5**, 447 (1993).
[8] G. Brownlee, Quart. J. Pharmacy **13**, 130 (1940).
[9] K.W. Glombitza, Dtsch. Apoth. Ztg. **112**, 1593 (1972).
[10] O. Schimmer, R. Beck und U. Dietz, Planta Med. **40**, 68 (1980).
[11] O. Schimmer, Planta Med. **47**, 79 (1983).
[12] P. Härmälä und Mitarb., Planta Med. **58**, 176 (1992).
[13] A. Mizuno und Mitarb., Planta Med. **60**, 333 (1994).
[14] T. Okuyama und Mitarb., Planta Med. **52**, 132 (1986)
[15] O.B. Genius, Dtsch. Apoth. Ztg. **121**, 386 (1981).
[16] P. Rohdewald, G. Rücker und K.W. Glombitza, Apothekengerechte Prüfvorschriften, S. 619, Dtsch. Apoth. Verlag Stuttgart 1986.

Willuhn

Anisi fructus
Ph. Eur.

Anis
DAB 1996

Abb. 1: Anisfrüchte (mittlere Reihe Stengelteile und Reste des Karpophors).

Beschreibung: Die Droge besteht aus den graugrünen bis graubraunen, verkehrt birnenförmigen, etwa 2 mm langen, feingerippten, an der Seite etwas zusammengedrückten, fein behaarten, (s. Abb. 4) gestielten, trockenen, unversehrten, zweizeiligen Spaltfrüchten (Doppelachäne). Die Teilfrüchte haben fünf gerade Rippen.

Geruch: An Anethol erinnernd.

Geschmack: Süßlich, aromatisch (anisartig).

Abb. 2 und 3: *Pimpinella anisum* L.
30–60 cm hohe, krautige Pflanze, Blätter bodennahe ungeteilt, nach oben zunehmend feiner fiederschnittig. 7–15strahlige Doppeldolde meist ohne Hülle.

ÖAB: Fructus Anisi
Ph. Helv. VII: Anisi fructus
St. Zul.: 8099.99.99

Stammpflanze: *Pimpinella anisum* L. (Anis), Apiaceae (=Umbelliferae).

Synonyme: Kleiner Anis, Süßer Kümmel; auch Semen Anisi bzw. Semen Absinthii dulcis. Aniseed, Anise (engl.). Anis vert, Fruit d'anis (franz.).

Herkunft: Heimat vermutlich östliches Mittelmeergebiet, West-Asien; angebaut u.a. in Südeuropa, Mediterrangebiet, Vorderer Orient, Indien; Importe aus der Türkei, Ägypten und Spanien.

Inhaltsstoffe: Hauptbestandteil 1,5–5% ätherisches Öl (nach DAB 1996 mindestens 2,0%) mit trans-Anethol (80–95% des Öls) als Geschmacks- und Geruchsträger. Daneben das mit dem Anethol isomere Methylchavicol (=Estra-

trans-Anethol   Methylchavicol   Anisaldehyd

2-Methylbuttersäureester des 4-Methoxy-2-(1-propenyl)-phenols (= 2-Methyl-butansäure [4-methoxy-2-propen-1-yl]-phenolester)

gol) (2–3%), das zwar anisartig riecht, aber nicht süß schmeckt und Anisaldehyd (ca. 1,5%); außerdem Sesquiterpenkohlenwasserstoffe (vor allem γ-Himachalen mit etwa 2% [2]) und weniger als 1% Monoterpenkohlenwasserstoffe (Unterschied zu Aetherol. Anisi stellati!) [1–3]. Die in der Literatur immer wieder erwähnten Dimeren des Anethols (Dianethol) und des Anisaldehyds (Dianisoin) in alter Droge, die für ihre östrogene Wirkung verantwortlich sein sollen, konnten in eingehenden Untersuchungen nicht gefunden werden [4]. Charakteristisch für *echtes* Anisöl ist ein Anteil von bis zu 5% 2-Methylbuttersäureester des 4-Methoxy-2-(1-propenyl)-phenols [2, 3]. Außerdem enthält Anis das für Apiaceen typische Glucosid der 4-Hydroxybenzoesäure, weitere Phenolcarbonsäuren, 25 bis 30% fettes Öl, Proteine, Kohlenhydrate und Flavonolglykoside [5].

Das im vorhergehenden Absatz beschriebene Anisöl ist meistens *nicht* identisch mit dem im DAB 1996 aufgeführten Anisöl (Anisi aetheroleum). Im Gegensatz zum DAB 8 ist im DAB 1996 (ebenfalls in Ph. Helv. VII) auch das aus den reifen Früchten von *Illicium verum* HOOKER fil. gewonnene Sternanisöl (vgl. Seite 70) allein/oder als Bestandteil des offizinellen Anisöls zugelassen.

Indikationen: Wegen der sekretolytischen, spasmolytischen und sekretomotorischen Wirkung des ätherischen Öls als Expektorans und Karminativum, ähnlich wie Fenchel oft in der Pädiatrie [1, 6, 7]. In hohen Dosen auch antispastisch und antiseptisch.

In der *Volksmedizin* außerdem als Emmenagogum, Laktagogum (östrogene Wirkung?), Aphrodisiakum. Das ätherische Öl wird äußerlich (in fettem Öl oder Salbengrundlagen) zu reizenden Einreibungen und gegen Ungeziefer eingesetzt. Ansonsten werden Anis und Anisöl als Geschmackskorrigens in der Lebensmittel- und Getränkeindustrie verwendet (z.B. griechischer Anisschnaps: Ouzo; französischer Anislikör: Pernod, Pastis, Anisette; Bestandteil von Boonekamp, Benediktiner, Goldwasser).

Zu Nebenwirkungen und Kontraindikationen s. „Monographie der Kommission E".

Teebereitung: 1–5 g der möglichst kurz vor Gebrauch zerstoßenen oder grob gepulverten Früchte mit kochendem Wasser übergießen und in bedecktem Gefäß 10–15 min ziehen lassen. 1 Teelöffel = etwa 3,5 g.

Teepräparate: Mehrere Bronchialtees enthalten Anis als Wirkstoff, viele andere Teemischungen enthalten Anis als Hilfsstoff (Geschmackskorrigens); einige Präparate mit mikroverkapseltem Anisöl (z.B. Solubifix®).

Phytopharmaka: Als Bestandteil zahlreicher hustenlindernder Mittel (Antitussiva, Expektorantia), Magen- und Darmmittel (Karminativa, Laxantia), besonders auch in der Pädiatrie, wobei weniger die Droge als vielmehr häufig das Anisöl eingesetzt wird.

Prüfung: Makroskopisch (s. Beschreibung), mikroskopisch (s. Abb. 5), Ölgehalt quantitativ nach [1]; dünnschichtchromatographisch nach [1, 8].

Verfälschungen: Siehe [1]. Gelegentlich werden in einzelnen Anischargen

---

Auszug aus der Monographie der Kommission E (BAnz Nr. 122 vom 06.07.1988)

Anwendungsgebiete

Innere Anwendung:
dyspeptische Beschwerden.
Innere und äußere Anwendung:
Katarrhe der Luftwege.

Gegenanzeigen

Allergie gegen Anis und Anethol.

Nebenwirkungen

Gelegentlich allergische Reaktionen der Haut, der Atemwege und des Gastrointestinaltraktes.

Wechselwirkungen mit anderen Mitteln

Keine bekannt.

Dosierung

Soweit nicht anders verordnet:
innere Anwendung:
mittlere Tagesdosis 3,0 g Droge; ätherisches Öl 0,3 g; Zubereitungen entsprechend;
äußere Anwendung:
Zubereitungen mit 5–10% ätherischem Öl.

Art der Anwendung

Zerkleinerte Droge für Aufgüsse sowie andere galenische Zubereitungen zum Einnehmen oder zur Inhalation.
Hinweis:
Eine äußere Anwendung von Anis-Zubereitungen muß eine Inhalation des ätherischen Öls zum Ziel haben.

Wirkungen

expektorierend,
schwach spasmolytisch,
antibakteriell.

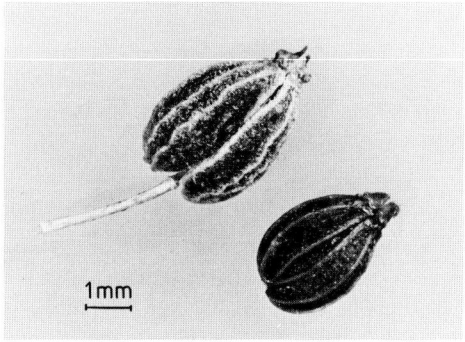

Abb. 4: Behaarte Frucht von *Pimpinella anisum* (links) und kleinere, glatte Frucht von *Petroselinum crispum* (rechts; mögliche Verunreinigung)

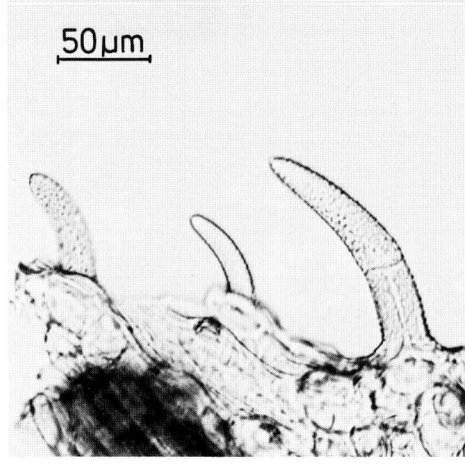

Abb. 5: 1- bis 2-zellige, dickwandige, gebogene Haare mit warziger Kutikula von *Pimpinella anisum*

(früher häufiger, heute sehr selten) die wegen ihres Coniingehaltes sehr giftigen Schierlingsfrüchte (Fructus Conii) angetroffen [9]. Morphologisch sind die Schierlingsfrüchte an den gewellten Rippen (besonders im oberen Teil der Frucht) kenntlich. Beim Befeuchten der zerquetschten Früchte mit Kalilauge darf kein Geruch nach Mäuseharn (Coniin) auftreten. – Verwechslungen mit Petersilienfrüchten sind bereits an der geringeren Größe und dem Fehlen der Behaarung (Abb. 4) feststellbar. – Fast alle derzeit gehandelten Anisfrüchte sind bis zu 1% mit Korianderfrüchten verunreinigt. – Anisöle des Großhandels bestehen zur Zeit entweder aus Sternanisöl oder (häufig) aus natürlichem, aber auch technischem trans-Anethol.

Aufbewahrung: Vor Feuchtigkeit und Licht geschützt in Glas- oder Blechgefäßen, keinesfalls in Kunststoffbehältern (äther. Öl!).

Anmerkung: Einige Angaben zur Kulturgeschichte des Anis bei [10].

Wortlaut der Packungsbeilage gemäß Standardzulassung:

6.1 Stoff- oder Indikationsgruppe
Pflanzliches Magen-Darm-Mittel/Mittel zur Behandlung von Atemwegserkrankungen.

6.2 Anwendungsgebiete
Verdauungsbeschwerden, besonders mit leichten Krämpfen im Magen-Darm-Bereich; Katarrhe der Luftwege.

6.3 Gegenanzeigen
Allergie gegen Anis und Anethol.

6.4 Wechselwirkungen mit anderen Mitteln
Keine bekannt.

6.5 Dosierungsanleitung und Art der Anwendung
Soweit nicht anders verordnet, wird 2mal täglich eine Tasse des wie folgt bereiteten Teeaufgusses getrunken:
$1/2$ Teelöffel voll (ca. 1,5 g) kurz vor Gebrauch zerstoßener Anis oder die zerkleinerte entsprechende Menge in einem oder mehreren Aufgußbeutel(n) wird mit siedendem Wasser (ca. 150 ml) übergossen und nach etwa 10 bis 15 Minuten gegebenenfalls durch ein Teesieb gegeben.

6.6 Dauer der Anwendung
Bei akuten Beschwerden, die länger als eine Woche andauern oder periodisch wiederkehren, wird die Rücksprache mit einem Arzt empfohlen.

6.7 Nebenwirkungen
Gelegentlich allergische Reaktionen der Haut, der Atemwege und des Magen-Darm-Traktes.

6.8 Hinweis
Vor Licht und Feuchtigkeit geschützt aufbewahren.

Literatur

[1] Kommentar DAB 10, Anis.
[2] K.-H. Kubeczka: Acta Horticulturae **73**, 85 (1978).
V. Formáček und K.-H. Kubeczka, Essential Oils Analysis by Capillary Gas Chromatography and Carbon-13-NMR Spectroscopy. John Wiley & Sons. Chichester etc. 1982.
[3] K.-H. Kubeczka und Mitarb., Z. Naturforsch. **31 b**, 283 (1976).
[4] A. Kraus und F.J. Hammerschmidt, Dragoco Report **27**, 31 (1980).
[5] J. Kunzemann und K. Herrmann, Z. Lebensm. Unters. Forsch. **164**, 194 (1977).
U. Dircks und K. Herrmann, Phytochem. **23**, 1811 (1984).
S. Klick und K. Herrmann, Z. Lebensm. Unters. Forsch. **187**, 444 (1988).
[6] H. Braun und D. Frohne, Heilpflanzenlexikon für Ärzte und Apotheker. Gustav Fischer Verlag. Stuttgart/New York 1994.
[7] E.M. Boyd, Pharmacol. Rev. **6**, 521 (1954).
[8] P. Pachaly, Dünnschichtchromatographie in der Apotheke, Wissenschaftl. Verlagsges. m.b.H., Stuttgart 1995.
[9] W. Schier und W. Schultze, Dtsch. Apoth. Ztg. **127**, 2717 (1987).
[10] F.-C. Czygan, Z. Phytother. **13**, 101 (1992).

Czygan

Anisi stellati fructus
Ph. Eur.

Sternanis
DAB 1996

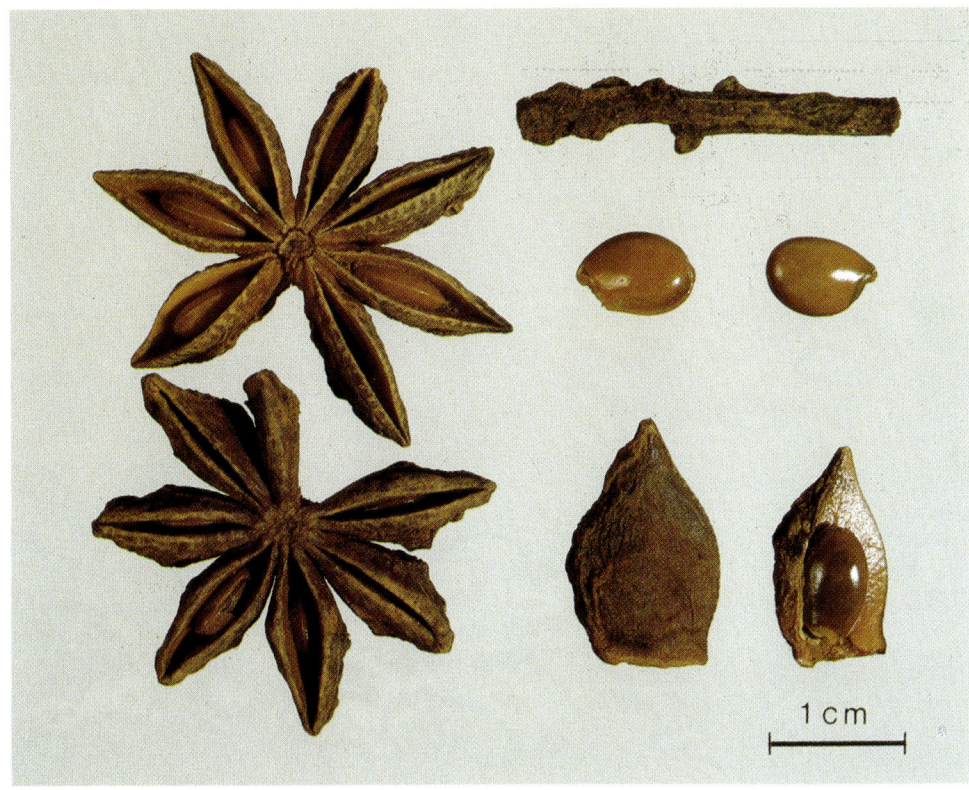

Abb. 1: Sternanis

Beschreibung: Rotbraune, korkig-holzige Sammelbalgfrüchte, die aus 6–11, meist 8 sternförmig um eine ca. 6 mm hohe Achse (Columella) angeordneten, kahnförmigen, 12–20 mm langen, 6–11 mm hohen, meist ungleich entwickelten Teilfrüchten bestehen. Die in eine stumpfe Spitze ausgezogene Einzelfrucht ist außen graubraun und grob runzelig, innen glänzend rotbraun und glatt. Reif ist sie an der Bauchnaht aufgesprungen und läßt einen eiförmig zusammengedrückten, bis 8 mm großen Samen von glänzend kastanienbrauner Farbe erkennen. Die Fruchtsäule ist am oberen Ende flach vertieft und endigt meist in der Höhe der Karpellränder, am unteren Ende ist sie häufig mit dem gekrümmten, meist am oberen Ende keulig verdickten (Abb. 4) Fruchtstiel verbunden. Die Schnittdroge besteht aus den harten, auf der Außenseite graubraunen, stark gerunzelten oder rauh höckerigen, auf der Innenseite rotbraunen, glatten, glänzenden Fruchtwandteilen und den ganzen, stark glänzenden, kastanienbraunen Samen und Bruchstücken derselben.

Geruch: Nach Anis.

Geschmack: Brennend würzig.

Abb. 2: *Illicium verum* HOOK.

Ein kleiner, immergrüner Baum mit länglichen, zugespitzten, ganzrandigen Blättern und kugeligen Blüten aus 10 stark gewölbten rötlichen Perianthblättern, 10 Staubblättern und meist 8 Fruchtblättern, die bei der Reife sternförmig ausgebreitete Bälge mit jeweils 1 Samen entwickeln.

Anisi stellati fructus

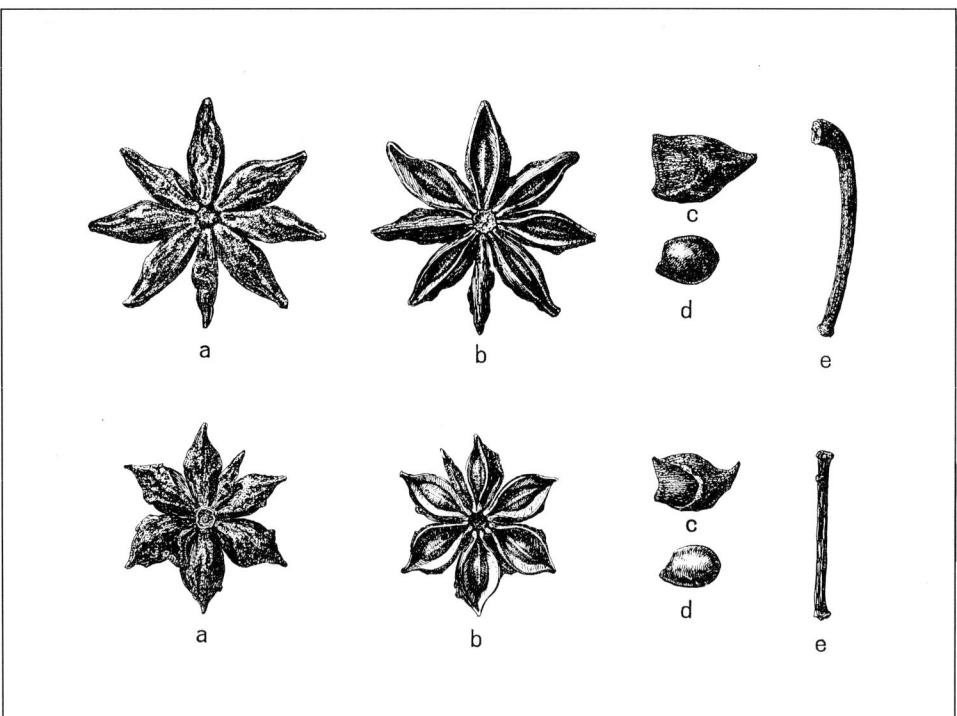

Abb. 3: Sternanis und Shikimi-Früchte (Früchte, Samen und Fruchtstiele). Obere Reihe: *Illicium verum.* Untere Reihe: *Illicium anisatum.* a Frucht von der Rückseite gesehen, b Frucht von der Oberseite gesehen, c einzelnes Teilfrüchtchen von der Seite gesehen, d herausgelöster Same, e Fruchtstiel. Natürl. Größe. Aus G. Gassner, B. Hohmann & F. Deutschmann, Mikroskopische Untersuchung pflanzlicher Lebensmittel, 5. Aufl., G. Fischer Verlag, Stuttgart 1989.

ÖAB: Fructus Anisi stellati
St. Zul. 2419.99.99

Stammpflanze: *Illicium verum* HOOKER fil. (Sternanis), Illiciaceae, früher Magnoliaceae.

Herkunft: Angeblich ursprünglich in Südchina und Nordvietnam heimisch; Wildvorkommen heute unbekannt; Anbau in den Tropen (u.a. China, Indochina, Japan, Philippinen). Die Droge wird aus China und Vietnam importiert.

Synonyme: Chinesischer Sternanis. Chinese star anise, Star anise (engl.). Fruit d'anis étoile (franz.).

Inhaltsstoffe: 5–8% ätherisches Öl (DAB 1996 mind. 7,0%, ÖAB mind. 5,0%), das vorwiegend im Pericarp lokalisiert ist; es besteht zu 80–90% aus trans-Anethol und enthält etwa 5% Monoterpene (u.a. Limonen, α-Pinen, Linalool), die dem echten Anisöl (von Anisi fructus, s. dort) praktisch fehlen. Im Gegensatz zu echtem Anisöl fehlt dem Sternanisöl auch der 2-Methylbuttersäureester des 4-Methoxy-2-(1-propenyl)-phenols (=5-Methoxy-2-(2-methyl-butyryloxy)-1-propenyl-benzol) [1]. – Sternanisöl ist im DAB 1996 als Anisöl (Anisi aetheroleum) zugelassen [2].

Die Droge enthält weiter fettes Öl (besonders im Samen) und Gerbstoffe [3].

Indikationen: Sternanis wird vorwiegend als Aromatikum und Gewürz verwendet, seltener wie Anis als Stomachikum und Expektorans [3, 4].
Sternanisöl wird in der pharmazeutischen Praxis und in der Lebensmittelindustrie wie das sehr teure und seit Jahren nicht ausreichend lieferbare echte Anisöl als Zusatz zu alkoholischen Getränken, Likören, Zahnpasten, Süßwaren, pharmazeutischen Präparationen, gelegentlich auch als Seifenparfüm benutzt.

Teebereitung: Wenig gebräuchlich. 0,5–1,0 g der unmittelbar vor Verwendung grob gepulverten Droge mit kochendem Wasser übergießen und nach 10 min abseihen.
1 Teelöffel = etwa 3,2 g.

Teepräparate: Sternanis ist häufig Bestandteil von Teemischungen, die für die Glühwein-Bereitung bestimmt sind.

Phytopharmaka: Viel seltener als Anis Bestandteil von Fertigarzneimitteln in den Gruppen Antitussiva und Magen-Darm-Mittel.

Prüfung: Makroskopisch (s. Beschreibung) und mikroskopisch. Findet man im Columella-Mazerat eine Anzahl bizarr verzweigter Astrosklereiden (Abb. 4) mit einer Größe um 400 μm, dann handelt es sich mit Sicherheit um eine „echte" Sternanisfrucht. Die Idioblasten der Columella der Shikimi-Früchte (s. Verfälschungen) sind dagegen deutlich kleiner, meist weniger verzweigt und erreichen nur ganz selten eine Länge von etwa 300 μm [5]. – Das Endokarp (=Samenlagerfläche) besteht aus palisadenförmigen Steinzellen mit gelblichen, stark verdickten, verholzten und reichlich getüpfelten Wänden; die Länge dieser Steinzellen beträgt beim Sternanis 360 bis 616 μm und bei der

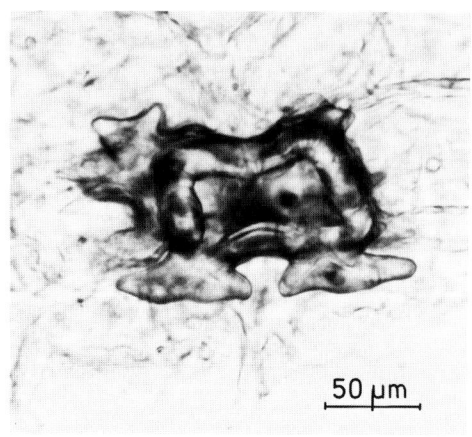

Abb. 4: Knorriger Astrosklereid aus dem Fruchtstiel

Shikimifrucht 175 bis 500 μm. Sie sind zwar meistens beim Sternanis tatsächlich länger als bei der Shikimifrucht, doch ist die Überlappung der Längenwerte zu groß für eine gute Differenzierung beider Arten [6]. DC-Nachweis von Anethol im Sternanisöl s. Anis. Eine Unterscheidung zwischen Sternanisöl und „echtem" Anisöl von *Pimpinella anisum* ist nicht mehr notwendig, da Anisi aetheroleum von beiden Stammpflanzen gewonnen werden darf. Möglich ist eine Differenzierung dünnschichtchromatographisch anhand der für das „echte" Anisöl charakteristischen fluoreszenzmindernden Bande des 5-Methoxy-2-(2-methyl-butyryloxy)-1-propenyl-benzols [7]. Andererseits fehlt im „echten" Anisöl die Bande des nur im Sternanisöl vorkommenden Foeniculins [10]. Jedoch ist dies kein zuverlässiges Kriterium, da diese Verbindung in einigen Sternanisölen nur in Spuren auftritt und dann auf der Dünnschichtplatte nicht sicher nachweisbar ist [10].

Verfälschungen: Als solche kommen die (durch den Gehalt an dem Sesquiterpen Anisatin giftigen) Shikimifrüchte von *Illicium anisatum* L. (= *Illicium religiosum* SIEB. et ZUCC.), Japanischer Sternanis, in Betracht; sie werden aber in der Praxis höchst selten beobachtet. Shikimifrüchte sind im allgemeinen etwas kleiner, mehr gelbbraun, dickbäuchiger und breit klaffend; die Einzelfrüchte sind in der Seitenansicht scharf geschnäbelt und lassen eine deutlich nach oben gebogene Spitze erkennen. Die sehr selten vorkommenden Astrosklereiden sind nicht so verzweigt ausgebildet wie bei den Früchten des Echten Sternanis. Die Steinzellen sind mehr rundlich, meist ohne große Ausstülpungen. Die Columella geht beim Sternanis bis oben durch, während sie bei den Shikimifrüchten nicht so weit reicht, so daß eine Vertiefung entsteht.
Der Fruchtstiel ist gerade und nicht keulig verdickt. Die Ansatzstelle des Fruchtstiels weist bei Shikimifrüchten häufig einen Korkring auf, der beim Sternanis fehlt (Abb. 3).
Shikimifrüchte schmecken nicht scharf nach Anis, sondern nur schwach bitter aromatisch, säuerlich und harzig, zuweilen kampferähnlich. Im DC des ätherischen Öls der Shikimifrüchte ist Myristicin nachzuweisen, das dem Öl des Echten Sternanis fehlt [5].

Aufbewahrung: Vor Licht geschützt, nur als Ganzdroge in dicht verschlossenen Gefäßen, nicht in Kunststoffbehältern (ätherisches Öl!).

Auszug aus der Monographie der Kommission E
(BAnz Nr. 122 vom 06. 07. 1988

Anwendungsgebiete
Katarrhe der Luftwege; dyspeptische Beschwerden.

Gegenanzeigen
Keine bekannt.

Nebenwirkungen
Keine bekannt.

Wechselwirkungen mit anderen Mitteln
Keine bekannt.

Dosierung
Soweit nicht anders verordnet:
mittlere Tagesdosis: 3,0 g Droge oder 0,3 g ätherisches Öl;
Zubereitungen entsprechend.

Art der Anwendung
Unmittelbar vor der Verwendung zerkleinerte Droge sowie andere galenische Zubereitungen zum Einnehmen.

Wirkungen
bronchosekretolytisch,
spasmolytisch im Magen-Darm-Trakt.

Wortlaut der Packungsbeilage gemäß Standardzulassung:

6.1 Stoff- oder Indikationsgruppe
Pflanzliche Magen-Darm-Mittel/Mittel zur Behandlung von Atemwegserkrankungen.

6.2 Anwendungsgebiete
Verdauungsbeschwerden mit leichten Krämpfen im Magen-Darm-Bereich, Völlegefühl, Blähungen; Katarrhe der Luftwege.

6.3 Gegenanzeigen
Keine bekannt.

6.4 Wechselwirkung mit anderen Mitteln
Keine bekannt.

6.5 Dosierungsanleitung und Art der Anwendung
Soweit nicht anders verordnet, wird 1mal täglich eine Tasse des wie folgt bereiteten Teeaufgusses getrunken:
1 Teelöffel voll (ca. 3 g) kurz vor Gebrauch zerstoßener Sternanis oder die zerkleinerte entsprechende Menge in einem oder mehreren Aufgußbeutel(n) werden mit siedendem Wasser (ca. 150 ml) übergossen und nach etwa 10 bis 15 Minuten gegebenenfalls durch ein Teesieb gegeben.

6.6 Dauer der Anwendung
Bei akuten Beschwerden, die länger als eine Woche andauern oder wiederkehren, wird die Rücksprache mit einem Arzt empfohlen.

6.7 Nebenwirkungen
Keine bekannt.

6.8 Hinweis
Vor Licht und Feuchtigkeit geschützt aufbewahren.

Literatur:
[1] V. Formáček und K.-H. Kubeczka, Essential Oils Analysis by Capillary Gas Chromatography and Carbon-13-NMR Spectroscopy, John Wiley & Sons. Chichester etc. 1982 (s. Anis).
[2] Kommentar DAB 10, Anisöl.
[3] Hager, Band **5**, 512 (1993).
[4] A. Zänglein und W. Schultze, Z. Phytother. **10**, 191 (1989).
[5] A. Zänglein, W. Schultze und K.-H. Kubeczka, Dtsch. Apoth. Ztg. **129**, 2819 (1989).
[6] A. Zänglein, persönliche Mitteilung, 1995.
[7] K.-H. Kubeczka, Dtsch. Apoth. Ztg. **122**, 2309 (1982).
[8] W. Schultze und Mitarb., Dtsch. Apoth. Ztg. **130**, 1194 (1990).
[9] V. Seger, H. Miething und R. Hänsel, Pharm. Ztg. **132**, 2747 (1987).
[10] W. Schultze, A. Linde und A. Zänglein, persönliche Mitteilung, 1987.

Czygan

Anserinae herba — Gänsefingerkraut

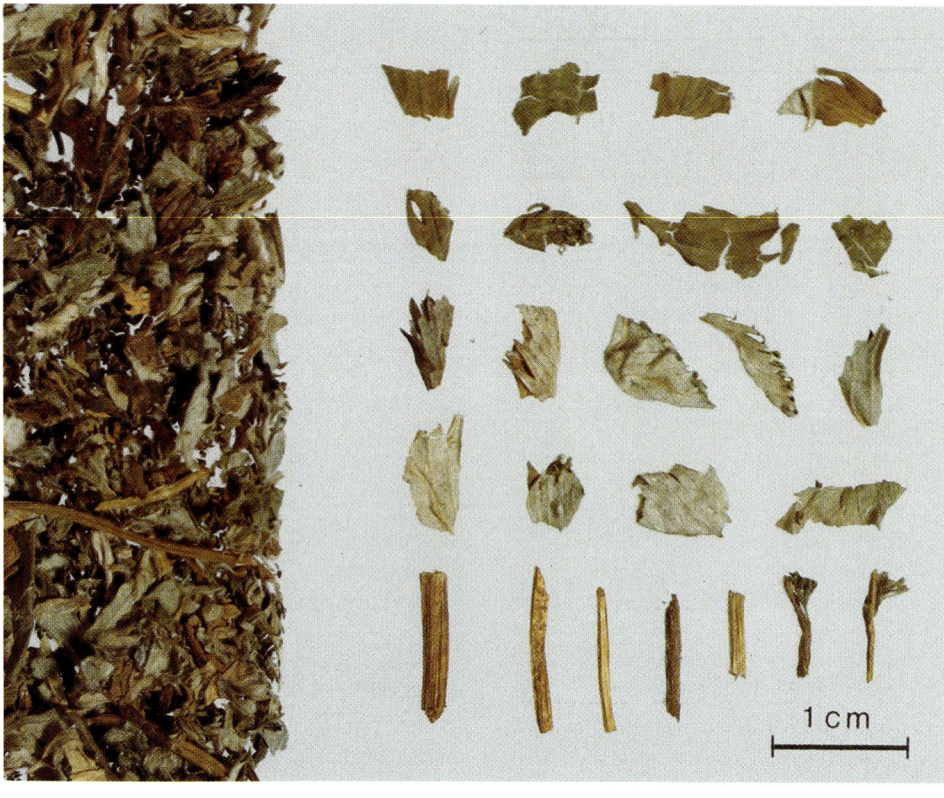

Abb. 1: Gänsefingerkraut

Beschreibung: 1–3 cm lange Fiederblättchen mit gesägtem bis fiederspaltigem Rand. Blattstückchen auf der Unterseite dichtfilzig behaart (weißlich) (Abb. 3), oberseits grün, nur vereinzelt mit Haaren; behaarte Stengelstückchen, vereinzelt gelbe Blütenblatteile oder ganze Blüten.

Geschmack: Sehr schwach adstringierend.

Abb. 2: *Potentilla anserina* L.

Mehrjähriges, niedriges Kraut mit langen, sich bewurzelnden Ausläufern. Blätter gefiedert, Fiederblättchen mit grob gesägtem Rand. Blüten lang gestielt mit 5 gelben Kronblättern.

DAC 1986: Gänsefingerkraut
St. Zul. 9599.99.99

Stammpflanze: *Potentilla anserina* L. (Gänse-Fingerkraut), Rosaceae.

Synonyme: Fingerkraut, Silberkraut, Krampfkraut, Gänserich. Silverweed (engl.). Herbe d'ansérine (franz.).

Herkunft: In den gemäßigten Zonen weit verbreitet. Drogenimporte aus Ungarn, Kroatien und Polen.

Inhaltsstoffe: 6 (–10)% Gerbstoffe, überwiegend Ellagitannine [1–3], darunter auch monomere und dimere Verbindungen [4]; Flavonoide: Quercitrin sowie in Blatthydrolysaten Quercetin, Myricetin, Isorhamnetin, Kämpferol und die Anthocyanidine Cyanidin und Leukodelphinidin [5–6]; Cholin [7–8]; Phenolcarbonsäuren [1, 9]; die Cumarine Scopoletin und Umbelliferon [10]; Polyprenole aus bis zu 29 Isopreneinheiten, genuin als Fettsäureester vorliegend [11]; in ihrer Struktur nicht geklärte spasmolytisch wirksame(?) Verbindungen [12].

Indikationen: Auf Grund des Gerbstoffgehalts kann die Droge als Adstringens (innerlich und äußerlich) angewendet werden.
Über die dem Gänsefingerkraut nachgesagte spasmolytische Wirkung liegen mehrere Arbeiten vor; die Ergebnisse sind kontrovers [12–14]. Nach ärztlichen Erfahrungsberichten sollen Extrakte der Droge insbesondere bei der Behandlung dysmenorrhoischer Beschwerden auf spastischer Grundlage von Nutzen sein [15].

Teebereitung: 2 g fein zerschnittene Droge mit kochendem Wasser übergießen und nach 10 min abseihen.
1 Teelöffel = etwa 0,7 g.

Teepräparate: Keine.

Phytopharmaka: Extrakte sind enthalten in den Monopräparaten Natudolor (Dragees) und Cefadian® (Filmtabletten), beide bei leichten dysmenorrhoischen Beschwerden und in wenigen Kombinationspräparaten, z.B. Solidagoren®N Tropfen (Diureticum) u.a.

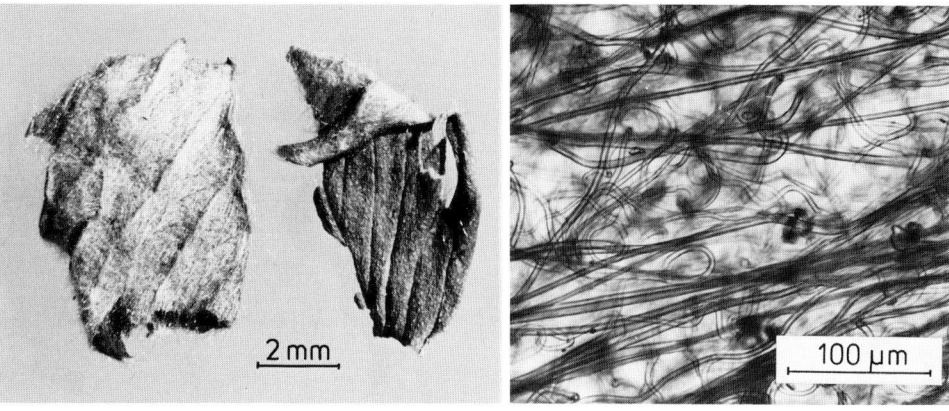

Abb. 3: Unterseits dicht filzig behaarte (links), oberseits dunklere, wenig behaarte Blattstückchen von *Potentilla anserina*
Abb. 4: Dichter Haarfilz der Blattunterseite bestehend aus gradlinig verlaufenden Borstenhaaren und darunter liegenden, langen, peitschenförmig verflochtenen Haaren.

Prüfung: Makro- und mikroskopische Prüfung nach DAC 1986. Die dichte Behaarung der Blattunterseite zeigt ein sehr charakteristisches Bild: Über dem dichten Haarfilz der einzelligen, dünnwandigen Peitschenhaare liegt noch eine Schicht von dickwandigeren Borstenhaaren (Abb. 4). Zur Identifizierung kann auch die DC der Flavonoide nach [16] herangezogen werden. Der Gehalt an (mit Hautpulver fällbaren) Gerbstoffen soll nach dem DAC mindestens 5% betragen.

Auszug aus der Monographie der Kommission E
(BAnz Nr. 223 vom 30.11.1985 und BAnz Nr. 50 vom 13.03.1990)

Anwendungsgebiete
Leichte dysmenorrhoische Beschwerden; zur Unterstützung der Therapie leichter, unspezifischer, akuter Durchfallerkrankungen.
Leichte Entzündungen im Bereich der Mund- und Rachenschleimhaut.

Gegenanzeigen
Keine bekannt.

Nebenwirkungen
Beschwerden bei Reizmagen können verstärkt werden.

Wechselwirkungen mit anderen Mitteln
Keine bekannt.

Dosierung
Soweit nicht anders verordnet:
Tagesdosis: 4–6 g Droge;
Zubereitungen entsprechend.

Art der Anwendung
Zerkleinerte Droge für Aufgüsse und Abkochungen, gepulverte Droge sowie andere galenische Zubereitungen zur inneren Anwendung.

Wirkungen
Adstringierend, entsprechend Gerbstoffgehalt; ausgeprägte Tonussteigerung und Kontraktionsfrequenzsteigerung beim isolierten Uterus verschiedener Tierspezies.

Wortlaut der Packungsbeilage gemäß Standardzulassung:

6.1 Anwendungsgebiete
Zur Unterstützung der Therapie akuter, unspezifischer Durchfallerkrankungen mit leichten, krampfartigen Magen-Darm-Beschwerden bei Schulkindern und Erwachsenen; leichte Entzündungen im Bereich der Mund- und Rachenschleimhaut.

6.2 Nebenwirkungen
Beschwerden bei Reizmagen können verstärkt werden.

6.3 Dosierungsanleitung und Art der Anwendung
1 bis 2 Teelöffel voll (2 bis 4 g) **Gänsefingerkraut** werden mit heißem Wasser (ca. 150 ml) übergossen und nach 10 Minuten durch ein Teesieb gegeben.
Soweit nicht anders verordnet, wird mehrmals täglich 1 Tasse frisch bereiteter Aufguß zwischen den Mahlzeiten getrunken.

6.4 Dauer der Anwendung
Sollten die Durchfälle länger als 3 bis 4 Tage anhalten, ist ein Arzt aufzusuchen.

6.5 Hinweis
Vor Licht und Feuchtigkeit geschützt aufbewahren.

Verfälschungen: Kommen in der Praxis kaum vor.

Literatur:
[1] E.C. Bate-Smith, J. Linn. Soc. (Bot.) **58,** 39 (1961).
[2] E. Eisenreichova und Mitarb., Česk. Farm. **23,** 82 (1974).
[3] K. Herrmann, Pharm. Zentralh. **88,** 303 (1949).
[4] K. Lund, Dissertation Freiburg i. Br. 1986.
[5] Hager, Bd. **6,** 257 (1994).
[6] R. Kombal und H. Glasl, Planta Med. **61,** 484 (1995).
[7] W. Rohdewald, Pharmazie **5,** 538 (1950).
[8] P. Tunmann und R. Janka, Arzneimittel-Forsch. **5,** 20 (1955).
[9] E.C. Bate-Smith, J. Linn. Soc. (Bot.) **58,** 95 (1962).
[10] N.F. Goncharov und A.G. Kotov, Khim Prir Soedin 852 (1991); C.A. **117,** 167701 (1992).
[11] E. Swiezewska und T. Chojnacki, Act. Biochim. Pol. **36,** 143 (1989).
[12] W. Smetana und R. Fischer, Pharm. Zentralh. **102,** 624 (1963).
[13] G. Harnischfeger und H. Stolze, Bewährte Pflanzendrogen in Wissenschaft und Medizin, notamed.-Verl., Melsungen (1983).
[14] H.W. Younken und Mitarb., J. Am. Pharm. Assoc. **38,** 448 (1949).
[15] A.R. Bliss und Mitarb., J. Am. Pharm. Assoc. **29,** 299 (1940).
[16] H. Wagner, S. Bladt und E.M. Zgainski, Drogenanalyse, Springer-Verlag, Berlin, Heidelberg, New York, 1983.

Frohne

Apii fructus — Selleriefrüchte

Abb. 1: Selleriefrüchte

<u>Beschreibung:</u> Graugrüne bis bräunliche, nur 0,8–1,5 mm lange, ovale Doppelachänen mit kegeligem Griffelpolster am oberen Ende und zwei kurzen Griffelresten. Am Rücken drei schmale, vom dunklen Grund hell bis weißlich hervorstehende Rippen. Die Doppelachänen sind teilweise in Einzelfrüchte zerfallen; kurze Fruchtstiele kommen vor.

<u>Geruch:</u> Charakteristisch, würzig.

<u>Geschmack:</u> Würzig, etwas bitter.

Abb. 2 und 3: *Apium graveolens* L.

Eine 2-jährige, ca. 60 cm hohe, schon lange kultivierte Apiacee mit derben, einfach oder doppelt gefiederten Blättern, die Fiedern rhombisch, oft 3-teilig. Die kleinen, weißlichen Blüten und würzigen Früchte erscheinen auf kräftigen Stielen in Doppeldolden, ohne Hülle und Hüllchen.

Stammpflanze: *Apium graveolens* L. (Küchen-Sellerie), Apiaceae.

Synonyme: Selleriesamen, Semen Apii graveolentis. Celary fruit, Celary seed (engl.). Fruit de céleri (franz.).

Herkunft: Heimisch in ganz Europa, Westasien bis Indien. Nord- und Südafrika. Auf Salzböden fast über die ganze Erde verbreitet. Als Nutzpflanze in verschiedenen Kulturformen angebaut. Die Droge stammt ausschließlich aus Kulturen. Importe der Droge stammen aus Holland, Frankreich, Ungarn, Indien und China.

Inhaltsstoffe: Etwa 2–3% ätherisches Öl, mit Limonen (60%) und Selinen (10%) als Hauptkomponenten. Des weiteren u.a. p-Cymen, β-Terpineol, β-Pinen, β-Caryophyllen, α-Santalol, Dihydrocarvon sowie die Butylphthalide Sedanolid (2,5–3%), Sedanenolid, sowie

Sedanolid

Apigravin

Apiumetin

Apiumosid

n-Butylphthalid und Sedanonsäure (ca. 0,5%) als Geruchsträger [1]; C-Prenyl-Cumarine: Osthenol, Apigravin, Celerin; Furocumarine und Furocumaringlucoside: Apiumetin, Rutaretin, Nodakenetin, Celereoin, Apiumosid u.a. [2–4]; Flavonoide: 7-0-Apiosylglucoside von Luteolin (1–2%), Chrysoeriol (0,1–0,7%) und Apigenin, Isoquercitrin u.a. [4]; Alkaloide sind nachgewiesen, aber noch nicht identifiziert worden.

Indikationen: Selleriefrüchte werden nur noch gelegentlich in der *Volksmedizin* vor allem als Diuretikum bei Blasen- und Nierenleiden sowie als Adjuvans bei Gicht und rheumatischen Beschwerden verwendet. Die Wirkung ist in erster Linie dem ätherischen Öl zuzuschreiben.
Eine entzündungshemmende Wirkung des äther. Öls wurde an Ratten nachgewiesen [5].
Butylphthalid, Sedanolid, Sedanenolid und verwandte Verbindungen sowie Extrakte aus Sellerie, Petersilie und Dill mit Anteilen von über 1% der Verbindungen sind als Therapeutika zur Behandlung von Entzündungen patentiert worden [6]. Des weiteren wird über die Verwendung als Nervinum bei „nervöser Unruhe" sowie als Stomachikum und Karminativum berichtet. Sedative Wirkungen des ätherischen Öls und verschiedener Fraktionen des ätherischen Öls sind beschrieben worden [7, 8]. Verschiedene Methylphthalide wirken spasmolytisch und sedativ [9]. Für n-Butylphthalid und n-Butyl-4,5-dihydrophthalid wurden nach i.p. Applikation an Ratten und Mäusen antikonvulsive Wirkungen nachgewiesen [10, 11]. n-Butylphthalid bewirkt an normalen Ratten eine Senkung des Cholesterinspiegels [12]. Für die aus den Früchten isolierte, anscheinend nur sehr gering toxische Alkaloidfraktion wurden in umfangreichen Tierversuchen depressive, tranquillierende Wirkungen auf das zentrale Nervensystem nachgewiesen [13]. Auch einzelne Cumarine besitzen zentralsedierende und bakterizide Eigenschaften.
Da die Wirksamkeit der Selleriefrüchte in den beanspruchten Indikationsgebieten nicht ausreichend belegt ist und ein allergisches Risiko besteht, wird ihre therapeutische Anwendung von der Kommission E nicht befürwortet [14].

Nebenwirkungen: Die Droge ist bei Nierenentzündungen kontraindiziert, da das ätherische Öl (wie auch andere Apiaceenöle) infolge Reizung des Epithels eine Entzündung verstärken kann. Im Zusammenwirken mit UV-A-Licht sind die Furocumarine der Früchte toxisch und verursachen die als Wiesenpflanzen-Dermatitis bekannten Photodermatosen [15, 16].

Teebereitung: Wenig gebräuchlich. 1 g Droge unmittelbar vor Gebrauch quetschen, mit kochendem Wasser übergießen und nach 5–10 min abseihen.
1 Teelöffel = etwa 1,5 g.

Teepräparate: Keine.

Phytopharmaka: Keine. In England sind Selleriefrüchte Bestandteil in zahlreichen entzündungshemmend wirkenden Präparaten [17].

Prüfung: Makroskopisch (s. Beschreibung) und mikroskopisch. Der Querschnitt zeigt den typischen Aufbau einer Apiaceenfrucht. In den leicht vorgewölbten Tälchen befinden sich jeweils 2–3 Ölstriemen. Die Exocarpzellen sind in Aufsicht buchtig und besitzen eine

---

Auszug aus der Monographie der Kommission E
(BAnz Nr. 127 vom 12.07.1991)

Anwendungsgebiete
Zubereitungen aus Sellerie werden als harntreibendes Mittel, zur „Blutreinigung", zur Regelung des Stuhlgangs, zur Anregung der Drüsen, bei rheumatischen Beschwerden, Gicht, Steinleiden, für Schlankheitskuren nach Ernährungsfehlern, vorbeugend bei nervöser Unruhe, bei Appetitlosigkeit und Erschöpfung verwendet.
Die Wirksamkeit bei den beanspruchten Anwendungsgebieten ist nicht belegt.

Risiken
Sellerie kann allergische Reaktionen bis hin zum anaphylaktischen Schock auslösen (Sellerie-Karotten-Beifuß-Syndrom).

Hinweis:
Sellerie kann größere Mengen phototoxischer Furanocumarine enthalten.

Beurteilung
Da die Wirksamkeit bei den beanspruchten Anwendungsgebieten nicht belegt ist und ein allergisches Risiko besteht, kann eine therapeutische Anwendung nicht empfohlen werden.

Wirkungen
Tierexperimentell fanden sich Hinweise auf eine diuretische Wirkung.

feingestreifte, stellenweise auch warzige Kutikula.

Verfälschungen: Kommen in der Praxis kaum vor. Verwechslungen mit den ebenfalls ziemlich kleinen Petersilienfrüchten oder mit *Ammi visnaga*-Früchten lassen sich mikroskopisch erkennen, s. bei diesen Drogen.

Aufbewahrung: Vor Licht und Feuchtigkeit geschützt, nicht in Kunststoffbehältern (ätherisches Öl!).

Literatur:

[1] G. Vernin und Mitarb., Dev. Food. Sci. **34** (SPICES, HERBS AND EDIBLE FUNGI) 329 (1994).
[2] V.K. Ahluwalia und Mitarb., Phytochemistry **27**, 1181 (1988).
[3] A.K. Jain und Mitarb., Planta Med. **52**, 246 (1986).
[4] Hager, Band **4**, S. 293 (1992).
[5] N.A. Afifi und Mitarb., Vet. Med. J. Giza **42**, 85 (1994).
[6] B. Daunter (Mobius Consultancy Pty, Ltd), Patent, PCT Int. Appl. WO 9500, 157 vom 05.01.1995; C.A. **122**, 178384 (1995).
[7] A. Osol und G.E. Farrer, The Dispensatory of the United States of America. 5th ed. **2**, 1620 (1955).
[8] R.P. Kohli und Mitarb., Indian J. Med. Res. **55**, 1099 (1967).
[9] M.J.M. Gijbels, J.J.C. Scheffer und A. Baerheim Svendsen, Rivista Italiana E.P.P.O.S. **61**, 335 (1979).
[10] Sh. Yu und Sh. You, Yaoxue Xuebao **19**, 566 (1984); C.A. **101**, 222522 (1984).
[11] J. Yang und Y. Chen, Yaoxue Tongbao **19**, 670 (1984); C.A. **103**, 92687 (1984).
[12] Q.T. Le und W.J. Elliott, Clinical Research **39**, 173 A (1991).
[13] V.K. Kulshrestha und Mitarb., Indian J. Med. Res. **58**, 99 (1970).
[14] Monographie der Kommission E, BAnz. Nr. 127 vom 12.07.1991.
[15] O. Schimmer, Planta Med. **47**, 79 (1983).
[16] K.W. Glombitza, Dtsch. Apoth. Ztg. **112**, 1593 (1972).
[17] J.D. Phillipson und L.A. Anderson, Pharm. J. **233**, 80, 111 (1984).

Willuhn

Arnicae flos

Arnikablüten
DAB 1996

Abb. 1: Arnikablüten (die unterste Reihe zeigt Zungen- und Röhrenblüten der Verfälschung „mexikanische Arnika", *Heterotheca inuloides* CASS.)

Beschreibung: Die Droge besteht aus den getrockneten, ganzen, meist jedoch zerfallenen Blütenkörbchen oder auch aus den von Hüllkelch und Blütenstandsboden befreiten einzelnen Zungen- und Röhrenblüten (Flores Arnicae sine calycibus oder receptaculis, s. ÖAB). Charakteristisch sind die grauweißen, borstigen Pappushaare, die kranzförmig am oberen Ende des langen, schlanken, braunen Fruchtknotens (die spätere Achäne) der Zungen- und Röhrenblüten ansitzen und das grauweiße Aussehen der Droge bedingen. Die vom Pappus umgebene goldgelbe Krone der Zungenblüten ist stark geschrumpft, die der Röhrenblüten wenig auffallend. Daneben finden sich einzelne von Blüten befreite, oberseitig nur schwach gewölbte Blütenstandsböden mit Hüllkelchblättern.

Geruch: Schwach aromatisch.

Geschmack: Leicht bitter, etwas scharf, würzig.

Abb. 2 und 3: *Arnica montana* L.

20–30 cm hohes, ausdauerndes Kraut mit gegenständigen Blättern. 1–3 (selten 5) Blütenkörbchen, eines endständig, die anderen aus den Blattachseln entspringend. Körbchen 5–8 cm breit, mit 15–25 Zungenblüten.

ÖAB: Flos Arnicae
Ph. Helv. VII: Arnicae flos
St. Zul.: 8199.99.99

Stammpflanzen: *Arnica montana* L. (Arnika), Asteraceae; im DAB 1996 auch *Arnica chamissonis* LESS., ssp. *foliosa* (NUTT.) MAGUIRE (Wiesen-Arnika), Asteraceae. *Arnica montana* L. unterliegt dem Artenschutz!

Synonyme: Bergwohlverleih, Wundkraut, Fallkraut, Kraftwurz, Engelkraut (*A. chamissonis* = Nordamerikanische Wiesenarnika). Arnica flowers, Leopard's bane, Wolf's bane, Mountain tabacco (engl.). Fleurs d'arnica (franz.).

Herkunft: Aus Wildvorkommen in Europa bis Südrußland. Hauptlieferländer sind derzeit das ehemalige Jugoslawien, Spanien, Italien und die Schweiz. *A. chamissonis* wird in Rußland kultiviert, in Deutschland hat man mit dem Anbau der ssp. *foliosa* begonnen.

Inhaltsstoffe [1–4]: Sesquiterpenlactone vom Pseudoguaianolid-Typ: *A. montana*-Blüten 0,3–1,0% (durchschnittlich 0,55%). *A. chamissonis* ssp. *foliosa*-Blüten 0,07–1,4% [5]. In *A. montana*-Blüten Ester des Helenalins und 11α,13-Dihydrohelenalins mit niederen Fettsäuren (Essig-, Isobutter-, 2-Methylbutter-, Isovalerian-, Methacryl- und Tiglinsäure). Mitteleuropäische Blüten enthalten vorwiegend Helenalinester; in Blüten spanischer Provenienz dominieren Dihydrohelenalinmethacrylat, -tiglinat und -isobutyrat, Helenalinester treten hier nur in geringen Mengen auf [5]. Blüten von *A. chamissonis* ssp. *foliosa* führen neben Helenalin- und 11,13-Dihydrohelenalinester (=„Helenaline") zusätzlich noch deren 2,3-Dihydro-2-α-hydroxyderivate (=„Arnifoline") und 2,3-Dihydro-2α,4α-dihydroxyderivate (=„Chamissonolide") [6], wobei die Zusammensetzung je nach Herkunft sehr variabel ist. Es existieren Herkünfte, in denen mit über 80% die 11,13-Dihydrohelenalinester oder mit über 70% die Helenalin- und Dihydrohelenalinester dominieren und damit den *A. montana*-Blüten gleichen, sowie Herkünfte, in denen „Helenaline", „Arnifoline" und „Chamissonolide" zu etwa gleichen Teilen vorhanden sind, oder auch die „Arnifoline" vorherrschen [5]. Die Blüten der Unterart *chamissonis* (ssp. *genuina*) führen fast nur „Chamissonolide", in Spuren wurde hier das Eudesmanolid Ivalin gefunden. Flavonoide (0,4–0,6%): *A. montana*: bisher 16 Flavonoidaglyka und 17 Flavonoidglykoside; *A. chamissonis* ssp. *foliosa*: 22 Flavonoidaglyka und 27 Flavonoidglykoside, darunter auch solche mit acylierten *Zuckern* [7, 8], u. a. Isoquercitrin, Astragalin, Luteolin-7-glucosid und nur bei *A. chamissonis* die 3β-O-Glykoside von Kämpferol, 6-Methoxykämpferol und Quercetin mit 6-O-Acetylglucose als Zuckerkomponente. 0,2–0,35% ätherisches Öl von butterartiger Konsistenz mit ca. 40–50% Fettsäuren und ca. 9% n-Alkanen (C_{19}–C_{30}) und Thymolderivaten sowie Mono- und Sesquiterpenen (u. a. α-Phellandren, Myrcen, Humulen, δ-Cadinen, Caryophyllenoxid); Zimtsäuren und Derivate (u. a. Chlorogensäure, Cynarin, 1,4,5-Tri-O-Caffeoylchinasäure, 3,4,5-Tri-O-Caffeoylchinasäuremethylester [9], Kaffeesäure); Cumarine (Umbelliferon, Scopoletin); Polyacetylene; 0,1% Cholin; Xanthophylle, in Spuren die Pyrrolizidine Tussilaginsäure und Isotussilaginsäure sowie 2-Pyrrolidinessigsäure [10].

Indikationen: Wundheilmittel, Wundantiseptikum, Antiphlogistikum, Antirheumatikum, Antineuralgikum. Anwendung bei Verletzungs- und Unfallfolgen (Distorsionen, Prellungen, Quetschungen, Hämatome, Frakturödeme), bei Phlebitis und Thrombosen, bei Arthralgien und rheumatischen Gelenkbeschwerden, bei Furunkulose und Entzündungen von Insektenstichen, bei Entzündungen der Schleimhäute, vor allem des Mundes. Zur Anwendung als Herztonikum und Analeptikum siehe Nebenwirkungen.

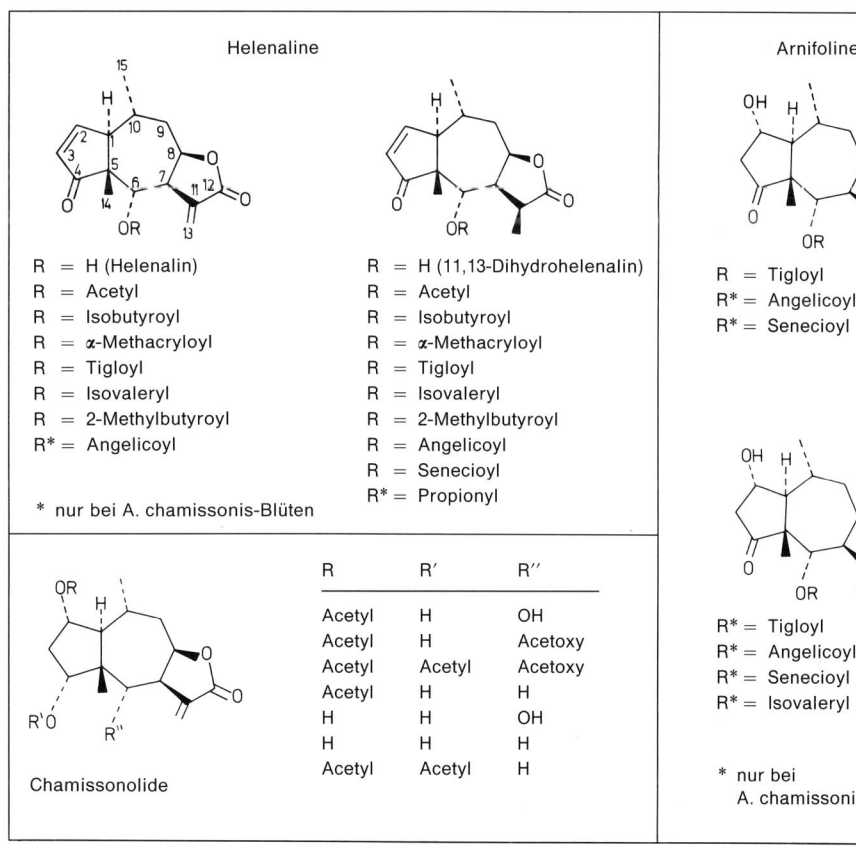

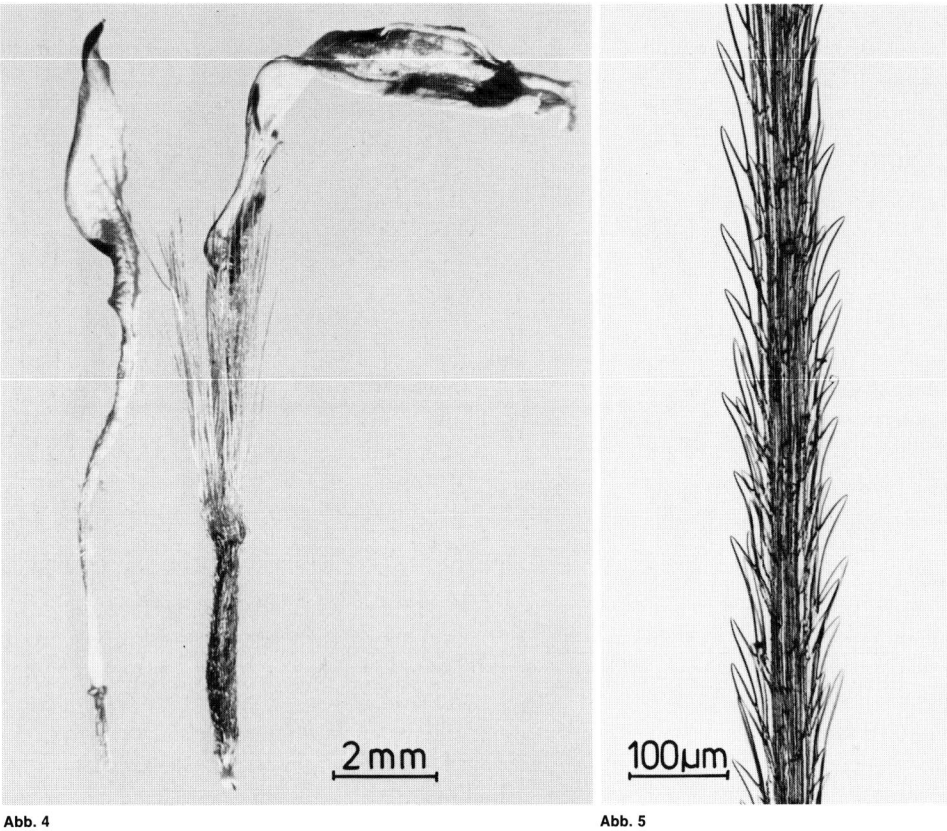

Abb. 4: Zungenblüten von *Heterotheca inuloides* (links) und *Arnica montana* (rechts)

Abb. 5: Pappushaar von *Arnica montana*

Das wesentliche Wirkprinzip sind die Helenalin- und Dihydrohelenalinester. Diese wirken antibakteriell und antimykotisch mit MHK-Werten zwischen 10 bis 100 µg/ml, antiphlogistisch und konsekutiv analgetisch, antirheumatisch und antiarthritisch (Lit. siehe bei [3]). Sie greifen in verschiedene Stoffwechselprozesse ein, die bei Entzündungen eine Rolle spielen, wobei diese biochemischen Parameter bei 10^{-4} bis 10^{-6} molaren Konzentrationen wirksamer beeinflußt werden als durch andere nichtsteroidale Antiphlogistika (z. B. Indometazin). In vitro blockieren sie u. a. die Freisetzung von Histamin aus Mastzellen [11] und die Serotoninfreisetzung aus Thrombozyten mit gleichzeitiger Hemmung der Thromboxan B_2-Bildung [12]. Es gibt Hinweise darauf, daß sie indirekt die Aktivität der Phospholipase A_2 mindern [12]. Die Flavonoide und Xanthophylle, das ätherische Öl und die Polyacetylene können an den Wirkungen mitbeteiligt sein.

Des weiteren sind für die Droge cholagoge und diuretische Wirkungen (Sesquiterpenlactone, Flavonoide, Chlorogensäure, Cynarin, Kaffeesäure) sowie die Reflextätigkeit modellierende Wirkungen auf das Zentralnervensystem beschrieben worden.

Häufigste Anwendungsform ist die aus 1 Teil Droge und 10 Teilen 70%igem Ethanol nach DAB 1996 hergestellte Tinktur. Hierbei gehen ca. 92% der Sesquiterpenlactone in die Tinktur. Bei dem nach den Angaben der Standardzulassung hergestellten wäßrigen Auszug werden ca. 75% der Sesquiterpenlactone extrahiert [13]. Bei der äußerlichen Anwendung der verdünnten Arnikatinktur und des wässerigen Auszuges werden somit örtlich die wirksamen Konzentrationen für eine antimikrobielle und antiphlogistische Wirkung erreicht.

Volksmedizinisch wurde die Droge vielfach als Abortivum benutzt, was durch die nachgewiesene Uteruswirksamkeit ihrer Sesquiterpenlactone ebenfalls eine stoffliche Erklärung gefunden hat.

Nebenwirkungen: Wegen der toxischen Wirkung der Sesquiterpenlactone (DL_{50} für Helenalin nach oraler Gabe an Säuger: 85–150 mg/kg [14]) muß die *orale* Applikation kritisch gehandhabt bzw. abgelehnt werden. Die Arnika-Sesquiterpenlactone sind cytotoxisch und wirken antitumoral [u. a. 15–18]. In vitro wird die Cytotoxizität von Helenalin durch die Arnika-Flavonoide signifikant vermindert [19].

Erste pharmakokinetische Daten liegen nur für das nichtveresterte, vergleichsweise hydrophile 11α,13-Dihydrohelenalin an der Maus vor [15]. Nach oraler Gabe der tritiummarkierten Verbindung wurden nach 15 Min. 5,2% der applizierten Radioaktivität im Blutserum nachgewiesen. Die Ausscheidung erfolgte über den Urin (38%) und die Faeces (22,3%), wobei die fäkale Ausscheidung über die Galle zu laufen scheint. Die renale Ausscheidung war nach 24 Std., die fäkale Ausscheidung nach 48 Std. beendet. Eine Speicherung findet allenfalls im Fett- und Muskelgewebe statt. Bei zu hoher Dosierung treten gastroenteritische Beschwerden auf [3]. Bei extrem hoher Dosierung kann es unter Dyspnoe zum Tod durch Herzstillstand kommen. Schädigende Wirkungen der Helenanolide auf das Herz sind bekannt [3, 17]. Am Meerschweinchenvorhof und am isolierten Katzenpapillarmuskel zeigt Helenalin konzentrationsabhängige positiv inotrope Effekte (EC_{50}: $1,4 \times 10^{-5}$), die auf einer indirekten sympathomimetischen Wirkung beruhen. In höheren Konzentrationen oder bei längerer Einwirkungszeit wird die Kontraktionszeit verkürzt und die Erschlaffungsgeschwindigkeit des Herzmuskels verringert. Helenalin verlangsamt dabei die Restitutionskinetik für Calcium wahrscheinlich über eine membranstabilisierende Wirkung, die für die toxischen Effekte verantwortlich ist [3, 17]. Bei längerer und häufigerer äußerer Anwendung können ödematöse Dermatitiden mit Bläschenbildung auftreten. Dabei handelt es sich um allergene Kontaktdermatitiden. Als sensibilisierende und allergen wirksame Substanzen sind Helenalin und seine Ester nachgewiesen worden [20].

Teebereitung: 2,0 g Arnikablüten werden mit kochendem Wasser überbrüht und nach 5–10 min durch ein Teesieb gegeben. Hinweis: Nicht zum Dauergebrauch, innerliche Anwendung problematisch und abzulehnen (siehe Standardzulassung), Nebenwirkungen beachten! Äußerlich als Infus (2%) oder die (verdünnte) Tinktur.
1 Teelöffel = etwa 0,5 g.

Teepräparate: Keine.

Phytopharmaka: Mit 271 Präparaten führte im Jahr 1982 die Arnika die Rangliste der Phytotherapeutica an. Von homöopathischen Präparaten abgesehen enthält die Stoffliste 1994 noch gut 100 Positionen, darunter einige wenige Kombinationspräparate gegen venöse Beschwerden, z.B. Cefavenin® (Ampullen und Tropfen), Venacton® (Tropfen) u.a.; die meisten Präparate sind aber für eine äußerliche Anwendung bestimmt.

Prüfung: Makroskopisch und mikroskopisch nach DAB 1996. Charakteristische Merkmale sind vor allem die bei Zungen- und Röhrenblüten vorkommenden Pappushaare (siehe Verfälschungen) Abb. 4 und 5. Der Fruchtknoten echter Arnikablüten ist lang und schmal, läßt deutliche Phytomelaneinlagerungen (Abb. 7), Zwillingshaare (Abb. 6 und 8) und Drüsenhaare erkennen (Abb. 6). Die Spitze der Hüllkelchblätter von *A. montana* trägt viele Gliederhaare, die von *A. chamissonis* Büschel mit vorwiegend einzelligen Haaren. Eine Identitätsprüfung kann nach DAB 1996 durch Farbreaktion eines Hexanauszuges mit 1,3-Dinitrobenzol im

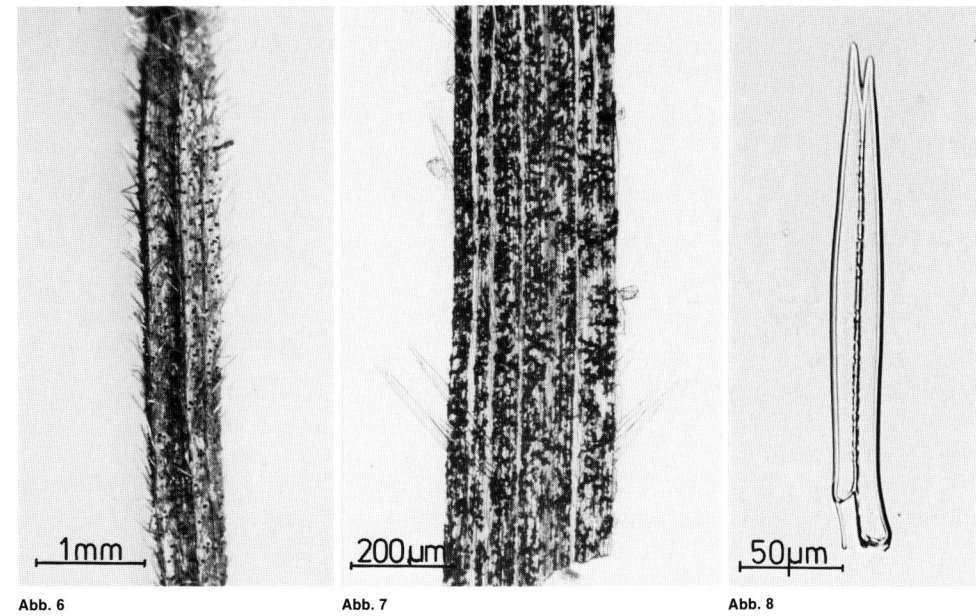

Abb. 6 Abb. 7 Abb. 8

Abb. 6: Fruchtknoten mit Zwillingshaaren und Drüsenschuppen (dunkle Punktierung)
Abb. 7: Phytomelaneinlagerungen in der Fruchtwand
Abb. 8: Zwillingshaar

Auszug aus der Monographie der Kommission E
(BAnz Nr. 228 vom 05.12.1984)

Anwendungsgebiete
Zur äußerlichen Anwendung bei Verletzungs- und Unfallfolgen, z.B. bei Hämatomen, Distorsionen, Prellungen, Quetschungen, Frakturödemen, bei rheumatischen Muskel- und Gelenkbeschwerden. Entzündungen der Schleimhäute von Mund- und Rachenraum. Furunkulose und Entzündungen als Folge von Insektenstichen; Oberflächenphlebitis.

Gegenanzeigen
Arnika-Allergie.

Nebenwirkungen
Längere Anwendung an geschädigter Haut, z.B. bei Verletzungen oder Ulcus cruris, ruft relativ häufig ödematöse Dermatitis mit Bläschenbildung hervor. Ferner können bei längerer Anwendung Ekzeme auftreten. Bei hoher Konzentration in der Darreichung sind auch primär toxisch bedingte Hautreaktionen mit Bläschenbildung bis zur Nekrotisierung möglich.

Wechselwirkungen
Keine bekannt.

Dosierung
Soweit nicht anders verordnet:
Aufguß: 2,0 g Droge auf 100 ml Wasser
Tinktur: Für Umschläge: Tinktur 3- bis 10fach mit Wasser verdünnt.
Für Mundspülungen: Tinktur 10fach verdünnt.
Salben mit max. 20–25 Prozent Tinktur.
„Arnika-Öl": Auszug aus 1 Teil Droge und 5 Teilen fettem Pflanzenöl.
Salben mit max. 15 Prozent „Arnika-Öl".

Art der Anwendung
Ganze Droge, geschnittene Droge, Drogenpulver für Aufgüsse, flüssige und halbfeste Darreichungsformen zur äußerlichen Anwendung.

Wirkungen
Zubereitungen aus Arnika wirken – vorwiegend bei topischer Applikation – antiphlogistisch, konsekutiv analgetisch bei Entzündungen und antiseptisch.

alkalischen Milieu erfolgen (Zimmermann-Reaktion), mit der die „Helenaline" und „Arnifoline", nicht jedoch die „Chamissonolide", rotviolette Farbprodukte liefern. Über die Intensität der auftretenden Färbung (schmutzig schwarzbraunrot durch Nebenreaktion mit Begleitstoffen) kann die Unterart *chamissonis* (ssp. *genuina*) ausgeschlossen werden. Zur quantitativen photometrischen und chromatographischen (GC, HPLC) Bestimmung der Arnika-Sesquiterpenlactone siehe bei [21]. Besser geeignet als Identitätsprüfung ist die DC der Sesquiterpenlactone [5, 21]. Die Reinheitsprüfung nach DAB 1996 durch DC der Flavonoide erlaubt die Erkennung der wichtigsten Verfälschungen anhand des Auftretens von Rutin, das in Arnikablüten nicht vorkommt. Zumischungen der nicht offizinellen Unterart *chamissonis* (ssp. *genuina*) werden hierbei jedoch nicht erfaßt, da beide Unterarten von *A. chamissonis* dasselbe Flavonoidmuster besitzen [7, 22]. Extraktgehalt nach Ph. Helv. VII mindestens 17,0%.

Verfälschungen: Relativ häufig, da *Arnica montana* in vielen Ländern unter Naturschutz steht und daher echte Droge nicht immer ausreichend verfügbar ist. Die am meisten anzutreffende Verfälschung ist die „Mexikanische Arnika", die Blütenkörbchen von *Heterotheca inuloides* Cass. (Asteraceae). Sie kann an folgenden Merkmalen erkannt werden: Zungenblüten ohne Pappus, Röhrenblüten mit zweireihigem Pappus (äußerer Kreis kürzer), Narben V-förmig (Narbenschenkel nicht wie bei *Arnica montana* herabgebogen), Fruchtknoten ohne Phytomelan, kurz eiförmig (bei *Arnica montana* sehr schlank, lang und mit Phytomelan), Zwillingshaare des Fruchtknotens sehr lang und sehr schmal; Sesquiterpenlactone fehlen. Eine eingehende Beschreibung findet man bei [23].

Andere Verfälschungen, z.B. mit den Blüten von *Calendula officinalis* (siehe Ringelblumen) oder mit *Doronicum*-Arten kommen in der Praxis kaum vor und werden bei der mikroskopischen Prüfung leicht erkannt.

Wortlaut der Packungsbeilage gemäß Standardzulassung:

6.1 Stoff- oder Indikationsgruppe
Pflanzliches Mittel bei Muskel- und Nervenschmerzen / Mittel gegen Krampfaderbeschwerden / Mittel bei örtlichen Entzündungen.

6.2 Anwendungsgebiete
Zur äußerlichen Anwendung bei Verletzungs- und Unfallfolgen, z.B. bei Blutergüssen, Verstauchungen, Prellungen, Quetschungen, Ödemen infolge eines Knochenbruchs, bei rheumatischen Muskel- und Gelenkbeschwerden. Furunkulose und Entzündungen als Folge von Insektenstichen. Oberflächliche Venenentzündungen.

6.3 Gegenanzeigen
Bekannte Überempfindlichkeit gegenüber Korbblütlern, wie z.B. Arnika, Kamille, Ringelblumen, Schafgarbe.

6.4 Wechselwirkungen mit anderen Mitteln
Keine bekannt.

6.5 Dosierungsanleitung und Art der Anwendung
Soweit nicht anders verordnet, werden mehrmals täglich mit einem Aufguß Umschläge bereitet. Der Aufguß wird wie folgt hergestellt:

Etwa 4 Teelöffel voll (ca. 2 g) Arnikablüten oder die entsprechende Menge in einem oder mehreren Aufgußbeutel(n) werden mit siedendem Wasser (ca. 100 ml) übergossen und nach etwa 10 bis 15 Minuten gegebenenfalls durch ein Teesieb gegeben.

6.6 Nebenwirkungen
Längere Anwendung an geschädigter Haut, z.B. bei Verletzungen oder Unterschenkelgeschwüren, ruft häufig Hautentzündungen mit Schwellungen und/oder Bläschenbildung hervor. Ferner können bei längerer Anwendung Ekzeme auftreten. Bei hoher Konzentration im Aufguß sind auch primär toxisch bedingte Hautreaktionen mit Bläschenbildung bis zum Absterben von Gewebeteilen möglich.

6.7 Hinweise
Nicht zur innerlichen Anwendung.
Vor Licht und Feuchtigkeit geschützt aufbewahren.

Literatur:
[1] T.M. Pinchon und M. Pinkas, Plantes Med. Phytothér. **22**, 124 (1988).
[2] Hager, Band **4**, 342 (1990).
[3] G. Willuhn, Pharm. Ztg. **136**, 2453 (1991).
[4] R. Wijnsma, H.J. Woerdenbag und W. Busse, Z. Phytother. **16**, 48 (1995).
[5] G. Willuhn, W. Leven und C. Luley, Dtsch. Apoth. Ztg. **134**, 4077 (1994).
[6] G. Willuhn, J. Kresken, W. Leven, Planta Med. **56**, 111 (1990).
[7] I. Merfort, G. Willuhn, C. Jerga, Dtsch. Apoth. Ztg. **130**, 980 (1990).
[8] I. Merfort und D. Wendisch, Planta Med. **58**, 301 (1992).
[9] I. Merfort, Phytochemistry **31**, 2111 (1992).
[10] C.M. Paßreiter, Phytochemistry **31**, 4135 (1992).
[11] J.-B. Wu und Mitarb., Chem. Pharm. Bull. **33**, 4091 (1985).
[12] H. Schröder und Mitarb., Thromb. Research **57**, 839 (1990).
[13] G. Willuhn und W. Leven, Dtsch. Apoth. Ztg. **135**, 1939 (1995).
[14] D.A. Witzel, G.W. Ivie und J.W. Dollahite, Am. J. Vet. **37**, 859 (1976).
[15] A.A. Grippo und Mitarb., Planta Mcd. **57**, 309 (1991).
[16] K.H. Lee und Mitarb., J. Med. Chem. **16**, 299 (1973).
[17] G. Willuhn, Dtsch. Apoth. Ztg. **127**, 2511 (1987).
[18] H.J. Woerdenbag und Mitarb., Planta Med. **60**, 434 (1994).
[19] H.J. Woerdenbag und Mitarb., Phytomedicine **2**, 127 (1995).
[20] G. Willuhn, Dtsch. Apoth. Ztg. **126**, 2038 (1986).
[21] G. Willuhn und W. Leven, Pharm. Ztg. Wiss. No 1, **136**, 32 (1991).
[22] G. Willuhn, J. Kresken und I. Merfort, Dtsch. Apoth. Ztg. **123**, 2431 (1983).
[23] J. Saukel, Sci. Pharm. **52**, 35 (1984).

Willuhn

Artemisiae herba — Beifußkraut

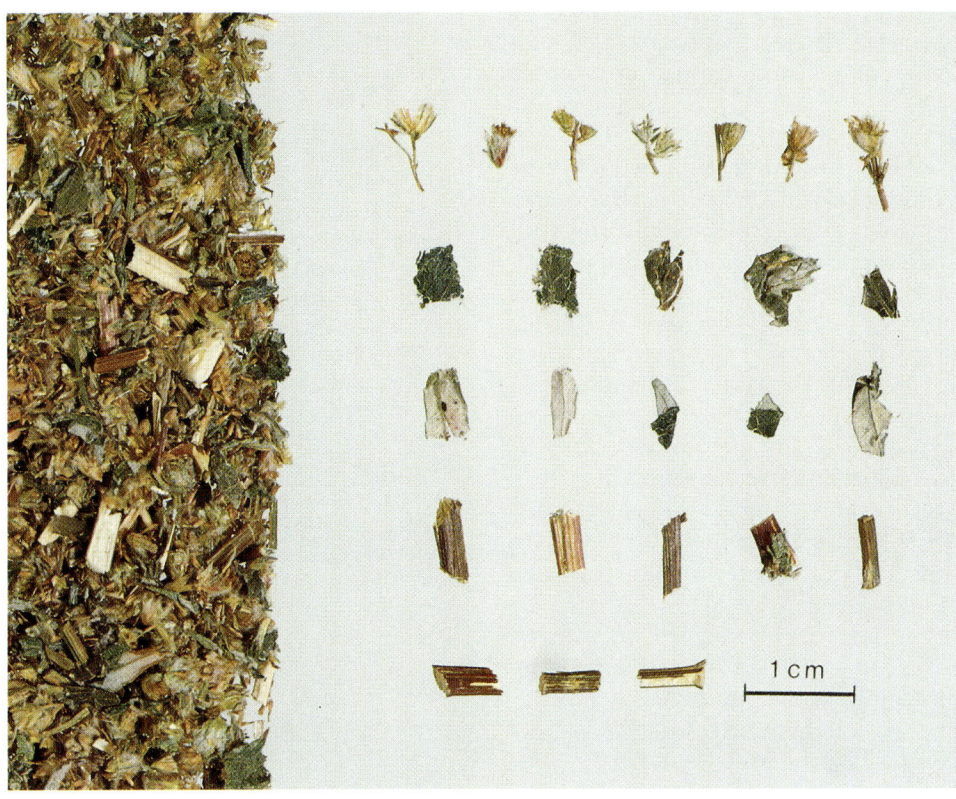

Abb. 1: Beifußkraut

Beschreibung: Als Droge werden die während der Blütezeit gesammelten, 60–70 cm langen Sproßspitzen verwendet. In der Schnittdroge finden sich von den doppelt oder einfach fiederteiligen Blättern vielfach lanzettliche, meist ganzrandige oder auch gezähnte Blattzipfel. Die Blattstücke sind oberseits unbehaart, dunkel- bis schwarzgrün, unterseits silbergrau filzig behaart (Unterscheidungsmerkmal gegenüber Herba Absinthii). Die vielen T-Haare (Abb. 4) bewirken, daß die Droge ± klumpig zusammenhält. Zahlreiche eiförmige Blütenkörbchen mit grauweißen, filzig behaarten, dachziegelartig angeordneten Hüllkelchblättern und gelblichen oder rötlichen Blüten, manchmal als zerbrochene Rispen vorliegend (obere Reihe). Blütenstandsboden unbehaart (Gegensatz zu Herba Absinthii). Markhaltige Stengelstücke, außen grün oder meist rotviolett überlaufen, längsgerillt.

Geruch: Angenehm aromatisch.

Geschmack: Würzig und etwas bitter.

Abb. 2 und 3: *Artemisia vulgaris* L.

50–150 cm hohe Staude mit 2fach fiederteiligen Blättern, diese nur unterseits behaart. Gelbe bis rotbraune, kleine Blütenkörbchen in Rispen angeordnet.

Erg. B. 6: Herba Artemisiae

Stammpflanze: *Artemisia vulgaris* L. (Gemeiner Beifuß), Asteraceae.

Synonyme: Summitates Artemisiae (vulgaris), Herba regia, Wilder Wermut, Weiber-, Jungfern-, Johannesgürtel-, Gänse-, Besen-, Sonnenwend-, Fliegenkraut, Werzwisch, Wisch. Common Wormwood, Mugwort, Felon herb (engl.). Armoise commune, Feuilles d'armoise commune (franz.).

Herkunft: In ganz Europa, Asien und Nordamerika verbreitet, besonders auf Brachflächen, Schuttplätzen, an Hecken, Böschungen, Bahndämmen und Flußufern. Die Droge stammt aus Wildvorkommen Osteuropas.

Inhaltsstoffe: Ätherisches Öl (0,03–0,3%) mit über 100 identifizierten Komponenten und qualitativ-quantitativ variabler Zusammensetzung [1–6]. Hauptkomponenten je nach Herkunft 1,8-Cineol, Campher, Linalool oder Thujon, daneben u.a. 4-Terpinenol, Borneol, α-Cadinol, Spathulenol sowie irregulär gebaute Monoterpene [7] und γ-Nonalacton [8]. Im ätherischen Blattöl der nur in Süd- und Ostasien vorkommenden Varietät *indica* (WILLD.) MAXIM. wurden 46 Komponenten identifiziert mit β-Caryophyllen (24%) und β-Cubeben (12%) als Hauptbestandteile [9]. Sesquiterpensäuren und -alkohole vom Eudesman-Typ [10]; die Sesquiterpenlactone Vulgarin (= Tauremisin), Psilostachyin und Psilostachyin C [11]; die Flavonolglykoside Quercetin-3-O-glucosid und -3-O-rhamnoglucosid (Rutin) sowie Isorhamnetin-3-O-glucosid und -3-O-rhamnoglucosid [12], O-methylierte Flavonoidaglyka [13]; Cumarine (1,9%), u.a. Aesculetin, Aesculin, Umbelliferon, Scopoletin, Cumarin, 6-Methoxy-7,8-methylendioxycumarin [14, 15]; Polyacetylene [16, 17]; pentacyclische Triterpene [12, 18, 19], Sitosterol, Stigmasterol [19]; Carotinoide [20]; im Pollen Glykoproteine mit allergenen Eigenschaften [21, 22, 23].

Indikationen: Die Droge wird nur noch selten als Amarum-Aromatikum zur Anregung der Magensaftsekretion bei Appetitlosigkeit und anazider oder subazider Gastritis verwendet, sowie gegen Blähungen und Völlegefühl. Das Anwendungsgebiet entspricht dem des Wermutkrautes, doch ist die Wirkung schwächer. In der *Volksmedizin* auch als Choleretikum und früher als Anthelmintikum sowie bei Amenorrhoe und Dysmenorrhoe verwendet. Für das ätherische Öl wurde eine beträchtliche Wirkung als Repellent nachgewiesen [24] sowie eine antibakterielle und antifungische Wirkung [25]. Wäßrige Blattextrakte zeigten eine antimikrobielle Wirkung gegen *Streptococcus mutans* Serotyp C und D (MHK: 7,8 bzw. 11,7 mg/ml) [26]. Der Ethanolextrakt wirkt insektizid [27]. Am graviden, nicht jedoch am nichtgraviden Meerschweinchenuterus wurde für einen wässerigen Auszug aus den Früchten (1 ml = 50 mg zerkleinerte Früchte) eine Zunahme der Kontraktionen beobachtet [28].
Wegen noch nicht ausreichend belegter Wirksamkeit in den beanspruchten Indikationsgebieten wird die therapeutische Anwendung der Droge von der Komm. E nicht befürwortet [29].
In Österreich wird die Aufnahme der Droge in das Arzneibuch erwogen [30].

Nebenwirkungen: In therapeutischen Dosen keine Nebenwirkungen. In der Literatur ist ein Fall einer Kontaktdermatitis beschrieben [31]. Am Meerschweinchen wurde für das Kraut eine schwache Sensibilisierungspotenz (Sesquiterpenlactone) beschrieben [32]. Für Pollenextrakte wurden Kreuz-Reaktionen mit entsprechenden Extrakten aus anderen *Artemisia*-Arten nachgewiesen [33].

Auszug aus der Monographie der Kommission E
(BAnz Nr. 122 vom 06.07.1988)

Anwendungsgebiete

Beifußkraut wird bei Erkrankungen und Beschwerden im Bereich des Magen-Darm-Traktes, Koliken, Durchfall, Obstipation, Krämpfen, Verdauungsschwäche, zur Anregung der Magensaft- und Gallensekretion, als Laxans bei Fettleibigkeit und als „Hepaticum", ferner bei Wurmbefall, Hysterie, Epilepsie, dauerndem Erbrechen, Krämpfen bei Kindern, Menstruationsstörungen und unregelmäßiger Periode, zur Förderung der Durchblutung sowie als beruhigendes Mittel angewendet.
Die Wirksamkeit von Beifußzubereitungen bei den beanspruchten Anwendungsgebieten ist nicht belegt.

Risiken

Eine abortive Wirkung wird beschrieben.
Nach vorangegangener Sensibilisierung können allergische Reaktionen ausgelöst werden.

Bewertung

Da die Wirksamkeit bei den beanspruchten Anwendungsgebieten nicht belegt ist, kann eine therapeutische Verwendung nicht befürwortet werden.

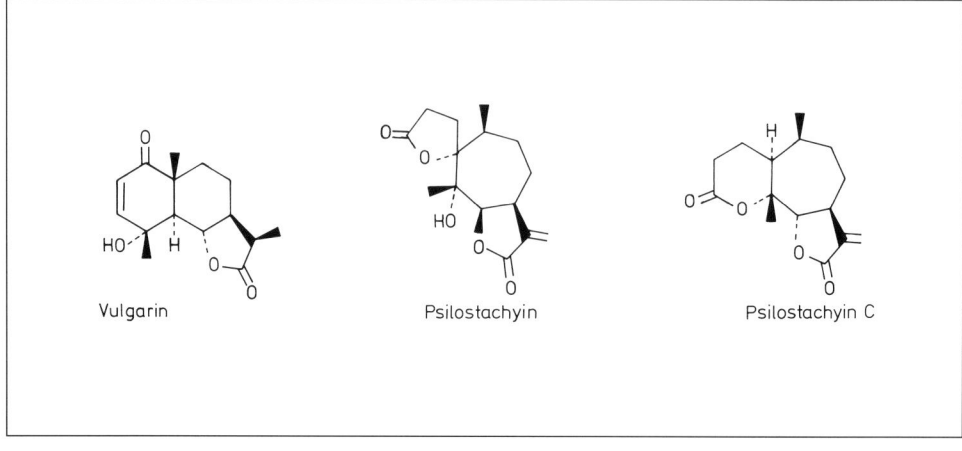

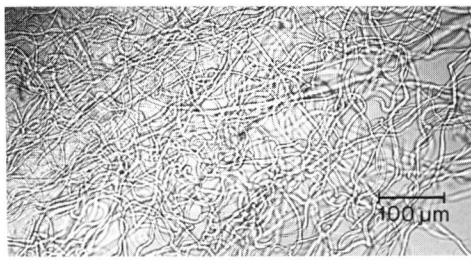

Abb. 4: Haarfilz der Blattunterseite, aus T-Haaren (Abb. 5) bestehend

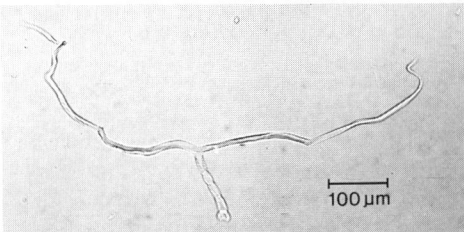

Abb. 5: Einzelnes T-Haar der unteren Epidermis

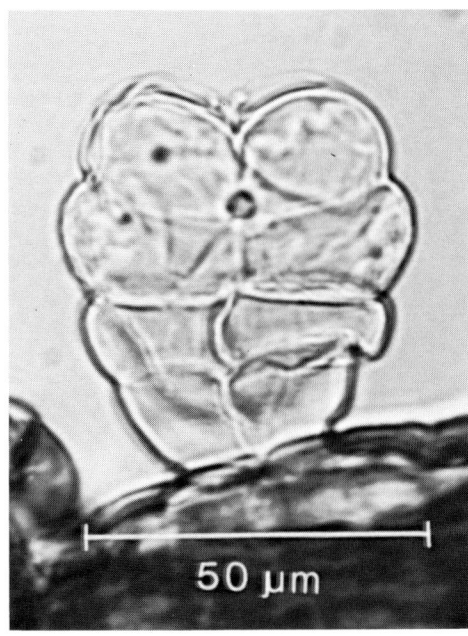

Abb. 6: Asteraceen-Drüsenschuppe

Teebereitung: 1 Teelöffel voll mit kochendem Wasser (150 ml) übergießen, in bedecktem Gefäß etwa 5 min ziehen lassen, abseihen. Zur Appetitanregung 2–3 Tassen täglich vor den Mahlzeiten einnehmen.
1 Teelöffel = etwa 1,2 g.

Teepräparate und Phytopharmaka: Keine.

Prüfung: Makroskopisch (s. Beschreibung) und mikroskopisch. Charakteristisch sind die T-Haare, deren bis 1 mm lange, dünne oder verschieden stark verdickte Querzelle oft gedreht ist (Abb. 5). Die Blätter besitzen nur in der unteren Epidermis Spaltöffnungen und meist nur 1 Palisadenschicht. Gerundete, glatte Pollenkörner mit 3 Austrittstellen, Asteraceen-Drüsenschuppen [34], (Abb. 6). Zusätzlich kann die Identifizierung über ein DC-Fingerprint des ethanolischen Auszugs (Flavonoidglykoside) erfolgen [30].

Verfälschungen: Nur selten vorkommend. Wermutkraut hat beiderseits behaarte Blätter und einen behaarten Blütenstandsboden.

Aufbewahrung: Vor Licht geschützt, nicht in Kunststoffbehältern.

Literatur

[1] G.M. Nano und Mitarb., Planta Med. **30**, 211 (1976).
[2] H. Jork und S.M.K. Juell, Arch. Pharm. (Weinheim) **312**, 540 (1979).
[3] M. Hurabielle, M. Malsot, M. Paris, Riv. Ital. EPPOS **63**, 296 (1981); C.A. **95**, 225461 (1981).
[4] K. Michaelis und Mitarb., Z. Naturforsch. C: Biosci. **37c**, 152 (1982).
[5] A.P. Carnat und Mitarb., Ann. Pharm. Fr. **43**, 397 (1986); C.A. **104**, 222004 (1986).
[6] L.N. Misra und S.P. Singh, J. Nat. Prod. **49**, 941 (1986).
[7] R. Naef-Mueller, W. Pickenhagen und B. Willhalm, Helv. Chim. Acta **64**, 1424 (1981).
[8] M. Woerner, M. Pflaum und P. Schreier, Flavour Fragance J. **6**, 257 (1991).
[9] Xguyen Xuan Dung und Mitarb., J. Essent. Oil Res. **4**, 433 (1992).
[10] J.A. Marco, T.J. Sanz und P. Del Hierro, Phytochemistry **30**, 403 (1991).
[11] M. Stephanovic, A. Jokic und A. Behbud, Glas. Hem. Drus. (Beograd) **37**, 463 (1972); C.A. **80**, 80080 (1974).
[12] B. Hoffmann und K. Herrmann, Z. Lebensm. Unters. Forsch. **174**, 211 (1982).
[13] M. Stephanovic, M. Dermanovic und M. Verencevic, Glas. Hem. Drus. (Beograd) **47**, 7 (1982); C.A. **96**, 177968 (1982).
[14] M.A. Ikasanova, T.R. Berezovskaya und E.A. Serykh, Khim. Prir. Soedin 110 (1986); C.A. **104**, 203928 (1986).
[15] R.D.H. Murray und M. Stephanovic, J. Nat. Prod. **49**, 550 (1986).
[16] D. Drake und J. Lam, Phytochemistry **13**, 455 (1974).
[17] B. Wallnöfer, O. Hofer und H. Greger, Phytochemistry **28**, 2687 (1989).
[18] S.K. Kundu, A. Chatterjee und A.S. Rao, Austr. J. Chem. **21**, 1931 (1968).
[19] S.K. Kundu, A. Chatterjee und A.S. Rao, J. Indian Chem. Soc. **46**, 584 (1969).
[20] T. Shimizu und Mitarb., Sagami Joshi Daigaku Kiyu **45**, 5 (1981); C.A. **97**, 125913 (1982).
[21] B.M. Nilsen und B. Smestad Paulsen, Mol. Immunol. **27**, 1047 (1990).
[22] F. de la Hoz und Mitarb., Mol. Immunol. **27**, 651 (1990).
[23] B.M. Nilsen und Mitarb., J. Biol. Chem. **266**, 2660 (1991).
[24] Y.S. Hwang und Mitarb., J. Chem. Ecol. **11**, 1297 (1985); C.A. **103**, 175478 (1985).
[25] V.K. Kaul, S.S. Nigam, K.L. Dhar, Indian J. Pharm. **38**, 21 (1976).
[26] P.C. Chen, C.C. Lin und T. Namba, J. Ethnopharmacol. **27**, 285 (1989).
[27] E. Polos und Mitarb., Hung. Teljis HU **62**, 435 (1993); C.A. **119**, 133473 (1993).
[28] M.B. Misra und Mitarb., Indian J. Med. Sci. **22**, 141 (1986).
[29] Aufbereitungsmonographie der Komm. E am BGA, BAnz Nr. 122 vom 06.07.1988.
[30] T. Kartnig und A. Brantner, Sci. Pharm. **60**, 129 (1992).
[31] G. Kurz und M.J. Rapaport, Contact Dermatitis **5**, 407 (1979).
[32] W. Zeller, M. de Golz und B.M. Hausen, Arch. Dermatol. Res. **277**, 28 (1985).
[33] J. Brandys und Mitarb., Planta Med. **59**, 221 (1993).
[34] P. Rohdewald, G. Rücker und K.-W. Glombitza, Apothekengerechte Prüfvorschriften, S. 645. Deutscher Apotheker Verlag, Stuttgart 1986.

Willuhn

Aurantii flos — Orangenblüten

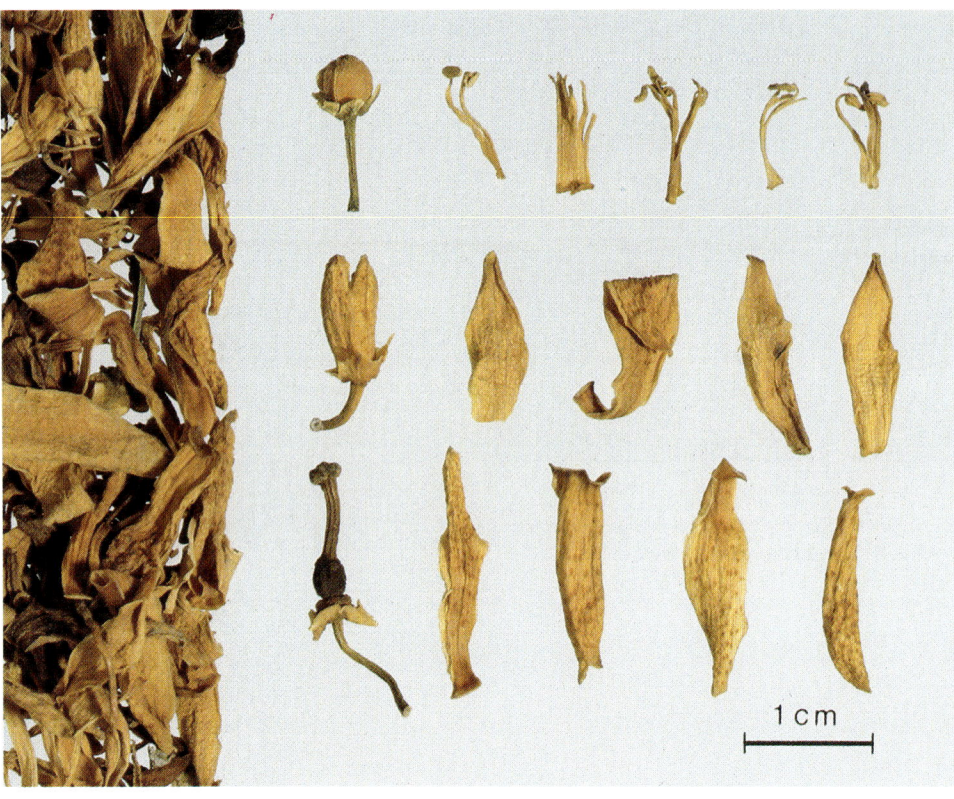

Abb. 1: Orangenblüten

Die Droge besteht aus den getrockneten, noch geschlossenen Blütenknospen.

Beschreibung: Hell bräunlichgelbe, 1–2 cm lange, gestielte Blütenknospen. Verwachsenblättriger, undeutlich fünfzähniger Kelch mit kurzen, derb abstehenden Spitzen. Die 5 Kronblätter sind deutlich bräunlich punktiert (Exkreträume mit ätherischem Öl), kahl und bilden eine sich nach oben verbreiternde Haube. Im Querschnitt oder an Bruchstücken sind zahlreiche (20–35) Staubfäden erkennbar, die an der Basis zu Bändern verwachsen sind. Der oberständige, braunschwarze Fruchtknoten ist kugelig und hat einen dicken Griffel mit kopfiger Narbe.

Geruch: Schwach, eigenartig aromatisch.

Geschmack: Würzig-aromatisch und schwach bitter.

Abb. 2: *Citrus aurantium* L.

Ein kleiner, etwa 5 m hoher Baum mit breitelliptischen, immergrünen, ganzrandigen Blättern, deren Blattstiel im oberen Teil deutlich geflügelt ist (im Unterschied dazu sind die Blattstiele von *Citrus limon*, der Zitrone, nur wenig geflügelt). Die duftenden, radiären, weißen Blüten haben 5 (bis 8) gepunktete Korollblätter (Ölbehälter!) und zahlreiche Staubblätter, deren Filamente im basalen Teil zu breiten Bändern verwachsen sind. Die Frucht ist eine mehrfächerige Beere.

ÖAB: Flos Aurantii
Ph. Helv. VII: Aurantii flos
Erg. B. 6: Flores Aurantii

Stammpflanzen: *Citrus aurantium* L. ssp. *aurantium* [=subsp. *amara* (L.) ENGLER] (Pomeranze, Bitterorange), Rutaceae; nach Ph. Helv. VII auch *Citrus sinensis* L. (OSBECK).

Synonyme: Bigaradeblüten, Neroliblüten, Flores Naphae. Orange flowers, Neroli flowers, Seville orange flowers (engl.). Fleurs d'oranger amer (franz.).

Herkunft: In Südeuropa und in subtropischen Klimazonen kultiviert. Importe der Droge aus Spanien und Mexiko.

Inhaltsstoffe: Etwa 0,2–0,5% ätherisches Öl (ÖAB mind. 0,2%, Ph. Helv. VII mind. 0,18%), hauptsächlich aus Monoterpenen bestehend (Linalylacetat, α-Pinen, Limonen, Linalool, Nerol, Geraniol u.a.), als typischer Bestandteil Anthranilsäuremethylester; Bitterstoffe vom Typ der Limonoide, besonders in den Samenanlagen [1]; Flavonoide [2].

Indikationen: Ausschließlich in der *Volksmedizin* als mild wirkendes Sedativum bei Nervosität und Schlafstörungen.
Ansonsten Anwendung als Aromatikum.
Das aus frischen Orangenblüten durch Wasserdampfdestillation gewonnene Neroliöl wird in der Parfümerie viel gebraucht (z.B. für „Kölnisch-Wasser", Eau de Cologne u.a.).

Teebereitung: 1–2 g Droge werden mit kochendem Wasser übergossen und nach 5 min durch ein Teesieb gegeben. Als mildes Sedativum abends 1–2 Tassen Tee.
1 Teelöffel=etwa 1 g.

Teepräparate: Die Droge wird auch in Filterbeuteln angeboten.

Phytopharmaka: Keine.

Prüfung: Makroskopisch (s. Beschreibung) und mikroskopisch. Im Mesophyll der Kelchblätter findet man große Oxalatdrusen, in der Epidermis einzellige Haare. Die Korollblattepidermis weist eine deutliche kutikulare Streifung auf, die schizolysigenen Ölräume haben einen Durchmesser von etwa 100 µm. Pollenkörner kugelig, mit zart punktierter Exine. DC des ätherischen Öles auf Kieselgel-Schichten mit Toluol-Ethylacetat (97+3) und Nachweis der Terpene mit Vanillin-Schwefelsäure liefert charakteristische Chromatogramme [3].

Verfälschungen: Kommen in der Praxis kaum vor.

Literatur
[1] R.L. Rouseff und S. Nagy, Phytochemistry **21**, 85 (1982).
[2] K. Kanes und Mitarb., Phytochemistry **32**, 967 (1993).
[3] H. Wagner, S. Bladt und E.M. Zgainski, Drogenanalyse, Springer-Verlag, Berlin-Heidelberg-New York 1983.

Wichtl

Auszug aus der Monographie der Kommission E (BAnz Nr. 128 vom 14.07.1993)

Pharmakologische Eigenschaften, Pharmakokinetik, Toxikologie
Nicht bekannt.

Klinische Angaben

1. Anwendungsgebiete

Zubereitungen aus Pomeranzenblüten bzw. Pomeranzenblütenöl werden als Vorbeugemittel gegen Magen- und Nervenstörungen, Gicht, Halsentzündungen, als beruhigendes Nervenmittel, bei Erregungszuständen und Schlaflosigkeit angewendet.

In Kombinationen werden Zubereitungen aus Pomeranzenblüten bzw. Pomeranzenblütenöl im wesentlichen bei Magen- und Verdauungsstörungen, Ulcus duodeni und ventriculi, Obstipation, zur Regulierung des Blutfettspiegels, zur Senkung des Blutzuckers bei Diabetes, zur „Blutreinigung", bei Funktionsstörungen von Leber und Galle, zur Anregung von Herz- und Kreislauf, bei Erkrankungen der Atmungsorgane, Erkältungen, Erfrierungen, zur Beruhigung, bei Schlafstörungen, bei Nieren- und Blasenerkrankungen, allgemeiner Schwäche, Blutarmut, gestörtem Mineralhaushalt, bei Hautunreinheiten und Haarausfall sowie äußerlich bei Entzündungen von Lid-, Binde- und Hornhaut, Netzhautblutungen, Erschöpfung, bei Erkältungen, Kopfschmerzen, Nerven- und Muskelschmerzen, rheumatischen Beschwerden, Prellungen u.ä., oberflächlichen Venenentzündungen und Decubitus angewendet.

Die Wirksamkeit bei den beanspruchten Anwendungsgebieten ist nicht belegt.

2. Risiken

Keine bekannt.

Beurteilung

Da die Wirksamkeit bei den beanspruchten Anwendungsgebieten nicht belegt ist, kann eine therapeutische Anwendung nicht befürwortet werden.

Gegen die Verwendung der Droge als Geschmacks- oder Geruchskorrigens bestehen keine Bedenken.

Aurantii fructus immaturi — Unreife Pomeranzen

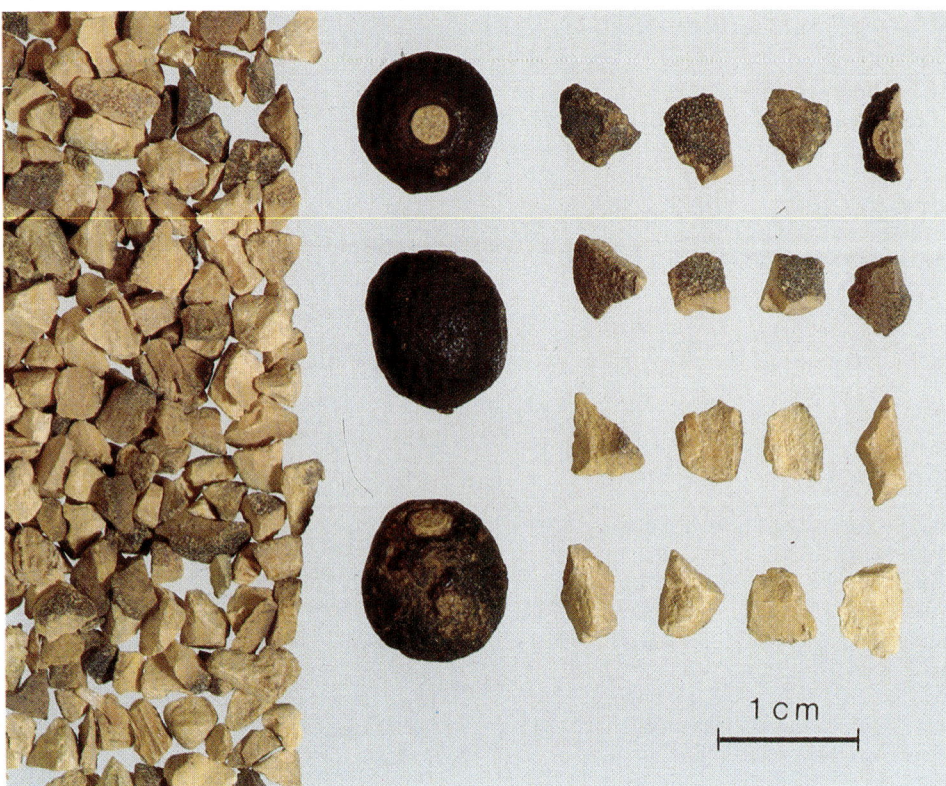

Abb. 1: Unreife Pomeranzen

Beschreibung: Fast kugelige, sehr harte Früchte von 0,5–2 cm Durchmesser, außen dunkelgrün bis bräunlichgrau, durch zahlreiche punktförmige Vertiefungen (Ölbehälter) warzig oder runzelig. Im Querschnitt (Abb. 2) erkennt man bei Lupenbetrachtung die knapp unter der Oberfläche liegenden Ölbehälter, in der Mitte die Fruchtknotenfächer.

Geruch: Würzig-aromatisch.

Geschmack: Würzig und bitter.

Beschreibung und Abb. der Stammpflanze s. Pomeranzenschale

Stammpflanze: Siehe Pomeranzenschale.

Synonyme: Grüne Orangen, Orangetten, Baccae Aurantii immaturae. Orange peas, unripe orange (engl.). Fruits d'oranger amer, verts (franz.).

Herkunft: Siehe Pomeranzenschale.

Inhaltsstoffe: Siehe Pomeranzenschale. Darüber hinaus sind (in den Samen lokalisierte) Triterpenbitterstoffe vom Typ des Limonins enthalten.

Indikationen: Wie Pomeranzenschale, s. dort.

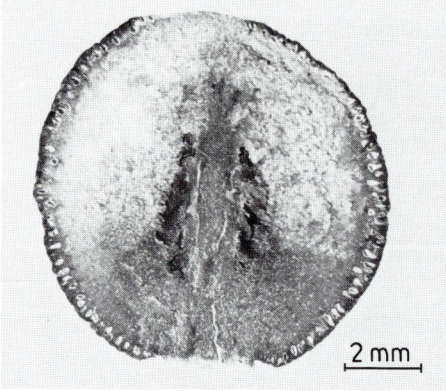

Abb. 2: Querschnitt durch eine unreife Frucht mit zahlreichen großen Exkretbehältern unter der Epidermis

Teebereitung: Wie Pomeranzenschale, s. dort.

Phytopharmaka: Auszüge aus der Droge sind in einigen wenigen Kombinationspräparaten der Gruppe Magen-/Darmmittel enthalten.

Prüfung: Makroskopisch (s. Beschreibung) und mikroskopisch. In der kleinzelligen Epidermis findet man sehr große Spaltöffnungen. Das Parenchym der Fruchtwand enthält vereinzelt Oxalatkristalle, auch Hesperidin kommt in Form von Schollen oder Klumpen im Parenchym vor; es ist in Wasser unlöslich, löst sich aber in Kalilauge mit intensiv gelber Farbe, in konz. Schwefelsäure mit orangegelber, bei schwachem Erwärmen in rot übergehender Farbe. Der Bitterwert sollte mindestens 1000 betragen.

Verfälschungen: Selten. Unreife Zitronen sind länglich und besitzen oben einen zitzenförmigen Fortsatz; sie schmecken nur wenig bitter.

Aufbewahrung: Wie Pomeranzenschale, s. dort.

Frohne

Aurantii pericarpium — Pomeranzenschale
DAB 1996

Abb. 1: Pomeranzenschale

Die Droge besteht aus der durch Abschälen der reifen Bitterorangen gewonnenen, äußeren Schicht (Flavedo) der Fruchtwand, wobei das schwammige weiße Parenchym (Albedo) weitgehend entfernt ist.

Beschreibung: Bis etwa 2 mm dicke grobhöckerige Streifen oder Stückchen, verbogen oder gewölbt, außen gelb- bis rötlichbraun, auf der Innenseite weißlichgelb bis hellockerfarben, infolge der durchschimmernden Ölräume punktiert erscheinend (Abb. 4).

Geruch: Würzig-aromatisch.

Geschmack: Würzig und bitter.

Abb. 2 und 3: *Citrus aurantium* L.

Ein kleiner, etwa 5 m hoher Baum mit breitelliptischen, immergrünen, ganzrandigen Blättern, deren Blattstiel im oberen Teil deutlich geflügelt ist (im Unterschied dazu sind die Blattstiele von *Citrus limon*, der Zitrone, nur wenig geflügelt). Die duftenden, radiären, weißen Blüten haben 5 (bis 8) gepunktete Korollblätter (Ölbehälter!) und zahlreiche Staubblätter, deren Filamente im basalen Teil zu breiten Bändern verwachsen sind. Die Frucht ist eine mehrfächerige Beere.

Aurantii pericarpium

ÖAB: Pericarpium Aurantii amari
Ph. Helv. VII: Aurantii amari flavedo
St. Zul. 1629.99.99

Stammpflanze: *Citrus aurantium* L. ssp. *aurantium*, syn. ssp. *amara* (L.) ENGLER (Bitterorange), Rutaceae.

Synonyme: Bitterorangenschale, Bigaradeschale, Cortex Pomorum Aurantii. Dried bitter orange peel (engl.). Ecorce de fruit d'oranger amer (franz.).

Herkunft: In Südeuropa und anderen subtropischen Zonen kultiviert. Importe der Droge aus Spanien, Portugal, Israel und Westindien.

Inhaltsstoffe: Bitter schmeckende Flavonoidglykoside wie Neohesperidin und Naringin, deren Zuckerkomponente Neohesperidose (2-O-α-L-Rhamnopyranosyl-β-D-glucopyranose, isomer mit Rutinose = 6-Rhamnosyl-glucose) für den bitteren Geschmack verantwortlich ist (Bitterwert nach DAB 1996 und ÖAB mind. 600, nach Ph. Helv. VII mind. 15 Ph. Helv.-Einheiten) [1]; Flavonoide ohne Bitterstoffcharakter wie Hesperidin, Rutosid und höher methoxylierte, lipophile Flavonoide wie Sinensetin, Nobiletin, Tangeretin; 1 bis über 2% ätherisches Öl (DAB 1996 und ÖAB mind. 1,0%, Ph. Helv. VII mind. 3,0%) mit Limonen als Hauptbestandteil und weiteren Monoterpen-Alkoholen, -Estern und -Aldehyden sowie wenig Methylanthranilat als zusätzlicher Geruchskomponente [2]; größere Mengen an Pektin; Furanocumarine (photosensibilisierend, s. Monographie der Kommission E).
Für einige Citrus-Flavonoide wurden antimutagene Effekte nachgewiesen [2a]; ihre Eignung zur Chemo-prävention von Krebserkrankungen wird diskutiert [2a].

Indikationen: Als Amarum aromaticum zur Anregung der Magensaftsekretion und des Appetits, bei hypoaziden Magenstörungen. Daneben häufig auch als Geschmackskorrigens verwendet.

Teebereitung: Nicht sehr gebräuchlich, die Droge wird häufiger in Form der Tinktur oder des Sirups verwendet (1 g Tinctura Aurantii = 25 Tropfen bzw. 6 g Sirupus Aurantii amari = 1 Teelöffel), verdünnt mit Wasser oder Tee. Die Droge ist häufig Bestandteil von sog. „Schwedenkräuter-Mischungen" zum Ansetzen mit Alkohol, sowie des „Elixir ad longam vitam".

Auszug aus der Monographie der Kommission E
(BAnz Nr. 193 vom 15.10.1987 und BAnz Nr. 50 vom 13.03.1990)

Anwendungsgebiete
Appetitlosigkeit;
dyspeptische Beschwerden.

Gegenanzeigen
Keine bekannt.

Nebenwirkungen
Eine Photosensibilisierung ist möglich, insbesondere bei hellhäutigen Personen.

Wechselwirkungen mit anderen Mitteln
Keine bekannt.

Dosierung
Soweit nicht anders verordnet:

Tagesdosis: Droge: 4 bis 6 g;
Tinktur (entsprechend DAB 7): 2 bis 3 g;
Extrakt (entsprechend EB 6): 1 bis 2 g.

Art der Anwendung
Zerkleinerte Droge für Aufgüsse; andere bitterschmeckende galenische Zubereitungen zum Einnehmen.

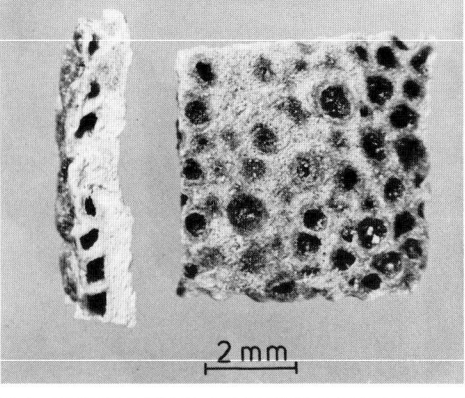

Abb. 4: Grubig vertiefte Fruchtwand (Exkretbehälter) in der Seitenansicht (links) und Aufsicht (rechts)

Phytopharmaka: Das Monopräparat Carvomin® Magentropfen mit Pomeranze enthält Pomeranzenschalentinktur. Einige Kombinationspräparate der Gruppe Magen-Darm-Mittel enthalten die Droge oder entsprechende Auszüge, z. B. Sedovent® (Tropfen), Meteophyt® S (Tropfen) u. a., ebenso einige Tonika und Roborantien.

Prüfung: Nach DAB 1996; die mikroskopische Prüfung ist wenig ergiebig, hingegen kann die DC nach DAB 1996 (Flavonoide, Cumarine) mit Erfolg zur Identitäts- und Reinheitsprüfung herangezogen werden; Abbildungen hierzu s. [3].
Bitterwert mindestens 600. Gehalt an ätherischem Öl mindestens 1%.

Naringin : $R^1, R^2 = H$
Neohesperidin : $R^1 = CH_3$; $R^2 = OH$

(+)-Limonen

Wortlaut der Packungsbeilage gemäß Standardzulassung:

6.1 **Stoff- oder Indikationsgruppe**
Pflanzliches Magen-Darm-Mittel.

6.2 **Anwendungsgebiete**
Appetitlosigkeit; Verdauungsbeschwerden, wie Völlegefühl und Blähungen.

6.3 **Gegenanzeigen**
Keine bekannt.

6.4 **Wechselwirkungen mit anderen Mitteln**
Keine bekannt.

6.5 **Dosierungsanleitung und Art der Anwendung**
Soweit nicht anders verordnet, wird 2- bis 3mal täglich zur Appetitanregung jeweils eine halbe Stunde vor den Mahlzeiten, bei Verdauungsbeschwerden nach den Mahlzeiten eine Tasse des wie folgt bereiteten Teeaufgusses getrunken:

1 Teelöffel voll (ca. 2 g) Pomeranzenschalen oder die entsprechende Menge in einem oder mehreren Aufgußbeutel(n) wird mit siedendem Wasser (ca. 150 ml) übergossen und nach etwa 10 bis 15 Minuten gegebenenfalls durch ein Teesieb gegeben.

6.6 **Dauer der Anwendung**
Bei akuten Beschwerden, die länger als eine Woche andauern oder periodisch wiederkehren, wird die Rücksprache mit einem Arzt empfohlen.

6.7 **Nebenwirkungen**
Eine Steigerung der Licht- und Strahlenempfindlichkeit der Haut ist möglich, insbesondere bei hellhäutigen Personen.

6.8 **Hinweis**
Vor Licht und Feuchtigkeit geschützt aufbewahren.

Verfälschungen: Kommen in der Praxis kaum vor. Fruchtschalen anderer *Citrus*-Arten mit gelblicher oder gelblich grüner Außenseite besitzen einen deutlich geringeren Bitterwert und lassen sich durch abweichende Chromatogrammbilder erkennen.

Aufbewahrung: Vor Licht geschützt, in gut schließenden Behältnissen, nicht in Kunststoffbehältern (ätherisches Öl!).

Literatur:
[1] R.M. Horowitz und B. Gentili, Tetrahedron **19**, 773 (1963).
[2] I. Calvarano, Essenze Deriv. Agrum. **36**, 5 (1966).
[2a] M. Calomme und Mitarb., Planta Med. **62**, 222 (1996).
[3] H. Wagner, S. Bladt und K. Münzing-Vasiran, Pharm. Ztg. **120**, 1262 (1975).

Frohne

Avenae herba — Grüner Hafer

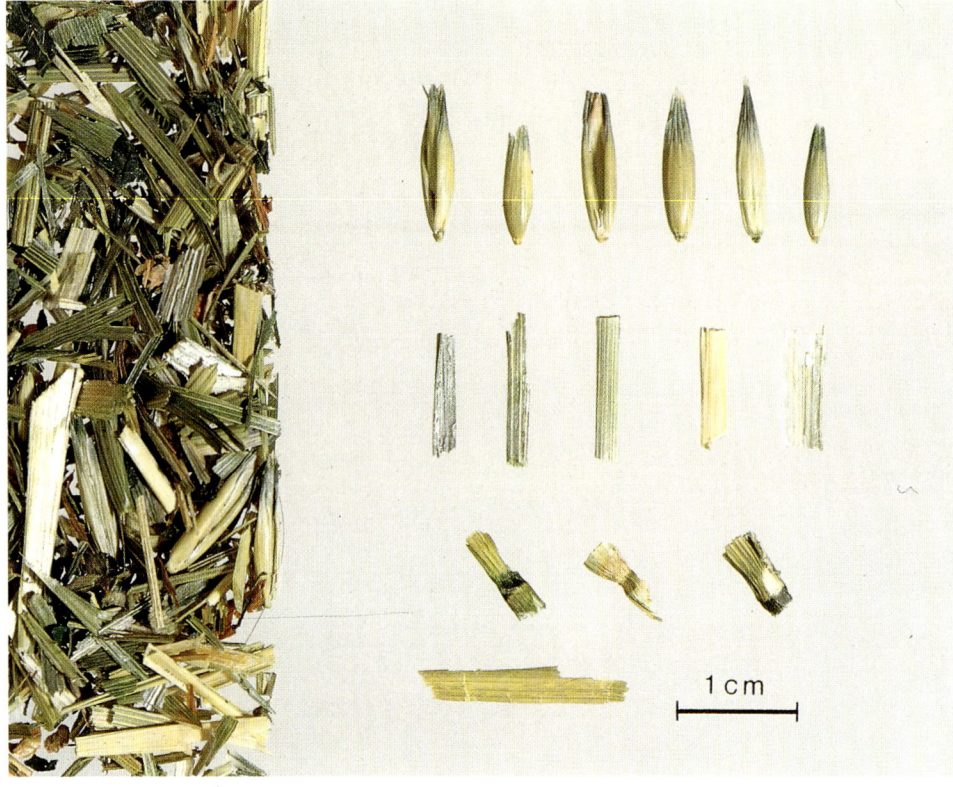

Abb. 1: Grüner Hafer

Beschreibung: Als Droge werden die grünen, kurz vor der Vollblüte geernteten, schnell getrockneten (oder frischen) oberirdischen Teile der Haferpflanze verwendet. Die getrocknete Schnittdroge besteht aus den meist längs geteilten Stengelstücken, längs eingerollten Stücken der Blattscheiden und flachen Stücken der Blattspreiten. Außerdem finden sich wenige Spelzen oder deren Bruchstücke [10].

Geruch: Eigenartig, strohartig.

Geschmack: Mild.

Abb. 2: *Avena sativa* L.

0,6–1 m hohes Kulturgras, aufrecht, mit schmal linealen Blättern. 2- bis 3-blütige Ährchen in lockeren Rispen.

Stammpflanze: *Avena sativa* L. (Hafer) Poaceae (=Gramineae).

Synonyme: Oats (green tops) (engl.). Herb d'avoine (franz.).

Herkunft: Aus dem mitteleuropäischen Anbau. Der Hafer (der von Wildgräsern wie z.B. *Avena fatua*, *A. sterilis*, *A. barbata* abstammt) war ursprünglich eine sekundäre Kulturpflanze, die zunächst als unerwünschter Begleiter von anderen Getreidearten auftrat. Sie erwies sich jedoch als sehr klima- und standorttolerant und konnte sich so infolge Klimaverschlechterungen als Getreide durchsetzen. Seit 100 v. Chr. wird Hafer vorwiegend in den nördlichen Breiten, heute in vielen Sorten angebaut [1].

Inhaltsstoffe: In der Asche zu 55 bis 70% SiO_2, die in den getrockneten grünen Blättern (auch im Haferstroh) zu ca. 2% in löslicher Form (z.B. als Ester der Kieselsäure mit Polyphenolen, sowie mit Mono- und Oligosacchariden) vorliegt [2]. Im Vergleich zu anderen Getreidearten ist der Gehalt an Eisen (39 mg/100 g Trockenmasse), an Mangan (8,5 mg) und an Zink (19,2 mg) recht hoch (nach [3]). Besonders reich an Flavonen sind die Blütenstände [4]; außerdem enthalten die Blätter Triterpensaponine vom Furostanoltyp (sog. Avenacoside; ca. 1–3 mg/g Frischgewicht) mit starker fungizider Wirkung *in vitro* [5]; daneben Carotinoide und Chlorophyllderivate. Zu weiteren Inhaltsstoffen s. auch [6].

Indikationen: In der *Volksmedizin* wird Tee aus grünem Haferkraut (ähnlich wie die aus frischen blühenden Pflanzen gewonnene homöopathische Urtinktur) bei nervöser Erschöpfung, Schlaflosigkeit und sog. „Nervenschwäche" als Sedativum genutzt. Eine wissenschaftlich begründete Zuordnung dieser Indikationen zu bestimmten Inhaltsstoffen ist bisher nicht möglich. Außerdem soll Hafertee den Harnsäurespiegel des Blutes senken. Die Droge wird daher in der Kneipp-Therapie als Adjuvans bei Rheuma und Gicht eingesetzt. Schließlich gilt Hafertee als Diuretikum zur Durchspülungstherapie (Wasserdiurese). Weitere Angaben zu möglichen Wirkungen der verschiedenen Haferorgane und ihrer Inhaltsstoffe bei [2]. Allerdings ist die Wirksamkeit bei diesen Indikationen medizinisch nicht belegt. So konnte z.B. der seinerzeit propagierte Einsatz von Haferkrauttinktur bei Tabakabusus [7] klinisch in keiner Weise bestätigt werden [8]. Die oben erwähnten Anwendungsgebiete (u.a.m.) sind wohl aus der homöopathischen Nutzung des Haferkrauts in die Phytotherapie übertragen worden.
Es sei an dieser Stelle darauf hingewiesen, daß aus einer empirisch zusammengestellten Teemischung (Haferkraut, Brennesselkraut, Johanniskraut und (Berg)frauenmantelkraut, sog. „Vollmers präparierter grüner Hafertee") die Silikate nachweislich stärker freigesetzt werden als aus Haferkraut allein [9].

Anmerkung: Aus Haferstroh (Stramentum Avenae) bereitete Bäder werden in der *Volksheilkunde* bei Gicht, Rheuma, Lähmungen, Lebererkrankungen und Hautleiden genutzt. Auch als Sedativum bei Hypertonikern sollen diese Bäder erfolgreich sein. – Das Haferkorn (Fructus Avenae) wird in Form von Haferflocken, -grütze und -mehl als Diätetikum und Roborans in der Rekonvaleszenz eingesetzt. – Eine in England produzierte Hautcreme gegen Sonnenbrand enthält Haferschleim (nach [2]).

Nebenwirkungen: In therapeutischen Dosen keine Nebenwirkungen bekannt.

Teebereitung: Ein gehäufter Eßlöffel voll Droge (ca. 3 g) wird mit $1/4$ l kochendem Wasser überbrüht. Man läßt auf Zimmertemperatur abkühlen und seiht durch ein Teesieb die Droge ab. Ungesüßt oder nur schwach gesüßt mehrmals am Tage oder kurz vor dem Zubettgehen eine Tasse Tee trinken.

Teepräparate: Grüner Hafertee wird auch in Filterbeuteln angeboten.

Phytopharmaka: Drogenauszüge sind in einigen wenigen Sedativa enthalten, z.B. Avedorm® N (Tropfen), Requiesan® (Tropfen) u.a.; einige wenige Badezusätze enthalten Haferstrohextrakt.

Prüfung: Makroskopisch (s. Beschreibung); eine mikroskopisch-anatomische Beschreibung der Droge wurde von W. Schier vorgenommen [10]:
Stengel: Flächenansicht der Epidermis: Im Wechsel langgestreckte, geradwandige, zuweilen leicht gewellte, dickwandige, stark getüpfelte Zellen, sog. Langzellen, und Kurzzellen, die ebenfalls dickwandig und stark getüpfelt sind. Die Spaltöffnungen sind paracytisch und vom Gramineen-Typ.
Querschnitt: Typischer Monokotylen-Sproß. Kutikula dünn, Epidermis aus besonders nach außen stark verdickten Zellen. Darunter eine meist zweireihige Hypodermis aus dickwandigen Zellen, die unterbrochen wird von Gebieten mit dünnwandigen, assimilierenden Zellen. In diese zuweilen eingelagert kleine Faserbündel (meist 3 Fasern), die bisweilen bis an die Epidermis heranreichen und nach innen ein kollateral-geschlossenes Leitbündel umgeben. Auf einen geschlossenen Faserring folgt ein großzelliges Parenchym mit dreieckigen Interzellularen. In diese sind unregelmäßig zerstreut kollateral-geschlossene Leitbündel eingelagert, die jeweils von einer Sklerenchymscheide umgeben werden.
Blattscheiden: Flächenansicht Außenseite: Dünne, meist glatte Kutikula, Epidermiszellen dickwandig mit stark gewellten Wänden. Zahlreiche Spaltöffnungen. Innenseite: Epidermiszellen mit dünnen und geraden Wänden, wenig Spaltöffnungen.
Blattspreiten: Flächenansicht Oberseite: Die Epidermiszellen sind langgestreckt, geradwandig und getüpfelt. Pa-

---

*Auszug aus der Monographie der Kommission E
(BAnz Nr. 193 vom 15.10.1987)*

Anwendungsgebiete
Haferkrautzubereitungen werden bei akuten und chronischen Angst-, Spannungs- und Erregungszuständen, neurasthenischem und pseudoneurasthenischem Syndrom, Hauterkrankungen, Bindegewebsschwäche, Blasenschwäche sowie als Aufbau- und Kräftigungsmittel angewendet.
In Kombinationen werden Haferkrautzubereitungen zusätzlich bei Erkrankungen und Beschwerden des Herz-Kreislauf-Systems und der Atemwege, bei Stoffwechselerkrankungen und -störungen, Alterserkrankungen und -beschwerden, verschiedenen Anämieformen, Hyperthyreose, Neuralgien und Neuritiden, ferner bei Blutergüssen, Muskelzerrungen, Sexualstörungen, Tabakabusus, Krämpfen sowie als Laktagogum und leistungssteigerndes Mittel angewendet.
Die Wirksamkeit bei den beanspruchten Anwendungsgebieten ist nicht belegt.

Risiken
Keine bekannt.

Bewertung
Da die Wirksamkeit von Haferkrautzubereitungen nicht belegt ist, kann eine therapeutische Anwendung nicht befürwortet werden.

racytische Spaltöffnungen vom Gramineen-Typ (Abb. 3) sind auch auf der Oberseite vorhanden. Am Rand kurze, gebogene, spitze Haare mit sehr breiter Basis. Im Mesophyll sind Kristalle verschiedener Größen (Nädelchen, Prismen, zuweilen Sphaerokristalle) erkennbar.

Flächenansicht Unterseite: Kutikula etwas körnig, Epidermiszellen langgestreckt und geradwandig. Spaltöffnungen zahlreich. Auf den Nerven spitze, schwach gebogene Haare mit breiter dickwandiger, getüpfelter Basis in einer Reihe liegend (Abb. 4). Dazwischen dickwandigere Zellen mit gewellten Wänden. Kristalle wie von der Oberseite her erkennbar. Im Mesophyll palisadenähnliche, in Aufsicht runde Zellen. Deckspelzen: Äußere Epidermis aus Lang- und Kurzzellen (Abb. 5). Die Langzellen haben stark gezackte Wände, die Enden der Zacken sind jeweils knopfförmig verdickt. Die Kurzzellen liegen einzeln oder paarweise, jeweils eine rundliche und eine halbmondförmige Zelle. Die innere Epidermis besteht aus langgestreckten dünnwandigen Zellen mit vereinzelten Spaltöffnungen. Vorspelze: Die Vorspelze zeigt den gleichen Aufbau wie die Deckspelze, nur sind die einzelnen Zellelemente dünnwandiger und zarter. Außerdem zeigt die äußere Epidermis Spaltöffnungen und am Rande Haare, wie sie oben beschrieben sind.

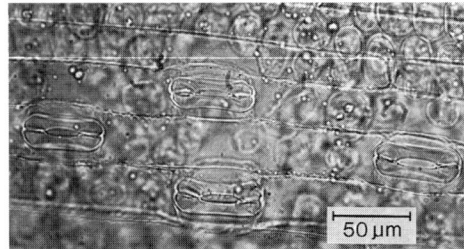

Abb. 3: Spaltöffnungen der Blattoberseite vom Gramineentyp mit hantelförmigen Schließzellen

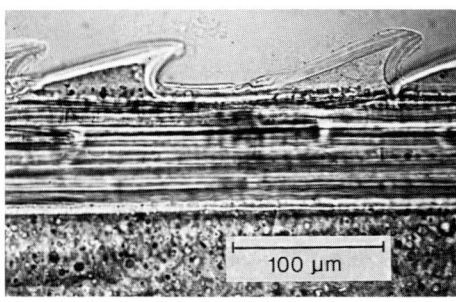

Abb. 4: Spitze, einzellige Haare mit breiter Basis, Blattunterseite

Verfälschungen: Kommen praktisch nicht vor.

Aufbewahrung: Vor Licht und Feuchtigkeit geschützt.

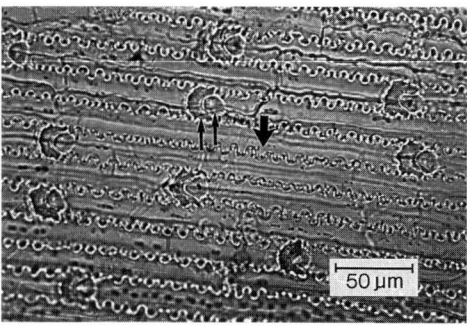

Abb. 5: Äußere Epidermis der Deckspelzen mit Langzellen (dicker Pfeil) und Kurzzellen (dünner Pfeil)

Literatur:
[1] H.D. Belitz und W. Grosch, Lehrbuch der Lebensmittelchemie. Berlin 1992.
[2] E. Schneider, Z. Phytother. **6**, 165 (1985)
[3] S.W. Souci, W. Fachmann und H. Kraut: Zusammensetzung der Lebensmittel. Stuttgart 1994.
[4] G. Popovici u.a., Z. Pflanzenphysiol. **85**, 103 (1977).
[5] B. Wolters, Dtsch. Apoth. Ztg. **106**, 1729 (1966).
[6] Hager, Band **4**, 437 (1992).
[7] C.L. Anand, Nature **233**, 496 (1971).
[8] K. Geckleiter u.a., Münch. Med. Wochenschr. **116**, 581 (1974).
[9] E. Schneider, Z. Phytother. **11**, 129 (1990).
[10] W. Schier, unveröffentlicht (1987).

Czygan

Balsamum peruvianum — Perubalsam

Ph. Eur. — DAB 1996

Abb. 1: Perubalsam.

Dunkelbraune, in dünner Schicht gelbbraune, viskose Flüssigkeit, aber nicht klebrig oder fadenziehend.

Gewinnung: Etwa 10 Jahre alte Bäume werden am Ende der Regenzeit partiell entrindet (ca. 15 × 25 cm große Flächen), anschließend werden die bloßgelegten Stellen mit Fackeln wenige min geschwelt. Erst dieser Wundreiz führt zur Balsambildung, die nach wenigen Tagen einsetzt; der Balsam wird von aufgelegten Lappen aufgesaugt. Nach einigen Tagen wird der Vorgang des Schwelens wiederholt. Der Balsam wird aus den Lappen durch Auspressen und Auskochen mit Wasser gewonnen, vom Wasser abgetrennt und gereinigt.
Nach einigen Jahren Ruhe kann erneut Balsam gewonnen werden [1].

Geruch: Balsamisch, an Vanille erinnernd.

Geschmack: Schwach bitter, etwas kratzend.

Abb. 2: *Myroxylon balsamum* (L.) HARMS var. *pereirae* (ROYLE) HARMS.

Bis 15 m hoch werdender Baum mit eiförmiger Krone. Glatte Rinde mit zahlreichen Lentizellen. Blätter unpaarig gefiedert, Blüten in Trauben.

| ÖAB: Balsamum peruvianum |
| Ph. Helv. VII: Balsamum peruvianum |

Stammpflanze: *Myroxylon balsamum* (L.) HARMS var. *pereirae* (ROYLE) HARMS (Perubalsambaum), Fabaceae.

Synonyme: Salvadorbalsam, Chinaöl. Peruvian balsam, Indian balsam (engl.). Baume du Péou, Baume de San Salvador (franz.).

Herkunft: San Salvador. Der früher über Peru abgewickelte Export (Name!) ist längst aufgegeben. Kulturen auf Jamaica und Sri Lanka sind derzeit noch wenig bedeutend.

Inhaltsstoffe: 50–70% eines Estergemisches (früher als „Cinnamein" bezeichnet; Gehalt nach DAB 1996, ÖAB und Ph. Helv. VII mind. 45,0 und höchstens 70,0% Estergemisch), das zu 2/3 aus Benzoesäurebenzylester und 1/3 aus Zimtsäurebenzylester besteht, daneben enthält Cinnamein noch ca. 3,5% Nerolidol (Nerol+Geraniol) und Spuren Benzylalkohol und Vanillin (?); 20–30% Harzbestandteile, die vor allem aus Benzoesäure- und Zimtsäureestern höherer Alkohole bestehen [2, 3].

Indikationen: Eingearbeitet in Salben (5–20% Perubalsam enthaltend) zur lokalen Anwendung bei schlecht heilenden Wunden, bei Verbrennungen, Frostbeulen und Hämorrhoiden. Die Anwendung soll nicht länger als eine Woche dauern. Früher als Mittel gegen Scabies (=Krätze, eine durch Milben verursachte Hautkrankheit), heute durch reines Benzylbenzoat ersetzt [4, 5]. *Volksmedizinisch* auch lokal gegen Juckreiz, innerlich bei Katarrhen, Rheuma und Asthma, gilt als obsolet.

Nebenwirkungen: Allergische Hautreaktionen nicht gerade selten: Urticaria, Mundulcera, bronchoobstruktive Reaktionen wurden beschrieben. Auch Lichtdermatosen und phototoxische Reaktionen kommen, wenn auch seltener, vor.

Phytopharmaka: Perubalsam ist in Brandsalbenkompressen enthalten, z.B. Branolind® N (Salbenkompressen) u.a., ferner in einigen Kombinationspräparaten zur Wund- und Hämorrhoiden-Behandlung wie z.B. Arnisol® (Salbe, Zäpfchen), Decubitan® (Wund- und Heilsalbe), Peru-Lenicet® (Salbe) u.a.

Prüfung: Perubalsam ist leicht löslich in absolutem Ethanol, in Chloroform oder in konz. Essigsäure und mischbar mit Ricinusöl, nicht jedoch mit anderen fetten Ölen. DC nach DAB 1996, wobei Benzylbenzoat, Benzylcinnamat und Nerolidol nachgewiesen werden. Prüfung auf Kunstbalsame nach DAB 1996: Beim Schütteln einer Probe mit Petroläther müssen sich die unlöslichen Anteile als klebrige Masse abscheiden, nicht als pulverige Bestandteile, die Petrolätherphase muß klar und farblos sein.
Gehaltsbestimmung nach DAB 1996 durch gravimetrische Ermittlung des Esteranteiles.

Verfälschungen: Kommen gelegentlich vor (Kunstbalsame, Terpentinöl); Nachweis siehe unter Prüfung.

Identitätsprüfung mittels DC:

Sorbens: Kieselgel 60 F_{254} (lufttrocken) (Merck) (5 × 10 cm, Glas oder Folie).

Untersuchungslösung:

50 mg Perubalsam werden in 1 ml Ethylacetat gelöst.

Auszug aus der Monographie der Kommission E
(BAnz Nr. 173 vom 18.09.1986)

Anwendungsgebiete
Zur äußeren Anwendung bei infizierten und schlecht heilenden Wunden, bei Verbrennungen, Dekubitus, Frostbeulen, Ulcus cruris, Prothesendruckstellen, Hämorrhoiden.

Gegenanzeigen
Ausgeprägte allergische Disposition.

Nebenwirkungen
Allergische Hautreaktionen.

Wechselwirkungen mit anderen Mitteln
Keine bekannt.

Dosierung
Soweit nicht anders verordnet: Galenische Zubereitungen mit 5–20 Prozent Perubalsam; bei großflächiger Anwendung mit höchstens 10 Prozent Perubalsam.

Art der Anwendung
Galenische Zubereitungen zur äußeren Anwendung.

Dauer der Anwendung
Nicht länger als 1 Woche.

Wirkungen
Antibakteriell-antiseptisch, granulationsfördernd, antiparasitär (besonders gegen Krätzemilbe).

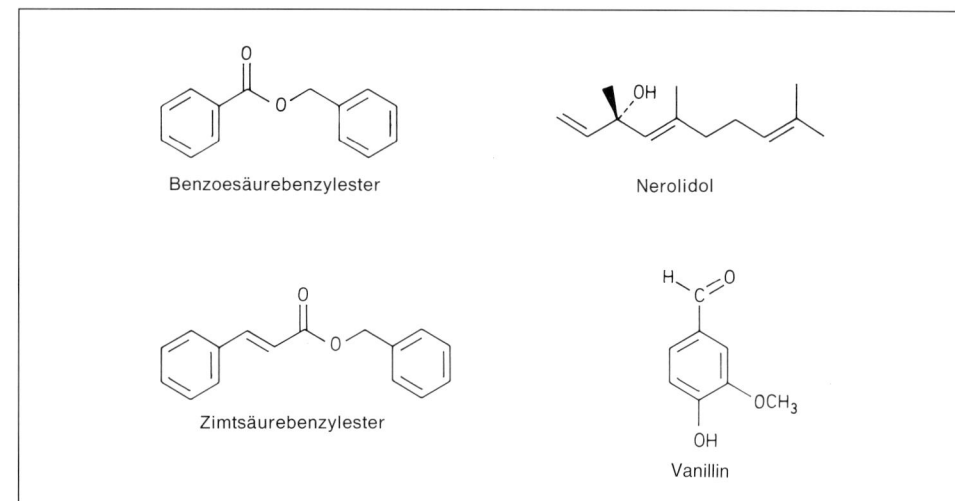

Referenzlösung:
15 mg Benzylcinnamat, 40 µl Benzylbenzoat und 2 mg Thymol werden in 5 ml Ethylacetat gelöst.

Aufzutragen:
3–5 µl Untersuchungslösung und 2 µl Referenzlösung strichförmig (10 × 2 mm).

Fließmittel: n-Hexan – Ether (7+3) (Kammersättigung).

Laufstrecke: 8 cm,   **Zeit:** 9 min.

Sichtbarmachung und Auswertung:
Nach vollständigem Abdunsten des Fließmittels (im Heißluftstrom) wird unter UV_{254} (Abb. 3) ausgewertet und anschließend mit 20proz. methanolischer Molybdatophosphorsäurelösung (evtl. filtrieren!) intensiv besprüht (Abzug!) und 5 Min. auf 105 °C erhitzt (Abb. 4). Unter UV_{254} darf die Untersuchungslösung nur die beiden fluoreszenzmindernden Hauptzonen von Benzylcinnamat (Rf 0,44) und Benzylbenzoat (Rf 0,48) aufweisen, während die Nerolidolzone bei Rf 0,27 (etwas tiefer als die Thymolzone (Rf 0,37) in der Vergleichslösung) erst mit dem Sprühreagenz wie die beiden Benzylester sichtbar wird. Unterhalb der Nerolidolzone dürfen im DC der Untersuchungslösung keine weiteren blauen Zonen zu erkennen sein (Hinweis auf Verfälschung durch Kolophonium).

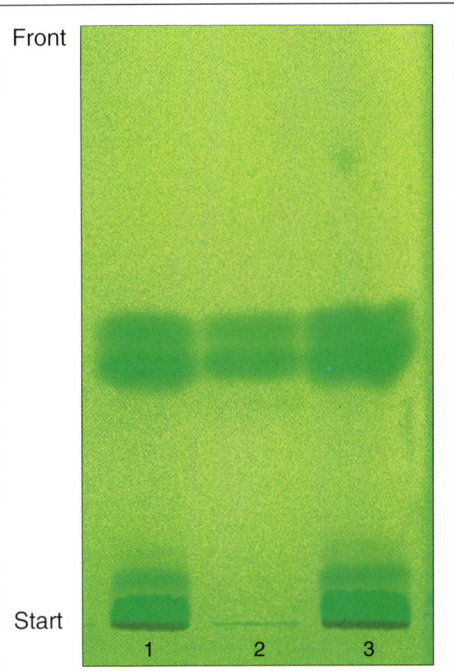

Abb. 3
DC von Perubalsam, Glasplatte 5 × 10 cm, unbesprüht, unter UV_{254}
1: Untersuchungslösung
2: Referenzlösung
3: Untersuchungslösung

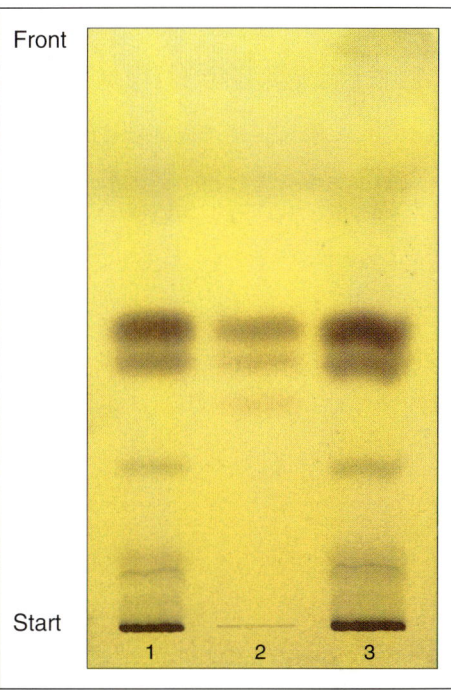

Abb. 4
DC von Perubalsam, Glasplatte 5 × 10 cm, besprüht mit Molybdatophosphorsäure, im Tageslicht
1: Untersuchungslösung
2: Referenzlösung
3: Untersuchungslösung

Literatur:
[1] Hager **5**, 895 (1993).
[2] H. Glasl und H. Wagner, Dtsch. Apoth. Ztg. **114**, 45 (1974).
[3] H.D. Friedel, Dissertation, Marburg 1986.
[4] BAnz Nr. 173 vom 18.09.1986.
[5] R.M. Gordon und D.R. Seaton, Brit. Med. J. 685 (1942).

Wichtl

Bardanae radix — Klettenwurzel

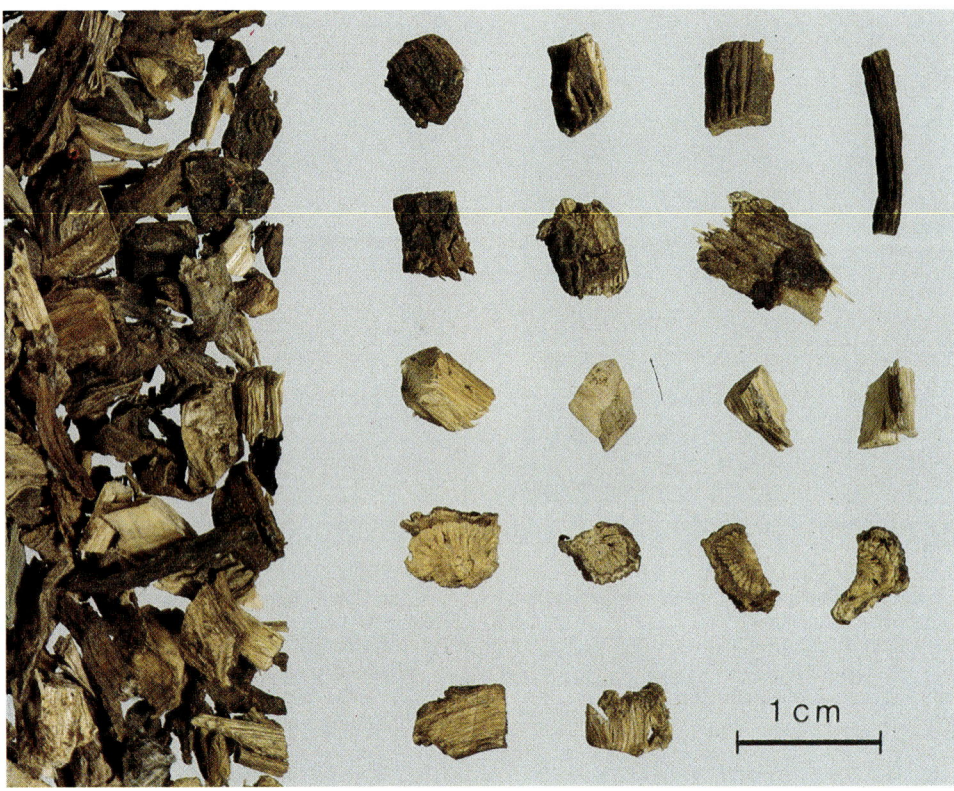

Abb. 1: Klettenwurzel

Beschreibung: Sehr harte, hornartige, kaum faserige Wurzelstücke mit graubrauner bis schwarzbrauner, längsgerunzelter Außenseite (Kork). Die Querschnittsansicht zeigt eine weißliche bis hellbraune Rinde, eine dunkle Kambiumzone, einen radial gestriften, gelblichbraunen Holzkörper und ein schwammiges, oft lückig zerrissenes Mark (Abb. 3). Bei Stücken älterer Wurzeln reichen die Lücken oft bis zur Rinde. Bei Stücken von jungen Wurzeln ist in der äußeren Rinde ein Ring brauner Exkretbehälter zu erkennen (Lupe).

Geschmack: Die Droge erweicht beim Kauen und schmeckt süßlich-schleimig, später bitter.

Abb. 2: *Arctium lappa* L.

Etwa 1 m hoher Korbblütler mit großen, eiförmig-zugespitzten Blättern. Die ca. 4 cm großen Köpfchen bestehen nur aus rotvioletten Röhrenblüten und sind von zahlreichen Hüllkelchblättern mit sehr stachelspitzigen oder hakenförmig gebogenen Enden umgeben.

DAC 1986: Klettenwurzel

Stammpflanzen: *Arctium lappa* L. (= *A. majus* BERNH., Große Klette) sowie *Arctium minus* BERNH. (Kleine Klette) und *Arctium tomentosum* MILL. (Filzklette), Asteraceae.

Synonyme: Rad. Arctii, Rad. Lappae, Rad. Personatae, Klettendistelwurzel, Dollenkrautwurzel, Kleberwurzel, Klissenwurzel, Haarwuchswurz, Roßklettenwurz. Burdock root, Lappa root, Bardane root (engl.). Racine de bardane (franz.).

Herkunft: Heimisch in Europa, Nordasien, Nordamerika. Die Droge stammt aus Kulturen (*A. lappa*) vor allem in Bulgarien, Jugoslawien, Polen und Ungarn.

Inhaltsstoffe: Ca. 27–45% Inulin, Schleime, u.a. Xyloglucane und saure

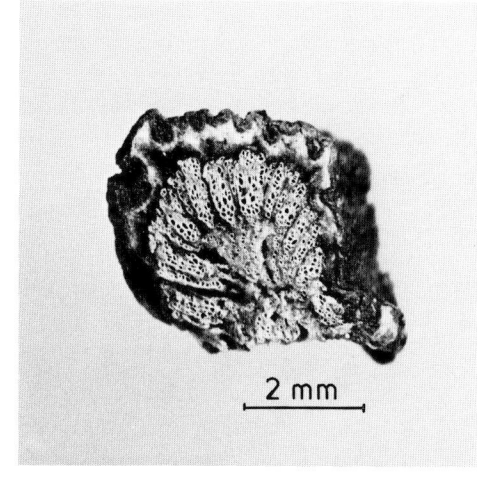

Abb. 3: Runzeliges Wurzelbruchstück mit dunkler Kambiumzone und radial gestreiftem, zerklüftetem Holzkörper

Xylane [1, 2] (Kohlenhydrate insges. ca. 69%); 0,06–0,18% ätherisches Öl mit bisher 66 identifizierten Komponenten, darunter Phenylacetaldehyd, Benzaldehyd und 2-Alkyl(C_3-C_5)-3-methoxypyrazine bzw. 2-Methoxy-3-methylpyrazin sowie 32 Säuren als wichtige Aromastoffe der Wurzel [3]; 14 Polyacetylene, Hauptkomponente Tridecadien-(1,11)-tetrain-(3,5,7,9) (0,2 mg%) und 10 S-haltige acetylenische Verbindungen wie Aretsäure, Arctinon, Arctinol, Arctinal u.a. [4]; die Costussäure und als Bitterstoffe die Guaianolide Dehydrocostuslacton und 11,13-Dihydrodehydrocostuslacton [3]. 1,9–3,65% Polyphenole, u.a. Kaffeesäure, Chlorogensäure, Isochlorogensäure und weitere Kaffeesäurederivate; Triterpene und Sterine [5–7] sowie γ-Guanidino-n-buttersäure [8]. Das Vorkommen des in den Früchten auftretenden Butyrolactonlignans Arctigenin und seines Glucosids Arctiin [9] ist für die Wurzeln noch nicht beschrieben worden.

Indikationen: Die Klettenwurzel ist als Teedroge praktisch obsolet, Extrakte finden sich jedoch als Adjuvans noch in verschiedenen Fertigarzneimitteln, insbesondere Homöopathika.
In der *Volksmedizin* wird sie als Diuretikum („Blutreinigungsmittel"), als Abführmittel, bei Gallen- und Blasensteinleiden, bei Erkrankungen und Beschwerden des Magen-Darm-Traktes, bei Gicht und bei rheumatischen Beschwerden sowie äußerlich bei Ekzemen und schlecht heilenden Wunden verwendet. Wurzelextrakte wirken antibiotisch. Die Förderung der Leber- und Gallenfunktion wurde in älteren Untersuchungen belegt. Als Wirkstoffe können die Sesquiterpenlactone vom Guaianolid Typ diskutiert werden. Das bisher nur in den Früchten nachgewiesene Lignan Arctigenin ist ein Antagonist des Plättchen-aktivierenden Faktors (PAF) [10–12], der bei der Aggregation und Degranulation der Thrombozyten und Granulozyten involviert und ein wichtiger Entzündungsmediator ist. Auch eine Hemmwirkung auf die cAMP-Phosphodiesterase wurde für Arctigenin nachgewiesen [13]. Wurzelextrakte reduzieren den Blutzuckerspiegel von Ratten und erhöhen die Kohlenhydrattoleranz [14] (Guanidinobuttersäure?).
Äußerlich wird das Klettenwurzelöl (Auszug mit Oliven- oder Erdnußöl) gegen trockene Seborrhoe der Kopfhaut verwendet. Für die nachgesagte haarwuchsfördernde Wirkung (Bestandteil in vielen Haarkosmetika) gibt es *keine* Belege. Diese Anwendung dürfte aus der Signaturenlehre resultieren, wonach die Kräfte, die bei der Pflanze die dichte Behaarung verursachen, die gleiche Wirkung auch beim Menschen haben sollen.
Da die Wirksamkeit der Klettenwurzel bei den beanspruchten Indikationsgebieten nicht ausreichend belegt ist, wird ihre therapeutische Anwendung von der Kommission E nicht befürwortet [15]. In Japan und Korea werden die Wurzeln als Gemüse verwendet.

Teebereitung: 2,5 g der fein geschnittenen oder grob gepulverten Droge mit kaltem Wasser ansetzen (eventuell mehrere Stunden stehen lassen), dann bis zu 1 Std. kochen und anschließend durch ein Sieb geben.
1 Teelöffel=etwa 2 g.

Teepräparate und Phytopharmaka: Keine.
In der Kosmetik dienen Klettenwurzelpräparate der Haarpflege (Klettenwurzel-Öl).

Prüfung: Makroskopisch (s. Beschreibung) und mikroskopisch nach DAC 1986 und [16]. Die Wurzel führt keine Stärke, d.h. keine Blaufärbung des Querschnitts mit Iodlösung, jedoch kräftige Rotviolettfärbung mit α-Naphthol-Schwefelsäure-Reagenz (Inulin). Keine Oxalate. Bei Fragmenten junger Wurzeln (mit Epi- und Endodermis) in der Rinde braune Exkretbehälter, bei älteren Wurzeln (Kork) in der sek. Rinde gelbe Bastfaserbündel.

Verfälschungen: Verwechslungen mit der äußerlich recht ähnlichen Wurzel von *Atropa bella-donna* L. (Tollkirsche) sind möglich. Mikroskopisch zu unterscheiden, da Belladonnawurzel Stärke enthält und Kristallsandzellen. Zum Nachweis kleiner Anteile dient die DC: 1 g gepulverte Droge mit 10 ml Methanol kurz zum Sieden erhitzen und filtrieren. 40 μl des Filtrates strichförmig (1,5 cm) auf eine Kieselgelschicht (20 × 20 cm) auftragen, mit Chloroform-Ethanol (98+2) bei Kammersättigung 10 cm hoch entwickeln. Nach Abdunsten des Fließmittels wird mit einer 10%igen Lösung von KOH in Methanol besprüht. Unter UV 366 darf im Rf-Bereich von 0,2 keine blaugrün fluoreszierende Zone sichtbar sein. Mit dieser Methode lassen sich noch Beimengungen von 0,5% Radix Belladonnae nachweisen.

Auszug aus der Monographie der Kommission E
(BAnz Nr. 22a vom 01.02.1990)

Anwendungsgebiete

Zubereitungen aus Klettenwurzeln werden bei Erkrankungen und Beschwerden im Bereich des Magen-Darm-Traktes, Gicht, Rheuma sowie als schweiß- und harntreibendes Mittel sowie zur „Blutreinigung", äußerlich bei Ichthyosis, Psoriasis, unreiner Haut und Hauterkrankungen angewendet.
Die Wirksamkeit bei den beanspruchten Anwendungsgebieten ist nicht belegt.

Risiken

Keine bekannt.

Beurteilung

Da die Wirksamkeit bei den beanspruchten Anwendungsgebieten nicht belegt ist, kann eine therapeutische Anwendung nicht befürwortet werden.

Literatur:

[1] Y. Kato und T. Watanabe, Biosci., Biotechnol., Biochem. **57**, 1591 (1993).
[2] Y. Watanabe und Y. Katona, Agric Biol. Chem. **55**, 1139, (1991).
[3] T. Washino und Mitarb., Nippon Nogei Kagaku Kaishi **59**, 389 (1985); C.A. **103**, 52880 (1985).
[4] T. Washino, M. Yoshikura und S. Obata, Agric. Biol. Chem. **50**, 263 (1986); C.A. **104**, 203839 (1986).
[5] I. Iochkova und Mitarb., Med.-Biol. Inf. (2), 28 (1990).
[6] I. Iochkova und Mitarb., Dokl. Bolg. Akad. Nauk. **42**, 43 (1989); C.A. **112**, 19524 (1990).
[7] I. Iochkova und Mitarb., Dokl. Bolg. Akad. Nauk. **43**, 57 (1990); C.A. **114**, 13983 (1991).
[8] Y. Yamaha, K. Hagiwara und K. Iguchi, Phytochemistry **14**, 582 (1975).
[9] B. Hoon Han und Mitarb., Phytochemistry **37**, 1161 (1994).
[10] P. Braquet und J.J. Godfroid, Trends in Pharm. Sci., 397 (1986).
[11] S. Iwakami und Mitarb., Chem. Pharm. Bull **40**, 1199 (1992).
[12] G. Han und Mitarb., Zhongcaoya **23**, 563 (1992); C.A. **118**, 73407 (1993).
[13] J.R. Cole, E. Bianchi und E.R. Trumbull, J. Pharm. Sci. **58**, 175 (1969).
[14] O. Lapinina und T.F. Sisoeva, Farmatsevt. Zh. (Kiew) **19**, 52 (1964); C.A. **66**, 140, 1451 (1967).
[15] Monographie der Kommission E, BAnz Nr. 22a vom 01.02.1990.
[16] P. Rohdewald, G. Rücker und K.-W. Glombitza, Apothekengerechte Prüfvorschriften, S. 827. Deutscher Apotheker Verlag Stuttgart 1986.

Willuhn

Barosmae folium — Buccoblätter

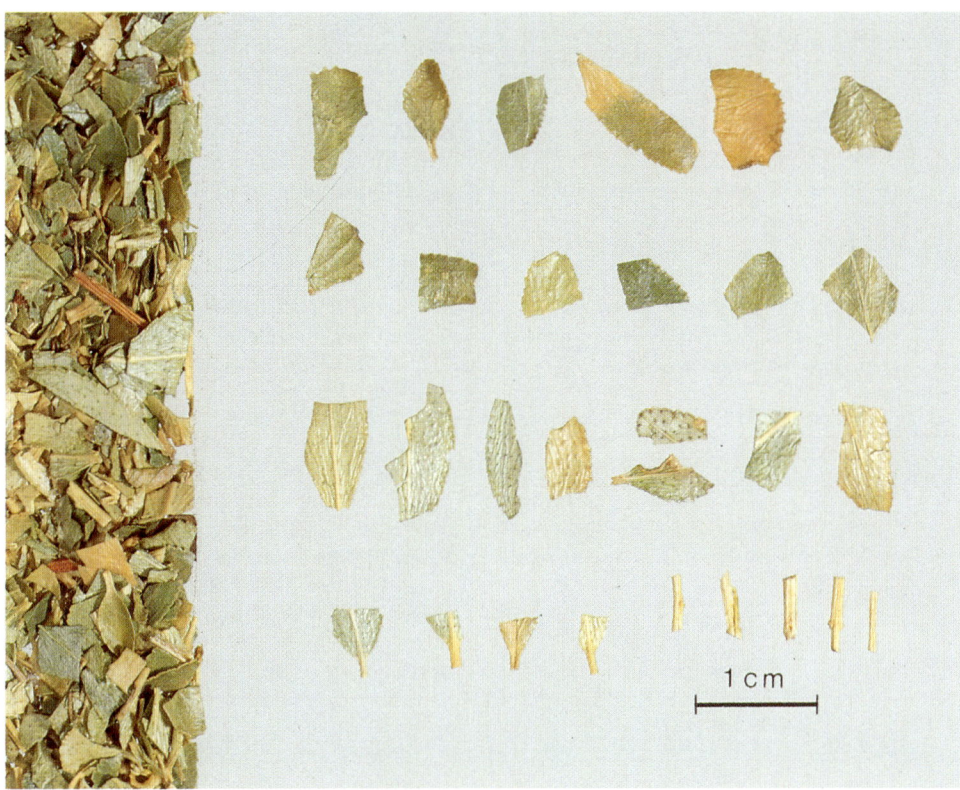

Abb. 1: Buccoblätter

Beschreibung: Kleine ganze Blätter oder Bruchstücke größerer, bis 2 cm langer, verkehrt eiförmiger Blätter. Hell gelbgrün bis bräunlich, steif ledrig-brüchig, etwas glänzend. Der Blattrand ist fein gekerbt oder gesägt und zur Oberseite hin aufgebogen. Die Oberseite zeigt kleine Höcker, auf der Unterseite ist eine drüsige Punktierung erkennbar (Abb. 3).

Geruch: Würzig.

Geschmack: Scharf, würzig.

Abb. 2: *Barosma betulina* BARTL. et H.L. WENDL.

Kleiner, buschiger Strauch mit 1–2 cm langen, verkehrt eiförmigen oder rhombischen, kurz gestielten, hellgrünen Blättern mit fein gesägtem Blattrand und meist stark zurückgekrümmter Blattspitze. Die 5-zähligen Blüten mit weißer oder rosa gefärbter Corolle haben etwa 12 mm Durchmesser, die 5-fächerigen Kapselfrüchte enthalten pro Fach einen schwarzen, harten, glänzenden Samen.

Erg. B. 6: Folia Bucco

Stammpflanze: *Barosma betulina* BARTL. et H.L. WENDL. (Buccostrauch), Rutaceae.

Synonyme: Folia Bucco, Folia Barosmae, Folia Buchu, Folia Diosmeae. Buchu leaf, Agathosma (engl.). Feuilles de buchu (franz.).

Herkunft: Die Heimat der *Barosma*-Arten ist das Kapland; die Droge wird aus Südafrika importiert.

Inhaltsstoffe: Etwa 2% ätherisches Öl in schizolysigenen Ölbehältern. Vorherrschende Komponenten im destillierten ätherischen Öl sind Diosphenol und ψ-Diosphenol, die entgegen älteren Angaben genuin in den Blättern vorkommen; das als „Bucco-" oder „Barosmacampher" bezeichnete Gemisch scheidet sich bereits bei Zimmertempe-

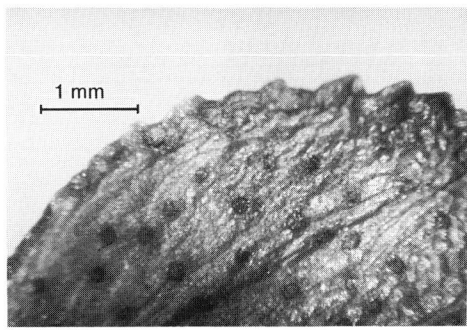

Abb. 3: Blattbruchstück mit gekerbt-gesägtem Rand und durchscheinenden Ölbehältern (Lupenvergrößerung)

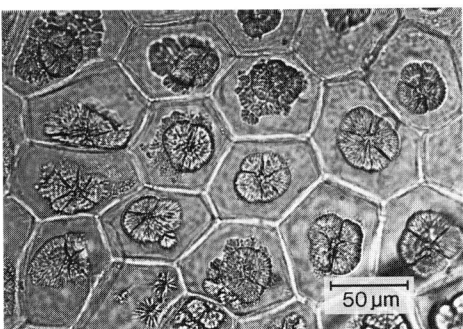

Abb. 4: Obere Epidermis mit Diosminkristallen (Sphärite)

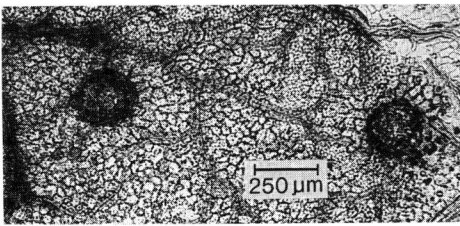

Abb. 5: Kugelige Exkretbehälter im Mesophyll des Buccoblattes

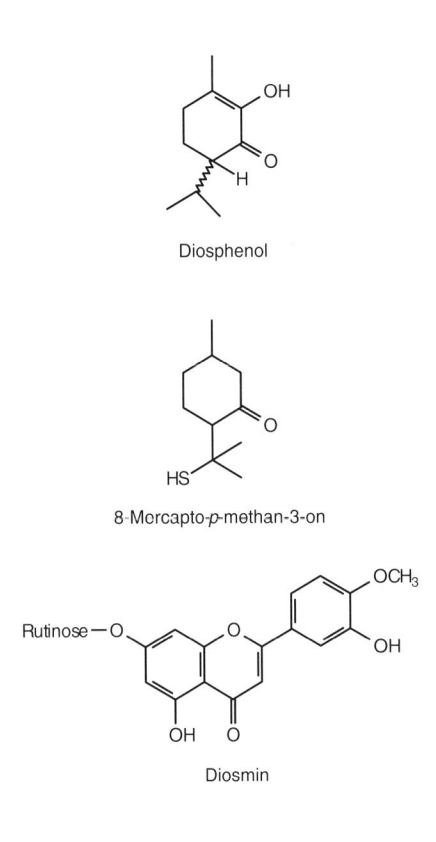

Diosphenol

8-Mercapto-*p*-methan-3-on

Diosmin

Auszug aus der Monographie der Kommission E
(BAnz Nr. 22a vom 01. 02. 1990)

Anwendungsgebiete

Buccoblätter werden angewandt bei Entzündungen und Infektionen der Nieren und der Harnwege, bei Reizblase, als Harnwegsdesinfiziens und als Diuretikum.
Die Wirksamkeit bei den beanspruchten Indikationsgebieten ist nicht ausreichend belegt.

Risiken

Buccoblätter enthalten ätherisches Öl mit Diosphenol und Pulegon, das zu Reizerscheinungen führen kann.
Berichte über Vergiftungsfälle liegen nicht vor.

Beurteilung

Aufgrund der bei den beanspruchten Anwendungsgebieten nicht belegten Wirksamkeit kann die Anwendung von Buccoblättern nicht befürwortet werden. Gegen die Verwendung als Geruchs- oder Geschmackskorrigens in Teemischungen bestehen keine Bedenken.

ratur in Kristallen ab. Weitere Bestandteile des ätherischen Öls sind Monoterpenketone, darunter (−)Isomenthon, (+)Menthon und Pulegon, Monoterpenalkohole wie z.B. Terpinen-4-ol und Monoterpenkohlenwasserstoffe, darunter (+)Limonen, Myrcen und α-Pinen. Als geruchsbestimmende Komponente („Cassis") wird das diastereomere Gemisch von (−)cis- und (+)trans-8-Mercapto-p-Menthan-3-on angesehen [1–4]. Neben Schleim- und Harzstoffen kommen als weitere Inhaltsstoffe Flavonoide vor, darunter Rutin und Diosmin, ein Diosmetin-7-O-rutinosid.

Indikationen: Buccoblätter werden traditionell bei leichteren entzündlichen Erkrankungen der ableitenden Harnwege als Harndesinfizienz und Diuretikum eingesetzt. Als verantwortlich für die antibakterielle Wirkung ist das Diosphenol anzusehen, das als Phenolkörper überwiegend an Glucuronsäure gebunden ausgeschieden wird, so daß möglicherweise ähnlich wie bei Bärentraubenblättern eine antibakterielle Wirkung erwartet werden kann. Für die diuretische Wirkung kommen die Flavonoide, aber auch das Terpinen-4-ol (Komponente z.B. auch des ätherischen Öls der Wacholderbeeren) in Frage. Die Wirksamkeit bei den beanspruchten Indikationsgebieten ist nicht ausreichend belegt [5].

Nebenwirkungen: Komponenten des ätherischen Öls, insbesondere das Pulegon, können zu Reizerscheinungen füh-

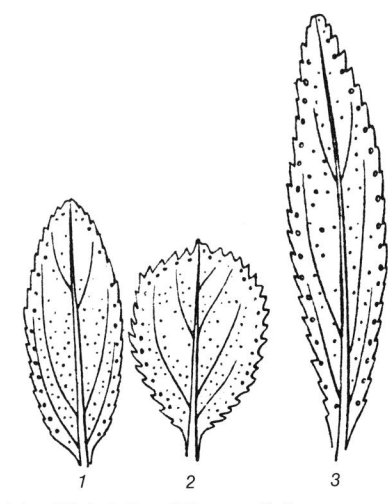

1 B. crenulata; *2* B. betulina; *3* B. serratifolia

ren. Bei Einnahme der Teezubereitung in den üblichen therapeutischen Dosen sind keine unerwünschten Wirkungen zu erwarten und auch nicht beschrieben.

Teebereitung: Etwa 1 g Droge mit kochendem Wasser übergießen und 10 min bedeckt stehen lassen, anschließend abseihen. Als Diuretikum mehrmals täglich 1 Tasse Teeaufguß trinken.
1 Teelöffel = etwa 1,0 g.

Teepräparate: Die Droge oder ihre Extrakte sind in wenigen Teegemischen enthalten, z.B. Buccotean® Tee und Buccotean® TF (tassenfertiges Teeaufgußpulver).

Phytopharmaka: Keine mehr.

Prüfung: Makroskopisch (s. Beschreibung). Mikroskopische Merkmale sind eine dicke Kutikula, Epidermiszellen mit Schleim, in der oberen Epidermis auch Diosminkristalle (Abb. 4). Blattbau bifazial mit einreihiger Palisadenschicht, im Mesophyll Calciumoxalatdrusen, ferner große kugelige Exkretbehälter (Abb. 5). Nach Erg. B. 6 dürfen keine Stengelanteile, Blüten oder Früchte vorhanden sein.

Verfälschungen: Im Gegensatz zu den runden, am Rande feingesägten Blättern von *Barosma betulina* enthalten die Blätter anderer *Barosma*-Arten durchweg weniger oder gar kein Diosphenol. Im Handel anzutreffen sind gelegentlich die ovalen Blätter von *Barosma crenulata* HOOK. oder die länglichen von *B. serratifolia* WILLD., evtl. auch Blätter von *B. ericifolia* ANDR. oder von *Adenandra fragrans* ROEM. et SCHULT.

Zur Unterscheidung der Blätter von *B. betulina* und *B. crenulata* eignen sich auch DC und/oder GC: es fehlt dann die Zone oder der Peak des Diosphenols. Vier Flavonoidaglyka (Methyl- bzw. Dimethylether des Kaempferols und des Quercetins), die in den Blättern von *B. crenulata* nachgewiesen wurden, fehlen in denjenigen von *B. betulina* [6].

Literatur:
[1] K.L.M. Blommaert und E. Bartel, J.S.Afr. Bot. **42**, 121 (1976).
[2] D. Lamparsky und P. Schudel, Tetrahedron Lett. **36**, 3323 (1971).
[3] R. Kaiser, D. Lamparsky und P. Schudel, J. Agric. Food Chem. **23**, 943 (1975).
[4] Hager, Bd. **4**, 467 (1992).
[5] BAnz Nr. 22a vom 01. 02. 1990.
[6] E. Wollenweber und E.H. Graven, Fitoterapia **63**, 86 (1992).

Frohne

Basilici herba — Basilikumkraut

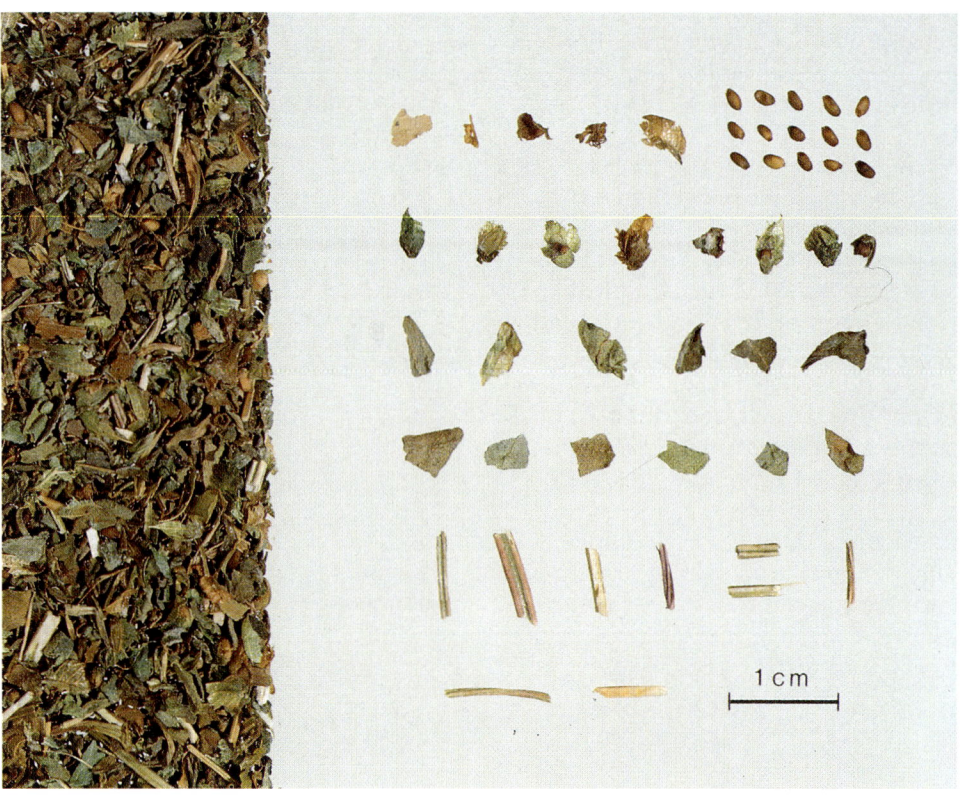

Abb. 1: Basilikumkraut

Beschreibung: Basilikumkraut besteht aus den zur Blütezeit gesammelten oberirdischen Teilen von *Ocimum basilicum* L. Die Ganzdroge besitzt vierkantige Stengel, die unten fast kahl, zur Spitze hin aber weichhaarig sind. Die bis 2 cm langen und etwa 12 mm breiten Blätter sind gegenständig, gestielt, eiförmig oder eiförmig-länglich, stumpf oder zugespitzt. Die Ränder sind gezähnt oder ganzrandig und behaart. Durch das kahle Blatt zieht ein Hauptnerv mit bogenläufigen Seitennerven. Die Blüten sind weiß, purpur oder auch mehrfarbig und stehen in achsenständigen Trugdolden an den oberen Teilen des Stengels oder an den Zweigspitzen. Der glockenförmige, zweilippige Kelch ist fünfzähnig, der obere Zahn ist flach, fast kreisförmig und sehr groß. Die zweilippige Blumenkrone besitzt eine vierspaltige Oberlippe und eine geteilte Unterlippe. Die Frucht enthält vier kleine eiförmige, braune bis schwarze, glatte Samen. Die Schnittdroge ist gekennzeichnet durch Blattstückchen mit gezähntem oder glattem Rand (3. und 4. Reihe von oben) mit zahlreichen Drüsenschuppen (Lupe!), durch kahle, vierkantige Stengel (untere Reihe), weiße, purpurne oder mehrfarbige Blütenteile (oben links) und braune, eiförmige Samen (oben rechts), sowie Kelchblattreste mit Früchten (2. Reihe von oben).

Geruch: Angenehm aromatisch.

Geschmack: Würzig und leicht salzig.

Abb. 2: *Ocimum basilicum* L.

Einjährige, 20–50 cm hohe Pflanze mit eiförmig zugespitzten Blättern. Blüten zygomorph, gelblichweiß bis rötlich, in meist 6-zähligen Wirteln.

St. Zul.: 1429.99.99 (bis 31.01.1996)

Stammpflanze: Diverse Rassen (Unterarten?; Chemotypen?) von *Ocimum basilicum* L. (Basilikum), Lamiaceae (=Labiatae).

Synonyme: Basilienkraut, Herren-, Hirn-, Königskraut, Deutscher Pfeffer, Basilgenkraut, Königsbisam. Sweet basil, Garden basil (engl.). Herbe de grand basilic (franz.).

Herkunft: Heimat nicht sicher bekannt (Südasien?); heute in den Subtropen, vor allem im gesamten Mittelmeergebiet in verschiedenen Rassen und Sorten, die nicht nur in den Inhaltsstoffen, sondern auch morphologisch stark differieren, kultiviert; auch Sorten, deren Blätter durch Anthocyane(??) weinrot gefärbt sind; häufig verwildert. Importe aus dem Anbau in Frankreich, Marokko, Italien, auch aus Ägypten, Bulgarien und Ungarn.

Inhaltsstoffe: In Abhängigkeit von der Sorte und vom Chemotyp, von der Herkunft und vom Erntezeitpunkt schwankt der Gehalt an ätherischem Öl zwischen 0,04 und 0,70%. Für die St. Zul. wird ein Mindestgehalt von 0,4% verlangt. Die Hauptkomponenten des ätherischen Öls sind Linalool (Anteil am ätherischen Öl in einigen Chemotypen bis 75%), Methylchavicol (=Estragol; bis 87%) und Eugenol (bis 20%); daneben weitere Monoterpene (u.a. Ocimen, Cineol), Sesquiterpene und Phenylpropane (u.a. Methylcinnamat) [1–4]. Außerdem enthält die Droge Gerbstoffe („Labiatengerbstoffe"), Flavonoide (u.a. Quercetin- und Kämpferol-Glykoside), Kaffeesäure und Äsculosid [5–7]; Saponine fraglich.

Indikationen: Basilikumkraut wird vor allem frisch und getrocknet als Gewürz verwendet (Zugabe zu Salaten, Suppen, Weichkäse, Fischgerichten u.a.m.). In der *Volksmedizin* (besonders in den mediterranen Ländern) wird die Droge als Stomachikum bei Appetitlosigkeit, als Karminativum bei Blähungen und Völlegefühl, gelegentlich als Diuretikum, als Galaktagogum und äußerlich als Gurgelmittel und Adstringens bei Entzündungen des Rachenraums eingesetzt. Alkoholische Auszüge der Droge werden in Salben verarbeitet zur Behandlung schlecht heilender Wunden benutzt. Das ätherische Öl wirkt anthelmintisch [8] und insektizid [9, 10]. Das ätherische Öl wurde in der Parfümerie und Kosmetik viel verwendet. Das Kraut wird außerdem in der Fischkonservenindustrie eingesetzt. – Erinnert sei an Pesto, eine in Italien als Beigabe zu Nudelgerichten geschätzte Mischung aus Olivenöl, Knoblauchzehen, Pistazienkernen und frischen Basilikum-Blättern, sowie an Basilikum-Blätter als Zugabe zu Tomatenscheiben mit Mozzarella.

Nebenwirkungen: Obwohl bei Anwendung therapeutischer Dosen keine Nebenwirkungen bekannt sind, wird von der Kommission E wegen des Gehaltes an Estragol (möglicherweise cancerogen) eine Anwendung für nicht vertretbar angesehen (s. Auszug aus der Monographie).
Für Basilikumöl hat die Kommission E eine Stoffcharakteristik erarbeitet, danach wird wegen der Risiken (hoher Gehalt an Estragol) eine therapeutische Anwendung für nicht vertretbar angesehen (BAnz. Nr. 54 vom 18.03.1992) [11].

Teebereitung: 1 bis 2 gehäufte Teelöffel (=2–4 g) voll Basilikumkraut mit ca. 150 ml kochendem Wasser übergießen, 10 bis 15 min. ziehen lassen, abseihen und bei Bedarf eine Tasse ungesüßt trinken. Bei chronischen Blähungen 2 bis 3mal täglich zwischen den Mahlzeiten eine Tasse Tee trinken; nach 8 Tagen eine Pause von 14 Tagen einlegen, um danach nochmals 8 Tage lang den Basilikum-Tee zu trinken [12, 13]. 1 Teelöffel=etwa 1,5 g.

Phytopharmaka: Auszüge der Droge sind in einigen wenigen Kombinationspräparaten der Indikationsgruppe Carminativa enthalten, z.B. Gastrol® S (Tropfen) u.a.

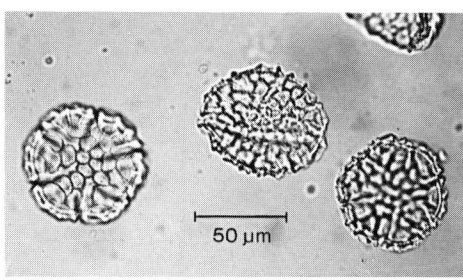

Abb. 3: Linsenförmige, hexacolpate Pollenkörner mit netziger Exine

Auszug aus der Monographie der Kommission E
(BAnz. Nr. 54 vom 18.03.1992)

Pharmakologische Eigenschaften, Pharmakokinetik, Toxikologie
In-vitro antimikrobiell.

Klinische Angaben

Anwendungsgebiete

Zubereitungen aus Basilienkraut werden zur unterstützenden Behandlung von Völlegefühl und Blähungen sowie als appetitanregendes, verdauungsförderndes und harntreibendes Mittel angewendet. Die Wirksamkeit bei den beanspruchten Anwendungsgebieten ist nicht belegt.

Risiken

Die Droge enthält bis etwa 0,5% ätherisches Öl mit bis zu 85% Estragol. Estragol wirkt nach metabolischer Aktivierung mutagen. Für eine carcinogene Wirkung gibt es tierexperimentelle Hinweise, die einer weiteren Überprüfung bedürfen. Aufgrund des hohen Estragolgehaltes des ätherischen Öls soll die Droge bei Schwangerschaft, Stillzeit, Säuglingen und Kleinkindern sowie über längere Zeiträume nicht angewendet werden.

Beurteilung

Da die Wirksamkeit bei den beanspruchten Anwendungsgebieten nicht belegt ist und aufgrund der Risiken kann eine therapeutische Anwendung nicht vertreten werden.
Gegen die Verwendung als Geruchs- und Geschmackskorrigens bis 5% in Zubereitungen bestehen keine Bedenken.

Prüfung: Makroskopisch (s. Beschreibung). Mikroskopisch sind neben den typischen Lamiaceen-Drüsenhaaren, einigen Köpfchenhaaren und zwei- bis dreizelligen, derbwandigen Haaren mit keulenförmiger Basalzelle besonders die relativ großen (meist über 50 μm), annähernd linsenförmigen Pollen charakteristisch, deren Exine ein Maschennetz zeigt (Abb. 3).

Für die Standardzulassung ist ein Mindestgehalt an ätherischem Öl von 0,4% vorgeschrieben und eine DC-Prüfung auf Identität mit dem Nachweis von Linalool und Eugenol.

Verfälschungen: Kommen praktisch nicht vor.

Aufbewahrung: Vor Feuchtigkeit und Licht geschützt in Glas- oder Blechgefäßen, nicht in Kunststoffbehältern (ätherisches Öl!).

Anmerkung: *Ocimum sanctum* L., eine vor allem in ostasiatischen Ländern als Gewürz geschätzte Basilikum-Art, gilt in Indien unter der Bezeichnung Tulsi als heiliges Kraut.

Wortlaut der Packungsbeilage gemäß Standardzulassung*):

7.1 **Anwendungsgebiete**
Zur Unterstützung bei der Behandlung von Völlegefühl und Blähungen.

7.2 **Dosierungsanleitung und Art der Anwendung**
Zwei Teelöffel voll (ca. 4 g) **Basilikumkraut** werden mit heißem Wasser (ca. 150 ml) übergossen und nach 10 bis 15 Minuten durch ein Teesieb gegeben. Soweit nicht anders verordnet, wird 2- bis 3mal täglich eine Tasse frisch bereiteter Teeaufguß zwischen den Mahlzeiten getrunken.

7.3 **Hinweis**
Vor Licht und Feuchtigkeit geschützt aufbewahren.

*) mit der 8. Änderungsverordnung über Standardzulassungen (trat am 01. 02. 1996 in Kraft) wurde die zugehörige Monographie gestrichen.

Literatur

[1] H.H. Peter und M. Remy, Parfums, Cosmétiques, Arômes **21,** 61 (1978).
[2] G. Vernin und Mitarb., Perfum. Flavor. **9,** 71 (1984).
[3] Th. Kartnig und B. Simon, Gartenbauwissenschaft **51,** 223 (1986).
[4] F. Tateo, J. Essent. Oil Res. **1,** 137 (1989).
[5] Th. Kartnig und. A. Gruber, persönl. Mitteilung (1987).
[6] M.O. Fatope und Y. Takeda, Planta Med. **54,** 190 (1988).
[7] H. Nguyen und Mitarb., Acta Agron. Hung. **42,** 31 (1993).
[8] M.L. Jain und S.R. Jain: Planta Med **22,** 66 (1972) und **24,** 286 (1973).
[9] S. Dube, P.D. Upadhyay und S.C.Tripathi, Canad. J. Bot. **67,** 2085 (1989).
[10] O. Chokechaijaroenporn, N. Bunyapraphatsara und S. Kongchuensin, Phytomed. **1,** 135 (1994).
[11] Dtsch. Apoth. Ztg. **132,** 662 (1992).
[12] M. Pahlow, Das große Buch der Heilpflanzen. Gräfe und Unzer. München 1985.
[13] Hager, Band **6,** 288 (1977).

Czygan

Betulae folium — Birkenblätter
DAB 1996

Abb. 1: Birkenblätter, obere Reihe: Fruchtschuppen und Früchte.

Beschreibung: Die Blätter von *Betula pendula* sind etwa 3–7 cm lang und etwa 2–4 cm breit, dreieckig bis rautenförmig, lang zugespitzt, am Rande scharf doppelt gesägt, unbehaart und beiderseits dicht drüsig punktiert. Die Blätter von *Betula pubescens* sind etwa 2,5–5 cm lang und etwa 1,8–4 cm breit, eiförmig bis abgerundet dreieckig und am Rande grob gesägt. Sie tragen nur wenige Drüsen und sind beiderseits schwach behaart. Auf der Unterseite befinden sich in den Aderwinkeln kleine gelblich-graue Haarbüschel. Die Oberseite der Blätter ist dunkelgrün, die Unterseite heller. Die hellen Blattnerven treten besonders auf der Unterseite deutlich hervor. Häufig sind zwischen den Blättern dreilappige Fruchtschuppen und geflügelte Früchte zu finden (s. Abb. 4).

Geruch: Schwach aromatisch.

Geschmack: Etwas bitter.

Abb. 2: *Betula pendula* Roth

Bis 25 m hoher Baum, junge Stämme weiß, später dunkel (Unterschied zu *Betula pubescens* Ehrh.). Zweige hängend.

Abb. 3: Blätter und Blütenstand (Kätzchen) von *Betula pendula* Roth

Blätter dreieckig bis rautenförmig, Rand scharf doppelt gesägt.

ÖAB: Folium Betulae
Ph. Helv. VII: Betulae folium
St. Zul. 8399.99.99

Stammpflanzen: *Betula pendula* Roth (Hänge-Birke; syn. *Betula verrucosa* Ehrh.) und/oder *Betula pubescens* Ehrh. (Moor-Birke), Betulaceae; nach Ph. Helv. VII auch Bastarde beider Arten.

Synonyme: Für *Betula pendula*: Rauhbirke, Weißbirke, Sandbirke, Warzenbirke; für *Betula pubescens*: Behaarte Birke, Besenbirke. Birch leaf (engl.). Feuilles de bouleau (franz.).

Herkunft: Heimat gemäßigtes Eurasien. Drogenimporte aus China, Rußland, Polen und weiteren osteuropäischen Staaten. Die Blätter werden zumeist im Frühjahr gesammelt [1, 2].

Inhaltsstoffe: Bis 3% Flavonoide (insbes. Hyperosid, Quercitrin, Myricetindigalaktosid sowie andere Kämpferol-, Myricetin- und Quercetin-Glykoside, in den Knospen auch lipophile Flavonmethylether); das DAB 1996 fordert mind. 1,5% Gesamtflavonoide (ber. als Hyperosid); bis 0,1% ätherisches Öl (u.a. Sesquiterpenoxide); Gerbstoffe (Leucoanthocyanidine); bis 0,5% Ascorbinsäure, Phenolcarbonsäuren (u.a. Chlorogen- und Kaffeesäure); Harze unbekannter Zusammensetzung; Triterpen-Alkohole vom Dammarantyp (u.a. Betula-Triterpen„saponin" 1 und 2), die teilweise hämolytisch wirksam sind [1–3].

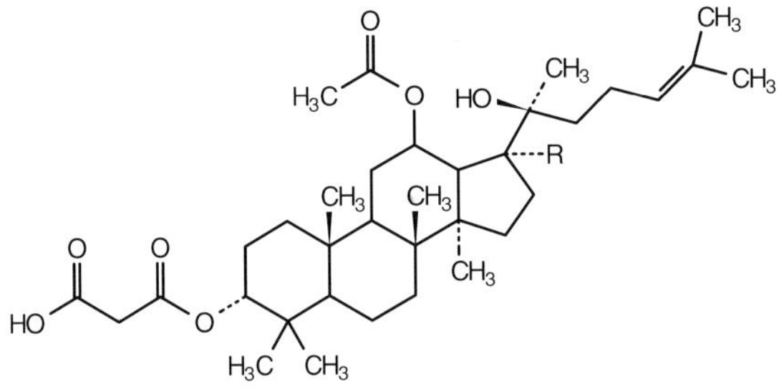

Indikationen: Als *Diuretikum*, um eine Wasserdiurese zu erreichen (= *Aquaretikum*). Einsatz in der Durchspülungstherapie der Harnwege bei bakteriellen, entzündlichen und krampfartigen Er-

Quercetin : R^1 = H, R^2 = H
Hyperosid : R^1 = H, R^2 = Galaktosyl
Quercitrin : R^1 = H, R^2 = Rhamnosyl
Myricetin-digalaktosid : R^1 = OH, R^2 = Digalaktosyl

Chlorogensäure

Betula Triterpen„saponin" 1 : R = OH
Betula Triterpen„saponin" 2 : R = H

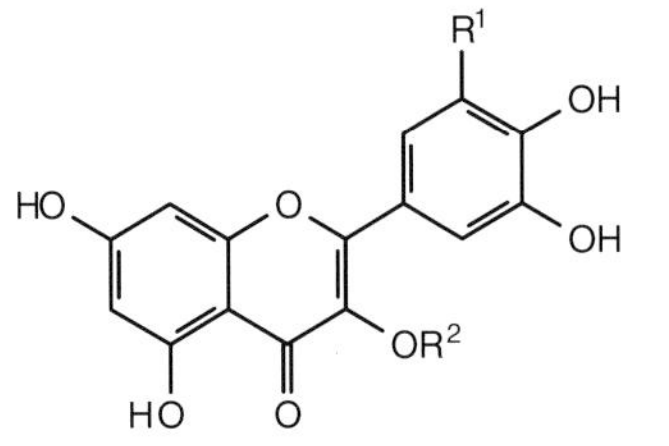

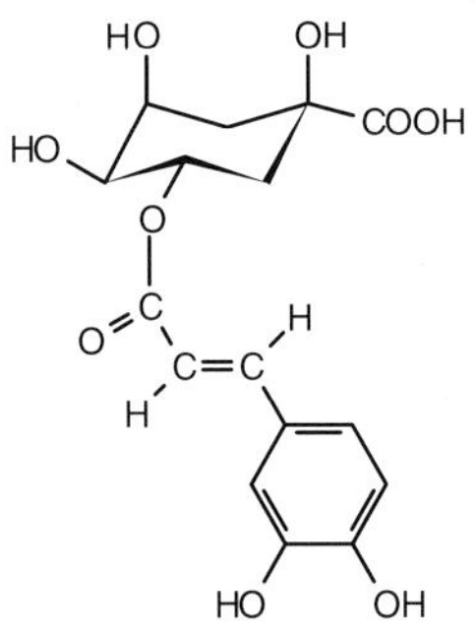

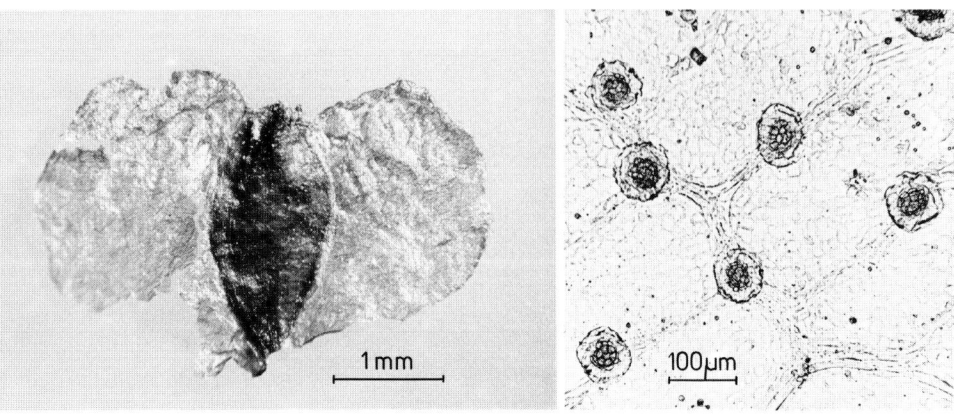

Abb. 4: Gelbbraunes, geflügeltes Nüßchen

Abb. 5: Braune, vielzellige Drüsenschuppen der Blattunterseite von *Betula pendula*

Auszug aus der Monographie der Kommission E (BAnz Nr. 50 vom 13. 03. 1986)

Anwendungsgebiete

Zur Durchspülung bei bakteriellen und entzündlichen Erkrankungen der ableitenden Harnwege und bei Nierengrieß; zur unterstützenden Behandlung rheumatischer Beschwerden.

Gegenanzeigen

Keine bekannt.

Hinweis

Keine Durchspülungstherapie bei Ödemen infolge eingeschränkter Herz- oder Nierentätigkeit.

Nebenwirkungen

Keine bekannt.

Wechselwirkungen mit anderen Mitteln

Keine bekannt.

Dosierung

Soweit nicht anders verordnet:
mittlere Tagesdosis mehrmals täglich 2,0–3,0 g Droge;
Zubereitungen entsprechend.

Art der Anwendung

Zerkleinerte Droge oder Trockenextrakte für Aufgüsse sowie andere galenische Zubereitungen und Frischpflanzenpreßsäfte zum Einnehmen.

Hinweis

Durchspülungstherapie:
Auf reichliche Flüssigkeitszufuhr ist zu achten.

Wirkungen

diuretisch.

krankungen, z.B. Pyelonephritis, Ureteritis, Zystitis und Urethritis. Ob dabei die Phytotherapie als alleinige Maßnahme ausreichend oder die Kombination mit einem Chemotherapeutikum erforderlich ist, richtet sich nach der Keimzahl sowie der Art der eingedrungenen Keime [4]. Die auch in Tierversuchen bestätigte diuretische und saluretische (?) Wirkung der Droge [5], ist vermutlich besonders auf die Flavonoide zurückzuführen [6, 7]. Unterstützt wird dieser Effekt möglicherweise durch den relativ hohen Vitamin-C-Gehalt der Droge. Diese verstärkte Diurese beugt auch einer Harnstein- und Nierengrießbildung vor.

In der *Volksmedizin* werden Birkenblätter u.a. auch bei Gicht und Rheuma, zur sog. „Blutreinigung" in Frühjahrskuren, bei Haarausfall und Hautausschlag angewendet.

Teebereitung: 2–3 g feingeschnittene Droge werden mit kochendem Wasser übergossen und nach 10–15 min durch ein Teesieb gegeben.
1 Teelöffel = etwa 1 g, 1 Eßlöffel = etwa 2 g.

Teepräparate: Die Droge wird von verschiedenen Herstellern, auch als Filterbeutel, angeboten. Teegemische der Indikationsgruppe Diuretika/Urologika enthalten häufig auch Birkenblätter.

Phytopharmaka: Birkenpreßsaft und Birken-Elixiere werden von verschiedenen Herstellern angeboten.
Extrakte sind in mehreren Kombinationspräparaten der Indikationsgruppe Diuretika/Urologika enthalten, z.B. Nierentee 2000 Instant, Biofax® (Kapseln), Cystinol® Liquidum u.a.

Prüfung: Makroskopisch (s. Beschreibung) und mikroskopisch nach DAB 1996. Besonders zu beachten: auf beiden Blattseiten bei *Betula pendula* zahlreiche, bei *Betula pubescens* vereinzelte, bis 100 μm große Drüsenschuppen (s. Abb. 5), deren innerste kleine, verkorkte Zellen von einem flachen Schild aus großen, dünnwandigen Zellen bedeckt werden. *Betula pubescens* besitzt außerdem auf beiden Blattseiten einzellige, dickwandige, zugespitzte, häufig über der Basis umgebogene Deckhaare von etwa 80–600 μm, meist etwa 100–200 μm, in den Aderwinkeln bis etwa 1000 μm Länge, zuweilen mit einer Spirallinie in der Wand. Dünnschichtchromatographische Prüfung nach DAB 1996 bzw. nach [6]. Quantitative Bestimmung der Gesamtflavonoide (ber. als Hyperosid) nach DAB 1996 oder durch HPLC bzw. OPLC [9].

Verfälschungen: Kommen in der Praxis kaum vor.

Wortlaut der Packungsbeilage gemäß Standardzulassung:

6.1 Stoff- oder Indikationsgruppe
Pflanzliches Mittel bei Harnwegserkrankungen

6.2 Anwendungsgebiete
Zur Durchspülung der ableitenden Harnwege und bei Nierengrieß; zur unterstützenden Behandlung rheumatischer Beschwerden.

6.3 Gegenanzeigen
Keine bekannt.

Hinweis:
Bei Wasseransammlungen (Ödemen) infolge eingeschränkter Herz- und Nierentätigkeit ist eine Durchspülungstherapie nicht angezeigt.

6.4 Wechselwirkungen mit anderen Mitteln
Keine bekannt.

6.5 Dosierungsanleitung und Art der Anwendung
Soweit nicht anders verordnet, wird mehrmals täglich eine Tasse des wie folgt bereiteten Teeaufgusses getrunken:

1 Eßlöffel voll (2 g) Birkenblätter oder die entsprechende Menge in einem oder mehreren Aufgußbeutel(n) wird mit siedendem Wasser (ca. 150 ml) übergossen und nach etwa 10 bis 15 Minuten gegebenenfalls durch ein Teesieb gegeben.
Auf zusätzliche reichliche Flüssigkeitszufuhr ist zu achten.

6.6 Dauer der Anwendung
Bei akuten Beschwerden, die länger als eine Woche andauern oder periodisch wiederkehren, wird die Rücksprache mit einem Arzt empfohlen.

6.7 Nebenwirkungen
Keine bekannt.

6.8 Hinweis
Vor Licht und Feuchtigkeit geschützt aufbewahren.

Literatur:
[1] Kommentar DAB 10.
[2] Hager, Band **4**, 500 (1992).
[3] B. Rickling und K.W. Glombitza, Planta Med. **59**, 76 (1993).
[4] H. Schilcher, Z. Phytother. **8**, 141 (1987).
[5] H. Schilcher, zitiert nach R. Hänsel und H. Haas, Therapie mit Phytopharmaka. Springer, Berlin/New York 1983.
[6] H. Schilcher und R. Braun: Ref. in Abstracts zum Intern. Congr. for Research on Medicinal Plants, p. 72. München 1976.
[7] H. Schilcher, Dtsch. Apoth. Ztg. **124**, 2429 (1984).
[8] P. Pachaly, Dünnschichtchromatographie in der Apotheke. Wissenschaftl. Verlagsges. mbH.,Stuttgart 1995.
[9] K. Dallenbach-Tölke, S. Nyiredy und O. Sticher, Dtsch. Apoth. Ztg. **127**, 1167 (1987).

Czygan

Boldo folium — Boldoblätter

Abb. 1: Boldoblätter

<u>Beschreibung</u>: Ledrig-steife, elliptisch-eiförmige, ganzrandige, brüchige Blätter, meist nach unten leicht eingerollt. Typisch die auf der Oberseite deutlich sichtbaren hellen Höckerchen; auf der Unterseite der starke Hauptnerv und die bogenläufigen Seitennerven hervortretend. Vereinzelt findet man in der Schnittdroge rotbraune Zweigstückchen mit hellen, strichförmigen Lentizellen und braune, ovale, harte Samen (Abb. 1 rechts unten).

<u>Geruch</u>: Stark würzig, eigenartig.

<u>Geschmack</u>: Brennend würzig, etwas bitter.

Abb. 2: *Peumus boldus* Mol.

Der immergrüne, bis 6 m hohe Strauch oder kleine Baum ist diözisch; die blaß graugrünen, ganzrandigen Blätter sind eiförmig, lederartig und brüchig. Die weißen oder gelben, stark duftenden Blüten mit zahlreichen Staubblättern sind in traubigen Blütenständen angeordnet.

Ph. Helv. VII: Boldo folium
DAC 1986: Boldoblätter
St. Zul. 2329.99.99

Stammpflanze: *Peumus boldus* Mol., Monimiaceae.

Synonyme: Boldiblätter, Boldublätter. Boldo leaf (engl.). Feuilles de boldo (franz.).

Herkunft: Chile. Typischer Strauch oder kleiner Baum der Trockenvegetation. Die Droge wird aus Chile importiert.

Inhaltsstoffe: 0,25–0,50% Aporphinalkaloide (Ph. Helv. VII mindestens 0,1%, DAC 1986 mindestens 0,1%) mit Boldin als Hauptalkaloid, daneben kommen Isocorydin, Nor-isocorydin, N-Methyl-laureotetanin u.a. vor [1]; 2–3% ätherisches Öl (Ph. Helv. VII mindestens 2%), das p-Cymol, Cineol, Ascaridol und andere Monoterpene enthält; kleine Mengen an Flavonoiden.

Indikationen: Hauptsächlich als Choleretikum aufgrund des Gehaltes an Boldin; Boldoblätter und daraus hergestellte Zubereitungen wirken stimulierend auf die Bildung der Gallenflüssigkeit, auf die Gallensekretion aus der Blase und auf die Magensaftsekretion [2]. Wäßrig-alkoholische Extrakte aus

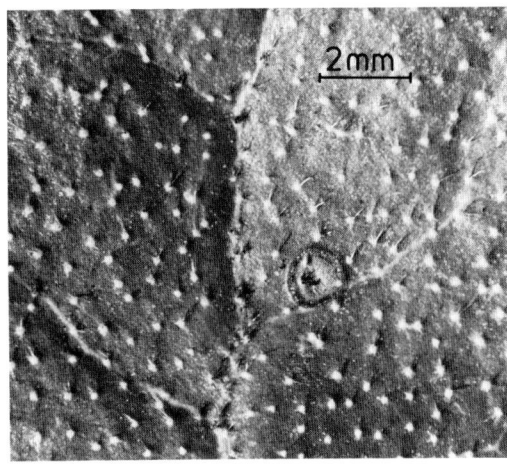

Abb. 3: Blattoberseite von *Peumus boldus* mit zahlreichen weißen, behaarten Höckerchen
Abb. 4: Vielarmiges, sternförmiges Haarbüschel der Blattunterseite

Boldoblättern erwiesen sich an Mäusen und Ratten als hepatoprotektiv und deutlich antiinflammatorisch wirksam [3]. Für Boldin sind leicht diuretische, harnsäureausscheidende und schwach hypnotische Effekte nachgewiesen worden [4].

In einem aktuellen Übersichtsreferat werden Extrakte aus Boldoblättern wegen ihrer Eigenschaft als Antioxydans als aussichtsreiche Arzneimittel bei der Behandlung solcher Erkrankungen prognostiziert, die auf Schädigungen durch freie Radikale beruhen [5].

<u>Volksmedizinisch</u> werden Boldoblätter auch als Diuretikum, Stomachikum und Sedativum verwendet. In Chile werden die Blätter auch als Anthelmintikum (Ascaridolgehalt des ätherischen Öles!) benutzt.

Teebereitung: 1–2 g fein zerschnittene Droge werden mit kochendem Wasser übergossen; nach 10 min gibt man durch ein Teesieb. Als Choleretikum 2–3mal täglich 1 Tasse.
1 Teelöffel=etwa 1,5 g.
Hinweis: Eingehende Untersuchungen haben gezeigt, daß je nach Extraktbereitung (pH-Wert des Extraktionsmittels,

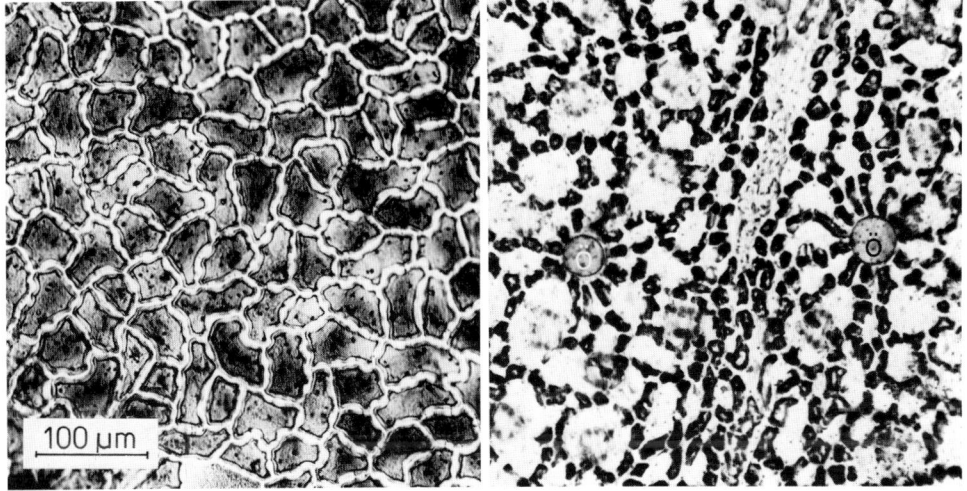

Abb. 5: Knotig verdickte Epidermis der Blattoberseite
Abb. 6: Ölzellen (Ö) im interzellularenreichen Schwammparenchym

Ethanolgehalt, Temperatur) unterschiedliche Anteile an Boldin verlorengehen. Verluste bis über 80% sind festgestellt worden [6]. Es sollte deshalb standardisierten Teepräparaten der Vorzug gegeben werden.

Teepräparate: Keine.

Phytopharmaka: Einige wenige Kombinationspräparate der Gruppe Cholagoga enthalten Extrakte aus Boldoblättern, z.B. Cholapret® forte (Filmtabletten und Tropfen), Cynarzym®N (Dragees) u.a.

Prüfung: Makroskopisch (siehe Beschreibung) und mikroskopisch. Schon bei mäßiger Vergrößerung sind auf der Blattoberseite zahlreiche behaarte, weiße Höckerchen (Abb. 3) zu sehen; bei stärkerer Vergrößerung sind die charakteristischen Büschelhaare zu erkennen, die auch auf der Unterseite der

> *Auszug aus der Monographie der Kommission E*
> *(BAnz Nr. 76 vom 23. 04. 1987 und Nr. 164 vom 01. 09. 1990)*
>
> **Anwendungsgebiete**
> Leichte krampfartige Magen-Darm-Störungen; dyspeptische Beschwerden.
>
> **Gegenanzeigen**
> Verschluß der Gallenwege, schwere Lebererkrankungen. Bei Gallensteinleiden nur nach Rücksprache mit einem Arzt anzuwenden.
>
> **Nebenwirkungen**
> Keine bekannt.
>
> **Wechselwirkungen mit anderen Mitteln**
> Keine bekannt.
>
> **Dosierung**
> Soweit nicht anders verordnet: mittlere Tagesdosis: 3,0 g Droge; Zubereitungen entsprechend.
>
> **Art der Anwendung**
> Zerkleinerte Droge für Aufgüsse sowie andere, praktisch askaridolfreie Zubereitungen zum Einnehmen.
>
> Hinweis:
> Aufgrund des Askaridolgehalts dürfen das ätherische Öl sowie Destillate aus Boldoblättern nicht verwendet werden.
>
> **Wirkungen**
> Spasmolytisch,
> choleretisch,
> steigert die Magensaftsekretion.

Blätter vorkommen, dort allerdings ohne Höcker in die Epidermis eingefügt (Abb. 4). Die Epidermiszellen sind knotig verdickt (Abb. 5), auch das darunter liegende Hypoderm weist verdickte Zellwände auf. Im Mesophyll liegen kugelige Exkretzellen mit ätherischem Öl (Abb. 6).

DC-Prüfung auf Boldin (modifiziert nach DAC 1986):

1 g gepulverte Droge wird mit 50 ml 1%iger Salzsäure 10 min geschüttelt; anschließend wird filtriert. Man versetzt 30 ml Filtrat mit 1,5 ml verd. Ammoniaklösung und 0,6 g $NaHCO_3$ und schüttelt dreimal mit je 50 ml Chloroform-Isopropanol (3+1) aus. Die vereinigten organischen Phasen trocknet man mit 10 g Na_2SO_4, filtriert und bringt im Vakuum zur Trockne. Der Rückstand wird in 1,00 ml Methanol gelöst; von der Lösung trägt man 40 µl bandförmig auf eine 10 × 20 cm Kieselgel-Schicht, daneben 40 µl einer Lösung von 1 mg Boldin in 1,00 ml Methanol auf. Man entwickelt mit Toluol-Methanol-Diethylamin (10+1+1) auf 12 cm Laufstrecke und besprüht nach dem Trocknen mit Iodlösung oder Dragendorffs Reagens. Boldin liegt im unteren Drittel, die Boldinzone der Probe muß mit der der Vergleichssubstanz übereinstimmen.

Verfälschungen: Vor allem mit den sehr ähnlich riechenden Blättern von *Cryptocarya peumus* NEES, (Lauraceae), einem Baum, der im gleichen Verbreitungsgebiet wie *Peumus boldus* vorkommt. Diese Blätter sind etwas größer, der stets wellig verbogene Blattrand ist kaum nach unten gerollt. Höcker und Büschelhaare fehlen, hingegen sind Exkretzellen mit ätherischem Öl wie bei Boldoblättern vorhanden.

Aufbewahrung: Vor Licht geschützt, dicht verschlossen, kühl, nicht in Kunststoffbehältern (ätherisches Öl!).

Literatur:
[1] T.J. Betts, J. Chromatogr. **511**, 373 (1990).
[2] K. Genest und D.W. Hughes, Canadian J. Pharm. Sci. **3**, 84 (1968).
[3] M.C. Lanhers und Mitarb., Planta Med. **57**, 110 (1991).
[4] H. Schindler, Arzneim. Forsch. **7**, 747 (1957).
[5] H. Speisky und B.K. Cassels, Pharmacol. Res. **29**, 1 (1994).
[6] C. van Hulle u. Mitarb., J. Pharm. Belg. **38**, 97 (1983).

Wichtl

> *Wortlaut der Packungsbeilage gemäß Standardzulassung:*
>
> **6.1 Stoff- oder Indikationsgruppe**
> Pflanzliches Magen-Darm-Mittel.
>
> **6.2 Anwendungsgebiete**
> Leichte krampfartige Magen-Darm-Störungen; Verdauungsbeschwerden, besonders bei funktionellen Störungen des ableitenden Gallensystems.
>
> **6.3 Gegenanzeigen**
> Verschluß der Gallenwege, schwere Lebererkrankungen.
> Bei Gallensteinleiden nur nach Rücksprache mit einem Arzt anzuwenden.
>
> **6.4 Wechselwirkungen mit anderen Mitteln**
> Keine bekannt.
>
> **6.5 Dosierungsanleitung und Art der Anwendung**
> Soweit nicht anders verordnet, wird 2mal täglich eine Tasse des wie folgt bereiteten Teeaufgusses getrunken:
>
> 1 Teelöffel voll (ca. 1,5 g) Boldoblätter oder die entsprechende Menge in einem oder mehreren Aufgußbeutel(n) wird mit siedendem Wasser (ca. 150 ml) übergossen und nach etwa 10 bis 15 Minuten gegebenenfalls durch ein Teesieb gegeben.
>
> **6.6 Dauer der Anwendung**
> Bei akuten Beschwerden, die länger als eine Woche andauern oder periodisch wiederkehren, wird die Rücksprache mit einem Arzt empfohlen.
>
> **6.7 Nebenwirkungen**
> Keine bekannt.
>
> **6.8 Hinweis**
> Vor Licht und Feuchtigkeit geschützt aufbewahren.

Bursae pastoris herba — Hirtentäschelkraut

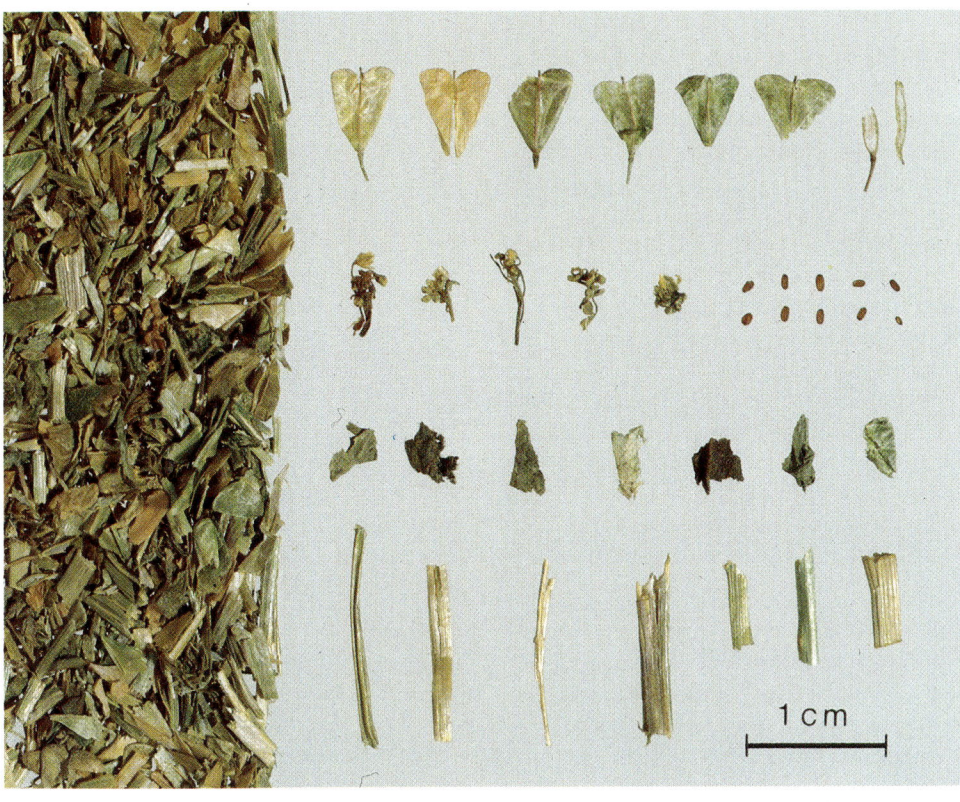

Abb. 1: Hirtentäschelkraut. 1. Reihe von oben: Früchte

Beschreibung: Die Schnittdroge ist gekennzeichnet durch die ganzen, verkehrt dreieckigen, herzförmigen, flachgedrückten, grünen bis hellgelben, langgestielten Schötchen oder Teile derselben, wie die abgesprungenen Fruchtklappen, die falschen Scheidewände und die zahlreichen, rotbraunen Samen, durch kleine Knäuel der weißlich-grünen, stark eingeschrumpften Blütenstände und durch die hellgrünen, runden oder kantigen und fein längsgerillten Stengelstückchen und durch Blattbruchstücke.

Geruch: Schwach unangenehm.

Geschmack: Etwas scharf und bitter.

Abb. 2: *Capsella bursa-pastoris* (L.) MEDIK. Ein- bis zweijährige, bis 80 cm hoch werdende Ruderalpflanze. Grundständige Blattrosette, Blätter fiederteilig bis ganzrandig. Stengelblätter breit geöhrt, stengelumfassend. Blüten weiß, klein, auf langen Stielen. Schötchen dreieckig-herzförmig.

Erg. B. 6: Herba Bursae pastoris
St. Zul.: 1539.99.99

Stammpflanze: *Capsella bursa-pastoris* (L.) MEDIK. (Hirtentäschel), Brassicaceae.

Synonyme: Säckelkraut, Täschelkraut, Gänsekresse, Taschenknieper, Herzelkraut, Blutkraut, Beutelschneiderkraut, Bauernsenf; Herba Sanguinariae (wohl wegen der hämostyptischen Wirkung), nicht zu verwechseln mit den ebenfalls als Herba Sanguinariae gehandelten Drogen Herba Polygoni avicularis und Herba Geranii Sanguinei. Shepherd's purse (engl.). Herbe de bourse à pasteur, Herbe de molette (franz.).

Herkunft: Kosmopolit; Droge aus Wildvorkommen in Europa (Rußland, Polen, Ungarn, Bulgarien).

Inhaltsstoffe: Viele ältere Angaben über bestimmte Substanzen bedürfen wohl ei-

ner Nachprüfung. So ist von japanischen Forschern das Vorkommen früher (angeblich) nachgewiesener biogener Amine (bis 1% Cholin, Acetylcholin, Tyramin) angezweifelt worden [1]. Auch das Vorkommen von Saponinen (Triterpene?) erfordert eine Nachuntersuchung. Die Droge enthält Flavonoide (u.a. Rutin), phenolische und aliphatische organische Säuren (u.a. Chlorogensäure, Vanillin-, Fumar-, Syringasäure) und größere Mengen an Calcium- und besonders an Kaliumsalzen [2, 3].
Auch das Vorkommen eines Peptides mit hämostyptischer Wirkung ist beschrieben worden [4].

Indikationen: Extrakte der Droge haben eine hämostyptische Wirkung; hierfür soll ein Peptid verantwortlich sein, das in vitro eine dem Oxytocin ähnliche Wirkung zeigt [2]; hier findet sich auch der merkwürdige Hinweis, daß das Maximum der Wirksamkeit von Hirtentäschelzubereitungen etwa 3 Monate nach der Herstellung erreicht sein soll.
In der *Volksmedizin* wird die Droge gelegentlich noch als blutstillendes Mittel gebraucht. Die früher übliche Anwendung als Mutterkorn-Ersatz bei Gebärmutterblutungen ist obsolet und wegen der sehr unzuverlässigen Wirkung auch nicht zu vertreten. Die Droge wird *volksmedizinisch* noch bei Dysmenorrhöen gebraucht.

Teebereitung: 3–5 g fein zerschnittene Droge mit kochendem Wasser übergießen und nach 10–15 min durch ein Teesieb geben.
1 Teelöffel = etwa 1,5 g.

Teepräparate: Selten als Einzeldroge oder in Teegemischen.

Phytopharmaka: Als Extrakt in einem Monopräparat Styptysat® (Tropfen), als Hämostyptikum in wenigen Kombinationspräparaten, z.B. Rhoival® (Tropfen und Dragees) gegen Reizblase.

Prüfung: Makroskopisch (s. Beschreibung) und mikroskopisch. Die hellgrüne Pulverdroge ist gekennzeichnet durch einzellige, flache Sternhaare mit 3–5 strahlenartigen Fortsätzen (Abb. 3) mit gekörnter Kutikula und durch einzellige, bis 500 µm lange kegelförmige, verdickte, zugespitzte Haare mit glatter Kutikula [2, 5].

Identitätsprüfung mittels DC:

Untersuchungslösung: 1,0 g gepulverte Droge wird mit 20 ml 50 proz. Ethanol 20 min unter Rückfluß extrahiert. Das klare Filtrat engt man unter vermindertem Druck auf etwa 10 ml ein.

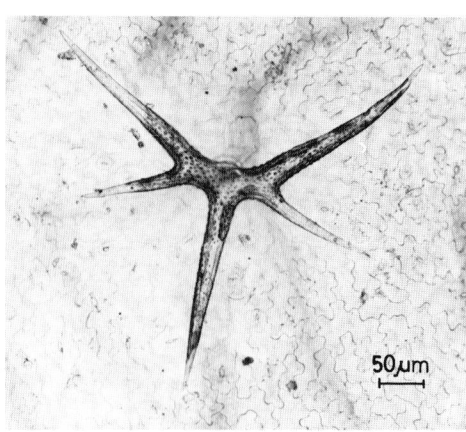

Abb. 3: „Geweihhaar" (einzellig, mehrarmig) mit gekörnter Kutikula der Blattunterseite von *Capsella bursa-pastoris*

Referenzlösung: Authentische Droge in gleicher Weise aufarbeiten oder 10 mg Leucin und 10 mg Threonin gemeinsam in 10 ml 50 proz. Ethanol lösen.

Aufzutragen: Je 5 µl Untersuchungslösung und Referenzlösung.

Auszug aus der Monographie der Kommission E
(BAnz Nr. 173 vom 18.09.1986 und Nr. 50 vom 13.03.1990)

Anwendungsgebiete
Innere Anwendung:
symptomatische Behandlung leichterer Menorrhagien und Metrorrhagien; zur lokalen Anwendung bei Nasenbluten.
Äußere Anwendung:
oberflächliche, blutende Hautverletzungen.

Gegenanzeigen
Keine bekannt.

Nebenwirkungen
Keine bekannt.

Wechselwirkungen mit anderen Mitteln
Keine bekannt.

Dosierung
Soweit nicht anders verordnet:
Mittlere Tagesdosis: 10–15 g Droge;
Fluidextrakt (entsprechend EB 6): Tagesdosis 5 bis 8 g.
Zubereitungen entsprechend.
Lokale Anwendung: 3–5 g Droge auf 150 ml Aufguß.

Art der Anwendung
Zerkleinerte Droge für Aufgüsse sowie andere galenische Zubereitungen zum Einnehmen und zur lokalen Anwendung.

Wirkungen
Nur bei parenteraler Anwendung:
muskarinartige Wirkungen mit dosisabhängiger Blutdrucksenkung und Blutdrucksteigerung, positiv inotrope und chronotrope Herzwirkung sowie Steigerung der Uteruskontraktion.

Wortlaut der Packungsbeilage gemäß Standardzulassung:

6.1 Anwendungsgebiete
Zur Unterstützung der Behandlung von Nasenbluten sowie bei übermäßigen Monatsblutungen.

6.2 Dosierungsanleitung und Art der Anwendung
Etwa 1 bis 2 Teelöffel voll (2 bis 4 g) **Hirtentäschelkraut** werden mit siedendem Wasser (ca. 150 ml) übergossen und nach etwa 15 Minuten durch ein Teesieb gegeben.
Soweit nicht anders verordnet, wird 2- bis 4mal täglich 1 Tasse frisch bereiteter Teeaufguß warm zwischen den Mahlzeiten getrunken.

Hinweis:
Sollten die Blutungen anhalten, ist ein Arzt aufzusuchen.

6.3 Hinweis
Vor Licht und Feuchtigkeit geschützt aufbewahren.

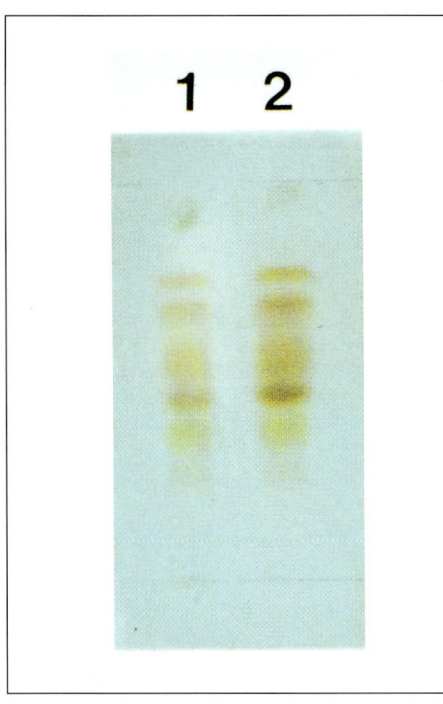

Abb. 4: DC auf 4 × 8 cm Folie
1: Hirtentäschelkraut
2: Referenzlösung
Einzelheiten s. Text

Fließmittel: 1-Butanol-Aceton-Eisessig-Wasser (35+35+10+20), 6 cm hoch.

Sichtbarmachung: Platte im Warmluftstrom trocknen, anschließend mit einer Lösung von 30 mg Ninhydrin in 10 ml Butanol + 0,3 ml Eisessig besprühen und 10 min unter Beobachtung auf 100–105 °C erhitzen.

Auswertung: Im Tageslicht; die beiden Aminosäuren (Referenzsubstanzen) erscheinen als rosarote Zonen, die untere entspricht dem Threonin, die obere dem Leucin. Die Untersuchungslösung zeigt jeweils auf gleicher Höhe liegend rosa bis rosarote Zonen, die intensivste auf der Höhe von Threonin; etwas darunter liegt eine intensiv gelb gefärbte Zone. Oberhalb der Leucin-Zone sind bei der Untersuchungslösung noch 3 bis 4 weitere rosarote Zonen (Abb. 4) sichtbar.

Verfälschungen: Sind im Drogenhandel nicht beobachtet worden.

Literatur:
[1] K. Kuroda und T. Kaku, Life Sci. **8**, 151 (1969); C.A. **70**, 76342 (1969).
[2] Hager, Band **4**, 656 (1992).
[3] R. Diensberg, Dissertation Univ. Bonn, 1979.
[4] K. Kuroda und K. Takagi, Nature **220**, 707 (1968).
[5] Berger, Band **4**, 83 (1954).

Czygan

Calami rhizoma — Kalmuswurzelstock

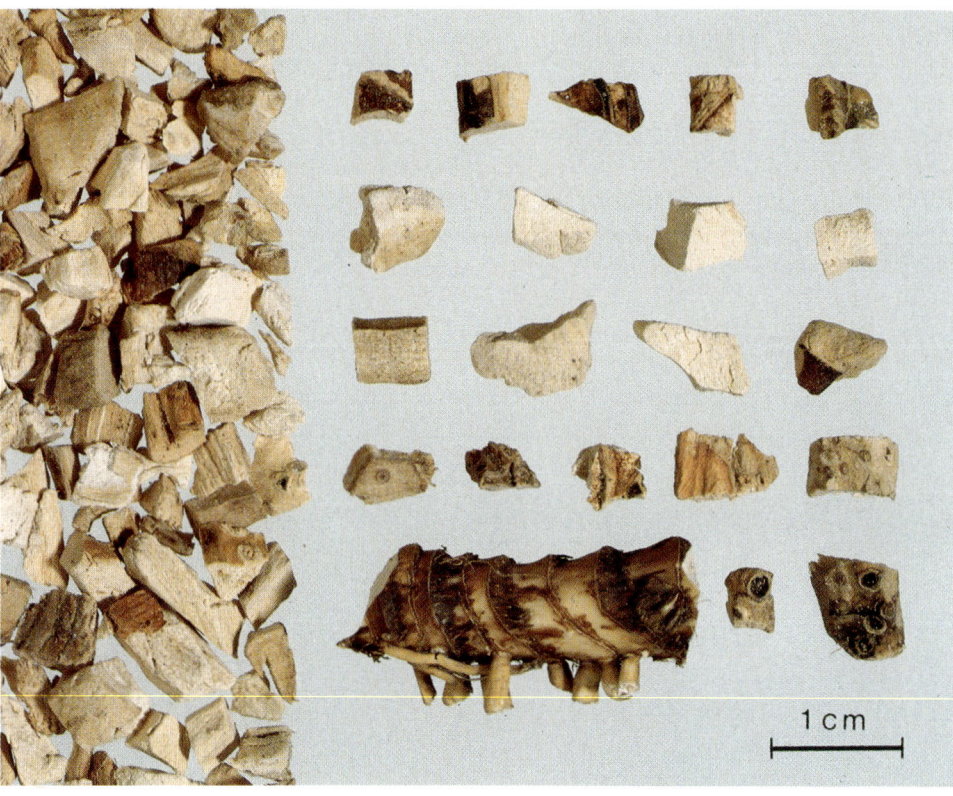

Abb. 1: Kalmuswurzelstock

Beschreibung: Das von Wurzeln, Blattscheiden und Stengeln befreite Rhizom ist häufig längsgespalten und geschält und läßt dreieckige Blatt- und rundliche Wurzelnarben erkennen (Abb. 3). Bis 2 cm dick, weißlich mit rötlichem Schein, weich (Aerenchym!). Abgrenzung Rinde – Zentralzylinder im Querschnitt erkennbar.

Geruch: Eigentümlich, schwach aromatisch.

Geschmack: Aromatisch-bitter, etwas gewürzhaft.

Abb. 2: *Acorus calamus* L.

Ausdauernde, etwa 1 m hoch werdende Sumpfpflanze mit 2-zeilig angeordneten, linealen Blättern und 3-kantigem Stengel. Die Blüten erscheinen dicht zusammengedrängt in einem kolbigen Blütenstand.

ÖAB: Radix Calami
Ph. Helv. VII: Calami rhizoma (Kalmus)
DAB 6: Rhizoma Calami

Stammpflanze: *Acorus calamus* L. (verschiedene Ploidisierungsgrade): var. *americanus* WULFF (diploid), var. *calamus* L. (triploid), var. *angustata* ENGLER (tetraploid) [1], Araceae. Die Zugehörigkeit zur Familie der Araceen wird neuerdings in Frage gestellt [2, 3].

Synonyme: Gewürzkalmus, Deutscher Ingwer, Magenwurz, Zehrwurz, Deutscher Zitwer. Sweet flag root, Acorus root (engl.). Rhizome d'acore vrai, Rhizome de calamé (franz.).

Herkunft: Die Droge stammt meist von wildwachsenden Pflanzen. Importe aus osteuropäischen Ländern und Indien.

Inhaltsstoffe: 2–6 (sogar bis 9%) ätherisches Öl (in Einzelölzellen), aus Monoterpenen, Sesquiterpenen und Phenylpropanen bestehend; ÖAB mind. 2,0%, Ph. Helv. VII mind. 2,0% ätherisches Öl mit höchstens 0,5% cis-Isoasaron im Rhizom. Die Zusammensetzung des Öls (nicht jedoch, wie früher angegeben, der Ölgehalt der Droge [4]) ist in Abhängigkeit vom Ploidisierungsgrad der Pflanzen (s. Stammpflanze) stark wechselnd. Während im Öl des tetraploiden indischen Chemotyps neben cis-Isoeugenolmethylether das cis-Isoasaron mit über 80% den Hauptbestandteil bilden kann, fehlt dieser Phenylpropankörper im Öl des amerikanischen Kalmus ganz. Das ätherische Öl des triploiden europäischen Kalmus nimmt mit bis zu 13% cis-Isoasaron eine Zwischenstellung ein [5, 6, 7]. Weitere Phenylpropane: α- und γ-Asaron, Acoradin, ein dimeres β-Asaron; Acoramon [8, 9]. Terpenkomponenten des ätherischen Öls sind Monoterpene, darunter als Träger des typischen Kalmusaromas ein Citralisomer, das (Z,Z)-4,7-Decadienal [10], Sesquiterpenkohlenwasserstoffe sowie Sesquiterpenketone: Shyobunone, die als Artefakte bei der Wasserdampfdestillation aus dem genuinen, thermolabilen Acoragermacron entstehen [7], ferner Acoron und Isoacoron, Sesquiterpen-Diketone mit Spiranstruktur als flüchtige Bitterstoffkomponenten; Acorenon [9] und Calamenon, ein tricyclisches Sesquiterpen [11].

Nichtflüchtige Inhaltsstoffe sind das Bitterstoffglykosid Acorin, 0,6 bis 1% Gerbstoffe, Schleim und kleinkörnige Stärke.

Indikationen: Auf Grund ihrer Inhaltsstoffe ist die Droge als Amarum aromaticum zu bezeichnen; sie wird vor allem als Stomachikum und Karminativum gebraucht. Äußerliche Anwendung als Hautreizmittel. Der früher in der _Volksmedizin_ übliche Gebrauch als ein „Nervinum" hängt vielleicht mit der tranquillierenden Wirkung des cis-Isoasarons zusammen [12]. Eine Verwendung der cis-Isoasaron-freien amerikanischen Droge wäre empfehlens-

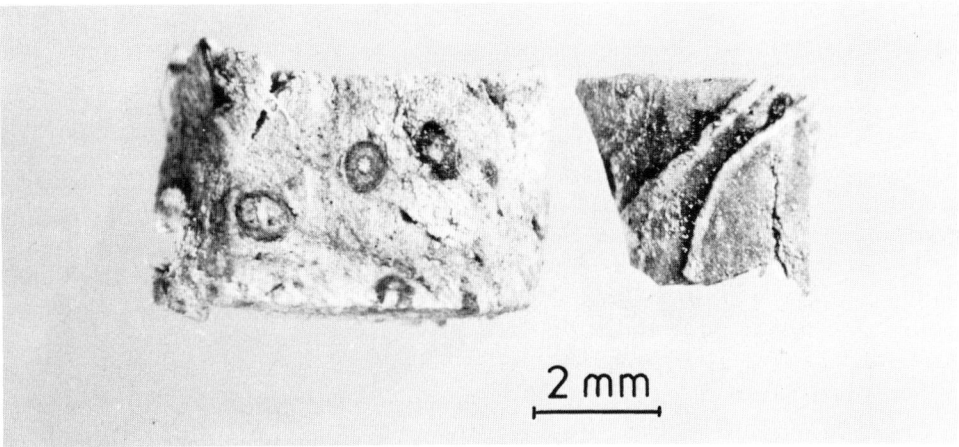

Abb. 3: Bruchstücke des Wurzelstocks mit rundlichen Wurzel- (links) und langgezogenen Blattnarben (rechts)

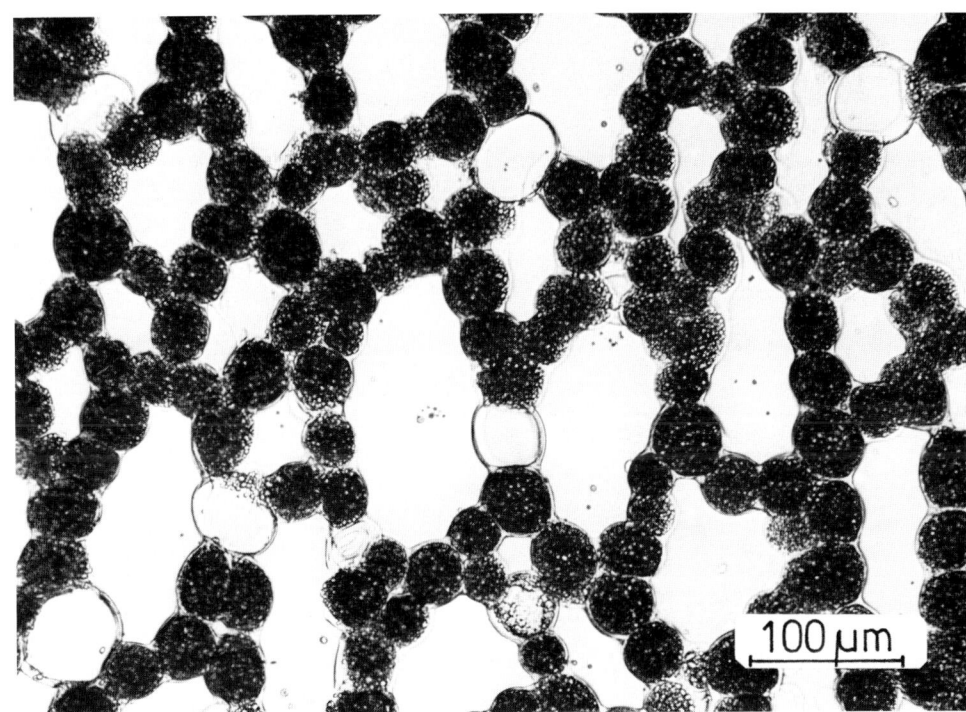

Abb. 4: Stärkehaltiges Aerenchym mit Ölzellen

wert. Zur Ethnobotanik des Kalmus kann auf die umfassende Arbeit von Motley [13] verwiesen werden, in der auch über insektizide, fungizide und antibakterielle Wirkungen der Droge berichtet wird.

Risiken: Für cis-Isoasaron sind mutagene [14], chromosomenschädigende [15] und auch kanzerogene Effekte [16, 17, 18] beschrieben. Allerdings ist die Substanz im Vergleich zu anderen mutagenen/kanzerogenen Naturstoffen als relativ schwach wirksam einzustufen. Nicht geklärt ist auch die Relevanz der an Ratten beobachteten kanzerogenen Wirkungen für den menschlichen Organismus. Unabhängig davon sind jedoch Kalmus, Kalmusöl und -zubereitungen in den USA und Kanada als „unsafe herb" eingestuft und von der F.D.A. ist ein völliges Verbot ihrer Verwendung erlassen worden. Diese Maßnahme ist insofern verwunderlich, als das amerikanische Kalmusöl, wie erwähnt, praktisch frei von cis-Isoasaron ist. Auch die Kommission B 8 des ehem. BGA hat die Verwendung von Kalmusöl als Badezusatz negativ beurteilt. Wenn auch für eine Droge mit maximal 0,5% cis-Isoasaron die akute Toxizität gering sein dürfte, so sollte doch im Hinblick auf das nicht hinreichend abgeklärte Problem einer möglichen Kanzerogenität von einem Dauergebrauch der Droge abgesehen werden [19, 20, 21].

Teebereitung: 1–1,5 g der fein zerschnittenen oder grob gepulverten Droge werden mit kochendem Wasser übergossen oder kalt angesetzt und kurz aufgekocht; nach 3–5 min abseihen. Als aromatisches Bittermittel zu den Mahlzeiten je 1 Tasse Tee.
1 Teelöffel = etwa 3 g.

Teepräparate: Kalmuswurzel wird vereinzelt als Tee oder in Teegemischen angeboten (Magentee).

Phytopharmaka: Extrakte sind in wenigen Monopräparaten, z.B. Spreewälder Kalmus-Tinktur, und in einigen Kombinationspräparaten in der Gruppe Magen-Darm-Mittel, z.B. Carvomin® Wern (Tropfen), Sedovent® (Tropfen), Zet® 900 (Tabletten) u.a. enthalten.

Prüfung: Makroskopisch (s. Beschreibung) und mikroskopisch. Die Droge ist vor allem charakterisiert durch das typische Aerenchym (Abb. 4) mit Exkretzellen, die z.T. ätherisches Öl, z.T. aber auch mit Vanillin-Salzsäure rot anfärbbare Gerbstoffinklusen enthalten. Auffällig bei genauerer Betrachtung der Parenchymzellen des Luftgewebes sind auch die kleinen dreieckigen Interzellularen sowie die reichlich vorhandene kleinkörnige Stärke. Die Gefäße (überwiegend Treppengefäße) entstammen Leitbündeln, die außerhalb der Endodermis kollateral, im Innern des Rhizoms aber leptozentrisch sind. Bei der üblichen, mehr oder weniger sorgfältig geschälten Droge fehlt das Abschlußgewebe; auch die die äußeren Leitbündel begleitenden Fasern mit Kristallzellreihen sind selten zu finden.

Verfälschungen: Kommen in der Praxis kaum vor.

Literatur:
[1] L.C.M. Röst, Planta Med. **37**, 289 (1979).
[2] M.H. Grayum, Taxon **36**, 723 (1987).
[3] M.R. Duvall und Mitarb., Am. J. Bot. **79**, 142 (1992).
[4] E. Stahl, Pharm. Weekbl. **106**, 237 (1971).
[5] E. Stahl und K. Keller, Planta Med. **43**, 128 (1981).
[6] K. Keller und E. Stahl, Dtsch. Apoth. Ztg. **122**, 2463 (1982).
[7] K. Keller und E. Stahl, Planta Med. **47**, 71 (1983).
[8] G. Mazza, J. Chromatogr. **328**, 179 (1985).
[9] V. Lander und P. Schreier, Flavour Fragrance J. **5**, 75 (1990).
[10] F.P. van Lier und Mitarb. in: E.J. Brunke (Ed.): Progress in essential oil research, S. 215, W. de Gruyter & Co., Berlin, New York (1986).
[11] L.J. Wu und Mitarb., Yakugaku Zasshi = J. Pharm. Soc. Jap. **114**, 182 (1994).
[12] S.B. Vohora und Mitarb., J. Ethnopharmacol. **28**, 53 (1990).
[13] T.J. Motley, Econ. Botany **48**, 397 (1994).
[14] W. Göggelmann und O. Schimmer, Mutat. Res. **121**, 191 (1983).
[15] G. Abel, Planta Med. **53**, 251 (1987).
[16] J.M. Taylor und Mitarb., Toxicol. Appl. Pharmacol. **10**, 405 (1967).
[17] M.A. Gross und Mitarb., Proc. Am. Assoc. Cancer Res. **8**, 24 (1970).
[18] R.T. Habermann, Project P-153-70, Report of the Food and Drug Administration (1971).
[19] O. Schimmer, Dtsch. Apoth. Ztg. **118**, 1818 (1978).
[20] E. Röder, Dtsch. Apoth. Ztg. **125**, 1290 (1985).
[21] K. Schneider und J. Jurenitsch, Pharmazie **47**, 79 (1992).

Frohne

Calendulae flos

Ringelblumen
DAB 1997

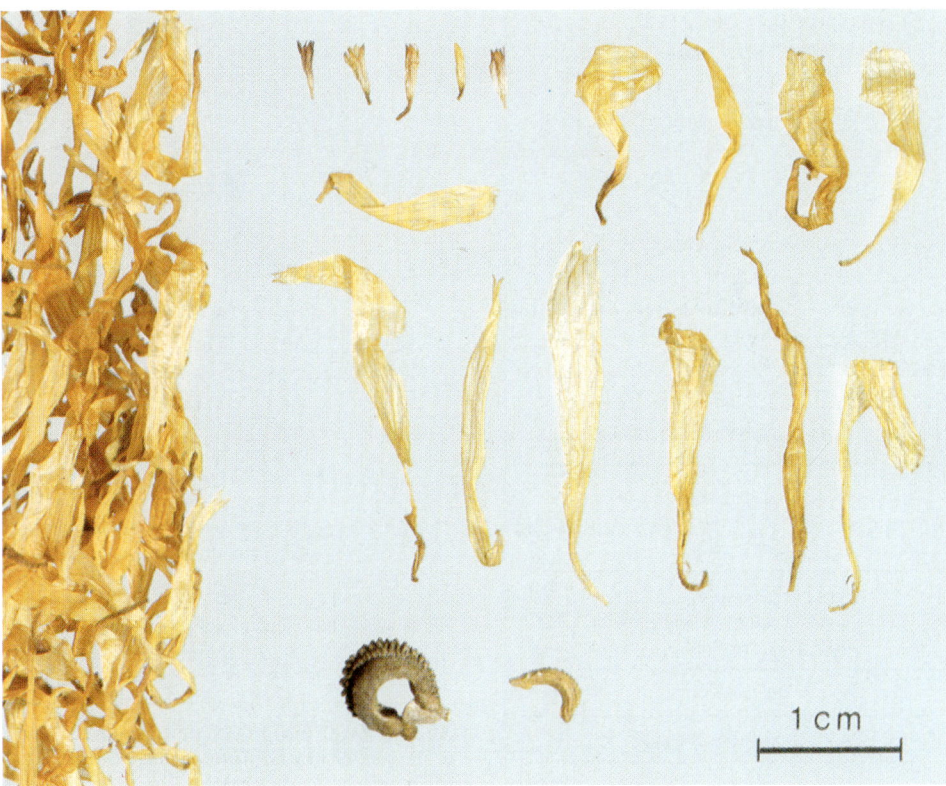

Abb. 1: Ringelblumen

Beschreibung: In den Handel gelangen die ganzen oder teilweise zerfallenen Blütenkörbchen (Durchmesser 4–7 cm) insbesondere gefüllter Sorten mit zahlreichen Zungenblüten und wenigen Röhrenblüten und die vom Blütenstandsboden und von den Hüllkelchblättern befreiten Einzelblüten (Flores Calendulae sine calycibus). Charakteristisch sind die gelbroten, glänzenden, bei Lagerung leicht ausbleichenden, 20–30 mm langen und 5–7 mm breiten weiblichen Zungenblüten. Sie sind an der Spitze dreizähnig und besitzen keinen Pappus.

Etwas weniger häufig kommen die viel kleineren Röhrenblüten (links oben) vor. Die gekrümmten, kahnförmigen Früchte mit kurzstacheligem Rücken (unterste Zeile) sollen in der Droge nicht oder nur vereinzelt vorkommen.

Geruch: Schwach, eigenartig.

Geschmack: Etwas bitter und salzig.

Abb. 2 und 3: *Calendula officinalis* L.

Die 1- bis 2-jährige, aromatische Pflanze mit breitlanzettlichen Blättern bildet 4–7 cm breite Blütenkörbchen aus, mit sehr zahlreichen, orangegelb gefärbten Zungenblüten und Röhrenblüten.

Ph. Helv. VII: Calendulae flos
St. Zul. 1209.99.99
Aufnahme in das DAB 1997 als Ringelblumenblüten/Calendulae flos erfolgt.

Stammpflanze: *Calendula officinalis* L. (Ringelblume), Asteraceae.

Synonyme: Gartenringelblume, Goldblume, Studentenblume, Sonnwendblume, Totenblume. Marigold, Garden Marigold, Mary-bud, Goldbloom (engl.). Fleur de tous les mois, Fleur de souci (franz.).

Herkunft: Heimisch in Mittel-, Ost- und Südeuropa. Kulturen finden sich in den Mittelmeerländern, auf dem Balkan, in Osteuropa, zum kleinen Teil auch in Deutschland. Importe der Droge kommen aus Ägypten, Polen und Ungarn.

Inhaltsstoffe [1, 2]: Ca. 0,2–0,3% ätherisches Öl (Röhrenblüten 0,64%, Zungenblüten 0,02%), hauptsächlich aus Sesquiterpenen zusammengesetzt mit α-Cadinol (25%) als Hauptbestandteil und über 60 weiteren identifizierten Komponenten, u.a. T-Cadinol, α- und β-Jonon, β-Jonon-5,6-epoxid, Dihydroactinidiolid [3–5]; Triterpensaponine (2–10%): 6 als Saponoside A–F bezeichnete Mono- und Bisdesmoside mit Oleanolsäure-3-β-D-glucuronid(=Saponosid F) als Basisverbindung [6–8]; Triterpenalkohole: Frei und mit Fettsäuren verestert vorliegende Mono-, Di- und Triole vom ψ-Taraxaxen-, Taraxaxen-, Lupen-, Oleanen- und Ursen-Typ: ca. 0,8% Monole (α- und β-Amyrin, Lupeol, Taraxasterol, ψ-Taraxasterol); ca. 4% Diole, fast ausschließlich als Monoester vorliegend mit Faradiol und Arnidiolestern (siehe bei Taraxaci herba) als Hauptverbindungen (~75%); Triole: die Heliantriole A, B, C und weitere [9]. Sterine (0,06–0,08%), frei, verestert und glucosidiert vorliegend; Carotinoide (0,02–4,7% [10, 11]) mit Lutein und Zeaxanthin als Hauptkomponenten neben ca. 15 weiteren identifizierten Verbindungen; ca. 0,3–0,8% Flavonoide (Zungenblüten 0,88%, Röhrenblüten 0,25% [12]), identifiziert und quantifiziert wurden Isorhamnetin-3-O-glucosid, -3-O-neo-hesperidosid und 3-O-2G-rhamnosyl-rutinosid (Hauptkomponente) sowie die drei entsprechenden Glykoside mit Quercetin als Aglykon und Isorhamnetin-3-O-rutinosid (=Narcissin) [13, 14]; Cumarine: Scopoletin, Umbelliferon, Aesculetin; ca. 15% wasserlösliche Polysaccharide [15] mit Rhamnoarabinogalactan- und Arabinogalactan-Struktur [16, 17, 18]; Polyacetylene; phenolische Säuren; Bitterstoffe, das in der Literatur angegebene Sesquiterpenlacton Calendin kommt nicht vor; es ist identisch mit dem Xanthophyllabbauprodukt Loliolid [19]. Aus den in Italien mit gleicher Indikation verwendeten Blüten der chemisch ähnlichen *Calendula arvensis* wurden am Zucker acylierte Glykoside der Sesquiterpenalkohole Alloaromadendrol und Epicubeol isoliert, die in vitro eine Aktivität gegen das Vesicular-Stomatitis-Virus (VSV) zeigten [20].

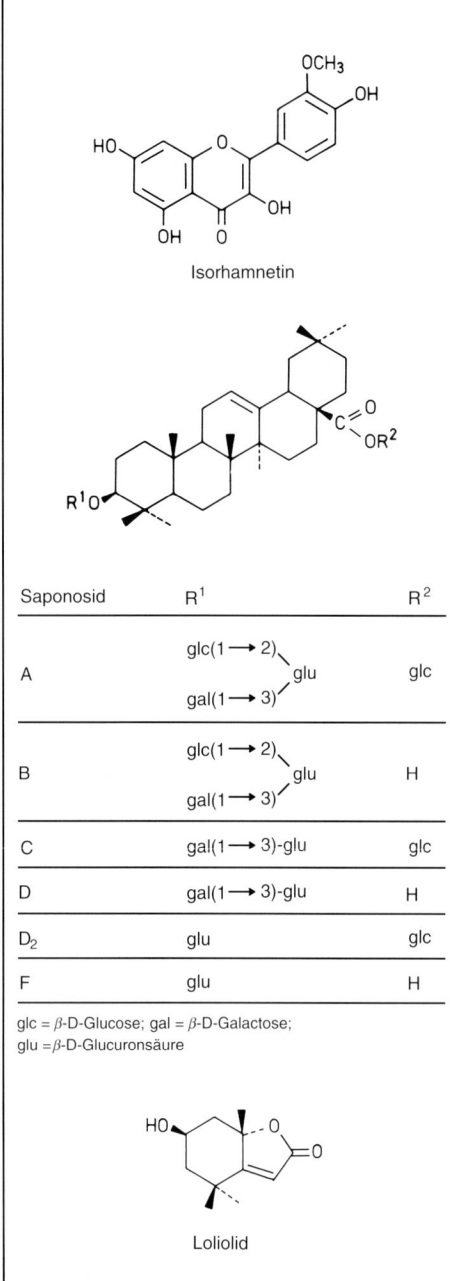

glc = β-D-Glucose; gal = β-D-Galactose;
glu = β-D-Glucuronsäure

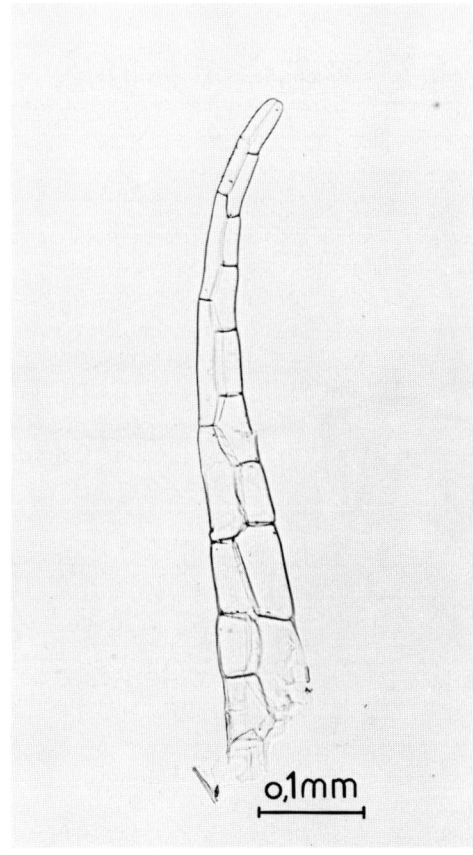

Abb. 4: Zweireihige Gliederhaare der Blütenbasen (Zungenblüten) von *Calendula officinalis*

Indikationen: Zubereitungen aus der Droge wirken entzündungshemmend und fördern die Bildung von Granulationsgeweben. Sie werden in gleicher Weise wie die Arnikablüten verwendet: äußerlich in Form von Aufgüssen, Tinktur und Salben als Wundheilmittel bei Entzündungen der Haut und Schleimhäute, bei schlecht heilenden Wunden, Quetschungen, Furunkeln und Ausschlägen (z.B. Pharyngitis, Dermatitis, Ulcus cruris). Obwohl die klinische Wirksamkeit von Calendulablüten-Zubereitungen in diesem Indikationsgebiet gut geprüft ist [1, 2, 21] (dort weitere Literatur), ist die Natur der aktiven Prinzipien noch nicht klar definiert. Für verschiedene Extrakte wurden antimikrobielle, zytotoxische, antitumorale, antiphlogistische und wundheilende Wirkungen nachgewiesen [1, 2]. Antibakteriell und mäßig fungizid wirken das ätherische Öl [2, 5] sowie auch die Flavonoide [22]. Für die Saponoside A, B, C und D wurde in vitro eine Hemmung der Vermehrung des VSV-Virus (Vesicular-Stomatitis-Virus) im Konzentrationsbereich von 4–100 µg/ml nachgewiesen [23]. Im Salmonella/Mikrosomen-Assay erwiesen sich die Saponine als nicht toxisch und zeigten eine dosisabhängige antimutagene Wirkung gegen die Effekte von Benzopyren. Das aktive Prinzip der antiphlogistischen Wirkung ist nach neuen Untersuchungen am Crotonöl-Mäuseohr-Test lipophiler Natur. Bei topischer Applikation von 0,1 mg/cm² eines lipophilen, saponin- und polysaccharidfreien Extrakts (entsprechend 2,4 mg Droge) wurde die gleiche Ödemhemmung wie mit 1,2 mg eines wäßrig-alkoholischen Gesamtextrakts erzielt [25]. Als antiinflammatorisch wirksame Bestandteile konnten die freien und veresterten Triterpenalkohole identifiziert werden [26]. Als aktivste Substanz erwies sich Faradiol, das dosisabhängig die gleichen antiinflammatorischen Effekte zeigte wie Indomethazin; 0,14 µ Mol/cm² (=60 bzw. 50 µg/cm²) bewirkten jeweils eine Ödemhemmung von 48%. Die Veresterung reduziert die Aktivität um 50%. Die freien Monole sind weniger aktiv als die Diole mit ψ-Tarasterol als aktivster Substanz (0,28 µ Mol/cm²: Ödemhemmung von 47%). Wegen ihrer quantitativen Dominanz werden die Faradiolester als das wesentliche antiinflammatorisch wirkende Prinzip der Blütendroge angesehen und für die zukünftige Standardisierung von Drogenzubereitungen diskutiert [26]. Eine die Wundheilung günstig beeinflussende Wirkung bei topischer Anwendung wurde für wäßrige und ethanolische Extraktivstoffe [27] sowie auch für eine unverdünnte, mit 60%igem Ethanol hergestellte Tinktur (1:10) [28] an verschiedenen Wundmodellen nachgewiesen. U.a. wurden hierbei eine Verkürzung der Epithelisierungsphase und positive Effekte auf die Kollagenreifungsphase beobachtet [28]. Aus Analogiegründen wurde das wundheilende Prinzip bei den Carotinoiden und ihren Abbauprodukten (z.T. Bestandteile des ätherischen Öls) vermutet, die chemisch dem granulationsfördernden Vitamin A nahe stehen [29, 30]. In Untersuchungen hierzu waren für die Calendula-Carotinoide keine die Proliferation oder die Chemotaxis humaner Fibroblasten beeinflussende Effekte nachweisbar [31]. Auch die Funktion der Fibroblasten (Kollagenkontraktion) wurde nicht signifikant beeinflußt, wohl aber eine konzentrationsabhängige Tendenz der Kollagenkontraktion beobachtet. Für die Polysaccharide der Calendulablüten wurden im Granulozyten- und Carbon-Clearance-Test an der Maus immunstimulierende Wirkungen nachgewiesen [17]. Bei einer Konzentration von 10^{-5} bis 10^{-6} mg/ml konnte für die isolierten Verbindungen eine Steigerung des Phagozytoseindex zwischen 20 und 100% nachgewiesen werden [18]. Die *innerliche Anwendung* als Antiphlogistikum und Spasmolytikum (u.a. bei Cholezystitis, Cholangitis, Gastritis, Zystitis, Spasmen des Verdauungstrakts) ist *weitgehend obsolet*, doch als Bestandteil einiger Fertigpräparate noch gegeben. Für wäßrige und wäßrig-ethanolische Extrakte wurden in älteren Arbeiten bei Tierversuchen Effekte auf das ZNS (sedierend), choleretische und parasympathomimetische Wirkungen (Steigerung des Darm- und Uterustonus) sowie auch ulcusprotektive Effekte beschrieben (Lit. bei [2]), deren Aussagekraft wegen z.T. fehlender Versuchsbedingungen nicht nachprüfbar ist. Für die Saponine (10–50 mg/kg, p.o., 12 Wochen) wurde an Ratten mit experimentell ausgelöster Hyperlipidämie eine blutfettsenkende Wirkung gefunden [32, 33].

Die Droge wird in beträchtlichem Umfang verschiedenen Teemischungen auch als Schmuckdroge beigegeben.

In der *Volksmedizin* wird die Droge als Diaphoretikum, Diuretikum, Antispasmodikum, Anthelmintikum, Emmenagogum sowie bei Leberleiden verwendet, auch hierfür fehlt noch eine wissenschaftliche Begründung.

Auszug aus der Monographie der Kommission E (BAnz Nr. 50 vom 13. 03. 1986)

Anwendungsgebiete
Innere, lokale Anwendung: entzündliche Veränderungen der Mund- und Rachenschleimhaut.
äußere Anwendung:
Wunden, auch mit schlechter Heilungstendenz. Ulcus cruris.

Gegenanzeigen
Keine bekannt.

Nebenwirkungen
Keine bekannt.

Wechselwirkungen mit anderen Mitteln
Keine bekannt.

Dosierung
Soweit nicht anders verordnet:
1–2 g Droge auf 1 Tasse Wasser (150 ml) oder 1–2 Teelöffel (2–4 ml) Tinktur auf $1/4$–$1/2$ l Wasser oder als Zubereitung in Salben entsprechend 2–5 g Droge in 100 g Salbe.

Art der Anwendung
Zerkleinerte Droge zur Bereitung von Aufgüssen sowie andere galenische Zubereitungen zur lokalen Anwendung.

Wirkungen
Förderung der Wundheilung; entzündungshemmende und granulationsfördernde Effekte bei lokaler Anwendung werden beschrieben.

Teebereitung: 1–3 g Droge werden mit kochendem Wasser übergossen und nach 5–10 min durch ein Teesieb gegeben.
1 Teelöffel = etwa 0,8 g.

Teepräparate: Die Droge wird als Ringelblumentee von verschiedenen Herstellern angeboten und ist auch in wenigen Teegemischen enthalten. Sehr häufig werden Ringelblumen als Hilfsstoff (Schmuckdroge) für Teemischungen verwendet.

Phytopharmaka: Drogenextrakte in Essenzen, Tinkturen und Salben werden in der Gruppe Dermatika von zahlreichen Herstellern angeboten, häufig auch als Kombinationspräparate. Wenige Interna (Kombinationspräparate) enthalten Ringelblumenextrakt, z.B. Cefaktivon® „novum" Ampullen (Geriatricum).

Wortlaut der Packungsbeilage gemäß Standardzulassung:

6.1 Anwendungsgebiete

Entzündungen von Haut- und Schleimhäuten; Riß-, Quetsch- und Brandwunden.

6.2 Dosierungsanleitung und Art der Anwendung

Etwa 1 bis 2 Teelöffel voll (2 bis 3 g) **Ringelblumenblüten** werden mit heißem Wasser (ca. 150 ml) übergossen und nach 10 Minuten durch ein Teesieb gegeben.
Soweit nicht anders verordnet, wird bei Entzündungen im Mund- und Rachenraum mit dem noch warmen Aufguß mehrmals täglich gespült oder gegurgelt. Zur Behandlung von Wunden wird Leinen oder ein ähnliches Material mit dem Aufguß durchtränkt und auf die Wunden gelegt. Die Umschläge werden mehrmals täglich gewechselt.

6.3 Hinweis

Vor Licht und Feuchtigkeit geschützt aufbewahren.

Prüfung: Makroskopisch (s. Beschreibung) und mikroskopisch. An der Basis der Zungenblüten finden sich lange, aus zwei Zellreihen bestehende Gliederhaare (Abb. 4). Auch andere Teile der Droge sind behaart, insbesondere mit Gliederhaaren und Drüsenzotten; typische Asteraceen-Drüsenschuppen fehlen.
Eine DC-Identitätsprüfung ist anhand der Flavonoide (charakteristische Isorhamnetinglykoside) möglich und nach der Vorschrift des DAB 1996 für Arnikablüten durchführbar, dort findet sich auch ein Hinweis auf *Calendula*-Blüten; weitere Trennsysteme und Abbildungen als Zuordnungshilfen finden sich bei [34, 35]. Eine schnelle und einfache Identifizierung der Flavonoidglykoside und Saponine der Blütendroge ist durch eine zweidimensionale DC möglich [36]. Zur Trennung der Flavonoidglykoside mittels HPLC oder MECC siehe bei [37].

Verfälschungen: Kommen praktisch nicht vor.

Literatur:

[1] O. Isaac, Die Ringelblume – Botanik, Chemie, Pharmakologie, Pharmazie und therapeutische Verwendung. Wiss. Verlagsges. Stuttgart 1992.
[2] Hager, Band **4**, 601 (1992).
[3] J.C. Chalcat, R.P. Garry und A. Michet, Flavour Frangance J. **6**, 189 (1991).
[4] G. Marczal und Mitarb., Herba Hung. **26**, 179 (1987).
[5] L. Gracza, Planta Med. **53**, 227 (1987).
[6] E. Vidal-Ollivier und Mitarb., J. Nat. Prod. **52**, 1156 (1989).
[7] E. Vidal-Ollivier und Mitarb., Pharm. Acta Helv. **64**, 156 (1989).
[8] E. Vidal-Ollivier und Mitarb., Pharm. Acta Helv. **65**, 236 (1990).
[9] B. Wilkomirski, Phytochemistry **24**, 3066 (1985).
[10] U. Bomme, J. Hölzl und E. Schneider, Herba Hung. **29**, 19 (1990).
[11] M.A. Kasumov, Piskch. Prom-st. (Moskau) 57 (1991); C.A. **115**, 206446 (1991).
[12] I. Masterova und Mitarb., Chem. Pap. **45**, 105 (1991); C.A. **115**, 46034 (1991).
[13] E. Vidal-Ollivier und Mitarb., Planta Med. **55**, 73 (1989).
[14] E. Vidal-Ollivier und Mitarb., Pharm. Acta Helv. **66**, 318 (1991).
[15] V.N. Chushenko und Mitarb., Khim. Prir. Soedin, 585 (1988); C.A. **109**, 226748 (1988).
[16] H. Wagner und Mitarb., Arzneim. Forsch. **34**, 659 (1984).
[17] H. Wagner und Mitarb., Arzneim. Forsch. **35**, 1069 (1985).
[18] J. Vartjen, A. Lipták und H. Wagner, Phytochemistry **28**, 2379 (1989).
[19] G. Willuhn und R.-G. Westhaus, Planta Med. **53**, 304 (1987).
[20] N. De Tommasi und Mitarb., J. Nat. Prod. **53**, 830 (1990).
[21] J.J.C. Scheffer, Pharm. Weekbl. **114**, 1149 (1979).
[22] D. Tarle und I. Dvorzak, Farm. Vestn. (Ljubljana) **40**, 117 (1989); C.A. **112**, 42317 (1989).
[23] N. De Tommasi und Mitarb., Planta Med. **57**, 250 (1991).
[24] R. Elias und Mitarb., Mutagenesis **5**, 327 (1990).
[25] R. Della Loggia und Mitarb., Planta Med. **56**, 658 (1990).
[26] R. Della Loggia und Mitarb., Planta Med. **60**, 516 (1994).
[27] E. Kloucek-Popova und Mitarb., Acta Physiol. Pharmacol. Bulg. **8**, 6340 (1982).
[28] S.C. Rao und Mitarb., Fitoterapia **62**, 508 (1991).
[29] O. Gessner und G. Orzechowski, Gift- und Arzneipflanzen von Mitteleuropa, 3. Aufl., Carl Winter Universitätsverlag, Heidelberg 1974.
[30] R. Hänsel und H. Haas, Therapie mit Phytopharmaka, Springer-Verlag Berlin u.a. 1983.
[31] E. Schneider und Mitarb., Planta Med. **57**, Suppl. 1, 760 (1991).
[32] J. Lutomski, Pharmazie in unserer Zeit **12**, 149 (1983).
[33] L. Samochowiec, Herba Pol. **29**, 151 (1983).
[34] P. Rohdewald, G. Rücker und K.-W. Glombitza, Apothekengerechte Prüfvorschriften, Deutscher Apoth. Verlag Stuttgart 1986, S. 933.
[35] E. Stahl und S. Juell, Dtsch. Apoth. Ztg. **122**, 1951 (1982).
[36] W. Heisig und M. Wichtl, Dtsch. Apoth. Ztg. **130**, 2058 (1990).
[37] P. Pietta und Mitarb., J. Chromatogr. **593**, 165 (1992).

Willuhn

Capsici fructus acer

Cayennepfeffer
DAB 1996

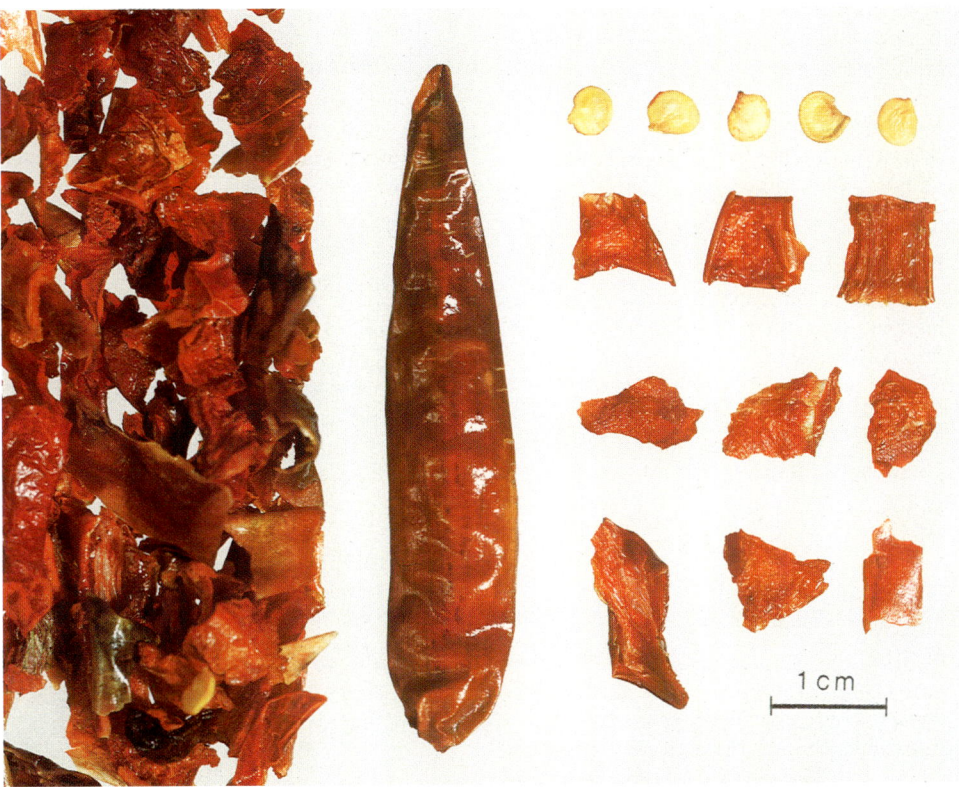

Abb. 1: Cayennepfeffer

Glänzend gelbbraune, rote oder rotbraune, 1–7 cm lange (meist 2–4 cm), gerade oder leicht gebogene, spitz-kegelförmige Früchte. Innenseite matt, mit zahlreichen längsgestreckten schmalen Blasen. 2–4 mm breite, gelbe, scheibenförmige Samen.

<u>Geruch</u>: Eigenartig, schwach.

<u>Geschmack</u>: Scharf, stark brennend (Vorsicht beim Probieren!).

Abb. 2: *Capsicum frutescens* L. s.l.

Buschiger, 0,5–1 m hoch werdender Halbstrauch mit ovalen bis oval-lanzettlichen Blättern. Blüten schmutzigweiß, 5- bis 7-zählig, in Paaren oder Gruppen. Relativ spät fruchttragend.

ÖAB: Fructus Capsici
Ph. Helv. VII: Capsici frutescentis fructus

Stammpflanze(n): *Capsicum frutescens* L. s.l. (Cayennepfeffer), Solanaceae. Nach ÖAB: *Capsicum annuum* L. var. *minimum* (MILL.) HEISER und gleichfruchtige Varietäten von *Capsicum frutescens* L., nach Ph. Helv. VII: verschiedene Arten der Gattung *Capsicum*. Wegen der Formenvielfalt ist die Klassifizierung schwierig und oft unsicher [1, 2].

Synonyme: Spanischer Pfeffer, Chillies. Capsicum, Chillies Tabasco pepper (engl.). Poivre de Cayenne (franz.).

Herkunft: Ursprünglich im tropischen Südamerika (Oberlauf und Quellgebiete des Amazonas) beheimatet. Heute im Tropengürtel der Erde in unterschiedlichen Varietäten und Formen kultiviert. Importe nach Europa kommen vorzugsweise aus den tropischen Ländern Afrikas.

Inhaltsstoffe: 0,3–>1% Capsaicinoide, d.s. Säureamide, die aus Vanillylamin und einer Fettsäure aufgebaut sind; Hauptkomponente ist Capsaicin (63–77% der Gesamt-Capsaicinoide), größere Anteile entfallen auf Dihydrocapsaicin (20–32%), der Rest besteht aus Nor- bzw. Homo-Derivaten [3, 4] (Gehalt nach DAB 1996 und Ph. Helv. VII mind. 0,4% Capsaicinoide, ber. als Capsaicin). Fettes Öl, Carotinoide. Flüchtige Komponenten, sehr komplex zusammengesetzt, bisher wurden 125 Substanzen nachgewiesen, davon sind aber erst 24 identifiziert [5]. Ascorbinsäure [6].

Indikationen: Die Droge bzw. aus ihr hergestellte Zubereitungen (z.B. Eingestellte Cayennepfeffertinktur DAC 1986, Ph. Helv. VII oder Eingestellter Cayennepfefferliquidextrakt Ph. Helv. VII, Capsicum-Oleoresin, ein mit Aceton oder Ethanol hergestellter Extrakt) werden *äußerlich* als Salben, Linimente oder Pflaster bei rheumatischen Beschwerden und Muskelverspannungen, besonders im Schulterbereich, angewendet. Die Capsaicinoide erregen die Schmerz- und Wärmerezeptoren der Haut (und Schleimhaut); durch den Wärmereiz wird reflektorisch eine Hyperämie ausgelöst. Die bessere Durchblutung soll einen rascheren Abtransport schmerzerregender Stoffe bewirken. Innerlich wird die Droge (vorsichtig dosiert!) als Gewürz verwendet, sie fördert die Magensaftsekretion und die Darmperistaltik. Die *innerliche* Anwendung für *medizinische* Zwecke wird von der Kommission E abgelehnt. <u>Volksmedizinisch</u> wird Cayennepfeffer in Form von Pinselungen auch bei Arthritis und bei Frostbeulen angewendet. Auch der Gebrauch in Form von Gurgelwässern bei Heiserkeit und Halsentzündungen entstammt der Volksmedizin.

Nebenwirkungen: Selten; Überempfindlichkeitsreaktionen in Form von Urticaria. Überdosierung und Anwendung auf geschädigter Haut können zu

---

Auszug aus der Monographie der Kommission E (BAnz Nr. 22a vom 01.02.1990)

Anwendungsgebiete
Schmerzhafter Muskelhartspann im Schulter-Arm-Bereich sowie im Bereich der Wirbelsäule bei Erwachsenen und Schulkindern.

Gegenanzeigen
Anwendung auf geschädigter Haut; Überempfindlichkeit gegen Paprika-Zubereitungen.

Nebenwirkungen
In seltenen Fällen können Überempfindlichkeitsreaktionen (urtikarielles Exanthem) auftreten.

Wechselwirkungen mit anderen Mitteln
Nicht bekannt.
Hinweis:
Keine zusätzliche Wärmeanwendung.

Dosierung
Soweit nicht anders verordnet:
in halbfesten Zubereitungen entsprechend 0,02–0,05% Capsaicinoide, in flüssigen Zubereitungen entsprechend 0,005–0,01% Capsaicinoide, in Pflastern entsprechend 10–40 μg Capsaicinoide pro cm².

Art der Anwendung
Zubereitungen aus Paprika ausschließlich zur äußeren Anwendung.

Dauer der Anwendung
Nicht länger als 2 Tage. Vor einer erneuten Anwendung am gleichen Applikationsort muß ein Zeitraum von 14 Tagen abgewartet werden.
Bei längerer Anwendung am gleichen Applikationsort ist mit einer Schädigung sensibler Nerven zu rechnen.

Hinweis
Paprikazubereitungen reizen selbst in geringen Mengen die Schleimhäute sehr stark und erzeugen ein schmerzhaftes Brennen. Ein Kontakt von Paprikazubereitungen mit Schleimhäuten und besonders den Augen ist zu vermeiden.

Wirkungen
lokal hyperämisierend
lokal nervenschädigend

Blasenbildung und Schädigung sensibler Nerven führen. Übermäßiger innerlicher Gebrauch kann eine Gastritis auslösen und auch zu Nierenschäden führen.

Teebereitung: Nicht üblich.

Phytopharmaka: Extrakte, die gewöhnlich auf einen bestimmten Capsaicingehalt eingestellt sind, werden in einigen Fertigarzneimitteln eingesetzt, z.B. in Thermo Bürger® (Salbe), ABC Wärmepflaster u.a.

Prüfung: Makroskopisch und mikroskopisch nach DAB 1996. Die mikroskopische Untersuchung erlaubt jedoch keine eindeutige Unterscheidung zwischen Cayennepfeffer (*Capsicum frutescens*) und Paprika (*Capsicum annuum*). Es ist deshalb auch die Bestimmung des Capsaicinoidgehaltes (nach DAB 1996) erforderlich; eine absolut sichere Identifizierung von *Capsicum frutescens* wäre allerdings nur dann gegeben, wenn auch das Verhältnis von Capsaicin: Dihydrocapsaicin ermittelt wird [1, 2, 4]. Bei der DC nach DAB 1996 werden die Capsaicinoide nicht getrennt sondern erscheinen als eine einzige, relativ breite Zone. Für die Bestimmung der einzelnen Capsaicinoide wird heute bevorzugt die HPLC eingesetzt [3, 7–9].

Verfälschungen: Paprikafrüchte (von *Capsicum annuum* L. var. *longum* (DC.) SENDTNER) enthalten nur wenig Capsaicinoide und dürfen nur zu 2% vorhanden sein; ihr Nachweis in der Schnittdroge ist schwierig, in der Pulverdroge praktisch unmöglich (s. Prüfung). Unreife Früchte enthalten kleinkörnige Stärke. Wegen der Herkunft aus tropischen Ländern ist eine Prüfung auf mikrobielle Kontamination angezeigt.

Literatur:
[1] J. Jurenitsch, Sci. Pharm. **49**, 321 (1981).
[2] J. Jurenitsch, W. Kubelka und K. Jentzsch, Planta Med. **35**, 174 (1979).
[3] H.L. Constant und Mitarb., J. Nat. Prod. **58**, 1925 (1995).
[4] J. Jurenitsch und Mitarb., Planta Med. **36**, 61 (1979).
[5] U. Keller und Mitarb., ACS Symp. Ser. 170 (1981); C.A. **96**, 50912 (1982).
[6] O.O. Keshinro und O.A. Ketiku, Food Chem. **11**, 43 (1983).
[7] J. Jurenitsch und I. Kampelmühler, J. Chromatogr. **193**, 101 (1980).
[8] T.H. Cooper, J.A. Guzinski und C. Fisher, J. Agric. Food Chem. **39**, 2253 (1991).
[9] H.L. Constant, G.A. Cordell und D.P. West, J. Nat. Prod. **59**, 425 (1996).

Wichtl

Cardui mariae fructus — Mariendistelfrüchte
DAB 1996

Abb. 1: Mariendistelfrüchte

Beschreibung: Schief eiförmige, 6–7 mm lange, bis 3 mm breite und ca. 1,5 mm dicke Früchte (Achänen) mit glänzend braunschwarzer oder matt graubrauner Fruchtschale, die dunkel oder weißgrau gestrichelt ist. Am oberen Ende findet sich ein vorspringender, knorpeliger, ringförmiger, gelblicher Wulst, am unteren Ende seitlich ein rinnenförmiger Nabel. Der silbrig glänzende Pappus fehlt in der Droge (da leicht abfallend). Handelssorten weiß, grau und schwarz.

Geruch: Kaum wahrnehmbar.

Geschmack: Ölig (Samen) und bitter (Fruchtschale).

Abb. 2: Früchte von *Silybum marianum* (L.) GAERTN. mit Pappus.

Abb. und Beschreibung der Pflanze siehe bei Mariendistelkraut.

St. Zul. 1589.99.99

Stammpflanze: *Silybum marianum* (L.) GAERTN., syn. *Carduus marianus* L. (Mariendistel), Asteraceae.

Synonyme: Marienkörner, Stechkörner, Frauendistelfrüchte, Magendistelsamen, Stichsaat, Stichsamen, Fructus Silybi mariae, fälschlich auch Semen Cardui mariae. Milk-thistle fruit, Marian thistle fruit (engl.). Fruit de chardon Marie (franz.).

Herkunft: Heimisch in Südeuropa, Südrußland, Kleinasien, Nordafrika, in Nord- und Südamerika sowie Südaustralien eingebürgert, in Mitteleuropa verwildert. Die Droge stammt ausschließlich aus dem Anbau, z.T. in Norddeutschland, hauptsächlich jedoch importiert, vor allem aus Argentinien,

China, Rumänien, Ungarn und einigen Mittelmeerländern.

Inhaltsstoffe: 1,5–3% Silymarin (DAB 1996 mind. 1,0%), ein Gemisch verschiedener Flavanonderivate (Flavonolignane), ausschließlich in der Fruchtschale lokalisiert. Hauptkomponenten sind Silybin (INN = Silibinin), Silychristin und Silydianin, daneben die 3-Desoxyverbindungen von Silychristin und Silydianin (= Silymonin), Isosilychristin, Isosilybin und dessen 3-Desoxyderivat Silandrin, die 3-Desoxyverbindungen Silyhermin, Neosilyhermin A und B, 2,3-Dehydrosilybin sowie Tri- bis Pentamere des Silybins (= Silybinomer) (Literatur bei [1]); des weiteren Taxifolin, Quercetin, Dihydrokämpferol, Kämpferol, Apigenin, Naringin, Eriodyctiol, Chrysoeriol und 5,7-Dihydroxychromon; Dehydrodiconiferylalkohol. Ca. 20–30% fettes Öl mit hohem Anteil an Linolsäure (ca. 60%), Ölsäure (ca. 30%) und Palmitinsäure (ca. 9%) in den Triglyceriden; Tocopherol (38 mg%), Sterole (630 mg%): Cholesterol, Campesterol, Stigmasterol, Sitosterol; ca. 25–30% Eiweiß; etwas Schleim.

Indikationen: Prophylaxe und Therapie toxisch-metabolischer Leberschäden (z.B. Alkohol, Gewerbegifte), bei Leberfunktionsstörungen bei und nach Hepatitiden (Posthepatitissyndrom), bei chronisch degenerativen Lebererkrankungen wie Leberzirrhose und Fettleber, bei latenten Hepatopathien.
Der antihepatotoxische Wirkstoffkomplex ist das Silymarin, über dessen pharmakodynamische und therapeutische Wirkung eine umfangreiche Literatur vorliegt [2, 3]. Unter Silymaringabe wurde in vitro und in vivo die Wirkung von hepatotoxischen Stoffen (u.a. Tetrachlorkohlenstoff, Thioacetamid und die Toxine des Knollenblätterpilzes Phalloidin und α-Amanitin), die zu Lebernekrosen und -zirrhosen führen, aufgehoben bzw. verringert. Die therapeutische Wirksamkeit von Silymarin bzw. seines Hauptisomers Silibinin beruhen vor allem auf einem Membraneffekt, einer antiperoxidativen Wirkung sowie auch auf regenerativen Effekten. Die Wirkstoffe blockieren bestimmte Bindungsstellen oder Transportsysteme an der Leberzellmembran, wodurch die Aufnahme von Lebergiften erschwert wird. Durch die antiperoxidativen Eigenschaften von Silibinin sollen überdies die von einigen hepatotoxischen Substanzen induzierten und zu Membranschädigungen führenden freien Radikale abgefangen werden [4, 5]. Durch seine Radikalfängereigenschaft trägt Silibinin auch zur Erhaltung des für die Entgiftung von Substanzen in der Leberzelle wichtigen Glutathionpools bei [6, 7]. Gleichzeitig wird der Anstieg von Transaminasen und der alkalischen Phosphatasen [8] im Serum verhindert. Die prophylaktische Gabe ist wirkungsvoller als die therapeutische Gabe nach Setzung einer Leberschädigung. Die günstigste Applikationszeit war 6 Std. vor Toxingabe. Im Zeitraum von 30 min nach Toxingabe (Phalloidin) wurde der Toxineffekt reduziert, danach war kein Effekt mehr feststellbar.
In vitro und in vivo konnte darüber hinaus gezeigt werden, daß Silybin über die Stimulierung der nucleolären Polymerase I die Synthesegeschwindigkeit von ribosomalen Ribonukleinsäuren steigert und die Zahl der Ribosomen in den Hepatozyten erhöht [9]. Interessant ist in diesem Zusammenhang, daß Silymarin in vitro die Aufnahme von [^{3}H]-Uridin in die RNA von Knochenmarkzellen steigert, die nicht auf einer Aktivitätszunahme der Polymerasen basiert, sondern durch eine Permeabilitätserhöhung der Zellen für Uridin infolge von Membraneffekten des Silymarins erklärt wird [10]. Durch die erhöhte Ribosomenzahl soll die Proteinbiosynthesepotenz (u.a. Enzyme) ge-

Auszug aus der Monographie der Kommission E
(BAnz Nr. 50 vom 13.03.1986)

Anwendungsgebiete
Droge: dyspeptische Beschwerden.
Zubereitungen: Toxische Leberschäden; zur unterstützenden Behandlung bei chronisch-entzündlichen Lebererkrankungen und Leberzirrhose.

Gegenanzeigen
Keine bekannt.

Nebenwirkungen
Droge: Keine bekannt.
Zubereitungen: Vereinzelt wird eine leicht laxierende Wirkung beobachtet.

Wechselwirkungen mit anderen Mitteln
Keine bekannt.

Dosierung
Soweit nicht anders verordnet:
mittlere Tagesdosis Droge: 12–15 g;
Zubereitungen: entsprechend 200–400 mg Silymarin, berechnet als Silibinin.

Art der Anwendung
Zerkleinerte Droge für Aufgüsse sowie andere galenische Zubereitungen zum Einnehmen.

Wirkungen
Silymarin wirkt antagonistisch gegenüber zahlreichen Leberschädigungsmodellen: Gifte des grünen Knollenblätterpilzes Phalloidin und α-Amanitin, Lanthaniden, Tetrachlorkohlenstoff, Galactosamin, Thioacetamid sowie dem hepatotoxischen Kaltblütervirus FV_3.
Die therapeutische Wirksamkeit von Silymarin beruht auf zwei Angriffspunkten bzw. Wirkungsmechanismen: zum einen verändert Silymarin die Struktur der äußeren Zellmembran der Hepatocyten derart, daß Lebergifte nicht in das Zellinnere eindringen können. Zum anderen stimuliert Silymarin die Aktivität der nucleolären Polymerase A mit der Konsequenz einer gesteigerten ribosomalen Proteinsynthese. Damit wird die Regenerationsfähigkeit der Leber angeregt und die Neubildung von Hepatocyten stimuliert.

steigert sein. Dadurch soll die Biosynthesekapazität der Hepatozyten dem jeweiligen Zellstatus entsprechend positiv beeinflußt werden, so daß neben der prophylaktischen Wirkung auch ein kurativer Effekt gegeben sein soll [9, 11, 12]. In einer Doppelblindstudie konnte gezeigt werden, daß Silymarin (3 × tägl. 140 mg) die Mortalität von Patienten mit einer Alkohol-Leberzirrhose signifikant herabsetzt [13]. Silymarin steigert auch den Redox-Status und den Glutathiongehalt von Magen- und Intestinum-Zellen [6]. An Ratten wurde für Silymarin auch eine protektive Wirkung für Schädigungen der Magenschleimhaut nachgewiesen [14]. Silymarin ist selbst bei Zufuhr großer Dosen (20,0 g/kg Maus per os) untoxisch. Es wird vom Menschen in Form von Sulfat- und Glucuronidkonjugaten bevorzugt biliär (ca. 20–40% innerhalb von 24 Std., renal ca. 3–7%) ausgeschieden [15]. Eine Akkumulation findet nicht statt. Die bei therapeutischen Dosen in der Galle auftretenden Konzentrationen an Silybin liegen im pharmakologisch wirksamen Bereich [16]. Das pharmakokinetische Verhalten von Silybin beim Menschen steht damit in Einklang mit der therapeutischen Wirksamkeit.
Die Silymarinkomponenten sind als Reinsubstanzen schlecht wasserlöslich. Die in der älteren Literatur vorliegenden Erfolgsberichte aus der ärztlichen Praxis, in denen auch cholagoge und spasmolytische Wirkungen angegeben werden [s. bei 17], beziehen sich ausschließlich auf alkoholische Auszüge (Tinkturen). Tee-Darreichungen werden lediglich bei leichten Verdauungsbeschwerden und zur unterstützenden Behandlung von funktionellen Gallenblasenbeschwerden empfohlen. Bei der Teebereitung gelangt nur ein geringer Anteil des Silymarins in den wäßrigen Auszug [18], so daß hierbei die für eine antihepatotoxische Wirkung notwendige Dosis (2–3mal täglich 140 mg Silymarin, oral [19]) nicht erreicht wird.
Bei Knollenblätterpilzvergiftungen wird 4mal täglich 5 mg Silibinin pro kg Körpergewicht 5 Tage lang intravenös infundiert [20].

Teebereitung: Nicht sehr gebräuchlich; die Einnahme von auf einen Silymaringehalt standardisierten Präparaten ist vorzuziehen. 3 g zerquetschte Früchte mit kaltem Wasser ansetzen und kurz aufkochen oder mit kochendem Wasser überbrühen, nach 10–20 min abseihen. 1 Teelöffel = etwa 3,5 g.

Teepräparate: Mariendistelfrüchte werden von einigen Herstellern als Tee angeboten, z.B. Mariendistelfrüchtetee Aurica® u.a. Sie sind auch Bestandteil

Wortlaut der Packungsbeilage gemäß Standardzulassung:

6.1 Stoff- oder Indikationsgruppe
Pflanzliches Magen-Darm-Mittel.

6.2 Anwendungsgebiete
Verdauungsbeschwerden, besonders bei funktionellen Störungen des ableitenden Gallensystems.

6.3 Gegenanzeigen
Keine bekannt.

6.4 Wechselwirkungen mit anderen Mitteln
Keine bekannt.

6.5 Dosierungsanleitung und Art der Anwendung
Soweit nicht anders verordnet, wird 3- bis 4mal täglich eine Tasse des wie folgt bereiteten Teeaufgusses getrunken:
1 Teelöffel voll (ca. 3,5 g) Mariendistelfrüchte oder die entsprechende Menge in einem oder mehreren Aufgußbeutel(n) wird mit siedendem Wasser (ca. 150 ml) übergossen und nach etwa 10 bis 15 Minuten gegebenenfalls durch ein Teesieb gegeben.

6.6 Dauer der Anwendung
Bei akuten Beschwerden, die länger als eine Woche andauern oder periodisch wiederkehren, wird die Rücksprache mit einem Arzt empfohlen.

6.7 Nebenwirkungen
Keine bekannt.

6.8 Hinweis
Vor Licht und Feuchtigkeit geschützt aufbewahren.

einiger Leber-Galleteegemische, z.B. Leber-Galletee ST (Infirmarius).

Phytopharmaka: Zahlreiche Monopräparate enthalten einen auf Silymarin bzw. Silibinin standardisierten Trockenextrakt, wobei sich die meisten Hersteller an der Dosierung des ersten auf den Markt gekommenen Präparates mit 70 bzw. 140 mg Silymarin orientieren, z.T. aber auch darüber hinausgehen; Legalon® 70/140 (Kapseln), Silymarin 70/140 von ct (Filmtabletten), Silimarit® (Kapseln, 140 mg), Alepa forte (Kapseln, 350 mg Trockenextrakt, 245 mg Silymarin), Phytohepar® (Kapseln, 286 mg Extrakt, 200 mg Silymarin) u.a. Zahlreiche Kombinationspräparate enthalten neben Mariendistelextrakt u.a. auch Schöllkrautextrakt, z.B. Esberigal® N (Dragees und Liquidum), Hepatofalk® Planta (Kapseln), Solu-Hepar® NT (Instant Tee) u.a.

Prüfung: Makroskopisch und mikroskopisch nach DAB 1996. Dort auch DC-Identitätsprüfung über den Nachweis von Silymarin und Taxifolin. Eine farbige Abbildung des Chromatogramms findet sich bei [21].

Verfälschungen: Kommen praktisch nicht vor.

Literatur:
[1] Kommentar zum DAB 10.
[2] R. Braatz und C.C. Schneider (Eds.), Symposium on the pharmacodynamics of silymarin, Köln 1974, Urban & Schwarzenberg, München, Berlin, Wien 1976.
[3] Experimentelle und klinische Hepatologie. III. Internationales Lebersymposium, Köln 1978. Hansisches Verlags-Kontor, Lübeck 1979.
[4] V. Valenzuela, R. Guerra und A. Garrido, Planta Med. **53**, 402 (1987).
[5] V. Valenzuela, R. Guerra und L.A. Videla, Planta Med. **52**, 438 (1986).
[6] A. Valenzuela und Mitarb., Planta Med. **55**, 420 (1989).
[7] R. Campos und Mitarb., Planta Med. **55**, 417 (1989).
[8] G.P. Pandey und D.N. Srivastava, Indian Vet. Med. J. **17**, 14 (1993).
[9] J. Sonnenbichler und I. Zetl, Planta Med. **58**, Suppl. 1, A 580 (1992).
[10] A. Garrido, R. Guerra und A. Valenzuela, Res. Commun. Chem. Pathol. Pharmacol. **6**, 273 (1988).
[11] H. Wagner, in: Natural Products as Medicinal Agents (Hrsg. J. Beal und E. Reinhard), Hippokrates, Stuttgart 1981, S. 217.
[12] J. Sonnenbichler und Mitarb., Biochem. Pharmacol. **35**, 538 (1986).
[13] P. Ferenci und Mitarb., Hepatology **4**, 1093 (1984).
[14] C.A. de la Lastra und Mitarb., Planta Med. **61**, 116 (1995).
[15] P.J. Flory und Mitarb., Planta Med. **38**, 227 (1980).
[16] D. Lorenz, W.H. Mennicke und H. Berendt, Planta Med. **45**, 216 (1982).
[17] W. Spaich, Moderne Phytotherapie, Haug-Verlag, Heidelberg 1977.
[18] I. Merfort und G. Willuhn, Dtsch. Apoth. Ztg. **125**, 695 (1985).
[19] Martindale 1993, S. 693.
[20] K.E. Wirth, in C. Gloxhuber (Hrsg.), Toxikologie, Thieme-Verlag, Stuttgart 1994.
[21] H. Wagner, S. Bladt und E.M. Zgainski, Drogenanalyse. Dünnschichtchromatographische Analyse von Arzneidrogen. Springer-Verlag, Berlin, Heidelberg, New York 1983.

Willuhn

Cardui mariae herba — Mariendistelkraut

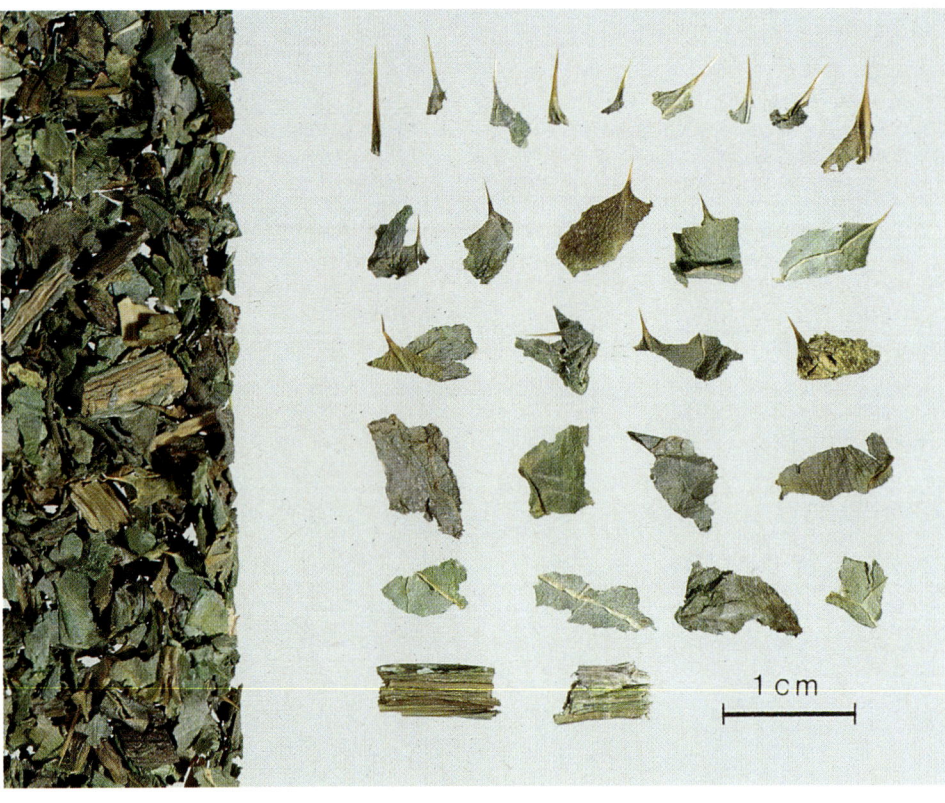

Abb. 1: Mariendistelkraut
Die Droge stammt von vor oder während der Blütezeit gesammelten Pflanzen und kann daher unterschiedliches Aussehen haben.
Beschreibung: Tiefgrüne, entlang der Nerven weißfleckige Blattstückchen mit buchtig gelapptem Rand, oftmals kräftige, gelbe Stacheln tragend. Ästige, etwas bräunliche, leicht wollig-spinnwebige Stengelabschnitte. Je nach Erntezeitpunkt auch Blütenköpfchen vorhanden; diese mit purpurbraunen Blüten und meist auch Früchten (s. Mariendistelfrüchte).
Geschmack: Deutlich bitter, scharf und unangenehm salzig.

Abb. 2: *Silybum marianum* (L.) GAERTN.
Die 2-jährige, distelartige Pflanze wird bis 1,5 m hoch (in Kultur auch höher), sie besitzt große, buchtig gelappte, mit Stachelspitzen versehene Blätter, die vor allem entlang der Nervatur charakteristisch weiß gefleckt sind. Die ca. 6 cm großen Blütenköpfe bestehen nur aus rotvioletten Röhrenblüten, die Hüllblätter sind zu kräftigen, zurückgeschlagenen Dornen ausgebildet. An der Spitze der Frucht sitzt ein vielstrahliger, weißer Pappus.

Stammpflanze: *Silybum marianum* (L.) GAERTN., syn. *Carduus marianus* L. (Mariendistel), Asteraceae.

Synonyme: Siehe Mariendistelfrüchte.

Herkunft: Siehe Mariendistelfrüchte.

Inhaltsstoffe: Flavonoide: Apigenin, sein 7-O-Glucosid, 7-O-galactosid, 7-O-(2″-O-Rhamnosyl)galacturonid, 7-O-Glucuronid und dessen 6″-Ethylether, Kämpferol und sein 7-O-Glucosid, 7-O-Rhamnosid, 3-O-Rhamnosid-7-O-galacturonid und 3-Sulfat, Luteolin und sein 7-O-Glucosid [1–3]. Sitosterol und sein Glucosid, ein Triterpenacetat [1], Polyacetylene [4], Fumarsäure.

Indikationen: Zur unterstützenden Behandlung funktioneller Beschwerden im Leber-Galle-Bereich als Cholagogum. Pharmakologische und klini-

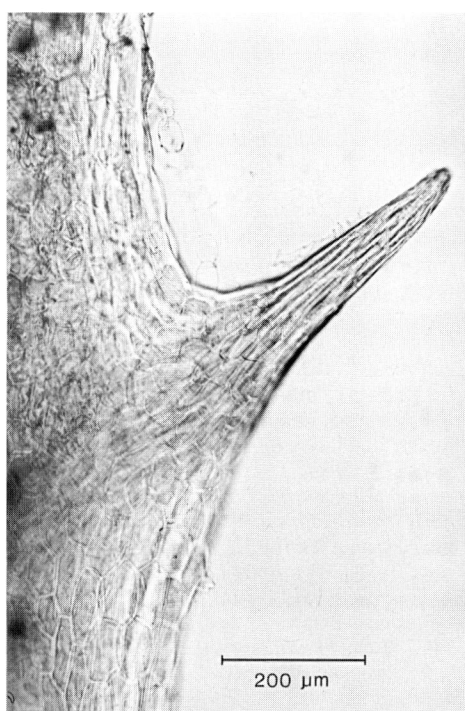

Abb. 3: Kleine Stachelspitze des Blattrandes

Auszug aus der Monographie der Kommission E (BAnz Nr. 49 vom 11.03.1992)

Anwendungsgebiete
Zubereitungen aus Mariendistelkraut werden zur Gesunderhaltung, zur Anregung sowie bei funktionellen Störungen von Leber und Galle, bei Gelbsucht, Gallenkoliken, Milzleiden und Seitenstechen angewendet.
Die Wirksamkeit bei den beanspruchten Anwendungsgebieten ist nicht belegt.

Risiken
Keine bekannt.

Beurteilung
Da die Wirksamkeit bei den beanspruchten Anwendungsgebieten nicht belegt ist, kann eine therapeutische Anwendung nicht befürwortet werden.

sche Belege für diese Indikationen fehlen, deshalb wird die therapeutische Anwendung der Droge von der Kommission E nicht befürwortet. Früher in der *Volksmedizin* daneben als Malariamittel, Emmenagogum, bei Gebärmutterleiden und bei Milzerkrankungen verwendet.

Nebenwirkungen: Bei Schafen und Rindern wurden Vergiftungen mit z.T. tödlichem Ausgang beobachtet [5]. Beobachtungen zur Toxizität beim Menschen liegen nicht vor.

Teebereitung: Wenig gebräuchlich, bzw. nur *volksmedizinisch* bei Galle-Leber-Leiden. Etwa $1/2$ Teelöffel voll fein zerschnittener Droge mit siedendem Wasser übergießen und nach 5–10 min durch ein Teesieb geben. Täglich 2 bis 3 Tassen.
1 Teelöffel = etwa 1,5 g.

Teepräparate: Selten Bestandteil von Teegemischen (Vital-Haemorrhoidaltee).

Phytopharmaka: Nur wenige Kombinationspräparate enthalten Mariendistelkraut, z.B. Cholhepan® N (Dragees) u.a.

Prüfung: Makroskopisch (s. Beschreibung) und mikroskopisch. Auffällig sind, besonders bei Lupenbetrachtung, die Stachelspitzen des Blattrandes (Abb. 3). Die Epidermiszellen sind wellig-buchtig; Spaltöffnungen beiderseits mit 3–5, meist 4 Nebenzellen. Auf Blattoberseite und -unterseite gelegentlich „Tonnenhaare" (Abb. 4): vielzellige Gliederhaare, die basisnahen Zellen sehr breit und kurz, etwas bauchig, die oberen Glieder sehr dünnwandig, daher häufig kollabiert; die Endzelle sehr lang und schmal, peitschenförmig. 3-reihige Palisaden mit großer Breite, Schwammparenchym sehr locker, fast aerenchymatisch. Pollen stachelig, etwa 50 µm Durchmesser.

Verfälschungen: Kommen praktisch nicht vor. Der gelegentlich geäußerte Verdacht einer Beimengung von oder

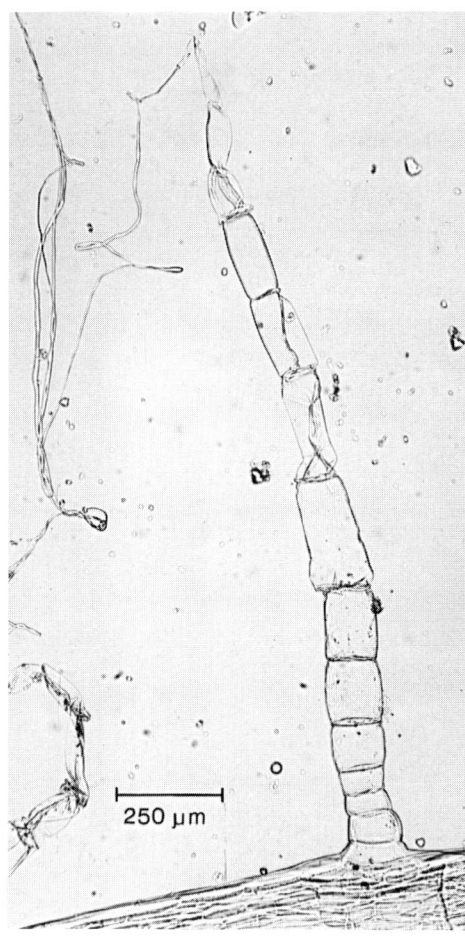

Abb. 4: Charakteristisches „Tonnenhaar" mit bauchigen Basalzellen und sehr langer, vielfach verknäuelter, dünner Endzelle

Verwechslung mit Kardobenediktenkraut wurde nicht bestätigt [6].

Literatur:
[1] S.M. Khafagy, N.A. Abdel Salam und R. Abdel Hamir, Sci. Pharm. **49**, 157 (1981).
[2] A.H. Mericli, Planta Med. **54**, 44 (1988).
[3] A.A. Ahmed, T.J. Mabry und S.A. Matlin, Phytochemistry **28**, 1751 (1989).
[4] K.E. Schulte, G. Rücker und H. Stigler, Arch. Pharm. (Weinheim) **303**, 7 (1970).
[5] Hager, Band **6**, 403 (1979).
[6] Bericht des Deutschen Arzneiprüfungs-Instituts, Pharm. Ztg. **130**, 699; 2997 (1985) und Dtsch. Apoth. Ztg. **125**, Nr. 11, S. X (1985).

Willuhn

Carlinae radix — Eberwurz

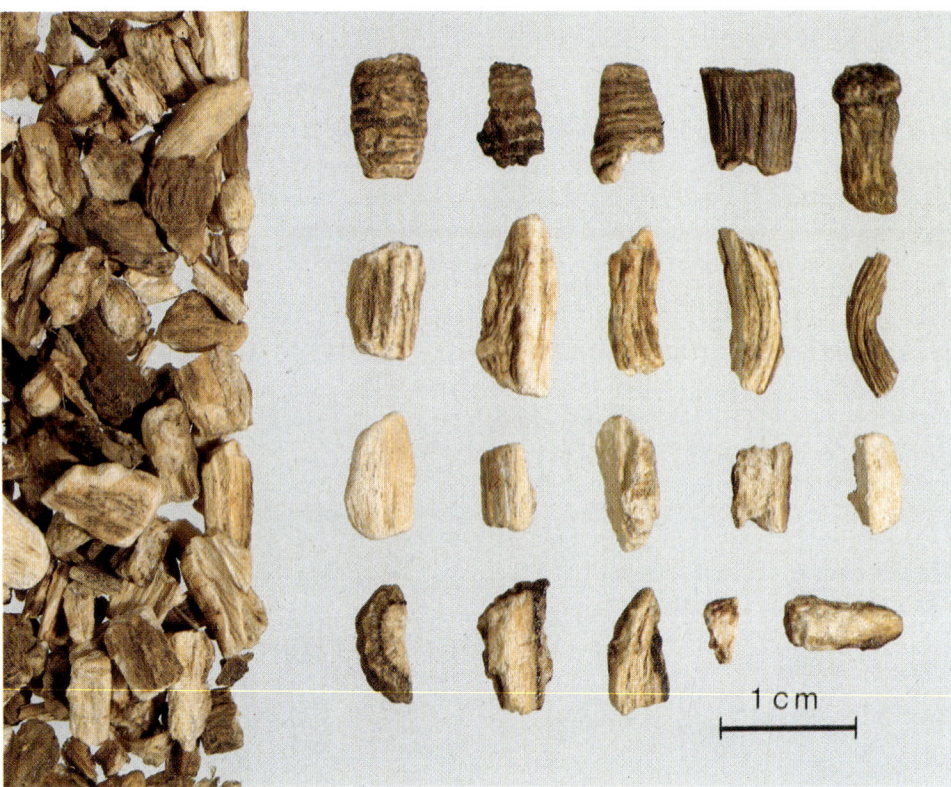

Abb. 1: Eberwurz

Beschreibung: Große, oft schraubig gedrehte, kurze Wurzelstücke mit grau- bis hellbrauner, grob längsrunzeliger Außenseite. Der Bruch ist hornartig, nicht faserig. Die Querschnittsansicht zeigt eine schmale, braune, nach innen zu etwas heller gefärbte, manchmal harzig glänzende Rinde und einen breiten, hellgelben, durch bräunliche Markstrahlen radial gestreiften Holzkörper. Dieser ist in charakteristischer Weise auffallend zerklüftet, bedingt durch Lösen der Markstrahlen von den Gefäßgruppen beim Trocknungsprozeß. In der schmalen Rinde und im Markstrahlgewebe sind braunrote Exkretbehälter sichtbar (Lupe! Abb. 3).

Geruch: Schwach aromatisch, unangenehm.

Geschmack: Anfangs süßlich-bitter, dann brennend scharf.

Abb. 2: *Carlina acaulis* L.

Distelartige, kurzstengelige, mehrjährige Staude mit stachelig gezähnten, z.T. fiederteiligen Blättern. Blütenköpfchen bis 12 cm Durchmesser mit silbrig glänzenden Hüllkelchblättern.

Erg. B. 6: Radix Carlinae

Stammpflanze: *Carlina acaulis* L. (Stengellose Eberwurz), Asteraceae.

Synonyme: Radix Cardopatiae, Radix Chamaeleontis albae. Silberdistel-, Wetterdistel-, Sonnendistel-, Sanddistel-, Bergdistel-, Zwergdistel-, Karlsdistelwurzel oder -wurz, Kraftwurzel, Weiße Roßwurzel, Pferdewurzel, Amberwurzel, Erdwurzel, Spechtwurzel. Stemless carlina root (engl.). Racine de carline acaule (franz.).

Herkunft: Heimisch in den Gebirgen Mittel- und Südeuropas, in den Balkanländern und in Südrußland. Die Droge stammt ausschließlich aus Wildvorkommen. In Deutschland besteht keine Sammelerlaubnis, da die Pflanze unter Naturschutz gestellt ist. Importe aus dem ehemaligen Jugoslawien und Bulgarien.

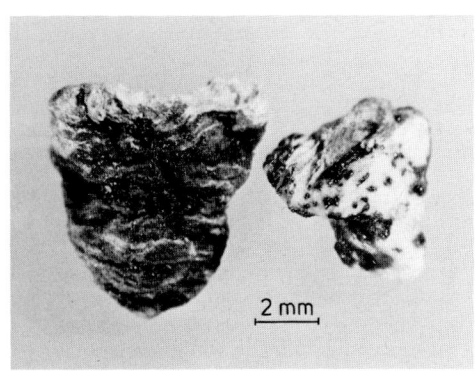

Abb. 3: Zahlreiche braunrote Exkretbehälter in der heller gefärbten Wurzelrinde von *Carlina acaulis*

Inhaltsstoffe [1]: Die Wurzeln sind chemisch unzureichend untersucht; es liegen nur einige wenige ältere Angaben vor. Danach führt die Droge 1,0–2% ätherisches Öl (Erg. B. 6 mind. 1%), das zu ca. 80% aus Carlinaoxid (=Benzyl-2-furyl-acetylen) und ca. 15% Carilen ($C_{15}H_{24}$) besteht, sowie ein Phenol und Palmitinsäure enthält. Des weiteren enthält die Droge Gerbstoffe, Harze und 18–22% Inulin. Zur Chemie der Gattung *Carlina* siehe bei [2].

Indikationen: Die Droge wird nur noch selten in der *Volksheilkunde* als Diuretikum, Diaphoretikum und Stomachikum, gelegentlich auch als Gurgelmittel bei Katarrhen verwendet.

Äußerlich wurden essigsaure Wurzelauszüge zum Waschen von Flechten, bakteriell bedingten eitrigen Ausschlägen (Pyodermien) und anderen Hauterkrankungen sowie auch gegen Zahnschmerzen verwendet. Mit Wein und Wasser hergestellte Auszüge gelten in der *Volksmedizin* als gutes Mittel zum Auswaschen von Wunden und Geschwüren. Die Wirksamkeit der Droge in den genannten Anwendungsgebieten ist nicht ausreichend dokumentiert. Der Acetonextrakt, das ätherische Öl und Carlinaoxid besitzen eine starke antibakterielle Wirkung, nicht jedoch der Wasserextrakt [3, 4]. Getestet wurden u.a. Staphylokokken, Enterokokken, Salmonellen und Shigellen.

Teebereitung: 1,5–3 g der fein geschnittenen oder grob gepulverten Droge mit 150 ml kaltem Wasser ansetzen und nach 10 Min. langem Kochen durch ein Teesieb geben. 1–3mal täglich 1 Tasse. Äußerlich: 30 g Droge werden mit 1 Liter Wasser 10 Min. lang gekocht [5].
1 Teelöffel=etwa 2,8 g.

Teepräparate: Keine.

Phytopharmaka: Auszüge der Eberwurz sind Bestandteil des Kombinationspräparates Infi® N-tract-Tropfen, die bei Cholezystopathien, Verdauungsinsuffizienzen und Spasmen im Verdauungsbereich Anwendung finden. Die Droge ist eine Komponente des Schwedentrunks (Magen-Darm-Mittel).

Prüfung: Makroskopisch (s. Beschreibung) und mikroskopisch: Schizogene Exkretbehälter in der Rinde und in den Markstrahlen; Holzkörper aus breiten Markstrahlen und schmalen, hellgelben Zellsträngen mit in Gruppen zusammenliegenden, dickwandigen Gefäßen bestehend; das Parenchym enthält Inulinschollen (Rotfärbung mit α-Naphthol-Schwefelsäure-Reagenz) und Calciumoxalatkristalle in Form von kleinen prismatischen Einzel- und Zwillingskristallen [6]. Eine DC-Prüfung des Chloroformauszuges findet sich bei [7], die eine sichere Identifizierung jedoch nur im direkten Vergleich mit einer authentischen Droge erlaubt. Siehe auch die DC- und HPLC-Prüfung lipophiler Fraktionen bei [1].

Verfälschungen: Als Verfälschung und auch als Ersatzdroge finden sich die Wurzeln von *C. acanthifolia* ALL., die von Carlinae radix nur schwer zu unterscheiden sind (höherer Anteil an parenchymatischem Gewebe, weißlichbeige Farbe des Holzkörpers) [1]. Wurzeln *anderer Carlina*-Arten können an abweichenden mikroskopischen Merkmalen erkannt werden. So besitzt Radix Carlinae silvestris keine Exkretbehälter; die der echten Droge sehr ähnliche Radix Carlinae gummiferae enthält im Phloem Milchsaftröhren und im Holzkörper viele Fasern.

Aufbewahrung: Vor Licht und Feuchtigkeit geschützt in gut verschlossenen Gefäßen (keine Kunststoffbehälter, ätherisches Öl!).

Literatur:
[1] H. Schilcher und H. Hagels, Dtsch. Apoth. Ztg. **130**, 2186 (1990).
[2] H. Meusel und A. Kästner, Lebensgeschichte der Gold- und Silberdisteln. Monographie der mediterran-mitteleuropäischen Compositen-Gattung *Carlina*, Band **1**, Springer-Verlag, Wien, New York 1990.
[3] J. Schmidt-Thomé, Z. Naturforsch. **5b**, 409 (1950).
[4] H.D. Stachel, Dtsch. Apoth. Ztg. **101**, 1233 (1960).
[5] J. Valnet, Phytothérapie, S. 282, Maloin, Paris 1983.
[6] Hager Band **4**, S. 692 (1992).
[7] Th. Kartnig, F. Buhar und J. Zarfe, Sci. Pharm. **59**, 157 (1991).

Willuhn

Carvi fructus
Ph. Eur.

Kümmel
DAB 1996

Abb. 1: Kümmelfrüchte

Beschreibung: Die Droge besteht aus den getrockneten, reifen Spaltfrüchten (=Teilfrüchten) der ursprünglichen Doppelachäne. Sie sind 3–6 mm lang, etwa 1 mm dick, graubraun, meist etwas sichelförmig gekrümmt, beiderseits zugespitzt und kahl. Auf der wenig gewölbten Rückenseite befinden sich 3, auf der am Rande schwach aufgewölbten Fugenseite 2 gerade, schmale, hervortretende helle Rippen. Am oberen Ende sind häufig noch die Griffel mit ihrem rundlichen Polster erhalten.

Geruch: Aromatisch.

Geschmack: Würzig-aromatisch.

Abb. 2: *Carum carvi* L.

Mehrjährige Pflanze mit fein zerschlitzten (2- bis 3fach gefiederten) Blättern, bis zu 1 m hoch werdend, in Wiesen und an Wegrändern verbreitet. Die kleinen weißen bis schwach rosa gefärbten Blüten sind in Doppeldolden mit meist fehlender Hülle und Hüllchen angeordnet.

Abb. 3: *Carum carvi* L.

Fruchtstand mit den länglichen Doppelachänen.

ÖAB: Fructus Carvi
Ph. Helv. VII: Carvi fructus
St. Zul. 1109.99.99

Stammpflanze: *Carum carvi* L. (Kümmel), Apiaceae [=Umbelliferae].

Herkunft: In Eurasien beheimatet; die Droge stammt aus Kulturen vor allem in Polen, Holland, Ostdeutschland und Ägypten. – Meist erfolgt die Ernte vor der Vollreife der Früchte, da hier der Gehalt an ätherischem Öl am höchsten ist.

Synonyme: Gewöhnlicher Kümmel, Wiesenkümmel, Feldkümmel, Echter Kümmel, Brotkümmel, Karbensamen, Kümmich, Mattenkümmel; Semen Cumini pratensis. Caraway (fruit, seeds) (engl.). Semences (Fruits) de carvi, Cumin de prés, Anis des Vosges (franz.).

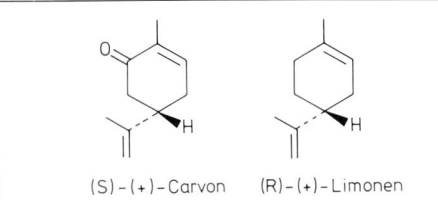
(S)-(+)-Carvon   (R)-(+)-Limonen

Inhaltsstoffe: 3–7% ätherisches Öl (Mindestgehalt nach DAB 1996: 3,0%, nach ÖAB: 4,0%, nach Ph. Helv. VII: 3,5%) mit der geruchsbestimmenden Hauptkomponente (S)-(+)-Carvon (mindest. 50% und höchst. 65% im Kümmelöl DAB 1996). Daneben (R)-(+)-Limonen (bis ca. 45%) und andere Terpene (u.a. α- u. β-Pinen, Sabinen, 3-Caren, Isomere von Dihydrocarvon, Dihydrocarveol und Carveol). Außerdem 10–18% fettes Öl, ca. 20% Proteine, ca. 15% Kohlenhydrate (u.a. Mannane); Spuren von Flavonoiden (u.a. Kämpferol- und Quercetin-Glykoside) und Hydroxy- und Furanocumarinen [1–3].

Indikationen: Als Stomachikum, da das ätherische Öl die Magensaftsekretion anregt und den Appetit fördert. Wegen der guten spasmolytischen Wirkung (ähnlich wie Fenchel, Anis und Koriander) als Karminativum, z.B. bei Meteorismus und Flatulenz; auch als Cholagogum. Einsatz von Kümmel-Präparaten besonders in der Pädiatrie. Für Kümmelöl ist eine beträchtliche fungizide Wirkung (vergleichsweise stärker als Nystatin) festgestellt worden [4].
In der *Volksmedizin* außerdem als Galaktagogum. Das ätherische Öl wird in Mundwässern zum Gurgeln und zu hautreizenden Einreibungen (Erzeugung von Hyperämien) genutzt. Die Hauptmenge des Kümmels wird als Gewürz und Geschmackskorrigens, aber auch um die Verträglichkeit blähungsfördernder Speisen (z.B. Kohl, frisches Brot) zu verbessern, und zur Likör- und Branntweinherstellung („Kümmel") genutzt [2, 3].

Teebereitung: 1–5 g Kümmel werden unmittelbar vor Gebrauch gequetscht oder zerstoßen und mit kochendem Wasser übergossen. Nach 10–15 min (bedeckt stehen lassen!) gibt man durch ein Teesieb.
1 Teelöffel = etwa 3,5 g.

Teepräparate: Kümmeltee und Kümmel enthaltende Magen-Darm-Tees (meist Anis, Fenchel und Kümmel) werden von vielen Herstellern, auch als Filterbeutel, angeboten.

Phytopharmaka: Kümmelextrakte sind in einigen Carminativa enthalten, z.B. Carminat N (Tropfen), Gastrol® S (Tropfen) u.a. Zahlreiche Präparate, auch solche zum externen Gebrauch, enthalten Kümmelöl.

Prüfung: Makroskopisch (s. Beschreibung); mikroskopisch nach DAB 1996 [2]; quantitative Bestimmung des ätherischen Öls nach DAB 1996 [2]. DC-Prüfung nach DAB 1996 [2].

Verfälschungen: Kommen praktisch nicht vor.

Aufbewahrung: Vor Feuchtigkeit und Licht geschützt in gut schließenden Metall- oder Glasgefäßen, nicht in Kunststoffbehältern (ätherisches Öl!).

Literatur:
[1] V. Formáček und K.-H. Kubeczka, Essential Oils Analysis by Capillary Gas Chromatography and Carbon-13 NMR Spectroscopy. John Wiley & Sons. Chichester etc. 1982.
[2] Kommentar DAB 10 „Kümmel".
[3] Hager, Band **4**, 693 (1992).
[4] G.G. Ibragimov und O.D. Vasilev, Azerb. Med. **62**, 44 (1985); C.A. **103**, 138380 (1985).

Czygan

Auszug aus der Monographie der Kommission E (BAnz Nr. 22a vom 01.02.1990)

Anwendungsgebiete
Dyspeptische Beschwerden wie leichte, krampfartige Beschwerden im Magen-Darm-Bereich, Blähungen und Völlegefühl.

Gegenanzeigen
Nicht bekannt.

Nebenwirkungen
Nicht bekannt.

Wechselwirkungen mit anderen Mitteln
Nicht bekannt.

Dosierung
Soweit nicht anders verordnet:
Tagesdosis:
1,5–6 g Droge; Zubereitungen entsprechend.

Art der Anwendung
Frisch zerkleinerte Droge für Aufgüsse sowie andere galenische Zubereitungen zum Einnehmen.

Wirkungen
Spasmolytisch, antimikrobiell.

Wortlaut der Packungsbeilage gemäß Standardzulassung:

6.1 Stoff- oder Indikationsgruppe
Pflanzliches Magen-Darm-Mittel.

6.2 Anwendungsgebiete
Verdauungsbeschwerden mit leichten Krämpfen im Magen-Darm-Bereich, Völlegefühl, Blähungen.

6.3 Gegenanzeigen
Keine bekannt.

6.4 Wechselwirkungen mit anderen Mitteln
Keine bekannt.

6.5 Dosierungsanleitung und Art der Anwendung
Soweit nicht anders verordnet, wird 1- bis 3mal täglich eine Tasse des wie folgt bereiteten Teeaufgusses getrunken:
Etwa 1/2 Teelöffel voll (ca. 1,8 g) kurz vor Gebrauch zerstoßener Kümmel oder die zerkleinerte entsprechende Menge in einem oder mehreren Aufgußbeutel(n) wird mit siedendem Wasser (ca. 150 ml) übergossen und nach etwa 10 bis 15 Minuten gegebenenfalls durch ein Teesieb gegeben.

6.6 Dauer der Anwendung
Bei akuten Beschwerden, die länger als eine Woche andauern oder periodisch wiederkehren, wird die Rücksprache mit einem Arzt empfohlen.

6.7 Nebenwirkungen
Keine bekannt.

6.8 Hinweis
Vor Licht und Feuchtigkeit geschützt aufbewahren.

Caryophylli flos
Ph. Eur.

Gewürznelken
DAB 1996

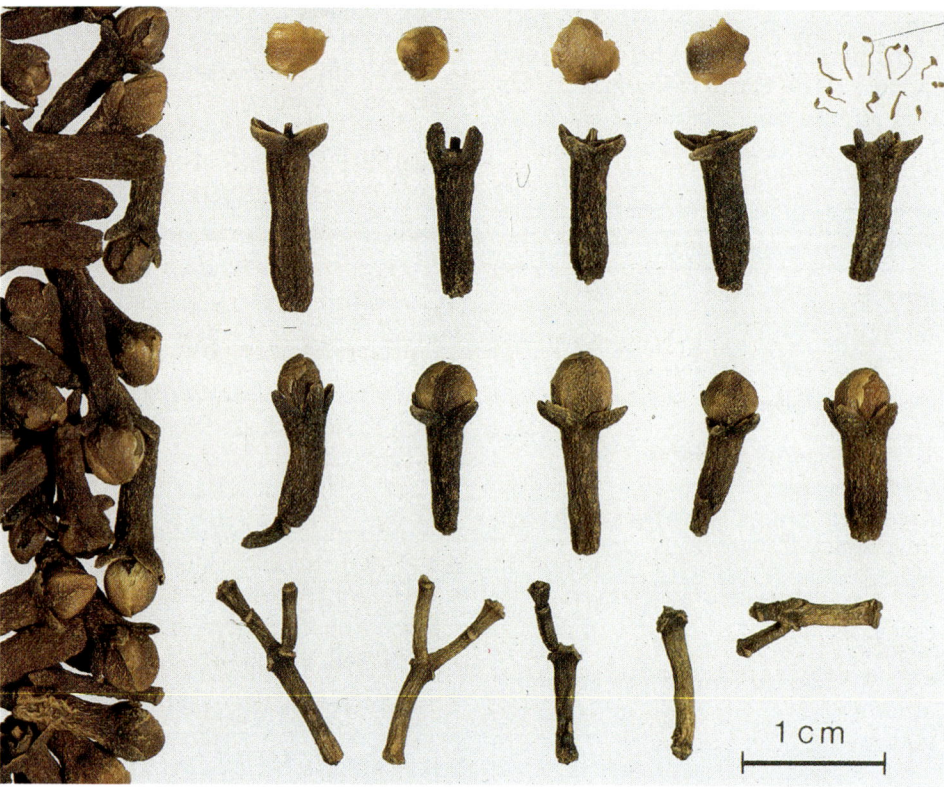

Abb. 1: Gewürznelken
Die Droge besteht aus den getrockneten Blütenknospen.

Beschreibung: Die 12–17 mm langen, dunkelbraunen Blütenknospen bestehen aus dem langen, bis 4 mm dicken Unterkelch (Hypanthium), der nach oben in 4 derbe, abstehende Kelchzipfel übergeht. Die vier helleren, gelbbraunen Kronblätter bilden eine Haube (mittlere Reihe), unter der sich zahlreiche Staubblätter befinden (oben rechts). Im oberen Teil des Unterkelches liegt der unterständige zweifächerige Fruchtknoten mit zahlreichen Samenanlagen.
Beim Einkerben der Gewürznelken mit dem Fingernagel tritt an der Druckstelle ätherisches Öl aus.

Geruch: Stark aromatisch.

Geschmack: Brennend gewürzhaft.

Abb. 2: *Syzygium aromaticum* (L.) MERR. et PERRY
Schlanker, immergrüner, bis 20 m hoher Baum mit ledrigen, ganzrandigen Blättern. Blüten in dreifach dreigabeligen Trugdolden, im Bild die Blütenknospen knapp vor der Ernte.

ÖAB: Flos Caryophylli
Ph. Helv. VII: Caryophylli flos

Stammpflanze: *Syzygium aromaticum* (L.) MERR. et PERRY (syn. *Caryophyllus aromaticus* L., *Eugenia caryophyllata* THUNB., *Jambosa caryophyllus* [SPRENG] NIEDENZU), Myrtaceae.

Synonyme: Nägelein, Gewürznägelein, Kreidenelken. Clove, Caryophyllum (engl.). Clous de girofle (franz.).

Herkunft: Auf den Molukken und den südlichen Philippinen beheimatet, heute in vielen tropischen Ländern kultiviert. Importe aus Madagaskar, Indonesien, Malaysia, ostafrikanischen Inseln (Sansibar, Pemba), Ceylon und Südamerika.

Inhaltsstoffe: 15 bis über 20% ätherisches Öl (DAB 1996 mind. 15,0%, ÖAB mind. 15,0%, Ph. Helv. VII

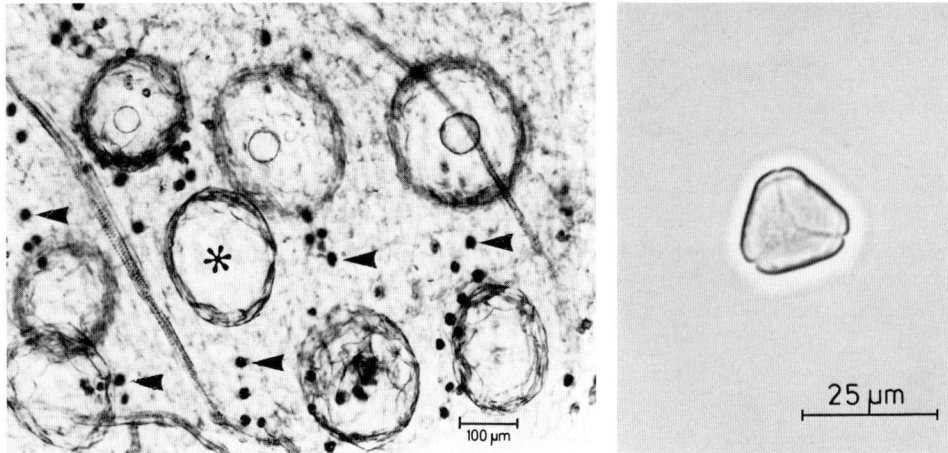

Abb. 3: Große, schizogene Ölräume (*) und zahlreiche Oxalatdrusen (◄) in den Kronblättern von *Syzygium aromaticum*

Abb. 4: Typisches, tetraedrisches Pollenkorn von *Syzygium aromaticum*

Auszug aus der Monographie der Kommission E (BAnz Nr. 223 vom 30. 11. 1985)

Anwendungsgebiete

Entzündliche Veränderungen der Mund- und Rachenschleimhaut.
In der Zahnheilkunde zur lokalen Schmerzstillung.

Gegenanzeigen

Keine bekannt.

Nebenwirkungen

In konzentrierter Form wirkt Nelkenöl gewebereizend.

Wechselwirkungen mit anderen Mitteln

Keine bekannt.

Dosierung

Soweit nicht anders verordnet:
in Mundwässern entsprechend 1–5 Prozent ätherisches Öl;
in der Zahnheilkunde: unverdünntes ätherisches Öl.

Art der Anwendung

Drogenpulver, ganze oder zerkleinerte Droge zur Gewinnung des ätherischen Öls sowie andere galenische Zubereitungen zur lokalen Anwendung.

Wirkungen

antiseptisch, antibakteriell, antifungal, antiviral, lokalanaesthetisch, spasmolytisch.

mind. 15,0%), mit Eugenol als Hauptkomponente (85–95% des Nelkenöles), wenig Eugenolacetat, β-Caryophyllen u.a.; Flavonoide (Quercetin- und Kämpferolderivate); Gerbstoffe; Phenolcarbonsäuren (Gallussäure, Protocatechusäure u.a.); kleine Mengen an Sterolen und Sterolglykosiden, etwa 10% fettes Öl [1].

Indikationen: Die Droge wird, wie ihr Name bereits ausdrückt, vorwiegend als Gewürz verwendet. Das ätherische Öl besitzt beträchtliche antibakterielle Wirkungen und wird für sich (Nelkenöl DAB 1996) in der Zahnheilkunde als Antiseptikum viel gebraucht.

Neben der Anwendung als Aromatikum spielen Gewürznelken in bescheidenem Umfang, fast stets in Kombination mit anderen Drogen, als Karminativum, Stomachikum und Tonikum eine Rolle.

Gewürznelken sollen bei Magengeschwüren die Ausheilung positiv beeinflussen [2].

Für einige aus Gewürznelken *isolierte* Inhaltsstoffe sind in den letzten Jahren interessante pharmakologische Effekte beobachtet worden. Eugenol und Eugenolacetat hemmen die Thrombocytenaggregation [3]; diese Wirkung kommt durch eine Hemmung der Thromboxanbildung und die Stimulierung der 12-Lipoxygenase-Biosynthese zustande.

Für ein Gemisch Eugenol plus Isoeugenol wurde ein Deutsches Patent erteilt [4]: diese Mischung soll die Krankheitssymptome von AIDS-Patienten lindern und deren Überlebenszeit erhöhen.

Die Sesquiterpene aus Gewürznelken zeigten bei der biologischen Prüfung anticarcinogenes Potential [5].

Teebereitung: Entfällt.

Teepräparate: Gewürznelken sind fast regelmäßiger Bestandteil von Gewürzmischungen zur Glühweinherstellung.

Phytopharmaka: Keine.
Mehrere Kombinationspräparate mit unterschiedlichen Indikationen enthalten ätherisches Nelkenöl.

Prüfung: Makroskopisch (siehe Beschreibung) und mikroskopisch. Auffallend sind die zahlreichen, ziemlich großen (bis 200 μm im Durchmesser) schizogenen Ölräume im Parenchym von Unterkelch, Kronblättern und Fruchtknoten, und viele kleine Calciumoxalatdrusen (Abb. 3). Die meist noch geschlossenen Antheren besitzen ein sternförmiges Endothezium. Die – häufig noch zu Paketen verklebten – Pollenkörner sind tetraedrisch geformt und lassen in den abgestutzten Ecken Poren erkennen (Abb. 4).

Nelkenstiele sollten nicht oder nur vereinzelt (bis 3%) vorkommen (Abb. 1, unterste Reihe).

Caryophyllen   Eugenol : R=H
              Eugenolacetat: R=COCH₃

Verfälschungen: Kommen heute kaum noch vor. Vom Öl weitgehend befreite („ausgezogene") Gewürznelken lassen sich bereits mit der Fingernagelprobe (siehe Beschreibung) erkennen; sie schwimmen z.T. in destilliertem Wasser auf oder in waagerechter Lage, während vollwertige Droge im Wasser untersinkt oder senkrecht schwimmt.

Mutternelken (Anthophylli), die Früchte von *Syzygium aromaticum*, sind etwa 25 mm lang und schon dadurch, auch durch die dickbauchige Form, leicht zu erkennen. Da sie teurer sind als Gewürznelken, spielen sie als Verfälschung keine Rolle.

Aufbewahrung: Vor Licht geschützt, kühl, trocken, nicht in Kunststoffbehältern (ätherisches Öl!).

Literatur:
[1] Kommentar DAB 10.
[2] S.H. Zaidi, Ind. J. med. Res. **46,** 732 (1958).
[3] K.C. Srivastava, Prostaglandins, Leukotrienes, Essent. Fatty Acids **48**, 363 (1993).
[4] Dtsch. Patent DE 3,829.200 (Cl. C07C43/23) vom 01.03.1990; C.A. **114**, P115063 (1991).
[5] G.-Q. Zheng, P.M. Kenney und L.K.T. Lam, J. Nat. Prod. **55**, 999 (1992).

Wichtl

Castaneae folium — Edelkastanienblätter

Abb. 1: Edelkastanienblätter

Beschreibung: Die im September/Oktober geernteten Blätter sind bis 20 cm lang und bis 7 cm breit, mit deutlich gesägtem, stachelspitzigem, unterseits wulstig verdicktem Blattrand. In jede Stachelspitze, die oftmals einwärts gekrümmt ist, läuft einer der parallel zueinander liegenden Seitennerven. Im Gegensatz zu jungen Blättern sind die älteren nur schwach behaart (Abb. 3). Die Schnittdroge besteht überwiegend aus zähledrigen, oberseits grünen Blattstücken; Mittelnerv und Seitennerven treten an der Unterseite deutlich hervor. Gelegentlich finden sich Teile des Blattstiels.

Geschmack: Zusammenziehend.

Abb. 2: *Castanea sativa* MILL.

Bis 30 m hoher Baum mit länglich-lanzettlichen Blättern, Rand stachelig gezähnt. Männliche Blüten in aufrechten Kätzchen, weibliche Blüten zu 1–3 mit schuppigem Fruchtbecher, Früchte dicht stachelig mit braunen Samen.

Stammpflanze: *Castanea sativa* MILL., syn. *Castanea vesca* GAERTN., *Castanea vulgaris* LAM. (Echte Kastanie), Fagaceae.

Synonyme: Edelkastanie, Eßkastanie. Chestnut leaf (engl.). Feuilles de châtaigner (franz.).

Herkunft: Zier- und Nutzbaum im Mittelmeerraum und in Südosteuropa. Die Droge stammt meist aus Kulturen und wird aus ost- und südosteuropäischen Ländern eingeführt.

Inhaltsstoffe: Ca. 6–8% Gerbstoffe aus der Gruppe der Ellagitannine, darunter Tellimagrandin I und II, Casuarictin, Potentillin und Pedunculagin, wahrscheinlich auch die in frischen Blättern nachgewiesenen Ellagitannine Castalagin und Vescalagin [1]; Flavonoide, bes. Quercetin- und Myricetin-Derivate [2]; Triterpene, z.B. Ursolsäure [3]; etwa

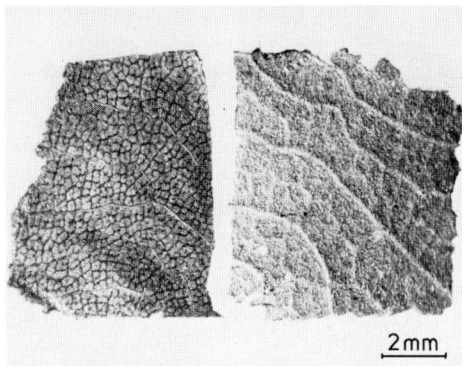

Abb. 3: Älteres, weniger behaartes (links) und jüngeres, unterseits stark behaartes Blatt von *Castanea sativa*

Abb. 4: Haarfilz der Blattunterseite eines jungen Blattes

0,2% Vitamin C [4]; von weiteren, z.T. ubiquitären Stoffen seien Gallussäure, Dehydrodigallussäure, 3-O-p-Cumaroylchinasäure und ein β-Sitosterolglucosid genannt [1].

Indikationen: Edelkastanienblätter können wie andere Gerbstoffdrogen als Adstringens verwendet werden. Für den aus der *Volksheilkunde* abgeleiteten Gebrauch als Expektorans und Keuchhustenmittel fehlt bisher der Nachweis entsprechender Wirkstoffe. Wie die noch im Handel befindlichen Phytopharmaka zeigen, scheint diese Tatsache für den Einsatz der Droge (als Extrakt) kein Hinderungsgrund zu sein.

Teebereitung: 2–5 g fein geschnittene Blätter werden entweder mit kochendem Wasser übergossen und nach kurzem Stehen durch ein Sieb gegeben oder mit kaltem Wasser angesetzt, kurz aufgekocht und dann abgeseiht.
1 Teelöffel=etwa 1,0 g.

Teepräparate: Keine.

Phytopharmaka: Nur noch einige wenige Kombinationspräparate in der Gruppe Antitussiva/Expektorantia enthalten Kastanienextrakt, z.B. Bronch-Agil Saft und Tussamag® Hustensaft N.

Prüfung: Abgesehen von den makroskopischen Merkmalen sind mikroskopisch die regelmäßig auf der Blattunterseite anzutreffenden dickwandigen Borstenhaare (Abb. 4) zu beobachten. Epidermiszellen hier wellig-buchtig verzahnt, auf der Oberseite dagegen vieleckig, getüpfelt. Im Mesophyll bis 60 µm große Calciumoxalatdrusen.

Verfälschungen: Kommen praktisch nicht vor.

Auszug aus der Monographie der Kommission E (BAnz Nr. 76 vom 23.04.1987)

Anwendungsgebiete

Kastanienblätter werden bei Erkrankungen und Beschwerden im Bereich der Atemwege wie Bronchitis und Keuchhusten sowie bei Beinbeschwerden und Durchblutungsstörungen angewendet. Die Wirksamkeit bei den beanspruchten Anwendungsgebieten ist nicht belegt.

Risiken

Keine bekannt.

Beurteilung

Da die Wirksamkeit bei den beanspruchten Anwendungsgebieten nicht belegt ist, kann eine therapeutische Anwendung nicht befürwortet werden.

Literatur:
[1] Hager, Bd. **4**, S. 728 (1992).
[2] G. Romussi, L. Mosti und G. Ciarallo, Pharmazie **36**, 718 (1981).
[3] A. Marsili und I. Morelli, Phytochemistry **11**, 2633 (1972).
[4] E. Jones und R.E. Hughes, Phytochemistry **23**, 2366 (1984).

Frohne

Tellimagrandin II

Centaurii herba — Tausendgüldenkraut
DAB 1996

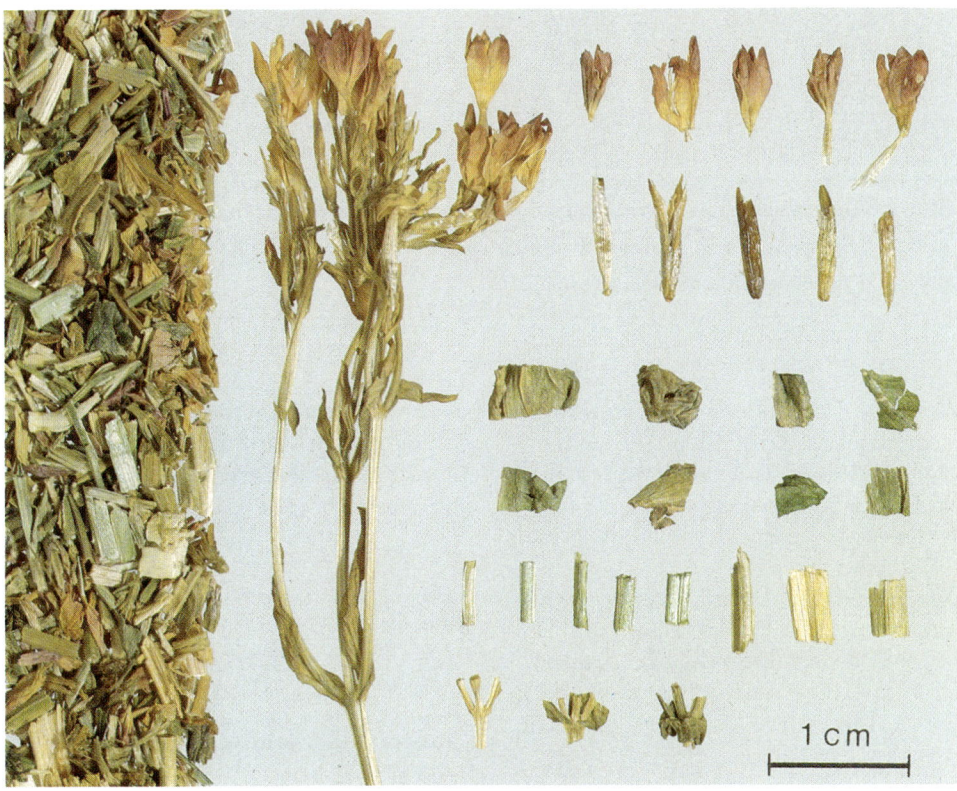

Abb. 1: Tausendgüldenkraut

Beschreibung: In der aus den oberirdischen Teilen blühender Pflanzen bestehenden Droge fallen vor allem die vierkantigen hohlen Stengelstückchen von meist gelblicher Farbe und die bis 8 mm langen, rötlichen Blüten auf. Fragmente der kleinen, glattrandigen und unbehaarten Blätter (gegenständig!) treten demgegenüber zurück. Gelegentlich finden sich 2klappig aufspringende Kapseln (Abb. 3) und die daraus entlassenen, sehr kleinen Samen. Charakteristisch sind auch die (nach dem Ausstäuben) spiralig gedrehten Antheren der Staubblätter (Abb. 4).

<u>Geruch:</u> Schwach, eigenartig.
<u>Geschmack:</u> Stark bitter.

Abb. 2: *Centaurium erythraea* RAFN.

Die nur etwa 30 cm hohe Pflanze ist zweijährig und treibt im ersten Jahr eine grundständige Rosette mit elliptischen bis spateligen Blättern. Der im 2. Jahr erscheinende Blütenstiel ist verzweigt, trägt kleine stengelständige Blätter und 5zählige, röhrig verwachsene, rosarote Blüten in flachen Trugdolden.

ÖAB: Herba Centaurii
Ph. Helv. VII: Centaurii herba
St. Zul. 1319.99.99

Stammpflanze: *Centaurium erythraea* RAFN. ssp. *erythraea* [1] (=*Centaurium minus* MOENCH [so im DAB 1996], *Centaurium umbellatum* auct., *Erythraea centaurium* auct., non (L.) PERS.) (Tausendgüldenkraut), Gentianaceae.

Synonyme: Fieberkraut, Bitterkraut, Erdgallenkraut, Roter Aurin, Herba Chironiae, Herba Felis terrae. Centaury herb (engl.). Herbe de centaurée (franz.).

Herkunft: Zerstreut bis verbreitet in Europa, Nordamerika, Nordafrika und dem westlichen Asien. Die Droge wird aus Marokko, dem ehem. Jugoslawien, Bulgarien und Ungarn importiert.

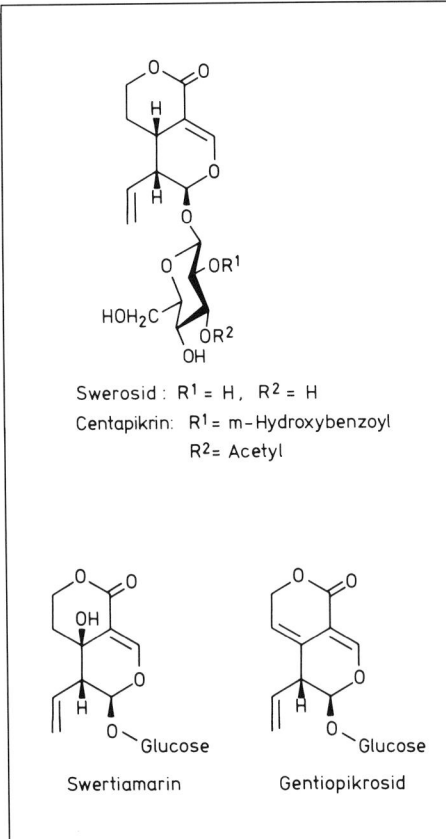

Swerosid: R¹ = H, R² = H
Centapikrin: R¹ = m-Hydroxybenzoyl
R² = Acetyl

Swertiamarin   Gentiopikrosid

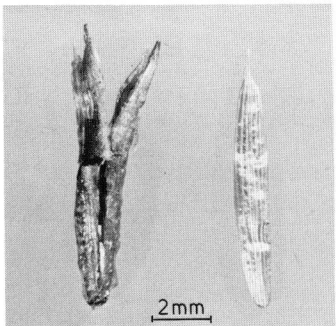

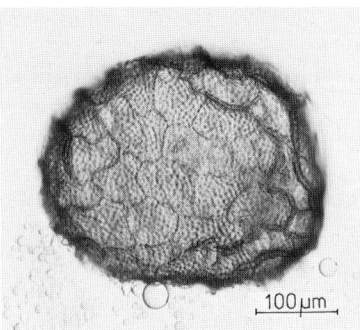

Abb. 3: Kapselfrüchte (links reif, rechts unreif) von *Centaurium erythraea*
Abb. 4: Schraubenförmig gedrehte Staubbeutel der Blüte
Abb. 5: Typischer Same mit warziger Schale

Inhaltsstoffe: Kleine Mengen an intensiv bitter schmeckenden Secoiridoidglykosiden [2–4], neben Gentiopikrosid, Swerosid und Gentioflavosid [4] vor allem Swertiamarin. Mit Bitterwerten von ca. 4 Mill. sind die nur in geringer Menge vorkommenden Secoiridoide Centapikrin und Desacetylcentapikrin die bittersten Substanzen. Ein dimeres Secoiridoid (vgl. Fieberkleeblätter) ist das Centaurosid [5]. Bitterwert der Droge nach DAB 1996 und ÖAB mind. 2000, nach Ph. Helv. VII mind. 100 Ph. Helv. Einheiten/g. Die Droge enthält ferner bis 0,4 % Flavonoide [6], hochmethoxylierte Xanthonderivate [7, 8], z.B. Methylbellidifolin, Phenolcarbonsäuren [9], hydroxylierte Terephthalsäureester [10] sowie in geringen Mengen Triterpene, Sterole und – möglicherweise als Artefakte – Pyridin- und Actinidin-Alkaloide [11].

Indikationen: Als reines Bittermittel (Amarum purum) zur Anregung des Appetits, zur Erhöhung der Magensaftsekretion, besonders bei chronisch-dyspeptischen Zuständen und Achylie; schwächer wirksam als vergleichbare Drogen, z.B. Enzianwurzel.
In der *Volksmedizin* auch als Roborans und Tonikum.
Ein wässeriger Extrakt zeigte antiinflammatorische, analgetische und antipyretische Effekte [12]; die Xanthonderivate haben antimutagene Wirkungen [8, 13].

Teebereitung: 2–3 g fein geschnittene Droge werden mit kochendem Wasser übergossen und nach 10 min abgeseiht. Von manchen Autoren wird auch mehrstündige Extraktion mit kaltem Wasser empfohlen.
1 Teelöffel = etwa 1,8 g.

Teepräparate: Die Droge wird auch in Filterbeuteln (1,0 bzw. 1,8 g) angeboten. Sie ist auch Bestandteil einiger Teegemische (Magentees, Leber-Galle-Tees).

Phytopharmaka: Einige wenige Kombinationspräparate enthalten Auszüge aus der Droge, z.B. Canephron® (Dragees und Tropfen) und Nephro-Tonikum (resana) in der Gruppe Urologika.

Prüfung: Makroskopisch (s. Beschreibung) und mikroskopisch nach DAB 1996. Charakteristisch sind die im Mesophyll zahlreich vorkommenden Oxalat-Einzelkristalle, gekreuzte Faserschichten aus der Fruchtwand und die kleinen braunen Samen mit feinpunktierter Epidermis (Abb. 5). Die im Arzneibuch aufgeführten Merkmale treffen allerdings nach Länger [1] auf nahezu alle Vertreter der Gattung *Centaurium*

Auszug aus der Monographie der Kommission E
(BAnz Nr. 122 vom 06. 07. 1988 und Nr. 50 vom 13. 03. 1990)

Anwendungsgebiete
Appetitlosigkeit;
dyspeptische Beschwerden.

Gegenanzeigen
Keine bekannt.

Nebenwirkungen
Keine bekannt.

Wechselwirkungen mit anderen Mitteln
Keine bekannt.

Dosierung
Soweit nicht anders verordnet:
mittlere Tagesdosis 6 g Droge;
Extrakt (entsprechend EB 6):
Tagesdosis 1 bis 2 g;
Zubereitungen entsprechend.

Art der Anwendung
Zerkleinerte Droge für Aufgüsse sowie andere bitterschmeckende Zubereitungen zum Einnehmen.

Wirkungen
Steigerung der Magensaftsekretion.

zu, so daß vor allem bei der Schnittdroge nicht eindeutig festgestellt werden kann, ob sie tatsächlich von *C. erythraea*, ssp. *erythraea* stammt (siehe auch Abschn. Verfälschungen).

Die Mindestbitterwerte der Arzneibücher (s. Inhaltsstoffe) werden nur bei einem entsprechenden Anteil an Blüten, die den höchsten Gehalt an Bitterstoffen aufweisen (insbesondere Centapikrin im Fruchtknoten [2, 3]), erreicht. Nach DAB 1996 wird ein DC-Nachweis der Bitterstoffe in einem methanolischen Extrakt (Rutosid als Referenzsubstanz) durchgeführt.

Verfälschungen: Falls solche vorkommen, handelt es sich in der Regel um Drogen, die von anderen *Centaurium*-Arten stammen. Länger [1] hat in einer ausführlichen Arbeit die Problematik der Abgrenzung und Unterscheidung einzelner Arten und Unterarten bei der Untersuchung von Schnittdrogen dargelegt. Da das Inhaltsstoffspektrum innerhalb der Gattung – insbesondere Secoiridoidbitterstoffe und Xanthone – zumindest ähnlich zu sein scheint, plädiert er für eine Zulassung aller *Centaurium*-Arten als Stammpflanzen, vorausgesetzt, der geforderte Bitterwert wird erreicht. Für *Centaurium pulchellum* (SW.) DRUCE, das zierliche Tausendgüldenkraut, wurde eine Unterscheidungsmöglichkeit nach dc-Trennung beschrieben [14]: Ein methanolischer Extrakt gibt bei der dc-Trennung auf Kieselgel 60F254, silanisiert, mit wassergesättigtem Ethylformiat als Fließmittel einen deutlichen Xanthonfleck im mittleren Rf-Bereich, der bei *Centaurium erythraea* fehlt.

Wortlaut der Packungsbeilage gemäß Standardzulassung:

6.1 Stoff- oder Indikationsgruppe

Pflanzliches Magen-Darm-Mittel.

6.2 Anwendungsgebiete

Appetitlosigkeit; Verdauungsbeschwerden, besonders bei funktionellen Störungen des ableitenden Gallensystems.

6.3 Gegenanzeigen

Keine bekannt.

6.4 Wechselwirkungen mit anderen Mitteln

Keine bekannt.

6.5 Dosierungsanleitung und Art der Anwendung

Soweit nicht anders verordnet, wird 2- bis 3mal täglich zur Appetitanregung jeweils ca. eine halbe Stunde vor den Mahlzeiten, bei Verdauungsbeschwerden nach den Mahlzeiten eine Tasse des wie folgt bereiteten Teeaufgusses getrunken:

1 Teelöffel voll (ca. 1,8 g) Tausendgüldenkraut oder die entsprechende Menge in einem oder mehreren Aufgußbeutel(n) wird mit siedendem Wasser (ca. 150 ml) übergossen und nach etwa 10 bis 15 Minuten gegebenenfalls durch ein Teesieb gegeben.

6.6 Dauer der Anwendung

Bei akuten Beschwerden, die länger als eine Woche andauern oder periodisch wiederkehren, wird die Rücksprache mit einem Arzt empfohlen.

6.7 Nebenwirkungen

Keine bekannt.

6.8 Hinweis

Vor Licht und Feuchtigkeit geschützt aufbewahren.

Literatur:

[1] R. Länger, Dtsch. Apoth. Ztg. **130**, 2366 (1990).
[2] W.G. van der Sluis und R.P. Labadie, Pharm. Weekbl. **113**, 21 (1978).
[3] W.G. van der Sluis und R.P. Labadie, Planta Med. **41**, 150 (1981).
[4] T. Do und Mitarb., Planta Med. **53**, 580 (1987).
[5] S. Takagi und Mitarb., Yakugaku Zasshi **102**, 313 (1982); C.A. **97**, 52511 (1982).
[6] P. Lebreton und M.P. Dangy-Caye, Plantes Med. Phytothér. **7**, 87 (1973).
[7] Y. Takino und Mitarb., Planta Med. **38**, 344 (1980).
[8] O. Schimmer und H. Mauthner, 43. Ann. Congr. Med. Plant. Res., G.A. Abstr. H14 (1995).
[9] E. Dombrowicz, L. Swiatek und R. Zadernowski, Farm. Polon. **44**, 657 (1988); C.A. **110**, 209359 (1989).
[10] M. Matjimanoli und Mitarb., J. Nat. Prod. **51**, 977 (1988).
[11] W.D. Bishay, W.H. Shelver und S.K. Whaba Khalil, Planta Med. **33**, 422 (1978).
[12] T. Berkan und Mitarb., Planta Med. **57**, 34 (1991).
[13] O. Schimmer und H. Mauthner, Z. Phytother. **15**, 297 (1994).
[14] W.G. van der Sluis und R.P. Labadie, Planta Med. **41**, 221 (1981)

Frohne

Chamomillae romanae flos
Ph. Eur.

Römische Kamille
DAB 1996

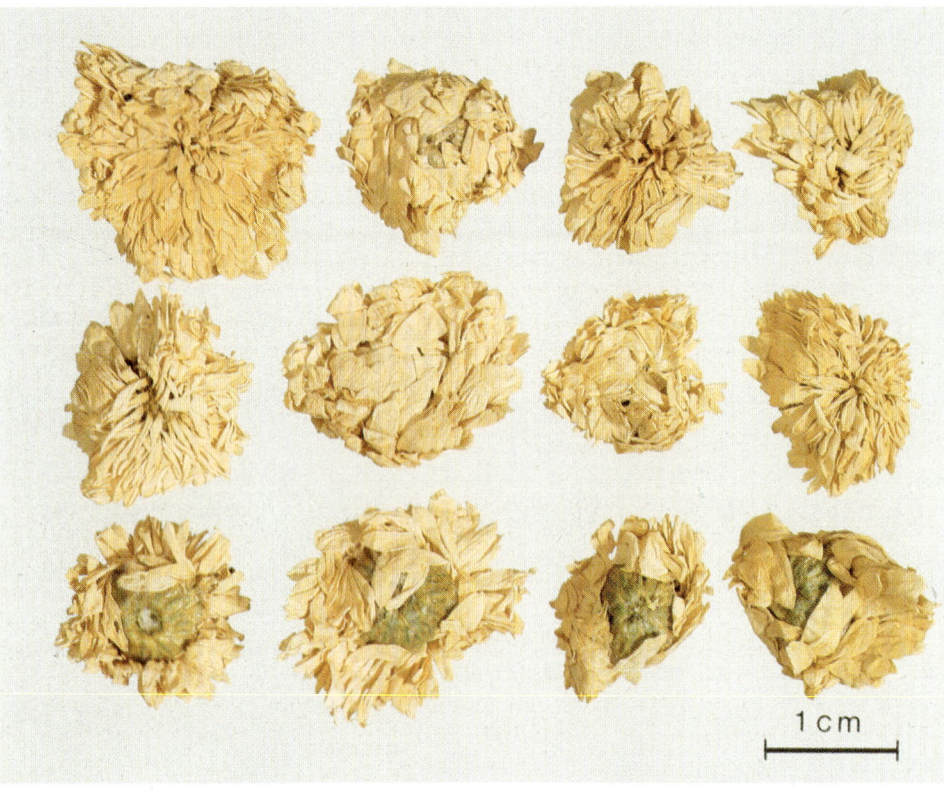

Abb. 1: Römische Kamille

Beschreibung: Weiße bis gelblich-weiße, 2–3 cm große Blütenköpfchen der gefüllten Varietät mit in 2–3 Reihen stehenden, sich dachziegelartig deckenden, hellgrünen, schmallanzettlichen, trockenhäutigen Hüllkelchblättern. Die bis 7 mm langen, weiblichen Zungenblüten besitzen vier annähernd parallel verlaufende Nerven, eine unregelmäßige dreizähnige Spitze und einen kurzen, gelblichbraunen Fruchtknoten (Achäne). In der Mitte des Köpfchens wenige Röhrenblüten, oder auch ganz fehlend. Der Blütenstandsboden ist gefüllt und mit zahlreichen länglichen Spreublättern besetzt.

Geruch: Eigenartig, angenehm.

Geschmack: Bitter, aromatisch.

Abb. 2: *Chamaemelum nobile* (L.) ALL.

Die Kulturform der niedrigen, nur etwa 30 cm hohen Pflanze besitzt 2- bis 3fach fiederteilige Blätter; die bis 3 cm großen Blütenköpfchen bestehen fast ausschließlich aus weißen Zungenblüten.

ÖAB: Flos Chamomillae romanae
Ph. Helv. VII: Chamomillae romanae flos
St. Zul. 1069.99.99 (bis 31.01.1996)

Stammpflanze: *Chamaemelum nobile* (L.) ALL., syn. *Anthemis nobilis* L., *Chamomilla nobilis* GOD., *Anthemis odorata* LAM. (Römische Hundskamille), Asteraceae.

Synonyme: Große Kamille, Doppelte Kamille, Dickköpfe, Flores Anthemidis. English chamomile, Sweet chamomile (engl.). Fleur de camomille romaine (franz.).

Herkunft: Heimisch im südlichen und westlichen Europa sowie Nordafrika (England, Belgien, Frankreich, Deutschland, Italien, Spanien). Zur Drogengewinnung wird eine fast nur Zungenblüten bildende Varietät kultiviert, vor allem in Belgien, Frankreich und England, aber auch in USA und Argenti-

Nobilin

4 α-Hydroperoxyromanolid

$H_3C-C\equiv C-C\equiv C-C\equiv C-CH=CH-COOCH_3$
Dehydromatricariaester

nien. Importe vor allem aus Frankreich, Polen und der ehemaligen CSSR.

Inhaltsstoffe [1]: Ätherisches Öl, 0,6–2,4% (DAB 1996 mind. 0,7%), vorwiegend aus Estern der Angelica-, Methacryl-, Tiglin- und Isobuttersäure und aliphatischen C_4- bis C_6-Alkoholen (u.a. n-Butanol, Isobutanol, 2-Methylbutanol, Amyl- und Isoamylalkohol sowie 3-Phenylpropanol [2]) bestehend, daneben u.a. Pinocarveol, Pinocarvon, Chamazulen und Bisabolol. Pinocarveol und ein Teil der Ester des ätherischen Öls liegen nativ auch als Hydroperoxide vor [3]; ca. 0,6% Sesquiterpenlactone (Bitterstoffe) vom Germacranolid- und Guaianolid-Typ: Nobilin, 3-Epinobilin (3α-OH), 1β-Hydroperoxyisonobilin [3], das Proazulen 4α-Hydroperoxyromanolid [4] u.a.; Flavonoide: vor allem Apigenin-7-O-Glykoside und 7-O-Acylglucoside (nach saurer Hydrolyse ca. 1,67% Apigenin, nach basischer Hydrolyse ca. 2,4% Apigenin-7-O-glucosid [5]), u.a. Apigenin-7-O-glucosid und seine mit 3-Hydroxy-3-methylglutarsäure oder 2,3-Dihydrozimtsäure (Anthemosid) veresterten Acylglucosidderivate, Apigenin-7-O-apiosylglucosid (Apiin), Luteolin-7-O-glucosid und mehrerer methylierte Flavonoidaglykone [6]; Polyacetylene (u.a. Dehydromatricariaester); phenolische Verbindungen wie trans-Kaffeesäure, Ferulasäure und deren Glucoseester; Scopoletin-7-β-glucosid; Triterpene.

Indikationen: Das Anwendungsgebiet entspricht dem der Echten Kamille (s. Matricariae flos), an deren Stelle sie besonders in Großbritannien, Frankreich und Belgien im Gebrauch ist [7], so insbesondere bei Menstruationsbeschwerden und als Karminativum. Des weiteren als aromatisches Bittermittel zur Anregung von Appetit und Verdauung. Äußerlich auch zu Mund- und Wundspülungen. Im Vergleich zur Echten Kamille pharmakologisch weniger gut untersucht. Neben dem ätherischen Öl und den Flavonoiden sind wahrscheinlich die Sesquiterpenlactone der Droge maßgeblich am Wirkungsbild beteiligt, da andere Vertreter dieser Stoffgruppe

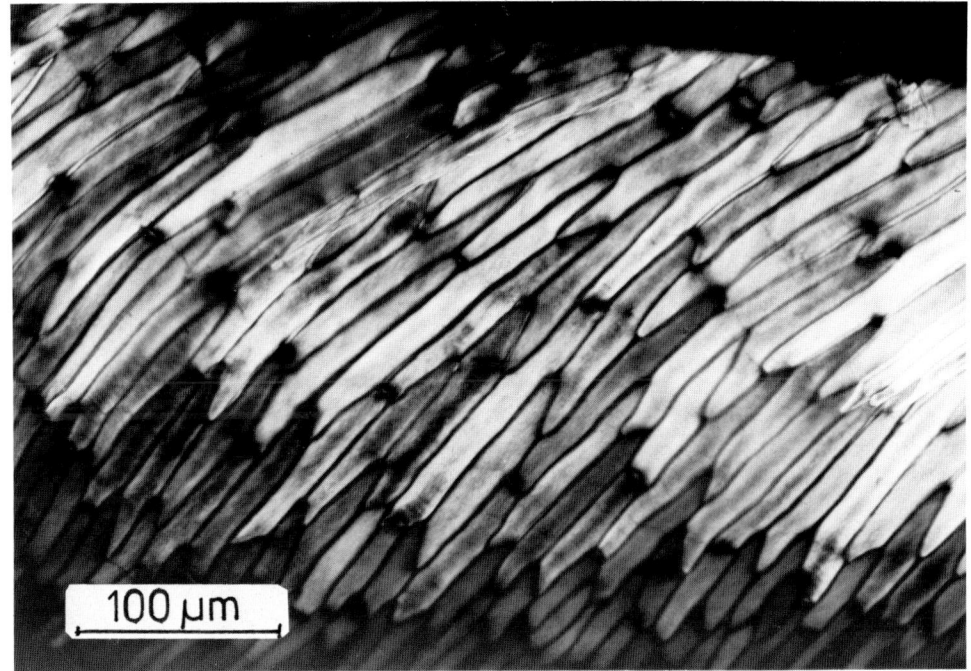

Abb. 3: Zartwandige Zellen der Spreuschuppe im polarisierten Licht

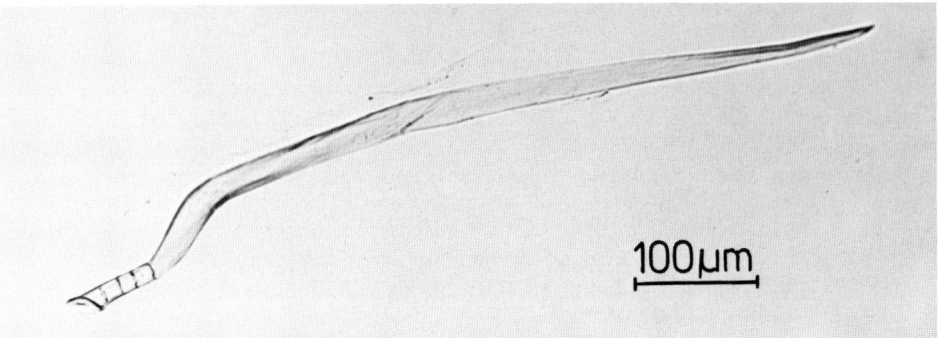

Abb. 4: Gliederhaar des Hüllkelchblattes mit fahnenartiger Endzelle

mit semicyclischer Methylengruppe am γ-Lactonring sich als potente antiphlogistisch und antibakteriell wirkende Verbindungen erwiesen haben [8–11].

Teebereitung: 2–3 g der fein zerschnittenen Droge mit kochendem Wasser übergießen und nach 10 min abseihen. Für die äußerliche Anwendung wird ein 3%iges Infus gebraucht.
1 Teelöffel = etwa 0,8 g, 1 Eßlöffel = etwa 2 g.

Teepräparate: Keine.

Phytopharmaka: Ziemlich selten in der Gruppe der Magen-Darm-Mittel, z.B. Stovalid® (Tropfen) u.a. In Fertigarzneimitteln wird meist die Echte (Kleine) Kamille verwendet.

Prüfung: Makroskopisch, mikroskopisch und mittels DC nach DAB 1996 und [12]. Die Spreublätter liefern vor allem im polarisierten Licht ein charakteristisches Bild (Abb. 3); typisch auch die Gliederhaare der Hüllkelchblätter (Abb. 4). Eine Zuordnungshilfe für die im DC auftretenden Zonen findet man bei [13].

Verfälschungen: Selten; am Fehlen von Spreublättern meist leicht nachweisbar.

Aufbewahrung: Vor Licht und Feuchtigkeit geschützt, nicht in Kunststoffbehältern (ätherisches Öl!)

Wortlaut der Packungsbeilage gemäß Standardzulassung*):

6.1 Anwendungsgebiete

Beschwerden wie Völlegefühl, Blähungen und leichte krampfartige Magen-Darmstörungen; Entzündungen im Mund- und Rachenraum.

6.2 Dosierungsanleitung und Art der Anwendung

Ein Eßlöffel voll (2 bis 3 g) **Römische Kamille** wird mit heißem Wasser (ca. 150 ml) übergossen und nach etwa 10 Minuten durch ein Teesieb gegeben.

Soweit nicht anders verordnet, wird 3- bis 4mal täglich eine Tasse frisch bereiteter Teeaufguß warm zwischen den Mahlzeiten getrunken oder zur Spülung im Mund- und Rachenraum angewendet.

6.3 Hinweis

Vor Licht und Feuchtigkeit geschützt aufbewahren.

*) mit der 8. Änderungsverordnung über Standardzulassungen (tritt am 01. 02. 1996 in Kraft) wurde die zugehörige Monographie gestrichen.

Auszug aus der Monographie der Kommission E (BAnz Nr. 221 vom 25.11.1993)

Pharmakologische Eigenschaften, Pharmakokinetik, Toxikologie
Keine bekannt.

Klinische Angaben

1. Anwendungsgebiete

a) Anwendungsgebiete als Aufbereitungsergebnis:
Keine.

b) Beanspruchte Anwendungsgebiete mit Begründung ihrer negativen Bewertung:
Zubereitungen aus Römischen Kamillenblüten werden bei Völlegefühl, Blähungen und leichten krampfartigen Magen-Darm-Störungen, Entzündungen im Mund- und Rachenraum, Magenschleimhautentzündungen, Schnupfen, Nebenhöhlenkatarrh sowie äußerlich bei Ekzemen, Wunden und Entzündungen angewendet.
In Kombinationen werden Zubereitungen aus Römischen Kamillenblüten bei Leber- und Gallenerkrankungen, Cholelithiasis, Fettleber, habituellem Sodbrennen, Appetitlosigkeit, Völlegefühl, Blähungen, Magenverstimmungen, Verdauungsstörungen, Roemheld-Symptomenkomplex, Gärungs- und Fäulnisdyspepsie, Dyspepsie bei Säuglingen, spastischer Obstipation, als „Blutreinigungsmittel", zur allgemeinen Stärkung in der Reifezeit und in den Wechseljahren, als vorbeugendes Mittel vor Menstruationsbeschwerden, bei Ausbleiben der Periode, schmerzhafter, zu geringer und unregelmäßiger Periode sowie als Kopfdampfbad bei Stirnhöhlenvereiterung. Heuschnupfen, Nasen-/Rachenschleimhautschwellungen, Ohrenentzündung und äußerlich bei Wunden, Brandwunden, Frostschäden, Wundsein bei Säuglingen und Kleinkindern, Decubitus und Hämorrhoidalleiden angewendet.
Die Wirksamkeit bei den beanspruchten Anwendungsgebieten ist nicht belegt.

2. Risiken

Nicht anzuwenden bei bekannter Allergie gegen Römische Kamille und andere Korbblütler.
Die Sensibilisierungspotenz der Droge ist mittelstark, die Häufigkeit selten. Es liegen Fallberichte über allergische Reaktionen vor. Experimentell wurden Kreuzreaktionen auf Schafgarbe, Echte Kamille, Kopfsalat und Chrysanthemen beobachtet. Gelegentlich sieht man bei Kompositenallergikern eine positive Reaktion auf Römische Kamille.
Ein anaphylaktischer Schock nach Einnahme eines Teeaufgusses aus Römischer Kamille wurde beobachtet. Das Auftreten einer allergischen Rhinitis bei Atopikern mit Beifußpollenallergie ist möglich.

Beurteilung

Da die Wirksamkeit bei den beanspruchten Anwendungsgebieten nicht belegt ist, kann eine therapeutische Anwendung nicht befürwortet werden.
Gegen die Verwendung als Schmuckdrogen in Teemischungen (unter 1%) bestehen keine Bedenken, sofern auf das allergene Risiko hingewiesen wird.

Literatur:
[1] Hager, Band **4**, 811 (1992).
[2] F. Bassols und A.F. Thomas, J. Essent. Oil Res. **3**, 309 (1991).
[3] R. Mayer und G. Rücker, Arch. Pharm. (Weinheim) **320**, 318 (1987).
[4] G. Rücker, R. Meyer und K.R. Lee, Arch. Pharm. (Weinheim) **322**, 821 (1989).
[5] G.M. Tschan und O. Sticher, Planta Med. **59**, (Suppl.), A 628 (1993).
[6] E. Wollenweber und K. Meyer, Fitoterapia **62**, 365 (1991).
[7] O. Isaac, Z. Phytother. **14**, 212 (1993).
[8] I.H. Hall und Mitarb., J. Pharm. Sci. **68**, 537 (1979).
[9] I.H. Hall und Mitarb., J. Pharm. Sci. **69**, 537 (1980).
[10] K.H. Lee und Mitarb., Phytochemistry **16**, 1177 (1977).
[11] G. Willuhn, Dtsch. Apoth. Ztg. **127**, 2511 (1987).
[12] P. Rohdewald, G. Rücker und K.-W. Glombitza, Apothekengerechte Prüfvorschriften, S. 937. Deutscher Apothekerverlag Stuttgart 1986.
[13] P. Pachaly, DC-Atlas, Dünnschichtchromatographie in der Apotheke, Wiss. Verlagsges., Stuttgart 1995.

Willuhn

Chelidonii herba — Schöllkraut
DAB 1996

Abb. 1: Schöllkraut

Beschreibung: Hohle, meist flachgedrückte, gelb- bis grünlichbraune Stengelstücke (untere Reihe), wenig behaart. Stark zerknitterte, sehr dünne Blattstückchen, oberseits matt blaugrün, unterseits deutlich heller graugrün, mit dunkler Netznervatur. Die leicht zerbrechlichen Blüten besitzen 2 Kelchblätter (beim Öffnen der Blüte abfallend, daher nur bei Knospen sichtbar), 4 gelbe Korollblätter (obere Reihe), zahlreiche Staubblätter und einen länglichen Fruchtknoten. Die Droge enthält wenige Früchte (schotenförmige Kapseln) mit kleinen dunklen Samen.

Geruch: Eigenartig, unangenehm.

Geschmack: Bitter, etwas scharf.

Abb. 2: *Chelidonium majus* L.

Die etwa 60 cm hohe, verzweigte Pflanze mit abstehend behaartem Stengel besitzt blaugrüne, gefiederte Blätter, die Fiederblättchen mit gelapptem Rand. Die Blüten mit 4 gelben Korollblättern und zahlreichen Staubblättern werfen die 2 Kelchblätter beim Aufblühen ab. Die Frucht ist eine schmale, schotenförmige Kapsel. Die ganze Pflanze führt gelben, alkaloidhaltigen Milchsaft.

Stammpflanze: *Chelidonium majus* L. (Schöllkraut), Papaveraceae. Es sind mehrere morphologische Varietäten bekannt [1].

Synonyme: Schellkraut, Warzenkraut, Goldwurz. Greater Celandine (engl.). Chélidoine (franz.).

Herkunft: In Europa, Mittel- und Nordasien verbreitet vorkommende Ruderalpflanze; auch in Nordamerika eingeschleppt. Die offizinelle Droge besteht aus den zur Blütezeit geernteten oberirdischen Teilen der Pflanze. Die Handelsware stammt vorwiegend aus Osteuropa. Über Anbauversuche vgl. [2].

Inhaltsstoffe: 0,1–1% Alkaloide (Mindestgehalt nach DAB 1996: 0,6%, ber. als Chelidonin). Es handelt sich durchwegs um Benzylisochinolinderivate, die man drei verschiedenen Heterocyclen-Typen zuordnet: Benzophenanthridine (z.B. Chelidonin, Sanguinarin, Chelerythrin, Norchelidonin, Isochelidonin, Turkiyenin u.a.), Protoberberine (Coptisin, Berberin, Stylopin u.a.) und Protopin-Typen (Protopin, Allocryptopin u.a.), andere Alkaloid-Typen (Chinolizidine, Aporphine) kommen nur in Spuren vor; bisher sind etwa 30 Alkaloide nachgewiesen worden [3]. Entgegen früherer Ansicht ist in den Krautdrogen nicht Chelidonin das Hauptalkaloid, sondern Coptisin [3–5], Chelidonin ist das Hauptalkaloid der unterirdischen Organe; in frischen Pflanzen liegt vermutlich Dihydrocoptisin als Hauptalkaloid vor. Mengenmäßig bedeutend sind außerdem Sanguinarin, Chelerythrin, Berberin, Stylopin und Chelidonin [3, 6]. Der Alkaloidgehalt unterliegt starken Schwankungen in Abhängigkeit von der Herkunft und dem Erntezeitpunkt [7, 8]. In den unterirdischen Organen – Wurzeln und Rhizom –, die z.T. als Ausgangsmaterial für industriell hergestellte Extrakte dienen, liegt der Alkaloidgehalt deutlich höher, nach eigenen Untersuchungen bis über 3%. Weitere Inhaltsstoffe sind Chelidonsäure und andere Pflanzensäuren (Äpfel-, Citronensäure), Kaffeesäure, Caffeoylmalonsäure und andere Caffeoylderivate [9]; Carotinoide und weitere ubiquitäre Stoffe. Das Vorkommen von Flavonoiden und Saponinen bedarf einer Nachuntersuchung. Im charakteristischen, gelb-orange gefärbten Milchsaft der Pflanze sind auch proteolytische Enzyme nachgewiesen worden.

Indikationen: Bei gestörter Funktion der Gallenblase und der Gallenwege als Cholagogum, Spasmolytikum und (schwaches) Analgetikum. Für einzelne Alkaloide liegen Untersuchungen zur

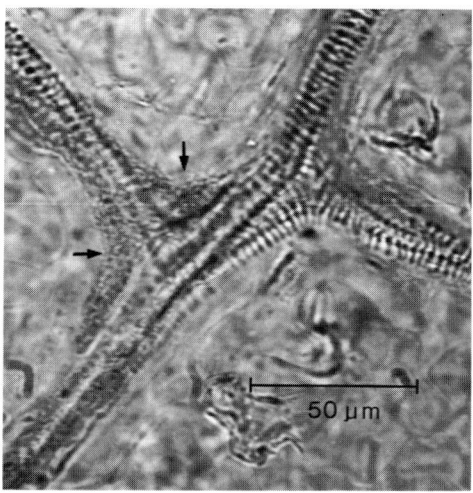

Abb. 3: **Milchsaftschläuche mit körnigem Inhalt (Pfeile),** entlang der Leitbündel verlaufend

Pharmakodynamik vor: Das Hauptalkaloid Chelidonin wirkt ähnlich wie Papaverin (jedoch schwächer) spasmolytisch mit direktem Angriffspunkt an der glatten Muskulatur, ferner wird eine schwach analgetische und zentral-sedative Wirkung beschrieben. Dem Berberin wird eine cholekinetische Wirkung zugeschrieben, während Sanguinarin (Acetylcholinesterasehemmstoff) und Chelerythrin örtlich reizende Eigenschaften besitzen. Neuere Untersuchun-

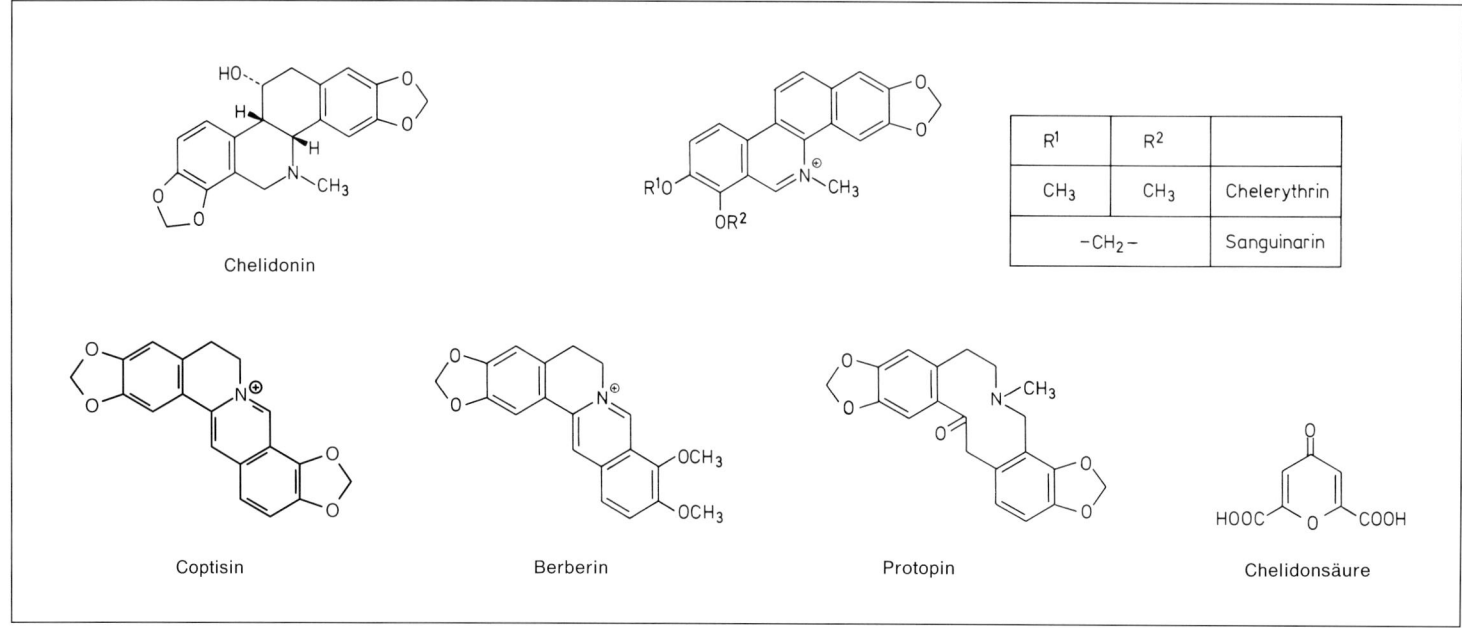

gen an der isolierten, perfundierten Leber der Ratte ergaben für einen Gesamtextrakt aus Chelidonii herba (70% Ethanol, Trockenextrakt mit 1,6% Gesamtalkaloiden und 1,9% Kaffeesäurederivaten) eine signifikante Steigerung der Cholerese jedoch ohne Erhöhung der Gallensäurenkonzentration; hingegen gab sowohl die Alkaloidfraktion als auch die Phenolcarbonsäurefraktion dieses Extrakts nur einen sehr schwachen, nicht signifikanten Effekt [8]. Diese Beobachtungen relativieren ein wenig die Skepsis, die vielen Fertigarzneimitteln wegen deren geringem Alkaloidgehalt entgegengebracht wird [10]. Einige Inhaltsstoffe der Droge zeigen in vitro eine Affinität zum $GABA_A$-Rezeptor [10a].

Volkstümlich wird der frisch austretende Milchsaft zur Behandlung von Warzen aufgetupft. Die für Chelidonin nachgewiesenen antimitotischen Wirkungen und die hautreizenden Eigenschaften des Sanguinarins und des Chelerythrins könnten als mögliche Erklärung dieses alten Brauchs dienen; vielleicht spielen auch die proteolytischen Enzyme hierbei eine Rolle.

Nebenwirkungen: Sind bei bestimmungsgemäßem Gebrauch nicht zu befürchten. Dies gilt auch für die gelegentlich empfohlene äußerliche Anwendung der Droge (gegen Psoriasis? [11]).

Teebereitung: Nicht sehr gebräuchlich. Bei krampfartigen Magen-, Darm- und Gallenbeschwerden $1/2$ bis 1 Teelöffel fein geschnittener Droge mit kochendem Wasser übergießen und nach 10 min abseihen. 2 bis 3 Tassen täglich. 1 Teelöffel = etwa 1,2 g.

Teepräparate: Schöllkraut war früher in verschiedenen Leber- und Galleteegemischen enthalten.

Phytopharmaka: Wenige Monopräparate aus der Gruppe Spasmolytica enthalten Drogenextrakt (auf Chelidonin standardisiert), z.B. Cholarist® (Tabletten) und Panchelidon® N Kaps. u. Tropfen. Wenige Kombinationspräparate der Indikationsgruppe Cholagoga enthalten Schöllkraut als Droge, z.B. Cholhepan® N (Dragees), während in den zahlreichen anderen Kombinationspräparaten der Extrakt verwendet wird, z.B. Aristochol® Granulat, Aristochol® Konz. (Granulat) u. -Konz. (Kapseln), Cefachol® H (Ampullen) u. -N (Tropfen), Cynarzym® N (Dragees), Esberigal® N (Dragees u. Lösung) u.a. In einer Reihe von Präparaten sind homöopathische Dilutionen enthalten; die Urtinktur wird aus den frischen Wurzeln (+ Rhizom) hergestellt. Es soll jedoch darauf hingewiesen werden, daß in manchen allopathischen Präparaten Chelidonium in so geringen Mengen enthalten ist, daß mit einer Wirksamkeit nicht gerechnet werden kann [10].

Prüfung: Makroskopisch (s. Beschreibung) und mikroskopisch nach DAB 1996. Die Deckhaare der Stengelstückchen sind 0,4 bis 2 mm lang und bestehen aus 5 bis 30 dünnwandigen, oft kollabierten Zellen. Charakteristisch sind die gegliederten, 10 bis 25 μm weiten Milchsaftröhren, die stets in unmittelbarer Nähe der Leitbündel verlaufen (Abb. 3); sie enthalten einen gelblichbraunen, körnigen Inhalt.

Identitätsprüfung mittels DC nach DAB 1996, bei der die Alkaloide Sanguinarin, Chelerythrin und Chelidonin nachgewiesen werden; Referenzsubstanzen sind Papaverin und Methylrot; die Aufarbeitung soll unter strengem Lichtschutz erfolgen [12], Verbesserungsvorschläge und gute Farbphotos der DC in Lit. [12]. Die Gehaltsbestimmung erfolgt spektralphotometrisch: der aus den Methylendioxygruppen des Chelidonins in stark saurem Milieu freiwerdende Formaldehyd bildet mit Chromotropsäure ein gefärbtes, durch Mesomerie stabilisiertes Dibenzoxanthylium-Kation. Über die quantitative Bestimmung der Hauptalkaloide nach dc-Trennung vgl. [6, 13]. Heute wird vor allem die HPLC zur quantitativen Bestimmung einzelner Alkaloide bevorzugt [5].

Verfälschungen: Kommen in der Praxis kaum vor. Nach DAB 1996 darf die Droge höchstens 10% fremde Bestandteile enthalten.

Literatur:
[1] Hegnauer, Bd. **4/2**, 24 ff. (1986).
[2] C. Franz und D. Fritz, Planta Med. **36**, 246 (1979).
[3] E. Taborska und Mitarb., Planta Med. **60**, 380 (1994).
[4] G. Fulde und M. Wichtl, Dtsch. Apoth. Ztg. **134**, 1031 (1994).
[5] W.E. Freytag und W. Stapf, Pharm. Ztg. Wiss. **138/6**, 126 (1993).
[6] G. Fulde, Dissertation Marburg 1993.
[7] F. Tomè und M.L. Colombo, Phytochemistry **40**, 37 (1995).
[8] U. Vahlensieck und Mitarb., Planta Med. **61**, 267 (1995).
[9] R. Hahn und A. Nahrstedt, Planta Med. **59**, 71 (1993).
[10] R. Hänsel, Dtsch. Apoth. Ztg. **127**, 2 (1987).
[10a] H. Häberlein und Mitarb., Planta Med. **62**, 227 (1996).
[11] L.J. Potopalskaja und A.I. Potopalskii, Vrac. delo Kiew **8**, 129 (1964); zitiert nach Harnischfeger/Stolze: Bewährte Pflanzendrogen in Wissenschaft und Medizin, notamed Verlag, Melsungen (1983).
[12] E. Hahn-Deinstrop, Dtsch. Apoth. Ztg. **134**, 4449 (1994).
[13] C. Scholz, R. Hänsel und C. Hille, Pharm. Ztg. **121**, 1571 (1976).

Frohne/Wichtl

Auszug aus der Monographie der Kommission E
(BAnz Nr. 90 vom 15. 05. 1985)

Anwendungsgebiete
Krampfartige Beschwerden im Bereich der Gallenwege und des Magen-Darmtrakts.

Gegenanzeigen
Keine bekannt.

Nebenwirkungen
Keine bekannt.

Wechselwirkungen
Keine bekannt.

Dosierung
Soweit nicht anders verordnet:
Mittlere Tagesdosis 2–5 g der Droge bzw. 12–30 mg Gesamtalkaloide, berechnet als Chelidonin.

Art der Anwendung
Geschnittene Drogen, Drogenpulver oder Trockenextrakte für flüssige und feste Darreichungsformen zur inneren Anwendung.

Wirkungen
Ausreichend gesichert ist die papaverinartige, leicht spasmolytische Wirkung am oberen Verdauungstrakt.

Cinchonae cortex
Ph. Eur.

Chinarinde
DAB 1996

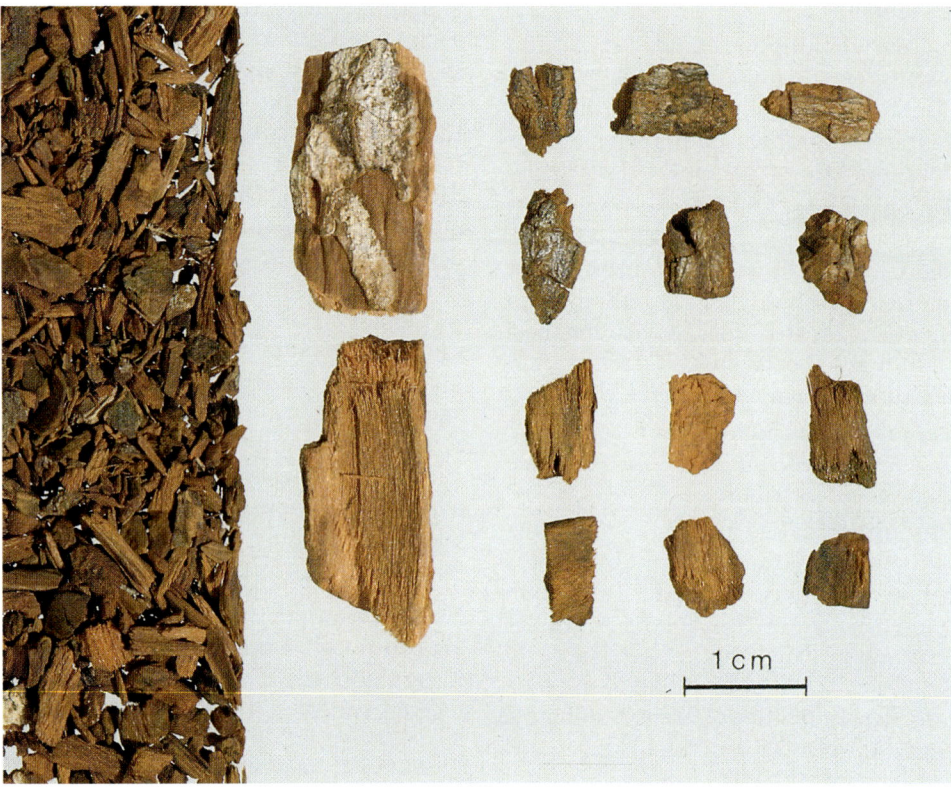

Abb. 1: Chinarinde

Beschreibung: Etwa 2–6 mm dicke, schwach röhrenförmig gebogene Rindenstücke. Außenseite graubraun bis grau, häufig mit hellen Flechten besetzt. Innenseite rötlichbraun, fein längsgestreift. Bruch kurz, faserig.

Geruch: Schwach, eigenartig.

Geschmack: Intensiv bitter, etwas adstringierend.

Abb. 2: *Cinchona pubescens* VAHL, Stamm teilweise entrindet.

Bis über 20 m hohe Bäume, zur Drogengewinnung ausschließlich kultiviert. Blätter bis 30 cm lang, elliptisch. Blüten bis 2 cm lang, hellrosa.

Abb. 3: Blätter und Blüten von *Cinchona pubescens* VAHL.

ÖAB: Cortex Chinae
Ph. Helv. VII: Cinchonae cortex
St. Zul. 1459.99.99

Stammpflanze: *Cinchona pubescens* VAHL (syn. *Cinchona succirubra* PAVON) und Hybride mit verwandten *Cinchona*-Arten, Rubiaceae.

Synonyme: Fieberrinde, Rote Chinarinde. Cinchona bark, Jesuit's bark, Peruvian bark, Red cinchona bark (engl.). Ecorce de Quina (franz.).

Herkunft: Aus Kulturen in Südostasien, Südamerika und Südafrika. Die Droge wird aus Indonesien, Indien und Sri Lanka, z.T. auch aus Südamerika eingeführt. Die Rinde wird meist von 10- bis 12jährigen Bäumen gewonnen (Wurzel-, Stamm- und Astrinde).

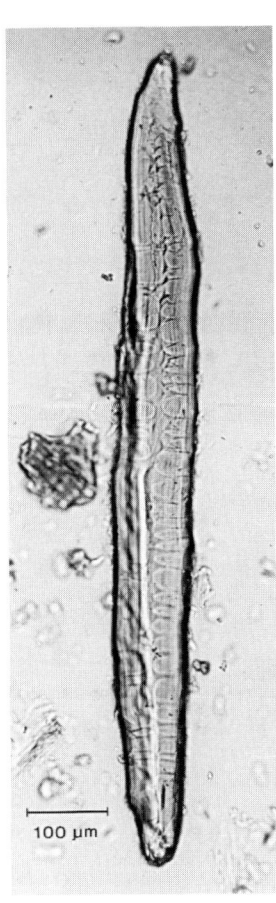

Abb. 4: Einzelne Bastfaser, dickwandig, mit abgerundeten Enden

Inhaltsstoffe: 5–15% Alkaloide (nach DAB 1996 mindestens 6,5%, davon 30–60% Alkaloide vom Typ des Chinins). Mengenmäßig bedeutend sind Chinin, Chinidin, Cinchonin und Cinchonidin, daneben kommen ca. 30 weitere Alkaloide vor [1]; die Stammrinde weist einen höheren *Chinin*-Gehalt auf als Ast- oder Wurzelrinde. Etwa 8% Catechingerbstoffe und Gerbstoffvorstufen, die sog. Cinchonaine [2, 3]. Bitterstoffe vom Triterpentyp, besonders Glucoside und 6-Desoxyglucoside (=Chinovoside) der Chinovasäure. Spuren (etwa 0,005%) ätherisches Öl.

Indikationen: Als Bittermittel zur Appetitanregung und Förderung der Magensaftsekretion. *Volksmedizinisch* auch bei grippalen Infekten, selten auch als Bestandteil von Cholagoga.
Die aus Chinarinde *isolierten* Alkaloide hemmen die durch TAK (einem immunmodulierenden Glucan) bewirkte Aktivierung von polymorphkernigen Leukocyten, woraus sich ihre cytotoxische (tumorhemmende) Wirkung ableiten läßt [4].

Nebenwirkungen: Bei Überempfindlichkeit gegenüber Chinin kann es zu Hautallergien und Fieber kommen, doch sind solche Erscheinungen bei bestimmungsgemäßem Gebrauch selten. Gleiches gilt für die in der Standardzulassung (s.d.) erwähnte erhöhte Blutungsneigung. Es versteht sich von selbst, daß in solchen Fällen sofort ärztliche Hilfe erforderlich ist.

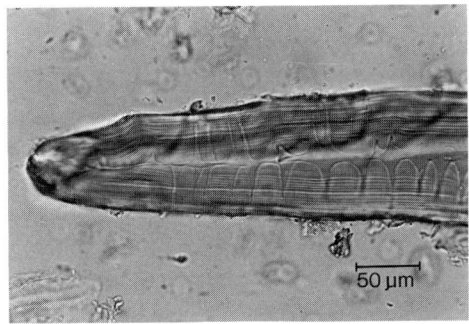

Abb. 5: Bastfaser, Detail; Geschichtete Zellwand mit charakteristischen Trichtertüpfeln

In der Schwangerschaft sowie bei Magen- und Darmgeschwüren ist Chinarinde kontraindiziert.

Auszug aus der Monographie der Kommission E (BAnz Nr. 22a vom 01.02.1990)

Anwendungsgebiete

Appetitlosigkeit; dyspeptische Beschwerden wie Blähungen und Völlegefühl.

Gegenanzeigen

Schwangerschaft, Überempfindlichkeit gegen Cinchona-Alkaloide wie Chinin oder Chinidin.

Nebenwirkungen

Gelegentlich können nach Einnahme von chininhaltigen Arzneimitteln Überempfindlichkeitsreaktionen wie Hautallergien oder Fieber auftreten. In seltenen Fällen ist eine erhöhte Blutungsneigung durch Verminderung der Blutplättchen zu beobachten (Thrombocytopenie). In diesen Fällen ist sofort ein Arzt aufzusuchen.

Hinweis:

Eine Sensibilisierung gegen Chinin oder Chinidin ist möglich.

Wechselwirkungen mit anderen Mitteln

Bei gleichzeitiger Gabe Wirkungsverstärkung von Antikoagulantien.

Dosierung

Soweit nicht anders verordnet:

Tagesdosis:
1 bis 3 g Droge.
0,6 bis 3 g Chinafluidextrakt mit 4 bis 5% Gesamtalkaloiden,
0,15 bis 0,6 g Chinaextrakt mit 15 bis 20% Gesamtalkaloiden.
Zubereitungen mit entsprechendem Bitterwert.

Art der Anwendung

Zerkleinerte Droge sowie andere, bitterschmeckende galenische Zubereitungen zum Einnehmen.

Wirkungen

Förderung der Magensaft- und Speichelsekretion.

Chinin   Chinidin   Chinovasäure

Wortlaut der Packungsbeilage gemäß Standardzulassung:

6.1 Stoff- oder Indikationsgruppe

Pflanzliches Magen-Darm-Mittel

6.2 Anwendungsgebiete

Appetitlosigkeit; Verdauungsbeschwerden wie Blähungen und Völlegefühl.

6.3 Gegenanzeigen

Schwangerschaft; Überempfindlichkeit gegen Cinchona-Alkaloide wie Chinin und Chinidin.

6.4 Wechselwirkungen mit anderen Mitteln

Bei gleichzeitiger Gabe von blutgerinnungshemmenden Mitteln erfolgt eine Wirkungsverstärkung.

6.5 Dosierungsanleitung und Art der Anwendung

Soweit nicht anders verordnet, wird 1- bis 3mal täglich zur Appetitanregung jeweils ca. $^1/_2$ Stunde vor den Mahlzeiten, bei Verdauungsbeschwerden nach den Mahlzeiten eine Tasse des wie folgt bereiteten Teeaufgusses getrunken:

Etwa $^1/_2$ Teelöffel voll (ca. 0,8 g) Chinarinde oder die entsprechende Menge in einem oder mehreren Aufgußbeutel(n) wird mit siedendem Wasser (ca. 150 ml) übergossen und nach 10 bis 15 Minuten gegebenenfalls durch ein Teesieb gegeben.

6.6 Dauer der Anwendung

Bei akuten Beschwerden, die länger als eine Woche andauern oder periodisch wiederkehren, wird die Rücksprache mit einem Arzt empfohlen.

6.7 Nebenwirkungen

Gelegentlich können nach Einnahme von chininhaltigen Arzneimitteln Überempfindlichkeitsreaktionen wie Hautallergien oder Fieber auftreten. In seltenen Fällen ist eine erhöhte Blutungsneigung durch Verminderung der Blutplättchen zu beobachten (Thrombozytopenie). In diesen Fällen ist sofort ein Arzt aufzusuchen.

Hinweis:

Eine Sensibilisierung gegen Chinin oder Chinidin ist möglich.

6.8 Hinweis

Vor Licht und Feuchtigkeit geschützt aufbewahren.

Teebereitung: Etwa 1 g feingeschnittene Droge mit kochendem Wasser übergießen, 10 min stehen lassen und abseihen. Zur Appetitanregung jeweils ca. eine halbe Stunde vor den Mahlzeiten, bei Verdauungsbeschwerden nach den Mahlzeiten eine Tasse trinken, eventuell leicht gesüßt.
1 Teelöffel = etwa 1,7 g.

Phytopharmaka: Verwendung findet nicht die Droge selbst, wohl aber werden Extrakte in einigen Fertigarzneimitteln (Magen-Darm-Mittel, Cholagoga) eingesetzt, z.B. Sedovent® (Tropfen), Hepaticum medice® N (Tabletten und Dragees) u.a.

Prüfung: Makroskopisch, mikroskopisch und mittels DC nach DAB 1996. Charakteristisch sind in einem Schabepräparat vor allem die dickwandigen, gelben, 600 bis 1300 µm langen Bastfasern, deren Zellwände deutlich geschichtet und getüpfelt sind (Abb. 4 und 5). DC-Prüfung nach DAB 1996.

Verfälschungen: In der Praxis werden Verwechselungen mit den Rinden anderer Cinchona-Arten, die fabrikmäßig zur Chiningewinnung dienen, beobachtet. Sie geben sich schon durch ihre meist deutlich gelbbraune (nicht rötlichbraune) Färbung der Innenseite zu erkennen. Die Bastfasern sind gewöhnlich kürzer als bei der offizinellen Rinde und enden stumpf.

Aufbewahrung: Vor Licht geschützt, trocken.

Literatur:
[1] Bossi, The Alkaloids, Vol. **34**, 322ff. (1988).
[2] G. Nonaka, O. Kawahara und I. Nishioka, Chem. Pharm. Bull. **30**, 4277 (1982).
[3] G. Nonaka und I. Nishioka, Chem. Pharm. Bull. **30**, 4268 (1988).
[4] K. Kinoshita und Mitarb., Planta Med. **58**, 137 (1992).

Wichtl

Cinnamomi cortex
Ph. Eur.

Zimtrinde
DAB 1996

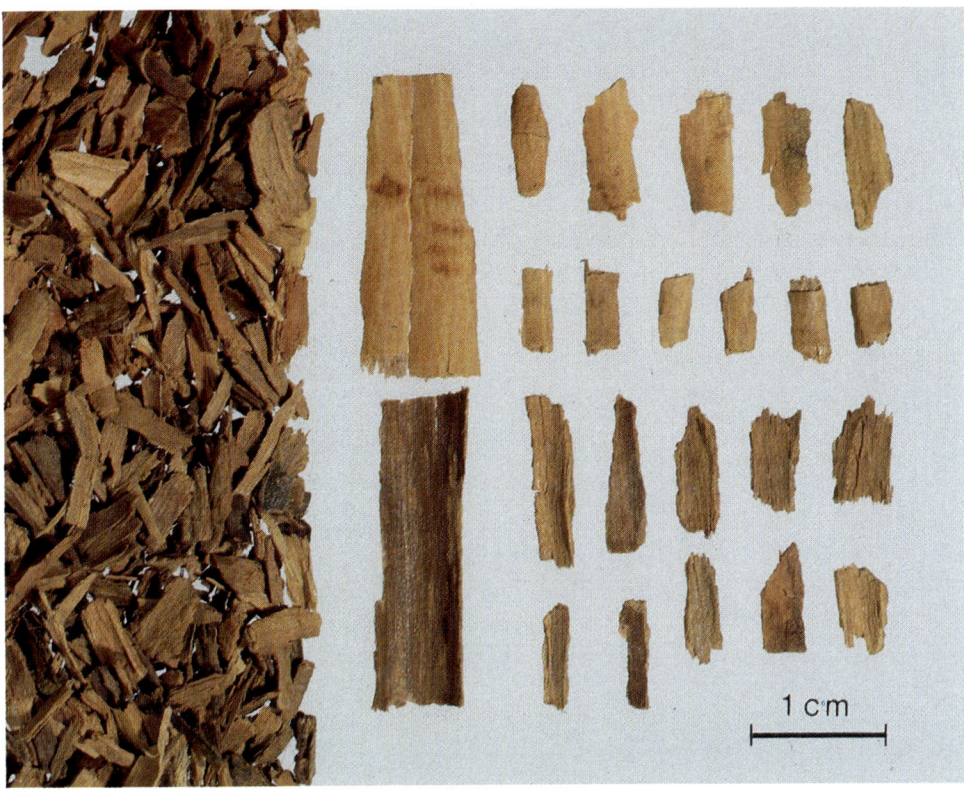

Abb. 1: Zimtrinde

Die Droge besteht aus der von den äußeren Teilen befreiten, getrockneten Stamm- und Astrinde und aus der durch Abschaben von Kork und dem größten Teil primärer Rinde befreiten, getrockneten Rinde junger Wurzelschößlinge.

Beschreibung: 0,2–0,7 mm dicke, außen hellbraune, innen etwas dunklere, matte Halbröhren, oft ineinander gesteckt. Die Oberfläche ist längsstreifig, der Bruch kurzfaserig.

Geruch: Charakteristisch, angenehm aromatisch.

Geschmack: Brennend würzig, etwas süß und schleimig, nur wenig herb.

Abb. 2: *Cinnamomum* sp. NEES

Die bis 10 m hohen, dicht belaubten, immergrünen Bäume werden in Kultur meist strauchartig gehalten. Die Rinde wird von 2–3 cm dicken Zweigen etwa 6jähriger Bäume gewonnen oder von etwa 2jährigen Wurzelschößlingen älterer Pflanzen.

Abb. 3: *Cinnamomum* sp. NEES

Die Blätter sind ledrig-derb, eiförmig-lanzettlich, bis 20 cm lang, zugespitzt, mit bogenförmig verlaufenden Hauptnerven. Sie riechen beim Zerreiben nach Gewürznelken. Die Blüten sind in lockeren Rispen angeordnet, etwa 0,5 cm groß, seidig, behaart.

Cinnamomi cortex

> ÖAB: Cortex Cinnamomi ceylanici
> Ph. Helv. VII: Cinnamomi cortex
> St. Zul. 1709.99.99

Stammpflanze: *Cinnamomum verum* J.S. Presl (syn.: *C. zeylanicum* Blume. [nach DAB 1996 *C. zeylanicum* Nees]) (Ceylonzimt); Lauraceae. – Die systematische Zuordnung und taxonomisch richtige Bezeichnung der möglicherweise unterschiedlichen Arten und/oder Unterarten der Stammpflanze(n) der „Zimtrinde DAB 1996" werden zur Zeit diskutiert. – Auf jeden Fall gibt es verschiedene Handelssorten, die sich quantitativ und qualitativ in der Zusammensetzung des ätherischen Öls unterscheiden.

Synonyme: Ceylonzimtrinde, Echter Zimt, Echter Kanel, Malabar-Zimt. Cinnamon bark, Ceylon Cinnamon (engl.). Cannelle de Ceylan, Ecorce de cannelle de Ceylan (franz.).

Herkunft: Heimisch in Süd- und Südostasien; kultiviert in Sri Lanka, auf den Seychellen, im südlichen Ostindien, in Indonesien, auf den Westindischen Inseln, in Süd-Amerika. Die Droge wird vor allem aus Sri Lanka, aber auch aus Malaysia, Madagaskar und den Seychellen importiert.

Inhaltsstoffe: 0,5–2,5% ätherisches Öl (DAB 1996 und Ph. Helv. VII mind. 1,2%, ÖAB mind. 1,5%) mit den Hauptkomponenten Zimtaldehyd (65–75%), Eugenol (ca. 5%); daneben weitere Phenylpropane (u.a. Zimtaldehyd, o-Methoxyzimtaldehyd, Zimtalkohol und dessen Acetat); in geringen Mengen Mono- und Sesquiterpene; insektizid wirksame pentazyklische Diterpene (u.a. Cinnzeylanol); Phenolcarbonsäuren (u.a. Protocatechusäure, div. Hydroxyzimtsäuren); unter 2% (sonst zuviel primäre Rinde!) kondensierte Gerbstoffe (oligomere Procyanidine); Mannit; L-Arabino-D-xylane und 2 bis 3,7% Schleime (α-D-Glucane); β-Sitosterin [1, 2].

Indikationen: Gelegentlich, in Kombination mit anderen Drogen, als Stomachikum und Karminativum; bei Völlegefühl, Blähungen, leichten gastrointestinalen Spasmen, zur Anregung des Appetits.
Die Droge wird in erster Linie aber als Geschmackskorrigens und als Gewürz verwendet, z.T. auch in der Likörbereitung.
In der *Volksmedizin* wird das ätherische Öl tropfenweise („Zimttropfen") als Mittel bei Dysmenorrhoe und als Hämostyptikum gebraucht.
Das ätherische Öl besitzt antimikrobielle und fungizide Eigenschaften [3], die auf dem Gehalt an o-Methoxyzimtaldehyd beruhen dürften.

Nebenwirkungen: Bei bestimmungsgemäßem Gebrauch keine. In größeren Mengen bewirkt Zimtrinde (wie auch mittlere Dosen von Zimtöl) über eine Erregung des Vasomotorenzentrums eine Tachykardie, eine Erhöhung der Darmperistaltik, der Atemtätigkeit und der Schweißsekretion; diesem Erregungszustand folgt eine Phase zentraler Sedierung mit Schläfrigkeit und Depressionen [4]. Bei Magen- und Darmulzera, sowie in der Schwangerschaft sollte die Droge nicht angewendet werden [1].

Teebereitung: Wenig gebräuchlich; siehe dazu auch die Standardzulassung.

Teepräparate: Die Droge ist Bestandteil von Teegemischen verschiedener Indikationsgebiete, aber auch Bestandteil von „Glühwein-Mischungen", ebenfalls in Aufgußbeuteln.

Phytopharmaka: Zimtrinde ist in einigen Fertigarzneimitteln, vorwiegend als Geschmackskorrigens und Aromatikum enthalten, besonders in den Indikationsgruppen Stomachika und Karminativa, z.B. Amara-Tropfen Pascoe u.a.

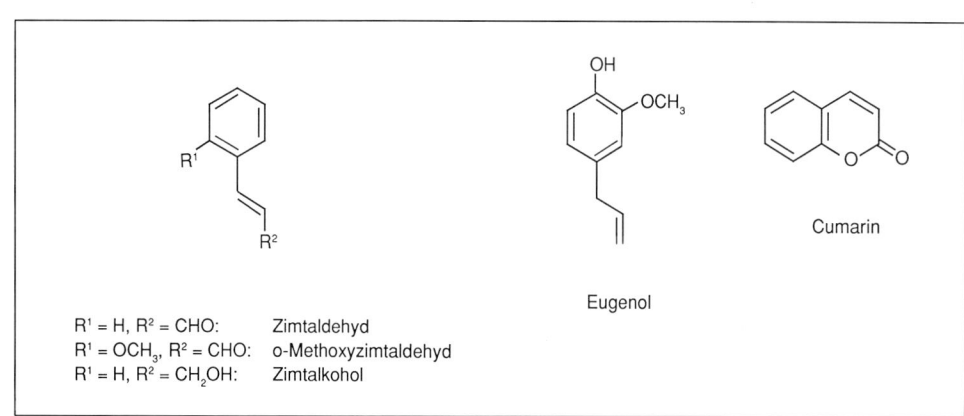

R^1 = H, R^2 = CHO: Zimtaldehyd
R^1 = OCH_3, R^2 = CHO: o-Methoxyzimtaldehyd
R^1 = H, R^2 = CH_2OH: Zimtalkohol

Eugenol

Cumarin

Auszug aus der Monographie der Kommission E
(BAnz Nr. 22a vom 01.02.1990)

Anwendungsgebiete

Appetitlosigkeit; dyspeptische Beschwerden wie leichte, krampfartige Beschwerden im Magen-Darm-Bereich, Völlegefühl, Blähungen.

Gegenanzeigen

Überempfindlichkeit gegen Zimt oder Perubalsam, Schwangerschaft.

Nebenwirkungen

Häufig allergische Haut- und Schleimhautreaktionen.

Wechselwirkungen mit anderen Mitteln

Keine bekannt.

Dosierung

Soweit nicht anders verordnet:
Tagesdosis 2 bis 4 g Droge,
0,05 bis 0,2 g ätherisches Öl,
Zubereitungen entsprechend.

Art der Anwendung

Zerkleinerte Droge für Teeaufgüsse; ätherisches Öl sowie andere galenische Zubereitungen zum Einnehmen.

Wirkungen

antibakteriell
fungistatisch
motilitätsfördernd

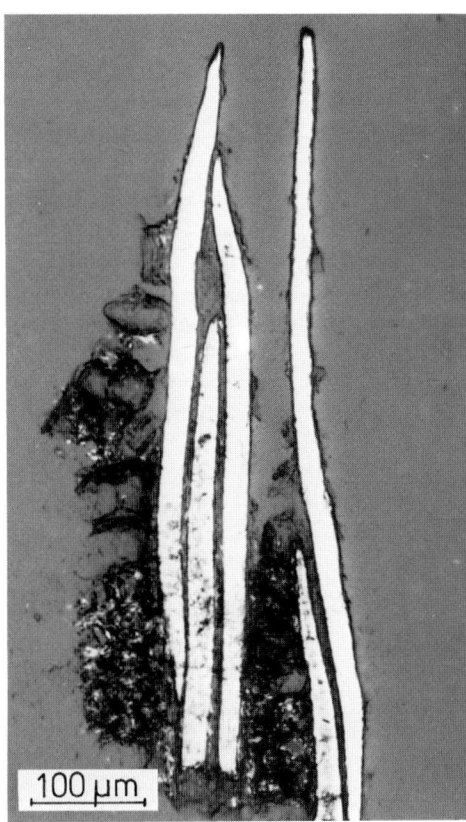

Abb. 4: Dickwandige Bastfasern und feinste Oxalatnadeln im angrenzenden Parenchym (leuchten auf im polarisierten Licht)

Prüfung: Makroskopisch (s. Beschreibung) und mikroskopisch. Die Droge enthält lange, schlanke Bastfasern (Abb. 4), die im polarisierten Licht aufleuchten, sehr feine Oxalatnädelchen im Parenchym und – meist allseits verdickte – Steinzellen. Kork oder Steinkork darf nicht vorhanden sein und deutet auf Verfälschung mit chinesischem Zimt hin.
Die dünnschichtchromatographische Identitätsprüfung des DAB 1996 ist gleichzeitig auch Reinheitsprüfung. Es werden die charakteristischen Inhaltsstoffe Zimtaldehyd, Eugenol und o-Methoxyzimtaldehyd nachgewiesen. Verfälschungen, die immer mehr als 0,03% Cumarin enthalten (die offizinelle Zimtrinde weniger als 0,0008%) zeigen eine intensiv grün fluoreszierende Zone (Rf: ~0,28) auf dem DC unterhalb des o-Methoxyzimtaldehyds (Rf: ~0,35).
Gehaltsbestimmung des ätherischen Öls nach DAB 1996 [1].

Verfälschungen: Kommen vor, besonders in der gepulverten Droge. In Betracht kommen Rinden anderer *Cinnamomum*-Arten: *C. aromaticum* NEES, syn. *C. cassia* BLUME (Chinesischer Zimt), der wesentlich dickere Rinde liefert (1–2 mm dick) und durch das Vorhandensein von Kork auffällt, dessen innere Lagen als Steinkork ausgebildet sind. Größere Mengen von Korkzellen und Verbände von solchen sind auch charakteristisch für Verunreinigungen durch ungenügend geschälten Zimt oder durch Schälabfälle.
Padang-Zimt [*Cinnamomum burmanii* (NEES) BLUME], eine weitere Verfälschung, enthält im Gegensatz zum Ceylon-Zimt in den Markstrahlzellen Kristallplättchen. – Gelegentlich auch Verfälschung durch Saigon-Zimtrinde (*Cinnamomum loureirii* NEES); Angaben zu den nicht-offizinellen Zimtarten bei [2].
Zur Unterscheidung von Chinesischem Zimt und Ceylonzimt kann die Reaktion des Pulvers mit Barytwasser herangezogen werden. Wird je eine Probe auf dem Objektträger mit 2–3 Tropfen einer 10%igen wäßrigen Bariumhydroxidlösung befeuchtet, so treten nach 1–2 min unter UV 366 nm unterschiedliche Fluoreszenzfarben auf. Der Chinesische Zimt zeigt intensiv gelblichgrüne Fluoreszenz, einzelne Fasern leuchten gelblich, andere hellblau bis blauviolett, das Parenchym erscheint dunkelrotbraun. Der Ceylonzimt zeichnet sich durch eine blasse, blaugrüne Farbe aus. Fasern und Parenchym weisen ähnliche Fluoreszenzfarben auf wie beim Chinesischen Zimt.
Zum DC-Nachweis von Verfälschungen anhand zu hoher Cumarin-Gehalte s. bei Prüfung.

Aufbewahrung: Vor Licht und Feuchtigkeit geschützt, in gut schließenden Metall- oder Glasgefäßen, nicht in Kunststoffgefäßen (ätherisches Öl!).

> *Wortlaut der Packungsbeilage gemäß Standardzulassung:*
>
> **6.1 Stoff- oder Indikationsgruppe**
> Pflanzliches Magen-Darm-Mittel.
>
> **6.2 Anwendungsgebiete**
> Appetitlosigkeit; Verdauungsbeschwerden mit leichten Krämpfen im Magen-Darm-Bereich, Völlegefühl, Blähungen.
>
> **6.3 Gegenanzeigen**
> Überempfindlichkeit gegen Zimt oder Perubalsam; Schwangerschaft
>
> **6.4 Wechselwirkungen mit anderen Mitteln**
> Keine bekannt.
>
> **6.5 Dosierungsanleitung und Art der Anwendung**
> Soweit nicht anders verordnet, wird 2- bis 4mal täglich zur Appetitanregung jeweils ca. eine halbe Stunde vor den Mahlzeiten, bei Verdauungsbeschwerden nach den Mahlzeiten eine Tasse des wie folgt bereiteten Teeaufgusses getrunken:
> 1 Teelöffel voll (ca. 1 g) Zimtrinde oder die entsprechende Menge in einem oder mehreren Aufgußbeutel(n) wird mit siedendem Wasser (ca. 150 ml) übergossen und nach etwa 10 bis 15 Minuten gegebenenfalls durch ein Teesieb gegeben.
>
> **6.6 Dauer der Anwendung**
> Bei akuten Beschwerden, die länger als eine Woche andauern oder periodisch wiederkehren, wird die Rücksprache mit einem Arzt empfohlen.
>
> **6.7 Nebenwirkungen**
> Häufig treten allergische Haut- und Schleimhautreaktionen auf.
>
> **6.8 Hinweis**
> Vor Licht und Feuchtigkeit geschützt aufbewahren.

Literatur:
[1] Kommentar DAB 10, „Zimtrinde".
[2] Hager, Band **4**, 884 (1992).
[3] S. Morozumi, Appl. and Environm. Microbiol. **36**, 577 (1978).
[4] Hager, Band **4**, 54 (1973).

Czygan

Citri pericarpium — Zitronenschale

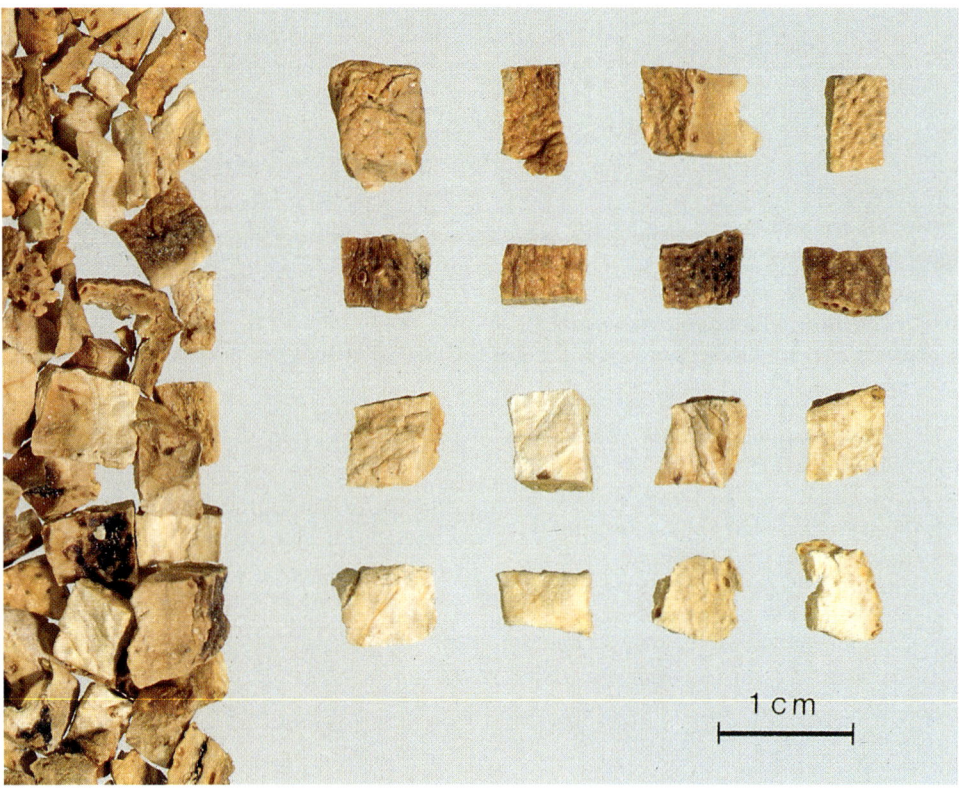

Abb. 1: Zitronenschale

Die Droge stammt von voll entwickelten, aber noch nicht voll ausgereiften Zitronen. Die äußere Fruchtwandschicht wird meist in Spiralbändern abgeschält und getrocknet.

<u>Beschreibung:</u> 2 bis 3 mm dicke, außen bräunlichgelbe, grubig punktierte Stücke mit weißlicher Innenseite.

<u>Geruch:</u> Charakteristisch.

<u>Geschmack:</u> Würzig, etwas säuerlich und schwach bitter.

Abb. 2: *Citrus limon* (L.) BURM.

Sträucher oder kleine, 5 bis 10 m hohe Bäume mit meist rötlichen Sprossen und bis 15 cm langen, zugespitzten im Gegensatz zu *C. aurantium* kaum geflügelten Blättern. Die Kronblätter der in den Blattachseln einzeln oder in kleinen Trauben stehenden Blüten sind auf der Innenseite weiß, außen rötlich, leicht abfallend. Die gelben, 8–10 fächerigen Früchte sind am oberen Ende zu einer Spitze vorgezogen.

DAB 6: Pericarpium Citri
Ph. Helv. VII: Flavedo Citri recens

Stammpflanze: *Citrus limon* (L.) BURM., syn. *Citrus medica* L. var. *limonum* (RISSO) WIGHT et ARNOTT (Zitrone), Rutaceae.

Synonyme: Limonenschale; Cortex Citri fructus, Cortex Limonis, Flavedo Citri. Lemon peel (engl.). Ecorce de citron (franz.)

Herkunft: Aus Kulturen im Mittelmeergebiet, besonders Süditalien und Spanien. Die Droge wird hauptsächlich aus Spanien, neuerdings aber auch aus Afrika und von den Karibischen Inseln (Droge dann meist bräunlichgelb) importiert.

Inhaltsstoffe: 0,2 bis 0,6% ätherisches Öl, das als Hauptkomponente (+)-Limonen enthält, daneben das für den typischen Geruch maßgebliche Citral (ein Gemisch aus Neral und Geranial) und weitere Monoterpene [1]; Flavonoide, vor allem Neohesperidoside und Rutinoside des Hesperetins und Naringenins neben zahlreichen weiteren Flavonoiden, bisher sind 44 Flavonglykoside nachgewiesen worden [2]; Carotinoide [3]; Citronensäure und zahlreiche weitere Pflanzensäuren [4]; Cumarinderivate; reichlich Pektine [5].

Indikationen: Die Droge wird in erster Linie als Aromatikum und Stomachikum angewendet. Die (Bio-)Flavonoide der Droge verringern die Permeabilität der Blutgefäße, besonders der Kapillaren, so daß die Droge oder aus ihr gewonnene Extrakte auch in Venenmitteln Verwendung finden. Die Flavonoide, besonders das 6,8-Di-C-glucosylapigenin, wirken nach i.v. Gabe an Ratten stark hypotensiv [2].

Teebereitung: Kaum gebräuchlich. Die Droge wird aber als Bestandteil sog. Früchteteemischungen oft verwendet.
1 Teelöffel = etwa 2,5 g.

Phytopharmaka: Zitronenschalen, daraus hergestellte Extrakte oder zumeist das isolierte ätherische Öl (Citronenöl DAB 1996) sind in vielen Präparaten zur innerlichen und äußeren Anwendung als Aromazusatz enthalten.

Prüfung: Makroskopisch (s. Beschreibung); die mikroskopische Prüfung ist ebenso wie bei Pomeranzenschalen wenig effektiv. Die DC-Prüfung auf Carotinoide ist möglich [6]. Bestimmung des Citrals durch DC-Densitometrie [7].

Verfälschungen: Kommen in der Praxis kaum vor. Eine Verwechslung mit Pomeranzenschale läßt sich durch Auftupfen von konz. Salzsäure erkennen: Pomeranzenschale färbt sich dabei grün, Zitronenschale behält ihre Farbe bei. Auch die DC der Flavonoide (s. Pomeranzenschale, Prüfung) ist zur Unterscheidung geeignet.

Aufbewahrung: Vor Licht geschützt, in dicht schließenden Behältern, nicht in Kunststoffgefäßen (ätherisches Öl!).

Literatur:
[1] I. Calvarano, Essenze Deriv. Agrum. **36**, 5 (1966).
[2] Y. Matsubara und Mitarb., Termen Yuki Kagobutsu Toronkai Koen Yoshishu **27**, 702 (1985); C.A. **104**, 183261 (1986).
[3] G. Noga und F. Lenz, Chromatographia **17**, 139 (1983).
[4] C.E. Vandercook, Citrus Sci. Technol. **1**, 208 (1977).
[5] E. Postorino, F. Gionfriddo und A. Di Giacomo, Essenze Deriv. Agrum. **52**, 367 (1982).
[6] J. Gross, Chromatographia **13**, 572 (1980).
[7] C. Rossini und Mitarb., J. Planar Chromatogr.-Modern TLC **4**, 259 (1991).

Nagell

Cnici benedicti herba — Benediktenkraut

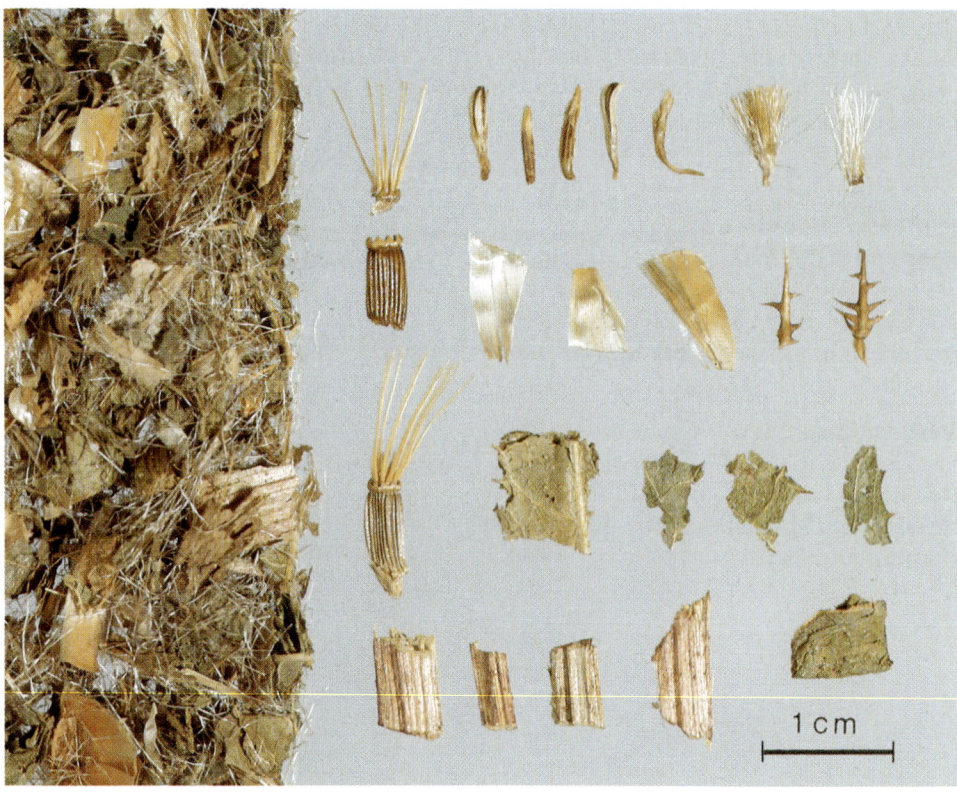

Abb. 1: Kardobenediktenkraut

Beschreibung: Schnittdroge infolge der starken Behaarung, insbesondere der Deckblatteile, aus miteinander verfilzten Stückchen bestehend; zahlreiche lange Haare des Blütenstandsbodens und vereinzelt gelbliche Röhrenblüten; auffällig die gelblich-strohigen, auf der Innenseite weißlich glänzenden Hüllblattstückchen. Die äußeren Hüllblätter sind kurz, einfach gestachelt; die inneren sind länger, mit je einem fiederförmig zusammengesetzten, knieartig gebogenen Stachel versehen. Blätter mit stachelspitzigem Rand; längsfurchige, breite Stengelstücke, gelegentlich Achänen mit auffälligem, zweireihigem Pappus.

Geschmack: Bitter.

Abb. 2: *Cnicus benedictus* L.

Einjährige, niedrige (bis 40 cm) Pflanze mit distelartigem Charakter. Blätter mit schrotsägeförmigem, in Dornen auslaufendem Blattrand, das Blütenköpfchen ausschließlich aus Röhrenblüten bestehend, umgeben von sehr stacheligen, fiederteiligen Hochblättern.

ÖAB: Herba Cardui benedicti
DAC 1986: Benediktenkraut

Stammpflanze: *Cnicus benedictus* L. (Echtes Benediktenkraut), Asteraceae.

Synonyme: Kardobenediktenkraut, Bitterdistelkraut, Spinnendistelkraut, Distelkraut, Carbenustee, Centaurea benedicta. Blessed thistle, Holy thistle (engl.). Herbe de chardon benit (franz.).

Herkunft: Heimisch im Mittelmeerraum. Die Sammeldroge wird aus Ost- und Südosteuropa sowie aus Italien und Spanien eingeführt.

Inhaltsstoffe: Bitterstoffe vom Sesquiterpenlacton-Typus, die wahrscheinlich in glykosidischer Bindung vorliegen [1]; Hauptinhaltsstoff ist neben Artemisiifolin und Salonitenolid das schon 1837 aus der Pflanze isolierte Cnicin, ein

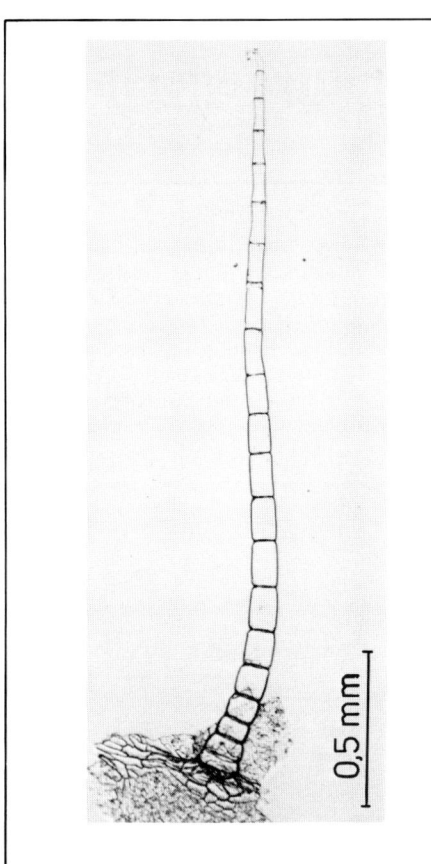

Abb. 3: Vielzelliges Gliederhaar des Laubblattes

jedoch von etwas schwächerer Wirkung als andere Bitterdrogen.
In der Volksmedizin auch als Gallenmittel.
Reines Cnicin wirkt stark antiinflammatorisch, ist aber ziemlich toxisch [3].

Teebereitung: 1,5–2 g fein zerschnittene Droge mit kochendem Wasser übergießen oder kalt ansetzen und zum Sieden erhitzen; nach 5–10 min abseihen. Als Amarum aromaticum jeweils $^1/_2$ Stunde vor den Mahlzeiten 1 Tasse Tee ungesüßt trinken.
1 Teelöffel = etwa 1 g.

Teepräparate: Die Droge wird in wenigen Galle-Leberteemischungen verwendet.

Phytopharmaka: Der Extrakt aus der Droge ist in wenigen Kombinationspräparaten der Gruppe Leber-Galle-Mittel enthalten, z.B. in Esberigal®N (Dragees) u. Lösung u.a.

Prüfung: Makroskopisch und mikroskopisch nach DAC 1986. Neben Drüsenhaaren, Wollhaaren und Hüllkelchstacheln sind besonders die vielzelligen Gliederhaare (Abb. 3) auffällig. Im DAC 1986 wird insbesondere auf mögliche Beimengungen von Blättern der Mariendistel (*Silybum marianum*), Kohldistel (*Cirsium oleraceum*) und der Eselsdistel (*Onopordum acanthium*) hingewiesen.
Bitterwert mindestens 800 (DAC 1986, Bestimmung nach DAB 1996), auch nach ÖAB mindestens 800. Zur chemischen Wertbestimmung vgl. [3].

Verfälschungen: Sehr selten. Blätter anderer Pflanzen von distelartigem Habitus sind meist schon makroskopisch zu erkennen, sicher aber durch mikroskopische Prüfung.

Auszug aus der Monographie der Kommission E
(BAnz Nr. 193 vom 15.10.1987)

Anwendungsgebiete
Appetitlosigkeit,
dyspeptische Beschwerden.

Gegenanzeigen
Allergie gegenüber Benediktenkraut und anderen Korbblütlern.

Nebenwirkungen
allergische Reaktionen sind möglich.

Wechselwirkungen mit anderen Mitteln
Keine bekannt.

Dosierung
Soweit nicht anders verordnet:
mittlere Tagesdosis 4 bis 6 g Droge;
Zubereitungen entsprechend.

Art der Anwendung
Zerkleinerte Droge und Trockenextrakte für Aufgüsse; bitterschmeckende galenische Zubereitungen zum Einnehmen.

Wirkungen
Förderung der Speichel- und Magensaftsekretion.

Germacranolid [2], das in nicht überalterten Handelsdrogen zu 0,2–0,7% enthalten sein kann [3]. Zur Bitterwirkung tragen auch Lignanlactone wie Trachelogenin, Arctigenin oder Nor-Trachelosid bei [4].
Das zu 0,3% enthaltene ätherische Öl setzt sich u.a. aus Terpenen, z.B. p-Cymen, Fenchon, Citral und Phenylpropankörpern (wie z.B. Zimtaldehyd) und Benzoesäure zusammen [5]. Hauptkomponente ist ein Polyin (Dodeca-1,11-dien,3,5,7,9-tetrain). Weitere Inhaltsstoffe wie pentacyclische Triterpene und Flavonoide sind für die Wirkung der Droge wohl ohne Belang.

Indikationen: Als Amarum aromaticum zur Anregung des Appetits und zur Steigerung der Magensaftsekretion,

Literatur:
[1] G. Harnischfeger und H. Stolze, notabene medici **11**, 652 (1981).
[2] M. Šucha und Mitarb., Chem. Ber. **93**, 2449 (1960).
[3] G. Schneider und I. Lachner, Planta Med. **53**, 247 (1987).
[4] M. Vanhaelen und R. Vanhaelen-Fastre, Phytochemistry **14**, 2709 (1975).
[5] R. Vanhaelen-Fastre, Planta Med. **24**, 165 (1973).

Frohne

Condurango cortex — Condurangorinde

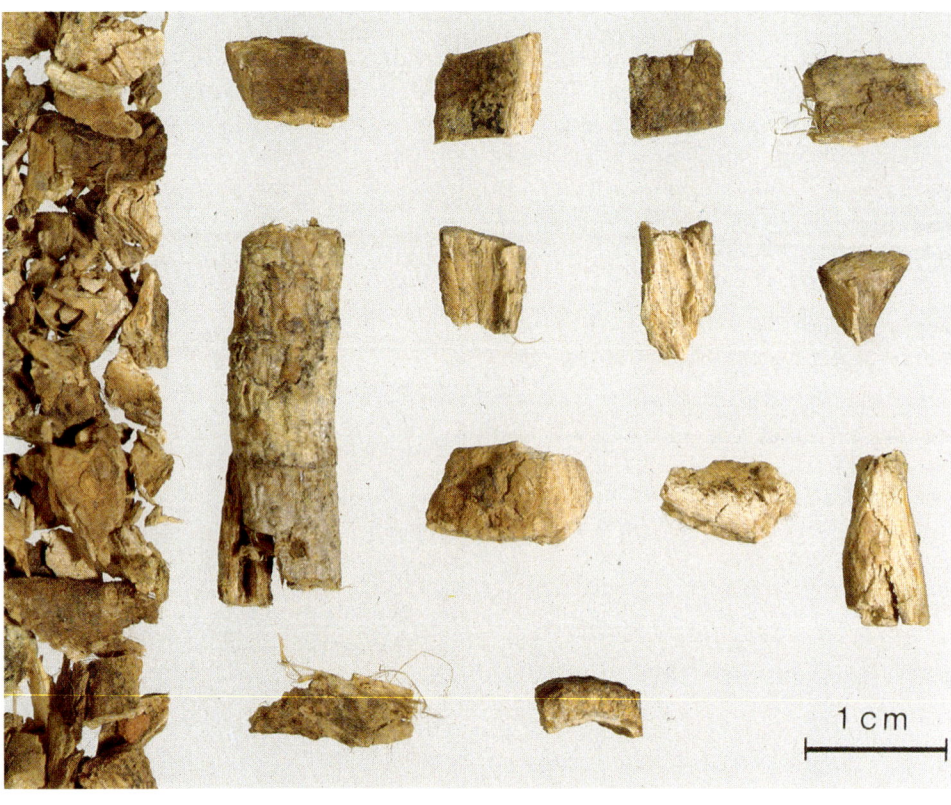

Abb. 1: Condurangorinde

Beschreibung: Bis 5 mm dicke, röhrenförmige Rindenstücke, außen mit grauem Periderm; große, quergestellte Lenticellen, gelegentlich auch Borke. Innenseite graubraun, Bruch faserig (primäre, unverholzte Fasern unter dem Periderm), Steinzellnester in der sekundären Rinde schon bei Lupenbetrachtung erkennbar.

Geschmack: Schwach bitter, kratzend.

Abb. 2: *Marsdenia cundurango* REICHB. f.

Ein kräftiger Kletterstrauch mit behaarten Trieben und kreuzgegenständig angeordneten, derben, eiförmigen, stark behaarten Blättern. Die Blüten mit glocken- bis trichterförmiger Krone sind zu dichasialen, doldenförmigen Blütenständen vereinigt.

ÖAB: Cortex Condurango
Ph. Helv. VII: Condurango cortex
DAC 1986: Condurangorinde

Stammpflanze: *Marsdenia cundurango* (auch *condurango*) REICHB. fil., Asclepiadaceae.

Synonyme: Kondorliane, Cortex Condorango. Condurango bark, Eagle-vine bark (engl.). Ecorce de condurango (franz.).

Herkunft: In den Anden von Ekuador, Peru und Kolumbien vorkommende Liane. Die Droge wird aus diesen Ländern auch importiert.

Inhaltsstoffe: 1–3% eines als Condurangin bezeichneten Gemisches verschiedener Condurangoglykoside (Condurangine), nach Ph. Helv. VII und DAC 1986 jeweils mindestens 1,8%, berechnet als Condurangoglykosid A. Die Condurangine (A, A_0, A_1, B, B_0, C, C_0, C_1, D_0, E_{01}, E_{02}) sind C_{21}-Steroide (Pregnanderivate), die mit Essig- und/oder Zimtsäure verestert und mit verschiedenen Zuckern glykosidisch verbunden sind. Neben Glucose kommen auch seltenere Zucker wie Oleandrose, Cymarose und 6-Desoxy-3-O-methylallose vor [1–4]. Die Condurango-Inhaltsstoffe können als Bitterstoffe mit Saponincharakter bezeichnet werden; ihre Löslichkeit in Wasser nimmt eigenartigerweise beim Erwärmen ab (Dekokt kalt filtrieren!). Weitere Inhaltsstoffe: Condurangamin A und B (mit Nicotinsäure veresterte hydroxylierte Pregnanderivate) [5], Chlorogen- und Kaffeesäure, verschiedene Cyclite, darunter Condurito, verschiedene Flavonoide und Cumarinderivate sowie Vanillin [2].

Indikationen: Als Amarum wie andere Bittermittel zur Steigerung der Magensaftsekretion und zur Appetitanregung. Früher (und in manchen *volkstümlichen Kräuterbüchern* auch heute noch) als Mittel gegen Magenkrebs empfohlen. Für die von einer japanischen Arbeitsgruppe gefundene Antitumor-Aktivität – Prüfung am Ehrlich-Karzinom- und Sarkom-180 System – wurden isolierte Reinglykoside der Condurangorinde eingesetzt [6]. Aus diesen Versuchen eine kanzerostatische Wirkung der Droge ableiten zu wollen, dürfte sicherlich verfrüht sein, zumal Prüfungen von Drogenextrakten zu keinem positiven Ergebnis geführt haben (zitiert nach [7]). Zur Pharmakologie und Toxikologie der Droge vgl. die Übersicht von Frohne [8].

Teezubereitung: 1,5 g fein zerschnittene oder grob gepulverte Droge werden mit kaltem Wasser angesetzt, kurz zum Sieden erhitzt und nach vollständigem Erkalten abgeseiht (nach ÖAB als Mazerat zu bereiten).
Gebräuchlich ist auch das Ansetzen der Droge mit Wein über mehrere Tage (50–100g Droge pro Liter). Als Amarum jeweils 30 min vor den Mahlzeiten 1 Tasse Tee oder 1 Likörglas Weinansatz.
1 Teelöffel = etwa 3 g.

Teepräparate: Keine.

Phytopharmaka: Der Extrakt aus der Rinde ist in wenigen Kombinationspräparaten aus der Gruppe Magen-Darmmittel enthalten, z.B. in Pankreaplex® neu N (Dragees u. Liquidum) u.a.

Prüfung: Makroskopisch (siehe Beschreibung) und mikroskopisch. Dazu empfiehlt es sich, von den Drogenstückchen etwas Material abzuschaben und als Pulverpräparat zu untersuchen. Auffällig sind vor allem die Steinzellen mit stark verdickter, etwas gelblicher Wand (einzeln oder in Nestern),

---

Condurangoglykosid A
R^1 = Acetyl
R^2 = Cinnamoyl

Cymarose $\xrightarrow{4}_{1}$ Oleandrose $\xrightarrow{4}_{1}$ 3-O-Methyl-6-desoxyallose

---

Auszug aus der Monographie der Kommission E
(BAnz Nr. 193 vom 15.10.1987 und BAnz Nr. 50 vom 13.03.1990)

Anwendungsgebiete
Appetitlosigkeit

Gegenanzeigen
Keine bekannt.

Nebenwirkungen
Keine bekannt.

Wechselwirkungen mit anderen Mitteln
Keine bekannt.

Dosierung
Soweit nicht anderes verordnet:
Tagesdosis: wäßriger Extrakt (entsprechend EB6): 0,2 bis 0,5 g;
Extrakt (entsprechend EB6): 0,2 bis 0,5 g;
Tinktur (entsprechend EB6): 2 bis 5 g;
Fluidextrakt (entsprechend Helv. VII): 2 bis 4 g;
Droge: 2 bis 4 g.

Art der Anwendung
Zerkleinerte Droge für Aufgüsse sowie andere bitterschmeckende Zubereitungen zum Einnehmen.

Wirkungen
Anregung der Speichel- und Magensaftsekretion.

Bruchstücke unverholzter(!) Fasern und die zahlreichen, bis 45 µm großen Calciumoxalatdrusen. Neben kleinkörniger Stärke findet man gelegentlich auch Stücke des Rindenparenchyms mit Milchröhren (und dem oft daraus hervortretenden körnigen Inhalt), ferner Stücke des Periderms (mit Einzelkristallen).

Condurango-Glykoside sind in kaltem Wasser besser löslich als in heißem: läßt man 2,0 g gepulverte Droge mit 10 ml Wasser 2 Std. unter häufigem Umschütteln stehen, so trübt sich das Filtrat beim Erhitzen auf 80° C und wird beim Abkühlen wieder klar (DAC 1986).

Die DC-Prüfung nach DAC 1986 erscheint wenig aussagekräftig, da nur die fluoreszenzmindernde Startzone(!) bestimmt wird.

Eine spektrophotometrische Bestimmung der Condurangoglykoside ist möglich [9, 10].

Verfälschungen: Selten, eventuell Rinden von *Asclepias umbellata* L. oder von *Elcomarrhiza amylacea* BARB. RODR.

Literatur:
[1] R. Tschesche und H. Kohl, Tetrahedron **24**, 4359 (1968).
[2] H. Koch und E. Steinegger, Pharm. Act. Helv. **56**, 244 (1981) und **57**, 211 (1982).
[3] S. Berger, P. Junior und L. Kopanski, Arch. Pharm. (Weinheim) **320**, 924 (1987).
[4] S. Berger, P. Junior und L. Kopanski, Phytochemistry **27**, 1451 (1988).
[5] M. Pailer und M. Ganzinger, Monatsh. Chem. **106**, 37 (1975).
[6] K. Hayashi und Mitarb., Chem. Pharm. Bull. **28**, 1954 (1980) und **29**, 2725 (1981).
[7] I. Koch-Heitzmann, Z. Phytother. **8**, 38 (1987).
[8] D. Frohne, in: P.A.G.M. De Smet, K. Keller, R. Hänsel, R.F. Chandler (Eds.): Adverse effects of herbal drugs, Springer Verlag Berlin, Heidelberg, New York, 1992.
[9] H. Koch und E. Steinegger, Pharm. Act. Helv. **53**, 56 (1978).
[10] E. Steinegger und P. Brunner, Pharm. Act. Helv. **52**, 139 (1977).

Frohne

Consolidae regalis flos — Ritterspornblüten

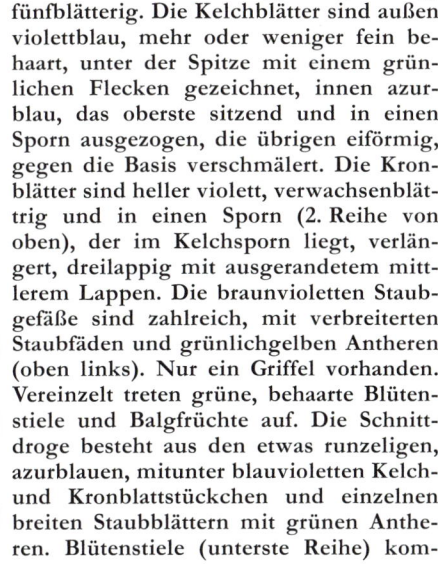

Abb. 1: Ritterspornblüten

Beschreibung: Die Ganzdroge besteht aus den blauen, geschrumpften Blüten. Der Kelch ist blumenblattartig, unregelmäßig, fünfblätterig. Die Kelchblätter sind außen violettblau, mehr oder weniger fein behaart, unter der Spitze mit einem grünlichen Flecken gezeichnet, innen azurblau, das oberste sitzend und in einen Sporn ausgezogen, die übrigen eiförmig, gegen die Basis verschmälert. Die Kronblätter sind heller violett, verwachsenblättrig und in einen Sporn (2. Reihe von oben), der im Kelchsporn liegt, verlängert, dreilappig mit ausgerandetem mittlerem Lappen. Die braunvioletten Staubgefäße sind zahlreich, mit verbreiterten Staubfäden und grünlichgelben Antheren (oben links). Nur ein Griffel vorhanden. Vereinzelt treten grüne, behaarte Blütenstiele und Balgfrüchte auf. Die Schnittdroge besteht aus den etwas runzeligen, azurblauen, mitunter blauvioletten Kelch- und Kronblattstückchen und einzelnen breiten Staubblättern mit grünen Antheren. Blütenstiele (unterste Reihe) kommen vereinzelt vor.

Geruch: Schwach honigartig.

Abb. 2: *Delphinium consolida* L.

Die kalkliebende, zierliche, etwa 30 cm hohe, einjährige Pflanze trägt am lockeren Blütenstand dunkelblaue, 5zählige Blüten mit einem langen Sporn. Die Blätter sind gestielt und fiedrig mit feinen, schmalen Zipfeln.

Consolidae regalis flos

Erg. B. 6: Flores Calcatrippae

Stammpflanze: *Delphinium consolida* L. (syn. *Consolida regalis* S.F. GRAY, Ackerrittersporn), Ranunculaceae.

Synonyme: Ackerrittersporn-Blüten, Feldrittersporn-Blüten, St. Ottilienblume, Adler-, Hafergiftblume, Lerchenklaublüten, Flores Consolidae regalis, Flores Delphinii consolidae. Forking larkspur flowers, Lark's claw flowers, Knight's spur flowers (engl.). Fleurs de pied-d'aloutte (franz.).

Herkunft: Auf Äckern und an Wegrändern des gemäßigten Europas; kalkliebend; in Nordamerika eingeschleppt; Importe aus Wildsammlungen Osteuropas.

Inhaltsstoffe: Anthocyanglykoside, insbesondere solche mit Delphinidin als Aglykon, z.B. das Delphinidin-Glucosid=Delphin [1], Flavonoide, z.B. Kämpferol- und Quercetin-Glykoside [2, 3]. Gelegentlich werden in der Literatur Alkaloide als Bestandteile der Blüten erwähnt [4]. In 35 Proben (eigene Sammlung, Importe) des Jahres 1986 konnten keine Dragendorff-positiven Substanzen nachgewiesen werden [5].

Indikationen: Verwendung vor allem als Schönungsdroge in Tees; in der *Volksmedizin* gelegentlich als Diuretikum, früher auch als Anthelmintikum und zum Färben von Wolle genutzt [6].

Nebenwirkungen: Bei Verwendung als Schmuckdroge nicht zu erwarten. Es soll an dieser Stelle aber darauf hingewiesen werden, daß einige Teile des Rittersporns (Wurzeln, Samen, Kraut) toxische Diterpene enthalten, die ähnliche Symptome wie Aconitum-Alkaloide hervorrufen können [7].

Teebereitung: Aus der Droge allein nicht gebräuchlich. Im Erg. B. 6 war als mittlere Einzelgabe zur Einnahme 1,5 g genannt.

Phytopharmaka: Die Ritterspornblüten sind ausschließlich als Schmuckdroge in Teemischungen unterschiedlicher Indikationsgruppen enthalten.

Prüfung: Makroskopisch (s. Beschreibung) und mikroskopisch nach Erg. B. 6. Auffällig sind zahlreiche kleine einzellige Haare, flaschenförmige Drüsenhaare mit gelbem Inhalt (Abb. 3), stark wellig buchtige, kutikulargestreifte und papillös vorgewölbte Epidermiszellen der Kronblätter.

Verfälschungen: Selten; bei Importen aus Ungarn gelegentlich Blüten von *Delphinium orientale* J. GAY (syn. *Consolida orientalis* (J. GAY) SCHRÖD.). Sie sind dunkelviolett, der Sporn ist höchstens 1 cm lang; die Samen sind dunkelrot im Gegensatz zu den mehr braunen oder gelblichgrauen von *Delphinium consolida* [6].

Aufbewahrung: Vor Licht und Feuchtigkeit geschützt; nicht länger als ein Jahr aufbewahren, da die Droge sonst unansehnlich wird und ausbleicht.

Auszug aus der Monographie der Kommission E (BAnz Nr. 80 vom 27.04.1989)

Anwendungsgebiete

Zubereitungen aus Ritterspornblüten werden als „harn- und wurmtreibendes" Mittel, als Sedativum sowie als appetitanregendes Mittel angewendet.

Die Wirksamkeit bei den beanspruchten Anwendungsgebieten ist nicht belegt.

Risiken

Bei der Verwendung als Schmuckdroge: Keine bekannt.

Hinweis:

Die in Rittersporn enthaltenen Alkaloide führen zu Bradykardie, Blutdrucksenkung und Herzstillstand. Ferner wirken sie zentral lähmend und curareartig auf das Atemzentrum.

Verläßliche Angaben über den Alkaloidgehalt der Blüten liegen nicht vor.

Beurteilung

Da die Wirksamkeit der Droge und ihrer Zubereitungen nicht belegt ist, kann eine therapeutische Anwendung nicht befürwortet werden.

Gegen die Verwendung als Schmuckdroge in Teemischungen (unter 1%) bestehen keine Bedenken.

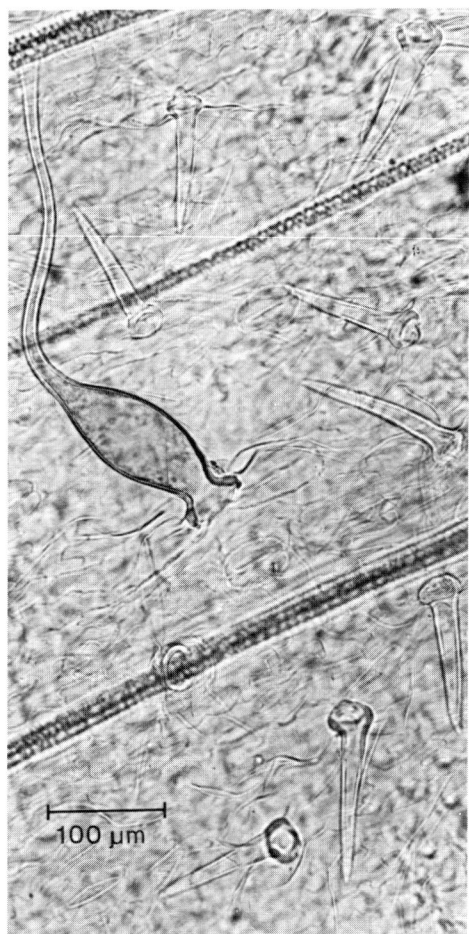

Abb. 3: Einzellige Haare mit etwas erweiterter Basis und ein flaschenförmiges Drüsenhaar (mit gelbem Inhalt)

Literatur:
[1] R. Willstätter und W. Mies, Liebigs Ann. Chem. **408**, 61 (1915).
[2] G.G. Mel'nichuk, Ukr. Bot. Zh. **28**, 525 (1971).
[3] M. Tamas und S. Stoleriu, Stud. Cercet. Biochim. **19**, 113 (1976).
[4] W. Schneider und A. Enders, Arzneim. Forsch. **5**, 324 (1955).
[5] F.-C. Czygan, unveröffentlicht (1986).
[6] Hager, Band **6**, 483 (1977).
[7] D. Frohne und H.J. Pfänder: Giftpflanzen. Wissenschaftl. Verlagsges. mbH, 4. Aufl. Stuttgart 1996.

Czygan

Coriandri fructus — Koriander
DAB 1996

Abb. 1: Korianderfrüchte

Beschreibung: Die Droge besteht aus den getrockneten, reifen, ±kugeligen (Durchmesser: var. *vulgare* 3–5 mm, var. *microcarpum* 1,5–3 mm) Früchten (Doppelachänen), die meist nicht in Teilfrüchte zerfallen sind. Die Rippen treten erst beim Trocknen auf: 10 geschlängelte, wenig hervortretende Hauptrippen, 8 gerade, deutlicher hervortretende Nebenrippen.

Geruch: Würzig-aromatisch.

Geschmack: Würzig-aromatisch.

Abb. 2: *Coriandrum sativum* L.

1jährige, unangenehm riechende, etwa 60 cm hohe Pflanze mit 1- bis 3fach gefiederten Blättern. Die in Doppeldolden angeordneten, kleinen, weißen Blüten sind 5zählig, wobei die nach außen stehenden Corollblätter meist etwas größer sind.

ÖAB: Fructus Coriandri
St. Zul.: 1079.99.99

Stammpflanze: *Coriandrum sativum* L. (Koriander), Apiaceae [=Umbelliferae] var. *vulgare* Alef. (syn. var. *macrocarpum* DC.); var. *microcarpum* DC.

Synonyme: Gartenkoriander, Wanzenkraut-, Schwindelkraut-Samen oder -Frucht, Stinkdill, Wanzendill, Wandläusekraut, Klanner. Coriander seed, Coriander fruit (engl.). Fruit de coriandre (franz.).

Herkunft: Ursprünglich im östlichen Mittelmeergebiet und im Vorderen Orient(?) beheimatet. Weltweit als Gewürzpflanze kultiviert; Importe aus Marokko, Frankreich, Italien, dem europäischen Rußland, Türkei, Japan und aus den USA.

*Auszug aus der Monographie der Kommission E
(BAnz Nr. 173 vom 18. 09. 1986)*

Anwendungsgebiete
Dyspeptische Beschwerden, Appetitlosigkeit.

Gegenanzeigen
Keine bekannt.

Nebenwirkungen
Keine bekannt.

Wechselwirkungen mit anderen Mitteln
Keine bekannt.

Dosierung
Soweit nicht anders verordnet:
Mittlere Tagesdosis: 3 g Droge;
Zubereitungen entsprechend.

Art der Anwendung
Zerquetschte und pulverisierte Droge sowie andere galenische Zubereitungen zum Einnehmen.

D-Linalool   α-Pinen   Limonen   1,8-Cineol

Campher   Geraniol   *trans*-Tridecen-(2)-al (1)

paraten von Radix Rhei, Cortex Frangulae, Cortex Rhamni purshiani und Folia Sennae sollen die bei Anwendung von Anthrachinon-Drogen manchmal auftretenden kolikartigen Schmerzen verhindern.
In der *Volksmedizin* gegen Würmer und als Bestandteil von Einreibemitteln gegen Rheuma und Gelenkschmerzen.
Vor allem aber als Gewürz (z.B. in Brot, um es im frischen Zustand besser bekömmlich zu machen; in bestimmten Curry-Typen, in Lebkuchen) und als Ingredienz der Likörindustrie (z.B. als Bestandteil des Danziger Goldwassers, des Boonekamp, des Cordial) und mancher „Geiste" (Karmelitergeist, Spiritus aromaticus) [5]. – Rezept für Koriander enthaltendes Pflaumenmusgewürz nach [5]: Fructus Cardamomi 10 g, Rhiz.

Inhaltsstoffe: Bis etwa 1% ätherisches Öl (DAB 1996 mind. 0,6%, ÖAB mind. 0,5%); Hauptkomponenten [1–4]: 60–70% D-(+)-Linalool [auch etwas D-(−)-Linalool]; weitere Monoterpene: Geraniol, Borneol, p-Cymol, Limonen, Geranylacetat, Campher, auch Cineol, α-Pinen, γ-Terpinen u.a.m. Weiter ca. 20% fettes Öl, ca. 15% Proteine, Kohlenhydrate, in geringer Menge Flavonoide, Furanoisocumarine (z.B. Coriandrin), Triterpene, Kaffeesäurederivate (v.a. Chlorogensäure). – Für den „Wanzengeruch" unreifer Früchte und des Krautes (auch der Wurzel!) sind aliphatische Aldehyde [u.a. Decanal, besonders *trans*-Tridecen-(2)-al (1)] verantwortlich [4].

Indikationen: Als Stomachikum, Spasmolytikum und Karminativum des ätherischen Öls wegen, das zusätzlich bakterizid und fungizid wirkt. Bei subazider Gastritis, bei Durchfall und Dyspepsie verschiedener Genese (Oberbauchbeschwerden, Völlegefühl, Blähungen). Zusätze von Koriander zu Prä-

Wortlaut der Packungsbeilage gemäß Standardzulassung:

6.1 Stoff- oder Indikationsgruppe
Pflanzliches Magen-Darm-Mittel.

6.2 Anwendungsgebiete
Appetitlosigkeit; Verdauungsbeschwerden mit leichten Krämpfen im Magen-Darm-Bereich, Völlegefühl, Blähungen.

6.3 Gegenanzeigen
Keine bekannt.

6.4 Wechselwirkungen mit anderen Mitteln
Keine bekannt.

6.5 Dosierungsanleitung und Art der Anwendung
Soweit nicht anders verordnet, wird 2- bis 3mal täglich zur Appetitanregung jeweils ca. eine halbe Stunde vor den Mahlzeiten, bei Verdauungsbeschwerden nach den Mahlzeiten eine Tasse des wie folgt bereiteten Teeaufgusses getrunken:
Etwa $1/2$ Teelöffel voll (ca. 1,2 g) kurz vor Gebrauch zerstoßener Koriander oder die zerkleinerte entsprechende Menge in einem oder mehreren Aufgußbeutel(n) wird mit siedendem Wasser (ca. 150 ml) übergossen und nach etwa 10 bis 15 Minuten gegebenenfalls durch ein Teesieb gegeben.

6.6 Dauer der Anwendung
Bei akuten Beschwerden, die länger als eine Woche andauern oder periodisch wiederkehren, wird die Rücksprache mit einem Arzt empfohlen.

6.7 Nebenwirkungen
Keine bekannt.

6.8 Hinweis
Vor Licht und Feuchtigkeit geschützt aufbewahren.

Zingiberis 10 g, Cort. Cinnamomi 20 g, Flores Caryophylli 20 g; Fructus Coriandri 40 g. – Das ätherische Öl außerdem als Aromastoff der Tabak- und Parfüm-Industrie.

Teebereitung: 1–3 g Koriander unmittelbar vor Gebrauch zerstoßen oder anquetschen, mit kochendem Wasser übergießen und 10–15 min lang bedeckt stehen lassen, anschließend abseihen.
1 Teelöffel = etwa 2,3 g.

Teepräparate: Koriander ist als Hilfsstoff (Aroma!) Bestandteil einiger Teegemische.

Phytopharmaka: Einige wenige Fertigarzneimittel der Gruppe Magen-Darm-Mittel enthalten Koriander-Extrakte, z.B. Carminativum Babynos (Tropfen) u.a.

Prüfung: Makroskopisch (s. Beschreibung); mikroskopisch: Die gelb-braune Pulverdroge ist besonders gekennzeichnet durch Bruchstücke der 50–75 µm dicken, geschlossenen Sklerenchymplatte der Mesokarps, die aus kurzen, wellig gebogenen, stark verdickten, kräftig getüpfelten, verholzten, in verschiedener Richtung gekreuzten Faserzellen besteht; DC-Prüfung nach DAB 1996 (Dichlormethanauszug der Droge mit Linalool und Olivenöl als Referenzsubstanzen) bzw. nach [6]. Quantitative Bestimmung des ätherischen Öls nach DAB 1996.

Verfälschungen: Kommen in der Praxis nicht vor.

Aufbewahrung: Vor Feuchtigkeit und Licht geschützt in gut verschlossenen Metall- oder Glasgefäßen, nicht in Kunststoffbehältern (ätherisches Öl!).

Literatur:
[1] Kommentar DAB 10, „Koriander".
[2] Hager, Band **4**, 998 (1992).
[3] V. Formáček und K.-H. Kubeczka, Essential Oils Analysis by Capillar Gas Chromatography and Carbon-13 NMR Spectroscopy. John Wiley & Sons, Chichester etc. 1982.
[4] E. Schratz und S.M.J.S. Quadry, Planta Med. **14**, 310 (1966).
[5] Hager, Band **4**, 300 (1973).
[6] H. Wagner, S. Bladt und E.M. Zgainski, Drogenanalyse. Springer Verlag, Berlin-Heidelberg-New York 1983.

Czygan

Crataegi folium cum flore   Weißdornblätter mit Blüten
DAB 1996

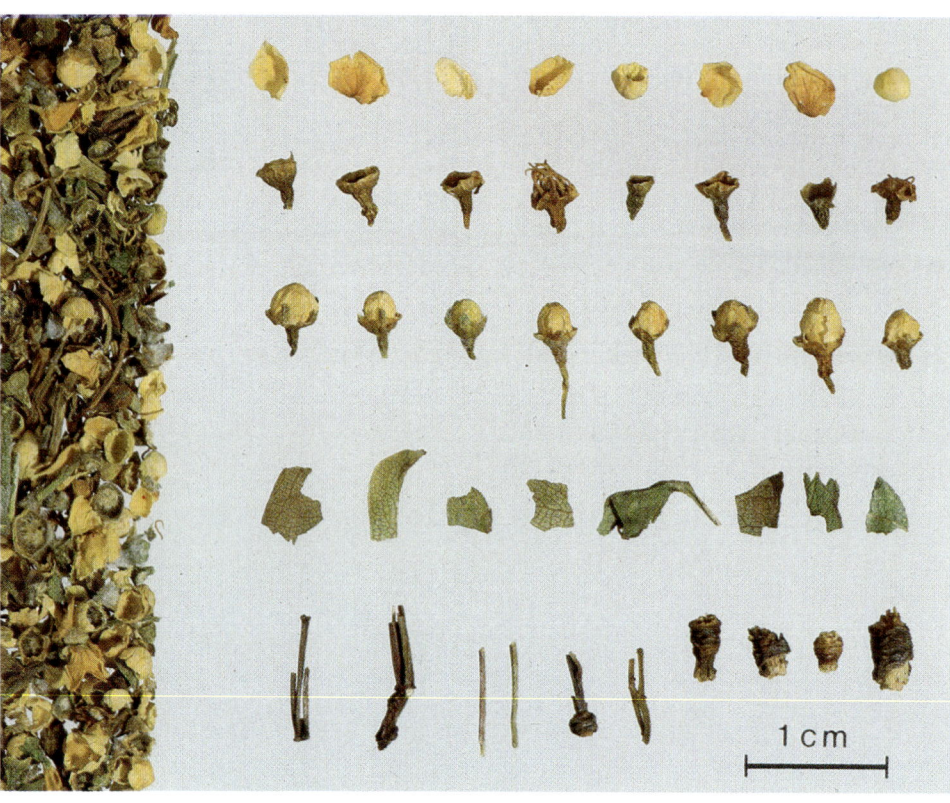

Abb. 1: Weißdornblätter mit Blüten

Beschreibung: Dunkelbraune, holzige Stengelstücke mit gestielten, mehr oder weniger stark gelappten Laubblättern; deren Rand nur leicht oder kaum gesägt. Die enge Netznervatur tritt vor allem auf der hellen Unterseite der Blätter deutlich hervor. Je nach *Crataegus*-Art sind die Blätter wenig oder stark behaart (s. Prüfung). Die Blüten besitzen einen bräunlichen oder graugrünen Achsenbecher, der am oberen Rand die fünf dreieckigen Kelchzipfel erkennen läßt. Die fünf gelblichweißen bis bräunlichen Kronblätter sind frei (oberste Reihe), rundlich oder breit eiförmig und kurz genagelt. Der mit dem Achsenbecher verwachsene Fruchtknoten trägt je nach *Crataegus*-Art ein bis fünf lange Griffel.

Geruch: Schwach duftend, eigenartig.

Geschmack: Etwas süß, leicht bitter und adstringierend.

Abb. 2: *Crataegus monogyna* JACQ.

Der meist stark verzweigte, 2–5 m hohe Strauch, aber auch bis 10 m hohe Bäume bildende Weißdorn besitzt dornige Zweige und ovale bis rhombische, tief 3–5lappige (*C. monogyna*) oder nur schwach 3lappige, aber fein gezähnte (*C. laevigata*) Blätter; die weißen, je nach Art ein- oder mehrgriffeligen Blüten mit zahlreichen Staubblättern mit roten Antheren, sind in breiten Trugdolden angeordnet. (Die *Crataegus*-Arten bastardisieren leicht, so daß die exakte Bestimmung der Art oft nicht möglich ist).

ÖAB: Folium Crataegi cum flore
Ph. Helv. VII: Crataegi folium cum flore
St. Zul. 1349.99.99

Stammpflanzen [1]: *Crataegus laevigata* (POIR.) DC. [syn. *Crataegus oxyacantha* auct.] (Zweigriffeliger Weißdorn); *Crataegus monogyna* JACQ. (Eingriffeliger Weißdorn); *Crataegus pentagyna* WALDST. et KIT. ex WILLD. (Fünfgriffeliger Weißdorn); *Crataegus nigra* WALDST. et KIT. (Dunkler Weißdorn); *Crataegus azarolus* L. (Azaroldorn, Italienische Mispel); Rosaceae.

Synonyme: Hagedorn, Mehldorn, Weißheckdorn, Herba Crataegi. Hawthorn herb, Whitethorn herb (engl.). Herbe d'aubépine avec fleurs (franz.).

Herkunft: *Crataegus laevigata* und *Crataegus monogyna* in ganz Europa, *Crataegus pentagyna* auf der Balkanhalbinsel, *Crataegus azarolus* im östlichen Mittelmeergebiet und *Crataegus nigra* in Ungarn und Jugoslawien beheimatet, z.T. kultiviert. Die Droge wird aus verschiedenen ost- und südosteuropäischen Ländern importiert.

Inhaltsstoffe [2, 3, 3a]: 0,4–1,0% oligomere Procyanidine (d.s. 4,8- bzw. 4,6-verknüpfte dimere, trimere bis hexamere Flavan-3-ole, vorwiegend Catechin bzw. Epicatechin als monomere Einheit); in den Kurzbezeichnungen werden die Buchstaben A für doppelt verknüpfte, B für einfach verknüpfte Typen und C für trimere Verbindungen verwendet (Beispiele siehe Formeln). 1,0–2,0% Flavonoide [4] (nach DAB 1996 und Ph. Helv. VII mind. 0,7%, ber. als Hyperosid); das Flavonoidgemisch besteht aus Flavon- und Flavonolglykosiden sowie Glykosylflavonen („C-Glykosiden"), Hauptkomponenten sind Hyperosid, Vitexin-2''-O-α-L-rhamnosid und Rutosid, in geringeren Mengen kommen Vitexin, Isovitexin sowie Apigenin-, Luteolin- und Kämpferolderivate vor. Jede *Crataegus*-Art besitzt ihr eigenes, spezifisches Flavonoidmuster [5], auch ist die Flavonoidzusammensetzung von Blatt und Blüte selbst innerhalb *einer* Art verschieden. Weitere Inhaltsstoffe sind biogene Amine (z.B. Tyramin) mit z.T. kardiotoner Wirkung [6], Phenolcarbonsäure, Triterpensäuren, Sterole und Aminopurine.

Indikationen: Bei beginnender Herzinsuffizienz, insbesondere Koronarinsuffizienz, bei leichten Formen der Herzmuskelinsuffizienz (Stadium I–II nach New York Heart Association), beim noch nicht herzglykosidbedürftigen Altersherz, bei Druck- und Beklemmungsgefühl in der Herzgegend und bei leichten Formen von bradykarden Herzrhythmusstörungen. Vor der Anwendung sollte sichergestellt sein, daß die eben genannten Symptome keine organischen Ursachen haben (dann ist eine andere Medikation erforderlich!), deshalb darf auch Weißdorn nicht unkritisch zur Selbstbehandlung empfohlen werden.

Zahlreiche pharmakologische und klinische Untersuchungen der letzten Jahre (gute Übersicht in Lit. [7]) haben deutlich gemacht, daß die oligomeren Procyanidine und Flavonoide als die für die Wirkung maßgeblichen (wenn auch nicht alleinigen) Wirkstoffe anzusprechen sind. Charakteristische Effekte standardisierter *Crataegus*-Extrakte bestehen vor allem in einer verbesserten Durchblutung des Myokards und der Koronargefäße, die an der Toleranzsteigerung des Myokards gegen Sauerstoffmangel meßbar ist. Die positiv inotrope Wirkung läßt sich nach genauerer pharmakologischer Analyse eher als Antagonismus gegenüber einer (durch Betablocker induzierbaren) negativen Ino-

Auszug aus der Monographie der Kommission E
(BAnz Nr. 133 vom 19.07.1994)

Pharmakologische Eigenschaften, Pharmakokinetik, Toxikologie

Mit Zubereitungen aus Weißdornblättern mit Blüten (wäßrig-alkoholische Extrakte mit definiertem Gehalt an oligomeren Procyanidinen bzw. Flavonoiden; Mazeraten, Frischpflanzenextrakten) und mit Einzelfraktionen (oligomere Procyanidine, biogene Amine) wurden an isolierten Organen oder im Tierversuch folgende pharmakodynamische Wirkungen festgestellt: Positiv inotrope Wirkung, positiv dromotrope Wirkung, negativ bathmotrope Wirkung. Zunahme der Koronar- und Myokarddurchblutung, Senkung des peripheren Gefäßwiderstandes.

In humanpharmakologischen Studien wurden nach der Gabe von 160 bis 900 mg/Tag wäßrig-alkoholischer Extrakte (eingestellt auf oligomere Procyanidine bzw. auf Flavonoide) über einen Zeitraum bis zu 56 Tagen bei Herzinsuffizienz Stadium II nach NYHA eine Besserung subjektiver Beschwerden sowie Steigerung der Arbeitstoleranz, Senkung des Druckfrequenzprodukts, Steigerung der Ejektionsfraktion und Erhöhung der anaeroben Schwelle festgestellt.

Die Pharmakokinetik wurde nur tierexperimentell untersucht, zur Humanpharmakokinetik liegt kein Erkenntnismaterial vor.

Zur akuten Toxizität liegen Untersuchungen mit einem wäßrig-ethanolischen Trockenextrakt (Droge-Extrakt-Verhältnis 5:1; eingestellt auf oligomere Procyanidine) vor. Danach traten bei Mäusen und Ratten bei Gaben bis zur 3000 mg/kg KG nach oraler und intraperitonealer Applikation keine Todesfälle auf. Zu den Vergiftungssymptomen nach i.p. Gabe von 3000 mg/kg KG zählten Sedierung, Piloarrektion, Dyspnoe und Tremor.

Die Gabe von Drogenpulver in Einzeldosen von 3 g/kg KG p.o. an Ratten sowie 5 g/kg KG p.o. an Mäuse führte zu keinen Todesfällen.

Nach Verabreichung von 30, 90 und 300 mg/kg KG des wäßrig-ethanolischen Trockenextraktes an Ratten und Hunde über 26 Wochen p.o. wurden keine toxischen Effekte beobachtet. Die „Noeffect"-Dosis betrug bei Ratten und Hunden über 26 Wochen für diesen Extrakt 300 mg/kg KG. Nach der Gabe von 300 und 600 mg/kg KG Drogenpulver an Ratten p.o. über vier Wochen wurden keine Todesfälle und keine toxischen Effekte beobachtet.

Zur embryonalen und fötalen Toxizität, zur Fertilität und Postnatalentwicklung liegt kein Erkenntnismaterial vor.

Zur Prüfung der Mutagenität von Crataegus-Zubereitungen liegen neuere Untersuchungen vor, die jedoch unterschiedliche Ergebnisse erbrachten. Es wird davon ausgegangen, daß die an Salmonellen nachgewiesene mutagene Aktivität auf dem Gehalt an Quercetin beruht und die Induktion von SCE vor allem auf dem Vorhandensein von Flavon-C-Glykosiden, auch der Flavon-Aglyka. Im Vergleich zu der mit der Nahrung aufgenommenen Quercetinmenge ist der Gehalt der Droge an Quercetin jedoch so gering, daß ein Risiko für den Menschen praktisch ausgeschlossen werden kann.

Zur Kanzerogenität liegt kein wissenschaftliches Erkenntnismaterial vor. Die Befunde zur Genotoxität und zur Mutagenität ergeben keine Hinweise auf ein für den Menschen relevantes kanzerogenes Risiko der Droge.

Klinische Angaben

1. Anwendungsgebiete

Nachlassende Leistungsfähigkeit des Herzens entsprechend Stadium II nach NYHA.

2. Gegenanzeigen

Keine bekannt.

3. Nebenwirkungen

Keine bekannt.

4. Besondere Vorsichtshinweise für den Gebrauch

Bei unverändertem Fortbestehen der Krankheitssymptome über sechs Wochen oder bei Ansammlungen von Wasser in den Beinen ist eine Rücksprache mit dem Arzt zu empfehlen. Bei Schmerzen in der Herzgegend, die in die Arme, den Oberbauch oder in die Halsgegend ausstrahlen können, oder bei Atemnot ist eine ärztliche Abklärung zwingend erforderlich.

5. Verwendung bei Schwangerschaft und Laktation

Keine bekannt.

6. Medikamentöse und sonstige Wechselwirkungen

Keine bekannt.

7. Dosierung

Soweit nicht anders verordnet:

Tagesdosis:
160 bis 900 mg nativer, wäßrig-alkoholischer Auszug (Ethanol 45% V/V oder Methanol 70% V/V; Droge-Extrakt-Verhältnis=4–7:1; mit definiertem Flavonoid- oder Procyanidin-Gehalt) entsprechend 30 bis 168,7 mg oligomere Procyanidine, berechnet als Epicatechin,
oder 3,5 bis 19,8 mg Flavonoide, berechnet als Hyperosid nach DAB 10,
in zwei oder drei Einzeldosen.

Weißdornfluidextrakt DAB 10: Die äquivalente Einzel- und Tagesdosis ist anhand von klinisch-pharmakologischen Untersuchungen oder klinischen Studien zu belegen.

Art der Anwendung:
In flüssigen oder festen Darreichungsformen zum Einnehmen.

Dauer der Anwendung:
Mindestens sechs Wochen.

8. Überdosierung

Keine bekannt.

9. Besondere Warnungen

Keine.

10. Auswirkungen auf Kraftfahrer und die Bedienung von Maschinen

Keine bekannt.

Hinweis

Die Droge sowie wäßrige, wäßrig-alkoholische, weinige Auszüge und Frischpflanzensaft werden traditionell zur Stärkung und Kräftigung der Herz-Kreislauf-Funktion eingenommen.

Diese Angaben beruhen ausschließlich auf Überlieferung und langjähriger Erfahrung.

tropie deuten. Ihre molekulare Grundlage haben diese Wirkungen in der bereits bei niedriger Dosierung beginnenden Hemmung der c-AMP-Phosphodiesterase; zusätzlich besitzen die *Crataegus*-Flavone meßbare Effekte auf die Steuerung der intrazellulären Ca^{++}-Konzentration. Daneben wird auf Grund von in-vitro-Untersuchungen auch eine Hemmung der Na^+/K^+-ATPase und des ACE diskutiert [7].
Für Extrakte aus *Crataegus laevigata* sind auch zentrale Wirkungen festgestellt worden: an der Maus läßt sich nach oraler Gabe eines Ethanolextraktes eine mäßige, aber deutliche depressive Wirkung (unter Anwendung von vier verschiedenen Tests) feststellen [8]. Obwohl inzwischen nachgewiesen wurde, daß die oligomeren Procyanidine auch bei oraler Gabe resorbiert werden, kann man sie nur als wirksamkeits**mit**bestimmende Substanzen bezeichnen; allgemein wird angenommen, daß es sich bei der therapeutischen Anwendung von *Crataegus* um eine Kombinationswirkung mehrerer Inhaltsstoffe bzw. Inhaltsstoffgruppen handelt [7, 9, 10].
Dies kommt auch in der neuen Monographie der Kommission E (von 1994; ersetzt die Monographie von 1984) zum Ausdruck. Gegen die ausschließliche Nennung von wäßrig-alkoholischen Auszügen (im Abschnitt Dosierung dieser Monographie) sind kritische Stimmen laut geworden (z.B. in Lit. [11]), weil damit die traditionelle Anwendung der *Tee*droge gefährdet erscheint; siehe dazu auch unter „Teebereitung".

Nebenwirkungen: In therapeutischen Dosen nicht bekannt.

Teebereitung: 1–1,5 g fein zerschnittene Droge werden mit kochendem Wasser übergossen und nach 15 min abgeseiht. Anwendung 3–4mal pro Tag, kurmäßig über mehrere Wochen.
1 Teelöffel = etwa 1,8 g.
Bei der Teebereitung gehen aus ca. 1,8 g Droge (empfohlene Einzeldosis der Standardzulassung) etwa 4 bis 10 mg Gesamtflavonoide in den Teeaufguß über [3a, 4, 11], was innerhalb der von der Kommission E geforderten Dosierungsangabe liegt. Eine HPLC-Analyse ergab, daß das Flavonoidmuster im Teeaufguß exakt mit dem der Droge übereinstimmt [4].

Teepräparate: Die Droge wird als Tee, auch in Filterbeuteln, angeboten.

Phytopharmaka: Mit über 300 Positionen in der Pharmazeutischen Stoffliste (5/94) behaupten Weißdornpräparate eine Spitzenstellung. Extrakte sind in den Indikationsgruppen Kardiaka, Koronarmittel, Antihypertonika, aber auch bei Arteriosklerosemitteln, Geriatrika und Tonika anzutreffen.
Neuere Präparate enthalten nur Crataegusextrakt und sind auf oligomere Procyanidine (PC) standardisiert, z.B. Crataegutt® novo 450 (Filmtabletten; 450 mg Extrakt/84,3 mg PC), Oxacant® mono (Tropfen) u.a.; andere Präparate sind auf einen bestimmten Hyperosidgehalt (Hy) eingestellt, z.B. Crataezyma® (Herzkapseln; 249 mg Extr./5,0 mg Hy), Orthangin® novo (Filmtabletten; 223 mg Extr./2,75 mg Hy), Weißdornkapseln von ct (44,75 mg Extr./0,9 mg Hy) u.a.

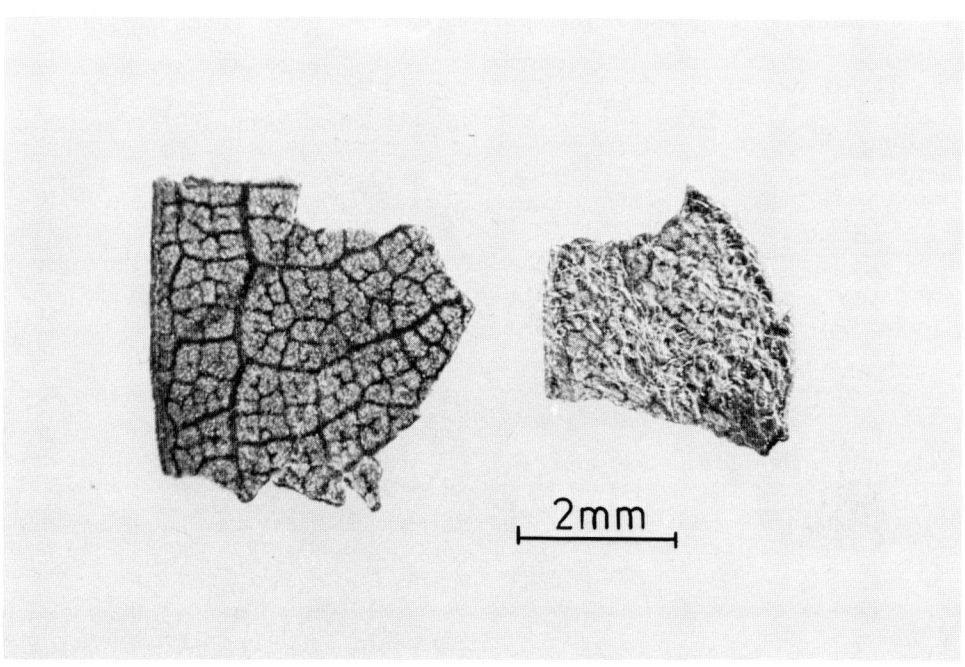

Abb. 3: Blattunterseite von *Crataegus laevigata* (links) und *Crataegus nigra* (rechts; dicht behaart!)

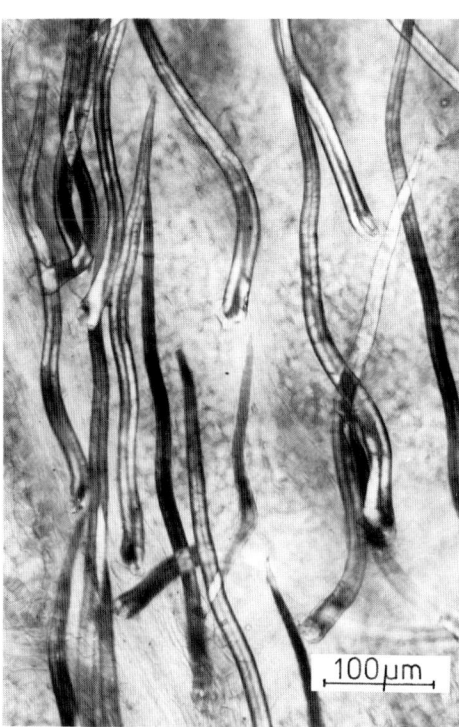

Abb. 4: Dickwandige Borstenhaare von *Crataegus nigra*

Der größte Anteil entfällt aber auf Kombinationspräparate, die z.T. (noch) nicht standardisierte Extrakte enthalten.

Prüfung: Makroskopisch (s. Beschreibung) und mikroskopisch nach DAB 1996. Die Blätter der einzelnen *Crataegus*-Arten sind recht unterschiedlich dicht behaart (Abb. 3), *Crataegus nigra* und *Crataegus azarolus* sehr stark, besonders auf der Unterseite, die übrigen offizinellen Arten weit weniger; die Haare sind einzellig, dickwandig und lang (Abb. 4).

Im Mesophyll kommen Oxalatdrusen, seltener Einzelkristalle vor.

DC-Prüfung auf Flavonoide nach DAB 1996.

Verfälschungen: Kommen nur äußerst selten vor. Blüten von anderen *Crataegus*-Arten, von *Sorbus aucuparia* L. (Eberesche) sowie von *Prunus spinosa* L. (Schlehdorn) sind an abweichenden morphologischen und anatomischen Merkmalen zu erkennen [1].

Reine Blütendroge von *Crataegus* (Crataegi flos, Flores Crataegi) ist gelegentlich mit den sehr ähnlich aussehenden Schlehdornblüten (s.d. S. 460) oder Schwarzdornblüten (früher als Flores Acaciae = Flores Pruni spinosae im Erg. B. 6) verfälscht. Ein leicht feststellbarer Unterschied: das Endothecium von *Crataegus* erscheint in kaltem Chloralhydrat rot gefärbt, das von *Prunus spinosa* hingegen nicht.

Wortlaut der Packungsbeilage gemäß Standardzulassung:

6.1 Stoff- oder Indikationsgruppe
Pflanzliches Herzmittel.

6.2 Anwendungsgebiete
Nachlassende Leistungsfähigkeit des Herzens; Druck- und Beklemmungsgefühl in der Herzgegend.
Hinweis:
Bei unverändertem Fortbestehen der Krankheitssymptome über 4 Wochen ist die Rücksprache mit einem Arzt zu empfehlen; bei Atemnot, Schwindelgefühl, ausstrahlenden Schmerzen in die Halsgegend, die Arme oder den Oberbauch oder bei Ansammlung von Wasser in den Beinen ist die Rücksprache mit einem Arzt erforderlich.

6.3 Gegenanzeigen
Keine bekannt.

6.4 Wechselwirkungen mit anderen Mitteln
Keine bekannt.

6.5 Dosierungsanleitung und Art der Anwendung
Soweit nicht anders verordnet, wird 3- bis 4mal täglich eine Tasse des wie folgt bereiteten Teeaufgusses getrunken:
Ein knapper Teelöffel voll (ca. 1,5 g) Weißdornblätter mit Blüten oder die entsprechende Menge in einem oder mehreren Aufgußbeutel(n) wird mit siedendem Wasser (ca. 150 ml) übergossen und nach etwa 10 bis 15 Minuten gegebenenfalls durch ein Teesieb gegeben.

6.6 Nebenwirkungen
Keine bekannt.

6.7 Hinweis
Vor Licht und Feuchtigkeit geschützt aufbewahren.

Literatur:
[1] F.-C. Czygan, Z. Phytother. **15**, 117 (1994).
[2] H.P.T. Ammon und R. Kaul, Dtsch. Apoth. Ztg. **134**, 2433 (1994).
[3] Th. Kartnig, A. Hiermann und S. Azzam, Sci. Pharm. **55**, 95 (1987).
[3a] nach Vorträgen auf dem Crataegus-Workshop der ETH Zürich, 11.10.1996.
[4] A. Rehwald, B. Meier und O. Sticher, J. Chromatogr. A, **677**, 25 (1994).
[5] M. Schüssler und J. Hölzl, Dtsch. Apoth. Ztg. **132**, 1327 (1992).
[6] H. Wagner und J. Grevel, Planta Med. **45**, 98 (1982).
[7] H.P.T. Ammon und R. Kaul, Dtsch. Apoth. Ztg. **134**, 2521 und 2631 (1994).
[8] F. Occhiuto und Mitarb., Plantes Med. Phytothér. **20**, 37; 52 und 115 (1986).
[9] R. Della Loggia und Mitarb., Sci. Pharm. **51**, 319 (1983).
[10] M. Iwamoto, T. Sato und T. Ishizaki, Planta Med. **42**, 1 (1981).
[11] O. Klensch und A. Nagell, Dtsch. Apoth. Ztg. **134**, 3005 (1994).

Wichtl

Crataegi fructus — Weißdornfrüchte

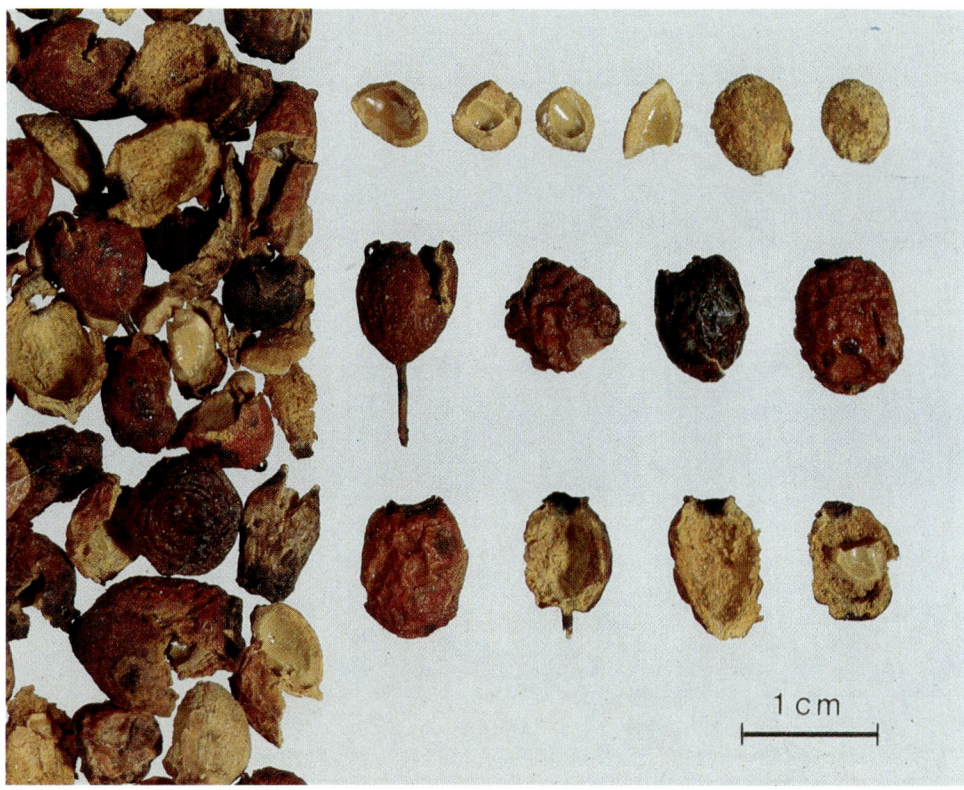

Abb. 1: Weißdornfrüchte

Beschreibung: Weinrote bis gelbbraune, eiförmige, grob- bis feinrunzelige, beerenartige Scheinfrüchte, die am oberen Ende 5 zurückgeschlagene Kelchzipfel tragen. Im Inneren ein braungelbes Gewebe („Fruchtfleisch") mit 1–3 harten, gelben Steinfrüchten („Samen"), z.T. zerbrochen (obere Reihe).

Geschmack: Süßlich-schleimig.

Abb. 2: *Crataegus laevigata* (POIR.) DC.

Die Blüten dieser Weißdornart weisen 2–3 Griffel auf. *Crataegus* besitzt einen – für die Unterfamilie Maloideae charakteristischen – unterständigen Fruchtknoten, der mit dem Achsengewebe verwachsen ist und zu einer fleischigen roten Scheinfrucht mit einem (*C. monogyna*) oder 2–3 (*C. laevigata*) Steinkernen reift.

DAC 1986: Weißdornbeeren

Stammpflanzen: *Crataegus laevigata* (POIR.) DC. [syn. *Crataegus oxyacantha* auct.] (Zweigriffeliger Weißdorn) und *Crataegus monogyna* JACQ. (Eingriffeliger Weißdorn), Rosaceae.
Die drei anderen, nach DAB 1996 für Blatt- und Blütendroge zugelassenen *Crataegus*-Arten sind nach DAC 1986 auszuschließen, wohl weil über sie zu wenig Erfahrungsmaterial vorliegt.

Synonyme: Weißdornbeeren, Hagedornbeeren, Mehlbeeren, Fructus Oxyacanthae, Fructus Spinae albae. Hawthorn berry, Crataegus fruit (engl.). Fruits d'aubépine (franz.).

Herkunft: Siehe Crataegi folium cum flore. Die Droge wird aus ost- und südosteuropäischen Ländern eingeführt.

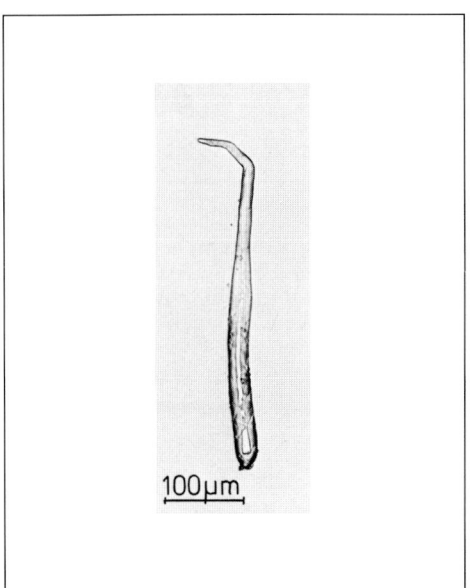

Abb. 3: Dickwandiges Haar des Griffelpolsters

Inhaltsstoffe: Ähnliche Flavonoide und oligomere Procyanidine wie in Weißdornblättern mit Blüten (s.d.), jedoch ist der Procyanidingehalt mit ca. 0,4–2,1% in den Früchten höher als in der Blatt-/Blütendroge, der Flavonoidgehalt mit 0,04–0,1% (vorwiegend Hyperosid) aber deutlich niedriger, wobei Vitexin und Vitexin-2''-O-α-L-rhamnosid nur in Spuren vorkommen [1].

Indikationen: Wie bei Weißdornblätter mit Blüten, s. dort. Die Früchte werden, im Gegensatz zur Blatt- und Blütendroge, nicht zur Bereitung von Teegetränken verwendet, hingegen spielen sie bei der Herstellung von Fertigarzneimitteln immer noch eine Rolle.

Teebereitung: Aus der Fruchtdroge nicht gebräuchlich.

Auszug aus der Monographie der Kommission E (BAnz Nr. 133 vom 19.07.1994)

Pharmakologische Eigenschaften, Pharmakokinetik, Tokikologie

Zur Pharmakologie und Toxikologie der Droge liegt kein wissenschaftliches Erkenntnismaterial vor.

Aufgrund der Inhaltsstoffe der Droge, die sich quantitativ (Flavonoide) als auch qualitativ (oligomere Procyanidine) nur wenig von denen der Droge Weißdornblätter mit Blüten unterscheiden, könnten für die Droge ähnliche pharmakodynamische Wirkungen angenommen werden, wie sie für Weißdornblätter mit Blüten nachgewiesen wurden.

Klinische Angaben

Anwendungsgebiete

Weißdornfrüchte bzw. Zubereitungen aus Weißdornfrüchten werden zur Förderung der Durchblutung der Herzkranzgefäße, bei Herzerweiterung und Herzschwäche, bei Herz-Kreislauf-Störungen, gegen hohen Blutdruck und gegen Arteriosklerose angewendet.

Die Wirksamkeit bei den beanspruchten Anwendungsgebieten ist durch klinische Studien jedoch nicht belegt.

Risiken

Keine bekannt.

Beurteilung

Da die Wirksamkeit bei den beanspruchten Anwendungsgebieten nicht belegt ist, kann eine therapeutische Anwendung nicht befürwortet werden.

Die Droge sowie wäßrige, wäßrig-alkoholische, wenige Auszüge und Frischpflanzensaft werden traditionell zur Stärkung und Kräftigung der Herz-Kreislauf-Funktion eingenommen.

Diese Angaben beruhen ausschließlich auf Überlieferung und langjähriger Erfahrung.

Phytopharmaka: Extrakte aus den Früchten werden nur noch selten, dann meist gemeinsam mit Extrakten aus Blättern und Blüten (siehe Crataegi folium cum flore) in einigen Kardiaka verwendet, z.B. in Kneipp Pflanzendragees Weißdorn, Kytta-Cor® (Tabletten), Salus® Weißdorn (Tropfen) u.a.

Prüfung: Makroskopisch (s. Beschreibung) und mikroskopisch nach DAC 1986. Charakteristisch sind die einzelligen, dickwandigen Haare des Griffelpolsters (Abb. 3), die teilweise geknickt sind und in eine Spitze auslaufen. Im Fruchtfleisch findet man Sklereiden, z.T. in Gruppen und Oxalatdrusen und Einzelkristalle.

DC-Prüfung auf Flavonoide, Catechine und Triterpene nach DAC 1986.

Verfälschungen: In der Praxis sehr selten. Nach DAC 1986 dürfen Früchte anderer als der genannten *Crataegus*-Arten nicht vorhanden sein. Die Früchte von *Crataegus nigra* sind schwarz, die von *Crataegus azarolus* größer und gelbrot, sehr rasch schimmelig werdend. Die Früchte von *Crataegus pentagyna* sind erheblich kleiner und schlanker als die Früchte der nach DAC zugelassenen Arten; alle diese Früchte enthalten mehr als drei Steinkerne.

Literatur:
[1] nach Vorträgen auf dem Crataegus-Workshop der ETH Zürich, 11.10.1996.

Wichtl

Croci stigma
Ph. Eur. 1/III

Safran

Abb. 1: Safran

Safran besteht aus den meistens durch ein kurzes Griffelstück zusammengehaltenen Narbenschenkeln des im Herbst blühenden *Crocus sativus*.

Beschreibung: Die ziegelroten Narben sind im trockenen Zustand 20–40 mm, in nassem Zustand 35–50 mm lang. Die auf einer Seite aufgespaltenen Röhren erweitern sich tütenförmig nach oben. Der obere Rand ist offen und feingezackt. Das die Narben zusammenhaltende Griffelstück ist blaßgelb und höchstens 5 mm lang.

Geruch: Stark aromatisch.

Geschmack: Würzig, aromatisch, etwas scharf, leicht bitter, nicht süß, an Jodoform erinnernd. Der Speichel wird stark gelb gefärbt.

Abb. 2 und 3: *Crocus sativus* L.

Die im Herbst blühende Knollenpflanze besitzt sehr schmale, lange Blätter, die Blüte ein lila, violett geadertes Perigon mit langer Röhre, 3 gelben Staubblättern, einem dünnen, gelben Griffel und 3 langen, trichterförmigen, roten, aus der Blüte herausragenden Narbenschenkeln.

ÖAB: Flos Croci
Ph. Helv. VI: Crocus
DAC 1986: Safran

Stammpflanze: *Crocus sativus* L. (Safran), Iridaceae.

Synonyme: Crocus orientalis, C. hispanicus, Gewürzsafran. Saffron, Hay saffron (engl.). Safran (franz.).

Herkunft: Uralte Kulturpflanze, vermutlich in Süd-Europa und Südwest-Asien beheimatet; die Droge stammt heute fast ausschließlich aus Kulturen steriler *Crocus*-Pflanzen in Süd-Spanien und Griechenland. Vor 550 Jahren wurde Safran auch in Deutschland (in der Pfalz) angebaut; seit 1992 befinden sich in Ilbesheim a.d. Weinstraße wieder kleine Safrankulturen [1], von denen auch etwas Safran gewonnen wird (Anregung durch Dr. M. Börnchen, Hamm/Westf.).

Crocetin: R = H
Crocin: R = Gentiobiose

Picrocrocin → 4-Hydroxycyclocitral → Safranal

Diverse Handelsformen: vor allem Crocus naturalis: mit Griffelresten vermengt; Crocus electus: ausgesuchte, von Griffelresten befreite Ware, sog. Safranspitzen. Weitere Handelssorten bei [2]. Angaben zum Safran als Objekt der Kulturgeschichte finden sich bei [3].

Inhaltsstoffe: Gelbe, wasserlösliche Farbstoffe, die sich von dem formal den Diterpenen zuzurechnenden, biosynthetisch aber den Carotinoiden zugehörenden Crocetin ableiten: z.B. Crocin (Crocetin-di-β-D-gentiobiosylester); dazu Bitterstoffe (z.B. Picrocrocin) und der durch Wasserabspaltung aus dem Aglykon (β-Hydroxycyclocitral) des Picrocrocins beim Trocknen entstehende, für Safran typische Duftstoff Safranal. Er ist Hauptkomponente des ätherischen Öls, das bis 1% der Droge ausmachen kann. Außerdem fettes Öl (bis 10%) und Oleanolsäurederivate [4].

Indikationen: Die Droge hat *keine medizinische Bedeutung* mehr, ihre seinerzeitige Aufnahme in die Ph. Eur. 1. Ausgabe, Band III verdankte sie dem Umstand, daß für das Europäische Arzneibuch eine Monographie „Tinctura Opii crocata" vorgesehen war. Mittlerweile hat man davon Abstand genommen.
Crocetin besitzt nach tierexperimentellen Untersuchungen lipidsenkende Eigenschaften; es verhindert an Kaninchen eine künstlich induzierte Hypercholesterinämie, erhöht die Sauerstoffdiffusion im Plasma beträchtlich (bis 80%) und führt zu einer Senkung der Serumcholesterinwerte um etwa 30% [5]. In den letzten Jahren sind weitere biologische und pharmakologische Effekte von Inhaltsstoffen des Safrans näher untersucht worden. So hemmt Crocetin die intrazelluläre Nukleinsäure- und Protein-Biosynthese von malignen Humanzellen [6]. Nach [7, 8] konnten aus Safran Inhibitoren der „Platelet Aggregation" isoliert werden. An Mäusen wurden Antitumoraktivitäten von Safran-Extrakten gegen Sarkom-180 und Ehrlich-Ascites Karzinome nachgewiesen [9].
Auch Hemmeffekte gegen chemisch induzierte Karzinogenese bei Mäusen wurden beschrieben [10].
In der *Volksmedizin* wird Safran gelegentlich noch als Sedativum, Spasmolytikum und Stomachikum gebraucht.
Die Hauptbedeutung der Droge ist heute die eines Geruchs- und Geschmackskorrigens; in der Küche als Gewürz gebraucht (z.B. Zusatz zu Curry-Reis; Bouillabaisse, Paella); vor allem aber in der Industrie als Färbemittel von Backwaren, Likören, Kosmetika und Arzneimitteln.

Nebenwirkungen: In größeren Mengen genossen ist Safran stark toxisch, *Dosis letalis* ca. 20 g. Aber auch geringere Mengen führen bereits zu Vergiftungen mit folgenden Symptomen: Erbrechen, Uterusblutungen (früher wegen der erregenden Wirkung auf die glatte Muskulatur des Uterus mißbräuchlich als Abortivum benutzt), blutige Durchfälle, Hämaturie, Blutungen in der Nasen-, Lippen- und Lidhaut, Schwindelanfälle, Benommenheit, Gelbfärbung von Haut- und Schleimhäuten (es wird ein Ikterus vorgetäuscht!) [4].

Teebereitung: Entfällt.

Teepräparate: Die Droge ist Bestandteil von sog. Schwedenkräuter-Mischungen zum Ansetzen mit Alkohol.

Phytopharmaka: Auszüge aus Safran sind im sog. „Großen" bzw. „Kleinen Schwedenbitter" verschiedener Hersteller enthalten.

Prüfung: Diese ist bei der recht teuren Droge besonders wichtig, weil sie sehr häufig, vor allem in gepulverter Form, verfälscht ist. Makroskopische (s. Beschreibung) und mikroskopische Untersuchung daher unerläßlich.
Die Epidermiszellen sind von gestreckter Form und weisen oft im Zentrum eine kurze Papille auf; im Wasserpräparat tritt ein gelber Farbstoff aus. Der obere Rand der Narben besitzt fingerartige, bis 150 μm lange Papillen. Zwischen den Papillen finden sich einzelne

---

Auszug aus der Monographie der Kommission E
(BAnz Nr. 76 vom 23. 04. 1987)

Anwendungsgebiete
Safran wird als Nervenberuhigungsmittel, bei Krämpfen und bei Asthma angewendet.
Die Wirksamkeit bei den beanspruchten Anwendungsgebieten ist nicht belegt.

Risiken
Bei einer maximalen Tagesdosis von 1,5 g sind bislang keine Risiken dokumentiert.
Die letale Dosis beträgt 20,0 g, die Abortivdosis 10,0 g Safran.
Als Wirkungen bei der Anwendung der Droge als Abortivum wurden beobachtet:
Schwere Purpura nach 5 g Safran (in Milch aufgelöst) mit tiefschwarzer Nekrose der Nase bei einer Thrombozytopenie von 24000, einer Hypothrombinämie von 41% und schwerem Kollaps mit Urämie.
Ansonsten: Erbrechen, Uterusblutungen, blutige Durchfälle, Haematurie, Blutungen der Nasen-, Lippen- und Lidhaut, ferner Schwindelanfälle, Benommenheit. Es kommt zu Gelbfärbung von Skleren, Haut und Schleimhaut, so daß ein Ikterus vorgetäuscht werden kann.

kugelige, dickwandige, bis 100 µm im Durchmesser messende Pollen mit feinkörniger Exine (Abb. 4, unten) ohne vorgebildete Austrittsöffnungen. Die Leitbündel enthalten enge Gefäße mit spiraligen Verdickungen, Fasern dürfen nicht vorhanden sein, ebensowenig verholzte Elemente (Reaktion mit Phloroglucin-Salzsäure negativ!), Pollen mit 3 Poren (z.B. Verfälschungen durch die Blüten der Färberdistel=Saflor), Fragmente des Endotheciums von Antheren (Verfälschung durch Staubblätter und Pollensäcke von *Crocus sativus*) und Kristalle (diverse gelbe Blüten). — Wird auf dem Objektträger einer Spur Safranpulver 1 Tropfen konzentrierte Schwefelsäure zugesetzt, verfärbt sich die Drogenprobe zunächst dunkelblau und geht dann in rot-braun bis rot-violett über (Nachweis für Carotinoide im Safran, aber auch in anderen carotinoidhaltigen Blütenblättern!).
Nach Ph. Helv. VI (nicht VII!) prüft man folgendermaßen auf Crocetin und entsprechende Vorstufen: Werden einige mg Pulver auf einem Objektträger mit 1 Tropfen Phosphormolybdänschwefelsäure-Reagenz einige Sekunden verrieben und sofort mit dem Deckglas bedeckt, so muß bei 50–100facher Vergrößerung der stark überwiegende Teil der Pulverfragmente sich innerhalb 1 min blau färben und sich mit einem blauen Hof umgeben. Die Pollenkörner werden blaugrün und die Fragmente des Griffelstückes bleiben ungefärbt. — Folgender Schnelltest kann zur Prüfung einer Safranprobe nützlich sein: je eine Spatelspitze Safran wird mit 50 ml Wasser bzw. Chloroform wenige Minuten geschüttelt. Die Wasserlösung muß dunkelgelb sein (wasserlösliches Crocin), die Chloroformlösung muß fast farblos sein (Gelbfärbung weist auf lipophile Blütencarotinoide, auf Fruchtcarotinoide von *Capsicum* und auf Anilinfarbstoffe hin). — DC-Prüfung und Bestimmung des Färbevermögens im Vergleich mit einer Kaliumdichromatlösung nach DAC 1986.

Verfälschungen: Sehr häufig; gepulverte Droge ist zumeist mehr oder weniger stark verfälscht oder verunreinigt.

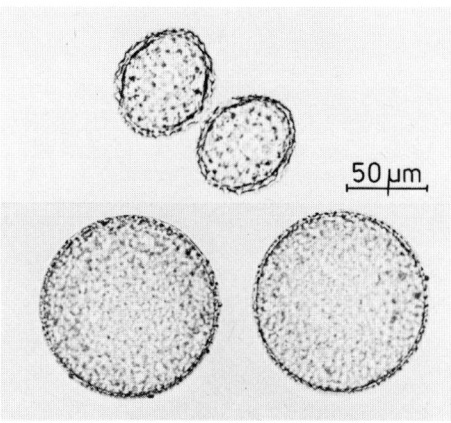

Abb. 4: Pollenkörner von *Carthamus tinctorius* (oben) und *Crocus sativus* (unten)

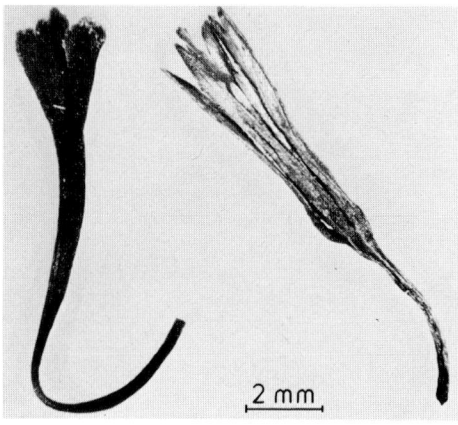

Abb. 5: Narbenschenkel von *Crocus sativus* (links) und Röhrenblüte von *Carthamus tinctorius* (rechts; Saflor)

Es ist deshalb empfehlenswert, nur die leichter identifizierbare Ganzdroge einzukaufen [11].
Als Verfälschungen werden beobachtet: gelb gefärbte Blüten und Blütenteile, z.B. von *Calendula officinalis* (s. Ringelblume), *Carthamus tinctorius* L. (Saflor), kenntlich als Röhrenblüte schon bei schwacher Vergrößerung (Abb. 5) und an den viel kleineren Pollenkörnern (Abb. 4, oben) mit dicker, grobwarziger Exine; bei der mikroskopischen Prüfung fallen hier auch Sekretschläuche mit braunem, harzartigem Inhalt in der Nähe der Leitbündel auf.
Weniger häufig sind Verfälschungen mit *Tagetes*-Arten (Amerikanischer Safran), durch Griffel von *Crocus sativus* (Feminell) oder durch Paprikapulver, *Curcuma*-Pulver, durch ausgebleichte und mit Anilinfarben nachgefärbte Safran-Chargen, durch rotes Sandelholz u.a.m. [2, 4, 11, 13, 14]. Oft ist Safranpulver auch durch Glycerol, Bariumsulfat, Ziegelmehl usw. beschwert. Siehe dazu auch unter Prüfung. — In letzter Zeit wurden im Handel Safran-Proben angeboten, die ausschließlich aus Saflor (s.o.) bestanden, der mit wasserlöslichen, gelben (bisher nicht identifizierten) Farbstoffen gefärbt war [12].

Aufbewahrung: Vor Licht und Feuchtigkeit geschützt, in fest schließenden Metall- oder Glasgefäßen (nicht in Kunststoffgefäßen), da die Droge schnell ausbleicht und sich das ätherische Öl relativ leicht verflüchtigt.
Zur Kulturgeschichte des Safrans s. [3].

Literatur:
[1] G. Eck, Ilbesheim, pers. Mitteilung 05.05.1996, s. auch Zeitung „Die Rheinpfalz" Nr. 193 vom 20.08.1992.
[2] Hager, Band **4**, Seite 336 (1973).
[3] F.-C. Czygan, Z. Phytother. **7**, 180 (1986).
[4] Kommentar Ph. Eur. 1, Band III, Croci stigma.
[5] J. Gainer und J. Jones, Experientia **31**, 548 (1978).
[6] F.I. Abdullaev, Toxicol. Lett. **70**, 243 (1994).
[7] K. Okano und Mitarb., Wakan Iyaku Gakkaishi **9**, 175 (1992); C.A. **119**, 131174 (1993).
[8] M. Liakopoulou-Kyriakides und A.I. Skubas, Biochem. Intern. **22**, 103 (1980).
[9] S.C. Nair und Mitarb., Bio Factors **4**, 51 (1992).
[10] M.J. Salomi, Nut. Cancer **16**, 67 (1991).
[11] F.-C. Czygan, Pharm. Ztg. **125**, 1853 (1980).
[12] F.-C. Czygan: Von 102 zwischen 1988 und 1995 phytochemisch und mikroskopisch untersuchten Safranproben (Pulver) waren 86 mehr oder weniger verfälscht. Es mag Zufall sein, daß fast alle Herkünfte aus Spanien und Italien(?) (79 von 80), nicht dagegen von Griechenland (7 von 22) verunreinigt waren.
[13] Berger, Band **1**, 287 (1949).
K. Staesche in: Handbuch der Lebensmittelchemie, Band **6** (Gewürze), 426–610. Springer Verlag Berlin etc. 1970.
G. Gassner, Mikroskopische Untersuchung pflanzlicher Lebensmittel, 4. Aufl., G. Fischer Verlag Stuttgart 1973.
[14] R. Oberdieck, Dtsch. Lebensm. Rsch. **87**, 246 (1991).

Czygan

Cucurbitae semen — Kürbissamen
DAB 1996

Abb. 1: Kürbissamen

Beschreibung: Grünliche bis erdfarbene, eiförmige, abgeflachte Samen, etwa 7–15 mm lang (bei *Cucurbita maxima* bis 24 mm), in der Regel doppelt so lang wie breit, am verjüngten, zugespitzten Ende die Mikropyle erkennbar. Die Droge stammt heute vorwiegend von samenschalenlosen Kulturvarietäten. Sofern noch Samenschalen vorhanden sind, ist die Oberfläche der Samen unregelmäßig gerauht (Lupe!). Der Rand der Samen ist mehr oder weniger deutlich wulstig.

Geschmack: Ölig-süßlich.

Abb. 2: *Cucurbita pepo* L.

Die 1jährige Pflanze bildet niederliegende bis 10 m lange Ranken und besitzt sehr große, mehr oder weniger deutlich 5lappige Blätter und gelbe, getrenntgeschlechtliche Blüten mit trichterförmiger Corolle (Pflanze monöcisch). Die riesigen, kugeligen Früchte sind Beeren, sie enthalten zahlreiche abgeflachte Samen.

St. Zul. 1559.99.99

Stammpflanzen: Heute vor allem *Cucurbita pepo* L. convar. *citrullina* I. GREB. var. *styriaca* I. GREB. (Weichschaliger steirischer Ölkürbis), Cucurbitaceae [1]. Daneben kommen noch bedingt in Betracht: *Cucurbita maxima* DUCH. (Riesenkürbis, Melonenkürbis), *Cucurbita moschata* DUCH. ex. POIR. (Bisamkürbis, Moschuskürbis), *Cucurbita mixta* PANG. und *Cucurbita ficifolia* BOUCHE. Im DAB 1996 sind nur die Samen von *Cucurbita pepo* L. zugelassen.

Synonyme: Kürbschsamen, Babenkern, Jonaskerne, Herkulessamen, Peponensamen, Plumperskern, Plutzersamen, Kürwessam, Semen Peponis. Pumpkin seed (engl.). Graine de pépon, Graine de courge, Pépins de citrouille (franz.).

Herkunft: In Amerika heimisch, heute aber weltweit kultiviert. Importe aus osteuropäischen Ländern, Österreich, Ungarn sowie aus Mexiko.

Inhaltsstoffe: Etwa 1% Steroide, besonders Δ^5- und Δ^7-Sterole und deren Glucoside, daneben auch Δ^8-Sterole [2, 3, 4]; anteilmäßig dominierend sind 24β-Ethyl-5α-cholesta-7,25(27)-dien-3β-ol und 24β-Ethyl-5α-cholesta-7-trans-22,25(27)-trien-3β-ol; (=Chondrillasterol); Tocopherole (Vitamin E); Spurenelemente, besonders Selen, daneben Mangan, Zink und Kupfer; 35–50% fettes Öl; etwa 10% Kohlenhydrate; etwa 25–40% Proteine. Art und Menge der Inhaltsstoffe sind stark sortenabhängig [5].

Indikationen: Heute hauptsächlich zur Behandlung dysurischer Beschwerden, die im Zusammenhang mit dem benignen Prostata-Adenom stehen, besonders Miktionsstörungen. Die Anwendung ist zwar noch weitgehend empirisch begründet, es liegen aber zuverlässige ärztliche, klinische Berichte vor [6–9]. Nach [5] sollten nur die Samen des steirischen Ölkürbis verwendet werden, da nur über diesen ausreichende klinische Erfahrungen vorliegen. Diskutiert wird vor allem der Einfluß der Δ^7-Sterole auf Bindung und Speicherung des Dihydrotestosterons (DHT), das für die Vergrößerung der Prostata verantwortlich gemacht wird: die DHT-Werte sind bei Prostata-adenom-Patienten häufig 4- bis 6fach höher als beim Gesunden. Δ^7-Sterole scheinen in der Lage zu sein, die Bindung des DHT an Prostatazellen zu hemmen und die Konzentration an DHT in der Prostata zu verringern [10, 11].

Der Gebrauch als Wurmmittel, besonders gegen Band- und Spulwürmer, früher in der *Volksmedizin* üblich, ist heute stark zurückgegangen; die antihelmintisch wirksame Substanz ist eine seltene Aminosäure, das Cucurbitin (3-Amino-3-Carboxy-pyrrolidin). Kürzlich wurde aus Kürbissamen ein ribosomeninaktivierendes Protein, Peponin, isoliert, das die HIV Typ 1-Reverse Transkriptase hemmt [12]. Bestimmte Proteinfraktionen der Kürbissamen wirken als Trypsininhibitoren [13].

Teebereitung: Entfällt. Zur Einnahme werden 10–20 g Samen (1–2 Eßlöffel) gut zerkaut.
1 Teelöffel=etwa 5 g, 1 Eßlöffel=etwa 10 g.

Teepräparate: Keine.

Phytopharmaka: Zahlreiche Präparate der Gruppe „Miktionsbeeinflussende Mittel" enthalten fein zerkleinerte Samen, das fette Öl oder Extrakte, z.B. Cysto-Urgenin® (Kapseln; Öl), Granufink Kürbiskern-Granulat, Granufink-Kürbiskern (Kapseln; Samen+Öl), Nomon® Mono (Kapseln und Liquidum; Extrakt), Prosta Fink® forte (Kapseln; Extrakt). In einigen Kombinationspräparaten sind zusätzlich Urtica-, Sabal- oder Ononis-Extrakte enthalten, z.B. Prosta-Fink® N (Kapseln), Uvirgan® N (Liquidum) u.a.

Auszug aus der Monographie der Kommission E (BAnz Nr. 223 vom 30.11.1985 und BAnz Nr. 11 vom 17.01.1991)

Anwendungsgebiete
Reizblase, Miktionsbeschwerden bei Prostataadenom Stadium I bis II.

Gegenanzeigen
Keine bekannt.

Nebenwirkungen
Keine bekannt.

Wechselwirkungen mit anderen Mitteln
Keine bekannt.

Dosierung
Soweit nicht anders verordnet: mittlere Tagesdosis: 10 g Samen; Zubereitungen entsprechend.

Art der Anwendung
Ganze oder grob zerkleinerte Samen sowie andere galenische Zubereitungen zum Einnehmen.

Wirkungen
Für die klinisch-empirisch gefundene Wirksamkeit fehlen mangels geeigneter Modelle entsprechende pharmakologische Untersuchungen.

Hinweis
Dieses Medikament bessert nur die Beschwerden bei einer vergrößerten Prostata, ohne die Vergrößerung zu beheben. Bitte suchen Sie daher in regelmäßigen Abständen Ihren Arzt auf.

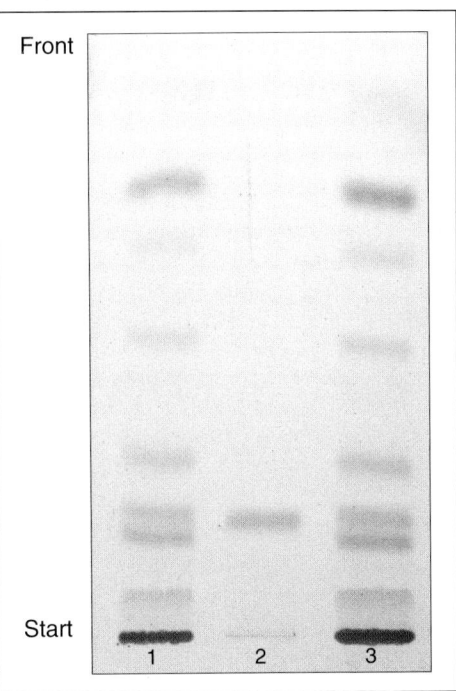

Abb. 3: DC von Kürbissamen, Glasplatte 5×10 cm, besprüht mit Anisaldehyd R, im Tageslicht
1: Untersuchungslösung (3 µl)
2: Referenzlösung (2 µl)
3: Untersuchungslösung (5 µl)

Identitätsprüfung mittels DC:

Sorbens: Kieselgel 60 F_{254} (lufttrocken) (Merck) (5×10 cm, Glas oder Folie).

Untersuchungslösung: 2,0 g pulv. Droge werden mit 5 ml Methanol 10 Min. unter Rückfluß erhitzt und warm filtriert. Das Filtrat dient als Untersuchungslösung.

Referenzlösung: 5 mg β-Sitosterol werden in 5 ml Methanol gelöst.

Aufzutragen: 5 µl Untersuchungslösung und 2 µl Referenzlösung strichförmig (10×2 mm).

Wortlaut der Packungsbeilage gemäß Standardzulassung:

6.1 Anwendungsgebiete
Zur unterstützenden Therapie von Funktionsstörungen im Bereich der Blase und von Beschwerden beim Wasserlassen.

6.2 Dosierungsanleitung und Art der Anwendung
Soweit nicht anders verordnet, werden morgens und abends 1 bis 2 gehäufte Eßlöffel voll (15 bis 30 g) **Kürbissamen** gemahlen oder zerkaut mit Flüssigkeit eingenommen. Bei Samen mit harter Schale wird diese vorher entfernt.

6.3 Dauer der Anwendung
Um eine Wirkung zu erzielen, ist erfahrungsgemäß eine Anwendung über Wochen oder Monate erforderlich.

6.4 Hinweis
Vor Licht und Feuchtigkeit geschützt aufbewahren.

Fließmittel: Toluol-Ethylacetat (90 + 10) (Kammersättigung).

Laufstrecke: 8 cm, **Zeit:** 13 min.

Sichtbarmachung und Auswertung: Nach vollständigem Abdunsten des Fließmittels (im Warmluftstrom) wird mit Anisaldehyd Reagenz R besprüht, 3 Min auf 105 °C erhitzt und im Tageslicht (Abb. 3) und unter UV_{365} ausgewertet.

Das DC der Referenzlösung zeigt nach Besprühen mit Anisaldehyd R bei Rf ~ 0,19 die Zone von β-Sitosterol, die im Tageslicht violett erscheint und im UV_{365} graublau fluoresziert. Das DC von Kürbissamen zeigt nach Besprühen mit Anisaldehyd R in Höhe der Referenzsubstanz eine charakteristische Doppelzone, die im Tageslicht rotviolett erscheint und unter UV_{365} rosa bis rot fluoresziert, wobei die untere der beiden Zonen rosa erscheint. Oberhalb dieser Doppelzone liegen 5 weitere, im Tageslicht violette und unter UV_{365} rot fluoreszierende Zonen, von denen die bei Rf 0,75 am intensivsten erscheint.

Verfälschungen: Durch nicht genügend reife Samen oder durch insektenbefallene Droge, beides bereits makroskopisch feststellbar.

Literatur:
[1] M. Sauter, Dissertation Freie Universität Berlin, 1984.
[2] T. Akihisa und Mitarb., Phytochemistry **26**, 1693 (1987).
[3] H.W. Rauwald, M. Sauter und H. Schilcher, Phytochemistry **24**, 2746 (1985).
[4] V.K. Garg und W.R. Nes, Phytochemistry **25**, 2591 (1986).
[5] H. Schilcher, Z. angew. Phytother. **2**, 14 (1981); **7**, 19 (1986).
[6] H. Lenau und Mitarb., Therapiewoche **34**, 6054 (1984).
[7] H. Haefele, Ärztl. Praxis **79**, 3321 (1977).
[8] R. Nitsch-Fitz und Mitarb., Erfahrungsheilkunde **28**, 1009 (1979).
[9] H. Lützelberger, Ärztl. Praxis **76**, 3278 (1974).
[10] H. Schilcher und H.J. Schneider, Urologe [B] **30**, 62 (1990).
[11] H. Schilcher, U. Dunzendorfer und F. Ascali, Urologe [B] **27**, 316 (1987).
[12] C. Gerhäuser und Mitarb., Pharm. Pharmacol. Lett. **3**, 71 (1993).
[13] A. Szewczuk und Mitarb., Hoppe-Seyler's Z. Physiol. Chem. **364**, 941 (1983).

Wichtl

Curcumae longae rhizoma — Curcumawurzelstock

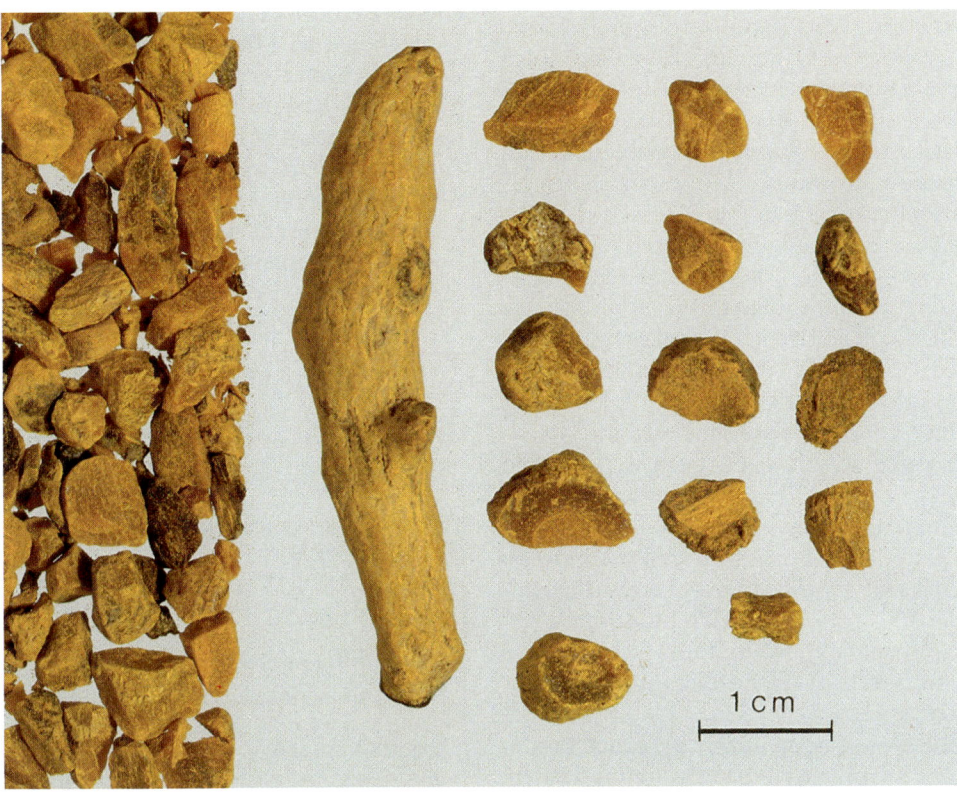

Abb. 1: Curcumawurzelstock

Beschreibung: Walzenförmige oder fingerförmige, bis 15 mm dicke Nebenrhizome („Curcuma longa"), mit Narben von Seitenzweigen, oder knollig-eiförmige, bis 4 cm lange Hauptrhizome („Curcuma rotunda") mit quergeringelten Blattnarben. Alle Drogenstücke durch das nach der Ernte geübte Abbrühen außen gelbbraun, gelb oder graubraun, fleckig. Bruch feinkörnig, glatt, etwas glänzend, gleichmäßig orangegelb, außen eine schmale, dunklere Rindenzone.

Geruch: Schwach aromatisch-würzig.

Geschmack: Brennend scharf, bitter.

Abb. 2: *Curcuma domestica* VAL.

Tropische Rhizomstaude mit sehr großen, länglich-zugespitzten grundständigen, gestielten Blättern mit annähernd paralleler Nervatur. Die zygomorphen Blüten erscheinen in Bodennähe und besitzen 3 verwachsene Kelch- und 3 große, gelbe Corollblätter.

Abb. 3: *Curcuma domestica* VAL. Frisch gegrabene Nebenrhizome

Mit einer graubraunen Korkschicht versehene, längliche Rhizomstücke mit deutlich sichtbaren länglichen Blatt- und runden Wurzelnarben, an Bruchstellen intensiv orangegelb gefärbt (Curcuminoide).

Curcumae longae rhizoma

DAC 1986: Curcumawurzelstock
St. Zul. 2339.99.99

Stammpflanze: *Curcuma domestica* VAL. (syn. *Curcuma longa* L.). Zingiberaceae.

Synonyme: Gelbwurzel, Gelbwurzelstock, Gelbsuchtwurzel, Kurkumawurzelstock. Turmeric root, Indian saffron (engl.). Rhizome de curcuma (franz.).

Herkunft: Kultiviert im tropischen Asien und Afrika. Drogenimporte aus China, Indien und Indonesien.

Inhaltsstoffe: 3–5% Curcuminoide [1, 2] (Dicinnamoylmethanderivate), gelbe, nicht wasserdampfflüchtige Farbstoffe, vor allem Curcumin (Diferuloylmethan), Monodesmethoxy- und Bisdesmethoxycurcumin, nach DAC 1986 mind. 3,0%; daneben wurden eine Reihe weiterer Diarylheptane [3, 4] und Diarylpentane [4] nachgewiesen. 2–7% ätherisches Öl, nach DAC 1986 mind. 3,0%, vorwiegend aus Sesquiterpenen bestehend; Hauptkomponenten sind α-Turmeron, Zingiberen, α(=ar)-Curcumen und β-Sesquiphellandren, daneben sind Germacron und β-Bisabolen meist vorhanden, in kleinen Anteilen wurden viele weitere Sesquiterpene nachgewiesen [5]. Immunologisch aktive Polysaccharide, darunter ein als Ukonan A bezeichnetes Arabinogalactan [6]. Die reichlich vorkommende Stärke ist weitgehend verkleistert.

Indikationen: Curcumawurzelstock findet in erster Linie als Gewürz Verwendung und ist wesentlicher Bestandteil des Curry-Pulvers. Daneben spielt die Droge auch als Cholagogum eine Rolle [1, 2, 7, 8]. Dem Bisdesmethoxycurcumin wird zwar eine choleresehemmende Wirkung zugeschrieben [1] (Nachuntersuchungen fehlen), doch dürfte bei insgesamt höherem Gehalt an Curcuminoiden die galletreibende Wirkung der Droge kaum geringer sein als die der Javanischen Gelbwurz.
Curcuminoide besitzen eine beachtliche antiphlogistische Wirkung [9, 10]. Auch über antihepatotoxische Effekte, in vitro und in vivo, ist berichtet worden [11], ebenso über antibakterielle Wirkungen. Curcuminoide sollen bei der Behandlung von bestimmten Tumoren wirksam sein [12], was vermutlich mit der Cytotoxizität dieser Substanzen zusammenhängt. Curcumin hemmt eine von cyclo-AMP abhängige Proteinkinase [12a].
Die Droge kann auch als Stomachikum und Karminativum Verwendung finden.

Nebenwirkungen: Curcuminoide sind cytotoxisch [13], sie hemmen die Mitose und führen zu Veränderungen an Chromosomen [14]. Über eine Toxizität oral aufgenommener Curcuminoide beim Menschen (die cytotoxischen Wirkungen wurden an Zellkulturen beobachtet) ist allerdings nicht bekannt. Möglicherweise induzieren Curcuminoide das Entstehen von Magengeschwüren [15]. Demgegenüber erwiesen sich das Drogenpulver bzw. ein ethanolischer Extrakt an Ratten, Meerschweinchen und Affen als nicht toxisch. Ratten, denen 8 Wochen lang Curcuma-Pulver dem Futter zugemischt wurde (0,1–10% des Futters, das entspricht etwa dem 1,2–120fachen der vom Menschen als Gewürz aufgenommenen Dosis) zeigten keine Veränderungen im Wachstum und in den Blut-Laborwerten [16].

Auszug aus der Monographie der Kommission E (BAnz Nr. 223 vom 30.11.1985 und Nr. 164 vom 01.09.1990)

Anwendungsgebiete
Dyspeptische Beschwerden.

Gegenanzeigen
Verschluß der Gallenwege. Bei Gallensteinleiden nur nach Rücksprache mit einem Arzt anzuwenden.

Nebenwirkungen
Keine bekannt.

Wechselwirkungen mit anderen Mitteln
Keine bekannt.

Dosierung
Soweit nicht anders verordnet: mittlere Tagesdosis: 1,5–3,0 g Droge; Zubereitungen entsprechend.

Art der Anwendung
Zerkleinerte Drogen sowie andere galenische Zubereitungen zur inneren Anwendung.

Wirkungen
Experimentell gut belegt ist die choleretische Wirkung des Curcumins. Weitere Hinweise bestehen für eine cholecystokinetische und deutlich antiphlogistische Wirkung.

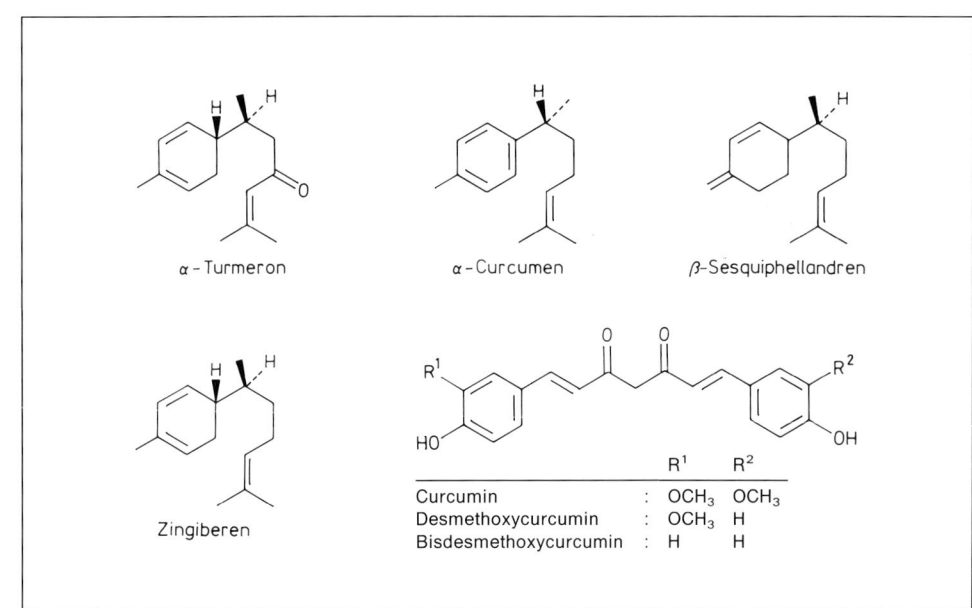

Teebereitung: Kaum gebräuchlich, empfehlenswerter ist die Einnahme standardisierter Präparate (geringe Wasserlöslichkeit des ätherischen Öles und der Curcumine!), vorausgesetzt der Curcuminoidgehalt ist ausreichend hoch; kritische Anmerkungen hierzu siehe [17]. Einnahme als Drogenpulver: 0,5–1 g, mehrmals täglich zwischen den Mahlzeiten.

Teepräparate: Keine.

Phytopharmaka: Extrakte aus der Droge findet man im Monopräparat Meteophyt®N (Dragees) als Magen-Darm-Mittel, ferner in zahlreichen Kombinationspräparaten in der Gruppe Cholagoga wie z.B. Cholagogum N Nattermann® (Tropfen), Echtrocurven (Dragees), Gallo-Merz®N (Dragees), Zettagall® (Dragees) u.a.

Prüfung: Makroskopisch und mikroskopisch nach DAC; bei der DC treten *drei* Curcuminoid-Zonen auf (Unterschied zu Curcumae xanthorrhizae rhizoma, s. dort). Die rote Fluoreszenz bei 366 nm, die eine Anschüttelung des Drogenpulvers mit Acetanhydrid + konz. H_2SO_4 zeigt, beruht auf dem Vorhandensein von Bisdesmethoxycurcumin. Charakteristisch das Vorkommen von vorwiegend verkleisterter Stärke.

Identitätsprüfung mittels DC:

Sorbens: Kieselgel $60 F_{254}$ (lufttrocken) (Merck) (5 × 10 cm, Glas oder Folie).

Untersuchungslösung: 0,5 g pulv. Droge wird mit 5 ml Methanol 30 Min. unter gelegentlichem Umschütteln stehen gelassen. Das Filtrat dient als Untersuchungslösung.

Referenzlösung: 5 mg Thymol werden in 10 ml Methanol gelöst.

Aufzutragen: 3–5 µl Untersuchungslösung und 1–2 µl Referenzlösung strichförmig (10 × 2 mm).

Fließmittel: Toluol-Methanol (90 + 10) (Kammersättigung).

Laufstrecke: 8 cm, **Zeit:** 13 min.

Wortlaut der Packungsbeilage gemäß Standardzulassung:

6.1 Stoff- oder Indikationsgruppe
Pflanzliches Magen-Darm-Mittel.

6.2 Anwendungsgebiete
Verdauungsbeschwerden, besonders bei funktionellen Störungen des ableitenden Gallensystems.

6.3 Gegenanzeigen
Verschluß der Gallenwege.
Bei Gallensteinleiden nur nach Rücksprache mit einem Arzt anzuwenden.

6.4 Wechselwirkungen mit anderen Mitteln
Keine bekannt.

6.5 Dosierungsanleitung und Art der Anwendung
Soweit nicht anders verordnet, wird 2mal täglich eine Tasse des wie folgt bereiteten Teeaufgusses getrunken:

Etwa 1/2 Teelöffel voll (ca. 1,3 g) Curcumawurzelstock oder die entsprechende Menge in einem oder mehreren Aufgußbeutel(n) wird mit siedendem Wasser (ca. 150 ml) übergossen und nach etwa 10 bis 15 Minuten gegebenenfalls durch ein Teesieb gegeben.

6.6 Dauer der Anwendung
Bei akuten Beschwerden, die länger als eine Woche andauern oder periodisch wiederkehren, wird die Rücksprache mit einem Arzt empfohlen.

6.7 Nebenwirkungen
Keine bekannt.

6.8 Hinweis
Vor Licht und Feuchtigkeit geschützt aufbewahren.

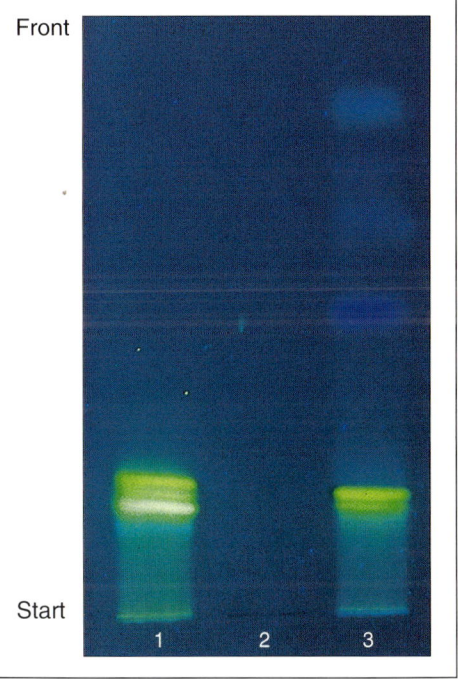 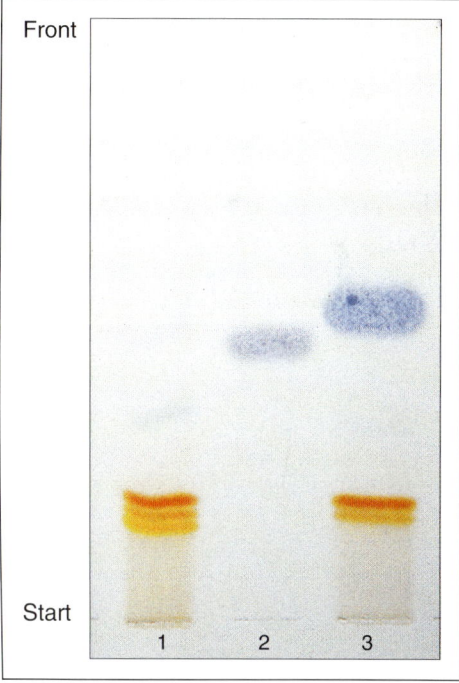

Abb. 4: DC von Curcumawurzelstock, Glasplatte 5 × 10 cm, unbesprüht, unter UV_{365}
1: Curcumawurzelstock
2: Referenzlösung
3: Javanische Gelbwurz

Abb. 5: DC von Curcumawurzelstock, Glasplatte 5 × 10 cm, besprüht mit Dichlorchinonchlorimid nach Bedampfung mit Ammoniak, im Tageslicht
1: Curcumawurzelstock
2: Referenzlösung
3: Javanische Gelbwurz

Sichtbarmachung und Auswertung: Nach vollständigem Abdunsten des Fließmittels (im Heißluftstrom) unter dem Abzug wird zunächst das DC im UV_{365} (Abb. 4) betrachtet und anschließend mit einer frisch hergestellten isopropanolischen Dichlorchinonchlorimid-Lösung (40 mg in 100 ml Isopropanol) besprüht und mit Ammoniak bedampft (DC-Kammer). Unter UV_{254} erkennt man im DC der Curcumawurzel bei Rf ca. 0,2 drei fluoreszenzlöschende Zonen der Curcumine, die unter UV_{365} etwa gleich stark leuchtend gelb fluoreszieren. Im Gegensatz dazu fluoresziert bei Javanischer Gelbwurz die untere Zone wesentlich schwächer. Nach dem Besprühen mit Dichlorchinonchlorimid und Bedampfen mit Ammoniak erscheint die Referenzsubstanz Thymol bei Rf ∼0,45 als blaue Zone. Das DC der Untersuchungslösung darf oberhalb von Thymol keine blauviolette Zone des Xanthorrhizols zeigen. Die drei Curcuminzonen erscheinen im Tageslicht nach dem Besprühen mit bräunlicher Farbe; bei Javanischer Gelbwurz erscheinen nur zwei Zonen (Abb 5).

Verfälschungen: Sehr selten. Verwechslungen mit Curcumae xanthorrhizae rhizoma, sofern sie überhaupt vorkommen, lassen sich im DC des ätherischen Öles (Xanthorrhizol in Javan. Gelbwurz typisch) erkennen.

Aufbewahrung: Vor Licht geschützt, dicht verschlossen, nicht in Kunststoffbehältern (ätherisches Öl!).

Vgl. auch → Rhizoma Curcumae xanthorrhizae, Javanische Gelbwurz.

Literatur:

[1] K. Jentzsch, Th. Gonda und H. Höller, Pharm. Acta Helv. **34**, 181 (1959).
[2] K. Jentzsch, P. Spiegl und R. Kamitz, Sci. Pharm. **36**, 251 (1968).
[3] R. Nakyama und Mitarb., Phytochemistry **33**, 501 (1993).
[4] T. Masuda und Mitarb., Phytochemistry **32**, 1557 (1993).
[5] M. Ohshiro, M. Kuroyanagi und A. Ueno, Phytochemistry **29**, 2201 (1990).
[6] M. Tomoda und Mitarb., Phytochemistry **29**, 1083 (1990).
[7] G. Harnischfeger und H. Stolze, notabene medici **12**, 562 (1982).
[8] H. Kalk und K. Nissen, Dtsch. Med. Wochenschr. **57**, 1613 (1931) und **58**, 1718 (1932).
[9] H.P.T. Ammon und Mitarb., Planta Med. **58**, 226 (1992).
[10] H.P.T. Ammon und M.A. Wahl, Planta Med. **57**, 1 (1991).
[11] Y. Kiso und Mitarb., Planta Med. **49**, 185 (1983).
[12] R. Kuttan, P.C. Sudheeran und C.D. Josph, Tumori **73**, 29 (1987).
[12a] M. Hasmeda und G.M. Polya, Phytochemistry **42**, 599 (1996).
[13] R. Kuttan und Mitarb., Cancer Lett. **29**, 197 (1985).
[14] C.E. Goodpasture und F.F. Arrighi, F.Q. Cosmet. Toxicol. **14**, 9 (1982).
[15] B. Gupta und Mitarb., Ind. J. Med. Res. **71**, 806 (1980).
[16] K. Sambaiah und Mitarb., J. Food Sci. Technol. **19**, 187 (1982).
[17] R. Hänsel, Dtsch. Apoth. Ztg. **125**, 1373 (1985).

Frohne/Wichtl

Curcumae xanthorrhizae rhizoma — Javanische Gelbwurz
DAB 1996

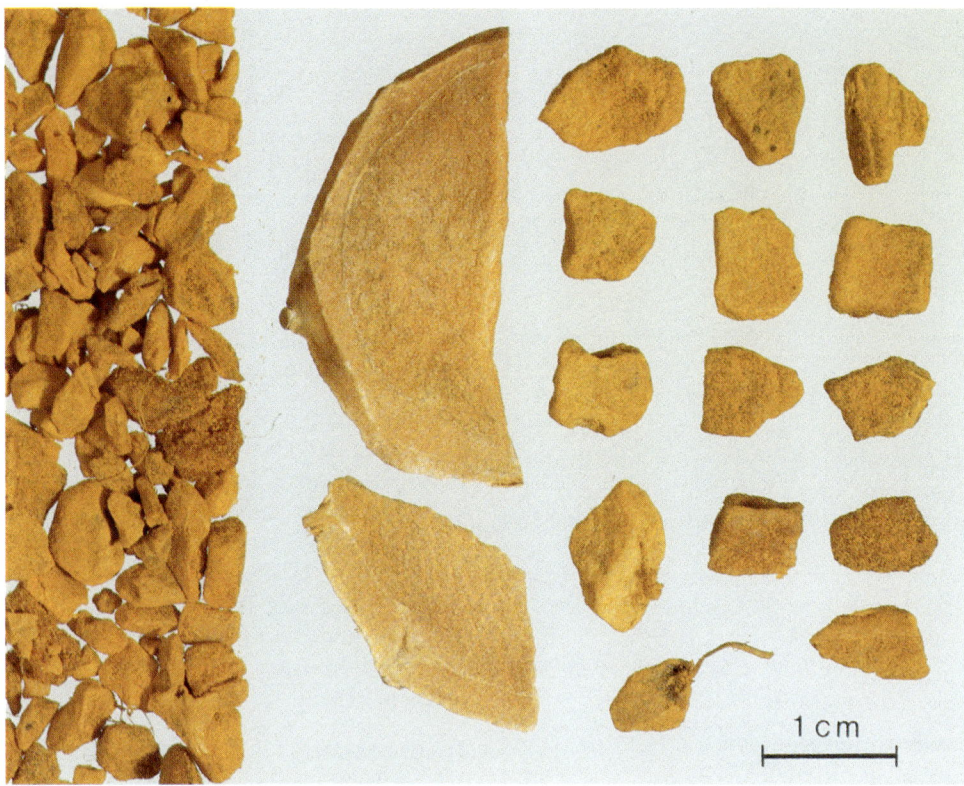

Abb. 1: Javanische Gelbwurz

Beschreibung: Nur wenige mm dicke, etwas verbogene, orangegelbe bis graubraune Scheiben oder Bruchstücke davon, die z.T. die Grenze zwischen Rinde und Zentralzylinder als hellere Linie erkennen lassen. Der Bruch ist glatt und feinkörnig.

Geruch: Intensiv aromatisch.

Geschmack: Würzig, etwas bitter und scharf.

Abb. 2: *Curcuma zanthorrhiza* Roxb., frisch gegrabene Rhizome

Abb. 3: *Curcuma zanthorrhiza* Roxb. Rhizomstaude Südostasiens, fast ausschließlich kultiviert. Blätter bis 1,5 m hoch, breit oval. Blüten in zapfenartigen, bodennahen Blütenständen. Einzelblüte trichterförmig mit nur 1 fertilem Staubblatt.

Stammpflanze: *Curcuma zanthorrhiza* Roxb. (auch *C. xanthorrhiza*), Zingiberaceae.

Synonyme: Javanischer Gelbwurzelstock, Curcuma zanthorrhiza-Wurzelstock, Rhizoma Curcumae javanicae, Temoe lawak. Temu lawak, Javanese turmeric (engl.). Rhizome de Temoé-Lawaq (franz.).

Herkunft: Aus Indonesien, zum kleinen Teil auch aus Indien.

Inhaltsstoffe: 1–2% Curcuminoide [1] (Dicinnamoylmethanderivate), gelbe, nicht wasserdampfflüchtige Farbstoffe, bes. Curcumin (Diferuloylmethan) und Monodesmethoxycurcumin (Feruloyl-p-hydroxycinnamoylmethan), nach DAB 1996 mindestens 1,0%; in Spuren kommt auch Bisdesmethoxycurcumin vor (s. Curcumae longae rhizoma). Neben den phenolischen Curcuminoiden

	R¹	R²
Curcumin	OCH₃	OCH₃
Desmethoxycurcumin	H	OCH₃

β-Curcumen   ar-Curcumen   Xanthorrhizol

sind in kleinen Mengen mehrere nichtphenolische Diarylheptanoide [2–4] nachgewiesen worden, z.T. mit interessanten pharmakologischen Effekten, s. unter Indikationen. 3–12% ätherisches Öl (DAB 1996 mind. 5,0%), das vorwiegend aus Sesquiterpenen besteht, vor allem ar-Curcumen, Xanthorrhizol (artspezifisch), β-Curcumen, Germacron und mehr als 50 weitere identifizierte Komponenten [4, 5–8]. Reichlich Stärke, unverkleistert (Unterschied zu *Curcuma domestica* VAL.= *Curcuma longa*).

Indikationen: Als Choleretikum und Cholekinetikum bei chronischen Formen der Cholangitis und Cholezystitis. Die choleretische Wirkung wird hauptsächlich dem ätherischen Öl zugeschrieben, während die Curcumine für die cholekinetischen Effekte der Droge in Betracht kommen [9]. Die für *Curcuma domestica* beschriebenen Effekte (s.S. 182) dürften auch auf die Javanische Gelbwurz zu übertragen sein.
Anwendung auch als Stomachikum und Karminativum.
Für Curcumin wurde eine Carcinogenesehemmung (Papillome, durch Methylcholanthren induzierte Tumore) nachgewiesen [10]. Curcumin hemmt die Leukotrien B₄ Bildung in polymorphkernigen neutrophilen Leukozyten der Ratte, was für eine starke antiphlogistische Wirkung spricht [3, 7, 8]. Auch für einige weitere Diarylheptanoide sind antiphlogistische Effekte nachgewiesen worden [3], einige wirken lipidsenkend [2]. Für mehrere aus dem ätherischen Öl isolierte Komponenten sind interessante Eigenschaften beschrieben worden: Xanthorrhizol verlängert die durch Barbiturate induzierte Schlafdauer infolge Hemmung der P450-Aktivität; Germacron führt zu einer Absenkung der Körpertemperatur [12] und wirkt entzündungshemmend [13]; für diese Substanz wurde ein japanisches Patent als ZNS-dämpfendes Arzneimittel erteilt. Mehrere Sesquiterpene aus *Curcuma xanthorrhiza* wirken stark insektizid [7]. Für eine Kombination von Inhaltsstoffen wurde ein europäisches Patent [14] als Antiphlogistikum erteilt.

Nebenwirkungen: Bei höherer Dosierung können Reizungen der Magenschleimhaut mit Übelkeit und Brechreiz auftreten. Nicht anzuwenden bei *akuter* Cholangitis oder bei Ikterus!

Teebereitung: Kaum gebräuchlich. 0,5–1 g grob gepulverte Droge mit kochendem Wasser übergießen und nach 5–10 min abseihen. Empfehlenswert ist die Einnahme standardisierter Präparate! Als Choleretikum mehrmals 1 Tasse über den Tag verteilt, als Stomachikum und Karminativum vor oder zu den Mahlzeiten je 1 Tasse.
1 Teelöffel=2,5 g.

Teepräparate: Die Droge ist Bestandteil weniger Gallentee-Gemische (z.B. Gallentee II entspr. St. Zul.) verschiedener Hersteller, auch in Teefilterbeuteln.

Phytopharmaka: Drogenextrakte sind enthalten in wenigen Monopräparaten, z.B. Bilagit® Mono Kaps., Choldestal® Krugmann Kaps. aus der Gruppe Cholagoga, ebenso in mehreren Kombinationspräparaten derselben Indikationsgruppe, z.B. Aristochol® Konzentrat Kaps., Enzym-Harongan® Dragees u.a.

Prüfung: Makroskopisch und mikroskopisch nach DAB 1996. Bei Extrakten bewährt sich die DC (nach DAB 1996): es dürfen nur zwei gelbe Zonen entsprechend den genannten Curcuminen sichtbar sein, eine dritte gelbe Zone würde auf *Curcuma longa* hindeuten (siehe Curcumae longae rhizoma). Auf der gleichen Platte kann durch Besprühen mit Dichlorchinonchlorimid das für die Droge charakteristische Xanthorrhizol [6] nachgewiesen werden.

Auszug aus der Monographie der Kommission E
(BAnz Nr. 122 vom 06.07.1988 und Nr. 164 vom 01.09.1990)

Anwendungsgebiete
Dyspeptische Beschwerden.

Gegenanzeigen
Verschluß der Gallenwege. Bei Gallensteinleiden nur nach Rücksprache mit einem Arzt anzuwenden.

Nebenwirkungen
Bei längerem Gebrauch Magenbeschwerden.

Wechselwirkungen mit anderen Mitteln
Keine bekannt.

Dosierung
Soweit nicht anders verordnet: mittlere Tagesdosis 2 g Droge; Zubereitungen entsprechend.

Art der Anwendung
Zerkleinerte Droge für Aufgüsse sowie andere galenische Zubereitungen zum Einnehmen.

Wirkungen
choleretisch.

Verfälschungen: Besonders in der geschnittenen oder gepulverten Droge durch das Rhizom von *Curcuma domestica* VAL. (=*Curcuma longa*). Dieses enthält verkleisterte Stärke; eine sichere Aussage kann durch DC getroffen werden. *Curcuma domestica* kann auch nachgewiesen werden, wenn man eine kleine Probe (10 mg oder entspr. Menge Extrakt) mit 2 ml Essigsäureanhydrid und 0,2 ml konz. Schwefelsäure versetzt: die Probe darf unter UV 365 nur schwach grau oder gelblich fluoreszieren. Ist hingegen *Curcuma domestica* anwesend, so entsteht eine intensiv rote Fluoreszenz, hervorgerufen durch Bis-Desmethoxycurcumin [15].

Literatur:
[1] K. Jentzsch, P. Spiegl und R. Kamitz, Sci. Pharm. **36**, 251 (1968).
[2] A. Suksamran und Mitarb., Phytochemistry **36**, 1505 (1994).
[3] B. Claeson und Mitarb., Planta Med. **62**, 236 (1996).
[4] S. Uehara und Mitarb., Chem. Pharm. Bull. **37**, 237 (1989).
[5] P. Pietschmann, Dissertation Marburg 1989.
[6] H. Rimpler, R. Hänsel und L. Kochendörfer, Dtsch. Apoth. Ztg. **109**, 1588 (1969).
[7] Ch. Pandji und Mitarb., Phytochemistry **34**, 415 (1993).
[8] S. Uehara und Mitarb., Chem. Pharm. Bull. **38**, 261 (1990).
[9] L. Maiwald und P.A. Schwantes, Z. Phytother. **12**, 35 (1991).
[10] K.K. Sondamini und R. Kuttan, J. Ethnopharmacol. **27**, 227 (1987).
[11] M. Yamazaki und Mitarb., Chem. Pharm. Bull. **36**, 2070 (1988).
[12] M. Yamazaki und Mitarb., Chem. Pharm. Bull. **36**, 2075 (1988).
[13] Y. Ozaki, Chem. Pharm. Bull. **38**, 1045 (1990).
[14] Europ. Pat., Appl. EP440, 855 (Cl. A61K35/78) vom 14.08.1991; C.A. **116**, P46284 (1992).
[15] K. Jentzsch, Sci. Pharm. **22**, 31 (1954).

Frohne/Wichtl

Droserae herba — Sonnentaukraut

Abb. 1: Sonnentaukraut

Beschreibung: Je nach *Drosera*-Art (siehe die Abschnitte Stammpflanzen, Herkunft, Prüfung) Blätter spatelig oder schildförmig, rotbraun oder schwarzbraun, oft zusammengedrückt. Auf der Blattoberseite rote Haare (Tentakeln). Bruchstücke des Stengels mit Blattnarben. Blütenfragmente und Fruchtkapselanteile.

<u>Geschmack:</u> Etwas bitter und adstringierend.

Abb. 2 und 3: *Drosera rotundifolia* L.

Die in Mooren anzutreffende Rosettenstaude besitzt lang gestielte, runde Blätter mit 5–8 mm Durchmesser, die mit zahlreichen, roten, gestielten, klebrigen Drüsenhaaren (Tentakeln) besetzt sind. Diese enthalten proteolytische Enzyme, die durch Verdauung von tierischem Eiweiß die Stickstoffversorgung der Pflanze sichern. Die kleinen, weißen Blüten stehen in 6–10 blütigen Ähren am ca. 15 cm langen, blattlosen Stengel (<u>Habitus anderer *Drosera*-Arten mit Ausnahme der Blattstellung und Blattform ähnlich</u>).

Erg. B.6.: Herba Droserae

Stammpflanze(n): Verschiedene Arten der Gattung *Drosera* (Sonnentau), Droseraceae.

Anmerkung: Von der ca. 150 Arten umfassenden Gattung *Drosera* war in Mitteleuropa früher vor allem der Rundblättrige Sonnentau, *Drosera rotundifolia* L., arzneilich genutzt. Inzwischen sind die einheimischen Arten *D. rotundifolia*, *D. intermedia* HAYNE ex DREWES, *D. anglica* HUDSON vom Aussterben bedroht und unter strengen Naturschutz gestellt. Als Ersatzdroge wurde unter der Bezeichnung „Herba Droserae longifoliae" aus Afrika (wo 18 *Drosera*-Arten vorkommen) Pflanzenmaterial eingeführt, von dem lange Zeit angenommen wurde, daß es von *Drosera ramentacea* BURCH. ex HARV. et SOND. stammt (als solche im ehemaligen AB-DDR offizinell) [1]. Untersuchungen der letzten Jahre (1993–1995) zeigten jedoch, daß der überwiegende Teil der in Deutschland und Österreich auf dem Markt befindlichen Ware „Herba Droserae" von *Drosera madagascariensis* DC. stammt (syn. *Drosera ramentacea* OLIV., jedoch nicht ident mit *Drosera ramentacea* BURCH.!) [2]; ein kleiner Teil stammt von *Drosera peltata* SMITH, die auch im belgischen Arzneibuch (Ph. Belg. VI) zugelassen ist [2, 3].

Synonyme: „Langblättriger" Sonnentau. Madagascar sundew (engl.). Herbe de droséra africaine (franz.).

Herkunft: Vorwiegend aus Madagaskar (*Drosera madagascariensis* DC.), die Drogenbeschaffung ist derzeit noch unproblematisch, könnte aber durch intensives Abernten in absehbarer Zeit schwierig werden [4]. Kleinere Mengen kommen aus Ostasien (*Drosera peltata* SMITH). Derzeit laufen Versuche zur In vitro-Vermehrung [5, 6], besonders von knollenbildenden Arten [4].

Inhaltsstoffe: Alle *Drosera*-Arten enthalten 1,4-Naphthochinonderivate, allerdings in sehr unterschiedlicher Menge und Zusammensetzung [2, 7]. Drogen, die von *D. madagascariensis* DC. stammen (derzeit der größte Anteil in Mitteleuropa), enthalten 0,006–0,06% Naphthochinone, vorwiegend 7-Methyljuglon neben wenig Plumbagin [2, 8]. Drogen von *Drosera peltata* enthalten 0,3–0,6% Naphthochinone, (in Ph. Belg. VI wird ein Gehalt von mind. 0,6% verlangt), wobei der ganz überwiegende Teil auf Plumbagin entfällt [2], daneben dürften kleine Mengen Droseron und 8-Hydroxydroseron vorkommen [3].

Drosera ramentacea BURCH. (äußerlich ähnlich der *D. madagascariensis* DC., daher Verwechslungen möglich) enthält bis 0,25% Ramenton (=2-Methyl-5,8-dihydroxy-1,4-naphthochinon) und Ramentaceon (=5-Hydroxy-7-methyl-1,4-naphthochinon) [1]; *Drosera rotundifolia* enthält vorwiegend Plumbagin [9] neben wenig Droseron-5-glucosid [10]. Einige *Drosera*-Arten enthalten Isoshinanolon (=3-Methyl-4,8-dihydroxy-1-tetralon) [11], vermutlich eine biogenetische Vorstufe des Plumbagins.

Viele *Drosera*-Arten enthalten Flavonoide [10–12]; die Arten *D. madagascariensis* DC., *D. ramentacea* BURCH., *D. intermedia* HAYNE und *D. longifolia* L. haben ein sehr ähnliches Flavonoidmuster, sie enthalten Quercetin, Hyperosid, Isoquercitrin sowie das erst kürzlich entdeckte Myricetin-3-galaktosid [11]. *Drosera peltata* SMITH enthält offenbar keine Flavonoide [11].

Die von Krahl [13] aus *Drosera rotundifolia* isolierte Verbindung C.O.N. (Carboxy-Oxy-Naphthochinon), die man lange als besonders therapierelevant betrachtete, erwies sich kürzlich als einfaches Quercetin [11].

Die Droge enthält Schleimstoffe und proteolytische Enzyme.

Indikationen: Wegen der broncholytischen, sektretolytischen und spasmolytischen Wirkung von alkoholischen Extrakten, aber auch von Plumbagin und Analogen [14, 15] wird die Droge gegen Affektionen der Atmungsorgane, insbesondere bei Bronchitis, allgemein bei Krampf- und Reizhusten (vor allem auch in der Pädiatrie) eingesetzt. An diesen antitussiven Effekten ist auch die bakteriostatische Wirkung der Naphthochinone (z.B. hemmt Plumbagin das Wachstum von Streptokokken, Staphylokokken, Pneumokokken) beteiligt [15].

In der *Volksmedizin* gegen Asthma und (wegen proteolytischer Enzyme der Blatt-Tentakeln?) gegen Warzen angewendet [14].

Wortlaut der Monographie der Kommission E
(BAnz Nr. 228 vom 05. 12. 1984)

Monographie: Droserae herba (Sonnentaukraut)

Bezeichnung des Arzneimittels

Droserae herba, Sonnentaukraut

Bestandteile des Arzneimittels*)

Sonnentaukraut, bestehend aus den getrockneten oberirdischen und unterirdischen Teilen von *Drosera rotundifolia* LINNÉ, *Drosera ramentacea* BURCH. ex HARV. et SOND., *Drosera longifolia* LINNÉ p.p. und *Drosera intermedia* HAYNE sowie deren Zubereitungen in wirksamer Dosierung. Das Kraut enthält: 0,14–0,22 Prozent Naphthochinonderivate, berechnet als Juglon und bezogen auf die wasserfreie Droge.

Anwendungsgebiete

Bei Krampf- und Reizhusten.

Gegenanzeigen

Keine bekannt.

Nebenwirkungen

Keine bekannt.

Wechselwirkungen

Keine bekannt.

Dosierung

Soweit nicht anders verordnet:
Mittlere Tagesdosis: 3 g Droge.

Art der Anwendung

Flüssige und feste Darreichungsformen zur äußeren und inneren Anwendung.

Wirkungen

Bronchospasmolytisch, antitussiv.

*) Anmerkung des Herausgebers:
Die Angaben dieser Monographie der Kommission E sind revisionsbedürftig sowohl was die drogenliefernden *Drosera*-Arten betrifft als auch die Gehaltsangaben (bzw. auch die Dosierung).

Teebereitung: Es ist zu beachten, daß aus Herba Droserae madagascariensis hergestellte Zubereitungen viel höher dosiert werden müssen als die von Herba Droserae rotundifoliae, da der Gehalt an Naphthochinonen geringer ist.
2–10 g (je nach Naphthochinongehalt!) fein geschnittene Droge werden mit kochendem Wasser übergossen und nach 10 min abgeseiht. Als Broncholytikum 3–4mal täglich 1 Tasse Tee.
1 Teelöffel = etwa 0,4 g

Phytopharmaka: Drogenextrakte (die verwendete *Drosera*-Art wird meist nicht angegeben!) werden in Fertigarzneimitteln der Gruppe Antitussiva eingesetzt, z.B. in den Monopräparaten Makatussin® Saft Drosera zuckerfrei und Makatussin® Tropfen Drosera oder in den Kombinationspräparaten Bronchicum® pflanzlicher Hustenstiller (Lösung), Drosithym® N Bürger (Saft, Lösung) u.a.

Prüfung: Makroskopisch und mikroskopisch; hierfür gibt es inzwischen sehr detaillierte Angaben [16, 17] und einen auf anatomischen und morphologischen Daten beruhenden Bestimmungsschlüssel für 52 *Drosera*-Arten. Die für eine Bestimmung wichtigsten Merkmale sind neben der Blattform und Blattstellung die Drüsenhaare von Blatt und Kelch [16], woran die Drogen eindeutig zu identifizieren sind. Ältere Angaben, z.B. in [18], sind teilweise unvollständig oder inkorrekt.
Drosera madagascariensis hat eng beisammen stehende (jedoch nicht rosettig angeordnete) Blätter mit rostbraunen Nebenblättern, die Blattspreite ist spatelförmig, 3–8 mm breit. Der Blütenschaft ist nicht beblättert, jedoch mit ungeordneten Deckhaaren besetzt. Wesentliches Merkmal sind die Drüsenhaare der Blätter mit 2 endständigen Sekretzellen (*D. ramentacea* hat Drüsenhaare mit vielzelligem Köpfchen).
Die Blätter von *Drosera peltata* sind schildförmig (peltat) und unterscheiden sich schon dadurch von *D. madagascariensis* bzw. *D. ramentacea*. Der Stengel ist locker beblättert mit ca. 1 cm langen Internodien. Weitere Merkmale sind die lang gestielten Wimpernhaare der Kelchblätter mit vielzelligem Köpfchen, während Deckhaare auf den Kelchblättern fehlen. Die Blüten sind klein, der Griffel ist ab der Mitte dichotom geteilt.
Angaben zur DC von Naphthochinonderivaten liegen viele Jahre zurück und beschreiben Fließmittel, die Benzol oder Tetrachlorkohlenstoff enthalten, auch erwiesen sie sich als nicht sonderlich geeignet zur Unterscheidung einzelner *Drosera*-Arten [1, 19], so daß hier weitere Angaben unterbleiben.
Sehr gut geeignet, auch für eine Gehaltsbestimmung, sind hingegen die GC bzw. die HPLC [20], wobei sich die Wasserdampfdestillation zur Abtrennung der Naphthochinone aus der Droge als optimal erwies.

Verfälschungen: Da derzeit keine offiziellen Vorschriften existieren und die Monographie der Kommission E nicht mit der aktuellen Situation auf dem Drogenmarkt übereinstimmt, können auch Verfälschungen nicht klar definiert werden. Zu achten wäre auf einen ausreichend hohen Gehalt an Naphthochinonderivaten [2].

Literatur:
[1] R. Luckner und M. Luckner, Pharmazie **25**, 261 (1970).
[2] L. Krenn, R. Länger und B. Kopp, Dtsch. Apoth. Ztg. **135**, 867 (1995).
[3] J. Leclercq und L. Angenot, J. Pharm. Belg. **39**, 269 (1984).
[4] C. Kirsch, Vortrag auf dem Drosera-Symposium in Wien, 10.11.1995.
[5] Ch. Wawrosch, Vortrag auf dem Drosera-Symposium in Wien, 10.11.1995.
[6] B. Galambosi, N. Takkunen und M. Repcak, Vortrag auf dem Drosera-Symposium in Wien, 10.11.1995.
[7] H. Schilcher und M. Elzu, Z. Phytother. **14**, 50 (1993).
[8] M.H. Zenk, M. Fürbringer und W. Steglich, Phytochemistry **8**, 2199 (1969).
[9] H. Rimpler, Symposiums-Bericht Zyma GmbH, München, 24.02.1978.
[10] T. Schölly und I. Kapetanidis, Pharm. Acta Helv. **64**, 66 (1989).
[11] H. Kolodziej, Vortrag auf dem Drosera-Symposium in Wien, 10.11.1995.
[12] W. Bienenfeld und H. Katzlmeier, Arch. Pharm. (Weinheim) **299**, 598 (1966).
[13] R. Krahl, Arzneim.-Forsch. **6**, 342 (1956).
[14] Hager **4**, 723 (1973).
[15] Symposiumsbericht der Zyma GmbH über die Pharmakologie von Naphthochinon-Derivaten, 1978.
[16] R. Länger und B. Kopp, Dtsch. Apoth. Ztg. **135**, 657 (1995).
[17] R. Länger, I. Pein und B. Kopp, Plant Syst. Evol. **194**, 163 (1995).
[18] W. Schier und W. Schultze, Dtsch. Apoth. Ztg. **127**, 2592 (1987).
[19] H. Schilcher, Dtsch. Apoth. Ztg. **114**, 181 (1974).
[20] S. Meczarich und Mitarb., Sci. Pharm. **61**, 217 (1993).

Czygan/Wichtl

Echinaceae angustifoliae radix

Schmalblättrige Sonnenhutwurzel

Abb. 1: Schmalblättrige Sonnenhutwurzel

Beschreibung: Etwa 5–10 mm lange, unregelmäßig geformte Wurzelstücke mit rot- bis graubrauner längs-gefurchter Oberfläche und kurzfaserigem Bruch. Am Querbruch ist eine höchstens 1 mm dünne Rinde und ein von gelblichen und grauschwarzen radialen Streifen durchzogener Holzkörper sichtbar. Das Zentrum ist weißlich-gelb und meist kreisförmig. Auffällig sind streifenförmige schwarze Phytomelaneinlagerungen, deren Ausmaß vom Alter der Droge abhängt.

Geruch: Schwach aromatisch, eigenartig.

Geschmack: Zunächst leicht süßlich, später schwach bitter, nach einiger Zeit auf der Zungenspitze leicht brennend, prikkelnd, lokalanästhesierend (Alkamide!).

Makroskopisch ist die Schnittdroge nicht von der von *E. pallida* stammenden Droge zu unterscheiden. Dieser fehlt jedoch die leicht brennende, prickelnde, lokalanästhesierende Sensorik beim Kauen der Droge.

Abb. 2: *Echinacea angustifolia* DC.

Bis 60 cm hoch werdende Staude mit einfach oder mehrfach verzweigtem Stengel und lanzettlichen, ganzrandigen, höckrigrauhhaarigen Blättern. Blütenkörbchen mit abstehenden, 2–4 cm langen, weißen, rosa oder purpurnen Zungenblüten. Pollen gelb, Durchmesser 19–26 µm.

Stammpflanze: *Echinacea angustifolia* DC. (Schmalblättriger Sonnenhut), Asteraceae.

Synonyme: Echinaceawurzel, Igelkopfwurzel, Schmalblättrige-Kegelblumenwurzel; Rad. Echinaceae. (Narrow leaved) Coneflower root, Black Sampson root (engl.). Racine d'Echinacea (franz.).

Herkunft: Beheimatet in Nordamerika, z.T. dort und auch in Europa kultiviert [1]. Der Hauptanteil der Droge wird derzeit noch aus Wildvorkommen aus Nordamerika importiert. Meist handelt es sich hierbei jedoch um die Wurzeln von *E. pallida* (siehe dort), die vom National Formulary der USA als gleichwertige Stammpflanze zugelassen war, so daß keine Unterscheidung getroffen wurde [2].

Inhaltsstoffe [1–3]: Alkylamide (= Alkamide), identifiziert wurden 15 Verbindungen, darunter die Isobutylamide der isomeren Dodeca-2E,4E,8Z,10E/Z-tetraensäuren (~75 mg/100 Droge), der Dodeca-2E-en-8,10-diinsäure, Undeca-2E-en-8,10-diensäure, Undeca-2Z-en-8,10-diensäure und der Pentadeca-2E,9Z-dien-12,14-diinsäure als Hauptverbindungen. Das als Echinacein bezeichnete Dodeca-2E,6Z,8E,10E-tetraensäure-isobutylamid konnte in nachfolgenden Untersuchungen nicht mehr gefunden werden; ätherisches Öl: weniger als 0,1% mit 8Z-Pentadecen-2-on, Pentadeca-8Z,11Z-dien-2-on, Dodeca-2,4-dien-1-ol und sein Isovaleriansäureester sowie Palmitinsäure, Linolsäure und weitere Alkenylisovalerianate als Hauptkomponenten. Das beschriebene Echinolon (10-Hydroxy-4,10-dimethyl-4,11-dodecadien-2-on) scheint nicht vorzukommen, sondern Inhaltsstoff von *E. pallida* zu sein; Polyacetylene (2 mg%), identifiziert wurden 14 Verbindungen, Herkunft der Droge (*E. pallida*?) jedoch unsicher; Kaffeesäurederivate: 0,3–1,3% Echinacosid, Cynarin (= 1,5-Di-O-caffeoylchinasäure, isomerisiert in der Wärme zur 1,3-Di-O-caffeoylchinasäure); Polysaccharide: immunmodulierende Verbindungen noch unbekannter Struktur mit $M_r > 10\,000$ D, nach Hydrolyse Rhamnose, Arabinose und Galactose liefernd [4]. (Aus dem Kraut von *Echinacea purpurea* wurden ein 4-O-Methylglucuronoarabino-galactan (M_r 35 000) und ein Arabinorhamnogalactan (M_r 450 000) isoliert, die beide eine phagozytosestimulierende Wirkung haben).

Indikationen: Zur Prophylaxe und Therapie leichter bis mittelschwerer Erkältungskrankheiten, grippaler Infekte und septischer Prozesse. Lokal zur Wundbehandlung bei schlecht heilenden Wunden und entzündlichen Hauterkrankungen. Die Droge stammt aus der Erfahrungsmedizin der indianischen Ureinwohner Nordamerikas und war im vergangenen Jahrhundert die meist verwendete pflanzliche Droge der USA. Die Wirkung bei der Prophylaxe und Therapie von Infektionen der oberen Atemwege soll auf einer Steigerung der körpereigenen Abwehrkräfte durch eine unspezifische Stimulation des Immunsystems beruhen. Für ethanolische und auch chloroformlösliche Extraktivstoffe wurde in vitro eine Steigerung der Phagozytose von Hefezellen durch menschliche Granulozyten gemessen und diese auch in vivo an der Maus nach p.o.-Gabe im Carbon-Clearance-Test nachgewiesen. Im selben Testsystem steigerte die lipophile Fraktion der Alkamide nach p.o.-Applikation (0,33 mg/kg/Tag, 2 Tage) bei der Maus die Phagozytoserate um den Faktor 1,5 [5].

Immunmodulatorische Eigenschaften wurden auch für die Polysaccharidfraktion aus der Wurzel nachgewiesen [4]. In vitro (10–1000 µg/ml) steigerte diese die Proliferation von Milzzellen und die Produktion von Immunglobulin M und induzierte in verschiedenen Zellkulturen die Bildung von Zytokininen (TNFα, Interleukin 1 und 6) sowie die Interferon α,β-Bildung. Auch eine antivirale Wirkung gegen Herpes simplex konnte in vitro nachgewiesen werden. In vivo wurde nach i.v.-Applikation an der Maus (500, 100 und 50 µg/Maus) ebenfalls eine Induktion der TNF- und Interleukin-Bildung beobachtet. Die Frage nach einer peroralen Wirksamkeit der Polysaccharide ist noch nicht beantwortet. Echinacosid hemmt in L-

928-Mäusezellen die Vermehrung des Vesicular Stomatitis Virus (USV) [6] und besitzt auch eine schwache Hemmwirkung gegenüber *Staphylococcus aureus* [7].

Für die Anwendung der Droge zur Wundheilung und bei entzündlichen Hauterkrankungen können nach den vorliegenden Untersuchungen die Alkamine, das Echinacosid und die Polysaccharide als potentielle Wirkstoffe diskutiert werden. In vitro konnte für acht getestete Alkamine der Droge (50 µg/ml) eine Hemmung der Cyclooxygenase substanzabhängig um 23 bis 75% nachgewiesen werden [3, 8]. Die isomeren Dodecatetraensäure-isobutylamide hemmten bei dieser Konzentration zusätzlich auch die 5-Lipoxygenase. Für Echinacosid wurde in vitro eine Hemmung des durch freie Radikale induzierten Abbaus des in der Haut auftretenden Typ III-Kollagens nachgewiesen (IC_{50}: 18,5 µM) und für entsprechende Wurzelextrakte eine protektive und heilende Wirkung von durch freie Radikale (z.B. UV-Licht) verursachte Hautschädigungen postuliert [9]. Im Crotonöl-Mäuseohr-Ödem-Test konnte für eine Polysaccharidfraktion bei topischer Applikation eine ödemhemmende Wirkung (IC_{50} 101 µg/Ohr; Indometacin: 42 µg/Ohr) nachgewiesen werden [10]. Die Anwendung der von *E. angustifolia* stammenden Wurzeldroge in den genannten Indikationsgebieten wird von der Kommission E vorläufig wegen fehlender Wirksamkeitsnachweise nicht befürwortet [11]. Ursache hierfür ist die in der Vergangenheit häufig erfolgte Verfälschung mit der auf dem Markt dominierenden Wurzel von *E. pallida*, so daß die älte-

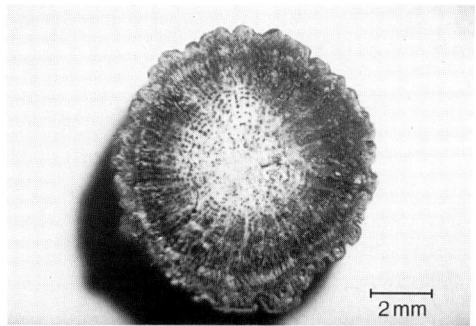

Abb. 3: Radiale Streifung durch dunkle melanogene Schichten (Lupenvergrößerung), siehe auch Abb. 4

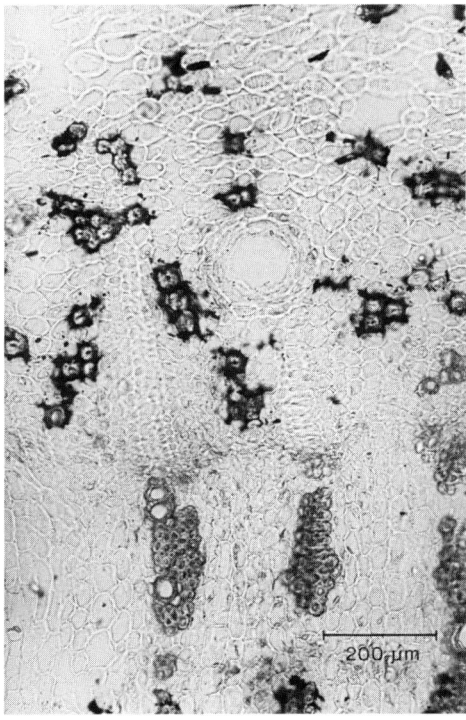

Abb. 4: Querschnitt im Kambiumbereich. Rinde mit Exkretgang, in melanogene Schicht (dunkle Interzellularsubstanz) eingebettete Bastfasergruppen. Gefäße mit Holzfasergruppen

Auszug aus der Monographie der Kommission E (BAnz Nr. 162 vom 29.08.1992)

Pharmakologische Eigenschaften, Pharmakokinetik, Toxikologie

Tierexperimentell:
Alkoholische Wurzelextrakte bzw. Extrakte der oberirdischen Teile zeigen im Carbon-Clearance-Test eine Erhöhung der Eliminationsrate von Kohlepartikeln.

In vitro:
Alkoholische Wurzelextrakte zeigen im In-vitro-Granulozyten-Ausstrich eine Erhöhung der Phagozytoserate.
Ältere Arbeiten lassen sich nicht eindeutig einer der beiden Drogen zuordnen.

Klinische Angaben

1. Anwendungsgebiete

Zubereitungen aus „Echinacea angustifolia" werden angewendet zur Unterstützung und Förderung der natürlichen Abwehrkräfte, insbesondere bei Erkältungskrankheiten im Hals-, Nasen- und Rachenbereich, als Umstimmungsmittel bei Grippe, bei entzündlichen und eitrigen Traumen, Abszessen, Furunkeln, Ulcus cruris, Herpes simplex, Phlegmonen, Wunden, Kopfschmerzen, Stoffwechselentgleisungen, als schweißtreibendes Mittel und Antiseptikum.
Die Wirksamkeit bei den beanspruchten Anwendungsgebieten ist nicht belegt.

2. Risiken

Innere Anwendung:
Nicht anzuwenden bei progedienten Systemerkrankungen wie Tuberkulose, Leukosen, Kollagenosen, multipler Sklerose, AIDS-Erkrankung, HIV-Infektion und anderen Autoimmunerkrankungen.

Parenterale Anwendung:
Dosisabhängig treten Schüttelfrost, kurzfristige Fieberreaktionen, Übelkeit und Erbrechen auf. In Einzelfällen sind allergische Reaktionen vom Soforttyp möglich. Bei Neigung zu Allergien, besonders gegen Korbblütler, sowie in der Schwangerschaft keine parenterale Applikation.

Hinweis:
Bei Diabetikern kann sich bei parenteraler Applikation die Stoffwechsellage verschlechtern.

Beurteilung

Da die Wirksamkeit bei den beanspruchten Anwendungsgebieten nicht belegt ist, kann eine therapeutische Anwendung nicht empfohlen werden. Die Anwendung parenteraler Zubereitungen ist aufgrund der Risiken nicht vertretbar.

ren Wirksamkeitsstudien, die zudem den heutigen Ansprüchen nicht immer genügen (Übersicht bei [12]), für diese Droge keine Geltung haben. Auch die Standardzulassung für die *E. angustifolia*-Wurzel [13] entsprach in ihrer Beschreibung derjenigen von *E. pallida* (mit der 5. Änderungsverordnung über Standardzulassungen vom 06.10.1993 gestrichen).

Teebereitung: Nicht sehr gebräuchlich. Etwa $^1/_2$ Teelöffel voll gut zerkleinerter oder grob gepulverter Droge mit siedendem Wasser übergießen und nach etwa 10 min abseihen. Bei Erkältungskrankheiten und zur Steigerung der körpereigenen Abwehrkräfte mehrmals täglich eine Tasse frisch bereiteten Tee möglichst warm trinken, am besten zwischen den Mahlzeiten.
1 Teelöffel=etwa 2,5 g.

Teepräparate: Einige wenige Hersteller bieten Sonnenhutwurzel als Teedroge an.

Phytopharmaka: Der Wurzelextrakt wird in einigen Fertigarzneimitteln der Gruppe Immunstimulanzien verwendet, z.B. Echi 500® (Tropfen), Pascotox® 100 (Tabletten), Cefapulmon® (Ampullen) u.a.; die Umstellung dieser Präparate auf *Echinacea pallida* ist zu erwarten (siehe Echinaceae pallidae radix). In vielen Fertigarzneimitteln dieser Gruppe ist die homöopathische Urtinktur verwendet, z.B. Contramutan®N (Saft), Influex® (Flüssigkeit), Originaltinktur Truw® (Tropfen) u.a.

Anmerkung: In den marktführenden Präparaten sind Preßsäfte aus *Echinacea purpurea* enthalten (Echinacin®, Echinaforce®, Esberitox® u.v.a.).

Prüfung: Makroskopisch (s. Beschreibung) und mikroskopisch nach [14]. Im Querschnitt sind Bastfasergruppen, die in melanogene Schichten eingebettet sind, und Holzfasergruppen erkennbar sowie in der Rinde, nicht jedoch im Holzkörper, schizogene Exkretbehälter (100–250 µm) (Abb. 4). Zu weiteren Unterscheidungsmerkmalen siehe bei *Echinacae pallidae radix*, Abb. 3, S. 197.
DC-Identitätsprüfung anhand des methanolischen Wurzelauszugs durch Nachweis des polaren Echinacosids (auch in *E. pallida* vorkommend) und der lipophilen Alkamide (nicht in *E. pallida* vorkommend) nach [1, 15, 16]. Zum HPLC-Nachweis der Alkamide siehe bei [16] (Abb. 3).

Verfälschungen: In Frage kommen vor allem die als gleichwertig angesehenen Wurzeln von *Echinacea purpurea* (L.) MOENCH, die kein Echinacosid führen, sowie *E. pallida* NUTT., die keine Alkamide besitzt (s. dort) und *Parthenium integrifolium* L. [17]. Letztere können dünnschichtchromatographisch in dem für den Nachweis der Alkamide verwendeten Fließmittelsystem anhand der nur hier auftretenden Sesquiterpenester Cinnamoyl-echinadiol, -epoxyechinadiol, -echinaxanthol und -dihydroxynardol erkannt werden [15, 18]. Diese neuen Diterpenester wurden zunächst als Inhaltsstoffe für die Wurzel von *E. purpurea* beschrieben und auch für die immunologische Wirkung dieser Droge diskutiert [19]; sie sind jedoch nur Inhaltsstoffe der *P. integrifolium*-Wurzel.

Literatur:
[1] R. Bauer und H. Wagner, Echinacea, Handbuch für Ärzte, Apotheker und andere Naturwissenschaftler, Wiss. Verlagsges. Stuttgart 1990.
[2] Hager, Band **5**, 3 (1993).
[3] R. Bauer, Dtsch. Apoth. Ztg. **134**, 94 (1994).
[4] N. Beuscher und Mitarb., Z. Phytother. **16**, 157 (1995).
[5] R. Bauer und Mitarb., Z. Phytother. **10**, 43 (1989).
[6] A. Cheminat und Mitarb., Phytochemistry **27**, 2787 (1988).
[7] A. Stoll, J. Renz und A. Brack, Helv. Chim. Acta **33**, 1877 (1950).
[8] B. Müller-Jakic und Mitarb., Planta Med. **60**, 37 (1994).
[9] R.M. Facino und Mitarb., Planta Med. **61**, 510 (1995).
[10] E. Tragni und Mitarb., Pharm. Res. Commun. Suppl. V, **20**, 87 (1988).
[11] Monographie der Kommission E, Bundesanzeiger Nr. 162 vom 29.08.1992.
[12] D. Melchert und Mitarb., Phytomedicine **1**, 245 (1994) und Forschende Komplementärmedizin, 127 (1994).
[13] R. Braun (Hrsg.), Standardzulassungen, Text und Kommentar, Dtsch. Apoth. Verlag, Stuttgart (1987), Sonnenhutwurzel; 1993 gestrichen.
[14] G.R. Heubl, R. Bauer und H. Wagner, Sci. Pharm. **56**, 145 (1988).
[15] R. Bauer, I.A. Khan und H. Wagner, Dtsch. Apoth. Ztg. **127**, 1325 (1987).
[16] R. Bauer, I.A. Khan und H. Wagner, Planta Med., 426 (1988).
[17] R. Bauer, I.A. Khan und H. Wagner, Dtsch. Apoth. Ztg. **126**, 1065 (1986).
[18] R. Bauer und H. Wagner, Z. Phytother. **9**, 151 (1988).
[19] R. Bauer und Mitarb., Helv. Chim. Acta **68**, 2355 (1985).

Willuhn

Echinaceae pallidae radix — Echinacea-pallida-Wurzel

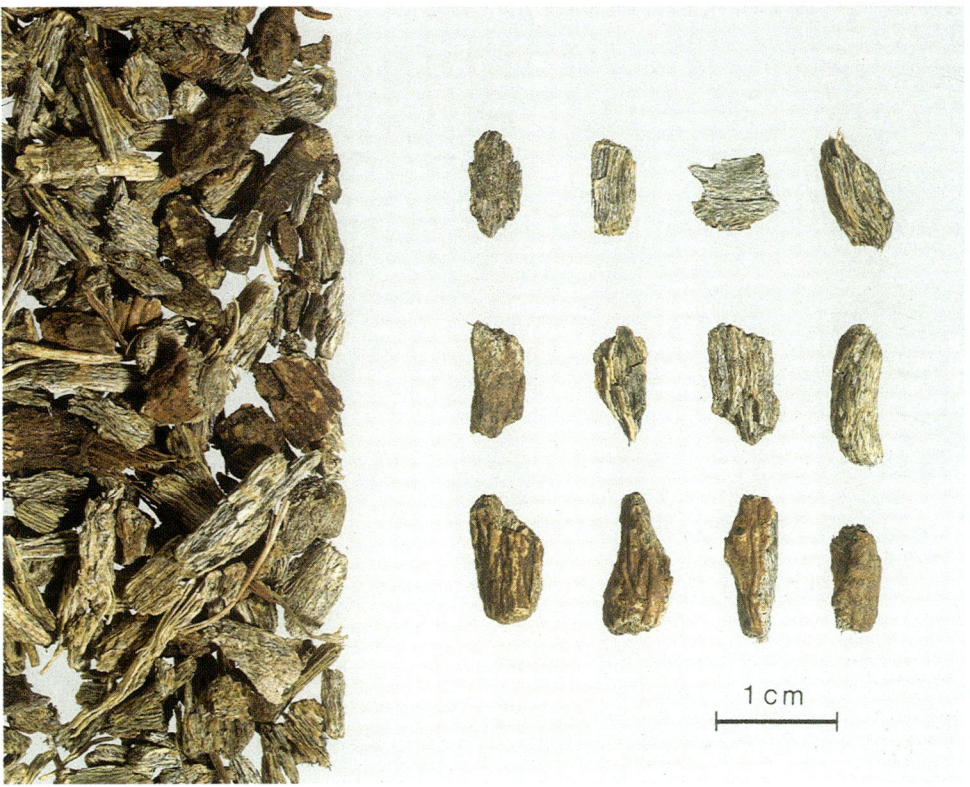

Abb. 1: Echinacea-pallida-Wurzel

Beschreibung: Etwa 5–10 mm lange, unregelmäßig geformte Wurzelstücke mit rot- bis graubrauner längs-gefurchter Oberfläche und kurzfaserigem Bruch. Am Querbruch ist eine höchstens 1 mm dünne Rinde und ein von gelblichen und grauschwarzen radialen Streifen durchzogener Holzkörper sichtbar. Das Zentrum ist weißlich-gelb und meist kreisförmig. Auffällig sind streifenförmige schwarze Phytomelaneinlagerungen, deren Ausmaß vom Alter der Droge abhängt.

Geruch: Schwach aromatisch, eigenartig.

Geschmack: Zunächst leicht süßlich, später schwach bitter.

Abb. 2: *Echinacea pallida* (NUTT.) NUTT.

Bis 100 cm hoch werdende Staude mit meist unverzweigtem Stengel und lanzettlichen ganzrandigen, rauhhaarigen Blättern. Blütenkörbchen mit hängenden 4–9 cm langen weißen, rosa oder purpurnen Zungenblüten. Pollen weiß, Durchmesser 25–32 µm.

Stammpflanze: *Echinacea pallida* (NUTT.) NUTT. (Blaßfarbener schmalblättriger Sonnenhut) Asteraceae.

Synonyme: Blasser Igelkopf-Wurzel, Blasse Kegelblumenwurzel. Pale Conflower root, Black Sampson root (engl.). Racine d'Echinacea (franz.).

Herkunft: Beheimatet in Nordamerika, von dort aus Wildvorkommen importiert. Im geringen Umfang in Europa (Deutschland, Italien, ehemaliges Jugoslawien, Niederlande, Schweiz) und in den USA kultiviert.

Inhaltsstoffe [1, 2, 3]: Langkettige Ketoalkene und Ketoalkenine wie Tetradeca-8Z-en-11,13-dien-2-on, Pentadeca-8Z-en-11,13-diin-2-on, Pentadeca-8Z,13Z-dien-11-in-2-on, Pentadeca-8Z,11Z,13E-trien-2-on, Pentadeca-8Z,11E,13Z-trien-2-on, Pentadeca-8Z,11Z-dien-2-on, Pentadeca-8 Z-en-2-on und Heptadeca-8 Z,11 Z-dien-2-on. Die Verbindungen sind durch Luftsauerstoff leicht oxidierbar. In länger gelagerter Droge treten als Artefakte (Allyloxidation) 8-Hydroxy-tetradeca-9 E-en-11,13-diin-2-on, 8-Hydroxy-pentadeca-9 E-en-11,13-diin-2-on und 8-Hydroxy-pentadeca-9 E,13 Z-dien-11-in-2-on auf; ca. 0,2–2% ätherisches Öl mit Pentadeca-8 Z-en-2-on, Pentadeca-1,8 Z-dien (44% des Öls), und 1-Pentadecen als Hauptverbindungen, daneben einige der genannten Ketoalkene und Ketoalkenine sowie Echinolon (10-Hydroxy-4,10-dimethyl-4,11-dodecadien-2-on); Weitere Polyacetylene mit Trideca-1-en-3,5,7,9,11-pentain und Ponticaepoxid als Hauptverbindungen. Keine Alkamide (s. Echinaceae angustifoliae radix). Kaffeesäurederivate: ca. 1% Echinacosid, in Spuren 6-O-Caffeoylechinacosid, kein Cynarin. Polysaccharide noch unbekannter Struktur mit immunmodulierender Wirkung, nach Hydrolyse Galactose, Arabinose und Rhamnose liefernd [4].

Indikationen: Das Indikationsgebiet entspricht demjenigen der Echinaceae angustifoliae radix. Seit der Jahrhundertwende hat sie diese ursprünglich von den Indianern verwendete Wurzeldroge mehr und mehr ersetzt. Ihre Anwendung zur unterstützenden Therapie bei grippalen Infekten beruht ebenfalls auf den ihr zugesagten immunmodulierenden Eigenschaften. In vitro steigert der Trockenrückstand eines Alkoholextrakts (1:10) bei einer 0,01%igen Konzentration die Phagozytoserate menschlicher Granulozyten um 23%. Auch der Trockenrückstand eines Chloroformauszuges führte hier zu einer Phagozytosesteigerung. Diese Wirkung konnte in vivo im Carbon-Clearance-Test nach p.o.-Gaben eines Alkoholextraktes bestätigt werden. Die Eliminationsrate von Kohlepartikeln wurde hierbei um den Faktor 2.2 gesteigert [5]. Für die isolierte Polysaccharidfraktion wurden in vitro und in vivo dieselben immunmodulierenden Effekte erzielt wie mit den Polysacchariden aus Echinaceae angustifoliae radix (s. dort), wobei die einzelnen Parameter in der Regel etwas geringer beeinflußt wurden [4]. In einer placebokontrollierten, monozentrischen klinischen Studie mit 160 Patienten konnte mit einer alkoholisch-wäßrigen Tinktur (1:5) aus definierter E. pallida-Wurzel (entsprechend 900 mg Droge/Tag) gegenüber Placebo eine deutlich schnellere Besserung der Symptome eines „grippalen Infekts des oberen Respirationstraktes" erzielt werden. Die Krankheitsdauer verringerte sich bei bakterieller Infektion von 13 auf 9,8 Tagen und bei viralen Infektionen von 12,9 auf 9,1 Tagen. Es trat auch eine signifikant schnellere Besserung der Symptome (Summenscore) auf [6]. Auf-

---

Auszug aus der Monographie der Kommission E (BAnz Nr. 162 vom 29.08.1992)

Pharmakologische Eigenschaften, Pharmakokinetik, Toxikologie

Tierexperimentell:
Alkoholische Wurzelextrakte der Droge zeigen im Carbon-Clearance-Test eine Erhöhung der Eliminationsrate von Kohlepartikeln um den Faktor 2.2.

In vitro:
Alkoholische Wurzelextrakte der Droge zeigen im In-vitro-Granulozyten-Ausstrich in einem Konzentrationsbereich von $10^{-2}-10^{-4}$ mg/ml Testansatz eine Erhöhung der Phagozytoserate um 23%.

Klinische Angaben

1. Anwendungsgebiete
Zur unterstützenden Therapie grippeartiger Infekte.

2. Gegenanzeigen
Aus grundsätzlichen Erwägungen nicht anzuwenden bei progredienten Systemerkrankungen wie Tuberkulose, Leukosen, Kollagenosen, multipler Sklerose, AIDS-Erkrankung, HIV-Infektion und anderen Autoimmunerkrankungen.

3. Nebenwirkungen
Nicht bekannt.

4. Besondere Vorsichtshinweise für den Verbrauch
Nicht bekannt.

5. Verwendung bei Schwangerschaft und Laktation
Nicht bekannt.

6. Wechselwirkungen mit anderen Mitteln
Keine bekannt.

7. Dosierung
Soweit nicht anders verordnet:
Tagesdosis:
Tinktur (1:5) mit 50% (V/V) Ethanol aus nativem Trockenextrakt (50% Ethanol, 7–11:1) entsprechend 900 mg Droge.
Angaben zur Dosierung bei Kindern liegen nicht vor.

8. Art der Anwendung
Flüssige Darreichungsformen zum Einnehmen.

9. Dauer der Anwendung
Nicht länger als 8 Wochen.

10. Überdosierung
Keine bekannt.

11. Besondere Warnungen
Keine bekannt.

12. Auswirkungen auf Kraftfahrer und die Bedienung von Maschinen
Keine bekannt.

	Echinacea pallida	Echinacea angustifolia	Echinacea purpurea	Parthenium Integrfolium
Wurzelsystem	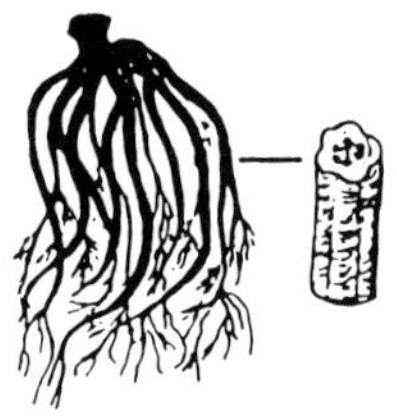	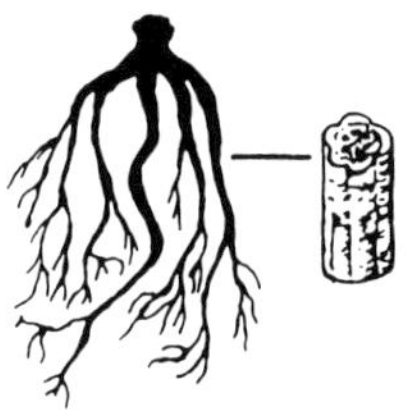		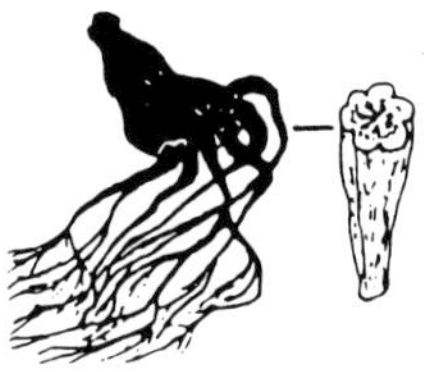
Färbung	hellbraun	hellbraun	rot-braun	schwarz
Wurzelepidermis Aufsicht	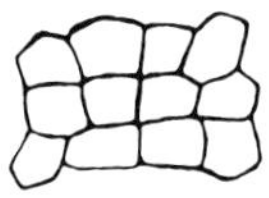	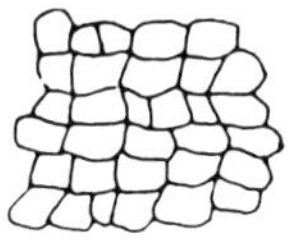	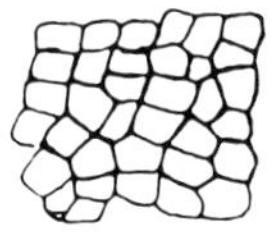	
Zellgröße	40 × 80 µm	45 × 30 µm	50 × 30 µm	50 × 20 µm
Steinzellen (S) und Sklerenchymfasern (SF)	meist einzeln oder in 2–4zelligen Gruppen	2–8zellige Gruppen	oft fehlend oder einzeln	umfangreiche 5–30zellige Gruppen
Länge S/SF	50–400/100–300 µm	50–150/300–800 µm	50–120/300–800 µm	50–150/300–350 µm
Ölbehälter	Rinde + Holzkörper	Rinde	Rinde	Rinde + Mark
Phytomelanauflagerung	vorhanden	vorhanden	fehlend	vorhanden
Sklereiden im Drogenpulver	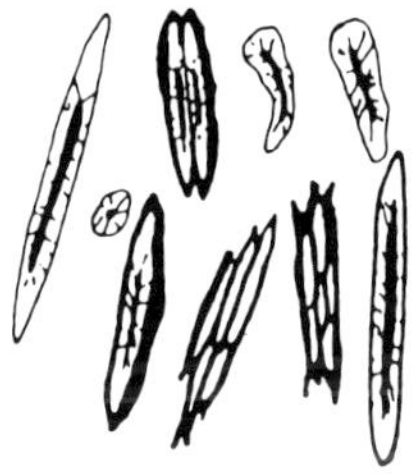		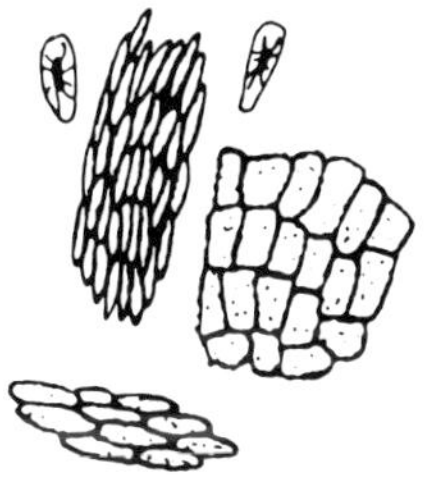	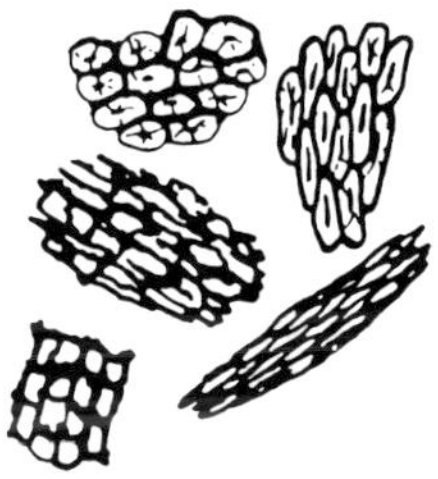

Abb. 3: Morphologische und anatomische Merkmale von Wurzeln einiger Echinacea-Arten und Parthenium integrifolium (nach [1]).

grund dieses Wirksamkeitsnachweises wurde von der Kommission E für die E. pallida-Wurzel für die Indikation „Zur unterstützenden Therapie grippeartiger Infekte" eine Positiv-Monographie verabschiedet.

Teebereitung: Nicht sehr gebräuchlich. Siehe auch Echinaceae angustifoliae radix.

Teepräparate: Sonnenhutwurzel wird nur selten als Teedroge angeboten.

Phytopharmaka: In der Gruppe der pflanzlichen Immunstimulanzien enthalten mehrere Präparate einen Extrakt aus Echinaceae pallidae radix, z.B. Echinacea-ratiopharm® (Tabletten, Tropfen), Lymphozil®K bzw. -forte E (Tabletten) u.a.; auf Grund der Umstellung der Positiv-Monographie der Kommission E von Echinacea angustifolia auf E. pallida dürften künftig mehrere Hersteller ihre Produkte auf letztere Echinacea-Art umstellen.

Prüfung: Makroskopisch und mikroskopisch wie bei *Echinacea angustifolia* angegeben, siehe auch Abb. 3. Im Querschnittsbild finden sich Exkretbehälter (100–250 µm) sowohl in der Rinde als auch im Holzkörper (*E. angustifolia* nur in der Rinde) DC-Identitätsprüfung eines methanolischen Drogenauszuges mit Nachweis von Echinacosid (auch in *E. angustifolia* vorkommend, in *E. purpurea* und *Parthenium integrifolium* fehlend) und Prüfung auf Abwesenheit von

Cynarin (nur in *E. angustifolia*-Wurzeln vorkommend), sowie in einem zweiten Fließmittel Nachweis der Ketoalkene und Ketoalkenine (in *E. angustifolia, E. purpurea* und *Parthenium integrifolium* nicht vorkommend) [1, 7, 8] (siehe bei Echinaceae angustifoliae radix). Zur HPLC-Untersuchung von E. pallida- und E. angustifolia-Wurzeln auf Ketoalkene bzw. Alkamine siehe [8].

Verfälschungen: In Betracht kommen die Wurzeln von *E. angustifolia, E. purpurea* und *Parthenium integrifolium,* die sich mittels DC nachweisen lassen (siehe unter Prüfung).

Literatur:
[1] R. Bauer und H. Wagner, Echinacea, Handbuch für Ärzte, Apotheker und andere Naturwissenschaftler Wiss. Verlagsges. Stuttgart 1990.
[2] Hager, Band **5**, 13 (1993).
[3] R. Bauer, Dtsch. Apoth. Ztg. **134**, 94 (1994).
[4] N. Beuscher und Mitarb., Z. Phytother. **16**, 157 (1995).
[5] R. Bauer, K. Jurcic und H. Wagner, Arzneim. Forsch. **38**, 276 (1988).
[6] B. Bräunig und E. Knick, Naturheilpraxis **1**, 72 (1993).
[7] R. Bauer und P. Remiger, Planta Med. **55**, 367 (1989).
[8] R. Bauer, I.A. Khan und H. Wagner, Planta Med. **54**, 426 (1988).

Willuhn

Epilobii herba — Weidenröschenkraut

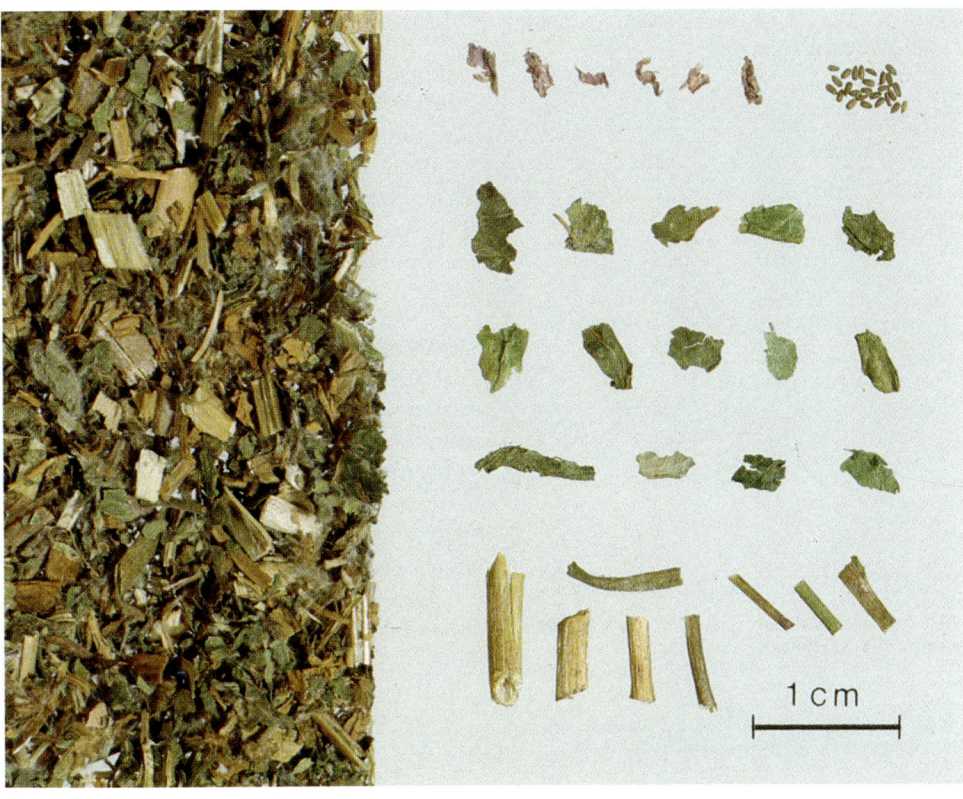

Abb. 1: Weidenröschenkraut

Beschreibung: Die Droge besteht meist überwiegend aus 1–3 mm dicken Stengelstückchen, tiefgrünen, zerknitterten Blattbruchstücken und nur wenig Blüten- und Fruchtanteilen. Die Stengel sind längsrinnig, z.T. fein drüsig behaart, die Blätter weisen eine undeutlich netzige Nervatur auf und sind je nach *Epilobium*-Art spärlich oder deutlich behaart, ganzrandig oder mit fein gezähntem Rand, Blütenteile blaßviolett. Die Früchte sind lange, auf vier Seiten aufspringende Kapseln, in denen zahlreiche, 0,5–2 mm lange, braune bis schwarze Samen liegen, die häufig einen Haarschopf tragen.

Geschmack: Adstringierend und etwas bitter.

Abb. 2: *Epilobium parviflorum* SCHREB.

Die kleinblütigen Weidenröschenarten sind 30–70 cm hohe Stauden mit gegenständigen Blättern (bei *Epilobium angustifolium* sind sie wechselständig), diese sind meist sitzend (bei *E. roseum* gestiehlt) mehr (*E. hirsutum*) oder weniger (*E. parviflorum*, *E. montanum*) behaart, die Blumenkrone besteht aus 4 Kelch- und 4 rosa bis purpurn gefärbten Kronblättern, 8 Staubblättern, einem Griffel und einem schmalen, meist stielartig verlängerten Fruchtknoten. Die langen, schmalen, schotenähnlichen Kapselfrüchte enthalten zahlreiche, seidenhaarige Samen.

Stammpflanzen: *Epilobium parviflorum* SCHREB. (Kleinblütiges Weidenröschen) und andere kleinblütige Arten der Gattung *Epilobium*, z.B. *Epilobium montanum* L. (Berg-Weidenröschen), *Epilobium roseum* SCHREB. (Rosarotes Weidenröschen und seltener *Epilobium collinum* S.G. GMEL. (Hügel-Weidenröschen), Oenotheraceae [=Onagraceae]. Im Drogenhandel werden häufig auch „großblütige" Arten, vor allem *Epilobium angustifolium* L. und *Epilobium hirsutum* L. angeboten.

Synonyme: Willow herb (engl.). Epilobe (franz.).

Herkunft: Die genannten Arten sind in Europa z.T. sehr verbreitet oder zumindest zerstreut vorkommend. Die Droge wird in Mitteleuropa von Sammlern aufgebracht, z.T. auch aus einigen Balkanländern importiert.

Inhaltsstoffe: Flavonoide, bes. Derivate des Myricetins, Kämpferols und Quercetins [1, 2]. In *Epilobium parviflorum* (und auch in einigen anderen „kleinblütigen" *Epilobium*-Arten) ist Myricitrin (=Myricetin-3-O-rhamnosid) das Hauptflavonoid, daneben kommen Myricetin-3-O-glucosid (=Isomyricitrin), Myricetin-3-O-galactosid und Quercetin-3-O-glucosid (=Isoquercitrin) in größerer Menge vor.

In *Epilobium angustifolium* ist Quercetin-3-O-glucuronid das dominierende Flavonoid [1]. Bisher sind in *Epilobium*-Arten 18 Flavonoide identifiziert worden. In mehreren *Epilobium*-Arten sind β-Sitosterol, dessen -3-glucosid und verschiedene Sterolester nachgewiesen worden [3]. Nach eigenen orientierenden Untersuchungen kommen Gallussäurederivate in größeren Mengen vor [4].

Indikationen: *Bisher ausschließlich in der Laienmedizin* beim benignen Prostata-Adenom und den damit zusammenhängenden Miktionsstörungen. Hinweise auf eine antiphlogistische Wirkung von Droge und daraus hergestellten Auszügen und Extrakten sind in verschiedenen tierexperimentellen Versuchsanordnungen erbracht worden [5, 6]. Dabei stellte sich überraschenderweise heraus, daß *Epilobium angustifolium* im Rattenpfotenödem-Test eine besonders starke Hemmwirkung zeigt, auch wird die

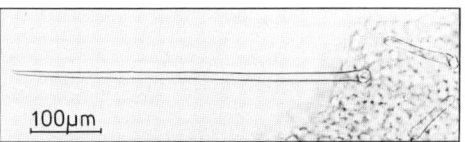

Abb. 3: Langes, spitzes Deckhaar und kürzere Schlauchhaare

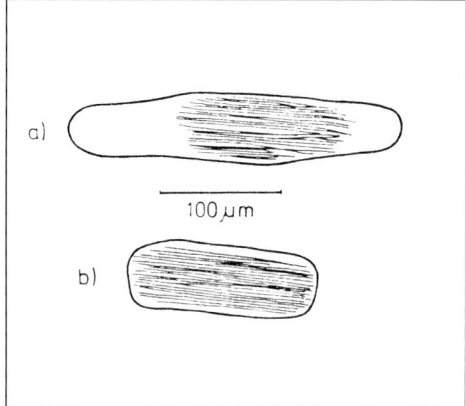

Abb. 4: Zellfüllende (b) und nichtzellfüllende (a) Raphiden

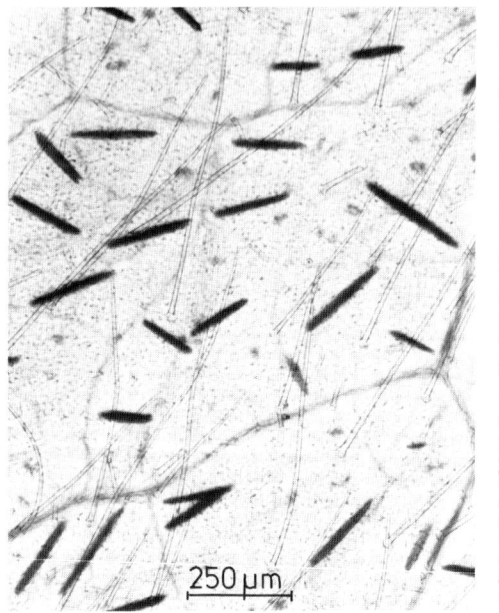

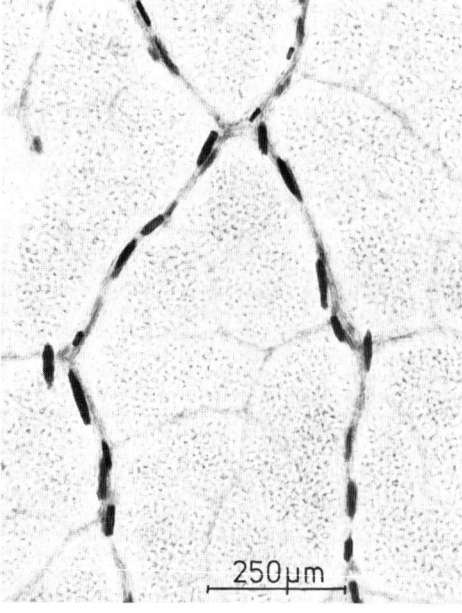

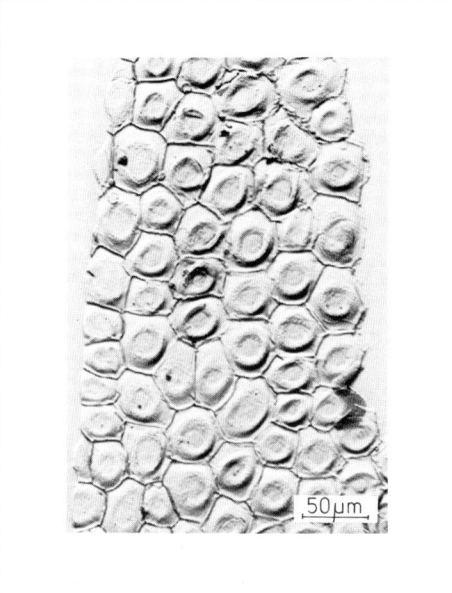

Abb. 5: Behaartes Blatt von *Epilobium parviflorum* mit gleichmäßig verteilten Raphidenzellen

Abb. 6: Weitgehend unbehaartes Blatt von *Epilobium angustifolium* mit Raphidenzellen, die stets den Nerven folgen

Abb. 7: Papillöse Epidermis der Samenschale

Freisetzung von Prostaglandinen (PGI$_2$, PGE$_2$, PGD$_2$) stark reduziert. Das Wirkprinzip ist inzwischen als Myricetin-3-O-β-D-glucuronid identifiziert worden [7]; dieses wirkt im Rattenpfotenödemtest 500mal stärker antiphlogistisch als Indometacin (ber. auf molarer Basis). Ob diese Befunde mit der Behandlung von Miktionsstörungen in Korrelation zu bringen sind, ist eine noch offene Frage.

Teebereitung: 1,5–2 g fein geschnittene Droge werden mit kochendem Wasser übergossen und nach 10 min abgeseiht.
1 Teelöffel = etwa 0,8 g.

Teepräparate: Weidenröschenkraut wird von einigen Herstellern als Tee angeboten.

Phytopharmaka: Keine.

Prüfung: Nur durch Mikroskopie, evtl. in Kombination mit der DC, möglich und sehr aufwendig, da die Unterscheidung zwischen „kleinblütigen" und „großblütigen" Arten es erforderlich macht, auf viele verschiedene Merkmale sehr genau (Messen der Länge und Dicke von Haaren, Raphiden etc.) zu achten; erschwerend kommt hinzu, daß *Epilobium*-Arten sehr leicht bastardisieren, über anatomische Merkmale dieser Bastarde ist jedoch nichts bekannt. Für die Unterscheidung geeignete Merkmale sind die Haare der Laubblätter (Abb. 3): Deckhaare und Schlauchhaare, oft mit einer kleinen Ausstülpung (diese Haare fehlen bei den großblütigen Arten, früher als eigene Gattung *Chamaenerion* = Feuerkraut zusammengefaßt), Raphiden in Schleimzellen, die Zelle ganz ausfüllend oder viel kürzer als die Zelle, (Abb. 4, 5 und 6), Narbe (kopfig-keulig oder vierspaltig), Epidermis der Samenschale (glatt oder papillös, Abb. 7), Vorkommen oder Fehlen von Anhängseln beim Samen.
Die obige Tabelle gibt kurz einige wichtige Merkmale für die am häufigsten vorkommenden „kleinblütigen" Weidenröschen an [4].

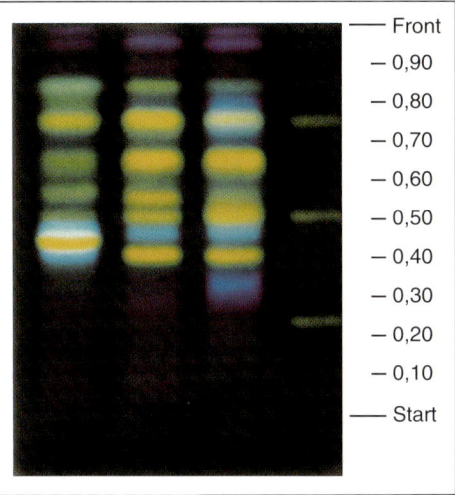

Abb. 8: DC auf HPTLC-Platten
Von links nach rechts aufgetragen:
Epilobium angustifolium
Epilobium hirsutum
Epilobium dodonaei
Referenzsubstanzen
Einzelheiten s. Text
Aufnahme: Prof. Dr. Dr. A. Hiermann, Graz

Eine sehr ausführliche Beschreibung morphologischer und anatomischer Merkmale findet man bei [8].
Die DC-Prüfung auf Flavonoide liefert Anhaltspunkte für das Vorliegen bestimmter *Epilobium*-Arten, insbesonders eignet sie sich für den Nachweis von *Epilobium angustifolium* [1]. Eine Differenzierung der „kleinblütigen" Arten ist aber auch mittels DC schwierig [1], wie auch die Abb. 8 und 9 zeigen.

Prüfung mittels DC

Untersuchungslösung: 0,5 g pulverisierte Droge mit 50 ml Methanol-Wasser (1+1) 20 min bei 40 °C extrahieren. Das Filtrat zur Trockne eindampfen,

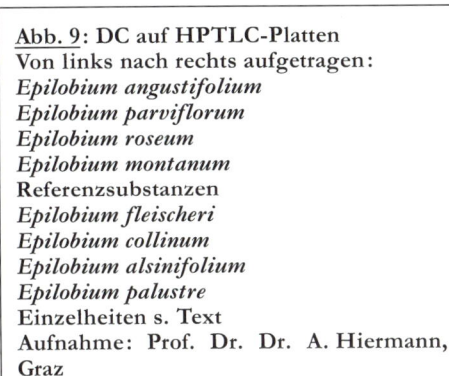

Abb. 9: DC auf HPTLC-Platten
Von links nach rechts aufgetragen:
Epilobium angustifolium
Epilobium parviflorum
Epilobium roseum
Epilobium montanum
Referenzsubstanzen
Epilobium fleischeri
Epilobium collinum
Epilobium alsinifolium
Epilobium palustre
Einzelheiten s. Text
Aufnahme: Prof. Dr. Dr. A. Hiermann, Graz

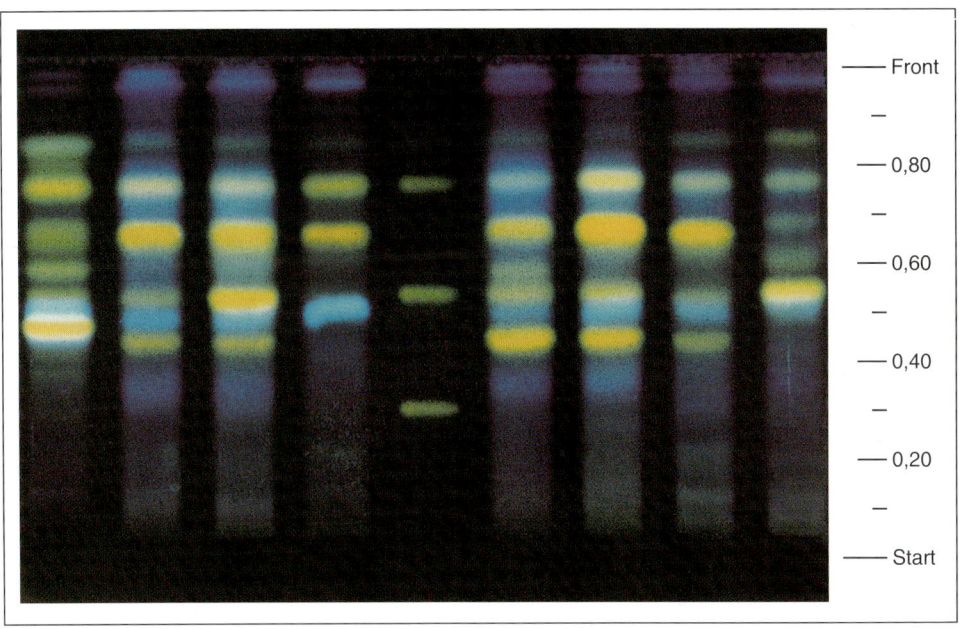

	Deckhaare	Schlauchhaare	Schleimzellen mit Raphiden	Narbe	Epidermis der Samen
Epilobium parviflorum	Zahlreich, gerade, 250–500 µm lang, Kutikula glatt oder nur schwach gewarzt	Selten, nur auf jungen Blättern, 80–300 µm lang	Zahlreich, 100–150 µm, Raphiden zellfüllend	Deutlich vierspaltig	Papillös
Epilobium montanum	Am Blattrand und entlang der Nerven, 150–200 µm, zugespitzt, gekrümmt, kutikular gewarzt	100–200 µm lang, z.T. ohne Ausstülpung am köpfchenförmigen Ende	Etwa 150 µm, Raphiden nicht zellfüllend	Vierspaltig	Papillös
Epilobium collinum	Kurz, meist nur 80–150 µm, sichelförmig, Kutikula gestreift oder gewarzt	Kurz, 60–100 µm, an der Basis gebogen	100–150 µm, Raphiden zellfüllend	Undeutlich vierspaltig (Lupe!)	Papillös
Epilobium roseum	An der Basis gekrümmt, 200–300 µm, Kutikula deutlich gewarzt	Sehr selten, auf ganz jungen Blättern, nicht am Blattrand	Etwa 150 µm, Raphiden nicht zellfüllend	Keulig	Schwach papillös

den Rückstand in 5 ml Methanol-Wasser (1+1) aufnehmen und filtrieren.

Referenzlösung: 5 mg Rutin, 5 mg Hyperosid und 5 mg Quercitrin werden in 5 ml Methanol aufgelöst.

Aufzutragen: 20 µl Untersuchungslösung und 5 µl Referenzlösung, jeweils strichförmig.

Schicht: HPTLC-Fertigplatten Merck Nr. 564.

Fließmittel: Ethylacetat-Ameisensäure-Wasser (68+8+8), 6 cm hoch.

Sichtbarmachung: Platte im Heißluftstrom trocknen. Besprühen mit einer 1proz. Lösung von Diphenylboryloxyethylamin in Methanol, nachsprühen mit einer 5proz. Lösung von Polyethylenglykol 400 in Methanol, einige min. auf 100–105°C erhitzen.

Auswertung: Unter UV 366. Die Referenzsubstanzen erscheinen als orange fluoreszierende Zonen bei etwa folgenden Rf-Werten (jeweils in Klammern): Rutin (0,25), Hyperosid (0,48), Quercitrin (0,73).

Epilobium angustifolium: Quercetin-glucuronid (0,42), Chlorogensäure (blau, 0,45), Hyperosid (0,48), Isoquercitrin (0,55), Guajaverin (Quercetin-3-O-arabinopyranosid) (0,65), Quercitrin (0,75) und Avicularin (=Quercetin-3-O-arabinofuranosid) (0,84).
Epilobium dodonaei: Myricetin-3-O-galactosid (0,38), Myricetin-3-O-(6″-galloyl)-β-D-galactosid (0,48), Myricitrin (0,65), Quercitrin (0,75).
Epilobium parviflorum: Myricetin-3-O-galactosid (0,42), Myricitrin (0,65).
Epilobium roseum: Myricetin-3-O-galactosid (0,42), Myricitrin (0,65).
Epilobium montanum: Chlorogensäure (blau, 0,48), Myricitrin (0,65).
Epilobium fleischeri, Epilobium collinum, Epilobium alsinifolium: Myricetin-3-O-galactosid (0,42), Myricitrin (0,65).
Epilobium palustre: Nicht sicher identifizierte Zonen bei 0,52, 0,60, 0,67 und 0,74.

Verfälschungen: Die von „großblütigen" *Epilobium*-Arten stammenden Drogen kommen im Handel häufig vor [4], in erster Linie *Epilobium angustifolium* L. (=*Chamaenerion angustifolium* SCOP.), kenntlich am besonders feinen Adernetz, dem völligen Fehlen von Schlauchhaaren und der Ausrichtung der Schleimzellen mit Raphiden fast ausschließlich entlang der Nerven (Abb. 6) sowie *Epilobium hirsutum* L., kenntlich an den sehr langen (meist 500–1000 µm) Deckhaaren mit glatter Kutikula.

Literatur:
[1] A. Hiermann, Sci. Pharm. **63**, 135 (1995).
[2] I. Slacanin und Mitarb., J. Chromatogr. **557**, 391 (1991).
[3] A. Hiermann und K. Mayr, Sci. Pharm. **53**, 39 (1985).
[4] M. Wichtl und W. Tadros, Dtsch. Apoth. Ztg. **122**, 2593 (1982).
[5] A. Hiermann, H. Juan und W. Sametz, J. Ethnopharmacol. **17**, 161 (1986).
[6] A. Hiermann und Mitarb., Planta Med. **57**, 357 (1991).
[7] A. Hiermann, Planta Med. **59**, A631 (1993).
[8] J. Saukel, Sci. Pharm. **50**, 179 (1982); **51**, 115; 132 (1983).

Wichtl

Equiseti herba — Schachtelhalmkraut
DAB 1996

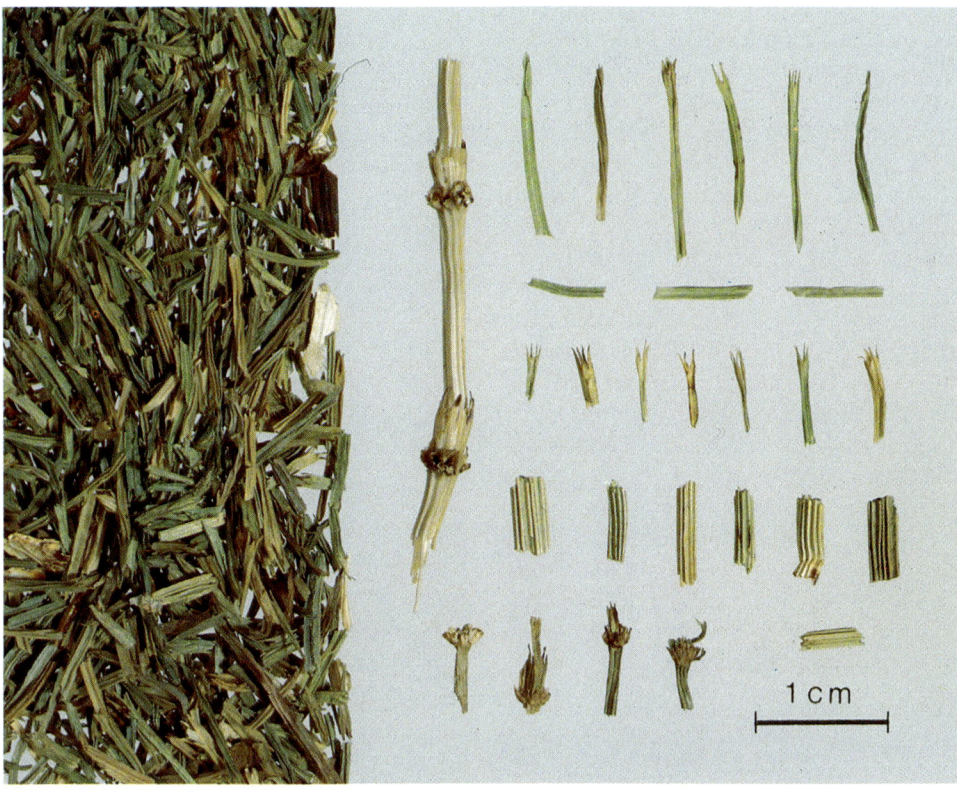

Abb. 1: Schachtelhalmkraut

Die Droge besteht aus den getrockneten sterilen, grünen Sproßteilen des Ackerschachtelhalmes.

Beschreibung: Der Hauptsproß ist etwa 1–3,5 mm, selten bis 5 mm dick. Er besteht aus etwa 2–6 cm langen, durch Knoten getrennten Abschnitten, ist hohl und weist etwa 6–19, meist 9–13 erhabene Längsrippen auf. Alle Knoten an Haupt- und Seitensprossen sind von trockenhäutigen Blattscheiden umhüllt. Diese tragen dreieckig-lanzettliche, oft braune Zähne, deren Anzahl mit der Zahl der Rippen des umhüllten Sprosses übereinstimmt. Das unterste Internodium jedes Seitenzweiges ist länger als die zugehörige Blattscheide am Hauptsproß. Hauptsproß und Seitenzweige sind grün bis graugrün, rauh und brüchig. Die zahlreichen, meist unverzweigten Seitenzweige (Abb. 4) sind nur 1 mm dick, markig und meist vierkantig geflügelt (kreuzförmiger Querschnitt).

Geschmack: Geschmacklos; knirscht beim Kauen zwischen den Zähnen.

Abb. 2 und 3: *Equisetum arvense* L.

Der Ackerschachtelhalm treibt im Frühjahr unverzweigte fertile Sprosse mit den charakteristischen bräunlichen Sporophyllständen, im Sommer bis 50 cm hohe, grüne, quirlig verzweigte, sterile Sprosse mit meist 4- (selten 5-) flügeligen Seitenästen. Ein wichtiges Unterscheidungsmerkmal zum Sumpfschachtelhalm ist das Größenverhältnis vom ersten Seitensproß-Internodium und von der Blattscheide der Hauptachse (s. Drogenbeschreibung).

ÖAB: Herba Equiseti
Ph. Helv. VII: Equiseti herba
St. Zul. 1239.99.99

Stammpflanze: *Equisetum arvense* L. (Acker-Schachtelhalm), Equisetaceae.

Synonyme: Ackerschachtelhalmkraut, Zinnkraut (die Droge wird aufgrund des hohen Kieselsäuregehaltes auch zum Putzen von Zinngeschirr benutzt!), Scheuerkraut, Kannenkraut, Tannenkraut, Pferdeschwanzkraut. Horsetail herb, Scouring rush (engl.). Herbe de prêle, Herbe des champs (franz.).

Herkunft: In den gemäßigten Zonen der nördlichen Erdhalbkugel verbreitet. Die Droge wird aus ost- und südosteuropäischen Ländern, vor allem aber aus China importiert.

Inhaltsstoffe: Über 10% mineralische Bestandteile, davon entfallen etwa $2/3$ auf Kieselsäure (10% davon angeblich wasserlösliche Silikate) sowie Kaliumsalze [1, 2]. Flavonoide (u.a. Quercetin- und Kämpferol-Glykoside) sowie Hydroxyzimtsäure-Konjugate [3–5]. Spuren von Alkaloiden (u.a. Nikotin [6]); außerdem Polyensäuren [7] und seltene Dicarbonsäuren (z.B. Equisetolsäure [8]). Das immer wieder in Büchern der Volksmedizin erwähnte Vorkommen von Saponinen ist fraglich.

Indikationen: Verwendung bei Nierenbeckenentzündung und bei Bakteriurie. Der Droge wird eine diuretische Wirkung zugeschrieben, die immer auf die phenolischen Inhaltsstoffe im allgemeinen oder die Flavonoide im besonderen als stoffliche Grundlage zurückgeführt wird. Allerdings ist nach dem bisher vorliegenden Erkenntnismaterial davon auszugehen, daß diese Substanzen nur zu einem kleinen Teil unverändert resorbiert werden und der größere Teil bereits intestinal metabolisiert wird. Außerdem nehmen wir beträchtliche Mengen dieser Stoffe schon normalerweise als ubiquitäre Bestandteile pflanzlicher Nahrung auf. Der Wirkstoffcharakter dieser Phenole ist bisher nicht belegt [9–11]. Die Droge bewirkt zumindest eine reine Wasserdiurese, Veränderungen im Elektrolythaushalt wurden bisher nicht untersucht [9]. In der Volksmedizin nicht nur als Diuretikum, sondern auch als Hämostyptikum. Die Anwendung als Adjuvans bei Tuberkulose ist obsolet. Beobachtungen, wonach resorbierbare Silikate die Leukozytenaktivität stimulieren, sind mehr als 50 Jahre alt [12] und seither nicht wieder bestätigt, aber auch nicht widerlegt worden.

Teebereitung: 2–4 g Droge werden mit kochendem Wasser übergossen und 5 min lang gekocht; nach etwa 10–15 min abseihen.
Von einigen Autoren wird empfohlen, die Droge 10–12 Std. mit kaltem Wasser zu extrahieren.
1 Teelöffel = etwa 1,0 g.

Teepräparate: Die Droge wird auch in Filterbeuteln (1,5 bzw. 2,0 g) angeboten und ist auch Bestandteil von Tees in der Gruppe Diuretika.

Phytopharmaka: Die Droge ist Bestandteil von Tabletten und Dragees. Drogenextrakte sind in einigen Fertigarzneimitteln der Gruppe Diuretika enthalten z.B. Pulvhydrops®D (Dragees), Cystinol® (Liquidum), Solidagoren®N (Tropfen) u.a.

Prüfung: Makroskopisch (s. Beschreibung) und mikroskopisch nach DAB 1996. Auffällig sind vor allem die zwei mit Celluloseleisten (nicht Kieselsäureleisten!) verdickten Nebenzellen, die die Schließzellen der Spaltöffnungen überdecken (Abb. 5).

Eine noch bessere Identifizierung (nach [13]) ist über die Beobachtung der Epidermishöcker, die auf den Rippen von Seitenästen und Sproß zu finden sind, möglich. Dazu werden einige Drogen-

HOOC–(CH$_2$)$_{28}$–COOH
Equisetolsäure

Palustrin

Auszug aus der Monographie der Kommission E
(BAnz Nr. 173 vom 18.09.1986)

Anwendungsgebiete
Bei Einnahme:
posttraumatisches und statisches Ödem. Zur Durchspülung bei bakteriellen und entzündlichen Erkrankungen der ableitenden Harnwege und bei Nierengrieß.
Äußere Anwendung:
unterstützende Behandlung schlecht heilender Wunden.

Gegenanzeigen
Keine bekannt.

Hinweis:
Keine Durchspülungstherapie bei Ödemen infolge eingeschränkter Herz- oder Nierentätigkeit.

Nebenwirkungen
Keine bekannt.

Wechselwirkungen mit anderen Mitteln
Keine bekannt.

Dosierung
Soweit nicht anders verordnet:
Innere Anwendung: mittlere Tagesdosis 6 g Droge;
Zubereitungen entsprechend.
Äußere Anwendung: für Umschläge 10 g Droge auf 1 l Wasser.

Art der Anwendung
Bei Einnahme: zerkleinerte Droge für Infuse sowie andere galenische Zubereitungen zum Einnehmen.
Hinweis:
Durchspülungstherapie:
Auf reichliche Flüssigkeitszufuhr ist zu achten.
Äußere Anwendung: zerkleinerte Droge für Dekokte sowie andere galenische Zubereitungen.

Wirkungen
Schwach diuretisch.

stücke (am besten Seitenäste) zerkleinert und mit Chloralhydrat aufgekocht. Bei *Equisetum arvense* bestehen die Höcker aus zwei Zellen, während sie bei *Equisetum palustre* nur von einer Zelle gebildet werden (Abb. 6). Zur mikroskopischen Unterscheidung weiterer *Equisetum*-Arten s. [13]. Im DAB 1996 ist zusätzlich noch eine DC-Identitätsprüfung (anhand des Flavonoid-Musters) vorgesehen.

Verfälschungen: Solche kommen häufig vor! Es handelt sich meist um andere *Equisetum*-Arten, von denen besonders *Equisetum palustre* L. (Sumpf-Schachtelhalm oder Duwock) wegen des Gehaltes an möglicherweise toxischen Spermidin-Alkaloiden (Palustrin u.a.) auszuschließen ist. Die im DAB 1996 angegebene DC Trennung ermöglicht die Erkennung von Verfälschungen ab 5% Anteil. Abbildung 7 zeigt eine solche Trennung auf HPTLC Fertigplatten mit verschiedenen Herkünften von *Equisetum arvense*, *Equisetum palustre* und Mischmustern beider Arten [nach 16, 17]. Daneben wurden auch HPLC-Methoden vorgeschlagen, um die Arten zu unterscheiden. Solche Methoden ermöglichen gleichzeitig die Quantifizierung der phenolischen Inhaltsstoffe [5, 17–19].

Für die DC-Untersuchung wird folgendes Verfahren (nach [16], vom DAB 1996 im wesentlichen übernommen) empfohlen, das auch auf 4 × 8 cm Folien durchführbar ist. Zur Abb. 7 siehe die weiter unten zu findenden Angaben.

Untersuchungslösung: 1 g gepulverte Droge mit 20 ml Ethanol 15 min bei 60 °C unter Rückfluß extrahieren. Das Filtrat wird unter vermindertem Druck eingedampft; den Rückstand nimmt man mit 2 ml Methanol auf.

Referenzlösung: 2,5 mg Rutosid und 2,5 mg Hyperosid werden in 10 ml Methanol gelöst.

Aufzutragen: 3 µl Untersuchungslösung und 2 µl Referenzlösung.

Fließmittel: Ethylacetat-wasserfreie Ameisensäure-Eisessig-Wasser (100 + 11 + 11 + 26).

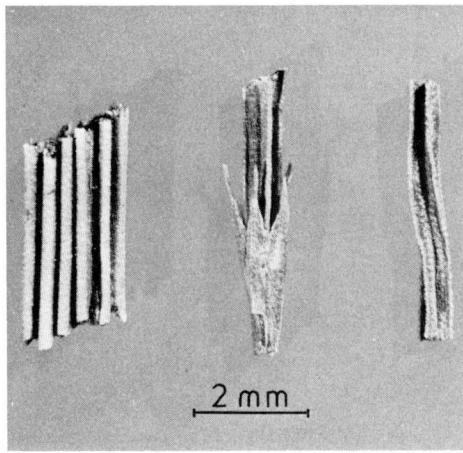

Abb. 4: **Hohler, gerippter Hauptstengel (links) und vierkantiges Seitenaststück (rechts), z.T. mit Blattscheiden (Mitte)**

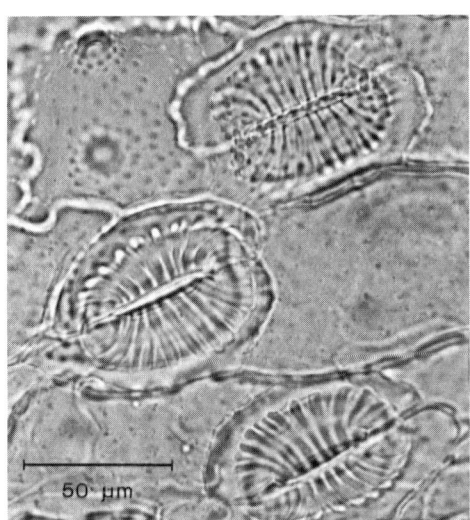

Abb. 5: **Paracytische Spaltöffnungen, überwölbt von 2 Nebenzellen mit leistenförmigen Verdickungen**

Sichtbarmachung: Nach vollständigem Abdunsten des Fließmittels im Heißluftstrom mit einer 1 proz. Lösung von Diphenylboryloxyethylamin in Methanol auf die noch warme Platte besprühen, dann mit einer 5 proz. Lösung von Polyethylenglykol 400 in Ethanol nachsprühen.

Auswertung: Etwa 30 min nach dem Besprühen. Unter UV_{365} sind Rutosid (Rf 0,45) und Hyperosid (Rf 0,6) als orangegelb fluoreszierende Zonen sichtbar. Das Hauptflavonoid (Quercetin-3-O-glucosid) von *Equisetum arvense* erscheint als leuchtend orangegelbe Zone (Rf 0,65), die bei *Equisetum palustre* fehlt. Im Rf-Bereich des Rutosids treten bei *Equisetum arvense* schwach grünblau oder orange fluoreszierende Zonen auf. *Equisetum palustre* zeigt im Rf-Bereich zwischen 0,1 und 0,4 mehrere schwach grün fluoreszierende Zonen (Kämpferol-3,7-O-(di)-glykoside), die bei *Equisetum arvense* fehlen. Im Chromatogramm der Untersuchungslösung sollten solche Flecken daher nicht vorhanden sein. Die genannten Zonen erscheinen bei Betrachtung unter Tageslicht gelb. – Insgesamt muß jedoch angemerkt werden, daß die Flavonoidmuster von *Equisetum arvense* je nach Herkunft sehr unterschiedlich sein können. Es gibt mehrere geographische

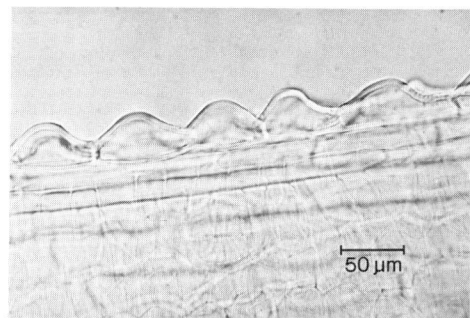

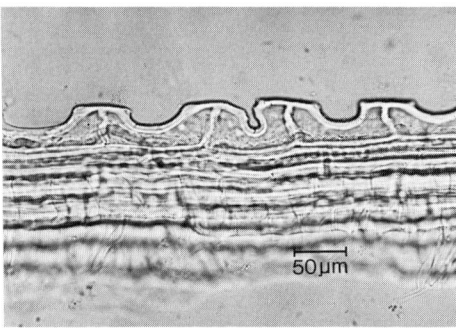

Abb. 6: **Epidermalhöcker von *Equisetum palustre* (oben) und *Equisetum arvense* (unten)**

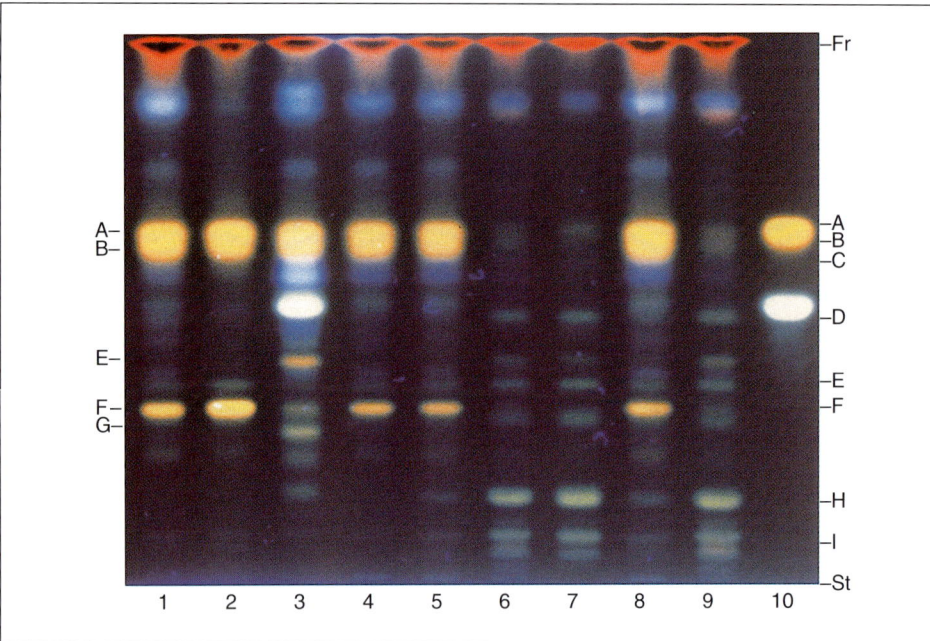

Abb. 7: DC der Schachtelhalm-Flavonoide auf einer 10 × 10 cm HPTLC-Platte. St = Start, Fr = Front (Einzelheiten s. Text)

1, 2, 4 Verschiedene Herkünfte von *Equisetum arvense*, Europäische Rasse
3 *Equisetum arvense*, Ostasiatisch-nordamerikanische Rasse
6, 7, 9 Verschiedene Herkünfte von *Equisetum palustre*, Europa
5, 8 Gemische von 90% *Equisetum arvense* und 10% *Equisetum palustre*
10 Referenzsubstanzen (A, D)
A = Quercetin-3-glucosid
B = Quercetin-3-
C = Apigenin-5-glucosid
D = Luteolin-5-glucosid
E = Quercetin-3,5-diglucosid
F = Quercetin-3-sophorosid
G = Kämpferol-3,7-diglucosid
H = Kämpferol-3-rutinosid-7-glucosid
I = Kämpferol-3-sophorosid-7-glucosid

Rassen [5]. Einen Eindruck davon vermittelt Abb. 7 (aus [17]). Die DC-Bedingungen sind hier ähnlich wie im DAB 1996 (und wie vorstehend angeführt), es wurde aber auf HPTLC-Platten 10 × 10 cm gearbeitet und als Referenzsubstanzen dienten Quercetin-3-glucosid und Luteolin-5-glucosid. Die vorhin genannten grün fluoreszierenden Zonen im unteren Rf-Bereich bei *Equisetum palustre* sind deutlich zu erkennen.

Mikroskopischer Nachweis von *Equisetum palustre* auch durch die einzelligen Epidermishöcker (Abb. 6) und anhand der charakteristischen Spaltöffnungsskelette, die man *nach dem Veraschen* erhält (Abb. 8); hierzu genügt es, ein kleines Drogenstück mit Hilfe einer Pinzette in einer kleinen Flamme zu verbrennen und kurz zu glühen. Die Asche wird vorsichtig in Chloralhydratlösung gegeben; s. auch Prüfung.

Anmerkung: Das Problem der Verfälschung von Herba Equiseti durch andere *Equisetum*-Arten, besonders durch *Equisetum palustre*, ist nur unbefriedigend geklärt. So kommen neben den „echten" Arten Hybriden vor, die schlecht zu charakterisieren sind und die auf ihren Alkaloid-Gehalt bisher nicht untersucht wurden [18]). Zum anderen ist in keiner Weise abgeklärt, ob palustrinhaltige Droge überhaupt für den Menschen toxisch ist. Hinweise auf Vergiftungen liegen nur für Tiere (z.B. Rinder) vor, die *Equisetum palustre* in großen Mengen gefressen hatten.

Zusammenfassende Darstellung des aktuellen Standes der *Equisetum*-Forschung siehe [5, 10, 19].

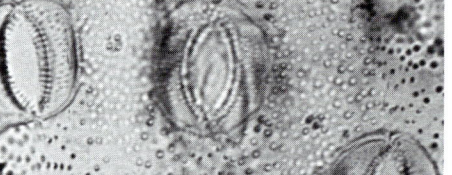
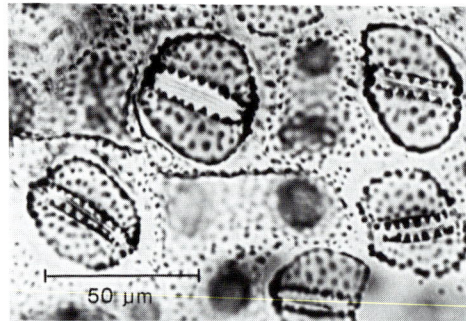

Abb. 8a: Aschenbild der Stomata von *Equisetum palustre*: Spalt mit feinen, reißverschlußähnlichen Zähnchen (links)

Abb. 8b: Aschenbild der Stomata von *Equisetum arvense*: Spalt mit groben „Haifisch"-Zähnen (rechts)

Literatur:
[1] R. Piekos und S. Paslawska, Planta Med. **27**, 145 (1975).
[2] R. Piekos, S. Paslawska und W. Grinczelis, Planta Med. **29**, 351 (1976).
[3] M. Veit, F.-C. Czygan, H. Geiger und K. Markham, Phytochemistry **29**, 2555 (1990).
[4] M. Veit, D. Strack, V. Wray, L. Witte und F.-C. Czygan, Phytochemistry **30**, 527 (1991).
[5] M. Veit, C. Beckert, C. Höhne, K. Bauer und H. Geiger, Phytochemistry **38**, 881 (1995).
[6] J.D. Phillipson und C. Melville, J. Pharm. Pharmacol. **12**, 506 (1960).
[7] A. Radunz, Phytochemistry **6**, 399 (1967).
[8] R. Bonnet, F.A. Middlemiss und T. Noro, Phytochemistry **11**, 2801 (1972).
[9] A. Nahrstedt, Pharm. Ztg. **138**, 9 (1993).

> *Wortlaut der Packungsbeilage gemäß Standardzulassung:*
>
> **6.1 Stoff- oder Indikationsgruppe**
>
> Pflanzliches Mittel bei Harnwegserkrankungen.
>
> **6.2 Anwendungsgebiete**
>
> Innerliche Anwendung bei:
>
> bestehenden und nach Verletzung aufgetretenen Ödemen; zur Durchspülung der ableitenden Harnwege und bei Nierengrieß
>
> Äußerliche Anwendung bei:
>
> unterstützender Behandlung schlecht heilender Wunden.
>
> **6.3 Gegenanzeigen**
>
> Keine bekannt.
>
> Hinweis:
>
> Bei Wasseransammlungen (Ödemen) infolge eingeschränkter Herz- oder Nierentätigkeit ist eine Durchspülungstherapie nicht angezeigt.
>
> **6.4 Wechselwirkungen mit anderen Mitteln**
>
> Keine bekannt.
>
> **6.5 Dosierungsanleitung und Art der Anwendung**
>
> Soweit nicht anders verordnet, wird 3mal täglich eine Tasse des wie folgt bereiteten Teeaufgusses getrunken:
>
> 2 Teelöffel voll (ca. 2 g) Schachtelhalmkraut oder die entsprechende Menge in einem oder mehreren Aufgußbeutel(n) werden mit siedendem Wasser (ca. 150 ml) übergossen und nach etwa 10 bis 15 Minuten gegebenenfalls durch ein Teesieb gegeben.
>
> Hinweis:
>
> Auf zusätzliche reichliche Flüssigkeitszufuhr ist zu achten.
>
> Für die Bereitung von Umschlägen werden 10 g Schachtelhalmkraut auf 1 l Wasser eingesetzt.
>
> **6.6 Dauer der Anwendung**
>
> Bei akuten Beschwerden, die länger als eine Woche andauern oder periodisch wiederkehren, wird die Rücksprache mit einem Arzt empfohlen.
>
> **6.7 Nebenwirkungen**
>
> Keine bekannt.
>
> **6.8 Hinweis**
>
> Vor Licht und Feuchtigkeit geschützt aufbewahren.

[10] M. Veit, Z. Phytother. **16**, 331 (1994).
[11] G. Harnischfeger und H. Stolze, Bewährte Pflanzendrogen in Wissenschaft und Medizin. notamed-Verlag, Bad Homburg/Melsungen (1983).
[12] W. Schneider, Münch. Med. Wschr. **83**, 1760 (1936).
[13] W. Schier und B. Lube, Dtsch. Apoth. Ztg. **124**, 797 (1984).
[14] M. Veit, Dtsch. Apoth. Ztg. **127**, 2049 (1987).
[15] M. Veit und D. Fehr, Pharm. Ztg. **129**, 2568 (1984).
[16] A. Nagell, Dtsch. Apoth. Ztg. **127**, 7 (1987).
[17] M. Veit, F.-C. Czygan, B. Frank, D. Hofmann und B. Worlicek, Dtsch. Apoth. Ztg. **129**, 1591 (1989).
[18] M. Veit und Mitarb., Biochem. Sys. Ecol. **23**, 79 (1995).
[19] M. Veit, Untersuchungen zur Biologie sowie zur Akkumulation und Analytik von Sekundärstoffen der Equiseten unter besonderer Berücksichtigung von *Equisetum arvense*. Dissertation Universität Würzburg (1990).

Czygan

Eucalypti folium — Eucalyptusblätter
DAB 1996

Abb. 1: Eucalyptusblätter

Die Droge besteht nur aus den Folgeblättern, nicht aus den ovalen Primärblättern.

<u>Beschreibung</u>: Schwach sichelförmig gebogene, dicke, graugrüne, bis 25 cm lange, gestielte Blätter mit besonders auf der Unterseite deutlich erkennbarem Hauptnerv. Der Rand ist glatt und etwas verdickt. Die Schnittdroge enthält derbe, lederige, brüchige Teile der Blattspreite mit zahlreichen braunen bis dunkelbraunen Korkwarzen (Abb. 3); im durchscheinenden Licht erkennt man viele Exkretbehälter als drüsige Punktierung (Abb. 3) und bei Betrachtung mit der Lupe zahlreiche weiße Pünktchen, die den Spaltöffnungen entsprechen (Abb. 4).

<u>Geruch</u>: Besonders beim Zerreiben kräftig aromatisch, an Kampfer erinnernd.

<u>Geschmack</u>: Etwas bitter, adstringierend.

Abb. 2: *Eucalyptus globulus* LABILL.

Raschwüchsiger, bis 60 m hoch werdender Baum mit glattem Stamm. Heterophyllie: Jugendblätter oval, bläulich bereift, Folgeblätter sichelförmig. Blütenknospen mit abspringendem Deckel (Name!).

St. Zul.: 9299.99.99

Stammpflanze: *Eucalyptus globulus* LABILL., Myrtaceae (bes. cineolreiche Rassen).

Synonyme: Fieberbaumblätter, Blaugummibaumblätter. Eucalyptus leaf, Fever tree leaf, Blue gum leaf (engl.). Feuilles d'eucalyptus (franz.).

Herkunft: Die in Australien heimischen *Eucalyptus*-Arten werden heute weltweit in subtropischen und mediterranen Klimazonen angepflanzt. Drogenimporte hauptsächlich aus Spanien, Marokko und z.T. aus Rußland.

Inhaltsstoffe: 1,5–3,5% ätherisches Öl (nach DAB 1996 mindestens 2,0%); als Eucalyptusöl im DAB 1996 (ebenso im ÖAB und Ph. Helv. VII) offizinell, dessen Hauptbestandteil ist mit 70–85% Cineol (=1,8-Cineol, Eucalyptol), daneben kommen kleine Mengen an Monoterpenen (α-Pinen, p-Cymen u.a.) vor [1, 2]. Die Droge enthält größere Mengen an Gallotanninen [3], kleinere Anteile an Proanthocyanidinen und kondensierten Gerbstoffen [4]; etwa 2–4% Triterpene (Urolsäurederivate) und Flavonoide [5]; interessant ist das Vorkommen von Phloroglucin-Derivaten mit bemerkenswerten biologischen Effekten, zu nennen sind die Euglobale [6–9], Macrocarpale [10] und das Eucalypton [11].

Indikationen: Während das ätherische Öl noch häufig gebraucht wird, spielt die Blattdroge in der Therapie von Erkältungskrankheiten keine große Rolle mehr. Aus Eucalyptusblättern bereiteter Tee wird bei Bronchitis und Rachenentzündungen angewendet. Das ätherische Öl wird nach Resorption zum Teil über die Lunge ausgeschieden; es wirkt antiseptisch, expektorierend (vorwiegend sekretolytisch, aber auch sekromotorisch), desodorierend und kühlend. Eucalyptusöl wird auch in Präparaten eingesetzt, die zur perkutanen Resorption bestimmt sind oder zur Inhalationstherapie. Beim langsamen Trinken von Eucalyptustee ist sicher auch mit der adstringierenden Wirkung der Gerbstoffe auf die entzündete Rachenschleimhaut zu rechnen.

Volksmedizinisch auch als Magen-Darmmittel sowie bei Blasenerkrankungen. Einige Euglobale zeigen starke antiphlogistische Effekte [12]; für einige weitere Euglobale sind antivirale Eigenschaften (z.B. gegen das Epstein-Barr-Virus) beschrieben worden [13].
Die aus Eucalyptusblättern isolierten Macrocarpale A bis E erwiesen sich als Hemmstoffe der HIV-Reversen-Transkriptase [10], ein therapeutischer Einsatz steht allerdings noch aus.
Das ebenfalls aus Blättern von *Eucalyptus globulus* isolierte Eucalypton zeigte eine beachtliche antibakterielle Wirksamkeit gegenüber verschiedenen Testkeimen sowie eine Hemmung der Zellteilung, die durch Inhibierung der Glucosyltransferase zustande kommt [11].
Die Eignung von Eucalyptusblättern als Antioxydans beruht auf ihrem Gehalt an α-Tocopherol [14].

Nebenwirkungen: Nur bei Überdosierung zu befürchten; es kann zu Übelkeit, Erbrechen, Durchfall kommen [2].

Teebereitung: 1,5–2 g fein zerschnittene Droge werden mit kochendem Wasser übergossen, 5–10 min bedeckt stehen gelassen und dann abgeseiht.
1 Teelöffel = etwa 1,8 g.

Auszug aus der Monographie der Kommission E (BAnz Nr. 177a vom 24.09.1986 und Nr. 50 vom 13.03.1990)

Anwendungsgebiete

Erkältungskrankheiten der Luftwege.

Gegenanzeigen

Entzündliche Erkrankungen im Magen-Darmbereich und im Bereich der Gallenwege; schwere Lebererkrankungen.
Bei Säuglingen und Kleinkindern sollten Eucalyptus-Zubereitungen nicht im Bereich des Gesichts, speziell der Nase, aufgetragen werden.

Nebenwirkungen

In seltenen Fällen können nach Einnahme von Eucalyptus-Zubereitungen Übelkeit, Erbrechen und Durchfall auftreten.

Wechselwirkungen mit anderen Mitteln

Keine bekannt.

Hinweis:
Eucalyptus-Öl bewirkt eine Induktion des fremdstoffabbauenden Enzymsystems in der Leber. Die Wirkung anderer Arzneimittel kann deshalb abgeschwächt und/oder verkürzt werden.

Dosierung

Soweit nicht anders verordnet:
Innere Anwendung: mittlere Tagesdosis 4 bis 6 g Droge; Zubereitungen entsprechend. Tinktur (entsprechend EB6): Tagesdosis 3 bis 9 g.

Art der Anwendung

Zerkleinerte Droge für Aufgüsse sowie andere galenische Zubereitungen zur inneren und äußeren Anwendung.

Wirkungen

sekretomotorisch,
expektorierend,
schwach spasmolytisch.

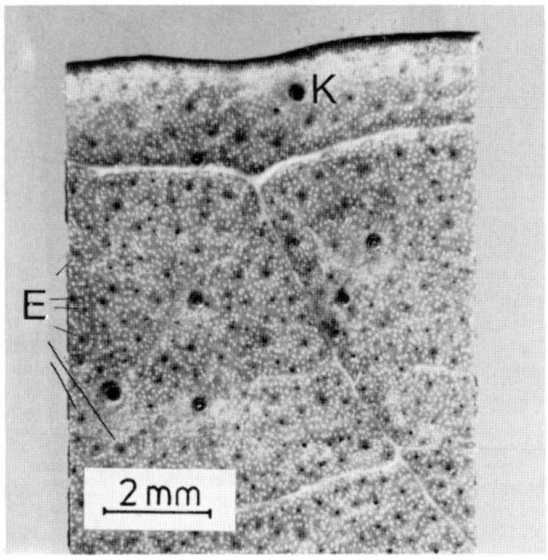

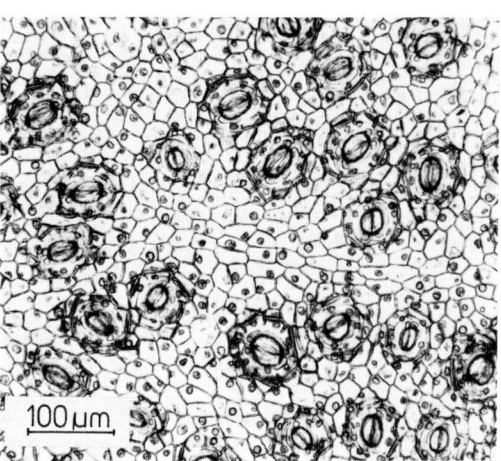

Abb. 3: Blattoberseite von *Eucalyptus globulus* mit dunkelbraunen Korkwarzen (K), durchscheinenden Exkretbehältern (E) und zahlreichen Spaltöffnungen (weißliche Punktierung)

Abb. 4: Spaltöffnungen und Epidermis der Blattoberseite

Teepräparate: Die Droge wird nur selten als Tee verwendet.

Phytopharmaka: Ein Extrakt aus Eukalyptusblättern ist in einigen wenigen Kombinationspräparaten aus der Gruppe der Antitussiva enthalten, z.B. Broncholind® Husten-Tropfen, dagegen wird das ätherische Eukalyptusöl sehr häufig in zahlreichen (über 150) Mono- und Kombinationspräparaten wie Tropfen, Salben, Bädern, Sprays usw. eingesetzt.

Prüfung: Makroskopisch (siehe Beschreibung) und mikroskopisch. Wesentliche Merkmale sind der äquifaziale Blattbau, die großen Ölräume, die aus 10 oder mehr Zellagen bestehenden Korkwarzen, sowie die sehr kleinen Epidermiszellen mit großen Spaltöffnungen (Abb. 4); Oxalatdrusen und Einzelkristalle kommen vor.

Verfälschungen: Kommen in der Praxis kaum vor. Jugendblätter dürfen nicht vorhanden sein: diese sind dünn, herz- oder eiförmig, im durchscheinenden Licht sehr stark punktiert und zeigen im Querschnitt einen dorsiventralen Bau.

Wortlaut der Packungsbeilage gemäß Standardzulassung:

6.1 Stoff- oder Indikationsgruppe
Pflanzliches Mittel zur Behandlung von Atemwegserkrankungen.

6.2 Anwendungsgebiete
Erkältungskrankheiten der Luftwege.

6.3 Gegenanzeigen
Entzündliche Erkrankungen im Magen-Darm-Bereich sowie der Gallenwege; schwere Lebererkrankungen.

Nicht bei Kindern unter 2 Jahren anwenden.

6.4 Wechselwirkungen mit anderen Mitteln
Keine bekannt.

Hinweis:

Das in den Eucalyptusblättern enthaltene ätherische Öl bewirkt eine Anregung des fremdstoffabbauenden Enzymsystems der Leber. Die Wirkung anderer Arzneimittel kann deshalb abgeschwächt und/oder verkürzt werden.

6.5 Dosierungsanleitung und Art der Anwendung
Soweit nicht anders verordnet, wird 3mal täglich eine Tasse des wie folgt bereiteten Teeaufgusses getrunken:

1 Teelöffel voll (ca. 1,8 g) Eucalyptusblätter oder die entsprechende Menge in einem oder mehreren Aufgußbeutel(n) wird mit siedendem Wasser (ca. 150 ml) übergossen und nach etwa 10 bis 15 Minuten gegebenenfalls durch ein Teesieb gegeben.

6.6 Dauer der Anwendung
Bei akuten Beschwerden, die länger als eine Woche andauern oder periodisch wiederkehren, wird die Rücksprache mit einem Arzt empfohlen.

6.7 Nebenwirkungen
In seltenen Fällen können nach Einnahme von Zubereitungen aus Eucalyptusblättern Übelkeit, Erbrechen und Durchfall auftreten.

6.8 Hinweis
Vor Licht und Feuchtigkeit geschützt aufbewahren.

Literatur:

[1] V. Formáček und K.-H. Kubeczka, Essential Oils Analysis by Capillary Gas Chromatography and Carbon-13-NMR Spectroscopy. John Wiley & Sons, Chichester etc. 1982.
[2] J. Renedo und J.A. Mira, Plantes Med. Phytothér. **24**, 31 (1990).
[3] A.R. Penfold und J.L. Willis, The Eucalypts. Leonard Hill Books, London 1961.
[4] St.J. Cork und A.K. Krockenberger, J. Chem. Ecol. **17**, 123 (1991).
[5] K. Boukef und Mitarb., Plantes Med. Phytothér. **10**, 30 (1976).
[6] M. Kozuka und Mitarb., Chem. Pharm. Bull. **30**, 1964 (1982).
[7] T. Amano und Mitarb., J. Chromatogr. **208**, 347 (1981).
[8] M. Takasaki und Mitarb., Planta Med. **56**, 567 (1990).
[9] H.M. Noble und Mitarb., Planta Med. **56**, 647 (1990).
[10] K. Osawa und Mitarb., J. Nat. Prod. **59**, 823 (1996).
[11] K. Osawa und Mitarb., Phytochemistry **40**, 183 (1995).
[12] H. Otsuka und Mitarb., Chem. Pharm. Bull. **29**, 3099 (1981).
[13] M. Takasaki und Mitarb., Chem. Pharm. Bull. **38**, 2737 (1990).
[14] S. Chevolleau und Mitarb., J. Am. Oil Chem. Soc. **70**, 807 (1993).

Wichtl

Euphrasiae herba — Augentrostkraut

Abb. 1: Augentrostkraut: Einzelbestandteile: Blütenkronen, Kelche, Blätter, Stengelstücke

Beschreibung: Die Schnittdroge ist gekennzeichnet durch die kleinen, wellig runzeligen, spröden, eiförmigen, hell- bis dunkelgrünen, mit 7–10 langen, spitzen Blattrandzähnen versehenen Blätter, die vielfach zu mehreren in dichten Blattknäueln zusammensitzend auftreten, durch einzelne bis 10 mm lange, bräunlich-weiße Blüten mit violetten Strichen und einem gelben Fleck am Schlunde, durch dünne, runde, blauviolette, leicht behaarte Stengelteile und durch vereinzelte bis 5 mm lange, hellbraune, zweifächrige Fruchtkapseln mit zahlreichen, braunen, eiförmigen Samen (Abb. 5).

<u>Geruch:</u> Uncharakteristisch.

<u>Geschmack:</u> Etwas bitter.

Abb. 2: *Euphrasia rostkoviana* HAYNE
10–30 cm hohe, einjährige Pflanze mit scharf gesägten Blättern. Blüten in den Blattachseln, weiß, mit gelbem Fleck und lila Aderung.

DAC 1986: Augentrostkraut

Stammpflanzen: Verschiedene *Euphrasia*-Arten, besonders aus der *E. rostkoviana*- und *E. stricta*-Gruppe, sowie ihre Bastarde (Augentrost), Scrophulariaceae. Die Einteilung der Gattung *Euphrasia* ist in der Literatur sehr unterschiedlich und z.T. widersprüchlich. Hier wurde den Angaben der Flora Europaea gefolgt.

Synonyme: Gemeiner Augentrost. Euphrasia, Eyebright herb (engl.). Herbe d'euphraise (franz.).

Herkunft: Aus europäischen Wildvorkommen (besondere Standorte: Halbtrocken- und Magerwiesen, Heiden, aber auch Fettwiesen); Importe aus südosteuropäischen Ländern.

Inhaltsstoffe: Iridoidglykoside wie Aucubin, Catalpol, Euphrosid, Ixorosid

212 Euphrasiae herba

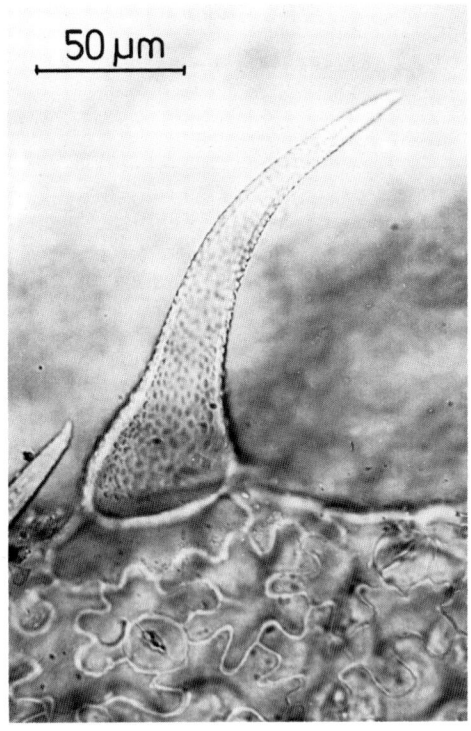

Abb. 3: Großes Borstenhaar mit kugeliger Basis und rauher Kutikula der Blattunterseite

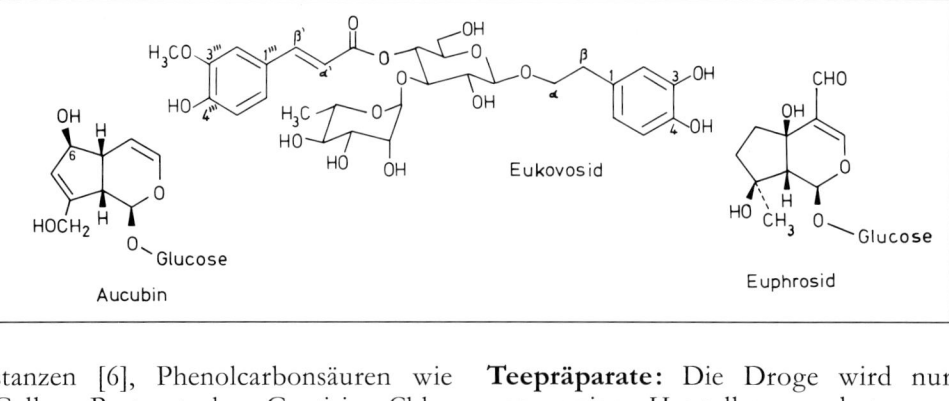

u.a. [1, 2], Lignane wie Dehydrodiconiferylalkohol-4-β-D-glucosid [3], weitere Phenylpropanglykoside (z.B. Eukovosid [4]), Flavonoide (u.a. Quercetin- und Apigenin-Glykoside [5]), Gerbstoffe (Gallotannine?), Spuren tertiärer Alkaloide, wasserdampfflüchtige Substanzen [6], Phenolcarbonsäuren wie Gallus-, Protocatechu-, Gentisin-, Chlorogen-, Kaffee-, Ferulasäure u.a.m. [7].

Indikationen: Ausschließlich in der *Volksmedizin*, äußerlich bei Blepharitis und Konjunktivitis, auch für Umschläge beim Gerstenkorn; allgemein zur Behandlung von Ermüdungserscheinungen des Auges, bei funktionellen Sehstörungen muskulärer und nervöser Genese; diese Anwendung wird allerdings von der Kommission E nicht befürwortet. Außerdem innerlich bei Husten und Heiserkeit [8–10], sowie in der Homöopathie bei Konjunktivitis.

Teebereitung: 2–3 g fein zerschnittene Droge mit kochendem Wasser übergießen oder mit kaltem Wasser ansetzen und kurz aufkochen, nach 5–10 min durch ein Teesieb geben. Zum äußerlichen Gebrauch als 2%iges Dekokt 3–4mal täglich (für Augenspülungen). 1 Teelöffel=etwa 1,7 g.

Teepräparate: Die Droge wird nur von wenigen Herstellern angeboten.

Phytopharmaka: Keine mehr. Einige wenige homöopathische Präparate sind noch auf dem Markt.

Prüfung: Makroskopisch (s. Beschreibung) und mikroskopisch: Die grau-

Auszug aus der Monographie der Kommission E (BAnz Nr. 162 vom 29.08.1992)

Pharmakologische Eigenschaften, Pharmakokinetik, Toxikologie

Keine bekannt.

Klinische Angaben

1. Anwendungsgebiete

Zubereitungen aus Augentrost oder Augentrostkraut werden äußerlich zu Waschungen, Umschlägen und Augenbädern, bei Augenkrankheiten, die mit Gefäßerkrankungen und Entzündungen verbunden sind, Entzündungen der Augenlider und der Augenbindehaut, als Vorbeugemittel gegen Augenschleimfluß, Augenkatarrh, verklebte und entzündete Augen, bei Husten, Schnupfen, als Magenmittel und bei Hauterkrankungen angewendet.

Die Wirksamkeit bei den beanspruchten Anwendungsgebieten ist nicht belegt.

2. Risiken

Keine bekannt.

Beurteilung

Da die Wirksamkeit bei den beanspruchten Anwendungsgebieten nicht belegt ist, kann eine therapeutische Anwendung aus hygienischen Gründen nicht befürwortet werden.

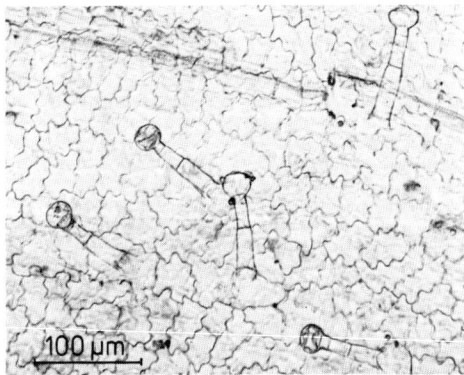
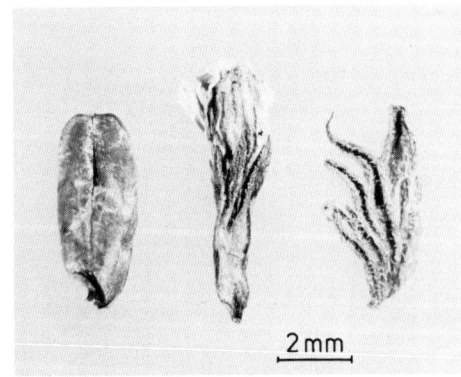

Abb. 4: Zahlreiche, langgestielte Drüsenhaare mit rundem Köpfchen
Abb. 5: 2-fächrige Fruchtkapsel (links), Blüte (Bildmitte) und deutlich gezähntes Blättchen (rechts) von *Euphrasia*-Arten

grüne Pulverdroge ist gekennzeichnet durch 1- bis 2-zellige, dickwandige, grob kutikulargekörnte, etwas gekrümmte Haare (Abb. 3), durch Drüsenhaare mit 2- bis 3-zelligem Stiel und einer Köpfchenzelle (Abb. 4), durch sehr lange, 1-zellige, peitschenförmig gewundene Haare und durch sehr kurze, eckzahnförmige Blattrandhaare. Epidermisfetzen der Blätter zeigen welligbuchtige (Abb. 3 und 4) und Epidermisstückchen der Kronblätter stark papillöse Zellen. Antherenbruchstückchen färben sich im Chloralhydratpräparat rot und tragen einzelne lange, grob kutikulargekörnte Buckelhaare. Die kugeligen Pollenkörner sind bis 40 μm groß und mit 3 Austrittsstellen versehen. DC-Prüfung auf Flavonoide nach DAC 1986.

Verfälschungen: Kommen praktisch kaum vor.

Literatur:

[1] M. Królikowska, Acta Pol. Pharm. **17,** 23 (1960). Roczn. Chem. **41,** 529 (1967).
[2] O. Sticher und O. Salama, Planta Med. **39,** 269 (1980). Helv. Chim. Acta **64,** 78 (1981). Planta Med. **42,** 122 (1981) und **47,** 90 (1983).
[3] O. Salama, R. K. Chaudhuri und O. Sticher, Phytochemistry, **20,** 2603 (1981).
[4] O. Sticher und Mitarb., Planta Med. **45,** 159 (1982); Helv. Chim. Acta **65,** 1538 (1982).
[5] I. Matlawska, M. Sikorska und Z. Kowalewski, Herb. Polonica **31,** 119 (1985).
[6] K.J. Harkiss und P. Timmins, Planta Med. **23,** 342 (1973).
[7] S. Luczak und L. Swiatek, Plantes Med. Phytothér. **24,** 66 (1990).
[8] Hager, Band **4,** Seite 886 (1973).
[9] H. Braun und D. Frohne, Heilpflanzenlexikon für Ärzte und Apotheker. Gustav Fischer Verlag, Stuttgart/New York 1994.
[10] R.F. Weiß, Lehrbuch der Phytotherapie. Hippokrates Verlag, Stuttgart 1991.

Czygan

Farfarae folium — Huflattichblätter

DAB 1996, nicht mehr im DAB 1997

Abb. 1: Huflattichblätter

Beschreibung: Dünne, unterseits dichtweißfilzig behaarte Blätter (Abb. 4), Oberseite gelblich-grün (nur junge Blätter auch oberseits behaart), ca. 20 cm ∅, handförmig und gelappt, mit deutlichem Blattstiel; grob buchtiggezähnter Rand.

Geschmack: Schwach schleimig-süßlich.

Abb. 2: Blätter von *Tussilago farfara* L. Hufeisenförmiger Rand, Unterseite filzig behaart.

Abb. 3: *Tussilago farfara* L.

Mehrjähriges, bis 30 cm hohes Kraut, frühblühend (Februar–April). Blütenschäfte mit dicht behaarten Schuppenblättern. Gelbe Blütenkörbchen mit schmalen Zungenblüten, vor den Blättern erscheinend. Früchte mit weißem Pappus.

St. Zul. 1039.99.99

Stammpflanze: *Tussilago farfara* L. (Huflattich), Asteraceae.

Synonyme: Huflattich, Brandlattich, Brustlattich, Pferdefuß. Coltsfoot, Tussilago (engl.). Pas d'âne, Feuilles de tussilage (franz.).

Herkunft: Ausschließlich als Sammeldroge von wildwachsenden Pflanzen; Italien, Balkan, Osteuropäische Länder.

Inhaltsstoffe: 6–10% saure Schleimpolysaccharide und Inulin [1–3], ferner nicht näher charakterisierte Gerbstoffe (ca. 5%) und in geringen Mengen Flavonoide, verschiedene Pflanzensäuren, Triterpene und Sterole. In Spuren – nur in einzelnen Provenienzen – Pyrrolizidin-Alkaloide und deren N-Oxide (s. Nebenwirkungen), z.B. Senkirkin, Senecionin, Tussilagin und Isotussilagin [4–6].

Indikationen: Bei katarrhalischen Entzündungen, trockenem Reizhusten, akuten und chronischen Reizzuständen im Mund-Rachenraum.
Die Schleimstoffe der Droge wirken „einhüllend", sie überziehen die Schleimhäute mit einer Schicht, die chemische und physikalische Reize mildert und vermindern so den Hustenreiz. Siehe auch den nächsten Abschnitt.

Nebenwirkungen: Während Tussilagin und Isotussilagin Pyrrolizidin-Alka-

Abb. 4: Kahle runzelige Oberseite (links) und dicht weißfilzige Blattunterseite (rechts)

Auszug aus der Monographie der Kommission E (BAnz Nr. 138 vom 27.07.1990)

Anwendungsgebiete
Akute Katarrhe der Luftwege mit Husten und Heiserkeit; akute, leichte Entzündungen der Mund- und Rachenschleimhaut.

Gegenanzeigen
Schwangerschaft, Stillzeit.

Nebenwirkungen
Nicht bekannt.

Wechselwirkungen mit anderen Mitteln
Nicht bekannt.

Dosierung
Soweit nicht anders verordnet:
Tagesdosis:
4,5 bis 6 g Droge, Zubereitungen entsprechend.
Die Tagesdosis von Huflattichtee (Droge) und von Teemischungen darf nicht mehr als 10 µg, die Tagesdosis von Extrakten und Frischpflanzenpreßsaft nicht mehr als 1 µg Pyrrolizidinalkaloide mit 1,2 ungesättigtem Necingerüst einschließlich ihrer N-Oxide enthalten.

Art der Anwendung
Zerkleinerte Droge für Aufgüsse, Frischpflanzenpreßsaft oder andere galenische Zubereitungen zum Einnehmen.

Dauer der Anwendung
Nicht länger als 4 bis 6 Wochen pro Jahr.

---

loide (P.A.) mit gesättigtem Necinring (und somit nicht toxisch) sind, zeichnen sich Senkirkin und Senecionin durch hepatotoxische und/oder karzinogene Wirkungen aus [7]. Huflattichblätter dürfen deshalb in Österreich seit dem 1.8.1994 nicht mehr in den Verkehr gebracht werden [8]; gleiches gilt für Dänemark. In Deutschland hat der Gesetzgeber in Abwägung verschiedener gutachterlicher Stellungnahmen eine Regelung getroffen, die in der Monographie Farfarae folium der Kommission E (s.d.) festgelegt ist. Die zeitliche Begrenzung der Anwendung und die Festsetzung einer Tagesdosis von maximal 10 µg P.A., die mit der Droge zugeführt werden darf, wird als ein noch vertretbarer Kompromiß angesehen [9]. Der im Vergleich zu Frischpflanzenpreßsäften oder Extrakten 10-fach höhere P.A.-Grenzwert für Huflattichblätter wird damit begründet, daß bei der üblichen Teebereitung nur ein geringer Anteil der P.A. aus der Droge freigesetzt und mit dem Teeaufguß aufgenommen wird. Während nach [10] 30–54% des in der Droge vorhandenen Senkirkins in einen Teeaufguß übergehen sollen, werden in einer neueren Arbeit für Heißextraktion und alkoholischen Auszug gleiche und somit insgesamt höhere Werte im Teeaufguß (4,3 ppm toxische P.A.) angegeben [8].
Über Intoxikationen von Säuglingen oder Kleinkindern durch Huflattichtee ist mehrfach berichtet worden. In einem Fall hatte die Mutter während der Schwangerschaft einen „huflattichhaltigen" Bronchialtee getrunken [11], in zwei anderen Fällen war den Kindern „Huflattichtee" über mehrere Wochen verabreicht worden [12, 13]. Analytische Daten deuten aber darauf hin, daß in den fraglichen Fällen wahrscheinlich Pestwurzblätter [11, 12] bzw. Blätter des Grauen Alpendosts [13], beide mit hohem P.A. Gehalt, Bestandteil des Teegemischs gewesen sind.

Teebereitung: 1,5–2,5 g zerschnittene Droge mit kochendem Wasser übergießen und nach 5–10 min abseihen.
1 Teelöffel = etwa 1 g, 1 Eßlöffel = etwa 3–4 g.

Teepräparate: Huflattichblätter waren früher in zahlreichen Teemischungen

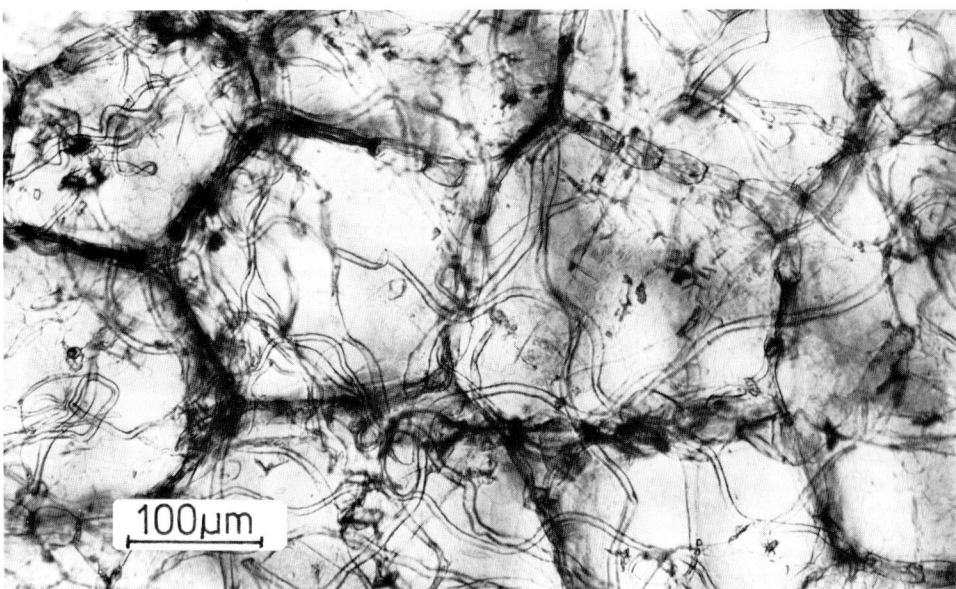

Abb. 5: Peitschenhaare der Blattunterseite und durchscheinendes, großräumiges Aerenchym

Wortlaut der Packungsbeilage gemäß Standardzulassung:

6.1 **Anwendungsgebiete**

Akute Katarrhe der Luftwege mit Husten und Heiserkeit; akute, leichte Entzündungen der Mund- und Rachenschleimhaut.

6.2 **Gegenanzeigen**

Nicht anzuwenden in Schwangerschaft und Stillzeit.

6.3 **Nebenwirkungen**

Keine bekannt.

6.4 **Wechselwirkungen mit anderen Mitteln**

Keine bekannt.

6.5 **Dosierungsanleitung und Art der Anwendung**

Soweit nicht anders verordnet, wird 3- bis 4mal täglich eine Tasse des wie folgt bereiteten Teeaufgusses getrunken:

$1^1/_2$ Teelöffel voll (ca. 1,5 g) Huflattichblätter oder die entsprechende Menge in einem oder mehreren Aufgußbeutel(n) wird mit siedendem Wasser (ca. 150 ml) übergossen und nach etwa 10 bis 15 Minuten gegebenenfalls durch ein Teesieb gegeben.

6.6 **Dauer der Anwendung**

Nicht länger als 4 bis 6 Wochen pro Jahr.

6.7 **Hinweis**

Vor Licht und Feuchtigkeit geschützt aufbewahren.

der Gruppe Husten- und Bronchialtee enthalten. Wegen der Pyrrolizidinalkaloid-Problematik wird zur Zeit Huflattich fast nicht mehr verwendet.

Phytopharmaka: Praktisch keine mehr.

Prüfung: Makroskopisch und mikroskopisch nach DAB 1996. Neben den typischen Haaren auf der Blattunterseite und den großen Interzellularräumen im Schwammparenchym (Abb. 5) sind für Huflattichblätter noch die feine wellige Streifung der Epidermis der Blattoberseite und das Fehlen von Haaren auf der oberen Epidermis typisch. Die DC-Prüfung nach DAB 1996 entspricht den für Flavonoiddrogen aufgestellten Normen [14]: Chromatographie eines methanolischen Extrakts und Sichtbarmachung der Flavonoidzonen mit Diphenylboryloxyethylamin („Naturstoffreagenz") + Nachsprühen mit Polyethylenglykol 400 (Macrogol); Referenzsubstanzen sind Kaffeesäure, Hyperosid und Rutosid. Eine im Rf-Bereich des Rutosids auftretende gelbfluoreszierende Zone würde auf eine Verfälschung mit *Petasites*blättern hinweisen.

Nicht mehr als 10% Blattstiele und durch Rostpilzbefall rotgefleckte Blattspreiten-Anteile.

Die Quellungszahl soll nach DAB 1996 mindestens 9 betragen.

Werden Huflattichblätter in den Verkehr gebracht, muß durch entsprechende analytische Daten nachgewiesen werden, daß die nach der Monographie festgelegten Höchstwerte für toxische P.A. nicht überschritten sind.

Verfälschungen: Relativ häufig, vor allem durch Blätter verschiedener *Petasites*-(Pestwurz-)Arten [15]. Diese sind, vor allem in geschnittener Droge, nicht leicht zu erkennen; mikroskopische Prüfung läßt die für *Petasites* charakteristischen Gliederhaare besonders auf der oberen Blattepidermis (sog. Tonnenhaare) erkennen, außerdem fehlt die Kutikularstreifung (ausgenommen *Petasites albus* [15]), s. dazu auch Pestwurzblätter S. 365. Der DC-Nachweis von Petasinen und Flavonoiden nach DAB 1996 gibt weitere Hinweise.

Gelegentlich kommen auch Verfälschungen durch die Blätter der großen Klette (*Arctium lappa* L.) vor. Sie haben Tonnenhaare wie *Petasites*-Arten *und* eine Kutikularstreifung wie *Tussilago farfara*.

Literatur:
[1] G. Franz, Planta Med. **17**, 217 (1969).
[2] E. Haaland, Acta Chem. Scand. **26**, 2322 (1972).

[3] E.I. Engalycheva und Mitarb., Farmatsiya **33**, 13 (1984); C.A. **101**, 87497 (1984).
[4] C. Culvenor und Mitarb., Aust. J. Chem. **29**, 229 (1976).
[5] J. Lüthi und Mitarb., Mitt. Geb. Lebensm. Hyg. **71**, 73 (1980).
[6] E. Röder, H. Wiedenfeld und E.J. Jost, Planta Med. **43**, 99 (1981).
[7] J. Westendorf in: Adverse effects of herbal drugs (Herausg. P.A.G.M. De Smet und Mitarb.), Springer-Verlag Berlin, Heidelberg, New York, 1992.
[8] H. Wiedenfeld, R. Lebada und B. Kopp, Dtsch. Apoth. Ztg. **135**, 1037 (1995).
[9] BAnz. Nr. 111 vom 17.06.1992.
[10] H. Miething und R.A. Steinbach, Pharm. Ztg. **135**, PZ-Wiss. **4**, 153 (1990).
[11] M. Roulet und Mitarb., J. Pediatr. **112**, 433 (1988).
[12] H. Stuppner und Mitarb., Sci. Pharm. **60**, 160 (1992).
[13] W. Sperl und Mitarb., Eur. J. Pediatr. **154**, 112 (1995).
[14] E. Stahl und S. Juell, Dtsch. Apoth. Ztg. **122**, 1951 (1982).
[15] J. Saukel, Sci. Pharm. **56**, 47 (1988).

Frohne

Foeniculi amari fructus Ph. Eur.
Foeniculi dulcis fructus Ph. Eur.

Bitterer Fenchel DAB 1996
Süßer Fenchel DAB 1996

Abb. 1: Fenchel

Beschreibung: Die Droge besteht aus den 3–12 mm langen und 2–4 mm breiten gelblich-grünen bis gelbbraunen Teil- oder Spaltfrüchten. Gelegentlich hängen die Teilfrüchte noch zusammen. Am oberen Ende der Griffelpolster häufig abgebrochene Griffelreste. Jede Teilfrucht mit 5 geraden, vorspringenden Rippen, die an der Fugenfläche besonders stark ausgebildet sind (Abb. 3).

Geruch: *Bitterer Fenchel:* Stark würzig.
Süßer Fenchel: Angenehm würzig.

Geschmack: *Bitterer Fenchel:* Würzig, aromatisch, bitter-süß, etwas scharf.
Süßer Fenchel: Süßlich, leicht würzig.

Abb. 2: *Foeniculum vulgare* MILL.

Zwei- bis mehrjährige, bis 2 m hoch werdende Pflanze. Blätter mehrfach fiederschnittig mit fädigen Abschnitten. Doppeldolde mit meist ungleich langen Strahlen, Hülle und Hüllchen fehlend, Blüten gelblich.

ÖAB: Fructus Foeniculi amari/dulcis
Ph. Helv. VII: Foeniculi fructus
St. Zul. 5199.99.99 (Bitterer Fenchel)

Stammpflanzen: Das DAB 1996 enthält zwei Fenchelmonographien: *Bitterer Fenchel: Foeniculum vulgare* MILLER ssp. *vulgare* var. *vulgare* (MILLER) THELLING; *Süßer Fenchel: Foeniculum vulgare* MILLER ssp. *vulgare* var. *dulce* (MILLER) THELLING (Apiaceae). Diese ausschließlich aus Kulturen stammenden Varietäten sind schon vor Jahrhunderten in einer Art „Selektionszüchtung" aus dem auch heute noch wild vorkommenden Pfeffer- oder Eselfenchel [*Foeniculum vulgare* (MILLER) ssp. *piperitum* (UCRIA) COUTINHO] entstanden.

Synonyme: Bitterfenchel bzw. Süß- oder Gewürzfenchel; Semen Foeniculi germanici (majoris). Fennel fruit (engl.). Fruit de fenouil, für Süßfenchel auch Aneth doux (franz.).

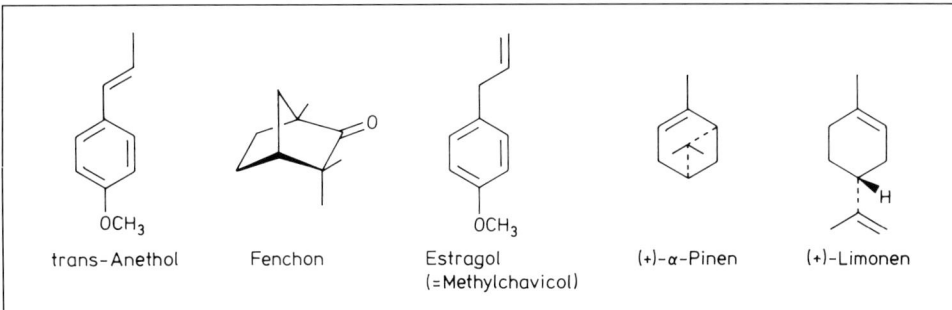

Herkunft: Ursprünglich im Mittelmeergebiet beheimatet; heute in Europa, Asien, Teilen Afrikas und Südamerikas angebaut. Importe aus China, Ägypten, Bulgarien, Ungarn und Rumänien. Zur Kulturgeschichte des Fenchels vgl. die Zusammenfassung bei [1].

Inhaltsstoffe: *Bitterer Fenchel:* 2–8,5% ätherisches Öl (nach DAB 1996 mind. 4,0%), das 50–70% *trans*-Anethol (nach DAB 1996 mind. 60%), 12–18% Fenchon (nach DAB 1996 mind. 15%), 2–8% Estragol (=Methylchavicol) (nach DAB 1996 maximal 5,0%) enthält; im ätherischen Öl kommen weitere Monoterpene vor, u.a. α-Pinen, Limonen und *cis*-Ocimen, das für Bitterfenchelöl als typisch angesehen wird. Die Zusammensetzung des ätherischen Öls kann in Abhängigkeit von Herkunft und Reifegrad der Früchte schwanken. Außerdem ca. 20% fettes Öl, ca. 20% Proteine, Flavonoide (Glykoside mit Quercetin und Kämpferol als Aglykone), organische Säuren (diverse Phenolcarbonsäuren wie China- und Kaffeesäure), Spuren von Cumarinen (u.a. Scopoletin) und Furanocumarinen (u.a. Bergapten, Psoralen). – Die Oxidationsstabilität des fetten Öls ist beachtenswert. Sie beruht auf dem Gehalt an natürlichen Antioxidantien (u.a. 0,06% 6-Oxychromanderivate). *Süßer oder Gewürzfenchel:* 1,5–3,0% ätherisches Öl (nach DAB 1996 mind. 2,0%), das 80–95% (nach DAB 1996 mind. 80%) *trans*-Anethol, ca. 1% (nach DAB 1996 höchstens 7,5%) Fenchon, wenig Estragol (nach DAB 1996 höchstens 10%!), außerdem geringe Mengen an Monoterpenen (s. Bitterfenchel; zusätzlich als charakteristisch für Süßfenchel γ-Fenchen) enthält. Außerdem ca. 20% fettes Öl, ca. 30% Proteine, Kohlenhydrate, organische Säuren, Flavonoide, Cumarine und Furanocumarine in Spuren (Angaben nach [2, 3]). – Zum Vorkommen der Östrogene Dianethol und Dianisoin vgl. die Angaben bei Anis.

Anmerkung: Nach Ph. Helv. VII beträgt die Mindestforderung an ätherischem Öl für *tierärztlich verwendete* Droge 1,7%.

Indikationen: Da medizinisch vor allem *Bitterer Fenchel* verwendet wird, gelten die folgenden Angaben für eine Droge mit höchstens 5% des toxikologisch nicht unbedenklichen Estragols [3]. Allerdings sind bei der medizinischen Nutzung des Fenchels (diese selten!) keine wesentlichen anderen Indikationen zu erwarten. Als sekretomotorisches, sekretolytisches und antiseptisches Expektorans, als Spasmolytikum und Karminativum bei leichten Verdauungsstörungen [2–5] (daher oft als Zusatz zu Laxantien, um den dabei leicht auftretenden Krämpfen entgegenzuwirken). Möglicherweise gehört Fenchelöl (und damit auch Fenchel) zu denjenigen Karminativa, deren Wirksamkeit bei Darmstörungen (Meteorismus,

---

Auszug aus der Monographie der Kommission E (BAnz Nr. 74 vom 19.04.1991)

Anwendungsgebiete

Dyspeptische Beschwerden wie leichte, krampfartige Magen-Darm-Beschwerden, Völlegefühl, Blähungen.
Katarrhe der oberen Luftwege.
Fenchelsirup, Fenchelhonig:
Katarrhe der oberen Luftwege bei Kindern.

Gegenanzeigen

Droge für Teeaufgüsse; mit Teeaufgüssen hinsichtlich des Gehaltes an ätherischem Öl vergleichbare Zubereitungen:
Keine bekannt.
Andere Zubereitungen:
Schwangerschaft.

Nebenwirkungen

In Einzelfällen allergische Reaktionen der Haut und der Atemwege.

Wechselwirkungen mit anderen Mitteln

Keine bekannt.

Dosierung

Soweit nicht anders verordnet:
Tagesdosis 5 bis 7 g Droge, 10 bis 20 g Fenchelsirup (entsprechend EB 6) oder Fenchelhonig (entsprechend EB 6), 5 bis 7,5 g zusammengesetzte Fencheltinktur (entsprechend EB 6), Zubereitungen entsprechend.

Art der Anwendung

Zerkleinerte Droge für Teeaufgüsse, teeähnliche Produkte sowie andere galenische Zubereitungen zum Einnehmen.

Dauer der Anwendung

Fenchelzubereitungen sollten ohne Rücksprache mit dem Arzt oder Apotheker nicht über längere Zeiträume (mehrere Wochen) eingenommen werden.

Hinweis

Fenchelsirup, Fenchelhonig:
Diabetiker müssen den Zuckergehalt von ... (nach Angabe des Herstellers) BE beachten.

Wirkungen

Förderung der Magen-Darm-Motilität, in höherer Konzentration spasmolytisch. Anethol und Fenchon wirken experimentell im Bereich der Atemwege sekretolytisch; am Flimmerepithel des Frosches erhöhen wäßrige Fenchelauszüge die mukoziliare Aktivität.

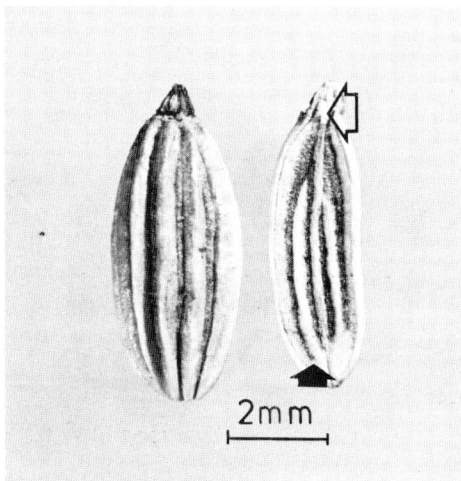

Abb. 3: Teilfrucht (links Außen-, rechts Innenseite) von Foeniculum vulgare mit dunklen Exkretgängen (dunkler Pfeil) und Fruchtständer (Karpophor; heller Pfeil)

Blähungen etc.) weniger auf spasmolytischen als vielmehr auf motilitätsfördernden Eigenschaften beruht (nach [4]). Besonders gerne genutzt in der Pädiatrie. Das *reine ätherische Öl* wirkt entzündungsverstärkend und besitzt eine gewisse erregende Wirkung auf die Darmmuskulatur. Das reine Fenchelöl sollte bei Säuglingen und Kleinkindern wegen der Gefahr eines Laryngospasmus, einer Dyspnoe und von Erregungszuständen nicht angewandt werden [2]. In der *Volksmedizin* außerdem als Galaktagogum bei stillenden Frauen und äußerlich als Augenwasser (Dekoktum) bei Ermüdungserscheinungen des Auges und bei funktionellen Sehstörungen [5]. Als Geschmackskorrigens.

Teebereitung: 2–5 g der unmittelbar vor Gebrauch zerquetschten oder angestoßenen Droge werden mit kochendem Wasser übergossen und 10–15 min bedeckt stehen gelassen; anschließend durch ein Teesieb geben.
1 Teelöffel = etwa 2,5 g.

Teepräparate: Die Droge wird als Fencheltee von zahlreichen Herstellern, auch in Filterbeuteln, angeboten. Viele Teegemische der Gruppe Hustentee, Bronchialtee, Magen-Darm-Tee enthalten u.a. Fenchel, oft in Kombination mit Anis und Kümmel.

Auch tassenfertige Aufgußpulver sind im Handel.

Phytopharmaka: Einige Kombinationspräparate der Gruppe Hustenmittel bzw. Magen-Darm-Mittel enthalten Fenchelextrakte, z.B. Carminativum Hetterich N (Tropfen), Gastricholan®-L (Tropfen) u.a.

Prüfung: Makroskopisch (s. Beschreibung) und mikroskopisch nach [2]. Besonders zu beachten: die Mesokarpzellen mit netzförmig verdickten, verholzten Wänden (= „Fensterzellen", „Netzparenchymzellen") und die 4–8 µm breiten und bis 100 µm langen „Parkettzellen" des Endokarps. Für beide Drogen DC-Prüfung auf *trans*-Anethol und Fenchon nach DAB 1996 [2, 6]; Gehaltsbestimmung des ätherischen Öls nach DAB 1996 [2], GC-Prüfungen auf *trans*-Anethol, Fenchon und Estragol quantitativ nach DAB 1996 [2].

Verfälschungen: Kommen praktisch nicht vor. In letzter Zeit sind Fenchel-Importe mit Verunreinigungen durch Fremdsaaten beobachtet worden (Hirse [*Sorghum*-Arten], Weizen u.a.).

Aufbewahrung: Vor Feuchtigkeit und Licht geschützt in Glas- oder Blechgefäßen, nicht in Kunststoffbehältern (ätherisches Öl!)

Anmerkungen: Wenn in der Apotheke „Fenchel" verlangt wird, ist immer *Bitterer Fenchel* abzugeben. – Im DAB 1996 findet sich auch eine Monographie „Fenchelöl – Foeniculi aetheroleum", das aus den Früchten des Bitteren Fenchels gewonnen wird.

Wortlaut der Packungsbeilage gemäß Standardzulassung (Bitterer Fenchel):

6.1 Stoff- oder Indikationsgruppe
Pflanzliches Magen-Darm-Mittel/Mittel zur Behandlung von Atemwegserkrankungen.

6.2 Anwendungsgebiete
Verdauungsbeschwerden wie leichte, krampfartige Magen-Darm-Beschwerden, Völlegefühl und Blähungen.
Katarrhe der oberen Luftwege.

6.3 Gegenanzeigen
Keine bekannt.

6.4 Wechselwirkungen mit anderen Mitteln
Keine bekannt.

6.5 Dosierungsanleitung und Art der Anwendung
Soweit nicht anders verordnet, wird 2- bis 3mal täglich eine Tasse des wie folgt bereiteten Teeaufgusses getrunken:
1 Teelöffel voll (ca. 2,5 g) kurz vor Gebrauch zerstoßener bitterer Fenchel oder die zerkleinerte entsprechende Menge in einem oder mehreren Aufgußbeutel(n) wird mit siedendem Wasser (ca. 150 ml) übergossen und nach etwa 10 bis 15 Minuten gegebenenfalls durch ein Teesieb gegeben.
Bei Säuglingen und Kleinkindern kann der Teeaufguß auch zum Verdünnen von Milch oder Breinahrung verwendet werden.

6.6 Dauer der Anwendung
Bei akuten Beschwerden, die länger als eine Woche andauern oder periodisch wiederkehren, wird die Rücksprache mit einem Arzt empfohlen.

6.7 Nebenwirkungen
In Einzelfällen allergische Reaktionen der Haut und der Atemwege.

6.8 Hinweis
Vor Licht und Feuchtigkeit geschützt aufbewahren.

Literatur:
[1] F.-C. Czygan, Z. Phytother. **8**, 82 (1987).
[2] Kommentar DAB 10, Bitterer Fenchel, Süßer Fenchel, Fenchelöl.
[3] Hager, Band **5**, 156 (1993).
[4] R. Hänsel, Phytopharmaka, 2. Aufl., Springer, Berlin-New York etc., 1991.
[5] H. Braun und D. Frohne, Heilpflanzenlexikon für Ärzte und Apotheker. Gustav Fischer, Stuttgart/New York, 1994.
[6] P. Pachaly, DC-Atlas, Dünnschichtchromatographie in der Apotheke. Wissenschaftl. Verlagsges. mbH., Stuttgart, 1995.

Czygan

Foenugraeci semen — Bockshornsamen
DAB 1996

Abb. 1: Bockshornsamen

Beschreibung: Rhombisch vierseitige oder flach rautenförmige, unregelmäßig gerundete, 3–5 mm lange, 2–3 mm breite und dicke, sehr harte, hellbraune oder rötlich- bis gelblichgraue Samen. Etwa in der Mitte der einen langen Schmalseite findet sich etwas vertieft liegend der helle Nabel (Lupe! Abb. 3). Von diesem geht eine flache, diagonal verlaufende Furche aus, die den Samen äußerlich in zwei ungleich große Abschnitte teilt; im kleineren ist die Radicula, im größeren Abschnitt sind die Keimblätter des gekrümmten Embryos lokalisiert. In Wasser gelegt quellen die Samen schnell auf, wobei die Samenschale gesprengt wird und sich leicht vom Endosperm trennen läßt.

Geruch: Eigenartig und gewürzhaft.

Geschmack: Etwas bitter, beim Zerkauen schleimig.

Abb. 2: *Trigonella foenum-graecum* L.
Einjähriges, bis 50 cm hoch werdendes Kraut. Blätter gestielt, dreizählig. Blüten in den Blattachseln, blaßgelb, am Grunde hellviolett. Hülsenfrucht bis 20 cm lang mit zahlreichen Samen.

ÖAB: Semen Foenugraeci
Ph. Helv. VII: Foenugraeci semen ad usum veterinarium
St. Zul. 2319.99.99

Stammpflanze: *Trigonella foenum-graecum* L. (Bockshornklee), Fabaceae.

Synonyme: Semen Trigonellae, Griechische Heusamen, Kuhhornsamen, Kuhbohnen, Rehkörner, Ziegensamen, Ziegenhornkleesamen. Trigonella, Fenugreek seed (engl.). Graine de fenugrec (franz.).

Herkunft: Heimisch im Mittelmeergebiet, Ukraine, Indien, China, in diesen Gebieten als Kulturpflanze vielfach angebaut. Die Droge stammt ausschließlich aus Kulturen. Hauptlieferländer sind vor allem Indien, Marokko, China und die Türkei.

Inhaltsstoffe [1]: Ca. 20–45% Schleim, als Zellwandschleim im Endosperm vorliegend (Galactomannane): 1,4-β-glykosidisch gebundene Mannoseketten mit 1,6-α-glykosidisch gebundenen Galaktoseseitenketten; ein geringer Anteil an Xylose wurde gefunden. Ca. 27% Proteine; mehrere Bowman-Birk-Proteinaseinhibitoren, die die Aktivität von Chymotrypsin und Trypsin hemmen [2]; frei vorliegende Aminosäuren mit dem seltenen 4-Hydroxyisoleucin als dominierender Säure (30–50%, entspr. 0,1–0,3% vom Drogentrockengewicht). 6–10% fettes Öl (im Embryo). Mehrere Steroidsaponine, nativ als 3,26-Bisglykoside mit Δ^5-Furosten- und 5α-Furostanstruktur vorliegend, nach Abspaltung der Glucose an C-26 in Spirostanolglykoside übergehend, nach Hydrolyse vor allem Diosgenin und Yamogenin (0,1–2,2%) liefernd, daneben ca. 10 weitere Aglykone; die 3,26-bis-desmosidischen Furostanolglykoside Trigofoenosid A bis G mit 22-Methoxy-Δ^5-furosten-3β, 26-diol, 22-Methoxy-5α-furostan-2α,3β, 26-triol und Δ^5-Furosten-3β,22,26-triol als Aglykon [3, 4, 5]. Die Furostanolglykoside schmecken bitter und dürften das bittere Prinzip der Droge sein. Foenugraecin, ein 3-Peptidester von Diosgenin. Sterole: u.a. Cholesterol und Sitosterol. Flavonoide: die C-Glykosylflavone Vitexin, Saponaretin, Homoorientin u.a.; 0,2–0,36% Trigonellin (= Coffearin, das N-Methylbetain der Nicotinsäure); Spuren von Nicotinsäureamid; ca. 0,015% ätherisches Öl mit 51 Komponenten, von denen 39 identifiziert wurden [6]. Der typische Bockshornsamengeruch wird vor allem vom 3-Hydroxy-4,5-dimethyl-2(5H)-furanon (= Sotolon) und 3-Hydroxy-4-methyl-2(5H)-furanon hervorgerufen [7, 8].

Indikationen: Äußerlich als Emolliens in Form von Kataplasmen zur Behandlung von lokalen Entzündungen, Furunkeln, Geschwüren, entzündlichen Verhärtungen und Ekzemen. Innerlich bei Appetitlosigkeit [9].
In der *Volksheilkunde* innerlich als Mucilaginosum bei Katarrhen der oberen Luftwege sowie, eßlöffelweise als Pulver mehrmals täglich genommen, als Roborans. Für oral verabreichte wäßrige Extrakte wurde an Ratten eine Förderung der Heilung von Magenulcera nachgewiesen [10]. Des weiteren wird der Droge *in der Volksmedizin* eine blutzuckersenkende, eine laktationsfördernde und eine Antipellagra-Wirkung zugesprochen. Blutzuckersenkende Wirkungen des Samens wurden an Tieren [11–13] und am Menschen [14–16] wiederholt nachgewiesen. Ähnlich wie bei den Galactomannanen des Guar könnte durch den Schleim die Diffusionsschicht auf den Mucosazellen verdickt und die Resorption der Nahrungsstoffe verzögert werden.
Durch Fütterungsversuche an normalen und diabetischen Modell-Ratten konnte diese Wirkungsweise weiter verifiziert werden [17]. Die Anwesenheit von anderen hypoglykämisch wirkenden Stoffen ist daneben jedoch nicht auszuschließen [17]. Das Vorkommen einer insulin-freisetzenden Substanz wurde kürzlich wahrscheinlich gemacht [18]. In Tierversuchen wurden des weiteren für Bockshornsamen hypocholesterinämische Wirkungen nachgewiesen [19–23], die auch am Menschen bestätigt werden konnten [16, 24–26].
Bei Personen mit erhöhten Blutfettwerten [25] sowie bei insulinpflichtigen und nicht-insulinpflichtigen Diabetikern [26] wurden nach täglicher Gabe von 2 × 50 g Bockshornsamenpulver nach 20 bzw. 10 Tagen eine Erniedrigung des

---

Auszug aus der Monographie der Kommission E (BAnz Nr. 22a vom 01.02.1990)

Anwendungsgebiete

Bei Einnahme:
Appetitlosigkeit.

Äußere Anwendung:
Als Breiumschlag bei lokalen Entzündungen.

Gegenanzeigen

Nicht bekannt.

Nebenwirkungen

Bei wiederholter äußerer Anwendung können unerwünschte Hautreaktionen auftreten.

Wechselwirkungen mit anderen Mitteln

Nicht bekannt.

Dosierung

Soweit nicht anders verordnet:
Tagesdosis:
Bei Einnahme:
6 g Droge; Zubereitungen entsprechend.

Äußere Anwendung:
50 g gepulverte Droge für 1/4 Liter Wasser.

Art der Anwendung

Einnahme:
Zerkleinerte Droge sowie andere galenische Zubereitungen.

Äußere Anwendung:
50 g gepulverte Droge mit 1/4 l Wasser 5 Minuten kochen und als feucht-warmen Breiumschlag anwenden.

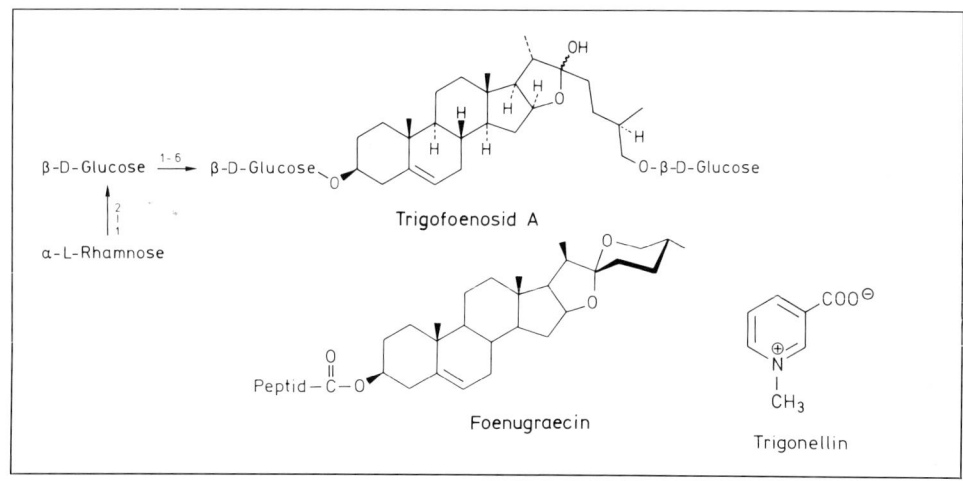

Gesamtcholesterinspiegels um ca. 25% erreicht. Die LDL- und VLDL-Werte wurden dabei um ca. 30% abgesenkt, während die HDL-Werte unverändert blieben. Die Triglyceridspiegel waren um rund 38% bzw. 18% erniedrigt. Das Wirkprinzip ist noch unklar. An Tieren erwiesen sich insbesondere saponinhaltige Extraktfraktionen als wirksam [21, 27, 28]. Als Wirkmechanismus wird nach den derzeitigen Befunden eine Verminderung der Cholesterinresorption aus dem Darm sowie eine Interaktion der Steroidsaponine mit den Salzen der Gallensäuren und deren verstärkte fäkale Ausscheidung diskutiert. Darüber hinaus konnte durch Gaben von 50 und 200 mg Bockshornsamen an Ratten der Gallefluß um 29% bzw. 35% gesteigert werden, desgleichen bei einer vierwöchigen Fütterung einer 0,5 und 2%igen Bockshornsamendiät [29], wobei insbesondere die Ausschüttung der Taurochol- und Taurodesoxycholsäure erhöht war.

Im Zusammenhang mit dem Anwendungsgebiet „Appetitlosigkeit" wurden an Ratten für protein- und fettfreie Samenextrakte (12,5% Steroidsaponine und 0,002% 3-Hydroxy-4,5-dimethyl-2(5H)-furanon enthaltend) bei einer Dosierung von 10 mg/Tag/300 g Körpergewicht eine signifikante Steigerung der Freßlust und der Nahrungsaufnahme um ca. 20% nachgewiesen (Versuchsdauer 14 Tage). Gleichzeitig wurde hierbei ein Anstieg des Plasmainsulins und eine Abnahme des Gesamtcholesterins und der VLDL- und LDL-Werte gefunden [30]. Die Verfütterung eines speziellen Samenextrakts an männliche Ratten (100 mg/Tag/Tier) führte nach 60 Tagen zu einer Verminderung der Anzahl und der Beweglichkeit der Spermien, zur Abnahme der zirkulierenden Androgene und zur Unfruchtbarkeit der Tiere [31].

Das Steroidpeptid Foenugraecin soll virustatische, antiphlogistische und kardiotone Eigenschaften haben [32]. Desgleichen wirken auch Steroidsaponine antiphlogistisch [u.a. 33] und antimikrobiell [34]. Für wäßrige Extrakte des Samens wurde eine stimulierende Wirkung auf den Uterus und den Darm sowie eine positiv chronotrope Wirkung auf das Herz nachgewiesen [35]. Der Nicotinsäureamidgehalt ist für eine Antipellagra-Wirkung zu gering; ein Provitamincharakter von Trigonellin ist wenig wahrscheinlich und wird unterschiedlich bewertet. Bockshornsamen haben als möglicher Rohstoff zur Diosgeningewinnung für die Produktion von Steroidhormonen Interesse erlangt [36]. Verwendung findet er des weiteren in Gewürzen (Curry) und zum Aromatisieren von Tabak sowie Kaffee- und Vanilleextrakten.

Teebereitung: Für die innerliche Anwendung bei Appetitlosigkeit werden 3mal täglich vor den Mahlzeiten 2 g zerkleinerte Samen mit etwas Flüssigkeit eingenommen [37]. Zur äußerlichen Anwendung werden 50 g Samenpulver mit ¼ Liter Wasser 5 Min. lang gekocht und als feucht-warmer Breiumschlag verwendet.
1 Teelöffel = etwa 4,5 g.

Teepräparate: Keine.

Phytopharmaka: Nur wenige Kombinationspräparate in der Gruppe Magen-Darm-Mittel, z.B. Lapidar® 10 (Tabletten) enthalten Bockshornsamen.

Prüfung: Makroskopisch (siehe Beschreibung) und mikroskopisch nach DAB 1996 oder auch [38]: Charakteristisch ist das Querschnittsbild der Samenschale mit radial palisadenartig gestreckten Epidermiszellen mit verdickten Außen- und Seitenwänden und flaschenförmigen Lumina. In ihrer äußeren Hälfte ist eine über alle Epidermiszellen verlaufende Lichtlinie zu erkennen. Unterhalb der Epidermis liegt eine Schicht aus säulenfußartig sich nach außen verjüngenden Zellen mit herablaufenden Verdickungsleisten, die zwischen sich große Interzellularen ausspa-

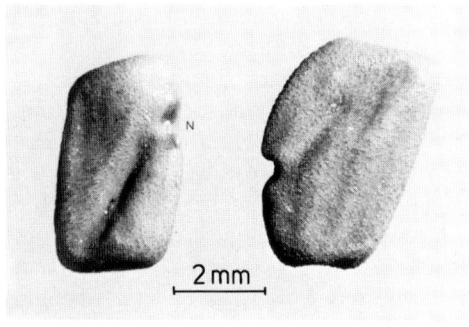

Abb. 3: Von schräger Furche durchzogene Samen mit feinpunktierter Oberfläche und weißlichem Nabel (N)

Wortlaut der Packungsbeilage gemäß Standardzulassung:

6.1 Stoff- oder Indikationsgruppe
Pflanzliches Magen-Darm-Mittel/Mittel bei örtlichen Entzündungen.

6.2 Anwendungsgebiete
Innerliche Anwendung bei:
Appetitlosigkeit
Äußerliche Anwendung bei:
lokalen Entzündungen.

6.3 Gegenanzeigen
Keine bekannt.

6.4 Wechselwirkungen mit anderen Mitteln
Keine bekannt.

6.5 Dosierungsanleitung und Art der Anwendung
Soweit nicht anders verordnet, wird 3mal täglich vor den Mahlzeiten ein knapper halber Teelöffel voll (ca. 2 g) zerkleinerter Bockshornsamen mit Flüssigkeit eingenommen.
Zur äußerlichen Anwendung werden 1mal täglich 50 g gepulverte Bockshornsamen mit ¼ l Wasser 5 Minuten lang gekocht und dann als feucht-warmer Breiumschlag verwendet.

6.6 Dauer der Anwendung
Bei akuten Beschwerden, die länger als eine Woche andauern oder periodisch wiederkehren, wird die Rücksprache mit einem Arzt empfohlen.

6.7 Nebenwirkungen
Bei wiederholter äußerer Anwendung können unerwünschte Hautreaktionen auftreten.

6.8 Hinweis
Vor Licht und Feuchtigkeit geschützt aufbewahren.

ren (Trägerzellschicht). Darauf folgen 2 bis 4 Reihen dünnwandiger, leicht tangential gestreckter Zellen, oft zusammengedrückt. Endosperm großzellig mit dicken, geschichteten, schleimhaltigen Wänden. Der Embryo aus zartwandigen Zellen bestehend, Öltropfen, Aleuron und wenig Stärke (ca. 5 µm) führend. Die gepulverte Droge ist ebenfalls an diesen Merkmalen zu identifizieren. Mit $FeCl_3$ färben sich die Keimblätter des Embryos rot, mit KOH gelb (Trigonellin-Reaktion). Identitätsprüfung nach DAB 1996 (s. auch [38]) durch DC des Methanolextraktes und Nachweis von Trigonellin. Quellungszahl mind. 6 (ebenso ÖAB und Ph. Helv. VII).

Verfälschungen: Werden in der Praxis nicht beobachtet.

Literatur:
[1] Hager, Band **6**, 996 (1994).
[2] J.K. Weder und K. Heußner, Z. Lebensm. Unters. Forsch. **193**, 242, 321 (1991).
[3] R.K. Gupta, D.C. Jain und R.S. Thakur, Phytochemistry **23**, 2605 (1984).
[4] R.K. Gupta, D.C. Jain und R.S. Thakur, Phytochemistry **24**, 2399 (1985).
[5] R.K. Gupta, D.C. Jain und R.S. Thakur, Phytochemistry **25**, 2205 (1986).
[6] P. Girardou und Mitarb., Planta Med. **51**, 533 (1985).
[7] P. Girardou und Mitarb., Lebensm. Wiss. Technol. **19**, 44 (1986).
[8] I. Blank, P. Schieberle und W. Grosch, in P. Schreier u.a. (Hrsg.): Prog. Flavour Precursor Stud. Proc. Int. Conf. 1992, S. 103–109 (1993); C.A. **121**, 81202 (1994).
[9] Monographie der Kommission E BAnz Nr. 22a vom 01.02.1990.
[10] I.A. Al Meshal und Mitarb., Fitoterapia **56**, 236 (1985).
[11] G. Ribes und Mitarb., Ann. Nutr. Metab. **28**, 37 (1984).
[12] M.A. Ajabnoor und A.K. Tilmisany, J. Ethnopharmacol. **22**, 45 (1988).
[13] R. Amin, A.S. Abdul-Ghani und M.S. Suleiman, Planta Med. **54**, 286 (1988).
[14] Z. Madar und Mitarb., Eur. J. Clin. Nutr. **42**, 51 (1988).
[15] Z. Madar und J. Arad, Nutr. Res. **9**, 691 (1989).
[16] R.D. Sharma, T.C. Raghuram und N.C. Rao, Eur. Clin. Nutr. **44**, 306 (1990).
[17] L. Ali und Mitarb., Planta Med. **61**, 358 (1995).
[18] D. Hillaire-Buys und Mitarb., Diabetologia **36** (Suppl. 1), A119 (1993).
[19] G. Valette und Mitarb., Atherosclerosis **50**, 105 (1984).
[20] P.C. Singhal, R.K. Gupta und L.D. Joshi, Indian Curr. Sci. **51**, 136 (1982).
[21] R.D. Sharma, Nutr. Rep. Int. **33**, 669 (1986); C.A. **104**, 206054 (1986).
[22] M.A. Riyad, S.A.G. Abdul-Salam und S.S. Mohammad, Planta Med. **54**, 286 (1988).
[23] D. Puri, K.M. Pradhu und P.S. Murthy, Indian J. Clin. Biochem. **9**, 13 (1994); C.A. **123**, 74631 (1995).
[24] R.D. Sharma und T.C. Raghuram, Nutr. Res. **10**, 731 (1990).
[25] R.D. Sharma, T.C. Raghuram und V.D. Rao, Phytother. Res. **5**, 145 (1991).
[26] R.D. Sharma, T.C. Raghuram und N.S. Rao, Eur. J. Clin. Nutr. **44**, 301 (1990).
[27] Y. Sauvaire und Mitarb., Lipids **26**, 191 (1991).
[28] A. Stark und Z. Madar, Br. J. Nutr. **69**, 277 (1993); C.A. **118**, 168213 (1993).
[29] B.G. Bhat, K. Sambaiah und N. Chandraschhara, Nutr. Rep. Int. **32**, 1145 (1985).
[30] P. Peptit und Mitarb., Pharmacol. Biochem. Behav. **45**, 369 (1993); C.A. **119**, 108770 (1993).
[31] R. Kamal, R. Yadav und J.D. Sharma, Phytother. Res. **7**, 134 (1993).
[32] S. Ghosal und Mitarb., Phytochemistry **13**, 2247 (1974).
[33] S.K. Bhattacharya und Mitarb., Rheumatism **6**, 1 (1971).
[34] R. Tschesche und G. Wulff, Z. Naturforsch. **20b**, 543 (1965).
[35] M.S. Abdo und A.A. Al-Kafawi, Planta Med. **17**, 14 (1969).
[36] D.R. Lohar, D. Chaturvadi und P.N. Varmar, Indian Drugs **29**, 29 (1992).
[37] Standardzulassung „Bockshornsamen".
[38] P. Rohdewald, G. Rücker und K.W. Glombitza, Apothekengerechte Prüfungsvorschriften, S. 663. Dtsch. Apoth. Verlag Stuttgart 1986.

Willuhn

Fragariae folium — Erdbeerblätter

Abb. 1: Erdbeerblätter

Beschreibung: Blattstückchen mit unterseits dichter, seidig glänzender Behaarung, nicht selten der scharf gesägte Blattrand erkennbar, Seitennerven zueinander parallel verlaufend; vereinzelt gelblichweiße Blütenteile und dichtbehaarte (grüne oder blauviolette) Stengelstückchen.

Geschmack: Etwas schleimig-bitter.

Abb. 2: *Fragaria vesca* L.
Mehrjährige, niedrige, krautige Pflanze, die lange, sich bewurzelnde Ausläufer bildet. Blätter dreizählig mit scharf gesägtem Rand. Kronblätter weiß. Reife rote Früchte leicht abfallend.

DAC 1986: Erdbeerblätter

Stammpflanze: *Fragaria vesca* L. (Wald-Erdbeere), Rosaceae.

Synonyme: Walderdbeerblätter, Walderdbeerkraut, Rotbeerkraut, Erbelkraut. Wild strawberry leaf (engl.). Feuilles de fraisier (franz.).

Herkunft: Verbreitet in den gemäßigten Zonen Europas und Asiens. Drogeneinfuhr aus ost- und südosteuropäischen Ländern.

Inhaltsstoffe: Kondensierte Gerbstoffe (?), Ellagitannine u.a. Pedunculagin und Agrimoniin [1, 2]; Flavonoide und Leukoanthocyane; wenig Ascorbinsäure (?); sehr geringe Mengen ätherisches Öl [3, 4].

Indikationen: In der *Volksmedizin* innerlich als mildes Adstringens bei

Abb. 3: Oxalatprismen und -drusen begleiten die Blattnerven
Abb. 4: Dichte, seidig glänzende Behaarung der Unterseite jüngerer Blätter

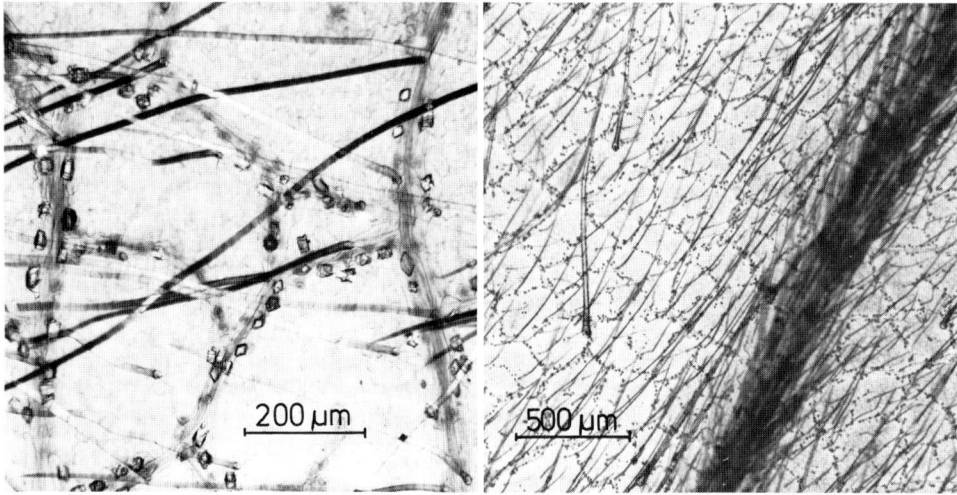
Agrimoniin

Diarrhöen. Die jüngeren Blätter werden auch als Ersatz von Schwarzem Tee verwendet [5]. In Teemischungen dienen Erdbeerblätter oft nur als Fülldroge.

Teebereitung: 1 g fein zerschnittene Droge mit kochendem Wasser übergießen, nach 5–10 min abseihen. Als Antidiarrhoikum mehrmals täglich 1 Tasse. 1 Teelöffel = etwa 1 g.

Teepräparate: Erdbeerblätter werden fast ausschließlich in Haustee- und Kräuterteemischungen verwendet.

Phytopharmaka: Erdbeerblätter sind Bestandteil eines Kombinationspräparates aus der Gruppe der Leber-Galle-Mittel: Hepatodoron® Tabletten.

Prüfung: Abgesehen von den beschriebenen makroskopischen Merkmalen bietet die mikroskopische Untersuchung weitere Identifizierungshilfen (s. auch DAC 1986); Calciumoxalatdrusen und vereinzelt Einzelkristalle längs der Nerven (Abb. 3), Haare einzellig dickwandig, der Blattoberfläche wie „gekämmt" anliegend (Abb. 4). Drüsenhaare mit einzelligem Köpfchen und wenigzelligem Stiel (selten).

Verfälschungen: Blätter anderer *Fragaria*-Arten, z.B. von *F. viridis* oder *F. moschata*, auch von Kulturformen (Gartenerdbeeren) kommen vor, gelten aber als gleichwertig.

Literatur:
[1] E.A. Haddock u. Mitarb., Phytochemistry **21**, 1049 (1982).
[2] K. Lund, Dissertation Freiburg i. Br. 1986.
[3] Hager Band **4**, 1046 (1973).
[4] K. Herrmann, Pharm. Zentralh. **88**, 374 (1949).
[5] K. Koch, Pharmazie **3**, 35 (1948).

Frohne

---

*Auszug aus der Monographie der Kommission E
(BAnz Nr. 22a vom 01.02.1990)*

Anwendungsgebiete

Zubereitungen aus Erdbeerblättern werden äußerlich bei Ausschlägen, ferner bei Einnahme zur Behandlung von Magen-Darm-Katarrhen, Durchfall, Darmträgheit, Lebererkrankungen, Gelbsucht, Katarrhen der Luftwege, Gicht, Rheuma, Nervosität, Nierenleiden, Erkrankungen der Harnwege, Grießleiden, Steinleiden, als harntreibendes Mittel, zur Unterstützung von Herz und Kreislauf, bei Fieber, gegen Nachtschweiß sowie zur „Blutreinigung", Förderung des Stoffwechsels, bei Blutarmut, als Stärkungsmittel, als menstruationshemmendes Mittel sowie zur „Unterstützung naturgemäßer Gewichtsabnahme" angewendet.

Die Wirksamkeit bei den beanspruchten Anwendungsgebieten ist nicht ausreichend belegt.

Risiken

Erdbeerblätter können bei Personen mit Allergie gegen Erdbeerfrüchte Überempfindlichkeitsreaktionen auslösen.

Beurteilung

Da die Wirksamkeit bei den beanspruchten Anwendungsgebieten nicht ausreichend belegt ist, kann eine therapeutische Anwendung nicht befürwortet werden.

Gegen eine Anwendung als Fülldroge in Teemischungen bestehen keine Einwände.

Die Anwendung von Erdbeerblättern in Tees und teeähnlichen Erzeugnissen ist im übrigen überwiegend dem Lebensmittelbereich zuzuordnen.

Frangulae cortex
Ph. Eur.

Faulbaumrinde
DAB 1996

Abb. 1: Faulbaumrinde

Beschreibung: Die Droge besteht aus der getrockneten Rinde der Stämme und Zweige. Es handelt sich um Röhren, Doppelröhren und flache Stücke verschiedener Länge von höchstens 2 mm Dicke. Die Schnittdroge besteht aus flachen oder nach innen gebogenen Stücken. Die Außenseite ist braunrot bis graubraun, glänzend bis matt, glatt bis zartrissig, nicht borkig, mit zahlreichen quergestreckten weißlichen Lentizellen. Bei vorsichtigem Abkratzen wird rot gefärbtes Gewebe sichtbar. Die Innenseite ist orangegelb bis bräunlich, deutlich längsgestreift. Bruch unregelmäßig, außen körnig, innen kurz- und feinfaserig (Abb. 3). Betupft man die Innenseite mit 6 N-Ammoniaklösung, so färbt sie sich rot (Bornträger-Reaktion).

Geruch: Eigenartig; unangenehm.

Geschmack: Schleimig-süßlich, etwas bitter und adstringierend.

Abb. 2: *Frangula alnus* MILL.

Strauch oder (seltener) kleiner Baum mit wechselständigen, ganzrandigen, eiförmigen Blättern. Kleine, unscheinbare Blüten in blattachselständigen Trugdolden. Unreife Früchte grün bis rot, reif schwarz. Rinde mit hellen, quergestellten Lentizellen.

ÖAB: Cortex Frangulae
Ph. Helv VII: Frangulae cortex
St. Zul. 9399.99.99

Stammpflanze: *Rhamnus frangula* L. (syn. *Frangula alnus* MILLER) (Faulbaum), Rhamnaceae.

Synonyme: Gelbholz-, Pulverholz-, Wegdorn-, Grindholz-, Amselbaum-, Zweckenbaumrinde; Cortex Rhamni frangulae, Cortex Avorni, Cortex Alni nigri. Frangula bark, Buckthorn bark, Black alder bark, Dog wood bark. (engl.). Écorce de bourdaine, Écorce de frangule, Écorce d'aune noir (franz.).

Herkunft: Beheimatet in Europa, besonders im Mittelmeergebiet, Nordwestasien, in Nordamerika verwildert; die Droge stammt aus Wildvorkommen bzw. aus „halbwildem" Anbau in Auwäldern. Importe aus Osteuropa insbes. Polen.

Inhaltsstoffe: Nach [1, 2] vor allem Anthrachinon-Glykoside (nach DAB 1996 mindestens 7,0% Glucofranguline berechnet als wasserfreies Glucofrangulin A), insbesondere Glucofrangulin A und B [Bis-Glykoside mit Glucose und Rhamnose (=A) bzw. Apiose (=B)] sowie die um Glucose ärmeren Franguline A und B; daneben Frangulaemodin-8-O-Glucosid. In der frischen Rinde liegen die Glucofranguline hauptsächlich genuin als reduzierte Anthron- und Dianthronglykoside (bes. Frangulaemodinanthron als Rhamnosid/Glucosid) vor. Durch Lagerung (mindestens 1 Jahr) oder künstliche Alterung (z.B. Erhitzen der Droge im Luftstrom für einige Stunden auf 80 bis 100 °C) werden sie in die oxidierte Form überführt. Gleichzeitig werden die Glucofranguline teilweise zu den Frangulinen bzw. dem Frangulaemodin-8-O-Glucosid und zum Aglykon Frangulaemodin abgebaut. Weiter enthält die Droge Physcion und Chrysophanol in freier und monoglykosidischer Form; außerdem das wasserdampfflüchtige 2-Acetyl-1,8-dihydroxynaphthalin sowie dessen 8-O-Glucosid. Ferner Gerbstoffe sowie in geringen Mengen Peptidalkaloide (Frangulanin, Franganin). Das Vorkommen von Bitterstoffen und Saponinen ist umstritten [1, 2].

Indikationen: Als dickdarmwirksames Laxans bei Obstipation und allen Erkrankungen, bei denen eine leichte Defäkation mit weichem Stuhl erwünscht ist (z.B. Analfissuren, Hämorrhoiden, nach rektalanalen operativen Eingriffen). Die Wirkung der Droge setzt 6–8 Stunden nach Einnahme ein. Zum Wirkungsmechanismus: Die Anthraglykoside gelangen als Transportform in den Dickdarm, werden dort durch Bakterien bzw. körpereigene Enzyme (?) hydrolysiert und zu wirksamen Anthronen bzw. Anthranolen reduziert. In dieser Form hemmen sie die Resorption von Wasser und Elektrolyten (insbes. von Na^+) durch Blockade der Na^+/K^+-ATP-ase des Darmepithels. Außerdem wird die Wassersekretion und der Einstrom von Elektrolyten in das Darmvolumen durch eine Erhöhung der Permeabilität im Bereich der Kittleisten („tight junctions") gesteigert. Diese Volumenzunahme regt die Peristaltik des Darms an und der Transport des Speisebreis wird beschleunigt. Zusätzlich wird die Peristaltik durch einen direkten Angriff an der glatten Muskulatur des Darms verstärkt (weitere Angaben zur Pharmakodynamik der Anthranoide bei [1]).

	R^1	R^2
Glucofrangulin A	α-L-Rhamnose	β-D-Glucose
Glucofrangulin B	β-D-Apiose	β-D-Glucose
Frangulin A	α-L-Rhamnose	H
Frangulin B	β-D-Apiose	H
Frangulaemodin	H	H
Physcion	CH_3	H
Chrysophanol	am C6 statt OH nur H; R^2 = H	

Frangulaemodinanthron

Nebenwirkungen: Auch Frangulae cortex darf nicht über einen längeren Zeitraum als Laxans eingenommen werden. Sie ist kontraindiziert bei Schwangerschaft, während der Stillzeit und bei Ileus jeder Genese. Bei chronischem Gebrauch oder Mißbrauch kommt es zu Elektrolyt-, insbesondere zu K^+-Verlusten, die eine Muskelschwäche und somit eine Obstipation hervorrufen, auch kann die Herzglykosidwirkung verstärkt werden. Der K^+-Verlust wird außerdem durch Saluretika gesteigert. – Allerdings fehlen – anders als bei Aloe – stärkere Reizwirkungen mit Übergreifen auf das kleine Becken. – Anthrachinonglykoside und entsprechende Drogen sind nicht geeignet zur schnellen Entleerung des gesamten Darmtrakts, wie es z.B. bei Vergiftungen notwendig werden kann. – Es ist weiter zu beachten, daß nur gealterte (s. oben) Droge zugelassen ist, da die Anthrone der frischen Rinde die Magenschleimhäute stark reizen und dadurch Erbrechen, Koliken und blutige Diarrhöen hervorrufen sollen [vgl. 1].

Teebereitung: 2 g feingeschnittene Droge mit kochendem Wasser übergießen und nach 10–15 min durch ein Teesieb geben. Auch Kaltwasseransatz (12 Std. bei Raumtemperatur) wird verschiedentlich empfohlen.
1 Teelöffel = etwa 2,4 g.

Teepräparate: Faulbaumrinde wird von einigen Herstellern als Monodroge, auch als Filterbeutel, angeboten, weitaus häufiger ist die Droge Bestandteil von Abführtee-Mischungen.

Phytopharmaka: Standardisierter Drogenextrakt ist in einigen wenigen Monopräparaten enthalten, z.B. in Eupond®F (Dragees), außerdem in zahlreichen Kombinationspräparaten als dickdarmwirksames Abführ- (und Schlankheits-)mittel, z.B. in Fucovesin®

Abb. 3: Feingestreifte Innenseite der Rinde von *Frangula alnus* (rechts). Langfaseriger Bruch (Pfeil) der Rinde von *Rhamnus alpinus* ssp. *fallax* (links)

(Dragees), Normacol® (Granulat), Heelax® S (Dragees) oder in Cholagoga, z.B. in Gallo-Sanol® S (Dragees) u.a.

Prüfung: Makroskopisch (s. Beschreibung), mikroskopisch nach [1] (Pulver färbt sich mit Alkalihydroxid-Lösung rot [Bornträger-Reaktion!]; Steinzellen dürfen im Gegensatz zu Cortex Rhamni purshiani nicht vorhanden sein!), dünnschichtchromatographisch nach [1] bzw. nach [3].

Identitätsprüfung mittels DC:

Sorbens: Kieselgel 60 F_{254} (lufttrocken) (Merck) (5 × 10 cm, Glas oder Folie).

Untersuchungslösung: 0,5 g pulv. Droge werden mit 5 ml Methanol 10 Min. unter Rückfluß erhitzt und warm filtriert. Das innerhalb von 30 Min. zu verwendende Filtrat dient als Untersuchungslösung.

Referenzlösung: 10 mg Barbaloin werden in 2 ml Methanol gelöst.

Aufzutragen: 3 µl Untersuchungslösung und 2 µl Referenzlösung strichförmig (10 × 2 mm).

Fließmittel: Ethylacetat-Methanol-Wasser (77 + 13 + 10) (Kammersättigung).

Laufstrecke: 8 cm, **Zeit:** 14 min.

Sichtbarmachung und Auswertung: Nach vollständigem Abdunsten des Fließmittels (im Heißluftstrom) wird das DC mit 10proz. methanolischer Kalilauge besprüht, 15 Min. lang auf 110 °C erhitzt und im UV_{365} sowie im Tageslicht ausgewertet.

Die Referenzsubstanz Barbaloin erscheint bei Rf-Wert ca. 0,46 mit gelber Fluoreszenz im UV_{365} und mit rotbrauner Farbe im Tageslicht. Das DC der Untersuchungslösung zeigt im UV_{365} eine charakteristische Reihe orange und blau fluoreszierender Zonen, aber keine Aloinzone. Als intensivste Zone erkennt man bei Rf ca. 0,25 die der nicht getrennten Glucofranguline A und B und bei Rf ca. 0,55–0,60 die Zone der Franguline A und B. Unterhalb der Zone der Glucofranguline dürfen keine intensiv gelb fluoreszierenden Zonen auftreten (Hinweis auf Verfälschung durch Cascararinde).

Prüfung auf Anthrone mittels DC nach DAB 1996 durch Behandlung mit Nitrotetrazolblau. Bei Anwesenheit unzulässiger Mengen von Anthronen entstehen graublaue bis blauviolette Zonen (Bildung von farbigen Diformazanen) auf der DC-Platte. – Die Prüfung auf Verunreinigung durch Rinde von *Rhamnus alpinus* ssp. *fallax* mit Hilfe des Tauböcktests nach DAB 7 ist nur eindeutig bei Vorliegen von Fallaxrinde als Monodroge. Das in ihr vorkommende Flavonolglykosid Xanthorhamnin bil-

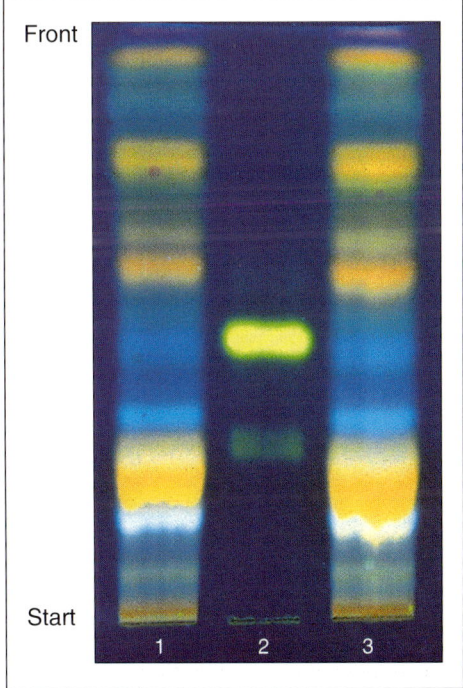

Abb. 4: DC von Faulbaumrinde, auf Glasplatte 5 × 10 cm, besprüht mit KOH, unter UV_{365}
1: Faulbaumrinde (3 µl)
2: Referenzlösung
3: Faulbaumrinde (5 µl)

det mit Bor-Oxalsäure einen stabilen, etherlöslichen „Borinsäure-Komplex", der im Tageslicht grün fluoresziert. – Geringe Mengen beigemengter Fallaxrinde können nach [3] aufgrund des Xanthorhamnin-Gehalts dünnschichtchromatographisch nachgewiesen werden.

Bei Anwesenheit dieser Substanz entsteht auf der DC-Platte nach Besprühen mit Naturstoffreagenz (=Diphenylboryloxyethylamin) eine gelb fluoreszierende Zone. Die Rinden anderer *Rhamnus*-Arten zeigen intensiv blaue Fluoreszenzzonen (*Rhamnus catharticus* aufgrund von Naphthalidglykosiden) oder intensiv gelbe Fluoreszenzzonen (*Rhamnus purshianus* aufgrund der Cascaroside und Aloine) (vgl. [3]).

Verfälschungen: Als solche werden gelegentlich Rinden von *Rhamnus alpinus* L. ssp. *fallax* (BOISS.) MAIRE et PETITM. (syn. *Oreoherzogia fallax* (BOISS.)

Auszug aus der Monographie der Kommission E (BAnz Nr. 133 vom 21.07.1993)

Pharmakologische Eigenschaften, Pharmakokinetik, Toxikologie

1,8-Dihydroxyanthracenderivate haben einen laxierenden Effekt. Dieser beruht vorwiegend auf einer Beeinflussung der Colonmotilität im Sinne einer Hemmung der stationären und einer Stimulierung der propulsiven Kontraktionen. Daraus resultieren eine beschleunigte Darmpassage und aufgrund der verkürzten Kontaktzeit eine Verminderung der Flüssigkeitsresorption. Zusätzlich werden durch eine Stimulierung der aktiven Chloridsekretion Wasser und Elektrolyte sezerniert.

Systematische Untersuchungen zur Kinetik von Zubereitungen aus Faulbaumrinde fehlen, jedoch ist davon auszugehen, daß die in der Droge enthaltenen Aglyka bereits im oberen Dünndarm resorbiert werden. Die β-glykosidisch gebundenen Glykoside sind Prodrugs, die im oberen Magen-Darm-Trakt weder gespalten noch resorbiert werden. Sie werden im Dickdarm durch bakterielle Enzyme zu Anthronen abgebaut. Anthrone sind der laxative Metabolit.

Aktive Metaboliten anderer Anthranoide, wie Rhein, gehen in geringen Mengen in die Muttermilch über. Eine laxierende Wirkung bei gestillten Säuglingen wurde nicht beobachtet. Tierexperimentell ist die Plazentagängigkeit von Rhein äußerst gering.

Drogenzubereitungen besitzen, vermutlich aufgrund des Gehaltes an Aglyka, eine höhere Allgemeintoxizität als die reinen Glykoside. Untersuchungen zur Genotoxizität der Droge bzw. von Drogenzubereitungen liegen nicht vor. Für Aloe-Emodin, Emodin, Physcion und Chrysophanol liegen teilweise positive Befunde vor. Zur Kanzerogenität liegen keine Untersuchungen vor.

In frischem Zustand enthält die Droge Anthrone und muß deshalb vor Verwendung mindestens 1 Jahr gelagert oder unter Luftzutritt und Erwärmen künstlich gealtert werden. Bei nicht bestimmungsgemäßem Gebrauch, z.B. frische Droge: starkes Erbrechen, eventuell mit Spasmen einhergehend.

Klinische Angaben

1. Anwendungsgebiete

Obstipation.

2. Gegenanzeigen

Darmverschluß, akut-entzündliche Erkrankungen des Darmes, z.B. Morbus Crohn, Colitis ulcerosa, Appendizitis; abdominale Schmerzen unbekannter Ursache, Kinder unter 12 Jahren, Schwangerschaft.

3. Nebenwirkungen

In Einzelfällen krampfartige Magen-Darm-Beschwerden. In diesen Fällen ist eine Dosisreduktion erforderlich.

Bei chronischem Gebrauch: Mißbrauch, Elektrolytverluste, insbesondere Kaliumverluste, Albuminurie und Hämaturie, Pigmenteinlagerung in die Darmschleimhaut (Pseudomelanosis coli), die jedoch harmlos ist und sich nach Absetzen der Droge in der Regel zurückbildet. Der Kaliumverlust kann zu Störungen der Herzfunktion und zu Muskelschwäche führen, insbesondere bei gleichzeitiger Einnahme von Herzglykosiden, Diuretika und Nebennierenrindensteroiden.

4. Besondere Vorsichtshinweise für den Gebrauch

Stimulierende Abführmittel dürfen ohne ärztlichen Rat nicht über längere Zeiträume (mehr als 1–2 Wochen) eingenommen werden.

5. Verwendung bei Schwangerschaft und Laktation

Aufgrund unzureichender toxikologischer Untersuchungen nicht anzuwenden in Schwangerschaft und Stillzeit.

6. Medikamentöse und sonstige Wechselwirkungen

Bei chronischem Gebrauch/Mißbrauch ist durch Kaliummangel eine Verstärkung der Herzglykosidwirkung sowie eine Beeinflussung der Wirkung von Antiarrhythmika möglich. Kaliumverluste können durch Kombination mit Thiaziddiuretika, Nebennierenrindensteroiden und Süßholzwurzel verstärkt werden.

7. Dosierung und Art der Anwendung

Geschnittene Droge, Drogenpulver oder Trockenextrakte für Aufgüsse, Abkochungen, Kaltmazerate oder Elixiere. Flüssige oder feste Darreichungsformen ausschließlich zur Einnahme.

Soweit nicht anders verordnet:

20–30 mg Hydroxyanthracenderivate/Tag, berechnet als Glucofrangulin A.

Die individuell richtige Dosierung ist die geringste, die erforderlich ist, um einen weichgeformten Stuhl zu erhalten.

Hinweis:

Die Darreichungsform sollte auch eine geringere als die übliche Tagesdosis erlauben.

8. Überdosierung

Elektrolyt- und flüssigkeitsbilanzierende Maßnahmen.

9. Besondere Warnungen

Eine über die kurzdauernde Anwendung hinausgehende Einnahme stimulierender Abführmittel kann zu einer Verstärkung der Darmträgheit führen.

Das Präparat sollte nur dann eingesetzt werden, wenn durch eine Ernährungsumstellung oder Quellstoffpräparate kein therapeutischer Effekt zu erzielen ist.

10. Auswirkungen auf Kraftfahrer und die Bedienung von Maschinen

Keine bekannt.

Wortlaut der Packungsbeilage gemäß Standardzulassung:

5.1 Anwendungsgebiete*)

Verstopfung; alle Erkrankungen, bei denen eine leichte Darmentleerung mit weichem Stuhl erwünscht ist, wie z.B. bei Analfissuren, Hämorrhoiden und nach rektal-analen operativen Eingriffen.

5.2 Gegenanzeigen*)

Faulbaumrindenzubereitungen sind nicht anzuwenden bei Vorliegen von Darmverschluß sowie während der Schwangerschaft und der Stillzeit.

5.3 Nebenwirkungen

Bei bestimmungsgemäßem Gebrauch nicht bekannt.
Bei häufiger und langdauernder Anwendung oder bei Überdosierung ist ein erhöhter Verlust von Wasser und Salzen, insbesondere von Kaliumsalzen möglich. Weiterhin kann es zur Pigmenteinlagerung in der Darmschleimhaut (Melanosis coli) kommen.

5.4 Wechselwirkungen mit anderen Mitteln

Aufgrund erhöhter Kaliumverluste kann die Wirkung von Herzglykosiden verstärkt werden.

5.5 Dosierungsanleitung und Art der Anwendung

Etwa ein halber Teelöffel voll **Faulbaumrinde** wird mit heißem Wasser (ca. 150 ml) übergossen und nach etwa 10 bis 15 Minuten durch ein Teesieb gegeben.

Soweit nicht anders verordnet, wird morgens und/oder abends vor dem Schlafengehen eine Tasse frisch bereiteter Tee getrunken.

5.6 Dauer der Anwendung*)

Tee aus Faulbaumrinde soll nur wenige Tage eingenommen werden. Bei längerer Anwendung sollte der Arzt befragt werden.

Hinweis: Um den Darm zu normaler Funktion zu erziehen, ist auf ballaststoffreiche Ernährung, ausreichende Flüssigkeitszufuhr sowie möglichst viel Bewegung zu achten.

5.7 Hinweis

Vor Licht und Feuchtigkeit geschützt aufbewahren.

---

*) Im Kommentar zu den Standardzulassungen wird empfohlen, die entsprechenden Texte auf Grund der Auflagen des BGA für Anthranoide enthaltende Arzneimittel [BAnz Nr. 129 vom 13.07.1994; siehe Dtsch. Apoth. Ztg. **134**, 2794 (1994)] wie folgt zu ändern:

Anwendungsgebiete

Es darf nur noch beansprucht werden, generell:
„Verstopfung (Obstipation)"

Gegenanzeigen

generell:
„Darmverschluß; akut-entzündliche Erkrankungen des Darms, z.B. Morbus Crohn, Colitis ulcerosa. Appendizitis; abdominale Schmerzen unbekannter Ursache. Nicht anzuwenden bei Kindern unter 12 Jahren. Aufgrund bisher noch unzureichender toxikologischer Untersuchungen nicht anzuwenden in Schwangerschaft und Stillzeit."

Dauer der Anwendung

Folgender Passus ist aufzunehmen:
„Stimulierende Abführmittel dürfen ohne ärztlichen Rat nicht über einen längeren Zeitraum (mehr als ein bis zwei Wochen) eingenommen werden."

W. Vent = Alpenkreuzdorn), von *Rhamnus catharticus* L. (Kreuzdorn), von *Rhamnus purshianus* DC. (Amerikanischer Faulbaum), von *Prunus padus* L. (Traubenkirsche) und von *Alnus glutinosa* (L.) Gaertn. (Schwarz-Erle) beobachtet. Sie haben oft schon äußerlich andere Merkmale, besitzen z.T. Steinzellen oder große Einzelkristalle und enthalten z.T. keine Anthraderivate, so daß ihre Erkennung keine Schwierigkeiten bereitet (siehe auch Prüfung).

Aufbewahrung: Vor Feuchtigkeit und Licht geschützt. Vor der Verwendung muß die Droge „gealtert" sein (künstliche Alterung oder mindestens 1 Jahr lagern; s. unter Prüfung).

Literatur:
[1] Kommentar DAB 10, Faulbaumrinde.
[2] Hager, Band **6**, 397 (1994).
[3] H.W. Rauwald und H. Miething, Dtsch. Apoth. Ztg. **125**, 101 (1985).

Czygan

Fucus — Tang

Abb. 1: Tang

Beschreibung: Flache, knorpelige, bandartige Thallusstücke von braunschwarzer bis grünlichschwarzer Farbe, ganzrandig, oft gabelig verzweigt. Die bei *Fucus vesiculosus* paarweise angeordneten, bei *Ascophyllum nodosum* einzelnen Schwimmblasen (Mitte links) sind in der Schnittdroge nicht immer gut zu erkennen. Die von *Fucus vesiculosus* stammende Droge ist an den verdickten Thallusenden durch zahlreiche Konzeptakeln fein warzig. Bei *Ascophyllum nodosum* brechen die Konzeptakeln sehr leicht ab und fehlen deshalb zumeist in der Droge.

Geruch: Charakteristisch, fischartig.

Geschmack: Schleimig, salzig.

Abb. 2: *Fucus vesiculosus* L.

Der bis zu 1 m lang werdende Thallus der Braunalge ist regelmäßig verzweigt, die einzelnen Bänder weisen eine deutliche Mittelrippe auf (Unterschied zu *Ascophyllum nodosum*) und meist paarweise angeordnete luftgefüllte Schwimmblasen.

DAC 1986: Tang

Stammpflanze: *Fucus vesiculosus* L. (Blasentang) und/oder *Ascophyllum nodosum* Le Jol. (Knotentang); Fucaceae (Phaeophyceae).

Synonyme: Höckertang, Meereiche, Schweinetang. Common seawrack, Bladderwrack, Kelpware, Black-tang, Rockweed (engl.). Varech vésiculeux (franz.).

Herkunft: *Fucus vesiculosus* ist eine an felsigen Küsten des Atlantischen und des Stillen Ozeans sehr häufige Braunalge. Zusammen mit *Ascophyllum nodosum* in Europa sowohl an den Küsten der Nordsee als auch der westlichen Ostsee vorkommend. Die Droge wird z.T. mit Schleppnetzen „geerntet" und aus Frankreich, Irland oder den USA importiert.

Inhaltsstoffe: Iod in Form anorganischer Salze und an Proteine (z.T. auch Lipide) gebunden [1], auch als Bestandteil von Iodaminosäuren z.B. Diiodtyrosin („Iodgorgosäure"?); nach DAB 10 sollte der Gesamtiodgehalt mindestens 0,05% betragen, proteingebundenes Iod mindestens 0,02%. Durch den 2. Nachtrag zum DAB 10 ist die Monographie „Tang" aus dem Arzneibuch eliminiert worden. Die Droge enthält ferner Schleimstoffe wie Alginsäure, Fucoidin und Laminarin sowie Polyphenole mit antibiotischer Wirkung, die sog. Fucole (Polyhydroxyoligophenyle) und Fucophloretole (Polyhydroxyoligophenylether) [2–5].

Auszug aus der Monographie der Kommission E
(BAnz Nr. 101 vom 01.06.1990)

Anwendungsgebiete
Zubereitungen aus Tang werden bei Schilddrüsenerkrankungen, Fettsucht, Übergewicht, Arterienverkalkung und Verdauungsstörungen sowie zur „Blutreinigung" angewendet.
Die Wirksamkeit bei den beanspruchten Anwendungsgebieten ist nicht belegt.

Risiken
Zubereitungen mit einer Tagesdosis bis zu 150 μg Jod:
Keine bekannt!
Oberhalb einer Dosierung von 150 μg Jod/die besteht die Gefahr einer Induktion und Verschlimmerung einer Hyperthyreose. In seltenen Fällen kann es zu Überempfindlichkeitsreaktionen unter dem Bild einer schweren Allgemeinreaktion kommen.

Beurteilung
Da die Wirksamkeit bei den beanspruchten Anwendungsgebieten für eine Dosierung unterhalb von 150 μg Jod/die nicht belegt ist, kann eine therapeutische Anwendung nicht befürwortet werden.
Oberhalb einer Dosierung von 150 μg Jod/die kann eine therapeutische Anwendung auf Grund fehlender Wirksamkeit und angesichts der Risiken nicht vertreten werden.

Über die Lipidzusammensetzung von *Fucus vesiculosus* und *Ascophyllum nodosum* vgl. [6].

Indikationen: Früher zur Iodtherapie bei Schilddrüsenunterfunktion, wegen des schwankenden Iodgehalts und unterschiedlicher Resorptionsbedingungen für gebundenes und ungebundenes Iod obsolet. Fucus wird heute gelegentlich (vor allem in der *Volksmedizin*) noch als „Entfettungs- und Schlankheitsmittel" propagiert. Durch Iodzufuhr soll es zu einer vermehrten Bildung von Schilddrüsenhormonen, damit zu einer Steigerung des Grundumsatzes (Stoffwechselsteigerung) und zu einem Abbau von Depotfetten kommen. Obwohl ein über die Beeinflussung der Schilddrüsentätigkeit wirkendes „Schlankheitsmittel" wegen möglicher Nebenwirkungen strikt abzulehnen ist, findet sich die Droge immer noch als Bestandteil einiger Tees und Fertigarzneimittel. Völlig unsinnig ist auch die – in regelmäßigen Abständen immer wieder angepriesene – äußerliche Anwendung „zum Schlankbaden" o.ä. Sowohl für die innerliche Anwendung der Droge (Monographie der Kommission E, s.d.) als auch für die Verwendung von *Blasentang* als Zusatzstoff zu Bädern [7] ist die Wirksamkeit nicht durch wissenschaftliches Erkenntnismaterial belegt.

Nebenwirkungen: Iodidiosynkrasien sind ebenso möglich wie Hyperthyreosen oder Thyreotoxikosen bei längerem, unkontrolliertem Gebrauch. Durch Schilddrüsenüberfunktion bedingte Symptome wie Herzklopfen, Unrast, Schlaflosigkeit u.a. sind möglich.

Teebereitung: Nicht gebräuchlich und auch nicht zu empfehlen.

Teepräparate: Fucus ist vereinzelt noch Bestandteil von Entfettungs- oder Schlankheitstees.

Phytopharmaka: Einige Kombinationspräparate enthalten Tang-Extrakt als „Entfettungsmittel", z.B. Fucus 2000 Kaps., oder zur Struma-Therapie, z.B. Strumasalbe Soluna.

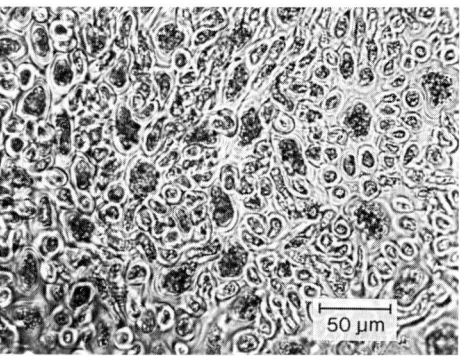

Abb. 3: Querschnitt durch die Mittelrippe von *Fucus vesiculosus*

Prüfung: Makroskopisch (s. Beschreibung) und mikroskopisch nach [1] bzw. nach DAC 1986. Die gerade nebeneinander verlaufenden dickwandigen Zellfäden der Mittelrippe sind für Fucus charakteristisch (Abb. 3). Die Gehaltsbestimmung erfolgt iodometrisch, wobei das proteingebundene Iod nach Ausfällung der Proteine mit Trichloressigsäure gesondert bestimmt wird.

Verfälschungen: Während nach dem Erg. B. 6 *Fucus vesiculosus* als alleinige Stammpflanze vorgeschrieben war, wurde bereits im DAB 8 auch *Ascophyllum nodosum* als gleichwertiger Drogenlieferant zugelassen. Über Unterschiede in der Morphologie und Anatomie dieser Braunalgen vgl. [1]; hier finden sich auch Angaben über den Formenreichtum und die verschiedenen Varietäten beider Tange.

Literatur:
[1] E. Stahl und Mitarb., Dtsch. Apoth. Ztg. **115**, 1893 (1975) und **116**, 51 (1976).
[2] K.W. Glombitza, H.W. Rauwald und G. Eckhardt, Phytochemistry **14**, 1403 (1975).
[3] K.W. Glombitza, H.W. Rauwald und G. Eckhardt, Planta Med. **32**, 33 (1977).
[4] M.A. Ragan und W.D. Jamieson, Phytochemistry **21**, 2709 (1982).
[5] M.G. McInnes und Mitarb., Can. J. Chem. **63**, 304 (1985); C.A. **102**, 182438 (1985).
[6] A.L. Jones und J.L. Harwood, Phytochemistry **31**, 3397 (1992).
[7] BAnzNr. 214 vom 12.11.1993, s. Pharm. Ztg. **138**, 3972 (1993).

Frohne

Fumariae herba

Erdrauchkraut
DAB 1997

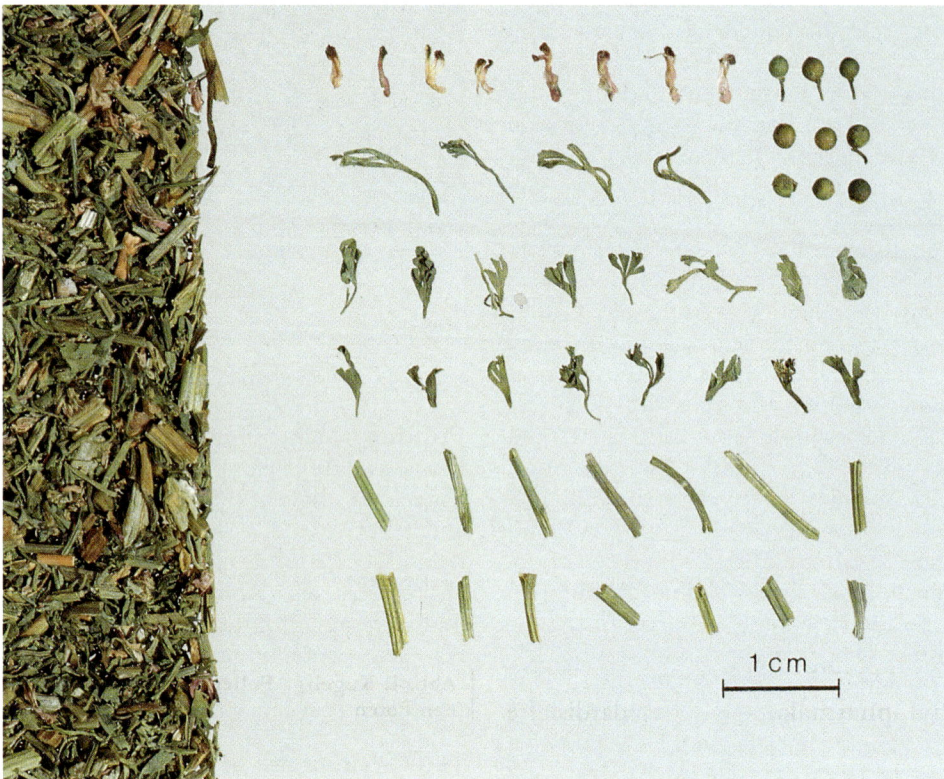

Abb. 1: Erdrauchkraut

<u>Beschreibung</u>: Die grau- bis bläulichgrüne Droge enthält viele Bruchstücke der doppelfiederspaltigen Blätter (2.–4. Reihe von oben) und hohle, kantige Stengelanteile (die beiden unteren Reihen). Charakteristisch sind die hell- bis dunkelvioletten, geschrumpften Blüten mit dunkelpurpurnem oder braunem Fleck an der Spitze (oberste Reihe). Die kugeligen Schließfrüchte (oben rechts) sind braungrün und enthalten einen kleinen braunen Samen.

<u>Geschmack</u>: Etwas bitter und leicht salzig.

Abb. 2: *Fumaria officinalis* L.
Einjähriges, bis 30 cm hohes Kraut. Blätter blaugrün, leicht bereift, fein gefiedert. Blüten in Trauben angeordnet, Krone rosa, mit dunkelroten Zipfeln, oberes Kronblatt etwas gespornt.

St. Zul. 1479.99.99

Stammpflanze: *Fumaria officinalis* L. (Erdrauch), Fumariaceae.

Synonyme: Ackerrautenkraut, Grindkraut, Erdrautenkraut, Taubenkerbel. Fumitory herb (engl.). Herbe de fumeterre (franz.).

Herkunft: Heimisch in Europa und Asien, an Wegrändern oder auf Ödland wachsend. Die Droge wird aus osteuropäischen Ländern importiert.

Inhaltsstoffe: Etwa 1% Alkaloide [1, 2], von denen etwa 30 in ihrer Struktur bekannt sind; es handelt sich im weitesten Sinne um Benzylisochinolinderivate, z.B. Protopin (=Fumarin), Fumarilin, Sinactin u.a. Der Protopingehalt liegt zwischen 0,08 und 0,4% [3]; nach DAB 1997 werden mindestens 0,4% Alkaloide, berechnet als Protopin, verlangt. Weitere Inhaltsstoffe: Flavonoide, Pflanzensäuren, bes. Fumarsäure (Name!), Schleimstoffe, Cholin. Neben freier Kaffeesäure und Chlorogensäure [4] wurden kürzlich in relativ hoher Konzentration Hydroxyzimtsäure-Äpfelsäureester gefunden (z.B. 1,2% Kaffeesäure-Äpfelsäureester in gefriergetrocknetem Kraut) [5].

Auszug aus der Monographie der Kommission E (BAnz Nr. 173 vom 18. 09. 1986)

Anwendungsgebiete
Krampfartige Beschwerden im Bereich der Gallenblase und der Gallenwege sowie des Magen-Darm-Traktes.

Gegenanzeigen
Keine bekannt.

Nebenwirkungen
Keine bekannt.

Wechselwirkungen mit anderen Mitteln
Keine bekannt.

Dosierung
Soweit nicht anders verordnet:
Mittlere Tagesdosis: 6 g Droge; Zubereitungen entsprechend.

Art der Anwendung
Zerkleinerte Droge und deren galenische Zubereitungen zum Einnehmen.

Wirkungen
Ausreichend gesichert ist die leichte, spasmolytische Wirkung am oberen Verdauungstrakt.

Indikationen: Erdrauchkraut wird als Cholagogum angewendet, wobei Protopin nicht nur den Gallenfluß fördern, sondern auch eine pathologisch gesteigerte Gallenabsonderung reduzieren soll (sog. „amphicholeretische Wirkung"). Ob die Hydroxyzimtsäureester [5] an der Gesamtwirkung der Droge beteiligt sind, ist bisher nicht untersucht. <u>Volksmedizinisch</u> werden der Droge auch diuretische und laxierende Eigenschaften zugeschrieben, desgleichen eine günstige Wirkung „bei Hautleiden" (vgl. den Namen „Grindkraut") [6]. Hier wäre evtl. an das Vorkommen der Fumarsäure zu denken, die ja heute – als synthetische Substanz – Bestandteil einiger Psoriasismittel ist. Gesamtextrakte wirken antiarrhythmisch [7].

Teebereitung: 2–3 g der Droge werden mit siedendem Wasser übergossen und nach 10 Minuten abgeseiht. Bei Gallenbeschwerden jeweils vor den Mahlzeiten 1 Tasse Tee warm trinken.
1 Teelöffel = etwa 1,6 g.

Teepräparate: Keine.

Phytopharmaka: Standardisierte Trockenextrakte sind enthalten in den Monopräparaten Oddibil® (Dragees) und Bilobene® (Filmtabletten), ein Fluidextrakt in Bomagall mono (Tropfen), alle aus der Gruppe Gallenwegstherapeutika.

Prüfung: Makroskopisch (s. Beschreibung) und mikroskopisch sowie mittels DC (vgl. St. Zul.). Die auf Blattober- und -unterseite vorhandenen Spaltöffnungen sind breit oval. Die Blattepidermis zeigt stellenweise einen charakteristischen Kristallbelag (Abb. 3). Die kugeligen Pollenkörner lassen 6 große Poren erkennen, durch die sich der

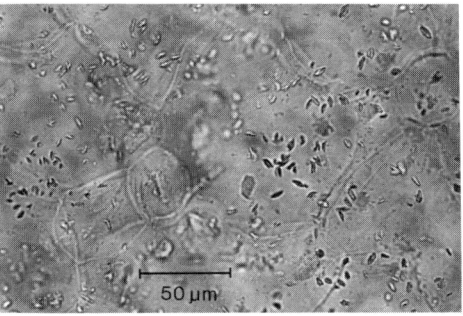

Abb. 3: Kristallbelag der oberen Blattepidermis

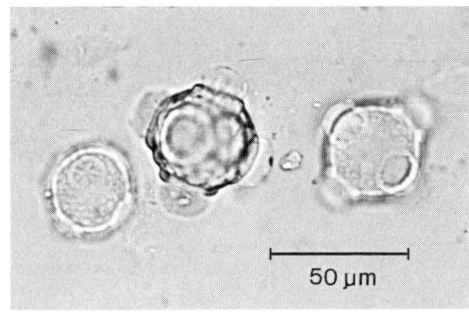

Abb. 4: Kugelige Pollenkörner mit 6 großen Poren

Wortlaut der Packungsbeilage gemäß Standardzulassung:

6.1 Anwendungsgebiete
Spastisch bedingte Gallenbeschwerden und Verstopfung.

6.2 Dosierungsanleitung und Art der Anwendung
Etwa 1–2 Teelöffel voll (2–4 g) **Erdrauchkraut** werden mit siedendem Wasser (ca. 150 ml) übergossen und nach 10 Minuten durch ein Teesieb gegeben. Soweit nicht anders verordnet, wird der noch warme, frisch bereitete Teeaufguß eine halbe Stunde vor den Mahlzeiten getrunken.

6.3 Dauer der Anwendung
Zubereitungen aus Erdrauchkraut müssen ggf. über einen Zeitraum von mehreren Wochen angewendet werden.

6.4 Hinweis
Vor Licht und Feuchtigkeit geschützt aufbewahren.

Fumarilin

Protopin

Polleninhalt kappenförmig vorwölbt (Abb. 4).

Für die Standardzulassung ist eine DC-Prüfung auf Alkaloide mit Nachweis des Protopins (Referenzsubstanz Noscapin) vorgeschrieben.

Verfälschungen: Die sehr ähnlichen, am gleichen Standort vorkommenden und von der Originaldroge kaum zu unterscheidenden *Fumaria*-Arten *F. vaillantii* LOISEL. (Bleicher oder Buschiger Erdrauch) oder *F. schleicheri* SOY.-VILL. (Dunkler Erdrauch) sind nur selten im Drogenhandel gefunden worden.

Literatur:
[1] Z.H. Mardirossian und Mitarb., Phytochemistry **22**, 759 (1983).
[2] P. Forgacs und Mitarb., Plantes Med. Phytothér. **20**, 64 (1986).
[3] A. Czapska, Herb. Polon. **34**, 143 (1988).
[4] V. Massa, P. Susplugas und P. Agnelli, Trav. Soc. Pharm. Montpellier **31**, 233 (1971).
[5] R. Hahn und A. Nahrstedt, Planta Med. **59**, 189 (1993).
[6] H. Kreitmair, Pharmazie **4**, 242 (1949).
[7] N.P. Gorbunov und Mitarb., Khim. Prir. Soedin. **11**, 56 (1977).

Frohne

Galangae rhizoma — Galgantwurzelstock

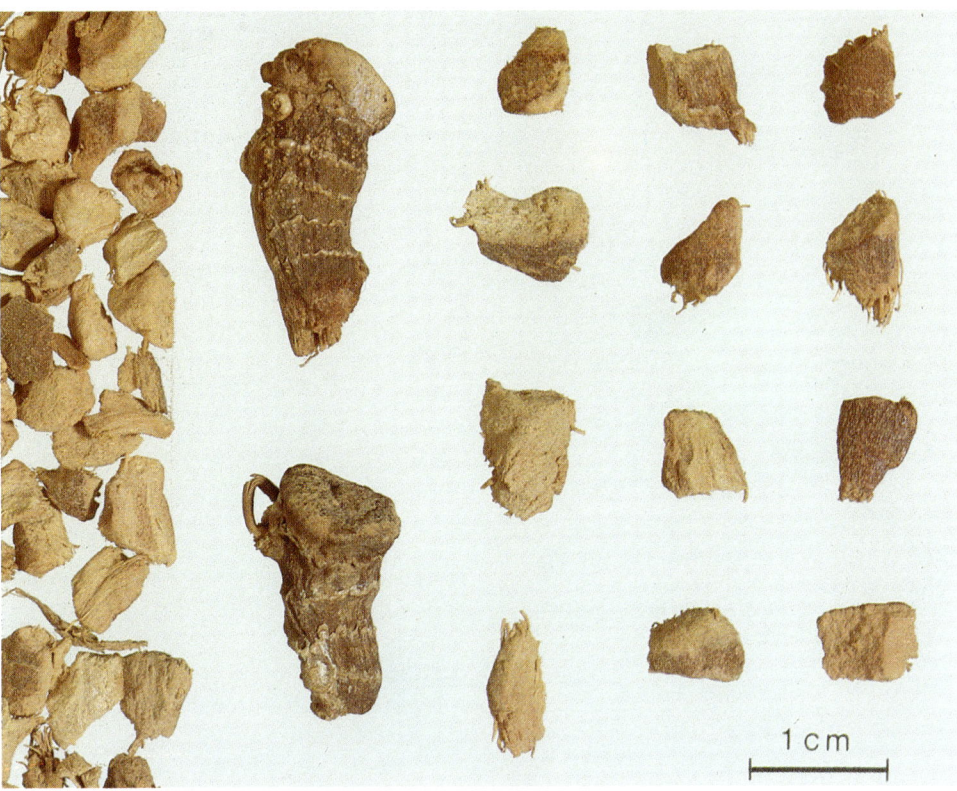

Abb. 1: Galgantwurzelstock

Beschreibung: Zylindrische, 1–2 cm dicke Rhizomstücke von rötlichbrauner Farbe, die an den Enden manchmal Reste von Stengeln zeigen. Charakteristisch sind die weißen, gekräuselten Querringeln, die von den Niederblättern des Rhizoms stammen. An der Unterseite Wurzelnarben und vereinzelt Wurzeln. Der Bruch ist zähfaserig.

Geruch: Charakteristisch, aromatisch.

Geschmack: Gewürzhaft und brennend.

Abb. 2: *Alpinia officinarum* Hance

Rhizomstaude Ostasiens mit bis 30 cm langen, lineal-lanzettlichen Blättern. Traubige Blütenstände 60–150 cm hoch, Blumenkrone dreilappig, unten röhrig.

Ph. Helv. VII: Galangae rhizoma
DAC 1986: Galgant

Stammpflanze: *Alpinia officinarum* Hance (Echter Galgant), Zingiberaceae.

Synonyme: Galgantwurzel, Fieberwurzel. Galangal root, Chinese ginger, East Indian root (engl.). Rhizome de galanga, Petit galanga, Galanga du chine (franz.).

Herkunft: Aus Kulturen in Südchina, Thailand und Indien.

Inhaltsstoffe: 0,5 bis über 1% ätherisches Öl (DAC 1986 mindestens 0,5%), das hauptsächlich aus Monoterpenen, Monoterpenalkoholen und deren Estern sowie aus Sesquiterpenen besteht; kleine Anteile an Phenylpropanen wie Eugenol, Chavicol und deren Derivate kommen vor [1]. Die sog. Scharfstoffe der Droge (früher als Galangol bezeichnet) sind ein Gemisch verschiedener Diarylheptanoide und Phenylalkanone. Galgantwurzel enthält Flavonoide, vor allem Quercetin- und Kämpferolderivate sowie Diterpene [1a], Sterole und Sterolglykoside.

Indikationen: Vorwiegend als Stomachikum und Tonikum, bei Appetitlosigkeit und „Verdauungsschwäche".
Die Diarylheptanoide sind eingehend geprüft worden; sie hemmen alle deutlich die Prostaglandinbiosynthese [2, 3], doch wird davon therapeutisch bisher kein Gebrauch gemacht. Auch die Phenylalkanone besitzen ähnliche Wirkung [4].
In den letzten Jahren sind zahlreiche Inhaltsstoffe mit interessanten biologischen Wirkungen entdeckt worden: Acetoxychavicolacetat [5, 6] erwies sich als fungizide und tumorhemmende Substanz, es unterdrückt die cytotoxische Wirkung von Cyclophosphamid [7]. Für einige Diterpene aus Galgantwurzel mit Antitumoreffekten wurde ein japanisches Patent erteilt. Ein Bis-styryl-methan-derivat ist für die Biosynthese verschiedener Inhaltsstoffe interessant [8].

Teebereitung: 0,5–1 g der feinzerschnittenen oder grobgepulverten Droge mit kochendem Wasser übergießen und in bedecktem Gefäß 5–10 min lang ziehen lassen, danach durch ein Teesieb geben. Jeweils $^1/_2$ Stunde vor den Mahlzeiten 1 Tasse.
1 Teelöffel = etwa 2 g.

Teepräparate: Keine. Die Droge ist Bestandteil von Schwedenkräuter-Mischungen zum Ansetzen mit Alkohol.

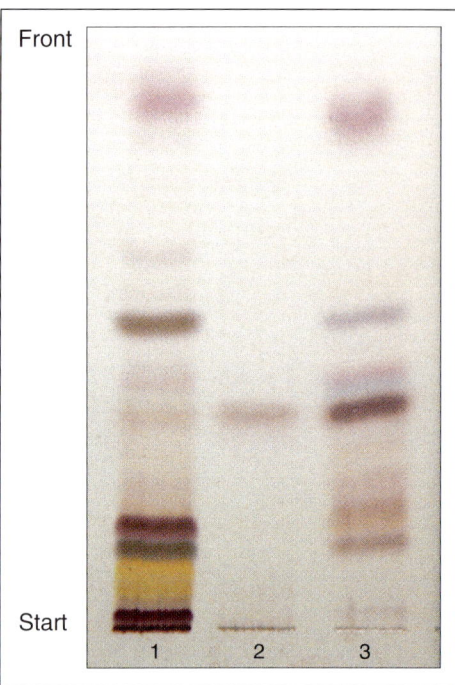

Abb. 3: DC von Galgantwurzel auf Glasplatte 5 × 10 cm, Laufstrecke 8 cm, besprüht mit Anisaldehyd R, im Tageslicht
Bahn 1: Untersuchungslösung a
Bahn 2: Referenzlösung
Bahn 3: Untersuchungslösung b

Phytopharmaka: Auszüge aus Galgantwurzel sind Bestandteil einiger Fertigarzneimittel, z.B. Klosterfrau Melissengeist®, Holthausens Kräutertinktur u.a.; Galgantwurzelpulver ist in einigen wenigen Präparaten gegen dyspeptische Beschwerden enthalten, z.B. Alpinum® (Tabletten).

Prüfung: Makroskopisch (siehe Beschreibung) und mikroskopisch. Die sehr breite Rinde enthält nur wenige kollaterale Leitbündel, hingegen sind im Zentralzylinder viele, von einer gelben, aus Fasern bestehenden Scheide umgebene, kollaterale Leitbündel vorhanden. Für die Droge sehr typisch die keulenförmigen, zuweilen etwas gebogenen, 20–40 µm langen, etwas abgeflachten Stärkekörner.

Identitätsprüfung mittels DC:

Sorbens: Kieselgel $60 F_{254}$ (lufttrocken) (Merck) (5 × 10 cm, Glas oder Folie).

Untersuchungslösung: 1,0 g pulv. Droge wird mit 5 ml Toluol 10 Min. geschüttelt. Das Filtrat dient als Untersuchungslösung (**a**), alternativ kann das Wasserdampfdestillat von 1,0 g pulv. Droge analog der Gehaltsbestimmung des ätherischen Öls (DAB 1996), aufgenommen in 1 ml Toluol verwendet werden (Untersuchungslösung **b**).

Referenzlösung: 5 mg Cineol werden in 5 ml Toluol gelöst.

Aufzutragen: 10 µl Untersuchungslösung und 5 µl Referenzlösung strichförmig (10 × 2 mm).

Fließmittel: Toluol-Ethylacetat (95 + 5) (Kammersättigung).

Laufstrecke: 8 cm, **Zeit:** 14 min.

Sichtbarmachung und Auswertung: Nach vollständigem Abdunsten des Fließmittels (**nicht** im Heißluftstrom!) wird mit Anisaldehydreagenz R (DAB 1996) besprüht, 3 Min. auf 105 °C erhitzt und im Tageslicht (Abb. 3) und

---

Beispiel von Scharfstoffen der Galgantwurzel

Diarylheptanoide
$R^1\brace R^2\} = O$ R^1 —H R^1 —H
               R^2 —OCH$_3$ R^2 —OH

[8]-Gingerol (Phenylalkanon)

Acetoxychavicolacetat

unter UV$_{365}$ ausgewertet. Die Referenzsubstanz erscheint im Tageslicht als violette Zone (Rf=0,34), die im UV$_{365}$ rot fluoresziert. Die Untersuchungslösung **a** zeigt neben der Zone des Cineols eine Reihe von weiteren violetten Zonen. Im DC des Wasserdampfdestillats **b** stellt Cineol die intensivste Zone dar. Unter UV$_{365}$ zeigt das DC des Extrakts **a** eine Reihe charakteristisch fluoreszierender Zonen, wobei besonders auffällig eine im Tageslicht gelb erscheinende Zone bei Rf ca. 0,1 türkisblau fluoresziert. Nach 2 h erscheint diese Zone unter UV$_{365}$ schwarz. Die im Tageslicht intensiv violette Zone bei Rf ∼ 0,50 in **a** fluoresziert unter UV$_{365}$ leuchtend rot, etwas oberhalb liegt eine graugrüne oder violettgraue Zone.

Verfälschungen: Verfälschungen mit Rhizomen von *Kaempferia galanga* L. und einigen anderen *Alpinia*-Arten können schon makroskopisch erkannt werden, da sie bis 4 cm dick sind, einen sehr hellen Zentralzylinder besitzen und kaum aromatisch riechen. Einige *Alpinia*-Arten lassen sich jedoch nur mittels DC erkennen, siehe Prüfung.

Aufbewahrung: Kühl, vor Licht geschützt, nicht in Kunststoffbehältern (ätherisches Öl!).

Auszug aus der Monographie der Kommission E
(BAnz Nr. 173 vom 18.09.1986 und Nr. 50 vom 13.03.1990)

Anwendungsgebiete
Dyspeptische Beschwerden, Appetitlosigkeit.

Gegenanzeigen
Keine bekannt.

Nebenwirkungen
Keine bekannt.

Wechselwirkungen mit anderen Mitteln
Keine bekannt.

Dosierung
Soweit nicht anders verordnet:
Tagesdosis: Tinktur (entspr. EB 6): 2 bis 4 g. Droge: 2 bis 4 g.

Art der Anwendung
Zerkleinerte Droge. Drogenpulver sowie andere galenische Zubereitungen zum Einnehmen.

Wirkungen
spasmolytisch,
antiphlogistisch (Hemmung der Prostaglandinsynthese),
antibakteriell.

Literatur:
[1] H.L. De Pooter und Mitarb., Phytochemistry **24**, 93 (1985).
[1a] H. Haraguchi und Mitarb., Planta Med. **62**, 308 (1996).
[2] F. Kiuchi, M. Shibura und U. Sankawa, Chem. Pharm. Bull. **30**, 2279 (1982); C.A. **97**, 150626 (1982).
[3] H. Itokawa, M. Morita und S. Mihashi, Chem. Pharm. Bull. **29**, 2383 (1981); C.A. **95**, 183902 (1981).
[4] F. Kiuchi, M. Shibura und U. Sankawa, Chem. Pharm. Bull. **30**, 754 (1982); C.A. **97**, 98204 (1982).
[5] A.M. Janssen und J.J.C. Scheffer, Planta Med. **51**, 507 (1985).
[6] A. Kondo und Mitarb., Biosci., Biotechnol., Biochem. **57**, 1344 (1993).
[7] S. Qureshi und Mitarb., Int. J. Pharmacogn. **32**, 171 (1994).
[8] B.R. Barik, A.B. Kundu und A.K. Dey, Phytochemistry **26**, 2126 (1987).

Wichtl

Galegae herba — Geißrautenkraut

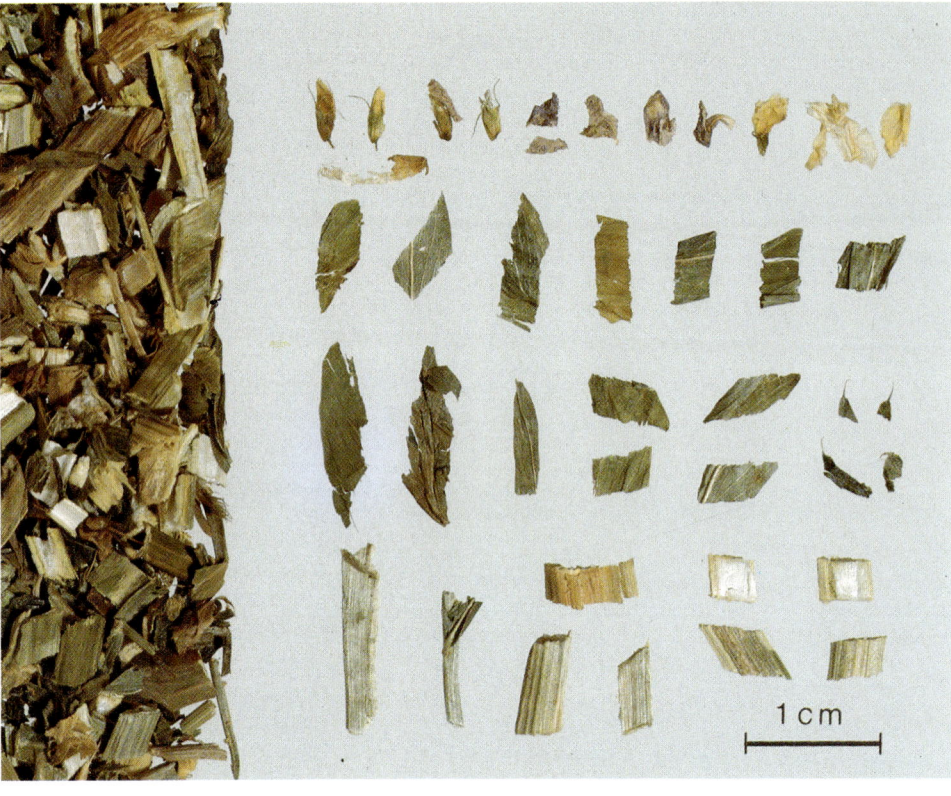

Abb. 1: Geißrautenkraut

Beschreibung: Die Droge besteht überwiegend aus Stückchen der bis 4 cm langen, hellgrünen Fiederblättchen. Der Mittelnerv tritt unterseits deutlich hervor, die Seitennerven setzen unter spitzem Winkel an und geben dem Blatt ein fast streifennerviges Aussehen. Spitze des Fiederblatts mit einem Stachelspitzchen (Abb. 3). Weißgelbe oder violettblaue Schmetterlingsblüten sind selten zu finden, dann aber ein gutes Erkennungsmerkmal (Abb. 1, obere Reihe); ebenfalls selten die längsgerillten Stengelstückchen.

Abb. 2: *Galega officinalis* L.
Mehrjährige, bis über 1 m hohe Staude mit unpaarig gefiederten Blättern. Weiße oder hellviolettblaue Schmetterlingsblüten in dichten Trauben.

Erg. B. 6: Herba Galegae

Stammpflanze: *Galega officinalis* L. (Echte Geißraute), Fabaceae.

Synonyme: Herba Rutae caprariae, Ziegenraute, Geißklee, Bockskraut, Fleckenkraut, Pockenraute, Suchtkraut, Galei. Goat's rue herb (engl.). Herbe de galéga (franz.).

Herkunft: In Mittel-, Süd- und Ost-Europa, z.T. auch kultiviert. Die Droge wird aus Bulgarien, Polen und Ungarn importiert.

Inhaltsstoffe: Als „Glukokinin" das Guanidinderivat Galegin (Isoamylenguanidin) in allen Pflanzenteilen, zu etwa 0,5% in den Samen; daneben Hydroxygalegin und Peganin; Flavonoide (Blüten), Gerbstoffe, Saponine in geringer Menge; ubiquitäre Substanzen [1]. Chromsalze (s. unter Indikationen).

Indikationen: Anwendung praktisch nur noch in der *Volksmedizin*. Die Droge gilt auf Grund des Gehaltes an Galegin als „Antidiabetikum". Für Galegin und andere (synthetische) Guanidinderivate sind in älteren Arbeiten (vgl. dazu [1]) blutzuckersenkende Wirkungen nachgewiesen worden. 1974 hat eine russische Arbeitsgruppe mit wäßrigen und alkoholischen Geißrauten-Extrakten an gesunden und mit Alloxan diabetisch gemachten Kaninchen einen hypoglykämischen Effekt nachgewiesen, der Glykogenspiegel in der Leber und im Myokard stieg an [2]. Dennoch ist eine Verwendung der Droge wegen der unsicheren Wirksamkeit abzulehnen. Beim Gebrauch der Droge ist bei hoher Dosierung die Gefahr einer Intoxikation gegeben, wie sie auch bei den früheren Diguanidinderivaten (Synthalin) beobachtet wurde. Von den in den 50er Jahren entwickelten Biguanidderivaten sind ebenfalls die meisten Präparate wieder vom Markt genommen worden [3].

Neuerdings wird der Gehalt an Chromsalzen (ca. 3,7 ppm) mit einer möglichen antidiabetischen Wirkung in Zusammenhang gebracht [4]. Es ist bekannt, daß chromfrei ernährte Ratten Symptome von Diabetes mellitus II zeigen, die durch Gabe des sog. Glucose-Toleranzfaktors – einem niedermolekularen Cr(III)-Komplex – therapiert werden können. Auch in einer neueren Studie wird der hypoglykämische Effekt von Herba Galegae bestätigt; an Mäusen bewirkt ein wäßriger Auszug (12,5 g Droge/kg Körpergewicht) eine Absenkung des Glucoseblutspiegels um 66% gegenüber der Kontrollgruppe innerhalb einer Stunde, nach 4 Stunden lag er immer noch um 30% niedriger [5].

Geißraute wurde auch zur Förderung der Milchsekretion empfohlen (Veterinärmedizin).

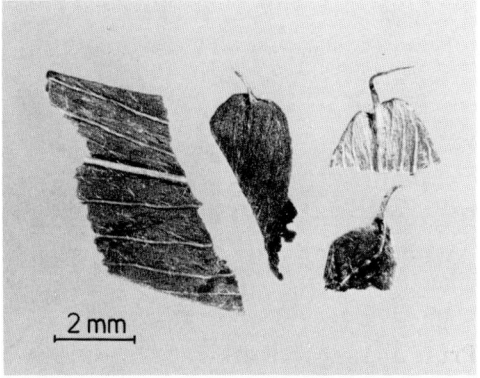

Abb. 3: Bruchstücke der Fiederblätter mit kräftigem Mittelnerv (links) und zarten, gekrümmten Stachelspitzen (rechts)

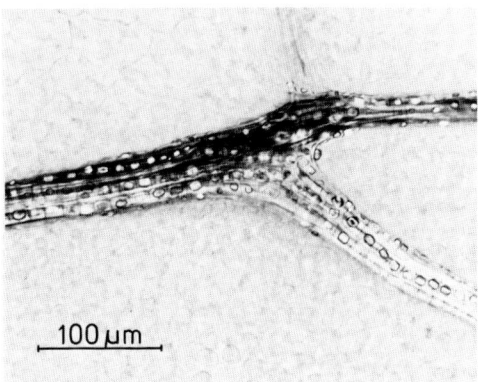

Abb. 4: Kristallzellreihen umgeben die Gefäßbündel (ganz rechts)

Auszug aus der Monographie der Kommission E (BAnz Nr. 180 vom 24.09.1993)

Pharmakologische Eigenschaften, Pharmakokinetik, Toxikologie

Das in der Droge enthaltene Galegin wirkt blutzuckersenkend. Eine blutzuckersenkende Wirkung von Geißrautenkraut ist nicht sicher nachgewiesen.

Klinische Angaben

1. Anwendungsgebiete

a) Anwendungsgebiete als Aufbereitungsergebnis:
Keine.

b) Beanspruchte Anwendungsgebiete mit Begründung ihrer negativen Bewertung:
Zubereitungen aus Geißrautenkraut werden als harntreibendes Mittel sowie zur unterstützenden Behandlung der Zuckerkrankheit angewendet.
In Kombinationen werden Zubereitungen aus Geißrautenkraut auch zur Anregung der Nebennieren und der Bauchspeicheldrüse, bei „Drüsenstörungen", zur „Blutreinigung", als Mesenchym-entschlackendes Mittel, bei Sekretionsstörungen des Magen-Darm-Traktes, Gärungs- und Fäulnisdyspepsien, Roemheld-Syndrom, Diarrhoe, Dysbakterie im Bereich des Dickdarms, zur Steigerung der Milchbildung, Umstimmungstherapie, als Leberschutztherapie, bei „Status lymphaticus" sowie bei exsudativer Diathese verwendet. Die Wirksamkeit bei den beanspruchten Anwendungsgebieten ist nicht belegt.

2. Risiken

Die Droge enthält Galegin, das ähnlich wie die synthetischen Guanidin-Derivate hypoglykämisch wirkt. Eine therapeutische Anwendung der Droge bei Diabetes mellitus ist jedoch angesichts der unsicheren Wirkung der Droge, der Schwere der Erkrankung und der therapeutischen Alternativen nicht zu vertreten.
Vergiftungen durch Geißraute bei Weidevieh wurden beobachtet.

Beurteilung

Da die Wirksamkeit bei den beanspruchten Anwendungsgebieten nicht belegt ist, kann eine therapeutische Anwendung nicht befürwortet werden. Sie ist bei Diabetes mellitus angesichts der Schwere der Erkrankung und der wirksamen therapeutischen Alternativen nicht zu vertreten.

Teebereitung: 2 g feinzerschnittene Droge werden mit kochendem Wasser übergossen und nach 5–10 min durch ein Teesieb gegeben.
1 Teelöffel=etwa 1,3 g.

Teepräparate: Keine.

Phytopharmaka: Nur noch selten in Kombinationspräparaten als Diabetes-Therapeuticum, z.B. Antidiabeticum Hanosan® (Tabletten).

Prüfung: Abgesehen von der makroskopisch erkennbaren charakteristischen Nervatur der Fiederblättchen bietet die Mikroskopie weitere Identifizierungshilfen: Epidermiszellen oberseits polygonal, unterseits wellig-buchtig, beiderseits mit Spaltöffnungen. Behaarung spärlich, aber besonders am Blattrand dickwandige Haare (mit verdickter Basalzelle und dünnwandiger, kurzer Zwischenzelle). An den Nerven Kristallzellreihen (Abb. 4).

Verfälschungen: Werden in der Praxis kaum beobachtet.

Literatur:
[1] Hager, Band **4,** 1082 (1973).
[2] D.Z. Shukyurov, D.Ya. Guseinov und P.A. Yuzbashinskaya, Dokl. Akad. Nauk. Az. SSR **30,** 58 (1974); C.A. **82,** 106392 (1975).
[3] Lj. Kraus und G. Reher, Dtsch. Apoth. Ztg. **122,** 2357 (1982).
[4] A. Müller, E. Diemann und P. Sassenberg, Naturwissenschaften **75,** 155 (1988).
[5] H. Neef, P. Declercq und G. Laekman, Pharmacy World and Science **16,** Suppl. I, 112 (1994).

Frohne

Galeopsidis herba — Hohlzahnkraut

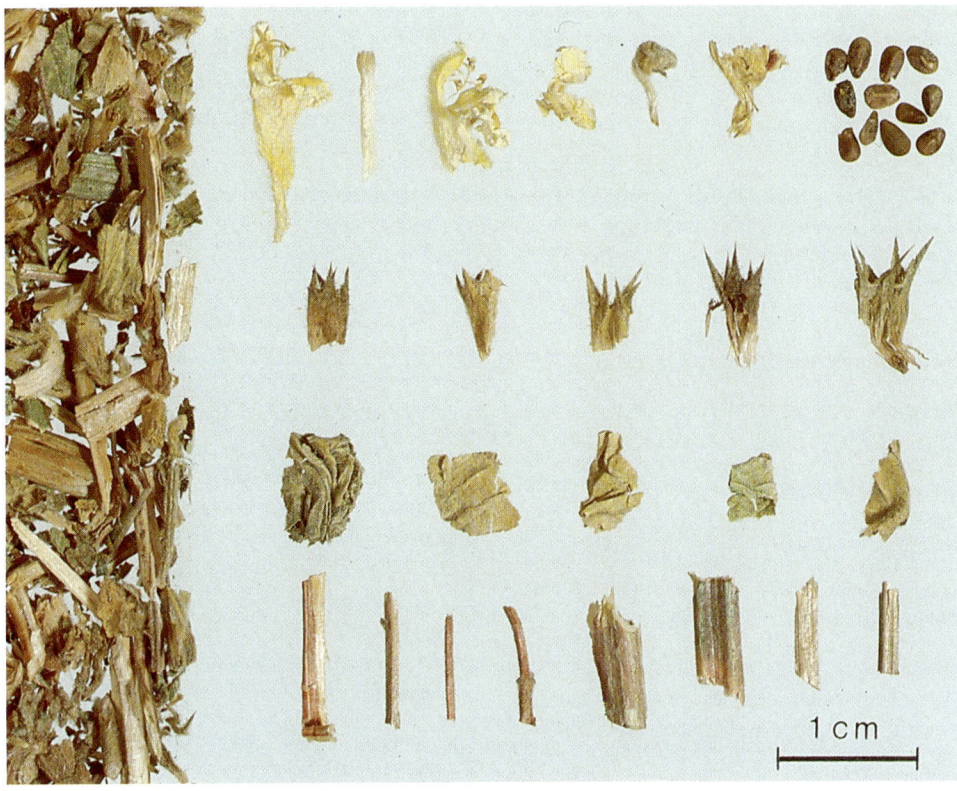

Abb. 1: Hohlzahnkraut

Beschreibung: Stumpf vierkantige, weich behaarte, oft purpurn überlaufene Stengelstücke mit weitem Mark, verästelt, unter den Gelenken nicht verdickt. Gelblichgrüne, leicht gerunzelte, samtig weichbehaarte Blätter mit unterseits deutlich hervortretender fiederiger Nervatur und grobgesägtem Rand. Von den Blüten vor allem zahlreiche hellgelbe, röhrigglockige, drüsig behaarte Kelche, auffallend durch ihre 5 stachelspitzigen Zähne (2. Reihe). Die großen Korollblätter meist stark geschrumpft, gelblich, mit schwefelgelbem Fleck auf der Unterlippe. Häufig auch Früchte, braune, schwarzpunktierte Nüßchen (oben rechts).

Geruch: Sehr schwach, eigenartig.

Geschmack: Bitter und leicht salzig.

Abb. 2: *Galeopsis segetum* NECKER

Einjähriges, bis 50 cm hohes Kraut mit vierkantigem, fein behaartem Stengel. Blätter kurzgestielt mit gesägtem Rand. Blüten hellgelb, in Scheinquirlen, Unterlippe mit 2 hohlen, zahnartigen (Name!) Höckern.

Erg. B. 6: Herba Galeopsidis

Stammpflanze: *Galeopsis segetum* NEKKER, syn. *Galeopsis ochroleuca* LAM. (Saat-Hohlzahn), Lamiaceae.

Synonyme: Spanischer Tee, Blankenheimer Tee. Hemp-nettle herb (engl.). Herbe de galéopside (franz.).

Herkunft: In Mittel- und Südeuropa auf sandigen Böden. Die Droge stammt aus Wildsammlungen (Ungarn, Polen).

Inhaltsstoffe: Lamiaceen-Gerbstoff etwa 5%; 0,6–1% Kieselsäure, ein Teil davon in Form wasserlöslicher Silikate; Iridoide [1], besonders Harpagid, 8-O-Acetylharpagid, Antirr(h)inosid und dessen 5-O-Glucosid; Flavonoide, z.B. Hypolaetin- und Isoscutellareinderivate [2].

Indikationen: Als Adstringens.

In der *Volksmedizin*, so wie andere silikathaltige Pflanzen, bei Lungenerkrankungen (s. auch Lungenkraut); es gibt jedoch keine pharmakologischen oder klinischen Befunde, die diese Anwendung begründen. Gleiches gilt für die in der Volksmedizin ebenfalls empfohlene Verwendung der Droge als Diuretikum.

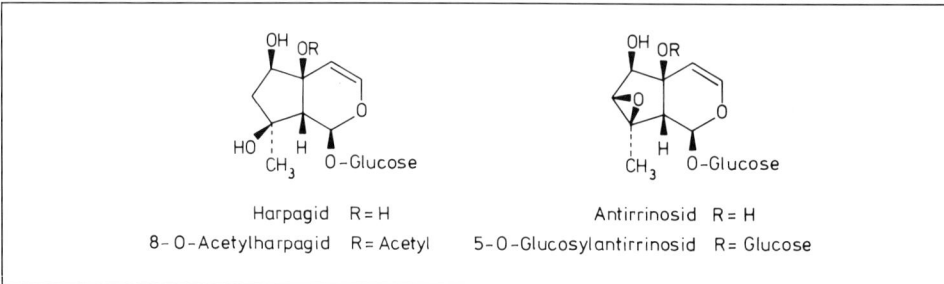

Teebereitung: 2 g fein zerschnittene Droge mit kochendem Wasser übergießen oder mit kaltem Wasser ansetzen und aufkochen, nach 5 min abseihen. Bei Bronchialleiden als (bescheidenes) Hilfsmittel, mehrmals täglich 1 Tasse Tee, evtl. mit Honig gesüßt.
1 Teelöffel=etwa 1 g.

Teepräparate: Selten als Tee oder Teegemisch.

Phytopharmaka: Einige wenige Fertigarzneimittel, die Drogenextrakte enthalten, z.B. Tussiflorin® (Tropfen, Saft) u.a.

Prüfung: Zusätzlich zur makroskopischen Kontrolle (s. Beschreibung) mikroskopisch. Besonders charakteristisch (aber nicht häufig) sind Drüsenhaare der Blätter (besonders der Kelchblätter), bei denen auf einem mehrzelligen, langen Stiel schüsselförmige Köpfchen sitzen, (Abb. 3 und 4) die aus 16–32 Zellen bestehen, in denen kleine Oxalatdrusen und Einzelkristalle liegen. Etwas häufiger findet man Drüsen mit einzelligem Stiel und zwei- bis vierzelligem Köpfchen. Zahlreiche lange, spitze Deckhaare, die einer kugeligen Basalzelle entspringen (Abb. 3). Die Nüßchen sind deutlich punktiert (Abb. 5).

Identitätsprüfung mittels DC:

Sorbens: Kieselgel 60 F$_{254}$ (lufttrocken) (Merck) (5 × 10 cm, Glas oder Folie).

Untersuchungslösung: 1,0 g pulv. Droge wird mit 5 ml Methanol 10 Min. unter Rückfluß erhitzt und warm filtriert. Das Filtrat dient als Untersuchungslösung.

Referenzlösung: Je 5 mg Rutosid, Chlorogensäure und Hyperosid werden in 5 ml Methanol gelöst.

Aufzutragen: 3–5 µl Untersuchungslösung und 2 µl Referenzlösung strichförmig (10 × 2 mm).

Fließmittel: Ethylacetat – wasserfr. Ameisensäure – Wasser (80 + 8 + 12) (Kammersättigung).

Laufstrecke: 8 cm, **Zeit:** 20 min.

Sichtbarmachung und Auswertung: Nach vollständigem Abdunsten des Fließmittels (im Heißluftstrom):
1. unbesprüht unter UV$_{254}$ und UV$_{365}$
2. Besprühen a) mit einer 1proz. methanolischen Lösung von Diphenylboryloxyethylamin und b) mit einer 5proz. methanolischen Lösung von Polyethylenglykol 400 und anschließende Auswertung unter UV$_{365}$. Die Referenzsubstanzen zeigen folgende Rf-Werte und Fluoreszenzfarben: Rutosid (0,14, orangegelb), Chlorogensäure (0,25, hellblau), Hyperosid (0,29, orangegelb). Das DC der Untersuchungslösung zeigt eine charakteristische Folge fluoreszenzlöschender und nach Besprühen

Auszug aus der Monographie der Kommission E (BAnz Nr. 76 vom 23.04.1987)

Anwendungsgebiete
Leichte Katarrhe der Luftwege.

Gegenanzeigen
Keine bekannt.

Nebenwirkungen
Keine bekannt.

Wechselwirkungen mit anderen Mitteln
Keine bekannt.

Dosierung
Soweit nicht anders verordnet: mittlere Tagesdosis: 6 g Droge; Zubereitungen entsprechend.

Art der Anwendung
Zerkleinerte Droge für Aufgüsse, sowie andere galenische Zubereitungen zum Einnehmen.

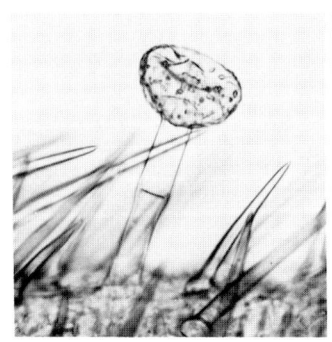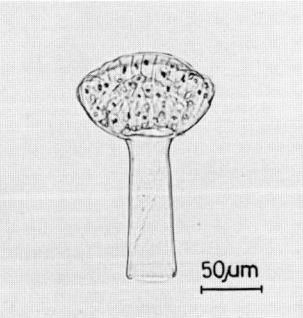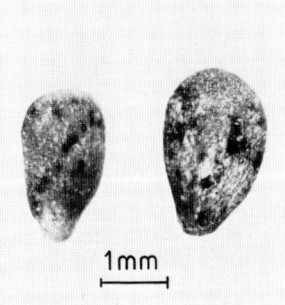

Abb. 3+4: Drüsenhaare mit mehrzelligem Stiel und schüsselförmigem Köpfchen der Blätter von *Galeopsis segetum*, sowie Deckhaare
Abb. 5: Braune, punktierte Nüßchen

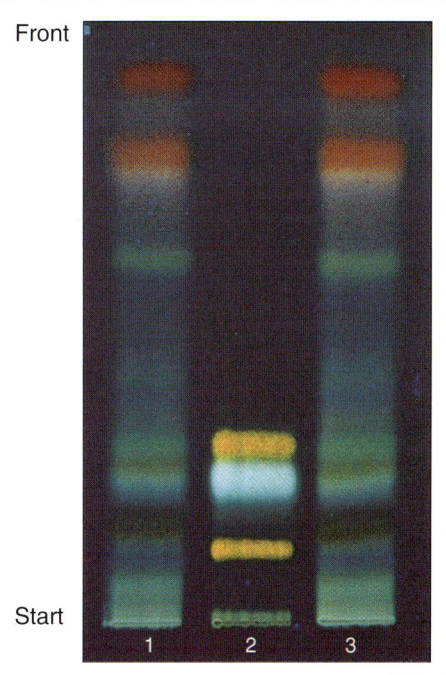

Abb. 6: DC von Hohlzahnkraut, auf Glasplatte 5 × 10 cm, Laufstrecke 8 cm, besprüht mit Diphenylboryloxyethylamin-Reagenz, unter UV$_{365}$
1 Hohlzahnkraut (3 µl)
2 Referenzlösung (2 µl)
3 Hohlzahnkraut (5 µl)

fluoreszierender Zonen, besonders auf der Höhe der Chlorogensäure und des Hyperosids (Abb. 6).

Verfälschungen: Häufig mit anderen *Galeopsis*-Arten, besonders *Galeopsis tetrahit* L. (Stechender Hohlzahn) mit sehr rauhhaarigem Stengel und kleineren, rosaroten oder weißen Blüten und mit *Galeopsis speciosa* Mill. (Bunter Hohlzahn) mit ebenfalls rauhhaarigem Stengel und violettem Fleck auf der Korollunterlippe. Andere, in der Literatur erwähnte Verfälschungen sind im Drogenhandel sehr selten.

Literatur:
[1] U. Junod-Busch, Dissertation ETH Zürich 1976.
[2] F.A. Tomas-Barberan und Mitarb., Phytochemistry **30**, 3311 (1991).

Wichtl

Galii veri herba — Echtes (gelbes) Labkraut

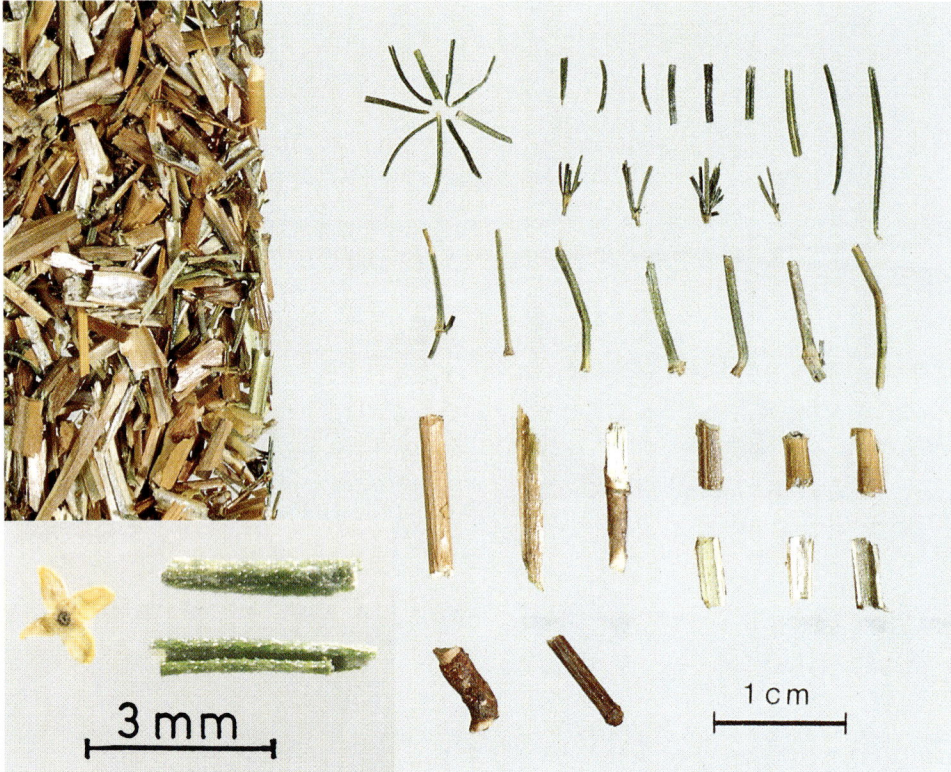

Abb. 1: Gelbes Labkraut

Beschreibung: Dünne, rundliche Stengelstücke mit (meist 4) hervorragenden Linien in der Längsrichtung, ästig gegliedert. Blätter schmal-linealisch, stachelspitzig, mit umgerolltem Rand, unterseits kurz weichhaarig; in der Droge findet man hin und wieder Stengelstücke, an der die Anordnung der Blätter in Quirlen noch zu erkennen ist (obere Reihen). Sehr kleine, gelbe Blüten (Abb. 3), nicht zahlreich, mit flacher, radförmiger Blumenkrone.

Geschmack: Etwas bitter.

Abb. 2: *Galium verum* L.

Das Echte Labkraut, eine ca. 50 cm hohe, ausdauernde Pflanze mit 4-kantigem Stengel und quirlständigen, nadelförmigen Blättern, besitzt im Gegensatz zu zahlreichen anderen Galium-Arten goldgelbe Blüten. Sie sind nur 2–3 mm groß, trichterförmig, 4-zipfelig, ohne Kelch und stehen in vielblütigen Rispen.

DAC 1986: Echtes Labkraut

Stammpflanze: *Galium verum* L. (Echtes oder Gelbes Labkraut), Rubiaceae.

Synonyme: Gelbes Käselabkraut, Gliederkraut, Gelbes Sternkraut, Liebfrauenstroh, Galii lutei herba. Lady's bedstraw herb, Yellow bedstraw, Cheese rennet (engl.). Sommité fleurie de caille-lait jaune (franz.).

Herkunft: In weiten Teilen Europas verbreitet, auch in Nordafrika und Asien vorkommend. Die Droge wird aus osteuropäischen Ländern eingeführt.

Inhaltsstoffe: Etwa 2% Flavonoide [1, 2], besonders Quercetinglykoside (Isorutin, Palustrosid, Cynarosid u.a.). Die Droge enthält kleine Mengen an Iridoidglykosiden, z.B. Asperulosid, Monotropein, Scandosid, Geniposidsäure u.a. [3–5]. In Spuren kommen Anthrachinonderivate vor, größere Mengen werden von Zellkulturen produziert [6].

Indikationen: Nur in der *Volksmedizin* als Diuretikum, selten auch als Diaphoretikum und Spasmolytikum, ebenso äußerlich bei Hautverletzungen und Hautschäden. Einschlägige Untersuchungen, die die Anwendungen belegen, fehlen derzeit.
In Schottland wird die Droge auch heute noch zum Färben verwendet [7].

Teebereitung: 4–5 g der feingeschnittenen Droge (2 gehäufte Teelöffel) mit siedendem Wasser übergießen und nach 10 min durch ein Teesieb geben. Die Droge kann auch mit kaltem Wasser angesetzt und anschließend aufgekocht werden. Als mildes Diuretikum täglich 2 bis 3 Tassen.
1 Teelöffel = etwa 1,7 g.

Teepräparate und Phytopharmaka: Keine.

Prüfung: Makroskopisch (s. Beschreibung) und mikroskopisch nach DAC 1986. Die Blätter zeigen am Rand Stachelhaare (Abb. 4), auf der Unterseite zahlreiche bis 100 µm lange Borstenhaare. Recht typisch sind auch die Raphiden in den Laubblättern (Abb. 5 und 6).

Identitätsprüfung mittels DC:

Sorbens: Kieselgel 60 F_{254} (lufttrocken) (Merck) (5 × 10 cm, Glas oder Folie).

Untersuchungslösung: 1,0 g pulv. Droge wird mit 5 ml Methanol 10 Min. unter Rückfluß erhitzt und warm filtriert. Das Filtrat dient als Untersuchungslösung.

Referenzlösung: Je 5 mg Rutosid, Chlorogensäure und Hyperosid werden in 5 ml Methanol gelöst.

Aufzutragen: 3–5 µl Untersuchungslösung und 2 µl Referenzlösung strichförmig (10 × 2 mm).

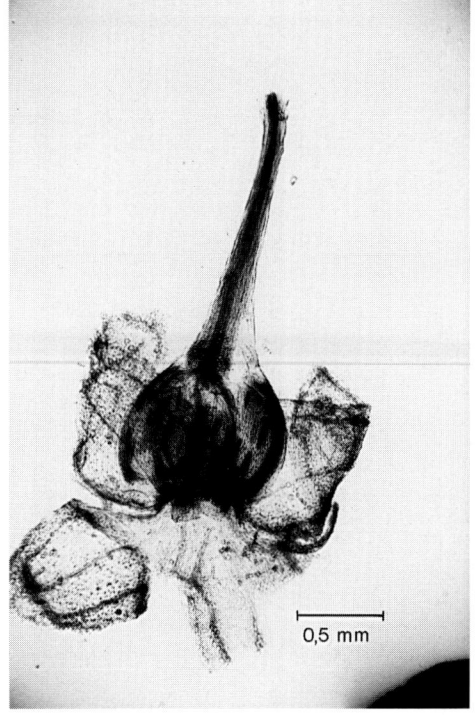

Abb. 3: Blüte von *Galium verum* mit Raphiden im relativ großen Fruchtknoten

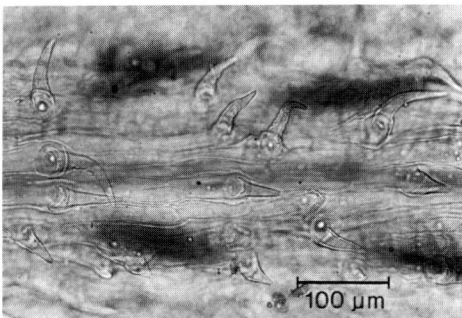

Abb. 4: Stachelhaare vom eingerollten Blattrand

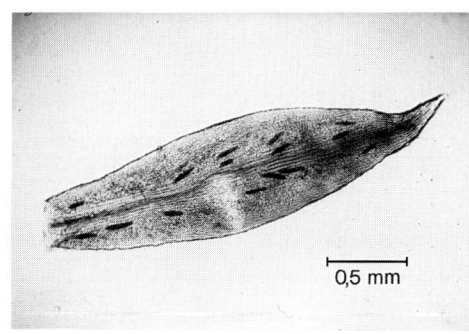

Abb. 5: Schmal lineales Blatt mit durchscheinenden Raphiden

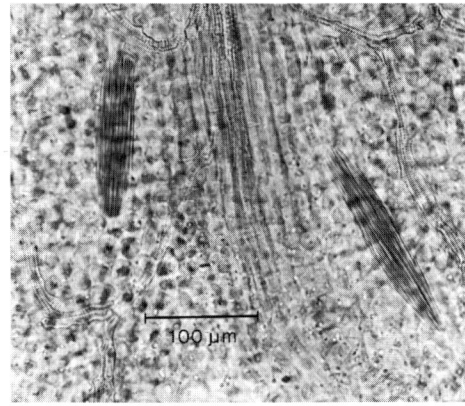

Abb. 6: Raphidenbündel der Laubblätter

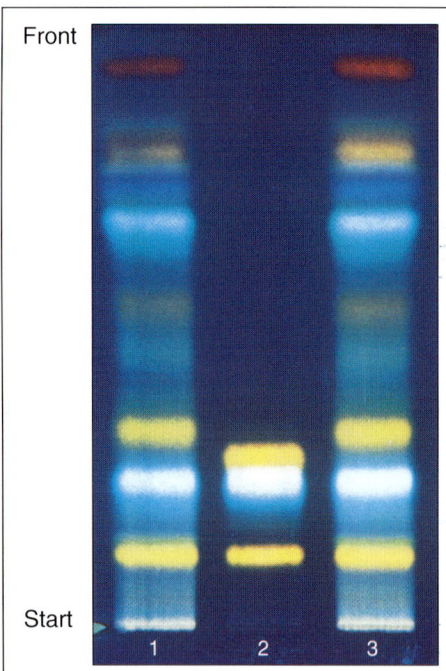

Abb. 7: DC von Labkraut, auf Glasplatte 5 × 10 cm, Laufstrecke 8 cm, besprüht mit Diphenylboryloxyethylamin-Reagenz, unter UV_{365}
1 Labkraut (3 µl)
2 Referenzlösung (2 µl)
3 Labkraut (5 µl)

Fließmittel: Ethylacetat – wasserfr. Ameisensäure – Wasser (80 + 8 + 12) (Kammersättigung).

Laufstrecke: 8 cm, **Zeit:** 20 min.

Sichtbarmachung und Auswertung: Nach vollständigem Abdunsten des Fließmittels (im Heißluftstrom): Besprühen a) mit einer 1proz. methanolischen Lösung von Diphenylboryloxyethylamin und b) mit einer 5proz. methanolischen Lösung von Polyethylenglykol 400 und anschließende Auswertung unter UV_{365}. Die Referenzsubstanzen zeigen folgende Rf-Werte und Fluoreszenzfarben: Rutosid (0,12, orangegelb), Chlorogensäure (0,27, hellblau), Hyperosid (0,29, orangegelb). Das DC der Untersuchungslösung zeigt eine charakteristische Folge fluoreszierender Zonen, von denen eine mit gleicher Färbung und gleichem Rf-Wert wie Rutosid erscheint (Isorutin). Die gelb fluoreszierende Zone unterhalb der Front entspricht dem Quercetin (Abb. 7).

Verfälschungen: Kommen in der Praxis nicht vor.

Literatur:
[1] J. Raynaud und H. Mnajed, C.R. Acad. Sci., Ser. D **274,** 1746 (1972).
[2] M.I. Borisov, V.V. Belikov und T.I. Isakova, Rastit. Resur. **11,** 351 (1975); C.A. **83,** 190343 (1975).
[3] D. Corrigan, R.F. Timoney und D.M.X. Donnelly, Phytochemistry **17,** 1131 (1978).
[4] K. Böjthe-Horvath u.a., Phytochemistry **21,** 2917 (1982).
[5] A. Kocsis, L. Szabo und P. Tetenyi, F.E.C.S. Int. Conf. Chem. Biotechnol. Biol. Acta Nat. Prod. [Proc.] 3rd, **4,** 131 (1985); C.A. **110,** 36718 (1989).
[6] D.V. Banthorpe und J.J. White, Phytochemistry **38,** 107 (1995).
[7] S. Grierson, D.G. Duff and R.S. Sinclair, J. Soc. Dyers Colour. **101,** 220 (1985); C.A. **104,** 52053 (1986).

Wichtl

Gei urbani rhizoma — Nelkenwurz

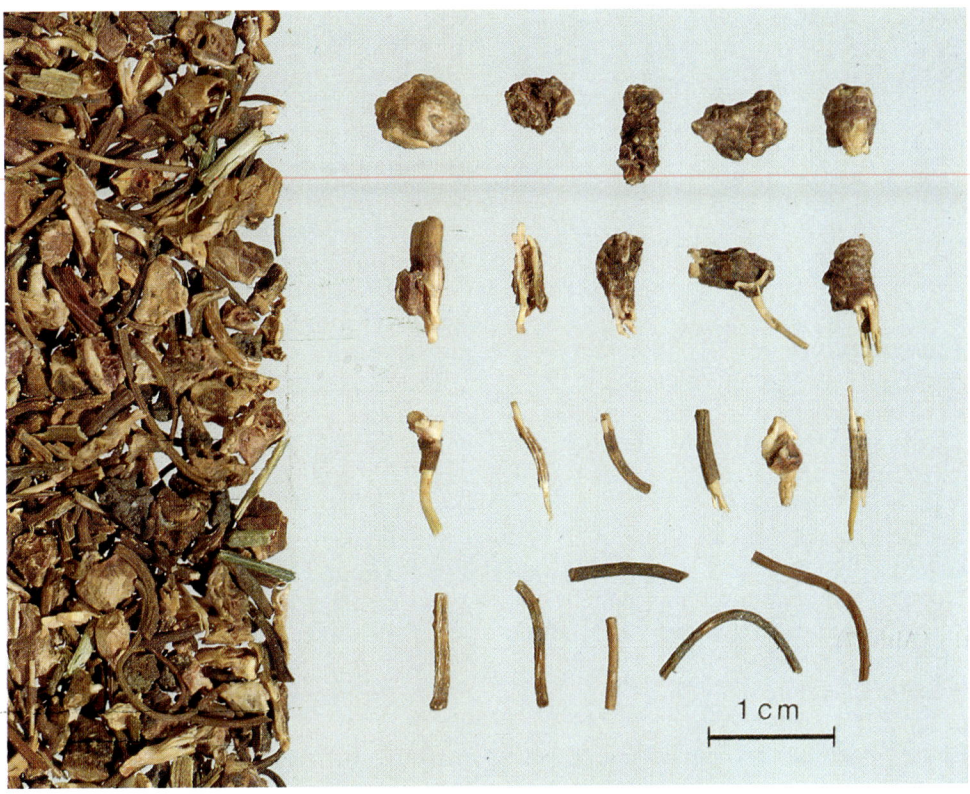

Abb. 1: Nelkenwurz

Beschreibung: Das im Frühjahr gesammelte Rhizom mit den ansitzenden dünnen Wurzeln ist bis fingerdick, 3 bis 7 cm lang, oft mehrköpfig und reichlich mit Stengel- und Blattstielresten versehen, nach aufwärts etwas verdickt, nach unten kegelförmig in die Hauptwurzel verdünnt. Außen braun, bald heller, bald dunkler, kleinschuppig geringelt, ringsum von strohhalmdicken, etwa 5 cm langen oder auch längeren, etwas helleren Wurzeln besetzt. Frisch im Innern blaß fleischfarbig oder violett mit gelber Einfassung, getrocknet ziemlich dunkelbraun, hart und brüchig.

Geruch: Schwach nach Nelken (Eugenol!); besonders beim Zerreiben der frischen Droge deutlich!

Geschmack: Adstringierend, schwach bitter.

Abb. 2: *Geum urbanum* L.

Die etwa 60 cm, gelegentlich bis 120 cm hohe Staude besitzt charakteristisch gefiederte Blätter mit oft sehr großer, gelappter Endfieder. Die zahlreichen Griffel des coenocarpen Gynoeceums sind nach dem Abblühen stark verlängert, rötlich, und im Unterschied zu anderen *Geum*-Arten am Ende hakig gekrümmt.

Stammpflanze: *Geum urbanum* L. (Nelkenwurz), Rosaceae.

Synonyme: Benedikten-, Narden-, Mannskraft-, Märzwurzel, Radix (Rhizoma) Caryophyllatae (-i). Avens root, Bennet's root, Colewort (engl.). Racine de Benoîte (franz.).

Herkunft: In feuchten Laubwäldern und Unkrautfluren Eurasiens beheimatet. Importe von Wildsammlungen aus Ost- und Südosteuropa.

Inhaltsstoffe: Gerbstoffe vom Gallotannintyp (in Wurzeln bis 18%, im Rhizom bis 28%), außerdem D-Catechin, Gallussäure, 6-Galloylglucose und Ellagsäure [1]. Freie Zucker, z.B. Saccharose, Glucose, Fructose, Vicianose u.a.; in den Wintermonaten zusätzlich Raffinose, Stachyose und Heteroside [1–3] wie vor allem Gein (=Geosid) mit Eugenol als Aglykon und Vicianose (α-L-Arabinosido-(1→6)-D-glucose) als Zucker [4]. Die Droge enthält 0,02–0,15% ätherisches Öl, das zu etwa 67% aus Eugenol besteht [5, 6], daneben wurden etwa 30 oxygenierte Monoterpene nachgewiesen, u.a. cis- und trans-Myrtanal (Anteil am ätherischen Öl ca. 25%) und cis- und trans-Myrtanol (Anteil ca. 3%) [6].
Ob auch in den Wurzeln und Rhizomen von *Geum urbanum* wie im Kraut Sesquiterpene vom Germacranolidtyp vorkommen [7], wurde bisher nicht geprüft.

Indikationen: Anwendung ausschließlich in der *Volksmedizin* als Antidiarrhoikum und Adstringens bei Schleimhaut- und Zahnfleischentzündungen (Gurgelmittel für Mund und Rachen), bei Frostbeulen und Hämorrhoiden (ähnlich wie Rhizoma Tormentillae, Radix Ratanhiae und Cortex Quercus, die alle gut durch Nelkenwurz ersetzt werden können!). Gelegentlich auch als Tonikum und Stomachicum amarum. In der Homöopathie bei übermäßiger Schweißabsonderung.

Nebenwirkungen: Bei den üblichen Anwendungen nicht zu erwarten.

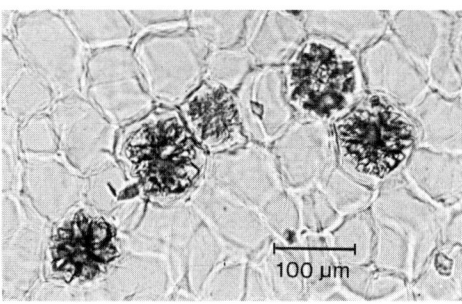

Abb. 3: Relativ große Oxalatdrusen aus dem Mark des Rhizoms

Teebereitung: $^1/_2$ bis 1 Teelöffel grobgepulverte Droge mit siedendem Wasser übergießen, in bedecktem Gefäß 10 min ziehen lassen, dann abseihen. Bei leichteren Durchfällen mehrmals täglich 1 Tasse lauwarm trinken.
Als Adstringens, für Spülungen, 1 Teelöffel grobgepulverte Droge mit kaltem Wasser ansetzen, kurz aufkochen und noch 10 min heiß halten, dann durch ein Teesieb geben.
1 Teelöffel=etwa 3,6 g.

Phytopharmaka: Verschiedene Teemischungen der Indikationsgruppen Nerventee, Herztee, Bronchialtee, Diabetikertee enthalten u.a. auch Nelkenwurz. Drogenextrakte sind z.T. in Tonika und Roborantien zu finden. Es gibt allerdings keine wissenschaftliche Begründung für diese Nutzung von Nelkenwurz. Diese Indikationsbereiche (insbesondere als Diabetikertee!) sind daher abzulehnen.

Prüfung: Makroskopisch (s. Beschreibung); mikroskopisch nach [8]. Das Rindenparenchym des *Rhizom*querschnittes besitzt knotig verdickte, getüpfelte Zellen, z.T. mit Oxalatdrusen. Im Holzkörper finden sich neben sehr kurzgliedrigen, längs und quer getroffenen Gefäßen auch Fasern und weiter innen ein auffallend regelmäßig gebautes Parenchym. Das Mark enthält wieder große Drusen (Abb. 3). Der *Wurzel*querschnitt zeigt nach dem Periderm eine schmale primäre und eine sehr regelmäßige sekundäre Rinde, ein deutlich erkennbares Kambium und sehr breite Markstrahlen. Der innere Teil des Holzkörpers besteht bei älteren Wurzeln aus einem oder mehreren zusammenhängenden Ringen von Gefäßen und Fasern. Oxalatdrusen fehlen. Charakteristisch für Rhizom und Wurzel sind Idioblasten mit gelbbraunem oder violettem Inhalt. Der Gerbstoffgehalt sollte mindestens 15% betragen. Bei der gravimetrischen Gerbstoffbestimmung (nach [9]) wurden mit 21 authentischen Drogenproben Werte von 15–20% Gesamtgerbstoff erhalten [10].

Verfälschungen: Gelegentlich durch die unterirdischen Teile von *Geum rivale* L. [Bachnelkenwurz, Radix Gei aquaticae; Water avens root (engl.)]. Sie enthalten ca. 15% Tannine [1], aber nur 0,0015% ätherisches Öl [6] und werden *volksmedizinisch* wie Nelkenwurz verwendet.
Verfälschungen der Droge durch Wurzeln und Rhizome anderer *Geum*-Arten lassen sich auch durch gaschromatographische Analysen der ätherischen Öle dieser Proben nachweisen [6].

Aufbewahrung: Vor Licht und Feuchtigkeit geschützt; nach Möglichkeit nicht länger als ein Jahr, da die Gerbstoffe zu unwirksamen Produkten abgebaut werden.

Literatur:
[1] Hager, Band **5**, 260 (1993).
[2] M. Pšenák und Mitarb., Česk. Farm. **14**, 397 (1965).
[3] M. Pšenák und Mitarb., Planta Med. **22**, 93 (1972).
[4] R. Hegnauer, Pharm. Weekblad **88**, 385 (1953).
[5] C. Vollmann, W. Schultze und K.H. Kubeczka, Pharm. Weekbl. Sci. Ed. **9**, 247 (1987).
[6] C. Vollmann und W. Schultze, Dtsch. Apoth. Ztg. **135**, 1238 (1995).
[7] E. Tyihák, I. Pályi und V. Pályi, Naturwissenschaften **52**, 209 (1965).
[8] W. Schier, pers. Mitteilg. 1988.
[9] E. Stahl und W. Schild, Pharmazeutische Biologie 4., Drogenanalyse, G. Fischer Verlag Stuttgart-New York 1981, Seite 307.
[10] F.-C. Czygan, unveröffentl. (1987).

Czygan

Genistae herba — Färberginsterkraut

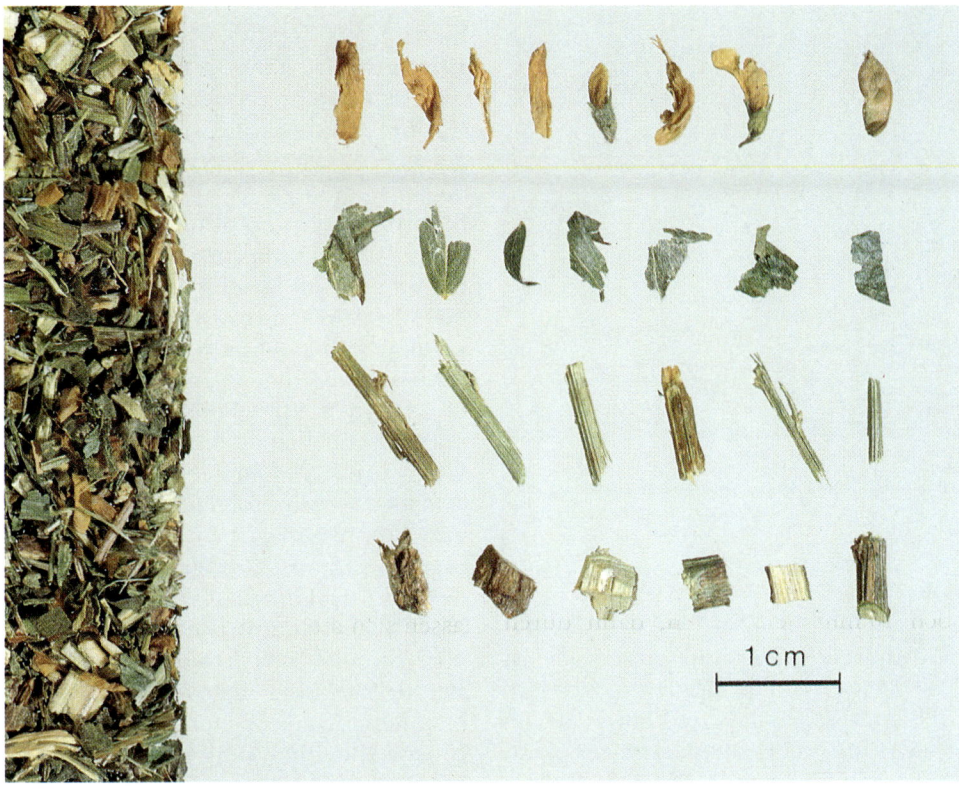

Abb. 1: Färberginsterkraut

Beschreibung: Auffallend sind die gelben bis gelbbraunen, geschrumpften Schmetterlingsblüten (obere Reihe), vereinzelt findet man auch flache, unbehaarte Hülsen (obere Reihe, rechts). Die elliptisch bis lanzettlich geformten Blätter sind kahl, am Rand oft gewimpert; der Hauptnerv tritt besonders auf der Unterseite hervor. Die Stengelstücke sind 1–3 mm dick, grob längsgefurcht und kahl oder nur fein angedrückt behaart.

<u>Geruch</u>: Sehr schwach würzig.

<u>Geschmack</u>: Leicht bitter und zusammenziehend.

Abb. 2: *Genista tinctoria* L.

Bis 80 cm hoch werdender Halbstrauch mit grünen, dornenlosen Zweigen. Blätter lanzettlich, Blüten gelb, bis 15 mm lang, in Trauben angeordnet.

St. Zul. 1489.99.99

Stammpflanze: *Genista tinctoria* L. (Färberginster), Fabaceae.

Synonyme: Farbkraut, Gilbkraut, Gelbe Scharte, Grünholz, Rohrheide. Dyer's greenweed herb, Greenweed, Dyer's broom (engl.). Genêt de teinturies (franz.).

Herkunft: Der Färberginster ist ein in Mitteleuropa verbreiteter Halbstrauch, der z.T. kultiviert wird. Drogenimporte kommen vor allem aus Slovenien und Kroatien.

Inhaltsstoffe: 0,5 bis > 3% Flavonoide (nach St. Zul. mind. 0,5%, ber. als Hyperosid), besonders Derivate des Luteolins [1], daneben auch Isoflavone wie Genistin und Genistein (letzterer Name wird auch für das Chinolizidinalkaloid $(-)$-α-Isospartein verwendet). Die

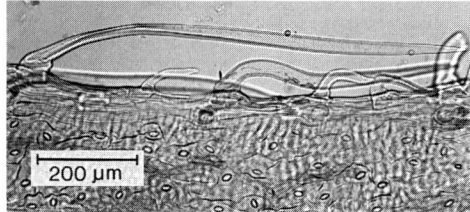

Abb. 3: Dem Blattrand eng anliegende Haare

Droge enthält 0,3 bis 0,8% Alkaloide, vor allem vom Spartein-Typ (tetrazyklische Chinolizidine). Hauptalkaloide sind N-Methylcytisin und Anagyrin, daneben sind Isospartein, Lupanin, Tinctorin, Rhombifolin und Spuren Cytisin (im Samen lokalisiert) nachgewiesen worden [2, 3]. Die Droge enthält etwas Gerbstoff, Proteine z.T. vom Typ der Lektine (im Samen) und Spuren eines nicht näher untersuchten ätherischen Öles.

Indikationen: Vor allem in der _Volksmedizin_ als Diuretikum (s. auch St. Zul.), daneben auch als Laxans. _Nur volksmedizinisch_ als Mittel bei rheumatischen Beschwerden und bei Gicht.

Teebereitung: 1 bis 2 g fein geschnittene Droge (1 Teelöffel) mit kochendem Wasser übergießen, 10 min stehen lassen und abseihen. Als Diuretikum 1–3 Tassen täglich. Die Droge kann auch mit kaltem Wasser angesetzt und dann zum Sieden erhitzt werden. Wegen der möglichen Nebenwirkungen (Durchfall) sind andere Diuretika wie Birkenblätter, Bruchkraut, Löwenzahn eher zu empfehlen.
1 Teelöffel=etwa 1,2 g.

Teepräparate: Färberginsterkraut ist in einigen fertigen Teegemischen (Blasen-Nierentee „Schäfer Ast") enthalten.

Prüfung: Die Epidermiszellen der Blätter enthalten Schleim und sind deshalb im mikroskopischen Bild wegen ihrer stärkeren Lichtbrechung auffallend. Haare kommen nur am Blattrand vor; sie sind gewöhnlich dreizellig, wobei

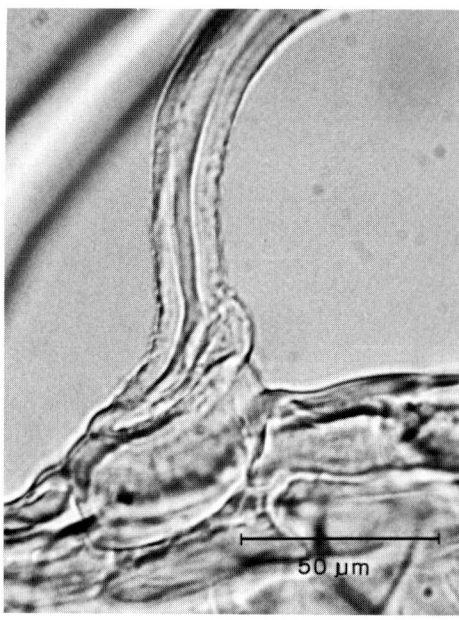

Abb. 4: Basis der in Abb. 3 gezeigten Haare, aus zwei kurzen Zellen bestehend

die Endzelle lang und zugespitzt ist (Abb. 3 und 4). Die Epidermis der Korollblätter ist papillös und kutikular gestreift. Im mikroskopischen Präparat findet man viele runde, triporate Pollenkörner, Durchmesser etwa 35 μm.

Identitätsprüfung mittels DC:

Sorbens: Kieselgel $60 F_{254}$ (lufttrocken) (Merck) (5 × 10 cm, Glas oder Folie).

Untersuchungslösung: 1,0 g pulv. Droge mit 5 ml Methanol 10 Min. unter Rückfluß erhitzen und warm filtrieren. Das Filtrat dient als Untersuchungslösung.

Referenzlösung: Je 5 mg Rutosid, Chlorogensäure und Hyperosid gelöst in 5 ml Methanol.

Aufzutragen: 3 μl Untersuchungslösung und 3 μl Referenzlösung strichförmig (10 × 2 mm).

Fließmittel: Ethylacetat – wasserfr. Ameisensäure – Wasser (80 + 8 + 12) (Kammersättigung).

Laufstrecke: 8 cm, **Zeit:** 20 min.

Sichtbarmachung und Auswertung: (Nach vollständigem Abdunsten des Fließmittels im Heißluftstrom): Besprühen a) mit einer 1proz. methanolischen Lösung von Diphenylboryloxyethylamin und b) mit einer 5proz. Lösung von Polyethylenglykol 400 in Methanol und anschließende Auswertung unter UV_{365} (Abb. 5). Die Referenzsubstanzen erscheinen mit folgenden Rf-Werten und Fluoreszenzfarben: Rutosid (0,11, orangegelb), Chlorogensäure (0,22, hellblau), Hyperosid (0,27, orangegelb). Das DC der Untersuchungslösung zeigt oberhalb des Hyperosids (im DC der Vergleichslösung) eine Reihe von gelb bis orange fluoreszierenden Flavonoidzonen (Luteolin- und Quercetinglykoside), wobei die zwei intensivsten bei Rf 0,32 und 0,73 und dicht über letzterer eine rotorange fluoreszierende Zone (Chlorophyll) erscheinen (Abb. 5).

Verfälschungen: Solche kommen gelegentlich vor, und zwar mit Besenginsterkraut (s.d., S. 539). Dieses zeigt an Stengelstücken deutlich 5 hellgrüne, hervorragende Längskanten, die Haare der Blätter sind dreizellig, bis 600 μm lang und gewunden.

Aufbewahrung: Vor Licht geschützt, trocken.

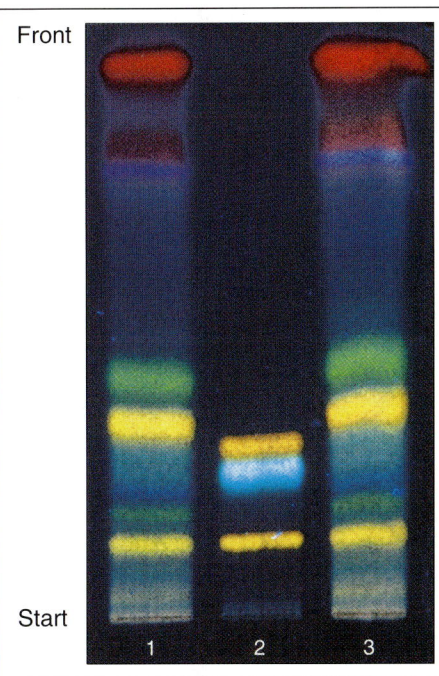

Abb. 5: DC von Färberginsterkraut, auf Glasplatte 5 × 10 cm, Laufstrecke 8 cm, besprüht mit Diphenylboryloxyethylamin-Reagenz, unter UV_{365}
1 Färberginsterkraut (3 µl)
2 Referenzsubstanzen
3 Färberginsterkraut (5 µl)

Wortlaut der Packungsbeilage gemäß Standardzulassung:

6.1 Anwendungsgebiete
Zur Erhöhung der Harnmenge sowie zur unterstützenden Behandlung von Erkrankungen, bei denen eine erhöhte Harnbildung erwünscht ist (Harngrieß, Vorbeugung von Harnsteinen).

6.2 Gegenanzeigen
Färberginsterzubereitungen sollen bei Bluthochdruck nicht angewendet werden.

6.3 Nebenwirkungen
Hinweis: Beim Überschreiten der angegebenen Dosierung können Durchfälle auftreten.

6.4 Dosierungsanleitung und Art der Anwendung
1 kleiner Teelöffel voll (1 bis 2 g) **Färberginsterkraut** wird mit siedendem Wasser (ca. 150 ml) übergossen und nach 10 Minuten durch ein Teesieb gegeben. Soweit nicht anders verordnet, wird bis zu 3mal täglich 1 Tasse frisch bereiteter Teeaufguß getrunken.

6.5 Hinweis
Vor Licht und Feuchtigkeit geschützt aufbewahren.

Literatur:
[1] A. Ulubelen und Mitarb., Lloydia **34**, 258 (1971).
[2] F. Tosun und Mitarb., Pharmacia (Ankara) **31**, 5 (1991); C.A. **115**, 68442 (1991).
[3] V. Hrochova und H. Sitaniova, Farm. Obz. **51**, 131 (1982); C.A. **96**, 159373 (1982).

Wichtl

Gentianae radix
Ph. Eur.

Enzianwurzel
DAB 1996

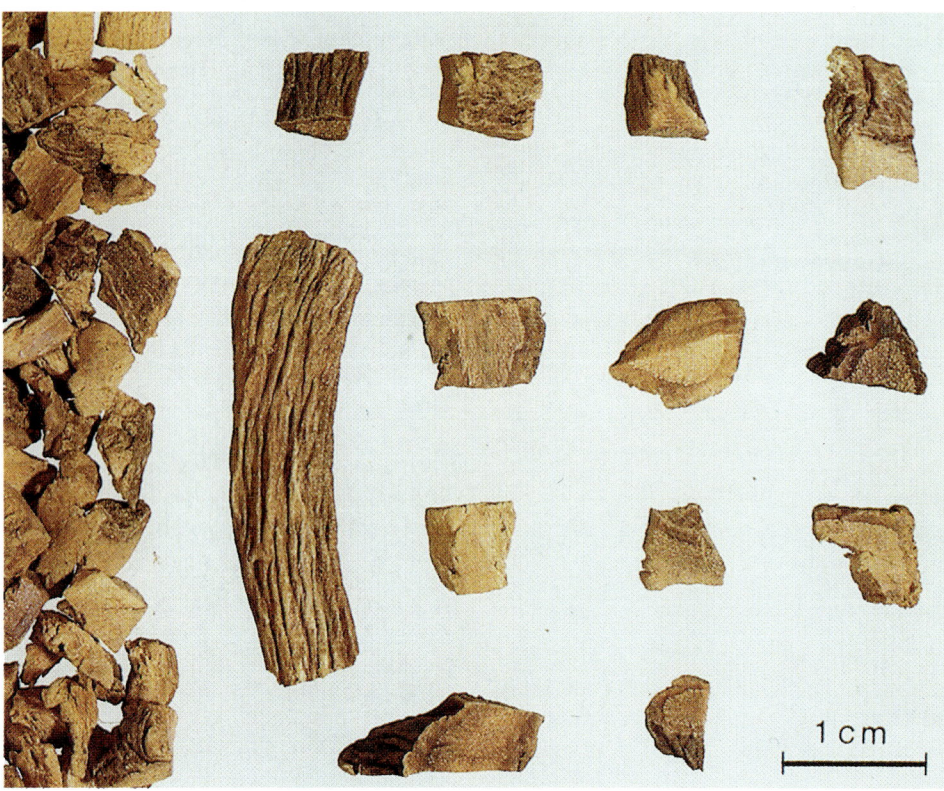

Abb. 1: Enzianwurzel

Beschreibung: Bräunliche, rötlichbraune oder kräftig braune, bis mehrere cm dicke Wurzeln und oftmals auch Anteile des an der Oberfläche quergerunzelten Rhizoms; Wurzeln längsgefurcht. Bei geschnittener Droge ist im Querschnitt eine relativ schmale Rinde zu erkennen (mit grobrunzeligem Kork), als Grenze zum Holzkörper ein deutlich erkennbarer Kambiumring (Abb. 4).

Geruch: Schwach eigentümlich süßlich, an getrocknete Feigen erinnernd.

Geschmack: Zunächst süßlich, dann anhaltend und intensiv bitter.

Abb. 2: *Gentiana lutea* L.

Bis über 1 m hohe, mehrjährige, krautige Gebirgspflanze. Gegenständige, ovale, blaugrüne, kräftige Blätter. Blüten mit 5 (selten mehr) gelben Kronblättern, in den Blattachseln stehend.

Abb. 3: *Gentiana lutea* L., Blüten

ÖAB: Radix Gentianae
Ph. Helv. VII: Gentianae radix
St. Zul. 9199.99.99

Stammpflanze: *Gentiana lutea* L. (Gelber Enzian), Gentianaceae. Früher waren auch andere *Gentiana*-Arten zugelassen: *G. pannonica* SCOP. (Ungarischer Enzian), *G. punctata* L. (Tüpfel-Enzian) und *G. purpurea* L. (Purpur-Enzian) sowie *G. asclepiadea* L. (Schwalbenwurz-Enzian) im ehem. AB-DDR.

Synonyme: Großer Enzian, Bitterwurz, Fieberwurzel, Bergfieberwurzel, Hochwurzel. Yellow gentian (engl.). Racine de gentiane (franz.).

Herkunft: Frankreich, Spanien, Balkanländer (Wurzeldroge von wildwachsenden Pflanzen); Anbau in kleinem Umfang in Frankreich und in Deutschland (Pflanze hier vollkommen unter Naturschutz gestellt!).

Inhaltsstoffe: Secoiridoid-Bitterstoffe, darunter mit 2–3% Gentiopikrosid (Gentiopikrin) mengenmäßig vorherrschend, daneben auch Swertiamarin und Swerosid. Mit 0,025–0,04% ist das Acylglykosid Amarogentin zwar in geringeren Konzentrationen in der Droge enthalten, wegen des hohen Bitterwertes (58000000) ist es aber die wertbestimmende Komponente. Während Gentiopikrosid gleichmäßig verteilt in der ganzen Wurzel vorkommt, ist die Konzentration des Amarogentins in der Rinde am höchsten [1].
Weitere Inhaltsstoffe: Als gelbe Farbstoffe ca. 1% Xanthonderivate (Gentisin, Isogentisin, Gentiosid u.a. [2]); 30 bis 55% Kohlenhydrate [3], darunter neben Glucose, Fructose und Saccharose als bitterschmeckende Komponenten das Disaccharid Gentiobiose (5 bis 8%) und das Trisaccharid Gentianose; ferner Pektine oder ähnliche, gelbildende Stoffe, die für das starke Quellen der Droge beim Befeuchten verantwortlich sein dürften. In der Literatur beschriebene Alkaloide wie z.B. das Gentianin sind wahrscheinlich bei der Aufarbeitung entstandene Artefakte. Ein durch Destillation der Droge in sehr geringer Menge gewonnenes ätherisches Öl ist komplex zusammengesetzt [4, 5]; Phytosterole; Stärke fehlt!

Indikationen: Kräftiges Bittermittel (Amarum purum) zur Appetitanregung, auch als Roborans und Tonikum. Reflektorische Förderung der Magensaft- (und Speichel-) Produktion durch Erregung der Geschmacksnerven und Beeinflussung vor allem der enzephalischen Phase der Sekretion [6], cholagoger Effekt.
Amarogentin erwies sich in einer kürzlich erschienenen Arbeit [7] als Hemmstoff der DNA-Topoisomerase, Typ I,

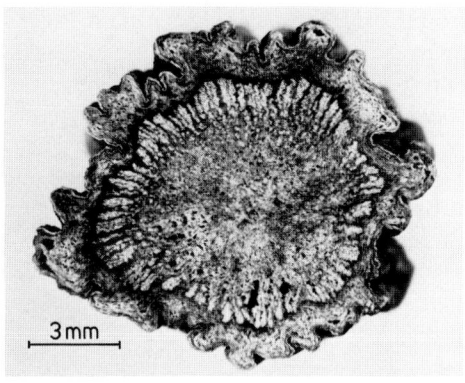

Abb. 4: Querbruch einer Wurzel von *Gentiana lutea* mit dunkler Kambiumlinie und lockerem, parenchymreichem Holzkörper

*Auszug aus der Monographie der Kommission E
(B.Anz Nr. 223 vom 30. 11. 1985 und Nr. 50 vom 13. 03. 1990)*

Anwendungsgebiete
Verdauungsbeschwerden wie Appetitlosigkeit, Völlegefühl, Blähungen.

Gegenanzeigen
Magen- und Zwölffingerdarmgeschwüre.

Nebenwirkungen
Bei besonders disponierten Personen ist gelegentliches Auftreten von Kopfschmerzen möglich.

Wechselwirkungen mit anderen Mitteln
Keine bekannt.

Dosierung
Tagesdosis:
Tinktur (entsprechend EB6): 1 bis 3 g
Fluidextrakt (entsprechend EB6): 2 bis 4 g
Droge: 2 bis 4 g

Art der Anwendung
Zerkleinerte Droge und Trockenextrakte für Aufgüsse, bitterschmeckende Darreichungsformen zur oralen Anwendung.

Wirkungen
Die wesentlichen Wirksubstanzen sind die in der Droge enthaltenen Bitterstoffe. Diese führen über eine Reizung der Geschmacksrezeptoren reflektorisch zu einer Anregung der Speichel- und Magensaftsekretion.

Enzianwurzel gilt deshalb nicht nur als Amarum (purum), sondern konsekutiv auch als Roborans und Tonikum.

Tierexperimentell finden sich Hinweise auf eine Steigerung der Bronchialsekretmenge.

von *Leishmania donovanii* (zu den Protozoen gehörender Erreger der „schwarzen Krankheit", auch Kala-Azar oder Dum-Dum-Fieber, einer vor allem im Mittelmeerraum und in Brasilien vorkommenden, unbehandelt zum Tode führenden Infektionskrankheit); an diese Beobachtung knüpft sich die Hoffnung, wirksamere Arzneimittel gegen diese Leishmaniose zu entwickeln [7].

Teebereitung: 1–2 g der fein geschnittenen oder grob gepulverten Droge werden mit kochendem Wasser übergossen und nach 5 min durch ein Teesieb gegeben; die Droge kann auch mit kaltem Wasser angesetzt und kurz aufgekocht werden. Auch ein Kaltansatz (Mazerat, allerdings 8–10 Std) kommt in Frage.
1 Teelöffel = etwa 3,5 g.

Teepräparate: Enzianwurzel ist in zahlreichen Magen- und Verdauungstees verschiedener Hersteller enthalten.

Phytopharmaka: Die Droge oder daraus hergestellte Extrakte sind Bestandteil einiger weniger Monopräparate, z.B. Enziagil® (Magentropfen) und zahlreicher Kombinationspräparate in der Gruppe Magen-Darm-Mittel z.B. Sedovent® (Tropfen und Liquidum), von Leber-Galle-Mitteln, z.B. Mletzko® (Tropfen), oder des Sekretolytikums Sinupret® (Dragees und Tropfen).

Prüfung: Makroskopisch (siehe Beschreibung) und mikroskopisch nach DAB 1996. In der gepulverten Droge finden sich nur wenige Bruchstücke derbwandiger geschlängelter Netz- und Treppengefäße, daneben farbloses Parenchym mit gelegentlich sehr feinen Calciumoxalatnädelchen und Öltröpfchen. Die Prüfung auf Abwesenheit von Stärke kann sowohl mit dem Pulver als auch durch Betupfen der Schnittdroge mit Iodlösung durchgeführt werden.
DC: Nach DAB 1996 mit einem methanolischen Extrakt; Referenzsubstanz ist Phenazon, das unter den angegebenen Bedingungen etwa den gleichen Rf-Wert hat wie Amarogentin; Nachweis mit Echtrotsalz B $+ NH_3$. Unmittelbar über der Zone des Amarogentins liegende violette Flecken würden auf an-

---

Wortlaut der Packungsbeilage gemäß Standardzulassung:

6.1 Stoff- oder Indikationsgruppe
Pflanzliches Magen-Darm-Mittel.

6.2 Anwendungsgebiete
Appetitlosigkeit; Verdauungsbeschwerden wie Blähungen und Völlegefühl.

6.3 Gegenanzeigen
Magen- und Zwölffingerdarmgeschwüre.

6.4 Wechselwirkungen mit anderen Mitteln
Keine bekannt.

6.5 Dosierungsanleitung und Art der Anwendung
Soweit nicht anders verordnet, wird 2- bis 4mal täglich zur Appetitanregung jeweils ca. $1/2$ Stunde vor den Mahlzeiten, bei Verdauungsbeschwerden nach den Mahlzeiten eine Tasse des wie folgt bereiteten Teeaufgusses getrunken:
Etwa ein knapper $1/2$ Teelöffel voll (ca. 1 g) Enzianwurzel oder die entsprechende Menge in einem oder mehreren Aufgußbeutel(n) wird mit siedendem Wasser (ca. 150 ml) übergossen und nach etwa 10 bis 15 Minuten gegebenenfalls durch ein Teesieb gegeben.

6.6 Dauer der Anwendung
Bei akuten Beschwerden, die länger als eine Woche anhalten oder periodisch wiederkehren, wird die Rücksprache mit einem Arzt empfohlen.

6.7 Nebenwirkungen
Gelegentlich können bei bitterstoffempfindlichen Personen nach Anwendung von Enzian-Teeaufgüssen Kopfschmerzen ausgelöst werden.

6.8 Hinweis
Vor Licht und Feuchtigkeit geschützt aufbewahren.

---

dere *Gentiana*-Arten hinweisen. Zur DC der Enzianwurzel (von verschiedenen Stammpflanzen) siehe auch [8]; zur quantitativen Bestimmung des Amarogentins vgl. [1, 9, 10]. Der Bitterwert soll nach DAB 1996 mindestens 10000 betragen. Extraktgehalt nach DAB 1996 mind. 33%; geringere Werte lassen auf fermentierte Wurzeln (Schnapsherstellung!) und damit minderwertige Arzneidroge schließen.
Enzianwurzel (auch von anderen Arten!) gibt bei der Mikrosublimation gelbliche Kristalle (Gentisin), die sich mit KOH gelb färben.

Verfälschungen: Wurzeln anderer *Gentiana*-Arten sind nach DAB 1996 nicht zugelassen, können jedoch makro- und mikroskopisch nicht erkannt werden. Durch DC-Identifizierung weiterer Acylglykoside – Amaropanin und Amaroswerin – ergeben sich Hinweise auf derartige Beimengungen [1, 8]. Wurzeln anderer Pflanzen geben sich meist – die Enzianwurzel ist wie erwähnt stärkefrei – durch den positiven Ausfall der Iodreaktion zu erkennen. Gelegentlich vorkommende Verfälschungen mit *Rumex alpinus* L. (Alpenampfer), Polygonaceae, können bei der Mikrosublimation erkannt werden: das Sublimat färbt sich mit Kalilauge rot (Bornträger-Reaktion).

Literatur:
[1] H. Wagner und K. Münzing-Vasirian, Dtsch. Apoth. Ztg. **115**, 1233 (1975).
[2] T. Hayashi und T. Yamagishi, Phytochemistry **27**, 3696 (1988).
[3] J. Schultze, Diss. T.U. München (1980).
[4] F. Chialva, C. Frattini und A. Martelli, Z. Lebensm. Unters. Forsch. **182**, 212 (1986).
[5] H. Glasl, Habilitations-Schrift, Hamburg (1977).
[6] W. Schmid, Planta Med. **14**, Suppl., 34 (1966).
[7] S. Ray und Mitarb., J. Nat. Prod. **59**, 27 (1996).
[8] H. Wagner und K. Vasirian, Dtsch. Apoth. Ztg. **114**, 1245 (1974).
[9] O. Sticher und B. Meier, Pharm. Acta Helv. **53**, 40 (1978).
[10] O. Sticher und B. Meier, Planta Med. **40**, 55 (1980).

Frohne

Ginkgo folium — Ginkgoblätter

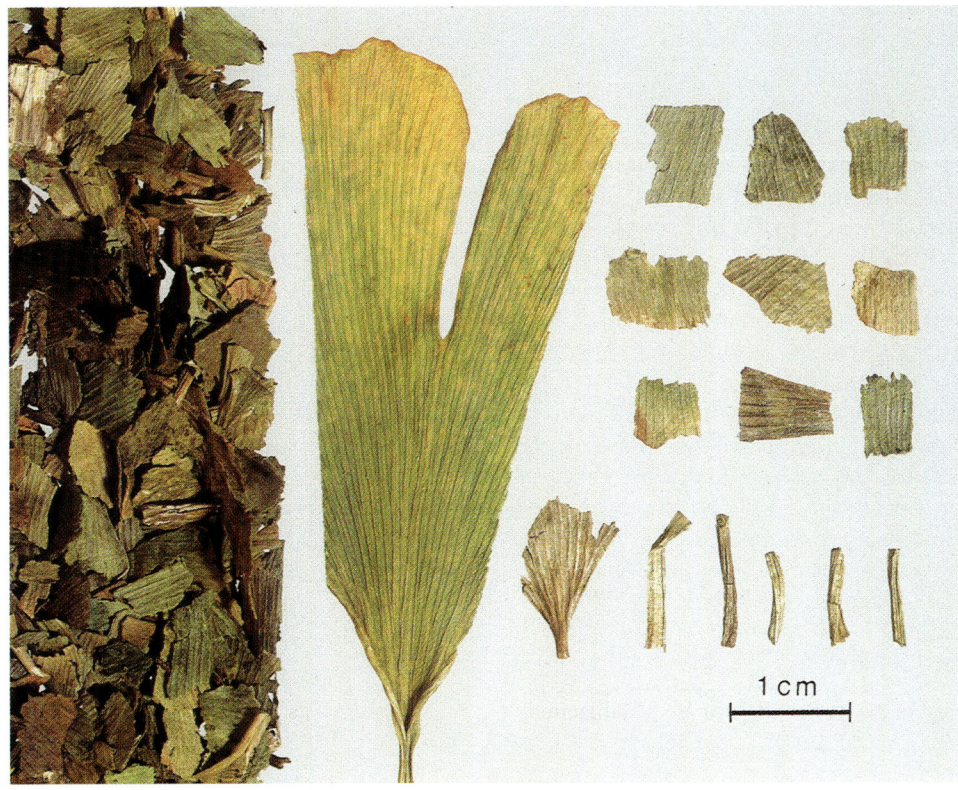

Abb. 1: Ginkgoblätter

Beschreibung: Die Ganzdroge besteht aus gestielten, ca. 4–10 cm langen, fächerförmigen, tiefgrünen bis gelblich-grünen Blättern, die meist tief zweilappig gestaltet sind. Der Blattrand ist seitlich glatt, sonst leicht wellig. Die parallele Nervatur, ohne Mittelrippe, zeigt oft dichotome Verzweigungen.

Geruch: Schwach, eigenartig.

Geschmack: Schwach bitter.

Abb. 2: *Ginkgo biloba* L.

30–40 m hoch werdender, zweihäusiger, sehr langlebiger und äußerst widerstandsfähiger Baum mit erst kegelförmiger, später ausladender Krone. Blätter fächerförmig, wechselständig oder (an Kurztrieben) in Büscheln.

Stammpflanze: *Ginkgo biloba* L. (Ginkgobaum), Ginkgoaceae. Zur Geschichte und zur Botanik dieses „lebenden Fossils" siehe Lit. [1, 2].

Synonyme: Fächerblattbaum, Mädchenhaarbaum, Elefantenohrbaum, Tempelbaum. Maidenhair tree (engl.). Arbre aux quarante ecus, Noyer du Japon (franz.).

Herkunft: Ursprünglich in China und Japan vorkommend bzw. dort als Tempelbaum kultiviert, seit ca. 1730 bzw. 1754 als Parkbaum auch in Europa angepflanzt (erste Exemplare in Utrecht?, Wien, Kassel).
Zur Gewinnung der Blattdroge auch in Deutschland (Rheintal) kultiviert. Importe aus China, Japan, Korea und Frankreich.

Inhaltsstoffe: Ca. 0,02–0,2% Ginkgolide, (komplexe Diterpenlactone) [3, 4];

0,02–0,06% Bilobalid (ein Sesquiterpen); 0,5–2% Flavonolglykoside [5, 6], vor allem Kämpferol-, Quercetin- und Isorhamnetinderivate (bisher mehr als 30 identifiziert); 0,4–2% Biflavone [7] (Amentoflavon, Bilobetin, Ginkgetin u.a.); 4–12% Proanthocyanidine, vor allem Prodelphinidine; der Gehalt an Flavonoiden nimmt vom Frühjahr bis zum Frühherbst zu [8], Knospen enthalten Acylflavonglykoside, junge Blätter vor allem Flavonolglykoside, Blätter im Herbst mehr Biflavone [9]; auch der Ginkgolidgehalt nimmt im Jahresverlauf zu [10]; kleine Mengen Sterole; bis 0,1% 6-Hydroxykynurensäure [11]; 1–2% Ginkgolsäuren (Anacardiaceensäuren); 0,04–2% Polyprenole; Kohlenwasserstoffe; Cyclite; Lektine u.a.

Indikationen: Die Droge selbst wird nur zur Gewinnung von Extrakten (meist in spezieller Weise hergestellt und auf bestimmte Inhaltsstoffgruppen eingestellt) verwendet*). Diese Extrakte, z.T. durch Patente geschützt, bilden den wesentlichen Bestandteil von Phytopharmaka (s.d.), die vor allem zur Behandlung von Hirnleistungsstörungen und Hirndurchblutungsstörungen eingesetzt werden. Hierfür liegen zahlreiche pharmakologisch-experimentelle und klinische Untersuchungen vor (s. unten), gute Übersichten bieten Lit. [12] und [13].

Die meisten Untersuchungen wurden mit dem Spezialextrakt „EGb 761" durchgeführt; dessen Herstellung ist zwar nicht publiziert worden, jedoch ist bekannt, daß es sich um einen mit Aceton-Wasser (60 + 40) hergestellten Extrakt handelt, aus dem lipophile Bestandteile (Alkylphenole, Ginkgolsäuren) abgetrennt werden und von dem durch mehrfache Flüssig-flüssig-Extraktion, evtl. mit zwischengeschalteter Bleifällung, schließlich ein Produkt resultiert, das 24% Flavonglykoside, ca. 6% Ginkgolide A, B und C, etwa 2,9% Bilobalid und weniger als 5 ppm Ginkgolsäuren enthält. Ein auf etwas anderem Wege hergestellter Extrakt sehr ähnlicher Zusammensetzung wird in der Literatur mit „LI 1370" bezeichnet.

Es gilt heute als sicher, daß die Gikgolide, die Flavonoide und das Bilobalid als die wirksamkeits(mit)bestimmenden Inhaltsstoffgruppen zu bezeichnen sind. Unter den vielen pharmakologischen Befunden sind die Erhöhung der Hypoxietoleranz an Maus und Ratte [14], die protektive Wirkung bei Ischämie an der Ratte [15], hier vor allem durch Ginkgolid A und B sowie Bilobalid [16–18], die Radikalfängereigenschaften des Extraktes EGb 761 [19, 20] und die Wirkung der Ginkgolide als PAF-Antagonisten [21–23] besonders hervorzuheben.

Erwähnt sei auch die Steigerung der 5-Hydroxytryptamin-Aufnahme in die Synapsen durch den Extrakt EGb 761 [24] und die Hemmung der Anhäufung von Acylglycerolen und freien Fettsäuren im Hippocampus der Ratte [25].

Die Wirksamkeit der Spezialextrakte bei Hirnleistungsstörungen ist in kontrollierten klinischen Untersuchungen mehrfach belegt [26–30]. Anwendung finden Fertigarzneimittel, die Ginkgobiloba-Extrakte enthalten, auch bei degenerativer Demenz, depressiver Verstimmung älterer Patienten, bei peripheren arteriellen Verschlußkrankheiten sowie bei Hör- und Sehstörungen.

Nebenwirkungen: Sehr selten leichte Magen-Darm-Beschwerden, Kopfschmerzen, äußerst selten allergische Hautreaktionen, diese jedenfalls wesentlich seltener als unter der Therapie mit anderen Nootropika [31].

Teebereitung: Nicht üblich.
Anwendung ausschließlich in Form von Spezialextrakten.
In der chinesischen Medizin als Infus (3–6 g Droge) bei Asthma.

Phytopharmaka: Zahlreiche Extraktpräparate sind zur Behandlung von cerebralen oder peripheren Durchblutungsstörungen auf dem Markt. Die neueren sind einheitlich mit 40 bzw. 80 mg standardisiertem Extrakt dosiert

Flavonole

	R^1
Kämpferolderivat	H
Quercetinderivat	OH
Isorhamnetinderivat	OCH_3

Biflavone

	R^1	R^2	R^3	R^4
Amentoflavon	OH	OH	OH	H
Bilobetin	OCH_3	OH	OH	H
Ginkgetin	OCH_3	OCH_3	OH	H

Ginkgolide

	R^1	R^2	R^3
A	OH	H	H
B	OH	OH	H
C	OH	OH	OH
J	OH	H	OH
M	H	OH	OH

Bilobalid

---

*) Aus diesem Grund wird die Monographie der Kommission E für Ginkgoblätter in diesem Buch nicht berücksichtigt.

Auszug aus der Monographie der Kommission E
Trockenextrakt (35–67:1) aus Ginkgo-biloba-Blättern, extrahiert mit Aceton-Wasser
(BAnz Nr. 133 vom 19.07.1994)

Pharmakologische Eigenschaften, Pharmakokinetik, Toxikologie

Experimentell sind folgende pharmakologische Wirkungen nachgewiesen worden:
Steigerung der Hypoxietoleranz, insbesondere des Hirngewebes, Hemmung der Entwicklung eines traumatisch oder toxisch bedingten Hirnödems und Beschleunigung seiner Rückbildung,
Verminderung des Retinaödems und von Netzhautzell-Läsionen,
Hemmung der altersbedingten Reduktion von muskarinergen Cholinozeptoren und α_2-Adrenozeptoren sowie Förderung der Cholinaufnahme im Hippocampus,
Steigerung der Gedächtnisleistung und des Lernvermögens,
Förderung der Kompensation von Gleichgewichtsstörungen,
Förderung der Durchblutung, vorzugsweise im Bereich der Mikrozirkulation,
Verbesserung der Fließeigenschaften des Blutes,
Inaktivierung toxischer Sauerstoffradikale (Flavonoide),
Antagonismus gegenüber PAF (Ginkgolide),
Neuroprotektive Wirkung (Ginkgolide A und B, Bilobalid).

Die Pharmakokinetik wurde sowohl tierexperimentell als auch am Menschen untersucht. Für einen radioaktiv markierten Extrakt (spezifiziert wie unter „Bestandteile des Arzneimittels") wurde bei Ratten eine Resorptionsrate von 60% festgestellt; beim Menschen betrug nach Applikation eines wie oben spezifizierten Extraktes die absolute Bioverfügbarkeit für Ginkgolid A 98–100%, für Ginkgolid B 79–93% und für Bilobalid mind. 70%.

Sowohl die akute als auch die chronische Toxizität eines wie unter „Bestandteile des Arzneimittels" spezifizierten Extraktes ist sehr gering; danach beträgt die LD_{50} p.o. bei der Maus 7725 mg/kgKG und nach i.v.-Anwendung 1100 mg/kgKG.

Untersuchungen mit diesem wie oben spezifizierten Extrakt ergaben keine mutagenen, kanzerogenen und reproduktionstoxischen Wirkungen.

Die Übertragbarkeit der experimentellen Ergebnisse auf andere als die untersuchten Extrakte wurde nicht geprüft.

Klinische Angaben

1. Anwendungsgebiete

a) Zur symptomatischen Behandlung von hirnorganisch bedingten Leistungsstörungen im Rahmen eines therapeutischen Gesamtkonzeptes bei dementiellen Syndromen mit der Leitsymptomatik:
Gedächtnisstörungen, Konzentrationsstörungen, depressive Verstimmung, Schwindel, Ohrensausen, Kopfschmerzen.
Zur primären Zielgruppe gehören dementielle Syndrome bei primär degenerativer Demenz, vaskulärer Demenz und Mischformen aus beiden.

Hinweis:
Bevor die Behandlung mit Ginkgo-Extrakt begonnen wird, sollte geklärt werden, ob die Krankheitssymptome nicht auf einer spezifisch zu behandelnden Grunderkrankung beruhen.

b) Verbesserung der schmerzfreien Gehstrecke bei peripherer, arterieller Verschlußkrankheit bei Stadium II nach Fontaine (Claudicatio intermittens) im Rahmen physikalisch-therapeutischer Maßnahmen, insbesondere Gehtraining.

c) Schwindel, Tinnitus (Ohrgeräusche) vaskulärer und involutiver Genese.

2. Gegenanzeigen

Überempfindlichkeit gegen Ginkgo-biloba-Zubereitungen.

3. Nebenwirkungen

Sehr selten leichte Magen-Darm-Beschwerden, Kopfschmerzen oder allergische Hautreaktionen.

4. Besondere Vorsichtshinweise für den Gebrauch

Keine bekannt.

5. Verwendung bei Schwangerschaft und Laktion

Keine Einschränkungen bekannt.

6. Medikamentöse und sonstige Wechselwirkungen

Keine bekannt.

7. Dosierung

Soweit nicht anders verordnet:

Tagesdosis:

Indikation a:
120 bis 240 mg nativer Trockenextrakt in 2 oder 3 Einzeldosen.

Indikationen b und c:
120 bis 160 mg nativer Trockenextrakt in 2 oder 3 Einzeldosen.

Art der Anwendung:
In flüssigen oder festen Darreichungsformen zum Einnehmen.

Dauer der Anwendung:

Indikation a:
Die Behandlungsdauer richtet sich nach der Schwere des Krankheitsbildes und soll bei chronischen Erkrankungen mindestens 8 Wochen betragen.
Nach einer Behandlungsdauer von 3 Monaten ist zu überprüfen, ob die Weiterführung der Behandlung noch gerechtfertigt ist.

Indikation b:
Die Besserung der Gehstreckenleistung setzt eine Behandlungsdauer von mindestens 6 Wochen voraus.

Indikation c:
Die Anwendung über einen längeren Zeitraum als 6 bis 8 Wochen bringt keine therapeutischen Vorteile.

8. Überdosierung

Keine bekannt.

9. Besondere Warnungen

Keine.

10. Auswirkungen auf Kraftfahrer und die Bedienung von Maschinen

Keine bekannt.

(2,4 bzw. 4,8 mg Terpenlactone, 9,6 bzw. 19,2 mg Flavonglykoside), z.B. Tebonin® forte und Tebonin® spezial (Filmtabletten und Tropfen), Rökan® und Rökan® forte (Filmtabletten), Ginkgopur® (Filmtabletten), Ginkgo Stada® (Filmtabletten) u.a.; einige wenige Kombinationspräparate in der Gruppe Venen- und Hämorrhoidaltherapeutika enthalten auch Ginkgoextrakte, z.B. Perivon®N und -forte (Filmtabletten), Veno-Tebonin® u.a.

Prüfung: Makroskopisch (s. Beschreibung) und mikroskopisch; charakteristisch sind die stark nach außen gewölbten Epidermiszellen, einreihiges Palisadenparenchym, zahlreiche große Oxalatdrusen (bis zu 220 µm) und vereinzelt Sekreträume, sehr selten langgestreckte Gerbstoffidioblasten (nach [32], dort auch farbige Abbildungen).

Zum DC-Nachweis der Ginkgolide ist eine Anreicherung notwendig, für die quantitative Bestimmung wird heute fast ausschließlich die HPLC verwendet; gute Übersichten in [33] und [34]. Inzwischen ist auch eine biologische Standardisierungsmethode veröffentlicht worden [35]; gemessen wird dabei die durch Ginkgolide ausgelöste Hemmung der (durch PAF induzierten) Blutplättchenaggregation.

Verfälschungen: Kommen praktisch nicht vor.

Literatur:
[1] I. Müller, Pharm. Unserer Zeit **21**, 201 (1992).
[2] V. Melzheimer, Pharm. Unserer Zeit **21**, 206 (1992).
[3] T.A. van Beek und Mitarb., J. Chromatogr. **543**, 375 (1991)
[4] K. Nakanishi, Pure Appl. Chem. **14**, 89 (1967).
[5] A. Hasler und Mitarb., Phytochemistry **31**, 1391 (1992).
[6] K.R. Markham, H. Geiger und H. Jaggy, Phytochemistry **31**, 1009 (1992).
[7] F. Briancon-Scheid, A. Lobstein-Guth und R. Anton, Planta Med. **49**, 204 (1983).
[8] T.A. van Beek und G.P. Lelyveld, Planta Med. **58**, 413 (1992).
[9] A. Lobstein und Mitarb., Planta Med. **57**, 430 (1991).
[10] H. Huh und E.J. Staba, Planta Med. **59**, 232 (1993).
[11] A. Schennen und J. Hölzl, Planta Med. **52**, 235 (1986).
[12] F.V. De Feudis, Ginkgo biloba Extract EGb 761. Pharmacological Activities and Clinical Applications. Elsevier, Amsterdam, London, Paris, New York, Tokyo 1991.
[13] H. Oberpichler-Schwenk und J. Krieglstein, Pharm. Unserer Zeit **21**, 224 (1992).
[14] H. Oberpichler und Mitarb., Pharmacol. Res. Commun. **20**, 349 (1988).
[15] R.J. Larsen, J.P. Dupeyron und R.J. Boulu, Therapie **33**, 651 (1978).
[16] H. Oberpichler und Mitarb., J. Cereb. Blood Flow Metabol. **10**, 133 (1990).
[17] J.H.M. Prehn und Mitarb., J. Cereb. Blood Flow Metabol. **11**, 2. Suppl., S. 722 (1991).
[18] C. Karkoutly und Mitarb., in: J. Krieglstein, H. Oberpichler: Pharmacology of Cerebral Ischemia, S. 377; Wiss. Verlagsges. Stuttgart 1990.
[19] J. Pincemail und C. Deby, Presse Méd. **15**, 1475 (1986).
[20] J. Pincemail und Mitarb., Experientia **45**, 708 (1989).
[21] P. Braquet und Mitarb., Blood Vessels **16**, 559 (1985).
[22] N. Baroggi und Mitarb., Prostaglandins **30**, 700 (1985).
[23] M. Hirafuji und Mitarb., Biochem. Biophys. Res. Commun. **154**, 910 (1988).
[24] C. Ramassamy und Mitarb., J. Pharm. Pharmacol. **44**, 943 (1992).
[25] R. de Turco und Mitarb., J. Neurochem. **61**, 1438 (1993).
[26] J. Vesper und K.D. Hänsgen, Phytomedicine **1**, 9 (1994).
[27] J. Kleijnen und P. Knipschild, Lancet **340**, 1136 (1992).
[28] K. Maier-Hauff, Münch. Med. Wschr. **133**, Suppl. 1, 34 (1991).
[29] A. Hartmann und M. Frick, Münch. Med. Wschr. **133**, Suppl. 1, 23 (1991).
[30] F. Eckmann und H. Schlag, Fortschr. Med. **100**, 1474 (1982).
[31] G. Burkard und S. Lehrl, Münch. Med. Wschr. **133**, Suppl. 1, 38 (1991).
[32] Th. Kartnig, C. Gratzer und F. Bucar, Sci. Pharm. **64**, 93 (1996).
[33] O. Sticher, Pharm. Unserer Zeit **21**, 252 (1992).
[34] A. Schennen. Dissertation Marburg 1988.
[35] B. Steinke, B. Müller und H. Wagner, Planta Med. **59**, 155 (1993).

Wichtl

Ginseng radix — Ginsengwurzel
DAB 1996

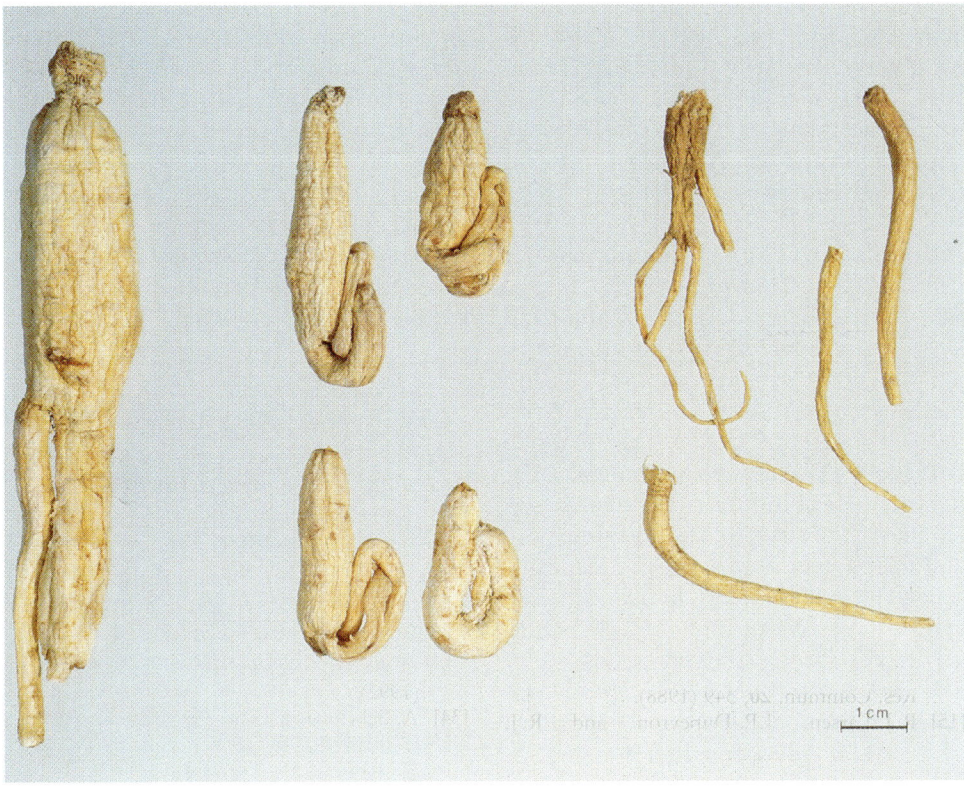

Abb. 1: Ginsengwurzel

Es gibt mehrere Handelssorten, unter denen der koreanische Ginseng am höchsten geschätzt wird, gefolgt von chinesischem, japanischem und amerikanischem Ginseng (letzterer meist von *Panax quinquefolius*). Vom koreanischen Ginseng gibt es den Weißen Ginseng (offizinell im DAB 1996, ÖAB und in Ph. Helv. VII), wobei die Wurzeln 4- bis 7-jähriger Pflanzen nach dem Ernten und Waschen direkt getrocknet werden, und den Roten Ginseng (in Japan offizinell), bei dem die Wurzeln zunächst $1^{1}/_{2}$ bis 4 Std. gebrüht werden; nach dem Trocknen sind sie hornartig, durchscheinend und rötlich. Die Abbildung zeigt den Weißen Ginseng, und zwar die Handelsform „curved" (Bildmitte) und „slender tails" (rechts, nicht offizinell!).

Beschreibung: Zylindrische, nach unten verschmälerte Wurzeln, im oberen Teil querrunzelig, von der Mitte an bisweilen mehrfach geteilt. Die Wurzeln tragen oft noch kopfartig abgesetzte Achsenreste. Die hellgelbe bis hellbraune Rinde enthält verstreut kleine, orangerote Harzbehälter. Im Inneren ist die Wurzel weiß bis gelblich, hornartig hart und spröde.

Geruch: Schwach, angenehm.

Geschmack: Anfangs bitter, dann süß und schleimig.

Abb. 2: *Panax ginseng* C.A. Meyer

Bis 80 cm hohe Staude mit handförmigen, quirlständigen Blättern. Kleine Blüten zu 15–30 in Dolden.

Abb. 3: *Panax ginseng* C.A. Meyer, Hauptwurzel und Nebenwurzeln

ÖAB: Radix Ginseng
Ph. Helv. VII: Ginseng radix

Stammpflanze: *Panax ginseng* C.A. MEYER, syn. Panax schin seng NEES, Araliaceae.

Synonyme: Kraftwurzel, Samwurzel, Radix Schinseng. Ginseng root, Korean ginseng (engl.). Racine de ginseng (franz.).

Herkunft: Heimisch in den Gebirgswäldern des mittleren Ostasiens; vor allem in Korea, Japan und in Nordostchina auch kultiviert. Die Droge wird hauptsächlich aus Korea, zum kleineren Teil auch aus dessen Nachbarländern, importiert.
Die aus den USA eingeführte Droge stammt von *Panax quinquefolius* (nicht offizinell!).
Zur Herkunft und Geschichte der Ginsengwurzel (sie war in Europa schon im 18. Jahrhundert zeitweilig offizinell) siehe Lit. [1].

Inhaltsstoffe [2–4]: 2–3% Ginsenoside [3, 5, 6], d.s. vorwiegend tetracyclische, seltener pentacyclische Triterpenglykoside mit Saponineigenschaften, die vorwiegend im Rindenteil der Droge lokalisiert sind [7] (Gehalt nach DAB 1996 mind. 1,5%, nach Ph. Helv. VII mind. 2,0%, ber. jeweils als Ginsenosid Rg_1); mengenmäßig vorherrschend sind meist die Ginsenoside Rg_1, Rc, Rd, Rb_1, Rb_2 und Ro. Die von russischen Forschern verwendeten Ausdrücke Panaxoside A–F haben sich international nicht durchgesetzt, sie können aber den Ginsenosiden Ro–Rh zugeordnet werden, so ist z.B. Panaxosid A identisch mit Ginsenosid Rg_1 [8]. Die Droge enthält etwa 0,05% ätherisches Öl, meist aus Monoterpenen wie Limonen, Terpineol, Citral u.a. bestehend. Verschiedene Polyacetylene [9], Glykane [10, 11], Peptidoglykane [12], Stärke, Zucker und Oligosaccharide.

Indikationen: Ginseng stammt aus der ostasiatischen Medizin, wo die Droge seit Jahrtausenden als Tonikum (und vermutlich auch als Aphrodisiakum) verwendet wird; man sollte deshalb nicht mit den Maßstäben unserer rationalen Therapie messen. Es handelt sich bei dieser Droge nicht um ein zur Behandlung bestimmter Krankheiten geeignetes Therapeutikum, sondern um ein Prophylaktikum, das in unspezifischer (bzw. heute erst in Einzelheiten erforschter) Weise die Abwehrbereitschaft des Organismus gegenüber verschiedenen Umwelteinflüssen und -reizen erhöht und/oder die Disposition bzw. Anfälligkeit für Krankheiten zu verringern vermag [2, 3]. Ginseng wird deshalb auch der Gruppe der Adaptogene zugeordnet, Stoffe, welche die Anpassungsfähigkeit eines Organismus an unterschiedliche äußere oder innere Störungen (z.B. Streß) verbessern können [13–15].

Es entspricht den Regeln der ostasiatischen Medizin, aber auch den Vorstellungen über die Wirksamkeit von Adaptogenen in der westlichen Medizin, daß Ginsengpräparate über einen längeren Zeitraum, meist über 3 Monate einzunehmen sind (vgl. Monographie der Kommission E). Als „Wirkstoffe" bzw. die Wirksamkeit mitbestimmende Inhaltsstoffe betrachtet man heute allgemein die Ginsenoside. Sie sind in den letzten 20 Jahren eingehend pharmakologisch untersucht worden, die Literatur auf diesem Gebiet ist beinahe unübersehbar, dazu kommt, daß viele Arbeiten in koreanischer, chinesischer

*Auszug aus der Monographie der Kommission E
(BAnz Nr. 11 vom 17.01.1991)*

Anwendungsgebiete
Als Tonikum zur Stärkung und Kräftigung bei Müdigkeits- und Schwächegefühl, nachlassender Leistungs- und Konzentrationsfähigkeit sowie in der Rekonvaleszenz.

Gegenanzeigen
Nicht bekannt.

Nebenwirkungen
Nicht bekannt.

Wechselwirkungen mit anderen Mitteln
Nicht bekannt.

Dosierung
Soweit nicht anders verordnet:
Tagesdosis: 1–2 g Droge, Zubereitungen entsprechend.

Art der Anwendung
Zerkleinerte Droge für Teeaufgüsse, Drogenpulver sowie galenische Zubereitungen zum Einnehmen.

Dauer der Anwendung
In der Regel bis zu 3 Monaten.
Eine erneute Anwendung ist möglich.

Wirkungen
In verschiedenen Streßmodellen z.B. Immobilisationstest, Kältetest, wird die Belastbarkeit von Nagern erhöht.

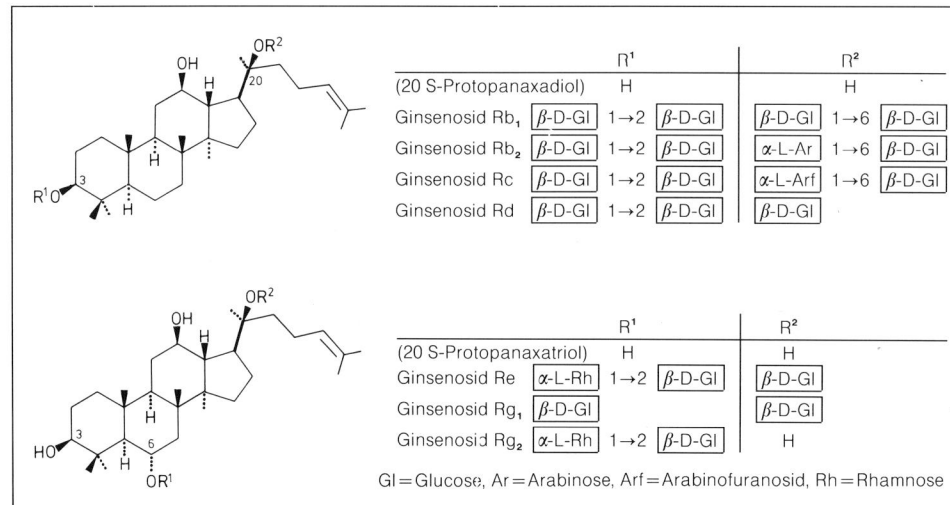

Gl = Glucose, Ar = Arabinose, Arf = Arabinofuranosid, Rh = Rhamnose

oder japanischer Sprache erschienen und in Europa nur als kurze Abstracts bekannt sind.
Wegen des riesigen Umfanges der Literatur werden nachstehend nur einige besonders interessante Befunde genannt. Gute Übersichten zu Pharmakologie und Klinik von Ginseng bieten Lit. [2, 3, 13, 16].
Ginsengextrakte bewirken eine Stimulation der Gehirnaktivität via Hypophyse [17], sie zeigen Langzeiteffekte auf den GABA-Stoffwechsel und den Catecholamin-Blutspiegel (Erhöhung der Dopaminkonzentration) [18], auch führen sie zu einer Verbesserung der Gedächtnisleistung [19].
Verschiedene Arbeitsgruppen haben die immunstimulierende Wirkung von Ginsengextrakten mehrfach bestätigt [19–21]. Der Kohlenhydrat- und Lipidstoffwechsel wird durch Ginsengextrakte deutlich beeinflußt [22, 23], es kommt zu einer Steigerung der Glucoseaufnahme in die Erythrocyten [24].
Ginsengextrakte hemmen die Blutplättchenaggregation und die Thromboxanbildung [25]. Ginsenosid Ro wirkt antiphlogistisch [26], für einige Glucane wurden hypoglykämische Effekte beschrieben [10, 12].

Nebenwirkungen: Relativ selten und nur bei hoher Dosierung und/oder Anwendung über sehr lange Zeit: Schlaflosigkeit, Nervosität, Durchfälle (bes. am Morgen), Blutungen in der Menopause, Hypertonie.

Teebereitung: 3 g fein geschnittene Droge mit kochendem Wasser übergießen, 5–10 min lang bedeckt stehen lassen, dann durch ein Teesieb geben. Die Einnahme soll ein- bis dreimal täglich über 3–4 Wochen erfolgen. Manche Hersteller empfehlen, die zerkleinerte Droge als solche einzunehmen und zu zerkauen.
1 Teelöffel = etwa 3,5 g.
Die Anwendung standardisierter Präparate ist empfehlenswert.

Teepräparate: Die Droge wird in Form sofortlöslicher Tees (auch in Portionsbeuteln zu 3 g) angeboten.

Phytopharmaka: Einige Hersteller bieten die gepulverte Droge lose oder in Kapseln an, z.B. Gintec Ginseng Pulver, Kumsan Ginseng Kapseln, Sanhelios Ginseng Kapseln N extra stark u.a. Zahlreiche Tonika enthalten einen z.T. auf Ginsenoside standardisierten Extrakt, z.B. Ginsana G 115 (Kapseln) Korea Ginseng Tonikum (Klosterfrau M.C.M), Tai Ginseng forte (Pastillen) u.a.; daneben gibt es einige Kombinationspräparate z.B. Chang-Royal-Ginseng N (Tonikum), Tai Ginseng (Tonikum) u.v.a.

Prüfung: Makroskopisch nicht ganz eindeutig möglich, da das Aussehen der Handelsware oft stark variiert. Mikroskopische Merkmale sind das Vorkommen von großen Exkretgängen mit gelbbräunlichem, harzigem Inhalt (nur in der Rinde), deren Größe von außen nach innen abnimmt; in der Nähe des Kambiums bilden sie einen fast geschlossenen Ring. Zwei- bis vierreihige, z.T. geschlängelte Markstrahlen durchziehen das ziemlich lockere Parenchym, in dessen Zellen Calciumoxalatdrusen und Einzelkristalle vorkommen. Die reichlich vorhandene Stärke besteht aus einfachen oder zusammengesetzten Körnern. Die mikroskopische Prüfung erlaubt keine Unterscheidung zwischen *Panax ginseng* und *Panax quinquefolius* [27]. Hierfür kommt jedoch die DC-Prüfung nach DAB 1966 in Betracht. Neuerdings wird auch die Polymerase-Kettenreaktion (PCR) zur Identifizierung einzelner *Panax*-Arten eingesetzt [28].

Identitätsprüfung mittels DC:

Untersuchungslösung: 1 g pulverisierte Droge mit 10 ml Methanol (70% V/V) 15 min unter Rückflußkühlung zum Sieden erhitzen, nach dem Abkühlen filtrieren.

Referenzlösung: Je 5 mg Aescin und Amygdalin sowie 25 mg Arbutin in 10 ml Methanol gelöst.

Aufzutragen: 5 µl Untersuchungslösung strichförmig, 3 µl Referenzlösung strichförmig.

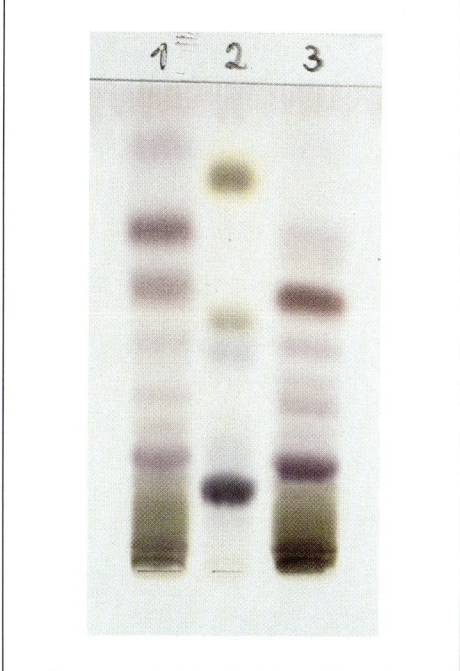

Abb. 4: DC auf 4 × 8 cm Folie
1: offizinelle Ginsengwurzel
2: Referenzsubstanzen
3: amerikanischer Ginseng (*Panax quinquefolius*)
Einzelheiten s. Text

Fließmittel: Oberphase von Ethylacetat-Butanol-Wasser (25 + 100 + 50), 6 cm hoch.

Sichtbarmachung: Schicht im Warmluftstrom trocknen, mit Anisaldehyd-Reagenz (DAB 1996) besprühen, 2–3 min auf 105–110 °C erhitzen.

Auswertung: Im Tageslicht. Aescin erscheint bei etwa Rf = 0,3 als blaue bis blauviolette Zone, Amygdalin bei Rf ~ 0,5 als graugrüne Zone, Arbutin bei Rf ~ 0,8 als braune Zone.
Die Untersuchungslösung zeigt die graublauen bis grauvioletten Zonen der Ginsenoside Rg_1 (Rf ~ 0,7) und Re (Rf ~ 0,55) zwischen den Referenzsubstanzen Arbutin und Amygdalin, sowie Rb_1 auf der Höhe der Referenzsubstanz Aescin, nicht scharf getrennt von anderen Ginsenosiden (Abb. 4). Wurzeln anderer *Panax*-Arten geben ein abweichendes Chromatogramm.

Literatur:

[1] W. Caesar, Dtsch. Apoth. Ztg. **131**, 935 (1991).
[2] Chr. Chinna, Österr. Apoth. Ztg. **46**, 377 und 650 (1992).
[3] U. Sonnenborn und Y. Proppert, Z. Phytother. **11**, 35 (1990).
[4] G. Sollorz, Dtsch. Apoth. Ztg. **125**, 2025 (1985).
[5] D.S. Kim und Mitarb., Phytochemistry **40**, 1493 (1995).
[6] H. Kanazawa und Mitarb., J. Chromatogr. **537**, 469 (1991).
[7] T. Tani, J. Nat. Prod. **44**, 401 (1981).
[8] H. Wagner und A. Wurmböck, Dtsch. Apoth. Ztg. **117**, 743 (1977).
[9] K. Hirakura und Mitarb., Phytochemistry **30**, 3327; 4053 (1991); **31**, 899 (1992) und **35**, 963 (1994).
[10] Y. Oshima und Mitarb., J. Nat. Prod. **50**, 189 (1987).
[11] Q. Gao und Mitarb., Planta Med. **55**, 9 (1989).
[12] M. Tomoda und Mitarb., Phytochemistry **24**, 2431 (1985).
[13] H. Wagner, H. Nörr und H. Winterhoff, Z. Phytother. **13**, 42 (1992) und Phytomedicine **1**, 63 (1994).
[14] U. Sonnenborn, Dtsch. Apoth. Ztg. **127**, 433 (1987).
[15] F.Z. Meerson, Adaptation, Stress and Prophylaxis, Springer Verlag Berlin-Heidelberg-New York-Tokyo 1984.
[16] E. Sprecher, Pharm. Ztg. **131**, 3161 (1986).
[17] F. Sandberg und L. Dencker, Z. Phytother. **15**, 38 (1994).
[18] Y.H. Kim und Mitarb., Planta Med. **58**, A645 (1992).
[19] V.D. Petkov und Mitarb., Planta Med. **59**, 106 (1993).
[20] H.S. Kim und Mitarb., Planta Med. **61**, 22 (1995).
[21] Y.S. Yun und Mitarb., Planta Med. **59**, 521 (1993).
[22] A.A. Qureshi und Mitarb., Lipids **20**, 817 (1985).
[23] M. Yamamoto und A. Kumagai, Planta Med. **45**, 149 (1982).
[24] H. Hasegawa und Mitarb., Planta Med. **60**, 153 (1994).
[25] S.C. Kuo und Mitarb., Planta Med. **56**, 164 (1990).
[26] H. Matsuda, K. Samukawa und M. Kubo, Planta Med. **56**, 19 (1990).
[27] L. Langhammer, Pharm. Ztg. **127**, 2187 (1982).
[28] P.C. Shaw und P.P.H. But, Planta Med. **61**, 466 (1995).

Wichtl

Graminis flos — Heublumen, Grasblüten

Abb. 1: Heublumen

Diese Droge, ein Nebenprodukt der Heugewinnung, kann sehr unterschiedlich aussehen, je nach Herkunft. Die Abb. 1 zeigt die Blütenstände und Blüten sowie Stengelteile verschiedener Gräser (*Agropyron repens* (L.) P. BEAUV., *Lolium perenne* L. u.a.), wie sie für die Droge typisch sind.

Beschreibung: Im wesentlichen aus gelblich-grünen oder rötlich überlaufenen Spelzen sowie Blüten und Blütenteilen verschiedener Gräser bestehend, viele kleine parallelnervige Stengel- und Blattbruchstücke. Daneben auch Blüten von Kleearten (*Trifolium* sp.) häufig in der Droge vorkommend: stark geschrumpfte, weißlich-gelbbraune Blüten.

Geruch: Schwach, nach Cumarin.

Geschmack: Etwas bitter.

Abb. 2: *Lolium perenne* L.

Typisches Süßgras mit schmal linealen Blättern und bis 15 cm langer Ähre. Ährchen 5- bis 14-blütig.

Stammpflanzen: Nicht genau angebbar, da die Droge durch Absieben von Heu auf den Bauernhöfen gewonnen wird und dadurch in der Zusammensetzung stark variieren kann. Zumeist sind aber *Anthoxantum odoratum* L. (Gemeines Ruchgras), *Agropyron repens* (L.) P. BEAUV., syn. *Elymus repens* (L.) GOULD (Gemeine Quecke), *Lolium perenne* L. (Ausdauernder Lolch), *Bromus hordeaceus* L. (Weiche Trespe), *Festuca pratensis* HUDS. (Wiesen-Schwingel), *Phleum* spp. (Lieschgras), *Alopecurus* spp. (Fuchsschwanzgras), *Dactylis* spp. (Knäuelgras) etc., alles Poaceae, in der Droge vertreten.

Synonyme: Grass flowers (engl.).

Herkunft: Die Droge wird in Mitteleuropa in der Weise gewonnen, daß man Heu durch mehrfaches Sieben von groben Stengelanteilen und anschließend von feinem Staub, Sand und Erde befreit, bis schließlich ein überwiegend aus Blütenanteilen bestehendes Produkt übrigbleibt.

Bei Untersuchungen von Drogen, die in Österreich auf dem Markt sind, wurden allerdings von Muster zu Muster erhebliche Unterschiede in der Zusammensetzung festgestellt [1, 2]: so enthalten manche Chargen beträchtliche Mengen an dikotylen Pflanzen, enthalten also fein geschnittenes Heu. Die durch mikroskopische Analyse ermittelte Zahl der in der Droge vorkommenden Pflanzen*arten* variiert beträchtlich, bei elf untersuchten Chargen schwankte sie zwischen 11 und 52 [2].

Die DC-Prüfung mehrerer Muster [3] ergibt zwar ein fingerprint-Chromatogramm (in Lit. [3] mit Farbabbildungen belegt), dürfte aber für die Identifizierung oder Qualitätsbeurteilung kaum von Wert sein [2].

Inhaltsstoffe: Nur ganz unzulänglich bekannt. Neben ubiquitären Substanzen (Flavonoide, Pflanzensäuren, Zucker, Stärke, Proteine) sind Gerbstoffe und ätherisches Öl in Spuren nachgewiesen worden; Cumarine, Furanocumarine.

Indikationen: Die Droge wird ausschließlich in der *Volksmedizin* zur Bereitung von Bädern verwendet, und zwar zur Schmerzlinderung bei rheumatischen Erkrankungen, Lumbago, Frostbeulen und bei Neurasthenie. Gelegentlich wird die Droge auch für Inhalationen bei Erkältungskrankheiten, ebenfalls volksmedizinisch, gebraucht. In allen Fällen ist das Wirkprinzip nicht bekannt, die Anwendung erfolgt nur empirisch; ein leichter sedierender Effekt wird von ärztlicher Seite auf Cumarine und Furanocumarine zurückgeführt [4].

Nebenwirkungen: Auf Allergisierung (Heuschnupfen!) ist zu achten.

Teebereitung (Anwendung): Für ein Heublumenbad verwendet man etwa 500 g Droge, die mit 3–4 l kochendem Wasser übergossen werden; man läßt etwa 1 min lang kochen, ca. 30 min ziehen, seiht dann ab und setzt diesen Auszug dem Vollbad (38 °C) zu; Badedauer max. 15 min, danach 1 Std. Bettruhe [5].
Zur Inhalation verwendet man 5–10 g Droge auf 1 l kochendes Wasser.
1 Eßlöffel = etwa 2,3 g.

Teepräparate und Phytopharmaka: Heublumen werden als Heublumenkissen oder -Säcke, als Kompressen oder als Heublumen-Badeextrakt angeboten.

Auszug aus der Monographie der Kommission E (BAnz Nr. 85 vom 05. 05. 1988)

Anwendungsgebiete
Zur lokalen Wärmetherapie bei degenerativen Erkrankungen des rheumatischen Formenkreises.

Gegenanzeigen
Offene Verletzungen, akute rheumatische Schübe, akute Entzündungen.

Nebenwirkungen
Allergische Hautreaktionen sind in sehr seltenen Fällen möglich.

Wechselwirkungen mit anderen Mitteln
Keine bekannt.

Dosierung und Art der Anwendung
Soweit nicht anders verordnet:
1–2mal täglich als feuchtheiße Kompresse äußerlich anwenden.
Der etwa 42° warme Heublumensack wird direkt auf die zu behandelnde Stelle aufgelegt, zur Umgebung hin abgedeckt und 40–50 Min. lang liegengelassen.
Der Inhalt eines Heublumensacks sollte aus hygienischen Gründen nur einmal verwendet werden.

Wirkungen
Lokal hyperämisierend.
Beeinflussung innerer Organe über cuti-viscerale Reflexe.

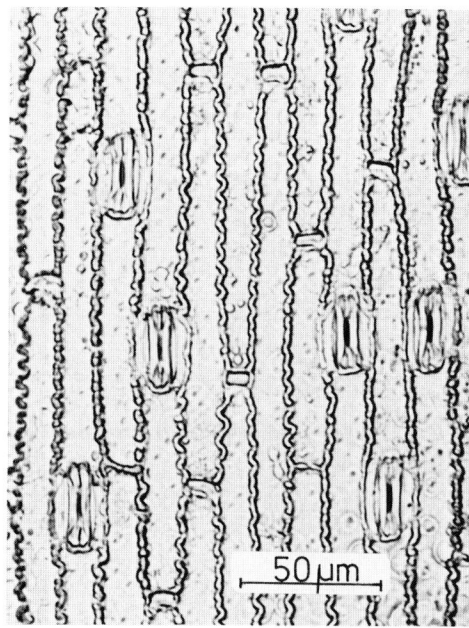

Abb. 3: Typische Poaceen-Epidermis mit undulierten Zellwänden und hantelförmigen Schließzellen

Prüfung: Es ist darauf zu achten, daß der Anteil an Blüten von Poaceen entsprechend hoch ist. Bei der mikroskopischen Prüfung fallen die welligen Zellwände und die an den Schmalseiten der Epidermiszellen liegenden, hantelförmigen Schließzellen der Spaltöffnungen (Abb. 3) besonders auf.

Verfälschungen: Kommen in der Praxis kaum vor.

Literatur:
[1] R. Länger, D. Valiko und W. Kubelka, Sci. Pharm. **60**, 3 (1992).
[2] R. Länger und W. Kubelka, Sci. Pharm. **61**, 65 (1993).
[3] Th. Kartnig und A. Brantner, Sci. Pharm. **60**, 137 (1992).
[4] H.H. Froehlich und W. Müller-Limmroth, Münch. Med. Wochenschr. **118**, 317 (1976).
[5] M. Pahlow, Dtsch. Apoth. Ztg. **128**, 564 (1988).

Wichtl

Graminis rhizoma — Queckenwurzelstock
DAB 1997

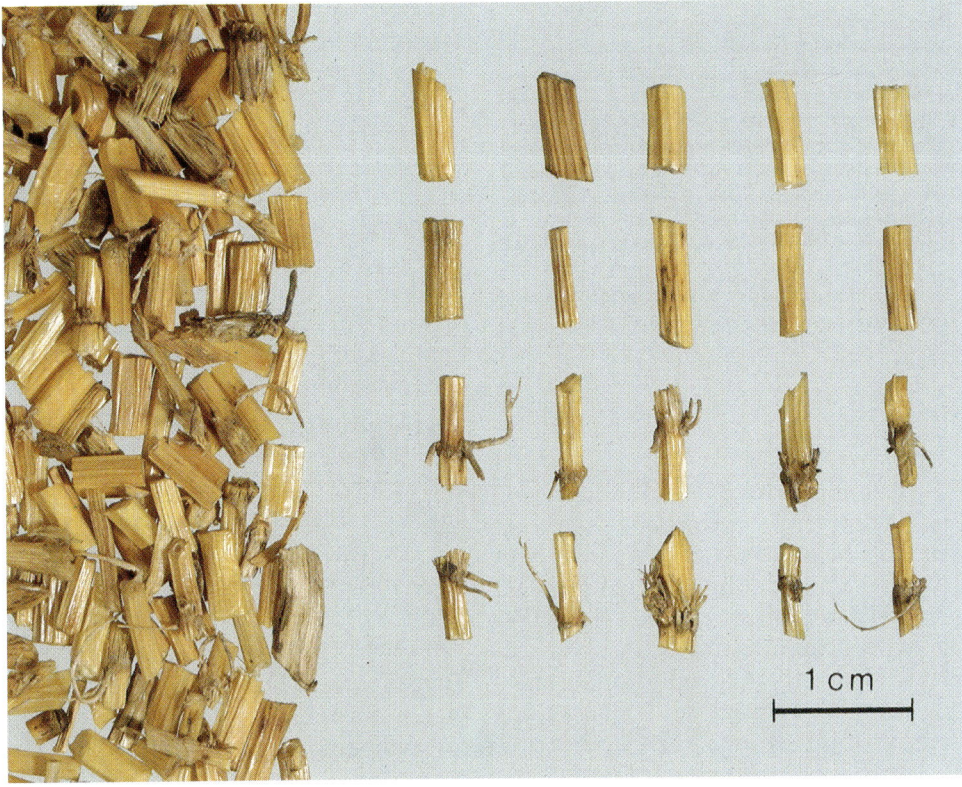

Abb. 1: Queckenwurzelstock

Die Droge besteht aus Rhizomen, Wurzeln und kurzen Stengelabschnitten.

<u>Beschreibung</u>: Blaß strohgelbe, glänzende, längsgefurchte, 2–3 mm dicke, hohle Rhizom- und Stengelteile. An den nicht verdickten Knoten weißliche bis bräunliche, kurz zerfaserte Niederblätter und sehr dünne Wurzeln sichtbar.

<u>Geschmack</u>: Fade, schwach süßlich.

Abb. 2: *Agropyron repens* (L.) P. Beauv.

Das sich mit langen, unterirdischen Ausläufern verbreitende Süßgras wird bis 1,5 m hoch und treibt eine bis 15 cm lange Ähre mit dicht in 2 Zeilen sitzenden, mehrblütigen Ährchen.

Ph. Helv. VI: Rhizoma graminis (nicht mehr in Ph. Helv. VII)
St. Zul. 1169.99.99

Stammpflanze: *Agropyron repens* (L.) P. Beauv.; syn. *Elymus repens* (L.) Gould, *Triticum repens* L. (Gemeine Quecke), Poaceae.

Synonyme: Laufqueckenwurzel, Schließgraswurzel, Graswurzel, Kriechwurzel, Ackergraswurzel, Knotengraswurzel, Radix Agropyri, Radix Graminis albi, Radix Cynagrostis, Stolones graminis. Couch grass root, Scutch, Twitch, Dog grass root (engl.). Rhizome de chiendent (franz.).

Herkunft: Weit verbreitetes Unkraut der nördlichen Erdhälfte. Drogenimporte aus mehreren Balkanländern.

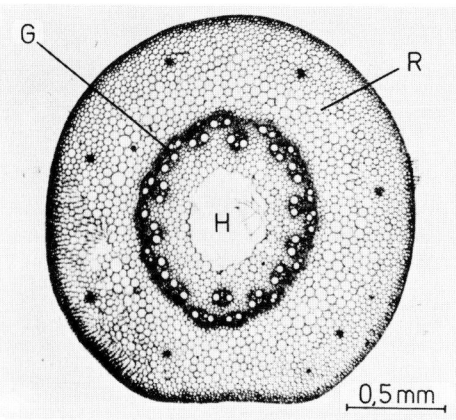

Abb. 3: Querschnitt durch den Wurzelstock (gequollen) von *Agropyron repens*. R = Rindenparenchym, G = Leitbündelring des Zentralzylinders, H = Markhöhle

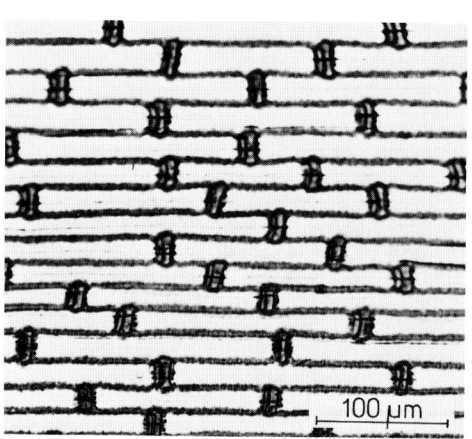

Abb. 4: Stengelepidermis mit alternierenden Kurz- und Langzellen (Aufsicht)

Inhaltsstoffe: 3–8% Triticin, ein dem Inulin verwandtes Polysaccharid, das bei der Hydrolyse Fructose liefert; etwa 10% Schleim; möglicherweise Saponine (hämolytische Aktivität nachweisbar); 2–3% Zuckeralkohole (Mannit, Inosit); 0,01–0,05% ätherisches Öl bzw. wasserdampfflüchtige Komponenten, davon bisher 49 identifiziert [1] (Zusammensetzung: 36% freie Fettsäuren, bes. Palmitinsäure, 25% Monoterpene, bes. Carvacrol, daneben Carvon, Thymol, Menthol u.a., 6,8% trans-Anethol, 0,85% Sesquiterpene und einige seltene Naturstoffe wie z.B. 2-Hexyl-3-methyl-maleinsäureanhydrid u.a.); kleine Mengen Vanillosid (Vanillin-monoglucosid), Vanillin und Phenolcarbonsäuren [2]; Spuren verschiedener p-Hydroxyzimtsäurealkylester [3, 4]; Kieselsäure und Silikate. Im Keimling und im Blatt gefundene Lektine kommen möglicherweise auch im Rhizom vor.

Indikationen: Anwendung einerseits als Diuretikum bei Blasenkatarrhen und Blasen- bzw. Nierensteinleiden (vgl. Monographie der Kommission E), andererseits als reizlinderndes Hustenmittel bei Bronchialkatarrhen, auf Grund ärztlicher Erfahrung und auch aus der *Volksmedizin* abgeleitet. Weitere *volksmedizinische* Anwendung findet die Droge bei Gicht, rheumatischen Beschwerden und chronischen Hauterkrankungen. Extrakte aus der Droge werden als Diätetikum für Zuckerkranke verwendet. Pharmakologische oder klinische Untersuchungen fehlen.

Teebereitung: 5–10 g fein zerschnittene Droge werden mit kochendem Wasser übergossen und nach 5–10 min durch ein Teesieb gegeben; auch Ansetzen der Droge mit kaltem Wasser und langsames Erhitzen zum Sieden wird empfohlen.
1 Teelöffel = etwa 1,5 g.

Teepräparate: Die Droge ist in einigen Blasen-Nieren-Tees enthalten (z.B. in den Nummern I, IV und VII der St. Zul.).

Auszug aus der Monographie der Kommission E (BAnz Nr. 22a vom 01.02.1990)

Anwendungsgebiete
Zur Durchspülung bei entzündlichen Erkrankungen der ableitenden Harnwege und als Vorbeugung bei Nierengrieß.

Gegenanzeigen
Nicht bekannt.

Hinweis:
Keine Durchspülungstherapie bei Ödemen infolge eingeschränkter Herz- oder Nierenfunktion.

Nebenwirkungen
Nicht bekannt.

Wechselwirkungen mit anderen Mitteln
Nicht bekannt.

Dosierung
Soweit nicht anders verordnet:
Tagesdosis: 6–9 g Droge;
Zubereitungen entsprechend.

Art der Anwendung
Zerkleinerte Droge für Abkochungen sowie andere galenische Zubereitungen zum Einnehmen.

Hinweis:
Durchspülungstherapie:
Auf reichliche Flüssigkeitszufuhr ist zu achten.

Wirkungen
Das ätherische Öl wirkt antimikrobiell.

Wortlaut der Packungsbeilage gemäß Standardzulassung:

6.1 Anwendungsgebiete
Zur Erhöhung der Harnmenge bei Katarrhen der ableitenden Harnwege; als Ergänzung bei der Behandlung von Katarrhen der oberen Luftwege.

6.2 Dosierungsanleitung und Art der Anwendung
Etwa 2 bis 3 Teelöffel voll (ca. 5 bis 10 g) **Queckenwurzelstock** werden mit siedendem Wasser (ca. 150 ml) überbrüht und nach 10 Minuten durch ein Teesieb gegeben.
Soweit nicht anders verordnet, wird bis zu 4mal täglich 1 Tasse frisch bereiteter Teeaufguß getrunken.

6.3 Hinweis
Vor Feuchtigkeit geschützt aufbewahren.

Phytopharmaka: Drogenextrakte sind in einigen wenigen Fertigarzneimitteln der Gruppe Urologika enthalten, z.B. Acorus® (Tropfen).

Prüfung: Makroskopisch (s. Beschreibung) und mikroskopisch. Nach dem Aufquellen in Wasser läßt sich das Rhizom gut schneiden und liefert ein charakteristisches Querschnittsbild (Abb. 3), an dem man Rindenparenchym, Zentralzylinder und Markhöhle erkennt. Die Endodermis wird von U-förmig verdickten, getüpfelten Zellen gebildet, deren Zellwand deutlich geschichtet ist. Die Epidermis der Stengelstücke zeigt in der Aufsicht wellige, abwechselnd kurze und lange Zellen (Abb. 4). Stärke fehlt! Bei Zusatz von α-Naphthol-Schwefelsäure zu Drogenstückchen tritt eine rotviolette Färbung auf (Triticin).

Verfälschungen: Als solche kommen hauptsächlich die Rhizome von *Cynodon dactylon* (L.) PERS. (Hundszahngras), Poaceae, in Betracht, die auch als Rhizoma Graminis italici bezeichnet werden; da sie Stärke enthalten, sind sie leicht nachzuweisen: Schnittflächen färben sich beim Betupfen mit Iodlösung blauschwarz.
Die ebenfalls als Verfälschung beobachteten Rhizome von *Imperata cylindrica* (L.) RAEUSCH., Poaceae, sind an den 2–3 cm langen, nur sehr fein längsgerunzelten Internodienabschnitten zu erkennen.

Literatur:
[1] R. Boesel und H. Schilcher, Planta Med. **55**, 399 (1989).
[2] D.C. Whitehead, H. Dibb und R.D. Hartley, Soil Biol. Biochem. **15**, 133 (1986).
[3] U. Koetter, M. Kaloga und H. Schilcher, Planta Med. **59**, 279 (1993).
[4] U. Koetter, M. Kaloga und H. Schilcher, Planta Med. **60**, 488 (1994).

Nagell

Hamamelidis cortex — Hamamelisrinde

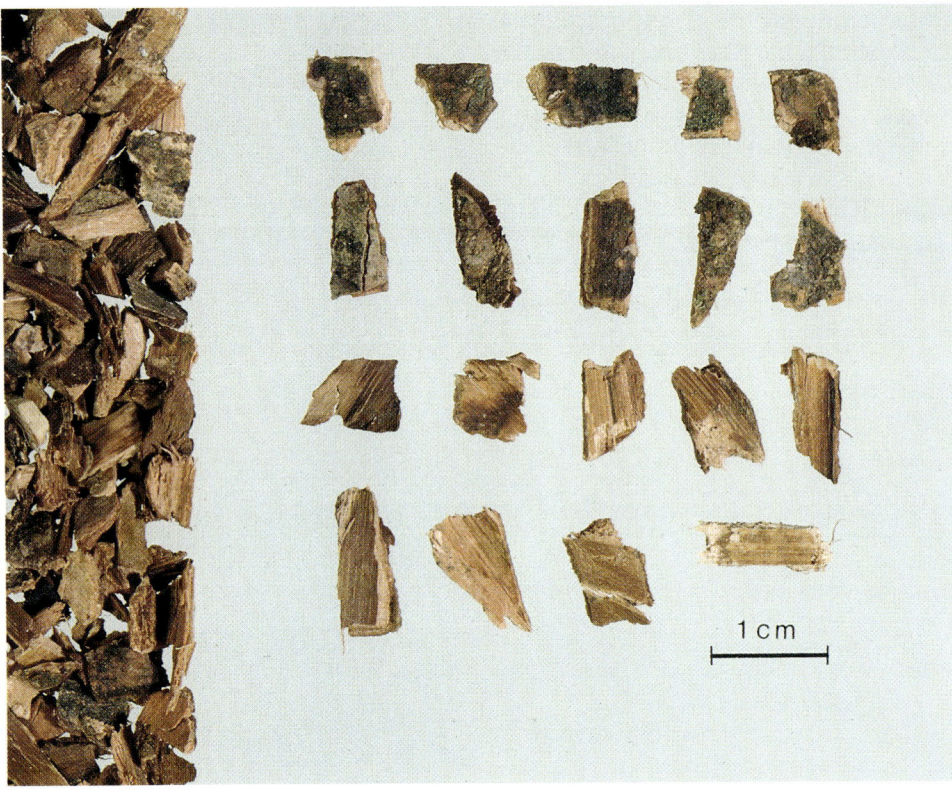

Abb. 1: Hamamelisrinde

Beschreibung: Verschieden lange, bis 3 cm breite und 2 mm dicke, rinnenförmig gebogene, seltener röhrig eingerollte oder bandförmige Stücke der getrockneten Rinde der Stämme und Zweige. Die zimtbraune oder rötlichbraune Außenseite ist mit einem dünnen, weißlichen oder graubraunen, zahlreiche Lentizellen zeigenden Kork bedeckt. Die gelblich- oder rötlichbraune Innenseite ist längs gestreift. Der Bruch ist splitterig und langfaserig.

Geschmack: Stark adstringierend, bitter.

Abb. 2: *Hamamelis virginiana* L. Zweige mit Blüten. Beschreibung s. bei Hamamelidis folium, Abb. 2, S. 273.

DAC 1986: Hamamelisrinde
St. Zul. 9799.99.99

Stammpflanze: *Hamamelis virginiana* L. (Hamamelis), Hamamelidaceae.

Synonyme: Virginische Zaubernuß-, Zauberstrauch-, Hexenhasel-, Zauberhaselrinde. Hamamelis bark, Witch hazel bark (engl.). Écorce d'hamamélis de virginie, Écorce du noisetier de la sorcière (franz.)

Herkunft: siehe Hamamelidis folium.

Inhaltsstoffe: 8–12% Gerbstoffe (nach DAC 1986 mind. 9,0% mit Hautpulver fällbare Gerbstoffe, ber. als Gallussäure), vorwiegend aus Gallotanninen und kleinen Anteilen an Catechingerbstoffen (oligomere Proanthocyanidine) bestehend; Hauptkomponente (bis 5,5%) ist Hamamelitannin, eine 2,5-Di-O-galloyl-D-hamamelose, daneben kommen weitere Galloylhamamelosen vor [1–3]. Kleine Mengen an Flavonoiden und an ätherischem Öl [3a].

Indikationen: Siehe Hamamelidis folium.

Auszug aus der Monographie der Kommission E (BAnz Nr. 154 vom 21.08.1985)

Anwendungsgebiete

Leichte Hautverletzungen, lokale Entzündungen der Haut- und Schleimhäute; Hämorrhoiden, Krampfaderbeschwerden.

Gegenanzeigen

Keine bekannt.

Nebenwirkungen

Keine bekannt.

Wechselwirkungen

Keine bekannt.

Dosierung*)

Soweit nicht anders verordnet:
Zubereitungen zur äußeren Anwendung mehrmals täglich auf die entsprechenden Hautpartien auftragen oder zu Umschlägen mit Wasser verdünnt. Die Dosierung richtet sich nach der zu behandelnden Oberfläche.
Zäpfchen:
1–3mal täglich die einer 0,1–1 g Droge entsprechende Menge einer galenischen Zubereitung rektal einführen.
Zubereitung zur inneren Anwendung (auf Schleimhäuten):
Mehrmals täglich die einer 0,1–1 g Droge entsprechende Menge einer Drogenzubereitung anwenden.

Art der Anwendung*)

Hamamelisblätter und -rinde:
Zerkleinerte Droge oder Drogenauszüge zur äußeren und inneren Anwendung.
Frische Blätter und Zweige von Hamamelis:
Wasserdampfdestillat zur äußeren und inneren Anwendung.

Wirkungen

Adstringierend, entzündungshemmend, lokal hämostyptisch.

---

*) Anmerkung des Herausgebers:
Der Text ist für Hamamelisblätter (s.d.) und Hamamelisrinde nicht identisch!

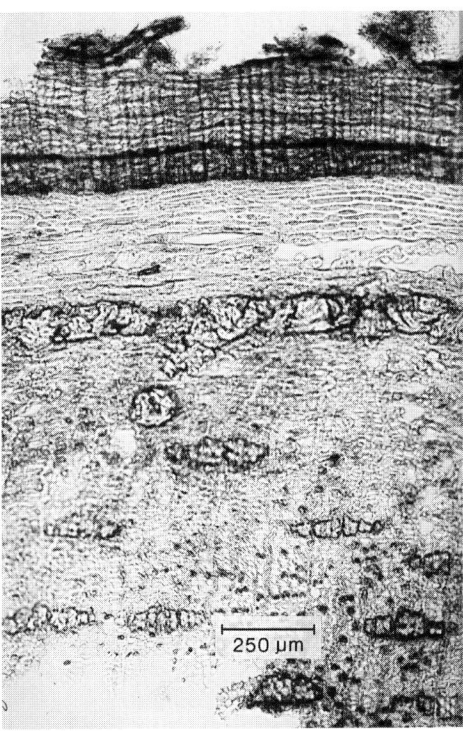

Abb. 3: Hamamelisrinde, Querschnitt; mehrreihiger Kork, schmale primäre Rinde, Steinzellring, sekundäre Rinde mit Markstrahlen, Fasergruppen und Calciumoxalatdrusen.

Nebenwirkungen: Siehe Hamamelidis folium.

Teebereitung: Etwa 2 g fein geschnittene oder grob gepulverte Droge mit kaltem Wasser ansetzen, zum Sieden erhitzen und 10 bis 15 min lang kochen, heiß abseihen. Bei Durchfallerkrankungen bis zu 3mal täglich eine Tasse; nicht über längere Zeit anwenden.

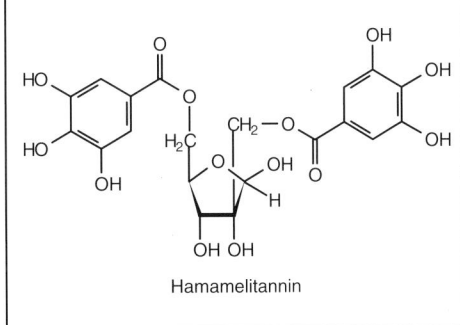

Hamamelitannin

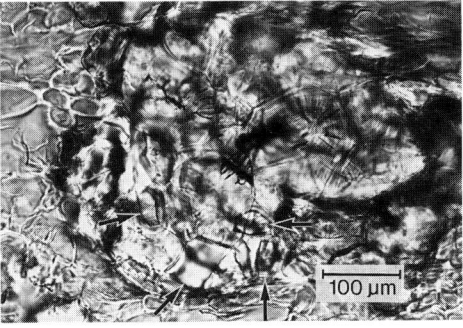

Abb. 4: Steinzellnest der Hamamelisrinde. Zellen mit geschichteter Wand, deutlich getüpfelt, z.T. mit Einzelkristallen (Pfeile)

Bei Entzündungen der Mundschleimhaut und des Zahnfleisches kann mit der Abkochung mehrmals täglich gespült oder gegurgelt werden.
1 Teelöffel = etwa 2,5 g.

Teepräparate: Vereinzelt als Tee oder in Teegemischen als Hämorrhoidal- oder Venentee.

Phytopharmaka: Einige Monopräparate z.B. Hamevis-Tinktur oder Hametum® Extrakt (Destillat aus frischen Zweigen).
Zahlreiche Kombinationspräparate als Hämorrhoiden- und Venenmittel enthalten Auszüge aus Hamamelisrinde, z.B. Eulatin® (Salbe), Sagittaproct® (Supp. und Salbe), Venacton® (Tropfen) u.a.; darüber hinaus als Extrakt oder Destillat in sehr vielen kosmetischen Hautpflegemitteln enthalten.

Prüfung: Makroskopisch (s. Beschreibung); mikroskopisch nach DAC (Abb. 3); besonders in der Pulverdroge ist auf Gruppen kleiner und Gruppen großer, stark verdickter, deutlich geschichteter und getüpfelter Steinzellen (Abb. 4) zu achten, von denen einzelne mit weiterem Lumen braunen Inhalt oder einen Einzelkristall enthalten. Rinden mit anhaftenden Teilen des gelblichweißen Holzkörpers sind nicht zu verwenden (nach Erg. B. 6). Im DAC wird dünnschichtchromatographisch auf Gerbstoffe geprüft, außerdem werden mit der Casein/Folins-Reagenz-Methode quantitativ die Gallotannine (berechnet als Gallussäure) bestimmt.

Wortlaut der Packungsbeilage gemäß Standardzulassung:

6.1 Anwendungsgebiete
Zur Unterstützung der Therapie akuter, unspezifischer Durchfallerkrankungen. Entzündungen von Zahnfleisch und Mundschleimhaut.

6.2 Nebenwirkungen
Bei empfindlichen Patienten können nach Einnahme von Zubereitungen aus Hamamelisrinde gelegentlich Magenreizungen auftreten. Hamamelisrinde enthält Tanningerbstoffe, die in seltenen Fällen Leberschäden erzeugen können.

6.3 Dosierungsanleitung und Art der Anwendung
Etwa 1 Teelöffel voll (2 bis 3 g) **Hamamelisrinde** wird in Wasser (ca. 150 ml) 10 bis 15 Minuten gekocht und noch warm durch ein Teesieb gegeben. Soweit nicht anders verordnet, wird 2- bis 3mal täglich 1 Tasse frisch bereiteter Tee zwischen den Mahlzeiten getrunken. Bei Zahnfleisch- und Mundschleimhautentzündungen wird mehrmals täglich mit dem Aufguß gespült.

6.4 Dauer der Anwendung
Sollten die Durchfälle länger als 3 bis 4 Tage anhalten, ist ein Arzt aufzusuchen.

6.5 Hinweis
Vor Feuchtigkeit geschützt aufbewahren.

Verfälschungen: Kommen praktisch nicht vor. Gelegentlich wird Hamamelis-Rinde durch die Rinde der Haselnuß (*Corylus avellana* L.) „ersetzt". Beide Rinden unterscheiden sich anatomisch durch die Dicke ihrer Kork-Kambien, die bei *Hamamelis* 10 bis 12 Zellreihen, bei *Corylus* wenigere umfassen. Die Zellen des Korkkambiums sind bei *Hamamelis* dünnwandiger und nicht so flach wie bei *Corylus*.

Aufbewahrung: Vor Licht und Feuchtigkeit geschützt aufbewahren.

Literatur:
[1] C. Haberland und H. Kolodziej, Planta Med. **60**, 464 (1994).
[2] B. Vennat und Mitarb., Planta Med. **54**, 454 (1988).
[3] Hager, Band **5**, 372 (1993).
[3a] C. Hartisch und Mitarb., Poster 217, GA-Congress Prag, Sept. 1996.
[4] C.A.J. Erdelmeier und Mitarb., Planta Med. **62**, 241 (1996).

Czygan

Hamamelidis folium
Ph. Eur.

Hamamelisblätter
DAB 1996

Abb. 1: Hamamelisblätter

Beschreibung: Dünne, etwas ledrige, biegsame, ganzrandige oder am Rande kerbiggewellte Blätter und Blattbruchstücke. Oberseits dunkelgrün, unterseits hellgrau-grün bis hellbraun und glänzend. Kräftiger Hauptnerv und deutlich hervortretende Seitennerven, die unter sich durch feine, aufeinander senkrecht stehende Adern verbunden sind. Nur an der Blattunterseite an den Nervenwinkeln behaart. Bei Lupenbetrachtung sind zahlreiche punktförmige Höcker erkennbar.

Geschmack: Schwach adstringierend.

Abb. 2: *Hamamelis virginiana* L.

Bis 7 m hoch werdender Strauch mit breitovalen Blättern. Blüten erst im Herbst erscheinend, klein, gelb, mit langen Korollzipfeln.

Ph. Helv. VII: Hamamelidis folium
St. Zul. 9699.99.99

Stammpflanze: *Hamamelis virginiana* L. (Hamamelis), Hamamelidaceae [1].

Synonyme: Virginische Zaubernuß-, Zauberstrauch-, Hexenhasel-, Zauberhaselblätter. Hamamelis leaf, Witch hazel leaf (engl.). Feuilles d'hamamélis, Feuilles du noisetier de la sorcière (franz.).

Herkunft: Beheimatet im östlichen Nordamerika (New Brunswick, Quebec bis Minnesota, südlich bis Florida, Louisiana und Texas); in Europa z.T. angebaut. Importe aus Nordamerika.

Inhaltsstoffe: Bis über 10% Gerbstoffe und Gerbstoffbausteine [2–4], vor allem oligomere Proanthocyanidine (Catechingerbstoffe), daneben wenig Gallotannine, z.B. Hamamelitannin, eine 2,5-

Di-O-galloyl-D-hamamelose sowie die Proanthocyanidine des Cyanidins und Delphinidins. Flavonoide, Kämpferol, Quercetin, Astragalin, Isoquercitrin u.a. [3]. Organische Säuren (u.a. Kaffeesäure, Chinasäure, freie Gallussäure, Fettsäuren). 0,01–0,5% ätherisches Öl, das sich wie folgt zusammensetzt: 40% aliphatische Alkohole, 15% Ester, 25% Carbonylverbindungen (9,7% n-Hexen-2-al-1, 3,2% Acetaldehyd, 3,5% α-Ionon, 1,0% β-Ionon, ca. 0,5% 6-Methyl-3,5-heptadienon-2 sowie ca. 0,2% Safrol). Die Ölmengen in der Blattdroge variieren in Abhängigkeit verschiedener Drogenprovenienzen und Erntejahre; allerdings bleibt das Komponenten-*Spektrum* der Öle weitgehend konstant.

Indikationen [1]: In der amerikanischen und europäischen *Volksmedizin*: Läsionen von Haut, Schleimhaut und oberflächlichen Blutgefäßen, auch im Rahmen von Begleiterkrankungen (Ulcus cruris, phlebostatisches Syndrom), zur innerlichen Anwendung als Tonikum, Adstringens (bei Dysenterien, Diarrhöen und Dickdarmkatarrh, als Rachentherapeutikum, bei Menorrhagie und Dysmenorrhoe, Hämaturie, Nierenschmerzen, verschiedenen venösen Erkrankungen (Varizen, Ulcus cruris), Hämorrhoiden, sogar bei Muskelrheumatismus, Neuralgien. – Die in der *Volksmedizin* verwendeten Arzneiformen aus Blättern und Rinde von *H. virginiana* sind: destillierte Wässer, Extrakte, Salben, Cremes, Suppositorien, homöopathische Urtinkturen und Dilutionen. Meistens liegen Erfahrungsberichte bzw. Kasuistiken vor, die vorwiegend dermatologischen, zum Teil auch chirurgischen und allgemeinmedizinischen Praxen entstammen [1]. – In neueren Standardwerken beanspruchte Indikationen sind: als Adstringens und Hämostatikum in Salbenzubereitungen und Suppositorien zur Behandlung von Hämorrhoiden, Quetschungen, entzündlichen Schwellungen, kleinen Wunden, Augenlotionen [5, 6], leichte Hautverletzungen, lokale Entzündungen der Haut und Schleimhaut, Hämorrhoiden, Krampfaderbeschwerden ([7] s. Kommission-E-Monographie), als „adstringent" und „anorectal drug" [8]. – Eine humanklinische Relevanz konnte bisher lediglich für antiphlogistische Wirkungen durch aktuelle Studien mit einer Hamamelisdestillat-Zubereitung (Creme, Salbe) nachgewiesen werden [9]. – Einsatz von Blatt- und Rinden-Präparationen außerdem in der Kosmetik als Gesichtswässer.

Nebenwirkungen: Bei empfindlichen Patienten können gelegentlich Magenreizungen auftreten. Hamamelisgerbstoffe können in seltenen Fällen Leberschäden erzeugen.

Teebereitung: 1–2 g fein geschnittene Droge mit kochendem Wasser übergießen, 10 min stehen lassen und abseihen. Bei leichten Durchfallerkrankungen 2- bis 3mal täglich 1 Tasse, nicht über längere Zeit anwenden.
Bei Entzündungen im Bereich der Mundschleimhaut kann mit dem Aufguß mehrmals täglich gespült oder gegurgelt werden.
1 Teelöffel = etwa 0,5 g (vergleiche dazu St. Zul.!).

Teepräparate: In einigen Hämorrhoidaltees und Venentees sind Hamamelisblätter und -rinde enthalten.

Phytopharmaka: Extrakte und/oder Destillate sind in einigen Dermatika enthalten, z.B. in Fiamelis® Fettcreme und Gel, Hamadest® Liquidum und Salbe. Zahlreiche Kombinationspräparate zur Behandlung des „venösen Symptomenkomplexes" enthalten neben Hamamelisextrakten solche aus Roßkastanie, Weißdorn oder Steinklee, z.B. Lapidar® 4 (Tabl.), Cefavenin® (Ampullen und Tropfen), Pascovenol® novo (Dragees und Tropfen), Pascovenol® S (Dragees) u.a.

Prüfung: Makroskopisch (s. Beschreibung); mikroskopisch nach DAB 1996; besonders charakteristisch sind die gelbbraunen Büschel einzelliger, stark verdickter, gekrümmter Haare (Abb. 3),

---

Auszug aus der Monographie der Kommission E
(BAnz Nr. 154 vom 21.08.1985 und Nr. 50 vom 13.03.1990)

Anwendungsgebiete
Leichte Hautverletzungen, lokale Entzündungen der Haut- und Schleimhäute; Hämorrhoiden, Krampfaderbeschwerden.

Gegenanzeigen
Keine bekannt.

Nebenwirkungen
Keine bekannt.

Wechselwirkungen
Keine bekannt.

Dosierung
Äußere Anwendung:
Wasserdampfdestillat (Hamameliswasser): unverdünnt oder im Verhältnis 1:3 mit Wasser verdünnt zu Umschlägen, 20 bis 30% in halbfesten Zubereitungen.
Extraktzubereitungen: in halbfesten und flüssigen Zubereitungen entsprechend 5 bis 10% Droge.

Droge: Dekokte aus 5 bis 10 g Droge auf 1 Tasse (ca. 250 ml) Wasser zu Umschlägen und Spülungen;
innere Anwendung (auf Schleimhäuten): Zäpfchen: 1 bis 3mal täglich die einer 0,1 bis 1 g Droge entsprechende Menge einer Zubereitung anwenden;
andere Darreichungsformen: Mehrmals täglich die einer Menge von 0,1 bis 1 g Droge entsprechende Menge einer Zubereitung anwenden. Hamamaliswasser unverdünnt oder mit Wasser verdünnt anwenden.

Art der Anwendung
Hamamelisblätter und -rinde:
Zerkleinerte Droge oder Drogenauszüge zur äußeren und inneren Anwendung.
Frische Blätter und Zweige von Hamamelis:
Wasserdampfdestillat zur äußeren und inneren Anwendung.

Wirkungen
Adstringierend, entzündungshemmend, lokal hämostyptisch.

die an den Blattnerven höherer Ordnung sitzen und dickwandige, wenig verzweigte, gelegentlich unregelmäßig ästige, verholzte Steinzellen („Idioblasten") aus dem Mesophyll, die oft von der oberen bis zur unteren Epidermis reichen (Abb. 4). Nach DAB 1996 wird dünnschichtchromatographisch auf Gerbstoffe geprüft. Eine quantitative Analyse der Tannine und freien Gallussäure in einem sprühgetrockneten Extrakt aus Hamamelisblättern findet sich bei [10]. Die Methode beruht auf einer densitometrischen Bestimmung nach

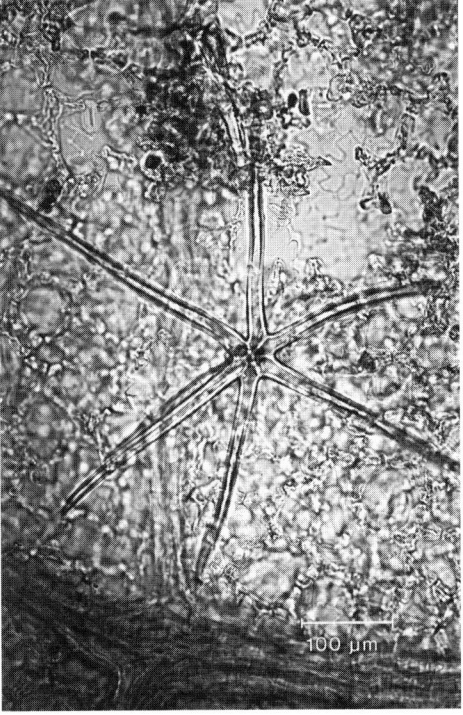

Abb. 3: Büschelhaar von der unteren Epidermis eines Hamamelisblattes

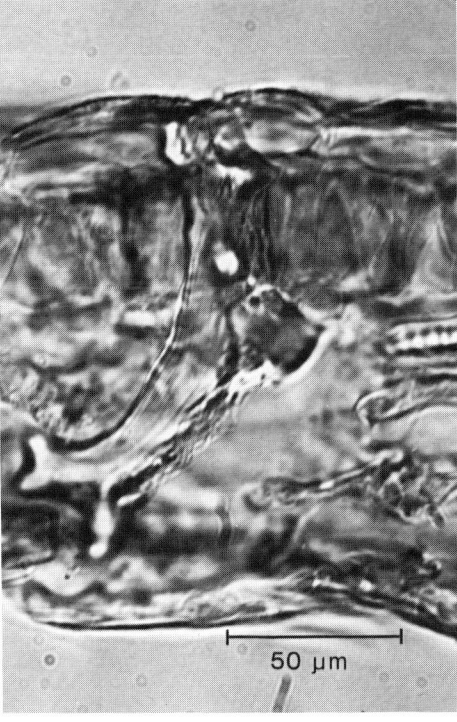

Abb. 4: Blattquerschnitt mit einer von der oberen zur unteren Epidermis reichenden, unregelmäßig ästigen Steinzelle („Idioblast")

Wortlaut der Packungsbeilage gemäß Standardzulassung:

6.1 Anwendungsgebiete

Zur Unterstützung der Therapie akuter, unspezifischer Durchfallerkrankungen bei Schulkindern und Erwachsenen. Entzündungen von Zahnfleisch und Mundschleimhaut.

6.2 Nebenwirkungen

Bei empfindlichen Patienten können nach Einnahme von Zubereitungen aus Hamamelisblättern gelegentlich Magenreizungen auftreten. Hamamelisblätter enthalten Tanningerbstoffe, die in seltenen Fällen Leberschäden erzeugen können.

6.3 Dosierungsanleitung und Art der Anwendung

Etwa 1 Teelöffel voll (2 bis 3 g) **Hamamelisblätter** wird mit siedendem Wasser (ca. 150 ml) übergossen und nach etwa 10 Minuten durch ein Teesieb gegeben. Soweit nicht anders verordnet, wird 2- bis 3mal täglich 1 Tasse frisch bereiteter Aufguß zwischen den Mahlzeiten getrunken.
Bei Zahnfleisch- und Mundschleimhautentzündungen wird mehrmals täglich mit dem Aufguß gespült.

6.4 Dauer der Anwendung

Sollten die Durchfälle länger als 3 bis 4 Tage anhalten, ist ein Arzt aufzusuchen.

6.5 Hinweis

Vor Licht und Feuchtigkeit geschützt aufbewahren.

dünnschichtchromatographischer Auftrennung der Komponenten. Möglichkeiten zur Prüfung der flüchtigen Bestandteile von Hamamelisblättern und daraus hergestellten Wasserdampfdestillaten werden bei [11] mitgeteilt. Sie beruhen auf der quantitativen Bestimmung des ätherischen Öls (mindest. 0,04%) und der dünnschichtchromatographischen Erfassung der 2,4-Dinitrophenylhydrazone einiger seiner Carbonylverbindungen.

Verfälschungen: Selten durch Haselnußblätter (Folia Coryli von *Corylus avellana* L.). Vom Hamamelisblatt abweichende Charakteristika des Haselnußblattes sind: der herzförmige, symmetrische Blattgrund, der doppelt-gesägte Blattrand, das stets zugespitzte vordere Blattende des sonst rundlichen Blattes, die größere Zahl der vom Hauptnerv abzweigenden Seitennerven (8–10 auf jeder Blatthälfte), die Behaarung der Blattspreite und des Blattstiels durch einzellige Haare, der Blattnerven durch kleine mehrzellige Drüsenhaare und des Blattstiels durch Drüsenhaare mit mehrzelligem Stiel und Köpfchen. Im Mesophyll von *Corylus* lassen sich vereinzelte rosettenförmige Oxalatdrusen, jedoch keine – für Hamamelisblätter typische – schwach verzweigte und verholzte große Steinzellen („Idioblasten") nachweisen.

Aufbewahrung: Vor Licht und Feuchtigkeit geschützt aufbewahren. Bei der Verwendung als Teedroge sollte Hamamelidis folium nicht älter als ein Jahr sein. (Verlust an ätherischem Öl; Umbau der Gerbstoffe zu unwirksamen Phlobaphenen).

Literatur:
[1] P. Laux und R. Oschmann, Z. Phytother. **14**, 155 (1993).
[2] C. Haberland und H. Kolodziej, Planta Med. **60**, 464 (1994).
[3] B. Vennat und Mitarb., Pharm. Acta Helv. **67**, 11 (1992).
[4] Hager, Band **5**, 367 (1993).
[5] J.E.F. Reynolds und K. Parfit, Martindale – The Extra Pharmacopoeia, 29. Ed., The Pharmaceutical Press, London 1989.
[6] A. Wade und J.E. Reynolds, Martindale – The Extra Pharmacopoeia, 27. Ed., The Pharmaceutical Press, London 1977.
[7] BAnz Nr. 154 vom 21.08.1985 in der Fassung von BAnz Nr. 50 vom 13.03.1990.
[8] Food and Drug Administration, HHS, USA: Federal Register 55, 1990; 150, 31776–31783.
[9] persönl. Mitteilung von Dr. P. Laux, Fa. W. Spitzner/Ettlingen, 22.12.1995.
[10] M. Vanhaelen und R. Vanhaelen-Fastre, J. Chromatogr. **281**, 263 (1983).
[11] W. Messerschmidt, Dtsch. Apoth. Ztg. **111**, 299 (1971).

Czygan

Harpagophyti radix
Ph. Eur.

Teufelskrallenwurzel
DAB 1996

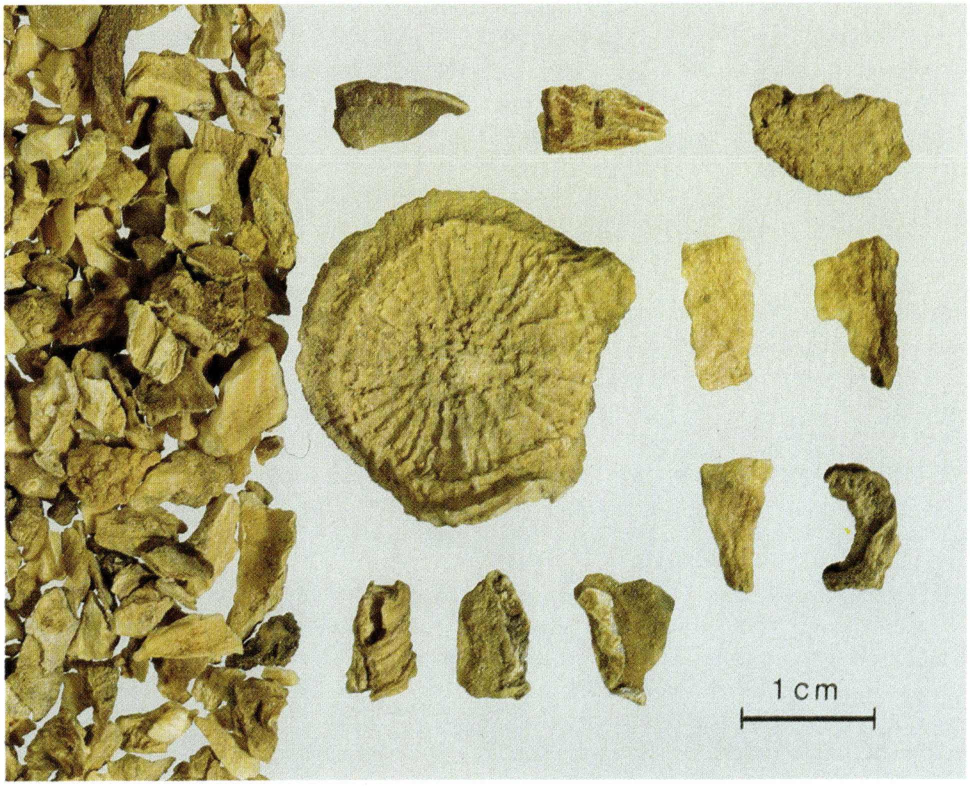

Abb. 1: Teufelskralle

Die Droge besteht aus den sekundären Speicherwurzeln (=Knollen der Seitenwurzeln bzw. der Sekundärwurzeln).

Beschreibung: Bei der Ganzdroge handelt es sich um walzen- oder knollenartige, oft auch spindelförmige Organe, die bis zu 25 cm lang und bis zu 6 cm im Durchmesser dick sowie bis 500 g schwer werden können. Sie sind von einem gelblichgrauen bis hellrostfarbenen, gelegentlich auch mittelbraunen glatten Periderm bedeckt. Sie werden gleich nach der Ernte in Scheiben geschnitten, die ihrerseits oft zu tortenähnlichen Stücken zerkleinert werden, und meist vor Ort getrocknet. Der Bruch der sehr harten Schnittdroge ist glatt, die Bruchfläche hornartig, hellgrau bis weißlich. Heute wird Radix Harpagophyti meist in kleineren Stücken oder als grobes Pulver verkauft [1–5].

Geschmack: Stark bitter.

Geruch: Fast geruchlos.

Abb. 2: *Harpagophytum procumbens* DC.

Die bis 1,5 m langen Triebe der Pflanze liegen flach am Boden auf, die gestielten, gelappten Blätter sind gegen- bis wechselständig angeordnet. In den Blattachseln erscheinen einzelne, ca. 5 cm große, rotviolette, gloxinienähnliche Blüten. Die holzigen, 15 cm großen Früchte sind nach allen Seiten mit hakenförmigen Auswüchsen versehen (Name!), s. auch Abb. 3 oben.

Abb. 3: *Harpagophytum procumbens* DC.

Die sekundären Speicherwurzeln sind bis zu 6 cm dick und 25 cm lang, von einem hell- bis rotbraunen Kork bedeckt; sie befinden sich im Umkreis von bis zu 1,5 m und einer Tiefe von 30 cm bis 1 m und werden oft zu mehreren an einer Seitenwurzel gebildet.

Ph. Helv. VII: Harpagophyti radix

Stammpflanzen: *Harpagophytum procumbens* DC. und die im DAB 1996 als Stammpflanze *nicht* erwähnte Art *H. zeyheri* DECNE. (Pedaliaceae). Sie ist morphologisch von *H. procumbens* zwar durch die Form ihrer Früchte, nicht jedoch anhand der Anatomie und Phytochemie der als Droge in Frage kommenden sekundären Wurzelknolle zu differenzieren. Die folgenden Angaben beziehen sich daher immer auf beide Arten [2].

Synonyme: Afrikanische Teufelskralle (nach der Form der Früchte), Trampelklette. Devil's claw, Grapple plant (engl.). Tubercule de griffe du diable (franz.).

Herkunft: In den Savannen der Kalahari Südafrikas und Namibias heimisch; von dort aus Wildsammlungen importiert (von O.H. Volk 1953 erstmals in Europa eingeführt) [1].

Inhaltsstoffe: Nach [3, 4, 6, 7] enthalten die sekundären Speicherwurzeln Iridoide, hauptsächlich 0,1–2,0% des Iridoidglykosids Harpagosid (ein Zimtsäureester des Harpagids) (das DAB 1996 fordert einen Mindestwert von 1,0% Harpagosid), daneben Procumbid, das freie Aglykon Harpagid (möglicherweise ein Trocknungs- und Aufarbeitungsartefakt, das aus Harpagosid entsteht) und freie Zimtsäure. Mit Wasser extrahierbare Kohlenhydrate (u.a. Stachyose, Raffinose, Saccharose, Glucose) [8] können bis zu 70% des Trockengewichts der Droge ausmachen; Flavone und Flavonole, 2-Phenylethylderivate (u.a. Acteosid, Isoacteosid), Harpagochinon, n-Alkane, Sterole, Fette und Wachse [4]. Die Bitterwerte (bestimmt nach DAB 1996) liegen zwischen 5000 und 12000 [7]. Das DAB 1996 verlangt allerdings keinen Bitterwert.

Indikationen: Nach wie vor liegen nur spärliche pharmakologische, toxikologische und klinische Untersuchungen vor [3–5].
Geringe analgetische, antiphlogistische und antiarthritische Wirkungen des Gesamtextrakts (z.B. bei Beschwerden im „rheumatischen Formenkreis") konnten bereits 1958 [9] im Tierversuch (z.B. an Ratten) und 1970 [10] nachgewiesen werden. Inwieweit jedoch Harpagosid an diesen Effekten beteiligt ist, bleibt offen. In der Erfahrungstherapie wird besonders auf Erfolge von rheumatischen Beschwerden mit beiderseits subkutan lateral und medial am Kniegelenk injizierten Drogenextrakten hingewiesen [11]. Sicherlich sind die bitteren Iridoide für die Nutzung der Droge als Stomachikum verantwortlich. So findet sich bei R.F. Weiß der Hinweis, daß ein Dekokt von *Harpagophytum* zu den kräftigsten Amara tonica gehört [12]. Ob daher *Harpagophytum*-Tee – ähnlich wie Enzianwurzel – aufgrund seiner Bitterstoffe die Krankheitssymptome des oberen Dünndarms, die mit einer Störung der Cholerese und der Cholekinese einhergehen, bessern kann, sollte geprüft werden. Harpagosid wie auch Extrakte von Harpagophyti radix hemmen die Biosynthese der Cysteinyl-Leukotriene und der Abbauprodukte von Thromboxanen (hier: TXB2) in menschlichem Blut, das durch Jonophore-A-23187 stimuliert war. Die therapeutische Relevanz dieser Resultate wird deutlich, da inzwischen akzeptiert ist, daß bei Erkrankungen des rheumatischen Formenkreises Prostaglandine und Leukotriene eine wichtige Rolle spielen [14]. – In der *südafrikanischen Volksmedizin* wird die Droge bei Verdauungsstörungen als bitteres Tonikum, bei Bluterkrankungen, als Fiebermittel (Signaturenlehre, da bitter?), als Schmerzmittel und bei Schwangerschaftsbeschwerden genutzt. In Europa lauten die *volksmedizinischen* Indikationen: Stoffwechselkrankheiten, Arthritis, Leber-, Gallen-, Nieren-, Blasenleiden, Allergien und allgemeine Alterserscheinungen. Die immer wieder erwähnte Verwendung als Antidiabetikum sollte auch in der Erfahrungstherapie nicht propagiert werden. – Eine aktuelle Übersicht der Forschungen mit

---

Auszug aus der Monographie der Kommission E (BAnz Nr. 43 vom 02.03.1989 und Nr. 164 vom 01.09.1990)

Anwendungsgebiete

Appetitlosigkeit, dyspeptische Beschwerden; unterstützende Therapie degenerativer Erkrankungen des Bewegungsapparates.

Gegenanzeigen

Magen- und Zwölffingerdarmgeschwüre.
Bei Gallensteinleiden nur nach Rücksprache mit einem Arzt anzuwenden.

Nebenwirkungen

Keine bekannt.

Wechselwirkungen mit anderen Mitteln

Keine bekannt.

Dosierung

Soweit nicht anders verordnet:
Tagesdosis: bei Appetitlosigkeit 1,5 g, Zubereitungen mit entsprechendem Bitterwert; ansonsten 4,5 g Droge; Zubereitungen entsprechend.

Art der Anwendung

Zerkleinerte Droge für Aufgüsse sowie andere Zubereitungen zum Einnehmen.

Wirkungen

Appetitanregend, choleretisch, antiphlogistisch, schwach analgetisch.

Harpagosid: R = trans-Cinnamoyl
Harpagid: R = H

Procumbid

Tubera Harpagophyti, insbesondere der medizinischen Nutzung dieser Droge, findet sich bei [5].

Teebereitung: 4,5 g fein geschnittene oder grob gepulverte Droge mit 300 ml kochendem Wasser übergießen und 8 Std. bei Raumtemperatur stehen lassen, dann abseihen; in drei Portionen über den Tag verteilt einnehmen.
1 Teelöffel = etwa 4,5 g.

Teepräparate: Die Droge wird von mehreren Firmen, meist unter der Bezeichnung Teufelskrallen-Tee bzw. Harpago-Tee, auch als Filterbeutel in den Handel gebracht.

Phytopharmaka: In Form der gepulverten Droge oder des Extraktes ist Teufelskralle Bestandteil von Fertigarzneimitteln verschiedener Indikationsgebiete und wird als Kapseln, Tabletten, Tinktur, Salbe etc. angeboten, z.B. Dolo-Arthrosetten® H (Kapseln), ein Antirheumatikum; Teufelskralle Tonicum R u.a.

Prüfung: Makroskopisch (s. Beschreibung), mikroskopisch nach [1] und mittels DC nach [7]: 0,1 g gepulverte Droge wird mit 10 ml Methanol im Wasserbad erhitzt und filtriert. Von dem Filtrat werden 5,0 ml bis zur Trockne eingeengt; der Rückstand wird in 1 ml Methanol gelöst, man trägt davon 10 bzw. 20 µl auf eine Kieselgel F_{254}-Schicht (20 × 20 cm) bandförmig (15 mm) auf. Daneben werden 10, 20 und 40 µl einer Lösung von 1 mg Harpagosid in 1 ml Methanol aufgetragen. Man entwickelt bei Kammersättigung mit dem Fließmittel Chloroform-Methanol (90 + 30) 15 cm hoch.
Detektion:
a) Nach Abtrocknen der Platte Fluoreszenzminderung bei 254 nm: es entstehen graue Höfe auf der gelbgrün fluoreszierenden Schicht.
b) Nach Abtrocknen der Platte Besprühen mit Dimethylaminobenzaldehyd-Lösung (1% in N-Salzsäure) und anschließend 15 min lang auf 105 °C erhitzen: die Iridoide erscheinen als blaugraue Zonen, Harpagosid liegt bei Rf etwa 0,5.

Nach DAB 1996 bestimmt man den Harpagosid-Gehalt mit Hilfe der Flüssigkeitschromatographie unter Verwendung von Methylcinnamat als internen Standard.

Ein einfacher „Tüpfeltest" auf *Harpagophytum*-Wurzel nach [13]: Phloroglucin-Salzsäure färbt Teile des Parenchyms von primärer und sekundärer Speicherwurzel grün.

Eine Unterscheidung zwischen primärer und sekundärer Speicherwurzel aufgrund des Harpagosidgehaltes setzt eine exakte quantitative Bestimmung dieses Iridoides voraus [3, 7]. Zur mikroskopischen Differenzierung vgl. [1].

Von einer „guten" Droge sind etwa 1,5% Harpagosid, 50% mit Wasser extrahierbare Stoffe und ein Bitterwert von mehr als 6000 zu fordern.

Verfälschungen: Gelegentlich durch harpagosidarme Primärwurzeln, extrahierte Sekundärwurzeln und stark bitter schmeckende Wurzeln anderer afrikanischer Pflanzen (z.B. *Elephantorrhiza* spec., eine Mimosacee, *Acanthosicyos naudianus*, eine Cucurbitacee) [3].

Aufbewahrung: Vor Feuchtigkeit geschützt in gut schließenden Behältern.

Literatur:
[1] O.H. Volk, Dtsch. Apoth. Ztg. **104**, 573 (1964).
[2] F.-C. Czygan, Z. Phytother. **8**, 17 (1987).
[3] Kommentar DAB 10, Teufelskrallenwurzel.
[4] Hager, Band **5**, 384 (1993).
[5] P. Wenzel und T. Wegener, Dtsch. Apoth. Ztg. **135**, 1131 (1995).
[6] F.-C. Czygan und A. Krüger, Planta Med. **31**, 305 (1977).
[7] F.-C. Czygan, A. Krüger, W. Schier und O.H. Volk, Dtsch. Apoth. Ztg. **117**, 1431 (1977). Hier weitere Literatur u.a. aus dem Arbeitskreis von P. Tunmann (Universität Würzburg), der als erster intensiv *Harpagophytum procumbens* phytochemisch untersucht hat.
[8] K.H. Ziller und G. Franz, Planta Med. **37**, 340 (1979).
[9] B. Zorn, Rheumaforsch. **17**, 135 (1958).
[10] O. Eichler und C. Koch, Arzneim. Forsch. **20**, 107 (1970).
[11] S. Schmidt, Therapiewoche **13**, 1072 (1972).
[12] R.F. Weiß, Lehrbuch der Phytotherapie. Hippokrates Verlag, Stuttgart 1991.
[13] W. Schier und H. Bauersfeld, Dtsch. Apoth. Ztg. **113**, 795 (1973).
[14] B. Tippler und Mitarb., in: D. Loew und N. Rietbrock (Herausg.), Phytopharmaka in Forschung und klinischer Anwendung. Steinkopff Verlag, Darmstadt 1996.

Czygan

Hederae folium — Efeublätter

Abb. 1: Efeublätter

Beschreibung: Als Droge werden die im Frühjahr bis Frühsommer aus dem unteren Bereich des immergrünen Holzgewächses eingesammelten, 3–5-eckig gelappten Blätter nichtblühender Sprosse verwendet. Die 4–10 cm langen und ebenso breiten, dunkelgrünen glänzenden Blätter mit herzförmigem Grund sind derbledrig und besitzen eine fächerstrahlige, weiße Nervatur, die auch in der Schnittdroge auf der Blattunterseite deutlich erkennbar ist. Junge Blätter sind behaart, ältere kahl. Gelegentlich werden auch die ei-rautenförmig bis lanzettlich, lang zugespitzten, ganzrandigen Blätter der blütenbildenden Zweige aus dem oberen Bereich mitgesammelt. Der dunkelgrüne Blattstiel ist meist rund und längsfurchig.

Geruch: Schwach wahrnehmbar, eigentümlich, etwas muffig.

Geschmack: Fade, schleimig, etwas bitter, schwach kratzend.

Abb. 2: *Hedera helix* L., blühender Zweig. Beschreibung siehe Abb. 3; Blüten hellgrün, Früchte unreif grün, reif blauschwarz.

Abb. 3: *Hedera helix* L.

Kletterpflanze mit immergrünen Blättern, bis 20 m hoch werdend. Blattdimorphismus: an nichtblühenden Zweigen sind die Blätter 3- bis 5-eckig gelappt mit weißer, fächerstrahliger Nervatur. Zweige mit Blüten tragen rautenförmige bis lanzettliche Blätter (Abb. 2).

DAC 1986: Efeublätter

Stammpflanze: *Hedera helix* L. (Efeu), Araliaceae.

Synonyme: Folia Hederae helicis, Rankenefeu, Mauerefeu, Totenranke, Eppig. Ivy leaf, Woodbind (engl.). Lierre commun (franz.)

Herkunft: Heimisch in West-, Mittel- und Südeuropa, im Norden und Osten zerstreut vorkommend, Mittelmeerländer. Die Droge wird aus osteuropäischen Ländern importiert.

Inhaltsstoffe [1]: Etwa 2,5–6% vorwiegend bisdesmosidische Triterpensaponine mit Hederagenin, Oleanolsäure und Bayogenin (=2β-Hydroxyhederagenin) als Aglykon; daneben auch geringe Mengen an Monodesmosiden (α-Hederin und Hederagenin-3-O-β-D-glucosid [2]). Hauptsaponin ist Hederasaponin C (=Hederacosid C), des weiteren die Hederasaponine B, D, E, F, G, H und I. Das früher beschriebene Hederasaponin A [3] konnte in späteren Untersuchungen nicht mehr gefunden werden. Mengenverhältnisse der Hederasaponine C:B:D:E:F:G:H:I ca. 1000:70:45:10:40:15:6:5 [4]; die Flavonolglykoside Rutin und Kämpferol-3-rutinosid; die Polyacetylene Falcarinon, Falcarinol und 11,12-Didehydrofalcarinol; die Sterole Stigmasterol, Sitosterol, Cholesterol, Campesterol, α-Spinasterol und 5α-Stigma-7-en-3β-ol; Scopolin, Chlorogensäure, Kaffeesäure. Ätherisches Öl (frische Blätter 0,1–0,3% [5]) mit Methylethylketon, Methylisobutylketon, trans-Hexenal, Germacren D, β-Caryophyllen, Sabinen, α- und β-Pinen, Limonen u.a. als Komponenten [6]; Hamamelitol (2-C-Hydroxymethyl-D-ribitol) [7]. Das beschriebene Vorkommen des Alkaloids Emetin konnte in nachfolgenden Untersuchungen nicht bestätigt werden [5].

Indikationen: Als Expektorans, Sekretolytikum (Saponine) und Antispasmodikum bei Keuchhusten, spastischer Bronchitis und chronischen Katarrhen. Die Wirksamkeit in diesen Anwendungsgebieten ist ausreichend belegt [8, 9]. Die Wirkstoffe für die spasmolytischen Effekte, die für Blattextrakte in vitro nachgewiesen worden sind [10],

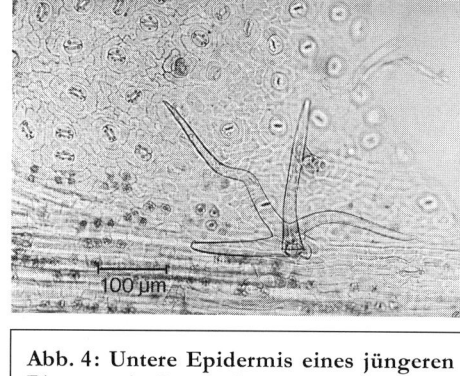

Abb. 4: Untere Epidermis eines jüngeren Blattes mit Büschelhaar, Spaltöffnungen und Calciumoxalatdrusen

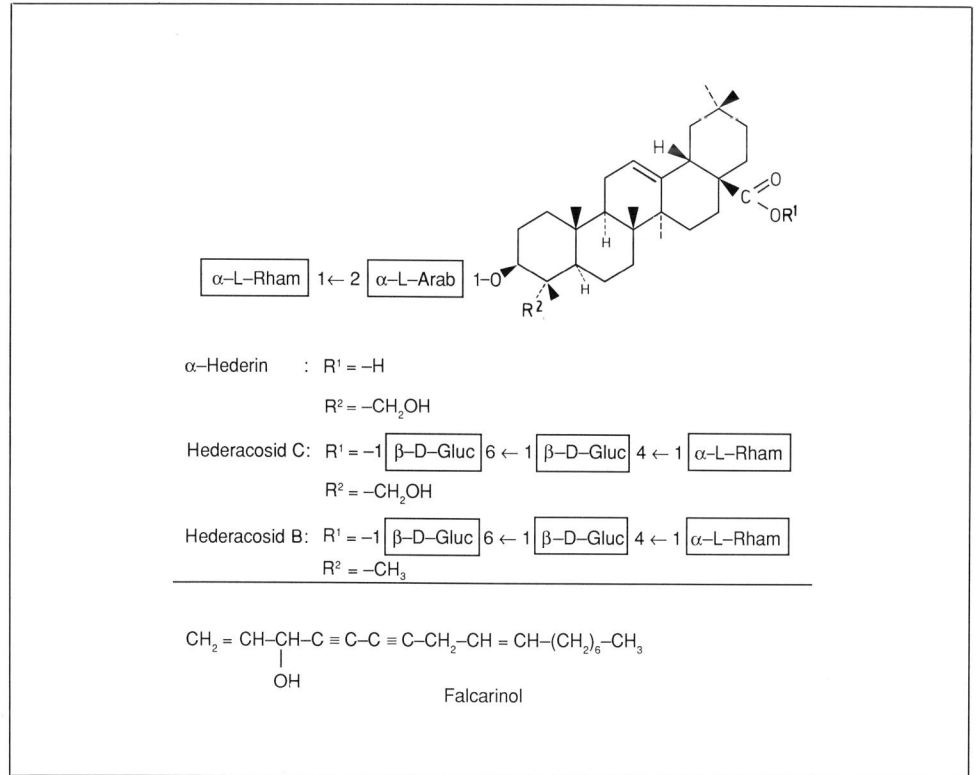

sind noch nicht bekannt. In der *Volksheilkunde* wurden Efeublätter darüber hinaus bei Gicht, Rheuma und Skrofulose, Abkochungen äußerlich gegen parasitäre Erkrankungen (Läuse, Krätze, Pyodermien) sowie Geschwüre und Brandwunden verwendet. Die Hederasaponine wirken antimykotisch, antibakteriell, anthelmintisch und antiprotozoisch [1, 10–14]. Antimykotisch wirken auch die Polyacetylene Falcarinon und Falcarinol [15]. Für Falcarinol wurden antibakterielle, analgetische und sedative Effekte nachgewiesen [16]. In vitro zeigten die Monodesmoside α-, β- und δ-Hederin, die Bisdesmoside Hederasaponin B, C und D und Hederagenin eine geringe Cytotoxizität gegen verschiedene Tumorzellen [17]. Am stärksten wirksam waren α- und β-Hederin, die bereits im Konzentrationsbereich von 10–25 µg/ml wirkten, während die Bisdesmoside auch bei Konzentrationen von 200 µg/ml vollständig unwirksam waren. Im Ames-Test (*Salmonella typhimurium* TA 98, Aktivierung mit S 9 Mix) erwiesen sich die Saponine bei einer Konzentration von 400 µg/ml als nicht toxisch [18]. Die Monodesmoside α-, β-, und δ-Hederin zeigten sogar eine dosisabhängige antimutagene Aktivität gegen 1,2-Benzpyren.

Bei der topischen Anwendung eines Hedera-Saponinkomplexes (Hederacosid C, B und α-Hederin) zur Behandlung der Liposclerosis („Cellulitis") zeigte dieser die gleichen antiödematösen Effekte wie Aescin [19].

Nebenwirkungen: Frische Efeublätter und der Blattsaft können allergische Kontaktdermatitiden verursachen [20–22]. Als Allergen wurde Falcarinol identifiziert [11, 23, 24].

Teebereitung: Kaum gebräuchlich. Etwa 0,5 g Droge mit siedendem Wasser übergießen, 10 min ziehen lassen und abseihen. Bei Husten, Katarrhen und Erkältungen 1- bis 2-mal täglich 1 Tasse, eventuell mit Honig gesüßt.
1 Teelöffel = etwa 0,8 g.

Teepräparate: Keine.

Phytopharmaka: Efeublätterextrakt ist in mehreren Fertigarzneimitteln der Gruppe Bronchialtherapeutika enthalten, z.B. Bronchoforton® Saft und Tropfen, Hedelix® Hustensaft, Saft, Hedelix® s.a. Tropfen (=sine aethanol.), Prospan® Bronchial-Tropfen, -Tabletten, -Kindersaft und -Suppositorien, u.a., sowie im Kombinationspräparat Bronchipret® (Saft; Efeu- und Thymianextrakt).

Prüfung: Makroskopisch (s. Beschreibung) und mikroskopisch nach DAC 1986: Obere Epidermis mit dicker Kutikula ohne Stomata, Zellen in Aufsicht derbwandig, stark wellig-buchtig. Untere Epidermis mit zahlreichen anomocytischen, selten auch anisocytischen Spaltöffnungsapparaten; Zellen in Aufsicht buchtig-wellig bis kantig mit weißen Wänden, in der Umgebung der Spaltöffnungen schwache Kutikularstreifung, selten Büschelhaare (Abb. 4). Querschnitt: 2 (1–3) Reihen Palisadenzellen und großlückiges Schwammparenchym, in beiden Schichten ca. 40 μm große Oxalatdrusen, spärlich Schleimzellen.
Eine Identitätsprüfung ist auch über die DC-Auftrennung der Saponine nach der Methode des DAC 1986 möglich sowie durch HPLC-Analyse [25, 26].

Verfälschungen: Kommen praktisch nicht vor.

Auszug aus der Monographie der Kommission E
(BAnz Nr. 122 vom 06.07.1988)

Anwendungsgebiete
Katarrhe der Luftwege;
symptomatische Behandlung chronisch-entzündlicher Bronchialerkrankungen.

Gegenanzeigen
Keine bekannt.

Nebenwirkungen
Keine bekannt.

Wechselwirkungen mit anderen Mitteln
Keine bekannt.

Dosierung
Soweit nicht anders verordnet: mittlere Tagesdosis 0,3 g Droge; Zubereitungen entsprechend.

Art der Anwendung
Zerkleinerte Droge sowie andere galenische Zubereitungen zum Einnehmen.

Wirkungen
expektorierend,
spasmolytisch,
haut- und schleimhautreizend.

Literatur:

[1] Hager, Band **5**, S. 399 (1993).
[2] F. Crespin und Mitarb., Fitoterapia **66**, 477 (1995).
[3] J.J. Scheidegger und E. Cherbulicz, Helv. Chim. Acta **38**, 547 (1955).
[4] R. Elias und Mitarb., J. Nat. Prod. **54**, 98 (1991).
[5] F.-C. Czygan, Z. Phytother. **11**, 133 (1990).
[6] A.O. Tucker und M.J. Maciarello, J. Essent. Oils Res. **6**, 187 (1994).
[7] B. Moore, M. Hackett und J.R. Seemann, Planta **195**, 418 (1995).
[8] Monographie der Kommission E, BAnz Nr. 122 von 06.07.1988.
[9] A. Gulyas und M.M. Lämmlein, Sozialpaediatrie **14**, 632 (1992).
[10] H. Mayer und Mitarb., Pharm. Ztg. **132**, 2673 (1987).
[11] P.M. Boll und L. Hansen, Phytochemistry **26**, 2955 (1987).
[12] J.R. Hillman, B.A. Knights and R. Mehail, Lipids **10**, 542 (1975).
[13] J.M. Gasquet und Mitarb., Planta Med. **51**, 205 (1985).
[14] B. Majester-Savornin und Mitarb., Planta Med. **57**, 260 (1991).
[15] L. Hansen und P.M. Boll, Phytochemistry **25**, 285 (1986).
[16] S. Tanaka und Y. Ikeshiro, Arzneim. Forsch. **27**, 2039 (1977).
[17] J. Quetin-Leclerq und Mitarb., Planta Med. **58**, 279 (1992).
[18] R. Elias und Mitarb., Mutagenesis **5**, 327 (1990).
[19] R. Maffei Facino, M. Carini und P. Bonado, Acta Ther. **16**, 337 (1990).
[20] J. Boyle und R.M.H. Harman, Contact Derm. **12**, 111 (1985).
[21] G. Hahn und M. Hahn, Österr. Apoth. Ztg. **36**, 954 (1982).
[22] C.D. Calnan, Contact Derm. **7**, 124 (1981).
[23] B.M. Hausen und Mitarb., Contact Dermatitis **17**, 1 (1987).
[24] F. Gafner und Mitarb., Contact Dermatitis **19**, 125 (1988).
[25] H. Wagner und H. Reger, Dtsch. Apoth. Ztg. **126**, 2613 (1986).
[26] F. Crespin und Mitarb., Chromatographia **38**, 183 (1994).

Willuhn

Helenii rhizoma — Alantwurzelstock

Abb. 1: Alantwurzelstock

Alantwurzelstock besteht aus den von 2–3jährigen, kultivierten Pflanzen gewonnenen, zerkleinerten Wurzeln, Rhizomen und Nebenwurzeln.

Beschreibung: Die Droge ist gekennzeichnet durch graubraune, außen fein längsrunzelige, harte, hornartige Stückchen, die auf dem nicht faserigen Querbruch eine dunkelbraune Kambiumlinie und ein harziges Glitzern durch die zahlreichen Exkretbehälter erkennen lassen.

Geruch: Eigenartig aromatisch.

Geschmack: Gewürzhaft bitter.

Abb. 2: *Inula helenium* L.

Bis 2,5 m hoch werdende Staude mit breit lanzettlichen, unregelmäßig gezähnten Blättern. Blütenkörbchen bis 7 cm breit, mit zahlreichen sehr schmalen Zungenblüten und vielen kleinen Röhrenblüten.

Erg. B. 6: Rhizoma Helenii

Stammpflanze: *Inula helenium* L. (Echter Alant), Asteraceae.

Synonyme: Radix Inulae, Radix Enulae, Donavarwurzel, Edelherzwurzel, Helenenkrautwurzel, Altwurzel, Oldwurzel, Fadenwurzel, Handwurzel, Umlenkwurzel, Odinskopfwurzel, Glockenwurzel, Aletwurzel, Darmwurz, Schlangenwurz, Brustalant, Großer Heinrich. Elfdock root, Elecampane, Scabwort (engl.). Rhizome d'aunée officinale, Racine d'aunée (franz.).

Herkunft: Heimisch in Süd- und Osteuropa, in Mitteleuropa, Vorderasien und Nordamerika eingebürgert. Die Droge stammt aus Kulturen, die Importe kommen heute vorwiegend aus China, Rußland und Bulgarien. Ein geringer Anbau erfolgt in Holland, Belgien, Frankreich, USA und Deutschland (Bayern).

Inhaltsstoffe [1]: Sesquiterpenlactone (Bitterstoffe): Die Eudesmanolide Alantolacton, Isoalantolacton, 11,13-Dihydroalantolacton, 11,13-Dihydroisoalantolacton, 4,5-Dihydro-5,6-dehydroalantolacton (=1-Desoxy-8-epi-ivangustin) und andere sowie das Germacren-D-lacton. Das Gemisch aus den Alantolactonen wird auch als Helenin oder Alantkampfer bezeichnet. Ca. 1–5% ätherisches Öl mit den Alantolactonen und deren Abbauprodukten (Alantol, Alantsäure) als Hauptkomponenten (52 bzw. 33%) sowie Sesquiterpenkohlenwasserstoffe (u.a. β-Elemen). Polyacetylene, aliphatische Kohlenwasserstoffe (u.a. Nonacosan), 8,9-Epoxy-10-isobutyryloxy-thymol-isobutyrat. Triterpene: Friedelin, Dammarandienol und sein Acetat. Sterole: β-Sitosterol und sein Glucosid, Stigmasterol. Bis 44% Inulin sowie verschiedene Abbauprodukte.

Indikationen: Antiseptisch wirkendes Expektorans bei Bronchialkatarrhen, Keuchhusten (auch Reizhusten) und Bronchitis.
In der *Volksmedizin* wird die zu den Amara-Aromatica zählende Droge des weiteren als Stomachikum, Karminativum und Cholagogum (u.a. Bitterstoffwirkung) sowie bei Infektionen der ableitenden Harnwege, Anthelmintikum und bei Menstruationsbeschwerden verwendet. Äußerlich (Umschläge) auch bei Exanthemen und infektiösen Hauterkrankungen, insbesondere als antiseptisches Mittel.
Die Wirkung der Droge als Sekretolytikum, Choleretikum und Diuretikum ist experimentell und klinisch belegt [2, 3]. Die wesentlichen Wirkstoffe sind Alantolacton, Isoalantolacton und die anderen Sesquiterpenlactone. Sie besitzen die für verschiedene pharmakologische Wirkungen wichtige Exomethylengruppe am γ-Lactonring. Verbindungen dieses Typs wirken antiphlogistisch und antibiotisch [4, 5]. Das ätherische

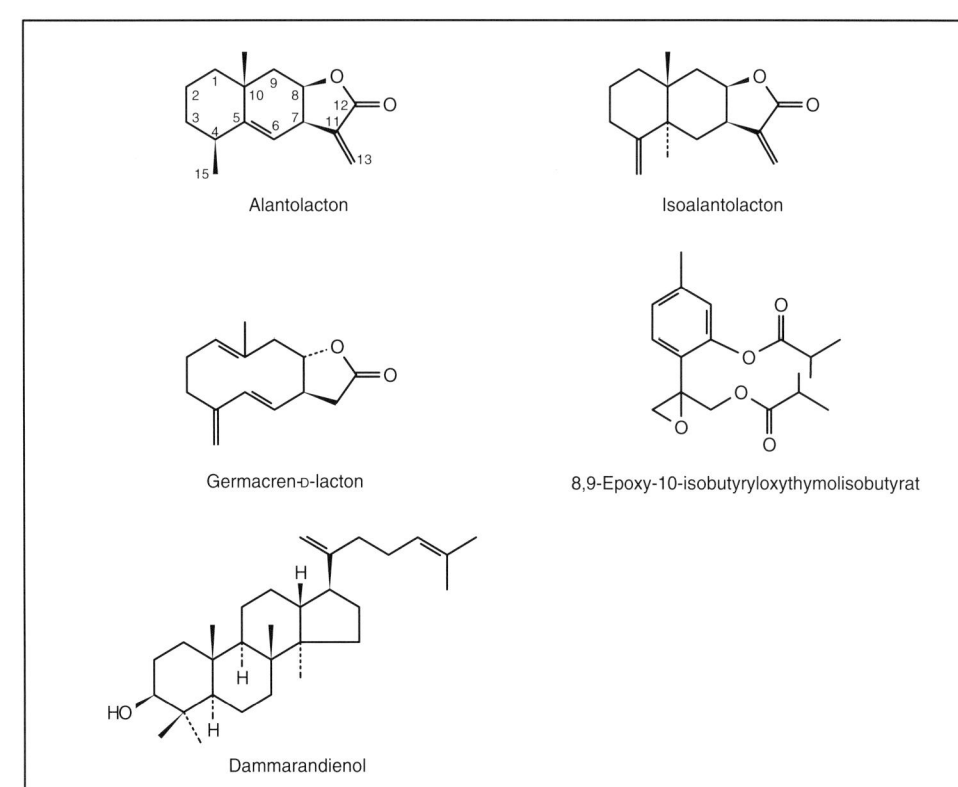

Alantolacton

Isoalantolacton

Germacren-D-lacton

8,9-Epoxy-10-isobutyryloxythymolisobutyrat

Dammarandienol

Auszug aus der Monographie der Kommission E (BAnz Nr. 85 vom 05. 05. 1988)

Anwendungsgebiete

Alantwurzelzubereitungen werden bei Erkrankungen und Beschwerden im Bereich der Atemwege, des Magen-Darm-Traktes sowie der Niere und ableitenden Harnwege angewendet.
Die Wirksamkeit bei den beanspruchten Anwendungsgebieten ist nicht ausreichend belegt.

Risiken

Die in Alantwurzeln enthaltenen Sesquiterpenlactone (Hauptkomponente ist Alantolacton) reizen die Schleimhäute. Sie wirken sensibilisierend und rufen allergische Kontaktdermatitiden hervor. Alantolacton wird als Hapten an Hautproteine gebunden: das Addukt induziert eine Überempfindlichkeit gegenüber Alantolacton und anderen α-Methylen-γ-Lacton-Systemen (Kreuzreaktion). Größere Gaben der Droge führen zu Erbrechen, Durchfall, Krämpfen und Lähmungserscheinungen.

Bewertung

Da die Wirksamkeit der Droge und ihrer Zubereitungen bei den beanspruchten Anwendungsgebieten nicht ausreichend belegt ist, kann angesichts des Risikos einer Allergie die therapeutische Anwendung nicht befürwortet werden.

Öl wirkt antimikrobiell [6, 7]. Für Alantolacton und Isoalantolacton wurden in vitro und in vivo eine antifungistische Aktivität [8, 9] und eine antitumorale Wirkung [10] nachgewiesen. Die minimale Hemmkonzentration gegenüber humanpathogenen Pilzen (*Epidermophyton*-, *Trichophyton*-Arten) liegt bei 15–35 µg/ml.

Alantolacton wirkt noch in einer Verdünnung von 1:800000 tonisierend auf den Kaninchendünndarm und lähmt seine Spontankontraktion vollständig bei einer Verdünnung von 1:100000 [11]. Eine tonisierende Wirkung auf den Uterus, wie bei anderen Sesquiterpenlactonen, ist nicht auszuschließen. Gegenüber Schweineascariden konnte keine vermizide (wurmtötende) Wirkung nachgewiesen werden, wohl aber eine vermifuge (wurmvertreibende) Wirkung an Katzen (0,15–0,20 g Alantolactongemisch).

Nebenwirkungen: Die Alantolactone reizen die Schleimhäute. Sie wirken sensibilisierend und rufen als moderate Allergene gelegentlich Kontaktdermatiden hervor [u.a. 12–14]. Experimentell wurde nachgewiesen, daß Alantolacton als Hapten an Hautproteine gebunden wird und auch das Alantolacton-Hautprotein-Addukt eine Hypersensibilität gegenüber Alantolacton und anderen α-Methylen-γ-Lacton-Systemen (Kreuzreaktion) induzieren kann [15]. Gegenüber Leukozyten zeigte Alantolacton in in-vitro-Kulturen (1 µg/ml) toxische Effekte [16]. Größere Gaben der Droge führen zu Erbrechen, Durchfall, Krämpfen und Lähmungserscheinungen. Über die biologisch-pharmakologischen Wirkungen der Sesquiterpenlactone siehe bei [17, 18]. Wegen der noch nicht ausreichend belegten Wirksamkeit und des Allergierisikos wird die therapeutische Anwendung der Droge von der Kommission E nicht befürwortet.

Teebereitung: 1 g grobgepulverte Droge mit kochendem Wasser übergießen, nach 10–15 min durch ein Teesieb geben. Als Expektorans 3–4mal täglich 1 Tasse, evtl. mit Honig gesüßt.
1 Teelöffel = etwa 4 g.

Teepräparate und Phytopharmaka: Keine mehr.
Alle Fertigarzneimittel, die Alantwurzelstock oder Extrakte daraus enthielten, sind zurückgezogen worden.

Prüfung: Makroskopisch (s. Beschreibung) und mikroskopisch. Charakteristisch ist das Fehlen von Stärke (Asteraceendroge). Im Querschnittsbild finden sich in der Rinde, in den Markstrahlen und im Mark zahlreiche bis 200 µm große, ovale bis runde Exkretbehälter, die häufig nadelförmige Kristalle von Alantolacton enthalten. In den Parenchymzellen liegen Inulin-Klumpen vor (histochemischer Nachweis mit 1-Naphthol-Schwefelsäure-Reagenz).

Die **Identitätsprüfung** kann zusätzlich durch **DC** vorgenommen werden:

Untersuchungslösung: 25 g Droge werden in der Apparatur zur Bestimmung des ätherischen Öles unter Vorlage von 0,5 ml Xylol etwa 2 Stunden lang mit 250 ml Wasser destilliert, die Xylollösung wird vorsichtig aufgefangen und mit 0,5 ml Xylol verdünnt.

Referenzlösung: 10 mg Thymol in 10 ml Methanol gelöst.

Aufzutragen: 1 µl Untersuchungslösung und 5 µl Referenzlösung.

Fließmittel: Toluol-Ethylacetat (97 + 3), 5 cm hoch.

Sichtbarmachung: Man besprüht erst mit 5proz. ethanolischer Schwefelsäure, dann mit einer 1proz. Lösung von Vanillin in Ethanol und erhitzt anschließend 3–5 min auf 105 °C.

Auswertung: Unmittelbar nach dem Erhitzen im Tageslicht. Thymol erscheint etwas unterhalb der Mitte als rote Zone. Die Untersuchungslösung zeigt in diesem Bereich eine intensiv rotviolette bis blauviolette Zone. Etwas unterhalb liegen zwei violette Zonen und manchmal noch eine rotviolette Zone, die auch fehlen kann. Oberhalb der Hauptzone liegen zwei schwächere, violette Zonen. Knapp unterhalb der

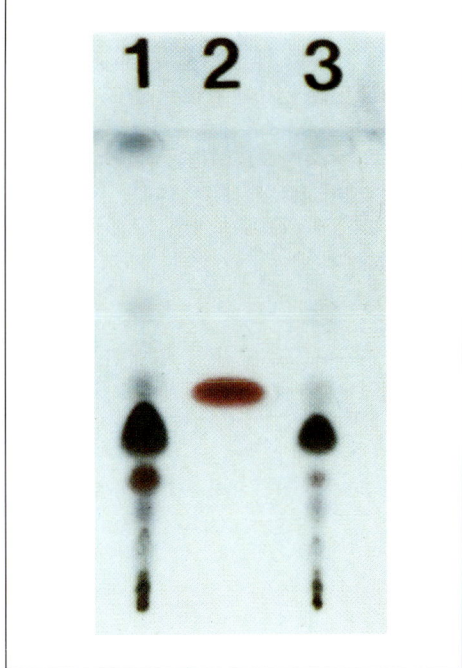

Abb. 3: DC auf 4 × 8 cm Folie
1 und 3: Alantwurzelstock (verschiedene Herkünfte)
2: Thymol (Referenzsubstanz)
Einzelheiten s. Text

Front, tritt eine stärker ausgeprägte violette Zone auf (Abb. 3).

Verfälschungen: Diese sind recht selten, da die Droge aus dem Anbau stammt. Als gefährliche Beimengung wurden gelegentlich Belladonnawurzeln beobachtet; diese enthalten keine Exkretgänge und sind an Kristallsandzellen zu erkennen. Eine gute Nachweismöglichkeit bietet im Verdachtsfall die DC: 1 g gepulverte Droge wird mit 10 ml Methanol kurz aufgekocht; nach dem Abkühlen filtriert man und trägt von dem Filtrat 40 µl bandförmig (15 mm) auf eine Kieselgelschicht (10 × 20 cm) auf. Bei Kammersättigung entwickelt man mit Chloroform-Ethanol (98 + 2) 10 cm hoch. Nach Abdunsten des Fließmittels wird mit einer 10%igen Kaliumhydroxidlösung besprüht und anschließend unter UV_{365} ausgewertet. Falls Radix Belladonnae vorlag, erscheint im Rf-Bereich von etwa 0,2 eine intensiv blaugrün fluoreszierende

Zone; sie darf bei Alantwurzel nicht vorhanden sein. Mit dieser Methode lassen sich noch Beimengungen von 0,5% Belladonnawurzel nachweisen.

Aufbewahrung: Kühl, vor Licht und Feuchtigkeit geschützt. Nicht in Kunststoffbehältern (ätherisches Öl!)

Literatur:
[1] Hager, Band **6**, 526 (1993).
[2] E. Schneider und H. Harms, Hippokrates **11**, 1061 (1940).
[3] H. Schindler, Arzneim. Forsch. **4**, 516 (1954).
[4] K.H. Lee und Mitarb., Phytochemistry **16**, 1177 (1977).
[5] I.H. Hall und Mitarb., J. Pharm. Sci. **68**, 537 (1979).
[6] G. Boatto, G. Pintore und M. Palomba, Fitoterapia **65**, 279 (1994).
[7] C. Bourrel, G. Valaren und F. Perineau, J. Essent. Oil Res. **5**, 411 (1993).
[8] W. Olechnowicz-Stepien und S. Stepien, Diss. Pharm. **15**, 17 (1963).
[9] A.K. Picman, Biochem. Syst. Ecol. **11**, 183 (1983).
[10] H.J. Woerdenbag und Mitarb., Planta Med. **52**, 112 (1986).
[11] F. Berger, Band **V**, S. 180 (1960).
[12] J.C. Mitchell und Mitarb., J. invest. Derm. **54**, 233 (1970).
[13] J.L. Stampf und Mitarb., Contact Dermatitis **8**, 16 (1982).
[14] N.A. Blasi und Mitarb., Arch. Dermatol. Res. **284**, 297 (1992).
[15] G. Dupuis und Mitarb., Molecular Immunology **17**, 1045 (1980).
[16] G. Dupuis und J. Brisson, Chem. Biol. Interactions **15**, 205 (1976).
[17] A.K. Picman, Biochem. Syst. Ecol. **14**, 255 (1986).
[18] G. Willuhn, Dtsch. Apoth. Ztg. **127**, 2511 (1987).

Willuhn

Helichrysi flos — Katzenpfötchenblüten

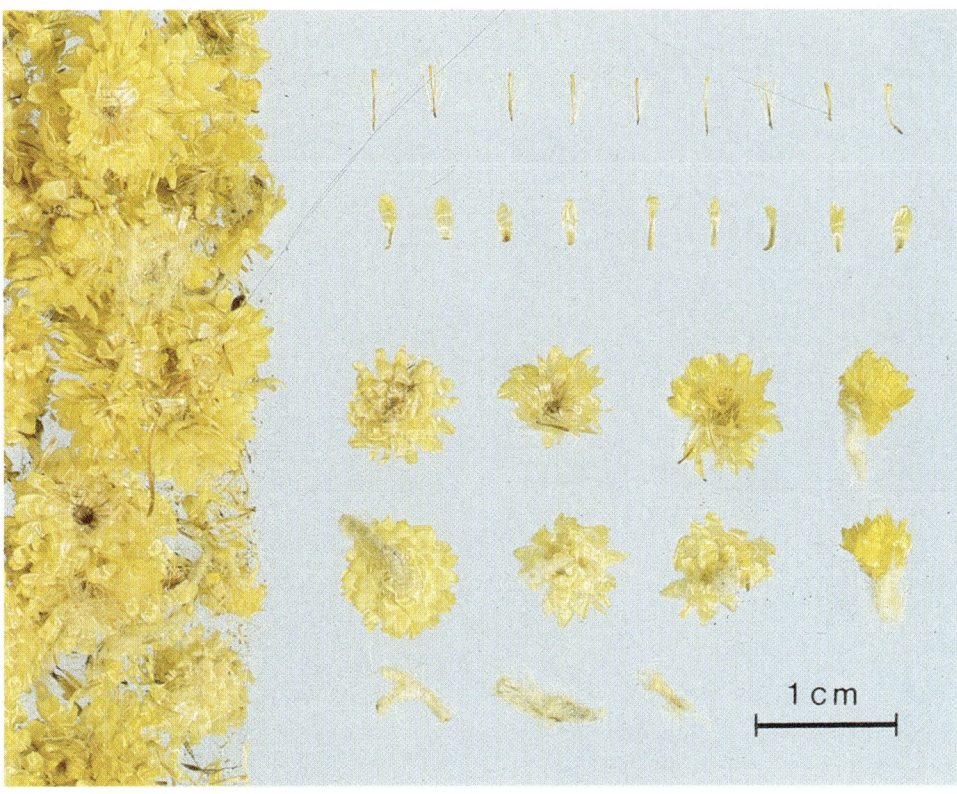

Abb. 1: Katzenpfötchenblüten

Beschreibung: Katzenpfötchenblüten bestehen aus den vor dem Aufblühen gesammelten, gelben Blütenköpfchen, die an wollig behaarten Blütenstandsstielen zu mehreren trugdoldenartig knäuelig zusammenstehen. Charakteristisch sind die strohigen, zitronengelben, glänzenden, sich dachziegelartig deckenden und etwas abstehenden Hüllkelchblätter, die die orangegelben Röhrenblüten (und sehr kleinen Zungenblüten) einschließen. Letztere treten wenig in Erscheinung, da sie nicht aufgeblüht sind. Sie besitzen einen hellgelben Pappus.

Geschmack: Schwach bitter und würzig-aromatisch.

Abb. 2: *Helichrysum arenarium* (L.) MOENCH

Die ausdauernde Pflanze ist etwa 20 cm hoch und besitzt auffällig weißfilzig behaarte lanzettliche Blätter. Die aus gelben Röhrenblüten bestehenden, kleinen Blütenköpfchen mit trockenhäutigen Hüllkelchblättern sind in Trugdolden angeordnet.

Ph. Helv. VII: Helichrysi flos
St. Zul. 1649.99.99 (Ruhrkrautblüten)

Stammpflanze: *Helichrysum arenarium* (L.) MOENCH (Sand-Strohblume), Asteraceae.

Synonyme: Flores Stoechados citrinae, Flores Gnaphalii arenarii, Ruhrkrautblüten, Harnblumen, Sandgoldblumen, Strohblumen, Gelbe Immortellen, Sandimmortellen, Rainblumen, Gelbe Mottenkrautblumen. Yellow chaste weed, Everlasting, (engl.). Fleur de pied de chat (franz.).

Die Droge sollte nicht verwechselt werden mit den weißen (oder auch rosa) Katzenpfötchenblüten von *Antennaria dioica* (L.) GAERTN., syn. *Gnaphalium dioicum* L.; für diese gibt es ebenfalls eine Monographie der Kommission E (Antennariae dioicae flos – Katzenpföt-

Abb. 3: Lange, peitschenförmige Gliederhaare der Blütenstengel.

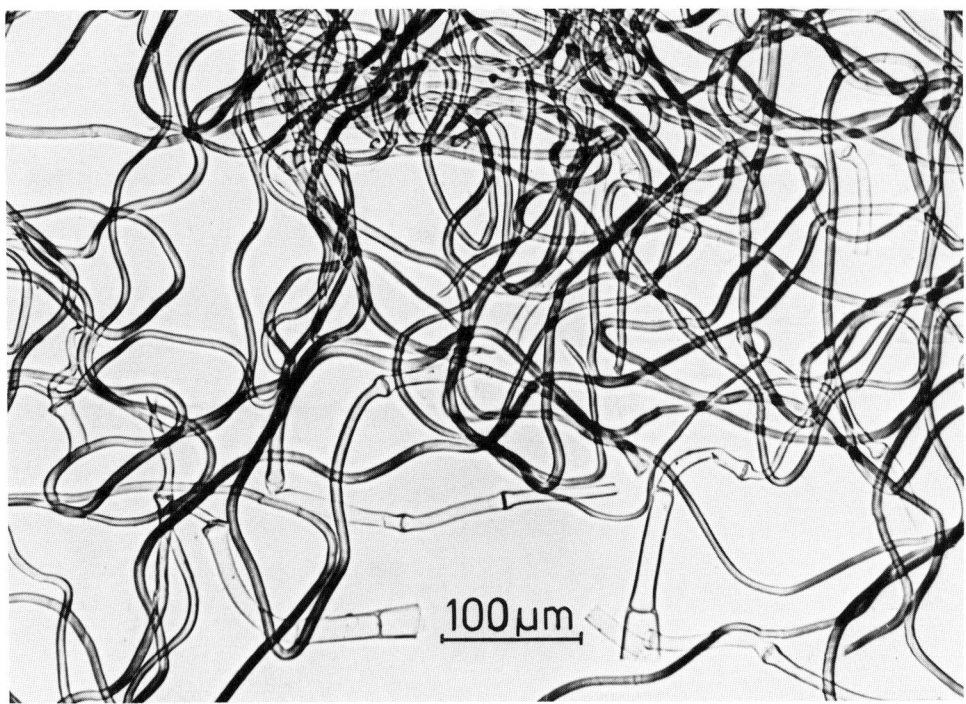

chenblüten), s. BAnz Nr. 162 vom 29.08.1992, Pharm. Ztg. **137**, 2853 (1992).

Herkunft: Heimisch in Mittel-, Ost- und Südeuropa. Die Droge stammt vermutlich ausschließlich von Wildstandorten. Hauptlieferländer sind Rußland, Polen und die Türkei.

Inhaltsstoffe: Flavonoide: Ca. 0,4% Isosalipurposid (Chalcon, die gelbe Farbe der Hüllkelchblätter verursachend), Naringenin, sein 5-O-Diglucosid, die diastereomeren (C-2) Naringenin-5-O-glucoside Helichrysin A und B (B = Salipurposid), Kämpferolglucoside, Apigenin und Apigenin-7-O-glucosid, Luteolin-7-O-glucosid, Quercetin-3-O-glucosid, 3,5-Dihydroxy-6,7,8-trimethoxyflavon [1] u.a. Ca. 0,05% ätherisches Öl; Phthalide; geringe Mengen Scopoletin, Umbelliferon und Aesculetin [2]; die gelbgefärbten Pyranonderivate Arenol und Homoarenol; ein als Arenarin bezeichneter Komplex noch nicht identifizierter, antibiotisch wirkender Substanzen. In diesem Zusammenhang ist die Isolierung von Phloroglucinol- und Acetophenonderivaten aus den oberirdischen Organen

Auszug aus der Monographie der Kommission E (BAnz Nr. 122 vom 06.07.1988 und Nr. 164 vom 01.09.1990)

Anwendungsgebiete
Dyspeptische Beschwerden.

Gegenanzeigen
Verschluß der Gallenwege. Bei Gallensteinleiden nur nach Rücksprache mit einem Arzt anzuwenden.

Nebenwirkungen
Keine bekannt.

Wechselwirkungen mit anderen Mitteln
Keine bekannt.

Dosierung
Soweit nicht anders verordnet: mittlere Tagesdosis 3 g Droge; Zubereitungen entsprechend.

Art der Anwendung
Zerkleinerte Droge für Aufgüsse sowie andere galenische Zubereitungen zum Einnehmen.

Wirkungen
schwach choleretisch.

von anderen *Helichrysum*-Arten bemerkenswert, die strukturell dem Arenol ähneln und eine antibakterielle sowie antifungistische Wirkung haben [3]; Phenolcarbonsäuren, frei (~0,03%) und gebunden (~0,07%) vorliegend, u.a. Kaffee-, p-Cumar-, Syringa- und Protocatechusäure [4]; Campesterol und β-Sitosterolglucuronid; Gerbstoffe und Bitterstoffe. Bei letzteren könnte es sich um Sesquiterpenlactone handeln (typische Asteraceen-Bitterstoffe), die in der Gattung *Helichrysum* bereits nachgewiesen worden sind (Xanthanolide und Guaianolide).

Indikationen: Katzenpfötchenblüten besitzen eine schwache choleretische Wirkung und sollen außerdem die Magensaft- und Pankreassekretion (Bitterstoffe?) fördern [4]. Die Droge wird deshalb bei dyspeptischen Beschwerden und vor allem in Osteuropa [6, 7] bei chronischen Cholezystitiden und krampfartigen Gallenblasenbeschwerden verwendet. Experimentell wurde an Hunden ein geringer choleretischer und spasmolytischer Effekt (Flavonoide?) nachgewiesen [8]. Die Droge führt antibakteriell wirkende Inhaltsstoffe [9], siehe auch bei [3].
Größere Mengen der Droge werden bei der industriellen Herstellung von Teespezialitäten als Schmuckdroge verwendet.
In der <u>Volksmedizin</u> wird die Droge auch als Diuretikum verwendet.

Teebereitung: 1 g fein zerschnittene Droge mit kochendem Wasser übergießen und nach 5–10 min durch ein Teesieb geben.
1 Teelöffel = etwa 1,5 g.

Teepräparate: Die Droge wird fast ausschließlich als Hilfsstoff (Schmuckdroge) in zahlreichen Teegemischen verwendet.

Phytopharmaka: Keine.

Prüfung: Eine sorgfältige makroskopische und mikroskopische Prüfung genügt meist zur Identifizierung und zum Ausschluß von anderen *Helichrysum*-Arten (s. Verfälschungen), die z.T. im Mittelmeergebiet als Droge verwendet wer-

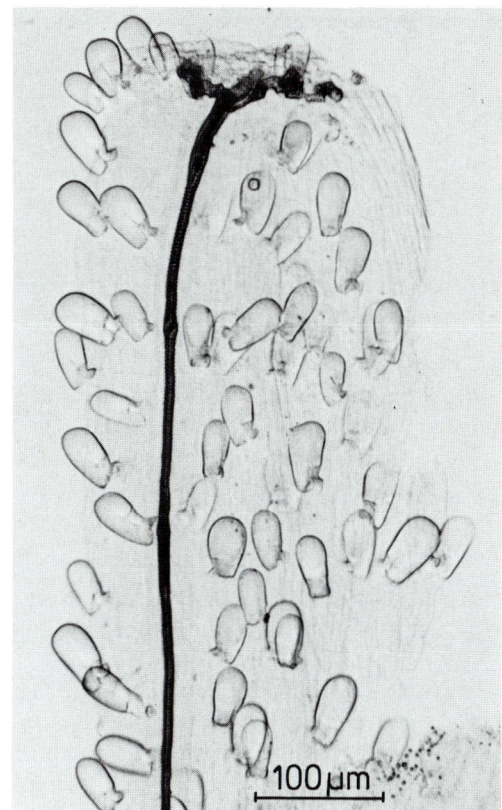
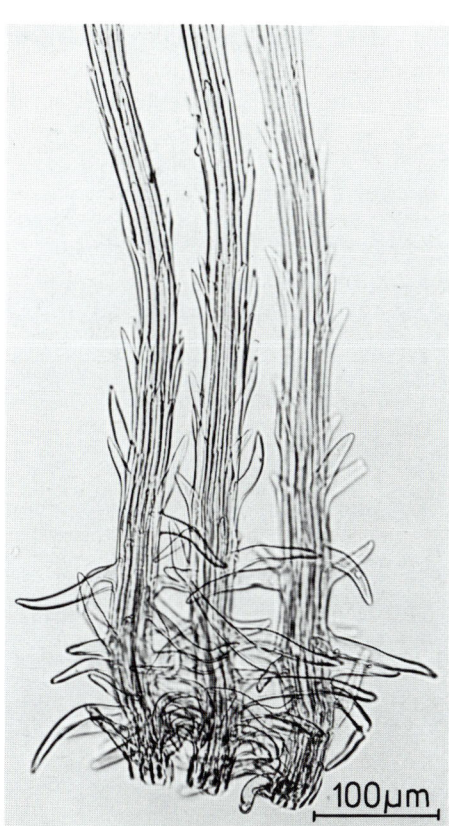

Abb. 4: Fruchtknotenwand mit keulenförmigen Drüsenhaaren
Abb. 5: An der Basis filzig-verwachsene Pappushaare

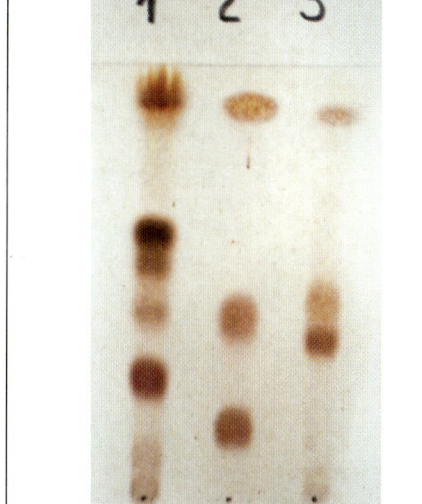

Abb. 6: DC auf 4 × 8 cm Folie
1: Katzenpfötchenblüten
2: Referenzsubstanzen
3: Verfälschung
Einzelheiten s. Text

den. Gute Merkmale sind die langen, peitschenförmigen Gliederhaare der Blütenkopfstiele (Abb. 3), die einzelligen, keulenförmigen Haare des Fruchtknotens (Abb. 4) und die Pappushaare (Abb. 5).

Identitätsprüfung mittels DC:

Untersuchungslösung: 1 g gepulverte Droge mit 20 ml Methanol 15 min unter Rückflußkühlung zum Sieden erhitzen, nach dem Abkühlen filtrieren.

Referenzlösung: Je 5 mg Quercetin, Hyperosid und Rutosid in 10 ml Methanol gelöst.

Aufzutragen: 3 µl Untersuchungslösung und 2 µl Referenzlösung.

Fließmittel: Ethylacetat – wasserfreie Ameisensäure – Wasser (88+6+6), 5 cm hoch.

Sichtbarmachung: Nach vollständigem Abdunsten des Fließmittels im Heißluftstrom besprüht man mit einer 0,5 proz. Echtblausalz B-Lösung und sprüht mit einer 10 proz. Lösung von KOH in Methanol nach.

Auswertung: Im Tageslicht. Die Referenzsubstanzen sind als rotbraune Zonen sichtbar: Rutosid mit Rf~0,15, Hyperosid ~0,40, Quercetin ~0,90. Echte Droge zeigt im Rf-Bereich zwischen Hyperosid und Quercetin schon vor dem Besprühen eine gelbe Zone (fehlt bei Verfälschungen), die sich nach dem Besprühen intensiv rotbraun färbt. Darunter liegen zwei weitere rotbraun gefärbte Zonen. Bei Verfälschungen durch andere *Helichrysum*-Arten erhält man ein völlig *anderes* Bild, vor allem fehlen die genannten rotbraunen Zonen (Abb. 6).

Verfälschungen: Solche kommen gelegentlich vor mit den Blütenköpfchen von *Helichrysum stoechas* (L.) MOENCH und *Helichrysum angustifolium* DC. Beide Arten haben Blüten mit gelbbräunlicher Farbe (echte Droge ist leuchtend gelb) und einen mehr oder weniger vollständigen Kreis von Zungenblüten (diese sind bei der echten Droge sehr klein!). Zum Nachweis mittels DC s. Prüfung.

Literatur:
[1] A.H. Meriçli, B. Damadyan und B. Çubukçu, Sci. Pharm. **54**, 363 (1986).
[2] A.I. Derkach, N.F. Komissarenko und V.T. Chernobai, Chem. Nat. Comp. **6**, 722 (1986).
[3] F. Tomás-Barberan und Mitarb., Phytochemistry **29**, 1093 (1990).
[4] E. Dombrowicz, L. Swiatek und W. Kopycki, Pharmazie **47**, 469 (1992).
[5] J. Jakupovic und Mitarb., Phytochemistry **28**, 543 (1989).
[6] N.P. Shakum und N.Y. Stepanova, Vrach. Delo **12**, 52 (1988); C.A. **110**, 128601 (1989).
[7] V. Litvinenko und Mitarb., Farm. Zh. (Kiew), 83 (1992); C.A. **117**, 118306 (1992).
[8] A. Szadowska, Acta Polon. Pharm. **19**, 465 (1962); C.A. **61**, 1136 (1964).
[9] K.G. Bel'tyukowa, Mikrobiol. Zh. (Kiew) **30**, 390 (1968); C.A. **70**, 35049 (1969).

Willuhn

Wortlaut der Packungsbeilage gemäß Standardzulassung:

6.1 **Anwendungsgebiete**

Zur Unterstützung bei der Behandlung von nichtentzündlichen Gallenblasenbeschwerden.

6.2 **Dosierungsanleitung und Art der Anwendung**

Etwa 2 Teelöffel voll (3 bis 4 g) **Ruhrkrautblüten** werden mit siedendem Wasser überbrüht und nach 10 Minuten durch ein Teesieb gegeben.
Soweit nicht anders verordnet, wird mehrmals täglich 1 Tasse frisch bereiteter Teeaufguß warm getrunken.

6.3 **Hinweis**

Vor Licht und Feuchtigkeit geschützt aufbewahren.

Hennae folium — Hennablätter

Abb. 1: Hennablätter

Die Droge kommt praktisch nur in gepulverter Form in den Handel, zuweilen mit anderen färbenden Drogen gemischt (s. Indikationen). Im Bild rechts sind handelsübliche Hennapulver gezeigt, mit folgenden Zusatzbezeichnungen: „neutral" (oben) „rotfärbend" (Mitte) und „schwarz" (unten).

Die Blattdroge selbst besteht aus 2 bis 4 cm langen, unbehaarten, ganzrandigen, etwas zerknitterten Blättern mit fiedriger Nervatur. Die eilanzettliche Blattspreite mündet in eine kleine Stachelspitze.

<u>Geschmack:</u> Uncharakteristisch, etwas adstringierend-bitter.

Abb. 2: *Lawsonia inermis* L.

Ein 2 bis 6 m hoher Strauch mit weißlicher Rinde und weißen oder schwach rosa gefärbten, vierzähligen Blüten in großen Rispen. Die teilweise verdornten Kurztriebe tragen gegenständige Laubblätter.

Stammpflanze: *Lawsonia inermis* L. (syn. *Lawsonia alba* Lam.), Lythraceae.

Synonyme: Ägyptisches Färbekraut, Mundholz, Folia Lawsoniae. Henna leaf (engl.). Feuilles d'Henné (franz.).

Herkunft: Heimisch vermutlich in den Mittelmeerländern, im Vorderen Orient, Indien; im gesamten Orient kultiviert. Importe aus Indien und Ägypten; im tropischen Amerika eingebürgert.

Inhaltsstoffe: Farbstoffe vom Typ der 1,4-Naphthochinone, u.a. 1% Lawson (2-Hydroxy-1,4-naphthochinon); hydroxylierte Naphthalinderivate, z.B. 1,2-Dihydroxy-4-glucosyloxy-naphthalin; 5–10% Gerbstoffe und etwas freie Gallussäure; kleine Mengen an Sterolen, z.B. Sitosterol.

Indikationen: In Europa medizinisch nicht genutzt; in der *orientalischen Volks-*

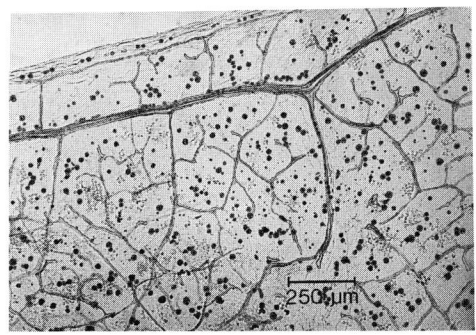

Abb. 3: Mesophyll des Hennablattes mit fiedriger, fein verästelter Nervatur und zahlreichen Oxalatdrusen unterschiedlicher Größe

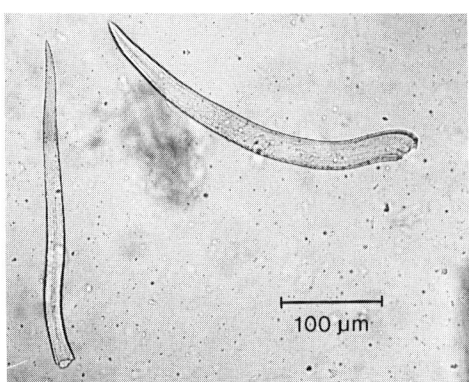

Abb. 5: Einzellige, dickwandige Haare mit körniger Kutikula aus Hennapulver „neutral" und Hennapulver „schwarz"

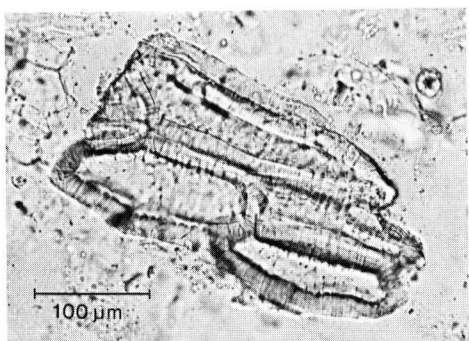

Abb. 4: Steinzellen aus der Fruchtwand (nicht häufig)

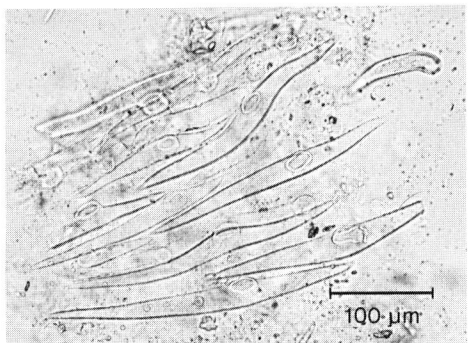

Abb. 6: T-Haare aus Hennapulver „schwarz"

medizin als Diuretikum und Adstringens. Äußerlich bei Ekzemen, Krätze, Mykosen und Geschwüren; auch gegen Amöbenruhr und gegen Magen-Darm-Ulzera. Für Gesichts- und Haarwässer. Seit alters her als Haar- und Nagelfärbemittel [1].

In Mitteleuropa und USA heute vor allem als Haarfärbemittel aufgrund des Lawsongehalts verwendet. Die gepulverten Blätter werden in Breiform appliziert (Kataplasmafärbung). Bei längerem Kontakt werden die Haare kräftig und dauerhaft gefärbt. Zum Herstellen des Breies benutzt man heißes Wasser. Gelegentlich werden Zusätze von saurer Milch oder Zitronensaft empfohlen oder von Rotwein, um die Tanninwirkung zu verstärken und gewisse Bronzetöne zu erzielen. Um die Färbung zu optimieren und zu fixieren, ist feuchte Wärme zum Entwickeln des Farbtons notwendig. Am besten trägt man den Farbbrei heiß auf und umhüllt den Kopf dann mit Tüchern. Henna allein färbt normale bräunliche Haare rot, weiße, hellblonde und blondierte Haare karottenrot, aschblonde Haare mittelrot, kastanienbraune Haare mahagonirot. Dunkelbraunes Haar erhält rote Reflexe. Auf schwarzes Haar hat Henna keine Farbeinwirkung. Ganz schwache Hennapackungen geben auf blonden Haaren rötlichschimmernde Effekte. In vielen Fällen wird zum Erzielen natürlicher Haartönungen eine Mischung von Hennablättern mit Blättern des Indigostrauches (*Indigo tinctoria* L.) herangezogen. Die blaue Farbe des Indigos neutralisiert die rote Farbe des Natur-Henna und man enthält je nach der Dosierung und Dauer des Kontaktes natürlich blonde, braune und tiefschwarze Färbungen [nach 2; dort auch Rezepturen].

Teepräparate und Phytopharmaka: Keine.

In der Kosmetik werden Henna-Präparate zum Färben und Pflegen der Haare verwendet, z.B. Henna-Pulver neutral/rot/schwarz, oder Henna-Konzentrat Haarkur, Balsam, Glanzbalsam (Resana).

Im Handel ist auch ein Henna „neutral" bzw. „nicht färbend". Es soll die natürliche Haarfarbe erhalten und das Haar glänzend machen. Henna „neutral" sollte in jedem Fall vor der Anwendung auf sein „Nicht-Färben" geprüft werden (s. Prüfung).

Prüfung: Mikroskopisch: Die Epidermiszellen sind polygonal und nach innen zu vorgewölbt (bulliform). Die Nervatur ist fein verästelt, fiedrig, das Mesophyll enthält zahlreiche, sehr verschieden große Oxalatdrusen (Abb. 3). Vereinzelt kommen Steinzellen aus der Fruchtwand vor (Abb. 4). Hennapulver „schwarz" und „neutral" enthalten einzellige, dickwandige Haare (Abb. 5), im Hennapulver „schwarz" findet man zusätzlich T-Haare („Kompaßnadelhaare", Abb. 6). Ein einfacher Test zur Überprüfung der Farbwirkung wird von der Fa. Caesar & Loretz (Hilden/Rheinland) empfohlen: 5 g Hennapulver werden mit 25 ml dest. Wasser angerührt. Man erhitzt vorsichtig bis zum Sieden und gibt einen Faden Agar-Agar zur Hälfte in den heißen Brei. Nach 10 min wird er herausgenommen und unter fließendem, kaltem Wasser gut abgespült. Der Agar-Agar-Faden muß deutlich rot-orange gefärbt sein. In [4] findet man ein DC-Verfahren für die Abtrennung von Lawson, das auch zur photometrischen quantitativen Bestimmung benutzt werden kann: Der angesäuerte Natriumcarbonatextrakt der Blätter wird mit Chloroform ausgeschüttelt. Der Chloroformextrakt wird eingeengt und in folgendem DC-System aufgetrennt: Schicht: Kieselgel-G/Aluminiumoxid-G; Fließmittel: Ethylacetat-Methanol-5N-Ammoniak (60+15+5). Lawson hat einen Rf-Wert von ca. 0,56.

Verfälschungen: Gelegentlich mit Sennesblättern. Diese sind an den typischen Haaren, isolateralem Blattbau und Kristallzellreihen zu erkennen (s. Sennea folium).

Literatur:
[1] Hager, Band **5**, 468 (1976).
[2] Berger, Band **2**, 158 (1950).
[3] M. Wellendorf, Arch. Pharm. Chem. **113**, 756; 800 (1956).
[4] M.S. Karawaya, S.M. Abdel Wahhab und A.Y. Zaki, Lloydia **32**, 76 (1969).

Czygan

Herniariae herba — Bruchkraut

Abb. 1: Bruchkraut

Beschreibung: Alle Organe sehr klein. Der stielrunde, bis 2 mm dicke, stark verzweigte Stengel trägt verkehrt eiförmige, fast sitzende, bis 7 mm lange, dickliche, am Rande spärlich gewimperte Blätter und trockenhäutige Nebenblätter. Die kleinen fünfzähligen Blüten bilden blattwinkelständige Knäuel. Sehr kleine, vom Kelch umgebene Schließfrüchte kommen vor.
Bei *Herniaria hirsuta* sind Stengel, Blätter und Blüten graugrün und stark behaart, bei *Herniaria glabra* hellgrün und fast unbehaart (Abb. 3).

Geruch: Angenehm, an Cumarin erinnernd.

Geschmack: Etwas kratzend.

Abb. 2: *Herniaria glabra* L.
Zwei- bis mehrjährige, flach dem Boden anliegende Pflanze. Alle Organe (Blätter, Blüten, Früchte) sehr klein.

ÖAB: Herba Herniariae
DAC 1986: Bruchkraut

Stammpflanzen: *Herniaria glabra* L. (Kahles Bruchkraut) und *Herniaria hirsuta* L. (Behaartes Bruchkraut), Caryophyllaceae.

Synonyme: Harnkraut, Jungfernkraut, Dürrkraut, Tausendkorn. Herniary, Rupturewort (engl.). Herbe d'herniaire (franz.).

Herkunft: *Herniaria glabra* im gemäßigten Europa und Asien, *Herniaria hirsuta* im Mittelmeergebiet, Nordafrika, aber auch in Teilen Mitteleuropas. Die Droge stammt meist aus Wildsammlungen.

Inhaltsstoffe: 3–9% Saponine, hauptsächlich Derivate der Medicagensäure, Gypsogensäure und 16α-Hydroxymedicagensäure [1]; inzwischen wurde die Struktur der Herniariasaponine 1 bis 7 bis in Einzelheiten geklärt [2, 3], es handelt sich um bisdesmosidische Saponine mit verzweigter Zuckerkette am C-28-Carboxyl; 0,2–1,2% Flavonoide (Isorhamnetin- und Quercetinderivate); 0,1–0,4% Cumarine (Umbelliferon, Herniarin u.a.); kleine Mengen an Gerbstoff.

Indikationen: Aufgrund des Saponin- und Flavonoidgehaltes als Diuretikum; bei chronischer Zystitis, Urethritis sowie bei Blasentenesmen [4]. Pharmakologische Befunde über einzelne Inhaltsstoffe stehen noch aus.

Teebereitung: 1,5 g fein geschnittene Droge werden mit kaltem Wasser versetzt und kurz aufgekocht; nach 5 min durch ein Teesieb geben. Als Diuretikum 2–3mal täglich 1 Tasse.
1 Teelöffel = etwa 1,4 g.

Teepräparate und Phytopharmaka: Die Droge oder ihre Extrakte werden nur noch selten als Tee oder in Kombinationspräparaten als Urologikum verwendet, z.B. in Herniol® Tropfen.

Prüfung: Makroskopisch (siehe Beschreibung) und mikroskopisch. Die Epidermiszellen der Blätter sind wellig; besonders bei *Herniaria hirsuta* einzellige, bis 250 μm lange, dickwandige, zugespitzte Haare mit körniger Kutikula (Abb. 4), am Blattrand säbelförmig gebogen. Schwammparenchym mit Kristallzellen, die eine bis 40 μm große Oxalatdruse enthalten. Kelchblätter den Laubblättern recht ähnlich. Die Pollenkörner sind klein, glatt, mit 3 schlitzförmigen Austrittsspalten. Im Stengel verdickte Fasern, Oxalatdrusen und in der Epidermis Haare wie auf den Blättern.
Wird 1 g gepulverte Droge mit 15 ml Wasser kräftig geschüttelt, so entsteht ein beständiger Schaum.
Bei der Mikrosublimation bei 100 °C läßt sich Herniarin (Fp. 116–117 °C) gewinnen. Löst man das Sublimat in etwas Wasser und fügt einen Tropfen verdünnte NH$_3$-Lösung hinzu, so tritt unter UV-Licht eine deutliche blaue Fluoreszenz auf.
Hämolytischer Index nach ÖAB mindestens 1500, nach DAC Extraktgehalt mind. 25,0%.

Abb. 3: Blütenstand und Blatt von *Herniaria glabra* (links; unbehaart) und *H. hirsuta* (rechts; stark behaart)

Abb. 4: Einzelliges Borstenhaar mit körniger Kutikula von *H. hirsuta* (ganz rechts)

Identitätsprüfung mittels DC:

Sorbens: Kieselgel 60 F$_{254}$ (lufttrocken) (Merck) (5 × 10 cm, Glas oder Folie).

Untersuchungslösung: 1,0 g pulv. Droge wird mit 5 ml Methanol 10 Min. unter Rückfluß erhitzt und warm filtriert. Das Filtrat dient als Untersuchungslösung.

Referenzlösung: Je 5 mg Rutosid, Chlorogensäure und Hyperosid werden in 5 ml Methanol gelöst.

Auszug aus der Monographie der Kommission E (BAnz Nr. 173 vom 18.09.1986)

Anwendungsgebiete

Bruchkraut wird zur Behandlung und Vorbeugung von Erkrankungen und Beschwerden im Bereich der Nieren und ableitenden Harnwege, bei Erkrankungen und Beschwerden im Bereich der Atemwege, bei Nervenentzündung und Nervenkatarrh, bei Gicht und Rheumatismus sowie zur „Blutreinigung" angewendet.
Die Wirksamkeit bei den beanspruchten Anwendungsgebieten ist nicht ausreichend belegt.

Risiken

Keine bekannt.

Bewertung

Da die Wirksamkeit bei den beanspruchten Anwendungsgebieten nicht ausreichend belegt ist, kann eine therapeutische Anwendung nicht befürwortet werden.

Wirkungen

schwach spasmolytisch.

Aglykone der Saponine des Bruchkrautes

	R^1	R^2
Medicagensäure	–OH	–H
Gypsogensäure	–H	–H
16-Hydroxymedicagensäure	–OH	–OH

Herniarin R = –CH$_3$
Umbelliferon R = –H

Aufzutragen: 3–5 µl Untersuchungslösung und 2 µl Referenzlösung strichförmig (10 × 2 mm).

Fließmittel: Ethylacetat – wasserfr. Ameisensäure – Wasser (80 + 8 + 12) (Kammersättigung).

Laufstrecke: 8 cm, **Zeit:** 21 min.

Sichtbarmachung und Auswertung: Nach vollständigem Abdunsten des Fließmittels (im Heißluftstrom) wird a) mit einer 1proz. methanolischen Lösung von Diphenylboryloxyethylamin und b) mit einer 5proz. methanolischen Lösung von Polyethylenglykol 400 besprüht und anschließend unter UV_{365} ausgewertet. Die Referenzsubstanzen erscheinen mit folgenden Rf-Werten und Fluoreszenzfarben: Rutosid (0,12, orangegelb), Chlorogensäure (0,25, hellblau), Hyperosid (0,31, orangegelb). Das DC der Untersuchungslösung zeigt eine charakteristische Folge fluoreszie-

Abb. 5: DC von Bruchkraut, auf Glasplatten 5 × 10 cm, Laufstrecke 8 cm, besprüht mit Diphenylboryloxyethylamin-Reagenz, unter UV_{365}
1 Bruchkraut (3 µl)
2 Referenzlösung (2 µl)
3 Bruchkraut (5 µl)

render Zonen; die Hauptzone liegt knapp oberhalb des Rutosids (Abb. 5).

Verfälschungen: Kommen praktisch nicht vor.

Literatur:
[1] G. Klein, J. Jurenitsch und W. Kubelka, Sci. Pharm. **50**, 216 (1982).
[2] G. Reznicek und Mitarb., Pharmazie **48**, 450 (1993).
[3] M. Freiler und Mitarb., Sci Pharm. **64**, 359 (1996).
[4] G. Vogel, Planta Med. **11**, 362 (1963).

Wichtl

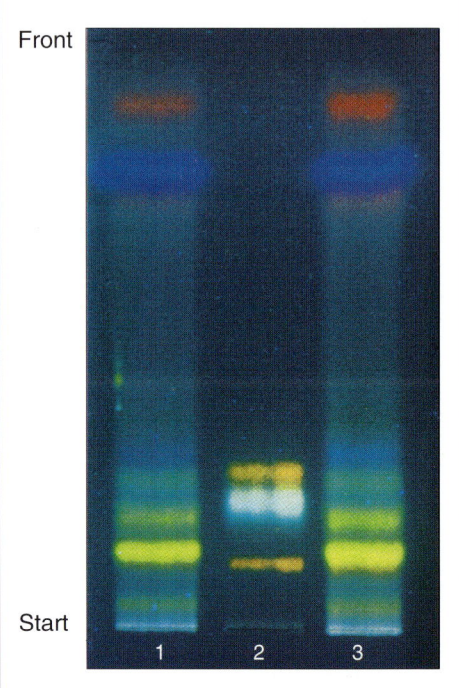

Hibisci flos

Hibiscusblüten
DAB 1996

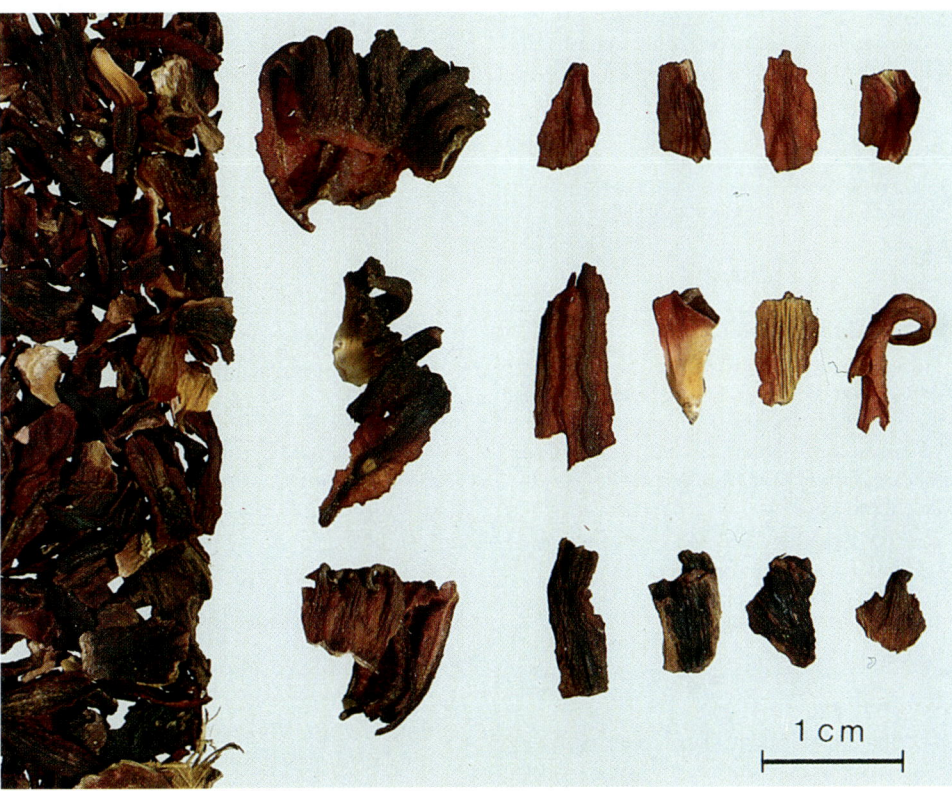

Abb. 1: Hibiscusblüten

Hibiscusblüten bestehen aus den zur Fruchtzeit geernteten, getrockneten Kelchen und Außenkelchen von *Hibiscus sabdariffa*.

Beschreibung: Der Kelch ist meist etwa 2–3,5 cm lang, bis zur Mitte krugförmig verwachsen, darüber in 5 lang zugespitzte, oben zusammengeneigte Zipfel geteilt. Diese werden von einem starken, etwas hervortretenden Mittelnerv durchzogen, über dem sich oberhalb der Kelchmitte eine dickliche, etwa 1 mm große, dunkle Nektardrüse befindet.

Der Außenkelch besteht aus 8–12 schmalen, am Grunde verbreiterten, etwa 6–15 mm langen Blättchen, die fest mit der Basis des Kelches verwachsen sind. Kelch und Außenkelch sind fleischig, trocken, leicht brüchig und leuchtend hellrot bis dunkelviolett gefärbt, nur an der Basis der Innenseite heller [1, 2].

Geruch: Schwach eigenartig.

Geschmack: Säuerlich.

Abb. 2: *Hibiscus sabdariffa* L.

Einjährige, bis 5 m hoch werdende, krautige Pflanze mit gelappten Blättern. Blüten mit fünflappigem Innenkelch und vielspaltigem Außenkelch, nach dem Verblühen rot und fleischig werdend.

Stammpflanze: *Hibiscus sabdariffa* L. var. *ruber*, Malvaceae.

Synonyme: Sabdariff-Eibisch, Sudan-Eibisch, Afrikanische Malve, Rama, Roselle, Sudan-Tee, Malven-Tee, Karkade, Nubiablütentee. Jamaica sorrel, Rozelle (engl.). Karkadé (franz.).

Herkunft: Ursprünglich in Angola (?), heute weltweit in den Tropen angepflanzt; importiert besonders aus dem Sudan und Ägypten, aus Thailand, Mexiko und China.

Inhaltsstoffe: 15–30% Pflanzensäuren (u.a. Zitronensäure, Äpfelsäure, Weinsäure, wahrscheinlich Oxalsäure und das für diese Droge spezifische (+)-Allohydroxyzitronensäurelacton, die sog. Hibiscussäure) geben den aus Malventee hergestellten Getränken den angenehm säuerlichen Geschmack. Das DAB 1996 fordert einen Mindestgehalt an Säuren von 13,5% (ber. als Zitronensäure). Etwa 1,5% Anthocyane (u.a. Delphinidin-3-sambubiosid, Delphinidin-3-glucosid, Delphinidin, Cyanidin-3-sambubiosid) färben den Teeaufguß weinrot. Daneben Flavon-Derivate (u.a. das 3-Glucosid des Gossypetins = Hexahydroxyflavon), Phytosterole [1, 2]. Schleimpolysaccharide und Pektine; die Hauptkomponente der Schleimstoffe ist ein Rhamnogalakturonan, daneben lassen sich ein Arabinogalaktan und ein Arabinan nachweisen [3].

Indikationen: Vor allem als coffeinfreies Erfrischungsgetränk. In größeren Mengen genossen wirkt Malventee aufgrund der schwer resorbierbaren Fruchtsäuren als mildes Laxans. In der *afrikanischen Volksmedizin* werden der Droge u.a. spasmolytische, antibakterielle, cholagoge, diuretische und anthelmintische Eigenschaften nachgesagt. Auch sollen wässerige Extrakte von Hibiscusblüten relaxierend auf die Uterusmuskulatur und blutdrucksenkend wirken (Zusammenfassung bei [4]). Antiphlogistische und antiödematöse Effekte werden einer Salbe mit Hibiscus-Extrakt zugeschrieben [5]. Diese Wirkungen sind möglicherweise mit dem relativ hohen Schleimgehalt der Droge zu begründen. So werden auch Abkochungen polysaccharidhaltiger Malvenblüten zur Behandlung nässender Haut bei allergischen Ekzemen empfohlen [6].

Teebereitung: 1,5 g fein zerschnittene Droge mit kochendem Wasser übergießen und nach 5–10 min abseihen.
1 Teelöffel = etwa 2,5 g.

Teepräparate: Hibiscusblüten werden vorwiegend als Kräutertee allein oder mit Hagebutten oder mit anderen Früchten gemischt, auch in Filterbeuteln, als Früchte- oder Aromatee (mit Aromazusätzen) angeboten.

Phytopharmaka: Keine.

Prüfung: Makroskopisch (s. Beschreibung), mikroskopisch nach [1], dünnschichtchromatographisch auf Anthocyane und Flavonoide nach [1], auf Fruchtsäuren nach [7]. Bestimmung des Färbevermögens nach [8], quantitative Bestimmung der Fruchtsäuren nach [1].

Verfälschungen: Fruchtbestandteile, deren Menge nach DAB 1996 auf 1,5% begrenzt ist [1].

Auszug aus der Monographie der Kommission E
(BAnz Nr. 22a vom 01.02.1990)

Anwendungsgebiete

Hibiscusblüten werden angewandt zur Appetitanregung, bei Erkältungen, Katarrhen der oberen Luftwege und des Magens, zur Schleimlösung, als mildes Abführmittel, als Diureticum, bei Kreislaufbeschwerden.

Die Wirksamkeit bei den beanspruchten Indikationsgebieten ist nicht belegt.

Risiken

Keine bekannt.

Beurteilung

Da die Wirksamkeit von Hibiscusblüten bei den beanspruchten Anwendungsgebieten nicht belegt ist, kann eine therapeutische Anwendung nicht befürwortet werden. Gegen die Anwendung als Schönungsdroge sowie als Geschmackskorrigens bestehen keine Bedenken.

Literatur:
[1] Kommentar DAB 10.
[2] H.G. Menßen und K. Staesche, Dtsch. Apoth. Ztg. **114**, 1211 (1974).
[3] B.M. Müller und G. Franz, Planta Med. **58**, 60 (1992).
[4] M. Franz und G. Franz, Z. Phytother. **9**, 63 (1988).
[5] A. Stirn, Z. Allgemeinmed. **54**, 616 (1975).
[6] R.F. Weiß, Phys. Med. **3**, 50 (1970).
[7] P. Pachaly, DC-Atlas, Dünnschichtchromatographie in der Apotheke. Wissenschaftl. Verlagsges. m.b.H., Stuttgart 1995.
[8] H. Schilcher, Dtsch. Apoth. Ztg. **116**, 1155 (1976).

Czygan

Delphinidin-3-sambubiosid
(= Delphinidin-3-xylosylglucosid)
(= Hibiscin)

Hibiscussäure
(= (+)-Allohydroxyzitronensäurelacton)

Hippocastani cortex — Roßkastanienrinde

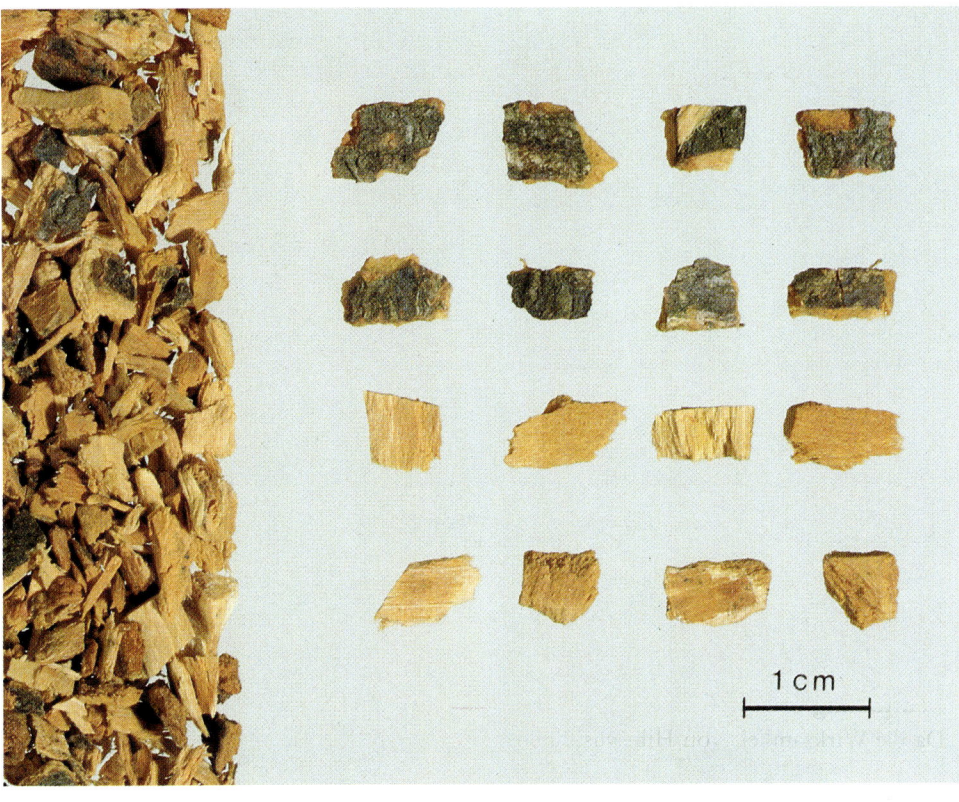

Abb. 1: Roßkastanienrinde

Die Droge wird im Frühjahr oder im Herbst durch Schälen von 3- bis 5-jährigen Zweigen gewonnen.

Beschreibung: 1 bis 2 mm dicke, rinnenförmige, auch röhren- oder spanförmige Stücke. Außen kupferrot, glatt und etwas glänzend, z.T. mit runden Lentizellen (jüngere Rinde) oder mattgrau bis schwärzlich, runzelig bis rissig, horizontal verbreiterte Lentizellen, gelegentlich auch mit Flechtenbesatz (ältere Rinde). Innenseite glatt, gelbbraun. Bruch außen körnig, innen kurzfaserig.

Geruch: Sehr schwach, etwas dumpf.

Geschmack: Adstringierend, etwas bitter.

Abb. 2: *Aesculus hippocastanum* L.

Zweige im Frühjahr mit Blattknospen. Beschreibung der Pflanze siehe Hippocastani folium.

Stammpflanze: *Aesculus hippocastanum* L. (Roßkastanie), Hippocastanaceae.

Synonyme: Cortex Castaneae equinae, Aesculi hippocastani cortex, Pferdekastanienrinde, Saukastanienrinde, Foppkastanienrinde, Vixirrinde. Horsechestnut bark (engl.). Écorce de marronier d'Inde (franz.).

Herkunft: Heimisch in Nordgriechenland, Persien, Kaukasus und Nordindien. In ganz Europa kultiviert und verwildert, bis England und Skandinavien reichend. Die Droge wird vorzugsweise aus Polen importiert.

Inhaltsstoffe: Die Cumaringlucoside Aesculin (0,7–7%), Fraxin und Scopolin sowie deren Aglyka Aesculetin, Fraxetin und Scopoletin; das Flavonolglykosid Quercitrin und dessen Aglykon Quercetin; Spuren des komplex zusammengesetzten Saponingemischs Aescin

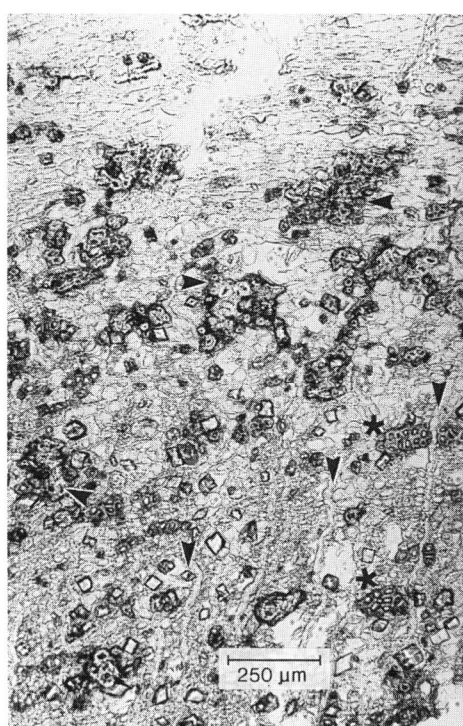

Abb. 3: Querschnitt durch die sekundäre Rinde mit Bastfasergruppen (*), Steinzellen (◄) und Markstrahlen (▼)

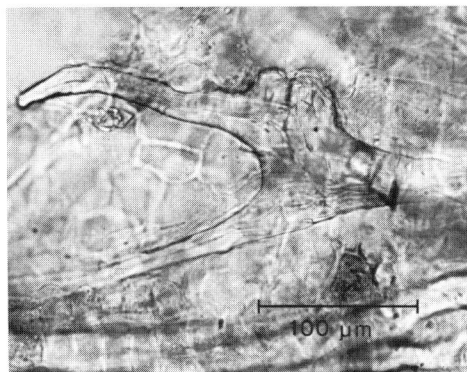

Abb. 4: Ästig verzweigte Steinzelle

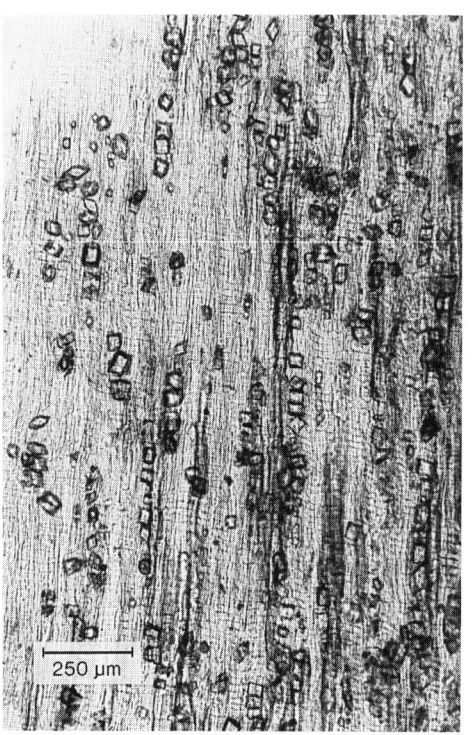

Abb. 5: Längsschnitt mit Bastfasern und großen Oxalat-Einzelkristallen

(siehe bei Hippocastani semen/Roßkastaniensamen); Leucocyanidin, Leucodelphinidin und (−)-Epicatechin als Gerbstoffe aus der Gruppe der Proanthocyanidine [1, 2]. Eine Reihe von trimeren Procyanidinen wurde nach ihrer Isolierung aus den Fruchtschalen strukturell aufgeklärt [3].

Indikationen: Die Droge ist nur noch wenig in Gebrauch. Sie wird gelegentlich in der _Volksheilkunde_ als Adstringens bei Diarrhöen und Hämorrhoiden verwendet. Dekokte werden (selten) äußerlich bei Geschwüren und Hautleiden (Lupus) gebraucht. Die Droge galt früher als Fiebermittel und Ersatzmittel für die Chinarinde gegen Malaria. Der Extrakt wurde technisch zu Gerbzwecken eingesetzt. Die Rinde dient heute zur Gewinnung von Aesculin, das die Resistenz der Gefäßwände steigert, die pathologisch erhöhte Durchlässigkeit der Kapillarwände herabsetzt und wegen seiner Eigenschaft, die hautschädigenden UV-Strahlen (UV-B-Anteil) zu absorbieren, Sonnenschutzmitteln zugesetzt wird. Aescin, das in höheren Konzentrationen im Samen vorkommt, wirkt antiexsudativ und ödemhemmend (siehe Hippocastani semen). Roßkastanienrindenextrakte finden sich in Kombinationsarzneimitteln u.a. zusammen mit Blatt- und Samenextrakten, zur Behandlung des „venösen Venenkomplexes". Untersuchungen zur Wirksamkeit der Rindendroge in diesem Bereich fehlen.

Nebenwirkungen: Für die Droge nicht bekannt. Im Epicutantest konnte der Fall einer Kontaktdermatitis auf Aesculin nachgewiesen werden [4].

Teebereitung: $^1/_2$ Teelöffel fein geschnittene oder grob gepulverte Droge mit kaltem Wasser übergießen, kurz aufkochen und durch ein Teesieb geben. Bei Durchfällen 2- bis 3mal täglich eine Tasse.
Für Umschläge oder als Badezusatz: 1 Handvoll Droge (fein geschnitten oder grob gepulvert) mit 1 l Wasser ansetzen, kurz aufkochen und nach 10 min abseihen.
1 Teelöffel = etwa 2,5 g.

Teepräparate: Keine.

Phytopharmaka: Einige wenige Venen- und Haemorrhoidal-Präparate enthalten Extrakte aus Roßkastanienrinde, z.B. Aesculus cortex Salbe (Weleda) oder das Kombinationsarzneimittel Venacton® Tropfen.

Prüfung: Makroskopisch (s. Beschreibung) und mikroskopisch. Jüngere Rinden zeigen nur einen dünnwandigen Kork. Später wechseln Lagen dünnwandiger Korkzellen mit Lagen nach innen verdickter Korkzellen ab. An der Grenze zwischen primärer und sekundärer Rinde findet sich ein unterbroche-

Auszug aus der Monographie der Kommission E
(BAnz Nr. 221 vom 25.11.1993)

Pharmakologische Eigenschaften, Pharmakokinetik, Toxikologie
Keine bekannt.

Klinische Angaben

1. Kombinationspartner
Zubereitungen aus Roßkastanienrinde/-blüten werden mit folgenden Drogen bzw. Stoffen kombiniert:
Achillea millefolium, Adoniskraut, Aesculin, Aloe, Alraunwurzel, Andornkraut, Arnikablüten/-wurzelstock, Arnica montana, Artemisia abrotanum e foliis, Augentrostkraut, Bärentraubenblätter, Benediktinenkraut, Besenginsterkraut, Birkenblätter, Brennesselkraut, Brombeerblätter, Bruchkraut, Brunnenkressenkraut, Calcium fluoratum, Calcium sulfuricum, Calendula officinalis, Campher, Carrageen, Citronenschale, Collinsonia canadiensis, Echinacea, Echinacea angustifolia, Erdbeerblätter, Erdrauchkraut, Faulbaumrinde, Fenchel, Ferrum phosphoricum, Flohsamen, Gänsefingerkraut, Ginkgoblätter, Goldrutenkraut, Guajakholz, Hagebutten, Hamamelisblätter/-rinde, Heparin, Herzgespannkraut, Hirtentäschelkraut, Holunderblüten, Hopfenzapfen, Indischer Nardenwurzelstock, Johanniskraut, Kamillenblüten, Klebkraut, Königin-der-Nacht-Blüten, Königskerzenblätter/-blüten, Kornblumenblüten, Kreuzdornbeeren, Lavendelblüten, Leinsamen, Lemongraskraut, Liebstöckelwurzel, Lindenblüten, Löwenzahnblüten/-Ganzpflanze, Lycopodium clavatum, Mädesüßblüten, Maiglöckchenblätter, Malvenblüten, Mariendistelfrüchte, Mauerpfefferkraut, Meerzwiebel, Melissenblätter, Meisterwurzelstock, Mistelkraut/-früchte, Oleanderblätter, Orthosiphonblätter, Petersilienfrüchte, Pfefferminzblätter/-kraut, Pfingstrosenblüten/-wurzel, Piszidiawurzelrinde, Pomeranzenschale, Pyridoxinhydrochlorid, Queckenwurzelstock, Ratanhiatinktur, Rautenblätter, Ringelblumenblüten/-blütenköpfe, Rosmarinblätter, Roßkastanienblätter/-samen, Ruhrkrautblüten, Rutosid, Saccharomyces cerevisiae, samenfreie Gartenbohnenhülsen, Schachtelhalmkraut, Schafgarbenblüten/-kraut, Schlehdornblüten, Schnurbaumblütenknospen, Secale cornutum, Selleriewurzel, Sennesblätter/-früchte, Sonnenblumenblüten/-blütenköpfe, Steinkleekraut, Stiefmütterchenkraut, Strychnos nux-vomica, Süßholzwurzel, Sulfur, Tausendgüldenkraut, Thiaminchloridhydrochlorid, Tormentillwurzelstock, Vogelknöterichkraut, Walnußblätter, Weidenrinde, Weißdornbeeren, Weißdornblätter, Weißdornblätter mit -blüten, Weißdornblüten, Weiße Taubnesselblüten, Wacholderbeeren, Waldmeisterkraut, Wollblumen, Zincum aceticum, Zinkoxid.

2. Beanspruchte Anwendungsgebiete der genannten Kombinationen
Hämorrhoiden, Erleichterung der Defäkation, Afterrisse, Afterekzeme, zur fortschreitenden Schrumpfung der Hämorrhoidalknoten, Proktitis, Pruritus ani, Varizen-/Thrombose-/Emboliprophylaxe, Kräftigung der Venen, Förderung der Blutzirkulation, zur Kräftigung der Blutkreislauftätigkeit, zur Förderung und Unterstützung von Herzfunktion, Kreislauf und Durchblutung, Ohrensausen, zum aktivierenden Ausgleich bei Herz- und Kreislaufbelastungen, niedriger/hoher Blutdruck, Durchblutungsstörungen in den Füßen und Beinen, Krampfadern, Phlebektasien, Angioneurosen, Endangiitis obliterans, Beinödeme, Brachyalgien, Ulcus cruris, zur Linderung der Beschwerden bei Krampfadern, unterstützend bei Thrombose, Thrombophlebitiden, Parästhesien, Thromboseprophylaxe, statische Ödeme, Herzschwäche leichten Grades, besonders im Alter und nach Infektionskrankheiten, Schwindelanfälle, nervös bedingte Durchblutungsstörungen des Herzmuskels.
Anregungsmittel, Föhnbeschwerden, Ermüdungserscheinungen, Arbeitsunlust, Angstzustände, Schlaflosigkeit, Übergewicht, Bewegungsmangel,
harnsaure Diathese, zur unterstützenden Behandlung von akuten und chronischen Nieren- oder Blasenerkrankungen, Wassersucht,
Arterienverkalkung,
unterstützend bei leichten Blutungen, besonders Zahnfleischbluten,
Leberstauung, Cholangitis, Cholezystitis, Pankreatitis, Pfortaderstauungen.

3. Risiken
Keine bekannt.

Beurteilung
Da die Wirksamkeit bei den beanspruchten Anwendungsgebieten nicht belegt ist, kann eine therapeutische Anwendung nicht empfohlen werden.

---

ner Ring aus Sklerenchymfasern und Steinzellen. Sekundäre Rinde mit einreihigen Markstrahlen, in ihrem äußeren Bereich Bastfaserbündel mit umlagernden Steinzellen (Abb. 3) sowie Gruppen von ästigen Steinzellen (Abb. 4); in den inneren Teilen bei dicken Rinden tangentiale Bänder von Bastfasern, begleitet von Kristallkammerfasern mit großen, rhombischen Oxalatkristallen (Abb. 5). In der primären Rinde reichlich Oxalatdrusen, in den inneren Teilen der Rinde selten.

Verfälschungen: Kommen praktisch nicht vor.

Literatur:
[1] Hager, Band **4**, 110 (1992).
[2] E. Neidenova und Mitarb., Probl. Farmakol. Farm. **5**, 106 (1991).
[3] C. Santos-Buelga, H. Kolodzieij und D. Treutter, Phytochemistry **38**, 499 (1995).
[4] J.S. Comaish und P.J. Kersey, Contact Dermatitis **6**, 150 (1980).

Willuhn

Hippocastani folium — Roßkastanienblätter

Abb. 1: Roßkastanienblätter

<u>Beschreibung</u>: Ziemlich steife, oberseits dunkler grünbraune, unterseits hellere Blattstückchen, die z.T. den kerbig gesägten Blattrand erkennen lassen. Die Teilblätter der 5- bis 7teilig gefingerten Blätter sind fiedernervig, wobei die Seitennerven deutlich parallel verlaufen. Jüngere Blätter sind braunrot behaart, ältere kahl. Blattstielbruchstücke mit rinniger Oberfläche kommen vor.

<u>Geschmack</u>: Adstringierend, etwas bitter.

Abb. 2 und 3: *Aesculus hippocastanum* L.

Die Blätter des ca. 25 m hohen Baumes sind charakteristisch 5- bis 7-zählig gefingert, die Blüten stehen in aufrechten Trauben, die weißen Petalen besitzen am Grund einen gelben oder rötlichen Fleck. Die stacheligen Kapselfrüchte enthalten bis zu drei glänzend rotbraune Samen mit hellem Nabelfleck.

Stammpflanze: *Aesculus hippocastanum* L. (Roßkastanie), Hippocastanaceae.

Synonyme: Horse chestnut leaf (engl.). Feuilles du marronier d'Inde (franz.).

Herkunft: Heimisch in Nordindien, Kaukasus, Kleinasien, Nordgriechenland, in weiten Gebieten Europas durch Kultur verbreitet und verwildert. Die Droge wird aus osteuropäischen Ländern importiert.

Inhaltsstoffe: Die Cumaringlucoside Aesculin, Scopolin und Fraxin (Formeln siehe bei Roßkastanienrinde), die Flavonolglykoside Quercetin-3-rhamnosid, -3-rhamnoglucosid, -3-glucosid (=Quercitrin, Rutin bzw. Isoquercitrin) und -3-arabinosid sowie die entsprechenden vier Kämpferolglykoside [1, 2]; Gerbstoffe; Spuren von Aescin [3, 4]; cis, trans-Polyprenole; Triterpenalkohole (α- und β-Amyrin, Lupeol, Friedelanol, Friedelanon) und ihre Esterderivate [5], Sterole [6].

Indikationen: *Volksmedizinisch* gelegentlich noch als Hustenmittel. Extrakte aus Roßkastanienblättern werden, ähnlich wie Edelkastanienblattextrakte, zur Behandlung von Husten [1] sowie Arthritis und Rheumatismus [6] verwendet.

Zubereitungen aus Roßkastanienblättern (z.T. zur i.m.- und i.v.-Applikation) werden bei Hautflechten, Krampfaderbeschwerden, wie Schmerzen und Schweregefühl in den Beinen, Beinschwellungen, Venenentzündungen und Beinvenenthrombosen, Hämorrhoiden sowie bei krampfartigen Beschwerden vor und während der Regelblutung, bei Weichteilschwellungen nach Verrenkungen und Knochenbrüchen und bei Beschwerden nach Gehirnerschütterungen angewendet. In Kombinationen zumeist mit Samen- und Rindenextrakten, sind Roßkastanienblätterextrakte Bestandteil vieler Venenmittel und auch Präparate zur Behandlung von Ischias, Arthritis und Rheuma sowie in wassertreibenden, entschlackenden Mitteln. Der Nachweis entsprechender Wirkstoffe fehlt. Die Wirksamkeit der Droge ist in den beanspruchten Indikationsgebieten nicht belegt, so daß die Kommission E ihre therapeutische Verwendung nicht befürwortet [7].

Unerwünschte Wirkungen: Es liegt ein Fallbericht von einer durch i.m.-Verabreichung eines Roßkastanienblätterextrakts indizierten Leberschädigung durch Cholestase vor [8]. Aufgrund mangelnder Angaben ist dieser Fallbericht jedoch nicht eindeutig der Droge zuzuordnen [7].

Teebereitung: 1 Teelöffel feingeschnittene Droge mit kochendem Wasser übergießen, kurz aufkochen und nach 5–10 min durch ein Teesieb geben. In der *Volksmedizin* als Hustenmittel 2 bis 3 Tassen täglich.
1 Teelöffel=etwa 1 g.

Teepräparate: Keine.

Phytopharmaka: In Kombination mit Samenextrakten oder mit reinem Aescin (s. Hippocastani semen) in verschiedenen Venenmitteln.

Prüfung: Makroskopisch (s. Beschreibung) und mikroskopisch. Charakteristisch sind kugelige Ölzellen und Oxalatdrusen im Mesophyll (Abb. 4), die kutikulare Streifung der Epidermis der

---

Auszug aus der Monographie der Kommission E (BAnz Nr. 128 vom 14.07.1993)

Pharmakologische Eigenschaften, Pharmakokinetik, Toxikologie

2 ml bzw. 8 ml/kg KG eines unzureichend definierten Roßkastanienblätterextraktes zeigten bei i.p.-Gabe am Modell des Dextran-induzierten Rattenpfotenödems eine Ödemhemmung.

Zur Pharmakokinetik liegt kein Erkenntnismaterial vor.

Die LD_{50} eines unzureichend definierten Roßkastanienblätterextraktes beträgt bei i.p.-Gabe bei der WISTAR-Ratte 137,6 ml/kg KG sowie bei der DD-Maus 220,0 ml/kg KG.

Klinische Angaben

1. Anwendungsgebiete

Zubereitungen aus Roßkastanienblättern werden bei Hautflechten, Beschwerden bei oberflächlichen und tiefliegenden Krampfadern, z.B. Schmerzen und Schweregefühl in den Beinen, statisch bedingten Beinschwellungen, zur Unterstützung der ärztlichen Grundbehandlung beim venösen Unterschenkelgeschwür, bei Venenentzündung und Beinvenenthrombose, Hämorrhoiden, krampfartigen schmerzhaften Beschwerden vor und während der Regelblutung, Weichteilschwellungen nach Knochenbrüchen und Verrenkungen sowie Beschwerden nach Gehirnerschütterung angewendet.

In Kombinationen werden Zubereitungen aus Roßkastanienblättern bei Hämorrhoidalbeschwerden, Analfissuren und -rhagaden, zur Nachbehandlung bei Hämorrhoiden-Operationen, Stauungen im Darmbereich, zur Vorbeugung gegen Venenschwäche, Kräftigung der Venenwände, Aufrechterhaltung einer normalen Durchblutung, Stärkung des venösen Durchflusses, Verhinderung einer Übermüdung der Beine und Füße, bei schweren Störungen des venösen Gefäßsystems wie Varizen, Phlebitiden, Phlebektasien, Endangiitis obliterans, Angioneurosen, postthrombotischem Syndrom, Ulcus cruris, Ödemen zur Thromboembolieprophylaxe, Adernverkalkung, bei Arthrosis deformans, Arthritis, Ischias, Rheuma, Lumbago, Neuralgien, Unfallverletzungen, Hämatomen, Prellungen, Brachialgien sowie als wassertreibendes und entschlackendes Mittel angewendet.

Die Wirksamkeit bei den beanspruchten Anwendungsgebieten ist nicht belegt.

2. Risiken

In der Literatur ist ein Fallbericht von einer durch i.m.-Gabe eines Extraktes aus Roßkastanienblättern induzierten Leberschädigung durch Cholestase dokumentiert. Auf Grund mangelnder Angaben ist dieser Fallbericht nicht eindeutig der Droge zuzuordnen.

Beurteilung

Da die Wirksamkeit bei den beanspruchten Anwendungsgebieten nicht belegt ist, kann eine therapeutische Anwendung nicht befürwortet werden.

Oberseite sowie vereinzelte lange, mehrzellige Haare mit warziger Kutikula.

Verfälschungen: Gelegentlich sind Verwechslungen mit Edelkastanienblättern (s. dort S. 139) beobachtet worden. Sie lassen sich aber an den abweichenden mikroskopischen Merkmalen gut erkennen.

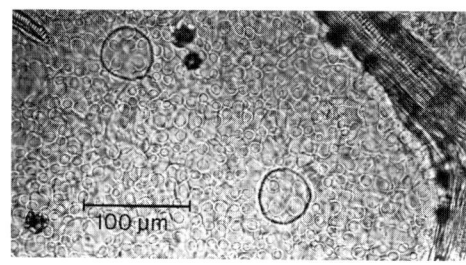

Abb. 4: Kugelige Ölzellen und Calciumoxalatdrusen im Mesophyll

Literatur:
[1] Hager, Band **1**, 1112 (1969), Band **4**, 110 (1992).
[2] M. Tissut, Phytochemistry **11**, 631 (1972).
[3] U. Fiedler, Dtsch. Apoth. Ztg. **94**, 889 (1954).
[4] Th. Kartnig, R. Herbst und F.J. Graune, Planta Med. **13**, 39 (1965).
[5] P.G. Guelz, E. Müller und T. Herrmann, Z. Naturforsch. **47c**, 661 (1992).
[6] Chr. Souleles und K. Vayas, Fitoterapia **57**, 201 (1986).
[7] Monographie der Kommission E, BAnz Nr. 128 vom 14.07.1993.
[8] K. Takegoschi und Mitarb., Gastroenterologia Japonica **21**, 26 (1986).

Willuhn

Hippocastani semen

Roßkastaniensamen
DAB 1996

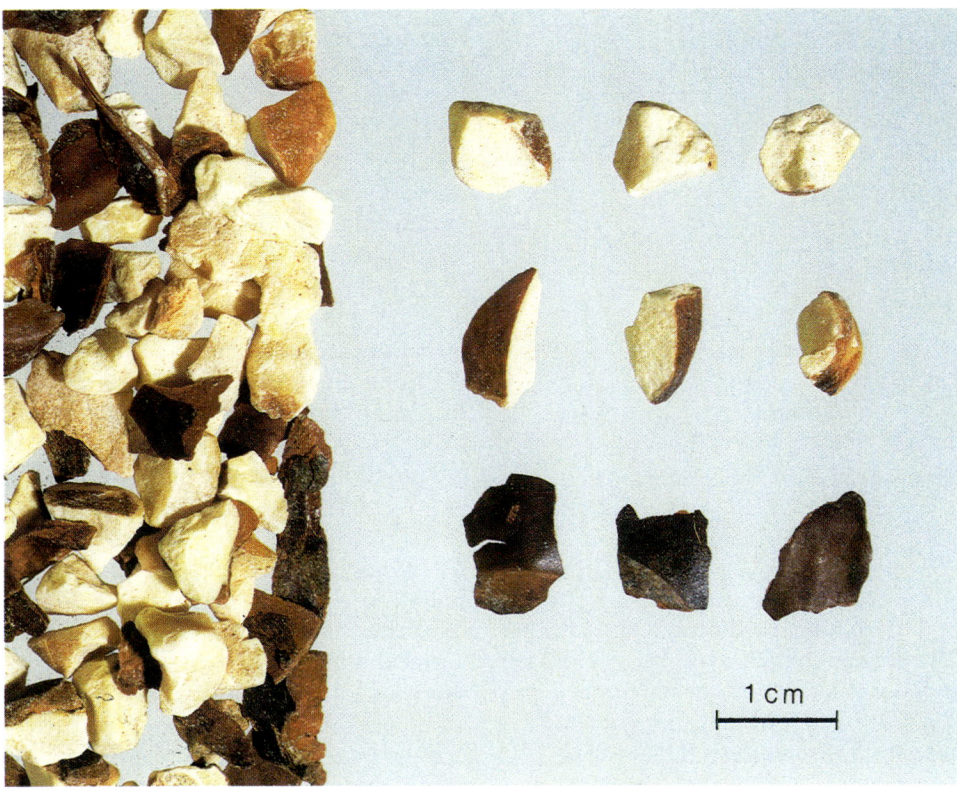

Abb. 1: Roßkastaniensamen

Die Samen werden aus der kugelförmigen, gelbgrünen, weichstacheligen, im Durchmesser bis zu 6 cm groß werdenden Kapselfrucht im Reifezustand meist in Einzahl (selten 2 oder 3) entlassen.

Beschreibung: Die ca. 2–4 cm großen, kugelig-ovalen, etwas abgeflachten Samen besitzen eine dunkelbraune, nur im frischen Zustand glänzende Samenschale mit einem großen, gelblichgraubraunen, rundlichen Hof als Nabelfleck (Hilum). Der Raum unterhalb der Samenschale wird fast vollständig von den großen, schwachgelblichen Keimblättern des Embryos ausgefüllt. Die Radicula findet sich als wulstige Leiste an der Oberfläche.

Geschmack: Anfangs süßlich, später stark bitter, Samenschale adstringierend.

Abb. 2: *Aesculus hippocastanum* L.

Aufspringende Kapselfrucht mit braunen Samen. Beschreibung der Pflanze siehe Hippocastani folium.

Stammpflanze: *Aesculus hippocastanum* L. (Roßkastanie), Hippocastanaceae.

Synonyme: Semen Castaneae equinae, Semen Hippocastani. Horse chestnut seeds (engl.). Marronier d'Inde (franz.).

Herkunft: Die Droge wird überwiegend aus den osteuropäischen Ländern importiert.

Inhaltsstoffe: Die Samendroge enthält ca. 3–10% (DAB 1996: mind. 3,0%) eines komplex zusammengesetzten Saponingemischs [1–4]. Im unreifen Samen kann der Gehalt um ca. 45% höher sein [5]. Der aus dem „Gesamt-Saponin" leicht als Kristallisat abtrennbare Anteil wird als β-Aescin oder kurz Aescin bezeichnet und besteht aus mehr als 30 Glykosiden. Die Aglykone sind Di-ester von Protoaescigenin (=Pentahydroxyderivat von β-Amyrin) und Bar-

Hauptglykoside des β-Aescins

	R¹	R²	R³
Aescin-Ia	tigloyl	OH	β-D-glucosyl
Aescin-Ib	angelicoyl	OH	β-D-glucosyl
Aescin-IIa	tigloyl	OH	β-D-xylosyl
Aescin-IIb	angelicoyl	OH	β-D-xylosyl
Aescin-IIIa	tigloyl	H	β-D-galactosyl

ringtogenol C (= Tetrahydroxyderivat von β-Amyrin). Die Säuren sind hauptsächlich an den OH-Gruppen von C-21 und C-22 gebunden (an C-21 überwiegend Tiglin- oder Angelicasäure, an C-22 vor allem Essigsäure). Durch leicht eintretende Acylwanderung von C-22 nach C-28 kann auch die OH-Gruppe an C-28 verestert vorliegen (=Kryptoaescin; α-Aescin=wasserlöslicher Anteil des Gesamt-Saponin), weitere Säuren an C-21 u.a. Isobuttersäure, α-Ketobuttersäure und 2-Methylbuttersäure. An der OH-Gruppe an C-3 ist eine Glucuronsäure gebunden, die bei den Hauptsaponinen in Stellung 4 eine Glucose und in Stellung 2 eine Glucose, Xylose oder Galaktose gebunden hat. Fünf Hauptverbindungen (siehe Formeln) stellen über 60% des Aescins [6]. Die Zusammensetzung des „Gesamt-Saponins" ist noch komplexer, da hier zusätzlich Arabinose, weitere Aglykone und auch Monoesterglykoside auftreten. Aus der Fruchtschale wurde das Saponingemisch Hippocastanosid isoliert, das als Aglykone u.a. den Monoester Barringtogenol C-21-O-angelicat und das zytotoxische Hippoaesculin (ED_{50}=3,6 µg/ml, humane nasopharyngeal Carcinom-Zellkultur) enthält, bei dem es sich um den 21-O-Tigloyl-22-O-angelicoyl-Diester von Barringtogenol R_1 (=15 α-Hydroxybarringtogenol C) handelt [7, 8]. Weitere Inhaltsstoffe [9]: Flavonoide [9a], u.a. Quercetin und Kämpferol, deren 3-O-Arabinoside und -Rhamnoside, 3-O-Bioside und -Trioside und 3,3'-Bisglykoside wie u.a. Quercetin-3-O-diglucosid und Quercetin-3-O-xylosid-3'-O-diglucosid; Gerbstoffe, u.a. (−)-Epicatechin-Trimere Cinnamtannin B1 und B2, trimere bis tetramere Aesculintannine, vor allem in der Samenschale lokalisiert; die Cumarine Aesculin und Fraxin [10]; geringe Mengen äther. Öl mit Nonanal, Nonansäure, 3-Hexenol, Heptanol und Benzylalkohol als Hauptkomponenten [11]; ca. 2–3% fettes Öl, im unverseifbaren Anteil (6%) Triterpene (u.a. Friedelin, Butyrospermol, Taraxerol), Methylsterole (u.a. Obtusifoliol, Gramisterol) und Sterole (u.a. Sitosterol, Stigmasterol, Campesterol); ca. 5% Proteine mit einem erythrozyten-agglutinierenden 33 KD-Lektin (95 mg/kg) [12]; Polysaccharide: ca. 50% Stärke, Arabinane und wahrscheinlich Glucoarabinane [13].

Indikationen: Roßkastanienextrakte (die Droge als solche wird nicht verwendet!) werden zur Behandlung der Beschwerden bei chronischer Veneninsuffizienz (CVI) wie Schmerzen, Schwere- und Spannungsgefühl in den Beinen, nächtliche Wadenkrämpfe, Beinschwellungen und Juckreiz eingesetzt. Bei der CVI ist das periphere Kapillarnetzwerk abnorm permeabel, was zu einem Ausstrom von Wasser, Elektrolyten und Proteinen aus den Gefäßen in den Interstitialraum und damit zu interstitialen Ödemen führt [14]. Für Aescin wurde nach i.v. Applikation (0,3–0,5 mg/kg Körpergewicht) im Rattenpfotenödem-Test eine ödemprotektive Wirkung nachgewiesen. Die durch verschiedene Substanzen (u.a. Ovalbumin, Dextran, Carragheenin) provozierten Ödeme konnten dabei um 30% verringert werden [15]. Am Kaninchen wurde nach i.v. Applikation von Aescin (0,5–2,0 mg/kg Körpergewicht) und Injektion von 1%igen Evans blue in die Ohrvene eine Hemmung der Kapillarpermeabilität zwischen 12 und 26% gefunden [16]. Als die wesentlichen Wirkungen von Roßkastanienextrakt werden die in verschiedenen pharmakologischen, meist tierexperimentellen Untersuchungen nachgewiesenen antiexsudativen und gefäßabdichtenden Wirkungen angesehen [17]. Die Aussagen zu einer gleichzeitigen venentonisierenden Wirkung (u.a. [18, 19]) sind dagegen noch nicht durch ausreichende Daten belegt worden [20]. Es liegen Hinweise dafür vor, daß Roßkastanienextrakte die bei der CVI erhöhte Aktivität lysosomaler Enzyme verringert, so daß der Abbau der Mucopolysaccharide der Glykokalyx im Bereich der Kapillarwand gehemmt wird. Durch Senkung der Gefäßpermeabilität wird so der Austritt kleinmolekularer Proteine, Elektrolyte und Wasser in das Intestinum verhindert [17]. In vitro hemmt Aescin die Aktivität der lysosomalen Hyaluronidase (IC_{50}=149, µM), d.h. den Abbau der Hauptkomponente (Hyaluronsäure) der die Kapillarwände umgebenen Matrix [21]. Die Elastase wird dagegen nicht gehemmt. Die Hauptsaponine Aescin Ia, Ib, IIa und

Auszug aus der Monographie der Kommission E
(BAnz Nr. 71 vom 15.04.1994)

Monographie: Hippocastani semen (Roßkastaniensamen)/Trockenextrakt (DAB 10) aus Roßkastaniensamen

Pharmakologische Eigenschaften, Pharmakokinetik, Toxikologie

Der Hauptinhaltsstoff in Roßkastaniensamenextrakt, das Triterpenglykosid-Gemisch Aescin, wirkt in verschiedenen experimentellen Modellen antiexsudativ und gefäßabdichtend. Es bestehen Hinweise, daß Roßkastaniensamenextrakt die bei chronischen Venenerkrankungen erhöhte Aktivität lysosomaler Enzyme verringert, so daß der Abbau von Glykokalyx (Mukopolysaccharide) im Bereich der Kapillarwand verhindert wird. Durch Senkung der Gefäßpermeabilität wird die Filtration kleinmolekularer Proteine, Elektrolyte und Wasser in das Interstitium verhindert.

Gegenüber Placebo wurde in humanpharmakologischen Untersuchungen eine signifikante Reduktion der transkapillären Filtration und in verschiedenen randomisierten Doppelblindstudien bzw. Crossover-Studien eine signifikante Besserung von Symptomen der chronischen Veneninsuffizienz (Müdigkeits-, Schwere- und Spannungsgefühl, Juckreiz, Schmerzen und Schwellungen in den Beinen) nachgewiesen.

Zur Toxikologie von Roßkastaniensamenextrakt liegen orientierende Untersuchungen vor. Die LD_{50} von Roßkastaniensamenextrakt peroral beträgt bei der Maus 990 mg/kg KG, Ratte 2150 mg/kg KG, beim Kaninchen 1530 mg/kg KG und Hund 130 mg/kg KG. Nach Verabreichung von Roßkastaniensamenextrakt an Ratten über 8 Wochen i.v. liegt die „no effect"-Dosis zwischen 9 und 30 mg/kg KG. Die chronische Verabreichung über 34 Wochen führte bei Hunden nach 80 mg/kg KG zu Magenreizung. Bei Ratten wurden über diesen Zeitraum bis zu einer Dosis von 400 mg/kg KG peroral keine toxischen Veränderungen beobachtet.

Klinische Angaben

1. Anwendungsgebiete

Behandlung von Beschwerden bei Erkrankungen der Beinvenen (chronische Veneninsuffizienz), zum Beispiel Schmerzen und Schweregefühl in den Beinen, nächtliche Wadenkrämpfe, Juckreiz und Beinschwellungen.

Hinweis:
Weitere vom Arzt verordnete nichtinvasive Maßnahmen wie zum Beispiel Wickeln der Beine, Tragen von Stützstrümpfen oder kalte Wassergüsse sollten unbedingt eingehalten werden.

2. Gegenanzeigen
Keine bekannt.

3. Nebenwirkungen
Nach Einnahme in Einzelfällen Juckreiz, Übelkeit, Magenbeschwerden.

4. Besondere Vorsichtshinweise für den Gebrauch

5. Verwendung bei Schwangerschaft und Laktation
Keine Einschränkung bekannt.

6. Medikamentöse und sonstige Wechselwirkungen
Keine bekannt.

7. Dosierung und Art der Anwendung
Tagesdosis: 100 mg Aescin entsprechend 2 × täglich 250–312,5 mg Extrakt in retardierter Darreichungsform.

8. Überdosierung
Keine bekannt.

9. Besondere Warnungen
Keine.

10. Auswirkungen auf Kraftfahrer und die Bedienung von Maschinen
Keine.

II b hemmen bei der Ratte nach peroraler Applikation (100 bzw. 50 mg/kg Körpergewicht) signifikant die Ethanol-Resorption [6]. Im oralen Glucose-Test zeigen sie bei dieser Dosierung signifikante hypoglykämische Effekte. Von essentieller Bedeutung für diese Effekte sind die Estergruppen, da die entsprechenden desacylierten Saponine in beiden Bioassays diese Wirkungen nicht zeigen.

In mehreren randomisierten Doppelblind- und Cross-over-Studien wurde nach peroraler Verabreichung von eingestellten Roßkastanienextrakten eine signifikante Besserung der subjektiven Symptome der CVI (Schwere- und Spannungsgefühl, Juckreiz, Schmerzen und Schwellungen des Beins) nachgewiesen [u.a. 17, 22, 23]. Als objektiver Parameter einer ödemprotektiven Wirkung oral verabreichter Roßkastanienextrakte konnte in placebokontrollierten klinischen Studien mittels plethysmographischer Messungen eine signifikante Verminderung der Beinvolumina im Vergleich zu Placebo dokumentiert werden [23–27]. Die Unterschiede zwischen Placebo- und Behandlungsgruppe betrugen maximal 4,5% des Beinvolumens, was etwa 50% der Volumenabnahme entspricht, die durch Entlastung der venösen Blutfülle bei Hochlegen der Beine [20] oder durch physikalische Therapie mit Kompressionsstrümpfen der Kompressionsklasse II [18, 29] erzielt wird. Ohne Begründung wird von [20] diese dokumentierte Volumenabnahme, die auf eine Reduktion der transkapillären Filtration hinweist, als therapeutisch irrelevant angesehen und nur die Wiederherstellung der Verschlußfähigkeit der Venenklappen als Therapieziel vertreten. Nach oraler Gabe wird Aescin zumindest zum Teil aus dem Gastrointestinaltrakt mit Halbwertzeiten von 0,42 bis 0,80 Std. resorbiert. Die orale Einnahme von eingestelltem Roßkastanienextrakt in galenischen Zubereitungen des Handels führte zu Aescin-Blutspiegeln von 1,6 µg/ml [9], nach anderen Angaben [30] von 30 ng/ml. Ein geringer Teil des Aescins wird unverändert über den

Urin eliminiert. In Tierversuchen wurde gezeigt, das Aescin biliär in z.T. metabolisierter Form ausgeschieden wird. Als terminale Halbwertzeit wird ein Wert von 10 Std. angegeben [31] (weitere Lit. zur Pharmakokinetik siehe bei [9, 31]).

Für die innerliche Anwendung der Droge bzw. ihrer Zubereitungen wird eine mittlere Tagesdosis entsprechend 30–150 mg Aescin gefordert [32]. Die Anwendung bei der CVI sollte als ergänzende Maßnahme erfolgen. Weitere vom Arzt verordnete nichtinvasive Maßnahmen wie z.B. Wickeln der Beine oder Tragen von Stützstrümpfen sind unbedingt einzuhalten [17].

Bei lokaler Anwendung liegt die perkutane Resorption unter 3% [33], doch sollen am Applikationsort relativ hohe Konzentrationen erreicht werden [34]. Topische Zubereitungen von Roßkastaniensamenextrakten werden bei traumatischen Schwellungen (Sportverletzungen), Blutergüssen, Hämorrhoiden sowie auch der CVI eingesetzt. Klinische Studien zur Wirksamkeit in diesen Indikationsgebieten bzw. der topischen Anwendung bei CVI liegen nicht vor. Darüber hinaus werden Samenextrakte, Aescin und ein Cholesterol-Aescin-Komplex zur Herstellung von Kosmetika genutzt [35].

Unerwünschte Wirkungen: Bei Einnahme können in seltenen Fällen Schleimhautreizungen des Magen-Darm-Traktes, Übelkeit, Magenbeschwerden und Juckreiz auftreten.

Teebereitung: Roßkastaniensamen werden nicht zur Teebereitung, sondern ausschließlich in Form von Fertigarzneimitteln verwendet.

Phytopharmaka: Standardisierte Extrakte sind in zahlreichen Venentherapeutika enthalten, z.B. Aescorin®N (Filmtabletten), Haemos® (Tropfen), Rexiluven®S (Dragees), Venoplant® retard S (Filmtabletten), Venopyronum®N forte (Kapseln) u.a.; die Kombinationspräparate Amphodyn® retard (Kapseln), Essaven®N und Essaven®N ultra (Kapseln), Vasotonin® forte (Dragees), Venopyron®N triplex (Kapseln) u.a. Auch viele Externa enthalten Samenextrakte, z.B. Aescusan® mono (Lösung), Concentrin®N (Gel), Concentrin® spezial (Lösung und Spray), Venostasin®N (Salbe), Hamentum®N (Haemorrhoidal-Suppositorien), Venoplant® (Salbe) u.v.a.; auch Badezusätze enthalten z.T. Roßkastaniensamenextrakte.

Prüfung: Roßkastaniensamen werden wegen ihrer charakteristischen Form kaum verwechselt. Eine Identitätsprüfung kann mittels DC mit dem ethanolischen Auszug aus 1 g pulverisierter Droge und Aescin als Referenzsubstanz erfolgen (nach DAB 1996).

Die Gehaltsbestimmung der Saponine erfolgt nach DAB 1996 photometrisch mit Eisen(III)-chlorid-Eisessig-Reagenz. Von [36] wird eine derivativ-spektrophotometrische Bestimmung von Aescin beschrieben, des weiteren sind HPLC-Verfahren [37, 38] und Direktauswertungen von DC-Chromatogrammen [39–42] beschrieben.

Verfälschungen: Kommen in der Praxis nicht vor.

Literatur:
[1] H. Hebell und G. Patt, Arzneim. Forsch. **10**, 280 (1960).
[2] G. Wulff und R. Tschesche, Tetrahedron **25**, 415 (1969).
[3] U. Bogs und D. Bremer, Pharmazie **26**, 410 (1971).
[4] A.M. Acar und S. Paksoy, Pharmazie **48**, 65 (1993).
[5] L. Kucuza-Stojakovic, J. Petricic und Z. Smit, Pharmazie **46**, 303 (1991).
[6] M. Yoshikawa und Mitarb., Chem. Pharm. Bull. **42**, 1357 (1994).
[7] A. Vadherti, B. Proska und Z. Voticky, Chem. Pap. **43**, 783 (1989).
[8] T. Konoshima und L.H. Lee, J. Nat. Prod. **49**, 650 (1986).
[9] Hager, Band **4**, 112 (1992).
[9a] G. Hübner, V. Wray und A. Nahrstedt, Poster 231, GA-Congress Prag Sept. 1996.
[10] E. Naidenova und Mitarb., Probl. Farmakol. Farm. **5**, 106 (1991).
[11] G. Buchbauer und Mitarb., J. Essent. Oil **6**, 507 (1994).
[12] V.O. Antonynk, Ukr. Biokhim. Zh. **64**, 47 (1992); C.A. **118**, 3892 (1993).
[13] Z. Hricoviniova und K. Babor, Chem. Pap. **45**, 553 (1991).
[14] M. Borzeix und Mitarb., Arzneim. Forsch. **45**, 262 (1995).
[15] G. Vogel und M.L. Marek, Arzneim. Forsch. **12**, 815 (1962).
[16] H. Hampel und Mitarb., Arzneim. Forsch. **20**, 209 (1970).
[17] Monographie der Kommission E: Hippocastani semen/Trockenextrakt (DAB 10) aus Roßkastaniensamen, BAnz Nr. 71 vom 15.04.1994; Dtsch. Apoth. Ztg. **134**, 1648 (1994).
[18] F. Annoni und Mitarb., Arzneim. Forsch. **29**, 672 (1979).
[19] G. Hitzenberger, Wien. Med. Wschr. **139**, 385 (1989).
[20] P.S. Schönhöfer, H.H. Wille und M. Fuchs, in R. Saller und H. Feiereis (Hrsg.), Erweiterte Schulmedizin, S. 266. Hans Marseille Verlag, München 1993.
[21] R.F. Facino und Mitarb., Arch. Pharm. (Weinheim) **328**, 720 (1995).
[22] A. Neiss und C. Böhm, Münch. Med. Wschr. **118**, 213 (1976).
[23] C. Diehm und Mitarb., in A. Davy und R. Stemmer (Hrsg.), Phlebologie 89, S. 712, J. Libbey Eurotext, London 1989.
[24] M. Steiner, Phlebol. Proktol. **19**, 239 (1990).
[25] G. Rudofski und Mitarb., Phleb. Proktol. **15**, 47 (1986).
[26] M. Steiner und H.G. Hillemanns, Phlebology **5**, 41 (1990).
[27] M. Steiner und H.G. Hillemanns, Münch. Med. Wschr. **128**, 551 (1986).
[28] M. Emter, K. Alexander und D.P. Pretschner, Der Kassenarzt **3**, 30 (1989).
[29] M. Marshall, Münch. Med. Wschr., Extrabl. 88 (1989).
[30] K. Kunz und Mitarb., Pharmazie **46**, 145 (1991).
[31] D. Panigati, Boll. Chim. Farm. **131**, 320 (1992).
[32] Monographie der Kommission E, BAnz Nr. 228 vom 05.12.1984.
[33] M. Schäfer-Korting, Kommentar zum DAB 10.
[34] W. Lang, Arzneim. Forsch. **24**, 71 (1974).
[35] G. Proserpio, S. Gatli und P. Genesi, Fitoterapia **51**, 113 (1980).
[36] A.M. Acar und S. Paksoy, Pharmazie **48**, 65 (1993).
[37] B. Vennat und Mitarb., J. Pharm. Belg. **44**, 285 (1989).
[38] H. Wagner, H. Reger und R. Bauer, Dtsch. Apoth. Ztg. **125**, 1513 (1985).
[39] B. Renger, J. Planar Chromatogr. Mod. TLC **3**, 160 (1990).
[40] H. Glasl und M. Ihrig, Pharm. Ztg. **120**, 2619 (1984).
[41] F. Hammerstein und F. Kaiser, Planta Med. **21**, 5 (1972).
[42] E. Uberti, E.M. Martinelli und G. Pifferi, Fitoterapia **61**, 57 (1989).

Willuhn

Hyperici herba — Johanniskraut

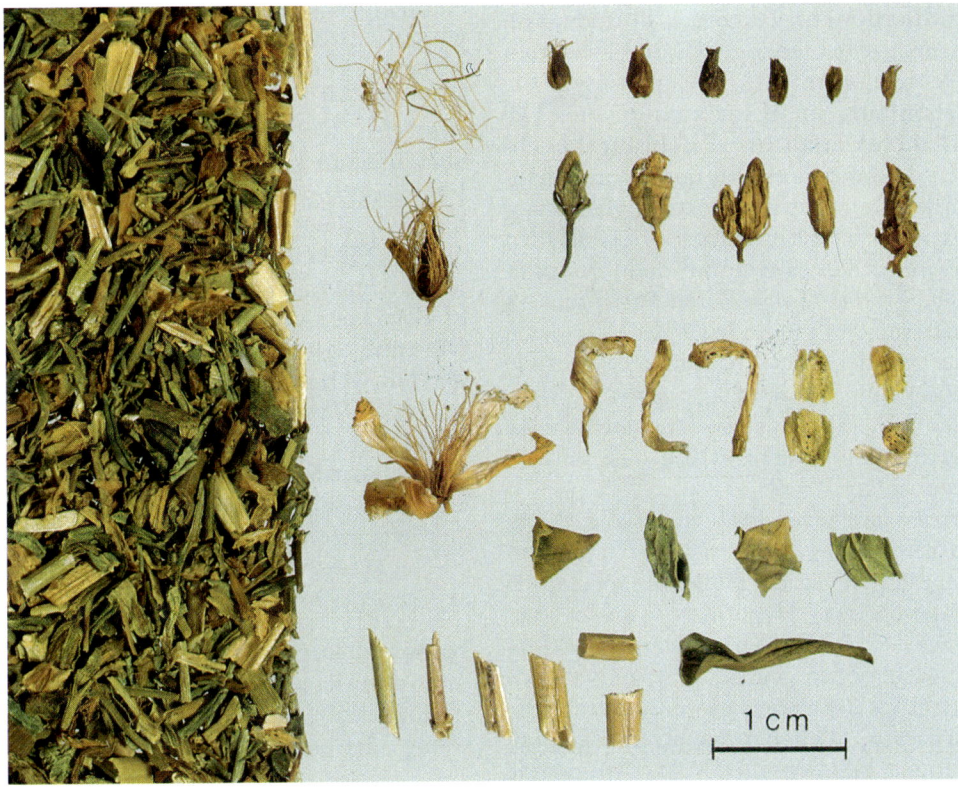

Abb. 1: Johanniskraut

Beschreibung: Die Droge besteht aus den zur Blütezeit geernteten und anschließend getrockneten Zweigspitzen. Auffallend sind besonders die gelben bis gelbbraunen, u.U. noch in traubig zusammengesetzten Trugdolden stehenden Blüten, deren Kronblätter auf der Fläche zahlreiche dunkle Punkte oder Striche aufweisen; Kelchblätter lanzettlich, sehr spitz, zur Blütezeit doppelt so lang wie der Fruchtknoten. Die je Blüte ca. 50–60 Staubblätter sind meist in 3 Bündeln verwachsen. Die hell- bis braungrünen, eiförmig-elliptischen bis 3,5 cm langen, häufig faltig geschrumpften Blätter sind ganzrandig, kahl und deutlich durchscheinend punktiert. Die gelbgrünen, runden Stengelstücke sind hohl und weisen oft 2 einander gegenüberliegende Längsleisten auf (s. auch „Verfälschungen").

Abb. 2: *Hypericum perforatum* L.

Die etwa 60 cm hoch werdende, krautige Pflanze besitzt 5-zählige, gelbe Blüten mit auffallenden, zahlreichen, langen Staubblättern und gegenständige, durchscheinend drüsig punktierte Blätter. Ein charakteristisches, zur Unterscheidung von anderen *Hypericum*-Arten dienendes, Merkmal ist der mit 2 Längsleisten versehene Stengel.

> **Ph. Helv. VII: Hyperici herba**
> **DAC 1986: Johanniskraut**
> **St. Zul.: 1059.99.99**

Stammpflanze: *Hypericum perforatum* L. (Johanniskraut), Hypericaceae [= Guttiferae].

Synonyme: Tüpfelhartheu, Blutkraut, Johannisblut, Herrgottsblut, Waldhopfenkraut, Feldhopfenkraut, Walpurgiskraut, Sonnwendkraut, Mannskraft, Konradskraut, Hexenkraut. Saint Johns wort (engl.). Herbe de millepertuis (franz.).

Herkunft: Aus Wildvorkommen in Europa und aus dem westlichen Asien; Importe aus ost- und südosteuropäischen Ländern. Zur Kulturgeschichte siehe Lit. [1].

Inhaltsstoffe [2]: 0,1–0,3% Naphthodianthrone [3, 4] wie Hypericin, Pseudohypericin, Iso-, Proto-, Protopseudo-, Cyclopseudohypericin und nahe verwandte Stoffe (nach DAC 1986 mind. 0,05% Gesamthypericin). 2–4% Phloroglucinderivate [3, 5, 6], vor allem das antibiotisch wirksame Hyperforin [7], Adhyperforin und ähnliche Substanzen wie das C_{50}-Hydroperoxid Hydroperoxycadiforin [8]. 2–4% Flavonoide [6, 9–11], vor allem Hyperosid, Rutosid, Isoquercitrin u.a., daneben Biflavonoide wie I3,II8-Biapigenin und dessen Isomeres, Amentoflavon (=I3′,II8-Biapigenin). Kleine Mengen an Xanthonen, z.B. 1,3,6,7-Tetrahydroxyxanthon [3]. 6–15% Gerbstoffe, vorwiegend vom Catechin-Typ. 0,1–0,3% ätherisches Öl, n-Alkane und Monoterpene enthaltend. Kleine Mengen an oligomeren Procyanidinen, mit ähnlicher Struktur wie sie auch in Weißdornblättern mit Blüten vorkommen [12–14] sowie γ-Aminobuttersäure [14a].

Indikationen: Leichtere Formen von neurotischen, endogenen und larvierten Depressionen, z.B. bei nervöser Erschöpfung, im Klimakterium etc. Die in älteren ärztlichen Erfahrungsberichten dokumentierte Eignung von Johanniskraut und -extrakten zur Behandlung von depressiven Patienten ist in den Jahren 1990–1993 durch mehrere klinische Studien an größeren Patientenkollektiven, fallsweise auch im Vergleich zu synthetischen Antidepressiva (wie Maprotilin) durchwegs bestätigt worden [15–22]. In Tierversuchen wurden auch einige andere biologische Effekte beobachtet [23, 24, 24a].
Trotz intensiver Studien ist die Wirkstofffrage bei Johanniskraut noch immer ungeklärt: die früher als wesentlich angesehenen Hypericine, denen zunächst eine MAO-hemmende Wirkung zugeschrieben wurde [25], haben sich nicht als antidepressiv wirkende Stoffe erwiesen, auch hypericinfreie Zubereitungen besitzen eine MAO-hemmende Potenz [26]. Neuerdings wird die MAO-Hemmung als irrelevant für die antidepressive Wirkung von Johanniskraut angesehen [27, 28]. Ob die durch Hypericum-Extrakte nachweislich induzierte Steigerung der Melatonin-Sekretion [2] mit der antidepressiven Wirkung zusammenhängt, wird zwar intensiv diskutiert, kann aber nicht als gesichert gelten. Die sog. Lichttherapie bei Patienten mit saisonal abhängiger Depression kann durch gleichzeitige Gabe von Hypericum-Präparaten unterstützt werden [28]. Vermutlich kommt die Eignung des Johanniskrautes als ein Antidepressivum durch das Zusammenwirken mehrerer Inhaltsstoffgruppen zustande. Gute Übersichten finden sich in [2, 29, 30].
Hinweise für ein Beratungsgespräch über Johanniskraut in Lit. [31].
Volksmedizinisch auch als Antidiarrhoikum (Gerbstoffgehalt), als Diuretikum (Flavonoidgehalt), bei Bettnässen, Rheumatismus und Gicht.
In Form des Oleum Hyperici (ein mit Olivenöl, Sonnenblumenöl oder am besten mit Weizenkeimöl hergestellter Auszug) als Wundheilmittel und bei Verbrennungen. Oleum Hyperici enthält kein Hypericin, wohl aber rotbraune Derivate (Abbauprodukte?), Flavonoide und Hyperforine [32]. Die antiphlogistische Wirkung von Johanniskraut ist experimentell bestätigt worden [33].

Nebenwirkungen: Hypericin ist photosensibilisierend, was bei höheren Dosierungen u.U. zu beachten ist (Höhensonne oder Solarium meiden!).

Teebereitung: 2–4 g fein zerschnittene Droge mit kochendem Wasser übergießen und nach 5–10 min abseihen. Bei Langzeitanwendung Nebenwirkungen beachten!
1 Teelöffel = etwa 1,8 g.

Teepräparate: Johanniskraut wird von zahlreichen Herstellern als Tee, auch in Filterbeuteln, angeboten, und ist auch

I3,II8-Biapigenin

Hyperforin

Hypericin : R = CH_3
Pseudohypericin : R = CH_2OH

in wenigen Teegemischen der Indikationsgruppe Schlaf- und Nerventee enthalten.

Phytopharmaka: In zahlreichen Monopräparaten der Indikationsgruppe Antidepressiva werden Johanniskrautextrakte eingesetzt, die zumeist auf einen bestimmten Hypericingehalt eingestellt sind, wobei die Dosierung starke Unterschiede aufweisen kann (zwischen 0,05 und 0,9 mg Gesamthypericin/Dosis). Neuerdings wird oft nur noch der Trockenextrakt allein deklariert, z.B. Hyperforat® Dragees (40 mg Tr.E./0,05 mg Hypericin), Hypericum Stada® N Kapseln (115 mg/0,3 mg), Helarium® Hypericum Dragees (270 mg/0,9 mg), Jarsin® 300 Dragees (300 mg/0,9 mg), Remotiv® Dragees (250 mg/0,5 mg), Viviplus® Dragees (250 mg/—) u.a. Daneben sind auch zahlreiche Kombinationspräparate mit Hypericumextrakt und anderen Wirkstoffen in den Gruppen Nervina-Sedativa im Handel, z.B. Psychotonin® sed Kapseln und Tinktur, Sedariston® Tropfen und -Konzentrat, Kapseln, u.a., oder das Fertigarzneimittel gegen Miktionsstörungen: Rhoival® Tropfen und Dragees.
Zahlreiche Mono- und Kombinationspräparate mit Johannisöl dienen der äußerlichen oder innerlichen Anwendung.

Prüfung: Makroskopisch (s. Beschreibung) und mikroskopisch. Auffällig sind die im Blattmesophyll verstreuten, großen, kugeligen Exkretbehälter (Abb. 3 und 4), die oft mehr als den halben Blattquerschnitt einnehmen und die mit stark lichtbrechenden Tropfen erfüllt sind. In der Nähe des Blattrandes liegen schwärzliche, Hypericin enthaltende Exkretbehälter. In den gelblichen Korollblättern zahlreiche, etwa 200 μm weite Hypericinbehälter; solche findet man auch in der Konnektivspitze der Staubblätter. Pollen etwa 25 μm, rundlich bis dreiseitig, glatt.

Identitätsprüfung mittels DC:

Sorbens: Kieselgel 60 F_{254} (lufttrocken) (Merck) (5 × 10 cm, Glas oder Folie).

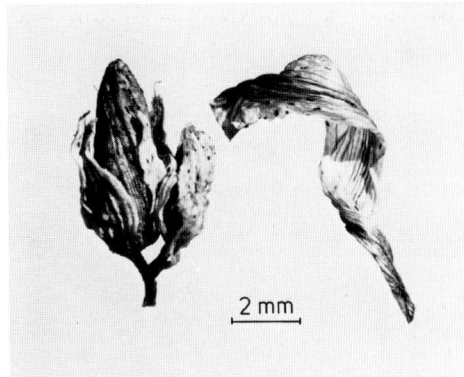

Abb. 3: Blütenknospe (links) und Blütenblatt (rechts) mit schwarzroter Punktierung (Hypericin-Speicherzellen)

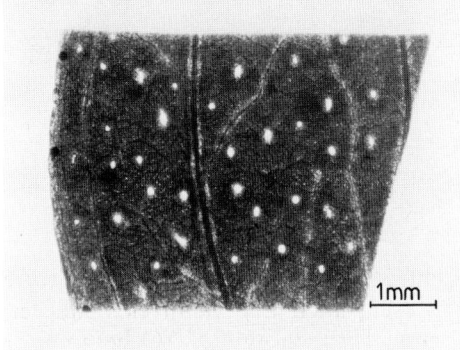

Abb. 4: Laubblatt mit durchscheinenden (*perforatum!*) Exkretbehältern

Untersuchungslösung: 1,0 g pulv. Droge wird mit 5 ml Methanol 10 Min. unter Rückfluß erhitzt und warm filtriert. Das Filtrat dient als Untersuchungslösung.

Referenzlösung: Je 5 mg Rutosid, Hyperosid und (falls vorhanden: Quercetin) werden in 10 ml Methanol gelöst.

Aufzutragen: 5 μl Untersuchungslösung und 2 μl Referenzlösung strichförmig (10 × 2 mm).

Fließmittel: Ethylacetat – wasserfr. Ameisensäure – Wasser (85 + 10 + 5) (Kammersättigung).

Laufstrecke: 8 cm, **Zeit:** 20 min.

Sichtbarmachung und Auswertung: Nach vollständigem Abdunsten des Fließmittels (im Heißluftstrom): Besprühen a) mit einer 1proz. methanolischen Lösung von Diphenylboryloxy-

---

Auszug aus der Monographie der Kommission E
(BAnz Nr. 228 vom 05. 12. 1984 und Nr. 43 vom 02. 03. 1989)

Anwendungsgebiete

Innerlich: Psychovegetative Störungen, depressive Verstimmungszustände, Angst und/oder nervöse Unruhe. Ölige Hypericumzubereitungen bei dyspeptischen Beschwerden.
Äußerlich: Ölige Hypericumzubereitungen zur Behandlung und Nachbehandlung von scharfen und stumpfen Verletzungen, Myalgien und Verbrennungen 1. Grades.

Gegenanzeigen

Keine bekannt.

Nebenwirkungen

Photosensibilisierung ist möglich, insbesondere bei hellhäutigen Personen.

Wechselwirkungen

Keine bekannt.

Dosierung

Soweit nicht anders verordnet:
Mittlere Tagesdosis für innerliche Anwendung: 2–4 g Droge oder 0,2–1,0 mg Gesamthypericin in anderen Darreichungsformen.

Art der Anwendung

Geschnittene Droge, Drogenpulver, flüssige und feste Zubereitungen zur oralen Anwendung. Flüssige und halbfeste Zubereitungen zur äußerlichen Anwendung. Mit fetten Ölen hergestellte Präparationen zur äußerlichen und innerlichen Anwendung.

Wirkungen

Für die Droge und daraus hergestellte Zubereitungen liegen zahlreiche ärztliche Erfahrungsberichte vor, die für eine milde antidepressive Wirkung sprechen. Nach experimentellen Befunden ist Hypericin den Monoaminooxydasehemmern zuzurechnen. Ölige Hypericum-Zubereitungen wirken antiphlogistisch.

ethylamin und b) mit einer 5proz. methanolischen Lösung von Polyethylenglykol 400 und anschließende Auswertung unter UV_{365}. Die Referenzsubstanzen erscheinen mit orange-gelber Fluoreszenz und folgenden Rf-Werten: Rutosid (0,13), Hyperosid (0,30), Quercetin (0,79). Das DC von Johanniskraut zeigt mehrere intensiv gelb fluoreszierende Zonen, von denen die intensivsten den Vergleichsubstanzen Rutin, Hyperosid und Quercetin zuzuordnen sind. Eine rot fluoreszierende Doppelzone bei Rf=0,61 u. 0,65 wird durch Hypericin und Pseudohypericin verursacht (Abb. 5).

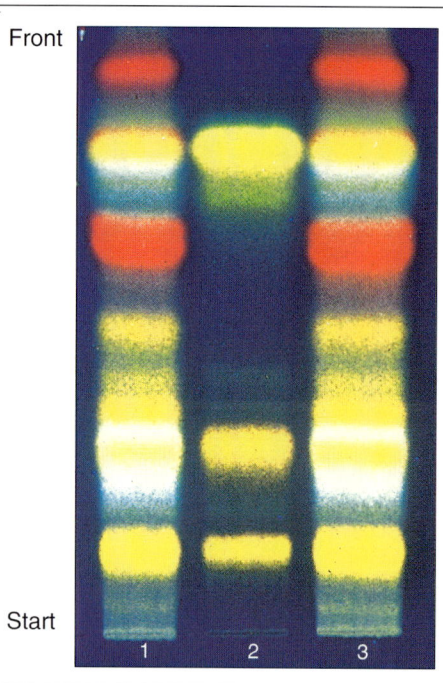

Abb. 5: DC von Johanniskraut, Glasplatten 5 × 10 cm, Laufstrecke 8 cm, besprüht mit Diphenylboryloxyethylamin-Reagenz, unter UV_{365}
1 Johanniskraut (3 µl)
2 Referenzlösung (2 µl)
3 Johanniskraut (5 µl)

Wortlaut der Packungsbeilage gemäß Standardzulassung:

6.1 **Anwendungsgebiete**
Zur Unterstützung der Behandlung von nervöser Unruhe und Schlafstörungen.

6.2 **Gegenanzeigen**
Johanniskrautzubereitungen sind nicht anzuwenden bei bekannter Lichtüberempfindlichkeit.

6.3 **Nebenwirkungen**
Gelegentlich kann, besonders bei hellhäutigen Personen, eine Lichtüberempfindlichkeit auftreten. Dies zeigt sich in Form von sonnenbrandähnlichen Entzündungen der Hautpartien, die stärkerer Sonnenbestrahlung ausgesetzt waren.

6.4 **Dosierungsanleitung und Art der Anwendung**
1 bis 2 Teelöffel voll **Johanniskraut** werden mit siedendem Wasser (ca. 150 ml) überbrüht und nach etwa 10 Minuten durch ein Teesieb gegeben.
Soweit nicht anders verordnet, werden regelmäßig morgens und abends 1 bis 2 Tassen frisch bereiteter Tee getrunken.

6.5 **Dauer der Anwendung**
Zur Erzielung einer Wirkung ist normalerweise eine Anwendung über mehrere Wochen oder Monate erforderlich.

6.6 **Hinweis**
Vor Licht und Feuchtigkeit geschützt aufbewahren.

Verfälschungen: Relativ häufig durch andere *Hypericum*-Arten. Solche lassen sich vor allem an Stengelstücken erkennen: *Hypericum maculatum* CRANTZ hat vierkantige Stengel (am häufigsten beobachtet), *Hypericum montanum* L. hat stielrunde Stengel. Bei *Hypericum barbatum* JACQ. sind die Laubblätter nicht oder nur sehr spärlich punktiert. Eine ausführliche Beschreibung der *Hypericum*-Arten, die evtl. als Verfälschung in Betracht kommen, einschließlich einer DC-Prüfung mit Farb-Abbildung findet sich in [34].

Literatur:
[1] F.-C. Czygan, Z. Phytother. **14**, 276 (1993).
[2] J. Hölzl, S. Sattler und H. Schütt, Pharm. Ztg. **139**, 3959 (1994).
[3] R. Berghöfer, Dissertation, Marburg 1990.
[4] H. Häberlein und Mitarb., Pharm. Ztg. Wiss. **5**, 169 (1992).
[5] P. Maisenbacher und K.A. Kovar, Planta Med. **58**, 291 (1992).
[6] J. Hölzl und E. Ostrowski, Dtsch. Apoth. Ztg. **127**, 1227 (1987).
[7] A.I. Gurevich und Mitarb., Antibiotiki **6**, 510 (1971); C.A. **75**, 5625 (1971).
[8] G. Rücker und Mitarb., Arch. Pharm. (Weinheim) **328**, 725 (1995).
[9] R.M. Seabra und Mitarb., Fitoterapia **63**, 473 (1992).
[10] R. Berghöfer und J. Hölzl, Planta Med. **55**, 91 (1989).
[11] R. Berghöfer und J. Hölzl, Planta Med. **53**, 216 (1987).
[12] R. Melzer, U. Fricke und J. Hölzl, Arzneim. Forsch. **41**, 481 (1991).
[13] R. Melzer, Dissertation, Marburg 1990.
[14] R. Melzer und Mitarb., Planta Med. **55**, 655 (1989).
[14a] C. Lapke, H. Schilcher und E. Riedel, Poster 63, GA-Congress Prag Sept. 1996.
[15] G. Harrer, W.D. Hübner und H. Podzuweit, J. Geriatr. Psychiatry Neurol. **7**, Suppl. **1**, 57 (1994).
[16] P. Halama, Nervenheilkunde **10**, 305 (1991).
[17] G. Harrer und V. Schulz, Nervenheilkunde **12**, 271 (1993).
[18] R. Bergmann, J. Nußner und J. Demling, Neurologie, Psychiatrie **7**, 235 (1993).
[19] W.D. Hübner, S. Lande und H. Podzuweit, Nervenheilkunde **12**, 278 (1993).
[20] W.E. Müller und R. Rossol, Nervenheilkunde **12**, 357 (1993).
[21] J. Hölzl, L. Demisch und B. Gollnik, Planta Med. **55**, 643 (1989).
[22] S.N. Okpany und M.L. Weischer, Arzneim. Forsch. **37**, 10 (1987).
[23] H. Winterhoff, M. Hambrügge und U. Vahlensiek, Nervenheilkunde **12**, 341 (1993).
[24] D. Johnson, Nervenheilkunde **10**, 316 (1991).
[24a] V. Butterweck und Mitarb., Poster 63, GA-Congress Prag Sept. 1996.
[25] O. Suzuki und Mitarb., Planta Med. **50**, 273 (1984).
[26] B. Sparenberg, Dissertation, Marburg 1993.
[27] S. Bladt und H. Wagner, Nervenheilkunde **12**, 349 (1993) und J. Geriatr. Psychiatry Neurol. **7**, Suppl. **1**, 57 (1994).
[28] H.D. Reuter, Z. Phytother. **14**, 239 (1993).
[29] H. Schilcher, Dtsch. Apoth. Ztg. **135**, 1811 (1995).
[30] J. Hölzl, Z. Phytother. **14**, 255 (1993).
[31] J. Hölzl, H. Woelk und V. Faust, Apoth. J. **16**, Heft 7, 26 (1994).
[32] P. Maisenbacher und K.A. Kovar, Planta Med. **58**, 351 (1992).
[33] A. Brantner und Mitarb., Sci. Pharm. **62**, 97 (1994).
[34] R. Berghöfer und J. Hölzl, Dtsch. Apoth. Ztg. **126**, 2569 (1986).

Wichtl

Ipecacuanhae radix
Ph. Eur.

Ipecacuanhawurzel
DAB 1996

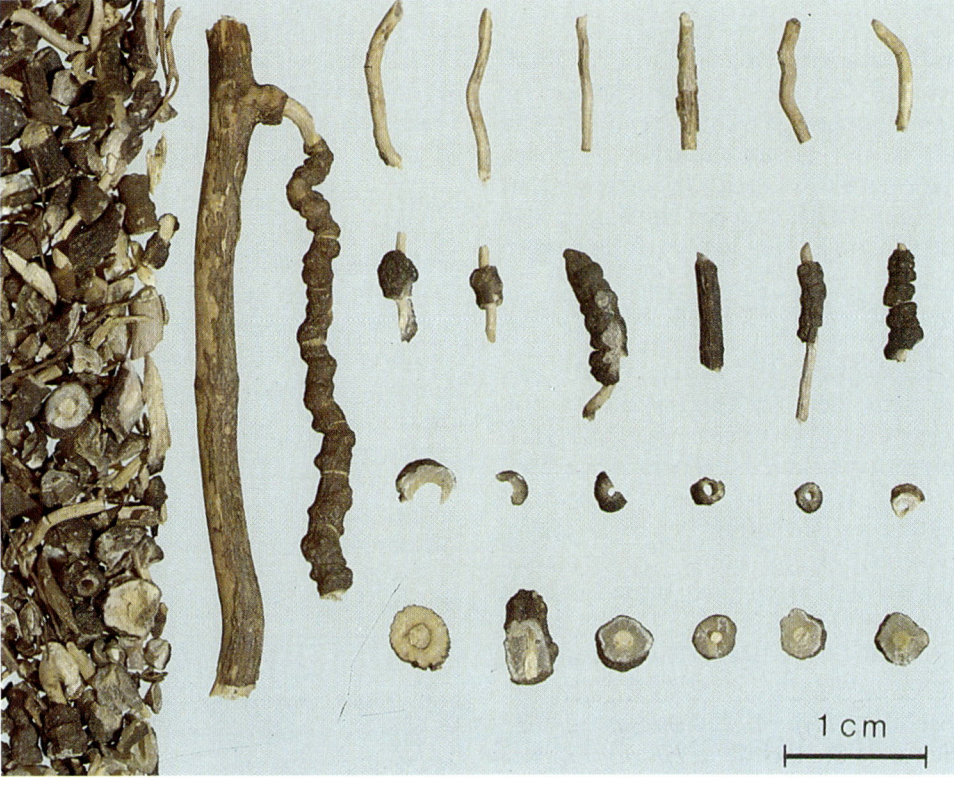

Abb. 1: Ipecacuanhawurzel

Beschreibung: Die außen dunkelrötlichbraunen bis graubraunen, 4–5 mm dicken (*Cephaelis ipecacuanha*) bzw. 6–10 mm dicken (*Cephaelis acuminata*) Wurzeln zeigen charakteristische ring- oder halbringförmige, dicht aufeinanderfolgende Wülste; dadurch erscheinen die Wurzeln höckerig und geringelt. Die weiß-graue Rinde löst sich relativ leicht vom kompakten gelblichen Holzkörper.

Geruch: Schwach, etwas dumpf.

Geschmack: Bitter, etwas scharf.

Abb. 2: *Cephaelis ipecacuanha* A. Rich.

Niedrige, bis 40 cm hohe Staude im Unterholz der tropischen Regen- und Nebelwälder Südamerikas. Stengel bodennahe verholzend, Blätter bis 7 cm lang, länglich, ganzrandig. Zwittrige Blüten in halbkugeligen Köpfchen.

> ÖAB: Radix Ipecacuanhae
> Ph. Helv. VII: Ipecacuanhae radix

Stammpflanzen: *Cephaelis ipecacuanha* A. RICH. (Rio-, Brasilianische Ipecacuanha) und *Cephaelis acuminata* KARSTEN (Cartagena-, Panama-, Nicaragua-Ipecacuanha), Rubiaceae. Nach Ansicht von Vertretern der systematischen Botanik ist der letztere Name ungültig und nur ein Synonym für *Psychotria acuminata* BENTH. [1]. Es wird auch bezweifelt, daß *Cephaelis acuminata* eine Stammpflanze der Ipecacuanhawurzel ist, vielmehr soll auch die sog. Cartagena-Ipecacuanha, ebenso wie die Rio-Droge von *C. ipecacuanha* stammen [2].

Synonyme: Brechwurzel [die gleiche Bezeichnung wird auch für die Wurzel von *Asarum europaeum* L. (Braune Haselwurz) gebraucht!], Speiwurzel, Ruhrwurzel. Ipecacuanha root, Ipecac root (engl.). Racine d'ipécacuanha (franz.).

Herkunft: Vornehmlich aus Brasilien (wildgesammelte Droge), zum kleinen Teil aus mittelamerikanischen Staaten wie Costa Rica und Nicaragua.

Inhaltsstoffe: 1,8–4% Alkaloide (DAB 1996, ÖAB, Ph. Helv. VII mindestens 2,0%, eingestelltes Ipecacuanhapulver DAB 1996: 1,9–2,1%), besonders Emetin und Cephaelin, deren 1',2'-Dehydroderivate Psychotrin, O-Methylpsychotrin und weitere Nebenalkaloide; das Verhältnis Emetin:Cephaelin beträgt bei Rio-Droge 2:1 bis 3:1, bei der Cartagena-Droge 1:1 bis 3:2. Die Droge enthält entgegen älteren Berichten keine Saponine [3], hingegen iridoide Isochinolinglucoside [4–6] wie z.B. Ipecosid u.a. Die Droge enthält relativ viel Stärke.

Indikationen: Aufgrund des Alkaloidgehaltes als Expektorans mit starker sekretolytischer Wirkung. Emetin und Cephaelin wirken annähernd gleich stark expektorierend [7], auch sind sie in ihrer Toxizität recht ähnlich, so daß die frühere Bevorzugung der emetinreicheren Rio-Droge (Cephaelin galt als besonders toxisch) nicht gerechtfertigt war [7].
Ipecacuanhawurzel wird in Form von Infusen oder als Tinktur bei chronischer Bronchitis oder beim Anfangsstadium einer akuten Bronchitis, verbunden mit relativ trockenem Husten mit mäßigem und zähflüssigem Schleim angewendet, nicht jedoch bei lockerem Husten mit viel und dünnflüssigem Auswurf. Die Wirkung kommt durch Irritation der Magenschleimhaut zustande, wo es durch reflektorische Umkehr zu einer Erregung aufsteigender Zweige des Parasympathikus kommt, verbunden mit Stimulierung der Bronchialsekretion (Anstieg der Sputummenge, Abnahme der Sputumviskosität).
In manchen Gegenden wird noch das sog. Dover'sche Pulver, eine Mischung aus 10 Teilen Ipecacuanhawurzel, 10 Teilen Opium und 80 Teilen Milchzucker als Expektorans mit gleichzeitig hustenreizlindernder Wirkung gebraucht (Pulvis Ipecacuanhae opiatus); auf die Suchtgift- bzw. Betäubungsmittelbestimmungen ist dabei zu achten.
In höherer Dosierung (0,5–2 g) wirkt Ipecacuanhawurzel emetisch (Name Brechwurzel). Anwendung findet z.B. in der Schweiz Sirupus emeticus (Ph. Helv. VII: 0,11% Alkaloide; emetische Dosis für Erwachsene 40 ml, für Schulkinder 25 bis 40 ml, für 2- bis 5-jährige Kinder 20 bis 25 ml, für 1-jährige Kinder 12 ml), bei Kindern, die man nach Verschlucken giftiger Beeren zum Erbrechen bringen möchte (vgl. auch NRF 19.1, Brechenerregender Sirup des DAC 1986 dort auch Dosierungsangaben für Kinder). Meldungen, wonach die Droge oder ihre Zubereitungen nicht mehr als Emetikum gebraucht werden sollten, ist von ärztlicher Seite widersprochen worden [8].
Emetin selbst (Emetindihydrochlorid DAB 1996) wirkt amöbizid und kann gegen die vegetativen Formen von *Entamoeba histolytica*, den Erreger der Amoebenruhr, eingesetzt werden.

Nebenwirkungen: Wegen der allgemeinen Reizwirkung auf Haut und Schleimhäute ist beim Umgang mit der Droge Vorsicht geboten; Drogenstaub kann beim Aufwirbeln zu Augenentzündungen führen, beim Einatmen kann es bei empfindlichen Personen zu asthmatischen Anfällen kommen. Längerdauernde Einnahme sollte wegen der Gefahr einer Sensibilisierung vermieden werden.
Größere Mengen der Droge (oder auch der Zubereitungen), d.h. etwa das 10fache der bei Behandlung des Hustens angewendeten Dosis, wirken stark brechenerregend; es sind als Zeichen von Intoxikation blutige Durchfälle, Krämpfe, ja selbst Schock und Koma beobachtet worden.

Teebereitung: Nicht zu empfehlen, da genau dosiert werden muß! Besser ist es, 0,5 g der Eingestellten Ipecacuanhatinktur DAB 1996 (etwa 27 Tropfen) mit einer Flüssigkeit (Tee, Milch) einzunehmen oder 10 ml eines 0,5%igen Infuses.

Teepräparate: Keine.

Phytopharmaka: Inzwischen sind die Präparate, die Trockenextrakte enthielten, vom Markt genommen worden.

Prüfung: Makroskopisch und mikroskopisch nach DAB 1996. Charakteristisch sind vor allem die zusammengesetzten Stärkekörner, die Oxalatraphiden der Rinde und der sehr gleichmäßige Holzkörper. Die DC-Prüfung nach DAB 1996 gestattet die Unterscheidung der Rio-Droge von der Cartagena-Droge.

Verfälschungen: Werden im Drogenhandel ab und zu festgestellt; zu rechnen ist mit der sog. Radix Ipecacuanhae amylaceae, der Wurzel von *Richardsonia scabra* (L.) St.-Hil., die äußerlich der echten Ipecacuanhawurzel ähnlich ist, die jedoch größere und deutlich geschichtete Stärkekörner enthält, außerdem sind im Holzkörper Markstrahlen und Gefäße sowie Oxalatdrusen zu erkennen; die Droge enthält kein Emetin. Auch die „schwarze Ipecacuanhawurzel" (Rad. Ipecacuanhae nigrae, auch Ipecacuanha glycyphloea) wurde mehrfach als Verfälschung festgestellt. Es handelt sich um die Wurzeln von *Cephaelis emetica* Pers., die der Cartagena-Droge ähnlich sieht, jedoch keine Stärke und nur etwa 0,03% Alkaloide enthält.

Literatur:
[1] J.D. Dwyer, Ann. Missouri Bot. Garden **67**, 59 (1980).
[2] G.M. Hatfield und Mitarb., J. Nat. Prod. **44**, 452 (1981).
[3] K. Schneider, J. Jurenitsch und K. Jentzsch, Sci. Pharm. **54**, 339 (1986).
[4] A. Itoh und Mitarb., Phytochemistry **36**, 383 (1994).
[5] N. Nagakura, A. Itoh und T. Tanahashi, Phytochemistry **32**, 761 (1993).
[6] A. Itoh, H. Tanahashi und N. Nagakura, Phytochemistry **30**, 3117 (1991).
[7] E.M. Body und L.M. Knight, J. Pharm. Pharmacol. **16**, 118 (1964).
[8] K. Schneider, Österr. Apoth. Ztg. **41**, 1017 (1987).

Wichtl

Iridis rhizoma — Veilchenwurzel

Abb. 1: Veilchenwurzel

Beschreibung: Das geschälte, weiße bis gelblichweiße, aus plattgedrückten Gliedern bestehende Rhizom ist meist 3–4 cm breit und etwa 10 cm lang. Auf der Oberseite sind undeutlich geringelte Blattnarben, auf der flacheren Unterseite runde Wurzelnarben sichtbar. Der ziemlich glatte Bruch läßt eine weiße Rinde und einen gelblichen, peripher deutlich punktierten Zentralzylinder erkennen. Die Schnittdroge besteht aus hellen, weißen bis gelblich-weißen, unregelmäßigen Stücken mit ziemlich glatten Bruchflächen, die nicht selten Wurzelnarben erkennen lassen (Abb. 3).

Geruch: Veilchenartig.

Geschmack: Schwach bitter und etwas scharf.

Abb. 2: *Iris* sp. L.

Das Rhizom treibt bis ca. 80 cm lange, schwertförmige Grundblätter, die von dem mehrblütigen Stengel überragt werden. Die Blüten bestehen aus 3 äußeren, zurückgeschlagenen und 3 inneren aufrechten Perigonblättern, 3 korollblattartig verbreiterten Griffelästen, die jeweils 1 Staubblatt einschließen und einem unterständigen Fruchtknoten. Die Farbe der Blüten ist je nach Stammpflanze verschieden.

DAB 6: Rhizoma Iridis

Stammpflanzen: *Iris germanica* L. (Deutsche Schwertlilie), *Iris germanica* L. var. *florentina* DYKES, syn. *Iris florentina* auct. (Florentiner Schwertlilie) und *Iris pallida* LAM. (Blasse Schwertlilie), Iridaceae.

Synonyme: Iriswurzel, Zahnwurzel, Kinderwurzel, Schwertelwurz, Radix Iridis. Orris root, Florentine orris (engl.). Racine de violette, Rhizome d'iris (franz.).

Herkunft: Im Mittelmeergebiet heimisch, z.T. in Deutschland kultiviert. Die Droge wird aus Marokko und Italien importiert.

Auszug aus der Monographie der Kommission E (BAnz Nr. 221 vom 25.11.1993)

Pharmakologische Eigenschaften, Pharmakokinetik, Toxikologie
Keine bekannt.

Klinische Angaben

1. Anwendungsgebiete

a) Anwendungsgebiete als Aufbereitungsergebnis:
Keine.

b) Beanspruchte Anwendungsgebiete mit Begründung ihrer negativen Bewertung:
Zubereitungen aus Schwertlilienwurzelstock werden als „blutreinigendes", magenstärkendes, „drüsenanregendes" Mittel zur Förderung der Nierentätigkeit und bei Hauterkrankungen angewendet.

In Kombinationen werden Zubereitungen aus Schwertlilienwurzelstock innerlich bei Kopf-, Zahn-, Muskel- und Gelenkschmerzen, Migräne, Neuralgien, akuten und chronischen Katarrhen der Luftwege, Bronchitis, Bronchialasthma, Husten, Verschleimung, Schnupfen, Heiserkeit, für eine bessere Durchblutung der Bronchien und Schleimhäute, Raucherkatarrh, zur Intervalltherapie der Asthmatiker, zur Pflege besonders von Herz, Nerven und Magen, als beruhigendes Mittel, bei nervösen Störungen der Herz- und Kreislauffunktion, Einschlaf- und Schlafstörungen, Appetitlosigkeit, Magen- und Darmstörungen, Darmträgheit, Völlegefühl, Blähungen, Gallen-, Leber- und Pankreasbeschwerden, Diabetes, zur Reizmilderung bei entzündlichen Erkrankungen der Harnorgane, Hautkrankheiten sowie äußerlich bei Geschwülsten, Lymphdrüsenschwellungen, Harnsäureablagerungen, Kyphosen, Keloidbildung, bei rheumatischen Beschwerden sowie bei Brand- und Schnittwunden verwendet.

Die Wirksamkeit bei den beanspruchten Anwendungsgebieten ist nicht belegt.

2. Risiken
Keine bekannt.

Beurteilung
Da die Wirksamkeit bei den beanspruchten Anwendungsgebieten nicht belegt ist, kann eine therapeutische Anwendung nicht befürwortet werden.

Gegen die Verwendung als Geruchs- oder Geschmackskorrigens bestehen keine Bedenken.

Inhaltsstoffe: Etwa 0,2% ätherisches Öl, das die veilchenartig riechenden Irone (10–20% des ätherischen Öles) enthält; Hauptbestandteile sind α-, β- und γ-Iron, daneben findet man weitere Stereoisomere (Neo-α-, Iso-α-, Neo-Iso-α-, Neo-β, Neo-γ-, Iso-γ- und Neo-Iso-γ-Iron) [1, 2]. Im übrigen enthält das ätherische Öl Myristinsäure, aromatische Aldehyde und Ketone, Sesquiterpene und Naphthalin. In der Droge sind Flavonoide und besonders auch Isoflavone (Irilon, Irisolon, Irigenin, Tectoridin, Homotectoridin u.a.) enthalten [3, 4]. Die Droge enthält eine Reihe ungewöhnlicher mono-, bi- und spirocyclischer Triterpenoide, die als *Iridale* bezeichnet werden [5, 6]; ein typischer Inhaltsstoff dieser Gruppe ist das (+)-γ-Irigermanal. Auch C-Glucosylxanthone sind in der Droge nachgewiesen worden.

Indikationen: Die Droge wird vorwiegend in der *Volksmedizin* als Expektorans und Muzilaginosum bei Erkältungskrankheiten angewendet. Für einige Flavonoide der Veilchenwurzel (bes. für das Isoflavon Irigenin) sind Hemmwirkungen gegenüber der c-AMP-Phosphodiesterase beschrieben worden [7].

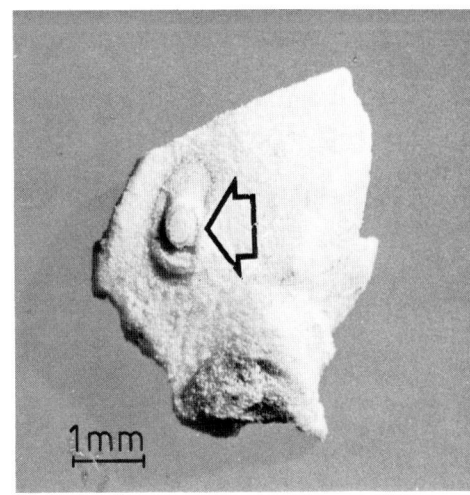

Abb. 3: Bruchstück des Wurzelstocks mit Seitenwurzel (Pfeil)

Gedrechselte Stücke wurden (und werden z.T. noch) als Kaumittel für zahnende Kinder gebraucht; davon ist aus hygienischen Gründen abzuraten, da die befeuchtete Droge einen Nährboden für Mikroorganismen darstellt.

In geringem Umfang noch als Korrigens in verschiedenen Zubereitungen im Lebensmittel- und Kosmetika-Bereich, sowie zur Aromatisierung feiner Liköre und Bitterschnäpse gebraucht.

Teebereitung: Die Droge ist stets nur Bestandteil von Teemischungen.

Phytopharmaka: Die Droge war Bestandteil mehrerer Hustentees und Bronchialtees. Extrakte wurden in Fertigarzneimitteln der Gruppe Antitussiva gebraucht, sie sind inzwischen vom Markt genommen worden.

Prüfung: Makroskopisch (s. Beschreibung) und mikroskopisch. Als sehr charakteristisch gelten die Stärkekörner mit hufeisenförmigem Spalt (Abb. 4) und die ganzen oder zerbrochenen, ziemlich großen Oxalateinzelkristalle, sog. Styloide (Abb. 5). Das Parenchym ist getüpfelt und unverholzt, Steinzellen fehlen.

Identitätsprüfung mittels DC:

Untersuchungslösung: Die bei der Gehaltsbestimmung des ätherischen Öles (Ausführung nach DAB 1996) aus 50 g Droge, unter Vorlage von 0,50 ml Xylol, erhaltene Mischung ätherisches Öl-Xylol wird vorsichtig aufgefangen und mit 0,5 ml Xylol versetzt.

Referenzlösung: 20 µl Anisaldehyd werden in 10 ml Methanol gelöst.

Aufzutragen: Je 2 µl Untersuchungs- und Referenzlösung.

Fließmittel: Toluol-Ethylacetat (97 + 3), 5 cm hoch.

Sichtbarmachung: Nach vollständigem Abdunsten des Fließmittels zunächst unter UV_{254} beobachten, dann besprüht man mit einer 1proz. Lösung von Vanillin in Ethanol – H_2SO_4 (4 + 1) und erhitzt anschließend 1–3 min auf 105 °C. Auswertung sofort im Tageslicht.

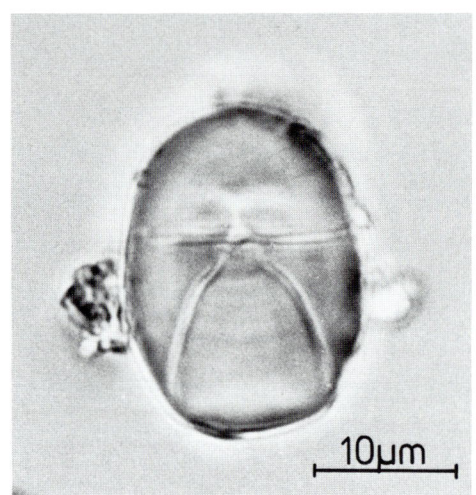

Abb. 4: Typisches Stärkekorn mit hufeisenförmigem Spalt

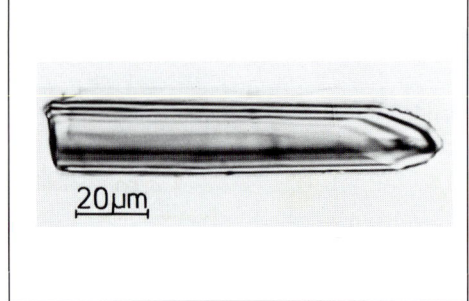

Abb. 5: Große Kristallstyloide aus Calciumoxalat

Auswertung: Anisaldehyd erscheint unter UV_{254} im mittleren Rf-Bereich als stark fluoreszenzmindernde Zone (markieren). Die Untersuchungslösung zeigt nach dem Besprühen und Erhitzen etwa auf gleicher Höhe oder knapp oberhalb eine intensiv blaugraue Zone; etwas unterhalb befinden sich eine violette, eine graue und zwei hellrote Zonen. Im oberen Rf-Bereich ist eine graubraune Zone, direkt unterhalb der Front eine rosa Zone sichtbar (Abb. 6).

Verfälschungen: Kommen in der Praxis kaum vor. Sie wären bei der mikroskopischen Prüfung nachzuweisen.

Abb. 6: DC auf 4 × 8 cm Folie
1: Veilchenwurzel
2: Anisaldehyd (Referenzsubstanz)
Einzelheiten s. Text

Aufbewahrung: Lichtschutz und Ausschluß von Feuchtigkeit sind bei dieser Droge besonders wichtig, da sie sich sonst rasch gelb verfärbt (eventuell nachtrocknen ohne Anwendung von Wärme!)

Literatur:
[1] P. Fusi und M. Bosetto Fusi, Fitoterapia **48**, 51 (1977).
[2] W. Krick, F.J. Marner und L. Jaenicke, Helv. Chim. Acta **67**, 318 (1984).
[3] A.A. Ali, N.A. El-Emary und F.M. Darwish, Bull. Pharm. Sci. Assiut Univ. **16**, 159 (1993); C.A. **121**, 130005 (1994).
[4] A.A. Ali und Mitarb., Phytochemistry **22**, 2061 (1983).
[5] F.J. Marner und T. Kasel, J. Nat. Prod. **58**, 319 (1995).
[6] L. Jaenicke und F.J. Marner, Progr. Chem. Org. Nat. Prod. **50**, 1 (1986).
[7] R. Nikaido und Mitarb., Planta Med. **46**, 162 (1982).

Wichtl

Juglandis folium — Walnußblätter

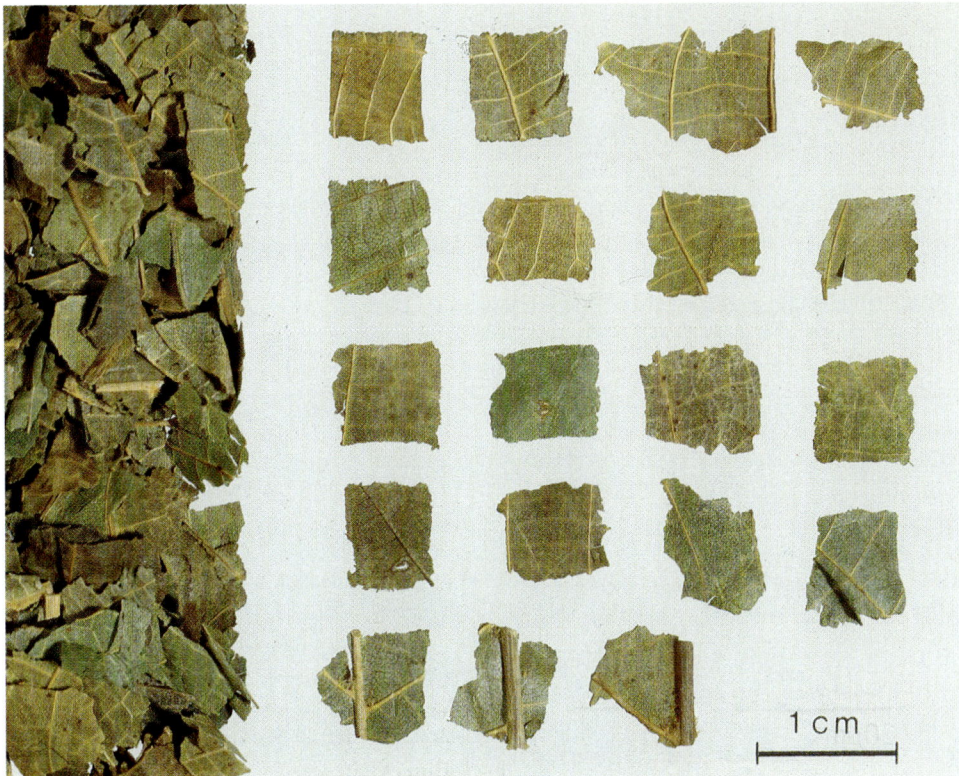

Abb. 1: Walnußblätter

Als Droge werden die von der Spindel befreiten, ganzrandigen Fiederblätter verwendet.

Beschreibung: Die Schnittdroge besteht aus beiderseits nahezu gleich bräunlichgrün gefärbten, brüchigen, ziemlich steifen, unbehaarten Blattfragmenten. In den Nervenwinkeln der Blattunterseite sind mit der Lupe kleine Büschel feiner Haare zu sehen (Abb. 3). Charakteristisch ist die Aderung auf der Blattunterseite: Auf den vom rotbraunen Hauptnerv abgehenden Seitennerven 1. Ordnung (Sekundärnerven) stehen die Seitennerven 2. Ordnung (Tertiärnerven) senkrecht (Abb. 4), wodurch eine charakteristische, mehr oder weniger rechteckige Felderung entsteht; innerhalb dieser Felder ist eine dichte, aber nicht hervortretende Netznervatur sichtbar.

Geruch: Schwach aromatisch.

Geschmack: Adstringierend, etwas bitter und kratzend.

Abb. 2: *Juglans regia* L.

Die Blätter des 10–25 m hohen Baumes sind im Austrieb rötlich, später grün, ca. 25 cm groß, unpaarig gefiedert mit 7–9 elliptischen, ganzrandigen Fiederblättchen. Die männlichen Blüten hängen in langen, grünen Kätzchen, die weiblichen zu zweit oder dritt an den Zweigenden. Die Steinfrüchte sind von einer glatten, grünen, später braunen, fleischigen Schale umgeben (keine Nußfrucht!).

| DAC 1986: Walnußblätter |
| St. Zul. 2429.99.99 |

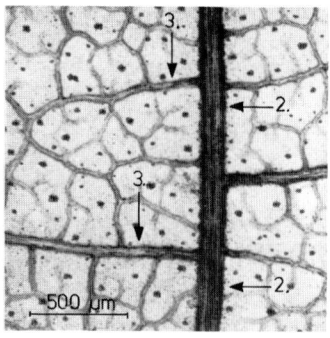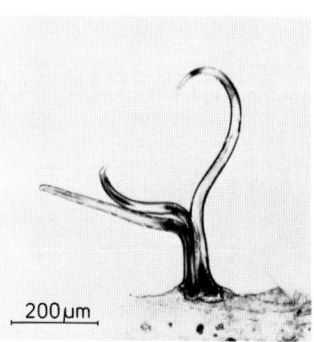

Stammpflanze: *Juglans regia* L. (Walnuß), Juglandaceae.

Synonyme: Nußblätter. Walnut leaf (engl.). Feuilles de noyer (franz.).

Herkunft: Heimisch in Südosteuropa, Kleinasien bis Nordindien, China und Zentralasien. In ganz Europa, Nordafrika, Nordamerika und Ostasien kultiviert. Importe der Droge aus ost- und südosteuropäischen Ländern.

Abb. 3: In den Nervenwinkeln der Mittelrippe Büschel feiner Haare (Blattunterseite)

Abb. 4: Die Tertiärnerven (3.) verlaufen rechtwinklig zu den Sekundärnerven (2.). Daneben zahlreiche Oxalatdrusen im Mesophyll

Abb. 5: Büschelig vereinte, einzellige, dickwandige Haare

Inhaltsstoffe: Etwa 10% Gerbstoffe vom Typ der Ellagitannine (nach DAC 1986 mind. 6,0%). Juglon (=5-Hydroxy-1,4-naphthochinon) und Hydrojuglon, fast ausschließlich in Form der Monoglucoside [1]; Juglon kommt im Blattwachs zu ca. 30% vor [2]; freies Juglon ist instabil und polymerisiert leicht zu braunen und schwarzen Pigmenten, es kommt deshalb in älteren Blättern und in der Droge nur in Spuren vor. Ca. 3,4% Flavonoide [3], bes. Quercetin, dessen -3-O-galactosid (Hyperosid, 0,2–0,6%), -3-O-rhamnosid (Quercitrin) und -3-O-arabinosid, Kämpferol und sein -3-O-arabinosid. Phenolcarbonsäuren: u.a. Kaffeesäure, Ferulasäure, p-Cumarsäure, p-Hydroxyphenylessigsäure, Gallussäure, Salicylsäure, Chlorogensäure und Neochlorogensäure [4]. Etwa 0,01–0,03% ätherisches Öl, mit Germacren D als Hauptkomponente, weiterhin wurden Caryophyllen, (E)-β-Ocimen, β-Pinen und Limonen nachgewiesen [5]. Walnußblätter enthalten bemerkenswerte Mengen an Ascorbinsäure, nämlich 0,85–1,0% [6].

Indikationen: Aufgrund des Gerbstoffgehaltes als Adstringens zur externen Anwendung (Bäder, Spülungen, Umschläge) bei Hautleiden wie Akne, Ekzeme, Scrophulose, Pyodermien und Geschwüren, sowie übermäßiger Schweißabsonderung z.B. an Füßen und Händen.

In der *Volksmedizin* wird die Droge auch innerlich als Adjuvans bei diesen Krankheitsbildern verwendet sowie bei Magen-Darmkatarrhen, als Anthelmintikum und als sog. „Blutreinigungsmittel".

Juglon [7] und auch das ätherische Öl [8] wirken antifungisch. Es gibt Hinweise dafür, daß der isolierte Inhaltsstoff Juglon bei i.p. Applikation an der Maus eine Hemmwirkung gegenüber Tumoren (z.B. Ehrlich-Ascites-Tumor) besitzt [9, 10].

Teebereitung: 1,5 g fein geschnittene Droge werden mit kaltem Wasser angesetzt, zum Sieden erhitzt und nach 3–5 min durch ein Teesieb gegeben. In-

Juglon

Hydrojuglon : R = H
Hydrojuglonglucosid : R = Glucose

Auszug aus der Monographie der Kommission E (BAnz Nr. 101 vom 01.06.1990)

Anwendungsgebiete
Äußere Anwendung:
Leichte, oberflächliche Entzündungen der Haut, übermäßige Schweißabsonderung, z.B. der Hände und Füße.

Gegenanzeigen
Nicht bekannt.

Nebenwirkungen
Nicht bekannt.

Wechselwirkungen mit anderen Mitteln
Nicht bekannt.

Dosierung
Soweit nicht anders verordnet:
Für Umschläge und Teilbäder: 2 bis 3 g Droge auf 100 ml Wasser, Zubereitungen entsprechend.

Art der Anwendung
Zerkleinerte Droge für Abkochungen sowie andere galenische Zubereitungen zur äußeren Anwendung.

Wirkungen
adstringierend

nerlich als Adjuvans (s. Indikationen) bei Hauterkrankungen 1–3mal täglich 1 Tasse Tee. Für Umschläge und Spülungen eine Abkochung von 5 g Droge auf 200 ml Wasser.
1 Teelöffel = etwa 0,9 g.

Teepräparate: Keine.

Phytopharmaka: Drogenextrakte sind Bestandteil einiger Fertigarzneimittel, z.B. im Immunstimulans Juglans (Ampullen).

Prüfung: Makroskopisch (s. Beschreibung) und mikroskopisch nach DAC 1986. Man findet Spaltöffnungen mit vier Nebenzellen nur in der unteren Epidermis. Hier in den Winkeln zwischen Hauptnerv und Seitennerven 1. Ordnung einzellige, verdickte Haare, die zu Büscheln von drei bis fünf vereinigt sind (Abb. 5). Auf beiden Seiten Drüsenhaare mit ein- bis zwei- (seltener auch vier-)zelligem Stiel und zwei- oder vier-, seltener mehrzelligem Köpfchen sowie fast ungestielte Drüsenschuppen mit vielzelligem Köpfchen, den Labiatendrüsen ähnelnd. Im Schwammparenchym farblose Zellen mit großen Oxalatdrusen (Abb. 4).

Da die Droge verhältnismäßig viel Flavonoide führt, ist im DAC 1986 eine Identitätsprüfung über die DC-Auftrennung der Flavonoide vorgeschrieben. Eine Abbildung entsprechender Chromatogramme findet sich bei [11, 12].

Verfälschungen: Kommen in der Praxis nicht vor.

Literatur:
[1] E. Wojcik, Farm. Pol. **40**, 523 (1984); C.A. **103**, 3761 (1985).
[2] R.B.N. Prassad und P.G. Gülz, Phytochemistry **29**, 2097 (1990).
[3] A. Carnat und Mitarb., Plantes Med. Phytothér. **26**, 322 (1993).
[4] S. Luczak, L. Swiatek und R. Ryszard, Acta Pol. Pharm. **46**, 494 (1989).
[5] R.G. Buttery und Mitarb., J. Agric. Food Chem. **34**, 820 (1986).
[6] E. Jones und R.E. Hughes, Phytochemistry **23**, 2366 (1984).
[7] V.L. Aizenberg, A.V. Gvozdov und F.A. Lisinger, Zh. Biol. Khim. 1972; C.A. **78**, 106417 (1973).
[8] A. Nahrstedt, U. Vetter und F.J. Hammerschmidt, Planta Med. **42**, 313 (1981).
[9] U.C. Bhargava und B.A. Westfall, J. Pharm. Sci. **57**, 1674 (1968).
[10] T.A. Okada, E. Roberts und F. Brodie, Proc. Soc. Exp. Biol. Med. **126**, 583 (1967).
[11] H. Wagner, S. Bladt und E.M. Zgainski, Drogenanalyse. Dünnschichtchromatographische Analyse von Arzneidrogen. Springer-Verlag, Berlin, Heidelberg, New York 1983.
[12] P. Rohdewald, G. Rücker und K.-W. Glombitza, Apothekengerechte Prüfvorschriften, Deutscher Apotheker-Verlag Stuttgart 1986, S. 1051.

Willuhn

Wortlaut der Packungsbeilage gemäß Standardzulassung:

6.1 Stoff- oder Indikationsgruppe
Medizinisches Bad.

6.2 Anwendungsgebiete
Leichte, oberflächliche Entzündungen der Haut; übermäßige Schweißabsonderung, z.B. der Hände und Füße.

6.3 Gegenanzeigen
Keine bekannt.

6.4 Wechselwirkungen mit anderen Mitteln
Keine bekannt.

6.5 Dosierungsanleitung und Art der Anwendung
Soweit nicht anders verordnet, werden bei Bedarf Umschläge oder Teilbäder mit einer in der angegebenen Menge oder einem Vielfachen davon wie folgt bereiteten Abkochung gemacht:

2 bis 3 Teelöffel voll (ca. 2 bis 3 g) Walnußblätter werden mit 100 ml kaltem Wasser angesetzt, zum Sieden erhitzt und nach etwa 15 Minuten durch ein Teesieb gegeben.

6.6 Dauer der Anwendung
Bei akuten Beschwerden, die länger als eine Woche andauern oder periodisch wiederkehren, wird die Rücksprache mit einem Arzt empfohlen.

6.7 Nebenwirkungen
Keine bekannt.

6.8 Hinweis
Vor Licht und Feuchtigkeit geschützt aufbewahren.

Juniperi fructus — Wacholderbeeren
DAB 1996

Abb. 1: Wacholderbeeren

Die Droge besteht aus den reifen, sorgfältig getrockneten Beerenzapfen (Scheinfrüchte).

<u>Beschreibung</u>: Kugelige, violette bis schwarzbraune, häufig bläulich bereifte Beerenzapfen, Durchmesser bis 10 mm. Am Scheitel ist ein dreistrahliger, geschlossener Spalt mit dazwischen liegenden, undeutlichen Höckern sichtbar. An der Basis befindet sich manchmal noch ein Stielrest. Im Inneren liegen in einem klebrigen Fruchtfleisch meist drei sehr harte, längliche, scharf dreikantige Samen (Abb. 3).

<u>Geruch</u>: Eigenartig würzig.

<u>Geschmack</u>: Süß, aromatisch-würzig.

Abb. 2: *Juniperus communis* L.

Sowohl männliche als auch weibliche Blüten sind unscheinbar gelblich; auf den weiblichen Pflanzen entwickeln sich die beerenförmigen Fruchtzapfen mit dem durch Verwachsung der 3 obersten Hochblätter entstandenen, charakteristischen 3-strahligen Stern. Sie sind im ersten Jahr nach der Befruchtung grün und werden erst im 2. Jahr blauschwarz und reif.

ÖAB: Fructus Juniperi
Ph. Helv. VII: Iuniperi fructus (Pseudofructus iuniperi)
St. Zul. 1369.99.99

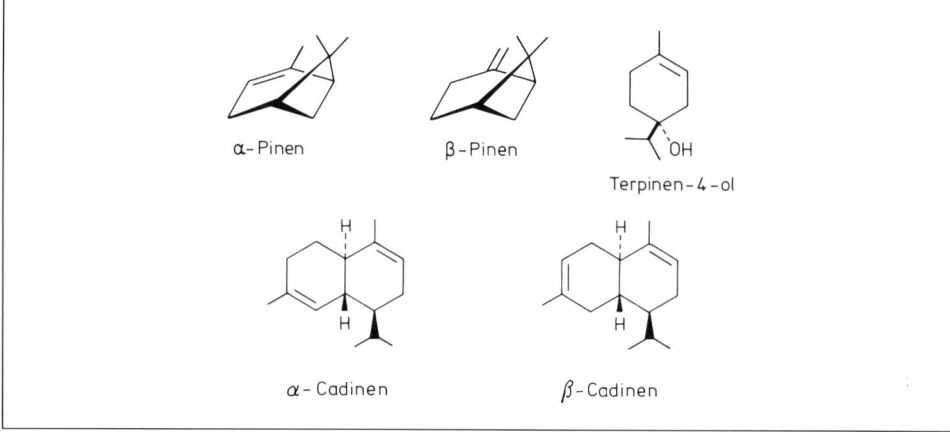

Stammpflanze: *Juniperus communis* L. (Gemeiner Wacholder), Cupressaceae.

Synonyme: Machandelbeeren, Kranewitterbeeren, Kaddigbeeren, Reckholderbeeren, Baccae Juniperi, Galbuli Juniperi. Juniper berry, Juniper fruit (engl.). Baies de genièvre (franz.).

Herkunft: In Europa, Nordasien und Nordamerika heimisch (in Deutschland und Österreich teilweise bzw. vollkommen geschützt). Die Droge wird aus Kroatien, Italien und Albanien importiert. Die Handelsbezeichnungen beziehen sich oft auf die Qualität, nicht auf die Herkunft: „italienische" Droge bedeutet besonders große, gleichmäßig dunkelblaue, ausgelesene Beeren, die nicht unbedingt aus Italien stammen müssen.

Inhaltsstoffe: 0,5–2% ätherisches Öl (nach DAB 1996, ÖAB und Ph. Helv. VII mind. 1,0%), mit Monoterpenen als Hauptkomponenten (bis 70% α- und β-Pinen, bis 5% Terpinen-4-ol, α-Terpineol, Borneol, Geraniol u.a.m.) und mit Sesquiterpenen (u.a. Cadinene), oft nur in Spuren! Die qualitative und quantitative Zusammensetzung des ätherischen Öls ist abhängig von der Herkunft und vom Reifegrad der Wacholderbeeren (z.B. fehlt häufig das in der Literatur angegebene 1,4-Cineol!) [1–3]. Außerdem etwa 30% Invertzucker, 3–5% Catechingerbstoffe, Flavonoide und Biflavone [3a] und Leukoanthocyanidine [1, 3].

Indikationen: Als Diuretikum und Harnantiseptikum, was jedoch umstritten ist (s. unten). Es kommt allerdings nur zu einer Wasserdiurese (der Verlust an Natriumionen ist gering), die man vor allem auf den Gehalt an Terpinen-4-ol zurückführt, das im Gegensatz zu den anderen Terpenen nicht gewebsreizend ist. Es gilt als sicher, daß auch andere Monoterpene (besonders die Pinene) an der Diurese beteiligt sind, da sich die Reizwirkung dieser Stoffe auf die Niere in einer Hyperämie der Glomeruli äußert, wodurch die Tätigkeit des sezernierenden Epithels stimuliert wird [1, 4, 5]. Die Nutzung des ätherischen Öls aus Wacholderbeeren als Diuretikum wird wissenschaftlich unterschiedlich diskutiert, da die Diurese durch eine (u.U. toxische) Reizung der Nieren ausgelöst werden soll. Daher wurde diese Indikation bei der Standardzulassung und auch in der Monographie der Kommission E nicht berücksichtigt (s. dort). *Volksmedizinisch* als Stomachikum, Karminativum und als Gewürz bei dyspeptischen Beschwerden (bei der Standardzulassung und in der Monographie der Kommission E ist nur diese Indikation erwähnt!). In der *Veterinärmedizin* ebenfalls als Diuretikum, zur Steigerung der Freßlust und als Bestandteil von „Kropfpulvern" [3].
Große Mengen der Droge werden als Gewürz gebraucht sowie in der Spirituosenerzeugung (Gin, Genever) und Likörindustrie [3].

Nebenwirkungen: Bei langandauernder Anwendung und bei Überdosierung (Veilchengeruch des Harns!) soll es zu Nierenreizungen, gastrointesti-

---

Auszug aus der Monographie der Kommission E (BAnz Nr. 228 vom 05. 12. 1984)

Anwendungsgebiete
Dyspeptische Beschwerden.

Gegenanzeigen
Schwangerschaft und entzündliche Nierenerkrankungen.

Nebenwirkungen
Bei langdauernder Anwendung oder bei Überdosierung können Nierenschäden auftreten.

Wechselwirkungen
Keine bekannt.

Dosierung
Soweit nicht anders verordnet:
Tagesdosis: 2 g bis maximal 10 g der getrockneten Wacholderbeeren, entsprechend 20 mg bis 100 mg ätherisches Öl.

Art der Anwendung
Ganze, gequetschte oder gepulverte Droge für Aufgüsse und Abkochungen, alkoholische Extrakte und weinige Auszüge. Ätherisches Öl.
Flüssige und feste Darreichungsformen ausschließlich zur oralen Anwendung.

Hinweis
Kombinationen mit anderen pflanzlichen Drogen in Blasen- und Nierentees und entsprechenden Zubereitungen können sinnvoll sein.

Wirkungen
Tierexperimentell ist eine vermehrte Harnausscheidung nachgewiesen sowie eine direkte Wirkung auf die Kontraktion der glatten Muskulatur.

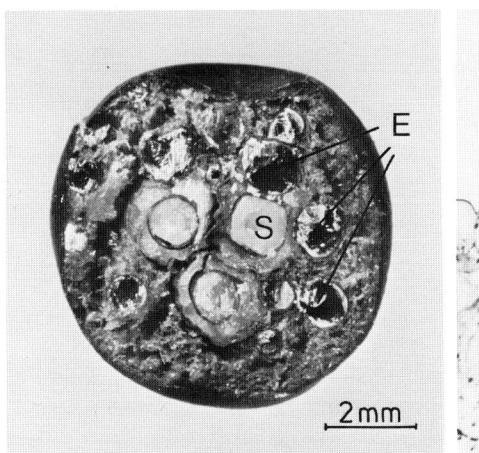 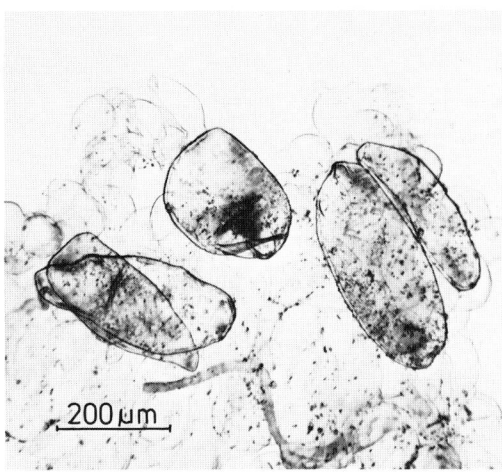

Abb. 3: Aufgeschnittene Frucht (Beerenzapfen) von *Juniperus communis* mit 3 harten Samen (S) und mehreren Exkretbehältern (E) im braunen, mehlig-klebrigen Fruchtfleisch

Abb. 4: Große, verholzte Idioblasten des Fruchtfleisches („Tonnenzellen")

len Störungen, Hämaturie und zentralen Erregungserscheinungen kommen. Diese Angaben basieren auf Beobachtungen, die in den Jahren 1842 bis 1844 [6] gemacht und ungeprüft in die Sekundärliteratur übernommen worden sind. Jüngere klinische Studien, welche diese Nebenwirkungen bestätigen, existieren nicht. Bei den älteren Originalarbeiten ist nicht auszuschließen, daß anstelle von Wacholderöl Terpentinöl verwendet wurde [6]. – Wegen der angeblichen Zellreizung wird in der Sekundärliteratur [1, 5, 7] und von der Kommission E empfohlen, ätherisches Wacholderbeeröl nicht bei entzündlichen Nierenerkrankungen sowie in der Schwangerschaft einzunehmen. Aufgrund des relativ hohen Gehalts an α- und β-Pinen ist diese Vorsichtsmaßnahme zwar plausibel, jedoch existieren dazu keine konkreten klinischen Studien [6].

Teebereitung: Etwa 2 g der frisch gequetschten Früchte werden mit kochendem Wasser übergossen und nach 10 min abgeseiht.
1 Teelöffel = etwa 3 g.
Nicht bei Nephritis anwenden, bei längerem Gebrauch Nebenwirkungen beachten!

Teepräparate: Wacholderbeeren sind in einigen wenigen Blasen-Nieren-Teegemischen enthalten.

Phytopharmaka: Wacholderextrakte sind in einigen Wacholder-Elixieren und Pflanzensäften enthalten. Viele Fertigarzneimittel in der Gruppe „Diuretika" (Blasen-Nieren-Tees; „Zur Entwässerung") enthalten Aetheroleum Juniperi, auch Teeaufgußpulver wie z.B. Nierentee 2000 Heumann, Nieroxin®N Harntee u.a.

Anmerkung: In der Ph. Helv. VII sind zwei Wacholder-Präparationen aufgeführt: Wacholderöl (Iuniperi aetheroleum) ist das aus den Beerenzapfen von *J. communis* durch Wasserdampfdestillation gewonnene und mit einem geeigneten Antioxidans konservierte ätherische Öl. – Wacholdergeist ist folgendermaßen zusammengesetzt: 0,5 g Iunip. aetherol., 66,3 g Äthanol. cum camphora 0,1%, 33,2 g Aqua purificata.

Prüfung: Makroskopisch (s. Beschreibung) und mikroskopisch nach DAB 1996: besonders ist auf das Vorhandensein der sog. Tonnenzellen (Abb. 4) zu achten; sie sind unverzweigt (Unterschied zu anderen *Juniperus*-Arten, s. Verfälschungen). DC nach DAB 1996 bzw. [8]; quantitative Bestimmung des ätherischen Öls nach DAB 1996 (dabei ist zerquetschte Droge einzusetzen!). – Unreif geerntete Wacholderbeeren sind an ihrer grünen Farbe und an ihrem „holzigen" Geschmack zu erkennen.

Verfälschungen: Solche kommen hin und wieder vor, mit den Früchten ande-

---

Wortlaut der Packungsbeilage gemäß Standardzulassung:

6.1 Stoff- oder Indikationsgruppe
Pflanzliches Magen-Darm-Mittel.

6.2 Anwendungsgebiete
Verdauungsbeschwerden mit leichten Krämpfen im Magen-Darm-Bereich, Völlegefühl, Blähungen.

6.3 Gegenanzeigen
Zubereitungen aus Wacholderbeeren sollen während der Schwangerschaft und bei entzündlichen Nierenerkrankungen nicht angewendet werden.

6.4 Wechselwirkungen mit anderen Mitteln
Keine bekannt.

6.5 Dosierungsanleitung und Art der Anwendung
Soweit nicht anders verordnet, wird 1- bis 4mal täglich eine Tasse des wie folgt bereiteten Teeaufgusses getrunken:
Ein knapper Teelöffel voll (ca. 2,5 g) kurz vor Gebrauch zerstoßener Wacholderbeeren oder die zerkleinerte entsprechende Menge in einem oder mehreren Aufgußbeutel(n) wird mit siedendem Wasser (ca. 150 ml) übergossen und nach etwa 10 bis 15 Minuten gegebenenfalls durch ein Teesieb gegeben.

6.6 Dauer der Anwendung
Bei akuten Beschwerden, die länger als eine Woche andauern oder periodisch wiederkehren, wird die Rücksprache mit einem Arzt empfohlen.

6.7 Nebenwirkungen
Bei längerdauernder Anwendung oder bei Überdosierung können Nierenschäden auftreten.

6.8 Hinweis
Vor Licht und Feuchtigkeit geschützt aufbewahren.

rer *Juniperus*-Arten (*Juniperus oxycedrus* L., Früchte braun-rot, meist größer als Wacholderbeeren; *Juniperus sabina* L., Früchte fast schwarz, Durchmesser nur 5–8 mm). Die im Fruchtmus vorkommenden Tonnenzellen dieser *Juniperus*-Arten sind verzweigt (Unterschied zu *Juniperus communis*).

Aufbewahrung: Es empfiehlt sich, über einem geeigneten Trocknungsmittel getrocknete Wacholderbeeren für Teemischungen in dicht verschlossenen Gefäßen aus Glas oder Metall (nicht Kunststoff!) vor Licht geschützt vorrätig zu halten. Bei Bedarf sind sie durch ein Sieb zu reiben. Mischungen mit diesen zerkleinerten Wacholderbeeren unterscheiden sich durch ihre gleichmäßige Zerkleinerung von solchen vorteilhaft, die mit „leicht zerquetschten" Früchten hergestellt sind [5]. Der sehr hohe Verlust an ätherischem Öl nach der Zerkleinerung bzw. nach dem Zerquetschen der Früchte bedingt die Forderung des DAB 1996, Pulver höchstens 24 Std. aufzuheben.

Literatur:
[1] Kommentar DAB 10.
[2] V. Formáček und K.-H. Kubeczka, Essential Oils Analysis by Capillary Gas Chromatography and Carbon-13 NMR Spectroscopy, J. Wiley & Sons, Chichester etc. 1982.
[3] Hager, Band **5**, 565 (1993).
[3a] A. Hiermann und Mitarb., Sci. Pharm. **64**, 437 (1996).
[4] G. Harnischfeger und H. Stolze, Bewährte Pflanzendrogen in Wissenschaft und Medizin. notamed Verlag, Bad Homburg/Melsungen 1983.
[5] R. Hänsel und H. Haas, Therapie mit Phytopharmaka, Springer Verlag, Berlin etc. 1984.
[6] H. Schilcher und B.M. Heil, Z. Phytother. **15**, 205 (1994).
[7] H. Braun und D. Frohne, Heilpflanzenlexikon für Ärzte und Apotheker, Gustav Fischer Verlag, Stuttgart/New York 1994.
[8] P. Pachaly, DC-Atlas, Dünnschichtchromatographie in der Apotheke, 3. Aufl., Wissenschaftl. Verlagsges. m.b.H., Stuttgart 1995.

Czygan

Juniperi lignum — Wacholderholz

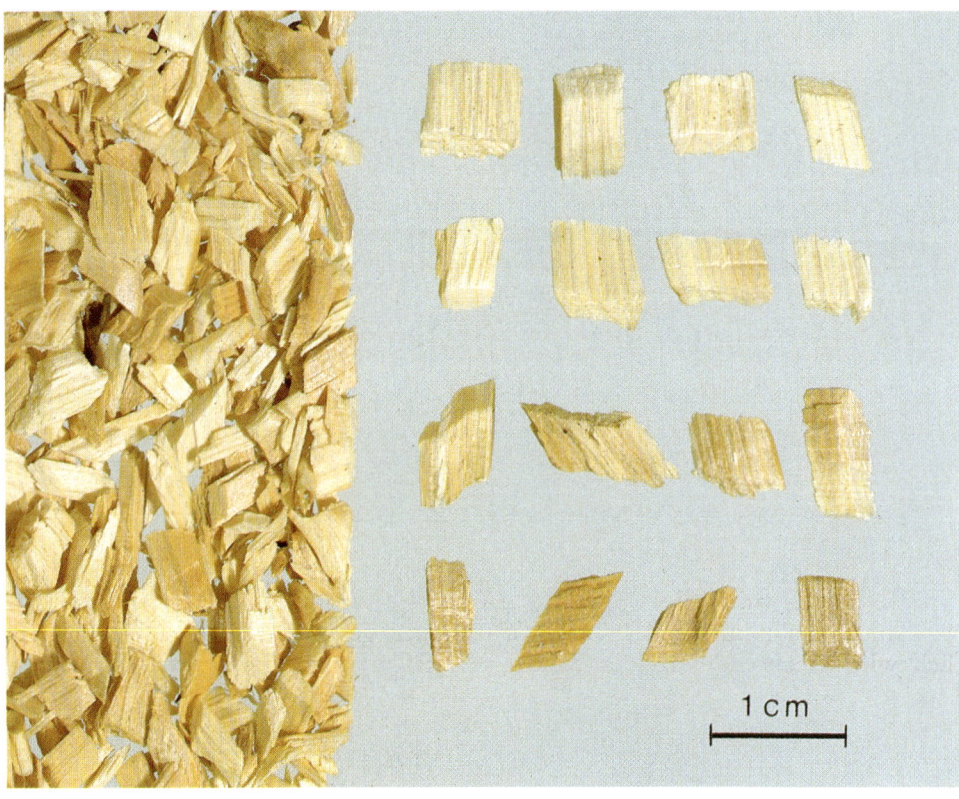

Abb. 1: Wacholderholz

Die Droge besteht aus dem Stamm-, Ast- und Wurzelholz.

Beschreibung: Weißgelbliche, hellgelb-braune bis rötlichgelbe Holzstückchen, oft in Würfelform, mit Resten der dünnen Rinde, die sich leicht ablösen läßt. Die Stücke sind feinfaserig, leicht spaltbar und zerbrechlich. An Querschnitten die Jahresringe gut erkennbar, an radialen Längsschnitten die Markstrahlen als feine Streifen sichtbar.

Geruch: Beim Erwärmen aromatisch, angenehm.

Geschmack: Aromatisch, würzig.

Abb. 2: *Juniperus communis* L.

Ein Strauch oder bis 6 m hoher Baum, immergrün mit etwa 1,5 cm langen, stechenden, zu dritt stehenden, nadelförmigen Blättern, die auf der Oberseite einen breiteren, hellen Streifen aufweisen. Die zweihäusige Pflanze wächst sowohl in Mooren als auch auf steinigem, felsigem Boden in Heide und Gebirge.

Erg. B. 6: Lignum Juniperi

Stammpflanze: *Juniperus communis* L. (Wacholder); Cupressaceae.

Synonyme: Juniper wood (engl.). Bois de genièvre (franz.).

Herkunft: s. Juniperi fructus.

Inhaltsstoffe: Ätherisches Öl (höchstens 0,1%) mit Sesquiterpenen wie Thujopsen, δ-Cadinen, Humulen, Tropolonen (z.B. Pygmaein) u.a.m.; besonders in der Rinde Longifolin. Ungewöhnliche Diterpene (u.a. (+)-Sugiol, (+)-Xanthoperol, Communis-Säure). Außerdem Gerbstoffe vom Catechin-Typ, Flavan-3,4-diole (?); Lignane (u.a. Podophyllotoxin) [1–3].

Indikationen: In der *Volksmedizin* als Diuretikum und Diaphoretikum; als

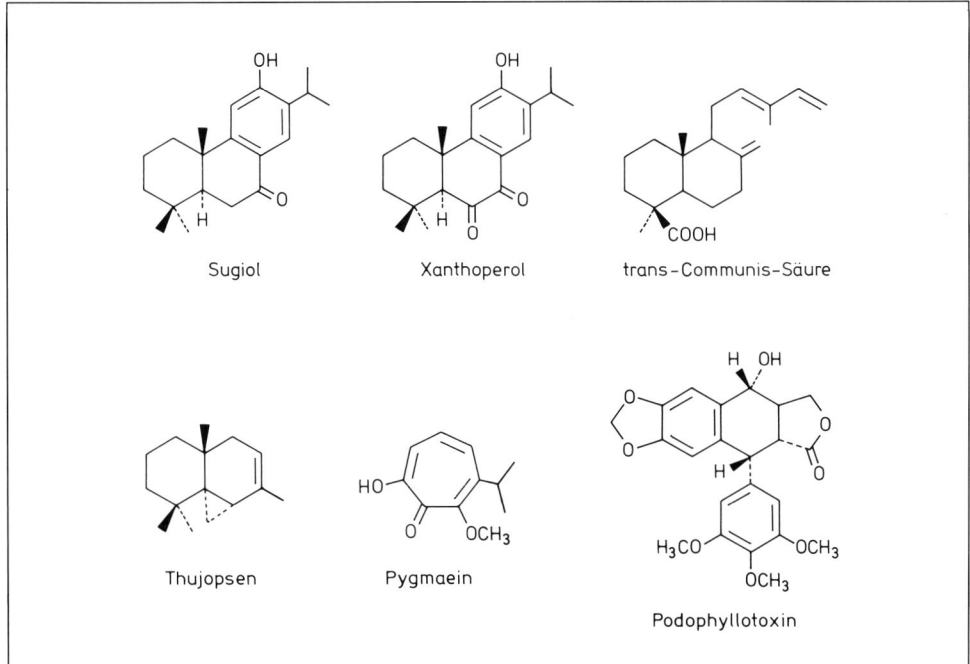

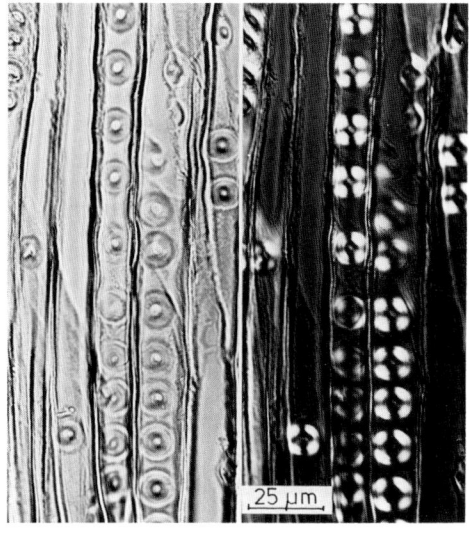

Abb. 3: Hoftüpfeltracheiden im Hellfeld (links) und polarisiert-optischen Dunkelfeld (rechts)

sog. „Blutreinigungsmittel", bei schlecht heilenden Wunden, Gicht und Rheuma. Zu Räucherzwecken oft in gefärbtem Zustand (nach [3]). – Bei der Verarbeitung von Wacholderholz (z.B. Bleistiftindustrie) soll es zu Atembeschwerden und Dermatitis gekommen sein. Möglicherweise sind für dieses Sensibilisierungspotential die Tropolone verantwortlich.

Teebereitung: 3 g fein zerschnittene Droge werden mit kochendem Wasser übergossen und etwa 5 min lang im Sieden gehalten; anschließend 10 min ziehen lassen, dann abseihen.
1 Teelöffel = etwa 2 g.

Teepräparate und Phytopharmaka: sind nicht mehr im Handel. Gelegentlich wird Wacholderholzöl in Badezusätzen verwendet.

Prüfung: Makroskopisch (s. Beschreibung) und mikroskopisch nach Erg. B. 6. Das Holz enthält Hoftüpfeltracheiden (Abb. 3) und Holzparenchym, jedoch keine Fasern und Gefäße.
Ein wässeriger Drogenauszug wird durch Eisen(III)-chloridlösung nicht verändert.

Verfälschungen: Kommen kaum vor; Verwechslungen oder Zumischungen von Laubhölzern sind an Gefäßen leicht nachzuweisen.

Aufbewahrung: Vor Licht und Feuchtigkeit geschützt, in Metall- oder Glasgefäßen, nicht in Kunststoffbehältern (ätherisches Öl!).

Literatur:
[1] H.T. Erdmann und T. Norin, In: L. Zechmeister, Fortschritte der Chemie organ. Naturstoffe **24**, 207 (1966).
[2] G. Harnischfeger und H. Stolze, Bewährte Pflanzendrogen in Wissenschaft und Medizin. notamed Verlag. Bad Homburg/Melsungen 1983.
In [1] und [2] werden vor allem auch Untersuchungen von J.B. Bredenberg u. Mitarb. zitiert, die sich besonders mit den Inhaltsstoffen von Lignum Juniperi befaßt haben.
[3] Hager, Band **5**, 576 (1993).

Czygan

Kava-Kava rhizoma — Kavakavawurzelstock

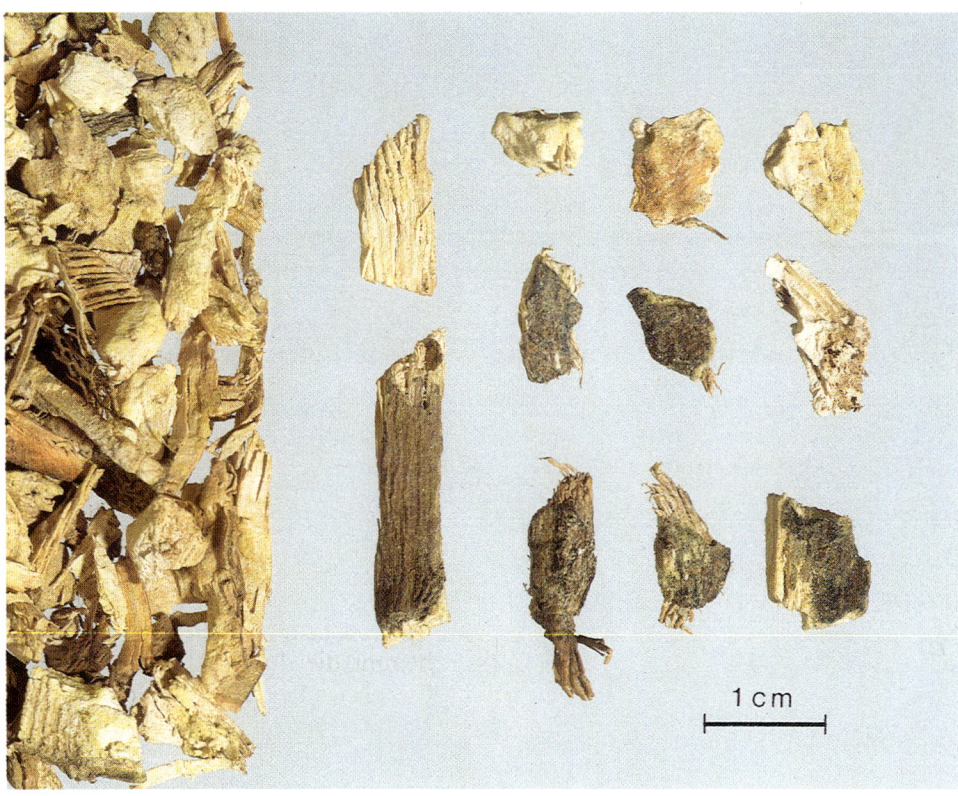

Abb. 1: Kava-Kava-Wurzelstock

Beschreibung: Hellgraubraune, innen gelblichweiße Rhizom- und (weniger häufig) Wurzelbruchstücke, relativ weich; Querschnitt strahlig gefächert, faseriger Bruch. Ältere Rhizomstücke bis 5 cm dick, mit Spalten oder Lücken im zentralen Bereich. Nach [1] werden in Polynesien und Melanesien nahezu alle Teile des Rauschpfeffers als Droge verwendet, also Rhizom mit basalen Sproßteilen, Hauptwurzeln, Nebenwurzeln, Stengel und, wenn auch selten, die Blätter. Zur Herstellung des Kawa-Getränks nutzen die Einwohner Rhizome und Wurzeln von zwei- bis dreijährigen Pflanzen. Eine genaue makroskopische und mikroskopische Beschreibung der Schnitt- und Pulverdroge bei [2, 3]. Importierte Handelsware enthält gelegentlich auch Stengelanteile.

Geruch: Erdig-aromatisch.

Geschmack: Beim Kauen lang andauernde Anästhesie auf der Zunge.

Abb. 2: *Piper methysticum* G. FORST., die Kavapflanze, ist ein ausdauernder Strauch, der 1 bis 4 m hoch wird, mit auffällig knotigen Ästen. Die Blätter sind kurz gestielt, breit oval, herzförmig und erscheinen im durchfallenden Licht drüsig punktiert. Der Hauptsproß ist monopodial, die Seitenzweige sind sympodial verzweigt. Die Seitenzweige entspringen den jungen Teilen des Sprosses; beim weiteren Wachsen der Pflanze sterben sie ab, fallen ab und hinterlassen an den Nodien auffallende Narben. Die verdickten Nodien und Internodien erinnern an einen Bambussproß. Die unscheinbaren, perianthlosen männlichen Blüten (weibliche Blüten sind nicht bekannt!) sind in einem ährenähnlichen Blütenstand zusammengefaßt. Die Vermehrung der Pflanzen erfolgt vegetativ [nach 1]; die Pflanze besitzt mächtige, 2 bis 10 kg schwere, verästelte, sehr saftige Wurzelstöcke mit vielen Wurzeln [2].

DAC 1986: Kavakavawurzelstock

Stammpflanze: Es sind nur sterile Kultursorten von *Piper methysticum* G. FORST. (Rauschpfeffer) [syn.: *Macropiper latifolium* MIQ., *M. methysticum* (G. FORST.) HOOK et ARNOTT, *Piper inebrians* SOLAND] bekannt; möglicherweise ist der fertile *Piper wichmannii* C. DC. (Piperaceae) die Wildform.

Synonyme: Polynesischer Pfeffer, Rauschpfeffer, Kavakavapfeffer; Kawakawa. Kava-Kava-root, Narcotic pepper root (engl.). Racine de poivre enivrant, Racine de poivre narcotique (franz.).

Herkunft: Eigentliche Heimat unbekannt, man vermutet sie auf Neu-Guinea oder auf den Neuen Hebriden; Kulturformen werden auf allen Inseln des Pazifiks angebaut.

(+)-(6S)-Dihydrokawain $R^1=R^2=H$
Dihydromethysticin $R^1+R^2=OCH_2O$

(+)-(6R)-Kawain $R^1=R^2=H$
Methysticin $R^1+R^2=OCH_2O$

Desmethoxyyangonin $R=H$
Yangonin $R=OCH_3$

Inhaltsstoffe: Nach [1, 2, 4] geringe Mengen ätherischen Öls, Flavonoide (u.a. Chalkone und Flavanone, z.B. das Flavokain A), reichlich Stärke und die wirksamkeitsbestimmenden Kawapyrone: darunter 1,0–2,0% Kawain; 0,6–1,0% Dihydrokawain (syn.: Marindinin); 1,2–2,0% Methysticin; 0,5–0,8% Dihydromethysticin; 0,9–1,7% Yangonin (Gehalt nach DAC 1986 mind. 3,5% Kawalactone, ber. als Kavain).

Indikationen: Die Trockenextrakte (mit je nach Hersteller 20–70% Gesamt-Kawapyronen) der Droge sind Bestandteil pflanzlicher Psychopharmaka. Hänsel und Hölzl [4; s. auch 1, 2, 5] fassen die vor allem tierexperimentell bestimmten Wirkungsqualitäten, die sowohl denen von Neuroleptika als auch denen von Benzodiazepinen ähneln, folgendermaßen zusammen:

- In Dosen von 150 mg/kg KG (Maus) reduziert der Kawaextrakt die durch Tetrabenazin induzierte Ptosis und hemmt die durch Apomorphin verursachte Hyperreaktivität auf einen externen Reiz.

- Die narkotische Wirkung ist sehr schwach ausgeprägt. Die Narkosebreite der Kawapyrone, ausgedrückt als Faktor $LD_5:SLD_{95}$ (SL = Eintritt der Seitenlage) beträgt 0,92 (z.B. Hexobarbital 3,3).

- In Dosen von 10 mg/kg KG wirken die Kawapyrone bei der Maus antagonistisch gegen experimentell hervorgerufene Krämpfe (Strychninkrampf, Pentetrazolkrampf, Elektroschock).

- Untersuchungen der hirnelektrischen Aktivität: Mittlere muskelrelaxierende Dosen (20 mg/kg KG i.v.) vermehren ähnlich wie Sedativahypnotika die Spindeltätigkeiten sowie die Schwelle für die EEG-Weckreaktionen.

- Weiterhin wurden narkosepotenzierende, muskulotrop spasmolytische, zentral muskelrelaxierende (mephenesinartige) und lokalanästhetische Wirkungen beschrieben [6].

Auszug aus der Monographie der Kommission E (BAnz Nr. 101 vom 01.06.1990)

Anwendungsgebiete
Nervöse Angst-, Spannungs- und Unruhezustände.

Gegenanzeigen
Schwangerschaft, Stillzeit, endogene Depressionen.

Nebenwirkungen
Keine bekannt.
Hinweis:
Bei länger dauernder Einnahme kann es zu einer vorübergehenden Gelbfärbung der Haut und Hautanhangsgebilde kommen. In diesem Fall ist von einer weiteren Einnahme dieses Medikaments abzusehen. In seltenen Fällen können allergische Hautreaktionen auftreten. Weiterhin werden Akkommodationsstörungen, Pupillenerweiterungen sowie Störungen des okulomotorischen Gleichgewichts beschrieben.

Wechselwirkungen mit anderen Mitteln
Eine Wirkungsverstärkung von zentral wirksamen Substanzen, wie Alkohol. Barbiturate und Psychopharmaka ist möglich.

Dosierung
Soweit nicht anders verordnet:
Tagesdosis: Droge und Zubereitungen entsprechend 60–120 mg Kava-Pyronen.

Art der Anwendung
Zerkleinerte Droge sowie andere galenische Zubereitungen zum Einnehmen.

Dauer der Anwendung
Ohne ärztlichen Rat nicht länger als 3 Monate.

Hinweis
Dieses Arzneimittel kann auch bei bestimmungsgemäßem Gebrauch die Sehleistung und das Reaktionsvermögen im Straßenverkehr oder bei der Bedienung von Maschinen beeinflussen.

Wirkungen
Anxiolytisch.
Tierexperimentell wurde eine narkosepotenzierende (sedierende), antikonvulsive, spasmolytische und eine zentral muskelrelaxierende Wirkung beschrieben.

Als Wirkungsmechanismen kommen eine Hemmung des spannungsabhängigen Na$^+$-Kanals sowie eine wahrscheinlich allosterische Beeinflussung des GABA$_A$-Rezeptorkomplexes in Betracht [8].

Nach [4] werden Tagesdosen von 60–120 mg Gesamt-Kawapyrone bei nervösen Angst-, Spannungs- und Unruhezuständen eingesetzt. In dieser Dosis ähnelt die Kawamedikation der Gabe langsam anflutender Tranquillantien. Kawa-Präparate eignen sich jedoch nicht zur Behandlung akuter Angstzustände (z.B. von Panikattacken). Die Anwendung sollte ohne ärztlichen Rat nicht länger als 3 Monate dauern [2].

Nebenwirkungen: Selten; es kann zu Dyskinesien kommen, die aber durch Biperiden behebbar sind. Alkohol, Barbiturate und Psychopharmaka verstärken die Wirkungen der Kawa-Pyrone. Sehr selten allergische Hautreaktionen.

Teepräparate: Keine.

Phytopharmaka: Ein standardisierter Trockenextrakt ist in Fertigarzneimitteln der Gruppe Sedativa sowohl in Monopräparaten, z.B. Antares® 120 (Tabletten), Kava-Phyton® (Dragees), Kavasporal® forte (Dragees) u.a., als auch in Kombinationspräparaten enthalten, z.B. Somnuvis® S (Dragees), Kavasporal® comp. (Dragees) u.a.

Prüfung: Makroskopisch und mikroskopisch nach DAC 1986. Extrakte können mittels DC in Anlehnung an die Vorschrift des DAC 1986 (Al$_2$O$_3$-Schicht, Kavain als Referenzsubstanz) untersucht werden. In Betracht kommt auch die HPLC [7].

Aufbewahrung: Vor Licht geschützt.

Anmerkung: Die Kawapyrone sind interessante Modellsubstanzen zur Weiterentwicklung neuer Psychopharmaka. Siehe dazu auch die aktuelle Übersicht von R. Hänsel [9].

Literatur:
[1] R. Hänsel und H. Woelk, Spektrum Kava-Kava. Aesopus Verlag, Basel 1995.
[2] Hager, Band **6**, 201, 1994.
[3] DAC 1986.
[4] R. Hänsel und J. Hölzl (Herausg.), Lehrbuch der Pharmazeutischen Biologie. Springer Verlag, Berlin etc. 1996.
[5] R. Hänsel und G. Kammerer, Kava-Kava. Aesopus Verlag, Basel 1996.
[6] R. Kretzschmar und H. Teschendorf, Chem. Ztg. **98**, 24 (1974).
[7] R. Hänsel und J. Lazar, Dtsch. Apoth. Ztg. **125**, 2056 (1985).
[8] R. Kretzschmar; in: D. Loew und N. Rietbrock (Herausg.), Phytopharmaka in Forschung und klinischer Anwendung. S. 29–38. Steinkopff Verlag, Darmstadt 1996.
[9] R. Hänsel, Z. Phytother. **17**, 180 (1996).

Czygan

Lamii albi flos
Lamii albi herba

Weiße Taubnesselblüten
Weißes Taubnesselkraut

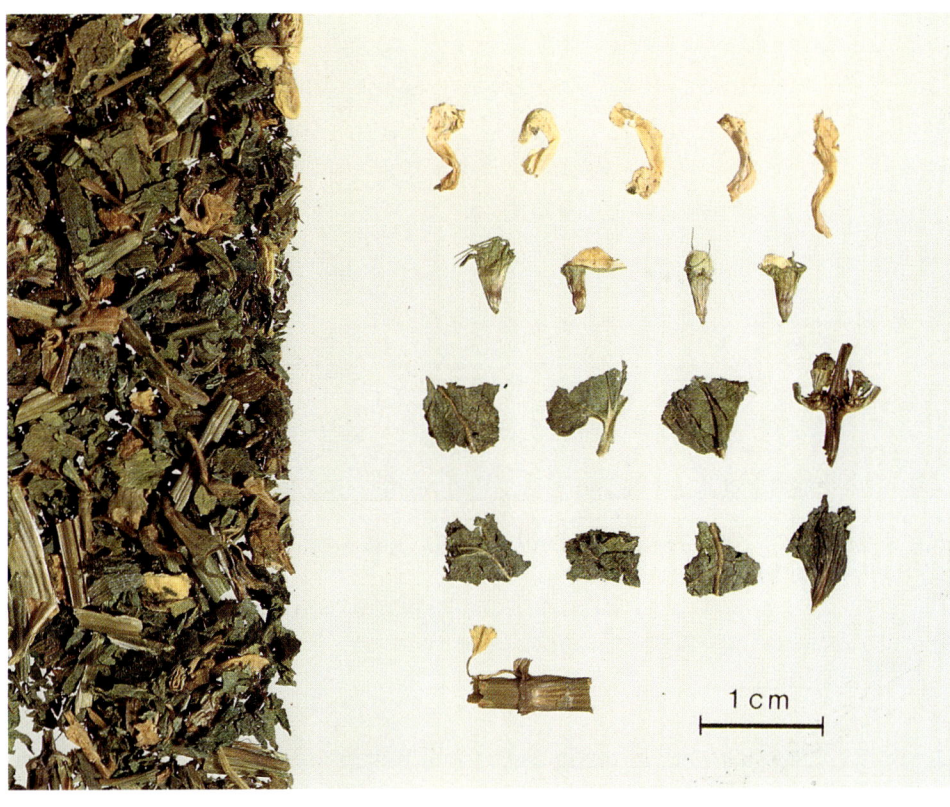

Abb. 1: Weiße Taubnesselblüten

Die Blütendroge besteht aus den getrockneten Kronblättern mit anhaftenden Staubblättern.

Beschreibung: Gelblichweiße, runzelig zusammengedrückte, 10–15 mm lange, zweilippige Blumenkronen, S-förmig gekrümmt. Die stark gewölbte Oberlippe ist, besonders gegen die Spitze hin, deutlich behaart. Die Unterlippe ist dreispaltig, mit in einen langen Zahn endigenden Seitenlappen. Die vier Staubblätter (die beiden oberen kürzer) sind bis zum Schlund mit der Blumenkronröhre verwachsen.

Geruch: Sehr schwach.

Geschmack: Kaum bitter.

Weißes Taubnesselkraut

Die Krautdroge besteht aus den während der Blütezeit gesammelten und rasch getrockneten oberirdischen Teilen.

Beschreibung: Stark zerknitterte Blattstückchen mit grobkerbig gezähntem Rand. Oberseits tiefgrün, unterseits heller, allseits fein behaart. Die Unterseite zeigt eine feine netzige Nervatur. Die vierkantigen Stengelstückchen sind hohl. Blüten wie oben beschrieben.

Geruch: Sehr schwach.

Geschmack: Schwach bitter.

Abb. 2 und 3: *Lamium album* L.

50 cm hohe, behaarte Staude mit kriechendem, verzweigtem Rhizom, aufrechtem Stengel und gestielten, herzförmigen Blättern mit gezähntem Blattrand. Die etwa 2 cm großen, weißen Blüten mit 5-zähnigem Kelch stehen in Quirlen in den Blattachseln.

332 Lamii albi flos/herba

DAC 1986: Taubnesselkraut
St. Zul. 1359.99.99
(Weißes Taubnesselkraut); gültig bis
31.01.1996.

Stammpflanze: *Lamium album* L. (Weiße Taubnessel), Lamiaceae.

Synonyme: Weiße Nesselblumen, Weiße Bienensaugblüten, Flores Urticae mortuae. White Deadnettle flowers (engl.). Fleurs de lamier, Fleurs d'ortie blanche (franz.).

Herkunft: In Europa und Asien heimisch und verbreitet. Die Droge wird aus osteuropäischen Ländern importiert.

Inhaltsstoffe: Die Droge wurde bisher nur sehr unzureichend untersucht. Gut bekannt ist nur das Vorkommen von Iridoid- und Secoiridoid-glucosiden wie Lamalbid, Caryoptosid und Albosid A und B [1, 2]; kürzlich wurde ein Hemiterpen-glucosid, Hemialbosid, entdeckt [3]. Berichtet wurde auch, ohne genauere Angaben, über das Vorkommen von Triterpensaponinen [4], Phenolcarbonsäuren, z.B. Rosmarinsäure [5], Flavonoiden [6] und Schleimstoffen. Die Droge enthält sehr wahrscheinlich auch Gerbstoffe und vermutlich auch das Betain Stachydrin; Spuren von ätherischem Öl.

Indikationen: Anwendung nur in der *Volksmedizin* im Sinne eines Expektorans bei Erkrankungen der Atemwege, zur Schleimlösung bei Katarrhen; daneben auch gegen Blähungen und Beschwerden im Magen-Darm-Bereich (siehe St. Zul.).
Auch bei klimakterischen Störungen, bei Fluor albus und Beschwerden des Urogenitaltraktes *volksmedizinisch* gebraucht. Umschläge mit abgekochter Droge finden bei Hautschwellungen, Beulen, Krampfadern und Gichtknoten Anwendung. Als „Blutreinigungsmittel".
Die Triterpensaponine dieser Droge zeigten im Tierversuch eine deutliche antiinflammatorische Wirkung, während der diuretische Effekt (mit deutlicher Kaliurie) weniger stark ausgeprägt war; bei i.v. Applikation zeigten die Saponine eine dosisabhängige hypotensive Wirkung [4].

Teebereitung: 1 g feingeschnittene Droge wird mit kochendem Wasser übergossen und nach 5 min durch ein Teesieb gegeben. Mehrmals täglich 1 Tasse Tee, mit Honig gesüßt als Expektorans.
1 Teelöffel = etwa 0,5 g.

Teepräparate: Die Herba-Droge ist selten, die Blütendroge gelegentlich Bestandteil in Nerven-Schlaf-Tees, Bronchialtees und in Kräuterkuren.

Phytopharmaka: Keine.

Prüfung: Makroskopisch (s. Beschreibung) und mikroskopisch nach Erg. B. 6. Die Blütenblätter besitzen verschieden gestaltete Gliederhaare mit meist gekörnelter Kutikula, wobei die Basalzelle meist glatt ist (Abb. 4). Die Antherenhaare sind bis 800 μm lang, einzellig und weisen eine feine Punktierung auf (Abb. 5). Die Pollenkörner sind rund oder elliptisch, glatt, etwa 30 μm groß und tricolpat (Abb. 6).

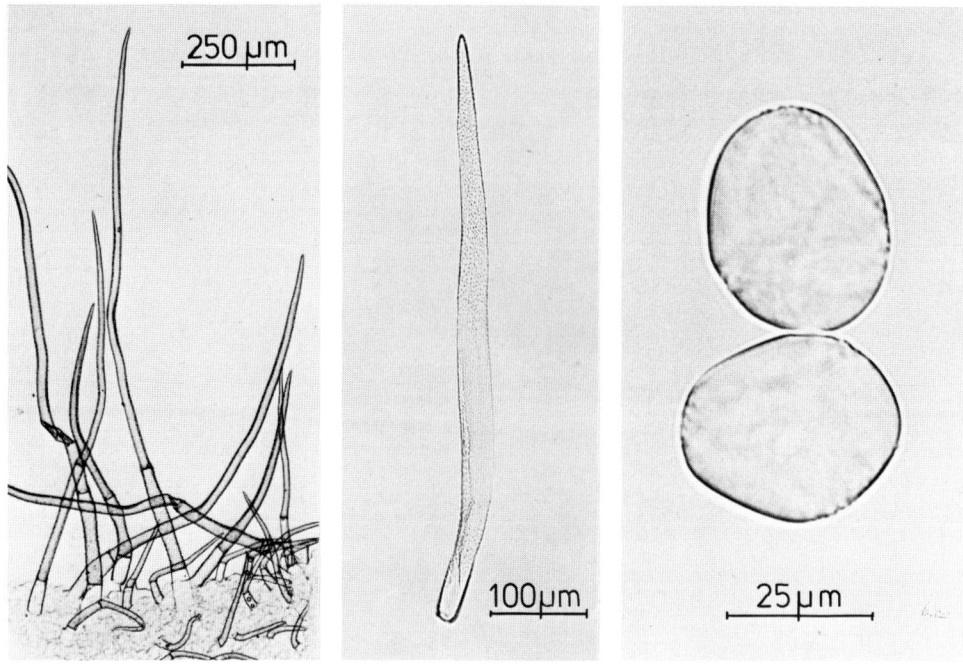

Abb. 4: Mehrzellige Gliederhaare der Blütenblätter (untere Zelle häufig ohne Körnung der Kutikula)
Abb. 5: Schlauchförmiges Haar der Anthere mit punktierter Kutikula
Abb. 6: Kartoffelförmige Pollenkörner (tricolpat)

Lamalbid   Albosid A   Albosid B   Caryoptosid

Auszug aus der Monographie der Kommission E
(BAnz Nr. 128 vom 14.07.1993)
(Lamii albi herba)

Pharmakologische Eigenschaften, Pharmakokinetik, Toxikologie

Nicht bekannt.

Klinische Angaben

1. Anwendungsgebiete

Zubereitungen aus weißem Taubnesselkraut werden zur Unterstützung bei der Behandlung von Beschwerden im Magen-Darm-Bereich wie Magenschleimhautreizungen, Völlegefühl, Blähungen und zur Stärkung des Darms angewendet.

In Kombinationen werden Zubereitungen aus weißem Taubnesselkraut bei Nervosität, Unruhe und Reizzuständen, Schlafstörungen, zur Kräftigung, Entspannung und Anregung, im Klimakterium, bei Frauenleiden aller Art, bei Menstruationsbeschwerden, zur „Blutreinigung", Stoffwechselförderung, zur Unterstützung der Gallentätigkeit und des Leberstoffwechsels, bei Neigung zu Gallengrieß, zur Appetitanregung, Neutralisierung bei Übersäuerung des Magens, zur Förderung der Verdauung, bei Blähungen, zur Steigerung der Bauchspeicheldrüsenfunktion, zur Regulierung des Blutfettspiegels, zur Durchspülungstherapie der Harnwege bei entzündlichen und krampfartigen Blasenleiden, zur Leistungserhaltung der Vorsteherdrüse, zur Förderung von Herz- und Kreislauf und der Blutzirkulation, bei Schwindelgefühl, Augenflimmern, Ohrendröhnen, zur Verbesserung der Herzdurchblutung, Steigerung der Herzleistung, zur Verbesserung des Lymphflusses und Vermehrung der Lymphbildung, zur Kräftigung der Atemwege, Schleimlösung, bei Leistungsabfall und allgemeiner Schwäche insbesondere nach Krankheiten und Operationen angewendet.

Die Wirksamkeit bei den beanspruchten Anwendungsgebieten ist nicht belegt.

2. Risiken

Keine bekannt.

Beurteilung

Da die Wirksamkeit bei den beanspruchten Anwendungsgebieten nicht belegt ist, kann eine therapeutische Anwendung nicht befürwortet werden.

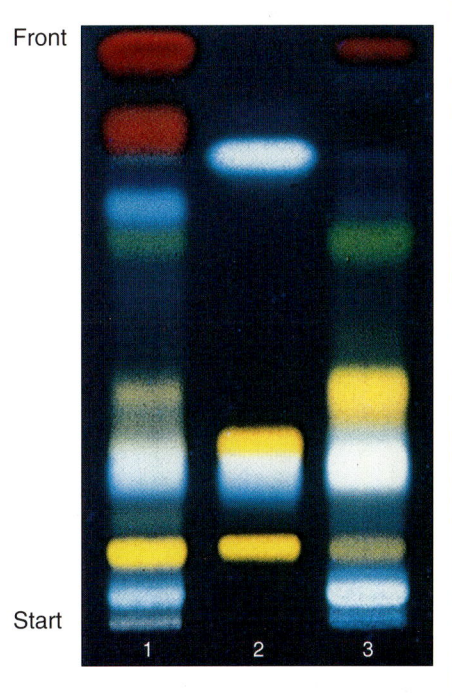

Abb. 7: DC von Taubnesselkraut und Taubnesselblüten, auf Glasplatten 5 × 10 cm, Laufstrecke 8 cm, besprüht mit Diphenylboryloxyethylamin-Reagenz, unter UV_{365}
1 Taubnesselkraut (5 µl)
2 Referenzsubstanzen (2 µl)
3 Taubnesselblüten (5 µl)

Identitätsprüfung mittels DC:

Sorbens: Kieselgel 60 F_{254} (lufttrocken) (Merck) (5 × 10 cm, Glas oder Folie)

Untersuchungslösung: 1,0 g pulv. Droge wird mit 5 ml Methanol 10 Min. unter Rückfluß erhitzt und warm filtriert. Das Filtrat dient als Untersuchungslösung.

Referenzlösung: Je 5 mg Kaffeesäure, Rutosid, Chlorogensäure und Hyperosid werden in 5 ml Methanol gelöst.

Aufzutragen: 5 µl Untersuchungslösung und 2 µl Referenzlösung strichförmig (10 × 2 mm).

Fließmittel: Ethylacetat – wasserfreie Ameisensäure – Wasser (80 + 8 + 12) (Kammersättigung).

Laufstrecke: 8 cm,   **Zeit:** 20 min.

Sichtbarmachung und Auswertung:

Nach vollständigem Abdunsten des Fließmittels (im Heißluftstrom): Besprühen a) mit einer 1proz. methanolischen Lösung von Diphenylboryloxyethylamin und b) mit einer 5proz. methanolischen Lösung von Polyethylenglykol 400 und anschließende Auswertung im UV_{365}. Die Referenzsubstanzen erscheinen mit folgenden Rf-Werten und Fluoreszenzfarben: Rutosid (0,12, orangegelb), Chlorogensäure (0,23, hellblau), Hyperosid (0,28, orangegelb), Kaffeesäure (0,77, hellblau). Nach Reaktion mit dem Sprühreagenz zeigt das DC der Untersuchungslösung über die ganze Laufstrecke eine charakterische Folge von Flavonoidzonen (Abb. 7), wobei sich das DC der Taubnesselblüten deutlich vom DC des Taubnesselkrauts unterscheidet. Im DC von Taubnesselkraut erscheint eine deutliche Rutosidzone (Rf∼0,12) und

---

Wortlaut der Packungsbeilage gemäß Standardzulassung:*

6.1 Anwendungsgebiete

Zur Unterstützung bei der Behandlung von Beschwerden im Magen-Darm-Bereich wie Magenschleimhautreizungen, Völlegefühl und Blähungen.

6.2 Dosierungsanleitung und Art der Anwendung

Etwa 3 bis 4 Teelöffel voll (3 bis 4 g) **Weißes Taubnesselkraut** werden mit heißem Wasser (ca. 150 ml) übergossen und nach 10 bis 15 Minuten durch ein Teesieb gegeben.

Soweit nicht anders verordnet, wird mehrmals täglich 1 Tasse frisch bereiteter Aufguß warm zwischen den Mahlzeiten getrunken.

6.3 Hinweis

Vor Licht und Feuchtigkeit geschützt aufbewahren.

---

*) mit der 8. Änderungsverordnung über Standardzulassungen (seit 01.02.1996 in Kraft) wurde die zugehörige Monographie gestrichen.

eine Zone von Chlorogensäure (Rf~0,23), während das DC von Taubnesselblüten oberhalb der Chlorogensäurezone eine intensive Flavonoidzone bei Rf~0,37 aufweist. Die Rutosidzone ist im DC der Taubnesselblüten nur schwach zu erkennen.

Verfälschungen: Kommen in der Praxis kaum vor. Blüten verschiedener *Lonicera*-Arten besitzen rosarote Kronblatt-Teile.

Literatur:
[1] S. Damtoft, S.R. Jensen und B.J. Nielsen, Phytochemistry **31**, 135 (1992).
[2] S. Damtoft, Phytochemistry **31**, 175 (1992).
[3] S. Damtoft und S.R. Jensen, Phytochemistry **39**, 923 (1995).
[4] M. Kory und Mitarb., Clujul Med. **55**, 156 (1982); C.A. **98**, 46480 (1983).
[5] J. Gora und Mitarb., Acta Pol. Pharm. **40**, 389 (1983); C.A. **100**, 135882 (1984).
[6] M. Tamas, V. Hodisan und E. Muica, Clujul Med. **51**, 266 (1978); C.A. **90**, 83647 (1979).

Wichtl

Lavandulae flos — Lavendelblüten

Abb. 1: Lavendelblüten

Zur Drogengewinnung werden die in Scheinquirlen angeordneten Blüten kurz vor dem Aufblühen abgestreift und getrocknet.

Beschreibung: Da die Blumenkronblätter beim Trocknen leicht abfallen, überwiegen in der Droge die röhrenförmig-ovalen, rippigen, blaugrauen Kelche, die 5 Zähne besitzen; davon sind 4 kurz, der fünfte Zahn bildet ein ovales oder herzförmiges, hervortretendes Lippchen. Die in der Droge stark geschrumpften Kronblätter sind zu einer Röhre verwachsen, mit einer Unterlippe aus drei kleinen Lappen und einer Oberlippe aus zwei größeren aufgerichteten Lappen; ihre Farbe variiert von tiefblau-grau bis mißfarben braun. Innerhalb der Blumenkrone 4 Staubblätter und der oberständige Fruchtknoten.

Geruch: Intensiv, angenehm aromatisch-duftend.

Geschmack: Bitter.

Abb. 2 und 3: *Lavandula angustifolia* MILL.

Der offizinelle Lavendel bildet einen etwa 0,5 m hohen Strauch mit schmalen, lanzettlichen Blättern, die zunächst dicht behaart sind, später verkahlen. Die Blüten sitzen auf langem Stengel in dichten Quirlen, eine Scheinähre bildend. Der Spik-Lavendel besitzt etwas breitere, dichter behaarte Blätter.

> DAC 1986: Lavendelblüten
> St. Zul. 8999.99.99

Stammpflanze: *Lavandula angustifolia* MILL. (Lavendel), Lamiaceae.

Synonyme: Flores Spicae. Lavender (engl.). Fleurs de lavande (franz.).

Herkunft: Im Mittelmeergebiet heimisch, dort auch in größerem Umfang kultiviert. Einfuhren der Droge kommen aus Frankreich, Spanien und Südosteuropa.

Inhaltsstoffe: 1–3% ätherisches Öl (DAC 1986 mind. 1,5%), das vorwiegend Monoterpene enthält (Lavendelöl DAB 1996), wichtigster Bestandteil ist Linalylacetat (30–55%), daneben kommen Linalool (20–35%), β-Ocimen, Cineol und Campher vor, ferner das Sesquiterpen Caryophyllenepoxid; Gerbstoffe (5–10%), vermutlich Rosmarinsäurederivate; Cumarinderivate; Flavonoide; Phytosterole; Triterpene.

Indikationen: Die Droge wird als mild wirkendes Sedativum bei Unruhe, nervöser Erschöpfung, Schlafstörungen verwendet und häufig als Bestandteil von Beruhigungsteegemischen eingesetzt. Wirksame Bestandteile sind dabei, wie in Human- und Tierversuchen [1, 2] gezeigt wurde, Linalool und Linalylacetat. Auch als Cholagogum spielt die Droge eine Rolle, doch sind die hierfür verantwortlichen Stoffe noch unbekannt.
In der *Volksmedizin* wird die Droge auch als Spasmolytikum, Karminativum, Stomachikum und Diuretikum gebraucht. Viel geübt wird immer noch die Bereitung von Lavendelbädern zur Wundbehandlung und als mildes Hautreizmittel (siehe Monographie der Kommission E; die Wirksamkeit ist allerdings nicht belegt: Monographie der Kommission B8, *BAnz Nr. 203 vom 30.10.1991*). Die Droge ist auch Bestandteil von Kräuterkissen, die in der *Volksmedizin* als Einschlafmittel dienen.

Teebereitung: 1,5 g Lavendelblüten werden mit kochendem Wasser übergossen und 5–10 min lang bedeckt stehengelassen; anschließend abseihen.
1 Teelöffel = etwa 0,8 g.

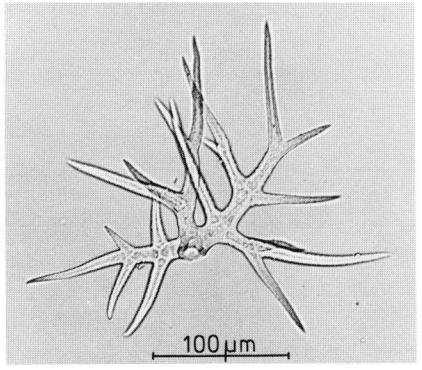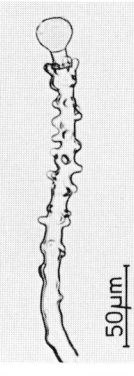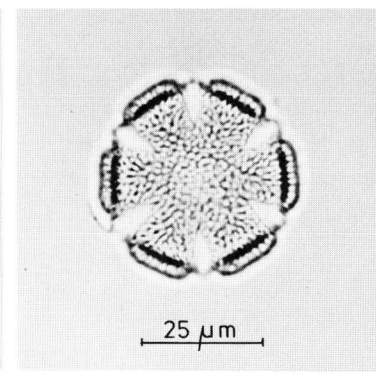

Abb. 4: Verzweigtes Gliederhaar („Etagenhaar", „Geweihhaar")
Abb. 5: Knotenhaar mit Drüsenköpfchen
Abb. 6: Hexacolpates Pollenkorn

Teepräparate: Die Droge wird als Tee, hauptsächlich aber als Lavendelkissen angeboten. Auch in Teegemischen der Indikationsgruppe „Schlaf- und Nerventee" sind oft Lavendelblüten enthalten.

Phytopharmaka: Lavendelblütenextrakte sind in einigen Kombinationspräparaten verschiedener Indikationsgruppen enthalten, z.B. Cholagutt® N Tropfen (Leber-Galle-Mittel), Euviterin® Tropfen (Herz-Kreislaufmittel), Valeriana-Strath® Tropfen (Sedativum). Für die zahlreichen Externa (Bäder, Einreibungen) wird das ätherische Lavendelöl verwendet.

Prüfung: Makroskopisch und mikroskopisch nach DAC 1986. Mehrere mi-

---

Auszug aus der Monographie der Kommission E
(BAnz Nr. 228 vom 05.12.1984 und Nr. 50 vom 13.03.1990)

Anwendungsgebiete
Innerlich angewendet: Befindensstörungen wie Unruhezustände, Einschlafstörungen, funktionelle Oberbauchbeschwerden (nervöser Reizmagen, ROEHMHELD-Syndrom, Meteorismus, nervöse Darmbeschwerden).
In der Balneotherapie: Zur Behandlung von funktionellen Kreislaufstörungen.

Gegenanzeigen
Keine bekannt.

Nebenwirkungen
Keine bekannt.

Wechselwirkungen
Keine bekannt.

Dosierung
Soweit nicht anders verordnet:
Innerlich: Als Tee: 1 bis 2 Teelöffel voll Droge pro Tasse.
Lavendelöl: 1 bis 4 Tropfen (ca. 20 bis 80 mg) z.B. auf ein Stück Würfelzucker.
Äußere Anwendung als Badezusatz: 20 bis 100 g Droge auf 20 l Wasser.

Art der Anwendung
Als Droge zur Zubereitung eines Teeaufgusses, als Extrakt sowie als Badezusatz.

Hinweis
Kombinationen mit anderen beruhigend und/oder karminativ wirksamen Drogen können sinnvoll sein.

Wirkungen
Innerlich angewendet: Beruhigend, entblähend.
Ausreichende pharmakodynamische Untersuchungen an Mensch und Tier sind nicht bekannt.

> *Wortlaut der Packungsbeilage gemäß Standardzulassung:*
>
> **7.1 Anwendungsgebiete**
>
> Bei Befindensstörungen wie Unruhezuständen, Einschlafstörungen, Appetitlosigkeit sowie bei funktionellen Oberbauchbeschwerden (nervöser Reizmagen, Meteorismus, nervöse Darmbeschwerden).
>
> **7.2 Dosierungsanleitung und Art der Anwendung**
>
> 1 bis 2 Teelöffel voll **Lavendelblüten** werden mit heißem Wasser (ca. 150 ml) übergossen und nach etwa 10 Minuten durch ein Teesieb gegeben.
>
> Soweit nicht anders verordnet, wird mehrmals täglich, besonders abends vor dem Schlafengehen, eine Tasse frisch bereiteter Tee getrunken.
>
> **7.3 Hinweis**
>
> Vor Licht und Feuchtigkeit geschützt aufbewahren.

kroskopische Merkmale sind für Lavendelblüten charakteristisch: die „Geweihhaare" der Kelch- und Korollblätter, d.s. verzweigte, mehrzellige Haare mit warziger Kutikula (Abb. 4), die auf der Innenseite der Kronblätter befindlichen, langen, knorrigen Drüsenhaare mit abgerundeter Endzelle (Abb. 5); die eigenartigen Pollenkörner mit sechs Austrittsspalten und sechs Bändern auf der Exine (Abb. 6) sind für Lamiaceen typisch.

Verfälschungen: Solche kommen vor mit Blüten nahe verwandter Arten, bes. *Lavandula hybrida,* einem Bastard aus *L. angustifolia* MILL. und *L. latifolia* MED., der zur Lavandinölgewinnung verwendet wird. Eine Erkennung solcher Verfälschungen ist praktisch nur durch genaue Analyse des ätherischen Öles möglich, wobei ein höherer Cineol- und ein niedrigerer Linalylacetatgehalt gefunden wird [3]; Untersuchung mittels DC nach DAB 1996, wie bei Lavendelöl angegeben.

Aufbewahrung: Vor Licht geschützt, dicht verschlossen, nicht in Kunststoffbehältern (ätherisches Öl!).

Literatur:

[1] S. Torii und Mitarb. in: Perfumery. The Psychology and Biology of Fragrance, by Van Toller and S. Dodd, Chapman and Hill, S. 107 (1988).
[2] G. Buchbauer und Mitarb., Z. Naturforsch. **46c**, 1067 (1991).
[3] P. Kreis und A. Mosandl, Flavour Fragrance J. **7**, 187 (1992).
[4] Kommentar DAB 10 (Lavendelöl).

Wichtl

Leonuri cardiacae herba — Herzgespannkraut
DAB 1996

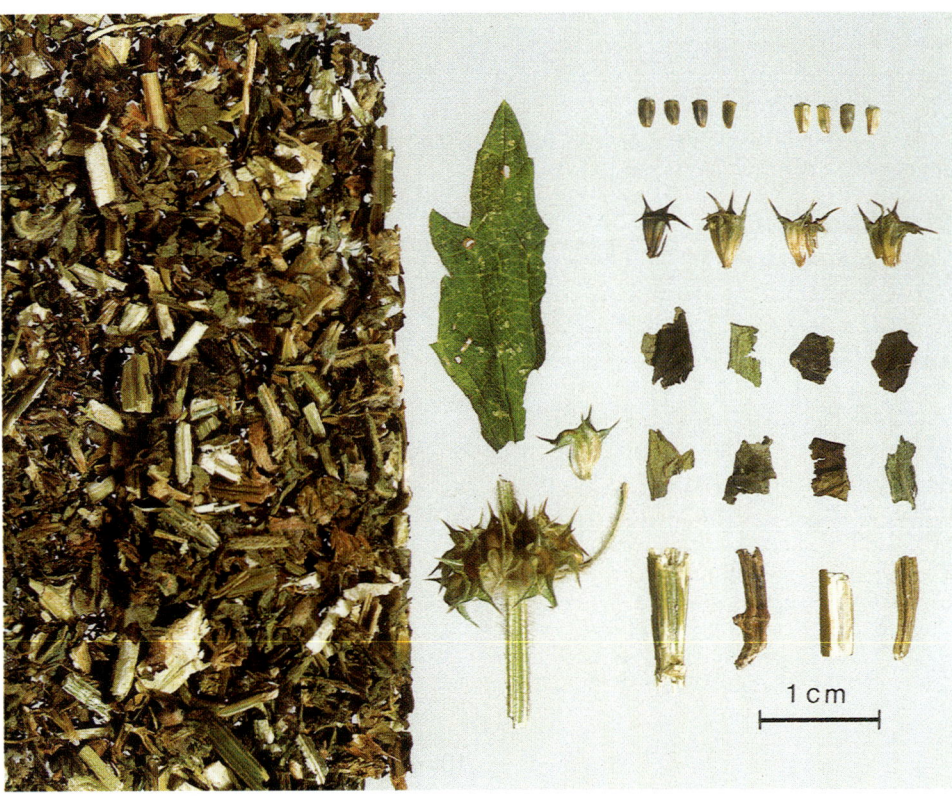

Abb. 1: Herzgespannkraut

<u>Beschreibung</u>: Herzgespannkraut besteht aus den zur Blütezeit gesammelten ganzen oder geschnittenen, getrockneten oberirdischen Teilen von *Leonurus cardiaca*. Die Schnittdroge ist im Gesamteindruck braun bis graugrün und enthält zahlreiche zerbrochene, vierkantige, hohle Stengelteile, die die weiße Innenseite zeigen. Weiter besteht die Schnittdroge aus vielen einzelnen oder in ganzen Scheinquirlen auftretenden Blütenkelchen mit langen, nach auswärts gekrümmten starren Zähnen, aus rosa gefärbten, behaarten Korollen, aus spröden, leicht runzeligen Blattstücken mit dunkler Oberseite und hellgraugrüner, dicht behaarter Unterseite, auf der die Nerven deutlich hervortreten. Außerdem finden sich kleine tetraedrische, glänzend hellbraune Nüßchen.

<u>Geschmack</u>: Leicht bitter.

Abb. 2: *Leonurus cardiaca* L.

0,5 bis 2,0 m hohe Lamiacee mit gestielten Blättern, von denen die unteren handförmig drei- bis siebenteilig, grob gezähnt sind. Nach oben werden die Blätter allmählich kleiner. Zahlreiche typische Lamiaceen-Blüten in Scheinquirlen bilden einen beblätterten, ährigen Blütenstand. Die Blumenkrone ist schmutzig-rosa und behaart. Blütezeit Juni bis September.

Stammpflanze: *Leonurus cardiaca* L. (syn. *L. villosus* DESF. ex SPRENG.), (Echtes Herzgespann), Lamiaceae.

Synonyme: Löwenschwanzkraut, fälschlicherweise auch Wolfstrappkraut (dieser Name wird korrekterweise für das Kraut von *Lycopus*-Arten benutzt). Motherwort herb (engl.). Agripaume, Cardiaque (franz.).

Herkunft: Verbreitet in Europa, Westasien bis Himalaja und Ostsibirien, Nord-Afrika; in Nord-Amerika eingebürgert; Hauptlieferländer der Droge: Osteuropa, Sammlung aus Wildbeständen, gelegentlich auch Anbau.

Inhaltsstoffe: (nach [1, 2]): Wenig ätherisches Öl; Iridoide (u.a. Ajugol, Galiridosid, Ajugosid=Leonurid=4-Desoxyharpagid, Reptosid); Diterpene (Leocardin u.a. Labdanolide); Triterpene (Urolsäure, Oleanolsäure); phenylpropanoide Esterglykoside (Verbascosid, Kaffeesäure-4-O-rutinosid u.a.); Flavonoide, bes. Glykoside des Quercetins (Rutin, Quercitrin, Hyperosid), des Kämpferols und Apigenins; Genkwanin; Gerbstoffe unbekannter Zusammensetzung (5–9%); außerdem Stachydrin, Betonicin; Guanidine (?).

Indikationen: Der Droge und aus ihr hergestellten Präparaten werden spasmolytische, sedierende, blutdrucksenkende und uteruskontrahierende Wirkungen zugeschrieben. Experimentelle Belege fehlen jedoch. Diese Angaben werden aus der *Volksmedizin* übernommen, in der Herzgespannkraut u.a. bei nervösen Herzbeschwerden (Form der Blätter: Signaturenlehre?), bei Asthma brochiale, bei klimakterischen Beschwerden, bei Amenorrhoe und als Sedativum genutzt wird. Interessanterweise wird diese Droge besonders in der russischen Materia medica häufig verwendet (nach [1, 2]).

Teebereitung: 4,5 g Droge (=Tagesdosis)=etwa 4 Teelöffel voll Droge werden mit heißem Wasser übergossen und 10 min. lang stehen gelassen; anschließend gibt man durch ein Teesieb; 1 Teelöffel=etwa 1,0 g. Anstelle des Tees können auch Zubereitungen eingenommen werden: 3 × tägl. 2–4 ml Fluidextrakt (1:1), hergestellt mit 25 Vol% Ethanol oder 2–6 ml Tinktur (1:5), hergestellt mit 34 Vol% Ethanol.

Teepräparate: Die Droge wird auch als Filterbeutel in den Handel gebracht, z.B. „Bad Heilbrunner Herzpflegetee".

Phytopharmaka: Einige wenige Kombinationspräparate der Gruppe Kardiaka enthalten auch Extrakte aus dieser Droge, z.B. Echtrospartin® S (Dragees), Oxacant® sedativ (Tropfen) u.a.

Prüfung: Makroskopische Merkmale (s. Beschreibung); mikroskopische Identifizierung nach DAB 1996; DC-Prüfung auf Iridoide nach DAB 1996. Daneben läßt sich auch auf Stachydrin mittels DC prüfen:

Prüfung auf Stachydrin: Ein ethanolischer Drogenextrakt (6:1) wird über Aktivkohle/Aluminiumoxid gereinigt. Der gereinigte Extrakt dient als Untersuchungslösung. Referenzsubstanz ist Stachydrin, das in einer Konzentration entsprechend 50 µg pro Fleck aufgetragen wird. Fließmittel: n-Butanol – 10proz. Salzsäure – Wasser (8+2+1). Nachweis mittels Dragendorffs Reagenz. Stachydrin läßt sich auch ohne vorherige säulenchromatographische Vorreinigung des Extraktes unter Verwendung von Platten mit *Cellulose*schicht nachweisen, wenn zweidimensional chromatographiert wird.
– Fließmittel I: Butanol – Eisessig – Wasser (40+10+50, Oberphase);
– Fließmittel II: Ethylacetat – Methanol – Wasser (100+20+10).

Verfälschungen: Kommen in der Praxis nicht vor.

Literatur:
[1] Hager, Band **5**, 652 (1993).
[2] Kommentar DAB 10.

Czygan

Auszug aus der Monographie der Kommission E
(BAnz Nr. 50 vom 13.03.1986)

Anwendungsgebiete
Nervöse Herzbeschwerden, auch im Rahmen einer Schilddrüsenüberfunktion (als Adjuvans).

Gegenanzeigen
Keine bekannt.

Nebenwirkungen
Keine bekannt.

Wechselwirkungen mit anderen Mitteln
Keine bekannt.

Dosierung
Soweit nicht anders verordnet:
mittlere Tagesdosis 4,5 Droge; Zubereitungen entsprechend.

Art der Anwendung
Zerkleinerte Droge für Aufgüsse sowie andere galenische Zubereitungen zum Einnehmen.

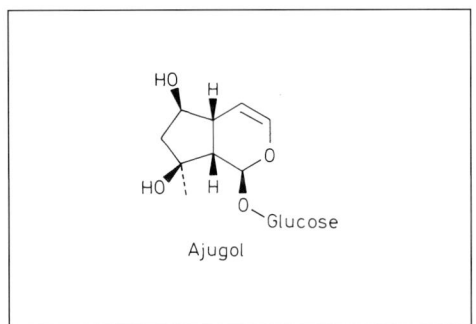

Ajugol

Levistici radix — Liebstöckelwurzel
DAB 1996

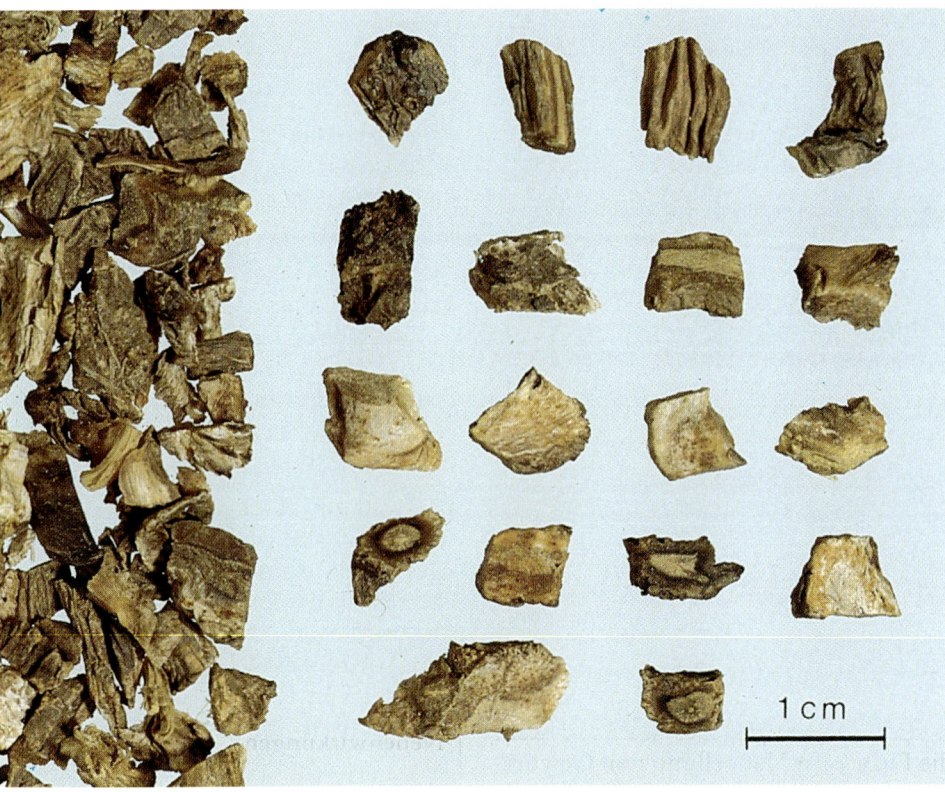

Abb. 1: Liebstöckelwurzel

Beschreibung: Wachsartig weiche, gelb- bis dunkelrotbraune Wurzel- und Rhizomstücke, außen längsgerunzelt, manchmal auch quergeringelt. Das Querschnittbild zeigt eine sehr breite, lückig-schwammige, außen weißliche, nach innen zu gelb- bis rötlichbraune Rinde mit Exkretgängen (ca. 70–150 µm), die als feine braune, oft glänzende Punkte sichtbar sind. Der schmale Holzkörper ist zitronengelb und radial gestreift, bei Rhizomstücken Mark. Der Bruch ist glatt.

Geruch: Charakteristisch, aromatisch, an Suppenwürze erinnernd.

Geschmack: Süßlich-würzig, dann schwach bitter.

Abb. 2 und 3: *Levisticum officinale* KOCH

Eine bis 2 m hohe Apiacee mit großen 2- bis 3fach gefiederten Blättern, die breiten Fiederblättchen sind grob gezähnt. Die kleinen gelben Blüten sind in Doppeldolden angeordnet, mit deutlicher Hülle und Hüllchen.

ÖAB: Radix Levistici
Ph. Helv VII: Levistici radix
St. Zul. 1569.99.99

Stammpflanze: *Levisticum officinale* KOCH (Liebstöckel), Apiaceae.

Synonyme: Liebstockwurzel, Liebstengelwurzel, Maggiwurzel, Gebärmutterwurzel, Labstockwurzel, Sauerkrautwurz, Gichtstockwurzel, Radix Ligustici, Radix Laserpitii germanici. Lovage root (engl.). Racine de livèche (franz.).

Herkunft: Heimisch ursprünglich in Westasien, Orient und Südeuropa. Seit über tausend Jahren in Europa und später auch in Nordamerika angebaut und z.T. verwildert. Die Droge stammt ausschließlich aus Kulturen. Hauptlieferländer sind Polen, Thüringen, Holland und einige Balkanstaaten.

Inhaltsstoffe [1]: Etwa 0,4–1,7% ätherisches Öl (DAB 1996 mind. 0,40%, ÖAB mind. 0,5%, Ph. Helv. VII mind. 0,30% – hier gravimetrisch bestimmt!) mit bis zu 70% Alkylphthaliden als charakteristische Geruchsträger der Droge: 3-Butylphthalid (32%), cis- und trans-Butylidenphthalid (=Ligusticumlacton), cis- und trans-Ligustilid (24–62%) [2], 3-Butyl-4,5-dihydrophthalid (=Senkyunolid=Sedanenolid) sowie von (Z)- und (E)-Ligustilid abgeleitete Diels-Alder-Dimere (Angeolid) und weitere Dimere (Levistolid A u. B) [3]; weitere Hauptkomponenten des ätherischen Öls sind α- und β-Phellandren und Citronellal, daneben über 50 weitere Komponenten [4]; Cumarine (0,1%): Cumarin, Umbelliferon, Bergapten, Psoralen; β-Sitosterol; Ferulasäure, Benzoesäure, Angelica- und Isovaleriansäure sowie weitere flüchtige Säuren und das Polyacetylen (+)-Falcarindiol (0,06% in der frischen Wurzel) [3].

Indikationen: Als Diuretikum zur Durchspülungstherapie bei entzündlichen Erkrankungen der ableitenden Harnwege und zur Vorbeugung von Nierengrieß. Die harntreibende Wirkung basiert vor allem auf dem Gehalt an ätherischem Öl, dessen diuretische Wirkung tierexperimentell an Kaninchen und Mäusen bestätigt wurde. Eine erhöhte Ausscheidung von Chlorid, Harnstoff und Gesamtstickstoff wurde beobachtet (Literatur bei [1, 5]). Die Anwendung bei entzündlichen Nierenerkrankungen ist infolge der örtlich reizenden Wirkung des ätherischen Öls kontraindiziert, gemeint sind Erkrankungen des Nierenparenchyms [6]. Auf die Diskrepanz zwischen den Texten der St. Zul. und der Monographie der Kommission E sei hingewiesen (Anwendungsgebiete; Gegenanzeigen).

In der *Volksheilkunde* wird die diuretische Wirkung der Liebstöckelwurzel auch bei ödematösen Schwellungen z.B. an den Füßen, ausgenutzt. Diese Anwendung ist zu unterlassen, wenn die Ödeme auf einer eingeschränkten Herz- oder Nierenfunktion beruhen [6]. Anwendung findet die Droge auch als Stomachikum und Karminativum, als Emmenagogum und als schleimlösendes Mittel bei Katarrhen der Luftwege. Für Butylidenphthalid und Ligustilid wurde eine spasmolytische Wirkung nachgewiesen. Butylphthalid und Sedanenolid wirken sedativ [7]. Des weiteren dient die Droge zur Herstellung von Gewürzextrakten, Kräuterlikören und Bitterschnäpsen.

Nebenwirkungen: Furocumarine können Photodermatosen hervorrufen [8, 9]. Phototoxische, photomutagene und -kanzerogene Wirkungen sind bei der therapeutischen Anwendung der Droge, besonders als Tee, unter anderem auch wegen der geringen Wasserlöslichkeit der Furocumarine nicht zu befürchten [10].

Auszug aus der Monographie der Kommission E (BAnz Nr. 101 vom 01.06.1990)

Anwendungsgebiete

Zur Durchspülung bei entzündlichen Erkrankungen der ableitenden Harnwege. Durchspülungstherapie zur Vorbeugung von Nierengrieß.

Gegenanzeigen

Zubereitungen aus Liebstöckelwurzeln sollten bei akuten entzündlichen Erkrankungen des Nierenparenchyms sowie bei eingeschränkter Nierenfunktion nicht angewendet werden.

Keine Durchspülungstherapie bei Ödemen infolge eingeschränkter Herz- oder Nierenfunktionm.

Nebenwirkungen

Nicht bekannt.

Wechselwirkungen mit anderen Mitteln

Nicht bekannt.

Dosierung

Soweit nicht anders verordnet: Tagesdosis 4 bis 8 g Droge; Zubereitungen entsprechend.

Art der Anwendung

Zerkleinerte Droge sowie andere galenische Zubereitungen zum Einnehmen.
Hinweis:
Durchspülungstherapie: Auf reichliche Flüssigkeitszufuhr ist zu achten.

Hinweis

Bei längerer Anwendung von Liebstöckelwurzel sollte auf UV-Bestrahlung sowie intensives Sonnenbaden verzichtet werden.

Wirkungen

Das ätherische Öl mit Ligustilid wirkt spasmolytisch.

Das toxische, fungizid und antibakteriell wirkende Falcarindiol ist in der Droge in so geringen Mengen vorhanden, daß die Droge in dieser Hinsicht unbedenklich ist. Im Gegensatz zu dem in Efeublättern vorkommenden Falcarinol verursacht es keine Kontaktallergien [11].

Teebereitung: 1,5–3 g der fein geschnittenen Droge werden mit kochendem Wasser übergossen und bedeckt 10–15 min lang stehengelassen; anschließend abseihen. Als Diuretikum 2–3mal täglich 1 Tasse Tee, als Stomachikum jeweils $1/2$ Stunde vor den Mahlzeiten 1 Tasse Tee.
1 Teelöffel = etwa 3 g.

Teepräparate: Die Droge wird hin und wieder als Tee angeboten.

Phytopharmaka: Extrakte der Wurzel sind in einigen wenigen Kombinationspräparaten enthalten, z.B. in Canephron® N Tropfen (Urologicum).

Prüfung: Makroskopisch und mikroskopisch nach DAB 1996. Verwechslungen mit anderen Apiaceenwurzeln lassen sich bereits über den charakteristischen Geruch ausschließen. Im DAB 1996 Identitätsprüfung durch DC-Auftrennung eines methanolischen Auszugs mit Nachweis des oberhalb der Referenzsubstanz Cumarin im Chromatogramm auftretenden Ligustilids. DC-Identitätsprüfung über die Cumarine bei [12–14], jeweils mit Abbildungen der Chromatogramme.
Führt man die DC-Prüfung wie bei Angelicae radix angegeben (S. 64) aus, so erscheint unter UV 366 das Umbelliferon als Vergleichssubstanz bei Rf etwa 0,4 als intensiv blau fluoreszierende Zone, im DC der Liebstöckelwurzel bei Rf etwa 0,8 eine große, intensiv grünblau fluoreszierende Zone, die bei möglichen Verfälschungen (vor allem Rad. Angelicae, Rad. Pimpinellae, Rad. Pastinacae u.a.) nicht vorhanden ist, siehe Abb. 3 bei Angelicae radix (S. 64). Zum HPLC-Nachweis des für die Droge charakteristischen Ligustilids siehe bei [15].

Wortlaut der Packungsbeilage gemäß Standardzulassung:

7.1 Anwendungsgebiete
Verdauungsbeschwerden wie Aufstoßen, Sodbrennen und Völlegefühl.

7.2 Gegenanzeigen
Tee aus Liebstöckelwurzel soll bei Entzündungen der Niere und ableitenden Harnwege sowie bei eingeschränkter Nierentätigkeit nicht angewendet werden.

7.3 Dosierungsanleitung und Art der Anwendung
1 bis 2 Teelöffel voll (2 bis 4 g) **Liebstöckelwurzel** werden mit siedendem Wasser (ca. 150 ml) übergossen und nach etwa 10 bis 15 Minuten durch ein Teesieb gegeben.
Soweit nicht anders verordnet, wird mehrmals täglich 1 Tasse frisch bereiteter Teeaufguß zwischen den Mahlzeiten getrunken.

7.4 Hinweis
Vor Licht und Feuchtigkeit geschützt aufbewahren.

Verfälschungen: Vor allem in der Schnittdroge sind Beimengungen oder Verwechslungen mit Angelikawurzel nicht selten. Nachweis über DC (siehe Prüfung) möglich.

Aufbewahrung: Vor Licht geschützt in dicht verschlossenen Gefäßen. Nicht in Kunststoffbehältern (ätherisches Öl!). Die Droge wird leicht von Insekten befallen.

Literatur:
[1] Hager, Band **5**, 666 (1993).
[2] Z. Szebeni-Galambosi, B. Galambosi und Y. Holm, J. Essent. Oil Res. **4**, 375 (1992).
[3] M. Cichy, V. Wray und G. Höfele, Liebigs Ann. Chem., **1987**, 397.
[4] J. Chu und Mitarb., J. Essent. Oil Res. **2**, 53 (1990); C.A. **116**, 102647 (1992).
[5] C. Vollmann, Z. Phytother. **9**, 128 (1988).
[6] Monographie der Kommission E, BAnz Nr. 101 vom 01.06.1990.
[7] M.J.M. Gijbels, J.J.C. Scheffer und A. Baerheim Svendsen, Rivista Italiana E.P.P.O.S. **61**, 335 (1979).
[8] J. Buchnicek, Planta Med. **21**, 89 (1972).
[9] K.W. Glombitza, Dtsch. Apoth. Ztg. **112**, 1593 (1972).
[10] O. Schimmer, Planta Med. **47**, 79 (1983).
[11] L. Hansen, O. Hammershoy und P.M. Boll, Contact Derm. **14**, 91 (1986).
[12] L. Hörhammer, H. Wagner und D. Kraemer-Heydweiler, Dtsch. Apoth. Ztg. **106**, 267 (1966).
[13] O.-B. Genius, Dtsch. Apoth. Ztg. **121**, 386 (1981).
[14] H. Wagner, S. Bladt und E.M. Zgainski, Drogenanalyse, Dünnschichtchromatographische Analyse von Arzneidrogen. Springer-Verlag, Berlin, Heidelberg, New York 1983.
[15] S. Segebrecht und H. Schilcher, Planta Med. **55**, 572 (1989).

Willuhn

Lichen islandicus

Isländisches Moos
DAB 1996

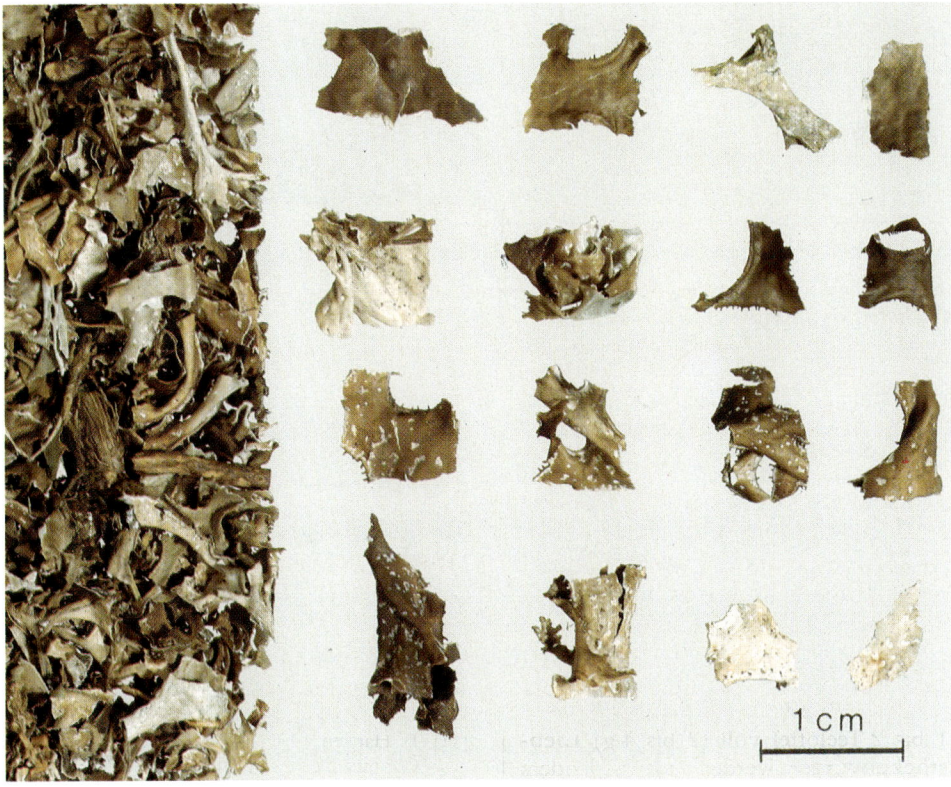

Abb. 1: Isländisches Moos

Die im deutschen bzw. englischen Sprachgebrauch übliche Bezeichnung „Moos" bzw. „moss" ist nicht korrekt, da es sich nicht um eine Art der Moospflanzen (*Bryophyta*), sondern der Flechten (*Lichenes* = Symbiose eines Pilzes mit einer Grünalge oder mit einem Cyanobakterium) handelt.

Beschreibung: Die Droge besteht aus dem getrockneten Thallus. Dieser ist laubartig, unregelmäßig gabelig verzweigt, mit breiteren oder schmäleren rinnenförmigen oder fast flachen, zuweilen krausen Zipfeln. Die eine Seite (die dem Licht zugewandte) ist grünlichbraun, die andere (dem Licht abgewandte) weißlich bis hellbräunlich. Der Thallus ist beiderseits kahl mit bewimpertem Rand (Abb. 3). Im trockenen Zustand ist der Thallus brüchig. Beim Befeuchten mit Wasser wird er weich und ledrig. Die Schnittdroge besteht aus unregelmäßigen, zuweilen eingerollten Stücken.

Geruch: Schwach eigenartig.

Geschmack: Fade, schleimig-bitter.

Abb. 2: *Cetraria islandica* (L.) ACHARIUS s.l.

Die bodenbewohnende Flechte besitzt einen strauchigen, gabelig verzweigten Thallus mit braunen Lappen, der oberseits olivgrün bis braun, unterseits weißlichgrau und weiß gefleckt ist; sie wird etwa 10 cm hoch und ist am Rand borstig gewimpert.

> ÖAB: Lichen islandicus
> Ph. Helv. VII: Lichen islandicus
> St. Zul. 1049.99.99

Stammpflanze: *Cetraria islandica* (L.) ACHARIUS s.l., Parmeliaceae (Lichenes). Die früher als kleinwüchsige Varietät von *Cetraria islandica* angesehene *Cetraria ericetorum* OPIZ (syn. *Cetraria tenuifolia* (RETZ.) HOWE) ist ebenfalls als Stammpflanze für die Droge Lichen islandicus zugelassen.

Synonyme: Fucus (Muscus) islandicus, Fucus (Muscus, Lichen) catharticus, Thallus Cetrariae islandicae, Isländische Flechte, Heideflechte, Blätter-, Lungen-, Hirschhorn-, Tartschen-, Fieberflechte, Fieber-, Lungen-, Purgiermoos, Kramperltee. Iceland moss (engl.). Lichen d'Islande (franz.).

Herkunft: In den Mittel- und Hochgebirgen Nord-, Mittel- und Osteuropas; Droge von dort aus Wildsammlungen importiert, vor allem aus Bulgarien, dem ehemaligen Jugoslawien, Rußland, Polen und Rumänien.

Inhaltsstoffe: Etwa 50% wasserlösliche Polysaccharide mit den Hauptkomponenten Lichenin, einem linearen, celluloseähnlichen Polymer der β-D-Glucose mit alternierenden 1→3 und 1→4 Verknüpfungen (es ist nur in heißem Wasser löslich und bildet beim Abkühlen eine mit Iod-Reagenz nicht anfärbbare Gallerte) und Isolichenin, einem linearen, stärkeähnlichen Polymer der α-D-Glucose mit 1→3 und 1→4 Verknüpfungen (es ist bereits in kaltem Wasser löslich und wird mit Iod-Reagenz blau gefärbt [1–3]). Daneben wurden alkalilösliche Polysaccharide als Polymere von D-Glucose und D-Glucuronsäure [4] sowie Galactomannane mit immunstimulierenden Effekten [5] identifiziert. Außerdem bitterschmeckende Flechtensäuren, z.B. Depsidone, wie Cetrarsäure und Fumarprotocetrarsäure (2–3%), die wahrscheinlich bei der Lagerung und Aufarbeitung der Droge zu Protocetrarsäure und Fumarsäure umgesetzt wird; weiterhin Protolichesterinsäure, die sich beim Trocknen zu Lichesterinsäure umsetzt; ferner Usninsäure (?) [6]; weitere Angaben zu Inhaltsstoffen bei [1–3].

Indikationen: In Form von Dekokten als Mucilaginosum und hustenreizlinderndes Expektorans (hier sind möglicherweise die antibiotisch und bakteriostatisch wirksamen Flechtensäuren von Bedeutung [7]; auch die von japanischen Autoren beobachteten immunstimulierenden Effekte von Auszügen dieser Droge könnten zum schnelleren Abklingen der Erkrankungen der Atemwege beitragen, vgl. [1]); bei Appetitlosigkeit und Gastroenteritis (hier spielen die bitteren Flechtensäuren als Tonica amara eine Rolle). Eine Übersicht über den therapeutischen Einsatz der Droge findet sich bei [7].

In der *Volksmedizin* außerdem bei Lungenleiden, als Galaktagogum, als Roborans, bei Nieren- und Blasenleiden; äußerlich bei schlecht heilenden Wunden (antibiotischer Effekt der Flechtensäuren!). Beim Kochen wird die Droge entbittert; sie wirkt dann nur noch aufgrund ihrer Schleime [8, 9].

Teebereitung: 2–4 g fein zerschnittene Droge mit kochendem Wasser übergießen und nach 10 min durch ein Teesieb geben.
Um als Expektorans ein weniger bitterschmeckendes Getränk mit viel Schleimstoffen zu erhalten, wird auch vorgeschlagen, nach dem Übergießen mit heißem Wasser sofort wieder das Wasser abzugießen (enthält vorwiegend Flechtensäuren) und nochmals mit heißem Wasser anzusetzen [6]; man entfernt damit aber auch antibiotisch wirksame Inhaltsstoffe!
1 Teelöffel = etwa 1,8 g.

Teepräparate: Keine.

Phytopharmaka: Drogenextrakte sind in den Antitussiva Isla-Moos® und Isla-Mint®-(Pastillen) und in einigen

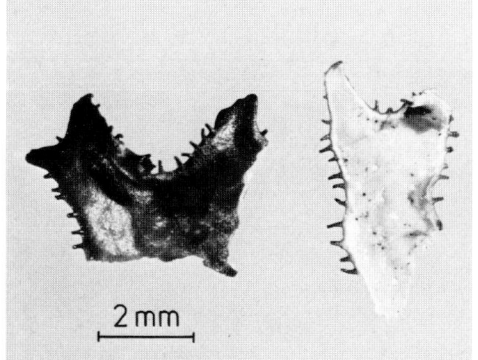
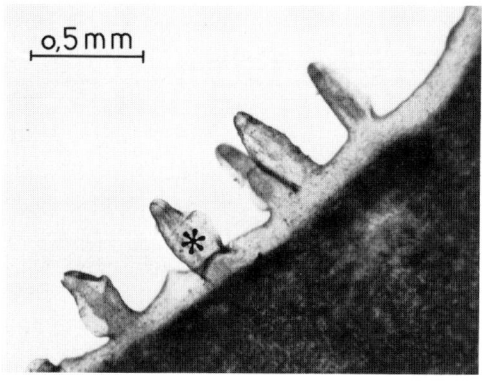

Abb. 3: Steifbewimperte Thallusstücke der Flechte *Cetraria islandica*

Abb. 4: Thallusrand mit zylindrischen Spermogonien (*) und farbloser „Rindenschicht" (lockeres Hyphengewebe ohne Algen)

Fumarprotocetrarsäure: R = —CO—CH=CH—COOH
Cetrarsäure : R = —C₂H₅
Protocetrarsäure : R = —H

Protolichesterinsäure

wenigen Kombinationspräparaten, z.B. Lichenes comp. (Sirup) u.a. enthalten.

Prüfung: Makroskopisch (s. Beschreibung) und mikroskopisch: Der Querschnitt zeigt beiderseits eine aus eng untereinander verflochtenen und zusammengepreßten Hyphen gebildete Rindenschicht (Abb. 4), unter der sich je eine Lage lockeren Hyphengewebes mit den rundlichen Gonidien befindet. Die Markschicht besteht aus einem lockeren Gewebe fädiger Hyphen. In das Hyphengeflecht sind kugelige, grünliche bis bräunliche Zellen mit einem Durchmesser von 10–15 μm eingebettet. Die Wimpern am Rande der Thalluszipfel sind an ihrem Ende oft mehr oder weniger eingestülpt (Abb. 3). – Weitere einfache Prüfungen: Mit 10 Teilen Wasser 2–3 Minuten lang gekocht, liefert pulverisiertes Lichen islandicus einen bitterschmeckenden Schleim, der beim Erkalten zu einer Gallerte erstarrt. – Bei der Mikrosublimation erhält man weiße, sehr feinkörnige, mikrokristallinische Sublimate von Fumar- und Lichesterinsäure, die sich leicht und farblos in Ammoniak lösen. Aus dieser Lösung scheiden sich bald nadelförmige, oft zu zweigartigen Gebilden zusammentretende Kristalle von Ammoniumfumarat bzw. -lichesterinat aus. – Werden 10 ml einer 1%igen Abkochung von Isländischem Moos mit 0,5 g Tannin versetzt, so entsteht eine weiße Trübung, die beim Erwärmen verschwindet und beim Erkalten wieder auftritt (Lichenin). Die ausgekochten Thallusstücke zeigen auf der Oberfläche weiße Flecke und färben sich – mit Iodlösung durchtränkt und mit Wasser ausgewaschen – blau (Isolichenin). Zur Identitätsprüfung wird im DAB 1996 eine speziell für dieses Arzneibuch entwickelte DC-Methode benutzt. Man erhält ein typisches Fingerprint-DC der Flechtensäuren [3].

Zur Wertbestimmung der Droge wird die Quellungszahl nach DAB 1996 benutzt. Sie muß mindestens 4,5 (mit gepulverter Droge bestimmt) betragen, nach Ph. Helv. VII: 5.

Verfälschungen: Kommen sehr selten vor, z.B. durch *Cladonia*-Arten. Diese lassen sich aber mittels der angegebenen Prüfungen erkennen. Zu achten ist auf Verunreinigungen durch Moose, Gräser oder andere fremde Bestandteile (DAB 1996: max. 5%, ÖAB und Ph. Helv. VII: max. 3%).

Wortlaut der Packungsbeilage gemäß Standardzulassung:

6.1 Stoff- oder Indikationsgruppe

Pflanzliches Mittel zur Behandlung von Atemwegserkrankungen/Magen-Darm-Mittel.

6.2 Anwendungsgebiete

Schleimhautreizungen im Mund- und Rachenraum und damit verbundener trockener Reizhusten; Appetitlosigkeit.

6.3 Gegenanzeigen

Keine bekannt.

6.4 Wechselwirkungen mit anderen Mitteln

Keine bekannt.

6.5 Dosierungsanleitung und Art der Anwendung

Soweit nicht anders verordnet, wird für die Behandlung von Schleimhautreizungen 3- bis 4mal täglich eine Tasse des wie folgt bereiteten Teeaufgusses getrunken:

1 Teelöffel voll (ca. 1,3 g) Isländisches Moos oder die entsprechende Menge in einem oder mehreren Aufgußbeutel(n) wird mit siedendem Wasser (ca. 150 ml) übergossen und nach etwa 10 bis 15 Minuten gegebenenfalls durch ein Teesieb gegeben.

Soweit nicht anders verordnet, wird zur Appetitanregung 3- bis 4mal täglich $1/2$ Stunde vor den Mahlzeiten eine Tasse des wie folgt bereiteten Kaltauszuges getrunken:

1 Teelöffel voll (ca. 1,3 g) Isländisches Moos oder die entsprechende Menge in einem oder mehreren Aufgußbeutel(n) wird mit kaltem Wasser (ca. 150 ml) übergossen, unter öfterem Umrühren 1 bis 2 Stunden stehengelassen, kurz zum Sieden erhitzt und dann gegebenenfalls durch ein Teesieb gegeben.

6.6 Dauer der Anwendung

Bei akuten Beschwerden, die länger als eine Woche andauern oder periodisch wiederkehren, wird die Rücksprache mit einem Arzt empfohlen.

6.7 Nebenwirkungen

Keine bekannt.

6.8 Hinweis

Vor Licht und Feuchtigkeit geschützt aufbewahren.

Literatur:
[1] Th. Kartnig, Z. Phytother. **8**, 127 (1987).
[2] Hager, Band **4**, 790 (1992).
[3] Kommentar DAB 10.
[4] M. Hranisavljević-Jakovljević, und Mitarb., Carbohydrate Res. **80**, 291 (1980).
[5] K. Ingolfsdottir und Mitarb., Planta Med. **60**, 527 (1994).
[6] F.-C. Czygan, unveröffentl. (1987): 15 Proben des Großhandels und 36 selbst gesammelte Proben bzw. Herbarexemplare, die eindeutig als *Cetraria islandica* identifiziert waren, wurden dünnschichtchromatographisch im Vergleich mit authentischer Usninsäure geprüft. Nur 6 der Handelsproben und 16 der übrigen Proben enthielten Usninsäure. Entweder gibt es Chemische Rassen oder der Gehalt kann – bedingt durch noch unbekannte Einflüsse – stark variieren.
[7] O. Sticher, Pharm. Acta Helv. **40**, 385 (1965).
[8] H. Braun und D. Frohne, Heilpflanzenlexikon für Ärzte und Apotheker. Gustav Fischer Verlag, Stuttgart/New York 1994.
[9] R.F. Weiß, Lehrbuch der Phytotherapie, 7. Auflage, Hippokrates Verlag, Stuttgart 1991.

Czygan

Lini semen
Ph. Eur.

Leinsamen
DAB 1996

Abb. 1: Leinsamen

Beschreibung: Länglich eiförmige, meist lackartig glänzende, braune bis rötlichbraune, flachgedrückte, 4–6 mm lange, 2–3 mm breite und 0,75–1,5 mm dicke Samen, die an einem Ende breit abgerundet, am anderen Ende konisch zugespitzt und hier meist zu einem seitlich gebogenen, kleinen Schnabel ausgezogen sind. An dieser unsymmetrischen Spitze sind mit der Lupe in der seitlichen Einbuchtung (konkaven Seite) die Mikropyle und als hellgefärbtes Grübchen der Nabel zu erkennen, von dem ausgehend als heller Streifen die Raphe an der Kante entlang zum anderen Samenende hin verläuft. Die glatte Oberfläche erscheint bei Lupenbetrachtung unregelmäßig feingrubig. Beim Einlegen in Wasser bildet sich eine dicke Schleimhülle.

Geschmack: Mild ölig, beim Kauen schleimig.

Abb. 2: *Linum usitatissimum* L.

Die zarte, einjährige Pflanze mit 5-zähliger, himmelblauer, nur bei Sonnenschein geöffneter Korolle besitzt zahlreiche schmal-lineale, 3-nervige, unbehaarte Blätter und wird etwa 1 m hoch. Die Früchte sind hellbraune Kapseln, die mehrere Samen enthalten.

ÖAB: Semen Lini
Ph. Helv. VII: Lini semen
St. Zul. 1099.99.99

Stammpflanze: *Linum usitatissimum* L. (Lein, Flachs), Linaceae.

Synonyme: Flachssamen, Flachslinsen, Haarlinsen, Leinwanzen, Hornsamen. Linseed, Flaxseed (engl.). Graine de lin (franz.).

Herkunft: Als eine der ältesten Kulturpflanzen in vielen Varietäten und Formen der Unterarten *usitatissimum* (Schließlein) und *crepitans* (Springlein), zur Faser- und Ölgewinnung sowie zur Gewinnung der arzneilich verwendeten Samen weltweit angebaut, heute meist durch den sog. Kreuzungslein ersetzt. Die wichtigsten Lieferländer sind Marokko, Argentinien, Belgien, Ungarn und Indien.

Inhaltsstoffe [1]: Ca. 3–10% Schleime [2], in der Epidermis der Samenschale lokalisiert, mit einer Wasserbindungskapazität von 1600–3000 g pro 100 g [2], aufgebaut aus Xylose, Galactose, Galacturonsäure und Rhamnose als Haupt-Monosaccharide sowie Arabinose, Fucose und Glucose. Der Schleim ist zerlegbar in eine neutrale (ca. 20%) und zwei saure Komponenten (ca. 15 bzw. 65%); Ballaststoffe (u.a. Rohfaser) insgesamt ca. 25%; ca. 30–45% fettes Öl, vorwiegend aus Triglyceriden mit Linolen-, Linol- und Ölsäure bestehend; ca. 25% Proteine; ca. 0,7% Phosphatide; Sterole und Triterpene: Cholesterol, Campesterol, Stigmasterol, Sitosterol, Δ^5-Avenasterol, Cycloartenol u.a.; 0,1 bis 1,5% der cyanogenen Glykoside Linustatin und Neolinustatin [3–5] (die früher beschriebenen entsprechenden Monoglucoside Linamarin und Lotaustralin kommen im reifen Samen nicht oder allenfalls nur in Spuren vor); ca. 0,2% des linearen Lignans Secoisolariciresinol-diglucosid [6, 7] sowie geringe Mengen der Methylester des 3-Hydroxy-5-methoxy-cis-Zimtsäure-3-O-glucosids (=Linusitamarin) und des 4-Hydroxy-cis-Zimtsäure-4-O-glucosids (=Linocinnamarin); ca. 3–5% Mineralstoffe.

Indikationen: Leinsamen sind ganz, leicht gequetscht oder geschrotet ein mild wirkendes Quellstoff-Abführmittel. Die Wirksamkeit basiert auf dem

Auszug aus der Monographie der Kommission E (BAnz Nr. 228 vom 05.12.1984)

Anwendungsgebiete
Innerlich: Habituelle Obstipation, durch Abführmittelabusus geschädigtes Kolon. Colon irritabile. Divertikulitis; als Schleimzubereitung bei Gastritis und Enteritis.
Äußerlich: Als Kataplasma bei lokalen Entzündungen.

Gegenanzeigen
Ileus jeder Genese.

Nebenwirkungen
Bei Beachtung der Dosierungsanleitung, d.h. vor allem bei Beachtung einer gleichzeitigen genügenden Menge an Flüssigkeit (1:10), sind Nebenwirkungen nicht bekannt.

Wechselwirkungen
Wie bei jedem Mucilaginosum ist eine negative Beeinflussung der Resorptionsverhältnisse von Arzneistoffen möglich.

Dosierung
Soweit nicht anders verordnet:
Innerlich: 2- bis 3mal täglich 1 Eßlöffel unzerkleinerten oder „aufgeschlossenen" (=nicht geschroteten) Leinsamen zusammen mit jeweils ca. 150 ml Flüssigkeit einnehmen.
2 bis 3 Eßlöffel eines geschroteten bzw. zerkleinerten Leinsamens zur Zubereitung eines Leinsamenschleimes.
Äußerlich: 30 bis 50 g Leinsamenmehl als feucht-heißes Kataplasma bzw. als feucht-heiße Kompresse.

Art der Anwendung
Innerlich: als Samen, als geschroteter Samen, als „aufgebrochener" Samen bzw. als s.g. „aufgeschlossener" Samen, bei dem lediglich Cuticula und Schleimepidermis angequetscht sind, als Leinsamenschleimzubereitung und andere galenische Darreichungsformen.
Äußerlich: als Leinsamenmehl bzw. Leinsamenexpeller.

Wirkungen
Abführende Wirkung infolge Volumenzunahme und die dadurch verbundene Auslösung der Darmperistaltik durch den Dehnungsreflex; schleimhautschützend durch abdeckende Wirkung.

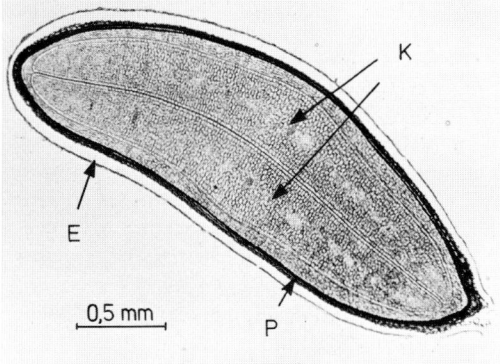
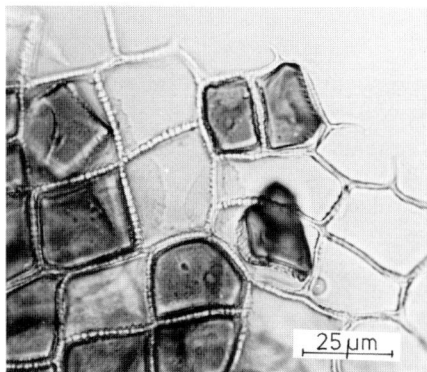

Abb. 3: Querschnitt durch einen Samen (E=Schleimepidermis, P=Pigmentschicht, K=Keimblätter)
Abb. 4: Tafelförmige Pigmentplatten

in der Epidermis, d.h. an der Oberfläche lokalisierten Schleim, unterstützt vom Rohfasergehalt (Zellulose) der Samenschale. Es kommt zur Anregung der Darmperistaltik, vor allem des Dickdarms, durch Erhöhung des Füllungsvolumens (Dehnungsreiz) und damit zur Transitbeschleunigung. Der Transport des Darminhalts wird durch den Schleim als Gleitschicht und durch die konsistenzverbessernde Wirkung erleichtert. *Bei Bestehen von Übergewicht* sollten wegen des beträchtlichen Energiegehaltes (100 g Leinsamen haben einen Nährwert von ca. 1960 kJ oder 470 Kcal) *stets die ganzen Samen* verwendet werden, die bis auf die Schleimquellung in der Samenschale den Darm intakt verlassen. Das zusätzlich als Gleitmittel wirkende fette Öl kommt hierbei allerdings nicht zum Tragen.

Im Zusammenhang mit epidemiologischen Studien, die eine Beziehung zwischen ballaststoffreicher Nahrung (u.a. Leinsamen) und einem verminderten Auftreten von Colon- und Brustkrebs bei den betreffenden Personen zeigten, hat das in Leinsamen vorkommende Lignan Secoisolariciresinol für die Chemoprevention der Krebsentstehung ein besonderes Interesse gefunden (Übersicht bei [8–10]). Dieses Lignan wird von der Darmflora zu den Lignanen Enterodiol (2,3-Bis(3-Hydroxybenzyl)-butan-1,4-diol) und Enterolacton (trans-2,3-Bis(3-hydroxybenzyl)-γ-butyrolacton) metabolisiert [11–13], die eine Strukturähnlichkeit mit Diethylstilböstrol haben, jedoch keine östrogenen Eigenschaften besitzen. Vielmehr wird für sie eine antiöstrogene Wirkung postuliert [11]. Es wird vermutet, daß die *Clostridium*-Gruppe der Darmbakterien aus Pflanzenfasern ebenfalls diese beiden Säuger-Lignane bilden können [11]. Bei Vegetariern kann ihre Konzentration im Urin 800fach höher sein als die Gesamtmenge der gebildeten Urin-Östrogene [12]. Bei Fütterungsversuchen an Ratten wurde gezeigt, daß Leinsamen die weitaus beste Quelle für diese Lignane sind [14]. Sie bildeten 800 μg dieser beiden Verbindungen pro 1 g Futter (siehe auch in vitro Untersuchungen mit menschlichen fäkalen Bakterien bei [15, 16]). Protektive, anticancerogene Effekte von Leinsamen konnten in Fütterungsversuchen an Ratten nachgewiesen werden [17–19].

In der *Volksmedizin* werden die Samen auch als Mucilaginosum bei Katarrhen und akuter oder chronischer Gastritis benutzt, wozu auch relativ dünne Schleimabkochungen (1 Eßlöffel Samen pro Tasse oder auch ca. 30–50 g Samen in 1 Liter) zur Anwendung kommen. Äußerlich wird gepulverter Samen (Leinsamenmehl) oder der bei der Ölpressung anfallende Preßrückstand (Placenta Seminis Lini, auch als Viehfutter dienend) als Emolliens in Kataplasmen bei Furunkeln, Geschwüren und anderen Hautleiden verwendet.

Die *innerliche Verwendung* von Leinsamen soll *mit einer reichlichen Flüssigkeitszufuhr* verbunden sein, da andernfalls Blähungen auftreten können. Bei bestehenden Darmverschlüssen ist die Droge kontraindiziert!

Nebenwirkungen: Die vor allem in der Laienpresse behaupteten toxischen Wirkungen infolge Abspaltung von Blausäure aus den cyanogenen Glykosiden sind selbst bei Langzeitverwendung nicht zu befürchten und noch nie beobachtet worden [20–23]. Theoretisch können unter optimalen Bedingungen (u.a. mehlfein zerkleinerter Samen, pH-Werte zwischen 4 und 6, Spaltungszeit 4 Std.) aus 100 g Leinsamen mit Hilfe der Enzyme Linustatinase und Linamarase bis zu 50 mg HCN freigesetzt werden, was für Vergiftungserscheinungen ausreichend wäre. Im sauren Milieu des Magens werden die Enzyme jedoch teilweise inaktiviert und selbst bei mittlerer Azidität weniger als 1% der cyanogenen Glykoside gespalten (bei pH 6 ca. 75–84%). Die relativ lange Spaltungszeit von 4 Std. ist auch in vivo gegeben [21, 23, 24]. Die über diesen Zeitraum freigesetzte Blausäure wird über einen schnell funktionierenden Entgiftungsmechanismus des Körpers mit Hilfe des Enzyms Rhodanase metabolisiert, das pro Stunde 30–60 mg HCN in das wenig toxische Thiocyanat überführen kann. Selbst bei Gaben von 150–300 g Leinsamenschrot konnten bei Versuchspersonen keine Vergiftungssymptome beobachtet werden [20]. Einmalige Gaben von bis zu 100 g Leinsamen führten zu keinem signifikanten Anstieg des Blausäure- und Thiocyanatspiegels im Blut [22].

Leinsamen können Cadmium akkumulieren. Das BGA hat einen noch zulässigen Richtwert von 0,3 mg/kg festgelegt [25].

Teebereitung: Entfällt. Zur Einnahme als Laxans 10 g unzerkleinerten (oder frisch geschroteten, siehe dazu Indikationen!) Leinsamen mit reichlich Flüs-

Wortlaut der Packungsbeilage gemäß Standardzulassung

6.1 Stoff- oder Indikationsgruppe

Pflanzliches Quellmittel zur Stuhlregulierung/pflanzliches Mittel bei Verdauungsbeschwerden/pflanzliches Mittel zur äußerlichen Wundbehandlung.

6.2 Anwendungsgebiete

Innerliche Anwendung bei:
Stuhlverstopfung, durch Abführmittelmißbrauch geschädigtem Dickdarm, Reizdarm, Entzündung von Darmdivertikeln;
In Form einer Schleimzubereitung bei Entzündung der Magenschleimhaut und des Darmes.
Äußerliche Anwendung:
In Form eines Breiumschlages bei lokalen Entzündungen.
Hinweis:
Für die innerliche Anwendung:
Bei anhaltender Verstopfung und Stuhlunregelmäßigkeiten sowie bei anhaltenden unklaren oder neu auftretenden Beschwerden im Magen-Darm-Bereich ist eine ärztliche Abklärung erforderlich.
Für die äußerliche Anwendung:
Bei starker Rötung der Wundränder, nässenden Wunden oder Eiterungen sollte ein Arzt aufgesucht werden.

6.3 Gegenanzeigen

Wann dürfen Sie Leinsamen nicht einnehmen?
Sie dürfen Leinsamen nicht einnehmen bei drohendem oder bestehendem Darmverschluß (Ileus), bei Verengungen der Speiseröhre und im Magen-Darm-Bereich, bei akut entzündlichen Darmerkrankungen und Erkrankungen der Speiseröhre und des Mageneingangs.

Was ist bei Kindern zu berücksichtigen?
Da Angaben zur Dosierung bei Kindern unter 6 Jahren nicht vorliegen, sollten Kinder unter 6 Jahren Leinsamen bei Verstopfung nicht einnehmen.
Zur Anwendung dieses Arzneimittels bei Entzündungen des Magen-Darm-Trakts bei Kindern liegen keine ausreichenden Untersuchungen vor. Es soll deshalb bei Kindern unter 12 Jahren bei diesen Erkrankungen nicht angewendet werden.

6.4 Vorsichtsmaßnahmen für die Anwendung und Warnhinweise

Wenn das Arzneimittel ohne genügend Flüssigkeit eingenommen wird, kann es vorzeitig quellen und dadurch Rachenraum oder Speiseröhre verstopfen und so zum Ersticken führen. Das Präparat darf nicht bei Schluckbeschwerden eingenommen werden. Treten nach der Einnahme Brustschmerzen, Erbrechen oder Beschwerden beim Schlucken oder Atmen auf, sollte unverzüglich ein Arzt aufgesucht werden.

6.5 Wechselwirkungen mit anderen Mitteln

Wie bei allen schleimstoffhaltigen Arznei- und Nahrungsmitteln ist eine behinderte Aufnahme von anderen Arzneistoffen (z.B. Eisen-, Lithium-Präparate) aus dem Magen-Darm-Kanal möglich. Es sollte daher ein Abstand von einer halben bis zu einer Stunde vor und nach der Einnahme von Arzneimitteln eingehalten werden.
Quellmittel und Arzneimittel gegen Durchfall, die die natürliche Darmbewegung hemmen (z.B. Opiumtinktur, Loperamidhydrochlorid, Diphenoxylat, Diphenoxin) dürfen nicht gleichzeitig verabreicht werden, da ein Darmverschluß auftreten kann.
Beachten Sie bitte, daß diese Angaben auch für vor kurzem angewandte Arzneimittel gelten können.

6.6 Dosierungsanleitung und Art der Anwendung

Soweit nicht anders verordnet, wird bei Verstopfung 2- bis 3mal täglich 1 Eßlöffel voll (ca. 10 g) unzerkleinerter Leinsamen mit ausreichend Flüssigkeit eingenommen. Kinder von 6 bis 12 Jahren nehmen die Hälfte der Erwachsenendosierung.
Bei Entzündungen des Magen-Darm-Trakts wird 2- bis 3mal täglich ein aus einem Eßlöffel voll zerkleinertem oder unzerkleinertem Leinsamen und 150 ml Flüssigkeit bereiteter Schleim eingenommen. Es ist von Vorteil, ein weiteres Glas Flüssigkeit nachzutrinken. Während der Therapie mit Leinsamen ist für eine ausreichende Flüssigkeitszufuhr, täglich 1,5 bis 2 Liter, zu sorgen. Auch sollte ein Abstand von einer halben bis einer Stunde zur Einnahme von Arzneimitteln eingehalten werden.
Soweit nicht anders verordnet, werden für die äußerliche Anwendung 30 bis 50 g Leinsamenmehl für die Bereitung eines feucht-heißen Breiumschlages eingesetzt.

6.7 Nebenwirkungen

Bei Beachtung der Dosierungsanleitung, d.h. vor allem bei Beachtung, daß eine genügende Menge an Flüssigkeit aufgenommen wird (ca. 1:10), sind Nebenwirkungen nicht bekannt.
Wenn Sie Nebenwirkungen bei sich beobachten, die nicht in dieser Packungsbeilage aufgeführt sind, teilen Sie diese bitte ihrem Arzt oder Apotheker mit.

6.8 Hinweise

100 g Leinsamen entsprechen einem Nährwert von ca. 1968 kJ (470 kcal), der jedoch bei Einnahme von unzerkleinertem Leinsamen nicht erreicht wird.
Vor Licht und Feuchtigkeit geschützt aufbewahren.

---

sigkeit zu den Mahlzeiten einnehmen; Vorquellenlassen ist bei Darmentzündungen empfehlenswert. Zur Bereitung eines Schleimes zur Anwendung bei Katarrhen oder bei Gastritis setzt man 5–10 g Leinsamen (unzerkleinert) mit kaltem Wasser an und läßt 20–30 min lang stehen, hierauf gießt man die Flüssigkeit ab.

1 Teelöffel = etwa 4 g, 1 Eßlöffel = etwa 10 g.

Teepräparate: Keine.

Phytopharmaka: Leinsamen, ganz oder aufgebrochen, wird von zahlreichen Herstellern angeboten, teils als Laxans z.B. Linusit darmaktiv u.a., teils als Magen-Darm-Mittel, z.B. Linusit® Creola, Sachets Beutel u.a.
Auch einige Kombinationspräparate enthalten Leinsamen, z.B. Duoventrin® Magenpulver (Beutel), Echtrolax® N (Granulat) u.a.

Prüfung: Makroskopisch, mikroskopisch und sensorisch (kein ranziger Geruch, kein ranziger oder bitterer Geschmack!) nach DAB 1996; diese als Identitäts- und Qualitätsprüfung vollkommen ausreichend.

Am Querschnitt des Leinsamens sind deutlich die Samenschalenepidermis und die Pigmentschicht sowie die beiden großen Keimblätter zu erkennen (Abb. 3); die Pigmentschicht bietet in der Aufsicht ein charakteristisches Bild (Abb. 4).

Die Quellungszahl für die unzerkleinerte Droge soll mind. 4 (DAB 1996, ÖAB, Ph. Helv. VII), für die gepulverte Droge mind. 4,5 betragen.

Verfälschungen: Kommen praktisch nicht vor, zu achten ist allenfalls auf Verunreinigungen durch fremde Pflanzenteile.

Aufbewahrung: Die zerkleinerten Samen dürfen nach DAB 1996 nicht länger als 24 Std. gelagert werden.

Literatur:
[1] Hager, Band **5**, 676 (1993).
[2] R.W. Fedenink und C.G. Biliaderis, J. Agric. Food Chem. **42**, 240 (1994).
[3] M. Frehner, M. Scalet und E.E. Conn, Plant Physiol. **94**, 28 (1990).
[4] C.R. Smith, D. Weisleder und R.W. Miller, J. Org. Chem. **45**, 507 (1980).
[5] H. Schilcher und M. Wilkens-Sauter, Fette, Seifen, Anstrichm. **88**, 287 (1986).
[6] J.E. Bakke und H.J. Klosterman, Proc. N.D. Acad. Sci. **10**, 18 (1956).
[7] L. Luyengi und Mitarb., J. Nat. Prod. **56**, 2012 (1993).
[8] H. Adlerkreutz, Gastroenterology **86**, 761 (1984).
[9] C. Horwitz und A.R.P. Walker, Nutr. Cancer **6**, 73 (1984).
[10] K.D.R. Setchell und H. Adlerkreutz, in I.R. Rowland (Hrsg.): Role of Gut Flora in Toxicity and Cancer, Acad. Press, London 1988, S. 315.
[11] K.D.R. Setchell und Mitarb., Nature **287**, 740 (1980).
[12] H. Adlerkreutz und Mitarb., Lancet **ii.**, 1295 (1982).
[13] D.C. Ayres und J.D. Loike, Lignans: Chemical, biological and clinical properties, Cambridge University Press, Cambridge u.a. 1990, S. 95.
[14] M. Axelson und Mitarb., Nature **298**, 659 (1982).
[15] L.U. Thompson und Mitarb., Nutr. Cancer **16**, 43 (1991).
[16] S.P. Borriello und Mitarb., J. Appl. Bacteriol. **58**, 37 (1985).
[17] M. Serraino und L.U. Thompson, Cancer Lett. **60**, 135 (1991).
[18] M. Serraino und L.U. Thompson, Nutr. Cancer **17**, 153 (1992).
[19] M. Serraino und L.U. Thompson, Cancer Lett. **63**, 159 (1992).
[20] C. Härtling, Dtsch. Apoth. Ztg. **109**, 1025 (1960).
[21] H. Schilcher, Pharmaz. Ztg. **127**, 2178 (1982).
[22] DAZ-aktuell, Dtsch. Apoth. Ztg. **123**, 876 (1983).
[23] H. Schilcher, Dtsch. Ärzteblatt **76**, 955 (1979).
[24] H. Schilcher, V. Schulz und A. Nissler, Z. Phytother. **7**, 113 (1986).
[25] Bundesgesundheitsblatt **30**, 11, 397 (1987), s. auch Dtsch. Apoth. Ztg. **128**, 145 (1988).

Willuhn

Liquiritiae radix
Ph. Eur.

Süßholzwurzel
DAB 1996

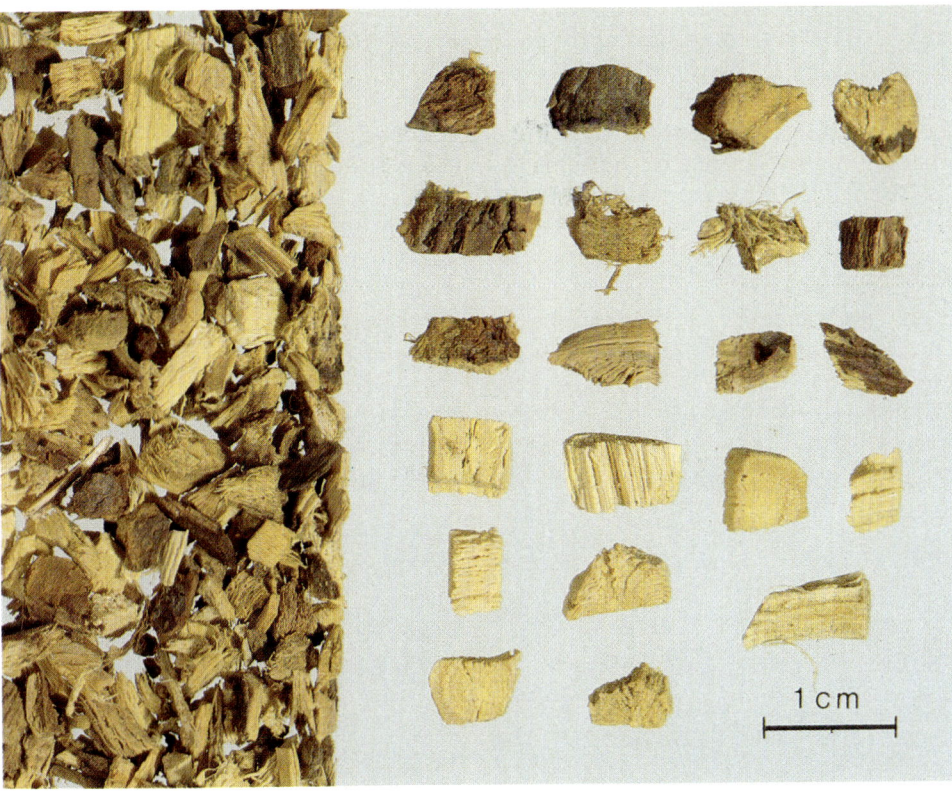

Abb. 1: Süßholzwurzel

Die Droge besteht aus den getrockneten ungeschälten (DAB 1996, Ph. Helv.VII) und/oder geschälten (ÖAB) Wurzeln und Ausläufern (Stolonen).

Beschreibung: Die Schnittdroge ist durch mehr oder weniger würfelförmige, rauhfaserige, auffallend zitronengelb gefärbte Stücke charakterisiert, die sich in Längsrichtung leicht spalten lassen. Bei ungeschälter Droge finden sich Stückchen mit runzligen, grauen bis bräunlichen Korkfetzen.

Geruch: Schwach, aber charakteristisch.

Geschmack: Sehr süß, leicht aromatisch.

Abb. 2 und 3: *Glycyrrhiza glabra* L.

Die bis über 1 m hoch werdende Staude trägt unpaarig gefiederte (3–7 Paare), mit klebrigen Drüsenhaaren besetzte Blätter. Aus den Blattachseln entspringen aufrechte Blütentrauben mit blaßlila gefärbten Schmetterlingsblüten.

ÖAB: Radix Liquiritiae
Ph. Helv. VII: Liquiritiae radix
DAC 1986: Geschälte Süßholzwurzel
St. Zul. 1309.99.99

Stammpflanze: *Glycyrrhiza glabra* L. (Süßholz), Fabaceae.

Synonyme: Lakritzenwurzel, Spanisches Süßholz, Russisches Süßholz, Radix Glycyrrhizae, Rhizoma Glycyrrhizae nativum. Liquorice root, Sweet root (engl.). Réglisse, Racine de réglisse, Bois doux, Racine douce (franz.).

Herkunft: Heimisch mit verschiedenen Varietäten im Mittelmeergebiet, in Mittel- bis Südrußland, Kleinasien bis Persien. Die Droge stammt fast ausschließlich aus dem Anbau und wird vor allem aus der Türkei, China, Rußland sowie auch Bulgarien und Italien eingeführt.

Inhaltsstoffe [1]: 2–15% Triterpensaponine mit Glycyrrhizin, einem Gemisch von K- und Ca-Salzen der Glycyrrhizinsäure als Hauptbestandteil (Glycyrrhizinsäuregehalt nach DAB 1996, ÖAB und Ph. Helv. VII: mind. 4%). Die Verbindung besitzt etwa die 50-fache Süßkraft wie Rohrzucker. Das nach Abspaltung des Diglucuronids daraus hervorgehende Aglykon, die 18β-Glycyrrhetinsäure (=β-Glycyrrhetinsäure) schmeckt nicht mehr süß. In geringer Konzentration zahlreiche weitere nahe verwandte Triterpensaponine, wie 24-Hydroxyglycyrrhizin (ca. 100-fach süßer als Rohrzucker) und die Sojasaponine I und II [2] sowie Glykoside von ca. 20 weiteren Aglykonen, z.B. 18α-Glycyrrhetinsäure, 18α-Hydroxyglycyrrhetinsäure (=Glabrinsäure), 28-Hydroxyglycyrrhetinsäure, Glabrolid u.a. [3]. Ca. 0,65–2% Flavonoide [4, 5], identifiziert wurden über 30 Verbindungen, u.a. das Chalcon Isoliquiritigenin, sein 4′-O-Apiosyl-(1,2)-glucosid (Licurosid) und 4-O-Apiosyl-(1,2)-glucosid (Neolicurosid) [6], Echinatin und Licochalcon A, sowie die Flavanone Liquiritigenin, dessen 4′-O-Glucosid Liquiritin, sein Bisdesmosid Glucoliquiritinapiosid [7] sowie Naringenin [8] u.a. (Zur quantitativen Bestimmung von Liquiritigenin und Isoliquiritigenin siehe bei [9]), ferner Isoflavonoide (z.B. Formononetin), sowie einfach und mehrfach prenylierte Flavone und Flavanone (z.B. Glabrol), Pyranoflavone (z.B. Hispaglabrin A) und Pyranopterocarpane [7]; Cumarine: u.a. Umbelliferon, Herniarin und prenylierte Verbindungen wie Glycycumarin und Licopyranocumarin; ca. 0,04–0,06% flüchtige Bestandteile als Aromastoffe [10], identifiziert wurden über 30 Verbindungen, u.a. Anethol, Estragol, Geraniol, aliphatische Säuren, Aldehyde, Ketone, Alkohole und Kohlenwasserstoffe; ca. 10% Polysaccharide, isoliert und charakterisiert wurde als Hauptverbindung das saure Polysaccharid Glycyrrhizan GA, bestehend aus L-Arabinose: D-Galactose: L-Rhamnose: D-Galacturonsäure: D-Glucuronsäure=22:10:1:2:1 [11, 12] sowie zwei weitere saure Polysaccharide GP I und GP II [13] mit immunmodulatorischer (u.a. Carbon Clearance Test) bzw. mitogener Aktivität.

Indikationen: 1. Als Expektorans mit sekretolytischer und sekretomotorischer Wirkung bei Husten und Bronchialkatarrhen, des weiteren bei Entzündungen der oberen Luftwege. Wirkstoffe sind die Saponine, vor allem die Glycyrrhizinsäure. Süßholzextrakte wirken darüber hinaus antibakteriell und antifungisch. Als aktive Verbindungen wurden die prenylierten Chalcone, Flavone und Isoflavone (u.a. Licochalcon, Glabrol, Hispaglabridin, Glabren, Glabridin) sowie Cumarine (u.a. Glycycumarin, Licocumaron) identifiziert mit MHK-Werten zwischen 1,5 und 50 µl/ml (Lit. bei [1]). Die Glycyrrhizinsäure hemmt das Wachstum und die Zellpathogenität einer Vielzahl von Viren, (Übersicht bei [1] und [14]). Die antivirale Wirkung ist in klinischen Studien nach i.v.-Applikationen u.a. bei chronischer Hepatitis B und C belegt worden [14]. Als Wirkungsmechanismus der Virulenzverminderung wird in erster Linie eine Hemmung der Adsorption der Viren an die Zellmembran und der Penetration durch die Membran angenommen [14, 15]. Auch eine immunmodulatorische Wirkung der Glycyrrhizinsäure wird diskutiert, da experimentell und in klinischen Studien eine Interferon-Induktion und eine Erhöhung der NK-Aktivität beobachtet wurden [16–18], weitere Lit. bei [14].

2. Als Antiphlogistikum und Spasmolytikum bei Gastritis und Magengeschwüren sowie auch als Ulkusprophylaktikum. Die experimentell und klinisch zweifelsfrei belegte therapeutische Wirksamkeit ist in ihrer Gesamtheit immer noch unvollständig erklärbar [19, 20]. Ein wesentlicher Wirkstoff ist die

Glycyrrhizinsäure und ihr Aglykon Glycyrrhetinsäure, deren antiphlogistische Wirkung in vielen Modellen nachgewiesen worden ist. Sie hemmen nicht die Prostaglandinsynthese, wohl aber die Wanderung der Leukozyten zum Entzündungsort [21]. Glycyrrhizin hemmt die Bildung von Prostaglandin E_2 in aktivierten peritonealen Makrophagen [22]. Entscheidend für die antiphlogistische Wirkung der Glycyrrhizin- und Glycyrrhetinsäure ist jedoch ihre Beeinflussung des Steroidstoffwechsels. Beide Verbindungen, vor allem aber die Glycyrrhetinsäure, hemmen bereits in relativ geringer Konzentration die $\Delta 5\beta$-Steroidreduktase [23, 24]. Diese ist beim Menschen das quantitativ bedeutsamste Enzym für den Abbau von Cortison und Aldosteron, so daß durch Unterdrückung dieser Enzymaktivität die Ausscheidung von Corticosteroiden verzögert und ihre biologische Halbwertzeit verlängert wird (siehe bei Nebenwirkungen). Essentiell für diese Wechselwirkung ist die 11-Oxo- und 3β-Hydroxystruktur der beiden Verbindungen. Die 18α- und 18β-Glycyrrhetinsäure hemmen darüber hinaus die 3α-Hydroxysteroiddehydrogenase [25], wie dies auch für einige Antiphlogistika (Indometacin, Dexamethason) bekannt ist. Nach oraler Aufnahme wird Glycyrrhizin von der Intestinalflora in sein Aglykon β-Glycyrrhetinsäure überführt, die z.T. weiter zum 3-Dehydroderivat und zur 3-epi-18β-Glycyrrhetinsäure metabolisiert werden kann [26, 27].

Die Bioverfügbarkeit der Glycyrrhizinsäure selbst ist nach oraler Gabe gering; die Resorption beträgt etwa 1% [28]. Sie unterliegt einem enterohepatischen Kreislauf [29, 30]. Nach oraler Gabe von 100 mg Glycyrrhizinsäure an Versuchspersonen wurde für die Glycyrrhetinsäure ein Plasmaspiegel von <200 μg/ml gefunden [31]. Die Halbwertszeit beträgt ca. 6 Stunden. Zur Kinetik der Glycyrrhizinsäure und seiner Metabolite siehe bei [1, 28, 30–32]. Glycyrrhizinsäure wirkt auch antiphlogistisch bei durch Phorbolderivaten ausgelösten Entzündungen [33].

Die indirekt corticoide Wirkung, die therapeutisch auch in Form des Bernsteinsäurehalbesters der Glycyrrhetinsäure (Carbenoxolon, =Ulcus-Tablinen®), ausgenützt wird, ist jedoch nur eine Teilwirkung der Droge bei der Gastritis-Ulkus-Therapie. Auch entglycyrrhinierte Extrakte wirken ulkus*protektiv* und sind zur Behandlung von Magengeschwüren eingesetzt worden [Übersicht bei 34]. Sie setzen u.a. über eine direkte Hemmwirkung auf die Zellen (keine Unterdrückung der Gastrin-Freisetzung!) die Magensaftsekretion herab [35] und verhindern oder reduzieren durch Acetyl-Salicylsäure hervorgerufene Schleimhautentzündungen [36, 37]. Für Kombinationen der Glycyrrhizinsäure mit anderen Bestandteilen des Extraktes wurden synergistische Wirkungen bei der Anti-Ulkus-Aktivität nachgewiesen [38]. Hingegen konnte in klinischen Doppelblindstudien eine antiulcerogene Wirksamkeit entglycyrrhinierter Extrakte nicht nachgewiesen werden (u.a. [39], weitere Lit. bei [1]). Hinzu kommt eine ausgeprägte, bei der gegebenen Indikation wünschenswerte spasmolytische Wirkung, die durch einzelne Flavonoide der Droge, insbesondere durch Liquiritigenin und vor allem Isoliquiritigenin hervorgerufen wird. Im ostasiatischen Raum wird die Glycyrrhizinsäure zusammen mit Glycin und Cystein (Stron-

---

Auszug aus der Monographie der Kommission E
(BAnz Nr. 90 vom 15. 05. 1985, Nr. 50 vom 13. 03. 1990,
Nr. 74 vom 19. 04. 1991 und Nr. 178 vom 21. 09. 1991)

Anwendungsgebiete
Katarrhe der oberen Luftwege und Ulcus ventriculi/duodeni.

Gegenanzeigen
Cholestatische Lebererkrankungen, Leberzirrhose, Hypertonie, Hypokaliämie, schwere Niereninsuffizienz, Schwangerschaft.

Nebenwirkungen
Bei längerer Anwendung und höherer Dosierung können mineralcorticoide Effekte in Form einer Natrium- und Wasser-Retention, Kaliumverlust mit Hochdruck, Ödeme und in seltenen Fällen Myoglobinurie auftreten.

Wechselwirkungen
Kaliumverluste durch andere Arzneimittel, z.B. Thiazid- und Schleifendiuretika, können verstärkt werden. Durch Kaliumverluste nimmt die Empfindlichkeit gegen Digitalisglykoside zu.

Dosierung
Soweit nicht anders verordnet:
Mittlere Tagesdosis:
Süßholz ca. 5–15 g Droge entsprechend 200–800 mg Glycyrrhizin;
Succus Liquiritae:
0,5–1 g bei Katarrhen der oberen Luftwege; 1,5–3,0 g bei Ulcus ventriculi/duodeni;
Zubereitung entsprechend.

Art der Anwendung
Klein geschnittene Drogen, Drogenpulver, Trockenextrakte für Aufgüsse. Abkochungen, flüssige und feste Formen zur oralen Anwendung (Succus Liquiritiae).

Dauer der Anwendung
Ohne ärztlichen Rat nicht länger als 4–6 Wochen.

Hinweis
Gegen die Verwendung der Droge als Geschmackskorrigenz bis zu einer maximalen Tagesdosis von 100 mg Glycyrrhizin bestehen keine Einwände.

Wirkungen
Glycyrrhizinsäure und das Aglykon der Glycyrrhizinsäure beschleunigen nach kontrollierten klinischen Studien die Abheilung von Magenulcera. Sekretolytische und expektorierende Wirkungen sind im Tierversuch nachgewiesen. Am isolierten Ileumsegment des Kaninchens wurde in einer Konzentration von 1:2500 bis 1:5000 eine spasmolytische Wirkung nachgewiesen.

ger Neo Minophagen C) als Infusion zur Behandlung der chronischen Hepatitis und der Leberzyrrhose eingesetzt. Für die Glycyrrhetinsäure wurde in vitro [40, 41] und auch nach oraler Gabe in vivo [41] eine antihepatotoxische Wirkung nachgewiesen. Für die Isoflavonoide und Chalcone (u.a. Glabren, Glabridin [42], Licochalcone, Liquiritigenin) wurde eine beträchtliche Radikalfängerwirkung nachgewiesen (Lit. bei [1]). Isoliquiritigenin ist ein potenter Aldosereduktasehemmer (IC_{50}: 3.2×10^{-7} M). In vivo unterdrückt es an diabetischen Ratten die Akkumulation von Sorbitol in Erythrozyten, Ischiasnerv und Augenlinse [8]. In Rattenleber-Mitochondrien hemmt es in vitro die Monoaminooxidase (EC_{50}: 17,3 µM) [43]. Zu weiteren Wirkungen von Süßholzextrakten und einzelnen Inhaltsstoffen siehe bei [1].

3. Aufgrund des intensiv süßen Geschmacks als Geschmackskorrigens für Arzneimittel, Lebensmittel und Genußmittel.

Lakritzwaren sind Gemische aus dem eingedickten, trockenen Wasserextrakt der Süßholzwurzel (= Succus liquiritiae oder Lakritz) mit Zucker, Mehl, Stärke und/oder Gelatine sowie Geruchs- und Geschmacksstoffen, die mind. 5% festen Wasserextrakt enthalten. Der Glycyrrhizinsäuregehalt in handelsüblichen Lakritzwaren liegt zwischen 34 und 500 mg/100 g [27]. Vom Bundesverband der Süßwarenindustrie wurde kürzlich ein Höchstgehalt von 200 mg/100 g festgelegt [44]. Produkte mit höherem Gehalt sind als „Starklakritz" zu bezeichnen, für die eine Höchstverzehrmenge angegeben werden muß (siehe Nebenwirkungen).

In abführenden Teemischungen verstärken Süßholzwurzeln die Wirkung von Anthrachinondrogen (Erhöhung der Benetzbarkeit des Darminhaltes wegen der hohen Oberflächenaktivität von Glycyrrhizin), weshalb diese geringer dosiert werden können.

Nebenwirkungen: Über längere Zeiträume eingenommene höhere Dosen (mehr als 50 g Droge täglich) führen zu Hypokaliämie, Hypernatriämie, Ödemen, Hypertension und Herzbeschwerden. In extremen Fällen kommt es zur Ausbildung von Pseudoaldosteronismus mit allen Erscheinungsformen [45]. Die Beschwerden verschwinden nach Absetzen der Droge innerhalb von einigen Tagen. Die β-Glycyrrhetinsäure hemmt die Aktivität der 11β-Hydroxysteroiddehydrogenase, die Cortisol in Cortison überführt, so daß die Symptomatik des angeborenen, seltenen 11β-Hydroxysteroiddehydrogenase-Mangels auftritt [46]. Das Glucocorticoid Cortisol hat die gleiche Affinität zu den Aldosteron-Rezeptoren wie das Mineralocorticoid Aldosteron. Im mineralocorticoiden Zielgewebe der Niere wird Cortisol normalerweise durch die 11β-Hydroxysteroiddehydrogenase rasch zu Cortison metabolisiert, das keine Affinität zu den Aldosteron-Rezeptoren hat, während Aldosteron wahrscheinlich durch die Bildung des 11,18-Hemiacetals vor einer enzymatischen Reaktion geschützt ist und so hier selektiv wirkt. Im Plasma wirkt sich diese Beeinflussung kaum aus, da hier der Cortisolspiegel gegenüber dem des Aldosterons um den Faktor 5000 höher ist. Zur Wirkung der Glycyrrhetinsäure auf den Steroidstoffwechsel und zur Lakritzintoxikation siehe bei [27, 44]. Zubereitungen der Süßholzwurzel sollen nicht länger als 6 Wochen angewendet werden. Während dieser Zeit sollte auf die Zufuhr einer kaliumreichen Kost (z.B. Bananen, getrocknete Aprikosen) geachtet werden. Bei bestehendem Bluthochdruck sowie eingeschränkter Herz- und Nierenfunktion sollte vor längerer Anwendung der Arzt befragt werden. Aufgrund erhöhter Kaliumverluste kann die Wirkung von herzwirksamen Glykosiden verstärkt werden. Die län-

---

Wortlaut der Packungsbeilage gemäß Standardzulassung:

6.1 Stoff- oder Indikationsgruppe
Pflanzliches Mittel zur Behandlung von Atemwegserkrankungen/Magen-Darm-Mittel.

6.2 Anwendungsgebiete
Katarrhe der oberen Luftwege; entzündliche Erkrankungen im Magen-Darm-Bereich.

6.3 Gegenanzeigen
Durch Gallenstauung entstandene Lebererkrankungen, Leberzirrhose, Bluthochdruck, Verminderung des Kaliumgehaltes im Blut, schwere Nierenfunktionsschwäche, Schwangerschaft.

6.4 Wechselwirkungen mit anderen Mitteln
Kaliumverluste durch andere Arzneimittel, z.B. Thiazid- und Schleifendiuretika, können verstärkt werden. Durch Kaliumverluste nimmt die Empfindlichkeit gegen Digitalisglykoside zu.

6.5 Dosierungsanleitung und Art der Anwendung
Soweit nicht anders verordnet, wird 2- bis 3mal täglich eine Tasse des wie folgt bereiteten Teeaufgusses getrunken:

$1^1/_2$ Teelöffel voll (ca. 4,5 g) Süßholzwurzel oder die entsprechende Menge in einem oder mehreren Aufgußbeutel(n) wird mit siedendem Wasser (ca. 150 ml) übergossen und nach etwa 10 bis 15 Minuten gegebenenfalls durch ein Teesieb gegeben.

6.6 Dauer der Anwendung
Ohne ärztlichen Rat sollen Teeaufgüsse aus Süßholzwurzel nicht länger als 4 bis 6 Wochen getrunken werden.

6.7 Nebenwirkungen
Bei längerer Anwendung und höherer Dosierung können mineralokortikoide Effekte in Form einer Natrium- und Wasserzurückhaltung, Kaliumverlust mit Bluthochdruck, Ödeme, Verminderung des Kaliumgehaltes im Blut und in seltenen Fällen Rotfärbung des Urins durch Beimengung von Myoglobin auftreten.

6.8 Hinweis
Vor Licht und Feuchtigkeit geschützt aufbewahren.

gere Anwendung soll nicht gleichzeitig mit Spironolacton oder Amilorid erfolgen.

Teebereitung: 1–1,5 g der fein zerschnittenen oder grob gepulverten Droge werden mit kochendem Wasser übergossen oder auch mit kaltem Wasser angesetzt und kurz aufgekocht; nach 10–15 min durch ein Teesieb geben. Keine längerdauernde Anwendung (s. Nebenwirkungen)!
1 Teelöffel=etwa 3 g.

Teepräparate: Süßholzwurzel ist Bestandteil von Husten- und Bronchialtees sowie von Magen-Darmtees. Extrakte sind z.T. in Instant-Tees enthalten, z.B. Magentee Solu-Vetan® Instant Tee.

Phytopharmaka: Süßholzextrakt, z.T. auf Glycyrrhizinsäure eingestellt, ist in einigen Ulcus-Therapeutika enthalten, z.B. Suczulen® mono (Kapseln), Ulgastrin® Neu (Tabletten) u.a.; ferner in Magenmitteln z.B. in Rabro®N (Tabletten), Ullus® Kapseln N u.a. Extrakte sind auch Bestandteil mehrerer Hustenmittel, z.B. Lakriment® Neu (Bronchialpastillen), Bronchipect N (Hustenpastillen), Bronchosyx N (Lösung) u.a. In zahlreichen Hustenmitteln wird Lakritze als Hilfsstoff (Aromazusatz) verwendet.

Prüfung: Makroskopisch (s. Beschreibung) und mikroskopisch nach DAB 1996. Identitätsprüfung durch orangegelbe Färbung mit konz. Schwefelsäure sowie DC-Nachweis der Glycyrrhetinsäure nach DAB 1996, Abbildung in [47]. Eine DC-Identifizierung ist auch über die Flavonoide möglich [48], dort auch farbige Abbildung des DC.

Verfälschungen: Kommen in der Praxis nicht vor.

Literatur:
[1] Hager, Band **5**, 314 (1993).
[2] H. Hayashi, H. Fukui und M. Tabata, Planta Med. **59**, 351 (1993).
[3] M.H.A. Elgamal und Mitarb., Z. Naturforsch. **45C**, 937 (1990).
[4] S. Yahara und I. Nishioka, Phytochemistry **23**, 2108 (1984).
[5] P. Gorecki, M. Drozdzynska und E. Segiet-Kujawa, Planta Med. **57**, Suppl. A 118 (1991).
[6] H. Miething und A. Speicher-Brinker, Arch. Pharm. (Weinheim) **322**, 141 (1989).
[7] I. Kitagawa und Mitarb., Chem. Pharm. Bull. **42**, 1056 (1994).
[8] K. Aida und Mitarb., Planta Med. **56**, 255 (1990).
[9] E. Segiet-Kujawa und Mitarb., Herb. Polon. **36**, 33 (1990).
[10] H. Sahagami und Mitarb., Nippon Shokuhin Kogyo Gekkaishi **39**, 257 (1992); C.A. **117**, 1472992 (1991).
[11] N. Shimizu und Mitarb., Chem. Pharm. Bull. **39**, 2082 (1991).
[12] K. Takada, M. Tomoda und N. Shimizu, Chem. Pharm. Bull. **40**, 2487 (1992).
[13] M. Tomoda und Mitarb., Pharm. Pharmacol. Lett. **4**, 36 (1994).
[14] S. Büchi, Dtsch. Apoth. Ztg. **136**, 89 (1996).
[15] K. Ohtsuki und N. Iahida, Biochem. Biophys. Res. Commun. **157**, 597 (1988).
[16] N. Abe, T. Ebina und N. Ishida, Microbiol. Immunol. **26**, 535 (1982).
[17] Y. Hayashi und Mitarb., Yakuri to Chiryo **7**, 3861 (1979).
[18] M. Shinada und Mitarb., Proc. Soc. Exp. Biol. Med. **181**, 205 (1986).
[19] J. Lutomski, Pharmazie in unserer Zeit **12**, 49 (1983).
[20] M.R. Gibson, Lloydia **41**, 348 (1978).
[21] F. Capasso und Mitarb., J. Pharm. Pharmacol. **35**, 332 (1983).
[22] K. Ohuchi und Mitarb., Prostaglandins Med. **7**, 457 (1981).
[23] Y. Tamura und Mitarb., Arzneim. Forsch. **29**, 647 (1979).
[24] A. Kumagai, Y. Tamura und Y.I. Yang, Gendai Toyo Igaku **2**, 38 (1981); C.A. **95**, 12593 (1981).
[25] T. Akao und Mitarb., Chem. Pharm. Bull. **40**, 1208, 3021 (1992).
[26] M. Hattori und Mitarb., Planta Med. **48**, 38 (1983).
[27] J. Bielenberg, Pharm. Ztg. **134**, 3059 (1989).
[28] Y. Yamamura und Mitarb., Biol. Pharm. Bull. **18**, 337 (1995).
[29] T. Ishikawa und Mitarb., J. Pharm. Sci. **75**, 672 (1986).
[30] J. Kawakami und Mitarb., J. Pharm. Sci. **82**, 301 (1993).
[31] Y. Yamamura und Mitarb., J. Pharm. Sci. **81**, 1042 (1992).
[32] Z. Wang und Mitarb., Biol. Pharm. Bull. **18**, 1238 (1995).
[33] K. Yasukawa und Mitarb., Yakugaku Zasshi **108**, 794 (1988); C.A. **109**, 183183 (1988).
[34] R.N. Brodgen, T.M. Speight und C.S. Avery, Drugs **8**, 330 (1974).
[35] R. Hakanson und Mitarb., Experientia **29**, 570 (1973).
[36] W.D.W. Rees und Mitarb., Scand. J. Gastroenterol. **14**, 605 (1979).
[37] A. Bennett und Mitarb., J. Pharm. Pharmacol. **32**, 151 (1980).
[38] S. Okabe und Mitarb., Oyo Yakuri **18**, 469 (1979); C.A. **92**, 157697 (1980).
[39] D. Hollanders und Mitarb., Br. Med. J. **1**, 148 (1978).
[40] Y. Kiso, M. Tokkin und H. Hikono, Planta Med. **49**, 222 (1983).
[41] M. Nose und Mitarb., Planta Med. **60**, 136 (1994).
[42] R. Takaghi, Jap. Patent 02,233,795 [19,233,795] (Cl. C09K15/08) 17.09.1990; C.A. **114**, 22686 (1991).
[43] S. Tanaka, Y. Kuwai und M. Tabata, Planta Med. **53**, 5 (1987).
[44] M. Veit, Z. Phytother. **14**, 43 (1993).
[45] Martindale, The Extrapharmacopeia, 29. Aufl., S. 1093 (1989).
[46] J. Bielenberg, Pharm. Unserer Zeit **21**, 157 (1992).
[47] P. Pachaly, DC-Atlas, Dünnschichtchromatographie in der Apotheke, 3. Aufl., Wiss. Verlagsges., Stuttgart 1995.
[48] H. Wagner, S. Bladt und E.M. Zgainski, Drogenanalyse, Dünnschichtchromatographische Analyse von Arzneidrogen. Springer-Verlag, Berlin, Heidelberg, New York 1983.

Willuhn

Lupuli strobulus
Lupuli glandula

Hopfenzapfen DAB 1996
Hopfendrüsen

Abb. 1

Abb. 2

Abb. 3

Abb. 1: Hopfenzapfen, Abb. 2: Hopfendrüsen

Beschreibung: Hopfenzapfen bestehen aus den 2–4 cm langen, grünlich-gelben, weiblichen Blütenständen. Sie sind aus dachziegelartig übereinanderliegenden, eiförmigen Nebenblättern aufgebaut, in deren Achsel jeweils zwei weibliche Blüten sitzen, die von je einem kleinen schief-eiförmigen Vorblättchen umhüllt sind. Die Blattstückchen der Droge lassen deutlich goldgelbglänzende Drüsenhaare (=Hopfendrüsen) erkennen (Abb. 2).

Geruch: Kräftig würzig.

Geschmack: Etwas bitter und kratzend.

Hopfendrüsen sind die von den Hopfenzapfen durch Absieben gewonnenen Drüsenhaare. Sie bilden ein grünlichgelbes bis orangegelbes, klebriges Pulver.

Geruch: Charakteristisch, stark würzig.

Geschmack: Würzig und bitter.

Abb. 3: *Humulus lupulus* L., weibliche Pflanzen 3–6 m hohe (in Kultur bis über 10 m), rechtswindende Pflanze. Langgestielte Blätter rauhhaarig, tief 3- bis 7-lappig, grob gesägt. Weibliche Blüten in Scheinähren.

> ÖAB: Glandula Lupuli
> St. Zul.: 1029.99.99 (Hopfenzapfen)

Stammpflanze [1]: *Humulus lupulus* L. (Hopfen), Cannabaceae.

Synonyme: Für Hopfenzapfen auch Hopfenblüten, Hopfenkätzchen. Hops (engl.). Cônes d'Houblon (franz.).
Für Hopfendrüsen auch Lupulin, Hopfenmehl. Hop grains (engl.). Lupulin (franz.).

Herkunft [2]: Ausschließlich aus dem Anbau der in vielen Ländern der gemäßigten Zonen kultivierten Pflanze (es werden nur weibliche Pflanzen vegetativ vermehrt); die Droge stammt aus Deutschland, es gibt aber auch Importe aus USA und China.

Inhaltsstoffe [3, 4]: Bitterstoffe (Acylphloroglucide), die im sog. Harz (15–30% in Hopfenzapfen, 50–80% in Hopfendrüsen) enthalten sind. Dies wird unterschieden in den in Petroläther unlöslichen Anteil („Hartharz") und in die in Petroläther löslichen Weichharze (α- und β-Weichharz). Wichtigste Komponente des α-Weichharzes (d.i. der mit Bleiacetat fällbare Anteil des Weichharzes) ist der Bitterstoff Humulon, während das β-Weichharz vorwiegend Lupulon, ebenfalls einen Bitterstoff, enthält. Daneben sind zahlreiche weitere Bitterstoffe in reiner Form isoliert worden. Alle Bitterstoffe sind ziemlich labile Verbindungen, die schon beim Lagern allmählich in Komponenten des Hartharzes (vorwiegend Oxidationsprodukte) übergehen. Ätherisches Öl (in Hopfenzapfen 0,3–1%, in Hopfendrüsen 1–3%), vorwiegend aus Mono- und Sesquiterpenen bestehend (Myrcen, Humulen, Caryophyllen u.a., derzeit sind über 150 definierte Aromastoffe des Hopfens bekannt). Länger gelagerte Hopfenzapfen enthalten bis 0,15% von dem C_5-Alkohol 2-Methyl-3-buten-2-ol, das aus den Bitterstoffen durch deren Abbau entsteht. Gerbstoffe vom Typ der oligomeren Proanthocyanidine (2–4% in Hopfenzapfen, ziemlich wenig in Hopfendrüsen), ferner Flavonoide (Kämpferol- und Quercetin-mono- und -diglykoside), darunter das – biogenetisch zu den Flavonoiden gehörende – drogenspezifische Chalkon Xanthohumol. Für die St. Zul. ist ein Mindestgehalt an Flavonoiden, berechnet als Rutosid, von 0,25% vorgeschrieben.

Indikationen: Als Sedativum, besonders in Form des Extraktes in Kombination mit anderen sedativ wirkenden Drogen bei Unruhe, Übererregbarkeit, nervösen Einschlafstörungen, Spannungszuständen. Die Frage nach den sedativ wirksamen Inhaltsstoffen ist zwar noch nicht geklärt, doch konnten R. Hänsel u. Mitarb. bereits 1980 zeigen, daß das während der Lagerung aus Humulon und Lupulon entstehende Methylbutenol als einer der wirksamsten Inhaltsstoffe anzusehen ist; Methylbutenol erwies sich im Tierversuch als deutlich sedativ wirksam [5, 6]. Die in Hopfen enthaltene geringe Menge dieses Alkohols reicht zwar nicht aus, eine sedative Wirkung der Hopfenzapfen, -drüsen oder -extrakte

> *Auszug aus der Monographie der Kommission E
> (BAnz Nr. 228 vom 05. 12. 1984 und Nr. 50 vom 13. 03.1990).*
>
> **Anwendungsgebiete**
> Befindensstörungen wie Unruhe und Angstzustände, Schlafstörungen.
>
> **Gegenanzeigen**
> Keine bekannt.
>
> **Nebenwirkungen**
> Keine bekannt.
>
> **Wechselwirkungen**
> Keine bekannt.
>
> **Dosierung**
> Soweit nicht anders verordnet:
> Einzelgabe der Droge 0,5 g.
>
> **Art der Anwendung**
> Geschnittene Drogen, Drogenpulver oder Trockenextraktpulver für Aufgüsse oder Abkochungen oder andere Zubereitungen.
> Flüssige und feste Darreichungsformen zur innerlichen Anwendung.
>
> **Hinweis**
> Kombinationen mit anderen sedativ wirkenden Drogen können sinnvoll sein.
>
> **Wirkungen**
> Beruhigend, schlaffördernd.

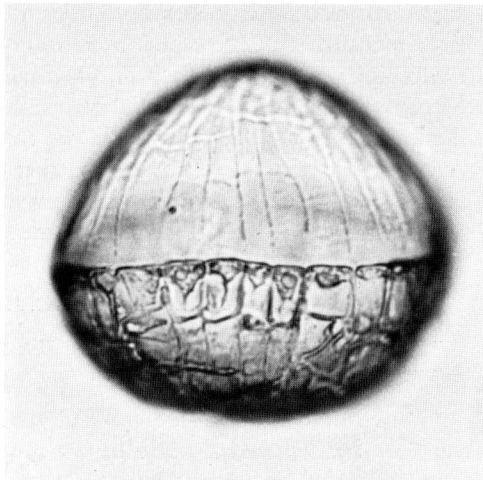 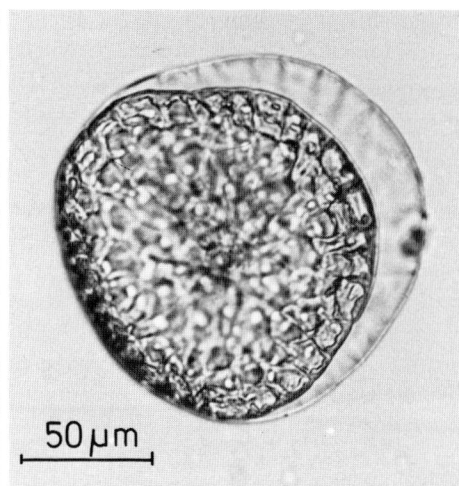

Abb. 4: Schüsselförmige, vielzellige Hopfendrüsen von der Seite (links) und in der Aufsicht (rechts)

vollständig zu erklären, doch besteht Grund zu der Annahme, daß auch nach oraler Aufnahme von Hopfen 2-Methyl-3-buten-2-ol aus Lupulon entsteht [7]. In einer offenen multizentrischen Studie an 225 Probanden wurde die sedierende Wirksamkeit von Hopfenextrakten, wie sie schon zuvor in vielen Erfahrungsberichten erwähnt wird, vollauf bestätigt [8].

Hopfenzapfen werden in Form von Teeaufgüssen auch im Sinne eines Amarums und Stomachikums zur Appetitanregung und Steigerung der Magensaftsekretion gebraucht.

<u>Volksmedizinisch</u> in Form von Infusen äußerlich zur Behandlung von Geschwüren und Hautverletzungen, innerlich bei Blasenentzündungen.

Die antibakterielle Wirkung von Hopfenextrakten und ebenso von einzelnen Komponenten desselben ist mehrfach beschrieben worden [9–11].

Teebereitung: 0,5 g zerkleinerte Hopfenzapfen werden mit kochendem Wasser übergossen und bedeckt stehen gelassen; nach 10–15 min abseihen.
1 Teelöffel = etwa 0,4 g.

Teepräparate: Hopfenzapfen werden von wenigen Herstellern als Tee oder als Hopfenkissen angeboten. Zahlreiche Teegemische der Indikationsgebiete Nerven-Schlaf-Beruhigungsmittel enthalten u.a. Hopfenzapfen.

Phytopharmaka: Hopfenextrakt wird vereinzelt in Monopräparaten verwendet, z.B. Nervenruh forte N (Dragees), ebenso Hopfendrüsen in Lactidorm® (Dragees). In über 80 Kombinationspräparaten der „Beruhigungs-, Nerven- und Schlafmittel" findet man Hopfenextrakte als Bestandteil (neben Baldrian, Melisse u.a.) z.B. Baldriparan® Nerven-

---

Wortlaut der Packungsbeilage gemäß Standardzulassung:

6.1 Anwendungsgebiete

Befindensstörungen wie Unruhe und Schlafstörungen.

6.2 Dosierungsanleitung und Art der Anwendung

Ein bis zwei Teelöffel voll **Hopfenzapfen** werden mit heißem Wasser (ca. 150 ml) übergossen und nach 10 bis 15 Minuten durch ein Teesieb gegeben. Soweit nicht anders verordnet, 2- bis 3mal täglich und vor dem Schlafengehen eine Tasse frisch bereiteten Teeaufguß trinken.

6.3 Hinweis

Vor Licht und Feuchtigkeit geschützt aufbewahren.

---

tonikum, Baldriparan® Stark N (Dragees) Euvegal®N (Saft und Dragees) Moradorm® S (Tabl.), Nervinfant®N (Sirup), Valdispert® Comp. (Dragees) Vivinox®N (Dragees) u.a.

Prüfung: Mit 70proz. Methanol mind. 25% Extraktivstoffe, mit Wasser mind. 18% Extraktivstoffe (St. Zul. für Hopfenzapfen). Bei der mikroskopischen Untersuchung erkennt man die gelben Hopfendrüsen als 150–250 µm große Drüsenhaare, deren Sekretionszellen eine einreihige, schüsselförmige Schicht bilden, von der sich die Kutikula blasenförmig abhebt; in der Kutikula sind Abdrücke der Sekretionszellen sichtbar (Abb. 4). Alte, zersetzte Droge erkennt man am intensiven Geruch nach Isovaleriansäure, gute Droge riecht würzig. Für Hopfendrüsen ist im ÖAB ein Gehalt an etherlöslichen Bestandteilen von mindestens 70% vorgeschrieben. Wichtig ist die Prüfung auf Kupfer, das aus Pflanzenbehandlungsmittel-Rückständen (Fungiciden) stammen kann.

Identitätsprüfung mittels DC:

Sorbens: Kieselgel 60 F_{254} (lufttrocken) (5 × 10 cm, Glas oder Folie).

Untersuchungslösung: 1,0 g pulv. Droge wird mit 5 ml Methanol 10 Min. unter Rückfluß erhitzt und warm filtriert. Das Filtrat dient als Untersuchungslösung.

Referenzlösung: 1 mg Sudan I, 2 mg Curcumin und 5 mg Dimethylaminobenzaldehyd werden in 10 ml Methanol gelöst.

Aufzutragen: 5 µl Untersuchungslösung und 2 µl Referenzlösung strichförmig (10 × 2 mm).

Fließmittel: Cyclohexan – Ethylacetat – Eisessig (60 + 38 + 2) (Kammersättigung).

Laufstrecke: 8 cm, **Zeit:** 14 min.

Sichtbarmachung und Auswertung: Nach vollständigem Abdunsten des Fließmittels (im **Kaltluft**strom) wird a) unter UV_{254} und b) im UV_{365} ausgewer-

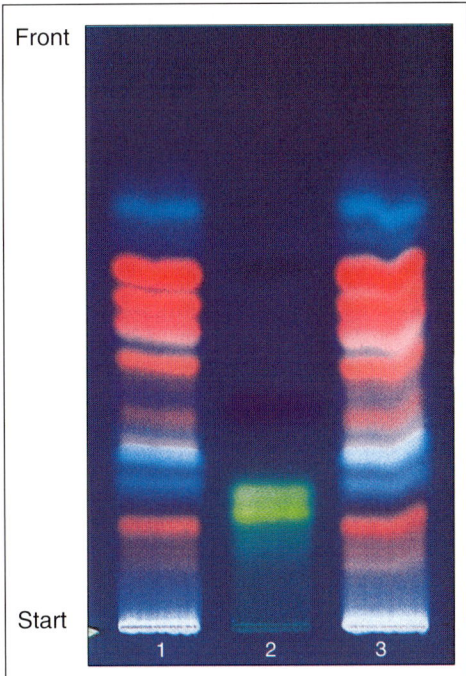

Abb. 5: DC von Hopfenzapfen, auf Glasplatten 5 × 10 cm, Laufstrecke 8 cm, unbesprüht, unter UV$_{365}$.
1: Untersuchungslösung
2: Referenzlösung
3: Untersuchungslösung

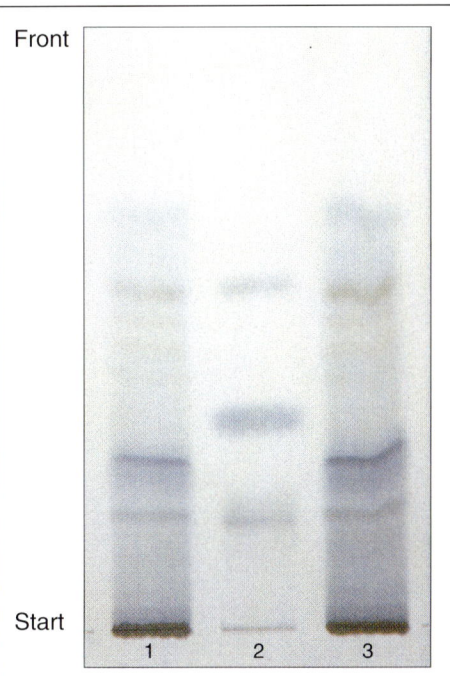

Abb. 6: DC von Hopfenzapfen, auf Glasplatten 5 × 10 cm, Laufstrecke 8 cm, besprüht mit Molybdat-Wolframat R (DAB 1996) und mit Ammoniak bedampft, im Tageslicht
1: Untersuchungslösung
2: Referenzlösung
3: Untersuchungslösung

tet. Die Referenzsubstanzen erkennt man unter UV$_{254}$ als fluoreszenzmindernde Zonen mit folgenden Rf-Werten: Curcumin (0,23), Dimethylaminobenzaldehyd (0,35), Sudan I (0,58). Im DC der Untersuchungslösung erkennt man im UV$_{365}$ mit nahezu gleichem Rf-Wert wie Curcumin dunkelbraun fluoreszierendes *Xanthohumol* (Rf ~ 0,23) etwas tiefer als Dimethylaminobenzaldehyd hellbraun bis braun fluoreszierende *Humulone* und die hellblau fluoreszierenden *Lupulone* etwa in Höhe der Referenzsubstanz Sudan I (Abb. 5). Anschließend wird das DC mit frisch hergestelltem Molybdat-Wolframat-Reagenz R (DAB 1996) besprüht, mit Ammoniak bedampft und im Tageslicht ausgewertet. Die Humulone und Lupulone erscheinen graublau, die Xanthohumol-Zone graugrün. (Abb. 6).

Verfälschungen: Kommen praktisch nicht vor. Reife Früchte sollen in Hopfenzapfen nicht vorhanden sein.

Aufbewahrung: Vor Licht geschützt, kühl, nicht länger als 1 Jahr (so z.B. ÖAB).

Literatur:
[1] F.-C. Czygan, Z. Phytother. **13**, 141 (1992).
[2] G. Breitner, Z. Phytother. **13**, 151 (1992).
[3] J. Hölzl, Z. Phytother. **13**, 155 (1992).
[4] M. Verzele und D. De Keukeleire (edit.), Chemistry and Analysis of Hop and Beer Bitter Acids. Elsevier, Amsterdam 1991.
[5] R. Wohlfart und Mitarb., Arch. Pharm. (Weinheim) **316**, 132 (1983).
[6] R. Wohlfart, R. Hänsel und H. Schmidt, Planta Med. **48**, 120 (1983).
[7] R. Hänsel und J. Schulz, Dtsch. Apoth. Ztg. **126**, 2347 (1986).
[8] S. Orth-Wagner, W.J. Ressin und I. Friedrich. Z. Phytother. **16**, 147 (1995).
[9] W.J. Simpson, Diss. Abstr. Int. B. **53**, 3871 (1993); C.A. **120**, 102050 (1994).
[10] N.A. Smith und P. Smith, J. Inst. Brew. **99**, 43 (1993).
[11] W.J. Simpson und A.R.W. Smith, J. Appl. Bacteriol. **72**, 327 (1992).

Wichtl

Lycopodii herba — Bärlappkraut

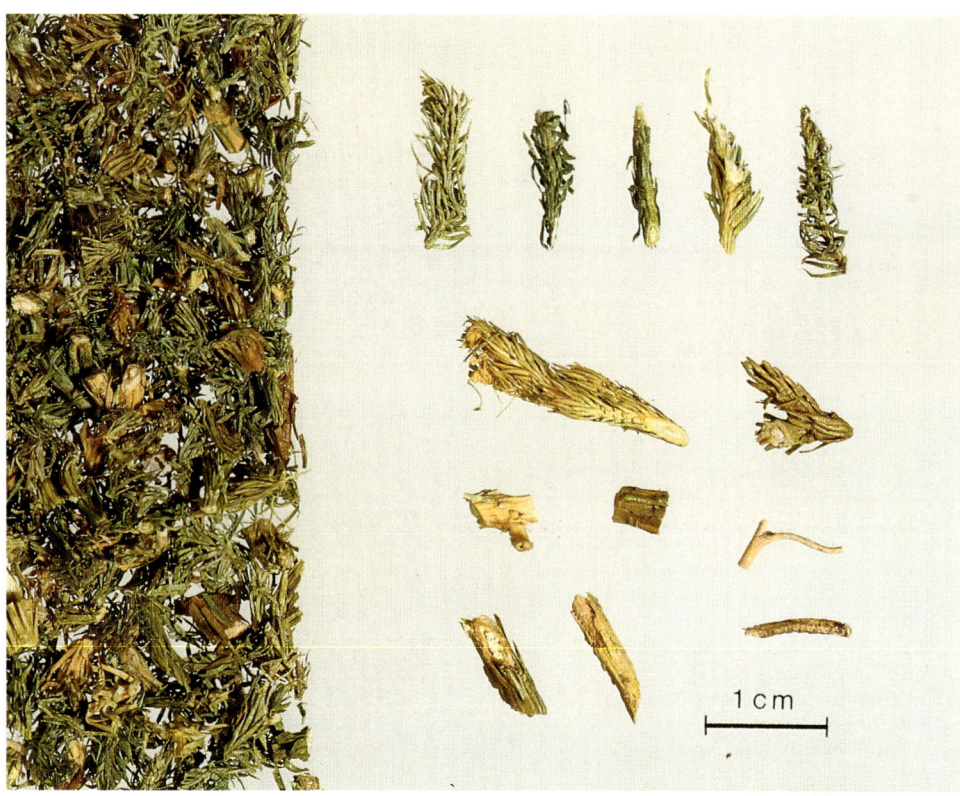

Abb. 1: Bärlappkraut (in der Bildmitte links ein brauner Sporophyllstand, den man in der Droge aber nur selten findet).

Beschreibung: Der dünne, stielrunde Stengel ist dicht besetzt mit 3–5 mm langen, hell gelblichgrünen, pfriemförmigen, sitzenden Blättern. Diese sind ganzrandig, steif, in eine weiße haarförmige Spitze auslaufend und sehr dicht wirtelig oder spiralig angeordnet (Abb. 3). In der Ganzdroge sind wiederholt gabelige Verzweigungen des Stengels zu sehen, weniger häufig kommen walzenrunde Sporophyllstände vor.

Geschmack: Süßlich bitter.

Abb. 2: *Lycopodium clavatum* L. Weithin kriechende Sproßteile, schuppig beblättert, Sporangienähren meist zu zweien, bis 30 cm hoch.

Erg. B. 6: Herba Lycopodii

Stammpflanze: *Lycopodium clavatum* L. (Keulen-Bärlapp), Lycopodiaceae.

Synonyme: Kolben-Bärlapp, Drudenkraut, Drudenfuß, Schlangenmoos, Hexenkraut, Gürtelkraut, Wolfsklaue, Wolfsraute, Moosfarn. Common clubmoss, Running clubmoss, Ground pine, Running pine (engl.). Herbe de lycopode (franz.).

Herkunft: Allgemein verbreitet in gemäßigten und kälteren Klimazonen; in Deutschland unter Naturschutz gestellt. Die Droge stammt aus Wildsammlungen vor allem osteuropäischer Länder und Chinas.

Inhaltsstoffe: Etwa 0,2% Alkaloide, die unterschiedlichen heterozyklischen Ringsystemen angehören. Aus *Lycopo-*

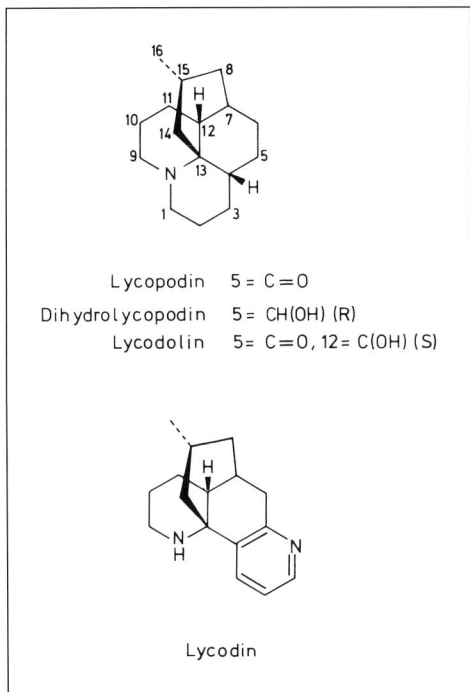

Lycopodin	5 = C=O
Dihydrolycopodin	5 = CH(OH) (R)
Lycodolin	5 = C=O, 12 = C(OH) (S)

Lycodin

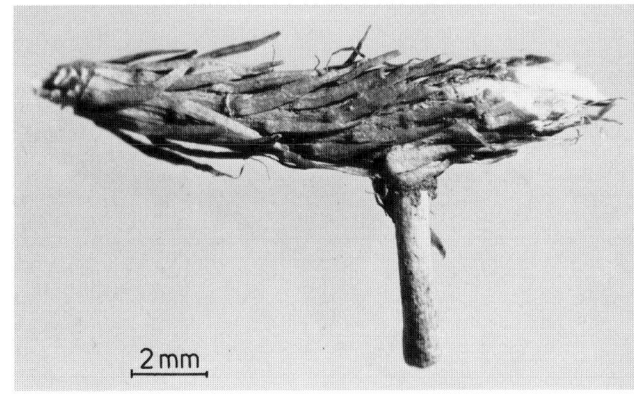
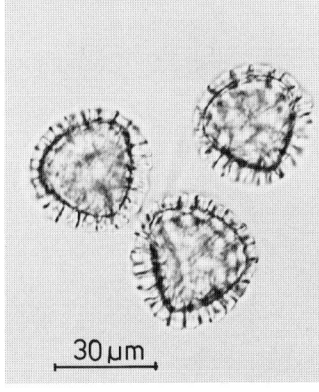

Abb. 3: Stengelfragment von *Lycopodium clavatum* mit ansitzendem Wurzeltrieb

Abb. 4: Typische Sporen von *Lycopodium* mit mehrschichtigem, netzförmig verdicktem Exospor

dium-Arten sind über 100 Alkaloide isoliert worden, die etwa 20 verschiedenen Grundtypen zugeordnet werden können [1, 2]. Hauptalkaloide der Droge sind Lycopodin und Dihydrolycopodin, daneben sind noch Acetyldihydrolycopodin, Lycodin, Anhydrolycodolin und Lycodolin zu nennen. Kleine Mengen an Flavonoiden (Chrysoeriol, Luteolin, Apigenin-4'-glucosid u.a.), Kaffeesäure und Triterpene kommen vor.

Indikationen: Praktisch nur in der *Volksmedizin* als Diuretikum und bei Nieren- und Blasenleiden. Worauf die Wirkung zurückzuführen ist, ist derzeit nicht bekannt. Für die meisten Alkaloide (deren Isolierung im Zusammenhang mit der Klärung taxonomischer Fragen innerhalb der Lycopodiaceae erfolgte) ergab die pharmakologische Prüfung eine beachtliche Toxizität, wobei auch emetische und stark laxierende Effekte beobachtet wurden. Auch Reizwirkungen an Schleimhäuten sind von vielen Alkaloiden bekannt; sie spielen vielleicht für die diuretische Wirkung der Droge, neben den Flavonoiden, eine Rolle.

Bärlapp-Extrakte bewirken bei Insekten eine Absenkung des Gehaltes an Kohlenhydraten in der Hämolymphe [3].

Das aus Bärlappsporen gewonnene Sporopollenin hat sich, in modifizierter Form, als stationäre Phase bei der austauschchromatographischen Trennung von Nucleosiden bewährt [4].

Nebenwirkungen: Vor allem bei längerem Gebrauch ist mit Reizwirkungen der doch recht toxischen Alkaloide zu rechnen.

Teebereitung: 1,5 g fein zerschnittene Droge werden mit kochendem Wasser übergossen; nach 5 bis 10 min durch ein Teesieb geben. 2–3mal täglich 1 Tasse. Nicht über längere Zeit anwenden, Nebenwirkungen beachten!
1 Teelöffel = etwa 1 g.

Teepräparate: Die Droge wird selten als Tee angeboten.

Phytopharmaka: Keine.

Prüfung: Makroskopisch (siehe Beschreibung) und mikroskopisch. Charakteristisch sind die wellig verzahnten, langgestreckten Epidermiszellen der Blättchen (Abb. 5); Spaltöffnungen auf der Blattunterseite. Sehr typisch auch die Sporen, im mikroskopischen Bild dreiseitige, abgerundete Pyramiden von 30–35 µm Durchmesser, deren Oberfläche von einem Netzwerk von Leisten bedeckt ist, die 5-eckige oder 6-eckige Maschen bilden (Abb. 4).

Verfälschungen: Heute im Drogenhandel nicht mehr vorkommend. Frü-

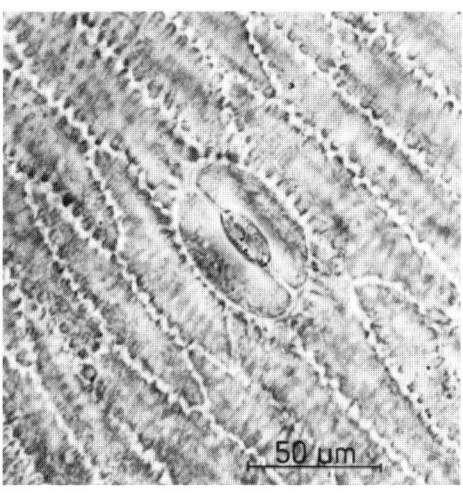

Abb. 5: Spaltöffnung und wellig verzahnte Epidermis der Blattunterseite

her waren Verwechslungen mit *Lycopodium annotinum* (Schlangen-Bärlapp) vorgekommen; dieser besitzt keine haarförmig zugespitzten Blätter.

Literatur:
[1] W.A. Ayer und Mitarb., Can. J. Chem. **68**, 1300 (1990).
[2] R.V. Gerard und D.B. MacLean, Phytochemistry **25**, 1143 (1986).
[3] S. Mandal und Mitarb., Curr. Sci. **51**, 51 (1982); C.A. **97**, 179052 (1982).
[4] M. Ersoz, S. Yildiz und E. Pehlivan, J. Chromatogr. Sci. **31**, 61 (1993).

Wichtl

Maidis stigma — Maisgriffel

1 cm

Abb. 1: Maisgriffel

Die Droge besteht aus den zur Blütezeit, vor der Bestäubung gesammelten und rasch im Schatten getrockneten Griffeln der weiblichen Blüten.

<u>Beschreibung</u>: Fadenförmige, etwa 0,1–0,2 mm dicke und bis über 20 cm lange, hellgelbliche oder bräunliche Griffel. Unter der Lupe erscheinen sie bandartig flach oder rinnig eingerollt mit abstehenden Haaren (Abb. 3).
Die Schnittdroge besteht aus 5–10 mm langen, fadenartigen, rinnigen Griffelstückchen von hellgelblicher oder bräunlichroter Farbe.

<u>Geruch</u>: Schwach, eigentümlich.

<u>Geschmack</u>: Etwas süßlich.

Abb. 2: *Zea mays* L.

Die aus Mittelamerika stammende, kräftige, bis 2,5 m hohe Pflanze ist einhäusig; sie bildet im mittleren Stengelbereich rein weibliche Blüten in langen, von Blättern umschlossenen Kolben aus, wobei die Griffel an der Spitze pinselförmig hervorragen, die männlichen Blüten stehen in endständigen Rispen.

Erg. B. 6: Stigmata Maidis

Stammpflanze: *Zea mays* L. (Mais), Poaceae (= Gramineae).

Synonyme: Maisnarben, Maishaare, Welschkornnarben, Welschkornhaare. Indian Corn silk, Maize silk, Maize stigmas (engl.). Stigmates de mais, Styles de blé de Turquie (franz.).

Herkunft: In Mittelamerika beheimatet, heute weltweit angebaut. Die Droge wird aus Österreich und einigen südosteuropäischen Ländern importiert.

Inhaltsstoffe: Angaben über bestimmte Inhaltsstoffe findet man nur in der älteren Literatur, so daß die Droge einer Nachuntersuchung bedürfte. Etwa 2% fettes Öl, etwa 0,1% ätherisches Öl (mit Carvacrol u.a. Terpenen); Flavonoide(?); Bitterstoffe(?); Saponine(?);

etwa 12% gerbstoffartige Polyphenole; reduzierende Zucker; bis 0,85% Alkaloide(?); Schleime (nach [1]); relativ reich an Kaliumsalzen [2].

Indikationen: Als Diuretikum, vermutlich aufgrund des relativ hohen Kaliumgehaltes. In einer tierexperimentellen Untersuchung wurde für Maisgriffel eine vergleichsweise starke diuretische Wirkung festgestellt [3].
In der *Volksmedizin* außerdem als Abmagerungsmittel, bei Zystitis, Rheuma und Gicht.
Die gelegentlich in der *Volksmedizin* behauptete antidiabetische Wirkung ist durch nichts belegt und deshalb abzulehnen.
Die Anwendung als Rauschmittel bei den Indianern Perus soll auf Alkaloiden unbekannter Zusammensetzung beruhen, die nach Inhalation psychische Erregung, bei längerem Gebrauch Erbrechen, Koliken und Diarrhöe erzeugen [1].

Teebereitung: 0,5 g Maisgriffel werden mit kaltem Wasser angesetzt, kurz aufgekocht und nach einigen min abgeseiht. Als mildes Diuretikum mehrmals täglich 1 Tasse Tee.
1 Teelöffel = etwa 0,5 g.

Teepräparate: Keine.

Phytopharmaka: In Deutschland keine. Maisgriffelextrakte werden als Monopräparate in der Schweiz, Frankreich, Spanien u. Portugal angeboten (Insadol, Kayadol).

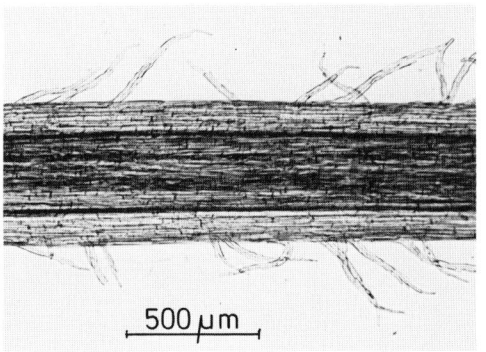 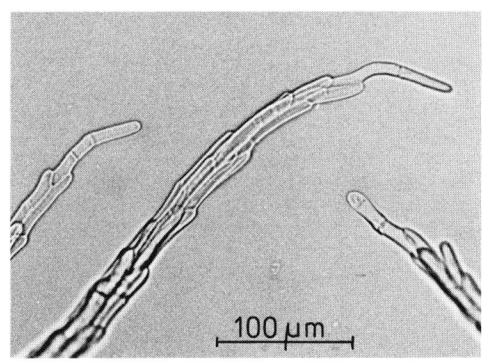

Abb. 3: Fadenartiges Griffelstück mit schräg abstehenden Haaren
Abb. 4: Vielzellige, mehrreihige Haare

Prüfung: Makroskopisch (s. Beschreibung) und mikroskopisch. Charakteristisch sind die schief aufwärts gerichteten, 400–800 µm langen, vielzelligen, mehrreihigen, teilweise stumpf gezähnten Haare (Abb. 4).
Ein Dekokt 1:10 gibt auf Zusatz von Bleiacetatlösung einen bräunlichen Niederschlag.

Verfälschungen: Kommen in der Praxis nicht vor.

Anmerkung: Es sollte auf das Maiskeimöl (Öl aus den Embryonen der Maisfrüchte = „Maiskörner") hingewiesen werden. Zitat nach [4]: Maiskeimöl ist billiger als Weizenkeimöl. Es fällt in größeren Mengen an, da beim Mais der Fettgehalt des Kornes mit ca. 5% höher ist und der Embryo einen gewichtsmäßig höheren Anteil des Gesamtkornes ausmacht. Auf die Linol- und die Ölsäure entfällt der Hauptanteil der Gesamtfettsäuren. – Der unverseifbare Anteil des Maisöls macht 1 bis 3% des Gesamtöls aus. Der Hauptanteil besteht aus drei isomeren Sitosterinen und aus Dihydrositosterin.

Literatur:
[1] Hager, Band **6**, 550 (1979).
[2] R. Hänsel und H. Haas, Therapie mit Phytopharmaka. Springer, Berlin-Heidelberg-New York 1984.
[3] M. Rebuelta u.a., Plantes Méd. Phytothér. **21**, 267 (1987).
[4] E. Steinegger und R. Hänsel, Pharmakognosie. Springer Verlag. Berlin etc. 1992.

Czygan

Malvae flos — Malvenblüten

Abb. 1: Malvenblüten

Beschreibung: Verwachsenblättriger fünfspaltiger Kelch mit einem aus drei freien, lanzettlichen Hochblättern bestehenden Außenkelch, alle Kelchblätter borstig behaart. Fünf verkehrt eiförmige, an der Spitze ausgerandete und am Grund weiß gebartete, blaßviolette oder dunkelblauviolette (ssp. *mauritiana*) Kronblätter. Zahlreiche Staubblätter zu einer Röhre verwachsen, Griffel mit zehn fadenförmigen, violetten Narben. Vereinzelt ist auch der abgeplattete, zehnfächerige Fruchtknoten zu finden.

Geschmack: Schleimig.

Abb. 2: *Malva sylvestris* L. ssp. *mauritiana*
Beschreibung der Pflanze siehe bei Malvenblätter. Die ssp. *mauritiana* besitzt dunkel blauviolette Korollblätter.

ÖAB: Flos Malvae
Ph. Helv. VII: Malvae flos
DAB 7: Malvenblüten

Stammpflanze: *Malva sylvestris* L. (Wilde Malve), Malvaceae, oder auch *Malva silvestris* L. ssp. *mauritiana* (L.) Thell. (Mauretanische Malve), Malvaceae.

Synonyme: Wilde Malvenblüten, Käsepappelblüten, Waldmalvenblüten, Roßmalvenblüten, Blaue Pappelblumen. Mallow flower (engl.). Fleurs de mauve (franz.).

Herkunft: In Europa heimisch (ssp. *mauritiana* in Südeuropa), nach Asien hin verbreitet, z.T. kultiviert. Importe der Droge aus Ungarn, Tschechien und aus einigen Balkanländern.

Inhaltsstoffe: Über 10% Schleim, der bei der Hydrolyse Galaktose, Arabi-

Hinweis:

Flores Malvae arboreae stammen nicht von *Malva*-Arten sondern von *Alcea rosea* L., syn. *Althaea rosea* (L.) CAV., der Stockrose, die in Bauerngärten als Zierpflanze gezogen wird; die Droge enthält meist „gefüllte" Blüten (zahlreiche Kronblätter).
Im Lebensmittelhandel versteht man unter Malventee meist Hibiscusblüten, siehe Hibisci flos.

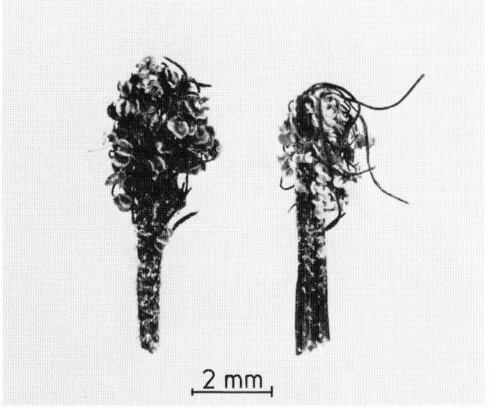
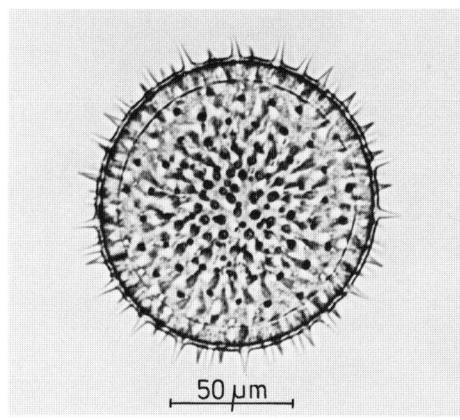

Abb. 3: Säulenartig verwachsene Staubfäden (Columniferae!)
Abb. 4: Großes Pollenkorn mit spitzstacheliger Exine

nose, Glucose, Rhamnose und Galacturonsäure liefert [1–3]; Anthocyane und Anthocyanidine [4, 5] wie Malvin, Malvidin-3(6″-malonyl-)glucosido-5-glucosid, Delphinidin u.a.; geringe Mengen an Gerbstoffen, ansonsten nur ubiquitär vorkommende Stoffe beschrieben.

Indikationen: Zur Bereitung von Teegetränken, die bei Erkältungskrankheiten angewendet werden, bei Katarrhen,

Auszug aus der Monographie der Kommission E (BAnz Nr. 43 vom 02.03.1989)

Anwendungsgebiete
Schleimhautreizungen im Mund- und Rachenraum und damit verbundener trockener Reizhusten.

Gegenanzeigen
Keine bekannt.

Nebenwirkungen
Keine bekannt.

Wechselwirkungen mit anderen Mitteln
Keine bekannt.

Dosierung
Soweit nicht anders verordnet:
Tagesdosis: 5 g Droge; Zubereitungen entsprechend.

Art der Anwendung
Zerkleinerte Droge für Aufgüsse sowie andere galenische Zubereitungen zum Einnehmen.

Wirkungen
Reizlindernd.

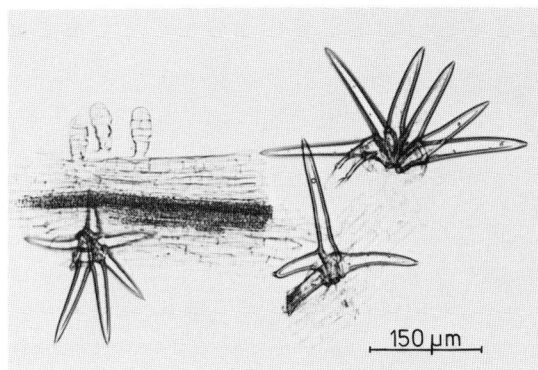
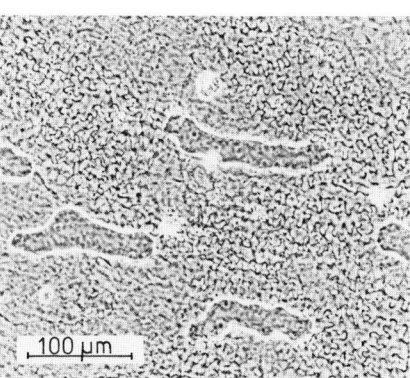

Abb. 5: Sternartige Büschelhaare und mehrzellige Drüsenhaare
Abb. 6: Schlauchförmige Schleimidioblasten der Blütenblätter

Entzündungen im Mund- und Rachenraum; auch als mildes Adstringens bei Gastroenteritis.
Die antitussive Wirkung ist kürzlich experimentell an der Katze nachgewiesen, bzw. bestätigt worden [6].
In der *Volksmedizin* innerlich bei Blasenleiden, äußerlich zu Umschlägen in der Wundbehandlung und zu erweichenden Bädern.
Aufgrund des Anthocyangehaltes auch zum Färben von Lebensmitteln verwendet.

Teebereitung: 1,5–2 g feingeschnittene Droge mit kaltem Wasser ansetzen, kurz aufkochen oder auch mit kochendem Wasser übergießen und nach 10 min abseihen.
1 Teelöffel = etwa 0,5 g.

Teepräparate: Die Droge ist in einigen Teegemischen der Indikationsgruppe „Husten- und Bronchialtee" enthalten. Zahlreiche andere Teegemische enthalten Malvenblüten als Hilfsstoff (Schmuckdroge).

Prüfung: Makroskopisch (s. Beschreibung) und mikroskopisch. Recht charakteristisch sind die zu einer Säule verwachsenen Staubfäden (Abb. 3), die Drüsenhaare und Büschelhaare der Kelchblätter (Abb. 5), die Schleimzellen in den Korollblättern (Abb. 6) und die sehr großen, stacheligen Pollenkörner (Abb. 4).

Sporen des Pilzes *Puccinia malvacearum* dürfen nur in geringer Menge vorhanden sein (s. Malvenblätter).

Quellungszahl der mittelfein gepulverten Droge mindestens 15 (ÖAB) bzw. mindestens 20 (Ph. Helv. VII). Besser reproduzierbare Werte erhält man, wenn man anstelle der Quellungszahl das Quellungsvolumen pro Gewicht der Drogeneinwaage angibt [7].

Eine Prüfung auf die drogentypischen Anthocyane mittels DC ist möglich [8].

Verfälschungen: Kommen praktisch nicht vor; sie waren früher mit Blüten anderer Malvaceen gelegentlich beobachtet worden.

Literatur:
[1] P. Capek, Collect. Czech. Chem. Commun. **57**, 2400 (1992); C.A. **118**, 77212 (1993).
[2] M.S. Karawya, S.I. Balbaa und M.S. Afifi, Planta Med. **20**, 14 (1971).
[3] G. Franz, Planta Med. **14**, 90 (1966).
[4] H. Pourrat, O. Texler und C. Bartomeuf, Pharm. Acta Helv. **65**, 93 (1990).
[5] K. Takeda und Mitarb., Phytochemistry **28**, 499 (1989).
[6] G. Nosalova und Mitarb., Pharm. Pharmacol. Lett. **3**, 245 (1994).
[7] K. Schneider, V. Ullmann und W. Kubelka, Dtsch. Apoth. Ztg. **130**, 2303 (1990).
[8] J. Wolf, Pharm. Ztg. **140**, 1521 (1995).

Wichtl

Malvae folium Malvenblätter

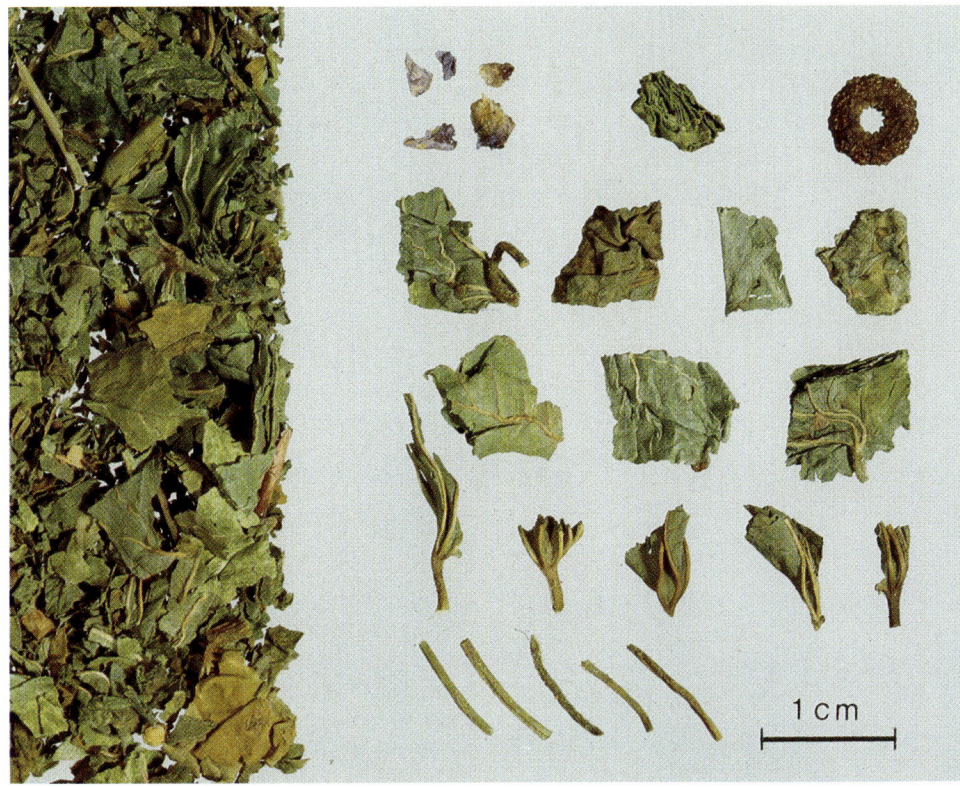

Abb. 1: Malvenblätter

<u>Beschreibung</u>: Rundliche, drei- bis siebenlappige, langgestielte Blätter mit handförmiger Nervatur und ungleich kerbig-gezähntem Blattrand. Spreite dünn, schwach behaart. Die Schnittdroge enthält meist quadratische, stark zerknitterte, manchmal in Paketen zusammenhängende Blattstückchen.

<u>Geschmack</u>: Schleimig.

Abb. 2: *Malva sylvestris* L.

Die charakteristischen Blätter der bis zu 1 m hohen Staude sind 3–7-lappig mit handförmiger Nervatur; die einzelnen Lappen sind abgerundet mit gekerbtem Rand, behaart. Die 5-zähligen Malvaceenblüten mit verwachsenen Filamenten (Columna) sind rosa mit violetten Adern und besitzen Kelch und Außenkelch.

ÖAB: Folium Malvae
Ph. Helv. VII: Malvae folium
DAB 6: Folia Malvae
St. Zul. 1579.99.99

Stammpflanzen: *Malva sylvestris* L. (Wilde Malve), *Malva neglecta* WALLR. (Weg-Malve), Malvaceae.

Synonyme: Käsepappelblätter, Hasenpappelblätter, Käsekraut, Käsepappeltee. Mallow leaf, Blue mallow (engl.). Feuilles de mauve (franz.).

Herkunft: In Europa heimisch, aber in andere Kontinente verschleppt, z.T. kultiviert. Die Droge wird aus Bulgarien, Albanien und Marokko importiert.

Inhaltsstoffe: Etwa 8% Schleim, der bei der Hydrolyse Arabinose, Glucose, Rhamnose, Galactose und Galacturonsäure liefert, die Hauptkomponenten

Auszug aus der Monographie der Kommission E (BAnz Nr. 43 vom 02.03.1989)

Anwendungsgebiete
Schleimhautreizungen im Mund- und Rachenraum und damit verbundener trockener Reizhusten.

Gegenanzeigen
Keine bekannt.

Nebenwirkungen
Keine bekannt.

Wechselwirkungen mit anderen Mitteln
Keine bekannt.

Dosierung
Soweit nicht anders verordnet:
Tagesdosis: 5 g Droge; Zubereitungen entsprechend.

Art der Anwendung
Zerkleinerte Droge für Aufgüsse sowie andere galenische Zubereitungen zum Einnehmen.

Wirkungen
Reizlindernd.

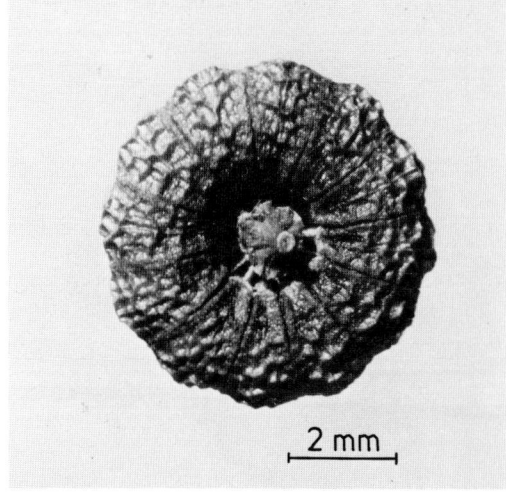
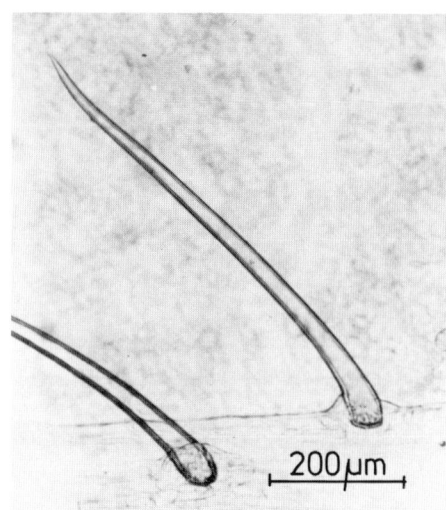

Abb. 3: Handkäseförmige Spaltfrucht von *Malva neglecta*
Abb. 4: Große, einzellige Borstenhaare vor allem an den Blattnerven

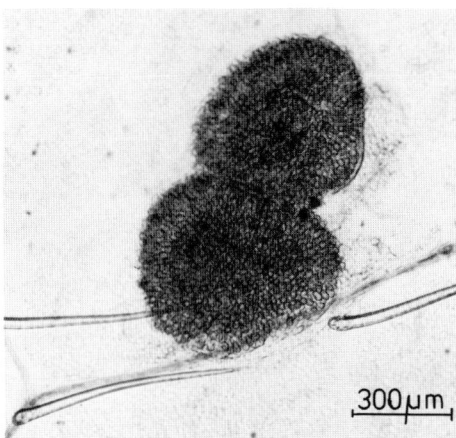

Abb. 5: Zwei Sporenlager des Rostpilzes *Puccinia malvacearum*

sind saure Polysaccharide mit Molgewichten von 600000 bzw. 11000 [1–3]; Flavonoide, vor allem die 8-Glucuronide von Hypolaetin und Gossypetin-3-glucosid [4], ferner auch Flavonoidsulfate [5]; kleine Mengen an Gerbstoff.

Indikationen: Aufgrund des Schleimgehaltes bei Erkältungskrankheiten, Katarrhen der oberen Luftwege, Rachenentzündungen, aber auch als mildes Adstringens bei Angina, bzw. bei Magen-, Darm-Entzündungen.
Für die Schleimstoffe sind Anti-Komplement-Wirkungen beschrieben worden [1, 2].
In der *Volksmedizin* äußerlich zur Wundbehandlung in Form von Umschlägen.

Teebereitung: 3–5 g fein geschnittene Droge mit kaltem Wasser ansetzen und kurz aufkochen oder auch mit kochendem Wasser übergießen und nach 5–10 min durch ein Teesieb geben. Auch Kaltauszug (5–10 Std.) wird empfohlen, diesen aber vor dem Trinken kurz aufkochen. Als Bronchialtee mehrmals täglich 1 Tasse Tee, mit Honig gesüßt. 1 Teelöffel = etwa 1,8 g.

Teepräparate: Die Droge wird nur selten als Tee oder in Teegemischen gegen Reizhusten angeboten.

Prüfung: Makroskopisch und mikroskopisch; sehr eingehende Untersuchungen und Angaben dazu findet man in Lit. [6]. Typisch sind die nicht sehr häufig vorkommenden, zwei- bis sechsstrahligen Büschelhaare sowie einzeln stehende Haare (Abb. 4), beide Arten relativ dickwandig, zugespitzt. Die Epidermiszellen sind oberseits *und* unterseits wellig-buchtig. Oxalatdrusen und Schleimzellen kommen im Mesophyll vor. Der Schleim ist in einzelnen Zellen, aber auch in größeren Schleimhöhlen lokalisiert [7], beim Blatt z.T. auch in Epidermiszellen.
Die Droge enthält gelegentlich auch (mitgeerntete) Spaltfrüchte (Abb. 3), die die Form eines Käselaibes haben (Name Käsepappel).
Stark von dem Pilz *Puccinia malvacearum* befallene Blätter, kenntlich an orangeroten oder bräunlichen Pusteln, sind zu verwerfen. Sie sind im mikroskopischen Bild als Sporenhäufchen zu erkennen (Abb. 5).
Quellungszahl der mittelfein gepulverten Droge mindestens 8 (ÖAB) bzw. 7 (Ph. Helv. VII). Zur Bestimmung der Quellungszahl sind Vorschläge gemacht worden, auch die Drogeneinwaage in die Angabe mit einzubeziehen, wobei besser reproduzierbare Werte erhalten werden [8]: Angabe also z.B.: 4,2 ml/0,5 g Droge.

Wortlaut der Packungsbeilage gemäß Standardzulassung:

6.1 Anwendungsgebiete

Zur Reizlinderung bei Schleimhautentzündungen im Mund- und Rachenraum sowie im Magen-Darm-Bereich; Katarrhe der oberen Luftwege.

6.2 Dosierungsanleitung und Art der Anwendung

Etwa 2 Teelöffel voll (3–5 g) **Malvenblätter** werden mit siedendem Wasser (ca. 150 ml) übergossen und nach 10 bis 15 Minuten durch ein Teesieb gegeben. Der Tee kann auch durch Ansetzen mit kaltem Wasser und zwei- bis dreistündiges Ziehen unter gelegentlichem Umrühren bereitet werden.

Soweit nicht anders verordnet, wird mehrmals täglich und abends vor dem Schlafengehen 1 Tasse Teeaufguß getrunken.

6.3 Hinweis

Vor Licht und Feuchtigkeit geschützt aufbewahren.

Die DC-Prüfung der St. Zul. ist wenig spezifisch.

Verfälschungen: Nicht häufig, Verwechslungen mit Eibischblättern kommen vor. Diese sind samtartig behaart; im mikroskopischen Bild sind viele Büschelhaare sichtbar, deren Basis verholzt und grob getüpfelt ist; unter der Basis der Büschelhaare liegen meist Oxalatdrusen. Die Epidermiszellen sind nur unterseits wellig buchtig.

Literatur:
[1] M. Tomoda und Mitarb., Chem. Pharm. Bull. **37**, 3029 (1989).
[2] R. Gonda und Mitarb., Carbohydr. Res. **198**, 323 (1990).
[3] G. Franz, Planta Med. **14**, 90 (1966).
[4] M. Bilter, B. Meier und O. Sticher, Phytochemistry **30**, 987 (1991).
[5] M.A.M. Nawwar und J. Buddrus, Phytochemistry **20**, 2446 (1981).
[6] J. Saukel, Sci. Pharm. **50**, 37 (1982).
[7] B. Classen, F. Amelunxen und W. Blaschek, Dtsch. Apoth. Ztg. **134**, 3597 (1994).
[8] K. Schneider, V. Ullmann und W. Kubelka, Dtsch. Apoth. Ztg. **130**, 2303 (1990).

Wichtl

Marrubii herba — Andornkraut

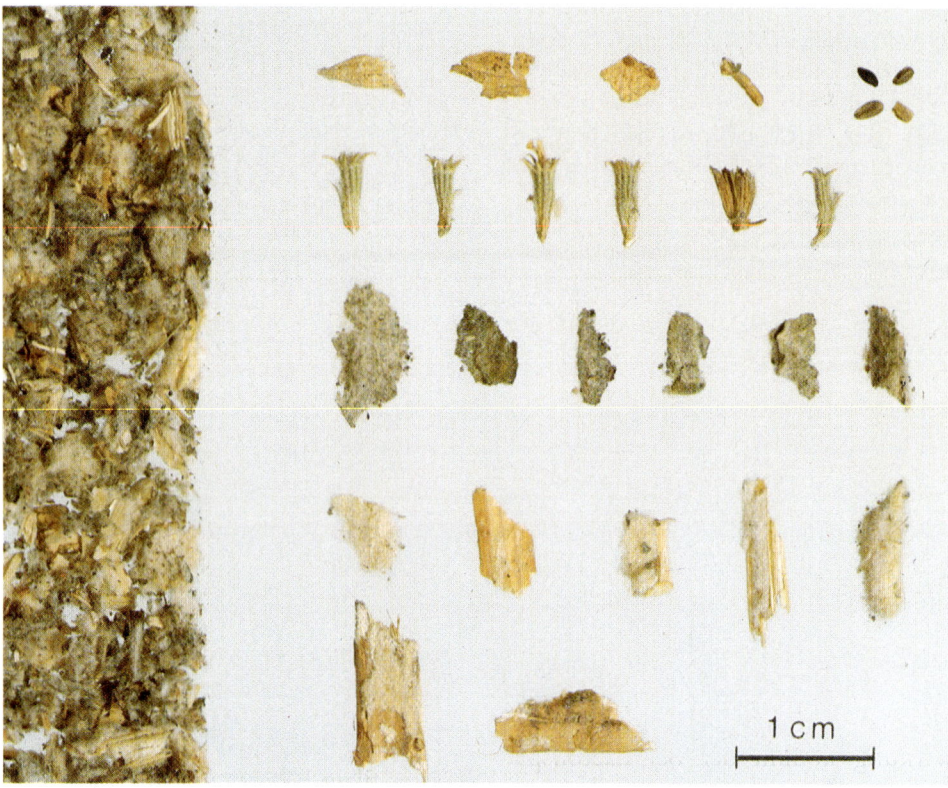

Abb. 1: Andornkraut

<u>Beschreibung</u>: Knäuelig zusammenhaftende, runzelige Blattstückchen, unterseits filzig behaart; vierkantige, weichwollig behaarte Stengelstücke. Teile der Blüte, insbesondere filzig behaarte Kelchblattstückchen mit hakig gekrümmten Zähnen (Abb. 4); gelegentlich dreikantige schwarze Nüßchen.

<u>Geschmack</u>: Bitter, etwas scharf.

Abb. 2: *Marrubium vulgare* L.
30–60 cm hohe, dicht filzig behaarte Staude. Blätter eiförmig mit gekerbtgesägtem Rand. Blüten zahlreich, in Scheinquirlen in den Achseln der Laubblätter. Kelch 10-zähnig.

ÖAB: Herba Marrubii
DAC 1986: Andornkraut

Stammpflanze: *Marrubium vulgare* L. (Andorn), Lamiaceae.

Synonyme: Weißer Andorn, Mauer-Andorn, Gemeiner Andorn, Weißer Dorant. White horehound, houndsbene (engl.). Herbe à la vierge, Marrube blanc (franz.).

Herkunft: Der Andorn ist in Mittel- und Nordeuropa seit langem eingebürgert. Die Droge stammt meist aus Südosteuropa, bzw. Marokko.

Inhaltsstoffe: Diterpen-Bitterstoffe der Labdan-Reihe mit dem Lacton Marrubiin als Hauptbestandteil [1] (aus Prä-Marrubiin entstanden?), ferner Peregrinol, Vulgarol [2], Marrubenol und Marrubiol [3]; neben ubiquitären Flavon- und Flavonolglykosiden mit den

Auszug aus der Monographie der Kommission E (BAnz Nr. 22a vom 01.02.1990)

Anwendungsgebiete
Appetitlosigkeit;
dyspeptische Beschwerden wie Völlegefühl und Blähungen;
Katarrhe der Luftwege.

Gegenanzeigen
Nicht bekannt.

Nebenwirkungen
Nicht bekannt.

Wechselwirkungen mit anderen Mitteln
Nicht bekannt.

Dosierung
Soweit nicht anders verordnet:
Tagesdosis:
4,5 g Droge, 2–6 Eßlöffel Preßsaft;
Zubereitungen entsprechend.

Art der Anwendung
Zerkleinerte Droge, Frischpflanzenpreßsaft sowie andere galenische Zubereitungen zum Einnehmen.

Wirkungen
Marrubinsäure wirkt choleretisch.

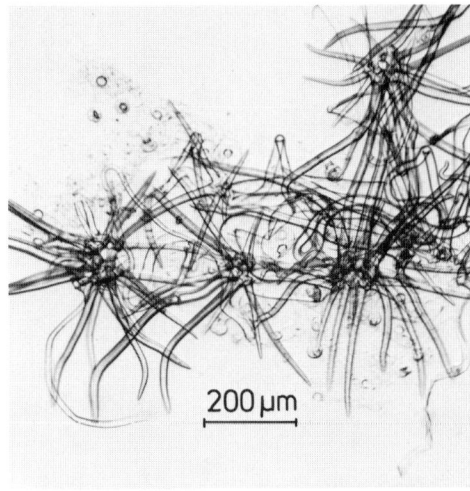

Abb. 3: Vielarmige Büschelhaare der Blattunterseite, oft peitschenförmig gewunden

Abb. 4: Filzig behaarte Blütenkelche von *Marrubium vulgare* mit auswärts gebogenen Zähnchen

Aglyka Quercetin, Luteolin oder Apigenin kommen auch Lactoylflavone vor [4, 5]. Familientypische N-haltige Verbindungen sind neben Cholin Stachydrin und Betonicin; bis zu 7% Lamiaceen-Gerbstoffe und Hydroxyzimtsäuren als deren Bausteine (Chlorogen-, Kaffee- und Caffeoylchinasäure, jedoch keine Rosmarinsäure [6]). Ätherisches Öl mit verschiedenen Monoterpenkomponenten ist nur in sehr geringer Menge vorhanden.

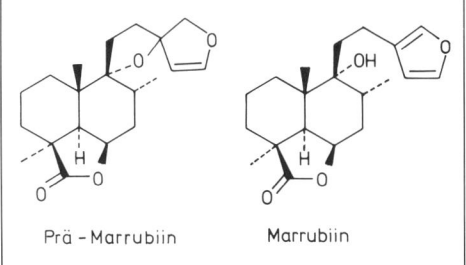

Prä-Marrubiin   Marrubiin

Indikationen: Als Amarum bei Appetitlosigkeit und dyspeptischen Beschwerden wie Völlegefühl oder Blähungen; bei Katarrhen der Luftwege [7]; als Choleretikum bei Störungen der Gallenproduktion. Die choleretische Wirkung kommt der bei Lactonspaltung des Marrubiins entstehenden Marrubiinsäure zu [8]. Neuere Untersuchungen zur Wirkung von Andornkraut oder entsprechender Zubereitungen, insbesondere auch zur Anwendung als schwach wirksames Expektorans bei Katarrhen der Atemwege, liegen nicht vor.
In der *Volksmedizin* äußerlich bei Hautschäden, Geschwüren und Wunden.

Teebereitung: 1,5 g fein zerschnittene Droge mit kochendem Wasser übergießen und nach 5–10 min durch ein Teesieb geben. Als Choleretikum jeweils vor den Mahlzeiten 1 Tasse, als Expektorans mehrmals täglich 1 Tasse.
1 Teelöffel = etwa 1 g.

Teepräparate: Die Droge ist nur in wenigen Galle-Leberteegemischen enthalten (Species cholagogae ÖAB).

Phytopharmaka: Andornkraut oder Extrakte daraus sind nur noch selten in wenigen Kombinationspräparaten enthalten, z.B. in Lapidar® 3 (Tabletten) (Magen-Darm-Mittel) und in Deleniment-Honighustensaft (Hustenmittel).

Prüfung: Laubblätter mit charakteristischen Büschelhaaren (Abb. 3), Kelchblätter filzig behaart und mit nach auswärts gebogenen glänzenden Zähnchen (Abb. 4); s. auch DAC 1986.
Bitterwert nach ÖAB mindestens 3000.

Verfälschungen: Selten, evtl. andere *Marrubium*-Arten, z.B. *M. incanum* DESR. mit dicht weißfilzig behaarten Blättern.

Literatur:
[1] J.P. Rey, J. Levesque und J.L. Pousset, J. Chromatogr. **605**, 124 (1992).
[2] M.S. Henderson und R. McCrindle, J. Chem. Soc. (C), 2014 (1969).
[3] D.P. Popa, G.S. Pasechnik und T.A. Phan, Khim. Prir. Soedin **11**, 722 (1975); C.A. **84**, 150776 (1976).
[4] Z. Kowalewski und I. Matlawska, Herba Pol. **24**, 183 (1978).
[5] M.A.M. Nawwar und Mitarb., Phytochemistry **28**, 3201 (1989).
[6] V.I. Litvinenko und Mitarb., Planta Med. **27**, 372 (1975).
[7] BAnz Nr. 22a vom 01.02.1990.
[8] I. Krejči und R. Zadina, Planta Med. **7**, 1 (1959).

Frohne

Mate folium

Mate

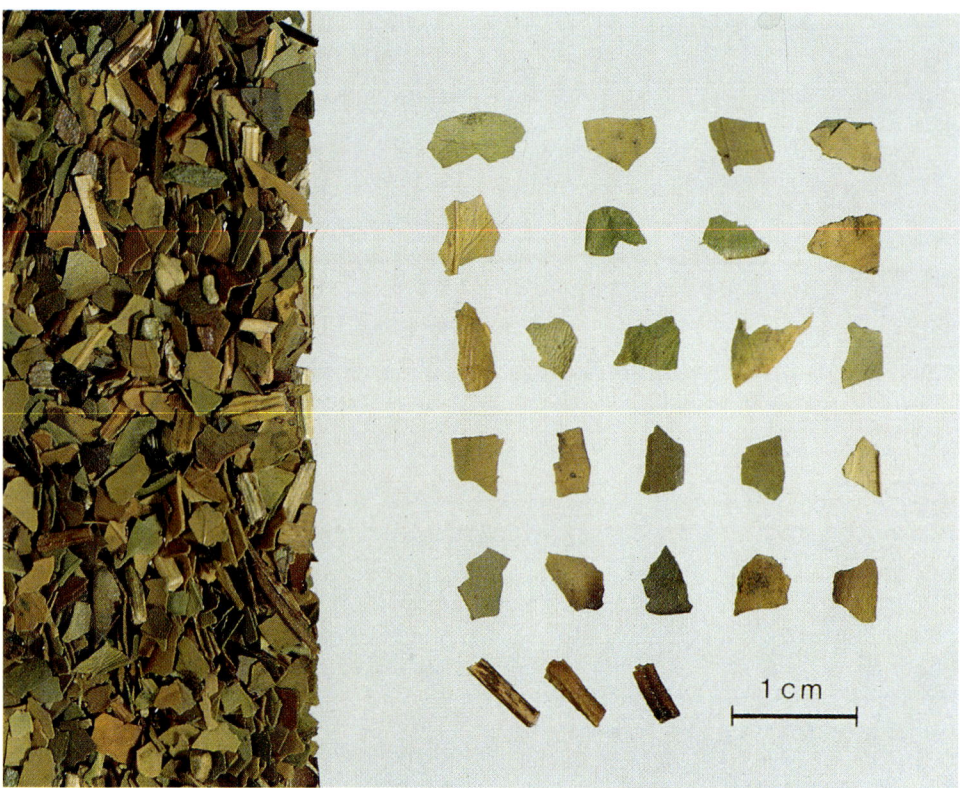

Abb. 1: Mate

Beschreibung: Unregelmäßig zerbrochene, glatte, steife Blattstückchen, hellgrün bis bräunlichgrün, seltener bis dunkelbraun (die grüne, naturbelassene Droge ist in Südamerika üblich, die braunen, gerösteten Blätter werden in Europa zusätzlich angeboten). Die Nervatur tritt nur auf der Blattunterseite deutlich hervor; sie ist fiederig, mit kräftiger Mittelrippe und bogenförmigen Seitennerven. Vereinzelt treten auf der Unterseite dunkle Korkwarzen auf. Der entfernt kerbig-gezähnte Blattrand ist bei der Schnittdroge meist nicht als solcher erkennbar. Einzelne Bruchstücke der kräftigen, kantigen, braunen Blattstiele kommen vor. Neben den hier gezeigten grünen Mateblättern sind auch geröstete Mateblätter im Handel; sie zeigen gleiche morphologische Merkmale, ihre Farbe ist jedoch mittel- bis dunkelbraun.

Geruch: Schwach aromatisch.

Geschmack: Adstringierend, etwas rauchig.

Abb. 2 und 3: *Ilex paraguariensis* St.-Hil.

Kleiner, immergrüner Baum oder Strauch mit wechselständigen, etwa 15 cm langen, ledrigen Blättern mit kerbig gesägtem Blattrand und winzigen Nebenblättern. Die getrenntgeschlechtlichen, 4-zähligen, weißen Blüten erscheinen in den Blattachseln; die kugeligen, roten Steinfrüchte sind ca. 7 mm groß.

DAC 1986: Grüne Mateblätter und Geröstete Mateblätter (2 Monographien)

Stammpflanze: *Ilex paraguariensis* St.-Hil. (Matestrauch), Aquifoliaceae.

Synonyme: Yerbabaum, Paraguaytee, Paranátee, Missionstee. Jesuit's tea, Yerba maté, Hervea, St. Bartholomew's tea (engl.). Thé de Paraguay (franz.)

Herkunft: Immergrüner Baum (z.T. strauchartig gehalten), in Brasilien zwischen 30° und 20° südlicher Breite wachsend und dort auch kultiviert. Die Droge wird aus Brasilien importiert, z.T. auch aus Argentinien und Paraguay.

Inhaltsstoffe [1, 2]: Coffein in wechselnden Mengen (0,3–2,4%), nach DAC 1986 mindestens 0,6%; Theobromin 0,1 bis 0,5% [1], Theophyllin nur in Spuren. 4 bis 14% Caffeoylchinasäuren, darunter vor allem n-Chlorogensäure, Neochlorogensäure und Dicaffeoylchinasäurederivate. Diese adstringierend wirkenden und Hautpulver-fällenden Depside von Phenolcarbonsäuren sind die früher beschriebenen „gerbstoffähnlichen" Substanzen. Echte Gerbstoffe kommen im Mateblatt nicht vor. Das Coffein ist z.T. an die Caffeoylchinasäuren gebunden, wodurch dessen Wirkungen modifiziert werden (z.B. Verstärkung der Diurese).
Neben Flavonoiden [3] sind Triterpensaponine, darunter die sog. Matesaponine [1–4], Vitamine und ätherisches Öl in Spuren nachgewiesen worden [5].

Indikationen: Auf Grund des Gehalts an Coffein als zentralanregendes Stimulans (Tonikum usw.) und als Diuretikum. Da Mate-Tee in weiten Teilen Südamerikas, vor allem in Brasilien [6], sich als „Nationalgetränk" großer Beliebtheit erfreut, werden ihm volkstümlich eine Vielzahl weiterer Wirkungen zugeschrieben. So verwundert es nicht, wenn auch in Europa Mate als „Grünes Gold der Indios", als „Naturheilmittel und Zaubertrank" und vor allem zur Unterstützung bei Reduktionsdiäten [7] als „der ideale Schlankmacher, der auf natürliche Weise das Abnehmen erleichtert und quälende Hunger- und Durstgefühle stillt" angepriesen wird. Die analeptischen, glykogenolytischen, lipolytischen, aber auch positiv inotropen Wirkungen des Coffeins lassen derartige Empfehlungen zumindest theoretisch plausibel erscheinen.

Teebereitung: Etwa 1 Teelöffel Mate mit heißem, nicht mehr sprudelnd kochendem Wasser übergießen und nach 5–10 min durch ein Teesieb geben. Analog zur Teebereitung aus schwarzem Tee ist die anregende Wirkung des kurz aufgebrühten Aufgusses stärker und vom Geschmack her angenehmer, weniger adstringierend als beim länger ausgezogenen Teegetränk: Coffein geht schneller in Lösung als die Gerbstoffe!
1 Teelöffel = etwa 2 g.
In Südamerika wird Mate folgendermaßen zubereitet:
In einem ausgehöhlten, etwa faustgroßen Kürbis („Cuja") werden Mateblätter mit derselben Menge heißem, nicht mehr kochendem Wasser übergossen. Das Getränk wird durch ein silbernes Saugröhrchen („Bombilla") geschlürft, dabei wird die Cuja mit weiterem Wasser mehrmals nachgefüllt.

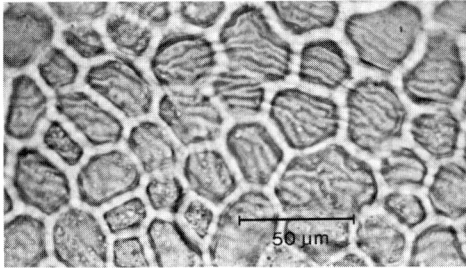

Abb. 4: Epidermis mit welliger Kutikularstreifung

Auszug aus der Monographie der Kommission E (BAnz Nr. 85 vom 05.05.1988)

Anwendungsgebiete
Geistige und körperliche Ermüdung.

Gegenanzeigen
Keine bekannt.

Nebenwirkungen
Keine bekannt.

Wechselwirkungen mit anderen Mitteln
Keine bekannt.

Dosierung
Soweit nicht anders verordnet: mittlere Tagesdosis 3 g Droge; Zubereitungen entsprechend.

Art der Anwendung
Zerkleinerte Droge für Aufgüsse. Drogenpulver für andere galenische Zubereitungen zum Einnehmen.

Wirkungen
Analeptisch, diuretisch, positiv inotrop, positiv chronotrop, glykogenolytisch, lipolytisch.

Teepräparate: Mate wird als Monodroge von verschiedenen Herstellern auch in Filterbeuteln angeboten, z.B. als Mate-Gold® „grün" und „geröstet". Einige Teegemische der Indikationsgruppe Abführ- und Schlankheitstee enthalten Mateblätter; auch im Blasen- und Nierentee (NRF 9.1) sind sie ein Bestandteil.

Phytopharmaka: Einige wenige Monopräparate enthalten Mateblätterextrakt, z.B. Martol® Mate-Kapseln („Aktivierung von Stoffwechsel und Psyche"), sowie einige Kombinationsarzneimittel der Indikationsgruppe „Blasen-Nieren-Mittel", z.B. Nieroxin®N Harntee instant und Phytoren® Tropfen.

Prüfung: Makroskopisch (s. Beschreibung) und mikroskopisch. Die Blattepidermis ist von einer dicken, runzeligen Kutikula bedeckt (Abb. 4), im lockeren Mesophyll kommen vereinzelt Oxalatdrusen vor.

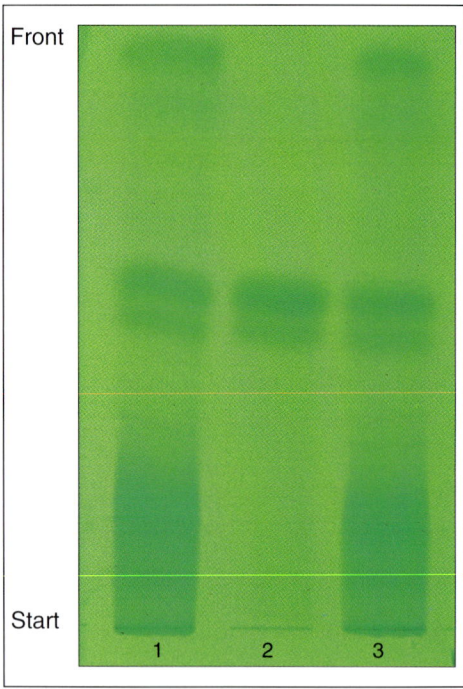

Abb. 5: DC von Mateblättern, auf Glasplatten 5 × 10 cm, Laufstrecke 8 cm, unbesprüht, unter UV$_{254}$
1 Mateblätter (5 µl)
2 Referenzlösung (5 µl)
3 Mateblätter (5 µl)

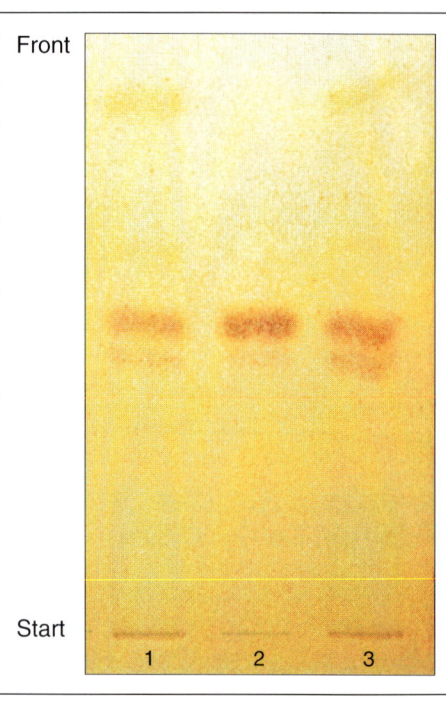

Abb. 6: DC von Mateblättern, auf Glasplatten 5 × 10 cm, Laufstrecke 8 cm, besprüht mit Iod-Salzsäure Reagenz, im Tageslicht
1 Mateblätter (5 µl)
2 Referenzlösung (5 µl)
3 Mateblätter (5 µl)

Bei der Mikrosublimation ist Coffein in charakteristischen Nadeln nachzuweisen. Die Identitätsprüfung kann auch mittels DC erfolgen.

Identitätsprüfung mittels DC:
(Nachweis der Purine).

Sorbens: Kieselgel 60 F$_{254}$ (lufttrocken) (Merck) (5 × 10 cm, Glas oder Folie).

Untersuchungslösung: 1,0 g pulv. Droge wird mit 5 ml Methanol 10 Min. unter Rückfluß erhitzt und warm filtriert. Das Filtrat dient als Untersuchungslösung.

Referenzlösung: Je 1 mg Theobromin und 2,5 mg Coffein werden mit 1 ml Gemisch aus Methanol/Aceton (1+1) bei 50 °C 10 Min. lang gerührt. Das Filtrat dient als Referenzlösung.

Aufzutragen: 5 µl Untersuchungslösung und 5 µl Referenzlösung strichförmig (10 × 2 mm).

Fließmittel: Ethylacetat – Methanol – Wasser – konz. Ammoniak (70 + 30 + 2 + 0,5) (Kammersättigung).

Laufstrecke: 8 cm, **Zeit:** 14 min.

Sichtbarmachung und Auswertung:
Nach vollständigem Abdunsten des Fließmittels (im Heißluftstrom):
1. Auswertung unter UV$_{254}$ (Abb. 5)
2. Besprühen mit Iod-Salzsäure [Lösung I: 0,1 g KI und 0,2 g Iod werden in 10 ml Methanol gelöst, Lösung II: eine Mischung aus 5 ml HCl (25%) und 5 ml Methanol]. Man besprüht mit Lösung I, wartet 1 bis 2 Min. und besprüht dann kurz (!) mit Lösung II. Bei zu intensiven Sprühen mit der methanolischen Salzsäure verschwindet die Zone von Theobromin. Unter UV$_{254}$ erkennt man auf dem unbesprühten DC der Referenz- und Untersuchungslösung im oberen Drittel die Purine Coffein (Rf 0,7) und Theobromin (Rf 0,64) als fluoreszenzmindernde Zonen, die sich mit dem Sprühreagenz braun bis violett verfärben. Chlorogensäure und ähnliche Säuren sowie Rutin erscheinen kaum getrennt im Rf-Bereich 0,0 bis 0,3; sie lassen sich nicht mit Iod-Salzsäure anfärben (Abb. 6).

Verfälschungen: In Brasilien kommen zahlreiche andere *Ilex*-Arten vor, die z.T. auch zur Herstellung von Mate-Tee verwendet werden. Die importierte Droge stammt überwiegend aus Kulturen, über Verfälschungsdrogen liegen inzwischen detaillierte Angaben vor [2]; eine Erkennung von Verfälschungen erfordert neben einer mikroskopischen Prüfung auch die genaue Analyse der Purinalkaloide, Chlorogensäuren und Flavonoide, am besten mittels HPLC [2].

Aufbewahrung: Vor Licht und Feuchtigkeit geschützt.

Literatur:
[1] N. Ohem, Der Mate und seine Inhaltsstoffe. Dissertation Marburg 1992.
[2] D. Brieger, Charakterisierung der Blätter von Ilex paraguariensis SAINT-HILAIRE und möglicher Verfälschungen mit Hilfe botanischer und phytochemischer Methoden. Dissertation Marburg 1995.
[3] N. Ohem und J. Hölzl, Planta Med. **54**, 576 (1988).
[4] G. Gosmann, E.P. Schenkel und O. Seligmann, J. Nat. Prod. **52**, 1367 (1989).
[5] N. Ohem und J. Hölzl, Pharm. Ztg. **135**, 2737 (1990).
[6] G. Gosmann und Mitarb., J. Nat. Prod. **58**, 438 (1995).
[7] F. Matzkies, Therapeutikon **3**, 624 (1989).

Frohne

Matricariae flos
Ph. Eur.

Kamillenblüten
DAB 1996

Abb. 1: Kamillenblüten

Beschreibung: Blütenköpfchen mit gelben Röhrenblüten, umgeben von einem Kranz weißer Zungenblüten. Letztere sind häufig auch einzeln anzutreffen. Der spitz-kegelförmige Blütenstandsboden ist hohl und trägt keine Spreublätter.

Geruch: Charakteristisch, kräftig aromatisch.

Geschmack: Etwas bitter.

Abb. 2: *Matricaria recutita* L.

Verbreitet vorkommende, bis etwa 0,5 m hohe Ruderalpflanze mit 2- bis 3fach gefiederten Blättern und zahlreichen Blütenköpfchen.

Abb. 3: *Matricaria recutita* L.

Die etwa 15 weißen Zungenblüten des Blütenköpfchens sind zunächst seitlich abstehend, später nach unten hängend. Die auf dem hohlen kegelförmigen Blütenstandsboden dicht gedrängt sitzenden gelben Röhrenblüten blühen nacheinander von unten nach oben auf.

ÖAB: Flos Chamomillae vulgaris
Ph. Helv. VII: Matricariae flos
St. Zul. 7999.99.99

Stammpflanze: *Matricaria recutita* L. (Echte Kamille), Asteraceae. Als Synonyme gelten *Chamomilla recutita* (L.) RAUSCHERT und *Matricaria chamomilla* L. pro parte.

Synonyme: Kleine Kamille, Deutsche Kamille, Feldkamille. Chamomile flowers, Pin heads (engl.). Fleur de camomille (franz.).

Herkunft: Ursprünglich in Süd- und Osteuropa sowie Vorderasien beheimatet. Heute über ganz Europa, Nordamerika, aber auch in Australien verbreitet. Die Handelsware stammt überwiegend aus Kulturen, vor allem aus Argentinien, Ägypten (nicht immer Arzneibuchqualität, vielfach für Lebensmittelbedarf), Bulgarien, Ungarn, zum kleinen Teil aus Spanien, Tschechien und Deutschland.

Inhaltsstoffe [1–6]: Ätherisches Öl: 0,3–1,5% (DAB 1996 mind. 0,4%) mit (−)-α-Bisabolol (INN: Levomenol), den Bisabololoxiden A, B und C, Bisabolonoxid, Chamazulen (aus Matricin durch Verseifung, Wasserabspaltung und Decarboxylierung hervorgehend), dem karmesinroten, wohlriechenden Chamaviolin, Spathulenol sowie den cis- und trans-En-In-dicycloethern (Spiroether, Polyacetylene) als Hauptkomponenten. Sesquiterpenlactone: Matricin (0,03–0,2% [7]), Matricarin, Desacetylmatricarin. Flavonoide: Identifiziert wurden über 30 Verbindungen, u.a. Apigenin, Apigenin-7-O-Glucosid (Droge ~0,5%, Zungenblüten bis 3%), dessen Monoacetylglucosid (4 Stereoisomere) und 2″,3″- sowie 3″,4″-Diacetylglucosidderivate [8], weitere 7-O-Glykoside von Apigenin sowie von Quercetin, Chryseriol, Lutein und Patuletin, Rutin, Hyperosid, Cosmosiin [9] und mehrere methoxylierte Aglykone. Cumarine: Umbelliferon (~0,01%), Herniarin (~0,05%) sowie Aesculetin, Cumarin, Scopoletin und Isoscopoletin [10–12]; ca. 2,5% cis- und trans-2-Glucosyloxy-4-methoxyzimtsäure [9], Anissäure, Kaffeesäure, Vanillinsäure, Syringasäure; Schleim (3–10%): identifiziert wurden ein neutrales Fructan vom Inulin-Typ, ein Rhamnogalacturonan und ein 4-O-Methyl-Glucuronoxylan (ca. 0,8, 0,7 bzw. 0,5% bezogen auf die Droge) [13]. Weitere Inhaltsstoffe s. bei [1–6].

Indikationen: Antiphlogistikum, Spasmolytikum, Karminativum und Stomachikum. Die antiphlogistische, spasmolytische, ulkusprotektive, bakterizide und fungizide Wirkung ist in vielen pharmakologischen Modellen, Tierversuchen und in klinischen Tests wiederholt nachgewiesen worden [1, 6, 14–16]. Hauptanwendungsgebiete bei innerlicher Verabreichung sind Magen- und Darmbeschwerden (Gastritis, Enteritis, Colitis, Blähungen, krampfartige Erscheinungen im Verdauungstrakt) sowie Menstruationsbeschwerden. Äußerlich wird Kamille bei Haut- und Schleimhauterkrankungen eingesetzt, so bei Entzündungen und Katarrhen im Nasen-Rachenraum und in den Bronchien (Dampfbad-Inhalationen), im Mund (Spülungen) sowie bei Erythemen der Haut (Umschläge, Bäder, Salbenauflagen).

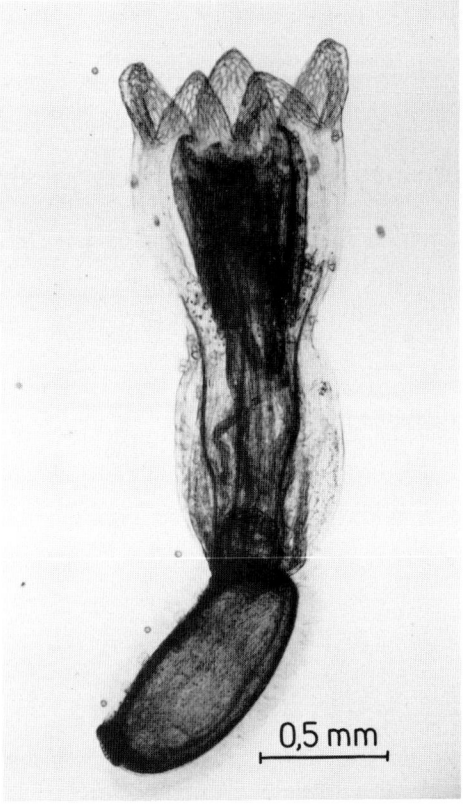

Abb. 4: Einzelne Röhrenblüte von *Matricaria recutita*

Auszug aus der Monographie der Kommission E
(BAnz Nr. 228 vom 05.12.1984 und Nr. 50 vom 13.03.1990)

Anwendungsgebiete

Äußerlich: Haut- und Schleimhautentzündungen sowie bakterielle Hauterkrankungen einschließlich der Mundhöhle und des Zahnfleisches.
Entzündliche Erkrankungen und Reizzustände der Luftwege (Inhalationen).
Erkrankungen im Anal- und Genitalbereich (Bäder und Spülungen).
Innerlich: Gastro-intestinale Spasmen und entzündliche Erkrankungen des Gastro-Intestinal-Traktes.

Gegenanzeigen

Keine bekannt.

Nebenwirkungen

Keine bekannt.

Wechselwirkungen

Keine bekannt.

Dosierung

Ein gehäufter Eßlöffel voll Kamillenblüten (= ca. 3 g) wird mit heißem Wasser (ca. 150 ml) übergossen, zugedeckt und nach 5 bis 10 Minuten durch ein Teesieb filtriert.
Soweit nicht anders verordnet, wird bei Erkrankungen im Magen-Darm-Bereich 3- bis 4mal täglich eine Tasse frisch bereiteter Tee zwischen den Mahlzeiten getrunken. Bei Entzündungen der Schleimhaut im Mund- und Rachenbereich wird mit dem frisch bereiteten Tee mehrmals täglich gespült oder gegurgelt.
Äußere Anwendung:
3 bis 10prozentige Aufgüsse für Umschläge und Spülungen, als Badezusatz 50 g Droge auf 10 l Wasser,
halbfeste Zubereitungen mit Zubereitungen entsprechend 3 bis 10% Droge.

Art der Anwendung

Flüssige und feste Darreichungsformen zur äußeren und inneren Anwendung.

Wirkungen

Antiphlogistisch, muskulotrop spasmolytisch, wundheilungsfördernd, desodorierend, antibakteriell und bakterientoxinhemmend. Anregung des Hautstoffwechsels.

Die Wirkung resultiert aus dem Zusammenspiel unterschiedlich strukturierter Verbindungen, was den therapeutischen Wert der Kamille ausmacht. Belegt ist die antiphlogistische Wirkung von (−)-α-Bisabolol und seinen Oxiden (vergleichsweise schwächer wirkend), von Chamazulen und Matricin sowie von den Spiroethern (siehe Literaturübersicht bei [6] und die kürzlich erschienene Arbeit von Ammon und Mitarb. [6a]). Matricin besitzt etwa die gleiche Wirksamkeit wie (−)-α-Bisabolol, während das durch Zersetzung aus Matricin hervorgehende Chamazulen im direkten Vergleich eine nur etwa halb so starke antiphlogistische Aktivität zeigte [17]. Muskulotrop-spasmolytisch wirken Apigenin und in geringerem Ausmaß auch weitere Flavonoide der Droge sowie α-Bisabolol und die Spiroether [6]. Die Kamillen-Flavone besitzen bei topischer Anwendung eine lokale entzündungshemmende Wirkung. Apigenin und Luteolin zeigten im Versuchsmodell (Crotonöl-induzierte Dermatitis bei Mäusen) eine ähnliche Potenz wie Indometacin; Quercetin, Apigenin-7-glucosid und Rutin waren weniger aktiv [6, 18–20]. In diesem Testsystem zeigte ein wässerig-alkoholischer Auszug aus frischen Kamillenblüten mit 52 mg (−)-α-Bisabolol, 30 mg Matricin und 5,3 mg Apigenin pro 100 ml eine stärkere Ödemhemmung (31,6%) als die getrocknete Blütendroge (23,7%) ((−)-α-Bisabolol, Matricin, Apigenin: 55, 16 bzw. 6,3% pro 100 ml) oder das ätherische Öl (6,6%) (56 mg (−)-α-Bisabolol und 4,7 mg Chamazulen pro ml), was auf Matricin als wichtige Wirksubstanz hinweist [21]. Mit Ausnahme von Matricin konnte in vitro für die genannten antiphlogistisch wirkenden Substanzen eine Hemmung der Bildung und Freisetzung von Entzündungsmediatoren (u.a. Prostaglandine, Leukotriene, O_2-Radikale, Bradykinin, Histamin, Serotonin) nachgewiesen werden [6]. Für α-Bisabolol wurde eine antiseptische und ulcusprotektive Wirkung nachgewiesen [22, 23]. Antibakteriell und fungizid wirken u.a. die Spiroether und α-Bisabolol [6]. An der antibakteriellen Wirkung von wässerigen Auszügen bei topischer Anwendung sind auch die hierbei fast vollständig in Lösung gehenden Cumarine beteiligt [11]. Des weiteren ist eine Entgiftung bakterieller Toxine [24, 25] und eine Beeinflussung des Hautstoffwechsels [26] nachgewiesen worden (Anstieg des ATP- und Kreatinphosphatgehaltes, Abnahme der Glucose-6-phosphat-Konzentration).
Bei lokaler Anwendung an der Haut wirkt (−)-[α]-Bisabolol als Penetrationsverstärker für schwach in die Haut eindringende Arzneistoffe [27].
In der *Volksmedizin* vor allem der romanischen Länder wird Kamillentee als Schlaftrunk und leichtes Beruhigungsmittel verwendet. Entsprechende Wirkungen konnten an Menschen [28] und an Mäusen [29] nachgewiesen und das ätherische Öl als Wirkprinzip ausgeschlossen werden [30]. Vor kurzem wurde für mehrere Fraktionen des wässerigen Extrakts eine Affinität zu den zentralen Benzodiazepin-Rezeptoren nachgewiesen und Apigenin als kompetitiver Ligand an diesen Rezeptoren identifiziert [31]. Nach i.p.-Applikation an Ratten zeigte Apigenin eine anxiolytische Aktivität ohne antikonvulsative oder muskelrelaxierende Wirkung.
In ganz seltenen Fällen sind allergische irritative Hautreaktionen auf Kamillenblüten beschrieben worden. Das als Allergen vermutete Sesquiterpenlacton Anthecotulid aus *Anthemis cotula* L. kommt in der Echten Kamille allgemein nicht vor. Es wurde nur in Spuren in der aus Argentinien importierten Droge vom Bisabolol B-Typ gefunden, die jedoch für eine Sensibilisierung nicht ausreichen [32, 33]. Als mögliches Allergen der Kamillenblüten wird auch das Cumarin Herniarin diskutiert [11, 34].
Durch den in der Standardzulassung erfolgten Hinweis, den Teeaufguß nicht im Bereich des Auges zu verwenden, soll einer möglichen Beeinträchtigung dieses empfindlichen Organs durch Reizstoffe oder Partikel vorgebeugt werden.

Teebereitung: 2–3 g Kamillenblüten werden mit kochendem Wasser übergossen und 10 min lang bedeckt stehengelassen; anschließend durch ein Tee-

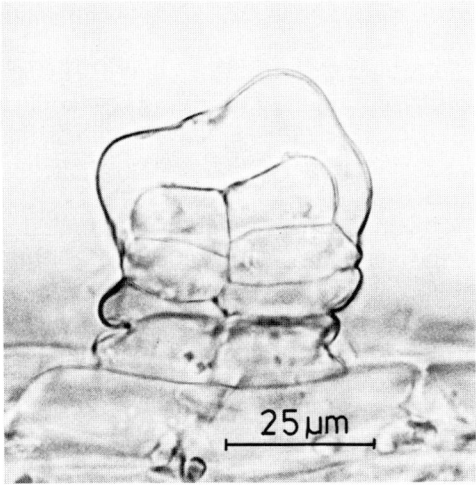
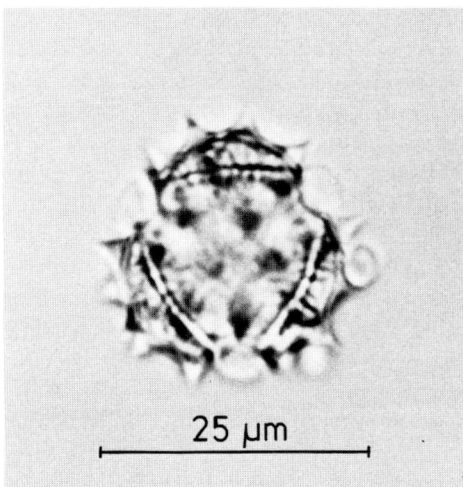

Abb. 5: Asteraceen-Drüsenschuppe
Abb. 6: Pollenkorn mit kurzstacheliger Exine und drei Austrittsstellen

Wortlaut der Packungsbeilage gemäß Standardzulassung:

6.1 Stoff- oder Indikationsgruppe
Pflanzliches Magen-Darm-Mittel/Mittel bei örtlichen Entzündungen.

6.2 Anwendungsgebiete
Innerliche Anwendung bei
– Krämpfen und entzündlichen Erkrankungen im Magen-Darm-Bereich.
Äußerliche Anwendung bei
– Haut- und Schleimhautentzündungen sowie bakteriellen Hauterkrankungen einschließlich der Mundhöhle und des Zahnfleisches
– entzündlichen Erkrankungen und Reizzuständen der Luftwege (Inhalationen)
– Erkrankungen im Anal- und Genitalbereich (Bäder, Spülungen).

6.3 Gegenanzeigen
Bekannte Überempfindlichkeit gegenüber Korbblütlern, wie z.B. Arnika, Kamille, Ringelblumen, Schafgarbe.

6.4 Wechselwirkungen mit anderen Mitteln
Keine bekannt.

6.5 Dosierungsanleitung und Art der Anwendung
Soweit nicht anders verordnet, wird bei Erkrankungen im Magen-Darm-Bereich 3- bis 4mal täglich eine Tasse des wie folgt frisch bereiteten Teeaufgusses zwischen den Mahlzeiten getrunken:
1 gehäufter Eßlöffel voll (ca. 3 g) Kamillenblüten oder die entsprechende Menge in einem oder mehreren Aufgußbeutel(n) wird mit siedendem Wasser (ca. 150 ml) übergossen, zugedeckt und nach etwa 5 bis 10 Minuten gegebenenfalls durch ein Teesieb gegeben.
Zum Gurgeln, Spülen, Inhalieren und zur Bereitung von Umschlägen wird ein Aufguß in der angegebenen Menge oder dem benötigten Vielfachen wie folgt hergestellt:
3 bis 10 g Kamillenblüten werden mit 100 ml siedendem Wasser übergossen, zugedeckt und nach etwa 5 bis 10 Minuten durch ein Teesieb gegeben.
Als Badezusatz werden 50 g Kamillenblüten auf 10 l Wasser eingesetzt.
Hinweis:
Der Aufguß darf nicht im Bereich des Auges angewendet werden.

6.6 Dauer der Anwendung
Bei akuten Beschwerden, die länger als eine Woche andauern oder periodisch wiederkehren, wird die Rücksprache mit einem Arzt empfohlen.

6.7 Nebenwirkungen
Keine bekannt.

6.8 Hinweis
Vor Licht und Feuchtigkeit geschützt aufbewahren.

---

sieb geben. (Hinweis: Im Drogenrückstand bleiben bis zu 70% des ätherischen Öles zurück! Die Verwendung von wäßrig-alkoholischen, standardisierten Auszügen ist wohl effektiver!).
1 Teelöffel = etwa 1 g, 1 Eßlöffel = etwa 2,5 g.

Teepräparate: Von der Droge werden Filterbeutel (0,9–1,3 g) von verschiedenen Herstellern angeboten. Man überzeuge sich davon, daß der Inhalt tatsächlich nur aus Blüten besteht; manchmal ist fein zerschnittenes Kamillenkraut verwendet worden (als Lebensmittel zulässig), dessen Gehalt an ätherischem Öl weit unter der Arzneibuchforderung liegt. Daher bei Filterbeuteln auf Arzneibuchqualität achten! Die Blütendroge ist auch in zahlreichen Teegemischen, vorzugsweise in Magen-Darmtees, enthalten.

Phytopharmaka: Kamillenextrakte, z.T. standardisiert, sind in zahlreichen Antiphlogistika [35] zur äußerlichen oder innerlichen Anwendung im Handel, z.B. Eukamillat® (Liquidum), Kamillosan® (Konzentrat), Perkamillon® (Liquidum) u.a. Sie sind ferner häufig Bestandteil von Dermatica, z.B. Azulon® Kamillen Puder und Salbe, Kamistad® Gel (Mundtherapeuticum), Perozon® Kamillen-Ölbad N u.v.a., sowie zahlreicher Interna in der Gruppe der kombinierten Magen-Darm-Mittel, z.B. Carminativum Babynos® Tropfen, Esberigal® N Dragees und Liquidum, Gastralon® N Tropfen, Gastricholan® L Tropfen, Markalakt® Pulver u.v.a. Daneben sind auch viele Präparate, die Kamillenöl enthalten, mit ähnlichen Indikationen im Handel.
Gebräuchlich sind vor allem flüssige Zubereitungen mit isopropanolisch-wäßrigen Extrakten nur zur äußerlichen und ethanolisch-wäßrigen Extrakten sowohl zur innerlichen als auch äußerlichen Anwendung, daneben auch streichbare und feste Zubereitungen (zur Stabilitätsprüfung siehe bei [36]). Neu entwickelt wurde ein Pelletpräparat mit einem aufgesprühten Ethylacetatextrakt, in dem Matricin neben (−)-α-Bisabolol und den En-In-Dicyclo-

ethern in vergleichsweise hoher Konzentration stabilisiert vorliegt [37].

Prüfung: Makroskopisch und mikroskopisch nach DAB 1996. Zu achten ist auf den hohlen Blütenstandsboden; mikroskopische Merkmale liefern vor allem die Röhrenblüten (Abb. 4) mit dem Steinzellkranz an der Fruchtknotenbasis, den Drüsenschuppen (Abb. 5), den „Strickleiterzellen" (verschleimte Epidermiszellen des Fruchtknotens) und den Pollen (Abb. 6).

Identitätsprüfung nach DAB 1996 auch über den Proazulennachweis, die Gehaltsbestimmung des ätherischen Öls sowie Reinheitsprüfung über die DC-Auftrennung eines eingeengten Perkolats mit Dichlormethan. Die Zuordnung der dort genannten Substanzzonen wird im Kommentar [38] diskutiert. In der Literatur finden sich zur Reinheitsprüfung weitere DC-Methoden (u.a. [38–43]).

Verfälschungen: Selten, da die Droge aus Kulturen stammt. Fast immer schon bei der makroskopischen oder mikroskopischen Prüfung zu erkennen (markiger Blütenstandsboden; Vierzipfelige Korolle u.a.), siehe auch [38].

Anmerkung: Werden Kamillenblüten zur Herstellung von Teemischungen verwendet, so ist die extrem heterogene Beschaffenheit der Droge besonders zu beachten, s. dazu Lit. [44].

Literatur:
[1] Hager, Band **4**, 819 (1992).
[2] H. Becker und J. Reichling, Dtsch. Apoth. Ztg. **121**, 1285 (1981).
[3] H. Schilcher, Die Kamille. Wiss. Verlagsges. Stuttgart 1987.
[4] R. Carle und O. Isaac, Dtsch. Apoth. Ztg. **125** (Suppl. I), 3 (1985).
[5] E. Luppold, Pharm. Uns. Zeit **13**, 65 (1984).
[6] H.P.T. Ammon und R. Maul, Dtsch. Apoth. Ztg. **132**, Suppl. 27, 3 (1992).
[6a] H.P.T. Ammon, J. Sabieraj und R. Kaul, Dtsch. Apoth. Ztg. **136**, 1821 [1996].
[7] P.C. Schmidt, K. Weibler und B. Soyke, Dtsch. Apoth. Ztg. **131**, 175 (1991).
[8] R. Carle und Mitarb., Pharmazie **48**, 304 (1993).
[9] H. Kanamori und Mitarb., Shoyakugahu Zasshi **47**, 34 (1993); C.A. **119**, 210855 (1993).
[10] A.G. Kotov, P.P. Khvorost und N.F. Komissarenko, Khim. Prir. Soedin, 853 (1991); C.A. **117**, 147239 (1992).
[11] O. Ceska und Mitarb., Fitoterapia **63**, 387 (1992).
[12] B. Tosi und Mitarb., Int. J. Pharmacognosy **33**, 144 (1995).
[13] E. Füller und G. Franz, Dtsch. Apoth. Ztg. **133**, 4224 (1993).
[14] O. Isaac, Dtsch. Apoth. Ztg. **120**, 567 (1980).
[15] A. Detter, Pharm. Ztg. **126**, 1140 (1981).
[16] R. Carle und O. Isaac, Z. Phytother. **8**, 67 (1987).
[17] V. Jakovlev, O. Isaac und E. Flaskamp, Planta Med. **49**, 67 (1983).
[18] R. Della Loggia und Mitarb., Prog. Clin. Biol. Res. **213**, 481 (1986).
[19] R. Della Loggia, Dtsch. Apoth. Ztg. **125** (Suppl. I), 9 (1985).
[20] A. Tubaro und Mitarb., Planta Med. **51**, 359 (1985).
[21] R. Della Loggia und Mitarb., Planta Med. **56**, 67 (1990).
[22] O. Isaac und K. Thiemer, Arzneim.-Forsch. **25**, 1352 (1975).
[23] J. Szelenyi, O. Isaac und K. Thiemer, Planta Med. **35**, 218 (1979).
[24] M. Kienholz, Dtsch. Apoth. Ztg. **102**, 1076 (1962).
[25] M. Kienholz, Arzneim. Forsch. **13**, 980 (1963).
[26] K. Thiemer, R. Stadler und O. Isaac, Arzneim. Forsch. **23**, 756 (1973).
[27] R. Kadir und B. Barry, Int. J. Pharm. **70**, 87 (1991).
[28] L. Gould, C.V.R. Reddy und R.F. Gombrecht, J. Clin. Pharmacol. **13**, 475 (1973).
[29] R. Della Loggia und Mitarb., Pharmacol. Res. Commun. **14**, 153 (1982).
[30] A. Fundero und M.C. Cassone, Boll. Soc. Ital. Biol. Sper. **56**, 2375 (1980).
[31] H. Viola und Mitarb., Planta Med. **61**, 213 (1995).
[32] B.M. Hausen, E. Busher und R. Carle, Planta Med. **50**, 229 (1984).
[33] B.M. Hausen, Dtsch. Apoth. Ztg. **125** (Suppl. I), 24 (1985).
[34] E. Hegyi, M. Sarsunova und K. Traubnerova, Farm. Obz. **55**, 29 (1986); C.A. **104**, 146939 (1986).
[35] Pharmazeutische Stoffliste. Hrsg. Arzneibüro der ABDA, mit Ergänzungslieferungen, Frankfurt/M. 1963–1995.
[36] P.C. Schmidt und K. Vogel, Dtsch. Apoth. Ztg. **132**, 462 (1992).
[37] A. Ness und P.C. Schmidt, Dtsch. Apoth. Ztg. **135**, 3598 (1995).
[38] Kommentar DAB 10.
[39] O. Isaac, H. Schneider und H. Eggenschwiller, Dtsch. Apoth. Ztg. **108**, 293 (1968).
[40] J. Hölzl und G. Demuth, Dtsch. Apoth. Ztg. **113**, 671 (1973).
[41] J. Hölzl und G. Demuth, Planta Med. **27**, 37 (1975).
[42] J. Reichling und H. Becker, Dtsch. Apoth. Ztg. **117**, 275 (1977).
[43] P. Rohdewald, G. Rücker und K.-W. Glombitza, Apothekengerechte Prüfvorschriften, S. 813. Deutscher Apotheker Verlag Stuttgart 1986.
[44] U.H.T. Hagenström, A. Spitzkowski und U. Winkler, Pharmazie **45**, 211 (1990).

Willuhn

Meliloti herba — Steinkleekraut

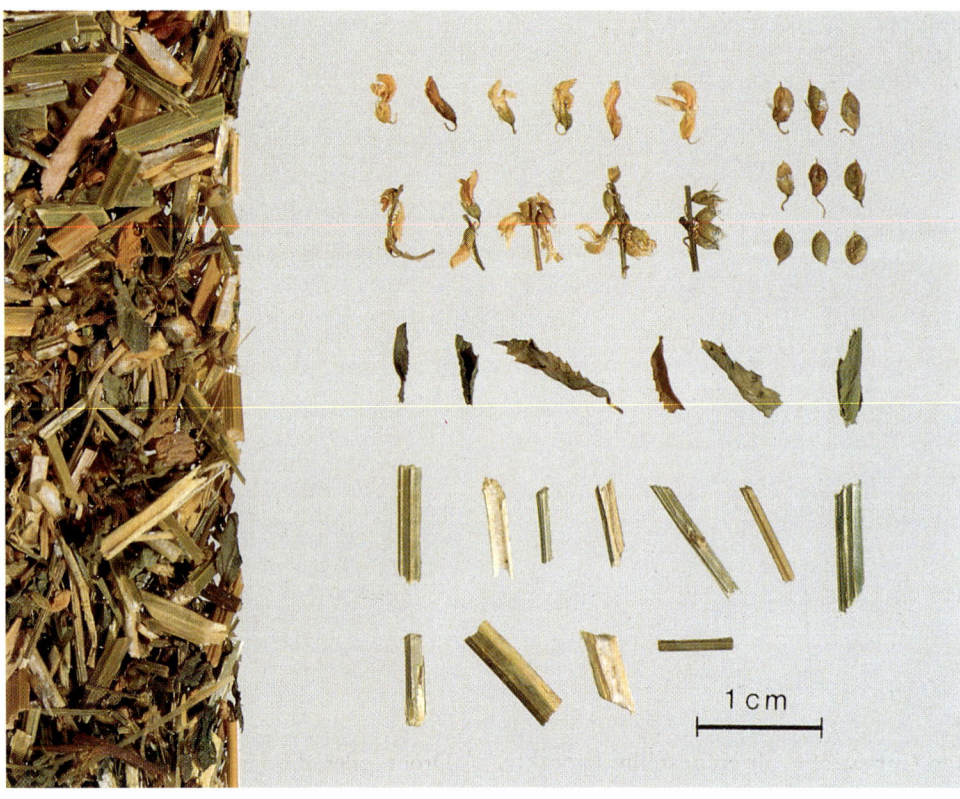

Abb. 1: Steinkleekraut

Beschreibung: Blattbruchstücke mit stumpf bis scharf gesägt-gezähntem Rand, kahl oder nur unterseits entlang der Nervatur behaart. Die Stengelstückchen sind hohl und längsgefurcht. Charakteristisch sind die blaßgelben Schmetterlingsblüten (1. und 2. Reihe), die in einseitswendigen Trauben (2. Reihe) angeordnet sind. Die kleinen strohgelben bis braunen, meist kahlen Hülsenfrüchte bleiben geschlossen und enthalten gewöhnlich nur 1 Samen (rechts oben), sie sollen nur vereinzelt in der Droge enthalten sein.

Geruch: Süßlich, nach Cumarin.

Geschmack: Bitter, etwas scharf und salzig.

Abb. 2: *Melilotus officinalis* (L.) Pall.

Ein häufig an Wegrändern auftretender, 80 cm hoher, zweijähriger Schmetterlingsblütler mit 3-zähligen (Name!) Blättern mit unregelmäßig gezähntem Blattrand und gelben, in Trauben angeordneten Blüten. Im Unterschied zum recht ähnlichen *Melilotus altissima* ist das Schiffchen der Blüte kürzer als die Flügel und die Hülsen sind kahl.

DAC 1986: Steinklee

Stammpflanzen: *Melilotus officinalis* (L.) PALL. [nach DAC 1986: (L.) LAM. emen. THUILL.] (Echter oder Gelber Steinklee) und/oder *Melilotus altissimus* THUILL. (Hoher Steinklee), Fabaceae.

Synonyme: Honigklee, Mottenklee, Bärenklee, Schotenklee, Malottenkraut, Melotenkraut. Yellow melilot, Sweet melilot, Field melilot, Melilot, Yellow sweet clover, King's sweet clover (engl.). Couronne royale, Herbe aux mouches (franz.).

Herkunft: In Europa und Asien an Wegrändern verbreitet (Echter Steinklee), bzw. an feuchten Stellen zerstreut vorkommend (Hoher Steinklee). Die Droge wird aus osteuropäischen Ländern, überwiegend aus dem Anbau stammend, importiert.

Inhaltsstoffe: Cumarinderivate und Cumarin, z.T. in Form der Glykoside, z.B. Melilotosid, Melilotin u.a. (nach DAC 1986 mind. 0,1% Cumarin); unter den flüchtigen Inhaltsstoffen dominieren Cumarin und 3,4-Dihydrocumarin, jedoch sind inzwischen 82 weitere Komponenten identifiziert worden [1], darunter Methyldihydrocumarat, 2-Hexadecanon, Limonen u.a.; Flavonoide, besonders Kämpferol- und Quercetinderivate; Sapogenine [2] vom Oleanolsäuretyp und vermutlich auch die entsprechenden Saponine.

Indikationen: In Form der Teezubereitung hauptsächlich als Venenmittel, _volksmedizinisch_ auch als Diuretikum. In der von der Kommission E verabschiedeten Monographie [3] werden als Indikationen genannt: Beschwerden bei chronisch venöser Insuffizienz wie Schmerzen und Schweregefühl in den Beinen, nächtliche Wadenkrämpfe, Juckreiz und Schwellungen. Zur unterstützenden Behandlung von Hämorrhoiden und Lymphstauungen. Äußere Anwendung: Prellungen, Verstauchungen und oberflächliche Blutergüsse. Tierexperimentelle Untersuchungen zeigten eine Beschleunigung der Wundheilung.

Nebenwirkungen: In seltenen Fällen Kopfschmerzen.

Teebereitung: 1 bis 2 Teelöffel der fein geschnittenen Droge mit siedendem Wasser übergießen und nach 5–10 min durch ein Teesieb geben. Als Venentherapeutikum 2–3 Tassen täglich. Bei Geschwüren und Hämorrhoiden auch als Breiumschlag: Droge mit der gleichen Menge an heißem Wasser durchfeuchten, in ein Mullsäckchen einbinden und auflegen.
1 Teelöffel = etwa 1,6 g.

Teepräparate: Die Droge wird in Teegemischen meist als Aromatikum verwendet, bes. in „Haus- und Familien-Tees" und in anderen Kräuterteemischungen.

Phytopharmaka: Auf einen bestimmten Cumaringehalt eingestellte Extrakte sind in zahlreichen Venenmitteln enthalten, z.B. in den Monopräparaten Veno-Dolan (Kapseln) und Venodrag® (Dragees), ebenso in vielen Kombinationsarzneimitteln wie Venalot® (Ampullen), Venalot® intern Venendragees, Pascovenol® novo (Tropfen und Dragees), Pascovenol® S (Dragees), Phlebodril® N (Creme) u.a.

Prüfung: Makroskopisch (s. Beschreibung) und mikroskopisch nach DAC 1986. Die Laubblätter zeigen beiderseits anomocytische Spaltöffnungen. Vereinzelt, auf jungen Blättern reichlicher, Gliederhaare, die aus drei Zellen bestehen; die unterste und mittlere Zelle sind

Cumarin · Melilotin · Melilotosid

Auszug aus der Monographie der Kommission E (BAnz Nr. 50 vom 13.03.1986 und Nr. 50 vom 13.03.1990)

Anwendungsgebiete
Innere Anwendung:
Beschwerden bei chronisch venöser Insuffizienz wie Schmerzen und Schweregefühl in den Beinen, nächtliche Wadenkrämpfe, Juckreiz und Schwellungen.
Zur unterstützenden Behandlung der Thrombophlebitis, des postthrombotischen Syndroms, von Hämorrhoiden und Lymphstauungen.
Äußere Anwendung:
Prellungen, Verstauchungen und oberflächliche Blutergüsse.

Gegenanzeigen
Keine bekannt.

Nebenwirkungen
In seltenen Fällen Kopfschmerzen.

Wechselwirkungen mit anderen Mitteln
Keine bekannt.

Dosierung
Soweit nicht anders verordnet:
mittlere Tagesdosis:
Droge oder die jeweilige Menge einer Zubereitung zum Einnehmen entsprechend 3 bis 30 mg Cumarin.
Zur parenteralen Anwendung entsprechend 1,0–7,5 mg Cumarin.
Die wirksame Dosierung von Melilotus-Zubereitungen in fixen Kombinationen zur äußeren Anwendung muß präparatespezifisch belegt werden.

Art der Anwendung
Zerkleinerte Droge zur Bereitung von Aufgüssen sowie andere galenische Zubereitungen zum Einnehmen.
Flüssige Darreichungsformen zur parenteralen Anwendung. Salben, Linimente, Kataplasmen und Kräuterkissen zur äußeren, Salben und Zäpfchen zur rektalen Anwendung.

Wirkungen
Antiödematös bei entzündlichem und Stauungsödem durch Zunahme des venösen Rückflusses und Verbesserung der Lymphokinetik.
Tierexperimentelle Untersuchungen zeigen eine Beschleunigung der Wundheilung.

dünnwandig und kurz, die Endzelle ist lang, dickwandig und weist eine knotige Kutikula auf (sog. „Knotenstockhaare", Abb. 3). Auffällig sind auch die Kristallkammerfasern, die mit den Leitbündeln verlaufen. Auf Kelch und Fruchtknoten findet man Drüsenhaare mit zwei- bis dreizelligem Stiel und mehrzelligem, ovalem Köpfchen (Abb. 4). DC-Prüfung nach DAC 1986.

Verfälschungen: Kommen in der Praxis kaum vor. Die in der älteren Literatur genannten *Melilotus*-Arten (*Melilotus albus* MEDIK., *Melilotus dentatus* W.K. PERS.) sind geruchlos und unterscheiden sich schon morphologisch von echter Droge; sie würden jedenfalls an abweichenden mikroskopischen Merkmalen zu erkennen sein.

Aufbewahrung: Vor Licht geschützt, in dicht schließenden Gefäßen (Schutz vor Cumarinverlusten!).

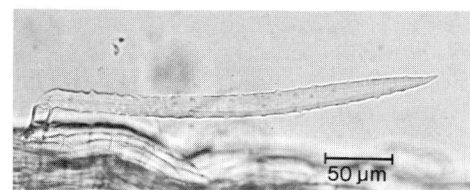

Abb. 3: „Knotenstockhaar" (s. Text)

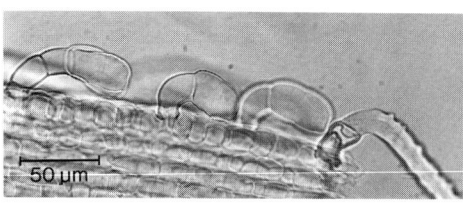

Abb. 4: Drüsenhaare von Kelch und Fruchtknoten (Köpfchen stark verschleimt, daher nur undeutlich als mehrzellig zu erkennen)

Literatur:
[1] M. Wörner und P. Schreier, Z. Lebensm. Unters. Forsch. **190**, 425 (1990).
[2] S.S. Kang and W.S. Woo, J. Nat. Prod. **51**, 335 (1988).
[3] Bekanntmachung des BGA vom 18. Februar 1986, BAnz vom 13. März 1986, S. 3077; Dtsch. Apoth. Ztg. **126**, 619 (1986) oder Pharm. Ztg. **131**, 777 (1986); ergänzt durch BAnz Nr. 50 vom 13. März 1990, s. Pharm. Ztg. **135**, 829 (1990).

Nagell

Melissae folium

Melissenblätter
DAB 1996

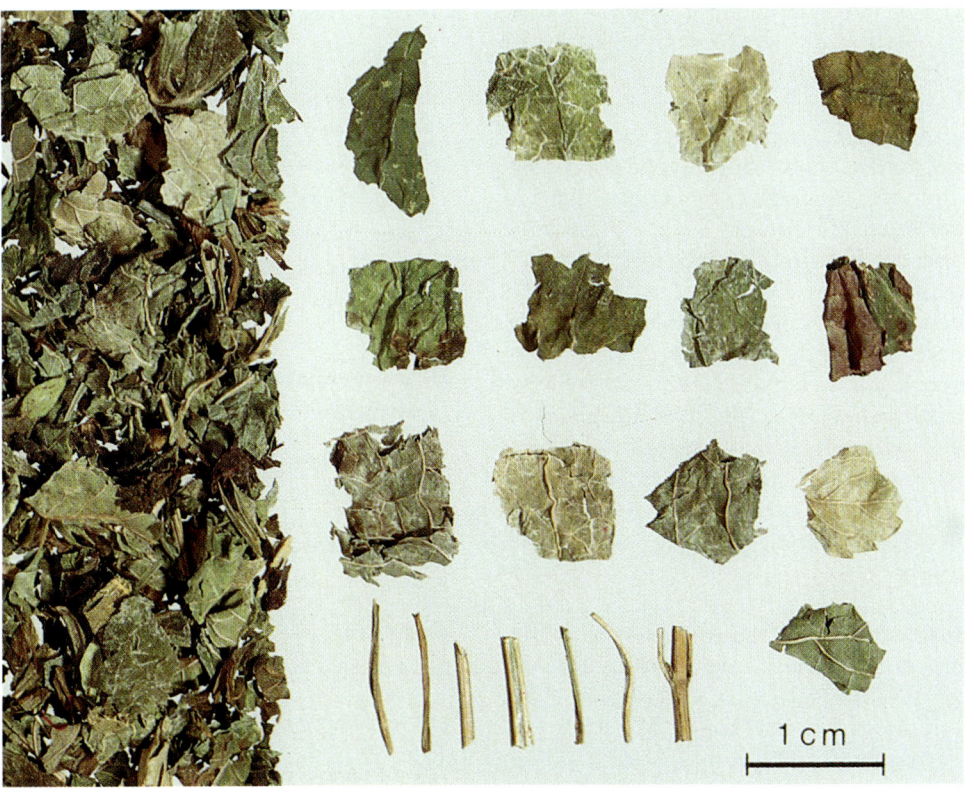

Abb. 1: Melissenblätter

Beschreibung: Die mehr oder weniger langgestielten Blätter sind etwa 8 cm lang und bis 3 cm breit, breit eiförmig, am Grunde abgerundet oder fast herzförmig. Die Blattspreite ist dünn, etwas zerknittert, oberseits dunkelgrün, unterseits heller grün. Die dünne Nervatur tritt auf der Unterseite stark hervor. Der Blattrand ist unregelmäßig gekerbt oder gesägt. Die Oberseite ist schwach behaart, die Unterseite fast kahl oder nur entlang der Nerven schwach behaart, aber fein drüsig punktiert (Abb. 3).

Geruch: Würzig-aromatisch, an Zitrone erinnernd; oft nur nach Zerreiben der Blätter wahrnehmbar, bei lange gelagerter Droge u.U. nur sehr schwach!

Geschmack: Angenehm würzig.

Abb. 2: *Melissa officinalis* L.

Eine intensiv nach Zitronen riechende Staude, um 70 cm hoch, mit deutlich gestielten, breit eiförmigen, am 4-kantigen Stengel gekreuzt gegenständig angeordneten Blättern. Die Blattnervatur ist unterseits stark hervortretend, der Blattrand kerbig-gesägt. Die blassen, etwa 1 cm großen Blüten mit 2-lippigem Kelch sitzen zu mehreren in den Blattachseln.

Melissae folium

ÖAB: Folium Melissae
Ph. Helv. VII: Melissae folium
St. Zul. 1149.99.99

Stammpflanze: *Melissa officinalis* L. (Melisse), Lamiaceae.

Synonyme: Folia Citronellae, Folia Melissae citratae, Zitronenkraut, Zitronenmelisse, Frauenkraut, Herzkraut, Gartenmelisse. Balm, Sweet balm, Lemon balm, Cure-all (engl.). Feuilles de mélisse (franz.).

Herkunft: Ursprünglich im östlichen Mittelmeergebiet (Balkan und Kleinasien) bzw. Westasien beheimatet; in Mitteleuropa, verbreitet in Sachsen-Anhalt, Thüringen, Franken, Süddeutschland, Westeuropa, insb. Spanien und Südfrankreich, und Osteuropa angebaut und aus diesen Regionen vielfach importiert.

Inhaltsstoffe: 0,05–0,30% ätherisches Öl, bei Hochleistungsstämmen werden Gehalte bis 0,8% erreicht [1]. Das DAB 1996 sowie die Pharm. Helv. VII fordern keinen Mindestgehalt an ätherischem Öl in der Droge. Im Gegensatz hierzu verlangen die Ph. fr. X und das ÖAB einen Mindestgehalt von 0,05%, der von offizineller Droge eingehalten werden sollte [2].
Eine detaillierte Analyse des Melissenöls wurde von [3] durchgeführt. Von den 78 beschriebenen Komponenten sind für den typischen Zitronenduft der Melisse die Monoterpenaldehyde Geranial und Neral (zusammen als Citral bezeichnet) sowie Citronellal verantwortlich. Das ätherische Blattöl enthält überwiegend Citral (im Mittel 51,3%), während der Citronellal-Anteil gering und äußerst variabel ist (im Mittel 7,8%). Weitere markante Melissenölkomponenten sind β-Caryophyllen, Caryophyllenepoxid, Germacren D, 6-Methyl-5-hepten-2-on, Geranylacetat, Methylcitronellat, α-Copaen und Nerol [2].
Die Zusammensetzung und Qualität des Melissenöls sowie sein Gehalt in der Droge hängen von der Herkunft der Droge sowie den klimatischen Bedingungen am Anbaustandort, vom Erntezeitpunkt, vom ontogenetischen Stadium der Pflanze bei der Ernte, den Lagerungsbedingungen der Blattdroge und der Gewinnungsmethode entscheidend ab [4–6]. Die Droge enthält außerdem Monoterpenglykoside sowie andere Glykoside mit flüchtigen Aglykonen [7]. Zu den therapeutisch relevanten Inhaltsstoffen zählen weiterhin Rosmarinsäure (sog. Labiatengerbstoff), die zu etwa 4% in der Droge enthalten ist, glykosidisch gebundene Chlorogen- und Kaffeesäure, Triterpene und Flavonoide [4, 8].

Indikationen: Traditionell werden Melissenblätter zur Unterstützung der Magenfunktion und zur Verbesserung des Befindens bei nervlicher Belastung angewendet [9]. Melissenpräparate wirken sedativ und spasmolytisch. Sie werden daher bei nervös bedingten Einschlafstörungen sowie funktionellen Magen-Darm-Beschwerden („nervöser Magen") in Form von Teeaufgüssen, Flüssig- oder Trockenextrakten sowie teilweise noch als Drogenpulver zur Therapie eingesetzt. Als sinnvoll erweisen sich in vielen Fällen auch Kombinationen mit anderen beruhigend und/oder karminativ wirkenden Drogen [10, 11]. Solche Teemischungen werden nach [12] besonders auch für die Behandlung von Kindern empfohlen.

Weitere Anwendungsgebiete für Melissenblätter und entsprechende Zubereitungen sind psychovegetative Herzbeschwerden und Dysmenorrhöe. Bäder bzw. Teilbäder, die Auszüge aus Melissenblättern enthalten, finden Anwen-

Auszug aus der Monographie der Kommission E (BAnz Nr. 228 vom 05.12.1984 und BAnz Nr. 50 vom 13.03.1990)

Anwendungsgebiete

Nervös bedingte Einschlafstörungen. Funktionelle Magen-Darm-Beschwerden.

Gegenanzeigen

Keine bekannt.

Nebenwirkungen

Keine bekannt.

Wechselwirkungen

Keine bekannt.

Dosierung

Soweit nicht anders verordnet:
1,5–4,5 g Droge auf eine Tasse als Aufguß mehrmals täglich nach Bedarf.

Art der Anwendung

Geschnittene Droge, Drogenpulver, Flüssig-Extrakt oder Trocken-Extrakt für Aufgüsse und andere galenische Zubereitungen. Zerkleinerte Droge sowie deren Zubereitungen zum Einnehmen.

Hinweis

Kombinationen mit anderen beruhigend und/oder karminativ wirksamen Drogen können sinnvoll sein.

Wirkungen

Beruhigend, karminativ.

Rosmarinsäure (Labiatengerbstoff) — Citral b (= Neral) — Citronellal — Geraniol — Germacren-D — β-Caryophyllen

dung bei Entzündungen der Haut und/oder der Genitalorgane, Spasmen im Kleinen Beckenbereich oder neurovegetativen Störungen. Im Sinne einer Phytobalneotherapie werden Aufgüsse von Melissenblättern sowie Zubereitungen, die das ätherische Öl enthalten, bei psychovegetativen Störungen als Beruhigungs-/Entspannungsbäder eingesetzt [13].

Melissenblätter werden auch für die Behandlung von Gallenleiden empfohlen, wobei als Wirkstoffe die Labiatengerbstoffe [14], aber auch das ätherische Öl diskutiert werden. Bei hypertoner Dyskinesie können die sedierenden und spasmolytischen Eigenschaften der Droge therapeutisch genutzt werden [13]. Für verschiedene Inhaltsstoffgruppen der Melissenblätter wurden antivirale Eigenschaften nachgewiesen [15, 16]. Melissenextrakte wirken aufgrund des Gehaltes an Phenolcarbonsäurederivaten vom Typ der Rosmarinsäure antimikrobiell bzw. antiviral. Sie können daher verdünnt als Umschläge angewendet werden [13]. Mit großer Wahrscheinlichkeit beruht die Wirkung auf einer Reaktion der Labiatengerbstoffe mit Virus- und Zellmembranproteinen. Eine signifikante Verbesserung der Symptome einer Herpes-simplex-Infektion durch eine Creme, die einen standardisierten Melissenblätterextrakt enthält, konnte durch eine klinische Doppelblindstudie belegt werden [17].

In der *Volksmedizin* werden Melissenpräparate auch bei Erkältungskrankheiten (als „schweißtreibendes", „nervenberuhigendes", „kräftigendes" Mittel), bei funktioneller Kreislaufschwäche („nervösem Herzklopfen", „Migräne", „Hysterie", „Melancholie") empfohlen. Eine detaillierte Übersicht zur Wirkung und Wirksamkeit von Melissenblättern und deren Zubereitungen gibt [18]; hier und bei [19] auch Hinweise zur Kulturgeschichte der Melisse.

Teebereitung: 1,5–4,0 g fein geschnittene Droge werden mit kochendem Wasser übergossen und 5–10 min lang stehen gelassen; anschließend durch ein Teesieb geben.
1 Teelöffel=etwa 1,0 g.

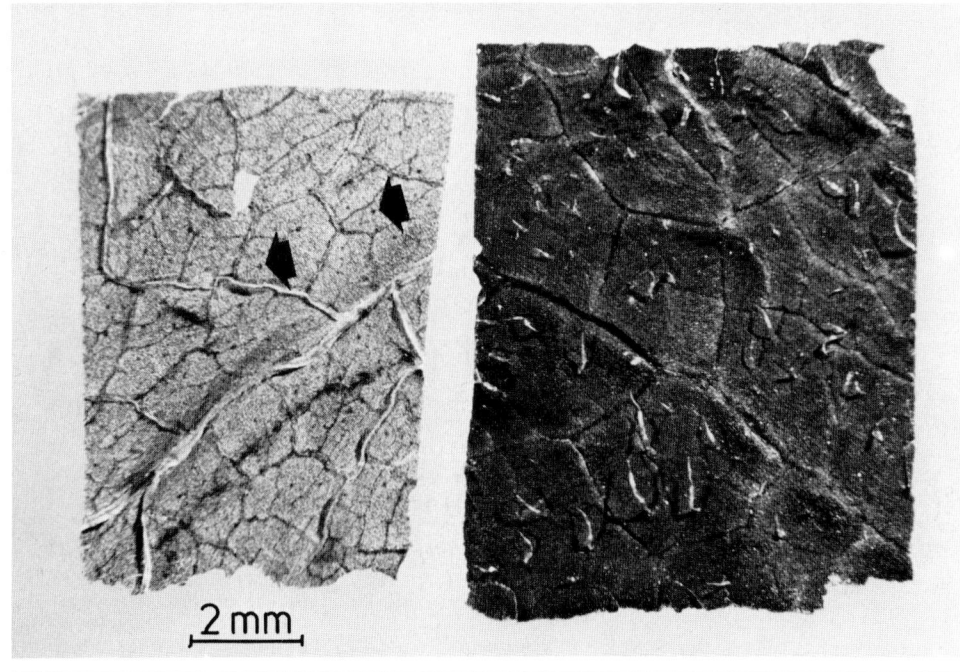

Abb. 3: Hellere Blattunterseite mit drüsiger Punktierung (Pfeile) und dunklere Blattoberseite mit weißlichen Borstenhaaren von *Melissa officinalis*

Teepräparate: Melissenblätter werden von zahlreichen Herstellern angeboten, auch als Filterbeutel, sie sind ferner Bestandteil zahlreicher Teegemische der Indikationsgruppe Sedativa und Magen-/Darmmittel. Melissenblätter sind auch Hilfsstoff für viele andere Teegemische, auch für sog. Kräutertees.

Phytopharmaka: Melissenblattextrakte sind Bestandteil des Monopräparats Lomaherpan® Creme (gegen Herpes simplex) und zahlreicher Kombinationspräparate der Gruppe Sedativa (häufig mit Baldrian-, Hopfen- und Passiflora-Extrakten) wie z.B. Baldriparan® stark N (Dragees), Eugeval® forte (Dragees), Eugeval® N (Tropfen), Sandormin® N (Dragees), Sedariston® (Tropfen), Sedinfant® N (Sirup) u.a. Zahlreiche Externa (Einreibungen, Bäder) enthalten als „Melissenöl" deklarierte andere ätherische Öle, meist Citronellöl (auch Lemongrasöl oder „Indisches" Melissenöl, aus verschiedenen *Cymbopogon*-Arten, Poaceae, gewonnen), das angenehm zitronenartig duftet.

Auch der im DAB 6 angeführte Spiritus Melissae compositus enthält anstelle von Melissenöl Citronellöl. Zum Teil wird auch Citronenöl oder über Melissenkraut destilliertes Citronenöl als Ersatz für das teure (echte) Melissenöl verwendet. Zur analytischen Charakterisierung der Melissen-Ersatzöle siehe [20, 21].

Prüfung: *Makroskopisch:* (s. Beschreibung der Droge). *Mikroskopisch:* nach [2]: Im mikroskopischen Präparat findet man auf Blattober- und Blattunterseite zahlreiche kleine ein- bis zweizellige kegel- oder eckzahnförmige Haare mit glatter bis fein warziger Cuticula (Abb. 4). Auch mehrzellige gegliederte, derbwandige, lange Deckhaare oder Borstenhaare mit spitzer Endzelle und fein strichförmig warziger Kutikula kommen vor (Abb. 5). Drüsenhaare treten verstreut auf. Es handelt sich um kleine Drüsenhaare mit ein- (bis 3-)zelligem Stiel und ein- bis zweizelligem Köpfchen sowie um die bekannten „Drüsenschuppen" der Lamiaceen (sit-

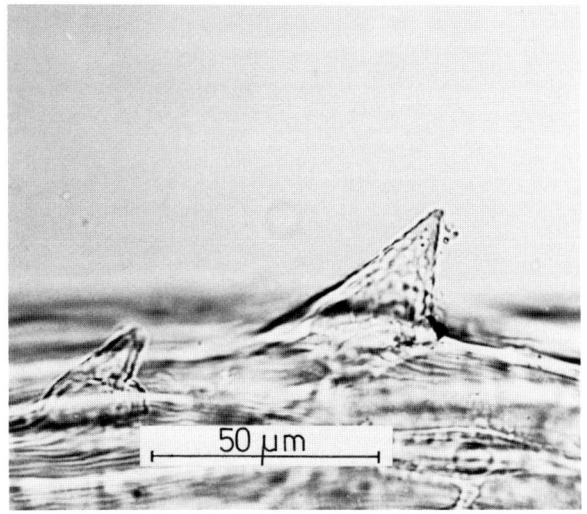
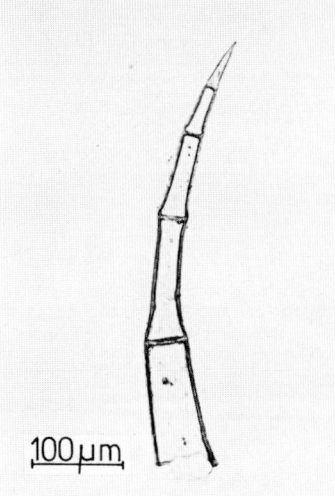

Abb. 4: Eckzahnförmige Kegelhaare auf der Blattnervatur
Abb. 5: Mehrzelliges Borstenhaar

zende Haare mit 8-zelligem Kopf; rasterelektronenmikroskopische Darstellungen der Drüsenhaare in [22]). Die Epidermiszellen beider Blattseiten haben wellig-buchtigen Verlauf der Seitenwände, wobei die Buchten auf der Blattunterseite tiefer sind. Die Spaltöffnungen sind diacytisch und vorwiegend auf der Unterseite anzutreffen. Die auf Melissenblättern anzutreffenden Haare können nach [2] in sechs Typen unterschieden werden.

Dünnschichtchromatographisch: Zur dünnschichtchromatographischen Prüfung vgl. DAB 1996. Nach [2, 3] wird die Untersuchung des Wasserdampfdestillates der Melissenblätter (gelöst in Pentan) oder eines Dichlormethanextraktes (gelöst in Ethylacetat) vorgeschlagen. Als Referenzlösung dient vorzugsweise eine Lösung von Citral und Citronellal in Pentan. Die Chromatographie erfolgt auf Kieselgel F_{254} mit Hexan/Ethylacetat (90+10; Kammersättigung) über 2×10 cm. Die Detektion wird mit Hilfe der Fluoreszenzlöschung (UV-Licht: 254 nm) und Anisaldehyd-Reagenz DAB 1996 (105 °C/Tageslicht) durchgeführt. Detektiert werden: bei UV-Licht (254 nm) die Citral-Doppelzonen (Neral und Geranial); anschließend nach Behandlung mit Anisaldehyd-Reagenz DAB 1996: Citral, 6-Methyl-hepten-2-on, Citronellal, Geranylacetat, Caryophyllenepoxid, Caryophyllen + andere Kohlenwasserstoffe, weitere grauviolette oder rötliche Zonen in der unteren Hälfte des Chromatogramms (u.a. Citronellol, Nerol, Geraniol).

Verfälschungen: Verwechslungen sind selten, da die Droge gewöhnlich aus Kulturen stammt [8]. Verfälschungen treten selten auf [23], allenfalls mit Blättern der Zitronenkatzenminze, *Nepeta cataria var. citriodora*, deren Blätter oberseits weichhaarig, unterseits filzig graugrün sind. Sie riechen intensiver nach Zitrone als Melisse und werden meist als Folia Melissae citriodorae angeboten. Die für *Melissa officinalis* L. typischen Eckzahnhaare fehlen im mikroskopischen Bild. Die Gliederhaare sind denen der Melisse ähnlich, die Köpfchenhaare haben aber meist zweizellige Köpfchen, weiterhin kommen Drüsenhaare mit einzelligem Stiel und vierzelligem Köpfchen vor. Blätter von *Stachys*- und *Ballota*-Arten haben im Mesophyll Oxalatnadeln und zeigen eine gestreifte Kutikula auf den Epidermiszellen. Eckzahnhaare fehlen [23].

Aufbewahrung: Vor Licht und Feuchtigkeit geschützt, in dicht schließenden Behältern, nicht in Kunststoffbehältern. Für das ätherische Öl kann eine jährliche Verlustrate von einem Drittel bis zur Hälfte des Ausgangsgehaltes als Erfahrungswert angenommen werden [2]. In Einzelfällen kann der Gehalt an ätherischem Öl jedoch bereits nach dreimo-

---

Wortlaut der Packungsbeilage gemäß Standardzulassung:

6.1 Stoff- oder Indikationsgruppe
Pflanzliches Beruhigungsmittel/Magen-Darm-Mittel.

6.2 Anwendungsgebiete
Nervös bedingte Einschlafstörungen; funktionelle Magen-Darm-Beschwerden.

6.3 Gegenanzeigen
Keine bekannt.

6.4 Wechselwirkungen mit anderen Mitteln
Keine bekannt.

6.5 Dosierungsanleitung und Art der Anwendung
Soweit nicht anders verordnet, wird mehrmals täglich eine Tasse des wie folgt bereiteten Teeaufgusses getrunken: 1 bis 3 Teelöffel voll (ca. 1,5 bis 4,5 g) Melissenblätter oder die entsprechende Menge in einem oder mehreren Aufgußbeutel(n) werden mit siedendem Wasser (ca. 150 ml) übergossen und nach etwa 10 bis 15 Minuten gegebenenfalls durch ein Teesieb gegeben.

6.6 Dauer der Anwendung
Bei akuten Beschwerden, die länger als eine Woche andauern oder periodisch wiederkehren, wird die Rücksprache mit einem Arzt empfohlen.

6.7 Nebenwirkungen
Keine bekannt.

6.8 Hinweis
Vor Licht und Feuchtigkeit geschützt aufbewahren.

natiger Lagerung (Zimmertemperatur, Lichtausschluß) auf 30% der Ausgangsmenge absinken [24]. Der Citral-Gehalt sinkt nach etwa sechsmonatiger Lagerung bei Licht- und Luftzutritt auf ca. die Hälfte des ursprünglichen Wertes ab. Charakteristisch für die Lagerung der Droge ist der drastische Anstieg von Caryophyllenepoxid [5].

Literatur:
[1] T. Adzet und Mitarb., Planta Med. **58**, 558 (1992).
[2] A. Zänglein, W. Schultze und E. Wolf, Dtsch. Apoth. Ztg. **135**, 4623 (1995).
[3] W. Schultze und Mitarb., Dtsch. Apoth. Ztg. **129**, 155 (1989).
[4] I. Koch-Heitzmann und W. Schultze, Dtsch. Apoth. Ztg. **124**, 2137 (1984).
[5] S. Hose, Vergleichende Untersuchungen zur Variabilität des ätherischen Blattöls sowie der flüchtigen Inhaltsstoffe von Blüte, Wurzel und Zellkulturen von Melissa officinalis L. (Lamiaceae). Diss., Universität Würzburg 1993.
[6] S. Hose, A. Zänglein, T. van den Berg, W. Schultze, K.-H. Kubeczka und F.-C. Czygan, Pharmazie **52**, Heft 3 (1997).
[7] A. Mulkens und I. Kapetanidis, J. Nat. Prod. **51**, 496 (1988).
[8] Hager, Band **4**, 810 (1993).
[9] J. Benedum, D. Loew und H. Schilcher in Kooperation Phytopharmaka (Hrsg.): Arzneipflanzen in der traditionellen Medizin (1994).
[10] Monographie der Kommission E, s. BAnz. No. 228 (5.12.1984) und No. 50 (13.3.1990).
[11] Standardzulassungen für Fertigarzneimittel, Melissenblätter, Deutscher Apotheker Verlag, Stuttgart, Govi Verlag GmbH, Frankfurt/M. (1991).
[12] H. Schilcher: Phytotherapie in der Kinderheilkunde, Wissenschaftliche Verlagsgesellschaft, Stuttgart 1991.
[13] H. Wagner und M. Wiesenauer: Phytotherapie, Gustav Fischer Verlag, Stuttgart/Jena/New York 1995.
[14] H. Braun und D. Frohne: Heilpflanzenlexikon für Ärzte und Apotheker, Gustav Fischer Verlag, Stuttgart/Jena/New York 1994.
[15] G. May und G. Willuhn, Arzneim.-Forsch. **28**, 1 (1978).
[16] Z. Dimitrova und Mitarb., Act. Microbiol. Bulg. **29**, 65 (1993).
[17] H.-J. Vogt und Mitarb., Der Allgemeinarzt **13**, 832 (1991).
[18] I. Koch-Heitzmann und W. Schultze, Z. Phytother. **9**, 77 (1988).
[19] T. Richter, Dtsch. Apoth. Ztg. **133**, 3723 (1993).
[20] U. Hener und Mitarb., Pharmazie **50**, 60 (1995).
[21] W. Schultze und Mitarb., Dtsch. Apoth. Ztg. **135**, 557 (1995).
[22] W. Schultze und Mitarb., Planta Med. **55**, 219 (1989).
[23] W. Schier, Dtsch. Apoth. Ztg. **121**, 323 (1981).
[24] F.-C. Czygan, eigene, nicht veröffentlichte Untersuchungen (1980).

Czygan

Menthae crispae folium — Krauseminzblätter

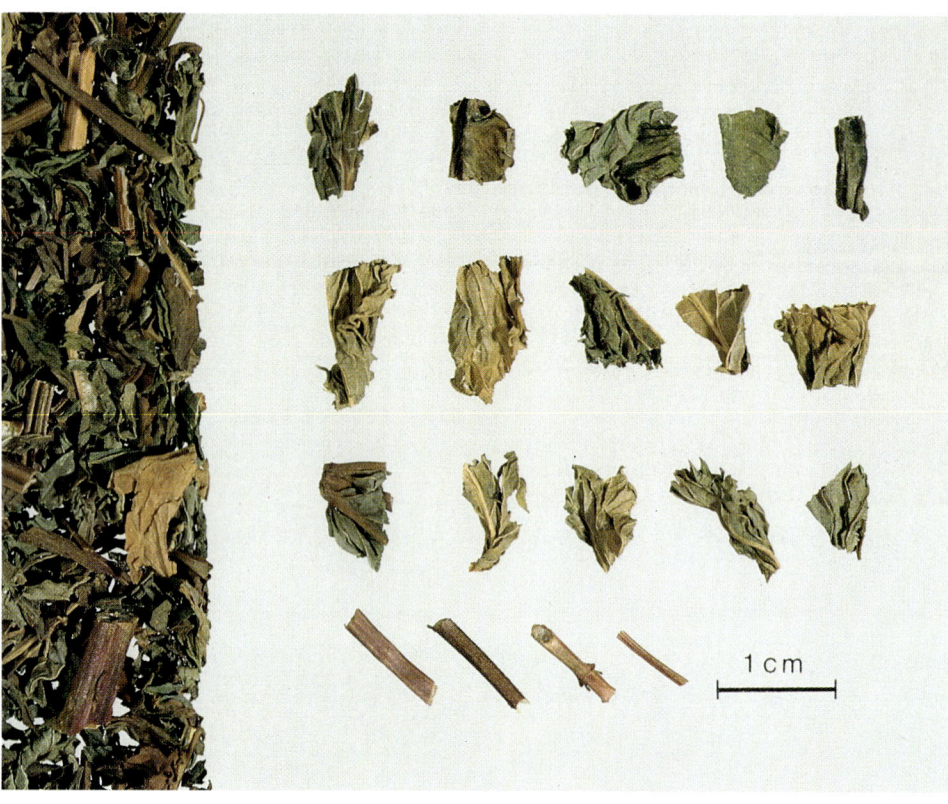

Abb. 1: Krauseminzblätter

Beschreibung: Stark zerknitterte, leicht zerbrechliche Blattstückchen, bei denen der ungleich grob gesägte Rand nicht immer leicht erkennbar ist (Abb. 3). Die Blattoberseite ist dunkelgrün, zwischen den Nerven nach oben gewölbt, die Unterseite hellgraugrün und drüsig punktiert (Lupe!). Besonders auf der Unterseite tritt die fiedrige Nervatur stärker hervor. Vereinzelt kommen vierkantige Stengelstückchen vor.

Geruch: Kräftig würzig, charakteristisch.

Geschmack: Würzig, charakteristisch, nicht kühlend (Unterschied zu Pfefferminze).

Abb. 2: *Mentha spicata* L. *var. crispa*

Die ausdauernde Pflanze wird bis 1 m hoch und besitzt gekreuzt-gegenständige, sitzende Blätter mit charakteristischem, grob gesägtem, zerschlitztem Blattrand. Die in Quirlen erscheinenden, kleinen, blaßvioletten Blüten sind zu langen Ähren angeordnet.

> Erg. B. 6: Folia Menthae crispae

Stammpflanze: *Mentha spicata* L. var. *crispa* (Krauseminze) Lamiaceae.

Synonyme: Spearmintblätter. Curled mint leaf, spearmint leaf, Garden mint, Green mint, Mackerel mint (engl.). Feuilles de menthe crepue (franz.).

Herkunft: Praktisch nur aus dem Anbau, da die Pflanze in Europa sehr zerstreut bis selten vorkommt. Die Droge wird aus Ägypten, dem ehemaligen Jugoslawien und Ungarn importiert.

Inhaltsstoffe: 0,8–2,5% ätherisches Öl (nach Erg. B. 6 mind. 1,0%), das etwa 50% L-Carvon enthält, daneben kommen Limonen, Dihydrocarveolacetat und weitere Monoterpene vor; Menthol fehlt. Je nach Herkunft kann die Zusammensetzung des ätherischen Öles beträchtlich variieren [1]. Weiter enthält die Droge methoxylierte Flavone [2], Rosmarinsäure [3] und nach älteren Angaben, die nachzuprüfen wären, Gerbstoffe und Bitterstoffe.

Indikationen: Krauseminzblätter werden ähnlich wie Pfefferminzblätter als Stomachikum und Karminativum verwendet, können aber z.B. in Gallen-Leber- oder Nerven-Teemischungen die Pfefferminze nicht ersetzen.
Das ätherische Öl der Droge (Krauseminzöl DAC 1986) wird bei Erkältungskrankheiten, vorwiegend zur Inhalation, empfohlen. Große Mengen des ätherischen Öles werden zum Aromatisieren von Mundwässern und Zahnpasten sowie zur Kaugummi-Herstellung gebraucht.

Teebereitung: 1–1,5 g der Droge mit kochendem Wasser übergießen, in bedecktem Gefäß etwa 10 min ziehen lassen und dann abseihen. Als Karminativum bei leichten Verdauungsbeschwerden mehrmals täglich 1 Tasse. 1 Teelöffel = etwa 0,7 g.

Teepräparate: Krauseminzblätter sind Bestandteil von Kräuterteemischungen, die *volksmedizinisch* für verschiedenste Beschwerden Anwendung finden; sie erfüllen dort wohl mehr die Funktion eines Aromatikums.

Phytopharmaka: Keine.

Prüfung: Makroskopisch (s. Beschreibung) und mikroskopisch. Die Lamiaceendrüsenschuppen besitzen meist 12 Sekretionszellen (Abb. 4), die dünnwandigen Gliederhaare sind 1- bis 6-zellig.
Zum Nachweis von Carvon und Menthol mittels DC siehe Verfälschungen. Die Grenzwerte für Pflanzenbehandlungsmittelrückstände wurden in den letzten Jahren teilweise überschritten, Prüfung deshalb erforderlich!

Verfälschungen: Kommen praktisch kaum vor. Verwechslungen mit Pfefferminzblättern lassen sich schon am abweichenden Geruch feststellen. Bei der DC-Prüfung würde sich eine intensive Zone des Menthols finden lassen. Ausführung wie folgt:

Untersuchungslösung: 1 g gepulverte Droge mit 10 ml Dichlormethan 15 min bei 60 °C unter Rückflußkühlung extrahieren. Nach dem Abkühlen filtrieren.

Abb. 3: Blattbruchstück mit ungleich grob gesägtem („krausen") Rand (Lupenvergrößerung)

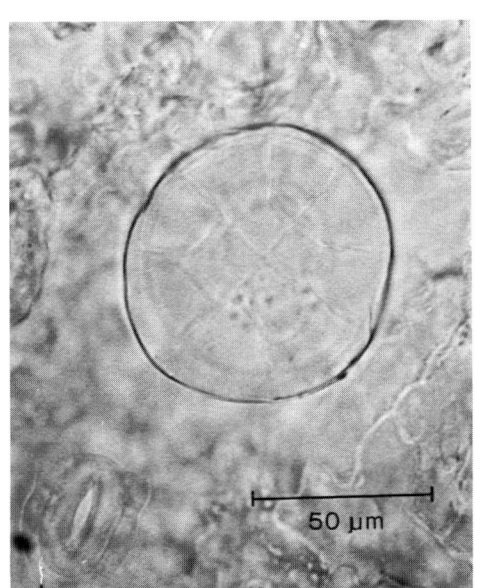
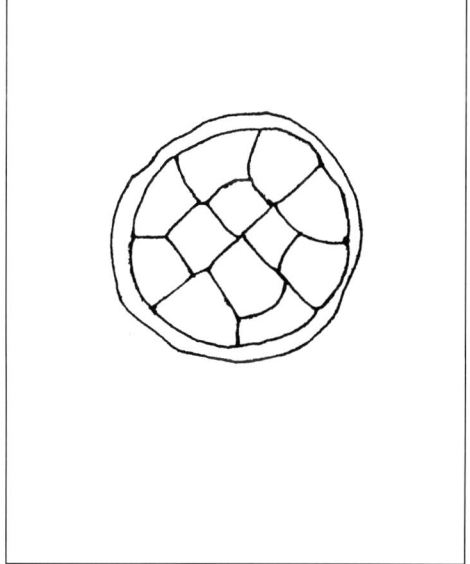

Abb. 4: Lamiaceendrüsenschuppe des Krauseminzblattes, hier mit 12 Sekretionszellen (vgl. nebenstehende Zeichnung)

Referenzlösung: 5 mg Carvon und 5 mg Menthol werden in 2,0 ml Toluol gelöst.

Aufzutragen: 4 µl Untersuchungslösung strichförmig und 1 µl Referenzlösung strichförmig.

Fließmittel: Toluol-Ethylacetat (97 + 3), 6 cm hoch.

Sichtbarmachung: Nach Abdunsten des Fließmittels mit Anisaldehydreagenz (DAB 1996) besprühen und etwa 3 min auf 100–105 °C erhitzen.

Auswertung: Im Tageslicht. Menthol erscheint bei Rf ~ 0,27 als violette Zone, Carvon bei Rf ~ 0,48 als orangerote Zone. Unter UV_{366} fluoresziert Menthol ziegelrot, Carvon dunkelviolett. Bei Krauseminzblättern ist der Nachweis von Carvon positiv, der von Menthol negativ, bei Pfefferminzblättern liegen die Verhältnisse genau umgekehrt. (Abb. 5). Die rosarote Zone bei Pfefferminzblättern auf Höhe des Carvons entspricht dem Limonen.

Aufbewahrung: Kühl, trocken, vor Licht geschützt, nicht in Kunststoffbehältern (ätherisches Öl!).

Literatur:
[1] J. Jaskonis und N. Ziviniene, Liet. TSR Mokslu Akad. Darb. Ser. C **1985**, 56; C.A. **103**, 3685 (1985).
[2] F.A. Tomás-Barberán, S.Z. Husain und M.I. Gil, Biochem. Syst. Ecol. **16**, 43 (1988).
[3] D.V. Banthorpe, H.D. Bilyard und G.B. Brown, Phytochemistry **28**, 2109 (1989).

Nagell

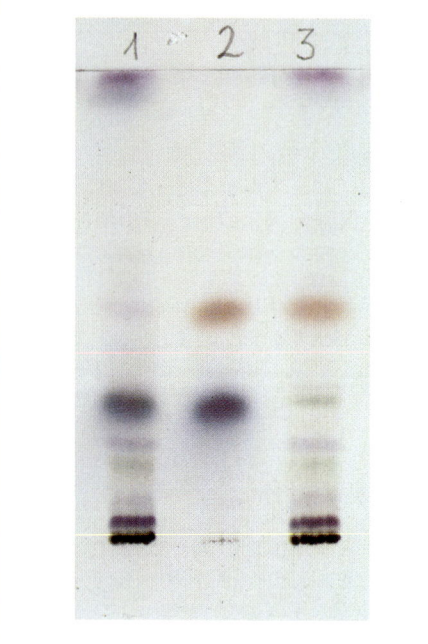

Abb. 5: DC auf 4 × 8 cm Folie
1: Pfefferminzblätter
2: Referenzsubstanzen
3: Krauseminzblätter
Einzelheiten s. Text

Menthae piperitae folium
Ph. Eur.

Pfefferminzblätter
DAB 1996

Abb. 1: Pfefferminzblätter

Beschreibung: Dünne, brüchige, eiförmig bis lanzettlich geformte Blätter, 3–9 cm lang, mit fiederiger, oft violett überlaufener Nervatur (Mitcham-Minze, beste Qualität) und scharf gesägtem Rand. Bei Betrachtung mit der Lupe sind die Drüsenhaare als gelbe Punkte erkennbar (Abb. 3).

Geruch: Charakteristisch, sehr intensiv.

Geschmack: Würzig-aromatisch und kühlend.

Abb. 2: *Mentha × piperita* L.

Ein in England entstandener Tripelbastard aus *Mentha longifolia* × *M. rotundifolia* (= *M. spicata*) × *M. aquatica*. Die Pflanze mit ausgeprägt 4-kantigem Stengel und dekussierter Blattstellung wird etwa 60 cm hoch, die blaßroten Blüten erscheinen in ährigen Quirlen. Die Vermehrung erfolgt aus genetischen Gründen vegetativ über Ausläufer (Stolonen).

ÖAB: Folium Menthae piperitae
Ph. Helv. VII: Menthae piperitae folium
St. Zul. 1499.99.99

Stammpflanze: *Mentha × piperita* L. (Pfefferminze), Lamiaceae.

Synonyme: Katzenkraut, Mutterkraut, Schmecker, Prominzen. Peppermint leaf, Peppermint (engl.). Menthe poivrée, Feuilles de menthe (franz.).

Herkunft: Ausschließlich aus (vegetativ vermehrten) Kulturen. Für den Drogenimport wichtige Länder sind derzeit Bulgarien, Griechenland, Spanien und einige weitere Balkanländer; erhebliche Mengen an Droge werden in Thüringen und Bayern produziert.

Inhaltsstoffe: 0,5–4% ätherisches Öl (DAB 1996 mind. 1,2% für die Ganzdroge, mind. 0,9% für die Schnittdroge), das vor allem Menthol, Mentholester (bes. -acetat und -isovalerianat), Menthon, Menthofuran u.a. Monoterpene sowie kleine Mengen Sesquiterpene enthält [1, 2]; die Bestandteile des ätherischen Öles liegen z.T. auch in Form von Glykosiden vor [3]. 3,5–4,5% Lamiaceengerbstoffe, vor allem Rosmarinsäure und andere Kaffeesäurederivate [4]. Flavonoide [4–6] (Gehaltsangaben in der Literatur _sehr_ variabel, z.T. bis 17,8%), mit Eriocitrin als Hauptkomponente sowie weiteren Eriodictyol-, Luteolin- und Diosmetinglykosiden. Triterpene, wachsartige Substanzen.

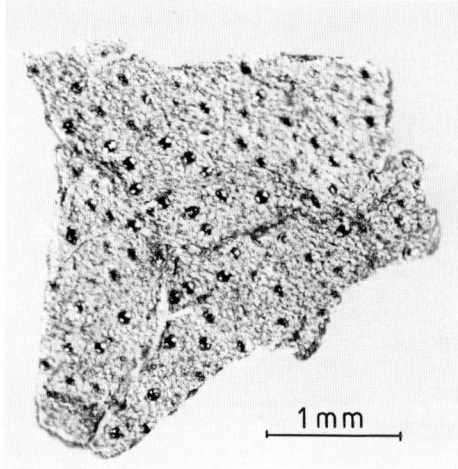

Abb. 3: Braunpunktierte Blattunterseite (zahlreiche Drüsenschuppen)

Indikationen: Als Spasmolytikum, Karminativum und Cholagogum; in Mischung mit anderen Teedrogen auch als Sedativum. Die Wirkung wird vorwiegend, aber nicht ausschließlich, vom Gehalt an ätherischem Öl bestimmt, dessen direkter Angriff an glattmuskeligen Organen eine stärkere Spasmolyse hervorruft als einzelne seiner Komponenten [7]. Der spasmolytische Effekt ist auch am Meerschweinchen-Ileum nachgewiesen worden [8]. Pfefferminztee führt zu einer beträchtlichen Steigerung der Gallenproduktion [2], wobei an der Wirkung neben dem ätherischen Öl vermutlich auch Flavonoide beteiligt sind [9]. Die Cholerese konnte auch in Versuchen am Hund bestätigt werden [10, 11].
Pfefferminztee ist indiziert bei akuter und chronischer Gastritis und Enteritis, bei kolikartigen Beschwerden im Magen- und Darmbereich und bei Blähungen; ferner bei chronischen Cholezystopathien. In der _Volksmedizin_ werden Pfefferminzblätter auch als Sedativum verwendet. Zahlreiche, verschieden zusammengesetzte „Nerventees" enthalten große Anteile an Pfefferminzblättern. Die leicht sedierende Wirkung ist im Tierversuch an der Maus bestätigt worden [12].
Pfefferminztee ist auch bei Dauergebrauch (_d.h. bei nicht übermäßigem Gebrauch_) frei von schädlichen Nebenwirkungen [7, 14].

Teebereitung: 1,5 g Droge mit kochendem Wasser übergießen und in bedecktem Gefäß 5–10 min stehen lassen, anschließend durch ein Teesieb geben.
1 Teelöffel = etwa 0,6 g,
1 Eßlöffel = etwa 1,5 g.
Bei der Teebereitung werden nach 10 min ca. 20–25% des ätherischen Öles im Teeaufguß gefunden [13].

Teepräparate: Pfefferminzblätter werden als Tee, auch in Filterbeuteln, von zahlreichen Herstellern angeboten. Zahlreiche Teegemische, besonders in der Gruppe „Magentee" „Leber-Galle-tee" und „Nerventee" enthalten die Droge. Noch häufiger werden Pfefferminzblätter als Hilfsstoff (Aromadroge) verwendet.

Auszug aus der Monographie der Kommission E
(BAnz Nr. 223 vom 30. 11. 1985, Nr. 50 vom 13. 03. 1990 und Nr. 164 vom 01. 09. 1990)

Anwendungsgebiete
Krampfartige Beschwerden im Magen-Darm-Bereich sowie der Gallenblase und -wege.

Gegenanzeigen
Bei Gallensteinleiden nur nach Rücksprache mit einem Arzt anzuwenden.

Nebenwirkungen
Keine bekannt.

Wechselwirkungen mit anderen Mitteln
Keine bekannt.

Dosierung
Einnahme: 3 bis 6 g Droge; 5 bis 15 g Tinktur (entsprechend EB 6), Zubereitungen entsprechend.

Art der Anwendung
Zerkleinerte Droge für Aufgüsse, Auszüge aus Pfefferminzblättern zur inneren Anwendung.

Hinweis:
Für Pfefferminzöl wird eine gesonderte Monographie erstellt.

Wirkungen
Direkte spasmolytische Wirkung an der glatten Muskulatur des Verdauungstraktes; choleretisch und carminativ.

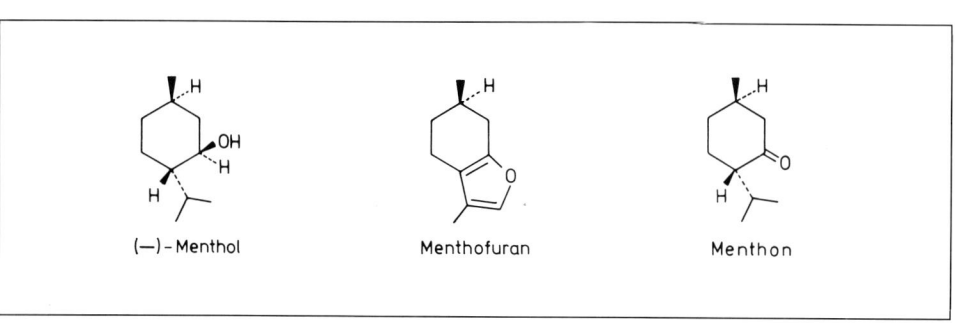

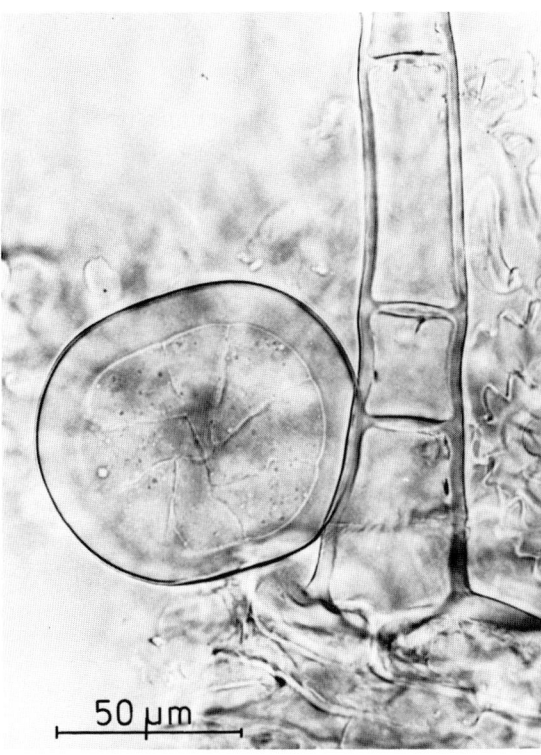
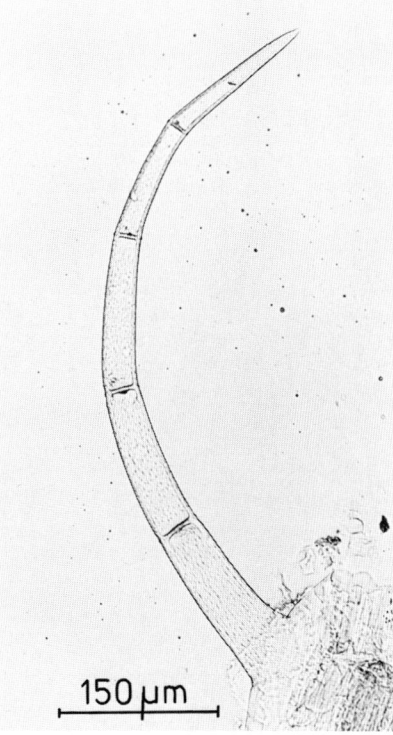

Abb. 4: Lamiaceendrüsenschuppe mit 8 sezernierenden Zellen und Basis eines Gliederhaares

Abb. 5: Großes Gliederhaar mit streifiger Kutikula

Phytopharmaka: Extrakte aus der Droge sind in zahlreichen Kombinationspräparaten in den Indikationsgruppen Carminativa und Cholagoga sowie Sedativa enthalten. Noch häufiger wird das ätherische Pfefferminzöl eingesetzt, auch in zahlreichen Externa.

Prüfung: Makroskopisch und mikroskopisch nach DAB 1996. Die charakteristischen Drüsenhaare besitzen 8 sezernierende Zellen, die Kutikula ist blasig abgehoben (Abb. 4); die Kutikula der langen Gliederhaare ist streifig oder körnig (Abb. 5); Kristalle fehlen. Von Minzenrost (*Puccinia menthae*) befallene Blätter sind auszuschließen.

Verfälschungen: Relativ selten, da die Droge aus Kulturen stammt; zu achten ist auf unzulässige Mengen an Stengelanteilen.
In letzter Zeit ist aufgrund des steigenden Bedarfs an Menthol auch die Blattdroge von *Mentha arvensis* var. *piperascens* (L.) HOLMES auf dem Markt vorgekommen. Geringe Beimengungen in Folia Menthae pip. können aufgrund der sehr ähnlichen morphologischen und anatomischen Merkmale nicht nachgewiesen werden. Hingegen bietet der DC-Nachweis von Menthofuran, das in allen *Mentha piperita*-Herkünften enthalten ist, in *Mentha arvensis* aber fehlt oder nur in Spuren vorkommt, eine gute Möglichkeit der Unterscheidung.

Identitätsprüfung mittels DC:

Sorbens: Kieselgel 60 F_{254} (lufttrocken) (Merck) (5 × 10 cm, Glas oder Folie).

Untersuchungslösung: 1,0 g frisch pulv. Droge werden mit 2,5 ml Petrolether R1 10 Min. geschüttelt. Das Filtrat dient als Untersuchungslösung.

Referenzlösung: 25 mg Menthol und 5 mg Thymol sowie (falls vorhanden) 5 μl Menthylacetat und 10 μl Cineol werden in 5 ml Toluol gelöst.

Aufzutragen: 10 μl Untersuchungslösung und 2 μl Referenzlösung strichförmig (10 × 2 mm).

Fließmittel: Toluol-Ethylacetat (93 + 7) (Kammersättigung).

Laufstrecke: 8 cm, **Zeit:** 13 min.

Wortlaut der Packungsbeilage gemäß Standardzulassung:

6.1 Stoff- oder Indikationsgruppe
Pflanzliches Magen-Darm-Mittel.

6.2 Anwendungsgebiete
Krampfartige Beschwerden im Magen-Darm-Bereich sowie der Gallenblase und Gallenwege.

6.3 Gegenanzeigen
Bei Gallensteinleiden nur nach Rücksprache mit einem Arzt anzuwenden.

6.4 Wechselwirkungen mit anderen Mitteln
Keine bekannt.

6.5 Dosierungsanleitung und Art der Anwendung
Soweit nicht anders verordnet, wird 2- bis 4mal täglich eine Tasse des wie folgt bereiteten Teeaufgusses getrunken:
1 Eßlöffel voll (ca. 1,5 g) Pfefferminzblätter oder die entsprechende Menge in einem oder mehreren Aufgußbeutel(n) wird mit siedendem Wasser (ca. 150 ml) übergossen und nach etwa 10 bis 15 Minuten gegebenenfalls durch ein Teesieb gegeben.

6.6 Dauer der Anwendung
Bei akuten Beschwerden, die länger als eine Woche andauern oder periodisch wiederkehren, wird die Rücksprache mit einem Arzt empfohlen.

6.7 Nebenwirkungen
Keine bekannt.

6.8 Hinweis
Vor Licht und Feuchtigkeit geschützt aufbewahren.

Sichtbarmachung und Auswertung: Nach vollständigem Abdunsten des Fließmittels bei Raumtemperatur (Abzug, **nicht** im Heißluftstrom!) wird mit Anisaldehyd R (DAB 1996) besprüht, anschließend 8 bis 10 Min auf 105 °C erhitzt, im Tageslicht und nach dem Abkühlen der Platte unter UV_{365} ausgewertet. Nach dem Besprühen erscheinen die Referenzsubstanzen mit folgenden Rf-Werten und Farben (Tageslicht bzw. UV_{365}): Menthol (0,20, blau; leuchtend rot), Cineol (0,33, violett; rötlich), Thymol (0,45, orange; dunkelviolett), Menthylacetat (0,54, blau; leuchtend rot). Im DC der Untersuchungslösung muß Menthol als intensivste Zone und eine Menthylacetat-Zone zu erkennen sein. Als schmutziggrüne Zone kann Menthon bei Rf~0,46 auftreten, die unter UV_{365} mit roter Fluoreszenz besser zu erkennen ist. Als weitere Zonen erkennt man bei Rf~0,33 als violette Zone Cineol und bei Rf~0,66 das gelborange gefärbte Menthofuran, das nach dem Besprühen und nachfolgenden Erhitzen sich am schnellsten intensiv orange anfärbt und bei weiterem Erhitzen im oberen Drittel von einer violetten Zone überlagert wird. Die Zone des Menthofurans fehlt bei Krauseminzblättern. Etwas unterhalb der Thymolzone im DC der Referenzlösung darf im DC der Untersuchungslösung keine intensive rote bis bräunliche Zone auftreten (Hinweis auf Carvon, Pulegon oder Isomenthon=

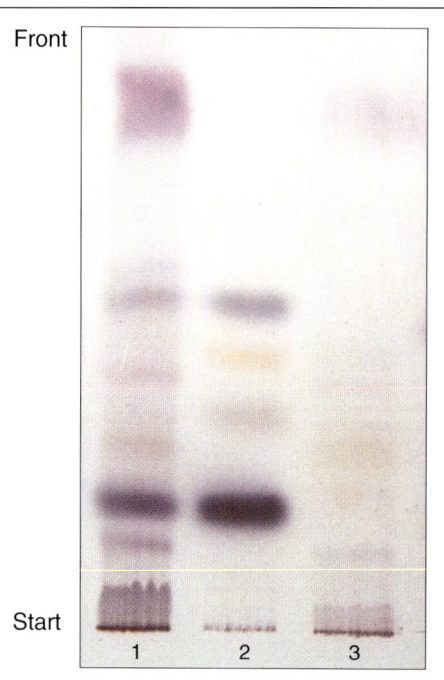

Abb. 6: DC von Pfefferminzblättern, Glasplatte 5 x 10 cm, besprüht mit Anisaldehyd R, im Tageslicht
1: Untersuchungslösung
2: Referenzlösung
3: Extrakt von Krauseminzblättern (hergestellt wie die Untersuchungslösung).

Verfälschung durch andere *Mentha*-Arten).

Aufbewahrung: Kühl, trocken, vor Licht geschützt. Nicht in Kunststoffbehältern (ätherisches Öl!).

Literatur:

[1] D.A. Adamovic und Mitarb., Plantes Med. Phytothér. **23**, 6 (1989).
[2] J. Hölzl und Mitarb., Dtsch. Apoth. Ztg. **114**, 513 (1974).
[3] M. Stengele und E. Stahl-Biskup, J. Essent. Oil Res. **5**, 13 (1993).
[4] D.J. Guedon und B.P. Pasquier, J. Agric. Food Chem. **42**, 679 (1994).
[5] F. Duband und Mitarb., Ann. Pharm. Fr. **50**, 146 (1992).
[6] B. Voirin und C. Bayet, Phytochemistry **31**, 2299 (1992).
[7] K. Dinckler, Pharm. Zentralhalle **77**, 281 (1936).
[8] H.B. Forster, H. Niklas und S. Lutz, Planta Med. **40**, 309 (1980).
[9] I.K. Pasechnik, Farmakol. Toksikol. **29**, 735 (1966); C.A. **66**, 36450 und 54111 (1967).
[10] E. Chabrol und Mitarb., Compt. Rend. Hebd. Soc. Biol. **109**, 275 (1932).
[11] J. Yamahara und Mitarb., Jap. J. Pharmacol. **39**, 280 (1985).
[12] R. Della Loggia, A. Tubaro und T.L. Lunder, Fitoterapia **61**, 215 (1990).
[13] H. Miething und W. Holz, Pharm. Ztg. **133**, 16 (1988).
[14] W.D. Erdmann, Dtsch. Med. Wschr. **83**, 2140 (1958).

Wichtl

Millefolii herba — Schafgarbenkraut
DAB 1996

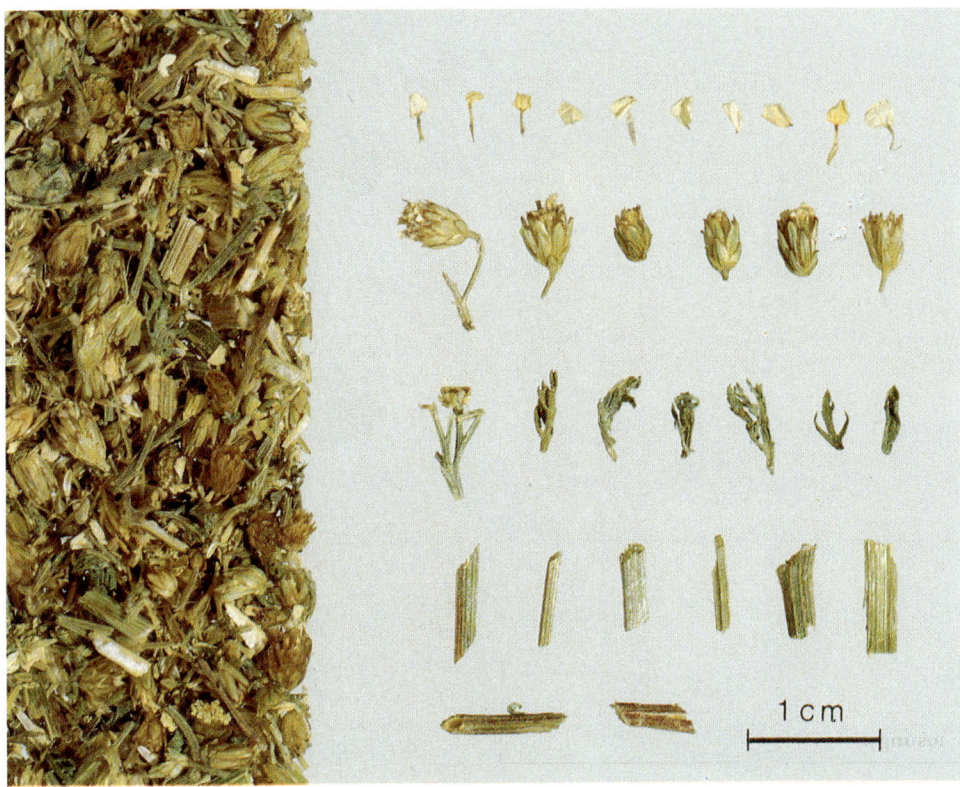

Abb. 1: Schafgarbenkraut

Beschreibung: Die Blütenköpfchen (eigene Droge nach Ph. Helv. VII) sind etwa 3 mm breit und 5 mm lang, elliptisch und zeigen außen dachziegelartig angeordnete, am Rande trockenhäutige Hüllkelchblätter; sie enthalten 4–5 weiße oder rötliche Zungenblüten, 3–20 Röhrenblüten und auf dem gewölbten Blütenstandsboden schmale Spreublätter. Die Laubblätter sind mehrfach fiederschnittig, ihre Spreite besteht daher vorwiegend aus fädigen oder dünnen Abschnitten. Der Stengel ist markig, längsgefurcht und mehr oder weniger feinzottig behaart.

Geruch: Aromatisch, aber nicht intensiv.

Geschmack: Etwas bitter, schwach aromatisch.

Abb. 2: *Achillea millefolium* L.

Die weit verbreitete Staude wird bis 70 cm hoch, sie besitzt charakteristische, länglich-schmale, mehrfach fiederteilige Blätter; die kleinen Blütenköpfchen aus ca. 5 weißen oder rosa Zungenblüten und einigen gelben Röhrenblüten sind in Doldenrispen angeordnet.

ÖAB: Herba Millefolii
Ph. Helv. VII: Millefolii flos
St. Zul. 1249.99.99

Stammpflanze: *Achillea millefolium* L. s.l. (Gemeine Schafgarbe), Asteraceae. Botanisch handelt es sich um eine morphologisch, zytogenetisch und auch chemisch sehr polymorphe Sammelart (Aggregat), deren Sippen je nach Auffassung der Bearbeiter als Varietäten, Unterarten oder auch Kleinarten beschrieben werden (u.a. *A. asplenifolia* Vent. (diploid), *A. setacea* Waldst. et Kit. (diploid), *A. rosea-alba* Ehrend. (meist diploid, aber auch tetraploid), *A. collina* Becker ex Reichenb. (tetraploid), *A. millefolium* L. s. str. (hexaploid), *A. distans* Waldst. et Kit. (hexaploid), *A. pannonica* Scheele (octaploid) [1, 2]). Die proazulenfreie tetraploide *A. roseo-alba* und die proazulenfreien Sippen von *A. collina* werden neuerdings als zur neu installierten Kleinart *A. pratensis* SAUKEL et LÄNGER zugehörig diskutiert [3, 4]. Diese vielfach hybridisierenden und meist nur schwer voneinander abgrenzbaren Taxa werden von den Arzneibüchern unter dem alten Taxon *A. millefolium* L. (kein Zusatz sensu stricto) subsumiert, auch wenn dieses nicht, wie in der Monographie der Kommission E [5] durch den Zusatz s.l. (sensu lato) besonders gekennzeichnet ist.

Synonyme: Achilleskraut, Bauchwehkraut, Schafrippenkraut, Feldgarbenkraut, Garbenkraut, Katzenkraut, Jungfrauenkraut, Grundheil, Herba Achilleae millefolii, Herba Achilleae albae. Milfoil, Yarrow, Nosebleed (engl.). Herbe de millefeuille, Herbe au charpentier (franz.).

Herkunft: Heimisch in Europa, Nordasien und Nordamerika. Die Droge stammt aus Wildbeständen und Kulturen. Hauptlieferländer sind die südost- und osteuropäischen Länder, z.T. auch Deutschland.

Inhaltsstoffe: 0,2 bis über 1% ätherisches Öl (ÖAB mind. 0,3%, DAB 1996 mind. 0,2%, für Millefolii flos nach Ph. Helv. VII mind. 0,2%), das durchschnittlich 6–19% (max. 40%) Azulen enthält oder auch azulenfrei sein kann (z.B. *A. pannonica* [2, 6], *distans* [2] *roseoalba* (2n) [2, 7] und nur z.T. auch *collina* [2, 6], *millefolium* s. str. [7, 8], *asplenifolia* [6] und *setacea* [2, 7], s. dazu nächster Absatz). Die Zusammensetzung des Öls ist sehr variabel [3, 9–16]. Neben Taxa und Herkünften, bei denen die Monoterpene (bis ca. 80%) dominieren [9–12], mit 1,8-Cineol (30%) und Sabinen [9, 10], Campher und 1,8-Cineol [9], Linalool [11] oder auch Ascaridol (47%) [13] als Hauptkomponenten, existieren solche, in denen Sesquiterpene vorherrschen [11] (u.a. Germacren D, β-Caryophyllen) oder beide Terpengruppen etwa in gleichen Anteilen vorliegen [11]. Charakteristische weitere Komponente sind α- und β-Pinen, Borneol und sein Acetat, Camphen, Terpinen-4-ol, Isoartemisiaketon und Caryophyllenepoxid. Identifiziert sind ca. 100 Verbindungen. Zu den relativen Anteilen einzelner Verbindungen in den Ölen 8 verschiedener Taxa siehe bei [3].

Sesquiterpenlactone: Die einzelnen Sippen führen vor allem Guaianolide, des weiteren auch Germacranolide und Eudesmanolide (DAB 1996: mind. 0,02% Proazulene berechnet als Chamazulen; Ph. Helv. VII: Identitätsprüfung auf Proazulenvorkommen). Identifiziert wurden über 30 Verbindungen [1, 7, 7a, 17–23]. Proazulene sind u.a. die 7(12),6-Lactone Achillicin (=8α-Acetoxy-artabsin, zur Strukturrevision siehe bei [23]), die analogen 8α-Angelicoyloxy- und 8α-Tigloyloxy-Verbindungen und Rupicolin A und B sowie das 7(12),8-Lacton 4α-Hydroxy-6α-angelicoyloxy-9α-acetoxy-guai-1(10),2-dienolid und sein 6α-Tigloyloxy-Analoges [17, 24]; nicht azulenogene Guaianolide sind u.a. Achillin und Leucodin (=Desacetoxymatricarin) [22]; weitere Guaianolide besitzen eine 1,4-Endoperoxy-Struktur, z.B. α-Peroxyachifolid, zu 0,25–0,60% in den Blüten von *A. millefolium* s. str. vorkommend [25] oder eine 3-Oxa-Struktur, wie 3-Oxa-achillicin (=8-Acetylegeloid) und 8α-Angelicoyl-3-Oxa-artabsin (=8α-Angelicoylegeloid) [18, 23]; Germacranolide sind u.a. Millefin, Achillifolin, Dihydroparthenolid, Bachanolid und sein Acetat [17, 20], Eudesmanolide Dihydroreynosin [17] und Tauremisin.

Als neue Sesquiterpenoide mit ungewöhnlicher Struktur wurden die antitumoral wirkenden isomeren Achimillsäuremethylester A, B und C isoliert [26]. Flavonoide: Flavon-7-O-glykoside mit den 7-O-Glucosiden und 7-O-Malonylglucosiden von Apigenin und Luteolin als Hauptverbindungen [1, 27], Flavonol-3-O-glykoside (Rutin), C-Glykosylflavone (Swertisin, Vitexin, Vicenin-2, Vicenin-3, Schaftosid, Isoschaftosid, Orientin, Isoorientin) [1, 27, 28] sowie methylierte und methoxylierte Flavonoidaglyka (u.a. Casticin, Artemetin, 6-Hydroxy-luteolin-6,7,3′,4′-tetramethylether, Salvigenin, Nepetin, Cirsiliol) [1, 17]; ca. 0,35% Cumarine, Phenolcarbonsäuren [29]; Polyacetylene: Ponticaepoxid, cis- und trans-Matricariaester; Betaine (ca. 0,05%) Betain (Glycinbetain), Stachydrin (Prolinbetain) und trans-4-Hydroxy-stachydrin (=Achillein=Betonicin).

Indikationen: Innerliche und äußerliche Anwendung dieser Droge stimmen weitgehend mit denen der Kamillenblüten (s. dort) überein. Aufgrund ähnlicher und z.T. identischer Inhaltsstoffe wirkt sie ebenfalls antiphlogistisch (Sesquiterpenlactone, Azulene), spasmolytisch (Flavonoide) und antimikrobiell (äth. Öl, Sesquiterpenlactone). Hauptanwendungsgebiete sind Magen-Darmbeschwerden (Entzündungen, Blähungen, Krämpfe). Daneben findet die Droge Verwendung als Amarum aromaticum (Sesquiterpenlactone als Bitterstoffe) bei Appetitlosigkeit sowie zur Förderung der Gallensekretion [24, 30]. Die Sesquiterpenlactone gehen weitgehend unzersetzt zu 25–100% in die Teezubereitung [31]. Im Crotonöl-Mäuseohr-Test zeigte eine Sesquiterpenlacton-Fraktion aus dem Tee eine signifikante antiinflammatorische Wirkung [31]. Für alle geprüften isolierten Guaianolide und 3-Oxa-Guaianolide wurde in diesem Testsystem eine antiödematöse Wirkung nachgewiesen, die z.T. stärker war als die von Matricin [32, 33]. Besonders starke Effekte zeigten die 3-Oxa-Guaianolide (Ödemhemmung 82%) und die Peroxy-Guaianolide α-Peroxyachifolid (68%) und Isoapressin (82%) (Matricin: 59%). Die choleretische Wirksamkeit ist durch Tierexperimente objektiviert [34]. Für wässerige Extrakte konnte an Ratten nach i.p.-Applikation eine antihepatotoxische Wirkung gegen Paracetamol- und Tetrachlorkohlenstoff-Intoxikationen nachgewiesen werden, wobei der durch diese Substanzen verursachte Anstieg von Transaminasen um 60–183% erniedrigt wurde [35]. Zur antihepatotoxischen Wirkung der C-Glykosylflavonoide Schaftosid und Isoorientin siehe bei [36] bzw. [37].
Äußerlich in Form von Umschlägen, Spülungen und Bädern, meist jedoch in Form von alkoholischen Zubereitungen (Perkolate, Fluidextrakte) bei entzündlichen Haut- und Schleimhauterkrankungen sowie als Wundheilmittel. Wäßrige Extrakte [38] und das ätherische Öl [15] wirken antibakteriell und antifungisch. Die (neuen) Achimillsäuremethylester besitzen eine antitumorale Wirkung (P-388 Leukämie, 1 mg/kg Maus, i.p.: Zunahme der Lebensspanne (ILS)=30%), wofür die α-, β-ungesättigte Ketonstruktur und/oder die Enonestergruppe verantwortlich gemacht wird [26]. Der ethanolische Extrakt hat eine mückenabschreckende Wirkung [29]. Von den 35 getesteten Extraktbestandteilen zeigte Stachydrin die stärkste Aktivität.
In der _Volksmedizin_ wird die Droge vielfach als Hämostyptikum (z.B. bei Hämorrhoidenblutungen) sowie bei Menstruationsbeschwerden und zur Beseitigung von Schweiß (Bäder) verwendet.

Nebenwirkungen: Einige Sesquiterpenlactone der Droge besitzen einen α-Methylen-γ-lactonring, d.h. das immunologisch bedeutsame Strukturelement für eine kontaktallergene Wirkung. Diese wurde für α-Peroxy-achifolid nachgewiesen [38, 39]. Bei Bestehen von Allergien gegenüber Korbblütlern können juckende und entzündliche Hautveränderungen mit Bläschenbildung (Schafgarbendermatitis) auftreten. Die Behandlung ist dann sofort abzubrechen. Nach den derzeitigen Erkenntnissen soll sich das Vorkommen von α-Methylen-γ-Lactonen nur auf proazulenfreie _Achillea_-Sippen beschränken [33], die von den Arzneibüchern (DAB 1996, Ph. Helv. VII) nicht zugelassen sind.

Teebereitung: 2,0 g fein geschnittene Droge werden mit kochendem Wasser übergossen und 10–15 min lang bedeckt stehengelassen; anschließend durch ein Teesieb geben.
1 Teelöffel = etwa 1,5 g.

Teepräparate: Schafgarbenkraut wird von zahlreichen Herstellern auch in Filterbeuteln angeboten und ist überdies Bestandteil zahlreicher Teegemische, vorwiegend in den Indikationsgruppen Magen-Darm- sowie Leber-Galletee.

Phytopharmaka: Die Droge oder Extrakte daraus sind enthalten in Schafgarbentabletten oder -Dragees und in

---

*Auszug aus der Monographie der Kommission E
(BAnz Nr. 22a vom 01.02.1990)*

Anwendungsgebiete
Bei Einnahme:
Appetitlosigkeit; dyspeptische Beschwerden wie leichte, krampfartige Beschwerden im Magen-Darm-Bereich.
in Sitzbädern:
bei Pelvipathia vegetativa (schmerzhafte Krampfzustände psychovegetativen Ursprungs im kleinen Becken der Frau).

Gegenanzeigen
Überempfindlichkeit gegen Schafgarbe und andere Korbblütler.

Wechselwirkungen mit anderen Mitteln
Nicht bekannt.

Dosierung
Soweit nicht anders verordnet:
Tagesdosis:
Bei Einnahme: 4,5 g Schafgarbenkraut, 3 Teelöffel Frischpflanzenpreßsaft, 3 g Schafgarbenblüten; Zubereitungen entsprechend.
Für Sitzbäder: 100 g Schafgarbenkraut auf 20 l Wasser.

Art der Anwendung
Zerkleinerte Droge für Aufgüsse sowie andere galenische Zubereitungen zum Einnehmen und für Sitzbäder, Frischpflanzenpreßsaft zum Einnehmen.

Wirkungen
choleretisch
antibakteriell
adstringierend
spasmolytisch

Pflanzenpreßsäften verschiedener Hersteller, außerdem in einigen Kombinationspräparaten als Galle-Leber- u. Magenmittel, z.B. Aristochol® N (Tropfen), Sedovent® (Tropfen) und Stomachysat® (Tropfen) u.a.

Prüfung: Makroskopisch (s. Beschreibung) und mikroskopisch nach DAB 1996. Besonders charakteristisch sind die Deckhaare der Blätter (Abb. 3), die aus einem einreihigen, 4–6zelligen Stiel und einer langen, dickwandigen, oft etwas gewundenen Endzelle bestehen (Abb. 4). Prüfung auf Proazulene nach DAB 1996: 2 g gepulverte Droge werden in einer Chromatographiesäule por-

Abb. 3: Fiederspaltiger Blattabschnitt von *Achillea millefolium* mit zottiger Behaarung (polarisiertes Licht)

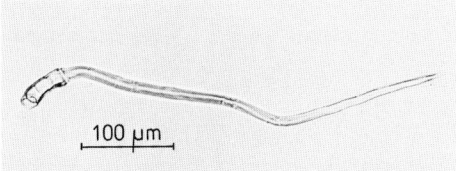

Abb. 4: Gliederhaar mit 4(–6) kurzen Basalzellen und sehr langer, dickwandiger Endzelle

tionsweise mit 10 ml Dichlormethan eluiert. Das Eluat wird auf dem Wasserbad eingedampft und der Rückstand in 0,5 ml Toluol gelöst (=Untersuchungslösung auch für die DC-Prüfung, s. unten). 0,1 ml der Lösung wird mit 2,5 ml Dimethylaminobenzyldehyd-Reagenz (0,25 g Dimethylaminbenzaldehyd in einer Mischung von 50 g Eisessig, 5 g Phosphorsäure 85% und 45 g Wasser gelöst) versetzt und im Wasserbad 2 min. lang erhitzt. Nach Abkühlen und Zusatz von 5 ml Petroläther wird die Mischung geschüttelt; die untere Phase muß deutlich blau gefärbt sein. DC-Nachweis der Azulene nach DAB 1996 mit o.g. Untersuchungslösung und Guajazulen sowie Cineol als Referenzsubstanzen; s. auch DC-Prüfung des äther. Öls bei [41] sowie eine Bestimmungsmethode der Proazulene bei [42]. Bitterwert nach DAB 1996 *höchstens* 5000 (Ausschluß von stark bitter schmeckenden *Achillea*-Arten, die als Verfälschung gelten, z.B. *Achillea tomentosa* L.).

Verfälschungen: Kommen in der Praxis kaum vor.

Aufbewahrung: Vor Licht und Feuchtigkeit geschützt, nicht in Kunststoffbehältern (ätherisches Öl!).

Literatur:
[1] Hager, Band **4**, 45 (1992).
[2] M. Orth, Th. van den Berg und F.C. Czygan, Z. Phytother. **15**, 176 (1994).
[3] U. Kastner und Mitarb., Sci. Pharm. **60**, 87 (1992).
[4] J. Saukel und R. Länger, Phyton **32**, 159 (1992).
[5] Monographie der Kommission E, Bundesanzeiger Nr. 22a vom 01.02.1990.
[6] G. Bugge, Angew. Bot. **65**, 331 (1991).
[7] U. Kastner und Mitarb., Planta Med. **57**, Suppl. 2, A82 (1991).
[7a] U. Kastner und Mitarb., Pharmazie **51**, 503 (1996).
[8] J.L. Lamaison und A.P. Carnet, Ann. Pharm. Franç. **46**, 139 (1988).
[9] A.C. Figueirodo und Mitarb., J. Chromatogr. Sci. **30**, 392 (1992).
[10] A.C. Figueirodo und Mitarb., Flavour Fragance J. **7**, 219 (1992).
[11] L. Hoffmann und Mitarb., Phytochemistry **31**, 537 (1992).
[12] E. Kokkalon, S. Kokkini und E. Hanlidon, Biochem. Syst. Ecol. **20**, 665 (1992).
[13] P. Chatzopoulon, S. Katsiolis und A. Baerheim Svendsen, J. Essent. Oil Res. **4**, 457 (1992).
[14] M. Hachey und Mitarb., J. Essent. Oil Res. **2**, 317 (1990).
[15] B. Kedzia, M. Krzyzaniak und E. Holderna, Herb. Polon. **36**, 117 (1990).
[16] M. Maffei, M. Mucciarelli und S. Scanneri, Biochem. Syst. Ecol. **22**, 679 (1994).
[17] A. Ulubelen, S. Ökzüz und A. Schuster, Phytochemistry **29**, 3948 (1990).
[18] G. Ochir, M. Budesinsky und O. Motle, Phytochemistry **30**, 4163 (1991).
[19] G. Rücker, A. Kiefer und J. Breuer, Planta Med. **58**, 293 (1992).
[20] D.A. Konovalov und V.A. Chelombyt'ko, Khim. Prir. Soedin, 724 (1991); C.A. **117**, 124435 (1992).
[21] G. Rücker, O. Manns und J. Breuer, Arch. Pharm. (Weinheim) **326**, 901 (1993).
[22] S. Milosavljevic und Mitarb., J. Serb. Chem. Soc. **58**, 39 (1993).
[23] H. Schröder und Mitarb., Phytochemistry **36**, 1449 (1994).
[24] U. Kastner, S. Glasl und J. Jurenitsch, Z. Phytother. **16**, 34 (1995).
[25] G. Rücker, M. Neugebauer und A. Kiefer, Pharmazie **49**, 167 (1994).
[26] T. Tozyo und Mitarb., Chem. Pharm. Bull. **42**, 1096 (1994).

Wortlaut der Packungsbeilage gemäß Standardzulassung:

6.1 Anwendungsgebiete

Leichte krampfartige Magen-Darm-Galle-Störungen; Magenkatarrh; zur Appetitanregung.

6.2 Gegenanzeigen

Bekannte Überempfindlichkeit (Allergien) gegenüber Korbblütlern, wie z.B. Schafgarbenkraut, Arnika, Kamillenblüten oder Ringelblumen.

6.3 Nebenwirkungen

Bei bestimmungsgemäßem Gebrauch nicht bekannt.

Hinweis: Nach Kontakt der Blüten mit der Haut können in seltenen Fällen Überempfindlichkeiten (Allergien) in Form von Hautrötungen mit Bläschenbildung auftreten.

6.4 Dosierungsanleitung und Art der Anwendung

Zwei Teelöffel voll (2 bis 4 g) **Schafgarbenkraut** werden mit heißem Wasser (ca. 150 ml) übergossen und nach 10 Minuten durch ein Teesieb gegeben. Soweit nicht anders verordnet, wird 3- bis 4mal täglich eine Tasse frisch bereiteter Teeaufguß warm zwischen den Mahlzeiten getrunken.

6.5 Hinweis

Vor Licht und Feuchtigkeit geschützt aufbewahren.

[27] D. Guédon, P. Abbe und J.L. Lamaison, Biochem. Syst. Ecol. **21**, 607 (1993).

[28] K.M. Valant-Vetschera, Sci. Pharm. **62**, 330 (1994).

[29] T. Tunón, W. Thorsell und L. Bohlin, Econ. Bot. **48**, 111 (1994).

[30] H. Schiller, Phytotherapie bei Leber- und Gallenerkrankungen. Medical-Tribune-Kontrapunkt, 30 (1994).

[31] U. Kastner und Mitarb., Sci. Pharm. **61**, 47 (1993).

[32] U. Kastner und Mitarb., Planta Med. **59**, Suppl. A 669 (1993).

[33] J. Jurenitsch und U. Kastner, Pharm. Uns. Zeit **23**, 95 (1994).

[34] E. Chabrod und Mitarb., C.R. Séances Soc. Biol. Filiales Associées **108**, 1100 (1931).

[35] C. Gadgoli und S.H. Mistra, Fitoterapia **66**, 319 (1995).

[36] K. Hoffmann-Bohm, H. Koberger und H. Wagner, Planta Med. **56**, 679 (1990).

[37] M. Hattori und Mitarb., J. Nat. Prod. **51**, 874 (1988).

[38] G. Orzechowski, Pharmazie Uns. Zeit **1**, 43 (1972).

[39] G. Rücker, D. Manns und J. Breuer, Arch. Pharm. (Weinheim) **324**, 779 (1971).

[40] B.M. Hausen, Contact Dermatitis **24**, 274 (1991).

[41] P. Pachaly, DC-Atlas, Dünnschichtchromatographie in der Apotheke, Wiss. Verlagsges., Stuttgart 1995.

[42] E. Saberi, Sci. Pharm. **58**, 317 (1990).

Willuhn

Myrrha — Myrrhe
DAB 1996

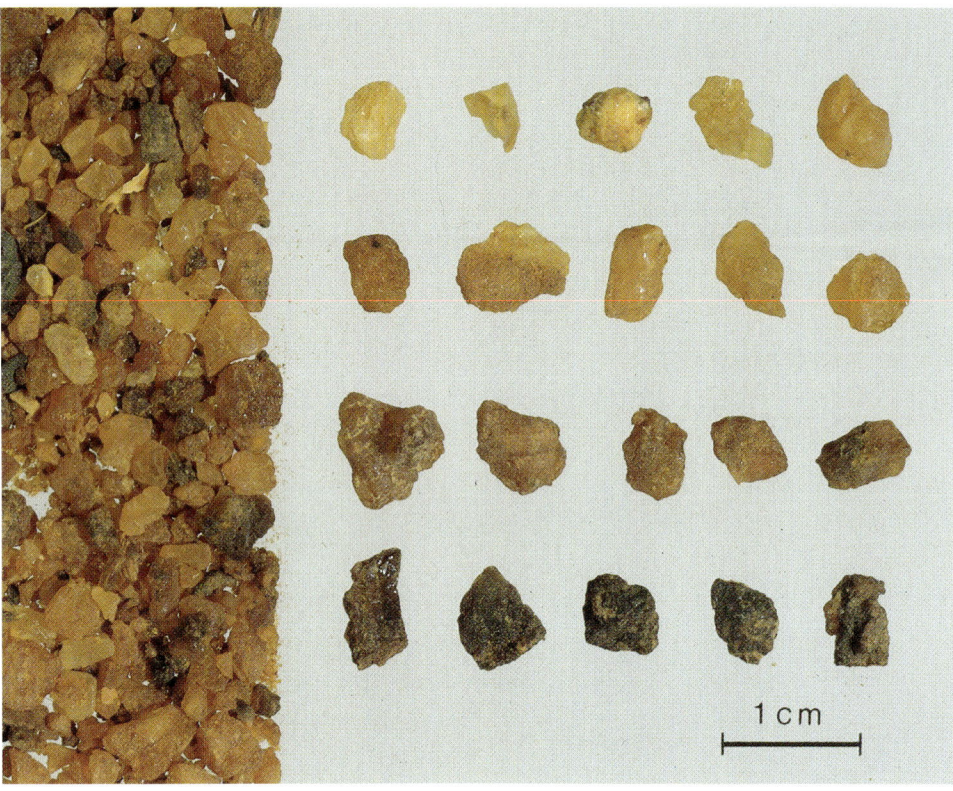

Abb. 1: Myrrhe

Myrrhe besteht aus dem aus der Rinde von *Commiphora*-Arten ausgetretenen und an der Luft getrockneten Gummiharz.

<u>Beschreibung</u>: Unregelmäßig gerundete Körner oder löcherige Klumpen verschiedener Größe von dunkel- bis schwarzbrauner, hell- bis dunkelorangebrauner Farbe und gelbe sowie farblose bis hellgelbe Anteile. Die Oberfläche ist zumeist grau bis gelbbraun bestäubt; muscheliger Bruch, dünne Splitter, durchscheinend.

<u>Geruch</u>: Herb-aromatisch.

<u>Geschmack</u>: Bitter-aromatisch, kratzend; klebt beim Kauen an den Zähnen.

Abb. 2: *Commiphora erythraea* (EHRENB.) ENGL.

Die zur Gewinnung der Myrrhe geeigneten *Commiphora*-Arten sind Sträucher oder kleine Bäume mit großen, spitzen Sproßdornen. Die ungleichen dreizähligen Blätter sind wechselständig, die kleinen Blüten sind in endständigen Rispen angeordnet. Die schizogenen Harzgänge liefern bei Verletzung die Droge Myrrhe.

ÖAB: Myrrha
Ph. Helv. VII: Myrrha
St. Zul. 6699. 99.99 (Myrrhentinktur)

Stammpflanze: *Commiphora molmol* ENGLER u.a. *Commiphora*-Arten, soweit deren Gummiharz in der chemischen Zusammensetzung mit Myrrhe DAB 1996 vergleichbar ist, Burseraceae.

Synonyme: Gummi Myrrha, Gummiresina Myrrha, Myrrha vera, Echte Myrrhe, Heerabol-Myrrha, Männliche Myrrhe (Weibliche Myrrhe = Opopanax von *Opopanax chironium* KOCH), Rote Myrrhe. Myrrh (engl.). Myrrhe (franz.).

Herkunft: Beheimatet in Erithrea, Abessinien, Somalia, Yemen, Sudan; aus diesen Ländern importiert; es werden nach der Herkunft verschiedene Handelssorten unterschieden: u.a. Somali-, Yemen-, Heerabol-Myrrha [1–3].

Inhaltsstoffe: Die Zusammensetzung ist sehr komplex und nur zum Teil bekannt [3, 4]. 40–60% in Ethanol lösliche Anteile aus einem nur sehr unzureichend bekannten Harz (u.a. Triterpensäuren, -alkohole, -ester) und aus 2–10% ätherischem Öl. Das ätherische Öl ist eingehend untersucht worden [5]. Es besteht (fast) ausschließlich aus Sesquiterpenen. Hauptbestandteile sind Furano-Sesquiterpene vom Germacran-, Eleman-, Eudesman- und Guajantyp. Daneben finden sich im ätherischen Öl Sesquiterpen-Kohlenwasserstoffe (z.B. β- und δ-Elemen, β-Bourbonen, β-Caryophyllen, Humulen) und Sesquiterpen-Alkohole (z.B. Elemol). Vermutlich sind einige der Furano-Sesquiterpene charakteristisch für die offizinelle Myrrhe. 50–60% in Ethanol unlösliche Anteile (=Rohgummi oder Rohschleim) nach [6] vor allem ein 4-Methyl-glucurono-galactan-Protein.

Indikationen: Myrrhe (meist als Myrrhentinktur DAB 1996, siehe auch St. Zul.) wird wegen ihrer desinfizierenden, desodorierenden und granulationsfördernden Wirkung bei entzündlichen Erkrankungen der Mund- und Rachenhöhle in Form von Pinselungen, Gargarismen und Spülungen (besonders in der Zahnmedizin) eingesetzt. Myrrhe wirkt jedoch nicht adstringierend [7]. Es kommt nicht zu einer lokalen Fällung von Proteinen und damit nicht zur Ausbildung einer mehr oder minder festen, oberflächlichen Schicht koagulierter Zellen, die eine Schutzdecke gegenüber chemischen, bakteriellen oder auch mechanischen Einwirkungen bildet. Die Wirkung der Myrrhe läßt sich auch schlecht auf den lokalreizenden Effekt bestimmter Bestandteile im ätherischen Myrrhenöl zurückführen, da im Gegenteil eher eine entzündungswidrige Wirkung von der Myrrhentinktur erwartet wird [zitiert nach 7]. Nach neuesten Angaben [8] wirken – zumindest bei Mäusen – die Myrrha-Sesquiterpene Furanoeudesma-1,3-dien und Curzeren analgetisch. Die analgetischen Effekte können durch gleichzeitige Gaben von Naloxon aufgehoben werden. Das weist darauf hin, daß beide Substanzen über eine Interaktion mit Opioidrezeptoren im Gehirn wirksam sind.

In der *Volksmedizin* gelegentlich auch innerlich als Karminativum und als Expektorans. Alkoholische Auszüge werden in der Parfümindustrie als Fixatur benutzt.

Teebereitung: Entfällt. Die Droge wird praktisch stets in Form der Tinktur angewendet. (St. Zul. 6699.99.99 – Myrrhentinktur), Herstellung aus 1 Teil Myrrhe und 5 Teilen 90 proz. Ethanol, Mazerationsverfahren (DAB 1996, ÖAB, Ph. Helv. VII).

Myrrhe bildet auch einen Bestandteil der sog. „Schwedenkräutermischung", die verschiedene Hersteller zum Selbstansetzen mit Alkohol vertreiben.

Phytopharmaka: Eine Reihe von Präparaten, denen entweder Myrrhen-Tinktur DAB 1996 oder Kombinationen mit Drogen, die ätherisches Öl enthalten (z.B. Salbeiblätter), bzw. mit Gerbstoff-Drogen (z.B. Tormentillwurzel) zugrunde liegen, in Form von Zahnpflegemitteln und Mundwässern, Salben, Pinselungen und Dragees, z.B. Ad-Muc Salbe, Lomasatin® N Liquidum u.a.

Prüfung: Makroskopisch (s. Beschreibung) und mikroskopisch. Das bräunlichgelbe Pulver ist gekennzeichnet durch gelbliche Splitter oder Kügelchen von wechselnder Größe sowie feinkörnige in Wasser aufquellende Massen. Im Chloralhydrat-Präparat finden sich nur

---

Auszug aus der Monographie der Kommission E
(BAnz Nr. 193 vom 15. 10. 1987)

Anwendungsgebiete

Lokale Behandlung leichter Entzündungen der Mund- und Rachenschleimhaut.

Gegenanzeigen

Keine bekannt.

Nebenwirkungen

Keine bekannt.

Wechselwirkungen mit anderen Mitteln

Keine bekannt.

Dosierung

Soweit nicht anders verordnet:
Myrrhentinktur: 2–3mal täglich mit der unverdünnten Tinktur betupfen bzw. zum Spülen oder Gurgeln 5–10 Tropfen in ein Glas Wasser geben.
In Zahnpulvern entsprechend 10% gepulverte Droge.

Art der Anwendung

Gepulverte Droge, Myrrhentinktur sowie andere galenische Zubereitungen zur lokalen Anwendung.

Wirkungen

adstringierend.

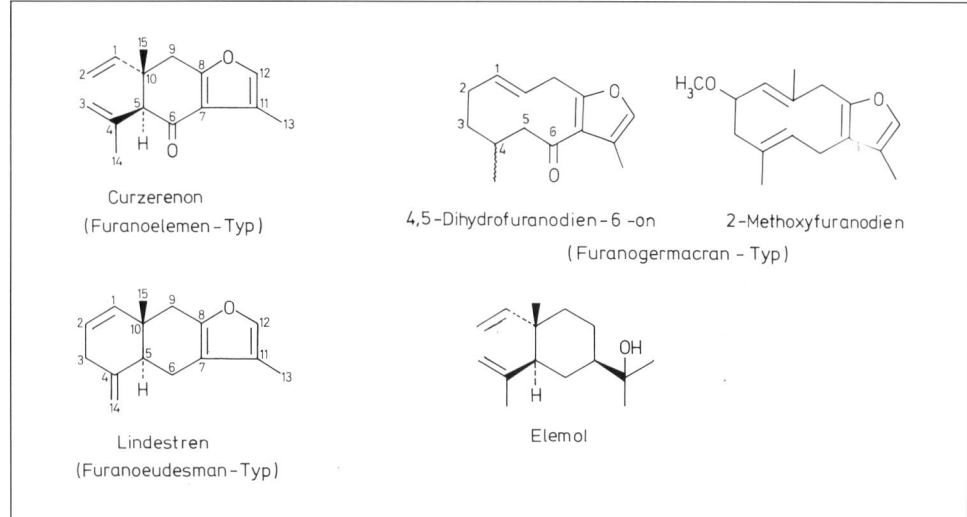

wenige Gewebefragmente der Stammpflanzen: rotbraune Korkfragmente, einzelne und zusammenhängende, polyedrische bis längliche Steinzellen mit teilweise stark verdickter, getüpfelter und verholzter Wand und bräunlichem Inhalt; Fragmente von dünnwandigem Parenchym und Sklerenchymfasern, etwa 10–25 µm große, unregelmäßig prismatische bis polyedrische Calciumoxalatkristalle.

Dünnschichtchromatographisch nach dem DAB 1996: Nachweis der charakteristischen Sesquiterpene nach Besprühen mit Anisaldehyd-Reagenz als rot- bis blauviolette Flecke [2–4]. Mit dem Hinweis im DAB 1996, daß „im unteren Bereich …keine intensiv blauen Zonen vorhanden sein" dürfen, ist diese dünnschichtchromatographische Untersuchung gleichzeitig auch eine Reinheitsprüfung.

Auf Sesquiterpene prüft man nach ÖAB folgendermaßen: Werden 0,5 g zerriebene Myrrhe mit 10 ml Ether 10 min lang kräftig geschüttelt und hierauf abfiltriert, so darf sich der nach dem Eindampfen des Filtrats verbleibende Rückstand durch darübergeblasene Dämpfe von Brom nicht anders als tiefviolett bis rotviolett färben (Fehlen dieser Reaktion weist auf alte bzw. nicht offizinelle Myrrhe hin). Dort als weitere Identitätsprüfung: übergießt man etwa 0,1 g zerriebene Myrrhe mit 1 ml 6N Salzsäure und fügt ein Kriställchen Vanillin hinzu, so färbt sich die Flüssigkeit rot; diese Färbung bleibt auch beim Verdünnen mit Wasser bestehen. Die für offizinelle Myrrhe typischen Furanosesquiterpene lassen sich nach [9] auch durch folgende Farbreaktion erkennen: mit salzsaurer p-Dimethylaminobenzaldehyd-Lösung (1% in N-HCl) färben sie sich rotviolett.

Verfälschungen: DAB 1996-Qualität ist im Handel schwierig zu beschaffen, meist sind große Mengen unlöslicher Bestandteile (z.B. Arabisches Gummi) vorhanden.

Die Falsche Myrrhe (=Bdelliumharz) von *Commiphora mukul* (HOOK.) ENGLER muß als Verfälschung bezeichnet werden. Sie kann jedoch dünnschichtchromatographisch (s. dort) von Echter Myrrhe unterschieden werden [3, 4].

Aufbewahrung: Vor Licht und Feuchtigkeit geschützt in dicht schließenden Gefäßen; am besten mit einem Trocknungsmittel zusammen, da der Kohlenhydratanteil der Droge leicht Wasser aufnimmt; nicht gepulvert aufbewahren.

Wortlaut der Packungsbeilage gemäß Standardzulassung

(Myrrhentinktur):

5.1 **Anwendungsgebiete**
Entzündungen von Zahnfleisch und Mundschleimhaut (Gingivitiden und Stomatitiden); Prothesendruckstellen.

5.2 **Dosierungsanleitung und Art der Anwendung**
Soweit nicht anders verordnet, werden die betroffenen Stellen des Zahnfleisches oder der Mundschleimhaut 2- bis 3mal täglich mit der unverdünnten **Myrrhentinktur** eingepinselt. Zur Bereitung einer Spül- und Gurgellösung werden 30 bis 60 Tropfen **Myrrhentinktur** in ein Glas warmes Wasser gegeben.

Hinweis: Bei unverdünnter Anwendung kann vorübergehend ein leichtes Brennen und eine Geschmacksirritation auftreten.

5.3 **Hinweise**
Vor Feuer schützen! Gut verschlossen aufbewahren.

Literatur:
[1] D. Martinez, K. Lohs und J. Janzen, Weihrauch und Myrrhe. Akademie Verlag, Berlin, 1989.
[2] K. Lohs und D. Martinez, Naturwiss. Rundsch. **38**, 503 (1985).
[3] Kommentar DAB 10.
[4] Hager, Band **4**, 963 (1992).
[5] C.H. Brieskorn und P. Noble, Tetrahedron Lett. 1980, 1511; Planta Med. **44**, 87 (1982); Phytochemistry **22**, 187 und 1207 (1983).
[6] R.M. Wiendl und G. Franz, Dtsch. Apoth. Ztg. **134**, 25 (1994).
[7] R. Hänsel, Pharmazeutische Biologie (Spezieller Teil), Springer-Verlag, Berlin etc. 1980.
[8] P. Dolora und Mitarb., Nature **379**, 29 (1996).
[9] A.R. Pinder, in: L. Zechmeister, Fortschr. d. Chem. Organ. Naturst. **34**, 81 (1977).

Czygan

Myrtilli folium — Heidelbeerblätter

Abb. 1: Heidelbeerblätter

Beschreibung: Kleine, 2–3 cm lange, eiförmige, kurzgestielte Blättchen, je nach Alter dünn bis derb-steif. Blattrand gekerbt-gesägt, am Ende jedes Sägezahns eine gestielte Drüse sitzend (Abb. 3); Blattnervatur wenig auffällig. Droge geruchlos.

Geschmack: Schwach bitter und adstringierend.

Abb. 2: *Vaccinium myrtillus* L.

Sommergrüner Zwergstrauch, 20–50 cm hoch, mit eiförmigen, kurzgestielten Blättern und blattachselständigen, blaßroten bis grünlichen Blüten.

Erg. B. 6: Folia Myrtilli

Stammpflanze: *Vaccinium myrtillus* L. (Heidelbeere), Ericaceae.

Synonyme: Blaubeerblätter, Bickbeerblätter. Bilberry leaf, Huckleberry leaf (engl.). Feuilles de myrtille (franz.).

Herkunft: Nord- und Mitteleuropa; Import der Droge auch aus SO-Europa.

Inhaltsstoffe: 0,8–6,7% Catechingerbstoffe [1] und Gerbstoffbausteine wie Catechin, Epicatechin oder Gallocatechin, Proanthocyanidine (Catechin/Epicatechin-Dimere [2]); als Flavonoide Quercetinglykoside und das Kämpferolglykosid Astragalin [3, 4]; Iridoide; Phenolcarbonsäuren, insbesondere Chlorogensäure [4]; die Chinolizidinalkaloide Myrtin und Epimyrtin [5, 6]. Arbutin und Hydrochinon, in der älteren Literatur als Inhaltsstoffe genannt, sind nur in Spuren vorhanden oder fehlen ganz [4, 7, 8]. Geringe Beimengungen des Bastards *Vaccinium × intermedium*, dessen Blätter bis zu 2% Arbutin enthalten und morphologisch kaum von den echten Heidelbeerblättern zu unterscheiden sind, können zum Nachweis von Arbutin in der Droge führen [4, 9]. Über das „Glukokinin" Neomyr-

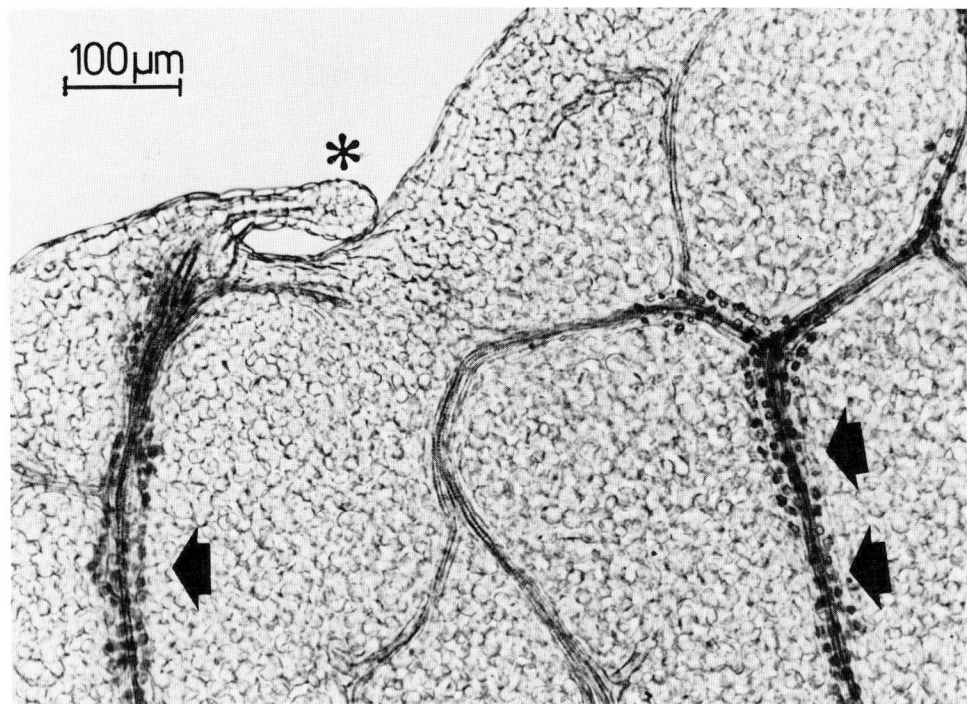

Abb. 3: Vielzellige Drüsenzotte des Blattrandes (*) und Kristallzellreihen über den Blattnerven (◀) von *Vaccinium myrtillus*

tillin, angeblich ein methoxyliertes Glucosid der Gallussäure [10], fehlen neuere Untersuchungen. Der Mangangehalt der Droge soll hoch sein [11, 12]. Auch der Gehalt an Chrom ist mit 9,0 ppm bemerkenswert hoch [13].

Indikationen: In bescheidenem Umfang extern als Adstringens zu Spülungen und Waschungen. In der *Volksmedizin* gelten Heidelbeerblätter noch immer als „blutzuckersenkende" Droge und sind daher häufiger Bestandteil sog. „Antidiabetes"-Tees [12]; über antidiabetisch wirkende Drogen vgl. den kritischen Bericht von Kraus und Reher [12]. Ausgehend von Beobachtungen, wonach chromfrei ernährte Ratten Symptome von Diabetes mellitus Typ II zeigen, sind kürzlich antidiabetisch wirkende Drogen auf ihren Chromgehalt geprüft worden. Dabei zeigten Heidelbeerblätter mit 9,0 ppm einen besonders hohen Wert. Chrom ist Bestandteil des sog. Glucose-Toleranz-Faktors, der zur Therapie des im Tierversuch erzeugten Diabetes mellitus Typ II geeignet ist [13]. Ob der Chromgehalt der Droge für eine mögliche antidiabetische Wirkung maßgeblich ist, bedarf aber weiterer Untersuchungen [13]. Ebenso bedarf es der Nachprüfung, ob die in der Droge enthaltenen Flavonoide zur Behandlung diabetischer Durchblutungsstörungen dienen können. Zur Frage möglicher Risiken bei der Anwendung der Droge vgl. Monographie der Kommission E (s.d.) und [9].

Teebereitung: 1 g fein geschnittene Droge mit kochendem Wasser übergießen und nach 5–10 min abseihen. Nicht über längere Zeit einnehmen.
1 Teelöffel = etwa 0,6 g.

Teepräparate: Sind nicht mehr gebräuchlich.

Phytopharmaka: Keine mehr.

Prüfung: Makroskopisch: gesägter Blattrand mit den gestielten Drüsen am Ende der Sägezähne, z.T. abgebrochen, ferner (mikroskopisch) paracytische Spaltöffnungen, Kristallzellreihen am Hauptnerv, warzige, dickwandige Haare auf der Oberseite größerer Nerven sind neben den Drüsenhaaren charakteristische Merkmale der Droge (Abb. 3).

Identitätsprüfung mittels DC:

Sorbens: Kieselgel 60 F_{254} (lufttrocken) (Merck) (5 × 10 cm, Glas oder Folie).

Untersuchungslösung: 1,0 g pulv. Droge wird mit 5 ml Methanol 10 Min. unter Rückfluß erhitzt und warm filtriert. Das Filtrat dient als Untersuchungslösung.

Referenzlösung: Je 5 mg Rutosid, Chlorogensäure und Hyperosid werden in 10 ml Methanol gelöst.

Aufzutragen: 5 µl Untersuchungslösung und 2 µl Referenzlösung strichförmig (10 × 2 mm).

Fließmittel: Ethylacetat – wasserfr. Ameisensäure – Wasser (80 + 8 + 12) (Kammersättigung).

Laufstrecke: 8 cm, **Zeit:** 20 min.

Sichtbarmachung und Auswertung: Nach vollständigem Abdunsten des Fließmittels (im Heißluftstrom): Besprühen a) mit einer 1proz. methanolischen Lösung von Diphenylboryloxyethylamin und b) mit einer 5proz. methanolischen Lösung von Polyethylenglykol 400 und anschließende Auswertung unter UV_{365}. Die Referenzsubstanzen erscheinen mit folgenden Rf-Werten und Fluoreszenzfarben: Rutosid (0,13, orangegelb), Chlorogensäure (0,25, hellblau), Hyperosid (0,30, orangegelb). Das DC der Untersuchungslösung zeigt eine charakteristische Folge fluoreszierender Zonen, wobei die Zone der Chlorogensäure die intensivste Zone darstellt. Rutin fehlt im DC der Heidelbeerblätter, oberhalb vom Hyperosid liegen im DC der Untersuchungslösung 4 gelbe Zonen (Rf ~ 0,34, 0,41, 0,48 und 0,55): Abb. 4.

Verfälschungen: Als solche kommen abgesehen von den schon genannten Blättern des Bastards zwischen *V. myr-*

tillus und *V. vitis-idaea* [9] Blätter der Preiselbeere (Vitis idaeae Folium) in Betracht (siehe Abb. 3 bei Uvae ursi folium), die jedoch Arbutin enthalten, dessen Nachweis mittels DC erfolgen kann:

Untersuchungslösung: 4 g gepulverte Droge mit 50 ml 50 proz. Methanol 15 min unter Rückfluß zum Sieden erhitzen, heiß filtrieren und nach dem Erkalten mit 50 proz. Methanol auf 100 ml auffüllen. 2 ml 10 proz. basische Bleiacetatlösung zugeben, mischen, filtrieren.

Referenzlösung: 5 mg Arbutin in 2 ml Methanol lösen.

Aufzutragen: 5 µl Untersuchungslösung und 5 µl Referenzlösung.

Fließmittel: A. Ethylacetat-Methanol-Wasser (77 + 13 + 10), 2 cm hoch, anschließend B. Chloroform-Methanol (95 + 5), 5 cm hoch.

Sichtbarmachung: Nach Abdunsten des Fließmittels mit einer 0,1 proz. Lösung von Dichlorchinonchlorimid in Methanol besprühen und vorsichtig NH_3-Dämpfen aussetzen (zu langes Bedampfen färbt den Untergrund dunkel!).

Auswertung: Im Tageslicht. Arbutin erscheint bei Rf ∼ 0,3 als leuchtend blaue Zone. Bei Heidelbeerblättern tritt diese Zone nicht auf, sondern nur eine etwas unterhalb liegende schwach graublaue Zone. Bei Preiselbeerblättern (Verfälschung) ist hingegen Arbutin deutlich zu erkennen (Abb. 5). Nach längerer Zeit ändert sich die Farbe der Arbutinzone gegen rotviolett hin.

Aufbewahrung: Vor Licht geschützt, trocken.

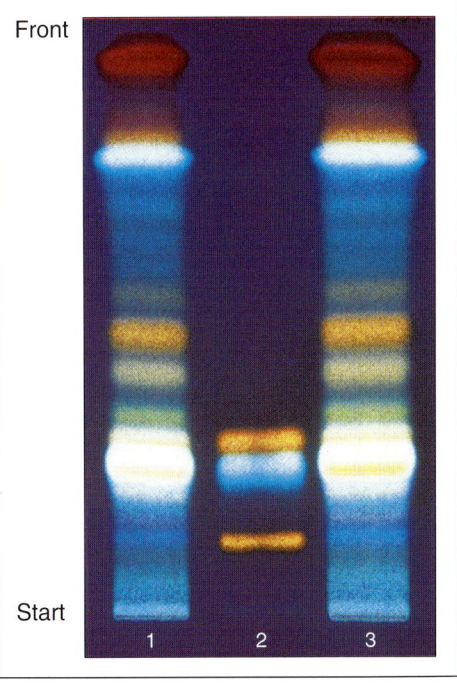

Abb. 4: DC von Heidelbeerblättern, auf Glasplatten 5 × 10 cm, Laufstrecke 8 cm, besprüht mit Diphenylboryloxyethylamin-Reagenz, unter UV_{365}
1 Heidelbeerblätter (3 µl)
2 Referenzlösung (2 µl)
3 Heidelbeerblätter (5 µl)

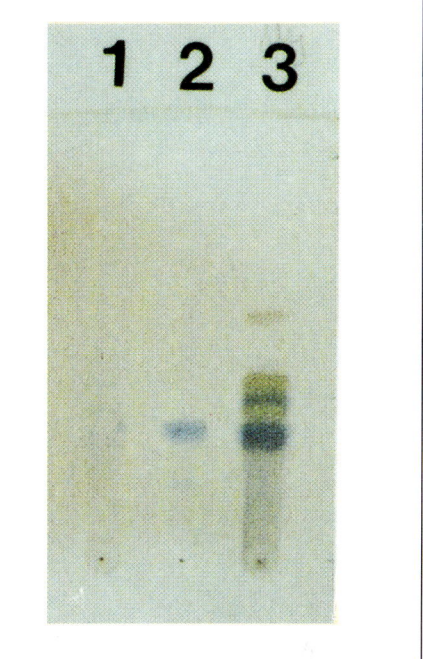

Abb. 5: DC auf 4 × 8 cm Folie
1: Heidelbeerblätter
2: Arbutin (Referenzsubstanz)
3: Preiselbeerblätter (Verfälschung)
Einzelheiten s. Text

Auszug aus der Monographie der Kommission E (BAnz Nr. 76 vom 23.04.1987)

Anwendungsgebiete
Heidelbeerblätter werden bei Diabetes mellitus sowie zur Vorbeugung und Behandlung von Erkrankungen und Beschwerden im Bereich des Magen-Darm-Traktes, der Niere und ableitenden Harnwege sowie der Atemwege, bei Rheuma, Gicht, Hauterkrankungen, Hämorrhoidalerkrankungen, Durchblutungsstörungen, funktionellen Herzbeschwerden sowie zur „Anregung des Stoffwechsels und zur Blutreinigung" angewendet.
Die Wirksamkeit bei den beanspruchten Anwendungsgebieten ist nicht belegt.

Risiken
Bei höherer Dosierung oder längerem Gebrauch können chronische Vergiftungen auftreten, die sich im Tierversuch zunächst in Kachexie, Anämie, Ikterus, akuten Erregungszuständen und Tonus-Störungen äußern und schließlich nach chronischen Gaben von 1,5 g/kg/Tag zum Tode führen können.

Beurteilung
Da die Wirksamkeit nicht belegt ist, kann eine therapeutische Anwendung von Heidelbeerblätterzubereitungen aufgrund der Risiken nicht vertreten werden.

Literatur:

[1] N. Krstic-Pavlovic und M. Milutinovic, Jugosl. Vocarstvo **16**, 27 (1982); C.A. **100**, 65041 (1984).
[2] R.S. Thompson und Mitarb., J. Chem. Soc. Perkin. Trans. I, 1387 (1972).
[3] J. Schönert und H. Friedrich, Pharmazie **25**, 775 (1970).
[4] H. Friedrich und J. Schönert, Planta Med. **24**, 90 (1973).
[5] P. Slosse und C. Hootelé, Tetrahedron Lett. **4**, 397 (1978).
[6] P. Slosse und C. Hootelé, Tetrahedron **37**, 4287 (1981).
[7] Lj. Kraus und D. Dupáková, Pharmazie **19**, 41 (1964).
[8] O. Sticher, F. Soldati und D. Lehmann, Planta Med. **35**, 235 (1979).
[9] D. Frohne, Z. Phytother. **11**, 209 (1990).
[10] N.K. Edgars, J. Am. Pharm. Ass. **25**, 288 (1936).
[11] Hager, Band **6**, 1051 (1994).
[12] Lj. Kraus und G. Reher, Dtsch. Apoth. Ztg. **122**, 2357 (1982).
[13] A. Müller, E. Diemann und P. Sassenberg, Naturwissenschaften **75**, 155 (1988).

Frohne

Myrtilli fructus — Heidelbeeren

Abb. 1: Heidelbeeren

Beschreibung: Kugelige, grobrunzelige, blauschwarze Beerenfrüchte, bis 6 mm im Durchmesser, an der Basis gelegentlich mit Stielresten, am Scheitel mit Diskus und Kelchresten. Im fleischigen Mesokarp zahlreiche kleine, glänzend braunrote Samen.

Geschmack: Etwas säuerlich-süß, schwach zusammenziehend.

Ein wäßriger Extrakt ist deutlich rotviolett gefärbt.

Abb. 2: *Vaccinium myrtillus* L.

Beschreibung wie in Abb. 2, S. 403. Blaue, meist leicht bereifte Beerenfrüchte.

ÖAB: Fructus Myrtilli
Ph. Helv. VII: Myrtilli fructus
DAC 1986: Heidelbeeren
St. Zul. 1009.99.99

Stammpflanze: *Vaccinium myrtillus* L. (Heidelbeere), Ericaceae.

Synonyme: Blaubeeren, Bickbeeren, Schwarzbeeren, Baccae Myrtilli. Bilberry fruit, Whortleberries (engl.). Baies de myrtille (franz.).

Herkunft: Nord- und Mitteleuropa; Importe auch aus SO-Europa.

Inhaltsstoffe: Nach älteren Angaben [1] bis zu 10% Gerbstoffe (gravimetr. Bestimmung), und zwar vorwiegend Catechingerbstoffe; nach Ph. Helv. VII (unter Verwendung der kombinierten Phosphorwolframsäure-Hautpulvermethode) ein Mindestgehalt von nur 1,5% [2]; ferner Proanthocyanidine (Dimere

Auszug aus der Monographie der Kommission E (BAnz Nr. 76 vom 23.04.1987 und Nr. 50 vom 13.03.1990)

Anwendungsgebiete

Unspezifische, akute Durchfallerkrankungen.
Lokale Therapie leichter Entzündungen der Mund- und Rachenschleimhaut.

Gegenanzeigen

Keine bekannt.

Nebenwirkungen

Keine bekannt.

Wechselwirkungen mit anderen Mitteln

Keine bekannt.

Dosierung

Soweit nicht anders verordnet:
Tagesdosis: 20–60 g Droge, zur lokalen Anwendung als 10proz. Dekokt; Zubereitungen entsprechend.

Art der Anwendung

Getrocknete Droge für Abkochungen sowie andere galenische Zubereitungen zum Einnehmen sowie zur lokalen Anwendung.

Dauer der Anwendung

Sollten die Durchfälle länger als 3–4 Tage anhalten, ist ein Arzt aufzusuchen.

Wirkungen

adstringierend.

Wortlaut der Packungsbeilage gemäß Standardzulassung:

6.1 Anwendungsgebiete

Zur Unterstützung der Therapie akuter, unspezifischer Durchfallerkrankungen bei Schulkindern und Erwachsenen.

6.2 Dosierungsanleitung und Art der Anwendung

Etwa 1 bis 2 Eßlöffel voll **Heidelbeeren** werden in Wasser (ca. 150 ml) etwa 10 min gekocht und noch heiß durch ein Teesieb gegeben. Der Tee kann aber auch durch 2stündiges Ansetzen und Quellen in kaltem Wasser bereitet werden. Es können auch ein bis zwei Teelöffel voll der getrockneten Früchte mit etwas Flüssigkeit eingenommen werden. Soweit nicht anders verordnet, wird mehrmals täglich bis zum Abklingen der Durchfälle 1 Tasse frisch bereiteter Aufguß kalt getrunken.

6.3 Dauer der Anwendung

Sollten die Durchfälle länger als 3 bis 4 Tage anhalten, ist ein Arzt aufzusuchen.

6.4 Hinweis

Vor Licht und Feuchtigkeit geschützt aufbewahren.

10 min lang zum Sieden erhitzen, noch heiß abseihen.
1 Teelöffel=etwa 4 g, 1 Eßlöffel=etwa 10 g.

Teepräparate: Heidelbeerfrüchte werden von wenigen Herstellern als Tee angeboten.

Phytopharmaka: Keine mehr.

Prüfung: Da Heidelbeeren in der Regel als Ganzdroge gebräuchlich sind, steht die makroskopische Prüfung gemäß Beschreibung im Vordergrund. Dabei ist darauf zu achten, daß die Droge nicht von Insekten befallen und nicht verschimmelt ist; sie sollte möglichst weich sein (zu lange gelagerte Droge ist hart und spröde). Mikroskopisch sind neben vereinzelten Calciumoxalatdrusen vor allem die Steinzellen des Meso- und Endokarps (vgl. Abb. 3) wichtige Identifizierungsmerkmale.
Die DC-Prüfung (DAC) beruht auf dem Nachweis der Anthocyanfarbstoffe.

des Epicatechins bzw. Catechins) [3], als Anthocyanoside Glykoside des Delphinidins, Malvidins und Cyanidins [4, 5]. Als Flavonoide wurden Quercetinglykoside sowie das Kämpferolglykosid Astragalin gefunden [2, 6]; des weiteren seien Chlorogensäure, Fruchtsäuren, Invertzucker und (evtl. ?) Pektine genannt [7]. Iridoide kommen nur in den unreifen Früchten vor.

Indikationen: Auf Grund des Gehaltes an Gerbstoffen wird die Droge als Antidiarrhoikum verwendet, vor allem bei leichten Fällen von Enteritis.

Teebereitung: 5–10 g (zerquetschte) Droge mit kaltem Wasser ansetzen und

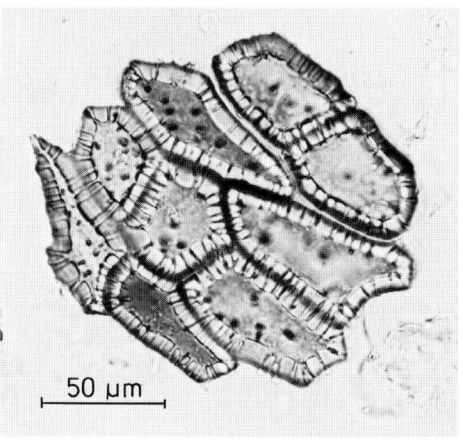

Abb. 3: Steinzellgruppe aus der inneren Fruchtwand der Beeren

Diese Prüfung ist aber nicht sehr spezifisch (und wird deshalb hier nicht ausführlich beschrieben). Auf kleinen DC-Folien (4 × 8 cm) empfiehlt es sich, das bei Hibiscusblüten (DAB 1996) angegebene Fließmittel n-Butanol-Salzsäure R1-wasserfreie Ameisensäure-Wasser (70 + 12 + 12 + 6) zu verwenden. Die im DAC 1986 vorgeschriebene DC-Untersuchung der Aglykone – für die St. Zul. erforderlich – liefert auch keine wesentlichen weiteren Informationen.

Verfälschungen: Selten; Früchte von *Vaccinium uliginosum* L. (Rauschbeere) sehen zwar den Heidelbeeren ähnlich, doch wird bei ihnen ein wäßriger Extrakt nur schwach bräunlich gefärbt. Zur mikroskopischen Erkennung siehe Prüfung.

Literatur:

[1] Ch. Kröger, Pharmazie **6**, 211; 355; 603 (1952).
[2] R. Brenneisen und E. Steinegger, Pharm. Acta Helv. **56**, 180, 341 (1981).
[3] R.S. Thompson und Mitarb., Chem. Soc. Perkin Trans. I, 1387 (1972).
[4] H. Starke und K. Herrmann, Z. Lebensm. Unters. Forsch. **161**, 131 (1976).
[5] U. Krawczyk und G. Petri, Arch. Pharm. **325**, 147 (1992).
[6] H. Friedrich und J. Schönert, Planta Med. **24**, 90 (1973).
[7] D. Frohne, Z. Phytotherapie **11**, 209 (1990).

Frohne

Nasturtii herba — Brunnenkressenkraut

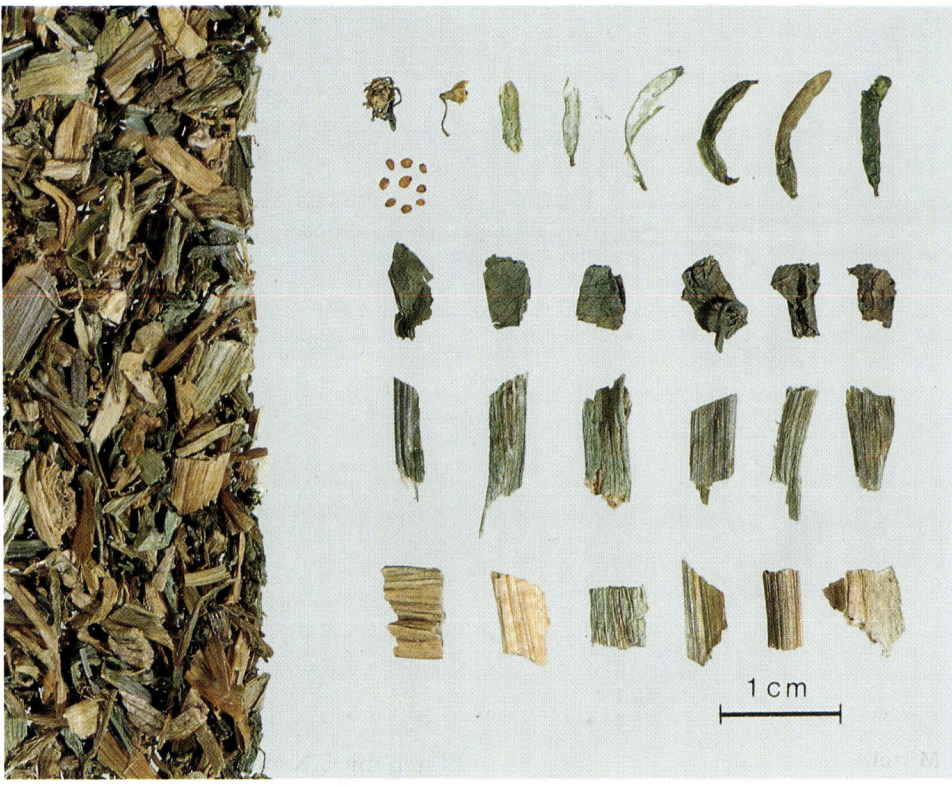

Abb. 1: Brunnenkressenkraut

Beschreibung: Stark geschrumpfte und meist eingerollte, hell- bis dunkelgrüne Blattstückchen mit feiner Nervatur, kahl. Hellbräunliche, zusammengedrückte, breite Stengelstückchen, hohl. Kleine, gelblichweiße Blüten mit gelben Antheren. Schötchen etwas gekrümmt, mit kleinen braunen Samen.

Geruch: Sehr schwach würzig.

Geschmack: Etwas bitter und scharf.

Abb. 2: *Nasturtium officinale* R. Br.
30–80 cm hohe, mehrjährige Staude, mit unpaarig gefiederten Blättern. Stengel hohl. Blüten weiß, mit gelben Antheren.

Erg. B. 6: Herba Nasturtii

Stammpflanze: *Nasturtium officinale* R.Br. (Brunnenkresse), Brassicaceae.

Synonyme: Herba Cardamines, Herba Nasturtii aquatici; Wasserkresse. Water cress (engl.). Cresson de Fontaine, Herbe aux chantes (franz.).

Herkunft: An Bachläufen und feuchten Stellen, zerstreut vorkommend, kleinflächig auch kultiviert. Drogenimporte kommen aus ost- und südosteuropäischen Ländern.

Inhaltsstoffe: Die Droge enthält kleine Mengen an Glucosinolaten (Senfölglykoside), z.B. Gluconasturtiin und deren Abbauprodukte wie 2-Phenylethylisothiocyanat, das den brennend scharfen Geschmack der Droge bedingt; ferner kommen verschiedene Nitrile vor, z.B.

3-Phenylpropionitril, 8-Methylthiooctanonnitril u.a. [1–3]. Frisches Brunnenkressenkraut enthält über 80 mg Ascorbinsäure pro 100 g Kraut [4].

Indikationen: Die Droge wird in Form von Preßsäften oder Extrakten zur Herstellung verschiedener Phytopharmaka zur Behandlung von Katarrhen der Luftwege, als Cholagogum und Dermatikum gebraucht.

Volksmedizinisch wird die Droge nur wenig verwendet, z.B. als Stomachikum, bei Husten und, selten, bei Gingivitis und Paradontose. Hingegen ist das frische Kraut als Wildsalat, gemischt mit frischem Brennessel- und Löwenzahnkraut, in der Naturheilkunde als „Frühjahrskur" recht beliebt, ebenso als „Blutreinigungs"-Mittel.

Nebenwirkungen: Wegen des Gehaltes an Senfölglykosiden sollte Brunnenkresse nicht über längere Zeit oder in großen Mengen eingenommen werden, da ansonsten mit einer Reizung der Magenschleimhaut zu rechnen ist.

Teebereitung: Wenig gebräuchlich. 2 g Droge mit kochendem Wasser übergießen und nach 10 min durch ein Teesieb geben.
1 Teelöffel=etwa 1,7 g

Teepräparate: Keine.

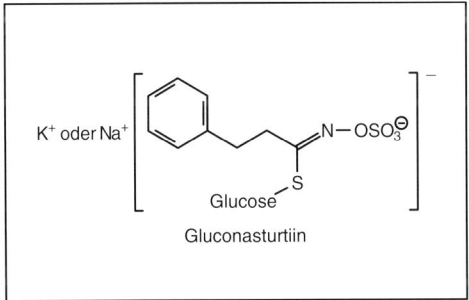
Gluconasturtiin

Phytopharmaka: Brunnenkresse wird in Form von Pflanzenpreßsaft angeboten. Ein Extrakt ist enthalten in Celerit® Bleichcreme (Kosmetikum gegen Hautflecken).

Prüfung: Makroskopisch (s. Beschreibung) und mikroskopisch. Die Blattepidermis besteht aus wellig-buchtigen Zellen mit anomocytischen Spaltöffnungen. Die Palisadenzellen sind breit, das Schwammparenchym besteht aus relativ großen, flachen Zellen. Die Samen besitzen eine *grob* gefelderte Epidermis (Abb. 3).

Auszug aus der Monographie der Kommission E
(BAnz Nr. 22a vom 01.02.1990)

Anwendungsgebiete
Katarrhe der Luftwege.

Gegenanzeigen
Magen- und Darmulcera, entzündliche Nierenerkrankungen. Keine Anwendung bei Kindern unter 4 Jahren.

Nebenwirkungen
In seltenen Fällen Magen-Darm-Beschwerden.

Wechselwirkungen mit anderen Mitteln
Keine bekannt.

Dosierung
Soweit nicht anders verordnet:
Tagesdosis:
4–6 g Droge oder
20–30 g frisches Kraut oder
60–150 g Frischpflanzenpreßsaft; Zubereitungen entsprechend.

Art der Anwendung
Zerkleinerte Droge, Frischpflanzenpreßsaft sowie andere galenische Zubereitungen zum Einnehmen.

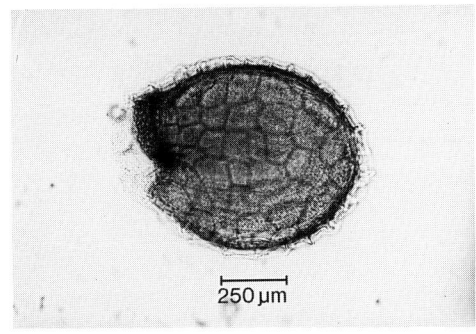

Abb. 3: Samen mit grobgefelderter Epidermis

Verfälschungen: Solche kommen nur sehr selten vor. Verwechslungen mit *Cardamine amara* L. (Bitteres Schaumkraut) sind erkennbar an deren dunkelvioletten Antheren und am markigen Stengel. Die in der Literatur genannte Verfälschung durch *Berula*-Arten ist leicht zu erkennen, da diese Apiaceen Blüten mit 5 Kronblättern besitzen.

Aufbewahrung: Vor Licht und Feuchtigkeit geschützt.

Literatur:
[1] E.A. Spinks, K. Sones und G.R. Fenwick, Fette, Seifen Anstrichm. **86**, 228 (1984).
[2] R.M. Newman, W.C. Kerfoot und Z. Hanscom, J. Chem. Ecol. **16**, 245 (1990).
[3] V. Gil und A.J. MacLeod, Phytochemistry **19**, 1657 (1980).
[4] E. Jones und R.E. Hughes, Phytochemistry **22**, 2493 (1983).

Wichtl

Ononidis radix — Hauhechelwurzel

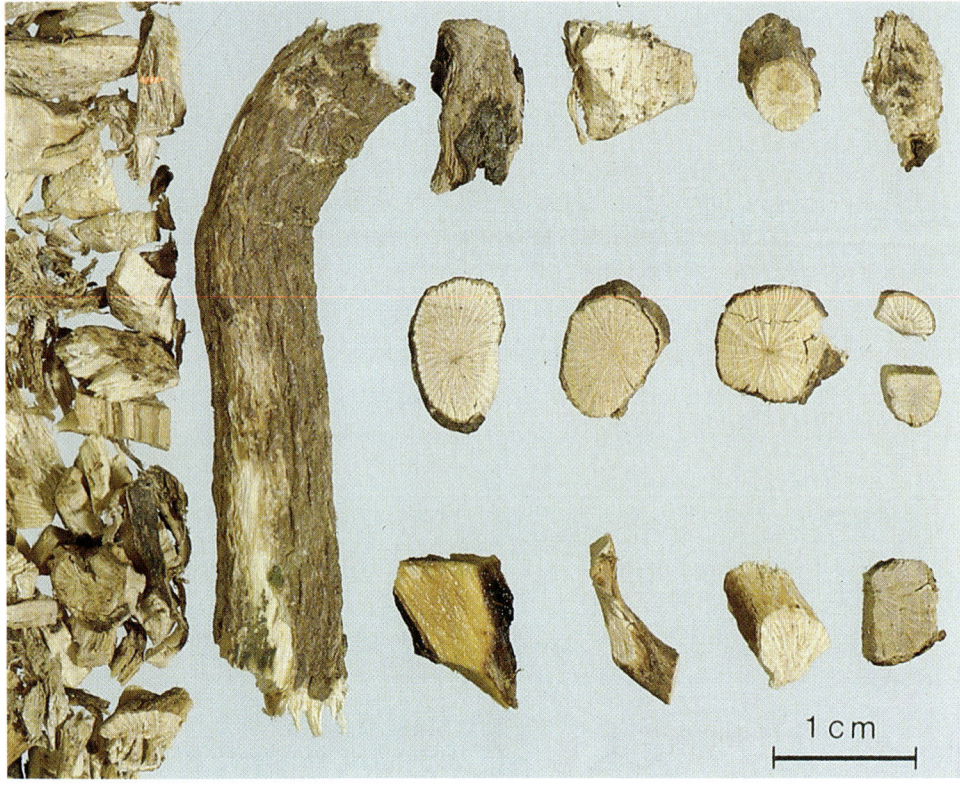

Abb. 1: Hauhechelwurzel

Beschreibung: Die zumeist flachgedrückte, außen grau- bis schwarzbraune Wurzel ist gedreht, gebogen und mit tiefen Längsfurchen versehen. Charakteristisch ist der an Querschnitten zu beobachtende, deutlich strahlige Bau des Holzkörpers, der durch ungleich breite Markstrahlen zustande kommt (Abb. 3).

Geschmack: Etwas herb, süßlich, deutlich kratzend.

Abb. 2: *Ononis spinosa* L.
Bis 80 cm hoch werdender Halbstrauch, bedornt, untere Blätter dreizählig, obere einfach. Schmetterlingsblüten rosa-weiß.

ÖAB: Radix Ononidis
DAC 1986: Hauhechelwurzel
St. Zul.: 9899.99.99

Stammpflanze: *Ononis spinosa* L. (Dornige Hauhechel), Fabaceae.

Synonyme: Hechelkrautwurzel, Haudornwurzel, Ochsenbrechwurzel, Harnkrautwurzel, Stachelkrautwurzel. Restharrow root, Cammock root (engl.). Racine de bugrane (franz.).

Herkunft: In Europa, Westasien und Nordafrika beheimatet. Die Droge stammt aus Wildsammlungen Südosteuropas.

Inhaltsstoffe: 0,02–0,1% ätherisches Öl (Hauptkomponente trans-Anethol, daneben Carvon und Menthol); Isoflavone, besonders Ononin (Formononetin-7-glucosid) und dessen 6''-malonat sowie Biochanin A-7-glucosid und des-

Auszug aus der Monographie der Kommission E (BAnz Nr. 76 vom 23.04.1987 und Nr. 50 vom 13.03.1990)

Anwendungsgebiete

Zur Durchspülung bei entzündlichen Erkrankungen der ableitenden Harnwege. Als Durchspülung zur Vorbeugung und Behandlung von Nierengrieß.

Gegenanzeigen

Keine bekannt.

Hinweis:
Keine Durchspülungstherapie bei Ödemen infolge eingeschränkter Herz- oder Nierentätigkeit.

Nebenwirkungen

Keine bekannt.

Wechselwirkungen mit anderen Mitteln

Keine bekannt.

Dosierung

Tagesdosis: 6–12 g Droge.
Zubereitungen entsprechend.

Art der Anwendung

Zerkleinerte Droge für Aufgüsse sowie andere galenische Zubereitungen zum Einnehmen.

Hinweis:
Auf reichliche Flüssigkeitszufuhr ist zu achten.

Wirkungen

diuretisch.

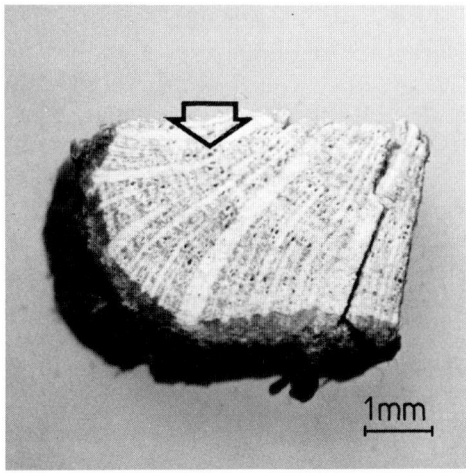
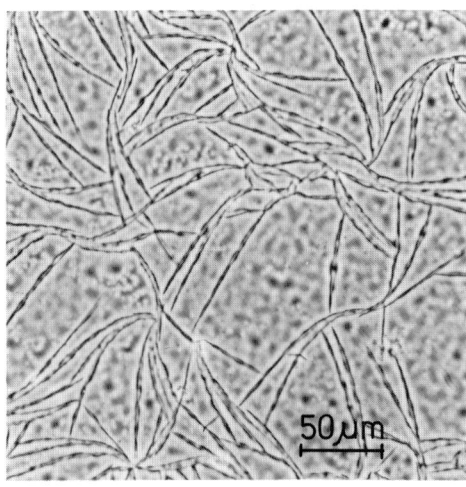

Abb. 3: Querbruch der Wurzel von *Ononis spinosa* mit weißlichen Markstrahlen und großen Gefäßen (Pfeil)

Abb. 4: Feingeschwungene Nadeln des Mikrosublimates (Onocol)

sen 6″-malonat [1, 2]; reguläre Flavonoide kommen nur in oberirdischen Organen vor [3]; Triterpene, vor allem α-Onocerin (=Onocol); Sterole, besonders Sitosterol; ein Benzofuranderivat Medicarpin [4].

Indikationen: Als mildes Diuretikum. Die Wirkung der Droge ist durch Tierexperimente mehrfach belegt [3], doch ist es bisher nicht gelungen, einzelne wirksame Bestandteile zu isolieren. Medicarpin erwies sich bei der biologischen Prüfung als selektiver 5-Lipoxygenase-Hemmstoff [4].

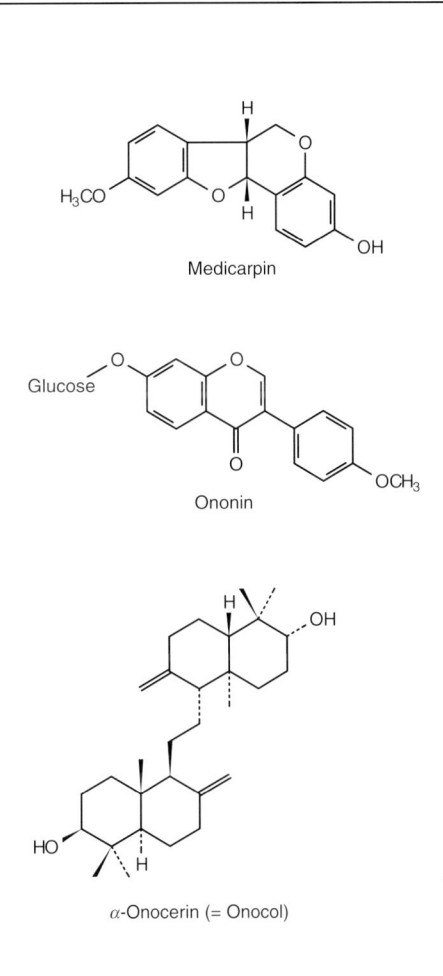

Volksmedizinisch wird Hauhechelwurzel auch bei Gicht und rheumatischen Beschwerden angewendet.

Teebereitung: 2–2,5 g fein zerschnittene oder grob gepulverte Droge mit kochendem Wasser übergießen und nach 20–30 min abseihen.
1 Teelöffel=etwa 3 g.

Teepräparate: Hauhechelwurzel wird als Tee und von zahlreichen Herstellern in Teemischungen als Bestandteil von Blasen-Nierentees angeboten.

Phytopharmaka: Einige wenige Kombinationsarzneimittel aus der Gruppe der Urologica enthalten Hauhechelextrakte, z.B. Biofax® (Kapseln) und Uvirgan® N Liquidum, u.a.

Prüfung: Makroskopisch (siehe Beschreibung) und mikroskopisch. Im Lupenbild ist außen eine dunkle schuppige Borke zu erkennen, auf die nach innen zu eine dünne Rinde folgt; im Holzkörper sehr unterschiedlich breite Markstrahlen und häufig ziemlich großlumige Gefäße (Abb. 3). Das mikroskopische Bild ist charakterisiert durch zahlreiche Gruppen von Holzfasern, die von Kristallzellreihen begleitet werden; kleine, rundliche Stärkekörner kommen vor.

Bei der Mikrosublimation (etwa 220 °C) der gepulverten Droge erhält man feine, oft leicht gebogene oder sternförmig verzweigte Nadeln von Onocol (Abb. 4). Setzt man diesem Sublimat 1 Tropfen konzentrierte Schwefelsäure und 1 Tropfen alkoholische Vanillinlösung (1 g/100 ml) zu, so färben sich die Nadeln nach wenigen Minuten blauviolett.

Prüfung mittels DC:

Untersuchungslösung: 1 g gepulverte Droge mit 15 ml Methanol 30 min unter Rückfluß zum Sieden erhitzen, nach dem Abkühlen filtrieren.

Referenzlösung: Authentische Droge in gleicher Weise behandeln oder je 10 mg Vanillin und Resorcin in 10 ml Methanol lösen.

Aufzutragen: Je 5 µl Untersuchungs- und Referenzlösung.

Fließmittel: Toluol-Chloroform-Ethanol (4+4+1), 6 cm.

Sichtbarmachung: Unter UV_{366}, anschließend mit Anisaldehydreagenz (DAB 1996) sprühen oder tauchen, 5 bis 10 min auf 105 °C erhitzen.

Auswertung: Unter UV_{366} mehrere blau bis blauviolett fluoreszierende Zonen, die intensivste im mittleren Rf-Bereich. Im Tageslicht die intensiv rotviolette Zone des Onocols im mittleren Bereich, knapp unterhalb des Vanillins.

Verfälschungen: Sehr selten. Die Wurzeln von *Medicago sativa* L. (Blaue Luzerne) haben einen runden Querschnitt.

Wortlaut der Packungsbeilage gemäß Standardzulassung:

6.1 **Anwendungsgebiete**
Zur Erhöhung der Harnmenge bei Nierenbecken- und Blasenkatarrhen, Harngrieß, und zur Vorbeugung von Harnsteinen.

6.2 **Gegenanzeigen**
Wasseransammlung (Ödeme) infolge eingeschränkter Herz- und Nierentätigkeit.

6.3 **Dosierungsanleitung und Art der Anwendung**
Etwa 2 Teelöffel voll (3 bis 4 g) **Hauhechelwurzel** werden mit kochendem Wasser (ca. 150 ml) übergossen, warm gehalten und nach etwa 30 Minuten durch ein Teesieb gegeben.

Soweit nicht anders verordnet, wird 2- bis 3mal täglich 1 Tasse Tee zwischen den Mahlzeiten getrunken.

6.4 **Dauer der Anwendung**
Tee aus Hauhechelwurzel soll nur wenige Tage angewendet werden, da die Wirksamkeit nachläßt. Nach einer Pause von jeweils mehreren Tagen kann die Anwendung fortgesetzt werden.

6.5 **Hinweis**
Vor Licht und Feuchtigkeit geschützt aufbewahren.

Literatur:
[1] P. Pietta und Mitarb., J. Chromatogr. **513**, 397 (1990).
[2] J. Köster, D. Strack und W. Barz, Planta Med. **48**, 131 (1983).
[3] Th. Kartnig und Mitarb., Pharm. Acta Helv. **60**, 253 (1985).
[4] G. Dannhardt, G. Schneider und B. Schwell, Pharm. Pharmacol. Lett. **2**, 161 (1992).
[5] M. Rebuelta und Mitarb., Plantes Med. Phytothér. **15**, 99 (1981).

Wichtl

Orthosiphonis folium — Orthosiphonblätter
DAB 1996

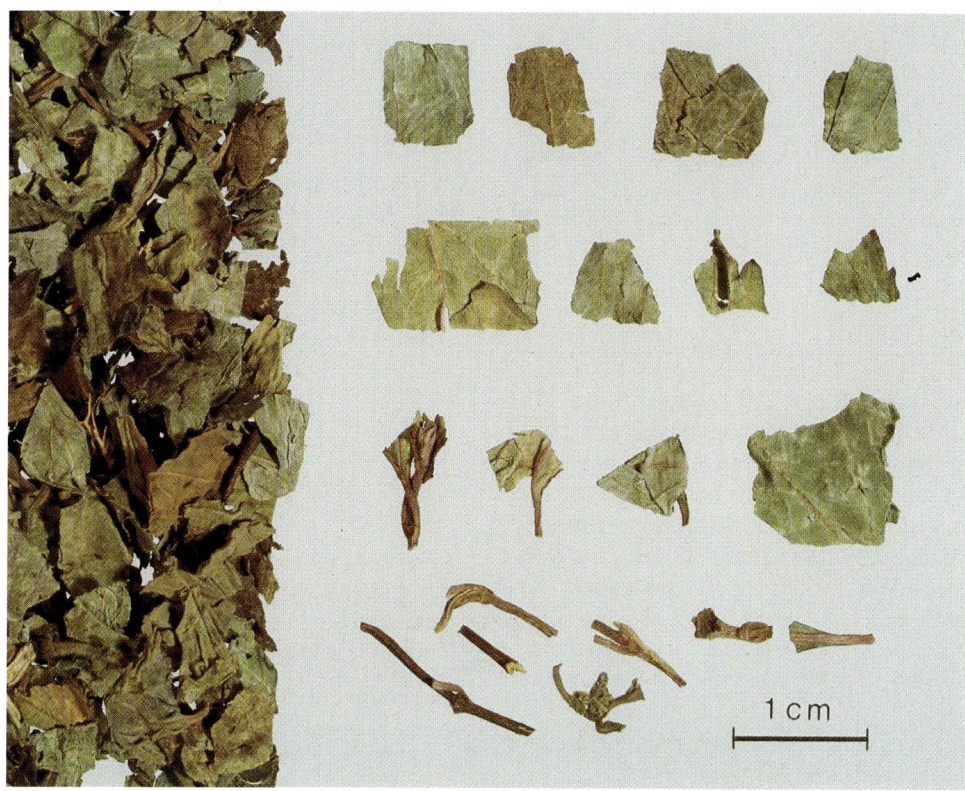

Abb. 1: Orthosiphonblätter

Beschreibung: Kurzgestielte, eilanzettliche, 2–7 cm lange, an der Basis keilförmige, lang zugespitzte Blätter mit fiederiger Nervatur und deutlich grobgezähntem Rand. Blattoberseite sattgrün oder gelbgrün, Blattunterseite hellgrau-grün; Nervatur auf der Unterseite mitunter violett überlaufen. Die Blattstiele annähernd vierkantig und wie die Nervatur bräunlichviolett.

Geruch: Sehr schwach aromatisch.

Geschmack: Etwas salzig, schwach bitter und adstringierend.

Abb. 2: *Orthosiphon aristatus* (BLUME) MIQ.

Die ausdauernde Pflanze mit 4-kantigem Stengel und dekussiert angeordneten, kurz gestielten, zugespitzten Blättern und grob gezähntem Rand wird bis 60 cm hoch. Charakteristisch sind die hellvioletten, in Quirlen stehenden Lippenblüten mit den vier sehr weit herausragenden, bis 3 cm langen, blauvioletten Staubblättern und dem ebenso langen Griffel; Daher auch die Bezeichnung Kumis-kuting = Katzenbart.

Ph. Helv. VII: Orthosiphonis folium
St. Zul. 1159.99.99

Stammpflanze: *Orthosiphon aristatus* (BLUME) MIQ., syn. *Orthosiphon spicatus* (THUNBERG) BACKER bzw. *Orthosiphon stamineus* BENTH., Lamiaceae.

Synonyme: Javatee, Javanischer Nierentee, Indischer Nierentee, Koemis koetjing oder kumis kuting (holländ./indones.). Java tea (engl.). Thé de Java, Feuilles de barbiflore (franz.).

Herkunft: Im tropischen Asien beheimatet, in Indonesien kultiviert und von dorther auch importiert.

Inhaltsstoffe: 0,02–0,06% ätherisches Öl (Destillation mit angesäuertem oder alkalisch gemachtem Wasser liefert wesentlich größere Mengen), das sehr komplex zusammengesetzt ist [1]; unter den etwa 60 bisher isolierten Kompo-

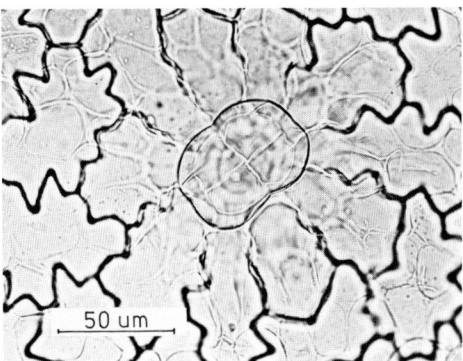

Abb. 3: Blattunterseite mit drüsiger Punktierung

Abb. 4: Lamiaceendrüsenschuppe mit nur 4 Sekretionszellen

nenten überwiegend Sesquiterpene. Etwa 0,5 bis 1% Kaffeesäurederivate, vor allem Rosmarinsäure und Dicaffeoyltartrat [2, 3]. 0,5 bis 0,7% Flavonoide [3–6], besonders höher methoxylierte Flavone wie Sinensetin, Eupatorin, Scutellareintetramethylether, Salvigenin, Rhamnazin u.a. In Mengen bis 0,2% kommen verschiedene Diterpenester, die Orthosiphole A–E vor [7, 8]. Die Droge enthält etwa 3% Kaliumsalze, das Vorkommen von Saponinen ist fraglich.

Indikationen: Als Diuretikum bei chronischer oder rezidivierender Nierenbeckenentzündung, bei Blasenkatarrhen, Nierenkatarrhen, Reizblase, bei Bakteriurie ohne deutliche Symptome. Es handelt sich nicht nur um eine Wasserdiurese, sondern es wird auch Natriumchlorid vermehrt ausgeschieden [9–12]. Es ist allerdings bisher nicht gelungen, die diuretische Wirkung der Droge mit *einzelnen* Inhaltsstoffen in Zusammenhang zu bringen. Vermutlich liegt eine kombinierte Wirkung verschiedener Inhaltsstoffgruppen vor [2, 13], wobei der Gehalt an Kaliumsalzen, – entgegen früheren Ansichten –, keine besondere Rolle spielen dürfte [9].

Bei biologischen Prüfungen ergaben sich für die Orthosiphole A und B starke antiphlogistische Effekte [7], die methoxylierten Flavone zeigten deutliche Hemmwirkungen gegenüber der 15-Lipoxygenase [14].

Teebereitung: 2–3 g der feinzerschnittenen Droge werden mit kochendem Wasser übergossen und 5–20 min lang in einem bedeckten Gefäß stehengelassen; anschließend abseihen.
1 Teelöffel = etwa 1 g.

Sinensetin

Rosmarinsäure

Orthosiphol A

Dicaffeoyltartrat

Auszug aus der Monographie der Kommission E
(BAnz Nr. 50 vom 13.03.1986 und Nr. 50 vom 13.03.1990)

Anwendungsgebiete
Zur Durchspülung bei bakteriellen und entzündlichen Erkrankungen der ableitenden Harnwege und bei Nierengrieß.

Gegenanzeigen
Keine bekannt.

Hinweis
Keine Durchspülungstherapie bei Ödemen infolge eingeschränkter Herz- und Nierentätigkeit.

Nebenwirkungen
Keine bekannt.

Wechselwirkungen mit anderen Mitteln
Keine bekannt.

Dosierung
Soweit nicht anders verordnet:
Tagesdosis 6–12 g Droge,
Zubereitungen entsprechend.

Art der Anwendung
Zerkleinerte Droge für Aufgüsse sowie andere galenische Zubereitungen zum Einnehmen.
Hinweis:
Auf reichliche Flüssigkeitszufuhr ist zu achten.

Wirkungen
diuretisch,
schwach spasmolytisch.

Teepräparate: Die Droge wird auch unter der Bezeichnung „Indischer Nierentee" oder „Javatee" von wenigen Herstellern, auch in Filterbeuteln, angeboten. Auch einige Blasen-Nierentee-Gemische enthalten Orthosiphonblätter.

Phytopharmaka: Drogenextrakte sind in zahlreichen Kombinationsarzneimitteln der Indikationsgruppe Blasen-Nieren-Mittel enthalten, z.B. Canephron® novo Tabletten u. Tropfen u. Nephrubin®N Dragees, und in den tassenfertigen Instanttees Solubitrat®N Pulver und Nierentee 2000 Heumann, Pulver.

Prüfung: Makroskopisch und mikroskopisch nach DAB 1996. Schon bei Lupenbetrachtung erkennt man die feine drüsige Punktierung der Blattunterseite (Abb. 3); die Drüsenhaare zeigen im Unterschied zu vielen anderen Lamiaceen nur 4 Sekretionszellen (Abb. 4). Die Spaltöffnungen vom diacytischen Typ (Abb. 5) finden sich auf beiden Blattseiten, unterseits aber sehr dicht. Die mehrzelligen Glieder- bzw. Borstenhaare sind bis 450 µm lang, häufig der Epidermis schräg anliegend und manchmal mit rötlichem Zellsaft gefüllt (Abb. 6); die unterste Zelle ist ± bauchig.

Für die DC-Identitätsprüfung nach DAB 1996 werden die lipophilen Flavone herangezogen.

Verfälschungen: Werden gelegentlich beobachtet, meist mit Blättern anderer *Orthosiphon*-Arten. Diese sind praktisch geruchlos; sie lassen sich mittels DC folgendermaßen erkennen:

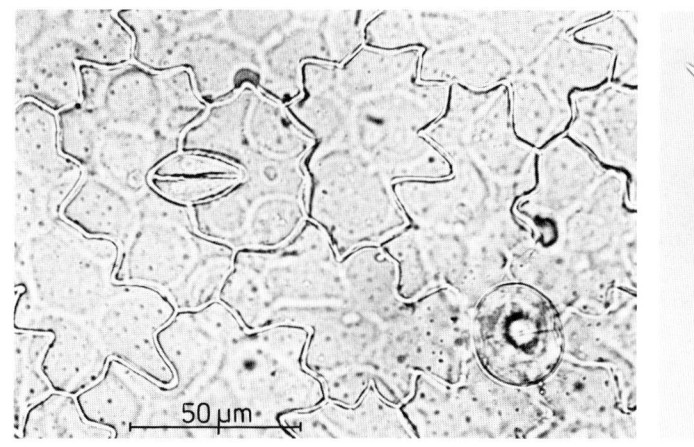

Abb. 5: Blattepidermis mit diacytischer Spaltöffnung und köpfchenartigem Drüsenhaar
Abb. 6: Mehrzelliges Gliederhaar mit z.T. rötlichem Zellsaft

Identitätsprüfung mittels DC:

Sorbens: Kieselgel 60 F_{254} (lufttrocken) (Merck) (5 × 10 cm, Glas oder Folie).

Untersuchungslösung: 1,0 g pulv. Droge wird mit 5 ml Methanol 10 Min. unter Rückfluß erhitzt und warm filtriert. Das Filtrat dient als Untersuchungslösung.

Referenzlösung: 1 mg Scopoletin gelöst in 10 ml Methanol.

Aufzutragen: 3 µl Untersuchungslösung und 2 µl Referenzlösung strichförmig (10 × 2 mm).

Fließmittel: Toluol – Aceton – Ameisensäure (40 + 60 + 0,5) (Kammersättigung).

Laufstrecke: 8 cm, **Zeit:** 11 min.

Sichtbarmachung und Auswertung: Nach vollständigem Abdunsten des Fließmittels (im Heißluftstrom) wird unter UV_{365} (Abb. 7) ausgewertet. Das DC der Untersuchungslösung zeigt im

---

Wortlaut der Packungsbeilage gemäß Standardzulassung:

6.1 Stoff- oder Indikationsgruppe
Pflanzliches Mittel bei Harnwegserkrankungen.

6.2 Anwendungsgebiete
Zur Durchspülung der ableitenden Harnwege und bei Nierengrieß.

6.3 Gegenanzeigen
Keine bekannt.
Hinweis:
Bei Wasseransammlungen (Ödemen) infolge eingeschränkter Herz- oder Nierentätigkeit ist eine Durchspülungstherapie nicht angezeigt.

6.4 Wechselwirkungen mit anderen Mitteln
Keine bekannt.

6.5 Dosierungsanleitung und Art der Anwendung
Soweit nicht anders verordnet, wird mehrmals täglich eine Tasse des wie folgt bereiteten Teeaufgusses getrunken:

2 Teelöffel voll (ca. 2 g) Orthosiphonblätter oder die entsprechende Menge in einem oder mehreren Aufgußbeutel(n) werden mit siedendem Wasser (ca. 150 ml) übergossen und nach etwa 10 bis 15 Minuten gegebenenfalls durch ein Teesieb gegeben.
Hinweis:
Auf zusätzliche reichliche Flüssigkeitszufuhr ist zu achten.

6.6 Dauer der Anwendung
Bei akuten Beschwerden, die länger als eine Woche andauern oder periodisch wiederkehren, wird die Rücksprache mit einem Arzt empfohlen.

6.7 Nebenwirkungen
Keine bekannt.

6.8 Hinweis
Vor Licht und Feuchtigkeit geschützt aufbewahren.

unteren und oberen Drittel eine Reihe rot fluoreszierender Zonen und bei Rf~0,39 die intensiv hellblau fluoreszierende Zone von Sinensetin mit gleicher Färbung und deutlich tiefer als die Vergleichssubstanz Scopoletin (Rf~0,44). Die blau fluoreszierende Zone des Scutellareintetramethylethers erscheint mit fast gleichem Rf-Wert wie die Referenzsubstanz; dicht unterhalb der Sinensetin-Zone das ebenfalls blau fluoreszierende Eupatorin. Verfälschungen durch Blätter anderer Orthosiphon-Arten würden nur ganz schwach fluoreszierende Zonen zeigen.

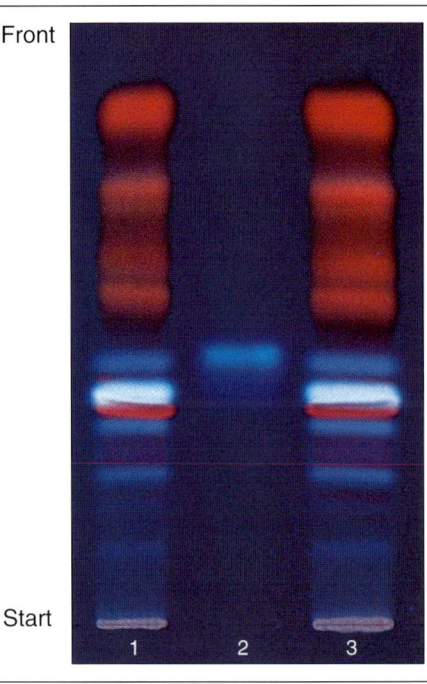

Abb. 7: DC von Orthosiphonblättern, auf Glasplatten 5 × 10 cm, Laufstrecke 8 cm, unbesprüht unter UV$_{365}$
1 Orthosiphonblätter (3 µl)
2 Scopoletin
3 Orthosiphonblätter (5 µl)

Literatur:
[1] G.A. Schut und J.H. Zwaving, Planta Med. **52**, 240 (1986).
[2] W. Sumaryono und Mitarb., Planta Med. **57**, 176 (1991).
[3] P. Proksch, Z. Phytother. **13**, 63 (1992).
[4] K.E. Malterud, I.M. Hanche-Olsen und I. Smith-Kielland, Planta Med. **55**, 569 (1989).
[5] G. Schneider und H.S. Tan, Dtsch. Apoth. Ztg. **113**, 201 (1973).
[6] E. Wollenweber und K. Mann, Planta Med. **51**, 459 (1985).
[7] T. Masuda und Mitarb., Tetrahedron **48**, 6787 (1992).
[8] Y. Takeda und Mitarb., Phytochemistry **33**, 411 (1993).
[9] J. Englert und G. Harnischfeger, Planta Med. **58**, 237 (1992).
[10] J. Casadebaig-Lafon und Mitarb., Pharm. Acta Helv. **64**, 220 (1989).
[11] S.Y. Chow, J. Formosan Med. Assoc. **78**, 11 (1979).
[12] J. Westing, Weitere Untersuchungen über die Wirkung der Herba Orthosiphonis auf den menschlichen Harn. Dissertation Marburg 1928.
[13] N. Tiktinskij und Mitarb., Urol. i. Nefrol **1983**, 47; ref. Zbl. Pharm. **124**, 58 (1985).
[14] I.M. Lyckander und K.E. Malterud, Acta Pharm. Nord. **4**, 159 (1992).

Wichtl

Paeoniae flos — Pfingstrosenblüten

Abb. 1: Pfingstrosenblüten

Beschreibung: Die schnell getrockneten, tief purpurroten, leicht gerunzelten, dicklichen, steifen Kronblätter der gefüllten Gartenform (mißfarbige und ausgebleichte Blütenblätter sollen nicht vorhanden sein) sind 4 bis 5 cm lang und 3 bis 4 cm breit. Die Kronblätter sind verkehrt eiförmig, von zahlreichen strahligen Nerven durchzogen, am Grund mit einem hellen Fleck versehen und am oberen Rand ungleich ausgeschweift bis gekerbt. Die Schnittdroge besteht aus den dunkelroten, gerunzelten, spröden Kronblattstückchen.

Geruch: Honigartig süß.

Geschmack: Herb und adstringierend.

Abb. 2: *Paeonia officinalis* L. emend. WILLD.

Die Wildform der Pfingstrose wird bis 80 cm hoch, ist eine kräftige Staude mit knollenförmigem Rhizom und großen, glänzend grünen, in zahlreiche Abschnitte zerteilten Blättern, leuchtend roten, schalenförmigen, etwa 10 cm Durchmesser erreichenden Blüten mit 5 bis 8 Kronblättern und zahlreichen, gelben Staubblättern. Diese sind bei der die Droge liefernden, gefüllten Gartenform (Abb. 2) zum Teil zu Petalen umgewandelt.

DAC 1986: Pfingstrosenblütenblätter

Stammpflanze: Gefüllte, rotblütige Gartenformen verschiedener Unterarten und Sorten von *Paeonia officinalis* L. emend. WILLD. (Echte Pfingstrose) und *Paeonia mascula* (L.) MILL., Paeoniaceae.

Synonyme: Flores Rosae benedictae, Gichtrosen-, Bauernrosen-, Päonienblüten. Peony flower (engl.). Fleurs de pivoine, Fleurs de péone (franz.).

Herkunft: In lichten Wäldern Südeuropas und Kleinasiens; seit alters her in Bauerngärten als Zier- und Heilpflanze kultiviert; Importe aus osteuropäischen Ländern (Bulgarien, Türkei).

Inhaltsstoffe: Während die Wurzeln von *Paeonia officinalis* vergleichsweise gut untersucht sind, trifft das für die Blütendroge nicht zu; eine Nachprüfung der meist lange zurückliegenden Angaben zu den Inhaltsstoffen wäre erforderlich. Die Droge enthält Anthocyanfarbstoffe, besonders Paeonin (= Paeonidin-3,5-diglucosid) [1]; Flavonoide, vor allem Derivate des Kämpferols [2]; Gerbstoffe, vermutlich Gallotannine, wie sie in Blättern und Wurzeln nachgewiesen wurden [3].

Indikationen: Nur in der *Volksmedizin*, früher gegen „Epilepsie", Gicht und Darmstörungen (wie auch Samen und Wurzel der Pfingstrose) und als Hustenmittel verwendet. In der Homöopathie gegen Fissuren, Hämorrhoiden, Varizen, u.a.m. Heute obsolet; gelegentlich als Schmuckdroge in Teemischungen zu finden; zum Färben von Hustensirupen.

Nebenwirkungen: Blüten (wie auch Samen und Wurzel) der Pfingstrose erzeugen bei Überdosierung Gastroenteritis mit Erbrechen, Kolikschmerzen und Diarrhöen [3].

Teebereitung: Nicht sehr gebräuchlich. 1 Teelöffel Droge mit siedendem Wasser übergießen und nach 5–10 min durch ein Teesieb geben.
1 Teelöffel=etwa 1 g.

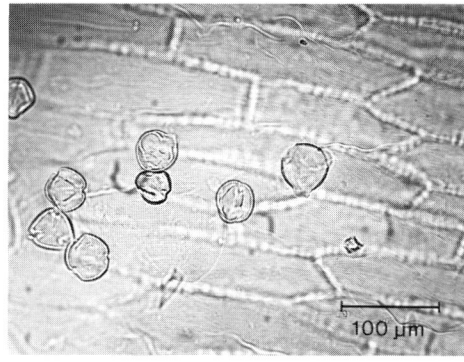

Abb. 3: Perlschnurartige Verdickung der Epidermiszellwände mit sehr feiner kutikularer Streifung; triporate Pollenkörner

Teepräparate: Pfingstrosenblüten werden ausschließlich als Hilfsstoff (Schmuckdroge) in Teegemischen verwendet.

Phytopharmaka: Keine.

Prüfung: Makroskopisch (s. Beschreibung) und mikroskopisch nach DAC 1986. Charakteristisch sind dunkelrote Kronblattstückchen mit großen, gestreckten, an den Seitenwänden perlschnurartig verdickten und eine deutliche, feinwellige Kutikularstreifung zeigenden Epidermiszellen (Abb. 3) sowie mit zarten Spiralgefäßen. Ausgebleichte oder mißfarbige Blüten sollten nicht vorhanden sein (höchstens 10% nach DAC 1986). Auch DC-Prüfung auf Paeonidin-3,5-diglucosid möglich [4].

Verfälschungen: Kommen praktisch nicht vor.

Aufbewahrung: Vor Licht und Feuchtigkeit geschützt; nicht länger als ein Jahr lagern, da die Blütenblätter relativ schnell ausbleichen und unansehnlich werden.

Anmerkung: Im Erg. B. 6 sind auch Pfingstrosensamen (Semen Paeoniae) aufgeführt; diese Droge wurde früher, ebenso wie Radix Paeoniae, *volksmedizinisch* als Brechmittel und als menstruationsförderndes Mittel verwendet [3].
In der Kunstgeschichte spielt die Pfingstrose eine wichtige Rolle. Sie ist als „Rose ohne Dornen" Metapher für die unbefleckte Empfängnis Mariens und in vielfältiger Weise auf Altarbildern dargestellt.

Auszug aus der Monographie der Kommission E
(BAnz Nr. 85 vom 05. 05. 1988)

Anwendungsgebiete

Pfingstrosenblüten werden bei Haut- und Schleimhauterkrankungen, Fissuren, Rhagaden bei Hämorrhoiden, Gicht, Rheuma sowie bei Erkrankungen und Beschwerden im Bereich der Atemwege, ferner in fixen Arzneimittelkombinationen unter anderem bei nervösen Beschwerden, Herzbeschwerden und Gastritis angewendet.
Die Wirksamkeit von Pfingstrosenblüten bei den beanspruchten Anwendungsgebieten ist nicht belegt.
Pfingstrosenwurzeln werden bei Krämpfen unterschiedlicher Art und Genese in Kombinationen zusätzlich bei Rheumatismus, Erkrankungen und Beschwerden im Bereich des Magen-Darm-Traktes sowie des Herzens und der Blutgefäße, Neurasthenie und Neurasthenie-Syndrom, Neuralgien, Migräne, allergischen Erkrankungen sowie in Tonika angewendet.
Die Wirksamkeit von Pfingstrosenwurzel bei den beanspruchten Anwendungsgebieten ist nicht belegt.

Risiken

Keine bekannt.

Bewertung

Da die Wirksamkeit von Pfingstrosenzubereitungen nicht belegt ist, kann eine therapeutische Anwendung nicht befürwortet werden.
Gegen die Anwendung von Pfingstrosenblüten als Schönungsdroge in Teemischungen bestehen keine Bedenken.

Literatur:
[1] R. Willstätter, Th.J. Nolan, J. Liebigs Ann. Chem. **408**, 136 (1915).
[2] K. Egger, Z. Naturforsch. **16b**, 430 (1961).
[3] Hager, Band **6**, 3 (1994).
[4] H. Wagner, S. Bladt und E.M. Zgainski, Drogenanalyse. Springer, Berlin etc. 1983.

Czygan

Passiflorae herba

Passionsblumenkraut
DAB 1996

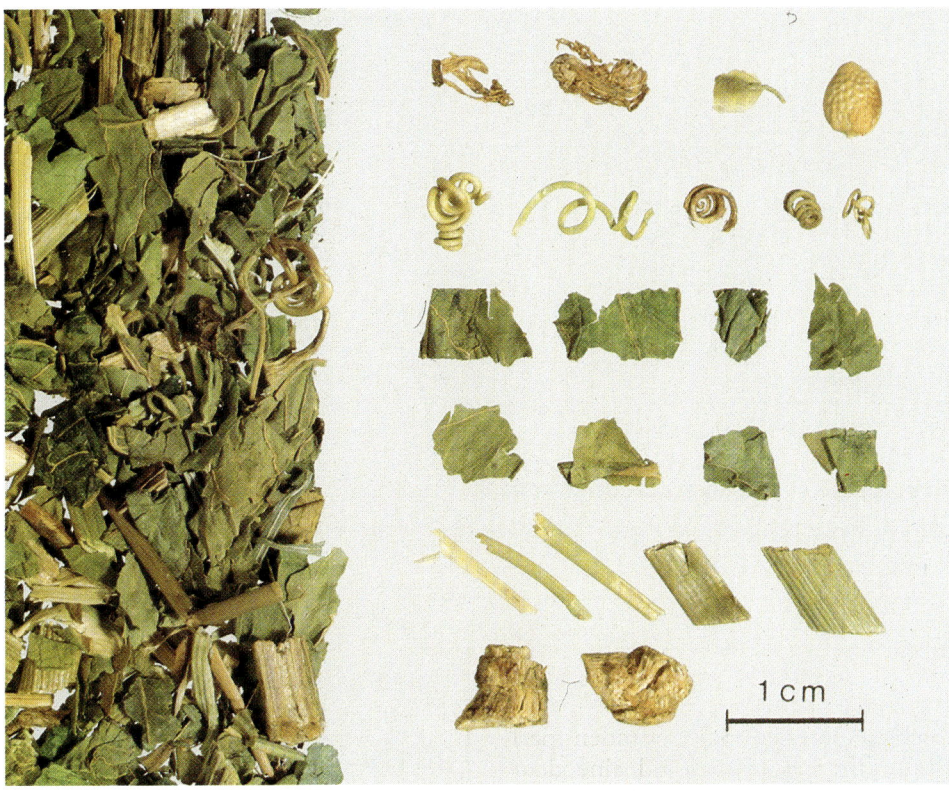

Abb. 1: Passionsblumenkraut

Beschreibung: Dünne, rundliche, hohle Stengelstücke mit gestielten, tief dreilappig geteilten, 6–15 cm langen, unterseits fein behaarten Blättern mit fein einfach gesägtem Rand (Abb. 3) und netziger Nervatur. Glatte, runde, aus den Blattachseln entspringende Ranken, die am Ende korkzieherartig eingerollt sind; solche Stücke auch in der Schnittdroge auffällig. Langgestielte, bis 9 cm große Blüten mit 3 Hochblättern, einem fünfblättrigen Kelch, einer aus 5 weißen Kronblättern und aus mehreren weißen und purpurroten, fädigen Nebenkronblättern bestehenden Korolle, 5 auffälligen, großen Staubblättern. Der graugrüne, behaarte Fruchtknoten ist oberständig, der Griffel trägt auf 3 langen Ästen kopfige Narben. Die flachgedrückten, grünlichen bis bräunlichen Früchte enthalten zahlreiche grubigpunktierte, bräunlichgelbe Samen.

Geruch: Leicht aromatisch.

Geschmack: Uncharakteristisch fade.

Abb. 2: *Passiflora incarnata* L.

Die Passionsblumen sind kletternde Stauden, die mehrere Meter Höhe erreichen. Die Blätter sind tief geteilt, der eigenartige Bau der weiß-violetten Blüten (vgl. Drogenbeschreibung) führte zur Namensgebung, da die fädige Nebenkrone als Symbol für die Dornenkrone angesehen wurde, die 5 Staubblätter für die Wundmale und die 3 Narben für die Nägel am Kreuz Christi.

Ph. Helv. VII: Passiflorae herba
St. Zul. 1619.99.99

Stammpflanze: *Passiflora incarnata* L. (Passionsblume), Passifloraceae.

Synonyme: Fleischfarbige Passionsblume. Passion flower herb, Maypop (engl.). Herbe de passiflore (franz.).

Herkunft: In Nord-, Mittel- und Südamerika heimisch; z.T. in tropisch bis subtropischen Gegenden kultiviert. Drogenimporte aus USA und Indien.

Inhaltsstoffe [1, 2]: Bis 2,5% Flavonoide, praktisch ausschließlich C-Glykosylflavone [3–5], vorherrschend sind Isovitexin-2″-glucosid, Schaftosid, Isoorientin-2″-glucosid und Vicenin-2, daneben kommen Isoorientin, Isovitexin und Swertisin vor; entgegen älteren Angaben kommen Saponarin gar nicht, Orientin und Vitexin nur in Spuren vor

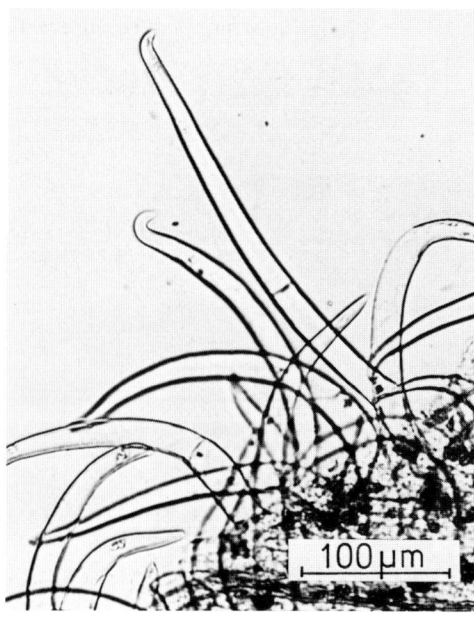

Abb. 3: Dünnes Blattstück mit gesägtem Rand
Abb. 4: Wenigzellige Gliederhaare mit z.T. hakenförmiger Spitze

Isovitexin-2″-glucosid

Schaftosid

Isoorientin-2″-glucosid

Vicenin-2

*Auszug aus der Monographie der Kommission E
(BAnz Nr. 223 vom 30.11.1985 und Nr. 50 vom 13.03.1990)*

Anwendungsgebiete
Nervöse Unruhezustände.

Gegenanzeigen
Keine bekannt.

Nebenwirkungen
Keine bekannt.

Wechselwirkungen mit anderen Mitteln
Keine bekannt.

Dosierung
Tagesdosis: 4–8 g Droge, Zubereitungen entsprechend.

Art der Anwendung
Zerkleinerte Droge für Aufgüsse sowie andere galenische Zubereitungen zur inneren Anwendung.

Wirkungen
In tierexperimentellen Untersuchungen wurde mehrfach eine motilitätshemmende Wirkung beschrieben.

[2]. Die Droge enthält nach eigenen Untersuchungen [6] Saccharose, Fructose, Glucose, Raffinose und andere Zucker sowie Polysaccharide (bes. ein Arabinoglucan), freie Aminosäuren und Glykoproteine. Sehr kleine Mengen eines ätherischen Öles, das Limonen, α-Pinen, Cumen, Zizaen, Zizanen u.a. Terpene enthält [7]. Ebenfalls in sehr kleiner Menge kommt das cyanogene Glykosid Gynocardin vor. Harman-Alkaloide, obwohl in vielen Hand- und Lehrbüchern genannt, kommen in *Passiflora incarnata* nicht oder bestenfalls in Spuren (unter 0,01 ppm!) vor [8].

Indikationen: Als Sedativum bei Neurasthenie, neurovegetativer Dystonie, bei Einschlafschwierigkeiten, Angstzuständen, Unruhe, nervösen Störungen, besonders bei Kindern.

In den Ursprungsländern werden Passionsblumen als Spasmolytikum, aber auch als Sedativum verwendet. Tierversuche deuten zwar auf eine sedative Wirkung einiger Drogenextrakte hin [9–11], doch waren diese Extrakte nicht oder nur unzureichend standardisiert, auch wurden sie oft i.p. und nicht oral appliziert, so daß die Ergebnisse nicht besonders relevant sind.

Doppelblindstudien mit Passiflora-Crataegus-Kombinationspräparaten [12, 13] ergaben bei älteren Probanden Verbesserungen der körperlichen Leistungsfähigkeit. Da Passionsblumenkraut meist in Kombination mit anderen Drogen eingesetzt wird, fehlt praktisch ein Wirksamkeitsnachweis *für die Monodroge*.

Teebereitung: 2 g fein geschnittene Droge werden mit kochendem Wasser übergossen und nach 5–10 min durch ein Teesieb gegeben. 2–3 Tassen Tee tagsüber oder vor dem Schlafengehen 1–2 Tassen Tee.
1 Teelöffel = etwa 2 g.

Teepräparate: Die Droge wird als Tee angeboten, z.B. Passionsblumenkraut Tee Aurica.

Phytopharmaka: Einige Monopräparate enthalten einen Drogenextrakt, z.B. Nerviguttum P® (Tropfen), Passiflora Dragees Alsitan u.a.; zahlreiche Kombinationspräparate der Gruppe Sedativa enthalten neben Passifloraextrakt noch andere Extrakte, z.B. Biral® forte (Dragees; Passiflora + Baldrian), Kytta-Sedativum® F (Tropfen; Passiflora + Baldrian + Hopfen), Nervinfant® N (Sirup; Passiflora + Hopfen), Vivinox® (Beruhigungstropfen; Passiflora + Baldrian + Hopfen + Melisse) u.a.

Prüfung: Makroskopisch (s. Beschreibung) und mikroskopisch, zusätzlich mittels DC nach DAB 1996. Besonders charakteristisch sind die auf den Stengel- und Blattanteilen vorkommenden, dünnwandigen Gliederhaare, die häufig in eine abgerundete, hakig gebogene Spitze enden (Abb. 4). Im Blattmesophyll kommen zahlreiche kleine Oxalatdrusen (etwa 15 μm) vor. Die Epidermiszellen der Korolle, besonders der Innenseite, sind knotig verdickt. Der Pollen, etwa 70 μm groß, weist eine netzartige Zeichnung der Exine auf.

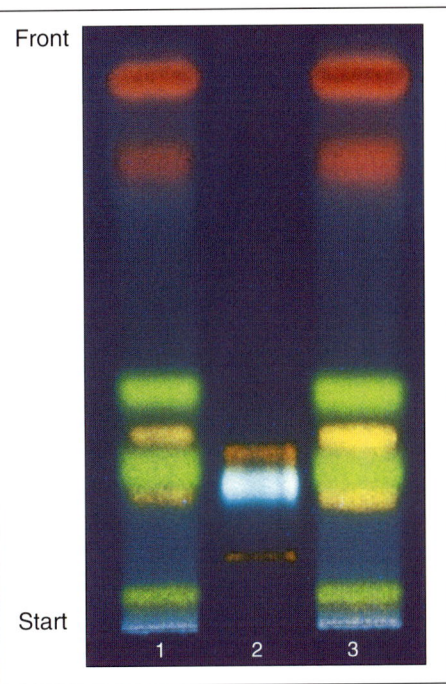

Abb. 5: DC von Passionsblumenkraut, auf Glasplatten 5 × 10 cm, Laufstrecke 8 cm, besprüht mit Diphenylboryloxyethylamin-Reagenz, unter UV_{365}
1 Passionsblumenkraut (3 μl)
2 Referenzlösung (1 μl)
3 Passionsblumenkraut (5 μl)

Identitätsprüfung mittels DC:

Sorbens: Kieselgel 60 F_{254} (lufttrocken) (Merck) (5 × 10 cm, Glas oder Folie).

Untersuchungslösung: 1,0 g pulv. Droge wird mit 5 ml Methanol 10 Min. unter Rückfluß erhitzt und warm filtriert. Das Filtrat dient als Untersuchungslösung.

Referenzlösung: Je 5 mg Rutosid, Chlorogensäure und Hyperosid werden in 5 ml Methanol gelöst.

Wortlaut der Packungsbeilage gemäß Standardzulassung:

6.1 Stoff- oder Indikationsgruppe
Pflanzliches Beruhigungsmittel.

6.2 Anwendungsgebiete
Nervöse Unruhezustände.

6.3 Gegenanzeigen
Keine bekannt.

6.4 Wechselwirkungen mit anderen Mitteln
Keine bekannt.

6.5 Dosierungsanleitung und Art der Anwendung
Soweit nicht anders verordnet, wird 2- bis 4mal täglich eine Tasse des wie folgt bereiteten Teeaufgusses getrunken:
1 Teelöffel voll (ca. 2 g) Passionsblumenkraut oder die entsprechende Menge in einem oder mehreren Aufgußbeutel(n) wird mit siedendem Wasser (ca. 150 ml) übergossen und nach etwa 10 bis 15 Minuten gegebenenfalls durch ein Teesieb gegeben.

6.6 Dauer der Anwendung
Bei akuten Beschwerden, die länger als eine Woche andauern oder periodisch wiederkehren, wird Rücksprache mit einem Arzt empfohlen.

6.7 Nebenwirkungen
Keine bekannt.

6.8 Hinweis
Vor Licht und Feuchtigkeit geschützt aufbewahren.

Aufzutragen: 3–5 μl Untersuchungslösung und 1 μl Referenzlösung strichförmig (10 × 2 mm).

Fließmittel: Ethylacetat – wasserfr. Ameisensäure – Wasser (80 + 8 + 12) (Kammersättigung).

Laufstrecke: 8 cm, **Zeit:** 20 min.

Sichtbarmachung und Auswertung: Nach vollständigem Abdunsten des Fließmittels (im Heißluftstrom):
1. unbesprüht unter UV_{254}.
2. Besprühen a) mit einer 1proz. methanolischen Lösung von Diphenylboryloxyethylamin und b) mit einer 5proz. methanolischen Lösung von Polyethylenglykol 400 und anschließende Auswertung unter UV_{365} (Abb. 5). Die Referenzsubstanzen erscheinen mit folgenden Rf-Werten und Fluoreszenzfarben: Rutosid (0,12, orangegelb), Chlorogensäure (0,24, hellblau), Hyperosid (0,29, orangegelb). Das DC der Untersuchungslösung zeigt eine charakteristische Folge gelb und gelbgrün fluoreszierender Zonen, darunter Isovitexin-2″-glucosid (Rf ca. 0,26), Vicenin-2 (Rf ca. 0,32) und Schaftosid (Rf ca. 0,40).

Für den Nachweis von *Passiflora incarnata* **in Kombinationspräparaten** (auch solchen, die Extrakte enthalten) ist die Anwendung von drei DC-Systemen empfehlenswert [14]:
1. n-Butanol – Eisessig – Wasser (40 + 10 + 50, Oberphase) auf Celluloseschichten;
2. Ethylacetat – Ethylmethylketon – Ameisensäure – Wasser (50 + 30 + 10 + 10) auf Kieselgel 60;
3. Methanol – Wasser – Ameisensäure (28 + 12 + 5) auf HPTLC-Schichten RP-18.

Damit kann eindeutig entschieden werden, ob in dem Präparat Extrakte aus *Passiflora incarnata* oder einer anderen *Passiflora*-Art enthalten sind.

Verfälschungen: Im Drogenhandel werden relativ häufig auch Drogen, die von anderen *Passiflora*-Arten stammen, angetroffen. Die Unterscheidung ist nicht leicht und erfordert sorgfältige mikroskopische *und* DC-Untersuchung.

Literatur:
[1] B. Meier, Z. Phytother. **16**, 115 (1995).
[2] Workshop „Passiflorae herba", ETH Zürich, 14.10.1994 und B. Meier, Z. Phytother. **16**, 90 (1995).
[3] L. Krenn und Mitarb., Z. Phytother. **16**, 92 (1995).
[4] L. Qimin und Mitarb., J. Chromatogr. **562**, 435 (1991).
[5] H. Geiger und K.H. Markham, Z. Naturforsch. **41c**, 949 (1986).
[6] M. Wichtl und Th. Noll, Z. Phytother. **16**, 91 (1995).
[7] G. Buchbauer und Mitarb., Flavour Fragrance J. **7**, 329 (1992).
[8] A. Rehwald, Dissertation Nr. 10959, ETH Zürich, 1995.
[9] G.G. Ortega, Dissertation Tübingen, 1993.
[10] N. Sopranzi und Mitarb., Clin. Ter. **132**, 329 (1990).
[11] E. Speroni und A. Minghetti, Planta Med. **54**, 488 (1988).
[12] M. von Eiff und Mitarb., Acta Ther. **20**, 47 (1994) bzw. Z. Komplementärmed. **1**, 120 (1994).
[13] M. von Eiff, Dissertation Univ. Basel, 1994.
[14] Th. Kartnig, G. Kummer-Fustinioni und B. Heydel, Sci. Pharm. **51**, 269 (1983).

Wichtl

Pasta Guarana — Guarana

Abb. 1: Guarana

Beschreibung: Die Droge besteht aus den vom Arillus abgetrennten, getrockneten, gerösteten, anschließend von der pergamentenen Samenschale befreiten und unter Zusatz von Wasser zu einer Paste fein zerstoßenen Samen (vorwiegend Cotyledonen). Die Paste wird zu Stangen (seltener Broten) geformt, die in der Sonne oder über einem Schwelfeuer zur Aromabildung und besseren Haltbarmachung getrocknet werden.

Ganzdroge: Harte, dunkelbraune, 3 bis 5 cm dicke, 10 bis 20 cm lange, an den Enden abgerundete, wurstförmige Stangen, außen etwas glänzend; Bruch spröde, muschelig, rotbraun mit eingesprengten, weißlichgrauen Körnern (Abb. 2). Die Droge ist auch als Pulver im Handel.

Geruch: Nicht wahrnehmbar.

Geschmack: Bitter, schwach zusammenziehend, an Kakao erinnernd.

Abb. 2: Zu Stangen geformte Stücke von Guarana.

Abb. 3: *Paullinia cupana* KUNTH. ex H.B.K. Bis 12 m hohe, holzige, immergrüne, mehrjährige Schlingpflanze mit großen, ledrigen, grobkerbig gesägten, unpaarig gefiederten, 5 Blättchen tragenden Blättern und bis 30 cm langen rispigen Blütenständen. Blüten unscheinbar, meist eingeschlechtlich, mit 4 weißlichgelben Kronblättern. Bildet haselnußgroße, dreifächrige, meist einsamige, tiefgelbe bis rotorangefarbene Kapselfrüchte, die bei Reife aufplatzen. Der ca. 0,5–0,8 g schwere, kugelige, purpurbraun bis schwarze Same wird in seiner unteren Hälfte von einem schneeweißen Arillus becherartig umgeben, was einem Auge ähnelt.

Erg. B. 6: Guarana

Stammpflanze: *Paullinia cupana* KUNTH. ex H.B.K. [syn. *P. sorbilis* (MART.) DUCKE], Sapindaceae.

Synonyme: Massa guaranae, Pasta Seminum Paulliniae, Guaranapaste.

Herkunft: Heimisch im Orinoko- und Amazonasgebiet, vor allem Nord- und Nordwestbrasilien. Die Droge stammt aus dem Kleinanbau an Stützen, der Weinrebe ähnlich, und zunehmend aus größeren Pflanzungen von buschartigen Kultivaren (vor allem Varietät *sorbilis*) im Bundesstaat Amazonas, Brasilien. Anbau neuerdings auch in den südlichen Bundesstaaten Brasiliens, in Venezuela, Kolumbien, Panama und Costa Rica. Ertrag: Ca. 80–175 kg/ha [1].

Inhaltsstoffe [2]: Methylxanthine (Purine) mit Coffein (3,6–5,8%) als Hauptverbindung (Erg. B. 6 mind. 3,5%) sowie Theobromin (0,03–0,17%) und Theophyllin (0,02–0,06%) [3, 4]. Guarana gilt als die coffeinreichste Droge. Bis zu 12% Catechingerbstoffe (7–9% bestimmt nach der Hautpulvermethode (DAC 1986), [5]), (+)-Catechin (6%), (−)-Epicatechin (3,8%) [6], keine hydrolysierbaren Gerbstoffe; ca. 2% Samenöl, u.a. mit Cyanolipiden = Esterderivate langkettiger Fettsäuren mit einem ungesättigten, isoprenoiden Hydroxy- oder Dihydroxynitril, z.B. 2,4-Dihydroxy-3-methylen-butyronitril [7, 8], wahrscheinlich für die beobachtete Cyanogenese im Samenmehl verantwortlich; 33–37% Kohlenhydrate bestimmt nach Differenzmethode [5], vorwiegend Stärke; 14–16% Rohprotein, bis 4% Mineralstoffe.

Indikationen: Aufgrund des Coffeingehaltes als Psychostimulans zur Anregung und zur kurzfristigen Beseitigung von Ermüdungserscheinungen, deshalb gelegentlich auch Bestandteil in verschiedenen Tonika. Guarana zeigt alle Wirkungen des Coffeins, d.h. Antrieb, Stimmung, Willkürmotorik, Reaktionszeit und geistige Leistungsfähigkeit werden positiv beeinflußt, insbesondere bei ausgeprägter Ermüdung. Die Kompensierbarkeit von Leistungsminderungen sollte jedoch nicht zu hoch eingeschätzt werden. Die durch Alkohol beeinträchtigte Leistungsfähigkeit wird nicht kompensiert.

Coffein wirkt vorwiegend als kompetitiver Antagonist an Adenorezeptoren, wodurch die hemmende Wirkung des Adenosins vermindert wird. In vitro hemmen vergleichsweise höhere Konzentrationen (0,1–1,0 mM) die Nukleotidphosphodiesterase, die den Abbau von cAMP zu AMP katalysiert, und den Katecholamin-Metabolismus, des weiteren wird der Calciumhaushalt der Zelle beeinflußt. Coffein wirkt am Herzen positiv inotrop (Steigerung der Kontraktionskraft) und negativ chronotrop (Erniedrigung der Schlagfrequenz); die Auswurfleistung des Herzens wird insgesamt gesteigert. In höherer Dosierung wirkt Coffein positiv chronotrop, d.h. es erhöht die Schlagfrequenz. Weitere Coffeinwirkungen sind: Erweiterung der Blutgefäße (Vasodilatation) mit Ausnahme der Hirngefäße, die verengt werden (Vasokonstriktion); Steigerung der Diurese, der Glykolyse und Lipolyse; Stimulierung der Salzsäureproduktion im Magen.

Coffein wird nach oraler Gabe rasch und nahezu vollständig resorbiert. Die Absorptionshalbwertszeit beträgt 2–13 Min. [9]. Nach etwa 30–40 Min. wird die maximale Plasmakonzentration erreicht. Coffein verteilt sich in alle Kompartimente, passiert schnell die Blut/Hirn- und Placenta-Schranke und tritt auch in die Muttermilch über. Die Plasmahalbwertszeit liegt bei ca. 4–6 Stunden, zeigt jedoch starke inter- und intraindividuelle Schwankungen (9–10 Std.) Die Wirkung klingt nach 2–3 Stunden ab. Coffein und seine Metabolite werden überwiegend renal ausgeschieden. Hauptmetabolite sind 1,7-Methylharnstoff (ca. 44%), 1-Methylharnsäure (12–38%) und 1-Methylxanthin (8–19%), unverändertes Coffein max. 1,8% [9]. Die frühere, klinisch nicht belegte Annahme, daß die Coffeinwirkung von Guarana gegenüber der von reinem Coffein infolge eines wegen seiner Bindung an Gerbstoffe (=Guarenin-Komplex) gegebenen Retard-Effekts verlängert ist [10, 11], konnte in neueren Untersuchungen nicht bestätigt werden. Diese zeigten vielmehr, daß die Freisetzung und die Aufnahme von Coffein aus Guarana dieselbe ist wie aus Präparaten, die freies Coffein enthalten [12, 13]. Bei der Verwendung von Guarana als Arzneimittel sollten deshalb die Dosierungsangaben für Coffein in der Monographie des Bundesgesundheitsamtes [9] Geltung haben. Diese empfiehlt als orale Einzeldosis 100–200 mg Coffein, die im Bedarfsfall wiederholt werden kann, wobei die Tagesdosis jedoch 400 mg nicht überschreiten soll (s. Nebenwirkungen).

Für wässerige Guaranaextrakte (1:10) wurde in vitro (Blutplättchen von Kaninchen und Mensch) und in vivo (Kaninchen) eine Hemmung der ADP- und der Arachidonsäure-induzierten, nicht jedoch der Kollagen-induzierten Blutplättchen-Aggregation nachgewiesen [14]. Neben den Xanthinen konnten für diesen Effekt in erster Linie andere, noch nicht identifizierte, hitzebeständige Bestandteile verantwortlich gemacht werden. In vitro verminderten die wässerigen Extrakte signifikant die Thromboxan-Synthese der Blutplättchen aus ^{14}C-Arachidonsäure um ca. 22% [15]. Vor kurzem wurden aus den

Samen noch nicht weiter charakterisierte Testosteron-5 α-Reduktase-Hemmer isoliert [16].

In weitaus größerem Umfang wird Guarana jedoch nicht als Arzneimittel sondern als anregendes Genußmittel in Form von wäßrigen Aufschwemmungen (traditionelle Anwendung der Indianer Brasiliens) und kommerziellen Erfrischungsgetränken verwendet. In Brasilien ist unter dem Namen „Guarana" seit Jahrzehnten ein mit Kohlensäure und Zucker versetztes Erfrischungsgetränk im Handel [17]. Abweichend von der alten Gewinnung wird dort zunehmend industriell ein pulverförmiges Guarana durch Extraktion der zerkleinerten Samen mit heißem Wasser, Filtration und Trocknung des Rückstands gewonnen [18]. In steigendem Umfang wird Guarana derzeit auch in den USA, in Japan und Europa eingeführt. Von den verschiedensten Anbietern kommt es als „Muntermacher" außer als Pulver auch als Trinkampullen, als Kapseln, als Tabletten und Kautabletten mit Vitamin C und Traubenzucker sowie als Kekse und Riegel in den Handel, die sich in einer Grauzone zwischen Lebensmittel und Genußmittel bewegen [5, 11, 17]. Der Coffeingehalt ist meist nicht deklariert, eine empfohlene Tagesverzehrmenge fehlt [5, 11]. Beides ist jedoch zu fordern (s. Nebenwirkungen).

Nebenwirkungen: Aufgrund seines hohen Gehaltes sollte Coffein in Guarana als toxisches Wirkprinzip beachtet werden. Bei Einhaltung der empfohlenen maximalen Tagesdosis für Coffein von 400 mg [9], die etwa 7–11 g Guarana entspricht, sind Nebenwirkungen und bleibende Organschäden nicht zu erwarten. Das Auftreten von Nebenwirkungen hängt von der individuellen Empfindlichkeit gegenüber Coffein ab. Bereits niedrige Dosen können zu Schlaflosigkeit, innerer Unruhe, Tachycardie und Magen-Darm-Beschwerden führen. Auch bei weniger Empfindlichen können bei Dosen von über 200 mg Coffein Reizbarkeit, Kopfschmerzen und Tremor auftreten. Längerer Gebrauch führt zu Toleranzentwicklung gegenüber den meisten Wirkungen und auch Nebenwirkungen. Patienten mit Herzarrhythmien, Leberzirrhose und Schilddrüsenüberfunktion sollten Coffein nur in niedriger Dosierung (ca. 100 mg, d.h. ca. 2–3 g Guarana) erhalten [9]. Bei Schwangeren bewirken Coffeindosen von über 600 mg/Tag die Gefahr vermehrter Aborte und Frühgeburten.

Vergiftungssymptome können bei 1 g Coffein und mehr auftreten, wenn es in kurzer Zeit aufgenommen wird. Die tödlichen Coffeindosen liegen bei einmaliger Aufnahme zwischen 3 und 10 g [9].

Teebereitung: Entfällt.

Phytopharmaka: Keine.

Prüfung: Mikroskopisch nach Erg. B. 6. Das graurote Pulver zeigt verkleisterte, z.T. jedoch unversehrte, rundliche bis länglichrundliche, etwa 18 μm lange und 10–12 μm breite Stärke-Einzelkörner mit undeutlicher Schichtung sowie auch aus 2–3 Teilkörnern zusammengesetzte Stärke und Gewebefragmente der rundlichen bis polyedrischen, 10–80 μm großen Parenchymzellen der Cotyledonen als Hauptelemente. Bei Mitvermahlung ungeschälter Samen treten vereinzelt kleine, unterschiedlich stark verdickte Steinzellen mit getüpfelten zitronengelben Wänden auf.

DC-Prüfung nach [13, 14] bzw. nach der im DAC 1986 für Grüne Mateblätter angegebenen Methode.

Nach Erg. B. 6 und Ph. Helv. V erfolgt die Gehaltsbestimmung durch gravimetrische Coffeinbestimmung aus einem ammoniakalisierten Chloroformauszug der Droge. Eine photometrische Bestimmung des Coffeingehaltes der Droge findet sich bei [19]. Zur HPLC-Bestimmung von Coffein, Theobromin und Theophyllin in Guarana siehe bei [3], [4] und [20]. Das Verhältnis von Coffein zu Theophyllin liegt zwischen 100:0,5 und 100:1,6 und kann in Getränken zur Unterscheidung von Kaffee, Cola oder Mate, nicht jedoch Tee, herangezogen werden [3].

Verfälschung: Gelegentlich wird Guarana mit Stärke gestreckt, wodurch der Coffeingehalt verringert ist.

Literatur:
[1] J.A. Duke, CRC Handbook of Nuts, CRC Press, Boca Raton, Florida 1989.
[2] Hager, Band **6**, 53 (1994).
[3] F. Marx, K. Pfeilsticker und J.G. Soares Maia, Dtsch. Lebensm. Rundschau **81**, 390 (1985).
[4] F. Baltassat, N. Darbour und S. Ferry, Plantes Méd. Phytothér. **19**, 68 (1985).
[5] L. Lauterbacher, Dtsch. Apoth. Ztg. **134**, 2911 (1994).
[6] F. Marx, Z. Lebensm. Unters. Forsch. **190**, 429 (1990).
[7] C.Y. Hopkins und R. Swingle, Lipids **2**, 258 (1967).
[8] V. Spitzer, J. High Resolut. Chromatogr. **18**, 413 (1995).
[9] Monographie „Coffein" des Bundesgesundheitsamtes, BAnz. 209 vom 8.11.1988; abgedruckt in Dtsch. Apoth. Ztg. **128**, 2488 (1988).
[10] R.A. Henman, J. Ethnopharmacol. **6**, 139 (1982).
[11] D. Frohne, Z. Phytother. **15**, 296 (1994).
[12] D.K. Bempong, P.J. Houghton und K. Steadman, J. Pharm. Pharmacol. **43** (Suppl.), 125 (1991).
[13] D.K. Bempong und P.J. Houghton, J. Pharm. Pharmacol. **44**, 769 (1992).
[14] S.P. Bydlowski, R.L. Yunker und M.T.R. Subbiah, Braz. J. Med. Biol. **21**, 535 (1988).
[15] S.P. Bydlowski, E.A. D'Amico und D.A.F. Chamone, Braz. J. Med. Biol. **24**, 421 (1991).
[16] K. Suzuki, C.A. **122**, 248295 (1995).
[17] E. Scholz, Naturwiss. Rundschau **47**, 179 (1994).
[18] H.T. Erickson, M.P.F. Correra und J.R. Escobar, Écon. Bot. **38**, 273 (1984).
[19] E. Stanislas und I. Fouraste, J. Pharm. Belg. **31**, 599 (1976).
[20] F. Belliardo, A. Martelli und G. Valle, Z. Lebensm. Unters. Forsch. **180**, 398 (1985).

Willuhn

Pasta Theobromae

Abb. 1: Pasta Theobromae

Beschreibung: Die rechteckigen, nach oben leicht zulaufenden Parzellen sind in 6 Reihen zu je 5 Stück angeordnet, und auf der Oberseite mit einer geschwungenen Maserung bedeckt. Die Blattunterseite ist absolut plan. In der untersten Reihe sind Verfälschungen gezeigt.

Geruch: Schwach aromatisch.

Geschmack: Cremig, süß, an Kakao erinnernd.

Abb. 2: *Theobroma helvetica* (SUCH.) LINDT.
Kleine Bäume mit Cauliflorie.

Stammpflanze: *Theobroma helvetica* (SUCH.) LINDT, (Schweizer Schokoladebaum), Schoccaceae.

Synonyme: Guadl, Nervennahrung, Schokki, Sahneschokolade, Leckerchen. Im Kindermund auch: „was Süßes".

Herkunft: Heimisch in ganz Europa. Die Droge stammt aus Kulturen und wird hauptsächlich aus der Schweiz und Belgien eingeführt.

Inhaltsstoffe: Ein Gemisch aus Glucose, Kakaomasse (mindestens 45%), Kakaobutter, Sahnepulver, Vollmilchpulver, Emulgatoren, Lecithin und Vanillin. Besonders in den Blättern der Droge ist ein sehr hoher Gehalt an Kakao und Geschmacksstoffen festzustellen. Die Droge enthält ca. 5–6% Gerbstoffe, organische Säuren, Proteine (bis 14%), Phosphatide, Pentosane, Saccha-

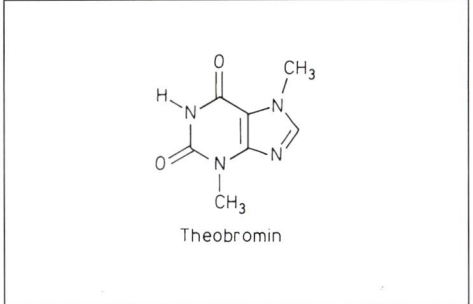

rose und Stärke. 10–12% Theobromin neben wenig Coffein und Spuren Theophyllin [1].

Indikationen: Die Droge ist in der *Volksmedizin* weit verbreitet, und wirkt als leichtes Psychopharmakon bei akuten Anfällen von Niedergeschlagenheit, Müdigkeit und Unlustgefühlen. In der *Kinderheilkunde* bei Tränenfluß nach kleinen Verletzungen. Bei Unterernährung wird die Droge aufgrund ihres hohen Kaloriengehaltes als Aufbaupräparat gegeben.

Nebenwirkungen: Keine bekannt. Bei Überdosierung tritt jedoch eine starke Gewichtszunahme auf.

Eine Besonderheit stellt die Anwendung gentechnologischer Prozesse bei bestimmten Zubereitungsformen der Droge dar [3]: so gelingt es, die April-Formen durch Implantation des chrismas-Gens 24β in die Dezember-Formen umzuwandeln, wobei suppositorienartige Zwischenstufen auftreten (Abb. 4).

Prüfung: Vorwiegend gustometrisch. An einer Wertbestimmung arbeitet derzeit die DAB-Kommission. Erscheinungsdatum voraussichtlich 01.04.2000.

Verfälschungen: Im Handel werden gelegentlich Drogen der Unterarten *Theobroma milkea vulgaris* und *Theobroma toblerii* angetroffen. Auch von der Unterart *Theobroma vacca alba* wurde be-

Abb. 3: Jahreszeitlich bedingte Verfälschungen, aus dem April und aus dem Dezember.

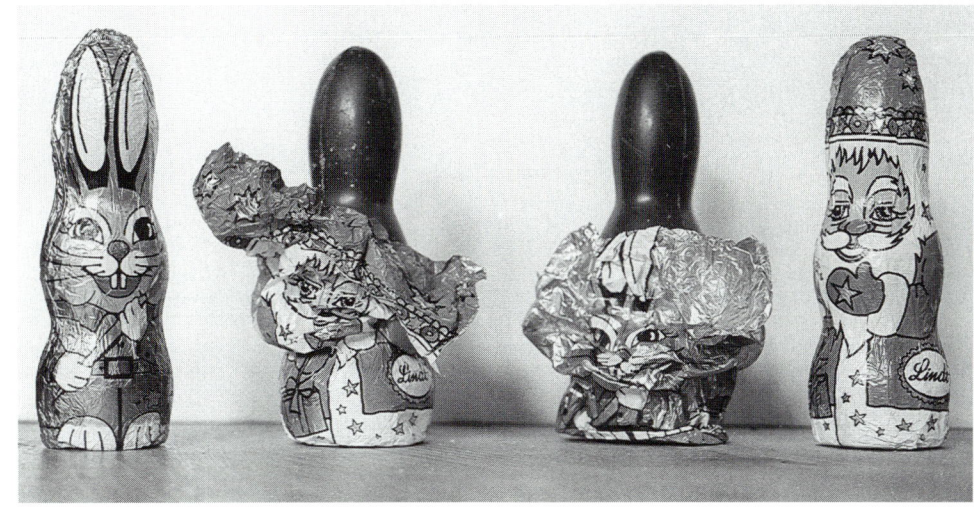

Abb. 4: Gentechnologische Umwandlung von speziellen Zubereitungsarten der Droge nach [3]; Einzelheiten siehe Text.

richtet, die jedoch an der weißen Blattoberseite leicht zu erkennen ist [2].

Literatur:
[1] S. Schmidt, Inhaltsstoffe von Kakao und kakaohaltigen Drogen, Band 156, 214–216. Faschings-Verlag Neustadt/Oberpf., 1996.
[2] S. Vogel, Schokoladenarten und ihr Vorkommen, Band 13, 1423–1450 Editio humorica, Stuttgart, 1996.
[3] Michael W.H. Czygan und F.-C. Czygan, Experientia humorica **28**, 748 (1995).

Vogel/Abel

Petasitidis folium — Pestwurzblätter

Abb. 1: Pestwurzblätter

Beschreibung: Mehr oder weniger derbe, oft ineinander gefaltete Blattfragmente mit trübgrüner, spärlich bis zerstreut behaarter Oberseite und bleichgrüner, meist wollig-filzig behaarter Unterseite. Netzige Nervatur auf der Unterseite etwas vortretend (Abb. 4).

Geruch: Schwach eigenartig.

Geschmack: Schleimig, etwas bitter.

Abb. 2 und 3: *Petasites hybridus* (L.) Gaertn., Meyer et Scherb.

Die sehr großen, langgestielten, unterseits graufilzigen Blätter der an feuchten Bach- und Flußufern anzutreffenden Staude erscheinen erst nach der Blüte. Die hellrosa bis lila (gelegentlich auch gelblichen) Blütenköpfchen (rein männliche und rein weibliche) weisen nur Röhrenblüten auf und stehen dicht gedrängt am mit Schuppenblättern versehenen Stengel.

Stammpflanze: *Petasites hybridus* (L.) GAERTN., MEYER et SCHERB., syn. *Petasites officinalis* MOENCH (Rote Pestwurz, Gemeine Pestwurz), Asteraceae.

Synonyme: Großblättriger Huflattich, Falscher Huflattich, Folia Petasites. Butter bur leaf (engl.). Feuilles de pétasite (franz.).

Herkunft: Heimisch in ganz Europa, Nord- und Westasien, nach Nordamerika eingeschleppt. Die Droge stammt ausschließlich aus Wildsammlungen, sie spielt im Drogen*groß*handel kaum eine Rolle.

Inhaltsstoffe: Ester der Sesquiterpenalkohole (vom Eremophilan-Typ) Petasol, Neopetasol und Isopetasol, mit den Angelicasäureestern Petasin (0,28–0,36%), Neopetasin (0,19%), Isopetasin (0,04–0,15%) und den S-Methylacrylsäureestern Neo-S-petasin (0,04%), S-Petasin (0,03%) und Iso-S-petasin (0,004%) als Hauptverbindungen [1], des weiteren Ester mit der 3-Methylcroton-, Methacryl- und Isobuttersäure sowie Fukinon und das daraus hervorgehende β-Methylen-γ-lacton Bakkenolid (=Fukinanolid). Verschiedene Chemotypen hinsichtlich der qualitativen und quantitativen Zusammensetzung dieser Sesquiterpene sind beschrieben worden [2, 3]; etwa 0,1% ätherisches Öl mit Dodecanal als Geruchsträger der Droge; Flavonoide: Isoquercitrin, Astragalin, Quercetin; Schleimstoffe; Gerbstoffe; Spuren von Pyrrolizidin-Alkaloiden (Senecionin, Integerrimin, Senkirkin) [4]. In neueren Untersuchungen an mehreren Populationen konnten jedoch selbst in Pflanzen mit hohem Pyrrolizidingehalt in den Rhizomen, in den Blättern keine Pyrrolizidinalkaloide nachgewiesen werden (Erfassungsgrenze der Methode: 0,3 ppm bezogen auf das Trockengewicht) [5]. Angaben darüber, daß die Blätter in gleichem Ausmaß Pyrrolizidine enthalten wie die Rhizome [6] sind nach den vorliegenden Befunden nicht zutreffend und bedürfen einer weiteren systematischen Überprüfung.

Indikationen: Die Droge wird als Spasmolytikum mit analgetischen Effekten im Sinne eines „Phytotranquillizers" bei neurodystonen Funktionsstörungen im Magen-Bereich verwendet, ferner bei Darmspasmen, Bronchialasthma sowie Dysmenorrhöe verschiedener Genese [7]. Als Wirkstoffe kommen Petasin, Isopetasin und evtl. die ähnlich gebauten Sesquiterpenverbindungen [8] in Betracht. An Ratten wurde nach i.m.- und i.v.-Applikation für Petasin eine analgetische und einschläfernde Wirkung nachgewiesen [9]. Von der Kommission E wird die Wirksamkeit der Blattdroge in den beanspruchten Indikationsgebieten als nicht ausreichend belegt angegeben [6]. Wegen des vermuteten Pyrrolizidingehalts (siehe jedoch bei Inhaltsstoffen) und des damit verbundenen Risikos (siehe bei Senecionis herba, S. 543) wird ihre therapeutische Verwendung deshalb abgelehnt. Positiv bewertet sind jedoch Extrakte aus den *Rhizomen* zur Behandlung akuter krampfartiger Beschwerden im Bereich der ableitenden Harnwege [10], die darüber hinaus auch bei gastrointestinalen Schmerzen und Asthma eingesetzt werden [11, 12]. Die spasmolytische Wirkung der Rhizome

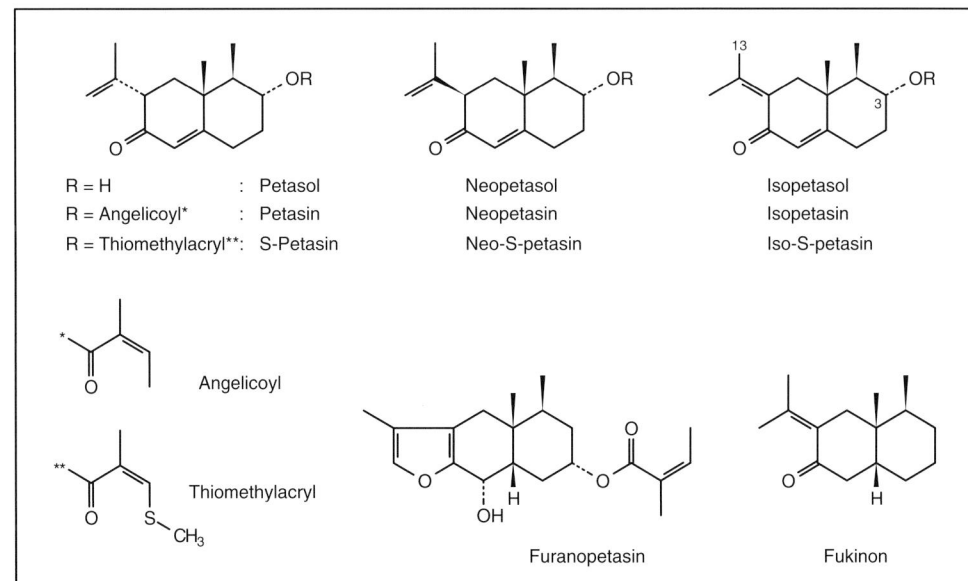

Auszug aus der Monographie der Kommission E
(BAnz Nr. 138 vom 27.07.1990)

Anwendungsgebiete

Zubereitungen aus Pestwurz oder Pestwurzblättern werden bei nervösen Krampfzuständen, Krampfzuständen mit Schmerzen, Krämpfen im Magen-Darm-Bereich, Kopfschmerzen sowie als appetitanregendes Mittel angewendet. In Kombinationen werden die Drogen zusätzlich bei Erkrankungen und Beschwerden im Bereich der Atemwege, Erkältungskrankheiten, Leber-, Galle- und Pankreaserkrankungen, zur Kräftigung der Nerven, Förderung des Schlafes sowie zur Vorbeugung innerer Unruhe angewendet.

Die Wirksamkeit bei den beanspruchten Anwendungsgebieten ist nicht belegt.

Risiken

Pestwurz enthält in allen Pflanzenteilen stark wechselnde Mengen toxischer Pyrrolizidinalkaloide (PA), von denen organotoxische, insbesondere hepatotoxische Wirkungen bekannt sind. Tierexperimentell wurden für PA kanzerogene Wirkungen mit einem genotoxischen Wirkungsmechanismus nachgewiesen.

Beurteilung

Da die Wirksamkeit von Pestwurz-Zubereitungen bei den beanspruchten Anwendungsgebieten nicht belegt ist, kann angesichts der Risiken die therapeutische Anwendung nicht vertreten werden.

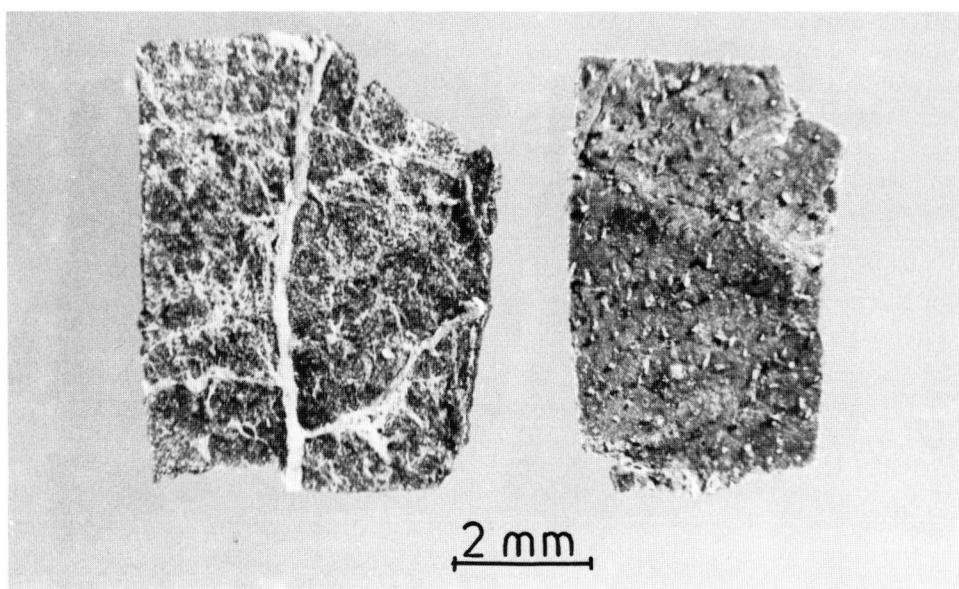

Abb. 4: Wollig behaarte Blattunterseite (links) und dunklerer Oberseite mit einzelnen Gliederhaaren

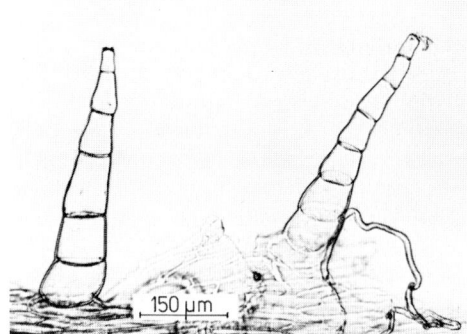

Abb. 5: Große mehrzellige Haare mit breiten Basis- und zylindrischen Gliederzellen. Wollhaar der Unterseite (rechts)

sowie von Petasin sind experimentell belegt worden [8]. In neueren Untersuchungen wurden für alkoholische Extrakte aus dem Rhizom im Tierversuch gastro- und zytoprotektive Wirkungen nachgewiesen, die auf einer Blockade der Peptido-Leukotrien-Bildung beruhen [13]. Für diese Wirkung konnte vor allem Isopetasin verantwortlich gemacht werden, das sehr potent die Bildung von vasokonstriktiv wirkenden Leukotrienen hemmt (IC_{50} ca. 2,5 µM) ohne das Cyclo-oxygenase-System zu beeinflussen [14]. Patentschriften zur Verwendung entsprechender Petasitesextrakte mit Isopetasin zur Behandlung von gastrointestinalen Erkrankungen sowie zum Schutz des Magen-Darm-Traktes liegen bereits vor [15]. Das spasmolytisch wirkende isomere Petasin hat diese Wirkung nicht, sondern scheint sogar die Hemmeffekte von Isopetasin zu reduzieren [14]. Im allgemeinen ist der Gesamtgehalt an diesen Sesquiterpenestern in den unterirdischen Organen höher als in den Blättern (Verhältnis ca. 3:1). Interessant ist jedoch, daß in den Blättern (Erntezeitpunkt im August) ein doppelt so hoher Isopetasingehalt wie in den unterirdischen Organen gefunden wurde (0,034% bzw. 0,013%), während der Petasingehalt (0,28%) im Vergleich zu den Rhizomen (0,95%) deutlich geringer ist [1]. Es ist deshalb zu erwarten, daß auch die Blätter eine ulcus- und zytoprotektive Wirkung besitzen und deshalb zur Behandlung von gastrointestinalen Erkrankungen eingesetzt werden können, zumal eine Gefährdung durch Pyrrolizidine nicht gegeben zu sein scheint.

In der _Volksheilkunde_ wurden Pestwurzblätter früher als schweiß- und harntreibendes Mittel sowie wegen ihrer schleimlösenden Eigenschaften bei Erkrankungen der Atemwege (Husten und Heiserkeit) verwendet. Die frischen Blätter dienten äußerlich zur Behandlung von Wunden und Hauterkrankungen.

Teebereitung: 1,2–2 g geschnittene Droge mit kochendem Wasser übergießen und nach 5–10 min abseihen. 2- bis 3mal täglich 1 Tasse Tee.
1 Teelöffel=etwa 0,6 g.

Teepräparate: Keine.

Phytopharmaka: Keine. Es werden jedoch aus den _Rhizomen_ von _Petasites_-Arten gewonnene Extrakte als Bestandteil von Fertigarzneimitteln verwendet, z.B. im Spasmolyticum Petadolex® (Kapseln).

Prüfung: Makroskopisch und mikroskopisch nach den in der Monographie Huflattichblätter des DAB 1996 zu findenden Angaben, wo Pestwurzblätter als Verfälschung beschrieben sind (siehe auch bei [16]). Abb. 5 zeigt die typischen Gliederhaare der Droge. Das im DAB 1996 angegebene dünnschichtchromatographische Verfahren zum Ausschluß von petasinhaltigen und petasinfreien Pestwurzblättern eignet sich als Identitätsprüfung für Folia Petasitidis sowie zum Ausschluß der petasinfreien Furan-Rasse, s. auch [17]. Farbige Abbildungen der Chromatogramme von _Petasites_-Blättern sowie Angaben zur Unterscheidung von _P. albus_ und _P. paradoxus_ finden sich bei [18, 19]. Zur HPLC-Auftrennung der Sesquiterpenester siehe bei [1].

Verfälschungen: Da die Droge meist aus Wildsammlungen stammt und oft ohne Prüfung in den Drogenhandel gelangt, sind Verwechslungen mit anderen *Petasites*-Arten möglich. Solche sind makroskopisch und mikroskopisch schwierig zu erkennen, am ehesten ist eine Unterscheidung mittels DC zu treffen (s. dazu [18–20]).

Ein Verwechslungsfall mit *Adenostyles alliariae* (Alpendost) ist beschrieben worden [2].

Literatur:

[1] B. Debrunner, M. Neuenschwander, R. Brenneisen, Pharm. Acta Helv. **70**, 167 (1995).
[2] H. Stuppner und W. Sperl, Österr. Apoth. Ztg. **48**, 110 (1994).
[3] R. Chizzola, Acta Hort. **333**, 143 (1994).
[4] J. Lüthy und Mitarb., Pharm. Acta Helv. **58**, 97 (1983).
[5] R. Chizzola, Planta Med. **58**, Suppl. 1, A693 (1992).
[6] Monographie Petasitidis folium der Kommission E, BAnz. Nr. 138 vom 27.07.1990.
[7] A. Crema, C. Milani und L. Rovati, Il Farmaco **12**, 726 (1957).
[8] H. Aebi, T. Waaler und J. Büchi, Pharm. Weekbl. **93**, 397 (1958).
[9] G. Hampel, Fr.M. 8,351 (Cl. A 61k, C 07g); C.A. **79**, 61795 (1973).
[10] Aufbereitungs-Monographie Petasitidis rhizoma der Kommission E, BAnz. Nr. 138 vom 27.07.1990.
[11] H.W. Bauer und P. Kühne, Therapiewoche **36**, 3756 (1986).
[12] B. Meier, Z. Phytother. **15**, 268 (1994).
[13] K. Brune, D. Bickel und B.A. Pesker, Planta Med. **59**, 494 (1993).
[14] D. Bickel, T. Röder und K. Brune, Planta Med. **60**, 318 (1994).
[15] Europäische Patentanmeldung 0281656 vom 14.9.88, Patentblatt 88/37 und Offenlegungsschrift DE 4208300 A1 vom 23.9.1993.
[16] J. Saukel, Sci. Pharm. **59**, 307 (1991).
[17] P. Pachaly, Dünnschichtchromatographie in der Apotheke, Wiss. Verlagsges., 2. Aufl., Stuttgart 1983.
[18] H. Wagner, S. Bladt und E.M. Zgainski, Drogenanalyse. Dünnschichtchromatographische Analyse von Arzneidrogen. Springer-Verlag, Berlin, Heidelberg, New York 1983.
[19] P. Rohdewald, G. Rücker, K.-W. Glombitza, Apothekengerechte Prüfvorschriften, Deutscher Apothekerverlag, Stuttgart 1986, S. 779.
[20] Kommentar DAB 10 zu Huflattichblätter. Prüfung auf Reinheit.

Willuhn

Petroselini fructus — Petersilienfrüchte

Abb. 1: Petersilienfrüchte

Beschreibung: Rundlich eiförmige bis birnenförmige, von der Seite her stark zusammengedrückte, grünlichgraue bis graubraune, an der Spaltfläche klaffende Doppelachänen, die leicht in die beiden schwach sichelförmig gekrümmten Teilfrüchtchen zerfallen, bis 2 mm lang und 1–2 mm breit.

Jede Teilfrucht hat 5 wenig hervortretende, glatte, gerade, strohgelbe Rippen; zwischen diesen liegen 4 breite, grünlichgraue, feingestrichelte Tälchen mit stark hervortretenden Ölstriemen. Die Doppelachänen sind am Grunde meist mit einem kurzen, fädchenartigen Stielchen versehen und an der Spitze von dem Griffelrest mit den 2 auswärts gebogenen Narben gekrönt.

Geruch: Charakteristisch würzig.

Geschmack: Charakteristisch würzig.

Abb. 2: *Petroselinum crispum* (MILL.) A.W. HILL.

2-jähriger Doldenblütler mit mehrfach gefiederten Blättern, bei verschiedenen Zuchtformen auch kraus. Die kleinen grünlichgelben oder manchmal rötlich überlaufenen Blüten sind in Doppeldolden angeordnet mit deutlichem Hüllchen und nur wenigblättriger Hülle. Die Pflanze ist ca. 60 cm (bis zu 1 m) hoch.

Erg. B. 6: Fructus Petroselini

Stammpflanze: *Petroselinum crispum* (MILL.) NYMAN ex A.W. HILL, ssp. *crispum*, syn. *Petroselinum hortense* auct. non HOFFM.; *Petroselinum sativum* HOFFM. (Gartenpetersilie), Apiaceae.

Synonyme: Peterleinsamen, Gartenteppichsamen, Semen Petroselini, Fructus Apii hortensis. Parsley seed, Parsley fruit (engl.). Fruits de persil (franz.).

Herkunft: Heimat vermutlich im Mittelmeergebiet; heute in verschiedenen Sorten angebaut in Eurasien, Nord- und Südamerika, Südafrika, Indien, Japan, Australien. Die Droge stammt aus dem einheimischen Anbau.

Inhaltsstoffe: Je nach Unterart und Sorte 1–6% ätherisches Öl. So enthalten die Früchte der Subspecies *tuberosum* 1–4% ätherisches Öl, diejenigen der Subspecies *crispum* hingegen mit 2–6% deutlich mehr [1–3]. Das ätherische Öl besteht überwiegend aus Phenylpropanen und aus Monoterpenen. Die Hauptkomponenten sind die Phenylpropane p-Apiol, Myristicin und 1-Allyl-2,3,4,5-tetramethoxybenzol. Prozentual deutlich niedriger liegen die Anteile der Monoterpene, wie α- und β-Pinen, Limonen, Myrcen und β-Phellandren. Sesquiterpene (z.B. Myrcen, Carotol) spielen nur eine untergeordnete Rolle [1–11]. Nach [4] können Petersilienfrüchte in einzelne chemische Rassen (benannt nach der Hauptkomponente) eingeteilt werden. Dabei sind jeweils Myristicin mit 55–75%, p-Apiol mit 60–80% oder 1-Allyl-2,3,4,5-tetramethoxybenzol mit 50–60% die Hauptkomponenten. Allerdings kommen auch Zwischenformen vor. Neuere Untersuchungen haben gezeigt, daß Früchte der Subspecies *crispum* mit krausen Blättern Myristicin als Hauptkomponente enthalten, während die Früchte der Subspecies *crispum* mit glatten Blättern annähernd gleich hohe Anteile an Myristicin und p-Apiol sowie einen hohen Gehalt an 1-Allyl-2,3,4,5-tetramethoxy-benzol aufweisen. Angemerkt sei, daß Hauptkomponente des ätherischen Öls aus Früchten der Subspecies *tuberosum* p-Apiol ist [1, 3, 6]. Als weitere Inhaltsstoffe sind fettes Öl (bis ca. 25%, Hauptkomponente Petroselinsäureglyceride) [12, 13], bis zu 2% Flavonoide (insbesondere Apiin) [14] und Furanocumarine (z.B. Bergapten, Oxypeucedanin) [15] erwähnenswert.

Indikationen: Die Droge wird als kräftig wirkendes Diuretikum angewendet, was auf die Reizwirkung des ätherischen Öls und der Flavonoide auf das Nierenparenchym zurückgeführt wird [11, 16, 17].
Aufgrund des Gehaltes an Apiol und Myristicin wirken Petersilienfrüchte auch spasmolytisch und uteruserregend, so daß man die Droge in der *Volksmedizin* auch bei Dysmenorrhöe und bei Menstruationsbeschwerden verwendet. Ebenfalls *volksmedizinisch* als Emmenagogum, Galaktagogum und Stomachikum sowie äußerlich gegen Kopfläuse angewendet [18]. Das ätherische Öl wird in der Lebensmittelindustrie zur Aromatisierung von Fleisch, Soßen und für Gewürzextrakte gebraucht.

Nebenwirkungen: Reines Apiol wirkt in höheren Dosen abortiv durch schwere Blutüberfüllung im kleinen

---

Auszug aus der Monographie der Kommission E
(BAnz Nr. 43 vom 02.03.1989)

Anwendungsgebiete

Petersilienfrüchte werden bei Erkrankungen und Beschwerden im Bereich des Magen-Darm-Traktes sowie der Niere und ableitenden Harnwege sowie zur Förderung der Verdauung angewendet. Die Wirksamkeit bei den beanspruchten Anwendungsgebieten ist nicht ausreichend belegt.

Risiken

Das ätherische Öl der Petersilienfrüchte und das darin enthaltene Phenylpropanderivat Petersilien-Apiol rufen in hoher Dosierung vaskuläre Kongestionen hervor und bewirken eine gesteigerte Kontraktilität der glatten Muskulatur der Blase, des Darms und besonders des Uterus.
Petersilienfrüchte und Petersilienöl werden daher häufig zu abortiven Zwecken verwendet.
Die Nierenepithelien werden nach Einnahme von Zubereitungen aus Petersilienfrüchten gereizt oder geschädigt; daneben werden Herzarrhythmien beschrieben.
Größere Dosen Petersilien-Apiol können zu Leberverfettung, Abmagerung, ausgedehnten Schleimhautblutungen und hämorrhagisch-entzündlichen Infiltrationen im Magen-Darm-Trakt, Hämolyse, Methämoglobinurie und Anurie führen.
Das im ätherischen Öl enthaltene Myristicin wird im Tierversuch an Mäuseleber-DNA gebunden.
Hepatokanzerogene Effekte wurden weder bei Myristicin noch bei Petersilien-Apiol beobachtet.
Das toxikologische Risiko wäßriger Extrakte aus Petersilienfrüchten ist aufgrund des geringen Gehaltes an ätherischem Öl geringer.

Beurteilung

Da die Wirksamkeit von Petersilienfrüchten und ihrer Zubereitungen nicht belegt ist, kann die therapeutische Anwendung angesichts der Risiken nicht vertreten werden.

Becken [11, 16, 17]. Nach Einnahme größerer Mengen des ätherischen Öls zunächst zentrale Erregungszustände, dann Rauschzustände möglich (Effekt des halluzinogenen Myristicins?). Außerdem reizt das ätherische Öl in größeren Dosen stark den Magen-Darmtrakt und das Nierensystem. Hinweise auf Schädigung des Leberparenchyms und Herzarrhythmien bei Überdosierungen des Apiols finden sich bei [18]; weitere Hinweise auf unerwünschte Wirkungen und zur eventuellen Toxizität bei [11]. Allerdings sind bei normaler Anwendung der Droge Intoxikationen nicht zu befürchten. Die früher bei Abusus von Apiol gelegentlich auftretenden schweren Polyneuritiden mit symmetrischen Paresen der Hände, Füße und Unterschenkel waren auf Beimengungen von Trikresylphosphat zurückzuführen [16, 17]. Aufgrund der möglichen Nebenwirkungen, wie sie vor allem durch reines Apiol hervorgerufen werden können und einer nicht ausreichend belegten Wirksamkeit, erhielten Petersilienfrüchte von der Kommission E eine „Negativmonographie". Gezielte klinische Untersuchungen der als Diuretikum in der Therapie eingesetzten Droge zum Beleg der Wirksamkeit sind wünschenswert, sofern man sie als Phytopharmakon erhalten will. Demgegenüber werden Petersilienkraut und -wurzeln (siehe Petroselini radix) von der Kommission E positiv beurteilt, da durch den geringeren Gehalt an ätherischem Öl keine schwerwiegenden Nebenwirkungen zu erwarten sind [1].

Teebereitung: Nicht sehr gebräuchlich, da die Droge selten für sich, meist in Mischung mit anderen diuretisch wirksamen Drogen verwendet wird.
1 g Droge wird unmittelbar vor Gebrauch gequetscht oder angestoßen, mit kochendem Wasser übergossen und nach 5–10 min durch ein Teesieb gegeben. 2- bis 3mal täglich 1 Tasse Tee.
1 Teelöffel=etwa 1,4 g.

Teepräparate: Keine.

Phytopharmaka: Keine mehr.

Prüfung: Makroskopisch (s. Beschreibung) und mikroskopisch. Exokarp und Mesokarp enthalten bis 10 µm große Oxalatdrusen, das Mesokarp enthält dünnwandige, tangential gestreckte Parenchymzellen, das Endokarp besteht aus langgestreckten braunen Zellen. Die bis 200 µm breiten Ölstriemen werden von Querzellen überlagert, die etwa 120 µm lang und bis 10 µm breit sind. Die Zellen des Endosperms enthalten fettes Öl und Aleuronkörner, in denen gut ausgebildete, 2–6 µm große Calciumoxalatrosetten liegen. Vorschriften zur Identifizierung mittels DC, die auf dem Nachweis der Phenylpropane beruhen, finden sich bei [19; s. auch 11].

Verfälschungen: Kommen in der Praxis kaum vor, da die Droge aus dem Anbau stammt.

Aufbewahrung: Vor Licht und Feuchtigkeit geschützt, in dicht schließenden Gefäßen, nicht aus Kunststoff (ätherisches Öl!); nicht gepulvert aufbewahren.

Literatur:
[1] D. Warncke, Dissertation Universität Würzburg (1992); Z. Phytother. **15**, 50 (1994).
[2] E. Gildemeister und F. Hoffmann, in: W. Treibs (Herausg.): Die ätherischen Öle. Band 6, Akademie Verlag, Berlin (1961).
[3] A. Lamarti, A. Badoc und R. Bouriquet. J. Ess. Oil Res. **3**, 425 (1991).
[4] E. Stahl und H. Jork, Arch. Pharm. (Weinheim) **297**, 273 (1964).
[5] V. Formacek und K.-H. Kubeczka, Essential Oils Analysis by Capillary Gas Chromatography and Carbon – 13 NMR Spectroscopy. John Wiley & Sons, Chichester etc. (1982).
[6] C. Franz und H. Glasl, Qual. Plant. – Pl. Fds. Hum. Nutr. **25**, 253 (1976).
[7] S.A. Alimukhamedov und Mitarb., Pharm. Chem. J. **6**, 572 (1972).
[8] M. Ashraf und Mitarb., Pakistan J. Sci. Ind. Res., **22**, 262 (1979).
[9] N.A. Shaath und Mitarb., in: B.M. Lawrence u. Mitarb. (Eds.) Developments in food science 18. Flavors and fragrances, a world perspective. Elsevier Verlag, Amsterdam, Oxford, New York (1988).
[10] B.M. Lawrence, Progress in essential oils. Perfumer & Flavorist **6**, 46 (1982).
[11] Hager, Band **6**, 105 (1994).
[12] G Lotti und E. Bazan, Ric. Sci. **37**, 1005 (1967).
[13] S.L. Balbaa, S.H. Hilal und M.Y. Haggag, Egypt. J. Pharm. Sci. **16**, 383 (1975).
[14] H. Grisebach und W. Bilhuber, Z. Naturforsch. **22b**, 746 (1967).
[15] O. Ceska und Mitarb., Phytochemistry **26**, 165 (1987).
[16] H. Braun und D. Frohne, Heilpflanzenlexikon für Ärzte und Apotheker. Gustav Fischer Verlag Stuttgart (1994).
[17] R.F. Weiß, Lehrbuch der Phytotherapie. Hippokrates Verlag, Stuttgart (1991).
[18] Hager, Band **6**, 109 (1994).
[19] H. Wagner, S. Bladt und E.M. Zgainski, Drogenanalyse, Springer Verlag, Berlin etc. 1983.

Czygan

Petroselini radix — Petersilienwurzel

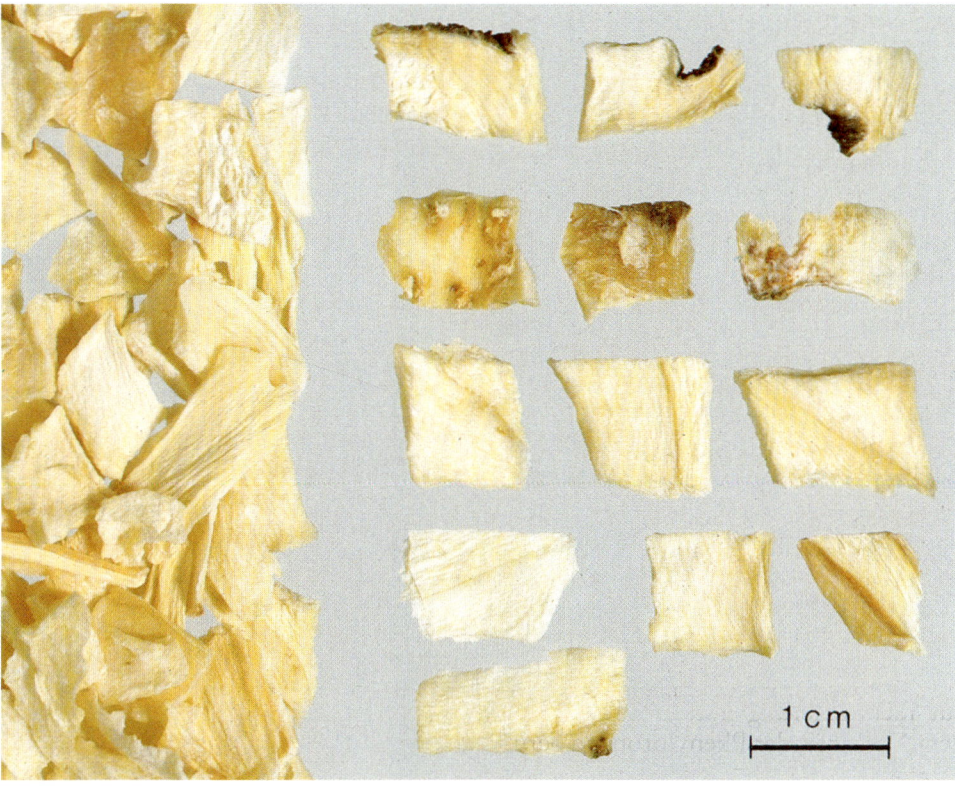

Abb. 1 und 2: Petersilienwurzel

Beschreibung: Die Ganzdroge besteht aus den meist der Länge nach zerschnittenen, durchschnittlich 15 cm langen und etwa 2 cm dicken, etwas gedrehten, gelblichweißen bis rötlich-gelben, grobgerunzelten und im oberen Teil quergeringelten Wurzeln. Der Bruch ist hart und etwas uneben. Die Schnittdroge ist gekennzeichnet durch die gelblich-weißen bis rötlich-gelben Wurzelstückchen mit grobrunzeliger Oberfläche und stellenweise feiner, bräunlicher Querringelung. Auf den Querschnittsbruchstückchen hebt sich gegenüber der breiten, schmutzigweißen Rinde und der dunkelbraunen Kambiumlinie der außen zitronengelbe und innen weiße Holzkörper deutlich ab. Die Rinde, in der dunkelbraun glänzende Ölgänge vorhanden sind, und besonders der Holzkörper sind durch braune Markstrahlen radial gestreift.

Geruch: Eigentümlich aromatisch.

Geschmack: Süßlich, etwas scharf.

Abbildung der Stammpflanze siehe bei Petroselini fructus

Erg. B. 6: Radix Petroselini

Stammpflanze: *Petroselinum crispum* (MILL.) NYMAN ex A.W. HILL, ssp. *tuberosum* (BERNH. ex RCHB.) SOÓ, auch (!) ssp. *crispum* (Gartenpetersilie), Apiaceae.

Synonyme: Wurzelpetersilie, Knollenpetersilie, Peterleinwurzeln, Radix Apii hortensis. Parsley root (engl.). Racine de persil (franz.).

Herkunft: Ausschließlich aus Kulturen, vorwiegend als Gemüse- und Gewürzpflanze angebaut. Die Droge wird in Deutschland produziert, z.T. auch aus Ungarn, aus Tschechien und der Slowakei importiert.

Inhaltsstoffe: Der ätherische Ölgehalt der Wurzeln der Subspecies *tuberosum* beträgt bis 0,3% (bez. auf Trockengewicht), demgegenüber in den Wurzeln der Subspecies *crispum* bis zu 0,7% (bez. auf Trockengewicht) [1–4]. Das ätherische Öl setzt sich, wie das Fruchtöl, vorwiegend aus Phenylpropanen (p-Apiol, Myristicin) und aus Terpenen (β-Pinen, Limonen, Terpinolen, β-Phellandren, Germacren A und Sesquiphellandren) zusammen, wobei die Sesquiterpene mit höheren Gehalten gefunden werden. Das ätherische Wurzelöl der Subspecies *tuberosum* zeichnet sich durch hohe Konzentrationen an β-Pinen, β-Phellandren, p-Apiol und Myristicin aus; Terpinolen unter 1%. Typisch für die Wurzelöle der Subspecies *crispum* sind demgegenüber hohe Gehalte an Terpinolen (bis zu 43%). Daneben können auch p-Apiol, Myristicin und β-Pinen in hohen prozentualen Anteilen vorkommen [3]. – Außerdem (nichtflüchtige) Flavonoide bis zu 1,6% (bez. auf Trockengewicht) mit Apiin als Hauptkomponente [3]. Weitere Inhaltsstoffe: Furanocumarine mit Oxypeucedanin als Hauptkomponente, neben Bergapten und Imperatorin [1, 2, 5]. Wichtige geruchsgebende Bestandteile sind Phthalide, u.a. Senkyunolid, Butylphthalid und Z-Ligustilid [6, 7]. – Eine auch in anderen Apiaceen weitverbreitete Inhaltsstoffgruppe sind die Polyacetylene, u.a. die C-17-Polyine Falcarinon, Falcarinonol [8, 9] und Falcarinol [3, 8–10].

Indikationen: Als Diuretikum wie Petersilienfrüchte, aber etwas milder in der Wirkung.

Volksmedizinische Anwendung wie Petersilienfrüchte (s. diese).

Teebereitung: 2 g fein geschnittene Droge werden mit kochendem Wasser übergossen und bedeckt stehengelassen; nach 10–15 min abseihen. Als mildes Diuretikum 2–3 Tassen Tee über den Tag verteilt.
1 Teelöffel = 2 g.

Teepräparate: Keine.

Phytopharmaka: Nur wenige, z.B. Spreewälder Pflanzenextrakt Petersilie Tinktur.

Prüfung: Makroskopisch (s. Beschreibung) und mikroskopisch. Das Periderm besteht aus nur wenigen Lagen verkorkter Zellen, die breite Rinde enthält englumige Exkretgänge, die im inneren Teil der Rinde angereichert sind. Gefäße in radialen Reihen, Fasern fehlen. Im Parenchym sehr kleine Stärkekörner, die einfach oder zu Zwillingskörnern zusammengesetzt sind. Eine nicht befriedigende (s. Anmerkungen bei Verfälschungen) DC-Analyse war im AB-DDR beschrieben. Zur DC-Auftrennung des ätherischen Öls bzw. der Flavonoide vgl. auch [1] bzw. [11]; GC-Auftrennung des ätherischen Öls bei [1] und [12].

Verfälschungen: Im Drogenhandel werden nicht selten Verwechslungen mit den Wurzeln von *Pastinaca sativa* L. (Pastinak) beobachtet. Pastinak-Wurzeln besitzen einen recht homogenen, breiten Holzkörper, der mehr als den halben Durchmesser der Wurzel einnimmt; einfache oder aus 2–5 Teilkörnern zusammengesetzte Stärke [13] fehlt.
Die Rinde der Petersilienwurzel wird durch $FeSO_4$-Lösung rot gefärbt, die der Pastinakwurzel bleibt unverändert.

Anmerkungen: Ein DC-System, das in jedem Fall Radix Petroselini von Radix Pastinacae differenziert, das vor allem Beimischungen von Pastinakwurzeln in Chargen von Petersilienwurzeln erkennen läßt, ist noch nicht entwickelt. Das

---

Auszug aus der Monographie der Kommission E
(BAnz Nr. 43 vom 02.03.1989)

Anwendungsgebiete
Zur Durchspülung bei Erkrankungen der ableitenden Harnwege. Durchspülungstherapie zur Vorbeugung und Behandlung von Nierengrieß.

Gegenanzeigen
Schwangerschaft; entzündliche Nierenerkrankungen.
Hinweis:
Keine Durchspülungstherapie bei Ödemen infolge eingeschränkter Herz- oder Nierentätigkeit.

Nebenwirkungen
In seltenen Fällen sind allergische Haut- oder Schleimhautreaktionen möglich. Insbesondere bei hellhäutigen Personen sind phototoxische Reaktionen möglich.

Wechselwirkungen mit anderen Mitteln
Keine bekannt.

Dosierung
Soweit nicht anders verordnet:
Tagesdosis: 6 g Droge; Zubereitungen entsprechend.

Art der Anwendung
Zerkleinerte Droge für Aufgüsse sowie andere galenische Zubereitungen mit vergleichbar geringem Gehalt an ätherischem Öl zum Einnehmen.
Hinweis:
Aufgrund der Toxizität sollte isoliertes ätherisches Öl nicht verwendet werden.
Durchspülungstherapie:
Auf reichliche Flüssigkeitszufuhr ist zu achten.

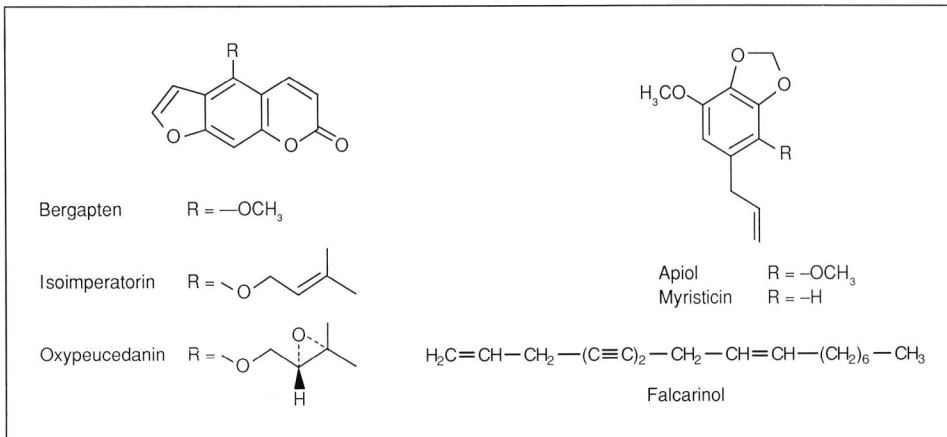

liegt zum einen daran, daß derzeit – auch morphologisch – sehr unterschiedliche Sorten von Petersilienwurzeln im Handel sind, zum anderen daran, daß in beiden Drogen Myristicin in unterschiedlichen Mengen vorkommt. Schließlich sei darauf hingewiesen, daß der Gehalt an ätherischem Öl in den derzeit angebauten großrübigen Petersilienwurzeln sehr gering (oft unter 0,1%) sein kann [3].

Aufbewahrung: Vor Licht und Feuchtigkeit geschützt, in dicht schließenden Gefäßen, nicht in Kunststoffbehältern (ätherisches Öl!).

Literatur:
[1] Kommentar zum AB-7-DDR.
[2] Hager, Band **6**, 105 (1994).
[3] D. Warncke, Dissertation Universität Würzburg (1992); Z. Phytother. **15**, 50 (1994).
[4] C. Franz und H. Glasl, Qual. Plant. – Plant Foods. Hum. Nutr. **25**, 253 (1976).
[5] S.K. Chaudhary und Mitarb., Planta Med. **52**, 462 (1986).
[6] M.J.M. Gijbels und Mitarb., Fitoterapia **56**, 17 (1985).
[7] M.H. Spraul und Mitarb., Chem. Mikrobiol. Technol. Lebensm. **13**, 179 (1991).
[8] F. Bohlmann, Chem. Ber., 100, 3454 (1967).
[9] F. Bohlmann, T. Burckhardt und C. Zdero, Naturally occurring acetylenes. Academic Press, London-New York (1973).
[10] S. Nitz, M.H. Spraul und F. Drawert, J. Agric. Food Chem., **38**, 1445 (1990).
[11] H. Wagner, S. Bladt und E.M. Zgainski, Drogenanalyse. Springer-Verlag, Heidelberg etc. (1983).
[12] V. Formacek und K.-H. Kubeczka, Essential Oils Analysis by Capillary Gas Chromatography and Carbon – 13 NMR Spektroscopy. John Wiley & Sons, Chichester etc. (1982).
[13] G. Gassner, B. Hohmann und F. Deutschmann, Mikroskopische Untersuchungen pflanzlicher Lebensmittel, Gustav Fischer Verlag, Stuttgart/New York (1989).

Czygan

Phaseoli pericarpium — Bohnenhülsen

Abb. 1: Bohnenhülsen

Die Droge besteht aus den von den Samen befreiten Fruchtwänden.

<u>Beschreibung</u>: Gelblich-weiße, etwas nach innen eingedrehte, dünne Stückchen der bis 15 cm langen Fruchtwände. Außen hellgelb, Oberfläche schwach gerunzelt; Innenseite mit weißlich glänzendem Häutchen (Endokarp + innere Mesokarpschichten). Vereinzelt findet man gelbe Stückchen des Fruchtstiels.

<u>Geschmack</u>: Schwach schleimig.

Abb. 2: *Phaseolus vulgaris* L.

Niedrig-buschige oder windende, dann bis 4 m hohe, einjährige Pflanze mit dreizähligen Blättern und weißen, hellrosa oder violetten Blüten. Die Abb. zeigt Blätter, Blüten und unreife Früchte.

DAC 1986: Bohnenhülsen
St. Zul.: 8499.99.99 (Samenfreie Gartenbohnenhülsen)

Stammpflanze: *Phaseolus vulgaris* L. (Gartenbohne), Fabaceae.

Synonyme: Schminkbohne. Bean, Kidney-bean (engl.). Gousses d'haricot (franz.).

Herkunft: Alte Kulturpflanze. Die Droge stammt ausschließlich aus Kulturen verschiedener europäischer Länder.

Inhaltsstoffe: Es werden in der Literatur zahlreiche ubiquitär vorkommende Substanzen erwähnt, darunter Zucker, Aminosäuren, Hemizellulosen und Mineralstoffe, von denen man bisher Arginin und Kieselsäure für die eventuell vorhandene antidiabetische Wirkung diskutierte [1].

*Auszug aus der Monographie der Kommission E
(BAnz Nr. 50 vom 13. 03. 1986 und BAnz. Nr. 50 vom 13. 03. 1990)*

Anwendungsgebiete
Zur unterstützenden Behandlung dysurischer Beschwerden.

Gegenanzeigen
Keine bekannt.

Nebenwirkungen
Keine bekannt.

Wechselwirkungen mit anderen Mitteln
Keine bekannt.

Dosierung
Soweit nicht anders verordnet: Tagesdosis 5 bis 15 g Droge. Zubereitungen entsprechend.

Art der Anwendung
Zerkleinerte Droge für Abkochungen sowie andere galenische Zubereitungen zum Einnehmen.

Wirkungen
Schwach diuretisch.

Neuerdings wird der Gehalt an Chromsalzen als für die antidiabetische Wirkung möglicherweise bedeutend angesehen [2].

Indikationen: Anwendung *nur in der Volksmedizin* als Diuretikum und schwaches Antidiabetikum. Ältere Angaben über glucokininartige Inhaltsstoffe konnten bisher nicht bestätigt werden. Der Hinweis, daß das Spurenelement Chrom im Glucose-Toleranz-Faktor enthalten ist, führte zur Prüfung von Arzneipflanzen, die gegen Diabetes mellitus Typ II empfohlen werden. Dabei ergab sich auch für Bohnenschalen mit etwa 1 ppm Chrom ein bemerkenswerter Gehalt [2].

Wortlaut der Packungsbeilage gemäß Standardzulassung:

6.1 Anwendungsgebiete
Erhöhung der Harnmenge, zur Vorbeugung der Bildung von Harngrieß und Harnsteinen.

6.2 Dosierungsanleitung und Art der Anwendung
Etwa 1 Eßlöffel (ca. 5 g) voll **samenfreier Gartenbohnenhülsen** wird mit Wasser (ca. 150 ml) kurz aufgekocht und nach etwa 15 min durch ein Teesieb gegeben. Soweit nicht anders verordnet, werden 2–3mal täglich 1 Tasse frisch bereiteter Teeaufguß zwischen den Mahlzeiten getrunken.

6.3 Hinweis
Vor Licht und Feuchtigkeit geschützt aufbewahren.

Es ist bekannt, daß Insulin bei Chrom-Mangel-Ernährung von Ratten nicht wirksam wird. Ob der Chromgehalt der Bohnenschalen für die (schwache) antidiabetische Wirkung maßgeblich ist, bedarf noch einer genaueren Untersuchung [2].
So bleibt die Verwendung der Droge in Teemischungen und Phytopharmaka aus der Sicht moderner Arzneipflanzenforschung vorerst problematisch; dies gilt sowohl für den Gebrauch als sogenanntes Antidiabetikum als auch als Diuretikum.

Teebereitung: 2,5 g der Droge werden mit kochendem Wasser übergossen und 10–15 min bedeckt stehen gelassen, anschließend durch ein Sieb gegeben.
1 Teelöffel = etwa 1,5 g, 1 Eßlöffel = etwa 2,5 g.

Teepräparate: Die Droge wird von verschiedenen Herstellern als Tee, auch in Filterbeuteln, angeboten. Sie ist Bestandteil einiger Blasen-Nierenteegemische (z. B. auch NRF 9.1.).

Phytopharmaka: Bohnenschalenextrakt ist im Kombinationsarzneimittel Grafobren® Dragees (Harnwegsantisepticum) enthalten.

Prüfung: Makroskopisch (siehe Beschreibung) und mikroskopisch. Exokarp mit stark runzeliger Kutikula, rundlichen Spaltöffnungen und Haarnarben. Mesokarp in den äußeren Schichten aus kurzen, spindelförmigen, verdickten Zellen bestehend. Auffällig sind die in den inneren Mesokarpschichten liegenden Kristalle (Abb. 3).

Verfälschungen: Kommen praktisch nicht vor.

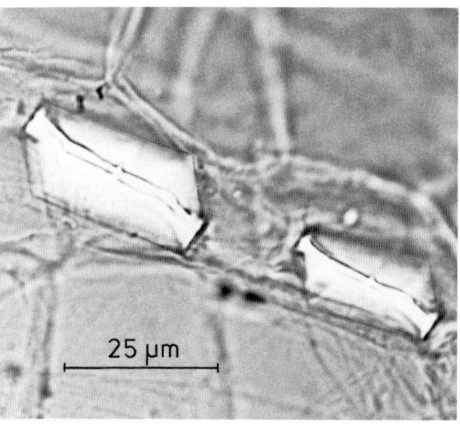

Abb. 3: Calciumoxalatprismen mit charakteristischen Diagonalstrukturen aus der innersten Mesokarpschicht (Silberhäutchen) von *Phaseolus*

Literatur:
[1] Lj. Kraus und G. Reher, Dtsch. Apoth. Ztg. **122**, 2357 (1982).
[2] A. Müller, E. Diemann und P. Sassenberg, Naturwissenschaften **75**, 155 (1988).

Frohne

Pimpinellae radix — Bibernellwurzel

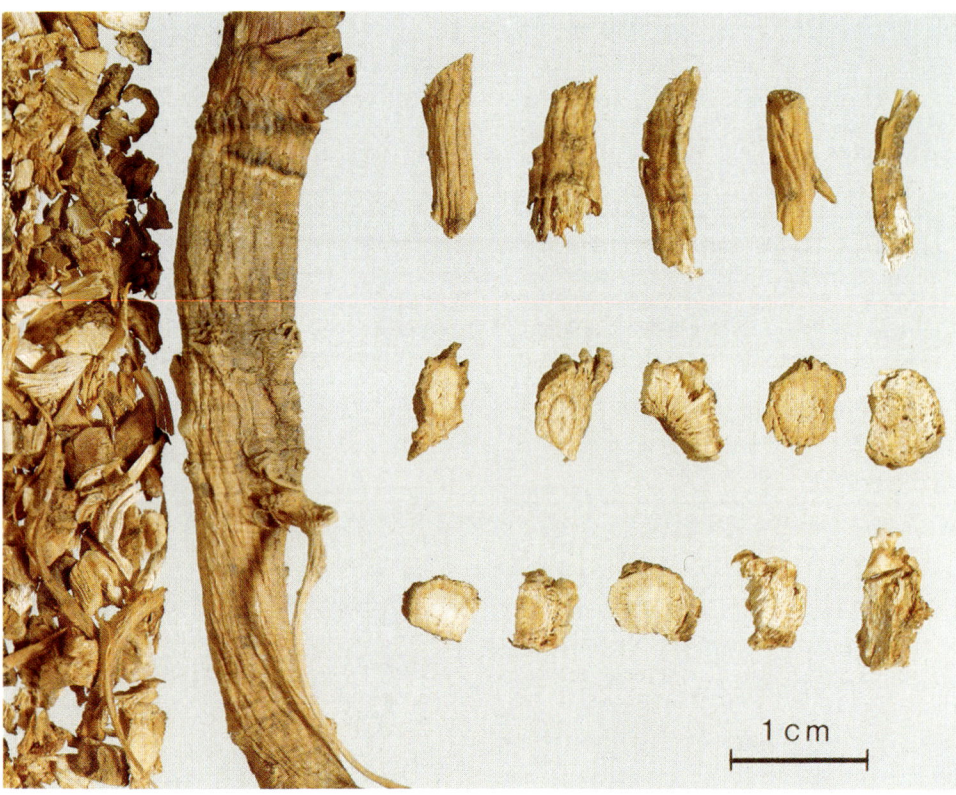

Abb. 1: Bibernellwurzel

Beschreibung: Wurzelstücke mit gelbbrauner bis graugelber, fein längsrunzeliger aber auch quergeringelter Oberfläche. Das Querschnittsbild zeigt ein hellgelbes Periderm, eine breite, bräunlichweiße, nach außen etwas schwammig-zerklüftete Rinde mit zahlreichen, sehr kleinen, braungelben Exkretgängen (mit der Lupe gerade noch erkennbar, Abb. 3). Der im Vergleich zur Rinde schmale Holzkörper innerhalb der dunkelbraunen Kambiumzone ist gelb und radial gestreift (Lupe!), bei Rhizomstücken auch Mark. Der Bruch kann schwach faserig sein.

Geruch: Aromatisch-würzig.

Geschmack: Zunächst würzig, dann brennend scharf, jedoch nicht bitter (Name Pfefferwurzel!).

Abb. 2: *Pimpinella major* (L.) Hudson

Bis 1 m hohe Staude mit kantigem Stengel und einfach gefiederten Blättern. Doppeldolde meist ohne Hülle und Hüllchen, Früchte kahl.

DAB 6: Radix Pimpinellae

Stammpflanzen: *Pimpinella major* (L.) Hudson und *Pimpinella saxifraga* L. (Große und Kleine Bibernelle), Apiaceae.
(Cave! Nicht zu verwechseln mit *Sanguisorba minor* Scop., Rosaceae, die als Bibernelle oder Pimpernelle als bekanntes Salatgewürz verwendet wird.)

Synonyme: Radix Pimpernellae albae, hircinae, saxifragae, majoris oder minoris, Rhizoma Pimpernellae, Pimpernellwurzel, Bockwurzel, Bockwurz (Geruch nach Ziegenbock!), Pfefferwurzel, Deutsche Theriakwurzel. Burnet-saxifrage root, Pimpernell root (engl.), Racine de boucage (franz.).

Herkunft: Heimisch in fast ganz Europa und Westasien, nach Nordamerika eingeschleppt und eingebürgert. Die

Droge stammt überwiegend aus Wildvorkommen, deshalb überaus häufig verwechselt oder verfälscht (s. Verfälschungen); Hauptimporte aus dem ehemaligen Jugoslawien.

Inhaltsstoffe [1]: Ca. 0,1–0,6% ätherisches Öl u.a. mit Geijeren, Pregeijeren, β-Bisabolen, 1,4-Dimethylazulen und als Hauptkomponente der Tiglinsäureester von trans-Epoxypseudoisoeugenol (19 bis 55%), sowie der 2-Methylbuttersäureester [2, 3, 4]. Der von [3] angegebene Isobuttersäureester soll nach [2] nicht vorkommen, sondern Bestandteil des Öls von *Pimpinella peregrina* L. sein (siehe unter Verfälschungen); Polyacetylene; Cumarine und Furocumarine (0,2–0,54%); Umbelliferon, Bergapten, Xanthotoxin (Formeln s. Angelicae radix), Scopoletin, Sphondin, Isobergapten, Pimpinellin und Isopimpinellin (besonders die Furanocumarine meist nur in Spuren). Des weiteren Sitosterol, Kaffeesäure, Chinasäure, Chlorogensäure. Ca. 1% Saponine (?), Gerbstoffe.

Indikationen: Bibernellwurzeln finden als hustenlinderndes Mittel und als mildes Expektorans bei Bronchitis (Sekretomotorikum und Sekretolytikum) sowie bei Affektionen der oberen Luftwege (Heiserkeit, Pharyngitis, Tracheitis, Angina) Verwendung. Die Wirkung wird dem ätherischen Öl und den bisher nicht zweifelsfrei nachgewiesenen Saponinen zugeschrieben, ohne daß mit diesen Inhaltsstoffen der Droge Untersuchungen durchgeführt worden sind. Aufgüsse der Droge oder auch die daraus hergestellte Tinktur (Tinctura Pimpinellae DAB 6) werden als Gurgelmittel bei entzündlichen Erkrankungen der Mund- und Rachenhöhle benutzt. Die Epoxypseudoisoeugenolester besitzen eine insektizide Wirkung (u.a. gegen Milben) und hemmen das Pflanzenwachstum [5].

In der *Volksheilkunde* wird die Droge darüber hinaus gelegentlich auch als Stomachikum und Diuretikum verwendet. Sie wird zur Herstellung von Bitterschnäpsen herangezogen. Alkoholische Auszüge sind Bestandteil einiger Mundpflegemittel.

Teebereitung: 3–10 g der möglichst fein geschnittenen Droge werden mit kochendem Wasser übergossen; auch Ansetzen mit kaltem Wasser und kurzes Aufkochen sind üblich; als Hustentee 3–4mal täglich 1 Tasse, mit Honig gesüßt.
1 Teelöffel = etwa 2,5 g.

Teepräparate: Keine.

Phytopharmaka: Extrakte aus der Droge sind in wenigen Kombinationsarzneimitteln in der Gruppe Bronchialtherapeutica enthalten, z.B. Bronchicum® Elixier N, Melrosum® Hustensirup N, u.a.

Prüfung: Makroskopisch, einschließlich Geruchs- und Geschmacksprobe (s. Beschreibung) sowie mikroskopisch: Ca. 4–8 μm große, runde Stärkekörner, Durchmesser der Exkretgänge unter 120 μm meist 40–100 μm. Ein Ausschluß von Verfälschungen, der jedoch nach [2] für *P. peregrina* problematisch ist, ist durch die **DC-Auftrennung** der Cumarine möglich [6].

Ausführung: Wie bei Angelicae radix (S. 64) angegeben.

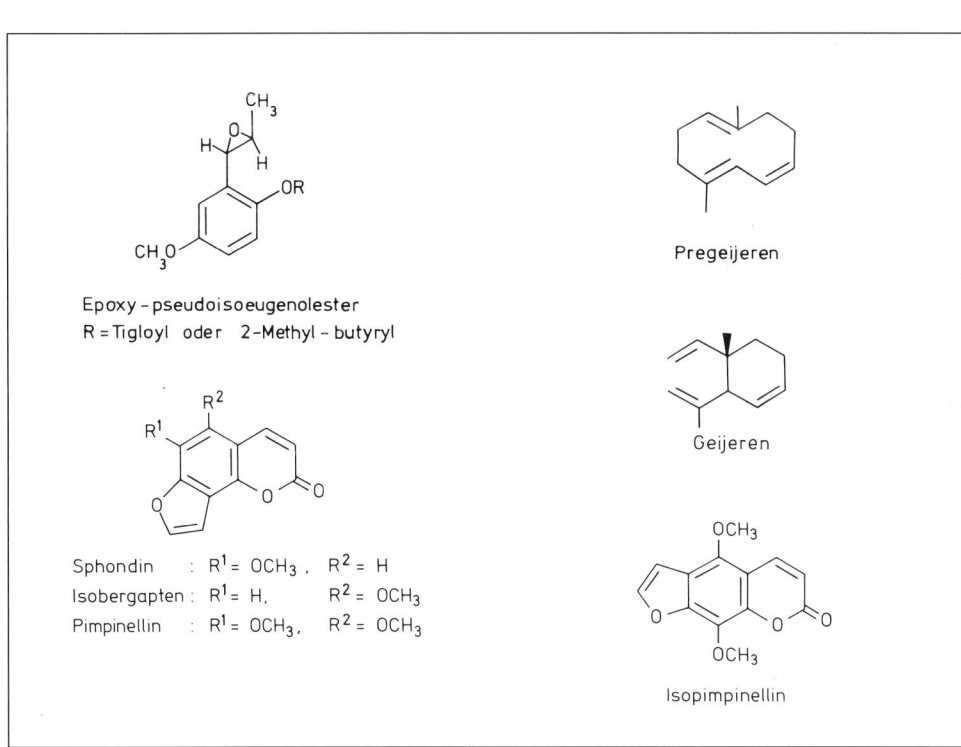

Auszug aus der Monographie der Kommission E
(BAnz Nr. 101 vom 01.06.1990)

Anwendungsgebiete
Katarrhe der oberen Luftwege.

Gegenanzeigen
Nicht bekannt.

Nebenwirkungen
Nicht bekannt.

Wechselwirkungen mit anderen Mitteln
Nicht bekannt.

Dosierung
Soweit nicht anders verordnet:
Tagesdosis:
6 bis 12 g Droge
6 bis 15 ml Bibernelltinktur (1:5);
Zubereitungen entsprechend.

Art der Anwendung
Zerkleinerte Droge für Teeaufgüsse sowie andere galenische Zubereitungen zum Einnehmen.

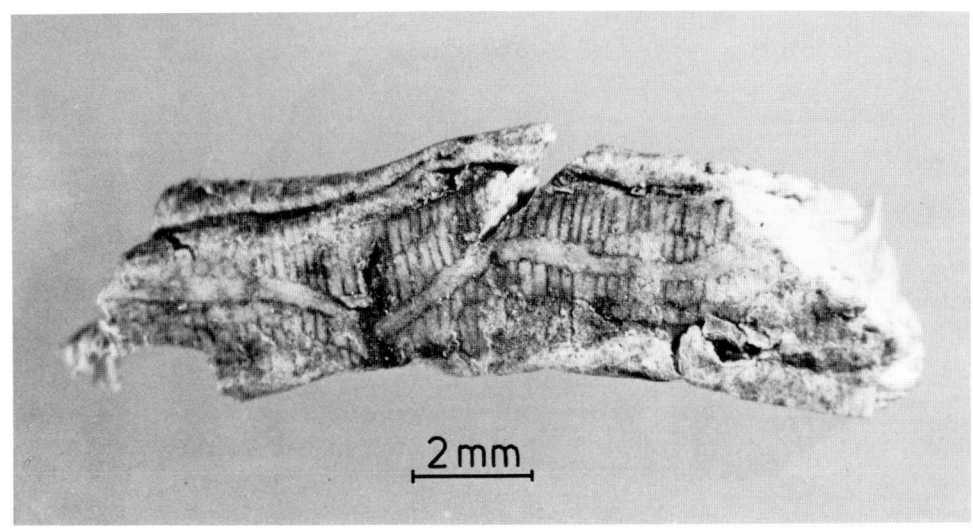

Abb. 3: Wurzelbruchstück mit durchscheinenden, gelbbraunen Exkretgängen von *Pimpinella major*

Auswertung: Bibernellwurzel zeigt unter UV_{366} eine intensiv blau fluoreszierende Startzone und im Rf-Bereich 0,1–0,65 fünf bis maximal acht schwächer blau oder blaugrün fluoreszierende Zonen (Abb. 3 auf S. 64). Stärker fluoreszierende Zonen im oberen Rf-Bereich weisen auf Verfälschung mit Rad. Heraclei hin.
Angaben zur Dünnschichtchromatographie der Cumarine von Apiaceenwurzeln finden sich auch bei [7, 8]. Die Identifizierung der Droge ist auch durch HPLC-Analyse der Cumarine möglich [9, 10].

Verfälschungen: Überaus häufig; zeitweilig ist echte Droge gar nicht zu beschaffen. Im wesentlichen verfälscht mit Bärenklauwurzel (von *Heracleum sphondylium* L.), diese als Radix Pimpinellae franconiae im Handel, mit Pastinakwurzel (von *Pastinaca sativa* L.) und mit den Wurzeln anderer *Pimpinella*-Arten. In den letzten Jahren wird vor allem im süddeutschen Raum vermehrt die aus Südeuropa, Kleinasien und Ägypten stammende *Pimpinella peregrina* L. angebaut und als Radix Pimpinellae DAB 6 angeboten. Die Zusammensetzung des ätherischen Öles und der Cumarine von *P. peregrina* und *P. saxifraga* sowie *P. major* ist außerordentlich ähnlich, so daß nach [2] eine Zulassung der kultivierten *P. peregrina* als weitere Stammpflanze erwägenswert ist. Eine Entscheidung darüber, welche Art vorliegt, kann sicher nur mittels Gaschromatographie des ätherischen Öles getroffen werden [11].
Die Wurzeln von *Pimpinella peregrina* besitzen eine weißliche bis hellbraune Rinde (*P. saxifraga*: dunkelbraune Rinde), der obere Teil voll entwickelter Wurzeln hat einen Durchmesser von über 2 cm (*P. saxifraga* und *P. major* höchstens 1,5 cm). Nachweis der Verfälschungen makroskopisch und mikroskopisch [12] sowie zusätzlich mittels DC (siehe Prüfung). Siehe dazu auch Abb. 3 bei Angelicae radix, S. 64.

Aufbewahrung: Vor Licht geschützt, in gut verschlossenen Behältern (keine Kunststoffgefäße, ätherisches Öl!). Die Droge wird leicht von Insekten befallen.

Literatur:
[1] Hager, Band **6**, 147 (1994).
[2] K.-H. Kubeczka und I. Bohn, Dtsch. Apoth. Ztg. **125**, 399 (1985).
[3] R. Martin, J. Reichling und H. Becker, Planta Med. **51**, 198 (1985).
[4] I. Bohn, K.H. Kubeczka und W. Schultze, Planta Med. **55**, 489 (1989).
[5] J. Reichling, B. Merkel und P. Hofmeister, J. Nat. Prod. **54**, 1416 (1991).
[6] H. Wagner, S. Bladt und E.M. Zgainski, Drogenanalyse. Dünnschichtchromatographische Analyse von Arzneidrogen. Springer-Verlag, Berlin, Heidelberg, New York 1983.
[7] L. Hörhammer, H. Wagner und D. Kraemer-Heydweiller, Dtsch. Apoth. Ztg. **106**, 267 (1966).
[8] O.-B. Genius, Dtsch. Apoth. Ztg. **121**, 386 (1981).
[9] C.A. Erdelmeier, J.B. Meier und O. Sticher, J. Chromatogr. **346**, 456 (1985).
[10] G.C. Zogg, S. Nyiredy und O. Sticher, Dtsch. Apoth. Ztg. **129**, 717 (1989).
[11] K.-H. Kubeczka, I. Bohn und V. Formaček, in: Progress in Essential Oil Research, Editor E.-J. Brunke, S. 279. Walter de Gruyter Verlag Berlin-New York 1986.
[12] J. Saukel, Sci. Pharm. **53**, 62 (1985).

Willuhn

Plantaginis lanceolatae folium
Plantaginis lanceolatae herba
Spitzwegerichblätter
Spitzwegerichkraut DAB 1996

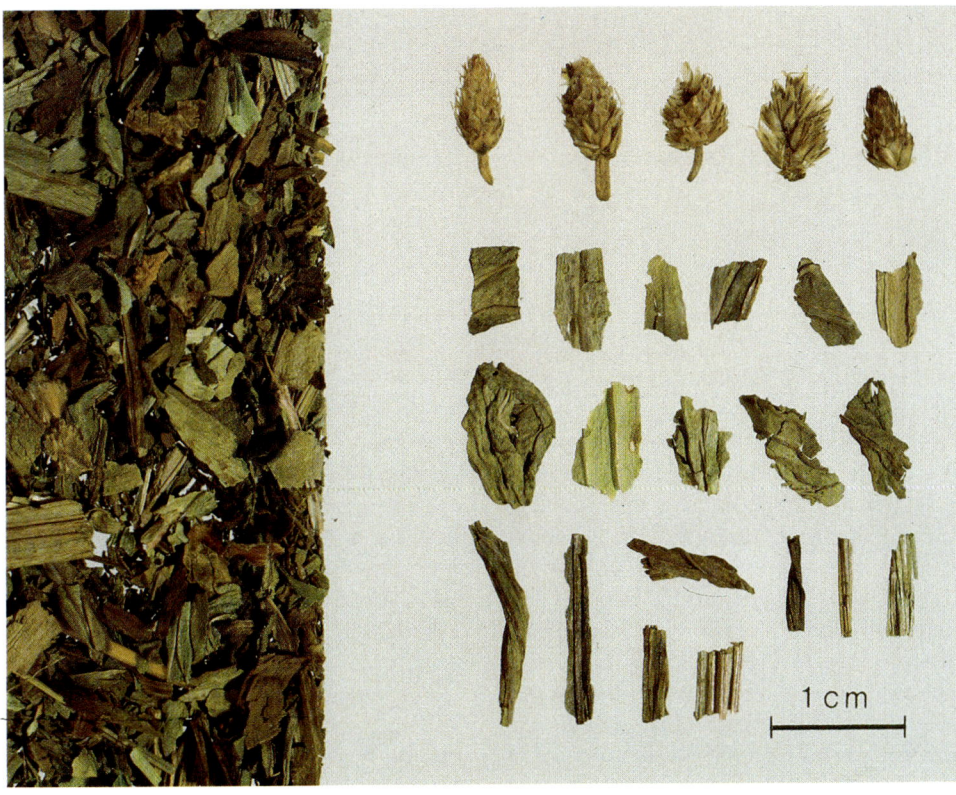

Abb. 1: Spitzwegerichkraut

Beschreibung: Hell- bis graugrüne, nicht oder schwach behaarte Blattstückchen mit fast parallel verlaufenden (Abb. 3) weißlich-grünen Nerven, die an der Unterseite deutlich hervortreten. Längsrinnige, grüne bis braunschwarze Blattstielteile sowie Bruchstücke der braunen, walzenförmigen Blütenähren mit dichten, trokkenhäutigen Hochblättern (Abb. 1 obere Reihe).

Geschmack: Schleimig, etwas bitter und salzig.

Abb. 2: *Plantago lanceolata* L.

Weit verbreitete, ausdauernde Pflanze mit grundständiger Blattrosette aus 20 cm langen, lineallanzettlichen, parallelnervigen Blättern. Die unscheinbaren, bräunlichen Blüten erscheinen in walzlichen Ähren auf langem, rippigem, die Blätter überragendem Stiel. Auffallend sind die abstehenden, gelblichweißen Staubblätter.

ÖAB: Folium Plantaginis
Ph. Helv. VII: Plantaginis folium
St. Zul. 1289.99.99

Stammpflanze: *Plantago lanceolata* L. (Spitzwegerich), Plantaginaceae.

Synonyme: Heilwegerich, Wundwegerich, Herba Plantaginis angustifoliae. Plantain herb, Ribwort (engl.). Feuilles (Herbe) de plantain (franz.).

Herkunft: Verbreitet in ganz Europa, Nord- und Mittelasien. Die Droge stammt überwiegend aus Kulturen, nur z.T. aus Wildvorkommen. Importe kommen aus den osteuropäischen Ländern, z.T. auch aus Holland.

Inhaltsstoffe [1]: Ca. 2–3% Iridoidglykoside mit Aucubin und Catalpol als Hauptverbindungen sowie Asperulosid, Globularin und Desacetylasperulosidsäuremethylester [2–5]. Der Iridoidge-

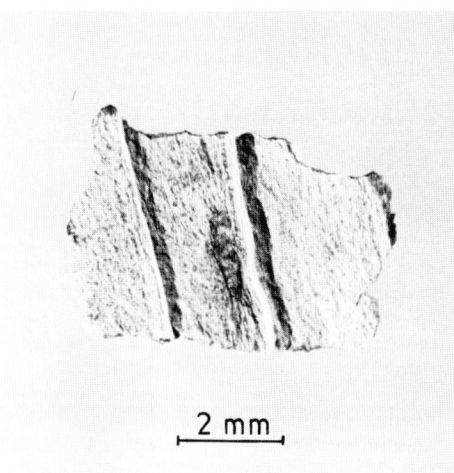

Abb. 3: Blattbruchstück mit scheinbarer Parallelnervatur

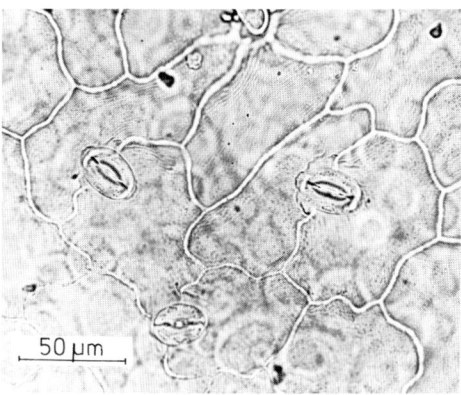

Abb. 4: Diacytische Spaltöffnungen (Mitte), unmittelbar neben anomocytischen (unten)

halt ist vom Alter der Blätter abhängig. In den jüngsten Blättern kann er bis 9% betragen, während in den ältesten Blättern nur noch Spuren auftreten. In jungen Blättern dominiert Catapol, in älteren Blättern Aucubin [6, 7]. Verschiedene Genotypen mit unterschiedlichen Gehalten sind beschrieben worden [6]. Phenylethanoide: 3–8% Acteosid (Hauptkomponente) und in geringer Menge cis-Tanosid, Lavandulifoliosid, Plantamajosid und Isoacteosid [8]. (Nach Hydrolyse geht Aucubin in dunkelbraun gefärbte Polymerisate über, die für die Dunkelfärbung nicht sorgfältig getrockneter Droge verantwortlich sind); Schleime: etwa 2–6,5%, nach Hydrolyse Galacturonsäure (30–35%), Galactose (28–44%), Arabinose (20–32%), Glucuronsäure (6–7%), Glucose (6–9%), Rhamnose (4–7%) und Mannose (2–4%) liefernd [9]. Isoliert und charakterisiert wurden ein Arabinogalactan, ein Glucomannan und ein Rhamnogalacturonan mit einer Arabinogalactan-Seitenkette [9] sowie ein Rhamnoarabinogalactan [10] und ein lineares (1–6)-α-D-Glucan [11]. Flavonoide: Apigenin und Luteolin sowie deren Derivate; Hauptverbindungen sind das Apigenin-6,8-di-C-glucosid und Luteolin-7-O-glucuronid sowie Luteolin-7-O-glucosid und 7-O-glucuronid-3'-glucosid, daneben die 7-O-glucuronyl-glucoside von Apigenin und Luteolin und Apigenin-7-O-glucosid und 7-O-glucuronid [12]; ca. 6,5% Gerbstoffe; Phenolcarbonsäuren: p-Hydroxybenzoe-, Protocatechu-, Gentisinsäure u.a.; Chlorogensäure, Neochlorogensäure; das Cumarin Aesculetin; das Xanthophyllabbauprodukt Loliolid [13] und geringe Mengen eines hämolytisch und antimikrobiell wirkenden Saponins [14]; über 1% Kieselsäure; Mineralstoffe mit hohem Zink- und Kaliumanteil.

Indikationen: Spitzwegerichkraut wird zur Reizlinderung bei Katarrhen der oberen Luftwege verwendet (muzilaginöse Wirkung der Schleime, aber auch Gerbstoffwirkung).

Zur Behandlung von Entzündungen des Mund- und Rachenraumes werden Mazerate, Fluidextrakte und Sirup sowie der Preßsaft der frischen Pflanze und Pastillen verwendet.

In vitro wurde für kalt bereitete wäßrige Auszüge, für Fluidextrakte und für den Preßsaft aus frischen Blättern eine bakteriostatische und bakterizide Wirkung nachgewiesen, während wäßrige Abkochungen (Dekokte) hier keine Wirkung zeigten [15, 16]. Die antibakterielle Wirkung wird von dem durch pflanzeneigene β-Glucosidase aus Aucubin freigesetzten Aglykon Aucubigenin bzw. dem daraus entstehenden enolischen Dialdehyd hervorgerufen. Das Glykosid selbst und die Polymerisate des Aglykons haben keine antibakterielle Wirkung [17]. Bei der wäßrigen Abkochung wird die β-Glucosidase durch zu lange Hitzeeinwirkung zerstört und die hydrolytische Spaltung von Aucubin verhindert. Im Lochtest zeigt 1 ml einer 2%igen wäßrigen Lösung von Aucubin zusammen mit β-Glucosidase gegenüber *Staphylococcus aureus* die gleiche Wirksamkeit wie 600 I.E. Penicillin. Der überwiegende Teil des Aucubins geht bei der Teebereitung in den wäßrigen Auszug. Eine Tasse Tee (1,5 g Droge, 150 ml Wasser) enthält ca. 14 mg Aucubin [3]. Die Phenylethanoide Acteosid und Plantamajosid hemmen in vitro die 5-Lipoxygenase mit IC_{50}-Werten von 13,6 bzw. 3,7 × 10^{-7} M [18]. Im arachidonsäure-induzierten Mäuseohrödem-Test zeigten sie bei topischer Applikation (3 mg/Ohr) eine ödemhemmende Wirkung von 14 bzw. 25%, wobei die Unterschiede in der Wirkungsstärke dem Ergebnis der in vitro-Enzymhemmung entsprachen [8]. Ihre Mitbeteiligung an dem therapeutischen Effekt der Droge wird deshalb vermutet.

Dekokte von Spitzwegerichblättern induzierten nach i.v. Applikation bei Mäusen die Interferonbildung [19].

In der *Volksmedizin* wird der Preßsaft des frischen Krautes äußerlich als wundheilendes und entzündungshemmendes Mittel benutzt. In gleicher Weise wurde eine aus getrockneten Blättern hergestellte Salbe (10% Blattpulver) verwendet [20]. Die Droge gilt auch als Hämostyptikum. Eine Beschleunigung der Blutgerinnung durch ein Infus wurde in vitro und in vivo nachgewiesen [21].

Innerlich wurde die Droge u.a. bei Cystitis, Magenkrämpfen und Leberleiden angewendet. Über eine protektive Wirkung von Plantagosaft und -extrakten gegen toxische Effekte von Cytostatika auf die Dünndarmmucosa [22, 23] sowie von Aucubin gegen Vergiftungen der Leber durch Tetrachlorkohlenstoff und Knollenblätterpilzgifte [24, 25] wird berichtet.

Nebenwirkungen: Bei bestimmungsgemäßem Gebrauch keine. Reines Aucubin soll bei innerlicher Verabreichung Gastroenteritiden und zentrale Lähmungserscheinungen hervorrufen können.

Teebereitung: 2–4 g geschnittene Droge werden mit kochendem Wasser übergossen (oder auch kalt angesetzt und kurz zum Sieden erhitzt) und nach 10 min durch ein Teesieb gegeben.
1 Teelöffel = etwa 0,7 g.

Teepräparate: Die Droge wird auch in Filterbeuteln (0,9 g) angeboten.
Sie ist auch Bestandteil einiger Husten- und Bronchialtee-Gemische.

Phytopharmaka: Die Droge oder daraus hergestellte Extrakte sind Bestandteil mehrerer Fertigarzneimittel der Gruppe Antitussiva/Expektorantia und Bronchospasmolytika; z.B. Broncho-Sern (Sirup) und Tetesept (Hustensaft und Tropfen). Auch Pflanzendragees

---

Auszug aus der Monographie der Kommission E
(BAnz Nr. 223 vom 30.11.1985)

Anwendungsgebiete
Innere Anwendung: Katarrhe der Luftwege;
entzündliche Veränderungen der Mund- und Rachenschleimhaut.
Äußere Anwendung: entzündliche Veränderungen der Haut.

Gegenanzeigen
Keine bekannt.

Nebenwirkungen
Keine bekannt.

Wechselwirkungen mit anderen Mitteln
Keine bekannt.

Dosierung
Soweit nicht anders verordnet:
mittlere Tagesdosis: 3–6 g Droge;
Zubereitungen entsprechend.

Art der Anwendung
Zerkleinerte Droge sowie andere galenische Zubereitungen zur inneren und äußeren Anwendung.

Wirkungen
reizmildernd, adstringierend, antibakteriell.

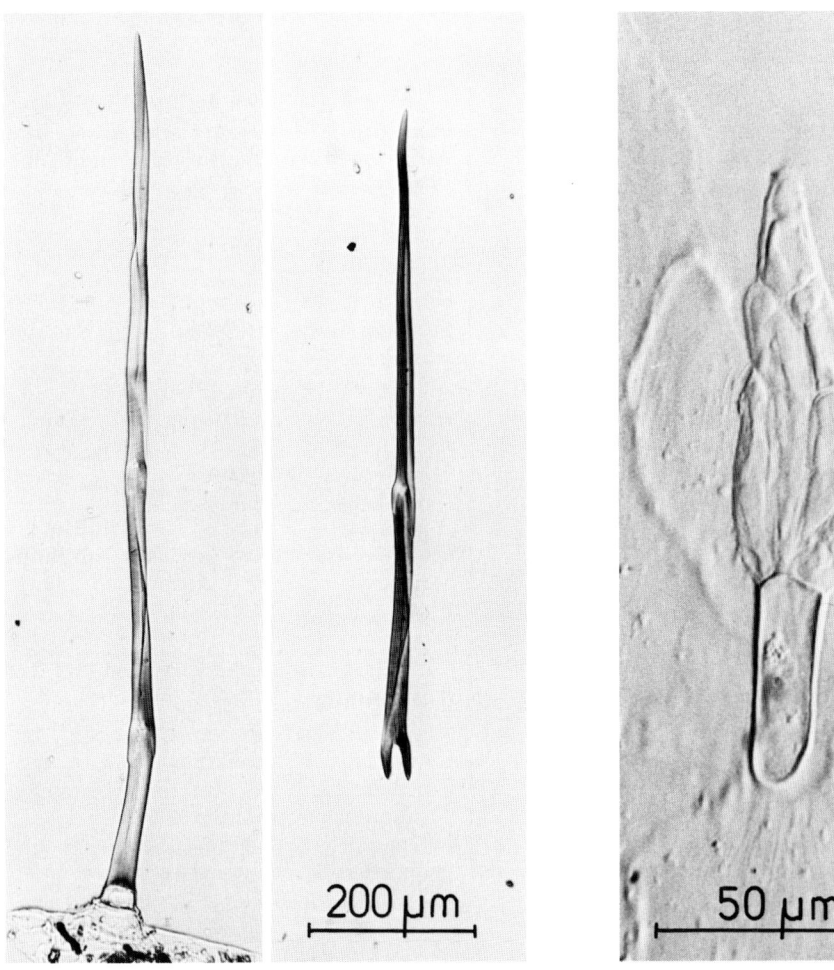

Abb. 5: Gliederhaare, deren einzelne Zellen gelenkartig verbunden sind (rechts: untere Zellen abgetrennt)

Abb. 6: Spitzzipfeliges, vielzelliges Drüsenhaar

und Preßsaft, z. B. Kneipp® Spitzwegerich-Pflanzensaft Hustentrost®, werden angeboten, dazu zahlreiche Bonbons-Spezialitäten.

Prüfung: Makroskopisch (s. Beschreibung) und mikroskopisch. Beide Epidermen in Aufsicht unregelmäßig wellig-polygonal mit Spaltöffnungen, die von zwei bis vier Nebenzellen umgeben werden, ein Großteil davon mit zwei senkrecht zum Spalt orientierten Nebenzellen (diacytisch, Abb. 4). Die Kutikula zeigt oft eine grobe Faltung. Charakteristisch sind die „Gelenkhaare", Abb. 5 (besonders an den Nerven und am Blattrand auftretend). Seltener auch Gelenkhaare mit einer zweiten (oder weiteren) über die davorliegende Zelle gelenkartig oder klauenförmig übergreifenden Zelle. Häufig sind diese Haare an den „Gelenken" abgebrochen (Abb. 5). Des weiteren ca. 100 µm lange Köpfchenhaare mit einzelligem Stiel und einem aus mehreren Reihen von kleinen Zellen bestehenden Köpfchen (Abb. 6), sowie sehr lange, dünnwandige, vielfach gedrehte Deckhaare mit häufig teilweise kollabierten Zellen. Quellungszahl der gepulverten Droge mind. 6 (DAB 1996). Zur morphologischen und anatomischen Unterscheidung von *P. major* und *P. media* siehe bei [26]. Eine DC-Identitätsprüfung ist durch Auftrennung des Methanolauszugs und Nachweis von Aucubin nach Detektion mit Dimethylaminobenzaldehyd nach DAB 1996 möglich. Durchführung und abgebildetes Chromatogramm finden sich bei [27, 28]. Eine HPLC-Methode zur Bestimmung des Aucubins im Spitzwegerichkraut gibt Lit. [3] an.

Verfälschungen: Kommen praktisch nicht vor. Gelegentliche Verwechslungen mit den ähnlich aussehenden *Digitalis-lanata*-Blättern, wie sie früher vorkamen, lassen sich bei der mikroskopischen Prüfung leicht erkennen.

Literatur:
[1] Hager, Band **6**, 225 (1994).
[2] A. Bianco und Mitarb., J. Nat. Prod. **47**, 901 (1984).
[3] H. Miething, W. Holz und R. Hänsel, Pharm. Ztg. **131**, 746 (1986).

Wortlaut der Packungsbeilage gemäß Standardzulassung:

6.1 Stoff- oder Indikationsgruppe
Pflanzliches Mittel zur Behandlung von Atemwegserkrankungen/Mund- und Rachenmittel.

6.2 Anwendungsgebiete
Innerliche Anwendung bei:
Katarrhen der Luftwege; entzündlichen Veränderungen der Mund- und Rachenschleimhaut.
Äußerliche Anwendung bei:
entzündlichen Veränderungen der Haut.

6.3 Gegenanzeigen
Keine bekannt.

6.4 Wechselwirkungen mit anderen Mitteln
Keine bekannt.

6.5 Dosierungsanleitung und Art der Anwendung
Soweit nicht anders verordnet, wird bei Katarrhen der Luftwege 3- bis 4mal täglich eine Tasse des wie folgt bereiteten Teeaufgusses getrunken:
2 Teelöffel voll (ca. 1,4 g) Spitzwegerichkraut oder die entsprechende Menge in einem oder mehreren Aufgußbeutel(n) werden mit siedendem Wasser (ca. 150 ml) übergossen und nach etwa 10 bis 15 Minuten gegebenenfalls durch ein Teesieb gegeben.
Zum Spülen oder Gurgeln sowie zur Bereitung von Umschlägen wird 3- bis 4mal täglich ein Kaltauszug wie folgt in der angegebenen Menge oder dem benötigten Vielfachen hergestellt:
2 Teelöffel voll (ca. 1,4 g) Spitzwegerichkraut oder die entsprechende Menge in einem oder mehreren Aufgußbeutel(n) werden mit kaltem Wasser (ca. 150 ml) übergossen, unter öfterem Umrühren 1 bis 2 Stunden stehengelassen und dann gegebenenfalls durch ein Teesieb gegeben.

6.6 Dauer der Anwendung
Bei akuten Beschwerden, die länger als eine Woche andauern oder periodisch wiederkehren, wird die Rücksprache mit einem Arzt empfohlen.

6.7 Nebenwirkungen
Keine bekannt.

6.8 Hinweis
Vor Licht und Feuchtigkeit geschützt aufbewahren.

[4] E. Andrzejewska-Golec und J. Swiatek, Herb. Polon. **30**, 9 (1984).
[5] N. Handjieva, H. Saadi und L. Evstatieva, Z. Naturforsch. **46c**, 963 (1991).
[6] M.D. Bowers und N.E. Stamp, J. Chem. Ecol. **18**, 985 (1992).
[7] G. Klockars und Mitarb., Chemooecology **4**, 72 (1993).
[8] M. Murai, Y. Yamayana und S. Nishibe, Planta Med. **61**, 497 (1995).
[9] M. Bräutigam und G. Franz, Planta Med. **51**, 293 (1985); Dtsch. Apoth. Ztg. **125**, 58 (1985).
[10] A. Kardesova und P. Capek, Collect. Czech. Commun. **59**, 2714 (1994).
[11] A. Kardesova, Chem. Pap. **46**, 127 (1992).
[12] S.A. Kawashty und Mitarb., Biochem. Syst. Ecol. **22**, 729 (1994).
[13] J. Swiatek, Herb. Polon. **23**, 201 (1977).
[14] D. Tarle, J. Petričič und M. Kupinič, Farm. Glas. **37**, 351 (1981); C.A. **96**, 40797 (1982).
[15] J. Ehlich, Dtsch. Apoth. Ztg. **106**, 428 (1960).
[16] M. Felklowá, Pharm. Zentralhalle **97**, 61 (1958).
[17] R. Hänsel, Dtsch. Apoth. Ztg. **106**, 1761 (1966).
[18] H. Ravn und Mitarb., Phytochemistry **29**, 3627 (1990).
[19] J. Plachcinska und Mitarb., Fitoterapia **55**, 346 (1984).
[20] R.K. Aliew, J. Amer. pharm. Assoc., Sci. Ed. **39**, 24 (1950).
[21] E. Keeser, Dtsch. med. Wschr. **65**, 375 (1939).
[22] E.P. Zueva und K.V. Yaremenko, Farmakol. Toksikol. (Moscow) **52**, 77 (1989); C.A. **110**, 128197 (1989).
[23] T.G. Borovskaya und Mitarb., Vopr. Onkol. **33**, 60 (1987); C.A. **107**, 228585 (1987).
[24] I.M. Chang, H.S. Yun und K.H. Yan, Yakhak Hoechi **28**, 35 (1984); C.A. **101**, 163663 (1984).
[25] H.M. Chang und H.S. Yun, Planta Med. **39**, 246 (1980).
[26] W. Schier, Dtsch. Apoth. Ztg. **130**, 1457 (1990).
[27] H. Wagner, S. Bladt und E.M. Zgainski, Drogenanalyse. Dünnschichtchromatographische Analyse von Arzneidrogen, Springer-Verlag, Berlin, Heidelberg, New York 1983.
[28] P. Rohdewald, G. Rücker und K.W. Glombitza, Apothekengerechte Prüfvorschriften. Deutscher Apotheker-Verlag Stuttgart 1986, S. 993.

Willuhn

Plantaginis ovatae semen — Indische Flohsamen
DAB 1996

Abb. 1: Indische Flohsamen

Beschreibung: Ovale, schiffchenförmige, 1,5–3,5 mm lange Samen von stark variierender Farbe, von blaßrosa bis graubraun und rötlichgelb reichend. Auf der konvex gekrümmten Seite ist ein ovaler, rötlichbrauner Fleck sichtbar (untere Reihe); die Bauchseite ist gefurcht, mit deutlich erkennbarer Abrißstelle (Nabel, Hilum; obere Reihe). In Wasser eingebracht, quellen die Samen rasch und sind dann von einer farblosen, durchscheinenden Schleimschicht umgeben.

Geschmack: Fade, schleimig.

Abb. 2: *Plantago ovata* FORSK.
Einjähriges, niedriges Kraut, sehr fein und kurz flaumig behaart. Blätter lineal, Blüten in sehr kurzen Ähren beisammenstehend.

St. Zul. 1549.99.99

Stammpflanze: *Plantago ovata* FORSK., syn. *Plantago ispaghula* ROXB., Plantaginaceae.

Synonyme: Semen Ispaghulae, Ispaghula, Blondes Psyllium, Indisches Psyllium. Ispagula seed, Blond psyllium, Indian psyllium, Spogel seeds, Isfagul (engl.). Ispagul (franz.).

Herkunft: Im Iran und in Indien beheimatet, dort und in den Nachbarländern auch kultiviert. Die Droge wird aus Pakistan und Indien importiert.

Inhaltsstoffe: 20–30% Schleimstoffe, die nur in der Epidermis der Samenschale lokalisiert sind. Sie bestehen zu 85% aus schwach sauer reagierenden Arabinoxylanen mit geringem Anteil an Rhamnose und Galacturonsäure [1]. In der Samenschale kommen auch Kohlenwasserstoffe und freie Fettsäuren vor [2]. Die Samen enthalten fettes Öl, Proteine und kleine Mengen an Iridoiden wie z.B. Aucubin.

Indikationen: Mit reichlich Flüssigkeit gegeben auf Grund des starken Quellungsvermögens als Laxans. Der Dehnungsreiz, der durch die Erhöhung des Füllungsvolumens im Darm entsteht, löst die Defäkation aus; der Schleim verbessert die Gleitfähigkeit des Darminhaltes.
Bei Darmverschluß ist die Droge kontraindiziert.
Die mehrfach erwähnte lipidsenkende Wirkung von Indischen Flohsamen ist relativ gering. Bei Einnahme von 15 g Droge pro Tag über einen Zeitraum von 2 Wochen konnte eine Senkung des Serumcholesterolspiegels von etwa 8% beobachtet werden [3].

Teebereitung: Entfällt. Zur Einnahme als Laxans läßt man etwa 10 g Droge mit ca. 100 ml Wasser vorquellen und nimmt diese Menge unter Nachtrinken von wenigstens 200 ml Flüssigkeit ein. Einnahme abends und morgens.
1 Teelöffel = etwa 4,7 g.

Teepräparate: Keine.

Phytopharmaka: Es werden die ganzen Samen (S) oder auch nur die Samenschalen (SS) verwendet, z.B. in Agiolind® Granulat (S) und Bekunis® leicht Granulat (S), Laxiplant® soft Pulver (SS), Metamucil® Pulver (SS), Agiocur® Granulat (S+SS), in einigen Präparaten auch in Kombination mit anderen Wirkstoffen, z.B. Pascomucil® Pulver (SS+Lactose) oder Agiolax® Granulat (S+SS+Sennesfrüchte), u.a.

Prüfung: Makroskopisch und mikroskopisch nach DAB 1996. Wichtigstes Qualitätskriterium ist die Quellungszahl, die mindestens 9 betragen muß. In der Praxis beobachtet man bei guten Drogen höhere Werte, meist zwischen 11 und 14. Im Unterschied zu Flohsamen enthalten die Indischen Flohsamen in der Epidermis vereinzelt Stärkekörner (Abb. 3).

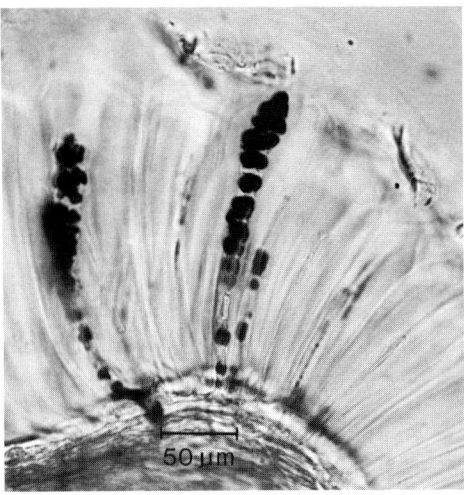

Abb. 3: Schleimepidermis im Querschnitt, mit eingelagerten Stärkekörnern (durch Iodfärbung dunkel)

Auszug aus der Monographie der Kommission E (BAnz Nr. 22a vom 01.02.1990 und Nr. 74 vom 19.04.1991)

Anwendungsgebiete
Habituelle Obstipation; Erkrankungen, bei denen eine erleichterte Darmentleerung mit weichem Stuhl erwünscht ist, z.B. bei Analfissuren, Hämorrhoiden, nach rektal-analen operativen Eingriffen und in der Schwangerschaft;
unterstützende Therapie bei Durchfällen unterschiedlicher Genese sowie bei Reizdarm.

Gegenanzeigen
Krankhafte Verengungen im Magen-Darm-Trakt.
Drohender oder bestehender Darmverschluß (Ileus).
Schwer einstellbarer Diabetes mellitus.

Nebenwirkungen
In Einzelfällen können Überempfindlichkeitsreaktionen auftreten.

Wechselwirkungen mit anderen Mitteln
Die Resorption von gleichzeitig eingenommenen Medikamenten kann verzögert werden.
Hinweis:
Bei insulinpflichtigen Diabetikern kann eine Reduzierung der Insulindosis erforderlich sein.

Dosierung
Soweit nicht anders verordnet:
Tagesdosis:
12–40 g Droge, Zubereitungen entsprechend.

Art der Anwendung
Ganzdroge oder grob zerkleinerte Droge sowie andere galenische Zubereitungen zum Einnehmen.
Hinweis:
Bei der Einnahme ist auf reichliche Flüssigkeitszufuhr, z.B. 150 ml Wasser auf 5 g Droge, zu achten. Auch sollte ein Abstand von einer halben bis 1 Stunde nach der Einnahme von Arzneimitteln eingehalten werden.

Dauer der Anwendung
Hinweis:
Sollten Durchfälle länger als 3–4 Tage andauern, ist ein Arzt aufzusuchen.

Wirkungen
Bei Diarrhoe: Durch Wasserbindung Verlängerung der Transitzeit des Darminhalts.
Bei Obstipation: Durch Zunahme des Stuhlvolumens Verkürzung der Transitzeit.
Senkung des Serum-Cholesterol-Spiegels.

Wortlaut der Packungsbeilage gemäß Standardzulassung:

6.1 Stoff- oder Indikationsgruppe

Pflanzliches Abführmittel mit Quellstoffen.

6.2 Anwendungsgebiete

Zur Behandlung von Stuhlverstopfung: Bildung von weichem Stuhl, wenn eine erleichterte Darmentleerung erwünscht ist, z.B. bei Einrissen in der Afterschleimhaut, Hämorrhoiden, nach rektal-analen operativen Eingriffen und in der Schwangerschaft.

Unterstützende Therapie bei Durchfällen unterschiedlicher Ursache sowie bei Reizdarm.

6.3 Gegenanzeigen

Krankhafte Verengungen der Speiseröhre und im Magen-Darm-Trakt. Drohender oder bestehender Darmverschluß. Schwer einstellbarer Diabetes mellitus.

6.4 Wechselwirkungen mit anderen Mitteln

Die Resorption von gleichzeitig eingenommenen Medikamenten kann verzögert werden.

Hinweis:

Bei insulinpflichtigen Diabetikern kann eine Reduzierung der Insulindosis erforderlich sein.

6.5 Dosierungsanleitung und Art der Anwendung

Soweit nicht anders verordnet, wird mehrmals täglich 1 Teelöffel voll (ca. 5 g) Indische Flohsamen nach Vorquellen mit etwas Wasser (ca. 100 ml) unter Nachtrinken von 1 bis 2 Glas Wasser eingenommen.

Hinweis:

Es sollte ein Abstand von einer halben bis einer Stunde nach der Einnahme von Arzneimitteln eingehalten werden.

6.6 Dauer der Anwendung

Bei Durchfällen, die länger als 2 Tage andauern oder mit Blutbeimengungen oder Temperaturerhöhung einhergehen, ist die Rücksprache mit einem Arzt erforderlich.

6.7 Nebenwirkungen

In Einzelfällen können Überempfindlichkeitsreaktionen auftreten.

In seltenen Fällen können speziell bei Verwendung von pulverisierter Droge allergische Reaktionen auftreten.

6.8 Hinweis

Vor Licht und Feuchtigkeit geschützt aufbewahren.

Verfälschungen: Solche sind gelegentlich beobachtet worden durch Samen anderer *Plantago*-Arten (z.B. *Plantago major* L. und *Plantago media* L.); deren Farbe ist abweichend, auch quellen die Samen in Wasser nur sehr wenig.

Literatur:

[1] J.F. Kennedy, J. Singh und D.A.T. Southgate, Carbohydr. Res. **75**, 265 (1979); C.A. **91**, 135932 (1979).
[2] E. Gelpi und Mitarb., Phytochemistry **8**, 2077 (1969).
[3] R. Jaspersen-Schib, Dtsch. Apoth. Ztg. **132**, 1991 (1992).

Wichtl

Polygalae radix
Ph. Eur.

Senegawurzel
DAB 1996

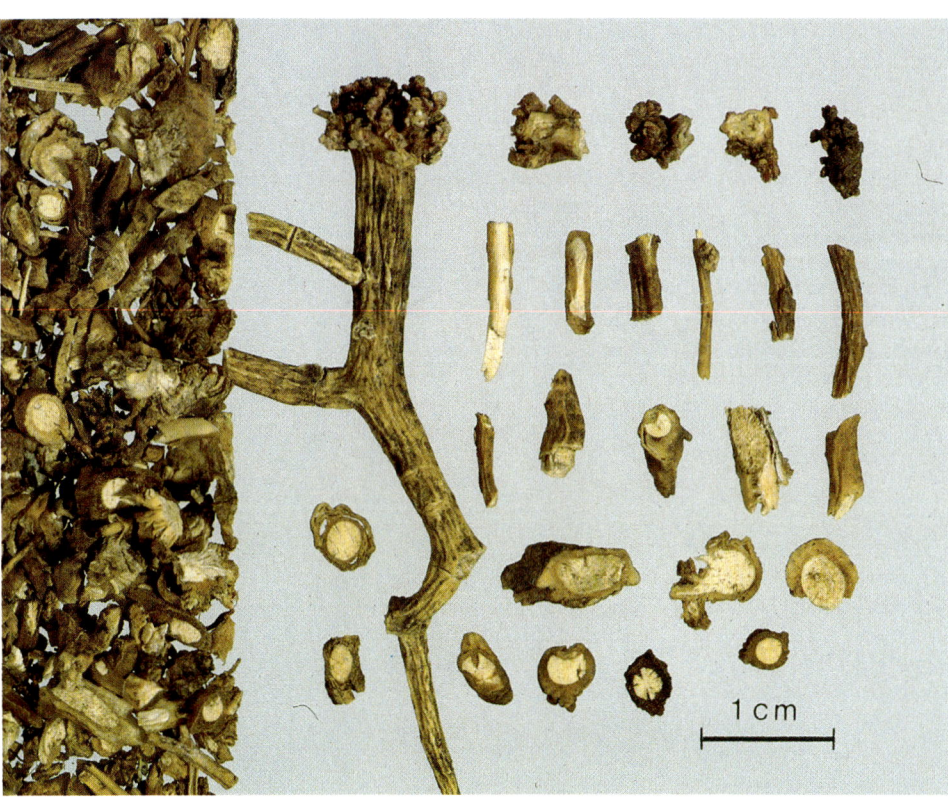

Abb. 1: Senegawurzel

Beschreibung: Die spindelförmige, gekrümmte oder etwas spiralig gedrehte Wurzel ist an der Oberfläche gelbbraun bis dunkelbraun und trägt oben einen krausen, breiten Wurzelkopf, an dem viele Knospenreste und Abbruchstellen von Stengelbasen sichtbar sind. Auf der Innenseite der Krümmung ist eine kielförmige Aufwulstung sichtbar (an der aufgeweichten Droge nicht mehr erkennbar!), die äußere Seite zeigt eine Querfaltung. Der Querschnitt zeigt eine weiße Rinde und einen gelben Holzkörper, der an der dem Kiel gegenüberliegenden Seite abgeflacht oder sogar sektorförmig ausgeschnitten erscheint (Abb. 3). Der Bruch ist hornartig und uneben.

Geruch: Eigenartig, meist etwas „ranzig" oder an Methylsalicylat erinnernd.

Geschmack: Schwach kratzend, etwas scharf.

Abb. 2: *Polygala senega* L.

Ausdauernde, 20–30 cm hohe, krautige Pflanze, die aus einem kurzen Wurzelschopf mehrere dünne Stengel mit wechselständigen Blättern treibt. Büten weiß, in Ähren angeordnet, an Schmetterlingsblüten erinnernd.

ÖAB: Radix Senegae
Ph. Helv. VII: Polygalae radix

Stammpflanze: *Polygala senega* L., Polygalaceae; nach DAB 1996 kommen auch „bestimmte andere Arten" in Betracht, die aber nicht benannt werden. Aufgrund der im DAB 1996 geforderten Eigenschaften kommt vor allem *Polygala tenuifolia* WILLD., die *Japanische Senega* in Frage, eventuell auch *Polygala cyparissias* A. ST. HILL. aus Brasilien.

Synonyme: Klapperschlangenwurzel, Virginische Schlangenwurzel, Radix Polygalae senegae. Snake root, Seneca root (engl.). Racine de sénéga, Racine de Polygala (franz.).

Herkunft: *Polygala senega* ist in den Wäldern Nordamerikas beheimatet, *Polygala tenuifolia* kommt in den gemäßigten Zonen Asiens vor, bes. in Japan und Indien; die Droge wird aus den USA, Canada und Indien importiert.

Inhaltsstoffe: 6–12% Saponine vom Typ der Triterpenglykoside [1, 2], die sog. Senegasaponine A–D mit dem Aglykon Presenegin; *Polygala tenuifolia* enthält strukturell sehr ähnliche Substanzen, die Onjisaponine [3]. Der Hämolytische Index der Droge liegt bei 3000 bis 5000 (ÖAB mind. 2500). Etwa 5% Lipide; verschiedene Mono- und Oligosaccharide, die z.T. mit Säuren verestert sind wie die sog. Senegosen A bis I [4] oder die Tenuifolosen A bis P [5]; zahlreiche Xanthonderivate [6]; Spuren von ätherischem Öl und von Harmanalkaloiden; kleine Mengen Methylsalicylat und dessen Glucosid.

Indikationen: Aufgrund des Saponingehaltes als Expektorans bei Bronchitis mit zähem oder geringem Auswurf, bei Luftröhrenkatarrh und Emphysemen.
Die aus der Droge isolierten Saponine bewirken, i.p. an der Ratte, eine Steigerung des ACTH-, Corticosteron- und Glucose-Blutspiegels [7].
Die Xanthonderivate hemmen die Aldosereduktase, sie werden in isolierter Form bei Diabetes verwendet: Japanisches Patent, s. C.A. **118**, P175770 (1992).

Nebenwirkungen: Nur bei Überdosierung: Brechreiz, Durchfall, Magenbeschwerden, Übelkeit.

Teebereitung: 0,5 g fein geschnittene oder grob gepulverte Droge werden mit kaltem Wasser angesetzt, langsam zum Sieden erhitzt und nach 10 min durch ein Teesieb gegeben. Als Sekretolytikum 2–3mal täglich 1 Tasse Tee, in schweren Fällen alle 2 Stunden, dann aber Nebenwirkungen beachten!
1 Teelöffel = etwa 2,5 g.

Teepräparate: Keine.

Phytopharmaka: Ein Extrakt aus der Droge ist in wenigen Kombinationsarzneimitteln aus der Indikationsgruppe der Bronchialtherapeutica enthalten, z.B. Asthma-6-N (Saft), Vaubropect®P infant (Saft).

Prüfung: Makroskopisch (s. Beschreibung) und mikroskopisch. Die Droge enthält weder Stärke noch Oxalatkristalle, auch Steinzellen und Bastfasern fehlen, dafür kommen im Rindenparenchym Öltröpfchen vor. Im Holzkörper Hoftüpfeltracheiden, kurze Gefäße und Holzfasern.
0,1 g gepulverte Droge, mit kochendem Wasser übergossen, gibt nach dem Abkühlen beim Umschütteln einen beständigen Schaum.

Auszug aus der Monographie der Kommission E
(BAnz Nr. 50 vom 13.03.1986 und BAnz Nr. 50 vom 13.03.1990)

Anwendungsgebiete
Katarrhe der oberen Luftwege.

Gegenanzeigen
Keine bekannt.

Nebenwirkungen
Magen-Darm-Reizungen bei längerer Anwendung.

Wechselwirkungen mit anderen Mitteln
Keine bekannt.

Dosierung
Tagesdosis:
1,5 bis 3 g Droge
1,5 bis 3 g Fluidextrakt
(entspr. EB 6)
2,5 bis 7,5 g Tinktur
(entspr. EB 6)
Zubereitungen entsprechend.

Art der Anwendung
Zerkleinerte Droge für Abkochungen sowie andere galenische Zubereitungen zum Einnehmen.

Wirkungen
sekretolytisch, expektorierend.

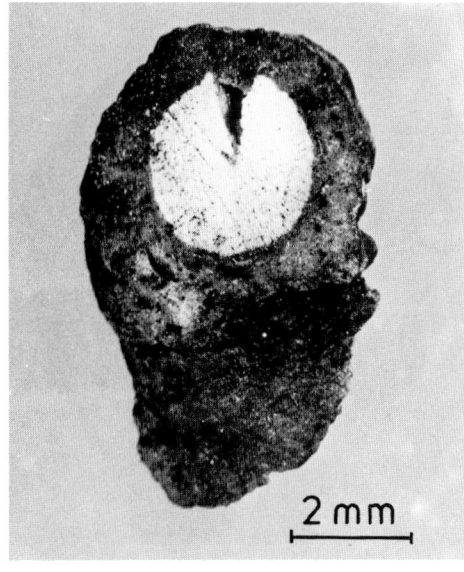

Abb. 3: Querbruch der Wurzel mit kielartiger Leiste (unten) und gegenüberliegend keilförmig ausgespartem Holzkörper (oben)

Hämolytischer Index nach ÖAB mind. 2500. DC-Prüfung auf Saponine nach DAB 1996 [8, 9].

Verfälschungen: Kommen gelegentlich vor, vorwiegend durch Wurzeln anderer *Polygala*-Arten; sie lassen sich oft schon makroskopisch, sicher aber bei der mikroskopischen Prüfung (Stärke, Kristalle, Steinzellen etc.) erkennen.

Literatur:
[1] C. Adler und K. Hiller, Pharmazie **40**, 676 (1985).
[2] G. Bader, Pharmazie **49**, 391 (1994).
[3] S. Sakuma und Mitarb., Chem. Pharm. Bull. **30**, 810 (1982).
[4] H. Saitoh, T. Miyase und A. Ueno, Chem. Pharm. Bull. **41**, 2125 (1993).
[5] T. Miyase, Y. Iwata und A. Ueno, Chem. Pharm. Bull. **40**, 2741 (1992).
[6] T. Fujita und Mitarb., Phytochemistry **31**, 3997 (1992).
[7] H. Yokojama und Mitarb., Yakugaku Zasshi **102**, 555 (1982); C.A. **97**, 156258 (1982).
[8] H. Wagner, S. Bladt und E.M. Zgainski, Drogenanalyse. Springer-Verlag Berlin, Heidelberg, New York 1983.
[9] Kommentar DAB 10.

Wichtl

Polygoni avicularis herba — Vogelknöterichkraut

Abb. 1: Vogelknöterichkraut
Beschreibung: Der 0,5–2 mm dicke, zylindrische oder schwach kantige, längsstreifige Stengel trägt sitzende oder nur kurz gestielte, kahle, ganzrandige Blätter, in Form und Größe je nach Standortsform recht verschieden. Die zu Scheiden umgewandelten Nebenblätter (Ochrea), die für die Droge besonders typisch sind, zeigen die Form zerschlitzter, weißer, am Grunde brauner Häutchen. Die in den Blattachseln stehenden kleinen Blüten bestehen aus einem fünfspaltigen, grünlichweißen Perigon, das an den Spitzen häufig rot gefärbt ist. Die Früchte sind braune, dreikantige Nüßchen. Die stets vorhandenen Wurzeln sind dünn, bräunlich, mit vereinzelten haardünnen Nebenwurzeln (s. auch Abb. 3).

Abb. 2: *Polygonum aviculare* L.
Die auf Äckern und Wegen verbreitete, annuelle Ruderalpflanze gehört einer sehr formenreichen Art an mit niederliegenden, verzweigten Sprossen und elliptischen bis schmalen, etwa 3 cm langen Blättern mit durchscheinender Ochrea. Die grünlichen bis rötlichen, kleinen Blüten erscheinen zu 1 bis 5 in den Blattachseln.

ÖAB: Herba Polygoni
DAC 1986: Vogelknöterichkraut

Stammpflanze: *Polygonum aviculare* L. s.l. (Vogelknöterich), Polygonaceae.

Synonyme: Blutkraut, Homeriana-Tee, Weidemannscher Tee, Sanguinaria-Tee, Russischer Knöterichtee, Herba Sanguinalis, Herba Centumnodii. Herb of knotweed (engl.). Herbe de renouée des oiseaux (franz.).

Herkunft: Kosmopolit der gemäßigten Zonen. Die Droge wird aus osteuropäischen Ländern importiert.

Inhaltsstoffe: 0,2–1% Flavonoide (Derivate des Kämpferols, Quercetins und Myricetins, besonders Avicularin= Quercetin-3-arabinosid); Schleimstoffe, die bei der Hydrolyse Galacturonsäure, Glucose, Galactose, Arabinose und Rhamnose liefern [1]; etwas Gerbstoff; etwa 1% Kieselsäure, ein kleiner Teil in Form wasserlöslicher Silikate; Phenolcarbonsäuren, Cumarinderivate wie Umbelliferon und Scopoletin, ferner Aviculin, ein Lignan [2] sowie eine Anzahl ubiquitär vorkommender Pflanzeninhaltsstoffe.

Indikationen: Die Droge wird fast ausschließlich _volksmedizinisch_ als Expektorans und Sekretolytikum bei Husten und Bronchialkatarrh verwendet, ferner als Adjuvans bei Lungenkrankheiten (wie andere kieselsäurehaltige Drogen), auch gegen Nachtschweiß bei an Tuberkulose erkrankten Personen. Weiters in der _Volksmedizin_ als Diuretikum, als Hämostyptikum bei Blutungen verschiedener Art und bei Hautaffektionen.
Extrakte aus Vogelknöterichkraut erwiesen sich bei pharmakologischen Prüfungen als wirksame ACE-Hemmstoffe, wobei vor allem die Gerbstoffe an diesem Effekt beteiligt sein dürften [3]; Rückschlüsse auf eine antihypertone Wirkung dürfen aus diesen in vitro-Untersuchungen natürlich nicht gezogen werden. Die Flavonoidfraktion des Vogelknöterichkrautes hemmt die Thrombocytenaggregation, vermutlich durch Beeinflussung der Cyclooxygenase [4].

Teebereitung: 1,5 g fein geschnittene Droge werden mit kaltem Wasser angesetzt, zum Sieden erhitzt und nach 5–10 min abgeseiht. Als Adjuvans bei Husten und Bronchialkatarrh 3–5mal täglich 1 Tasse Tee.
1 Teelöffel= etwa 1,4 g.

Teepräparate: Die Droge wird selten in Hustenteemischungen verwendet.

Phytopharmaka: Extrakte aus der Droge werden in wenigen Kombinationsarzneimitteln gegen Husten verwendet, z.B. Tussiflorin®N (Saft und Tropfen) und Tussiflorin®K (Saft).

Auszug aus der Monographie der Kommission E
(BAnz Nr. 76 vom 23.04.1987 und Nr. 50 vom 13.03.1990)

Anwendungsgebiete
Leichte Katarrhe der Luftwege; entzündliche Veränderungen der Mund- und Rachenschleimhaut.

Gegenanzeigen
Keine bekannt.

Nebenwirkungen
Keine bekannt.

Wechselwirkungen mit anderen Mitteln
Keine bekannt.

Dosierung
Soweit nicht anders verordnet: mittlere Tagesdosis: 4 bis 6 g Droge; Zubereitungen entsprechend.

Art der Anwendung
Zerkleinerte Droge für Aufgüsse sowie andere galenische Zubereitungen zum Einnehmen und zur lokalen Anwendung.

Wirkungen
adstringierend,
ACE-Hemmung in vitro.

Prüfung: Mittels DC nach DAC 1986. Makroskopisch (s. Beschreibung) und mikroskopisch nach DAC 1986. Im Mesophyll der Blätter, aber auch im Stengel zahlreiche, z.T. sehr große Calciumoxalatdrusen (Abb. 4). Mit konz. Kalilauge färben sich die Blattepidermen und einige Mesophyllzellen beim Erwärmen rot bis rotviolett. Blattbruchstücke werden mit Eisen-(III)-chloridlösung fast schwarz gefärbt.

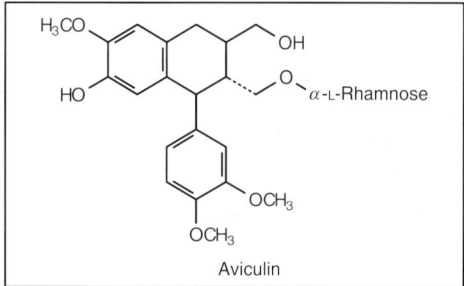
Aviculin

Abb. 3: Länglich-langzettliches Blättchen (links), 3kantige braun-schwarze Nüßchen (Mitte) und fein längsgestreiftes Stengelbruchstück mit Knoten (rechts)

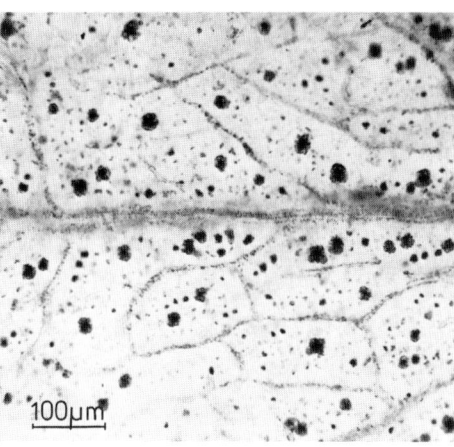

Abb. 4: Massenhaftes Vorkommen von Oxalatdrusen (z.T. sehr groß) im Blatt

Verfälschungen: Kommen in der Praxis nicht vor.

Literatur:
[1] A.I. Yakovlev, G.I. Churilov und A.I. Ginak, Khim. Prir. Soedin **1985**, 619; C.A. **104**, 85430 (1986).
[2] H.J. Kim, E.R. Woo und H. Park, J. Nat. Prod. **57**, 581 (1994).
[3] J. Inokuchi und Mitarb., Chem. Pharm. Bull. **33**, 264 (1985); C.A. **102**, 197701 (1985).
[4] A.G. Panosyan und Mitarb., Khim.-Farm. Zh. **20**, 190 (1986); C.A. **104**, 199798 (1986).

Wichtl

Primulae flos — Primelblüten

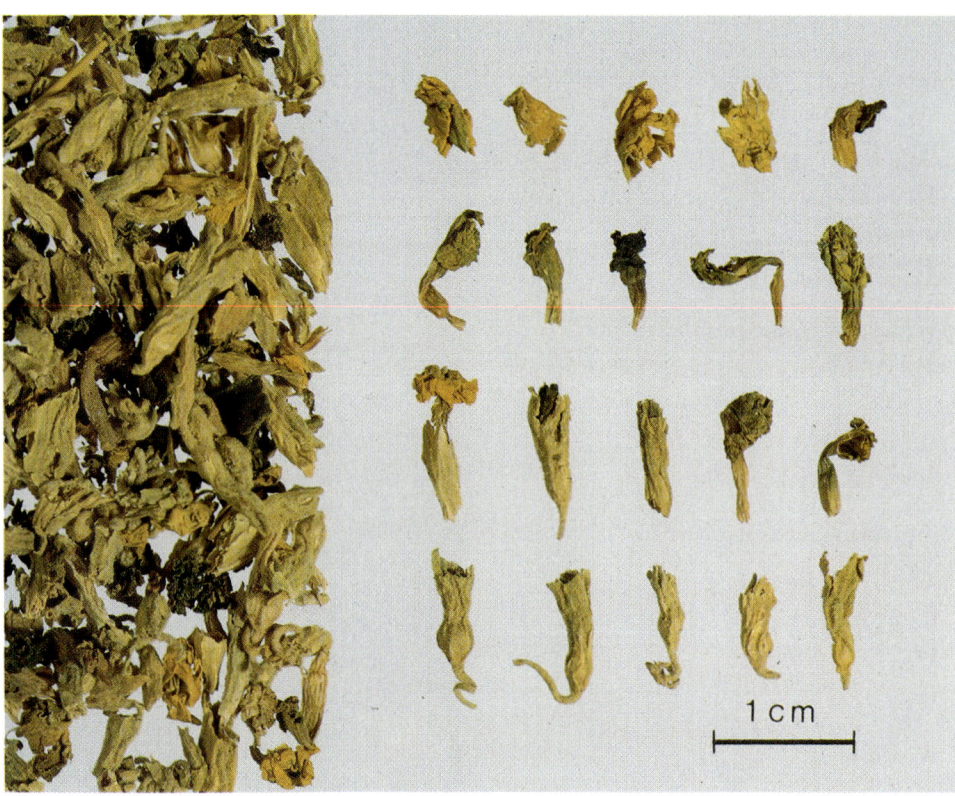

1 cm

Abb. 1: Primelblüten

Die Droge besteht entweder aus den vollständigen Blüten oder nur aus Kronblättern, Staubblättern und Fruchtknoten (Flores Primulae sine calycibus); letztere Droge ist weniger gebräuchlich und zu deklarieren („ohne Kelch").

Beschreibung: Die etwa 15 mm lange Blumenkronröhre ist hell- bis bräunlichgelb mit einem zitronengelben Kronsaum; sie endet in 5 verkehrt herzförmigen Lappen (diese Form ist nur nach Einweichen in Wasser erkennbar!), die am Grunde orangegelbe Flecken (beim Trocknen verblassend) besitzen. Kronsaum und Korollappen können z.T. grün verfärbt sein (s. Prüfung).
Der Kelch ist grünlichbraun mit 5 stark hervortretenden Rippen und kurz zugespitzten Zähnen.

Geruch: Schwach, eigenartig, an Honig erinnernd.

Geschmack: Schwach süßlich.

Abb. 2: *Primula veris* L.

Die Frühlingsschlüsselblume ist eine ca. 20 cm hohe, behaarte Staude, die grobrunzelige Blattspreite der grundständigen Rosette ist jäh in den Blattstiel verschmälert. Die goldgelben, verwachsenkronblättrigen, duftenden Blüten mit einem orangeroten Fleck in der Mitte erscheinen bis zu 30 zu einer nickenden, einseitswendigen Dolde vereinigt.

Erg. B. 6: Flores Primulae cum Calycibus
Erg. B. 6: Flores Primulae sine Calycibus
St. Zul. 1659.99.99 (Schlüsselblumenblüten)

Stammpflanze: *Primula veris* L., syn. *Primula officinalis* (L.) HILL. (Wiesen- oder Frühlings-Schlüsselblume), Primulaceae; für die St. Zul. sind auch die Blüten von *Primula elatior* (L.) HILL. (Hohe Schlüsselblume, Wald-Schlüsselblume), Primulaceae, zugelassen.

Synonyme: Schlüsselblumen (-blüten), Himmelschlüsselblumen, Aurikeln, Flores Paralyseos. Primrose flower, Primula flower, Paigle(s), Peagle (engl.). Fleurs de primevère (franz.).

Herkunft: In Zentral- und Vorderasien sowie in Europa verbreitet auf sonnigen Wiesen und in lichten Gebüschen, z.T. aber lokal fehlend. Drogenimporte heute zunehmend aus dem Anbau in einigen Balkanländern und Rußland.

Inhaltsstoffe: Kleine Mengen an Saponinen (bes. Primulasäure), vorwiegend in den Kelchblättern (da bis etwa 2%). In den übrigen Blütenteilen kaum Saponine, jedoch 3% Flavonoide [1, 2]; Blüten von *Primula elatior* enthalten relativ mehr Rutosid (0,54%) als die Blüten von *Primula veris* (0,16%), außerdem Kämpferol-3-rutinosid und Isorhamnetin-3-glucosid, die in *P. veris* fehlen [1]. Carotinoide [3]; Spuren von ätherischem Öl; Enzyme (Primverase); D-Volemitol (=Glycero-D-manno-heptitol) und andere Zuckeralkohole.

Indikationen: Als mild wirkendes Sekretolytikum und Expektorans bei Husten, Bronchitis und Erkältungskrankheiten.

Gossypetin

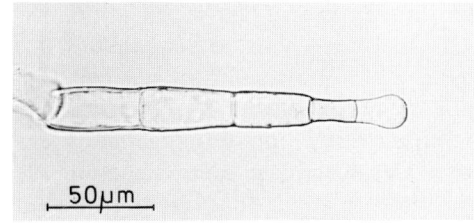

Abb. 3: Gliederhaar mit birnenförmiger Endzelle

Volksmedizinisch als Nervinum bei Kopfschmerzen, Neuralgien, Gliederzittern, als Hydrotikum, auch als „Herztonikum" bei Schwindelgefühl und Herzschwäche; alle diese Indikationen empirisch und ohne rechte Begründung.

Auszug aus der Monographie der Kommission E (BAnz Nr. 122 vom 06. 07. 1988 und Nr. 50 vom 13. 03. 1990)

Anwendungsgebiete
Katarrhe der Luftwege.

Gegenanzeigen
Bekannte Allergie gegen Primeln.

Nebenwirkungen
Magenbeschwerden und Übelkeit können vereinzelt auftreten.

Wechselwirkungen mit anderen Mitteln
Keine bekannt.

Dosierung
Soweit nicht anders verordnet:
Tagesdosis: 2 bis 4 g Droge, 2,5 bis 7,5 g Tinktur (entsprechend EB6), Zubereitungen entsprechend.

Art der Anwendung
Zerkleinerte Droge für Aufgüsse sowie andere galenische Zubereitungen zum Einnehmen.

Wirkungen
sekretolytisch, expektorierend.

Nebenwirkungen: Bei Allergie gegenüber Primeln kann es zu Hautreaktionen kommen. Erhebliche Überdosierung verursacht u.U. Magenbeschwerden und Übelkeit.

Teebereitung: 2–4 g Droge werden mit kochendem Wasser übergossen und nach 10 min durch ein Teesieb gegeben. Als Bronchialtee mehrmals täglich 1 Tasse Tee, mit Honig gesüßt.
1 Teelöffel=etwa 1,3 g.

Teepräparate: Die Droge wird nur selten als Tee oder in Teegemischen (Hustentees) verwendet.

Phytopharmaka: Drogenextrakte werden in einigen Kombinationspräparaten verwendet, z.B. im Sekretolytikum Sinupret® (Dragees) oder im Expektorans Expectysat® N Bürger (Saft und Tropfen).

Wortlaut der Packungsbeilage gemäß Standardzulassung:

6.1 Anwendungsgebiete

Als unterstützende Maßnahme zur Förderung der Schleimsekretion und Reizlinderung bei Katarrhen der oberen Luftwege.

6.2 Nebenwirkungen

Bei bestimmungsgemäßem Gebrauch nicht bekannt.

Hinweis: Nach Kontakt der Blüten mit der Haut können in seltenen Fällen Überempfindlichkeiten (Allergien) in Form von Hautrötungen mit Bläschenbildung auftreten.

6.3 Dosierungsanleitung und Art der Anwendung

Etwa 1 bis 2 Teelöffel voll (2 bis 4 g) **Schlüsselblumenblüten** werden mit siedendem Wasser (ca. 150 ml) übergossen und nach 10 Minuten durch ein Teesieb gegeben.
Soweit nicht anders verordnet, wird mehrmals täglich, besonders morgens nach dem Aufwachen und abends vor dem Schlafengehen, 1 Tasse Teeaufguß möglichst heiß getrunken.

6.4 Hinweis

Vor Licht und Feuchtigkeit geschützt aufbewahren.

Prüfung: Makroskopisch (s. Beschreibung) und mikroskopisch. Mehr als 30% Anteil an grün verfärbten Blüten darf nicht vorhanden sein. Im mikroskopischen Bild fallen die fein knotig verdickten, kutikular gestreiften Epidermiszellen der Korolle auf, ferner die auf den Kelchblättern vorkommenden Gliederhaare mit birnenförmiger Endzelle (Abb. 3); ähnliche Haare finden sich auch auf den Korollblättern [3].

Verfälschungen: Nach Erg. B. 6 waren die Blüten von *Primula elatior* (L.) HILL. als Verfälschung anzusehen. Sie sind schwefelgelb und zeigen in der Schlundröhre keine orangegelben Flekken. Der Kelch ist nicht bauchig wie bei *Primula veris*, die Kelchzähne sind lang zugespitzt. Die St. Zul. 1659.99.99 läßt jedoch die Blüten von *Primula elatior* ausdrücklich zu.

Literatur:
[1] C. Petitjean-Freytet, A. Carnat und J.L. Lamaison, Plantes Méd. Phytothér. **26**, 27 (1993).
[2] J.B. Harborne, Phytochemistry **7**, 1215 (1968).
[3] F. Zonta, B. Stancher und G. Pertoldi-Marletta, J. Chromatogr. **403**, 207 (1987).

Nagell

Primulae radix — Primelwurzel
DAB 1996

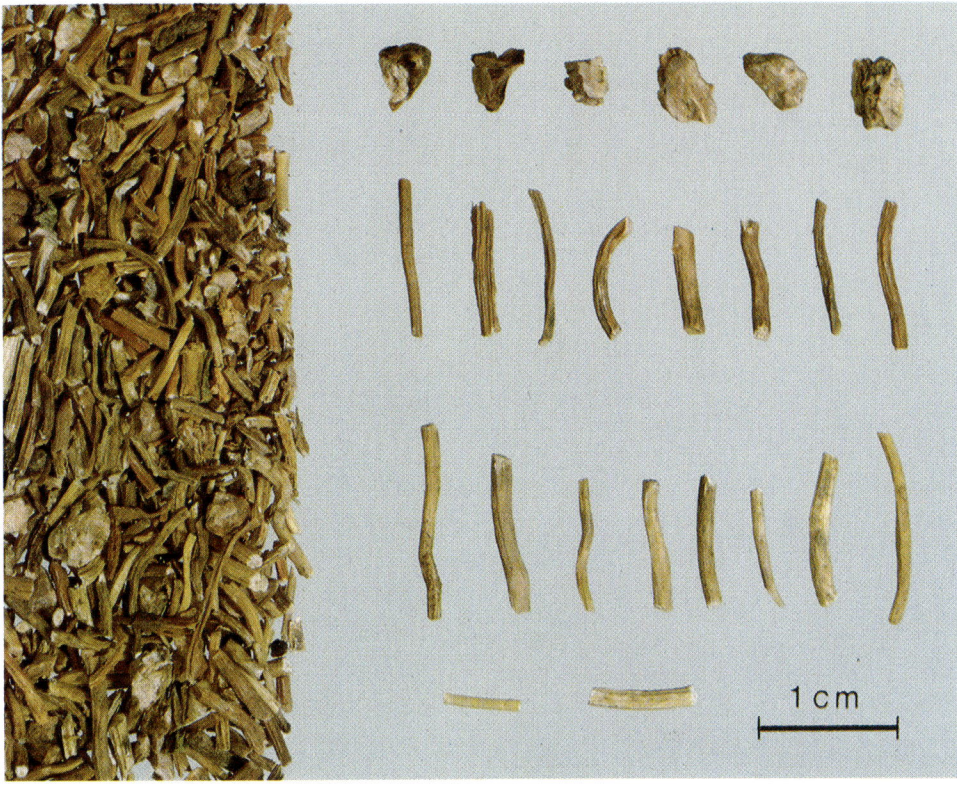

Abb. 1: Primelwurzel

Die Droge besteht aus Rhizom und Wurzeln.

Beschreibung: Das dichtbewurzelte Rhizom ist graubraun, unregelmäßig gekrümmt, warzig-höckerig, 2–5 mm dick und 1–5 cm lang. Die nur etwa 1 mm dicken, mehrere cm langen, brüchigen, schwach längsgefurchten Wurzeln sind hellgelb bis weißlichgelb (*Primula veris*) oder blaßbraun bis rötlichbraun (*Primula elatior*).

Geruch: Schwach, eigentümlich, an Salicylsäuremethylester (*Primula elatior*) oder an Anis (*Primula veris*) erinnernd.

Geschmack: Widerlich kratzend.

Vorsicht beim Zerkleinern, das Drogenpulver reizt beim Verstäuben stark zum Niesen.

Abb. 2 und 3: *Primula elatior* (L.) Hill.

Die Waldschlüsselblume wird etwas größer als die Wiesenschlüsselblume (s. S. 454, Abb. 2), sie duftet kaum, der Blütenstand ist wenigerblütig (1–20), die Einzelblüten sind blaßgelb mit etwas dunklerem Zentrum.

ÖAB: Radix Primulae
St. Zul. 2389.99.99

Stammpflanzen: *Primula veris* L. syn. *Primula officinalis* (L.) Hill. (Wiesen-Schlüsselblume) und *Primula elatior* (L.) Hill. (Hohe oder Wald-Schlüsselblume), Primulaceae.

Synonyme: Schlüsselblumenwurzel, Rhizoma Primulae, Radix Paralyseos. Primula root (engl.). Racine de primevère (franz.).

Herkunft: In Zentral- und Vorderasien sowie in Europa verbreitet, aber stellenweise fehlend. Die Wurzeln der ausdauernden Pflanzen werden am besten im 3. Jahr geerntet. Drogenimporte aus dem ehemaligen Jugoslawien, der Türkei und Bulgarien.

Inhaltsstoffe: 3–12% Triterpensaponine (in *Primula veris* von mehreren,

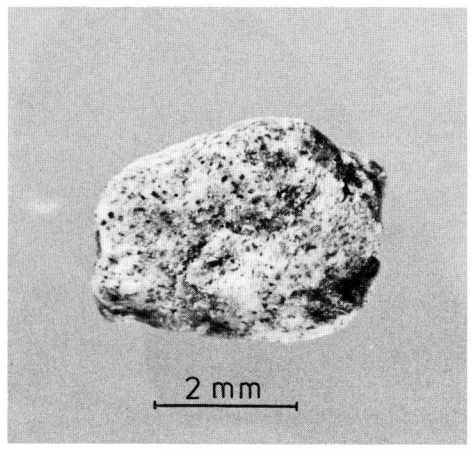

Abb. 4: Helles Rhizombruchstück mit Gerbstoffidioblasten (Inklusen; dunkle Punktierung)

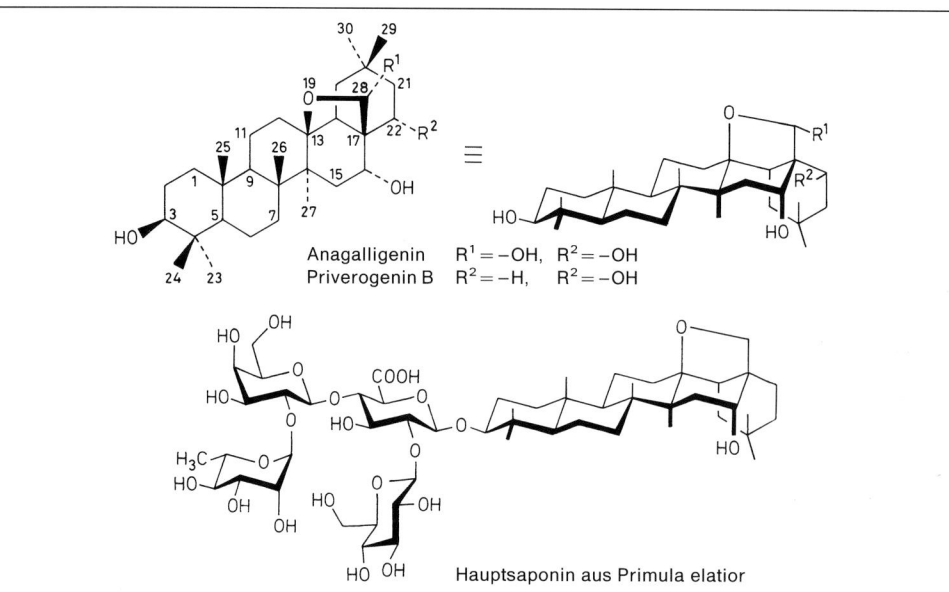

nahe verwandten Aglykonen abgeleitet wie Anagalligenin, Priverogenin B und dessen Acetat, in *Primula elatior* von Protoprimulagenin A stammend [1]; die Zuckerketten sind bei den Saponinen beider Arten praktisch identisch. Phenolglykoside, bes. Primulaverin (=Primulaverosid), deren fermentativer Abbau beim Trocknen zu den charakteristischen Geruchsstoffen der Droge führt, z.B. dem 5-Methoxysalicylsäuremethylester; seltene Zucker und Zuckeralkohole; kleine Mengen an Gerbstoff (nur in *Primula veris*).

Indikationen: Aufgrund des Saponingehaltes als sekretomotorisch und sekretolytisch wirksames Expektorans bei Bronchitis, Katarrhen der Atemwege, Husten, Erkältungskrankheiten und Verschleimungen im bronchopulmonalen Bereich.

Volksmedizinisch wird Primelwurzel auch bei Keuchhusten, Asthma, Gicht und neuralgischen Beschwerden verwendet.

Nebenwirkungen: Nur bei Überdosierung; Symptome sind Brechreiz, Übelkeit und Diarrhöe.

Teebereitung: 0,2–0,5 g fein zerschnittene oder grob gepulverte Droge werden mit kaltem Wasser angesetzt, zum Sieden erhitzt und 5 min lang stehen gelassen; anschließend abseihen. Als Expektorans alle 2–3 Stunden 1 Tasse Tee, mit Honig gesüßt.
1 Teelöffel = etwa 3,5 g

Teepräparate: Die Droge wird gelegentlich in Hustentee-Mischungen verwendet.

Phytopharmaka: Extrakte aus der Droge werden im Monopräparat Ipalat (Pastillen) und in zahlreichen Kombinationspräparaten der Gruppe Expektorantia verwendet, z.B. Bronchicum (Elixir und Lösung), Bronchipret (Filmtabletten), Melrosum (Hustensirup), Phytobronchin (Saft, Filmtabletten und Tinktur), Primotussan (Tropfen), Tussiflorin (Saft und Tropfen) u.v.a.

Prüfung: Makroskopisch und mikroskopisch nach DAB 1996. Die hellen Rhizombruchstücke zeigen in der Lupenvergrößerung deutliche Gerbstoffidioblasten (Abb. 4). Die Rhizome von *Primula elatior* enthalten im Mark gelbgrüne, stark getüpfelte Steinzellen. Die Stärkekörner sind einfach oder mehrfach zusammengesetzt; die Einzelkörner sind sack-, keulen- oder stäbchenförmig und 5–15 µm lang.
Die DC-Prüfung nach DAB 1996 erlaubt durch den Nachweis der charakteristischen Saponine eine Unterscheidung beider Primula-Arten [2, 3].
Hämolytischer Index nach ÖAB mindestens 3000.

Auszug aus der Monographie der Kommission E
(BAnz Nr. 122 vom 06. 07. 1988 und Nr. 50 vom 13. 03. 1990)

Anwendungsgebiete
Katarrhe der Luftwege.

Gegenanzeigen
Keine bekannt.

Nebenwirkungen
Magenbeschwerden und Übelkeit können vereinzelt auftreten.

Wechselwirkungen mit anderen Mitteln
Keine bekannt.

Dosierung
Tagesdosis: 0,5 bis 1,5 g Droge, 1,5 bis 3 g Tinktur (entspr. ÖAB), Zubereitungen entsprechend.

Art der Anwendung
Zerkleinerte Droge für Aufgüsse und Kaltmazerate sowie andere galenische Zubereitungen zum Einnehmen.

Wirkungen
sekretolytisch,
expektorierend.

Verfälschungen: Als solche sind im Drogenhandel und in der Praxis die recht ähnlich aussehenden Wurzeln und Rhizome von *Vincetoxicum hirundinaria* MEDIK., syn. *Vincetoxicum officinale* MOENCH (Weiße Schwalbenwurz), Asclepiadaceae, beobachtet worden. Die Wurzeln dieser (giftigen) Verfälschung lassen sich mikroskopisch an dem sehr breiten Holzkörper mit diarchem Leitbündel und am Vorkommen zahlreicher Oxalatdrusen im Rindenparenchym erkennen. Zusätzlich läßt sich *Vincetoxicum* mittels einer Farbreaktion [4] nachweisen: 0,5 g gepulverte Droge werden mit 10 ml Toluol 15 min lang unter Rückfluß extrahiert; 0,25 ml des Filtrats werden eingedampft, der Rückstand wird mit 0,25 ml einer Mischung aus 5 ml konz. Schwefelsäure + 0,4 ml 10,5%iger Eisen(III)-chloridlösung versetzt: wenn *Vincetoxicum*-Wurzeln vorhanden waren, färbt sich die Lösung schwach violett, die Färbung geht innerhalb 30 min in blaugrün über. Die Färbung wird durch (toxische) Steroidglykoside, die in *Vincetoxicum* vorkommen, verursacht. Im DC nach DAB 1996 sind diese Steroide bei Rf $\sim 0{,}1$ bis 0,35 als hellblau bis grünlich fluoreszierende Zonen erkennbar.

Wortlaut der Packungsbeilage gemäß Standardzulassung:

6.1 Stoff- oder Indikationsgruppe
Pflanzliches Mittel zur Behandlung von Atemwegserkrankungen.

6.2 Anwendungsgebiete
Katarrhe der Luftwege.

6.3 Gegenanzeigen
Keine bekannt.

6.4 Wechselwirkungen mit anderen Mitteln
Keine bekannt.

6.5 Dosierungsanleitung und Art der Anwendung
Soweit nicht anders verordnet, wird 1- bis 3mal täglich eine Tasse des wie folgt bereiteten Teeaufgusses getrunken:
Eine Teelöffelspitze voll (ca. 0,5 g) Primelwurzel oder die entsprechende Menge in einem oder mehreren Aufgußbeutel(n) wird mit siedendem Wasser (ca. 150 ml) übergossen und nach etwa 10 bis 15 Minuten gegebenenfalls durch ein Teesieb gegeben.

6.6 Dauer der Anwendung
Bei akuten Beschwerden, die länger als eine Woche andauern oder periodisch wiederkehren, wird die Rücksprache mit einem Arzt empfohlen.

6.7 Nebenwirkungen
Vereinzelt können Magenbeschwerden und Übelkeit auftreten.

6.8 Hinweis
Vor Licht und Feuchtigkeit geschützt aufbewahren.

Literatur:
[1] I. Calis und Mitarb., J. Nat. Prod. **55**, 1299 (1992).
[2] G. Vogel, Planta Med. **11**, 362 (1963).
[3] E. Stahl, Arch. Pharm. (Weinheim) **306**, 693 (1973).
[4] L. Langhammer, Dtsch. Apoth. Ztg. **104**, 1183 (1964).

Wichtl

Pruni spinosae flos — Schlehenblüten

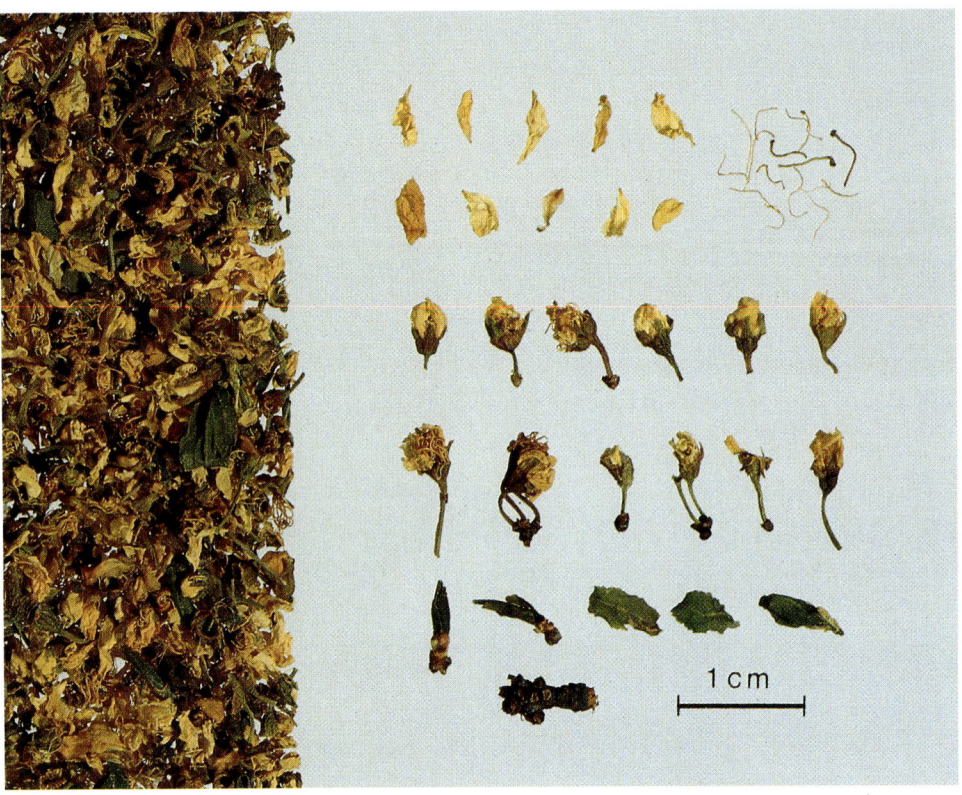

Abb. 1: Schlehenblüten

Beschreibung: Die Ganzdroge besteht aus den sehr kleinen, kurzgestielten, weißlichgelben bis bräunlichen Blüten, die einen kleinen, braunen Blütenbecher besitzen, an dessen oberen Rand 5 durchschnittlich 2 mm lange, breitlanzettliche, ganzrandige Kelchblätter, 5 gelblichweiße, ovale 4 bis 6 mm lange, kurzgenagelte Kronblätter und zahlreiche Staubblätter mit langen Filamenten und eiförmigen Antheren sitzen. Im Grund des Blütenbechers sitzt ein einfächeriger Fruchtknoten, der einen langen Griffel und eine kopfförmige Narbe trägt. – Die Schnittdroge besteht aus den ganzen, 6 bis 8 mm großen Blüten und vereinzelten abgefallenen, gelblichweißen, ovalen Kronblättern. Knorpelige Zweigstücke (unterste Reihe) sollen nur vereinzelt vorhanden sein.

Geschmack: Schwach bitter.

Abb. 2: *Prunus spinosa* L.

Die etwa 10–15 mm großen, 5-zähligen, weißen Blüten des bis 4 m hoch werdenden, stark verzweigten, dornigen Strauches mit sehr dunkler Rinde erscheinen vor den Blättern. Diese sind ca. 3–4 cm lang, oval, mattgrün mit fein gesägtem Rand. Die säuerlich-adstringierend schmeckenden Früchte sind kugelige, blauschwarze, einsamige Steinfrüchte.

> **DAC 1986: Schlehdornblüten**

Stammpflanze: *Prunus spinosa* L. (Schlehdorn), Rosaceae.

Synonyme: Flores Acaciae (germanicae); Flores Acaciae nostratis; Schwarzdornblüten, Heckendornblüten, Eschendornblüten. Blackthorn flower (engl.). Fleurs de prunellier, Fleurs d'épine noire (franz.).

Herkunft: In lichten Gebüschen und Hecken, an sonnigen Hängen Europas und Vorderasiens (fehlt im Norden), des Kaukasus und Nordafrikas. In Nordamerika verwildert. Importe von Wildsammlungen aus Ost- und Südosteuropa.

Inhaltsstoffe: Quercetin- und Kämpferol-Glykoside (u.a. Quercitrin, Rutin, Hyperosid), nach DAC 1986 mind. 2,5%. Blausäureglykoside (Amygdalin), wenn überhaupt, nur in den frischen Blüten [1]. Für die in manchen Heilpflanzenbüchern angegebenen Cumarine als Inhaltsstoffe lassen sich in der wissenschaftlichen Literatur keine Hinweise finden.

Indikationen: Ausschließlich in der *Volksmedizin* als mildes Laxans, Diuretikum, Diaphoretikum und Expektorans. In der Homöopathie bei „Herzschwäche" und „Nervenschmerzen im Kopfbereich".

Anmerkung: Gelegentlich werden auch die Früchte und Blätter des Schlehdorns in der *Volksmedizin* verwendet: So u.a. der Saft der Früchte als Gurgelmittel bei Mund-, Hals- und Zahnfleischentzündungen, Schlehensirup und -wein als Purgans und Diuretikum, Fruchtmarmelade bei Magenschwäche; die Blätter ähnlich wie die Blüten und die Früchte als Adstringens und Diuretikum.

Nebenwirkungen: In üblichen Dosen nicht zu erwarten.

Teebereitung: 1–2 gehäufte Teelöffel voll mit kochendem Wasser übergießen, 5–10 min unter gelegentlichem Umrühren stehen lassen und dann abseihen.

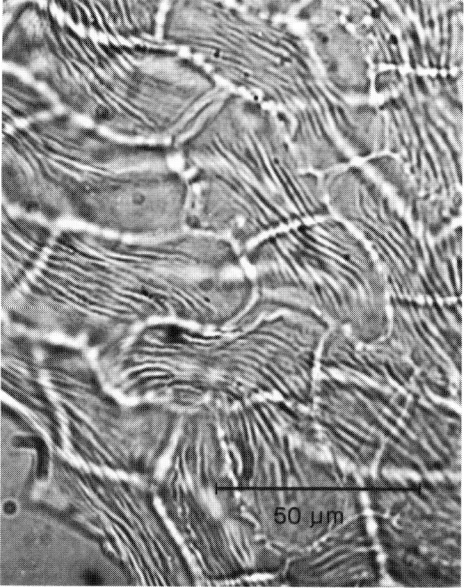

Abb. 3: Epidermis des Blütenbechers mit wellig gestreifter Kutikula

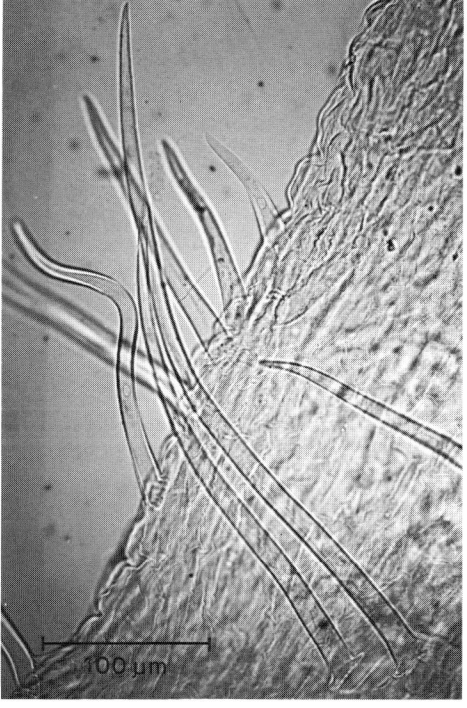

Abb. 4: Einzellige, zugespitzte Haare des Blütenbechers

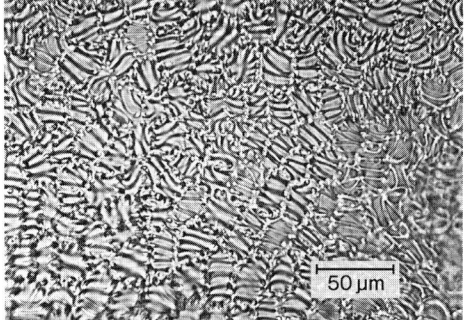

Abb. 5: Endothecium mit spangenförmigen Verdickungsleisten

Bei Bedarf 1 bis 2 Tassen tagsüber oder 2 Tassen abends.
1 Teelöffel = etwa 1,0 g.

Teepräparate: Die Droge ist nur noch als Hilfsstoff in einigen wenigen Teegemischen enthalten.

Prüfung: Makroskopisch (siehe Beschreibung) und mikroskopisch. Die Epidermis des Blütenbechers zeigt eine deutlich gestreifte, gekräuselte Kutikula (Abb. 3) und führt einzellige, etwa 150 µm lange, zugespitzte Haare (Abb. 4). Das Endothecium besitzt derbe Verdickungsleisten (Abb. 5). Die Pollenkörner sind kugelig, mit dünner Exine und 3 Austrittsporen. Auf den Blütenstielen findet man einzellige, kurze kegelförmige Haare.

Verfälschungen: Zu achten ist auf Beimengungen von Stengelteilen, Dornen und Blattresten, die nur vereinzelt vorkommen dürfen. Die in [1] beschriebene Verfälschung durch die Blüten der Traubenkirsche (*Prunus padus* L., syn. *Padus avium* MILL.) kommt in der Praxis kaum vor. Diese Blüten sind größer, besitzen zurückgeschlagene Kelchblätter und weisen auf der inneren Epidermis der Blütenachse zahlreiche dünnwandige Schlauchhaare auf; die Kelchblattzähne besitzen große Drüsenzotten.

Aufbewahrung: Vor Licht und Feuchtigkeit geschützt; nach Möglichkeit nicht länger als ein Jahr, da die Droge sonst dunkelbraun und unansehnlich wird.

Literatur:
[1] Hager, Band **6**, 952 (1977).

Czygan

Auszug aus der Monographie der Kommission E (BAnz Nr. 101 vom 01.06.1990)

Anwendungsgebiete
Zubereitungen aus Schlehdornblüten werden bei Erkältungskrankheiten, Erkrankungen und Beschwerden im Bereich der Atemwege, als Abführmittel, bei Durchfall, zur Vorbeugung und Behandlung von Magenkrämpfen, Blähungen, Darmerkrankungen und bei Magenschwäche, ferner bei Wassersucht, Nieren- und Blasenleiden, Blasenkrämpfen sowie als harntreibendes Mittel, als schweißtreibendes Mittel, bei allgemeiner Erschöpfung, in der Rekonvaleszenz, äußerlich bei Hautausschlägen und Hautunreinheiten sowie zur „Blutreinigung" angewendet.

Die Wirksamkeit bei den beanspruchten Anwendungsgebieten ist nicht ausreichend belegt.

Risiken
Nicht bekannt.

Beurteilung
Da die Wirksamkeit nicht ausreichend belegt ist, kann eine therapeutische Anwendung nicht empfohlen werden.
Gegen die Verwendung als Schmuckdroge in Teemischungen bestehen keine Bedenken.

Psyllii semen
Ph. Eur.

Flohsamen
DAB 1996

Abb. 1: Flohsamen

Beschreibung: Dunkel rotbraune, glänzende, länglich-ovale oder länglich-elliptische, 2–3 mm lange Samen. Auf der Bauchseite ist eine durchgehende Furche sichtbar, die in der Mitte eine hellere, runde Abrißstelle zeigt. In Wasser quellen die Samen sehr stark und sind innerhalb kurzer Zeit von einer farblosen durchscheinenden Schleimschicht umgeben.

Geschmack: Fade, schleimig.

Abb. 2: *Plantago psyllium* L.
Einjähriges, niedriges Kraut mit lanzettlichen bis schmal linealen Blättern. Blüten in einer kurzen Ähre vereint.

Ph. Helv. VII: Psyllii semen
St. Zul. 1509.99.99

Stammpflanze: *Plantago afra* L., syn. *P. psyllium* L. 1762, non 1753 (Flohsamen-Wegerich) und *Plantago arenaria* WALDST. et. KIT., syn. *P. indica* L. (Sandwegerich), beide Plantaginaceae. Die für *Plantago afra* ebenfalls verwendete Bezeichnung Strauchwegerich oder Strauchiger Wegerich ist falsch; der Name Strauchwegerich kann nur für die mehrjährige Art *Plantago sempervirens* CRANTZ verwendet werden.

Synonyme: Psyllium, Semen Pulicariae, Heusamen. Fleawort seed, Plantago seed (engl.). Semences (graines) de puces (franz.).

Herkunft: Im Mittelmeerraum beheimatet, dort auch (bes. in Frankreich)

> *Auszug aus der Monographie der Kommission E (BAnz Nr. 223 vom 30.11.1985 und Nr. 50 vom 13.03.1990)*
>
> **Anwendungsgebiete**
> Habituelle Obstipation, Colon irritabile.
>
> **Gegenanzeigen**
> Stenosen der Speiseröhre und des Magen-Darmtraktes.
>
> **Nebenwirkungen**
> In seltenen Fällen allergische Reaktionen, speziell bei pulverisierter Droge und flüssigen Zubereitungen.
>
> **Wechselwirkungen mit anderen Mitteln**
> Keine bekannt.
>
> **Dosierung**
> Tagesdosis: 10–30 g Droge Zubereitungen entsprechend.
>
> **Art der Anwendung**
> Ganze oder zerkleinerte Droge, andere galenische Zubereitungen zur inneren Anwendung.
>
> Hinweis:
> Für Flohsamenschalen wird eine gesonderte Monographie erstellt.
>
> **Wirkungen**
> Darmperistaltik-regulierend.

> *Wortlaut der Packungsbeilage gemäß Standardzulassung:*
>
> **6.1 Stoff- oder Indikationsgruppe**
> Pflanzliches Abführmittel mit Quellstoffen.
>
> **6.2 Anwendungsgebiete**
> Zur Behandlung von Stuhlverstopfung. Bildung von weichem Stuhl, wenn eine erleichterte Darmentleerung erwünscht ist, z.B. bei Einrissen in der Afterschleimhaut, Hämorrhoiden, nach rektal-analen operativen Eingriffen, in der Schwangerschaft, bei Reizdarm.
>
> **6.3 Gegenanzeigen**
> Krankhafte Verengungen der Speiseröhre und im Magen-Darm-Trakt. Drohender oder bestehender Darmverschluß. Schwer einstellbarer Diabetes mellitus.
> In seltenen Fällen können speziell bei Verwendung von pulverisierter Droge allergische Reaktionen auftreten.
>
> **6.4 Wechselwirkungen mit anderen Mitteln**
> Die Resorption von gleichzeitig eingenommenen Medikamenten kann verzögert werden.
>
> Hinweis:
> Bei insulinpflichtigen Diabetikern kann eine Reduzierung der Insulindosis erforderlich sein.
>
> **6.5 Dosierungsanleitung und Art der Anwendung**
> Soweit nicht anders verordnet, wird mehrmals täglich 1 Teelöffel voll (ca. 5 g) Flohsamen nach Vorquellen mit etwas Wasser (ca. 100 ml) unter Nachtrinken von 1 bis 2 Glas Wasser eingenommen.
>
> Hinweis:
> Es sollte ein Abstand von einer halben bis einer Stunde nach der Einnahme von Arzneimitteln eingehalten werden.
>
> **6.6 Nebenwirkungen**
> In Einzelfällen können Überempfindlichkeitsreaktionen auftreten.
>
> **6.7 Hinweis**
> Vor Licht und Feuchtigkeit geschützt aufbewahren.

kultiviert. Die Droge wird aus Frankreich importiert.

Inhaltsstoffe: 10–12% Schleimstoffe, die ausschließlich nur in der Epidermis der Samenschale (ähnlich wie bei Leinsamen) vorkommen; sie sind vorwiegend aus Xylose und Galacturonsäure sowie Arabinose und Rhamnose aufgebaut [1]. Die Samen enthalten fettes Öl, Hemicellulose, Proteine und kleine Mengen an Iridoidglykosiden wie z.B. Aucubin.

Indikationen: Als stark quellfähige Droge zusammen mit reichlich Flüssigkeit als Laxans zur Behandlung der Obstipation. Durch Erhöhung des Füllungsvolumens im Darm kommt es zu einem Dehnungsreiz, der die Defäkation auslöst; zugleich erleichtert die gequollene Schleimmasse als Gleitschicht den Transport des Darminhaltes.
Bei Darmverschluß sind Flohsamen kontraindiziert.

Teebereitung: Entfällt. Zur Einnahme als Laxans läßt man etwa 10 g Droge mit etwas Wasser (ca. 100 ml) vorquellen und nimmt diese Menge unter Nachtrinken von mindestens 200 ml Flüssigkeit ein. Einnahme abends und morgens.
1 Teelöffel = etwa 4,7 g.

Phytopharmaka: Die Droge wird vor allem in USA in zahlreichen Präparaten verwendet, in Deutschland werden Indische Flohsamen häufiger gebraucht (s.d.). Psyllii semen sind enthalten u.a. in Dronapsyll Flohsamenpulver und im Kombinationspräparat Lactoquill Pulver.

Prüfung: Makroskopisch und mikroskopisch nach DAB 1996. Die Quellungszahl muß mindestens 10 (DAB 1996, Ph. Helv. VII) betragen; gute Drogen zeigen höhere Werte, meist zwischen 14 und 19.

Verfälschungen: Kommen nur ganz selten vor. Samen anderer *Plantago*-Arten sind tiefschwarzbraun oder hellrotbraun und quellen in Wasser nur wenig.

Literatur:
[1] M.S. Karawya, S.I. Balbaa und M.S.A. Afifi, Planta Med. **20**, 14 (1971).

Wichtl

Pulmonariae herba

Lungenkraut
DAB 1996

Abb. 1: Lungenkraut

Beschreibung: Die Schnittdroge ist gekennzeichnet durch die meist quadratisch geschnittenen, teils einzelnen, teils mehrschichtig übereinanderliegenden, knäuelig eingerollten, borstig behaarten (Abb. 3), mitunter (!) gefleckten, unterseits hell-, oberseits dunkelgrünen Blattstückchen, durch Stengelteile mit schwarzbraunen, geschrumpften Blattstielbasen und durch ganze, braune, borstig behaarte Blütenkelche oder Teile davon.

Geruch: Nicht charakteristisch.

Geschmack: Etwas schleimig.

Abb. 2: *Pulmonaria officinalis* L.

Die ca. 20 cm hohe, ausdauernde Pflanze ist in Laubwäldern bevorzugt auf Kalkböden anzutreffen. Die nach der Blüte erscheinenden grundständigen Blätter sind herzförmig, gestielt und häufig weiß gefleckt. Die Blüten wechseln mit zunehmenden Alter die Farbe von zunächst hellrot nach blauviolett.

Stammpflanze: *Pulmonaria officinalis* L. (Lungenkraut), syn. *Pulmonaria maculosa* (LIEBL.) GAMS, Boraginaceae.

Synonyme: Echtes Lungenkraut, Hirschmangold, Hirschkohl, Unserer-Lieben-Frauen-Milchkraut, Blaue Schlüsselblume, Lungen- und Schwindsuchttee, Fleckenkraut. Lungwort, Dage of Jerusalem (engl.). Pulmonaire, Herbe de pulmonaire officinale, Herbe aux poumons (franz.).

Herkunft: Heimat Europa; Droge aus Wildsammlungen in Südost- und Osteuropa, vor allem aus dem ehemaligen Jugoslawien und Bulgarien.

Inhaltsstoffe: Schleime (saure Polysaccharide wie sie in den Zellwandpektinen zu finden sind: v.a. 1,4-α-Polygalacturonane), in geringen Mengen auch Fructane [1]; bis 15% Mineralien, darunter bis ca. 3% Gesamtkieselsäure (lösliche

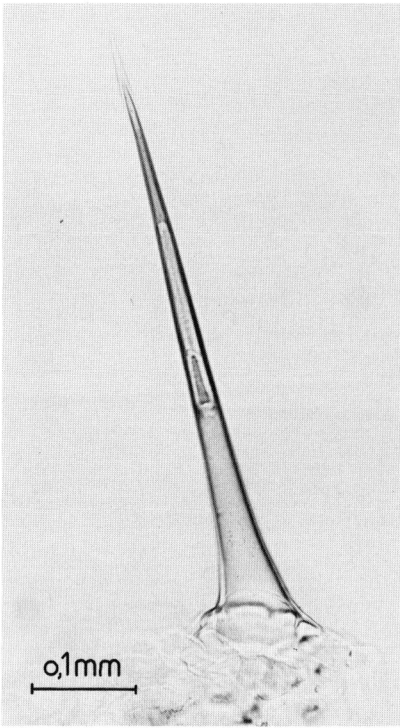

Abb. 3: Borstig behaarte Blattoberseite von *Pulmonaria officinalis*
Abb. 4: Mehrzelliges Borstenhaar mit kugeliger Anschwellung der Basis

Teepräparate und **Phytopharmaka:** Lungenkrauthaltige Zubereitungen werden nicht mehr angeboten.

Prüfung: Makroskopisch (s. Beschreibung) und mikroskopisch: Die Droge ist gekennzeichnet durch die bis zu 2 mm langen, 1-zelligen, am Grunde mehr oder weniger deutlich retortenförmig erweiterten und 150–170 µm breiten, dickwandigen, allmählich sich zuspitzenden Borstenhaare (Abb. 4), durch 1-zellige, weniger verdickte, spitzkegelförmige, an der Basis gegen 50 µm breite und 100–200 µm lange Borstenhaare und durch Drüsenhaare mit 3–4-zelligem Stiel und keulenförmigen oder kugeligem Köpfchen. Fast alle Blatt-, Blüten- und Stengelteile haben diese Haarbildungen. Blattbruchstückchen zeigen derbwandige, zum Teil getüpfelte, oberseits etwas buchtige, unterseits wellig zackige Epidermiszellen. Die Pollenkörner sind etwa 35 µm groß, kurz walzenförmig, glatt und mit 5 in der Längsachse angeordneten Austrittsstellen versehen. Die Endotheciumzellen sind spiralfaserig oder sternartig verdickt.

und unlösliche); Flavonoide (u.a. Kämpferol- und Quercetinglykoside [2]); das für Boraginaceen typische Allantoin; das Vorkommen von Saponinen ist umstritten; Gerbstoffe (bis 4% Catechine, bis 2% Gallotannine [3]); Chlorogen- und Rosmarinsäure [4], Ascorbinsäure. Das Vorkommen von Pyrrolizidinalkaloiden, von denen einige hepatotoxisch sind, wurde zwar vermutet [5], jedoch konnten bei eingehenden Untersuchungen verschiedener Herkünfte mittels Gaschromatographie keine Alkaloide nachgewiesen werden [6].

Indikationen: Trotz früherer Wertschätzung besitzt die Droge heute kaum praktisch-medizinische Bedeutung (man fragt sich, warum dieser Droge eine Monographie im DAB 1996 zugewiesen wurde). Anwendung daher heute nur noch in der *Volksmedizin* als schwach reizmilderndes und auswurfförderndes Hustenmittel, gelegentlich auch als Mucilaginosum und Antidiarrhoikum. In einer älteren Arbeit wird auch ein diuresesteigernder Effekt der Droge beschrieben [7].
Wie manch andere Kieselsäure enthaltende Pflanze so wurde auch Lungenkraut (Name!) früher als Mittel gegen Lungenkrankheiten, z.B. Tuberkulose, verwendet. Diese völlig obsolete Anwendung hängt wohl mit der Signaturenlehre zusammen, da die breitlanzettlichen, gefleckten Blätter an menschliches Lungengewebe erinnern.

Teebereitung: 1,5 g fein zerschnittene Droge werden mit kaltem Wasser angesetzt und kurz aufgekocht oder aber mit kochendem Wasser übergossen und nach 5–10 min durch ein Teesieb gegeben. Als Bronchialtee (volksmedizinisch) mehrmals täglich 1 Tasse Tee, mit Honig gesüßt, schluckweise trinken.
1 Teelöffel = etwa 0,7 g.

Auszug aus der Monographie der Kommission E
(BAnz Nr. 193 vom 15. 10. 1987)

Anwendungsgebiete

Lungenkrautzubereitungen werden bei Erkrankungen und Beschwerden der Atemwege, des Magen-Darm-Traktes sowie der Niere und der ableitenden Harnwege, ferner als Adstringens und zur Wundbehandlung angewendet.
Die Wirksamkeit bei den beanspruchten Anwendungsgebieten ist nicht ausreichend belegt.

Risiken

Keine bekannt.

Beurteilung

Da die Wirksamkeit von Lungenkrautzubereitungen bei den beanspruchten Anwendungsgebieten nicht ausreichend belegt ist, kann eine therapeutische Anwendung nicht befürwortet werden.

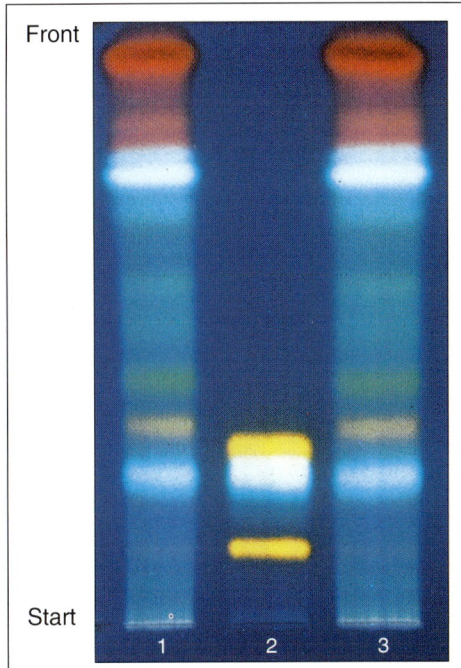

Abb. 5: DC von Lungenkraut, auf Glasplatte 5 × 10 cm, Laufstrecke 8 cm, besprüht mit Diphenylboryloxyethylamin-Reagenz, unter UV_{365}
1 Lungenkraut (3 µl)
2 Referenzlösung (2 µl)
3 Lungenkraut (5 µl)

Verfälschungen: Die Droge wird gelegentlich durch andere *Pulmonaria*-Arten verfälscht, vor allem mit *Pulmonaria mollis* WULF ex HORNEM. (Berg-Lungenkraut). Ein in Wasser eingeweichtes Blatt von *Pulmonaria mollis* fühlt sich samtartig an, ein Blatt von *Pulmonaria officinalis* hingegen rauh. *Pulmonaria mollis* besitzt nicht die für die offizinelle Droge typischen einzelligen, spitzkegeligen Borstenhaare, dafür findet man vor allem auf den Rosettenblättern viele drei- bis vierzelligen Drüsenhaare mit kugeliger oder keulenförmiger Endzelle.

Auch eine DC-Differenzierung (entweder nach DAB 1996 oder nach folgender Vorschrift) ist möglich:

Identitätsprüfung mittels DC:

Sorbens: Kieselgel 60 F_{254} (lufttrocken) (Merck) (5 × 10 cm, Glas oder Folie).

Untersuchungslösung: 1,0 g pulv. Droge wird mit 5 ml Methanol 10 Min. unter Rückfluß erhitzt und warm filtriert. Das Filtrat dient als Untersuchungslösung.

Referenzlösung: Je 5 mg Rutosid, Chlorogensäure und Hyperosid werden in 5 ml Methanol gelöst.

Aufzutragen: 3–5 µl Untersuchungslösung und 2 µl Referenzlösung strichförmig (10 × 2 mm).

Fließmittel: Ethylacetat – wasserfr. Ameisensäure – Wasser (80 + 8 + 12) (Kammersättigung).

Laufstrecke: 8 cm, **Zeit:** 20 min.

Sichtbarmachung und Auswertung: Nach vollständigem Abdunsten des Fließmittels (im Heißluftstrom): Besprühen a) mit einer 1proz. methanolischen Lösung von Diphenylboryloxyethylamin und b) mit einer 5proz. methanolischen Lösung von Polyethylenglykol 400 und anschließende Auswertung unter UV_{365}. Die Referenzsubstanzen zeigen folgende Rf-Werte und Fluoreszenzfarben: Rutosid (0,11, orangegelb), Chlorogensäure (0,25, hellblau), Hyperosid (0,28, orangegelb). Das DC der Untersuchungslösung zeigt eine charakteristische Folge fluoreszierender Zonen, von denen eine mit gleicher Färbung und gleichem Rf-Wert wie Chlorogensäure erscheint. In der Mitte und im oberen Drittel liegen Quercetin-3-O-glucosid, -5-O-glucosid, -7-O-glucosid, bei Rf ca. 0,7 befindet sich das Quercetin.

Literatur:
[1] B.M. Müller und G. Franz, Pharm. Ztg. Wiss. **3**, 243 (1990).
[2] A. Brantner und Th. Kartnig, Sci. Pharm. **62**, 103 (1994); Planta Med. **61**, 582 (1995).
[3] D. Albulescu, D. Mihele und S. Forstner, Farmacia (Bucharest) **17**, 107 (1969).
[4] M. Wichtl, Dtsch. Apoth. Ztg. Suppl. **16**, 18 (1989).
[5] Th. Danninger und Mitarb., Pharm. Ztg. **128**, 289 (1983).
[6] J. Lüthi und Mitarb., Pharm. Acta Helv. **59**, 242 (1984).
[7] R. Jaretzky, K. Breitwieser und F. Neuwald, Arch. Pharm. **276**, 552 (1938).

Czygan

Quassiae lignum — Bitterholz

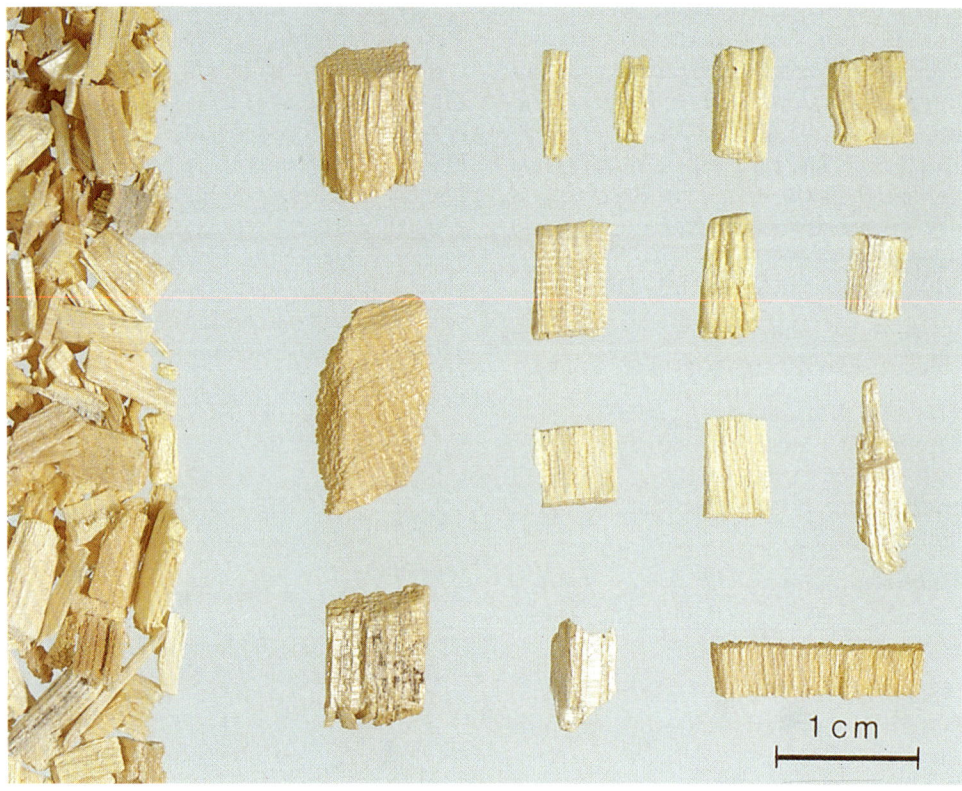

Abb. 1: Bitterholz

Beschreibung: Hellgelbe, ziemlich leichte, leicht spaltbare Holzstückchen.

Geschmack: Intensiv bitter.

Abb. 2: *Quassia amara* L.
2–5 m hoher Strauch oder Baum mit gefiederten Blättern, die Rachis geflügelt.

DAB 6: Lignum Quassiae

Stammpflanzen: *Quassia amara* L. (Surinam-Bitterholz), Simaroubaceae und *Picrasma excelsa* (Swartz) Planch. (Jamaika-Bitterholz), Simaroubaceae.

Synonyme: Quassiaholz, Fliegenholz. Bitter wood, Quassia wood (engl.). Bois de quassia, Bois amer (franz.).

Herkunft: Surinam-Bitterholz aus Guayana, Kolumbien, Panama und Argentinien. Jamaika-Bitterholz von den Kleinen Antillen, den Karibischen Inseln und Nord-Venezuela.

Inhaltsstoffe: 0,05 bis über 0,2% Bitterstoffe (Quassinoide [1, 2]), überwiegend Decanortriterpene. Hauptkomponenten sind Quassin (Bitterwert 17 Millionen), Neoquassin und 18-Hydroxyquassin [3], ferner Quassimarin [1]. Als weitere Komponenten wurden mehrere β-Carbolin-Alkaloide nachgewiesen [4, 5].

Indikationen: Nur noch selten gebrauchtes Amarum, zur Anregung des Appetits und als verdauungsförderndes Mittel. Die Anwendung als Anthelmintikum und als Insektizid ist obsolet [3]. Quassimarin wirkt, wie auch andere Quassinoide, antileukämisch [1, 6]. Extrakte des Bitterholzes bzw. Quassin haben fertilitätshemmende Eigenschaften [7].

Nebenwirkungen: Größere Mengen an Bitterholz reizen die Magenschleimhaut und können zum Erbrechen führen.
Der Bitterstoff Quassin ist *parenteral* verabreicht toxisch, er führt zur Senkung der Herzfrequenz, zu Muskelzittern und zu Lähmungen.

Teebereitung: 0,5 g feingeschnittenes oder gepulvertes Bitterholz werden mit kochendem Wasser übergossen und nach 10–15 min abgeseiht; etwa 30 min vor den Mahlzeiten 1 Tasse. Nicht während der Schwangerschaft anwenden (evtl. Brechreiz fördernd!).
1 Teelöffel = etwa 2,5 g.

Phytopharmaka: Die Droge wird nur in homöopathischen Zubereitungen verwendet.

Prüfung: Mikroskopisch an falschen Jahresringen (Parenchymbinden) kenntlich. Surinam-Bitterholz enthält 1–2 Zellreihen breite und 20–25 Zellreihen hohe Markstrahlen, Oxalatkristalle fehlen fast ganz. Jamaika-Bitterholz hat 2–5 Zellreihen breite Markstrahlen, Einzelkristalle oder Kristallsand kommen vor (Abb. 3 und 4), DC nach [8] ist möglich. Zur Gehaltsbestimmung siehe [9].

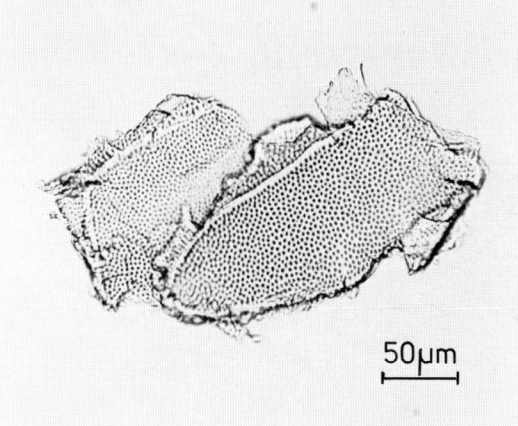

Abb. 3: Querbruch des Holzes von *Quassia amara* mit hellen, schmalen Markstrahlen und zerstreutporiger Anordnung der Gefäße

Abb. 4: Typisches, feingetüpfeltes Gefäßwandbruchstück

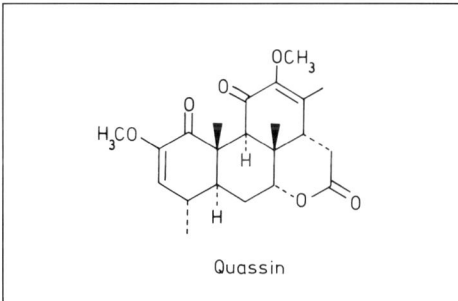

Quassin

Verfälschungen: Kommen in der Praxis nicht vor.

Literatur:
[1] J. Polonsky, in: Progr. Chem. Org. Nat. Prod. **47**, 221 (1985).
[2] P. Barbetti und Mitarb., Phytochemistry **32**, 1007 (1993).
[3] Hager, Band **6 A**, 1000 (1977).
[4] V.C.O. Njar und Mitarb., Planta Med. **59**, 259 (1993).
[5] P. Barbetti und Mitarb., Planta Med. **53**, 289 (1987).
[6] S.M. Kupchan und D.R. Streelman, J. Org. Chem. **41**, 5481 (1976).
[7] V.C.O. Njar und Mitarb., Planta Med. **61**, 180 (1995).
[8] H. Wagner, S. Bladt und E.M. Zgainski, Drogenanalyse, Springer Verl., Berlin, Heidelberg, New York, 1983.
[9] Th. Nestler, Dissertation, Universität München 1979.

Frohne

Quebracho cortex — Quebrachorinde

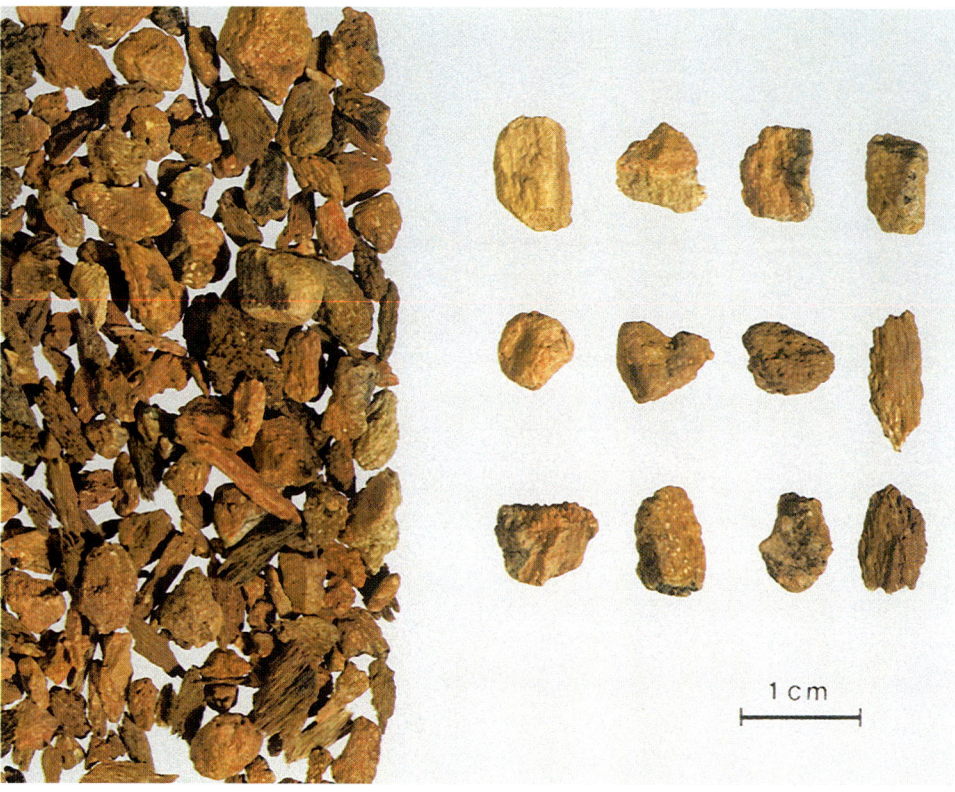

Abb. 1: Quebrachorinde
Harte, gelblichgraue bis rötlich-gelbbraune, 2–3 cm dicke, flache oder leicht rinnenförmige Rindenstücke mit tiefgefurchter, querrissiger Borke. Bruch kurzsplitterig. In der Schnittdroge sind die dicke Borke und die hellbraune Innenrinde deutlich zu unterscheiden.

<u>Geruch</u>: Sehr schwach.

<u>Geschmack</u>: Stark bitter.

Abb. 2: *Aspidosperma quebracho-blanco* SCHLECHT.
5 bis 20 m hohe, schlanke Bäume. Blätter ledrig, eilanzettlich, glattrandig, gegenständig oder dreizählig. Weiße bis gelbgrüne Blüten in traubigen Blütenständen. Balgfrüchte oval, stark verholzt.

DAC 1986: Quebrachorinde

Stammpflanze: *Aspidosperma quebracho-blanco* SCHLECHT. (Weißer Quebracho), Apocynaceae. Zur komplexen Situation der Stellung der Gattung *Aspidosperma* in der botanischen Systematik siehe [1].

Synonyme: Quebracho bark (engl.). Écorce de quebracho (franz.).

Herkunft: Heimisch in den Trockenwäldern Südost-Boliviens, Süd-Brasiliens, Argentiniens und Chiles in Höhenlagen zwischen 1400 und 1800 m. Importe der Droge (Stammrinde) aus diesen Ländern.

Inhaltsstoffe: 1–2,5% Indolalkaloide (nach DAC 1986 mind. 1,0% Gesamtalkaloide, ber. als Yohimbin) mit den Hauptalkaloiden Aspidospermin, Yohimbin, Quebrachamin und Akuammidin [2–5]; Gerbstoffe (?). Die Angaben zu den Inhaltsstoffen sind meist älteren Datums, eine Nachuntersuchung mit modernen Methoden wäre wünschenswert.

Indikationen: Abgeleitet aus empirischen Beobachtungen, auch aus der *Volksmedizin*, wird die Droge als Atemanaleptikum bei Asthma, Bronchitis und Affektionen der Atmungsorgane verwendet. Kontrollierte klinische Studien fehlen derzeit. Für Aspidospermin wurde am Kaninchen nach i.v. Gabe eine deutliche Zunahme der Atemfrequenz festgestellt [6].

Anmerkung: Auch in der Homöopathie wird Quebracho bei Atemwegserkrankungen eingesetzt, hier gibt es auch eine Monographie der Kommission D [7].

Teebereitung: Nicht gebräuchlich. Angewendet wird die Tinktur (Erg. B. 6), Einzeldosis bei Einnahme: 5,0 g Quebrachotinktur (Erg. B. 6).

Teepräparate: Keine.

Phytopharmaka: Quebrachorindentinktur ist in einigen Fertigarzneimitteln enthalten, z.B. Bronchicum® Elixir N, Bronchicum® Tropfen N u.a.

Prüfung: Makroskopisch und mikroskopisch nach DAC 1986. Borke mit zahlreichen Korklamellen, in der inneren Rinde zwei- bis dreireihige Markstrahlen. Bastfasern häufig isoliert und von Kristallzellreihen umgeben, z.T. Steinzellnester. Stärkekörner zwei- bis vierfach zusammengesetzt, mit exzentrischem Spalt. *Keine* Milchsaftröhren.
DC-Prüfung auf Alkaloide nach DAC 1986 mit Yohimbin als Referenzsubstanz.

Verfälschungen: Kommen gelegentlich vor, bes. durch Rinden anderer *Aspidosperma*-Arten. Diese zeigen ein abweichendes mikroskopisches Bild und zumeist Milchsaftschläuche (nach DAC 1986 nicht zulässig).

Literatur:
[1] J. Schmutz, Pharm. Acta Helv. **36**, 103 (1961).
[2] E. Wilson und Mitarb., Rev. farm. (Buenos Aires) **125**, 9 (1983); C.A. **100**, 109175 (1984).
[3] R.L. Lyon und Mitarb., J. Pharm. Sci. **62**, 218 (1973).
[4] K. Biemann, M. Friedmann-Spiteller und G. Spiteller, J. Am. Chem. Soc. **85**, 631 (1963).
[5] S. Markey, K. Biemann und B. Witkop, Tetrahedron Lett. 157 (1967).
[6] J.N. Banerjee und J.J. Lewis, J. Pharm. Pharmacol. **7**, 46 (1955).
[7] BAnz Nr. 242a vom 28.12.1988; Pharm. Ztg. **134**, 181 (1989).

Wichtl

Quercus cortex — Eichenrinde

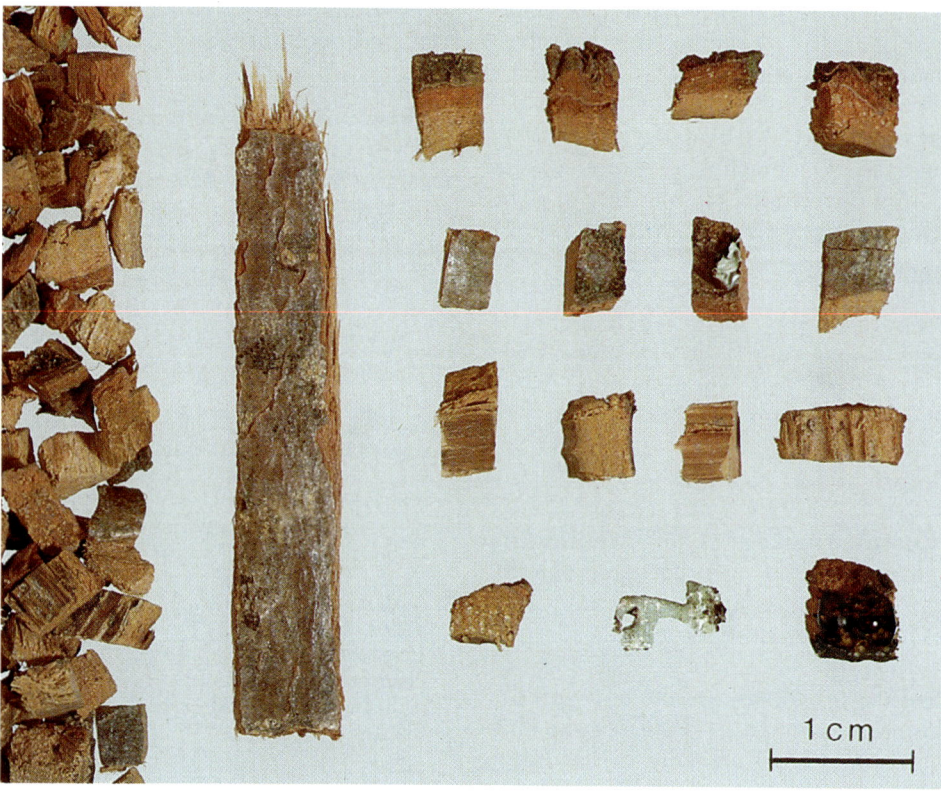

Abb. 1: Eichenrinde

Beschreibung: Die Rinde jüngerer Zweige und Stockausschläge; bis 4 mm dick, außen grau-braun, oft schon mit geringen Anteilen von Borke (Abb. 4). Die nur bis 2 mm dicke, sog. „Spiegelrinde" mit glänzender Oberfläche ist kaum noch im Handel anzutreffen. Eichenrinde ist innen braunrot, mit hervortretenden Längsleisten; im Querschnitt Steinzellgruppen mit der Lupe erkennbar. Bruch grobfaserig.

Geruch: Loheartig, besonders nach dem Anfeuchten.

Geschmack: Leicht bitter und stark adstringierend.

Abb. 2: *Quercus robur* L.

Bis 50 m hoher Baum mit mächtiger Krone, einzeln oder in Mischwäldern. Blätter buchtig gelappt, fast sitzend (Unterschied zu *Quercus petraea* (Matt.) Liebl.). Fruchtstand lang gestielt (bei *Qu. petraea* sitzend).

Abb. 3: Dünne Zweige und herbstliches Laub von *Quercus robur* L.
Die Rinde junger Zweige ist glänzend („Spiegelrinde").

ÖAB: Cortex Quercus
Ph. Helv. VII: Quercus cortex
DAC 1986: Eichenrinde
St. Zul.: 9099.99.99

Abb. 4: Querbruch der Rinde von *Quercus robur* mit Schuppenborke und weißlichen Steinzellnestern

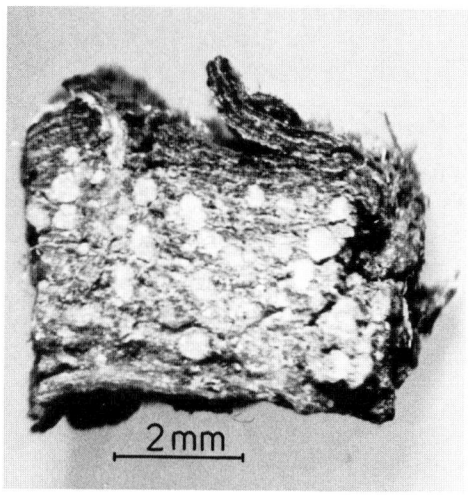

Stammpflanzen: *Quercus robur* L. syn. *Qu. pedunculata* EHRH. (Stiel-Eiche, Sommer-Eiche) und *Quercus petraea* (MATT.) LIEBL. syn. *Qu. sessiliflora* SAL. (Trauben-Eiche, Winter-Eiche), Fagaceae.

Synonyme: Eichenlohe. Oak bark, Tanner's bark (engl.). Ecorce de chêne (franz.).

Herkunft: Europa: Sammeldroge, früher von sog. „Eichen-Schälwäldern" gewonnen; Import aus O- und SO-Europa.

Inhaltsstoffe: Gerbstoffe. Neben Ellagitanninen [1–2] und komplexen Tanninen besteht die Gerbstofffraktion vorwiegend aus kondensierten Gerbstoffen: Diese oligomeren Proanthocyanidine sind vornehmlich aus (+)-Catechin, (−)-Epicatechin und (+)-Gallocatechin aufgebaut. Hauptkomponenten sind Procyanidin B_3 und Gallocatechin(4,8)-Catechin [3–5]. Der Gehalt ist in Abhängigkeit vom Erntezeitpunkt und Alter der Zweige sehr unterschiedlich: 8–20%, wobei die Werte auch je nach Bestimmungsmethode variieren können [6–7]. Nach DAC 1986 soll der Gehalt mindestens 10% mit Hautpulver fällbare Gerbstoffe betragen (gravimetrische Bestimmung). Unter Verwendung der mit einer Hautpulverfällung

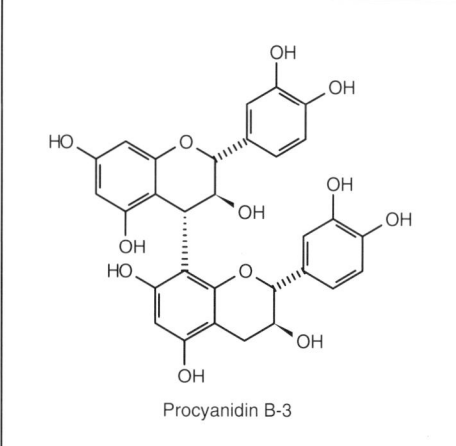

Procyanidin B-3

Auszug aus der Monographie der Kommission E (BAnz Nr. 22a vom 01.02.1990)

Anwendungsgebiete
Äußere Anwendung:
Entzündliche Hauterkrankungen.
Innere Anwendung:
Unspezifische, akute Durchfallerkrankungen.
Lokale Behandlung leichter Entzündungen im Mund- und Rachenbereich sowie im Genital- und Analbereich.

Gegenanzeigen
Innere Anwendung:
Keine bekannt.
Äußere Anwendung:
Großflächige Hautschäden.
Vollbäder:
Vollbäder sind unabhängig von den jeweiligen wirksamen Bestandteilen nicht anzuwenden bei
– nässenden, großflächigen Ekzemen und Hautverletzungen,
– fieberhaften und infektiösen Erkrankungen,
– Herzinsuffizienz Stadium III und IV (NYHA),
– Hypertonie Stadium IV (WHO).

Nebenwirkungen
Nicht bekannt.

Wechselwirkungen mit anderen Mitteln
Äußere Anwendung:
Keine bekannt.
Bei Einnahme:
Die Resorption von Alkaloiden und anderen basischen Arzneistoffen kann verringert oder verhindert werden.

Dosierung
Soweit nicht anders verordnet:
Einnahme:
Tagesdosis 3 g Droge, Zubereitungen entsprechend.
Für Spülungen, Umschläge und Gurgellösungen:
20 g Droge auf 1 l Wasser, Zubereitungen entsprechend.
Für Voll- und Teilbäder:
5 g Droge auf 1 l Wasser, Zubereitungen entsprechend.

Art der Anwendung
Zerkleinerte Droge für Abkochungen sowie andere galenische Zubereitungen zur Einnahme und lokalen Anwendung.

Dauer der Anwendung
Sollten Durchfälle länger als 3–4 Tage andauern, ist ein Arzt aufzusuchen.
Übrige Anwendungsgebiete:
Nicht länger als 2–3 Wochen.

Wirkungen
adstringierend
virustatisch

Auszug aus der Monographie der Kommission B 8 (Balneologie)
(BAnz Nr. 203 vom 30.10.1991)

Monographie: Eichenrinden-Bäder

Wirksame Bestandteile

Eichenrinden-Bäder enthalten wäßrigen Eichenrindenextrakt (Extr. cortex quercus) mit mindestens 10% Tanninen.

Pharmakologische Eigenschaften, Pharmakokinetik, Toxikologie

Tannine können lösliche oder quellbare Proteine in unlösliche und nichtquellbare Eiweißstoffe umwandeln. Dadurch wird die Sekretion oberflächlicher Drüsen der Haut und die Flüssigkeitsabsonderung aus Gewebespalten herabgesetzt. Sie wirken adstringierend, juckreizstillend, antiseptisch. Daten zur Pharmakokinetik liegen nicht vor.

Im Tierexperiment kam es bei subkutaner Injektion von Tanninen zur Bildung von Lebertumoren, bei Verwendung von Catechingerbstoffen wurden außerdem noch lokale Sarkome beobachtet. Bei der Anwendung als Badezusatz sind wegen der geringen perkutanen Resorption und Desquamation toxikologische Risiken nicht zu erwarten.

Klinische Angaben

1. Anwendungsgebiete

Zur unterstützenden Behandlung von entzündlichen Hauterkrankungen verschiedener Ursache;
insbesondere bei:
– nässenden Ekzemen
– Intertrigo
– Juckreiz – speziell im Genito-Anal-Bereich
– Hyperhidrosis
– Wundbehandlung und Wundnachbehandlung
– Trockenlegung von infizierten oder infektionsgefährdeten Hautprozessen

2. Gegenanzeigen

Bei
– größeren Hautverletzungen und akuten Hauterkrankungen,
– schweren fieberhaften und infektiösen Erkrankungen,
– Herzinsuffizienz,
– Hypertonie
sollen Vollbäder unabhängig vom Inhaltsstoff nur nach Rücksprache mit dem Arzt angewendet werden.

3. Nebenwirkungen

Bisher keine bekannt.

4. Besondere Vorsichtshinweise für den Gebrauch

Die Anwendung darf nicht am Auge erfolgen.

5. Verwendung bei Schwangerschaft und Laktation

Keine Einschränkungen bekannt.

6. Medikamentöse und sonstige Wechselwirkungen

Keine bekannt.

7. Dosierung und Art der Anwendung

Anwendung als Voll-, Sitz- oder Teilbad, für Spülungen oder Umschläge mit Eichenrindenextrakt mit mindestens 0,1 g Tannin pro Liter Wasser (hergeleitet aus Erfahrungswerten).
– Badetemperatur: 32–37 °C
– Badedauer: 20 Minuten
– Anwendungshäufigkeit:
Bei Sitz-, Teil- und Vollbädern anfangs einmal täglich, später zwei- bis dreimal in der Woche; bei Umschlägen mehrmals täglich. Nach der Anwendung soll keine Seife verwendet werden.

8. Überdosierung

Keine bekannt.

9. Besondere Warnungen

Keine.

10. Auswirkungen auf Kraftfahrer und die Bedienung von Maschinen

Keine bekannt.

---

kombinierten photometrischen Bestimmungsmethode werden nach Ph. Helv. VII mindestens 12% verlangt. Weitere Inhaltsstoffe: Quercitol, Triterpene.

Indikationen: Adstringens, vornehmlich als Bäder bei entzündlichen Hauterkrankungen, auch in Form von Umschlägen bei Frostbeulen; zur lokalen Behandlung leichterer Entzündungen im Mund- und Rachenraum als Pinselung sowie im Genital- und Analbereich. Innerlich gelegentlich noch in kleinen Dosen als Stomachikum und bei unspezifischen akuten Durchfallerkrankungen. Unerwünschte Wirkungen: Siehe Monographie (Kästchen): Einschränkungen insbesondere bei der Anwendung von Vollbädern.

Hinweis: Braunfärbung von Behältern und Geweben durch die gerbstoffhaltigen Lösungen möglich.

Teebereitung: 1 g der fein zerschnittenen oder grob gepulverten Droge wird mit kaltem Wasser angesetzt, kurz aufgekocht und nach einigen min durch ein Teesieb gegeben; Tagesdosis 3 Gramm.
Zur äußerlichen Anwendung: 10%ige Abkochung.
1 Teelöffel = etwa 3 g,
1 Eßlöffel = etwa 6 g.

Teepräparate: Eichenrindetee wird von wenigen Herstellern angeboten.

Phytopharmaka: Die Droge oder Drogenextrakte werden vor allem als Eichenrinde-Bäder von verschiedenen Herstellern angeboten, selten in Kombinationsarzneimitteln, z.B. Strumasalbe Soluna.

Prüfung: Makroskopisch (siehe Beschreibung). Zur mikroskopischen Untersuchung empfiehlt es sich, von den Drogenstückchen etwas Material abzuschaben und als Pulverpräparat zu prüfen. Auffälligstes Merkmal sind die gelblich gefärbten, von Kristallzellreihen begleiteten Faserbündel, ferner Steinzellen mit dicker, verholzter Wand, einzeln oder in Gruppen und oftmals noch an den Fasern haftend. Neben Calciumoxalatdrusen (häufig) kommen auch Einzelkristalle sowie kleinkörnige Stärke in geringer Menge vor. Gelegentlich sind Peridermfetzen zu finden. Das Pulver, aber auch die Schnittdroge färbt sich mit FeCl$_3$-Lösung dunkel (Gerbstoffe) und mit Vanillin/HCl rot (Catechingerbstoffe).

Verfälschungen: Als Droge sind häufig geschnittene dünne Zweige im Handel [8]; wegen des geringen Gerbstoffgehalts des Holzkörpers minderwertig. Das gleiche gilt für die Rinde älterer Stämme; die Droge besteht dann zum überwiegenden Teil aus Borke. Beides makro- und mikroskopisch zu erkennen.

Aufbewahrung: Vor Licht und Feuchtigkeit geschützt. Der Gehalt an extrahierbaren Gerbstoffen nimmt bei der Lagerung ab [9].

Wortlaut der Packungsbeilage gemäß Standardzulassung:

6.1 Anwendungsgebiete

Entzündungen von Zahnfleisch und Mundschleimhaut; vermehrte Fußschweißsekretion; ergänzende Behandlung bei Frostbeulen und Analfissuren.

6.2 Dosierungsanleitung und Art der Anwendung

Zur Bereitung von Spül- und Gurgellösungen werden 2 Eßlöffel voll **Eichenrinde** in 500 ml Wasser, zum Bereiten eines Teilbades 500 g Eichenrinde in 4–5 Liter Wasser 15 bis 20 Minuten gekocht und anschließend abgegossen.

Soweit nicht anders verordnet, wird bei Entzündungen im Mund- und Rachenraum mehrmals täglich mit der unverdünnten Abkochung gegurgelt. Als Sitz- oder Fußbad soll die Abkochung bei Körpertemperatur 15 bis 20 Minuten lang zweimal täglich angewendet werden.

6.3 Hinweis

Vor Licht und Feuchtigkeit geschützt aufbewahren.

Literatur:

[1] B.Z. Ahn und F. Gstirner, Arch. Pharm. **304**, 666 (1971).
[2] M. König und Mitarb., J. Nat. Prod. **57**, 1411 (1994).
[3] A. Scalbert und Mitarb., Phytochemistry **27**, 3483 (1988).
[4] H. Rimpler, Biogene Arzneistoffe, G. Thieme Verlag, Stuttgart New York (1990).
[5] E. Pallenbach und Mitarb., Planta Med. **59**, 264 (1993).
[6] H. Glasl, Dtsch. Apoth. Ztg. **123**, 1979 (1983).
[7] M. Luckner und Mitarb., Pharmazie **19**, 748 und 751 (1964).
[8] W. Schier, Dtsch. Apoth. Ztg. **121**, 323 (1981).
[9] C.H. Brieskorn, Pharmazie **2**, 489 (1947).

Frohne

Quillajae cortex — Seifenrinde

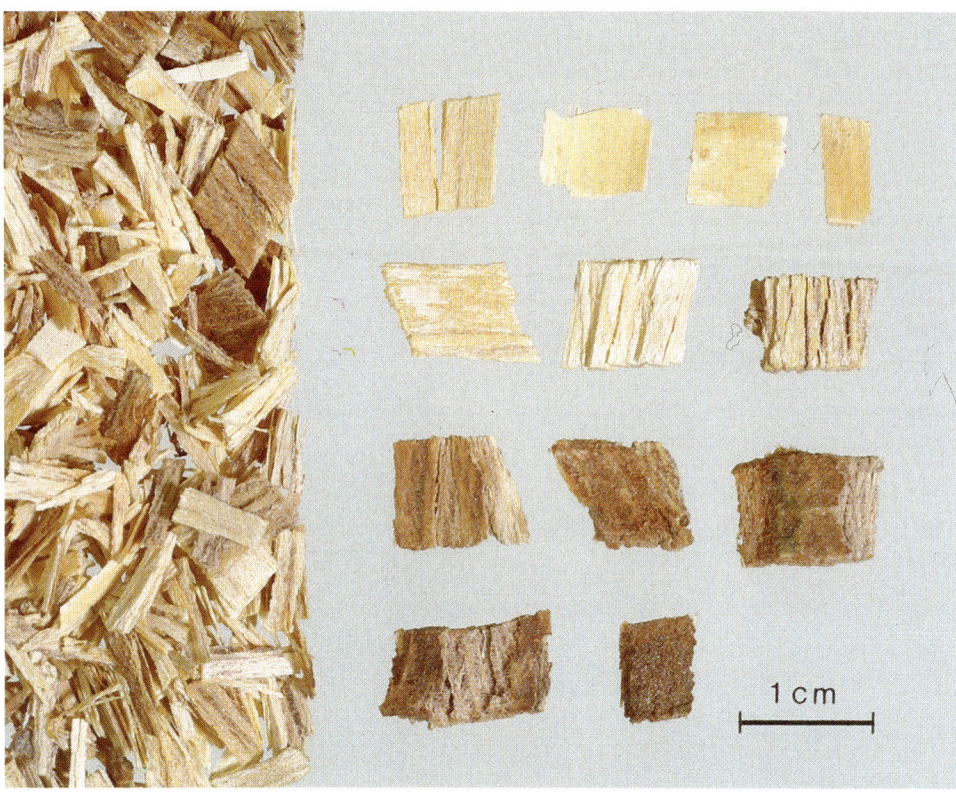

Abb. 1: Seifenrinde

Die Droge besteht aus der von der Borke befreiten Stammrinde.

Beschreibung: Flache oder nur wenig rinnenförmige, hellrosa bis gelblichweiße Stücke, die auf der Außenseite grob längsgestreift und stellenweise braun gefleckt sind; die Innenseite ist fast völlig glatt. Der Bruch ist splitterig-faserig, an den Bruchflächen lassen sich schon mit bloßem Auge, besser noch mit der Lupe, glitzernde Kristalle (Prismen aus Calciumoxalat) erkennen.

Geschmack: Zunächst schleimig-süßlich, dann kratzend.
Vorsicht, der Staub reizt beim Einatmen zum Niesen.

Abb. 2: *Quillaja saponaria* Molina

Der ca. 15 m hohe, immergrüne Baum besitzt derbe, ledrige, ganzrandige Blätter und weiße, 5-zählige Blüten in achselständigen Doldentrauben. Die 5 an der Basis etwas verwachsenen Fruchtblätter bilden bei der Fruchtreife 5 sternförmig angeordnete Balgfrüchte mit zahlreichen Samen aus.

ÖAB: Cortex Quillajae
Ph. Helv. VII: Quillaiae cortex
DAC 1986: Seifenrinde

Stammpflanze: *Quillaja saponaria* Molina, Rosaceae.

Synonyme: Panamarinde, Waschrinde, Waschholz, Cortex Saponariae. Quillaja bark, Soap bark, Quercus oak bark, Panama bark (engl.). Écorce de quillaya, Écorce de saponaire (franz.).

Herkunft: In Chile, Peru und Bolivien heimisch; die Droge wird aus Chile importiert.

Inhaltsstoffe: Etwa 10% Saponine, ein Gemisch verschiedener Triterpenglykoside [1, 2], Hauptsapogenin ist Quillajasäure (Hämolytischer Index nach ÖAB mind. 3000, nach Ph. Helv. VII mind. 8 Ph. Helv.-Einheiten/g); daneben etwa 10–15% Gerbstoff; reichlich Calciumoxalat; Stärke.

Indikationen: Aufgrund des Saponingehaltes innerlich als Expektorans bei Erkrankungen der Atmungsorgane, jedoch heute weitgehend durch andere Drogen (Primelwurzel, Senegawurzel u.a.) ersetzt. Die Droge besitzt noch eine gewisse Bedeutung als Schaumbildner in der Lebensmitteltechnologie, zur Herstellung von Haarwaschmitteln, Kopfwässern, Zahnputzpulvern und Mundwässern.

In zahlreichen Arbeiten der letzten Jahre wurde immer wieder auf die Eignung der Quillaja-Saponine als Adjuvans für immunologische Arzneimittel (Impfstoffe, Sera) hingewiesen [3–6]. Die Verstärkung der Immunantwort durch oral verabreichte Quillaja-Saponine hat zur Erteilung eines US-Patents [7] und eines Int. Patents [8] geführt. Saponine der Seifenrinde (und ebenso der Seifenwurzel) senken bei Versuchstieren, oral verabreicht, deren Cholesterol-Blutspiegel [9–11], vermutlich durch Reaktion der Saponine mit Gallensäuren (Micellbildung) [12]. Ein japanisches Patent [13] betrifft den Einsatz von Quillaja-Saponinen als Hühnerfutter-Zusatz zwecks Erzeugung cholesterol-armer Hühnereier.

Nebenwirkungen: Nur bei Überdosierungen zu befürchten; es kommt dann zu gastrointestinalen Reizerscheinungen mit Magenschmerzen, Durchfall und ähnlichen Beschwerden. Im Tierversuch (Ratten, Mäuse) erwiesen sich *Quillaja*-Extrakte auch in Langzeitexperimenten über 108 Wochen als untoxisch [14], wenn 0,7 g Extrakt pro kg und Tag verfüttert wurde.

Teebereitung: Nur noch wenig gebräuchlich. Nach ÖAB gebräuchliche Einzeldosis 0,2 g mittelfein geschnittene Droge als Dekokt.
1 Teelöffel=etwa 2,3 g.

Teepräparate u. Phytopharmaka: Keine.

Prüfung: Makroskopisch (s. Beschreibung) und mikroskopisch nach DAC 1986. Die von zwei- bis fünfreihigen Markstrahlen durchzogene Rinde enthält Gruppen von 300–1000 µm langen, stark verdickten und verholzten Bastfasern, die im polarisierten Licht aufleuchten (Abb. 3). Auffällig sind auch die bis über 120 µm langen prismatischen Calciumoxalat-Einzelkristalle (Abb. 4).

0,1 g Droge, mit 5 ml kochendem Wasser übergossen, liefert nach dem Abkühlen beim Schütteln einen beständigen Schaum.

Nach ÖAB Hämolytischer Index mind. 3000, nach Ph. Helv. VII mind. 8 Pharmakopöe-Einheiten pro g. Extraktgehalt nach DAC 1986 mind. 17%.

Identitätsprüfung mittels DC (nach Ph. Helv. VII, modifiziert):

Untersuchungslösung: 1,0 g gepulverte Droge mit 20 ml Ethanol 30 min

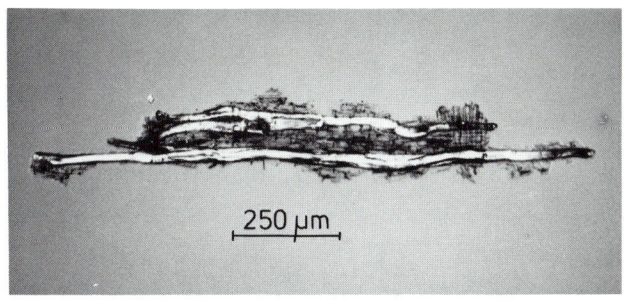
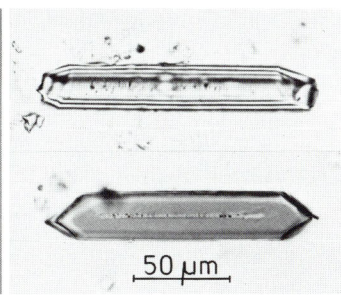

Abb. 3: Dickwandige, knorrige, hellaufleuchtende Fasern (polarisiertes Licht)
Abb. 4: Große Oxalatprismen der Seifenrinde

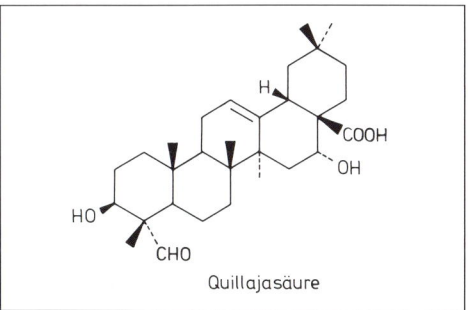

Quillajasäure

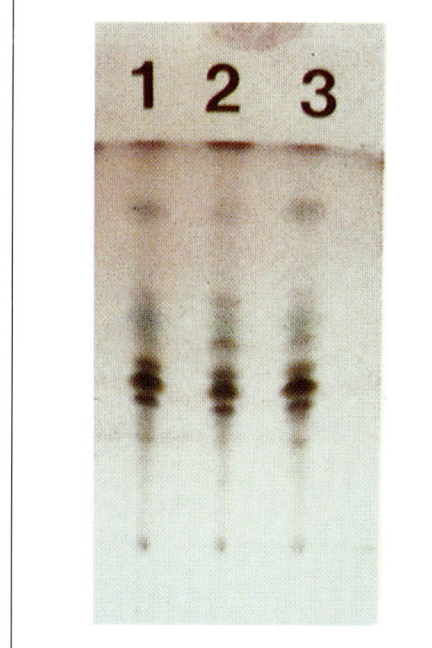

Abb. 5: DC auf 4 × 8 cm Folie
1, 2 u. 3: Seifenrinde (verschiedene Herkünfte)
Einzelheiten s. Text

unter Rückfluß zum Sieden erhitzen, filtrieren. Das Filtrat wird eingeengt, der Rückstand mit 20 ml 7 proz. Salzsäure versetzt und 30 min unter Rückfluß zum Sieden erhitzt. Nach dem Abkühlen schüttelt man das Hydrolysat 3mal mit je 40 ml Chloroform aus, wäscht die vereinigten organischen Phasen mit 5 ml Wasser und filtriert über Na_2SO_4. Zur Trockene eindampfen, Rückstand mit 5 ml Chloroform aufnehmen.

Referenzlösung: Entfällt (nach Ph. Helv. VII).

Aufzutragen: 5 µl Untersuchungslösung.

Fließmittel: Chloroform-Methanol (60 + 5), 5 cm hoch.

Sichtbarmachung: Nach Abdunsten des Fließmittels mit Anisaldehyd-Reagenz (DAB 1996) besprühen, 3–5 min auf 105 °C erhitzen, sofort im Tageslicht auswerten.

Auswertung: Im Tageslicht. Das Chromatogramm der Untersuchungslösung zeigt im mittleren und oberen Rf-Bereich mehrere blaugrüne, blaugraue und blauviolette Zonen. Besonders intensiv sind drei Zonen im mittleren Rf-Bereich. Das Inhaltsstoffmuster kann je nach Provenienz etwas variieren (Abb. 5).

Verfälschungen: Kommen in der Praxis kaum vor; sie würden schon bei der mikroskopischen Prüfung erkennbar sein.

Literatur:

[1] R. Higuchi, Y. Tokimitsu und T. Komori, Phytochemistry **27**, 1165 (1988).
[2] R. Higuchi und T. Komori, Phytochemistry **26**, 2357 (1987).
[3] Ch.R. Kensil und Mitarb., Vaccines **92**; Mod. Approaches New Vaccines Incl. Prev. AIDS, (9th Annual Meeting) 35 (1992); C.A. **117**, 204533 (1992).
[4] J.B. Campbell und Y.A. Peerbaye, Res. Immunol. **143**, 526 (1992); C.A. **117**, 204359 (1992).
[5] Ch.R. Kensil und Mitarb., J. Immunol. **146**, 431 (1991).
[6] S.R. Chavali und J.B. Campbell, Immunbiology **174**, 347 (1987).
[7] ref. C.A. **120**, P236160 (1994).
[8] ref. C.A. **119**, P115325 (1993).
[9] D.G. Oakenfull und Mitarb., Nutr. Rep. Int. **29**, 1039 (1984).
[10] G.S. Sidhu und D.G. Oakenfull, Br. J. Nutr. **55**, 643 (1986).
[11] A.V. Rao und C.W. Kendall, Food Chem. Toxicol. **24**, 441 (1986).
[12] D.G. Oakenfull, Aust. J. Chem. **39**, 1671 (1986); C.A. **105**, 221287 (1986).
[13] ref. C.A. **118**, P190642 (1993).
[14] J.P. Drake und Mitarb., Food Chem. Toxicol. **20**, 15 (1982).

Wichtl

Ratanhiae radix
Ph. Eur.

Ratanhiawurzel
DAB 1996

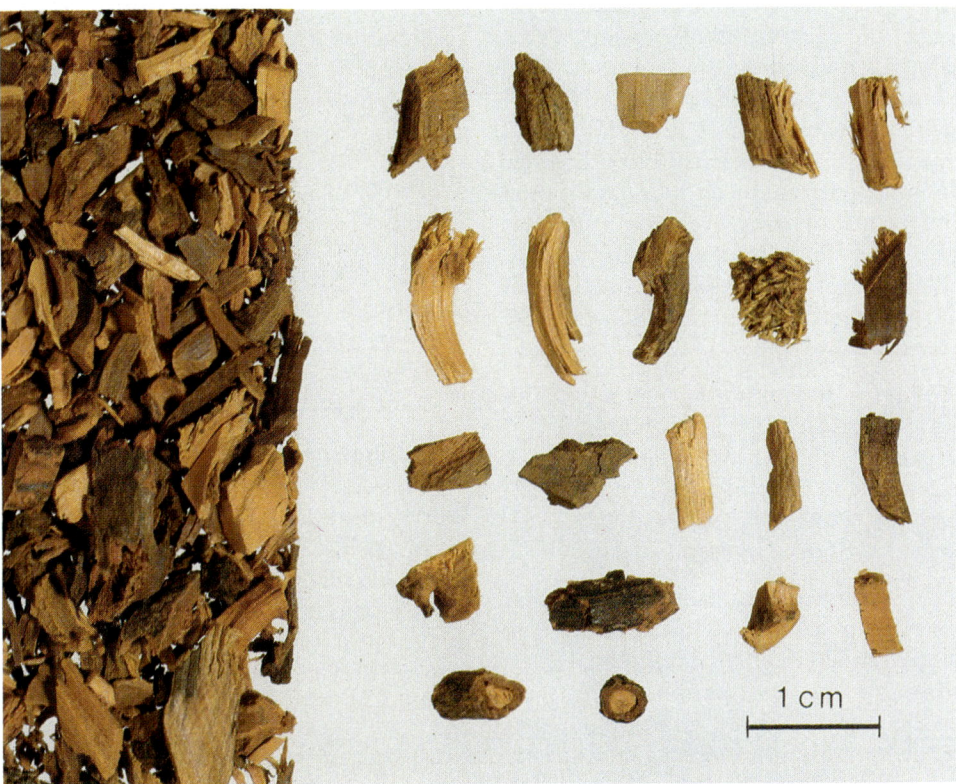

Abb. 1: Ratanhiawurzel

Beschreibung: Rotbraune, 1–3 cm dicke Wurzeln mit schmaler Rinde, die bei älteren Wurzeln schuppig, bei jüngeren glatt ist und sich leicht vom Holz löst. Holzkörper feinporig mit zahlreichen, schmalen Markstrahlen, Splintholz hellbräunlich, Kernholz dunkler; Bruch faserig (außen) und splitternd (innen).

Geschmack: Adstringierend, schwach bitter.

Abb. 2: *Krameria lappacea* (DOMB.) BURD. et SIMP.

Der bis höchstens 1 m hohe Strauch besitzt lange, niederliegende Äste, sehr dicht stehende, wechselständige, länglich-eiförmige, etwa 1 cm lange Blätter mit seidiger Behaarung. Die gestielten Blüten entspringen aus den Blattachseln und besitzen 4 außen grau behaarte, auf der Innenseite purpurne Kelch- und 4 purpurrote Korollblätter, 3 Staubblätter, einen oberständigen Fruchtknoten.

Ratanhiae radix

ÖAB: Radix Ratanhiae
Ph. Helv.VII: Ratanhiae radix
St. Zul. 1179.99.99

Stammpflanze: *Krameria lappacea* (Domb.) Burd. et Simp. (syn. *Krameria triandra* Ruiz et Pavon), Krameriaceae.

Synonyme: Rote Ratanhia, Peru-Ratanhia, Payta-Ratanhia, Radix Krameriae. Rhatany root, Krameria root (engl.). Racine de ratanhia (franz.).

Herkunft: In den Anden Boliviens und Perus heimischer, niedriger Halbstrauch. Drogenimporte aus Peru und (selten) Ekuador.

Auszug aus der Monographie der Kommission E
(BAnz Nr. 43 vom 02.03.1989)

Anwendungsgebiete
Lokale Behandlung leichter Entzündungen der Mund- und Rachenschleimhaut.

Gegenanzeigen
Keine bekannt.

Nebenwirkungen
In sehr seltenen Fällen können allergische Schleimhautreaktionen auftreten.

Wechselwirkungen mit anderen Mitteln
Keine bekannt.

Dosierung
Soweit nicht anders verordnet:
Etwa 1 g zerkleinerte Droge auf 1 Tasse Wasser als Abkochung oder 5–10 Tropfen Ratanhiatinktur auf 1 Glas Wasser 2–3mal täglich; unverdünnte Ratanhiatinktur als Pinselung 2–3mal täglich; Zubereitungen entsprechend.

Art der Anwendung
Zerkleinerte Droge für Abkochungen sowie andere galenische Zubereitungen zur lokalen Anwendung.

Dauer der Anwendung
Ohne ärztlichen Rat nicht länger als 2 Wochen anwenden.

Wirkungen
Adstringierend.

Inhaltsstoffe: Bis zu 15% Catechingerbstoffe (besonders in der Rinde lokalisiert [1]), nach DAB 1996, ÖAB und Ph. Helv. VII mind. 10%. Die Bestimmung nach dem DAB erfolgt photometrisch mit Phosphorwolframsäure, kombiniert mit Hautpulveradsorption; Pyrogallol als Referenzsubstanz. Die adstringierend wirksamen Komponenten sind Proanthocyanidine mit 5–10 Flavonoleinheiten [2]. Bei längerer Lagerung der Droge entstehen durch Kondensations- und Oxidationsvorgänge höhermolekulare, unlösliche Phlobaphene (das sog. „Ratanhiarot" vor allem im Periderm [2]); die Gerbwirkung von Drogenauszügen wird geringer.

Sonstige Inhaltsstoffe: Neolignane, Norneolignane [3, 4], Dineolignane wie z.B. Ratanhin [5]; als Ratanhiaphenole bezeichnete lipophile Benzofuranderivate [6]; N-Methyltyrosin; Stärke u.a. Kohlenhydrate; Calciumoxalat.

Indikationen: Aufgrund des hohen Gerbstoffgehaltes als Adstringens, hauptsächlich in Form der Tinktur (vgl. Monographie der Kommission E); als Gurgelmittel und für Pinselungen, besonders im Mund- und Rachenraum bei Zahnfleischentzündungen, Zungenrhagaden, Stomatitis, Pharyngitis, seltener auch bei Angina. Bei der Anwendung wird Ratanhiatinktur oft auch mit Myrrhentinktur gemischt.
Traditionell wurde (wird?) Ratanhiawurzel auch innerlich als Antidiarrhoikum angewendet, ferner äußerlich bei Frostbeulen, Verbrennungen, Hautgeschwüren u.a. Indikationen, vgl. dazu [7]. Hinreichendes wissenschaftliches Erkenntnismaterial liegt für diese Anwendungsbereiche nicht vor.

Teebereitung: (Soweit nicht die Anwendung der Tinktur vorgezogen wird) 1,5–2 g der grob gepulverten Wurzel werden mit kochendem Wasser übergossen und 10–15 min lang bedeckt im Sieden gehalten; anschließend abseihen.
1 Teelöffel = etwa 3 g.

Phytopharmaka: Ratanhiatinktur wird öfters, auch in Kombination mit Myrrhentinktur, als Rezepturarzneimittel zur Behandlung der Mund- und Rachenschleimhaut verwendet. Einige Kombinationspräparate zur Mundpflege enthalten Ratanhia-Auszüge, z.B. Naurod® (Lutschkapseln) und Repha-Os® (Mundspray).

Prüfung: Makroskopisch (s. Beschreibung) und mikroskopisch nach DAB 1996. Zur quantitativen spektralphotometrischen Gerbstoffbestimmung nach

Wortlaut der Packungsbeilage gemäß Standardzulassung:

6.1 Stoff- oder Indikationsgruppe
Pflanzliches Mund- und Rachenmittel.

6.2 Anwendungsgebiete
Lokale Behandlung leichter Entzündungen der Mund- und Rachenschleimhaut.

6.3 Gegenanzeigen
Keine bekannt.

6.4 Wechselwirkungen mit anderen Mitteln
Keine bekannt.

6.5 Dosierungsanleitung und Art der Anwendung
Soweit nicht anders verordnet, wird 2- bis 3mal täglich mit einem wie folgt bereiteten Aufguß gespült oder gegurgelt:
Ein knapper ½ Teelöffel voll (ca. 1 g) Ratanhiawurzel oder die entsprechende Menge in einem oder mehreren Aufgußbeutel(n) wird mit siedendem Wasser (ca. 150 ml) übergossen und nach etwa 10 bis 15 Minuten gegebenenfalls durch ein Teesieb gegeben.

6.6 Dauer der Anwendung
Ohne ärztlichen Rat nicht länger als 2 Wochen anwenden.

6.7 Nebenwirkungen
In sehr seltenen Fällen können allergische Schleimhautreaktionen auftreten.

6.8 Hinweis
Vor Licht und Feuchtigkeit geschützt aufbewahren.

DAB 1996 mit Phosphorwolframsäure s. auch die Anmerkungen [8–10].

Verfälschungen: Solche kommen vor, besonders mit den Wurzeln anderer *Krameria*-Arten, vgl. dazu auch [11]. Nach Schier [12] „scheint im Handel gar keine echte Droge mehr zu sein". In der echten Droge sollen sich weitgehend in allen Zellen (insbesondere der Rinde) braunrote Inhaltsstoffe befinden; nach anderen Untersuchungen finden sich aber auch in authentischer Droge nur wenige Zellen mit braunem Inhalt [2]. Da eine Beschaffung einwandfreier Droge offensichtlich schwierig ist, sollte der Austausch der Droge z.B. gegen Tormentillwurzelstock erwogen werden [13].

Literatur:
[1] E. Scholz und H. Rimpler, Österr. Apoth. Ztg. **48**, 138 (1994).
[2] E. Scholz und H. Rimpler, Planta Med. **55**, 379 (1989).
[3] A. Arnone und Mitarb., Gazz. Chim. Ital. **118**, 675 (1988).
[4] P. De Bellis, A. Griffini und P. Peterlongo, Fitoterapia **65**, 503 (1994).
[5] A. Arnone und Mitarb., Gazz. Chim. Ital. **120**, 397 (1990).
[6] E. Stahl und I. Ittel, Planta Med. **42**, 144 (1981).
[7] B.B. Simpson, Econ. Botany **45**, 397 (1991).
[8] H. Glasl, Dtsch. Apoth. Ztg. **123**, 1979 (1983).
[9] E. Stahl und H. Jahn, Arch. Pharm. (Weinheim) **317**, 573 (1984).
[10] Kommentar DAB 10.
[11] Hager, Bd. **5**, 616 (1993).
[12] W. Schier, Dtsch. Apoth. Ztg. **121**, 323 (1981) und Z. Phytother. **4**, 537 (1983).
[13] W.F. Daems, Dtsch. Apoth. Ztg. **121**, 46 (1981).

Frohne

Rauwolfiae radix

Rauwolfiawurzel
DAB 1996

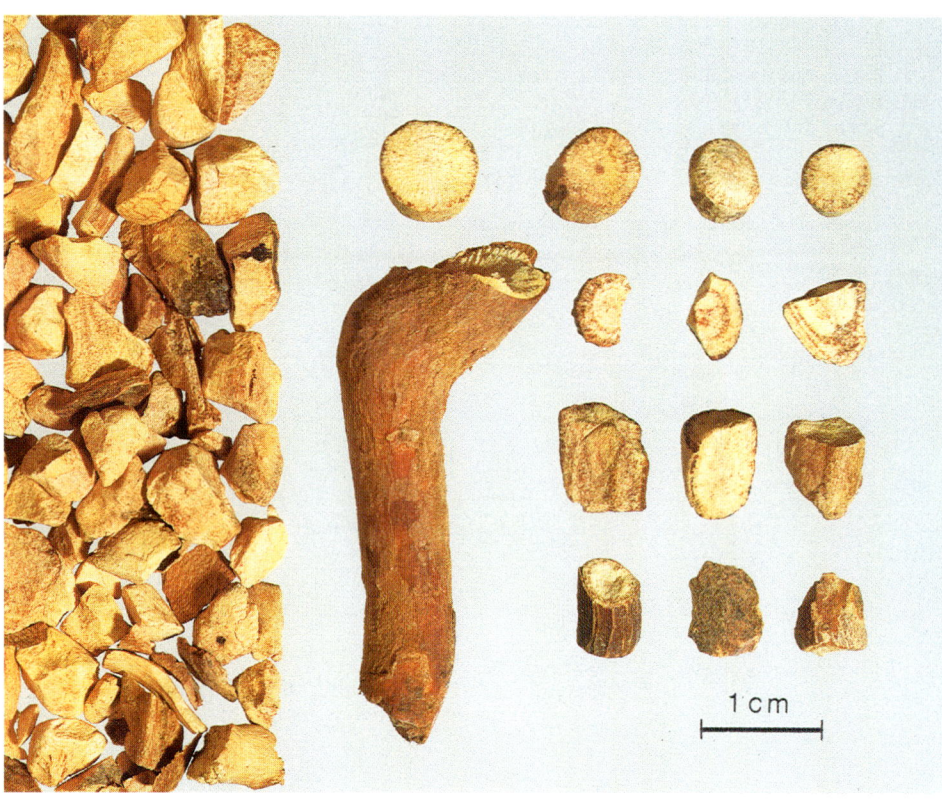

Abb. 1: Rauwolfiawurzel

Beschreibung: Die Droge besteht aus den ganzen oder geschnittenen, getrockneten Wurzeln. Nach dem DAB 1996 sind sie annähernd zylindrisch, etwas gedreht, selten verzweigt, bis 40 cm, meist jedoch etwa 5 bis 15 cm lang und bis 2 cm, meist jedoch etwa 0,5 bis 1 cm dick. Würzelchen sind meist nicht vorhanden. Die äußere Oberfläche ist gräulich bis gelblichbraun, matt und zeigt leicht angedeutete Längsfurchen sowie wenige, kleine, runde Wurzelnarben in 4zeiliger Anordnung. Von den älteren, etwas schuppigen Stücken blättert die Rinde in kleinen Stückchen ab, wobei sie das gelblichweiße Holz entblößt. Der Querschnitt zeigt einen weißlichen, etwas strahligen, dichten und sehr feinporigen Holzkörper, der etwa Dreiviertel des Querschnittes einnimmt, und eine gelblichbraune, schmale Rinde, die durchweg stärkehaltig ist.

Geruch: Geruchlos.

Geschmack: Bitter.

Abb. 2: *Rauvolfia serpentina* (L.) BENTHAM ex KURZ.

Nach [1] aufrechter, unbehaarter, immergrüner Halbstrauch; 0,5 bis 1 m hoch. Stamm hell, unverzweigt. Milchsaftausscheidung nach Verwundung oberirdischer Teile, die Milchröhren besitzen, nicht hingegen nach Verwundung der Wurzel. Blätter gegen den oberen Teil des Stammes hin zusammengedrängt, einfach, in drei- bis fünfzähligen Wirteln, selten gegenständig. Blatt 7 bis 18 cm lang, 2,5 bis 5 cm breit, länglich-eiförmig oder lanzettlich, bis zu einer ungleichen Basis auslaufend. Blattstiel 5 bis 15 mm lang. Blüten weiß bis rosa, in endständigen oder blattachselständigen Cymen von 2,5 bis 5 cm Durchmesser und einer Hauptachse von 5 bis 13 cm Länge. Blumenkronröhre 11 bis 19 mm lang, viel länger als die Zipfel, die den tellerförmigen Saum bilden. Frucht eine einzelne, zweilappige Steinfrucht, reif purpurfarbenschwarz. Rhizom vertikal, stark verholzt. Die sich anschließende Wurzel graubraun, 20 bis 40 cm lang, konisch, gedreht, Oberfläche etwas runzelig, 3 bis 22 mm im Durchmesser.

Abb. 3: Rauwolfiawurzel, Ganzdroge.

Stammpflanze: *Rauvolfia serpentina* (L.) BENTHAM ex KURZ, Apocynaceae [syn.: *Ophioxylon obversum* MIQ., *O. salutiferum* SALISB., *O. serpentinum* L., *Rauvolfia obversa* (MIQ.) BAILL., *R. trifoliata* (GAERTN.) BAILL.]; im DAB 1996 ist nur diese Art zugelassen, industriell werden (vor allem zur Alkaloidgewinnung) auch andere *Rauvolfia*-Arten genutzt. – Die in den meisten Pharmakopöen gebräuchliche Schreibweise Rauwolfia ist nach dem Internationalen Code der Botanischen Nomenklatur nicht korrekt.

Synonyme: Indische Schlangenwurzel, Rauvolfia root (engl.). Racine de serpentine (franz.).

Herkunft: Feuchtwarme Klimate (bis 1200 m Höhe) von Nord-Indien, Ost-Pakistan, Burma, Thailand, West-Laos, Borneo, Sri Lanka, Sumatra. In Indien und Malaysia z.T. plantagenmäßig angebaut, sonst aus Wildvorkommen gesammelt. V.a. aus diesen Ländern auch importiert. Es gibt verschiedene Handelssorten, die sich u.a. in der Alkaloidzusammensetzung unterscheiden [1].

Inhaltsstoffe: Nach [1] und [2] 1 bis 2% Gesamtalkaloide (das DAB 1996 verlangt einen Mindestwert von 1,0%, ber. als Reserpin). Es handelt sich v.a. um monomere Indolalkaloide aus folgenden Gruppen (Mengenangaben in %): Yohimban-Typ (u.a. 0,14% Reserpin, 0,015% Rescinnamin [=Reserpinin], Deserpidin); Heteroyohimban-Typ (u.a. 0,13% Serpentinin [=Serpentidin], 0,08% Serpentin, 0,02% Raubasin [=Ajmalicin]); Sarpagan-Typ (u.a. 0,02% Raupin [=Sarpagin]); Ajmalin-Typ (0,10% Ajmalin). Reichlich Stärke.

Indikationen: Nach der Zusammenfassung bei [2] besitzt die Droge u.a. antisympathotone und zentralsedierende Eigenschaften, die vorwiegend dem Reserpin, Rescinnamin und Deserpidin zugeschrieben werden. Ajmalin, Raupin, Serpentin u.a. verursachen eine schnell eintretende, aber nur kurzdauernde Blutdrucksenkung durch Blockade von α-Adrenozeptoren. An diesem Effekt soll nach Untersuchungen mit Raubasin eine durch zentralen und peripheren Angriff bewirkte Gefäßerweiterung beteiligt sein. Die antiarrhythmische Wirkung von Ajmalin am Herzen hat wegen dessen geringer Menge in der Gesamtdroge keine Bedeutung. – Heute werden in vielen Fällen die Reinalkaloide der Droge und ihren Extrakten vorgezogen.

Nebenwirkungen: Nach [1] widersprüchliche Angaben über die Häufigkeit der unerwünschten Wirkungen, die meist durch Überwiegen des Parasympathikus hervorgerufen werden: verstopfte Nase, depressive Verstimmung, Müdigkeit, Potenzstörungen u.a.m.; auch beim bestimmungsmäßigen Gebrauch kann das Reaktionsvermögen (Autolenken, Bedienen von Maschinen) beeinträchtigt werden, besonders in Zusammenhang mit Alkohol. Präparate, die Extrakte von Radix Rauwolfiae enthalten, sollten bei Depressionen, Ulkus-Krankheiten, beim Phaeochromozytom, in der Schwangerschaft und Stillzeit nicht eingesetzt werden. Weitere Einzelheiten zu Wechselwirkungen mit anderen Arzneimitteln und zu toxikologischen Eigenschaften bei [1].

Teebereitung: Nicht üblich; jedoch nach [2] „frühere" Dosierung 2mal täglich 0,1 bis 0,2 g Droge.

Phytopharmaka: Einige Antihypertonika enthalten einen standardisierten Extrakt, allein wie z.B. Arte Rautin® forte S (Dragees und Tropfen) oder in Kombination mit anderen Bestandteilen, z.B. Raufuncton®N (Dragees), Rauwoplant® (Kapseln) u.a. Diese Präparate sind rezeptpflichtig.

Prüfung: Makroskopisch (s. Beschreibung) und mikroskopisch nach DAB 1996, ebenso quantitative Bestimmung der Alkaloide (ber. als Reserpin). DC-Prüfung nach DAB 1996 mit Reserpin und Yohimbin als Referenzsubstanzen. Es handelt sich um ein Fingerprint-DC mit bedingter Aussagekraft, da Wurzeln anderer, nicht zugelassener *Rauvolfia*-Arten (u.a. die zentralafrikanische *R. vomitoria* AFZELLIUS, die zentralamerikanische *R. tetraphylla* L. [syn. *R. canescens* L., *R. hirsuta* JACQ., *R. heterophylla* ROEM et SCHULT.]) nicht einfach von der

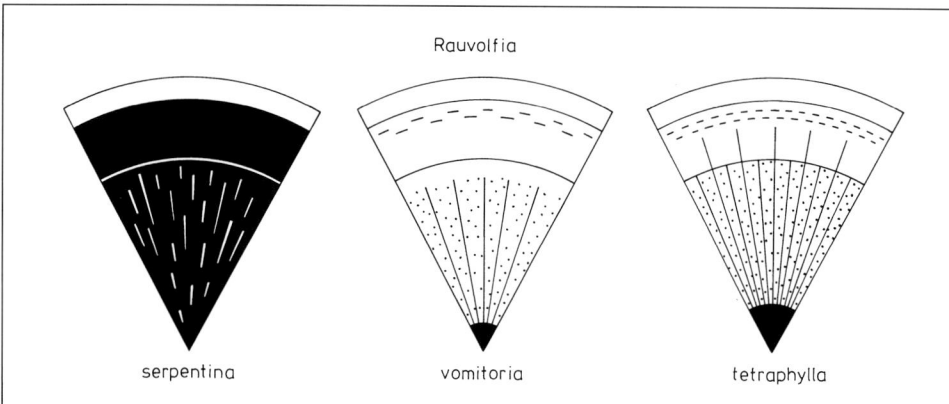

Abb. 4: Unterschiedliche Lokalisation der Stärke in den Wurzeln von drei Rauvolfia-Arten (Querschnitte mit Iodlösung angefärbt) Aus: M.J. Köhler, Rauvolfia-Alkaloide, Schriftenreihe Boehringer-Mannheim 1970, siehe [1].

Auszug aus der Monographie der Kommission E (BAnz Nr. 173 vom 18.09.1986)

Anwendungsgebiete

Leichte, essentielle Hypertonie (Grenzwerthypertonie), besonders bei erhöhtem Sympatikotonus mit zum Beispiel Sinustachykardie, Angst und Spannungszuständen und psychomotorischer Unruhe, sofern diätetische Maßnahmen allein nicht ausreichen.

Gegenanzeigen

Depressionen, Ulkus-Krankheit, Phäochromozytom, Schwangerschaft und Laktation.

Nebenwirkungen

Verstopfte Nase, depressive Verstimmung, Müdigkeit, Potenzstörungen.

Hinweis:
Dieses Arzneimittel kann auch bei bestimmungsgemäßem Gebrauch das Reaktionsvermögen so weit verändern, daß die Fähigkeit zur aktiven Teilnahme am Straßenverkehr oder zum Bedienen von Maschinen beeinträchtigt wird. Dies gilt in verstärktem Maße im Zusammenwirken mit Alkohol.

Wechselwirkungen mit anderen Mitteln

mit

Digitalisglykosiden – Bradykardie

Neuroleptika – gegenseitige Wirkungsverstärkung

Barbituraten – gegenseitige Wirkungsverstärkung

Levodopa – Wirkungsabschwächung, aber unerwünschte extrapyramidalmotorische Symptome können verstärkt werden
Sympaticomimetica
(z.B. in Husten, Grippemitteln und Appetitzüglern) – initial erhebliche Blutdruckerhöhung

Dosierung

Soweit nicht anders verordnet:
mittlere Tagesdosis: 600 mg Droge entsprechend 6 mg Gesamtalkaloiden.

Art der Anwendung

Zerkleinerte Droge, Drogenpulver sowie andere galenische Zubereitungen zur inneren Anwendung.

Wirkungen

Aufgrund der ausgeprägten Sympatikolyse (Katecholaminverarmung) blutdrucksenkend und sedierend.
Darüber hinaus bestehen für bestimmte Alkaloide direkte zentrale und periphere Angriffspunkte.

DAB-*Rauvolfia* zu unterscheiden sind. Behilflich bei der Differenzierung der Arten kann die unterschiedliche Anatomie des Holzkörpers und dessen unterschiedliche Lokalisation der Stärke sein [1]; siehe auch schematische Abbildung der Stärkeverteilung in den diversen *R.*-Arten (Abb. 4).

Verfälschungen: s. andere *Rauvolfia*-Arten unter Prüfungen. Nach [1, 2] soll *Rauvolfia*wurzel indischer Herkunft gelegentlich durch Wurzeln von *Withania somnifera* DUNAL, einer Solanacee, verunreinigt sein. Makroskopische und mikroskopische Differenzierung von *Withania*- und *Rauvolfia*wurzel bei [1].

Aufbewahrung: Vor Licht geschützt.

Literatur:
[1] Hager, Band **6**, 361 (1994).
[2] Kommentar DAB 10, „Rauvolfiawurzel".

Czygan

Rhamni cathartici fructus

Kreuzdornbeeren
DAB 1996

Abb. 1: Kreuzdornbeeren

Beschreibung: Glänzend schwarze, kugelige, etwa erbsengroße Steinfrüchte (Durchmesser 5–8 mm), deren Oberfläche runzelig eingefallen ist. Auf der Oberseite ein vierteiliger Griffelrest. Der häufig noch vorhandene Fruchtstiel oder Teile desselben dünn und wenig gebogen. Im Inneren 4 Fruchtfächer mit je einem harten, verkehrt eiförmigen, gekielten Samen.

Geschmack: Zunächst süßlich, dann bitter und etwas scharf.

Abb. 2: *Rhamnus catharticus* L.

Bis 3 m hoher Strauch mit gegenständigen, fein gesägten Blättern, dessen Zweige oft in einem Dorn enden. Die kleinen, gelbgrünen Blüten erscheinen in den Blattachseln und sind in Trugdolden angeordnet. Die reifen Früchte sind glänzend schwarz.

St. Zul. 1089.99.99

Stammpflanze: *Rhamnus catharticus* L. (Kreuzdorn), Rhamnaceae.

Synonyme: Purgierbeeren, Wegdornbeeren, Amselbeeren, Gelbbeeren. Buckthorn fruit, Rhamnus (engl.). Fruits de nerprun purgatif (franz.).

Herkunft: Verbreitet in Europa, Nordafrika und Asien. Die Droge stammt aus Wildvorkommen, Importe kommen vorwiegend aus Rußland.

Inhaltsstoffe: 4–7% Anthrachinonglykoside (nach DAB 1996 mind. 4,0%, ber. als Glucofrangulin), vor allem Glucofrangulin A, Frangulaemodin und Diacetylglucofrangulin A [1, 2].
Die Droge enthält 3–4% Gerbstoffe (oligomere Proanthocyanidine), ca. 1–1,8% Flavonoide, ferner Mono- und

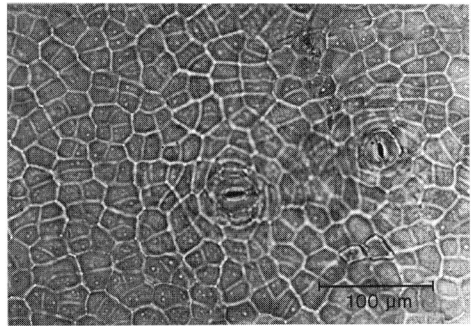

Abb. 3: Exokarp aus isodiametrischen Zellen, mit eingelagerten Spaltöffnungen

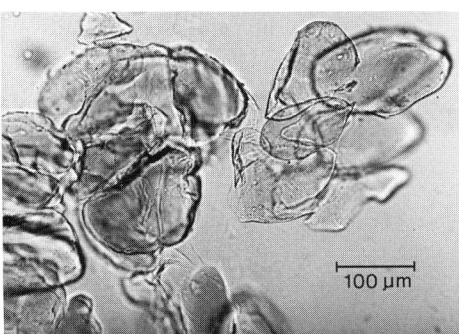

Abb. 4: Exkretzellen des Mesokarps, mit orangegelbem Inhalt

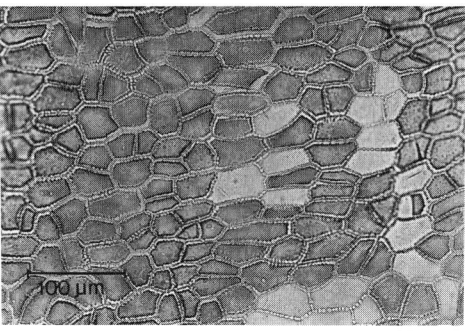

Abb. 5: Pigmentschicht der Samenschale, Pigment zum Teil herausgefallen (helle Zellen)

Oligosaccharide, Pektine und etwas Ascorbinsäure.

Indikationen: Als dickdarmwirksames Laxans bei Obstipation sowie bei Erkrankungen, bei denen Darmentleerung mit weichem Stuhl angezeigt ist. _Volksmedizinisch_ auch als Diureticum und in sog. „Blutreinigungsmitteln".

Nebenwirkungen: Nur bei häufiger oder längerdauernder Anwendung zu befürchten; es kommt, wie bei allen anderen Anthraglykosiddrogen, zu Wasser- und Elektrolytverlusten. Nicht Anwenden bei Schwangerschaft oder während der Stillzeit.

Teebereitung: Etwa 4 g zerkleinerte Droge mit kochendem Wasser übergießen und nach 10–15 min durch ein Teesieb geben. Abends, evtl. auch morgens und mittags 1 Tasse. Es gibt auch Empfehlungen die Droge mit kaltem Wasser anzusetzen, anschließend 2–3 min aufzukochen und noch warm abzuseihen.
1 Teelöffel = etwa 3,8 g.

Teepräparate: Keine.

Phytopharmaka: Der getrocknete Preßsaft der Früchte wird im Monopräparat Laxysat® (Dragees) verwendet.

Prüfung: Makroskopisch (s. Beschreibung) und mikroskopisch sowie mittels DC. Unter den mikroskopischen Merkmalen sind die isodiametrischen Exokarpzellen mit eingelagerten Spaltöffnungen (Abb. 3), die Exkretzellen des Mesokarps mit orangegelbem Inhalt (Abb. 4), der sich mit $FeCl_3$-Lösung braunschwarz färbt und die Pigmentschicht der Samenschale (Abb. 5) charakteristisch.

Identitätsprüfung mittels DC:

Sorbens: Kieselgel 60 F_{254} (lufttrocken) (Merck) (5 × 10 cm, Glas oder Folie).

Untersuchungslösung: 0,5 g pulv. Droge werden mit 5 ml Methanol 10 Min. unter Rückfluß erhitzt und warm filtriert. Das innerhalb von 30 Min. zu verwendende Filtrat dient als Untersuchungslösung.

Referenzlösung: 10 mg Barbaloin werden in 2 ml Methanol gelöst.

Auszug aus der Monographie der Kommission E
(BAnz Nr. 101 vom 01.06.1990)

Anwendungsgebiete
Verstopfung. Erkrankungen, bei denen eine Darmentleerung mit weichem Stuhl erwünscht ist, wie zum Beispiel bei Analfissuren, Hämorrhoiden und nach rektoanalen operativen Eingriffen.

Gegenanzeigen
Darmverschluß. Während der Schwangerschaft und Stillzeit nur nach Rücksprache mit dem Arzt anzuwenden.

Nebenwirkungen
Bei höherer Dosierung können krampfartige Magen-Darm-Beschwerden auftreten. Die Dosis ist in diesen Fällen zu verringern.
Hinweis:
Bei chronischem Gebrauch/Mißbrauch können Elektrolytverluste, insbesondere Kaliumverluste auftreten. In die Darmmukosa werden Pigmente eingelagert (Melanosis coli).

Wechselwirkungen mit anderen Mitteln
Nicht bekannt.
Hinweis:
Bei chronischem Gebrauch/Mißbrauch ist durch Kaliummangel eine Verstärkung der Wirkung von Herzglykosiden möglich.

Dosierung
Soweit nicht anders verordnet:
Tagesdosis 2–5 g Droge, entsprechend 20 bis 200 mg Hydroxyanthracen Derivaten berechnet als Glucofrangulin.

Art der Anwendung
Zerkleinerte Droge für Teeaufgüsse sowie andere galenische Zubereitungen zum Einnehmen.

Dauer der Anwendung
Anthranoidhaltige Abführmittel dürfen nicht über einen längeren Zeitraum eingenommen werden.

Wirkungen
Laxierend.

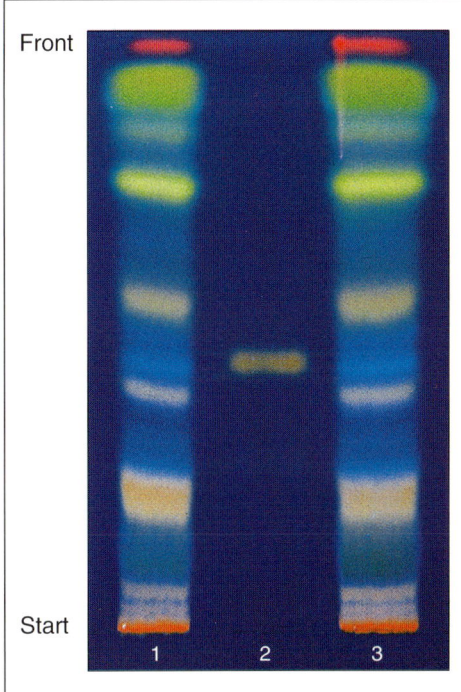

Abb. 6: DC von Kreuzdornbeeren, auf Glasplatte 5 × 10 cm, unbesprüht, unter UV$_{365}$
1: Kreuzdornbeeren (3 µl)
2: Referenzlösung (2 µl)
3: Kreuzdornbeeren (5 µl)

Wortlaut der Packungsbeilage gemäß Standardzulassung:

6.1 **Anwendungsgebiete***)
Verstopfung; alle Erkrankungen, bei denen eine leichte Darmentleerung mit weichem Stuhl erwünscht ist, wie z.B. bei Analfissuren, Hämorrhoiden und nach rektal-analen operativen Eingriffen.

6.2 **Gegenanzeigen***)
Kreuzdornbeerenzubereitungen sind nicht anzuwenden bei Vorliegen von Darmverschluß sowie während der Schwangerschaft und der Stillzeit.

6.3 **Nebenwirkungen**
Bei bestimmungsgemäßem Gebrauch nicht bekannt.
Bei häufiger und langdauernder Anwendung oder bei Überdosierung ist ein erhöhter Verlust von Wasser und Salzen, insbesondere von Kaliumsalzen möglich. Weiterhin kann es zu Pigmenteinlagerungen in der Darmschleimhaut (Melanosis coli) kommen.

6.4 **Wechselwirkungen mit anderen Mitteln**
Auf Grund erhöhter Kaliumverluste kann die Wirkung von Herzglykosiden verstärkt werden.

6.5 **Dosierungsanleitung und Art der Anwendung**
Etwa 2 Teelöffel voll (3 bis 5 g) **Kreuzdornbeeren** werden mit heißem Wasser (ca. 150 ml) übergossen und nach etwa 10 bis 15 Minuten durch ein Teesieb gegeben. Soweit nicht anders verordnet, wird morgens und/oder abends vor dem Schlafengehen eine Tasse frisch bereiteter Tee getrunken.

6.6 **Dauer der Anwendung***)
Tee aus Kreuzdornbeeren soll nur wenige Tage eingenommen werden. Bei längerer Anwendung sollte der Arzt befragt werden.

Hinweis: Um den Darm zu normaler Funktion zu erziehen, ist auf eine ballaststoffreiche Ernährung, ausreichende Flüssigkeitszufuhr sowie möglichst viel Bewegung zu achten.

6.7 **Hinweis**
Vor Licht und Feuchtigkeit geschützt aufbewahren.

*) Änderungen für Anthranoide enthaltende Drogen beachten! Siehe Rhamni purshiani cortex.

Aufzutragen: 3 µl Untersuchungslösung und 2 µl Referenzlösung strichförmig (10 × 2 mm).

Fließmittel: Ethylacetat – Methanol – Wasser (77 + 13 + 10) (Kammersättigung).

Laufstrecke: 8 cm, **Zeit:** 26 min.

Sichtbarmachung und Auswertung: Nach vollständigem Abdunsten des Fließmittels (im Heißluftstrom) wird das DC unter UV$_{365}$ ausgewertet. Die Referenzsubstanz Aloin erscheint im UV$_{365}$ bei Rf-Wert ca. 0,4 mit gelber Fluoreszenz. Das DC der Untersuchungslösung zeigt eine charakteristische Reihe von gelb und blau fluoreszierenden Zonen, von denen Glucofrangulin A (Rf ~ 0,09), Frangulin A (Rf ~ 0,74) und Frangulaemodin (Rf ~ 0,90) zugeordnet werden können. Eine Aloinzone ist im DC der Kreuzdornbeeren nicht zu erkennen.

Verfälschungen: Solche kommen vor, meist als Folge von Verwechslungen beim Sammeln, und zwar mit Früchten des Faulbaumes *Frangula alnus* MILLER. Ein wesentlicher Unterschied besteht darin, daß die Faulbaumfrüchte keine Exkretzellen enthalten, sondern einzelne, runde, großlumige Exkretbehälter.

Aufbewahrung: Vor Licht geschützt, trocken.

Literatur:
[1] L.Ö. Demirezer, Dissertation Univ. Frankfurt/M., 1991.
[2] M. Coskun, Int. J. Pharmacogn. **30**, 151 (1992).

Wichtl

Rhamni purshiani(ae) cortex
Ph. Eur.

Cascararinde
DAB 1996

Abb. 1: Cascararinde

Beschreibung: Die Droge besteht aus eingerollten Röhren, rinnenförmigen oder fast flachen Stücken von 1–5 mm Dicke und variierender Länge und Breite. Die Außenseite ist grau bis graubraun, ziemlich glatt, meist schwach glänzend mit spärlichen quergestreckten Lentizellen versehen, oft von Flechten und epiphytischen Moosen bedeckt. Bei vorsichtigem Abkratzen wird rot gefärbtes Gewebe sichtbar. Die Innenseite ist gelbbraun, zimt- bis schwarzbraun, fein längsstreifig. Betupft man die Innenseite mit 6 N-Ammoniaklösung, so färbt sie sich rot (Bornträger-Reaktion). Der Bruch ist im äußeren Teil kurz und körnig, im inneren etwas faserig.

Geruch: Charakteristisch, aber wenig ausgeprägt.

Geschmack: Bitter, Brechreiz erregend.

Abb. 2: *Rhamnus purshianus* DC.

Strauch oder Baum mit in der Jugend graufilzig behaarten Zweigen und großen, eiförmigen, fein gezähnten Blättern, deren größte Breite meist über der Mitte liegt. Die Blüten in blattachselständigen Trauben besitzen weiße Kelch- und Kronblätter, wobei die Kelchblätter größer sind als die Corollblätter; die Früchte sind schwarzpurpurn mit glänzenden, eiförmigen Samen.

ÖAB: Cortex Rhamni purshianae
Ph. Helv. VII: Rhamni purshiani cortex
St. Zul. 8699.99.99

Stammpflanze: Die derzeit gültige Bezeichnung der Stammpflanze lautet *Rhamnus purshianus* DC. Der im DAB 1996 aufgeführte Name *Rhamnus purshiana* DC. ist nicht korrekt [syn.: *Frangula purshiana* (DC.) J.G. Cooper] (Amerikanischer Faulbaum), Rhamnaceae.

Synonyme: Amerikanische Faulbaumrinde, Amerikanische Kreuzdornrinde, Sagradarinde, Cortex Rhamni americanae, Cortex Cascarae sagradae. Purshiana bark, Sagrada bark, Sacred bark, Bitter bark, Yellow bark, Dogwood bark (engl.). Écorce de cascara, Cascara sagrada (franz.).

Herkunft: An der Pazifikküste von Nordamerika beheimatet; Droge u.a.

aus Kulturen der US-Staaten Washington, Oregon sowie aus Westkanada.

Inhaltsstoffe: Komplexes Gemisch verschiedener Hydroxyanthracenderivate, hauptsächlich vom C-10-Glucosylanthron-Typ (vgl. Aloe) (70–90%), darunter die Aloine A/B und 11-Desoxyaloine A/B (=Chrysaloin) (10–30%) sowie deren O-Glucoside, die Cascaroside A/B (=Diastereomerenpaar vom 8-O-Glucosyl-aloin) und die Cascaroside C/D (=Diastereomerenpaar vom 8-O-Glucosyl-11-desoxyaloin). Als charakteristische Hauptinhaltsstoffe der Droge machen sie etwa 60–70% der Anthracenderivate aus. Dazu 10–20% Anthrachinon-O-Glucoside (z.B. Aloeemodin- und Frangulaemodin-8-O-glucosid) sowie die Aglykone Aloeemodin, Chrysophanol, Frangulaemodin, Physcion (Formeln s. bei Rhei radix).

Das DAB 1996 fordert einen Mindestgehalt von 8% Hydroxyanthracenderivaten, von denen mindestens 60% Cascaroside (ber. als Cascarosid A) sein müssen. Weiter geringe Mengen an Iso- und Heterodianthronen. – Das Vorkommen von Bitterstoffen und Methylhydrocotoin ist umstritten [1, 2]. – Durch Lagerung (mindestens 1 Jahr) oder Erhitzen im Luftstrom (mehrere Stunden bei 80 bis 100 °C) soll der Gehalt an Anthronen, der genuinen Form der Anthracen-Derivate, vermindert werden (s. Prüfung und die Angaben bei Frangulae cortex, s. dort).

Indikationen: Als dickdarmwirksames Laxans wie Frangulae cortex (s. dort).

Teebereitung: 2 g feingeschnittene Droge werden mit kochendem Wasser übergossen und nach 10 min durch ein Teesieb gegeben.
1 Teelöffel = etwa 2,5 g.

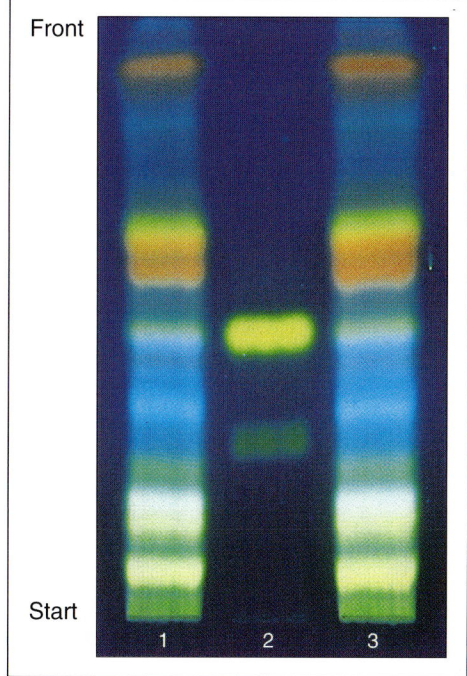

Abb. 3: DC von Cascararinde, auf Glasplatte 5 × 10 cm, besprüht mit **KOH,** unter **UV$_{365}$**
1: **Cascararinde (3 µl)**
2: **Referenzlösung (2 µl)**
3: **Cascararinde (5 µl)**

Teepräparate: Keine.

Phytopharmaka: Einige Fertigarzneimittel der Gruppe Laxantia enthalten Cascararindenextrakt, z.B. Legapas® mono (Tabletten) oder das Kombinationspräparat Sanurtin®N (Dragees); z.T. enthalten auch Cholagoga solche Extrakte, z.B. Legapas® comp. (Tropfen) u.a.

Prüfung: Makroskopisch (s. Beschreibung), mikroskopisch nach [2]; das Pulver färbt sich mit Alkalihydroxid-Lösung rot; beachte im Pulver: Steinzellennester und Faserbündel, die von kristallführenden Zellreihen umgeben sind; die Markstrahlen sind bis zu 5 Zellreihen breit; DC nach [2] bzw. nach [3].

Prüfung auf das Vorliegen frischer (nicht zugelassener!) Rinde und Prüfung auf Verfälschung durch *Rhamnus alpinus* L. ssp. *fallax* und *Rhamnus catharticus* L. wie bei Frangulae cortex.

Anmerkung: Im Falle der Cascararinde wird beim Tauböck-*Reagensglastest* (DAB7) eine positive Reaktion wie bei Cortex Rhamni fallacis vorgetäuscht, da gelb fluoreszierende Inhaltsstoffe stören; entscheidend ist also die DC-Prüfung!

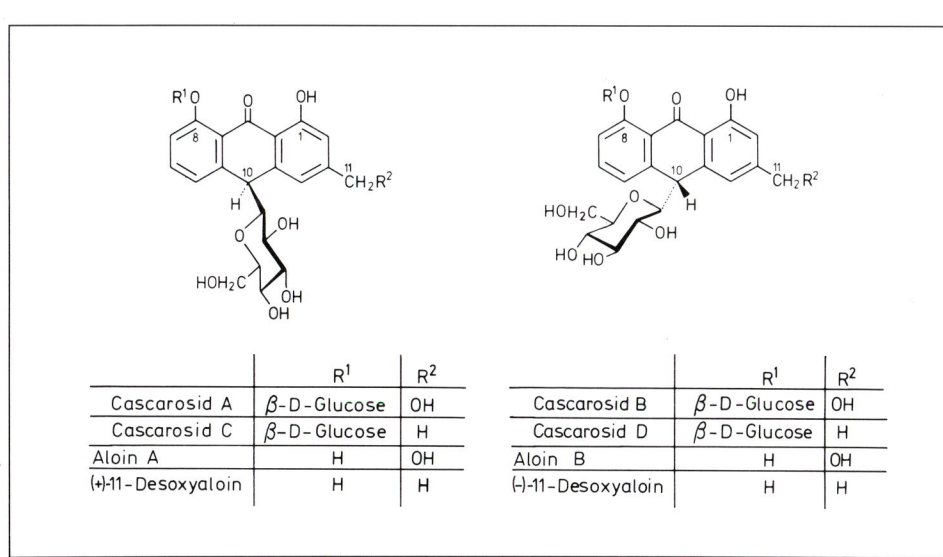

Identitätsprüfung mittels DC:

Sorbens: Kieselgel 60 F_{254} (lufttrocken) (Merck) (5 × 10 cm, Glas oder Folie).

Untersuchungslösung: 0,5 g pulv. Droge werden mit 5 ml Methanol 10 Min. unter Rückfluß erhitzt und warm filtriert. Das innerhalb von 30 Min. zu verwendende Filtrat dient als Untersuchungslösung.

Referenzlösung: 10 mg Barbaloin werden in 2 ml Methanol gelöst.

Aufzutragen: 3 µl Untersuchungslösung und 2 µl Referenzlösung strichförmig (10 × 2 mm).

Fließmittel: Ethylacetat – Methanol – Wasser (77+13+10), Kammersättigung.

Laufstrecke: 8 cm, **Zeit:** 24 min.

Sichtbarmachung und Auswertung: Nach vollständigem Abdunsten des Fließmittels (im Heißluftstrom) wird

---

Auszug aus der Monographie der Kommission E (BAnz Nr. 133 vom 21.07.1993)

Pharmakologische Eigenschaften, Pharmakokinetik, Toxikologie

1,8-Dihydroxyanthracenderivate haben einen laxierenden Effekt. Dieser beruht vorwiegend auf einer Beeinflussung der Colonmotilität im Sinne einer Hemmung der stationären und einer Stimulierung der propulsiven Kontraktionen. Daraus resultieren eine beschleunigte Darmpassage und aufgrund der verkürzten Kontaktzeit eine Verminderung der Flüssigkeitsresorption. Zusätzlich werden durch eine Stimulierung der aktiven Chloridsekretion Wasser und Elektrolyte sezerniert.
Systematische Untersuchungen zur Kinetik von Zubereitungen aus amerikanischer Faulbaumrinde fehlen, jedoch ist davon auszugehen, daß die in der Droge enthaltenen Aglyka bereits im oberen Dünndarm resorbiert werden. Die β-glykosidisch gebundenen Glykoside sind Prodrugs, die im oberen Magen-Darm-Trakt weder gespalten noch resorbiert werden. Sie werden im Dickdarm durch bakterielle Enzyme zu Anthronen abgebaut. Anthrone sind der laxative Metabolit.
Aktive Metaboliten anderer Anthranoide, wie Rhein, gehen in geringen Mengen in die Muttermilch über. Eine laxierende Wirkung bei gestillten Säuglingen wurde nicht beobachtet. Tierexperimentell ist die Plazentagängigkeit von Rhein äußerst gering.
Drogenzubereitungen besitzen, vermutlich aufgrund des Gehaltes an Aglyka, eine höhere Allgemeintoxizität als die reinen Glykoside. Untersuchungen zur Genotoxizität der Droge bzw. von Drogenzubereitungen liegen nicht vor. Für Aloe-Emodin, Emodin, Physcion und Chrysophanol liegen teilweise positive Befunde vor. Zur Kanzerogenität liegen keine Untersuchungen vor.
In frischem Zustand enthält die Droge Anthrone und muß deshalb vor Verwendung mindestens 1 Jahr gelagert oder unter Luftzutritt und Erwärmen künstlich gealtert werden. Bei nicht bestimmungsgemäßem Gebrauch, z.B. frische Droge: starkes Erbrechen, eventuell mit Spasmen einhergehend.

Klinische Angaben

1. Anwendungsgebiete

Obstipation.

2. Gegenanzeigen

Darmverschluß, akut-entzündliche Erkrankungen des Darmes, z.B. Morbus Crohn, Colitis ulcerosa, Appendizitis: abdominale Schmerzen unbekannter Ursache. Kinder unter 12 Jahren, Schwangerschaft.

3. Nebenwirkungen

In Einzelfällen krampfartige Magen-Darm-Beschwerden. In diesen Fällen ist eine Dosisreduktion erforderlich.
Bei chronischem Gebrauch/Mißbrauch: Elektrolytverluste, insbesondere Kaliumverluste, Albuminurie und Hämaturie: Pigmenteinlagerung in die Darmschleimhaut (Pseudomelanosis coli), die jedoch harmlos ist und sich nach Absetzen der Droge in der Regel zurückbildet. Der Kaliumverlust kann zu Störungen der Herzfunktion und zu Muskelschwäche führen, insbesondere bei gleichzeitiger Einnahme von Herzglykosiden, Diuretika und Nebennierenrindensteroiden.

4. Besondere Vorsichtshinweise für den Gebrauch

Stimulierende Abführmittel dürfen ohne ärztlichen Rat nicht über längere Zeiträume (mehr als 1–2 Wochen) eingenommen werden.

5. Verwendung bei Schwangerschaft und Laktation

Aufgrund unzureichender toxikologischer Untersuchungen nicht anzuwenden in Schwangerschaft und Stillzeit.

6. Medikamentöse und sonstige Wechselwirkungen

Bei chronischem Gebrauch/Mißbrauch ist durch Kaliummangel eine Verstärkung der Herzglykosidwirkung sowie eine Beeinflussung der Wirkung von Antiarrhythmika möglich. Kaliumverluste können durch Kombination mit Thiaziddiuretika, Nebennierenrindensteroiden und Süßholzwurzel verstärkt werden.

7. Dosierung und Art der Anwendung

Geschnittene Droge, Drogenpulver oder Trockenextrakte für Aufgüsse, Abkochungen, Kaltmazerate oder Elixiere. Flüssige oder feste Darreichungsformen ausschließlich zur Einnahme.
Soweit nicht anders verordnet:
20–30 mg Hydroxyantracenderivate/Tag, berechnet als Cascarosid A.
Die individuell richtige Dosierung ist die geringste, die erforderlich ist, um einen weichgeformten Stuhl zu erhalten.
Hinweis:
Die Darreichungsform sollte auch eine geringere als die übliche Tagesdosis erlauben.

8. Überdosierung

Elektrolyt- und flüssigkeitsbilanzierende Maßnahmen.

9. Besondere Warnungen

Eine über die kurzdauernde Anwendung hinausgehende Einnahme stimulierender Abführmittel kann zu einer Verstärkung der Darmträgheit führen.
Das Präparat sollte nur dann eingesetzt werden, wenn durch eine Ernährungsumstellung oder Quellstoffpräparate kein therapeutischer Effekt zu erzielen ist.

10. Auswirkungen auf Kraftfahrer und die Bedienung von Maschinen

Keine bekannt.

Wortlaut der Packungsbeilage gemäß Standardzulassung:

5.1 Anwendungsgebiete*)
Verstopfung; alle Erkrankungen, bei denen eine leichte Darmentleerung mit weichem Stuhl erwünscht ist, wie z.B. bei Analfissuren, Hämorrhoiden und nach rektalanalen operativen Eingriffen.

5.2 Gegenanzeigen*)
Cascararindenzubereitungen sind nicht anzuwenden bei Vorliegen von Darmverschluß sowie während der Schwangerschaft und der Stillzeit.

5.3 Nebenwirkungen
Bei bestimmungsgemäßem Gebrauch nicht bekannt. Bei häufiger und langdauernder Anwendung oder bei Überdosierung ist ein erhöhter Verlust von Wasser und Salzen, insbesondere von Kaliumsalzen möglich. Weiterhin kann es zu Pigmenteinlagerungen in der Darmschleimhaut (Melanosis coli) kommen.

5.4 Wechselwirkung mit anderen Mitteln
Auf Grund erhöhter Kaliumverluste kann die Wirkung von Herzglykosiden verstärkt werden.

5.5. Dosierungsanleitung und Art der Anwendung
Etwa ein halber Teelöffel voll **Cascararinde** wird mit heißem Wasser (ca. 150 ml) übergossen und nach etwa 10 bis 15 min durch ein Teesieb gegeben.
Soweit nicht anders verordnet, wird morgens und/oder abends vor dem Schlafengehen eine Tasse frisch bereiteter Tee getrunken.

5.6 Dauer der Anwendung*)
Tee aus Cascararinde soll nur wenige Tage eingenommen werden. Bei längerer Anwendung sollte der Arzt befragt werden.
Hinweis: Um den Darm zu normaler Funktion zu erziehen, ist auf eine ballaststoffreiche Ernährung, ausreichende Flüssigkeitszufuhr sowie möglichst viel Bewegung zu achten.

5.7 Hinweis
Vor Licht und Feuchtigkeit geschützt aufbewahren.

---

*) Im Kommentar zu den Standardzulassungen wird empfohlen, die entsprechenden Texte auf Grund der Auflagen des BGA für Anthranoide enthaltende Arzneimittel [BAnz Nr. 129 vom 13.07.1994; siehe Dtsch. Apoth. Ztg. **134**, 2794 (1994)] wie folgt zu ändern:

Anwendungsgebiete

Es darf nur noch beansprucht werden, generell:

„Verstopfung (Obstipation)"

Gegenanzeigen

generell:

„Darmverschluß; akut-entzündliche Erkrankungen des Darms, z.B. Morbus Crohn, Colitis ulcerosa, Appendizitis; abdominale Schmerzen unbekannter Ursache. Nicht anzuwenden bei Kindern unter 12 Jahren. Aufgrund bisher noch unzureichender toxikologischer Untersuchungen nicht anzuwenden in Schwangerschaft und Stillzeit."

Dauer der Anwendung

Folgender Passus ist aufzunehmen:

„Stimulierende Abführmittel dürfen ohne ärztlichen Rat nicht über einen längeren Zeitraum (mehr als ein bis zwei Wochen) eingenommen werden."

das DC mit 10proz. methanolischer Kalilauge besprüht, 15 Min. lang auf 110 °C erhitzt und im UV$_{365}$ sowie im Tageslicht ausgewertet. Die Referenzsubstanz Barbaloin erscheint bei Rf-Wert ca. 0,45 mit gelber Fluoreszenz im UV$_{365}$ und mit rotbrauner Farbe im Tageslicht. Das DC der Untersuchungslösung zeigt im UV$_{365}$ eine charakteristische Reihe gelber und blauer Zonen, darunter die Aloinzone. Bei Rf $\cong$ 0,37 erkennt man die Zone der Cascaroside. Oberhalb der Aloinzone ist die intensiv gelb fluoreszierende Zone des 11-Desoxyaloins sichtbar (Abb. 3). Im Gegensatz zu Faulbaumrinde müssen im Bereich Rf 0,1–0,2 zwei intensiv gelb fluoreszierende Zonen auftreten. Blau fluoreszierende Zonen im unteren Drittel dürfen nicht vorhanden sein.

Verfälschungen: Kommen gelegentlich vor mit Rinden anderer *Rhamnus*-Arten; siehe unter Frangulae cortex.

Aufbewahrung: Vor Feuchtigkeit und Licht geschützt. Vor der Verwendung muß die Droge „gealtert" sein (künstliche Alterung oder mindestens 1 Jahr lagern; s. unter Prüfung und Inhaltsstoffe).

Literatur:
[1] Hager, Band **6**, 405 (1994).
[2] Kommentar DAB 10.
[3] H. Wagner, S. Bladt und E.M. Zgainski, Drogenanalyse. Springer, Berlin etc. 1983.

Czygan

Rhei radix
Ph. Eur.

Rhabarberwurzel
DAB 1996

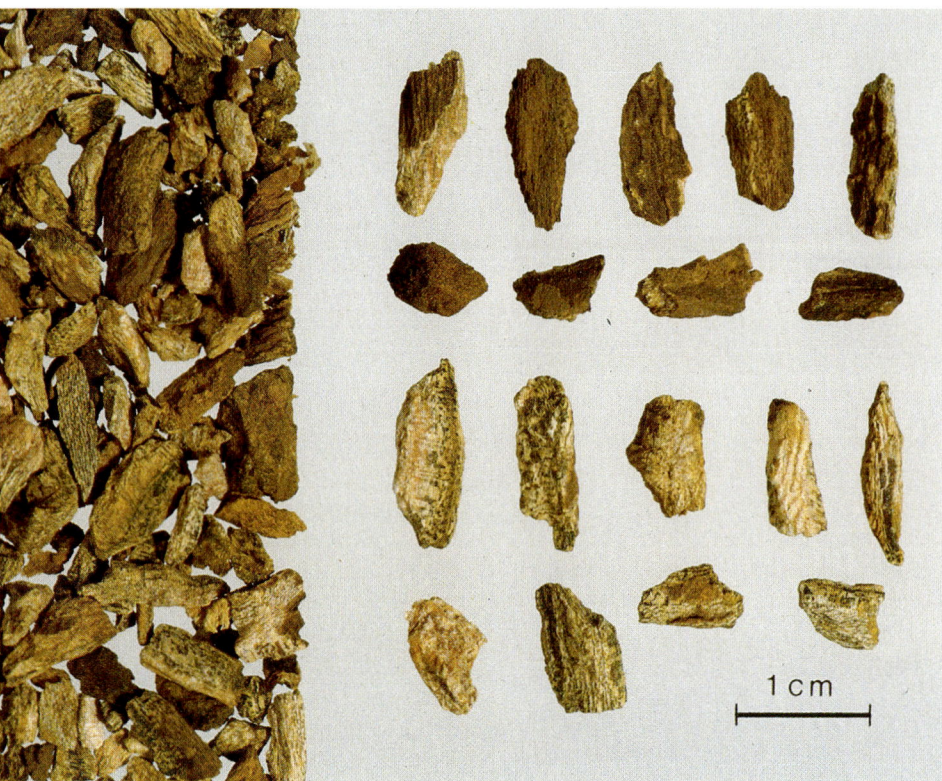

Abb. 1: **Rhabarberwurzel**

Die Droge besteht aus den geschälten unterirdischen Organen (rübenförmigen Wurzeln mit sehr kleinen Rhizomen).

Beschreibung: Ockergelbe bis bräunliche, außen oft etwas bestäubte Stücke, die eine orange Streifung oder eine orangerote Marmorierung erkennen lassen. Der Bruch ist körnig, bröckelnd (nicht faserig) und rötlichbraun.

Geruch: Eigenartig, schwach rauchig.

Geschmack: Etwas bitter und herb.

Abb. 2: *Rheum palmatum* L.

Die auffallend großen Blätter der ausdauernden, etwa 2 m hohen Pflanze (Rübengeophyt) sind handförmig gelappt, die einzelnen Lappen mehr oder weniger tief geteilt. Die 6-zähligen, purpurroten bis weißen Blüten stehen in Trauben oder Rispen, die Früchte sind geflügelt.

ÖAB: Radix Rhei
Ph. Helv. VII: Rhei radix
St. Zul. 1189.99.99

Stammpflanzen: *Rheum palmatum* L. s.l. (Medizinalrhabarber) und/oder *Rheum officinale* BAILL. (Südchinesischer Rhabarber), Polygonaceae, sowie Bastarde dieser beiden Arten.

Synonyme: Rhizoma Rhei (botanisch falscher Ausdruck), Radix Rhei sinensis, Radix Rhabarbari. Rhubarb (root), Rheum (engl.). Racine de rhubarbe (franz.).

Herkunft: Heimisch in Nordwestchina und Osttibet, z.T. auch in Europa kultiviert. Die Droge wird aus China und Indien importiert; Pakistan liefert ebenfalls Rhabarber, der jedoch zumeist nicht dem Arzneibuch entspricht (s. Verfälschungen).

Inhaltsstoffe: Die Droge enthält ein recht komplexes Gemisch vorwiegend phenolischer Inhaltsstoffgruppen; für die Anwendung als Laxans bedeutend sind die Hydroxyanthracenderivate (3–12%, Mengenangaben abhängig u.a. von der Wahl der Bezugssubstanz [Aglykon oder Glykosid]), nach DAB 1996 mind. 2,5%, ber. als Rhein. Etwa 60–80% entfallen auf Anthrachinonglykoside [1, 2] der fünf Aglykone Rheumemodin, Aloeemodin, Rhein, Chrysophanol und Physcion, etwa 10–25% auf Dianthronglykoside, besonders Sennosid A und B [3]. Eine zweite Gruppe phenolischer Inhaltsstoffe stellen die Gallotanningerbstoffe und deren Vorstufen [4, 5] wie z.B. Galloylglucose und Galloylsaccharose dar. Bemerkenswert ist das Vorkommen der (ebenfalls phenolischen) 1-Phenylbutanonderivate der Galloylglucose wie Lindleyin und Isolindleyin [6]; etwa 2–3% Flavonoide und Naphtholglykoside [7].

Indikationen: Aufgrund des Gehaltes an Anthraderivaten und Gerbstoffen je nach Dosierung als Laxans (1,0–2,0 g) oder als Adstringens und Stomachikum (0,1–0,2 g) – ein Beispiel sich kreuzender Dosis-Wirkungs-Kurven; hauptsächlich wird die Droge aber als Abführmittel gebraucht, bei Obstipation, bei Vorliegen von Hämorrhoiden oder Analverletzungen und nach operativen Eingriffen im Rektum. Zum Wirkungsmechanismus siehe Aloe. Von der laxierenden Wirkung machte man früher auch bei Leber- und Gallenerkrankungen Gebrauch, die nicht selten mit einer Obstipation einhergehen; dies ist heute nicht mehr aktuell: zur Abwehr von Arzneimittelrisiken hat das (ehemalige) Bundesgesundheitsamt weitreichende Auflagen für Anthranoide enthaltende Arzneimittel erlassen und diese Indikationen gestrichen (siehe BAnz Nr. 129 vom 13.07.1994 und Monographie der Kommission E bzw. die Standardzulassung).

Die Anwendung als Adstringens, z.B. als Antidiarrhoikum, tritt demgegenüber stark zurück. Aufgrund des bitteren Geschmacks der Anthraglykoside wird Rhabarber in kleinen Mengen z.B. in Form alkoholischer Auszüge (Tinctura Rhei vinosa) als Stomachikum verwendet. Alkoholische Auszüge werden bei Entzündungen des Zahnfleisches und der Mundschleimhaut eingesetzt; vermutlich kommen hier die antiphlogistische Wirkung des Lindleyins und Isolindleyins sowie die adstringierende Wirkung der Gerbstoffe zur Geltung. Von einer Komponente des Gerbstoffgemisches (Galloyl-dihydrocinnamoylglucose) sind analgetische und antiinflammatorische Wirkungen, dem Phenylbutazon bzw. der Acetylsalicylsäure vergleichbar, bekannt geworden [8].

Die aus Rhabarberwurzel isolierten Gerbstoffe fördern an der Ratte die Nierendurchblutung und die glomeruläre Filtration; als besonders wirksam erwiesen sich (−)-Epicatechin3-gallat und Procyanidin-B2-3,3′-digallat [9].

Nebenwirkungen: Bei bestimmungsgemäßer Anwendung keine. Wie bei allen Anthraglykosid-Drogen sollte auch Rhabarber nicht über einen längeren Zeitraum kontinuierlich eingenommen werden, da dann Störungen des Wasser- und Salzhaushaltes eintreten. Während der Schwangerschaft (reflektorische Erregung des Uterus) und der Stillzeit (partieller Übergang der Aglykone in die Muttermilch) sollte Rhabarber nicht angewendet werden, ebenso nicht bei Darmverschluß (Gefahr eines Darmrisses).

Anthrachinone werden z.T., an Glucuronsäure und Schwefelsäure gebunden, in den Harn ausgeschieden, der dann eine tief gelbbraune Farbe annimmt, die beim Alkalisieren nach rot (bis rotbraun) umschlägt.

Teebereitung: Als Laxans 1,0–2,0 g grob gepulverte Droge, als Stomachikum 0,1–0,2 g gepulverte Droge mit ausreichend Flüssigkeit verrühren (evtl. mit Zimt, Ingwer oder Pfefferminzöl aromatisieren) oder mit kochendem Wasser übergießen und nach 5 min abseihen.

1 Teelöffel=etwa 2,5 g.

Teepräparate: Keine.

Phytopharmaka: Die Droge bzw. daraus hergestellte Extrakte sind Bestandteil mehrerer Kombinationsarzneimittel aus der Gruppe Laxantia, z.B. Heelax® (Dragees), Rheogen®N (Dragees) u.a., sowie des Mundschleimhauttherapeutikums Pyralvex® (Gel und Lösung).

Prüfung: Makroskopisch und mikroskopisch nach DAB 1996. Schon bei der

	R¹	R²
Rheumemodin	CH_3	OH
Aloeemodin	CH_2OH	H
Rhein	COOH	H
Chrysophanol	CH_3	H
Physcion	CH_3	OCH_3

Lindleyin

Rhaponticosid : R = β-D-Glucose
Rhapontigenin : R = H

Betrachtung mit der Lupe fällt die Marmorierung („Masern", anormale Ausbildung leptozentrischer Leitbündel im Holzkörper) auf (Abb. 3), bei der mikroskopischen Untersuchung sind die großen Oxalatdrusen (Abb. 4) und derbe, unverholzte Netzgefäße recht charakteristisch. Bei der Mikrosublimation (140–160 °C) erhält man ein gelbes kristallines Sublimat (Abb. 5), das sich auf Zusatz von verdünnter Kalilauge mit roter Farbe löst.

Die sicherste Identitätsprüfung stellt die im DAB 1996 angegebene DC-Untersuchung dar, bei der im Hydrolysat alle fünf Aglykone nachzuweisen sind.

Verfälschungen: Solche werden hin und wieder beobachtet, vor allem mit *Rheum rhaponticum* L. (Rhapontik), aber auch *Rheum rhabarbarum* L. und andere *Rheum*-Arten kommen vor; sie enthalten alle wesentlich weniger Anthracenderivate als die offizinelle Droge. Der Nachweis gründet sich auf

---

Auszug aus der Monographie der Kommission E (BAnz Nr. 133 vom 21.07.1993)

Pharmakologische Eigenschaften, Pharmakokinetik, Toxikologie

1,8-Dihydroxyanthracenderivate haben einen laxierenden Effekt. Dieser beruht vorwiegend auf einer Beeinflussung der Colonmotilität im Sinne einer Hemmung der stationären und einer Stimulierung der propulsiven Kontraktionen. Daraus resultieren eine beschleunigte Darmpassage und aufgrund der verkürzten Kontaktzeit eine Verminderung der Flüssigkeitsresorption. Zusätzlich werden durch eine Stimulierung der aktiven Chloridsekretion Wasser und Elektrolyte sezerniert.

Systematische Untersuchungen zur Kinetik von Zubereitungen aus Rhabarber fehlen, jedoch ist davon auszugehen, daß die in der Droge enthaltenen Aglyka bereits im oberen Dünndarm resorbiert werden. Die β-glykosidisch gebundenen Glykoside sind Prodrugs, die im oberen Magen-Darm-Trakt weder gespalten noch resorbiert werden. Sie werden im Dickdarm durch bakterielle Enzyme zu Anthronen abgebaut. Anthrone sind der laxative Metabolit.

Aktive Metaboliten anderer Anthranoide, wie Rhein, gehen in geringen Mengen in die Muttermilch über. Eine laxierende Wirkung bei gestillten Säuglingen wurde nicht beobachtet. Tierexperimentell ist die Plazentagängigkeit von Rhein äußerst gering. Drogenzubereitungen besitzen, vermutlich aufgrund des Gehaltes an Aglyka, eine höhere Allgemeintoxizität als die reinen Glykoside. Untersuchungen zur Genotoxizität der Droge bzw. von Drogenzubereitungen liegen nicht vor. Für Aloe-Emodin, Emodin, Physcion und Chrysophanol liegen teilweise positive Befunde vor. Zur Kanzerogenität liegen keine Untersuchungen vor.

Klinische Angaben

1. Anwendungsgebiete

Obstipation.

2. Gegenanzeigen

Darmverschluß, akut-entzündliche Erkrankungen des Darmes, z.B. Morbus Crohn, Colitis ulcerosa, Appendizitis; abdominale Schmerzen unbekannter Ursache. Kinder unter 12 Jahren, Schwangerschaft.

3. Nebenwirkungen

In Einzelfällen krampfartige Magen-Darm-Beschwerden. In diesen Fällen ist eine Dosisreduktion erforderlich.

Bei chronischem Gebrauch/Mißbrauch: Elektrolytverluste, insbesondere Kaliumverluste, Albuminurie und Hämaturie: Pigmenteinlagerung in die Darmschleimhaut (Pseudomelanosis coli), die jedoch harmlos ist und sich nach Absetzen der Droge in der Regel zurückbildet. Der Kaliumverlust kann zu Störungen der Herzfunktion und zu Muskelschwäche führen, insbesondere bei gleichzeitiger Einnahme von Herzglykosiden, Diuretika und Nebennierenrindensteroiden.

4. Besondere Vorsichtsweise für den Gebrauch

Stimulierende Abführmittel dürfen ohne ärztlichen Rat nicht über längere Zeiträume (mehr als 1–2 Wochen) eingenommen werden.

5. Verwendung bei Schwangerschaft und Laktation

Aufgrund unzureichender toxikologischer Untersuchungen nicht anzuwenden in Schwangerschaft und Stillzeit.

6. Medikamentöse und sonstige Wechselwirkungen

Bei chronischem Gebrauch/Mißbrauch ist durch Kaliummangel eine Verstärkung der Herzglykosidwirkung sowie eine Beeinflussung der Wirkung von Antiarrhythmika möglich. Kaliumverluste können durch Kombination mit Thiaziddiuretika, Nebennierenrindensteroiden und Süßholzwurzel verstärkt werden.

7. Dosierung und Art der Anwendung

Geschnittene Droge, Drogenpulver oder Trockenextrakte für Aufgüsse, Abkochungen, Kaltmazerate oder Elixiere. Flüssige oder feste Darreichungsformen zur Einnahme.

Soweit nicht anders verordnet:
20–30 mg Hydroxyanthracenderivate/Tag, berechnet als Rhein.

Die individuell richtige Dosierung ist die geringste, die erforderlich ist, um einen weichgeformten Stuhl zu erhalten.

Hinweis:
Die Darreichungsform sollte auch eine geringere als die übliche Tagesdosis erlauben. Gerbstoffreiche Rheum-Zubereitungen mit geringem Anthranoidgehalt können stopfend wirken.

8. Überdosierung

Elektrolyt- und flüssigkeitsbilanzierende Maßnahmen.

9. Besondere Warnungen

Eine über die kurzdauernde Anwendung hinausgehende Einnahme stimulierender Abführmittel kann zu einer Verstärkung der Darmträgheit führen.

Das Präparat sollte nur dann eingesetzt werden, wenn durch eine Ernährungsumstellung oder Quellstoffpräparate kein therapeutischer Effekt zu erzielen ist.

10. Auswirkungen auf Kraftfahrer und die Bedienung von Maschinen

Keine bekannt.

Wortlaut der Packungsbeilage gemäß Standardzulassung:

5.1 Anwendungsgebiete*)
Verstopfung; alle Erkrankungen, bei denen eine leichte Darmentleerung mit weichem Stuhl erwünscht ist, wie z.B. bei Analfissuren, Hämorrhoiden und nach rektal-analen operativen Eingriffen.

5.2 Gegenanzeigen*)
Rhabarberzubereitungen sind nicht anzuwenden bei Vorliegen von Darmverschluß sowie während der Schwangerschaft und der Stillzeit.

5.3 Nebenwirkungen
Bei bestimmungsmäßigem Gebrauch nicht bekannt. Bei häufiger und langdauernder Anwendung oder bei Überdosierung ist ein erhöhter Verlust von Wasser und Salzen, insbesondere von Kaliumsalzen, möglich.

5.4 Wechselwirkung mit anderen Mitteln
Aufgrund erhöhter Kaliumverluste kann die Wirkung von Herzglykosiden verstärkt werden.

5.5 Dosierungsanleitung und Art der Anwendung
Etwa $1/2$ bis 1 gestrichener Teelöffel voll kleingeschnittenem **Rhabarber** wird mit heißem Wasser (ca. 150 ml) übergossen und nach etwa 10 bis 15 Minuten durch ein Teesieb gegeben.
Soweit nicht anders verordnet, wird bei Verstopfung morgens und/oder abends vor dem Schlafengehen eine Tasse frisch bereiteter Tee getrunken. Bei Magen- und Darmkatarrhen wird mehrmals 1 Eßlöffel voll Tee eingenommen.

5.6 Dauer der Anwendung*)
Tee aus Rhabarber soll nur wenige Tage eingenommen werden. Bei längerer Anwendung sollte der Arzt befragt werden.

Hinweis: Um den Darm zu normaler Funktion zu erziehen, ist auf eine ballaststoffreiche Ernährung, ausreichende Flüssigkeitszufuhr sowie möglichst viel Bewegung zu achten.

5.7 Hinweis
Vor Licht und Feuchtigkeit geschützt aufbewahren.

*) Im Kommentar zu den Standardzulassungen wird empfohlen, die entsprechenden Texte auf Grund der Auflagen des BGA für Anthranoide enthaltende Arzneimittel [BAnz Nr. 129 vom 13.07.1994; siehe Dtsch. Apoth. Ztg. **134**, 2794 (1994)] wie folgt zu ändern:

Anwendungsgebiete

Es darf nur noch beansprucht werden, generell:
„Verstopfung (Obstipation)"

Gegenanzeigen

generell:
„Darmverschluß; akut-entzündliche Erkrankungen des Darms, z.B. Morbus Crohn, Colitis ulcerosa, Appendizitis; abdominale Schmerzen unbekannter Ursache. Nicht anzuwenden bei Kindern unter 12 Jahren. Aufgrund bisher noch unzureichender toxikologischer Untersuchungen nicht anzuwenden in Schwangerschaft und Stillzeit."

Dauer der Anwendung

Folgender Passus ist aufzunehmen:
„Stimulierende Abführmittel dürfen ohne ärztlichen Rat nicht über einen längeren Zeitraum (mehr als ein bis zwei Wochen) eingenommen werden."

Abb. 3: Wurzelbruchstück mit charakteristischer Marmorierung (Masern)

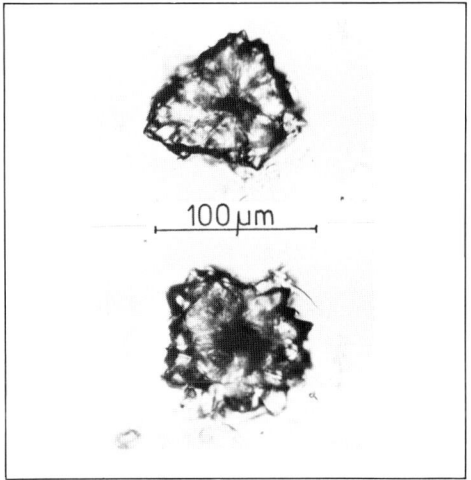

Abb. 4: Große Oxalatdrusen der Rhabarberwurzel

das Vorkommen von Stilbenderivaten, besonders Rhaponticosid (=Rhaponticin): streicht man mit einem Drogenbruchstück über feuchtes Filterpapier, so darf bei der Betrachtung unter UV_{366} kein blau fluoreszierender Strich sichtbar sein (Fluoreszenz der Stilbene).
Die im DAB 1996 angegebene DC-Prüfung auf rhaponticinhaltige *Rheum*-Arten ist etwas aufwendiger, aber zuverlässiger.

Abb. 5: Gelbliche Nadeln des Mikrosublimats

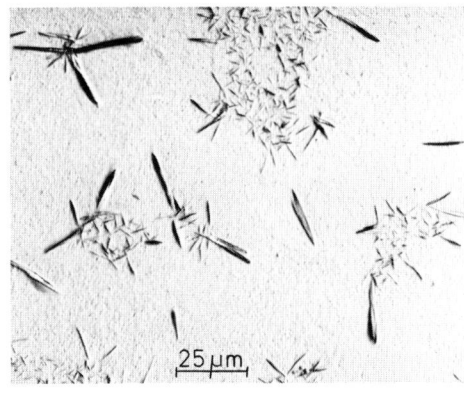

Die in den letzten Jahren aus Pakistan importierte Droge hat sich häufig als Verfälschung erwiesen [10]: bei der DC-Prüfung auf Anthrachinone (Identitätsprüfung nach DAB 1996) wird kein Rhein und Aloeemodin gefunden. Es ist bisher nicht bekannt, um welche *Rheum*-Art es sich bei dieser Droge handelt.

Löcher in Drogenstücken können von Insektenbefall herrühren, aber auch Bohrlöcher (zum Aufhängen der Droge zwecks Trocknung) sein.

Literatur:
[1] Y. Kashiwada und Mitarb., Chem. Pharm. Bull. **37**, 999 (1989).
[2] L. Holzschuh, B. Kopp und W. Kubelka, Planta Med. **46**, 159 (1982).
[3] T. Murata, S. Karasaki und T. Shiozuka, Nat. Med. **48**, 82 (1994).
[4] Y. Kashiwada, G. Nonaka und I. Nishioka, Phytochemistry **27**, 1469 (1988).
[5] H. Friedrich und J. Höhle, Planta Med. **14**, 363 (1966).
[6] G. Nonaka und I. Nishioka, Chem. Pharm. Bull. **31**, 31 (1982).
[7] G. Nonaka und Mitarb., Phytochemistry **22**, 1659 (1983).
[8] G. Nonaka, I. Nishioka, T. Nagasawa und H. Oura, Chem. Pharm. Bull. **29**, 2862 (1981).
[9] T. Yokozawa und Mitarb., Jpn. J. Nephrol. **35**, 13 (1993); C.A. **120**, 315460 (1994).
[10] E. Stahl, H. Menßen und H. Jahn, Dtsch. Apoth. Ztg. **125**, 1478 (1985).

Wichtl

Rhoeados flos — Klatschmohnblüten

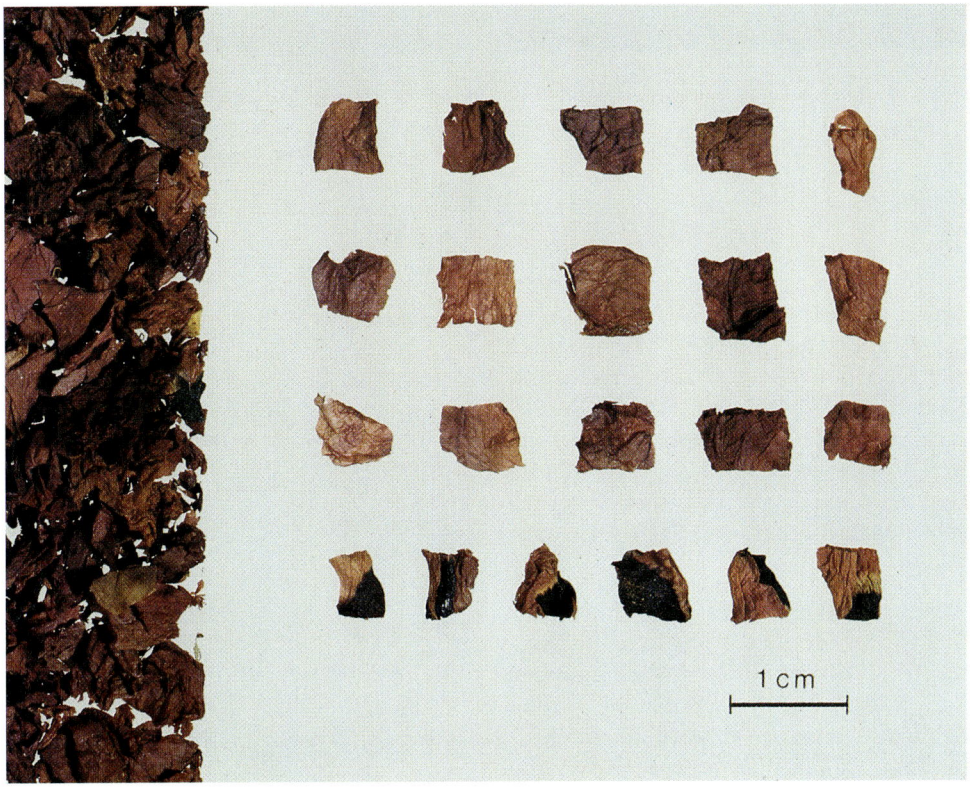

Abb. 1: Klatschmohnblüten

Beschreibung: Schmutzig-rotviolette, meist knäuelig zusammengefaltete Kronblätter, die sich samtartig-filzig anfühlen. Sie sind breit oval, bis 6 cm lang, ganzrandig, am Grund verschmälert und dort schwarzfleckig. Die vom Basalteil ausgehenden, strahlenförmig das Kronblatt durchziehenden Gefäßbündel schließen in einem zusammenhängenden Bogen in stets gleichem Abstand vom äußeren Blattrand ab. Beim Aufweichen in Wasser treten der schwarze Fleck am Grund der Kronblätter (untere Reihe) und die davon strahlig ausgehenden Nerven deutlich hervor.

Geschmack: Schwach bitter, etwas schleimig.

Abb. 2: *Papaver rhoeas* L.

Die am Rand von Getreidefeldern häufig anzutreffende, 1-jährige, bis 80 cm hohe Pflanze ist borstig behaart und besitzt 1- bis 2fach fiederteilige Blätter. Die zunächst nickenden Blütenknospen richten sich erst kurz vor dem Aufblühen auf, die 4 Korollblätter zeigen häufig am Grund einen schwarzen Fleck. Die Fruchtkapsel ist etwa 1 cm lang, schmal mit ca. 10 Narbenstrahlen.

DAC 1986: Klatschmohnblütenblätter

Stammpflanze: *Papaver rhoeas* L. (Klatschmohn), Papaveraceae

Synonyme: Feldmohn-, Klapprosen-, Klappermohn-, Flattermohn-, Klatschrosen-, Kornrosenblüten, Kornschnalle, Blutblume, Feuerblume, Feldrose; Flores (Petala) Papaveris rhoeados (erratici, rubri, silvestris). Red poppy flowers, Corn poppy flowers (petals) (engl.). Fleurs de coquelicot (franz.). [1].

Herkunft: In Getreidefeldern und Unkrautfluren (Massenvorkommen z.B. an den Rändern neu angelegter Straßen und Autobahnen); fast weltweit verbreitet. Importe aus Wildvorkommen vor allem aus Ost- und Südosteuropa (z.B. aus Albanien), auch aus Marokko.

Inhaltsstoffe [1]: Anthocyanglykoside, vor allem mit Cyanidin als Aglykon, so besonders Mecocyanin=Cyanidin-3-sophorosid [2], (fast 50 Jahre für Cyanidin-3-gentiobiosid angesehen [3]), Cyanin [4] und andere. Die Variation der Anthocyan-Garnitur vom Knospenzustand bis zum Aufblühen der Petalen wurde von [5] untersucht. Bis zu 0,12% Isochinolinalkaloide, davon bis zu etwa 50% Rhoeadin. Mit HPLC-Verfahren fanden [6] 0,2% Gesamtalkaloide. Hauptanteile waren Isorhoeadin und Rhoeagenin. Eine Übersicht der Alkaloide in *Papaver rhoeas* findet man bei [7] und [8]. Außerdem Schleimstoffe und ubiquitäre Substanzen.

Indikationen: Keine medizinisch begründeten Anwendungen bekannt; gelegentlich in der *Volksmedizin* zur Herstellung eines Sirups gegen Husten und Heiserkeit kleiner Kinder; zur Bereitung eines Tees gegen Schmerzen, gegen Schlaflosigkeit und als Beruhigungsmittel; früher auch zur Färbung von Zuckerwaren. Ansonsten Nutzung als Schönungsdroge in Teemischungen.

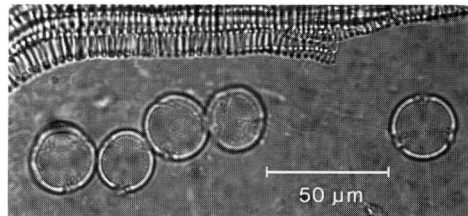

Abb. 3: Tricolpate Pollenkörner mit feinwarziger Exine

Nebenwirkungen: Gelegentlich werden in „Kräuterbüchern" Vergiftungen bei Kindern beschrieben. Auch sollen bei Kühen nach Aufnahme stark mit Klatschmohn versetzten Futters Vergiftungen mit Krämpfen und Coma aufgetreten sein. Rhoeadin zeigt an Ratten eine krampfartige Wirkung und regt bei Kaninchen die Atmung an (zitiert nach [1]).

Teebereitung: Wenig gebräuchlich. 2 Teelöffel Droge mit kochendem Wasser überbrühen, 10 min stehen lassen und dann durch ein Teesieb geben. Zur Schleimlösung bei Bronchialkatarrh 2- bis 3mal täglich 1 Tasse, evtl. mit Honig gesüßt.
1 Teelöffel=etwa 0,8 g.

Teepräparate: Als Hilfsstoff (Schmuckdroge) in verschiedenen Teemischungen.

Prüfung: Makroskopisch (s. Beschreibung), mikroskopisch nach DAC 1986. Die rot-violette Droge ist gekennzeichnet durch langgestreckte, wellig buchtige Epidermiszellen der Kronblätter mit vereinzelten kleinen, rundlichen Spaltöffnungen. Den Kronblattstücken haften zahlreiche, kugelige, bis 30 µm große Pollenkörner mit feinwarziger Exine und 3 Austrittsstellen an (Abb. 3).

Verfälschungen: Kommen praktisch nicht vor; evtl. Verwechslungen mit *Papaver dubium* L. (Blütenblätter kleiner: 2,5–3,5 cm breit).

Aufbewahrung: Vor Licht und Feuchtigkeit geschützt; nicht länger als ein Jahr aufbewahren, da die Droge sonst unansehnlich wird und ausbleicht.

Auszug aus der Monographie der Kommission E
(BAnz Nr. 85 vom 05. 05. 1988)

Anwendungsgebiete

Klatschmohnblüten werden bei Erkrankungen und Beschwerden im Bereich der Atemwege, bei Schlafstörungen sowie als beruhigendes und schmerzstillendes Mittel angewendet.
Die Wirksamkeit bei den beanspruchten Anwendungsgebieten ist nicht belegt.

Risiken

Keine bekannt.

Bewertung

Da die Wirksamkeit von Klatschmohnblüten bei den beanspruchten Anwendungsgebieten nicht belegt ist, kann eine therapeutische Anwendung nicht befürwortet werden.
Gegen die Verwendung als Hilfsstoff in Teemischungen bestehen keine Einwände.

Literatur:
[1] Hager, Band **6**, 444 (1977).
[2] J.B. Harborne, Phytochemistry **22**, 85 (1983).
[3] R. Willstätter und F. Weil, Liebigs Ann. Chem. **412**, 231 (1917).
[4] L. Schmid und R. Huber, Monatsh. Chem. **57**, 383 (1931).
[5] G. Matysik und M. Benesz, Chromatographia **32**, 19 (1991).
[6] J.P. Rey und Mitarb., J. Chromatogr. **596**, 276 (1992).
[7] O. Gasic und N.N. Canak, Hem. Pregl. **33**, 23 (1992).
[8] Y. Kalaw und S. Sariyar, Planta Med. **55**, 488 (1989).

Czygan

Ribis nigri folium — Schwarze Johannisbeerblätter

Abb. 1: Schwarze Johannisbeerblätter

Beschreibung: Leicht gerunzelte Blattstückchen mit dunkelgrüner Oberseite und hellgraugrüner Unterseite, mit großmaschigem Adernetz, dieses besonders auf der Blattunterseite deutlich. Haupt- und Seitennerven schwach behaart. Auf der Blattunterseite Punktierung erkennbar, die von gelblichglänzenden Drüsenhaaren (Lupe!) herrührt. Einzelne Blattrandstücke zeigen grobgesägte, spitze Zähnchen (2. Reihe). Gelblichgrüne, rinnige Blattstielreste (5. Reihe) kommen häufig vor.

Die Droge ist geruch- und geschmacklos.

Abb. 2: *Ribes nigrum* L.

Etwa 2 m hoher Strauch mit 3–5 lappigen, doppelt gesägten Blättern. Die 5-zähligen, grünlichweißen Blüten sind in traubigen Blütenständen angeordnet, die Früchte braunschwarz mit anhängenden Kelchresten.

Erg. B. 6: Folia Ribis nigri
St. Zul. 1669.99.99

Stammpflanze: *Ribes nigrum* L. (Schwarze Johannisbeere), Saxifragaceae bzw. Grossulariaceae.

Synonyme: Gichtbeerblätter, Ahlbeerblätter, Cassistee. Black currant leaves (engl.). Feuilles de cassis (franz.).

Herkunft: In Mittel- und Osteuropa wildwachsend, in gemäßigten Zonen aber meist kultiviert. Die Droge wird vor allem aus Polen, Ungarn und Rumänien eingeführt.

Inhaltsstoffe: Etwa 0,5% Flavonoide, besonders Derivate des Kämpferols und Quercetins [1]; auch Myricetin- und Isorhamnetinglykoside wurden nachgewiesen [2]. Daneben kommen oligomere Proanthocyanidine (Vorstufen der

Abb. 3: Drüsenhaare auf der Blattunterseite (Lupenvergrößerung)

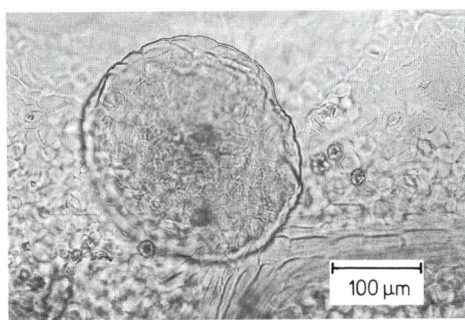

Abb. 4: Vielzelliges Drüsenhaar, in die Epidermis eingesenkt

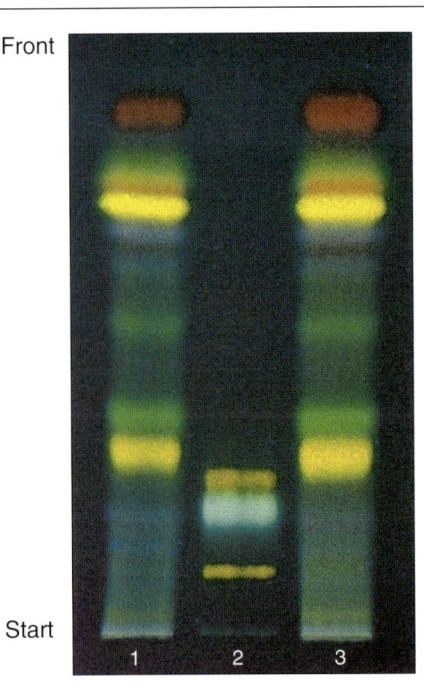

Abb. 5: DC von Schwarze Johannisbeerblätter, auf Glasplatte 5 × 10 cm, Laufstrecke 8 cm, besprüht mit Diphenylboryloxyethylamin-Reagenz, unter UV_{365}
1 Schwarze Johannisbeerblätter (3 μl)
2 Referenzlösung (2 μl)
3 Schwarze Johannisbeerblätter (5 μl)

Gerbstoffe) vor, besonders Prodelphinidine [3, 4]. Die Droge enthält Spuren eines ätherischen Öles, das vorwiegend aus Mono- und Sesquiterpenen besteht; bisher wurden 44 Komponenten identifiziert [5].

Indikationen: Vorwiegend in der *Volksmedizin* als Diuretikum. Ausschließlich *volksmedizinisch* auch bei Gicht, rheumatischen Beschwerden, Diarrhöen, Krampfhusten, selten auch äußerlich zur Wundbehandlung, in all diesen Fällen rein empirisch.
Für einige Drogeninhaltsstoffe wurden besondere pharmakologische Effekte beschrieben: so wirken die di- und trimeren Prodelphinidine deutlich antiphlogistisch [3], die oligomeren Proanthocyanidine haben Radikalfänger-Eigenschaften und hemmen im Sinne von Antioxydantien die Lipidperoxidbildung [4, 6].
Für Sakuranetin, einem Flavonoid der Droge, ist eine fungicide Wirkung nachgewiesen worden [7].

Teebereitung: 2–4 g fein geschnittene Droge mit kochendem Wasser übergießen (oder kalt ansetzen und kurz aufkochen), 5–10 min bedeckt stehen lassen und abseihen. Mehrmals täglich 1 Tasse. 1 Teelöffel = etwa 1,0 g.

Teepräparate: Als Hilfsstoff (Aromadroge) in Teegemischen und als Bestandteil von Kräuterteemischungen („Haus- und Familientee").

Prüfung: Makroskopisch (s. Beschreibung), mikroskopisch und mittels DC (siehe St. Zul.). Im mikroskopischen Präparat sind die Epidermisstücke der Blattunterseite typisch, die zahlreiche anomocytische Spaltöffnungen zeigen sowie 150 bis 250 μm große Drüsenhaare (Abb. 3 und 4). Über den Leitbündeln häufig einzellige, gebogene, spitze Deckhaare.

Identitätsprüfung mittels DC:

Sorbens: Kieselgel $60 F_{254}$ (lufttrocken) (Merck) (5 × 10 cm, Glas oder Folie).

Untersuchungslösung: 1,0 g pulv. Droge wird mit 5 ml Methanol 10 Min. unter Rückfluß erhitzt und warm filtriert. Das Filtrat dient als Untersuchungslösung.

Referenzlösung: Je 5 mg Rutosid, Chlorogensäure und Hyperosid werden in 5 ml Methanol gelöst.

Aufzutragen: 3–5 μl Untersuchungslösung und 2 μl Referenzlösung strichförmig (10 × 2 mm).

Fließmittel: Ethylacetat – wasserfr. Ameisensäure – Wasser (80 + 8 + 12) (Kammersättigung).

Laufstrecke: 8 cm, **Zeit:** 21 min.

Sichtbarmachung und Auswertung: Nach vollständigem Abdunsten des Fließmittels (im Heißluftstrom):
1. unbesprüht unter UV_{254}.

Wortlaut der Packungsbeilage gemäß Standardzulassung:

6.1 Anwendungsgebiete
Zur Erhöhung der Harnmenge.

6.2 Gegenanzeigen
Wasseransammlungen (Ödeme) infolge eingeschränkter Herz- oder Nierentätigkeit.

6.3 Dosierungsanleitung und Art der Anwendung
Etwa 1 bis 2 Teelöffel voll (2 bis 4 g) **Schwarze Johannisbeerblätter** werden mit siedendem Wasser (ca. 150 ml) übergossen und nach etwa 10 Minuten durch ein Teesieb gegeben.
Soweit nicht anders verordnet, wird mehrmals täglich 1 Tasse frisch bereiteter Teeaufguß zwischen den Mahlzeiten getrunken.

6.4 Hinweis
Vor Licht und Feuchtigkeit geschützt aufbewahren.

2. Besprühen a) mit einer 1proz. methanolischen Lösung von Diphenylboryloxyethylamin und b) mit einer 5proz. methanolischen Lösung von Polyethylenglykol 400 und anschließende Auswertung unter UV$_{365}$ (Abb. 5). Die Referenzsubstanzen zeigen folgende Rf-Werte und Fluoreszenzfarben: Rutosid (0,12, orangegelb), Chlorogensäure (0,24, hellblau), Hyperosid (0,29, orangegelb). Das DC der Untersuchungslösung zeigt eine charakteristische Folge fluoreszenzlöschender und nach Besprühen fluoreszierender Zonen, von denen eine mit gleicher Färbung und gleichem Rf-Wert wie Rutosid erscheint. Eine weitere intensiv gelb fluoreszierende Zone liegt knapp oberhalb des Hyperosids (Isoquercitrin).

Verfälschungen: Solche kommen in der Praxis kaum vor, da die Droge fast ausschließlich aus Kulturen stammt.

Aufbewahrung: Trocken, vor Licht geschützt.

Literatur:

[1] O. Calamita, J. Malinowski und H. Strzelecka, Acta Pol. Pharm. **40**, 383 (1983); C.A. **100**, 171573 (1984).
[2] O. Rolland, A.M. Binsard und J. Raynaud, Plantes Med. Phytothér. **11**, 222 (1977).
[3] M. Tits und Mitarb., Phytochemistry **31**, 971 (1992).
[4] M.T. Meunier, E. Duroux und P. Bastide, Plantes Med. Phytothér. **23**, 267 (1989).
[5] R.J. Marriott, Dev. Food Sci. **18**, 387 (1988).
[6] L. Constantino und Mitarb., Plantes Med. Phytothér. **26**, 207 (1993).
[7] B.D.L. Fitt, G.J. Smith und D. Hornby, Plant Soil **66**, 405 (1982); C.A. **97**, 195966 (1982).

Wichtl

Rosae pseudofructus — Hagebuttenschalen
DAB 1996

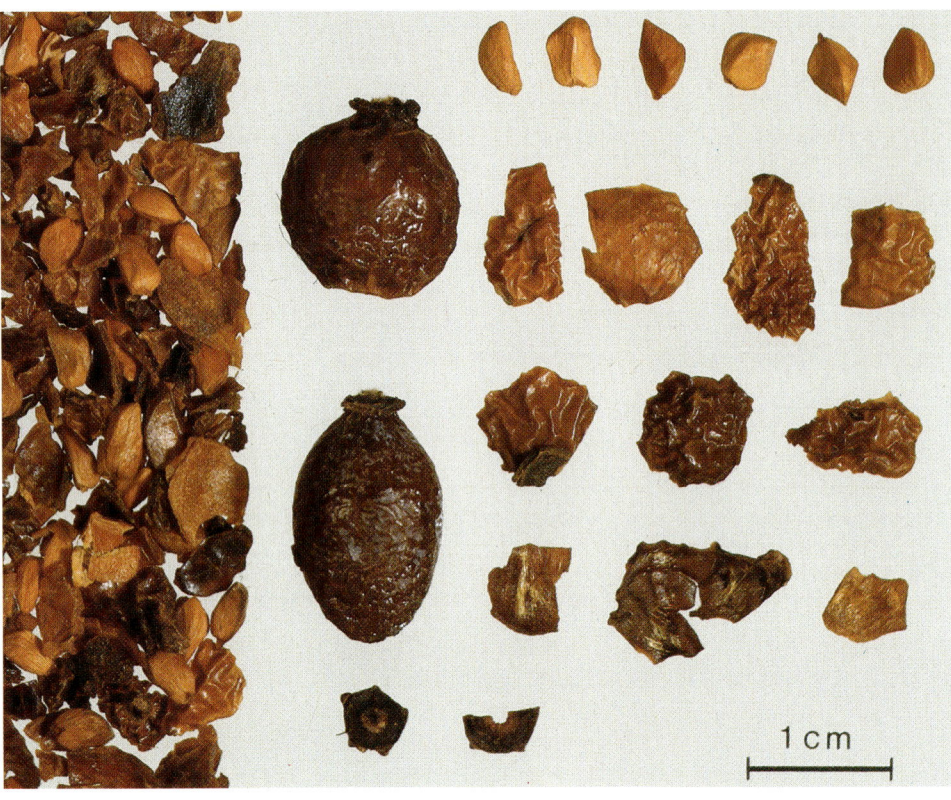

Abb. 1: Hagebutten (obere Reihe: „Kerne" = Früchte, nicht Samen)

Die Droge besteht aus den getrockneten Achsenbechern mit darinnen liegenden Früchten (fälschlich als Samen bezeichnet, oder einfach als „Kerne"). Die Definition der Droge im DAB 1996, das nur Hagebutten*schalen* zuläßt, lautet: Hagebuttenschalen bestehen aus den reifen, geöffneten, von Früchten und auf dem Blütenboden aufsitzenden Haaren weitgehend befreiten und getrockneten Achsenbechern der Scheinfrucht verschiedener Arten der Gattung *Rosa* L.

Beschreibung: Die Ganzdroge ist etwa 1–2 cm lang und 0,5–1,5 cm dick, rundlich bis eiförmig, fleischig weich, glänzend hell- bis dunkelrotbraun, stark eingefallen und gerunzelt. Am oberen Ende ist eine stumpf fünfeckige Scheibe durch die meist abgefallenen Kelchblätter entstanden. In der Mitte der Scheibe ist ein etwa 1 mm breites Loch, die Griffelröhre. Die hohle Blütenachse ist innen mit hellen, steifen Haaren (man beachte die spiralige Strukturierung, Abb. 5) ausgekleidet und enthält etwa 5 mm lange und 3 mm dicke, gelbbraune, spitzeiförmige, drei- bis mehrkantige, an den Berührungsstellen abgeplattete Früchte (Abb. 1). Schnittdroge: An den Rändern eingerollte, rote, fleischige, hornig-durchscheinende Stücke, die außen glatt und innen mit stechenden Haaren bedeckt sind (Abb. 4).

Geruch: Fruchtig

Geschmack: Süßlich-sauer.

Abb. 2: *Rosa canina* L.

Bis 5 m hoch werdender Strauch mit überhängenden, bestachelten Ästen. Blätter gefiedert, Blüten etwa 5 cm im Durchmesser, die 5 Kronblätter hellrosa bis weiß.

Abb. 3: *Rosa canina* L., mit Scheinfrüchten (Hagebutten)

Zu beachten: Es sind unterschiedliche Drogen offizinell!

> **DAB 1996:** Hagebuttenschalen (Rosae pseudofructus)
> **Ph. Helv. VII:** Cynosbati fructus (Hagebutten)
> **DAC 1986:** Hagebutten (Rosae pseudofructus cum fructibus)

Stammpflanzen: Diverse *Rosa*-Arten, insbesondere die formenreiche *Rosa canina* L. (Hundsrose) und *Rosa pendulina* L. (Alpenrose), Rosaceae.

Synonyme: Fructus Cynosbati, Fructus Cynorrhoidi; Hainbutten, Hetscherln, Hiefen, Rosenbeere, Dornapfel, Butterfäßlein, Arschkratzerl (s. franz.!; Hinweis auf Juckreiz auslösende Haare) u.v.a.m. Gerade die im deutschen Sprachraum sehr unterschiedlichen Bezeichnungen für die Hagebutte sind ein Beispiel dafür, daß es für bestimmte, nicht lebensnotwendige Dinge innerhalb einer einzigen Sprachlandschaft Hunderte von Ausdrücken gibt [1]. Hip, Cynosbatos, Sweet briar fruits (engl.). Cynorrhodon (franz.).

Herkunft: *Rosa canina*: In Europa, Vorder- und Mittelasien und Nordafrika beheimatet, im östlichen Nordamerika eingebürgert. – *Rosa pendulina* var. *pendulina* (= *R. cinnamomea*, *R. alpina*) im gebirgigen Süd- und Mitteleuropa, in den Vogesen beheimatet. Die Droge wird heute aus recht unterschiedlichen Ländern importiert: Chile, Rußland, Polen, Bulgarien, Rumänien, China, Ungarn und den Balkan-Staaten.

Inhaltsstoffe: L-Ascorbinsäure als wertbestimmende Komponente; nach [2] je nach Herkunft, Reifezustand der Scheinfrüchte und der Sorgfalt beim Trocknen bei *Rosa canina* 0,2–1,2%, bei *Rosa pendulina* 0,5–2,0%. Das DAB 1996 verlangt einen Mindestwert von 0,3%. Nach eigenen Untersuchungen der letzten Jahre wird dieser Wert von normaler Handelsware nur selten erreicht. Dem hat die Ph. Helv. VII Rechnung getragen, ein Mindestwert an Vitamin C wird nicht gefordert. Daneben enthält die Droge ca. 15% Pektine, Zucker, Fruchtsäuren, Gerbstoffe (Gallussäurederivate), ca. 0,03% ätherisches Öl, Spuren von Flavonoiden und Anthocyanen; als rote und gelbe Farbstoffe vor allem Carotinoide: haupt-

> *Auszug aus der Monographie der Kommission E*
> *(BAnz Nr. 164 vom 01.09.1990)*
>
> **Monographie: Rosae pseudofructus (Hagebuttenschalen)**
>
> **Anwendungsgebiete**
> Zubereitungen aus Hagebuttenschalen werden zur Vorbeugung und Behandlung von Erkältungskrankheiten und grippalen Infekten, Infektionskrankheiten, zur Vorbeugung und Behandlung von Vitamin-C-Mangelerkrankungen, zur Steigerung der Abwehrkräfte, bei Magensäuremangel, Darmerkrankungen, zur Förderung der Verdauung, ferner bei Gallensteinen, Gallenbeschwerden und Gallenleiden, Erkrankungen und Beschwerden im Bereich der ableitenden Harnwege, Wassersucht, zur „Nierenstärkung", als diuretisch wirksames Mittel, bei Gicht, rheumatischen Beschwerden, als adstringierendes Mittel und als Augenwasser angewendet.
> Die Wirksamkeit bei den meisten der beanspruchten Anwendungsgebiete ist nicht belegt. Die Wirksamkeit zur Therapie oder Vorbeugung eventueller Vitamin-C-Mangelzustände ist angesichts des geringen und rasch abnehmenden Vitamin-C-Gehaltes der Droge unsicher.
>
> **Risiken**
> Nicht bekannt.
>
> **Beurteilung**
> Da die Wirksamkeit nicht bzw. nicht ausreichend belegt ist, kann eine therapeutische Anwendung allein schon aufgrund des rasch abnehmenden Vitamin-C-Gehaltes der Droge nicht empfohlen werden.
> Der Konsum von Hagebutten-Zubereitungen als Vitamin-C-haltige Nahrungsergänzung ist überwiegend dem Lebensmittelbereich zuzuordnen.
> Gegen die Verwendung als Geschmackskorrigens in Teemischungen bestehen keine Bedenken.

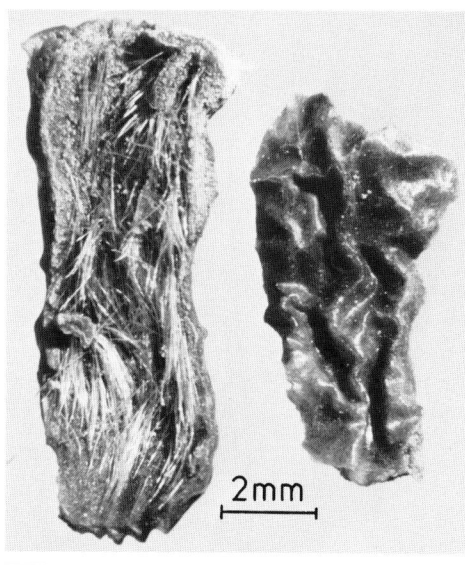

Abb. 4: Runzelige Oberfläche (rechts) und behaarte Innenseite der Scheinfrucht von *Rosa canina*

sächlich verschiedene Isomere des Rubixanthins, Lycopin und β-Carotin, von denen nur das letztere Vorstufe des Vitamin A ist [2–4].

Indikationen: Unterstützung der Therapie bei Vitamin-C-Mangel.
Für die in der *Volksmedizin* genutzte milde laxierende und diuretische Wirkung werden der Pektingehalt und der Fruchtsäuregehalt verantwortlich gemacht. Diese Wirkungen sind jedoch umstritten. So konnte gezeigt werden, daß Infuse von Hagebutten nicht diuretisch wirken [5]. Heute finden Hagebutten wegen ihres säuerlichen Geschmacks vor allem Verwendung in Frühstückstees. Aus frischen, entkernten Hagebutten läßt sich eine wohlschmeckende und Vitamin-C-reiche Marmelade herstellen (Hegenmus, Hiefenmark der fränkischen Pfannkuchen!).

Teebereitung: 2–2,5 g zerkleinerte Hagebutten mit kochendem Wasser übergießen, 10–15 min lang ziehen lassen, dann abseihen.
1 Teelöffel = etwa 3,5 g.

Teepräparate: Die Droge wird überaus häufig, zumeist mit Hibiscusblüten ge-

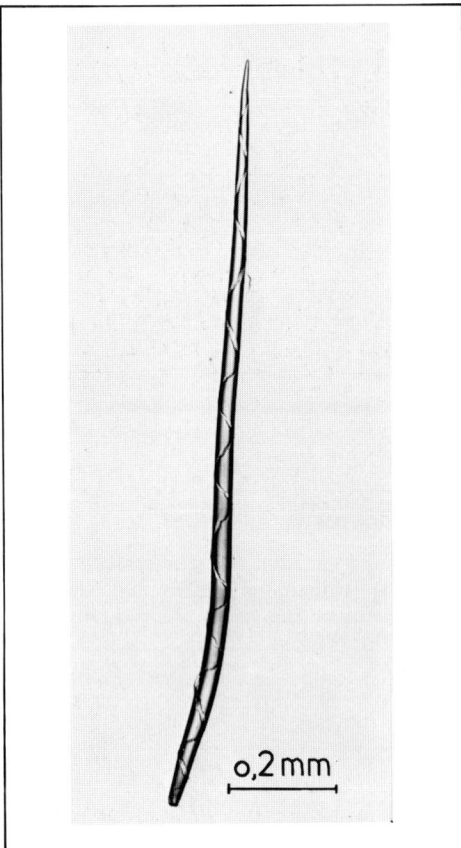

Abb. 5: Dickwandiges, beiderseits zugespitztes Borstenhaar der inneren „Fruchtwand"

mischt, in Filterbeuteln oder in Packungen ohne medizinische Indikation als Erfrischungstee angeboten.

Phytopharmaka: Die Droge oder Extrakte sind vereinzelt in urologischen Präparaten enthalten, z.B. Nephro-Tonicum Resana u.a.

Prüfung: Makroskopisch (s. Beschreibung); mikroskopisch sind besonders zu beachten die zahlreichen 1-zelligen, dickwandigen, scharf zugespitzten und am Grunde verschmälerten, bis 2000 µm langen und 30–45 µm breiten Haare von der inneren Epidermis der Scheinfrucht (Abb. 5). Zum halbquantitativen Vitamin-C-Nachweis ist der Ascorbinsäuretest nach Merck (Art. Nr. 10023) geeignet. Die Farbreaktion beruht auf der Reduktion des gelb ge-

Auszug aus der Monographie der Kommission E (BAnz Nr. 164 vom 01.09.1990)

Monographie: Rosae pseudofructus cum fructibus (Hagebutten)

Anwendungsgebiete

Zubereitungen aus Hagebuttenschalen werden zur Vorbeugung und Behandlung von Erkältungskrankheiten und grippalen Infekten, Infektionskrankheiten, zur Vorbeugung und Behandlung von Vitamin-C-Mangelerkrankungen, Fieber, zur Steigerung der Abwehrkräfte bei allgemeiner Erschöpfung, bei Magenkrämpfen, Magensäuremangel, als Vorbeugung gegen Magenschleimhautentzündung und Magengeschwüre, zur „Magenstärkung", bei Darmerkrankungen, Durchfall, als Vorbeugung gegen Darmkatarrh, als Laxans, ferner bei Gallensteinen, Gallenbeschwerden und Gallenleiden, Erkrankungen und Beschwerden im Bereich der ableitenden Harnwege, Wassersucht, zur „Nierenstärkung", als diuretisch wirksames Mittel, bei Gicht, Harnsäurestoffwechselstörungen, rheumatischen Beschwerden, Rheumatismus, Ischias, Zuckerkrankheit, mangelhafter Kapillardurchblutung, als adstringierendes Mittel, bei Lungenkrankheiten und als Augenwasser angewendet.

Die Wirksamkeit bei den meisten der beanspruchten Anwendungsgebiete ist nicht belegt. Die Wirksamkeit zur Therapie oder Vorbeugung eventueller Vitamin-C-Mangelzustände ist angesichts des geringen und rasch abnehmenden Vitamin-C-Gehaltes der Droge fraglich.

Risiken

Nicht bekannt.

Beurteilung

Da die Wirksamkeit nicht bzw. nicht ausreichend belegt ist, kann eine therapeutische Anwendung nicht empfohlen werden.
Der Konsum von Hagebutten-Zubereitungen als Vitamin-C-haltige Nahrungsergänzung ist überwiegend dem Lebensmittelbereich zuzuordnen.
Gegen die Verwendung als Geschmackskorrigens in Teemischungen bestehen keine Bedenken.

färbten Phosphormolybdatokomplexes durch Ascorbinsäure zu Molybdänblau. Zur quantitativen Bestimmung von Vitamin C: Das vom DAB 1996 genutzte Verfahren beruht auf der Umsetzung der Ascorbinsäure zu 2,3-Diketogulonsäure, die dann als rotes 2,4-Dinitrophenylhydrazon mit einem Absorptionsmaximum bei 520 nm photometrisch bestimmt wird. Die Ph. Helv. VII mißt Ascorbinsäure jodometrisch; das DAB 9 übernahm zur Quantifizierung der Ascorbinsäure die Reaktion nach Tillmans mit 2,6-Dichlorphenolindophenol [6]. Weitere Bestimmungsmethoden bei [2]. Eine Prüfung auf Identität mittels DC ist im DAB 1996 angegeben. Sie beruht auf dem Nachweis der Carotinoide. Eine dünnschichtchromatographische Differenzierung der als Ausgangsmaterial für die Droge benutzten Hagebutten-Arten ist anhand ihrer Carotinoid-Muster nicht möglich. Nur die Hagebutten der Arten *Rosa pimpinellifolia* L. (= *R. spinosissima* L. p.p., Bibernell- oder Dünenrose) und der als Gartenpflanze kultivierten *R. foetida* J. HERRM. (= *R. lutea* MILL., Fuchsrose) besitzen geringe Spuren von β-Carotin, weder Rubixanthin noch Lycopin. Ihre schwarz-violette Färbung verursachen Anthocyane, u.a. Cyanin [4].

Anmerkung: Kurze Hinweise zur Kultur- und Kunstgeschichte der Rose bei [8].

Literatur:
[1] W. Mitzka und L.E. Schmidt (Herausg.), Deutscher Sprachatlas. Marburg. 1952ff.
[2] Kommentar DAB 10, Hagebuttenschalen.
[3] M. Luckner und O. Beßler, Pharmazie **21**, 197 (1966).
[4] F.-C. Czygan und C. Wiese, unveröfftl. (1987). 86 Proben reifer Hagebutten von 17 Arten wurden auf ihre Carotinoid-Garnituren hin u.a. im Rahmen einer Diplomarbeit (Univ. Würzburg, 1986) untersucht. Neuere Untersuchungen zur Carotinoid-Garnitur von Hagebutten bei [7].
[5] R. Jaretzky, Pharm. Zentralh. **82**, 229 (1941).
[6] R. Fischer, K. Gloris und G. Seibt, Dtsch. Apoth. Ztg. **113**, 629 (1973).
[7] A. Razungles, J. Oszmianski und J.C. Sapis, J. Food Sci. **54**, 774 (1989).
[8] F.-C. Czygan, Z. Phytother. **10**, 162 (1989).

Czygan

Rosae „semen" — Hagebuttenkerne

Beschreibung: Es handelt sich um die unzerkleinerten Früchte (=Nüßchen), nicht um die „Samen", von *Rosa*-Arten. Sie sind 3–5 mm lang, etwa 2–3 mm breit, hellgelb-gelbbraun, spitzeiförmig, drei- bis mehrkantig und an den Berührungsstellen abgeplattet (s. Abb. 1 bei Rosae pseudofructus, S. 502).

Abb. 1: *Rosa canina* L. Beschreibung s. Abb. 2 bei Rosae pseudofructus, S. 502.

Erg. B. 6: Semen Cynosbati

Stammpflanzen: Wie Rosae pseudofructus, s. dort.

Synonyme: Hagebuttennüßchen, Hagebuttensamen, Kernlestee. Hip seeds (engl.). Graine de Cynorrhodon, Graine d'eglantine (franz.).

Herkunft: Wie Hagebutten; Gewinnung bei der Produktion von Fructus Cynosbati sine semine.

Inhaltsstoffe: Bis 10% fettes Öl; bis 0,3% ätherisches Öl; Spuren von Vitamin C (nach [1]; bei eigenen Analysen konnte in keiner untersuchten Probe Vitamin C nachgewiesen werden); Mineralstoffe [1].

Indikationen: In der *Volksmedizin* als Diuretikum bei Nieren- und Blasenerkrankungen, bei Steinleiden (möglicherweise Hinweis auf Signaturenlehre!); ferner bei Gicht, Rheuma und Ischias.

Auszug aus der Monographie der Kommission E (BAnz Nr. 164 vom 01.09.1990)

Anwendungsgebiete
Zubereitungen aus Hagebuttenkernen werden bei Erkrankungen und Beschwerden im Bereich der Niere und ableitenden Harnwege, Wassersucht, als harntreibendes Mittel, bei rheumatischen Beschwerden, Rheumatismus, Gicht, Ischias, bei Erkältungskrankheiten, als laxierendes Mittel, bei fieberhaften Erkrankungen, als adstringierendes Mittel, bei Vitamin-C-Mangel sowie zur „Blutreinigung" angewendet.
Die Wirksamkeit bei den beanspruchten Anwendungsgebieten ist nicht belegt.

Risiken
Nicht bekannt.

Beurteilung
Da die Wirksamkeit nicht belegt ist, kann eine therapeutische Anwendung nicht empfohlen werden.

Teezubereitung: 1–2 g zuvor grob gepulverte Droge mit kochendem Wasser übergießen, nach 10–15 min durch ein Teesieb geben. Als Diuretikum mehrere Tassen Tee über den Tag verteilt trinken.
1 Teelöffel=etwa 3,5 g.

Teepräparate: Keine.

Phytopharmaka: Keine.

Prüfung: Makroskopisch (s. Beschreibung); mikroskopisch nach Erg. B. 6 bzw. [1].

Verfälschungen: Kommen praktisch nicht vor.

Aufbewahrung: Vor Licht und Feuchtigkeit geschützt.

Literatur:
[1] Hager: Band **6B**, 167 (1979).

Czygan

Rosmarini folium — Rosmarinblätter

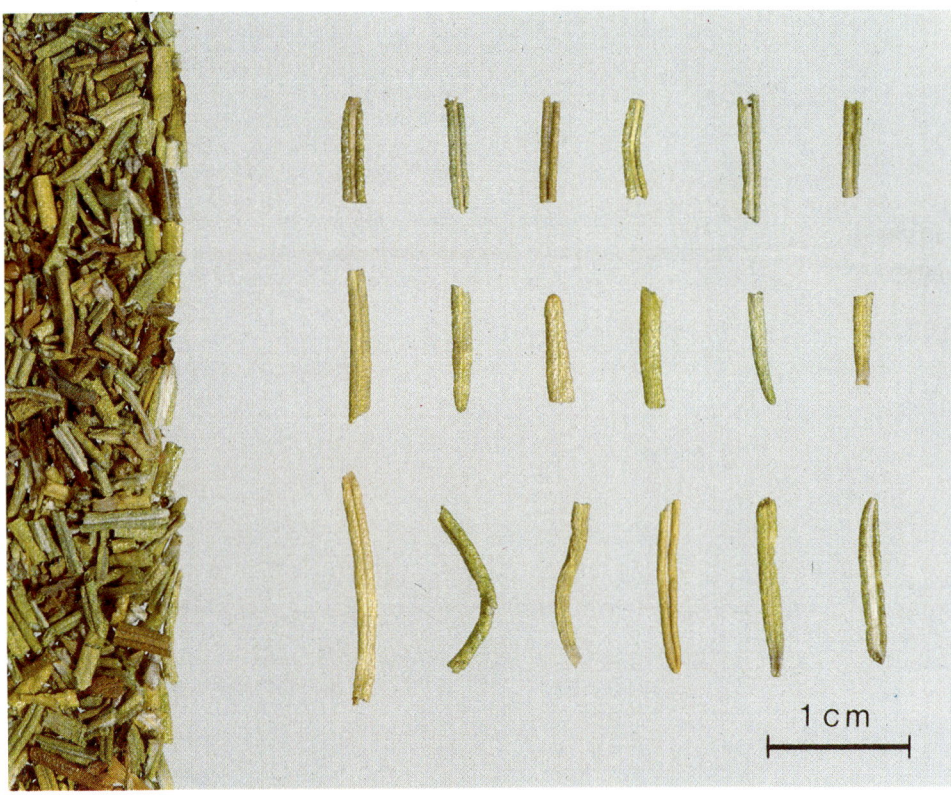

Abb. 1: Rosmarinblätter

Beschreibung: Die bis 3 cm langen und bis 4 mm breiten Blätter sind schmal-lanzettlich, ungestielt, ledrig und sehr brüchig, der Rand ist nach unten eingerollt (obere Reihe). Junge Blätter sind auf der Oberseite behaart, alte Blätter kahl. Sie sind runzelig und durch die eingesenkte Mittelrippe gefurcht; diese springt auf der dicht weiß behaarten Unterseite deutlich hervor.

Geruch: Streng-würzig, fast kampferartig.

Geschmack: Herb-würzig, bitter-aromatisch, etwas scharf.

Abb. 2: *Rosmarinus officinalis* L.

Die schmal-linealen, fast nadelförmigen Blätter des immergrünen, duftenden Strauches (etwa 1 m hoch) sind nach unten umgerollt, unterseits weißfilzig behaart, sitzend. Die in den Blattachseln erscheinenden Lippenblüten sind blaß bläulich bis hell blauviolett, die 2 Staubblätter ragen weit aus der Krone hervor.

DAC 1986: Rosmarinblätter
St. Zul. 1219.99.99

Stammpflanze: *Rosmarinus officinalis* L. (Rosmarin), Lamiaceae; sehr formenreiche Art; infraspezifische Gliederung in Varietäten und (Chemo)rassen möglich.

Synonyme: Krankrautblätter, Kranzenkrautblätter, Rosmarein, Folia Anthos, Folia Roris marini. Rosemary (engl.). Feuilles de ro(s)marin (franz.).

Herkunft: Beheimatet im Mittelmeergebiet, dort auch in vielen Ländern angebaut. Drogenimporte aus Spanien, Marokko, Tunesien und Südosteuropa.

Inhaltsstoffe: 1,0–2,5% ätherisches Öl (nach DAC mind. 1,2%), mit den Hauptkomponenten 1,8-Cineol (15–30%), Campher (15–25%), α-Pinen (bis 25%) und weiteren Monoterpenen (u.a.

Camphen, Borneol, Limonen) [1]. Die Zusammensetzung des ätherischen Öls kann je nach dem Entwicklungszustand und der Herkunft der Blätter variieren [1–3]. Bittere Diterpenphenole: Carnosolsäure (0,35%), Rosmadial, u.a.; Carnosol (=Pikrosalvin), Rosmanol u.a. sind Artefakte, die durch Oxidation bei der Extraktion der Droge entstehen. Labiatengerbstoffe: ca. 3% Depside der Kaffeesäure, z.B. Rosmarinsäure. Flavone (u.a. Genkwanin, Luteolin, Diosmetin), Flavonglykoside (u.a. Phegopolin=Genkwanin-4′-O-Glucosid); Triterpene und Steroide: ca. 10% Oleanolsäure- und ca. 5% Ursolsäurederivate. Lipide: im Blattwachs 97% n-Alkane und Isoalkane, Alkene; Kohlenhydrate: ca. 6% säurelabile Polysaccharide; Spuren von Salicylaten [2, 3].

Anmerkung: DAB 1996 und Ph. Helv. VII enthalten zwar nicht Rosmarini folium, jedoch Rosmarinöl (Rosmarini aetheroleum). Es handelt sich um das aus Blättern und beblätterten Stengeln durch Wasserdampfdestillation gewonnene Öl.

Indikationen: Aufgrund des Gehaltes an ätherischem Öl als Karminativum und Stomachikum bei Verdauungsstörungen, Blähungen, Völlegefühl, aber auch zur Anregung des Appetits und der Magensaftsekretion. Seltener auch als (wohl nur schwach wirksames) Choleretikum, wofür der Gehalt an Bitterstoffen verantwortlich ist; zur unterstützenden Therapie von Kreislaufbeschwerden.

Äußerlich in Form von Hautölen oder Salben bei Muskel- und Gelenkrheumatismus für analgetische Einreibungen, als Zusatz (Droge oder ätherisches Öl) zu lokal reizenden und hyperämisierenden Bädern.

In der _Volksmedizin_ zu Umschlägen bei schlecht heilenden Wunden, bei Ekzemen; als Insektenvertilgungsmittel.

Beliebtes Gewürz, besonders in Italien und Frankreich. Auch als Rosmarin-Wein bei dyspeptischen Beschwerden.

Die Droge wird als Konservierungsmittel und Antioxidans (z.B. bei Fleisch und Fett) viel gebraucht. Eine besonders starke Wirksamkeit kommt dabei der Carnosolsäure bzw. ihren artifiziellen Abbauprodukten Rosmanol und Carnosol zu [2].

Als Ingredienz der Likörindustrie (z.B. als Komponente des Benediktiners, des Goldwassers).

Nebenwirkungen: Bei Applikation größerer Mengen Rosmarinöl (wohl kaum von Rosmarinblättern) besteht

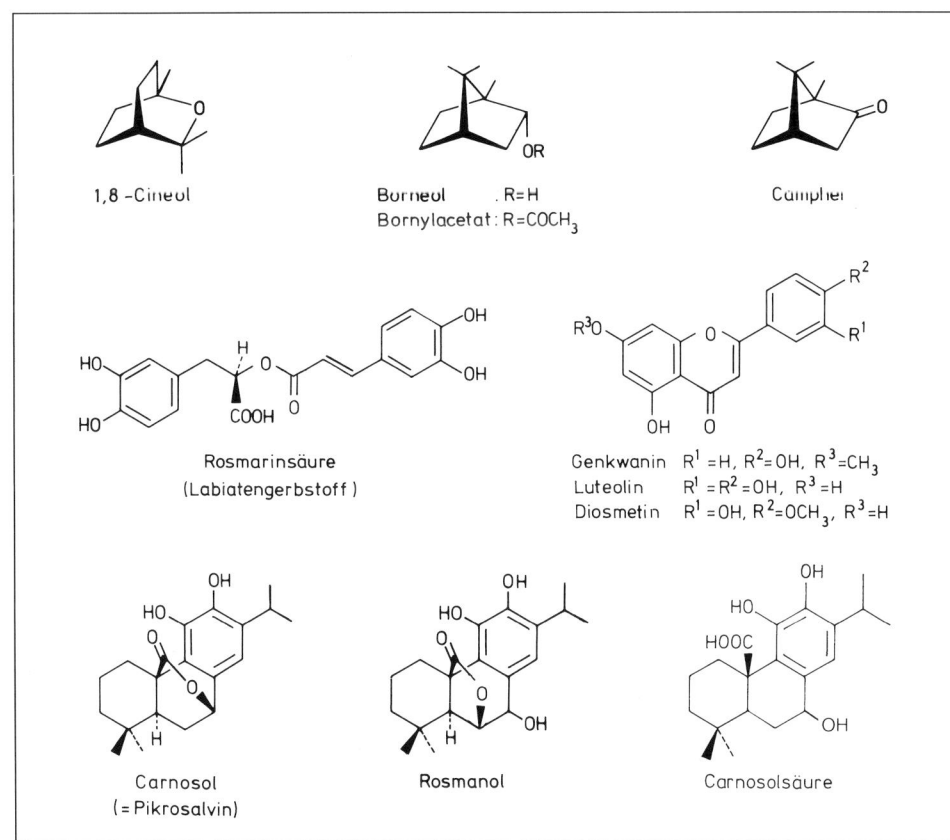

Auszug aus der Monographie der Kommission E
(BAnz Nr. 223 vom 30.11.1985, Nr. 221 vom 28.11.1986 und Nr. 50 vom 13.03.1990)

Anwendungsgebiete

Innere Anwendung: dyspeptische Beschwerden;
Äußere Anwendung: zur unterstützenden Therapie rheumatischer Erkrankungen; Kreislaufbeschwerden.

Gegenanzeigen

Keine bekannt.

Nebenwirkungen

Keine bekannt.

Wechselwirkungen mit anderen Mitteln

Keine bekannt.

Dosierung

Einnahme: Tagesdosis: 4 bis 6 g Droge, 10 bis 20 Tropfen ätherisches Öl, Zubereitungen entsprechend.
Äußere Anwendung: 50 g Droge auf ein Vollbad;
6 bis 10% ätherisches Öl in halbfesten und flüssigen Zubereitungen, andere Zubereitungen entsprechend.

Art der Anwendung

Zerkleinerte Droge für Aufgüsse; Drogenpulver, Trockenextrakte und andere galenische Zubereitungen zur inneren und äußeren Anwendung.

Wirkungen

Experimentell:
spasmolytisch an den Gallenwegen und am Dünndarm, positiv inotrop, steigert den Koronardurchfluß;
beim Menschen:
hautreizend, durchblutungsfördernd (bei äußerer Anwendung).

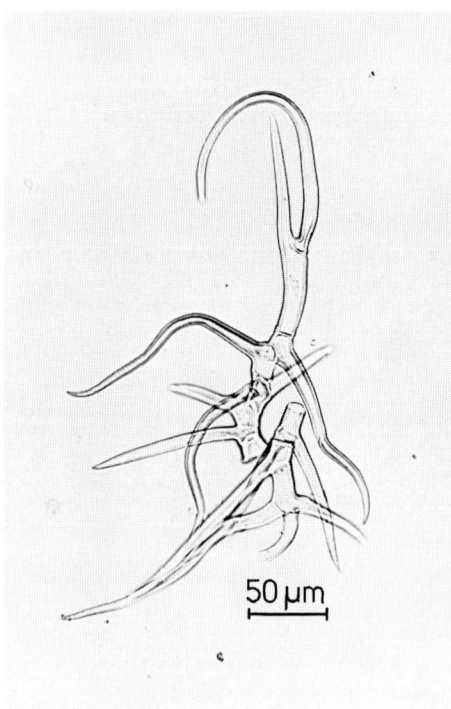

Abb. 3: Stark verzweigte Etagenhaare der Blattunterseite von *Rosmarinus officinalis*

die Gefahr von Gastroenteritis und Nephritis [4]. Während der Schwangerschaft sollen Zubereitungen aus Rosmarinblättern nicht eingenommen werden (toxische Nebenwirkungen von Komponenten des ätherischen Öles).

Teebereitung: 2 g fein geschnittene Droge werden mit kochendem Wasser übergossen und nach 15 min durch ein Teesieb gegeben.
Zur externen Anwendung (z.B. für Bäder) läßt man 50 g Droge mit 1 l Wasser kurz aufkochen und anschließend 15–30 min lang bedeckt stehen; die von der Droge abgetrennte wäßrige Extrakt-

Wortlaut der Packungsbeilage gemäß Standardzulassung:

7.1 Anwendungsgebiete

Innerlich: bei Befindensstörungen wie Völlegefühl, Blähungen und leichten krampfartigen Magen-Darm-Galle-Störungen.
Äußerlich: zur Unterstützung bei der Behandlung von Muskel- und Gelenkrheumatismus.

7.2 Gegenanzeigen

Zubereitungen aus Rosmarinblättern sollen während der Schwangerschaft nicht eingenommen werden.

7.3 Dosierungsanleitung und Art der Anwendung

Innerlich: 1 Teelöffel voll (2 g) **Rosmarinblätter** werden mit heißem Wasser (ca. 150 ml) übergossen und nach etwa 15 Minuten durch ein Teesieb gegeben. Soweit nicht anders verordnet, wird 3–4mal täglich eine Tasse frisch bereiteter Teeaufguß warm zwischen den Mahlzeiten getrunken.
Äußerlich: Soweit nicht anders verordnet, werden zur Bereitung eines Teilbades etwa 100 g **Rosmarinblätter** 20 Litern Wasser zugesetzt.

7.4 Hinweis

Vor Licht und Feuchtigkeit geschützt aufbewahren.

lösung wird dem Bad zugegeben. Zur Herstellung von Rosmarinwein läßt man 20 g Droge in 1 l Wein unter gelegentlichem Umschütteln 5 Tage stehen. 1 Teelöffel=etwa 2 g.

Teepräparate: Nur wenige Hersteller bieten die Droge als Tee an; sie ist auch nur selten Bestandteil von Teemischungen (Herz-Kreislauf-Mittel, Blasen-Nieren-Tee).

Phytopharmaka: Einige wenige Urologika enthalten Rosmarin-Extrakte, z.B. Canephron®N (Dragees), Nephro-Tonicum Resana u.a.; Zahlreiche Externa (über 100, Salben, Linimente, Bäder) enthalten ätherisches Rosmarinöl.

Prüfung: Makroskopisch (s. Beschreibung) und mikroskopisch. Besonders typisch sind die strauchig-ästigen, „monopodial" verzweigten Etagenhaare, die mehrzellig, bis 300 µm lang sind (Abb. 3) und meist in dichten knäueligen Büscheln zusammen auftreten. Ein wichtiges mikroskopisches Merkmal sind auch die Risse in der dicken Kutikula. Sie erinnern an „Eisschollen". Die Hypodermis verläuft trichterförmig auf die Blattnerven zu. Eine DC-Prüfung des Rosmarinöls DAB 1996 mit der Zuordnung der Hauptkomponenten zu entsprechenden Testsubstanzen findet sich bei [3]. Der Gehalt an ätherischem Öl wird nach dem DAB 1996 bestimmt.

Verfälschungen: Kommen in der Praxis kaum vor.

Aufbewahrung: Vor Feuchtigkeit und Licht geschützt in gut schließenden Glas- oder Metallbehältern, nicht in Kunststoffgefäßen (ätherisches Öl!).

Literatur:
[1] V. Formáček und K.-H. Kubeczka, Essential Oils Analysis by Capillary Gas Chromatography and Carbon-13 NMR Spectroscopy. J. Wiley u. Sons, Chichester etc. 1982.
[2] Hager, Band **6**, 490 (1994).
[3] Kommentar DAB 10, Rosmarinöl.
[4] H. Braun und D. Frohne, Heilpflanzenlexikon für Ärzte und Apotheker, Gustav Fischer Verlag, Stuttgart/New York 1994.

Czygan

Rubi fruticosi folium — Brombeerblätter

Abb. 1: Brombeerblätter

Beschreibung: 3–5zählige Blätter, das Fiederblatt bis 7 cm lang, eiförmig, mit gesägtem Rand. Die Schnittdroge besteht aus Blattstückchen, die am unterseits hervortretenden Mittelnerv feine weißliche Stacheln erkennen lassen (Abb. 4). An dickeren Blattstiel- oder Sproßachsenstückchen (manchmal ist auch die Herba-Droge im Handel anzutreffen) sind die Stacheln deutlicher. Blatt oberseits grün, unterseits meist nur schwach behaart.

Geschmack: Adstringierend.

Abb. 2: *Rubus fruticosus* L. s.l.

Bis 3 m hoch werdender Strauch mit stacheligen Sprossen, formenreich. Gefingerte Blätter mit gesägtem Rand. Blüten weiß oder rosa.

Abb. 3: *Rubus fruticosus* L. s.l., Zweig mit reifen und unreifen Früchten.

DAC 1986: Brombeerblätter
St. Zul. 1449.99.99

Stammpflanze: *Rubus fruticosus* L. s.l. (Brombeere), Rosaceae.

Synonyme: Brohmbeere, Kratzbeere. Blackberry, Bramble leaf (engl.). Feuilles de ronce noire (franz.).

Herkunft: Europa; Sammeldroge. Importe aus ost- und südosteuropäischen Ländern.

Inhaltsstoffe: 8 (–14?)% hydrolysierbare Gerbstoffe = Gallotannine [1]; dimere Ellagitannine [2, 3]; Pflanzensäuren, darunter Citronen- und Isocitronensäure [4]; Flavonoide; pentacyclische Triterpensäuren [5, 6].

Indikationen: Auf Grund des Gerbstoffgehalts ist eine Verwendung als Adstringens und Antidiarrhoikum möglich.

Abb. 4: Behaarte Blattunterseite von *Rubus fruticosus* mit feinen Stacheln am Mittelnerv

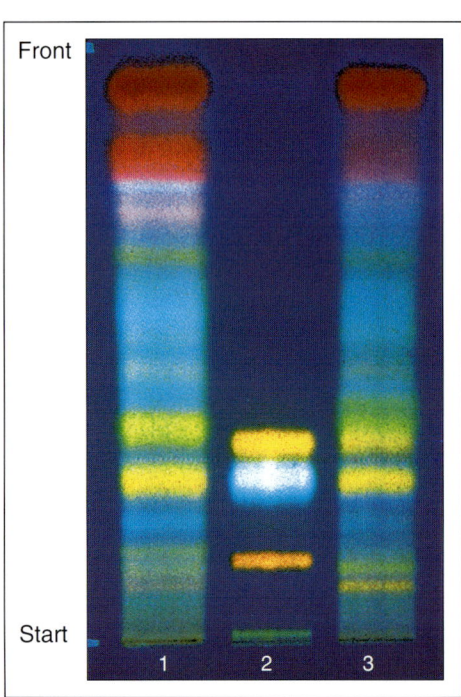

Abb. 5: DC von Brombeerblättern, auf Glasplatten 5 × 10 cm, Laufstrecke 8 cm, besprüht mit Diphenylboryloxyethylamin-Reagenz, unter UV$_{365}$
1 Brombeerblätter (5 µl)
2 Referenzlösung (2 µl)
3 Himbeerblätter (5 µl)

Brombeerblätter sind aber vor allem als „Deutscher Haustee", „Frühstückstee" (allein oder in Mischungen mit anderen Drogen) im Gebrauch. Um einen dem Schwarzen Tee ähnlichen Geschmack zu erreichen, werden die Blätter auch fermentiert und nehmen dabei eine schwärzliche Färbung an. Ausführliche Angaben zur Fermentation und zur Verwendung der Droge als Haustee findet man bei Koch [7].

Teebereitung: 1,5 g Droge (fein zerschnitten) werden mit kochendem Wasser übergossen und nach 10–15 min durch ein Teesieb gegeben.
1 Teelöffel = etwa 0,6 g.

Teepräparate: Brombeerblätter sind in einer Reihe von Teemischungen (verschiedenster Indikationen) enthalten. Wässerige Extrakte der fermentierten Droge sind u.a. Bestandteil von tassenfertigen Tees (z.B. Solu-Vetan®).

Phytopharmaka: Keine (mehr).

Prüfung: Makroskopisch und mikroskopisch nach DAC 1986. Wichtige Merkmale zur Identitätsprüfung sind die Stacheln (siehe Beschreibung). Neben den vereinzelten dickwandigen Borstenhaaren, die sich auf der Oberseite des Blattes vor allem über den Nerven befinden und durch sich kreuzende Spirallinien charakterisiert sind (bei vielen Rosaceen zu finden), sind die mehrstrahligen Büschelhaare der Blattunterseite charakteristisch. Drüsenhaare mit mehrzelligem Stiel sind sehr selten. Im Mesophyll findet man – auch dies bei Rosaceen häufig – Oxalatdrusen.

Identitätsprüfung mittels DC:

Sorbens: Kieselgel 60 F$_{254}$ (lufttrocken) (Merck) (5 × 10 cm, Glas oder Folie).

Auszug aus der Monographie der Kommission E (BAnz Nr. 22a vom 01.02.1990)

Anwendungsgebiete
Unspezifische, akute Durchfallerkrankungen; leichte Entzündungen im Bereich der Mund- und Rachenschleimhaut.

Gegenanzeigen
Nicht bekannt.

Nebenwirkungen
Nicht bekannt.

Wechselwirkungen mit anderen Mitteln
Nicht bekannt.

Dosierung
Soweit nicht anders verordnet:
Tagesdosis: 4,5 g Droge, Zubereitungen entsprechend.

Art der Anwendung
Zerkleinerte Droge für Teeaufgüsse sowie andere Zubereitungen zum Einnehmen sowie für Mundspülungen.

Dauer der Anwendung
Sollten die Durchfälle länger als 3–4 Tage anhalten, ist ein Arzt aufzusuchen.

Wirkungen
adstringierend.

Wortlaut der Packungsbeilage gemäß Standardzulassung:

6.1 Anwendungsgebiete
Leichte, unspezifische Durchfallerkrankungen

6.2 Dosierungsanleitung und Art der Anwendung
Etwa 2 Teelöffel voll (3 bis 4 g) **Brombeerblätter** werden mit kochendem Wasser (ca. 150 ml) übergossen und nach ca. 10 Minuten durch ein Teesieb gegeben.
Soweit nicht anders verordnet, wird mehrmals täglich eine Tasse frisch bereiteter Teeaufguß zwischen den Mahlzeiten getrunken.

6.3 Dauer der Anwendung
Sollten die Durchfälle länger als 3 bis 4 Tage anhalten, ist ein Arzt aufzusuchen.

6.4 Hinweis
Vor Licht und Feuchtigkeit geschützt aufbewahren.

Untersuchungslösung: 1,0 g pulv. Droge wird mit 5 ml Methanol 10 Min. unter Rückfluß erhitzt und warm filtriert. Das Filtrat dient als Untersuchungslösung.

Referenzlösung: je 5 mg Rutosid, Chlorogensäure und Hyperosid werden in 5 ml Methanol gelöst.

Aufzutragen: 5 µl Untersuchungslösung und 2 µl Referenzlösung strichförmig (10 × 2 mm).

Fließmittel: Ethylacetat – wasserfr. Ameisensäure – Wasser (80 + 8 + 12) (Kammersättigung).

Laufstrecke: 8 cm, **Zeit:** 20 min.

Sichtbarmachung und Auswertung: Nach vollständigem Abdunsten des Fließmittels (im Heißluftstrom): Besprühen a) mit einer 1proz. methanolischen Lösung von Diphenylboryloxyethylamin und b) mit einer 5proz. methanolischen Lösung von Polyethylenglykol 400 und anschließende Auswertung unter UV_{365}. Die Referenzsubstanzen erscheinen mit folgenden Rf-Werten und Fluoreszenzfarben: Rutosid (0,14, orangegelb), Chlorogensäure (0,26, hellblau), Hyperosid (0,32, orangegelb). Das DC der Untersuchungslösung zeigt eine charakteristische Folge fluoreszierender Zonen. Brombeerblätter unterscheiden sich im DC nur geringfügig von Himbeerblättern. Im Gegensatz zu letzteren ist im DC der Brombeerblätter relativ deutlich eine Rutinzone und eine rosa fluoreszierende Zone im Rf-Bereich 0,7 unterhalb einer bläulichweißen Zone zu erkennen.

Verfälschungen: Die Blätter der Himbeere, Rubi idaei folium, sind auf der Blattunterseite stark filzig behaart, siehe S. 513; im Gegensatz zu den Brombeerblättern handelt es sich um peitschenförmig gewundene Haare.
Gelegentlich tauchen im Handel Chargen von Brombeerblättern auf, die von stachellosen Sorten („Amerikanische Brombeere") stammen.

Literatur
[1] G. Marczal, Pharm. Zentralh. **100**, 181 (1961).
[2] R.K. Gupta und Mitarb., J. Chem. Soc. Perkin I, 2525 (1982).
[3] K. Lund, Dissertation Freiburg i.Br. 1986.
[4] Chr. Wollmann, R. Pohloudek-Fabini und H. Wollmann, Pharmazie **19**, 456 (1964).
[5] A. Sarkar und S.N. Ganguly, Phytochemistry **17**, 1983 (1978).
[6] M. Mukherjee und Mitarb., Phytochemistry **23**, 2581 (1984).
[7] K. Koch, Pharmazie **3**, 29 (1948).

Frohne

Rubi idaei folium — Himbeerblätter

Abb. 1: Himbeerblätter

Beschreibung: Die Schnittdroge ist gekennzeichnet durch die Blattstückchen, die auf der dunkel- bis braungrünen Oberseite schwach behaart sind, auf der Unterseite einen dichten, silbergrauen Haarfilz und eine fiederige Nervatur zeigen (Abb. 4) und infolge der dichten Behaarung klumpig zusammenhaften, durch einzelne Blatteile mit dem scharf gesägten Blattrand und durch große, grüne oder rötlich angelaufene Blattstiel- und einzelne Stengelstücke. Der Blattstiel und der untere Teil der Hauptrippe tragen mitunter vereinzelte, sehr kleine Stacheln.

Geschmack: Etwas herb und bitter.

Abb. 2: *Rubus idaeus* L.

1–2 m hoher Strauch, Stengel mit zahlreichen kleinen Stacheln. Blätter 3- oder 5-zählig, unterseits fein behaart. Blüten mit 5 weißen Kronblättern, Kelchblätter nach der Blüte zurückgeschlagen.

Abb. 3: *Rubus idaeus* L. mit reifen Früchten.

DAC 1986: Himbeerblätter

Stammpflanze: *Rubus idaeus* L. (Himbeere), Rosaceae.

Synonyme: Herba Rubi idaei. Raspberry leaf (engl.). Feuilles de framboisier (franz.).

Herkunft: Heimisch in Europa, Nordamerika und im gemäßigten Asien; Droge aus Wildvorkommen in Mittel- und Osteuropa; z.T. aus dem Anbau stammend.

Inhaltsstoffe: Gerbstoffe vom Gallus- und Ellagsäuretyp; Flavonoide; auch etwas Vitamin C [1]; einige Aromastoffe [2].

Indikationen: Praktisch nur in der *Volksmedizin* auf Grund des Gerbstoffgehaltes als Antidiarrhoikum sowie als Adstringens zum Gurgeln bei Entzündungen des Mund- und Rachenraumes, seltener bei chronischen Hauterkrankungen. In den letzten Jahren in der Volksmedizin (wieder) als „Gynäkologikum" [3]. Als Bestandteil diätetischer Getränke. Öfters werden Himbeerblätter auch einer Fermentation ausgesetzt. Daraus hergestellte Frühstückstees erinnern im Geschmack an „Schwarzen Tee" [4; 3, hier auch einige Teerezepte]. In vielen Teemischungen als „Stabilisierungsdroge", um ein Entmischen der Teebestandteile zu verhindern.

Teebereitung: 1,5 g fein zerschnittene Droge werden mit kochendem Wasser übergossen und nach 5 min durch ein Teesieb gegeben.
1 Teelöffel = etwa 0,8 g.

Phytopharmaka: Keine.

Prüfung: Makroskopisch (s. Beschreibung); mikroskopisch ist die Droge ge-

Abb. 4: Wenig behaarte, dunkle Blattoberseite (links) und silbergraue, filzige Behaarung auf der Unterseite (rechts)

Auszug aus der Monographie der Kommission E
(BAnz Nr. 193 vom 15. 10. 1987)

Anwendungsgebiete

Himbeerblätter werden bei Erkrankungen und Beschwerden im Bereich des Magen-Darm-Traktes, der Atemwege, des Herz-Kreislauf-Systems sowie im Mund- und Rachenbereich, ferner bei Hautausschlägen und -entzündungen, Grippe, Fieber, Menstruationsstörungen und -beschwerden, Zuckerkrankheit, Vitaminmangel, als schweiß-, harn- und galletreibendes Mittel sowie zur „Blut- und Hautreinigung" angewendet.
Die beanspruchten Anwendungsgebiete sind nicht belegt.

Risiken

Keine bekannt.

Bewertung

Da die Wirksamkeit bei den beanspruchten Anwendungsgebieten nicht belegt ist, kann eine therapeutische Anwendung nicht befürwortet werden.

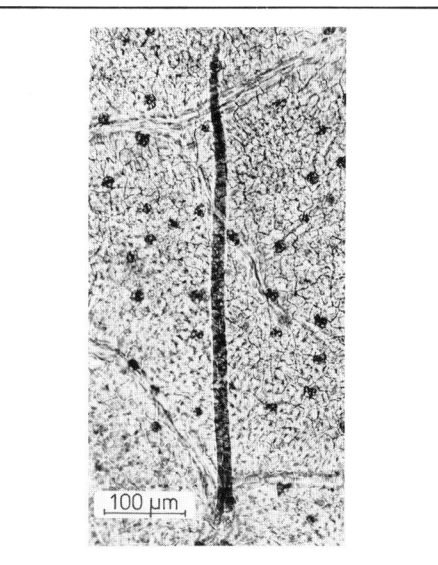

Abb. 5: Große Borstenhaare der Blattoberseite und zahlreiche Drusen im Mesophyll

kennzeichnet durch Blattstückchen, die auf der Unterseite sehr zahlreiche, 1-zellige, vielfach gewundene und ineinander verflochtene, peitschenförmige Haare tragen und auf der Oberseite, besonders über den Nerven, starre, spitze, 1-zellige Haare besitzen (Abb. 5), die über der getüpfelten Basis abgebogen, im oberen Teil oft bis zum Schwinden des Lumens verdickt und mit sich kreuzenden Linien gestreift sind, und durch einzelne Drüsenhaare mit 2-zellreihigem Stiel und vielzelligem Köpfchen. Außerdem im Palisadenparenchym große Oxalatdrusen (Abb. 5).

Identitätsprüfung mittels DC:

Ausführung wie bei *Rubi fruticosi folium/Brombeerblätter* beschrieben, s.d.; dort auch entsprechende Abbildung des DC.

Verfälschungen: Mit Brombeerblättern, meist infolge Verwechslung ab und zu vorkommend. Merkmale s. *Rubi fruticosi folium*.

Anmerkung: Die Früchte von *Rubus idaeus* spielen als Lebensmittel zur Herstellung von Konfitüren, Marmeladen und Säften eine wichtige Rolle. Vor allem die Aromastoffe der Himbeeren sind in den letzten Jahren intensiv untersucht worden. Neben etwa 100 bisher identifizierten Komponenten sind vor allem 4-(4'-Hydroxyphenyl)-2-butanon (= „Himbeerketon") und α- und β-Ionone für das typische Himbeeraroma verantwortlich [5]. – Einige Hinweise zur Kunst- und Kulturgeschichte der Himbeere bei [3].

Literatur:
[1] Hager, Band **6B**, 186 (1979).
[2] Persönliche Mitteilung von Prof. Dr. P. Schreier (Universität Würzburg) (3.8.95): „Freie Aromastoffe werden mengenmäßig von den bekannten „Grünnoten" wie E-2-Hexenal und Z-3-Hexen-1-ol bestimmt. Unter den glykosidisch gebundenen Aromastoffen wurden vor allem C_{13}-Norisoprenoide gefunden".
[3] F.-C. Czygan, Z. Phytother. **16**, 366 (1995).
[4] D. Murko und Mitarb., Hem. Ind. **34**, 185 (1980).
[5] E. Honkanen und T. Hirvi, The Flavour of Berries. In: Morton, I.D. und A.J. MacLeod (Eds.): Food Flavours, Part C. The Flavour of Fruits, Elsevier, Amsterdam 1990.

Czygan

Rusci aculeati rhizoma — Mäusedornwurzelstock

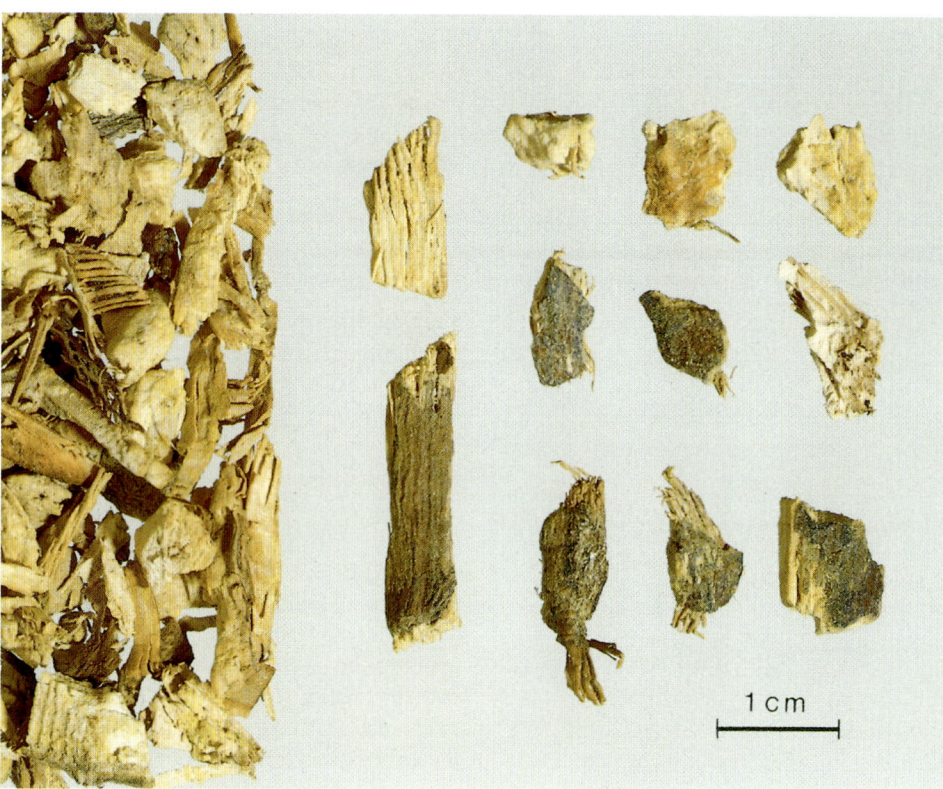

Abb. 1: Mäusedornwurzelstock

Beschreibung: 0,7 bis 2 cm dicker, zylindrischer, knollig gegliederter, bräunlicher Wurzelstock mit zahlreichen holzigen, vielfach verschlungenen Adventivwurzeln von 2–3 mm Dicke sowie kleinen Niederblattschuppen und Stengelnarben an den einzelnen Gliedern. Der Querschnitt des Rhizoms zeigt eine dünne Rinde und einen Zentralzylinder mit zahlreichen, zerstreuten, leptozentrischen, faserlosen Gefäßbündeln. Die Wurzeln sind fein längsrunzelig, besitzen eine dicke Rinde und einen blaßgelben Zentralzylinder. Die Droge führt keine Stärke; in einzelnen Parenchymzellen Calciumoxalat-Raphiden.

Geruch: Sehr schwach, eigenartig.

Geschmack: Zuerst süßlich, dann scharf und widerlich.

Abb. 2 und 3: *Ruscus aculeatus* L.

30 bis 100 cm hoch werdender, immergrüner, xerophytischer Halbstrauch mit zu kleinen, bräunlichen, dreieckig bis lanzettlichen Schuppen reduzierten Laubblättern, in deren Achseln blattartige, ca. 1,5–2,5 cm lange Kurztriebe (Phyllokladien) stehen, die die Photosynthese übernehmen. Die Phyllokladien sind zweizeilig angeordnet und laufen zu einer scharfen, stechenden Spitze aus (aculeatus = stachelig). Blüten klein, mit bis zu 2 mm breitem, grünlich-weißem Perigon, einzeln oder zu wenigen büschelig vereinigt in der Achsel eines derben, grünen Hochblattes stehend. Rote Beerenfrüchte.

Stammpflanze: *Ruscus aculeatus* L. (Stechender Mäusedorn), Asparagaceae (früher Liliaceae s.l.).

Synonyme: Dornmyrte, Myrtendorn, Stechmyrte; Radix Rusci, Mäusedornwurzel. Butcher's broom, Holly (engl.). Rhizome de petit-houx (franz.).

Herkunft: Heimisch im Mittelmeergebiet, Frankreich, Nordafrika bis Vorderasien und an der atlantischen Küste von Frankreich bis England.

Inhaltsstoffe: Steroidsaponine (4–6%) vom Spirostanol- und Furostanol-Typ, nach Hydrolyse die Aglykone Ruscogenin (1β-Hydroxydiosgenin) und Neoruscogenin (25,27-Dehydroruscogenin) liefernd. Hauptsaponine sind das bisdesmosidische Furostanolglykosid Ruscosid, dessen Seitenkette nach Abspaltung der β-D-Glucose von der C-26-Hydroxylgruppe zum Spiroketal zyklisiert (Vollketalbildung) und das entsprechende Spirostanolglykosid Ruscin. Beide Hauptsaponine haben am Ring A über die Hydroxylgruppe an C-1 die unverzweigte Triose: β-D-Glucopyranosyl (1→3)-α-L-rhamnopyranosyl (1→2)-α-L-arabinopyranose gebunden [1–5]. Die Hydroxylgruppe an C-3 liegt jeweils frei vor. Nicht glykosidisch gebundene Aglykone treten nicht auf [4]. Für das nach fermentativer oder säurehydrolytischer Spaltung erhaltene Aglykongemisch aus Ruscogenin und Neoruscogenin ist die Kurzbezeichnung „Ruscogenine" eingeführt (s. Phytopharmaka). In Spuren wurden nach Hydrolyse weitere Spirostanolaglykone nachgewiesen, darunter Trihydroxyderivate sowie Verbindungen mit mehr als drei freien Hydroxylgruppen [5]. Vor kurzem wurde das neue bisdesmosidische Spirostanolglykosid Aculeosid A isoliert mit einem 23,24-Dihydroxyderivat von Neoruscogenin als Aglykon, das an der C-1-OH-Gruppe eine acyetylierte Biose und an der C-24-OH-Gruppe eine Deoxyaldoketose gebunden hat und das in vitro die cAMP-Phosphodiesterase hemmt [6]; auch sulfatierte Ruscogeninderivate wurden nachgewiesen [6a]. Andere, in nur geringer Konzentration vorliegende Inhaltsstoffe: 2,5-Diacetyl-6-hydroxybenzofuran (=Euparon) [7] und Ruscodibenzofuran [8]; Sterole, Triterpene [5, 5a]; 0,1% äther. Öl mit über 200 Komponenten, davon 40 identifiziert (u.a. Campher, Geraniolsäuremethylester) [9].

Indikationen: Extrakte aus Mäusedornwurzelstock werden wie Aescin (s. dort) zur unterstützenden Behandlung bei chronisch venöser Insuffizienz (CVI), wie Schmerzen und Schweregefühl in den Beinen, nächtliche Wadenkrämpfe, Juckreiz und Schwellungen angewandt. Nach tierexperimentellen Befunden erhöhen die Extrakte den Venentonus [10, 11], weitere Lit. bei [12]. Die kontrahierende Wirkung auf die glatte Muskulatur der Venenwände soll aufgrund von Untersuchungen an der isolierten Saphenavene des Hundes aus einer direkten Stimulierung der postsynaptischen Alpha-Rezeptoren (α_1 und α_2) der Muskelzellen sowie aus einer vermehrten Freisetzung von Noradrenalin aus den Vesikeln resultieren [11]. Tierexperimentell wurden des weiteren für alkoholische Extrakte ödemprotektive und antiphlogistische Eigenschaften infolge einer Herabsetzung der Gefäßpermeabilität (antiexsudative Effekte) nachgewiesen [13, 14]. Auch für das Aglykongemisch Ruscogenin/Neoruscogenin („Ruscogenine") wurden am Rattenpfotenödem, hervorgerufen durch Carragenin, Histamin oder Kaolin, signifikante ödemhemmende Wirkungen gefunden.

In vitro hemmen die Ruscogenine die Aktivität der Elastase (IC$_{50}$=119,9 µM), die Komponenten der extrazellulären Matrix (Elastin, Kollagen, Proteoglykane) sowie auch an den Endothelzell-Membranen adhärierte Proteine (u.a. Fibronectin) hydrolytisch spaltet [15]. Im Gegensatz zu Aescin (s. Hippocastani semen) wird die Hyaluronidase von Ruscogenin nicht gehemmt. Aescin andererseits hemmt nicht die Elastase. Die gefäßabdichtenden, antiexsudativen Effekte der beiden Substanzen scheinen somit auf unterschiedlichen Enzymhemmungen zu basieren [15].

Zur Pharmakokinetik der Ruscus-Steroidsaponine beim Menschen liegen noch keine Untersuchungen vor. An Affen oral applizierte, tritiierte Ruscusextrakte mit hohem Steroidsaponingehalt zeigten eine gute Resorbierbarkeit, wahrscheinlich der durch die Darmflora freigesetzten Aglykone, die als solche hauptsächlich über den Urin ausge-

Auszug aus der Monographie der Kommission E (BAnz Nr. 127 vom 12.07.1991)

Anwendungsgebiete
Zu unterstützenden Therapie von Beschwerden bei chronisch venöser Insuffizienz wie Schmerzen und Schweregefühl in den Beinen, nächtliche Wadenkrämpfe, Juckreiz und Schwellungen. Unterstützende Therapie von Beschwerden bei Hämorrhoiden wie Juckreiz, Brennen.

Gegenanzeigen
Nicht bekannt.

Nebenwirkungen
In seltenen Fällen können Magenbeschwerden und Übelkeit auftreten.

Wechselwirkungen mit anderen Mitteln
Nicht bekannt.

Dosierung
Soweit nicht anders verordnet:
Tagesdosis: Nativer Gesamtextrakt, entsprechend 7–11 mg Gesamtruscogeninen (bestimmt als Summe von Neoruscogenin und Ruscogenin nach fermentativer oder Säure-Hydrolyse)

Art der Anwendung
Extrakte sowie deren Zubereitungen zum Einnehmen.

Wirkungen
Tierexperimentell:
– Erhöhung des Venentonus,
– kapillarabdichtend,
– antiphlogistisch,
– diuretisch.

schieden werden [16]. Die percutane Resorption war bedeutend geringer.
Die ödemprotektive Wirkung für Ruscus-Extrakte und ihre Wirksamkeit bei der CVI ist in mehreren doppelblindkontrollierten klinischen Studien nachgewiesen worden [3, 17, 18], Übersicht über die ältere Literatur bei [12]. Wie bei Aescin, sollte die Anwendung von Ruscusextrakten bei der CVI lediglich als ergänzende Maßnahme zur üblichen Basistherapie (u.a. Hochlegen der Beine, kühles Abduschen der Beine, 3mal täglich 5 Min., entstauende Beingymnastik, Wickeln der Beine) erfolgen [18]. Neben Phytopharmaka mit Extrakten zur unterstützenden Behandlung der CVI, entsprechend einer Tagesdosis von 7–11 mg Ruscogeninen, sind auch Reinstoffpräparate mit den isolierten „Ruscogeninen" im Handel, die als Salbe und Zäpfchen vor allem zur unterstützenden Behandlung von Beschwerden bei Hämorrhoiden (Juckreiz, Brennen) angeboten werden.

Teebereitung: Nicht üblich; es werden ausschließlich Fertigarzneimittel angewendet.

Teepräparate: Keine.

Phytopharmaka: Standardisierte Extrakte sind in einigen Präparaten der Gruppe Venenmittel enthalten, z.B. Ruscus Venen-Kapseln, Phlebodril® (Kapseln) Phlebodril®N (Creme), Sanhelios Venenkapseln u.a.; das aus der Droge gewonnene Ruscogenin ist Wirkstoff im Hämorrhoidenmittel Ruscorectal® (Salbe, Zäpfchen).

Prüfung: DC-Nachweis der Steroidsaponine nach [3]. Ausführung: 1 g pulverisierte Droge (bzw. 0,25 g Trockenextrakt oder 1 Dragee oder 1 Tablette) mit 5 ml 70% Ethanol 10 min unter Rückflußkühlung extrahieren. Die abgekühlte Lösung wird filtriert, 20–40 µl des klaren Filtrats werden bandförmig aufgetragen (Kieselgelplatte). Fließmittel Chloroform – Methanol – Wasser (63 + 33 + 4), Laufhöhe 15 cm. Nach Abdunsten des Fließmittels besprühen mit Komarowsky-Reagenz (10 ml einer 2%igen methanolischen 4-Hydroxybenzaldehydlösung und 1 ml einer 50%igen ethanolischen Schwefelsäure werden vor Gebrauch gemischt). Die besprühte Platte wird 5–10 Min. lang bis zur Farbentwicklung (graugrüne Zonen) bei 100 °C erhitzt. Rf-Werte: Ruscosid 0,10; Desglucoruscosid 0,17; Ruscin 0,34; Desglucoruscin 0,53, Desglucodesrhamnoruscin 0,64, Ruscogenin/Neoruscogenin 0,84 (siehe Abbildung bei [3]).
Zur HPLC-Bestimmung von Ruscogenin und Neoruscogenin siehe bei [19], zur HPLC-Bestimmung der Saponine Desglucoruscin und Desglucoruscosid bei [3].

Literatur:
[1] E.A. Bombardelli und Mitarb., Fitoterapia **42**, 127 (1971); ibid. **43**, 3 (1972).
[2] L. Pourrat und Mitarb., Ann. Pharm. Franç. **40**, 451 (1982).
[3] H.W. Rauwald und B. Janßen, Pharm. Ztg. Wiss. **1/133**, 61 (1988).
[4] H.W. Rauwald und J. Grünwide, Arch. Pharm. (Weinheim) **325**, 371 (1992).
[5] D. Panova und S. Nikolov, Farmatsiya (Sofia), **29**, 25 (1979).
[5a] Ch. Dunouau und Mitarb., Planta Med. **62**, 189 (1996).
[6] T. Horikawa und Mitarb., Chem. Lett. 2303 (1994); C.A. **122**, 161088 (1995).
[6a] A. Oulad-Ali, Phytochemistry **42**, 895 (1966).
[7] M.A. El Sohly und Mitarb., J. Pharm. Sci. **63**, 1623 (1974).
[8] M.A. Elhohly und Mitarb., Lloydia **38**, 106 (1975).
[9] R. Fellous und G. George, Parfums, Cosmet. Aromes **4**, 43 (1981).
[10] F. Caujoll, P. Meriel und E. Stanislas, Therapie **7**, 428 (1952) und Ann. Pharm. Franç. **11**, 109 (1953).
[11] G. Marcchon und Mitarb., Gen. Pharmacol. **14**, 103 (1983).
[12] M. Müller, Dtsch. Apoth. Ztg. **113**, 1370 (1973).
[13] L. Chevillard, M. Ranson und B. Senault, Med. Pharmacol. Exp. **12**, 109 (1965).
[14] W. Felix, J. Nieberle und G. Schmidt, Phlebol. u. Proktol. **12**, 209 (1983), und Dtsch. Apoth. Ztg. **26**, 1323 (1985).
[15] R.M. Facino und Mitarb., Arch. Pharm. (Weinheim) **328**, 720 (1995).
[16] P. Bernard, Ann. Pharm. Franç. **43**, 573 (1986).
[17] H. Haas, Arzneipflanzenkunde, B.J. Wissenschaftsverlag, Mannheim 1991, S. 39.
[18] G. Rudofsky, in R. Saller und H. Feiereis (Hrsg.), Beiträge zur Phytotherapie, Erweiterte Schulmedizin, Band 1, Hans Marseille Verlag, München 1993, S. 145.
[19] W. Bertani und G.P. Forni, Fitoterapia **55**, 101 (1984).

Willuhn

Salicis cortex

Weidenrinde
DAB 1996

Abb. 1: Weidenrinde

Beschreibung: Die 1–2 mm dicken, manchmal röhrenförmig eingerollten Rindenstückchen besitzen eine glänzende, grünlichgelbe oder bräunlichgraue, glatte oder oft schwach längsgerunzelte Außenseite. Die glatte oder fein längsgestreifte Innenseite ist je nach Weidenart fast weiß, blaßgelb oder meist zimtbraun. Der Bruch ist zäh und aufgrund der vielen Fasern blättrig-grobfaserig.

Geschmack: Zusammenziehend, bitter.

Abb. 2: *Salix* sp. L.

Die zur Drogengewinnung genutzten Weidenarten sind diöcische Bäume oder Sträucher mit länglichen bis lanzettlichen, am Rand meist fein gesägten Blättern, je nach Art behaart oder kahl. Die Rinde wird von 2- bis 3-jährigen Zweigen geschält.

Abb. 3: *Salix* sp. L.

Die Blüten der Weiden stehen in aufrechten Kätzchen, die männlichen mit weit hervorragenden gelben Staubblättern, die weiblichen sind grün.

Stammpflanzen: Die Droge ist bezüglich einer speziellen *Salix*-Art als Stammpflanze nicht definiert. Vom DAB 1996 werden namentlich *Salix purpurea* L. (Purpurweide) und *S. daphnoides* VIL. (Reifweide) genannt, in der Monographie der Komm. E. [1] *S. alba* L. (Silberweide), *S. fragilis* L. (Bruchweide) und *S. pupurea* L.. Zugelassen werden jedoch auch andere Arten der etwa 500 Species umfassenden Gattung *Salix* [2], sofern ihre Rinde den geforderten Gesamt-Salicingehalt (s. Inhaltsstoffe) von mind. 1% aufweisen. Dieses dürfte auch für die oft als Zierstrauch gehaltene *S. pentandra* L. (Lorbeerweide) zutreffen (zu weiteren gehaltreichen nordischen und amerikanischen *Salix*-Arten siehe bei [3–5]. Die Rinde von *S. viminalis* (Korb-Weide), ein Abfallprodukt der Korbflechterei, erreicht meist nicht den geforderten Gehalt. Im Drogenhandel befinden sich vor allem Rinden von *S. purpurea* und *S. alba* [6]. Mit der Züchtung und dem Anbau von als Drogenlieferanten geeigneten *Salix*-Arten ist begonnen worden [7, 8], u.a. *S. myrsinifolia* [9].

Synonyme: Fieberweidenrinde, Maiholzrinde, Weißfelberrinde, Hartrinde, Knackrinde, Fellhornrinde, Kamprinde. Willow bark (engl.). Écorce de saule (franz.).

Herkunft: Heimisch in Europa und Asien, z.T. auch in Nordamerika. Einfuhr der Droge aus dem ehemaligen Jugoslawien, Bulgarien, Ungarn und Rumänien.

Inhaltsstoffe: 1,5 bis über 11% als „Salicylate" bezeichnete Salicylalkoholderivate mit je nach Stammpflanze qualitativ und quantitativ unterschiedlicher Zusammensetzung (DAB 1996; mind. 1% berechnet als Salicin), u.a. Salicin, seine 6′-O-Acylderivate Fragilin und Populin und dessen 2′-O-Acetylderivat, des weiteren Salicortin, seine 2′-O-, 3′-O- und 4′-O-Acetylderivate, sein 2′-O-Benzoylderivat (Tremulacin) und sein 2′-O-Cinnamoylderivat [10–15] (*S. purpurea* ca. 3–8,5%, *S. daphnoides* ca. 3,9%, *S. alba* ca. 0,5–1% [6, 12, 16]). Des weiteren phenolische Verbindungen wie Triandrin, Vimalin und aromatische Alkohole, Aldehyde und Säuren wie u.a. Salicylalkohol (=Saligenin), Syringaaldehyd, Salicylsäure, p-Hydroxybenzoesäure, Kaffee-, Ferula- und p-Cumarsäure, Flavonoide: Quercetin-, Luteolin-, Eriodictyol- und Naringenin-Glykoside (z.B. Naringenin-7-O- und -5-O-glucosid), das Flavanonol Ampelopsin und das Chalcon Isosalipurposid [3, 13]; (+)-Catechin; Gerbstoffe, nach älteren Angaben 8–20%.

Indikationen: Leichte fieberhafte Erkältungs- und Infektionskrankheiten (grippale Infekte), akute und chronische rheumatische Beschwerden, leichte Kopfschmerzen und durch Entzündungen bedingte Schmerzen. Für die Wirkung sind vor allem Salicin und die

---

Auszug aus der Monographie der Kommission E
(BAnz Nr. 228 vom 05.12.1984)

Anwendungsgebiete

Fieberhafte Erkrankungen, rheumatische Beschwerden, Kopfschmerzen.

Gegenanzeigen

Siehe Wechselwirkungen.

Nebenwirkungen

Siehe Wechselwirkungen.

Wechselwirkungen

Können auf Grund der wirksamkeitsbestimmenden Bestandteile wie bei Salicylaten auftreten. Bei der Aufbereitung des bisherigen wissenschaftlichen Erkenntnismaterials liegen jedoch keine gesicherten Hinweise dafür vor.

Dosierung

Soweit nicht anders verordnet:
Mittlere Tagesdosis entsprechend 60 bis 120 mg Gesamtsalicin.

Art der Anwendung

Flüssige und feste Darreichungsformen zur innerlichen Anwendung.

Hinweis

Kombination mit schweißtreibenden Drogen können sinnvoll sein.

Wirkungen

Antipyretisch, antiphlogistisch, analgetisch.

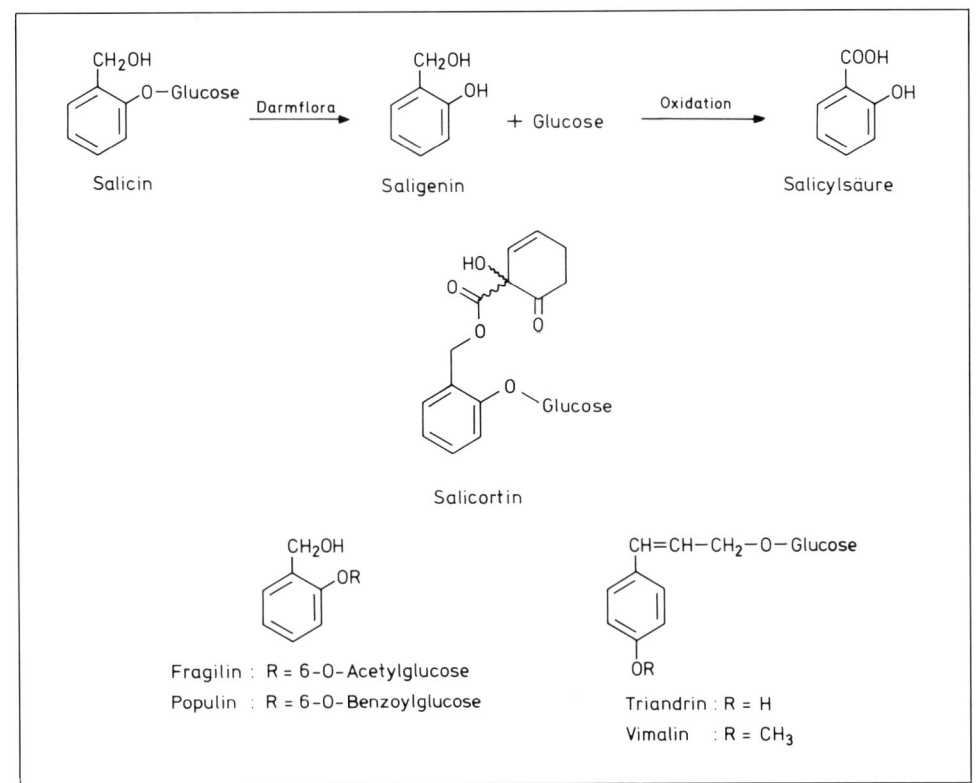

nach Abspaltung des Acylrestes in Salicin übergehenden Salicylate der Droge verantwortlich, die eine „Pro-Drug" der Salicylsäure darstellen und wie diese antipyretisch, analgetisch-antirheumatisch und antiseptisch wirken. Salicin wird durch die Darmflora in Saligenin (Salicylalkohol) und Glucose gespalten [17]. Saligenin wird resorbiert und im Blut bzw. in der Leber zu Salicylsäure oxidiert. Die Ausscheidung im Harn erfolgt überwiegend als Salicylursäure, daneben als Salicylglucuronid, Salicylsäure, Gentisinsäure und unverändertes Saligenin. Die Resorptionsrate von Salicin bzw. Saligenin beträgt über 86% und ergibt einen über mehrere Stunden konstanten Salicylatspiegel im Plasma [18–20]. Nach oraler Gabe eines Salicin-Präparates war schon nach zwei Stunden ein maximaler Plasmaspiegel erreicht, der erst nach acht Stunden wesentlich abzunehmen begann [21]. Bei den an der Glucose mit aromatischen Säuren veresterten Verbindungen Populin und Tremulacin ist jedoch mit einer verzögerten Aufnahme zu rechnen, da diese Reste offensichtlich den enzymatischen Abbau stören [14]. Wie die Acetylsalicylsäure (Aspirin®) ist auch die Salicylsäure ein Cyclooxygenase-Hemmstoff, der die Bildung der in den entzündlichen Geweben gebildeten Prostaglandine E_1 und E_2 erniedrigt [22, 23], wobei die Thromboxan B_2-Synthese jedoch schwächer beeinflußt wird [23]. Die Droge kann deshalb nicht zur Aggregationshemmung der Blutplättchen eingesetzt werden. Bei der Teebereitung werden, abhängig vom Zerkleinerungszustand der Droge und der Temperatur, 55–100% der Salicylate extrahiert [14]. Als wirksame Dosierung sind 60–120 mg Salicin täglich zu fordern [1]. Die Weidenrinde ist der phytotherapeutische Vorläufer der Acetylsalicylsäure (Aspirin®). Zu Zeiten von Arzneimittelknappheit wurden mit ihr im klinischen Bereich beachtliche Erfolge erzielt [24].

Nebenwirkungen: Salicylat-Nebenwirkungen sind bei der durch die Droge zugeführten „Salicylat-Dosis" nicht zu befürchten. Mögliche gastrointestinale

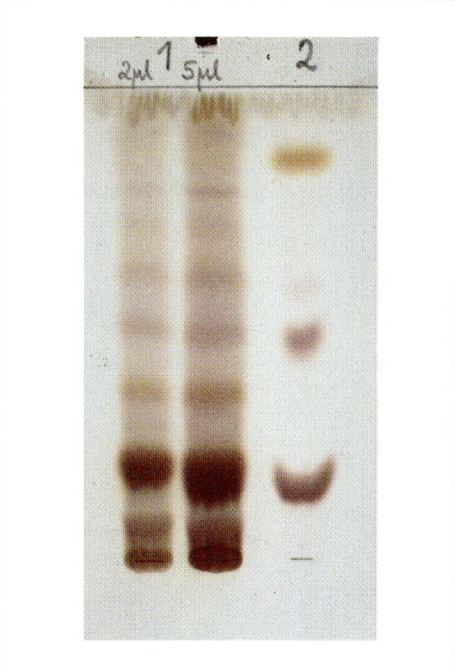

Abb. 4: DC auf 4 × 8 cm Folie
1: **Weidenrinde**
2: **Referenzsubstanzen**
Einzelheiten s. Text

Beschwerden sind auf die Gerbstoffe der Droge zurückzuführen. Bei bestehender individueller Überempfindlichkeit gegenüber Salicylaten, die bei ca. 0,2% der Bevölkerung beobachtet wird [25], muß jedoch mit einer Auslösung der bekannten Reaktionen (Urtikaria, Rhinitis, Asthma, Bronchospasmen) gerechnet werden, obwohl die Reaktionsauslösung durch Natriumsalicylat als ungewöhnlich gilt und diese deshalb auch durch die Weidenrinde als gering eingestuft wird.

Teebereitung: 2–3 g der fein geschnittenen oder grob gepulverten Droge werden mit kaltem Wasser angesetzt, zum Sieden erhitzt und nach 5 min durch ein Teesieb gegeben. 3–5mal täglich 1 Tasse Tee.
1 Teelöffel = etwa 1,5 g.

Teepräparate: Weidenrinde ist in einigen Teegemischen der Gruppe Rheuma-Grippe-Erkältungstee enthalten.

Phytopharmaka: Weidenrinde ist u.a. im Analgeticum Weidenrinde Schmerzdragees Painex enthalten, ebenfalls im Kombinationspräparat Lapidar® 9 Tabletten.

Prüfung: Makroskopisch (s. Beschreibung) und mikroskopisch nach DAB 1996. Charakteristisch sind die bis 600 μm langen, sehr schmalen und dabei sehr dickwandigen Bastfasern, die von Parenchymzellen mit Einzelkristallen umgeben sind. Das Rindenparenchym ist starkwandig, grobgetüpfelt, oft perlschnurartig verdickt. Es führt große Calciumoxalatdrusen und färbt sich mit 80%iger Schwefelsäure rot. Die Markstrahlen in der sekundären Rinde sind einreihig. Steinzellen fehlen in der Regel, kommen jedoch bei *Salix alba* und *Salix fragilis* in der primären Rinde vor.

Identitätsprüfung mittels DC: (in Anlehnung an DAB 1996).

Untersuchungslösung: 1 g pulverisierte Droge mit 50 ml Methanol bei 65 °C unter Rückfluß extrahieren. Das abgekühlte Filtrat schüttelt man 2–3 min mit 0,5 g Polyamidpulver, filtriert und engt zur Trockne ein; den Rückstand löst man in 3 ml Methanol.

Referenzlösung: 2 mg Salicin, 5 mg Cianidanol (Catechin) und 5 mg Glucose in 1 ml Methanol-Wasser (1+1) gelöst.

Aufzutragen: 2 und 5 μl Untersuchungslösung, 2 μl Referenzlösung, jeweils strichförmig.

Fließmittel: Ethylacetat-wasserfreie Ameisensäure-Wasser (80+13+7), 6 cm hoch.

Sichtbarmachung: Nach Trocknen der Platte bei 100–105 °C (ca. 2 min) besprüht man mit einer Mischung aus 19 ml einer 0,5 proz. Lösung von Thymol in Ethanol und 1 ml konz. Schwefelsäure. Nach dem Besprühen wird etwa 2–3 min auf 120 °C (unter Beobachtung) erhitzt und sofort im Tageslicht ausgewertet.

Auswertung: Glucose erscheint im unteren Drittel als orangerote Zone, Salicin etwa in der Mitte als rote bis rotbraune Zone und Catechin (Cianidanol) als orangebraune Zone. Die Untersuchungslösung zeigt jeweils korrespondierende Zonen, darüber hinaus sind im Rf-Bereich unterhalb der Glucose zwei rosarote bis braunrote Hauptzonen erkennbar (Abb. 4). Weitere schwächer gefärbte Zonen können auftreten. Weitere DC-Trennsysteme zum Nachweis der Salicylglykoside finden sich bei [3, 26].

Verfälschungen: Kommen praktisch nicht vor; man sollte darauf achten, daß neben salicinreichen Rinden auch solche im Handel sind, die nur sehr wenig Salicin enthalten. Eine semiquantitative DC-Bestimmung zur Sicherstellung des Mindestgehaltes an Salicylaten findet sich im DAB 1996. Hierbei werden in der analog zur DC-Identitätsprüfung hergestellten Untersuchungslösung die Salicylate durch alkalische Hydrolyse in Salicin überführt und die Größe und Farbintensität der Salicin-Zone mit der der geforderten Mindestmenge Salicin als Referenzsubstanz im DC verglichen.

Eine verbesserte Modifikation dieser Methode auf HPTLC-Platten, die die störende Interferenz mit Picein vermeidet, findet sich bei [27]. Die quantitative Bestimmung des Salicins ist nur nach aufwendiger Abtrennung von Begleitstoffen möglich, z.B. mittels HPLC [3, 4, 11, 12, 16, 18].

Literatur:

[1] Monographie der Kommission E, BAnz Nr. 228 vom 05.12.1984.
[2] J. Chmelar und W. Meusel, Die Weiden Europas, Ziemsen-Verlag, Wittenberg 1979.
[3] B. Meier und Mitarb., Dtsch. Apoth. Ztg. **127**, 2401 (1987).
[4] R. Julkunen-Tiitto und K. Gebhardt, Planta Med. **58**, 385 (1992).
[5] R. Julkunen-Tiitto, Phytochemistry **28**, 2115 (1989).
[6] Kommentar zum DAB 10.
[7] B. Meier, Dtsch. Apoth. Ztg. **132**, 798 (1992).
[8] K. Gebhardt, Die Holzzucht **46**, 1 (1992).
[9] R. Julkunen-Tiitto und B. Meier, Planta Med. **58**, 77 (1992).
[10] H. Thieme, Planta Med. **13**, 431 (1965).
[11] H. Thieme, Pharmazie **20**, 570 (1965).
[12] B. Meier, O. Sticher und A. Bettschart, Dtsch. Apoth. Ztg. **125**, 341 (1985).
[13] Y. Shao, M.F. Lahloub und B. Meier, Planta Med. **55**, 617 (1989).
[14] B. Meier und M. Liebi, Z. Phytother. **11**, 50 (1990).
[15] C.M. Nichols-Orians und Mitarb., Phytochemistry **31**, 2180 (1992).
[16] B. Meier und Mitarb., Pharm. Acta Helv. **60**, 269 (1985).
[17] R. Julkunen und B. Meier, J. Nat. Prod. **55**, 1204 (1992).
[18] E. Steinegger und H. Hövel, Pharm. Acta Helv. **47**, 133 (1972).
[19] E. Steinegger und H. Hövel, Pharm. Acta Helv. **47**, 222 (1972).
[20] B. Meier, Schweiz. Apoth. Ztg. **126**, 725 (1988).
[21] R. Pentz und Mitarb., Dtsch. Apoth. Ztg. **129**, 277 (1989) und Z. Phytother. **10**, 92 (1989).
[22] M. Hamberg, Biochem. Biophys. Res. Commun. **49**, 720 (1972).
[23] G.A. Higgs, Proc. Natl. Acad. Sci. USA **84**, 1417 (1987).
[24] R.A. Mayer und M. Mayer, Pharmazie **4**, 77 (1949).
[25] H.P.T. Ammon, Arzneimittelneben- und Wechselwirkungen, 2. Aufl., Wiss. Verlagsges., Stuttgart 1981.
[26] R.C.S. Audette und Mitarb., J. Chromatogr. **25**, 367 (1966).
[27] P. Poukens-Renwart, M. Tits und L. Angenot, Planta Med. 59, Suppl. A 629 (1993).
[28] O. Sticher, C. Egloff und A. Bettschart, Planta Med. **42**, 126 (1981).

Willuhn

Salviae folium

Salbeiblätter
DAB 1996

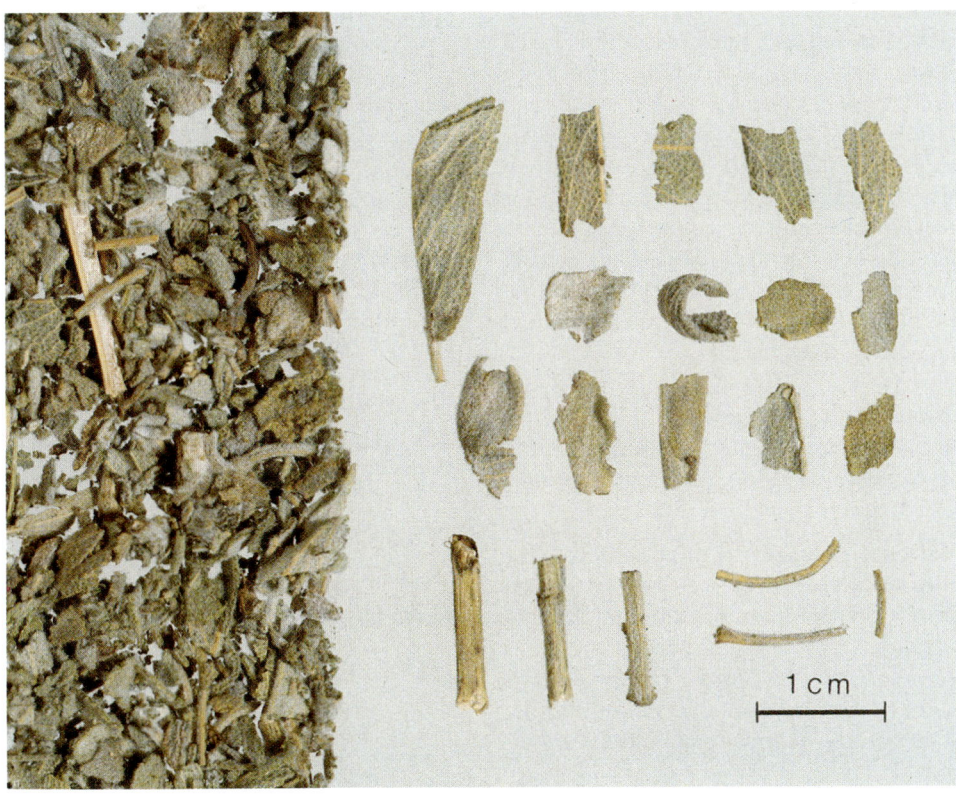

Abb. 1: Salbeiblätter

Beschreibung: Langgestielte, 3–10 cm lange und bis 3 cm breite, ovale, länglich-eiförmige bis lanzettliche, beiderseits dicht behaarte Blätter mit deutlich fein gekerbtem Blattrand, tief eingesenkter netziger Nervatur, die auf der Blattunterseite stark hervortritt, und mit einem abgerundeten, bisweilen einfach oder doppelt geöhrten Spreitengrund.
Die Schnittdroge besteht aus kleinen, infolge der Behaarung oft aneinanderhängenden Blattbruchstücken, die auf beiden Seiten die feine Behaarung, auf der Unterseite die netzige Nervatur erkennen lassen (Abb. 4).

Geruch: Stark würzig-aromatisch.

Geschmack: Gewürzhaft, bitter und adstringierend.

Abb. 2 und 3: *Salvia officinalis* L.

Die ausdauernde, in den basalen Teilen verholzende bis 70 cm hohe Pflanze (Halbstrauch) hat charakteristisch riechende, längliche, infolge der vor allem unterseits filzigen Behaarung dicke, graugrüne Blätter, deren Spreitengrund des öfteren geöhrt ist. Die ca. 2 cm langen Blüten mit meist blauvioletter Korolle erscheinen in zu einer lockeren Ähre angeordneten Quirlen.

ÖAB: Folium Salviae
Ph. Helv. VII: Salviae folium
St. Zul. 1229.99.99

Stammpflanze: *Salvia officinalis* L. (Echter Salbei), Lamiaceae. Die früher übliche Unterscheidung von drei subspecies (*minor, major* und *lavandulifolia*) ist durch grundlegende Arbeiten von Hedge [1] überholt. Die Unterarten werden inzwischen als eigene Arten aufgefaßt, und zwar die ssp. *minor* als *Salvia officinalis* L., die ssp. *major* als *Salvia grandiflora* ETL. (syn. *Salvia tomentosa* MILLER) und die ssp. *lavandulifolia* (VAHL) GAMS nun als *Salvia lavandulifolia* VAHL.; die letztgenannte Art liefert, da die Blätter praktisch thujonfrei sind, keine dem DAB 1996 entsprechende Droge [2].

Synonyme: Edelsalbei, Königssalbei, Gartensalbei, Herba Salviae, Folia Herbae saccae. Garden sage leaf, Sawge (engl.). Feuilles de sauge officinale (franz.).

Herkunft: Im Mittelmeergebiet, bes. im Adria-Raum, heimisch, z.T. in verschiedenen europäischen Ländern kultiviert. Die Drogenimporte stammen aus südosteuropäischen Ländern.

Inhaltsstoffe [3]: 1–2,5% ätherisches Öl (nach DAB 1996, ÖAB und Ph. Helv. VII mind. 1,5%), das zu etwa 35–60% aus Thujon (Gemisch aus α-Thujon und β-Thujon) besteht; etwa 20% entfallen auf weitere Monoterpene (besonders Cineol und Borneol), kleine Anteile, etwa 8 bis 15% bestehen aus Sesquiterpenen [4, 5]; 3–7% Gerbstoffe, darunter Rosmarinsäure („Labiatengerbstoff"), nach ÖAB ist ein Grenzwert gefordert; Diterpene wie Carnosol (=Pikrosalvin), Rosmanol, Safficinolid u.a. [6, 7]; 1–3% Flavonoide (Luteolin u.a.); Triterpene (Oleanolsäure und Derivate) [3].

Indikationen: Als Antiphlogistikum bei Entzündungen im Mund- und Rachenraum, bei Gingivitis, Stomatitis, hier vorwiegend in Form von Gurgelwasser, aber auch als Teegetränk bei Verdauungsstörungen, Blähungen, Entzündungen der Darmschleimhaut, bei Durchfällen.
Als Antihydrotikum, z.B. bei Nachtschweißbildung von Tuberkulosepatienten, aber auch gegen psychosomatisch bedingte übermäßige Schweißbildung.

Bei beiden Indikationsgebieten erfolgt der Einsatz der Droge empirisch, pharmakologische Prüfungen einzelner Inhaltsstoffe stehen noch aus; die antihydrotische Wirkung ist jedoch in Tierexperimenten und klinisch am Menschen nachgewiesen (so wird z.B. eine durch Pilocarpin ausgelöste Schweißbildung rasch aufgehoben).
Volksmedizinisch wird Salbei wegen einer die Milchsekretion hemmenden Wirkung auch zum Erleichtern des Abstillens verwendet; auch eine leichte blutzuckersenkende Wirkung (unbewiesen) und menstruationsfördernde Wirkung (ebenfalls unbewiesen) wird der Droge nachgesagt.
Obschon kein Cholagogum, wird die Droge doch gelegentlich in Mischung mit anderen Drogen in diesem Sinne verwendet (Bitterstoff-Wirkung einiger Diterpene?).

Nebenwirkungen: Nur bei Überdosierung (mehr als 15 g Salbeiblätter pro Dosis) oder längerem Gebrauch zu befürchten. Der toxische Bestandteil des ätherischen Öles, das Thujon, führt dann zu Symptomen wie Tachykardie, Hitzegefühl, Krämpfe und Schwindelgefühl.

Teebereitung: Je nach Indikation; zum Gurgeln 3 g feingeschnittene Droge mit kochendem Wasser übergießen, nach 10 min abseihen; gegen Nachtschweiß Teebereitung wie vorstehend, das Getränk jedoch abkühlen lassen; gegen Magen-Darm-Beschwerden: 1,5–2 g feingeschnittene Droge mit kochendem Wasser übergießen und nach 5 min abseihen.
1 Teelöffel = etwa 1,5 g.

Auszug aus der Monographie der Kommission E (BAnz Nr. 90 vom 15.05.1985 und Nr. 50 vom 13.03.1990)

Anwendungsgebiete
Äußere Anwendung:
Entzündungen der Mund- und Rachenschleimhaut.

Innere Anwendung:
dyspeptische Beschwerden; vermehrte Schweißsekretion.

Gegenanzeigen
Während der Schwangerschaft sollen das reine ätherische Öl und alkoholische Extrakte nicht eingenommen werden.

Nebenwirkungen
Bei längerdauernder Einnahme von alkoholischen Extrakten und des reinen ätherischen Öls können epileptiforme Krämpfe auftreten.

Wechselwirkungen
Keine bekannt.

Dosierung
Soweit nicht anders verordnet:
Innere Anwendung Tagesdosis:
4 bis 6 g Droge
0,1 bis 0,3 g ätherisches Öl
2,5 bis 7,5 g Tinktur (entsprechend EB6)
1,5 bis 3 g Fluidextrakt (entsprechend EB6).
Zum Gurgeln und Spülen: 2,5 g Droge bzw. 2–3 Tropfen des ätherischen Öls auf 100 ml Wasser als Aufguß bzw. 5 g alkoholischer Auszug auf 1 Glas Wasser.
Pinselung: Unverdünnter alkoholischer Auszug.

Art der Anwendung
Geschnittene Droge für Aufgüsse, alkoholische Auszüge und Destillate zum Gurgeln, Spülen und zu Pinselungen sowie zur inneren Anwendung und als Frischpflanzenpreßsaft.

Wirkungen
Antibakteriell, fungistatisch, virustatisch, adstringierend, sekretionsfördernd und schweißhemmend.

Hinweis
Für Salvia triloba wird eine eigene Monographie erstellt.

α-Thujon   β-Thujon   Carnosol: R=—H   Safficinolid
                        Rosmanol: R=—OH

Wortlaut der Packungsbeilage gemäß Standardzulassung:

6.1 Stoff- oder Indikationsgruppe

Pflanzliches Magen-Darm-Mittel/Mund- und Rachenmittel.

6.2 Anwendungsgebiete

Innerliche Anwendung bei: Verdauungsbeschwerden mit leichten Krämpfen im Magen-Darm-Bereich, Völlegefühl, Blähungen; vermehrter Schweißsekretion.

Äußerliche Anwendung bei: Entzündungen der Mund- und Rachenschleimhaut.

6.3 Gegenanzeigen

Bei Anwendung eines Teeaufgusses keine bekannt.

6.4 Wechselwirkungen mit anderen Mitteln

Keine bekannt.

6.5 Dosierungsanleitung und Art der Anwendung

Soweit nicht anders verordnet, wird 3- bis 4mal täglich eine Tasse des wie folgt bereiteten Teeaufgusses getrunken:
1 Teelöffel voll (ca. 1,5 g) Salbeiblätter oder die entsprechende Menge in einem oder mehreren Aufgußbeutel(n) wird mit siedendem Wasser (ca. 150 ml) übergossen und nach etwa 10 bis 15 Minuten gegebenenfalls durch ein Teesieb gegeben.
Für die Anwendung im Mund-Rachen-Bereich wird mit einem wie folgt bereiteten Teeaufguß gespült oder gegurgelt:
Reichlich bemessene 1½ Teelöffel voll (ca. 2,5 g) Salbeiblätter werden mit siedendem Wasser (ca. 100 ml) übergossen und nach etwa 10 bis 15 Minuten durch ein Teesieb gegeben.

6.6 Dauer der Anwendung

Bei akuten Beschwerden, die länger als eine Woche andauern oder periodisch wiederkehren, wird die Rücksprache mit einem Arzt empfohlen.

6.7 Nebenwirkungen

Bei Anwendung eines Teeaufgusses keine bekannt.

6.8 Hinweis

Vor Licht und Feuchtigkeit geschützt aufbewahren.

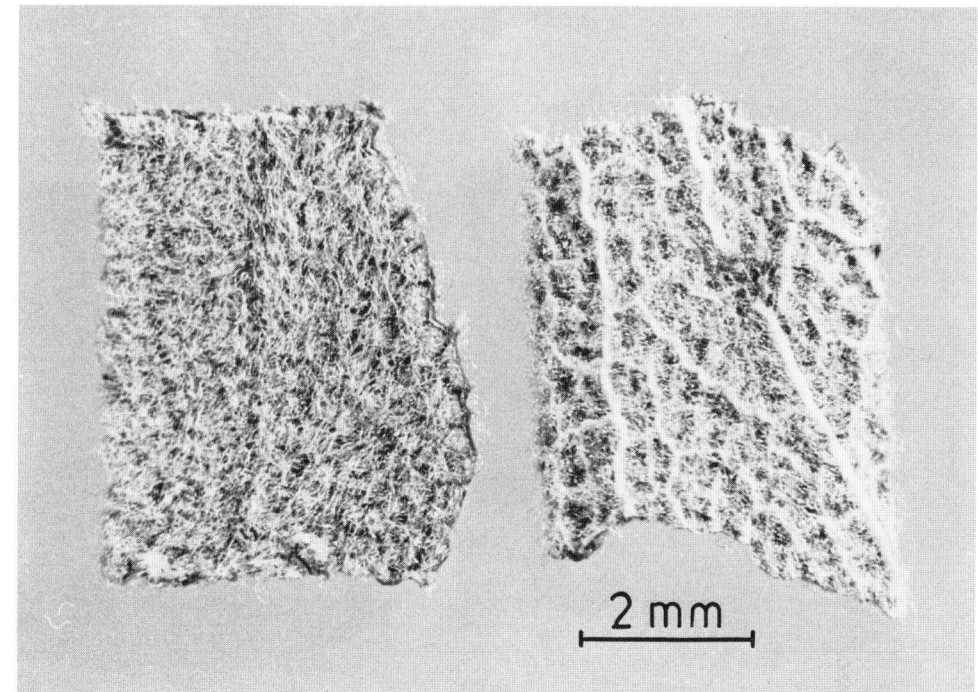

Abb. 4: Blattober- (links) und -unterseite (rechts) des echten Salbei

Teepräparate: Die Schnittdroge wird auch in Filterbeuteln (1,0 bzw. 1,6 g) angeboten.

Phytopharmaka: Die Droge, aus ihr hergestellte Auszüge (Tinktur, Fluidextrakt) oder das ätherische Öl sind Bestandteil einiger Fertigarzneimittel in den Gruppen Mund- und Rachentherapeutika, z.B. Salvysat® (Tropfen), Salbei Curarina (Tropfen) u.a., im Virustatikum Virusalvysat® (Viskose Lösung), im Antihydrotikum Sweatosan® (Dragees) und in einigen Kombinationspräparaten wie z.B. im Carminativum Carvomin® Wern (Tropfen). Ferner in zahlreichen Bonbons-Spezialitäten. Salbeiöl wird in vielen Bädern, Einreibungen und Mundpflegemitteln verwendet.

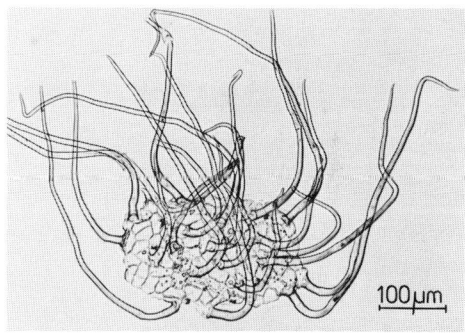

Abb. 5: Lange, mehrzellige und gebogene Deckhaare der Blattoberseite

Prüfung: Makroskopisch (s. Beschreibung) und mikroskopisch nach DAB 1996. Bei der mikroskopischen Untersuchung ist darauf zu achten, daß die Gliederhaare der Blattober- und -unterseite gleich aussehen (Unterschied zu Dreilappiger Salbei); sie sind etwa 200–600 µm lang, die kurze, sehr stark verdickte Basalzelle hat ein Länge-Breite-Verhältnis von 2:1 bis 3:1 (Breite in der Mitte gemessen), während Dreilappiger Salbei ein solches von 4,5:1 bis 8,5:1 aufweist.

Inzwischen gibt es einen Bestimmungsschlüssel für pharmazeutisch relevante *Salvia*-Arten, der auf den Behaarungsmerkmalen beruht [2].

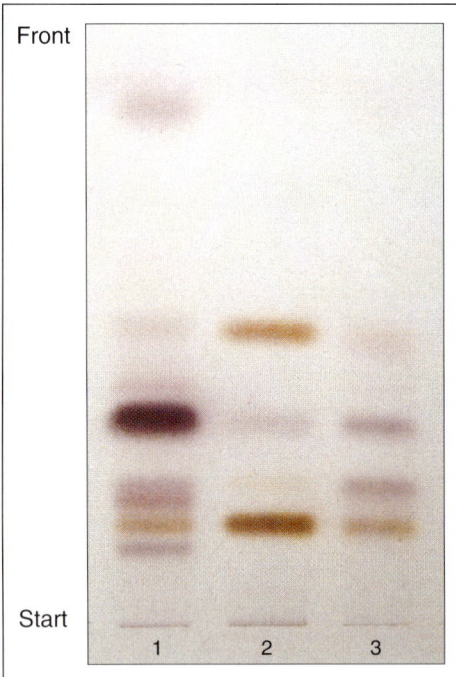

Abb. 6: DC von Salbeiblättern, Glasplatte 5 × 10 cm, besprüht mit Anisaldehyd R, im Tageslicht
1: Dreilappiger Salbei (äther. Öl-Destillat)
2: Referenzlösung
3: Salbeiblätter (Untersuchungslösung)

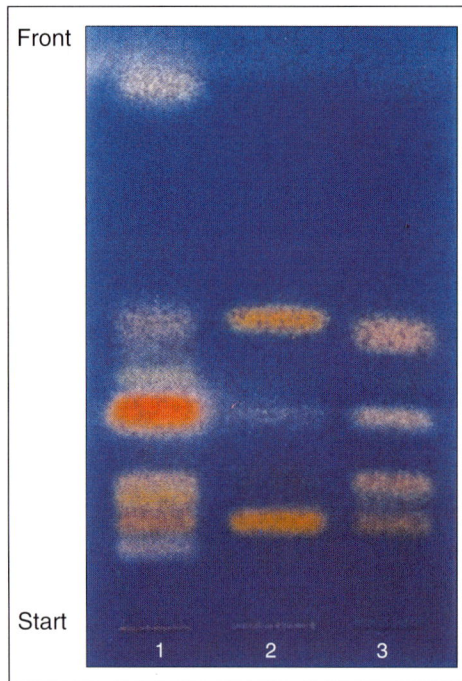

Abb. 7: DC von Salbeiblättern, Glasplatte 5 × 10 cm, besprüht mit Anisaldehyd R, unter UV$_{365}$
1: Dreilappiger Salbei (äther. Öl-Destillat)
2: Referenzlösung
3: Salbeiblätter (Untersuchungslösung)

Fließmittel: Toluol – Ethylacetat (95 + 5) (Kammersättigung).

Laufstrecke: 8 cm, **Zeit:** 12 min.

Sichtbarmachung und Auswertung: Nach vollständigem Abdunsten des Fließmittels unter dem Abzug (**nicht** im Heißluftstrom!) wird mit Anisaldehydreagenz R besprüht, 3 Min. auf 105 °C erhitzt und im Tageslicht und unter UV$_{365}$ ausgewertet (Abb. 6 und 7). Im DC der Referenzlösung erkennt man im Tageslicht die Zonen von Borneol (Rf ~ 0,13, braungrau), Cineol (Rf ~ 0,27, grauviolett) und Bornylacetat (Rf ~ 0,41, braungrau). Im DC der Untersuchungslösung sind diese Zonen ebenfalls sichtbar; knapp unterhalb von Bornylacetat liegt die nur schwach rosa angefärbte Zone von Thujon, die unter UV$_{365}$ an der deutlichen ziegelroten Fluoreszenz erkennbar ist. Die Cineolzone im DC der Untersuchungslösung ist nur schwach ausgeprägt (Unterschied zu Dreilappigem Salbei). Im DC der Untersuchungslösung sind bei Rf ~ 0,32 die rotviolette Zone des Caryophyllenepoxids und bei Rf ~ 0,18 die violette Zone des Viridiflorols erkennbar.

Aufbewahrung: Vor Licht geschützt, in dicht schließenden Gefäßen, nicht aus Kunststoff (ätherisches Öl!). Zur Lagerstabilität [8, 9]: sie ist abhängig vom Zerkleinerungsgrad (besser grob geschnittene Droge aufbewahren als feingeschnittene) und von der Verpackung (Vakuum-Standbeutel sind besser als doppelschichtige Papiertüten).

Literatur:
[1] I.C. Hedge, Not. Roy. Bot. Garden Edinburgh **33**, 1 (1974).
[2] R. Länger und Mitarb., Sci. Pharm. **59**, 321 (1991).
[3] C.H. Brieskorn, Z. Phytother. **12**, 61 (1991).
[4] D. Tekelova und Mitarb., Pharmazie **49**, 299 (1994).
[5] D. Raic, R. Novina und J. Petricic, Acta Pharm. Jugosl. **35**, 121 (1985).
[6] K. Schwarz und W. Ternes, Z. Lebensm. Unters. Forsch. **195**, 99 (1992).
[7] M. Tada und Mitarb., Phytochemistry **35**, 539 (1994).
[8] D. Fehr, Pharm. Ztg. **127**, 111 (1982).
[9] L. Kreutzig, Pharm. Ztg. **127**, 893 (1982).

Bei der DC-Prüfung nach DAB 1996 wird die Zusammensetzung des ätherischen Öles untersucht; es ist jedoch auch die DC der Flavonoide zur Identifizierung hilfreich.

Verfälschungen: Gelegentlich durch die Blätter anderer *Salvia*-Arten, in erster Linie mit *Salvia triloba* L. fil., syn. *Salvia fruticosa* MILLER, (Dreilappiger Salbei). Diese Blätter sind beidseitig weiß-filzig behaart, dichter als die von *Salvia officinalis* (vergleiche die Abb. 4 und Abb. 4 bei Dreilappiger Salbei!). Die Haare der Blattoberseite sind nicht peitschenförmig geschwungen, sondern gerade und starr; wesentlich ist (derzeit noch nicht im DAB 1996 angegeben) die Bestimmung des Verhältnisses Basalzellenlänge zu Basalzellenbreite (gemessen in der Mitte der Basalzelle) [2], es beträgt ca. 2 bis 3 (bei Dreilappigem Salbei 4,5 bis 8,5).

Bei der DC-Prüfung nach DAB 1996 sind Verfälschungen an der abweichenden Zusammensetzung (hoher Cineol-, niedriger Thujongehalt) zu erkennen.

Identitätsprüfung mittels DC: (ätherisches Öl)

Sorbens: Kieselgel 60 F$_{254}$ (lufttrocken) (Merck) (5 × 10 cm, Glas oder Folie).

Untersuchungslösung: 0,5 ml des nach der Gehaltsbestimmung des ätherischen Öles erhaltenen Öl-Xylol-Gemisches werden mit 5 ml Toluol verdünnt; und als Untersuchungslösung verwendet.

Referenzlösung: 3 mg Borneol, 5 µl Bornylacetat und 10 µl Cineol werden in 5 ml Toluol gelöst.

Aufzutragen: 5 µl Untersuchungslösung und 2 µl Referenzlösung strichförmig (10 × 2 mm).

Wichtl

Salviae trilobae folium

Dreilappiger Salbei
DAB 1996

Abb. 1: Dreilappiger Salbei

Beschreibung: Länglich-eiförmig bis lanzettliche, gestielte Blätter, die häufig am stumpfen Spreitengrund ein oder zwei seitliche Läppchen besitzen. Sie sind beiderseits dicht filzig behaart, auf der Unterseite stärker als oberseits, wodurch die feinnetzige Nervatur und der wellig gekerbte Blattrand nur undeutlich zu erkennen sind. Kleine Anteile der Blattstiele und des vierkantigen Stengels sind ebenfalls dicht weißfilzig behaart.

Geruch: Würzig, beim Zerreiben deutlich an Eucalyptusöl erinnernd (hoher Cineolgehalt!).

Geschmack: Aromatisch-würzig, etwas bitter, schwach adstringierend.

Abb. 2 und 3: *Salvia triloba* L. fil.

Die Blätter des Griechischen Salbei sind infolge dichterer Behaarung (vor allem auf der Blattoberseite) noch dicker und graufilziger als die von *Salvia officinalis*, am Grund der Blattspreite treten häufig 2 seitliche Lappen auf (Name!). Im übrigen entspricht der Habitus der Pflanze weitgehend dem des echten Salbei.

Ph. Helv. VII: Salviae trilobae folium

Stammpflanze: *Salvia triloba* L. fil., nach neuerer Nomenklatur [1] *Salvia fruticosa* MILLER (Dreilappiger Salbei), Lamiaceae; zur systematischen Stellung siehe Salviae folium, Stammpflanze.

Synonyme: Griechischer Salbei. Greek sage leaf (engl.). Feuilles de sauge à trois lobes (franz.).

Herkunft: In Griechenland, Teilen Italiens, auf Kreta und Zypern vorkommender Halbstrauch. Importe der Droge kommen aus der Türkei, Griechenland und aus Rußland.

Inhaltsstoffe: Die folgenden Angaben bedürfen einer Nachprüfung, da nicht in allen Fällen eindeutig ist, ob *Salvia fruticosa* MILLER untersucht wurde [2]. 2–3% ätherisches Öl (nach DAB 1996

526 *Salviae trilobae folium*

Abb. 4: Blattober- (links) und -unterseite (rechts) des Dreilappigen Salbei

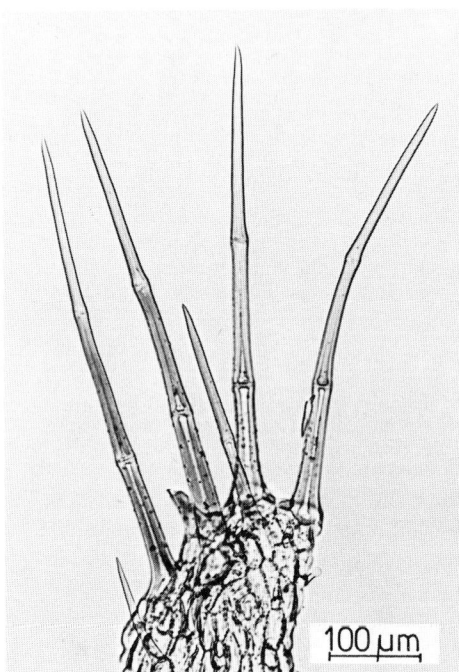

Abb. 5: Steife, dickwandige Gliederhaare der Blattoberseite (Basalzelle: Länge:Breite etwa 5:1 bis 8:1)

und Ph. Helv. VII mind. 1,8%), das bis zu mehr als 60% aus Cineol besteht, der Anteil an Thujon liegt bei etwa 5%; das Öl enthält noch andere Mono- und Sesquiterpene [3, 4]; etwa 5% Gerbstoffe, davon ein erheblicher Anteil an Rosmarinsäure [5]; etwa 2% Flavonoide, darunter das Salvigenin; Diterpene (Carnosol) und Triterpene (Ursolsäure u.a.) ähnlich dem echten Salbei.

Indikationen: Als Antiphlogistikum ähnlich wie echter Salbei (s. dort), vor allem bei Mund- und Rachenentzündungen. Ob die Droge so wie echter Salbei auch als Antihydrotikum verwendet werden kann, ist noch nicht überprüft worden.

Teebereitung: 3 g fein geschnittene Droge werden mit kochendem Wasser übergossen und nach 10 min durch ein Teesieb gegeben.
1 Teelöffel = etwa 1,3 g.

Phytopharmaka: Die Droge wird nur sehr selten in Fertigarzneimitteln, in gleicher Weise wie Salbeiblätter, verwendet.

Prüfung: Makroskopisch (s. Beschreibung) und mikroskopisch nach DAB 1996. Die Angaben im Arzneibuch bedürfen jedoch der Nachprüfung, da sie z.T. mit nicht exakt bestimmtem Drogenmaterial erhalten wurden [2]. Die Blätter sind viel dichter behaart als Salbeiblätter (vergleiche Abb. 4 und Abb. 4 bei Salbeiblätter), die Haare der Blattoberseite sind steif, abstehend. Die Breite der Basalzelle ist für sich kein geeignetes Merkmal [2], vielmehr ist das Verhältnis Länge:Breite der Basalzelle (Breite gemessen in der Mitte) charakteristisch, es beträgt bei Dreilappigem Salbei etwa 5:1 (Werte zwischen 4:1 und 8,5:1). Inzwischen gibt es einen Bestimmungsschlüssel der pharmazeutisch relevanten *Salvia*-Arten, der auf den Behaarungsmerkmalen beruht [2] (Abb. 5). Prüfung des ätherischen Öles nach DAB 1996.

Identitätsprüfung mittels DC: (ätherisches Öl)

Sorbens: Kieselgel $60 F_{254}$ (lufttrocken) (Merck) (5 × 10 cm, Glas oder Folie).

Untersuchungslösung: 0,5 ml des nach der Gehaltsbestimmung des ätherischen Öles erhaltenen Öl-Xylol-Gemisches werden mit 5 ml Toluol verdünnt und als Untersuchungslösung verwendet.

Referenzlösung: 3 mg Borneol, 5 µl Bornylacetat und 10 µl Cineol werden in 5 ml Toluol gelöst.

Aufzutragen: 5 µl Untersuchungslösung und 2 µl Referenzlösung strichförmig (10 × 2 mm).

Fließmittel: Toluol – Ethylacetat (95 + 5) (Kammersättigung).

Laufstrecke: 8 cm, **Zeit:** 12 min.

Sichtbarmachung und Auswertung: Nach vollständigem Abdunsten des Fließmittels unter dem Abzug (**nicht im Heißluftstrom!**) wird mit Anisaldehydreagenz R besprüht, 3 Min. auf 105 °C erhitzt und im Tageslicht und unter UV_{365} ausgewertet (Abb. 6 und 7). Im DC der Referenzlösung erkennt man im Tageslicht die Zonen von Borneol ($Rf \sim 0,13$, braungrau), Cineol ($Rf \sim 0,27$, grauviolett) und Bornylacetat ($Rf \sim 0,41$, braungrau). Im DC der Untersuchungslösung sind diese Zonen ebenfalls sichtbar, jedoch ist die Zone des Cineols sowohl im Tageslicht als auch unter UV_{365} deutlich als die intensivste Zone erkennbar (Unterschied zu Salbeiblättern). Hingegen ist Thujon ($Rf \sim 0,39$) sowohl im Tageslicht als auch unter UV_{365} nur schwach zu sehen (Unterschied zu Salbeiblättern). Im DC der Untersuchungslösung sind meist auch Caryophyllenepoxid ($Rf \sim 0,32$ rotviolett) und Viridiflorol ($Rf \sim 0,18$, violett) gut zu sehen.

Verfälschungen: Selten, am ehesten sind Verwechslungen mit Salbeiblättern möglich, die aber an mikroskopischen Merkmalen und mittels DC erkannt werden können, s. Prüfung.

Aufbewahrung: Vor Licht geschützt, in dicht schließenden Gefäßen, nicht in Kunststoffbehältern (ätherisches Öl!).

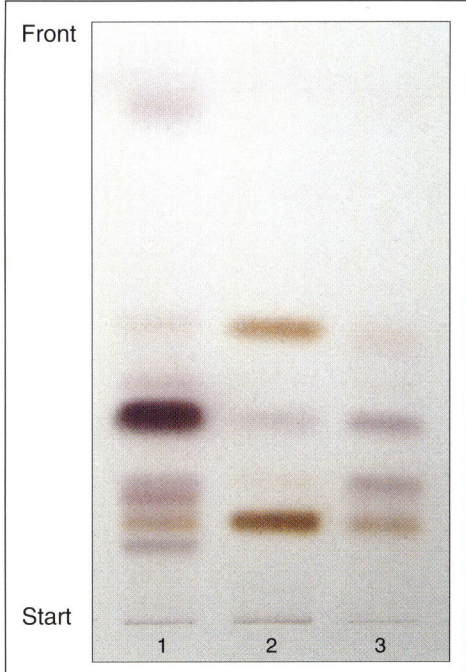

Abb. 6: DC von Dreilappigem Salbei, Glasplatte 5 × 10 cm, besprüht mit Anisaldehyd R, im Tageslicht
1: Untersuchungslösung (äther. Öl-Destillat)
2: Referenzlösung
3: Salbeiblätter (äther. Öl-Destillat)

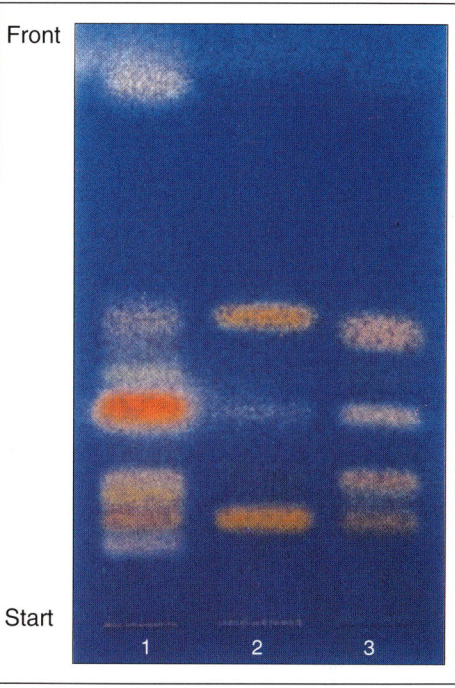

Abb. 7: DC von Dreilappigem Salbei, Glasplatte 5 × 10 cm, besprüht mit Anisaldehyd R, unter UV_{365}
1: Untersuchungslösung (äther. Öl-Destillat)
2: Referenzlösung
3: Salbeiblätter (äther. Öl-Destillat)

Literatur:
[1] I.C. Hedge, Not. Roy. Bot. Garden Edinburgh **33**, 1 (1974).
[2] R. Länger und Mitarb., Sci. Pharm. **59**, 321 (1991).
[3] D. Kustrak, Pharm. Acta Helv. **62**, 7 (1987).
[4] E. Putievsky, U. Ravid und N. Dudai, J. Nat. Prod. **49**, 1015 (1986).
[5] L. Gracza und P. Ruff, Arch. Pharm. (Weinheim) **317**, 339 (1984).

Wichtl

Sambuci flos   Holunderblüten
DAB 1996

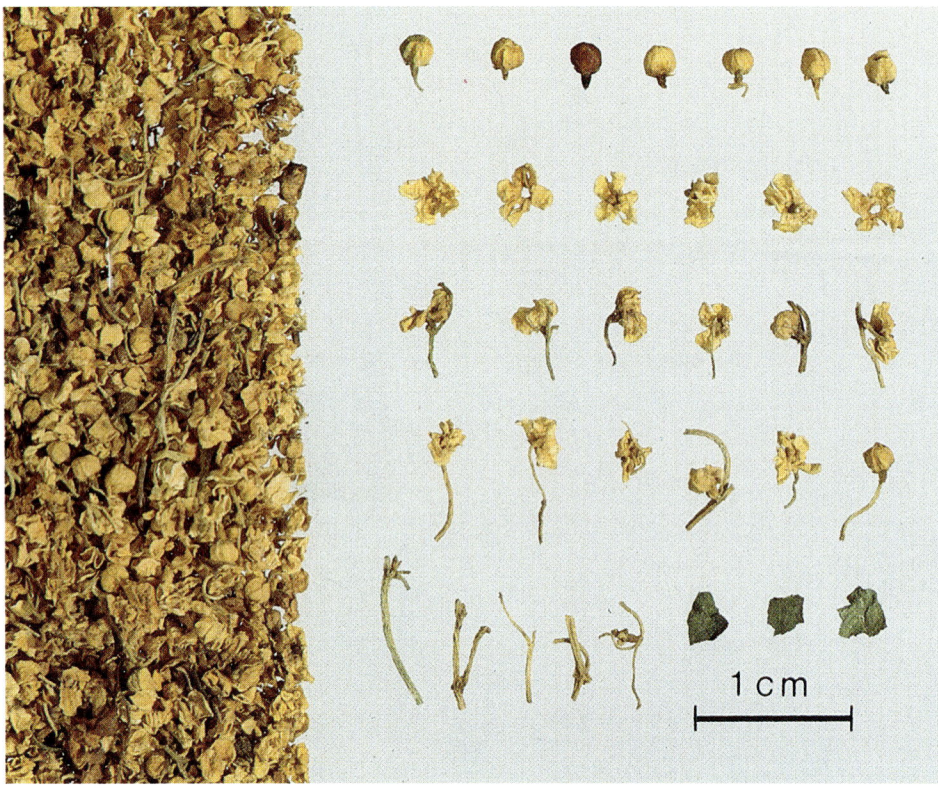

Abb. 1: Holunderblüten

Beschreibung: In den Handel kommen die gerebelten, von den Blütenständen (Trugdolden, Thyrsen) durch Sieben abgetrennten Einzelblüten, z.T. jedoch auch die aus arbeitstechnischen Gründen lediglich durch Schneiden zerkleinerten Trugdolden. Kleine, 3–4 mm breite, gelblichweiße Blüten mit verwachsener, fünfzipfliger Krone, 5 Staubblättern, fünfzipfligem Kelch und unterständigem Fruchtknoten mit 3 griffellosen Narben. Meist liegen die Blütenkronen mit den anhaftenden Staubblättern isoliert vor, seltener auch Knospen. Grüne, längs gerillte Blütenstandsachsen treten vereinzelt auf, bei nicht gerebelter Ware gehäuft.

Geruch: Schwach eigenartig.

Geschmack: Schleimig-süß.

Abb. 2: *Sambucus nigra* L.
Bis 6 m hoher Strauch mit großen, gefiederten Blättern. Blüten weiß, in Trugdolden. Äste mit weißem, lockeren Mark. Reife Früchte schwarz, mit dunkelviolettem Saft.

Abb. 3: *Sambucus nigra* L., Blütenstand

ÖAB: Flos Sambuci
Ph. Helv. VII: Sambuci flos
St. Zul. 1019.99.99

Stammpflanze: *Sambucus nigra* L. (Schwarzer Holunder), Sambucaceae bzw. Caprifoliaceae.

Synonyme: Holderblüten, Aalhornblüten, Fliedertee, Hollerblüten, Zickenblüten, Schwitztee, Betscheletee. Elder flowers (engl.). Fleurs des sureau (franz.).

Herkunft: Heimisch in ganz Europa, West- und Mittelasien, Nordafrika. Die Droge wird aus Wildbeständen gewonnen. Hauptlieferländer sind Rußland, das ehemalige Jugoslawien, Bulgarien, Ungarn und Rumänien.

Inhaltsstoffe [1]: 0,03–0,14% ätherisches Öl von butterartiger Konsistenz aufgrund des hohen Anteils an freien Fettsäuren (66%, Hauptkomponente Palmitinsäure) und n-Alkanen der C-Zahl 14–31 (7,2%), bisher wurden 63 Komponenten, vor allem Monoterpene (u.a. Hotrienol, Linalooloxid) identifiziert [2–5]; etwa 0,7–3,5% Flavonoide [6, 7] (DAB 1996 mind. 0,8%, Ph. Helv. VII mind. 0,7%, ber. als Isoquercitrin), fast ausschließlich Flavonole und deren Glykoside, mit Rutin als Hauptkomponente (bis 2,5%) sowie Isoquercitrin, Hyperosid, Quercitrin, Astragalin und das 3-O-Rutinosid und -Glucosid von Isorhamnetin; ca. 5,1% Hydroxyzimtsäurederivate [6, 8], u.a. Chlorogensäure (ca. 2,5–3%), p-Cumarsäure, Kaffee- und Ferulasäure und deren β-Glucoseester; Spuren des Mandelsäurenitril-β-glucosids Sambunigrin [9]; Triterpene: ca. 1% α- und β-Amyrin, vorwiegend als Fettsäureester vorliegend; Triterpensäuren: ca. 0,85% Ursol- und Oleanolsäure, 20β-Hydroxyursolsäure; ca. 0,11% Sterole, frei, verestert und glykosidiert vorliegend [10, 11]; Schleime, Gerbstoffe. Bemerkenswert ist der Gehalt an Kaliumsalzen (4–9%) [12].

Indikationen: Als schweißtreibendes Mittel (Diaphoretikum) bei fiebrigen Erkältungskrankheiten, wobei größere Mengen des Aufgusses – häufig in Kombination mit Lindenblüten – in möglichst heißem Zustand getrunken werden. Die Droge soll die Erregbarkeit der Schweißdrüsen für Wärmereize steigern [8, 13]. Die Wirkstoffe sind nicht bekannt, so daß eine Wirkung aufgrund von Inhaltsstoffen umstritten ist. Während man am gesunden Menschen eine gegenüber heißem Wasser deutlich gesteigerte Diaphorese beobachtet hat [13], wird von anderen Autoren die Wirkung lediglich auf die großen Mengen heißer Flüssigkeit zurückgeführt und die Droge nur als Geschmackskorrigenz betrachtet. Als solches findet sie oft Verwendung (z.B. in Laxantia). Daneben wird der Droge eine die Bronchialsekretion vermehrende Wirkung zugesprochen [14]. Nach intragastraler Gabe von täglich 6,5 ml/kg Körpergewicht eines Ethanol-Wasserauszuges aus Holunderblüten (0,6 g Droge/100 ml) erhöhte sich am 3. Tag bei narkotisierten, tracheotomierten Kaninchen signifikant die Sekretmenge gegenüber den Kontrollen mit Ethanol-Wasser und physiologischer Kochsalzlösung um 43 bzw. 111% [15].

In der *Volksmedizin* wird sie des weiteren zur Herstellung von Gurgelwasser benutzt.

Teebereitung: 3 g Holunderblüten werden mit kochendem Wasser übergossen und nach 5–10 min durch ein Teesieb gegeben.
1 Teelöffel = etwa 1,5 g.

Teepräparate: Holunderblüten werden von verschiedenen Herstellern als Tee, auch in Filterbeuteln, angeboten, ebenso in zahlreichen Teegemischen der Gruppen Erkältungstee und, seltener, Abführtee, sowie als Hilfsstoff (Aromadroge).

Phytopharmaka: Holunderblüten bzw. Extrakte daraus sind in wenigen Kombinationsarzneimitteln enthalten, z.B. im Sekretolyticum Sinupret® (Dragees und Tropfen).

Auszug aus der Monographie der Kommission E (BAnz Nr. 50 vom 13. 03. 1986)

Anwendungsgebiete
Erkältungskrankheiten.

Gegenanzeigen
Keine bekannt.

Nebenwirkungen
Keine bekannt.

Wechselwirkungen mit anderen Mitteln
Keine bekannt.

Dosierung
Soweit nicht anders verordnet: mittlere Tagesdosis 10–15 g Droge; Zubereitungen entsprechend.

Art der Anwendung
Unzerkleinerte Droge sowie andere galenische Zubereitungen für Teeaufgüsse; mehrmals täglich 1 bis 2 Tassen Teeaufguß möglichst heiß trinken.

Wirkungen
schweißtreibend; vermehrt die Bronchialsekretion.

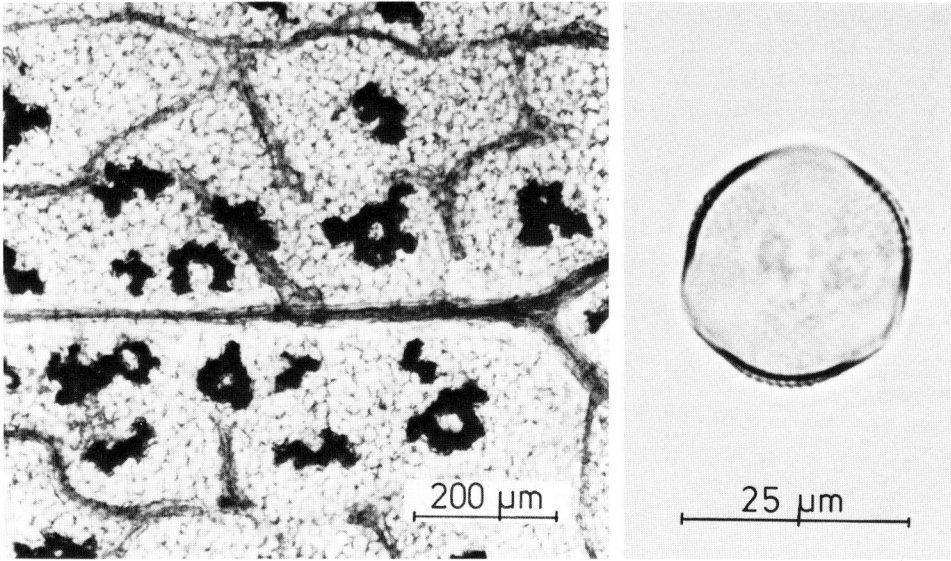

Abb. 4: In allen Teilen vorhandene Kristallsandzellen
Abb. 5: Tricolpates Pollenkorn mit feinpunktierter Exine

Wortlaut der Packungsbeilage gemäß Standardzulassung:

6.1 Anwendungsgebiete
Schweißtreibendes Mittel bei der Behandlung von fieberhaften Erkältungskrankheiten.

6.2 Dosierungsanleitung und Art der Anwendung
Etwa 2 Teelöffel voll (3–4 g) **Holunderblüten** werden mit siedendem Wasser (ca. 150 ml) übergossen und nach etwa 5 Minuten durch ein Teesieb gegeben. Soweit nicht anders verordnet, werden mehrmals täglich, besonders in der zweiten Tageshälfte, 1 bis 2 Tassen frisch bereiteter Teeaufguß so heiß wie möglich getrunken.

6.3 Hinweis
Vor Licht und Feuchtigkeit geschützt aufbewahren.

Prüfung: Makroskopisch und mikroskopisch nach DAB 1996 oder auch [16]. Charakteristisch ist das reichliche Vorkommen von Kristallsandzellen (Abb. 4); die tricolpaten Pollenkörner haben eine sehr feinpunktierte Exine (Abb. 5). Eine DC-Identitätsprüfung anhand des charakteristischen Fingerprint-Chromatogramms der Flavonoidglykoside ist im DAB 1996 vorgeschrieben. Eine Abbildung des Flavonoidspektrums im DC als Orientierungshilfe findet man bei [16] und [17]. Eine HPLC-Auftrennung der Flavonoidglykoside wird von [18] beschrieben.

Verfälschungen: Die in der Literatur erwähnte Verfälschung mit den Blüten von *Sambucus ebulus* L. (rötlicher Blütenstiel, rote Staubbeutel, rosafarbene Korollblätter, Kronzipfel mit anastomosierenden Nerven) kommt in der Praxis kaum vor.

Literatur:
[1] Hager, Band **6**, 580 (1994).
[2] B. Toulemonde und H.M.J. Richard, J. Agric. Food Chem. **31**, 365 (1983).
[3] W. Richter und G. Willuhn, Dtsch. Apoth. Ztg. **114**, 947 (1974).
[4] D. Joulain, Flavour Fragance J. **2**, 149 (1987).
[5] R. Eberhardt und W. Pfannhauser, Z. Lebensm. Unters. Forsch. **181**, 97 (1985).
[6] C. Petitjean-Freytet, A. Carnat und J.L. Lamaison, J. Pharm. Belg. **46**, 241 (1991).
[7] J.L. Lamaison, C. Petitjean Freytet und A. Carnat, Ann. Pharm. Franç. **49**, 258 (1991).
[8] K.J. Schmersahl, Naturwissenschaften **51**, 361 (1964).
[9] R. Hänsel und M. Kussmaul, Arch. Pharm. (Weinheim) **308**, 790 (1975).
[10] G. Willuhn und W. Richter, Planta Med. **31**, 328 (1977).
[11] W. Richter und G. Willuhn, Pharm. Ztg. **122**, 1567 (1977).
[12] Kommentar DAB 10.
[13] W. Wiechowski, Med. Klin. **23**, 590 (1927).
[14] Monographie der Kommission E, Bundesanzeiger Nr. 50 vom 13.03.1986.
[15] G. Chibanguza, R. März und W. Sterner, Arzneim. Forsch. **34**, 3 (1984).
[16] P. Rohdewald, G. Rücker und K.-W. Glombitza, Apothekengerechte Prüfvorschriften, S. 771. Deutscher Apotheker Verlag, Stuttgart 1986.
[17] P. Pachaly, DC-Atlas, Dünnschichtchromatographie in der Apotheke. Wiss. Verlagsgesellschaft, 1.–3. Lfg., Stuttgart 1995.
[18] P. Pietta und Mitarb., J. Chromatogr. **593**, 165 (1992).

Willuhn

Sambuci fructus — Holunderbeeren

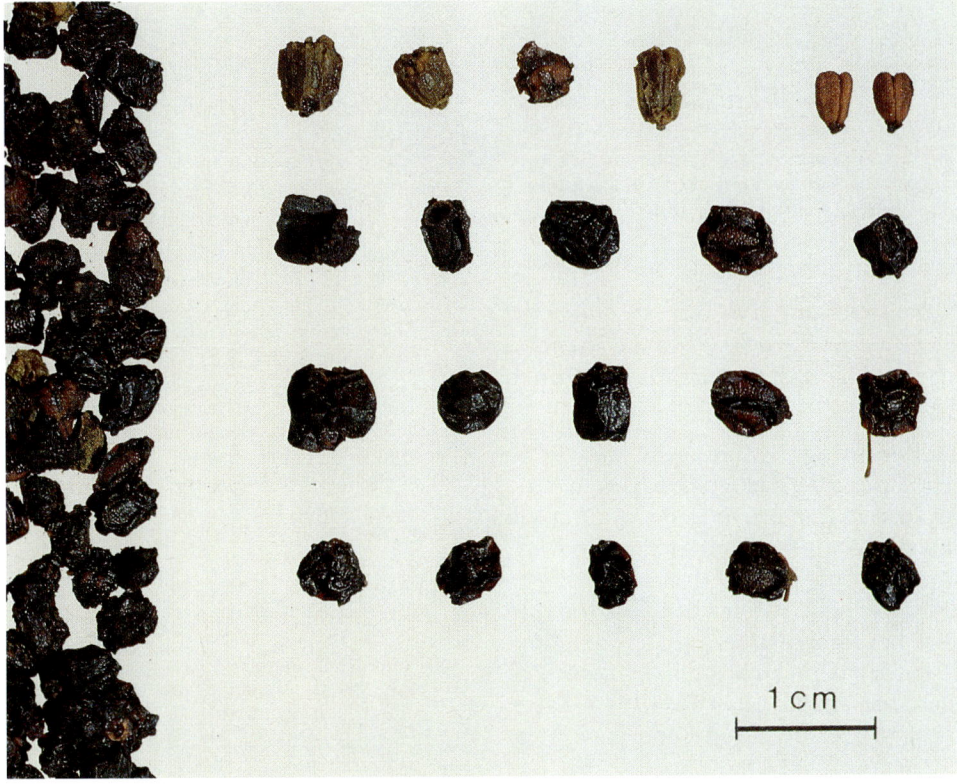

Abb. 1: Holunderbeeren

<u>Beschreibung</u>: Die stark runzeligen, mehr oder weniger kugeligen Steinbeeren sind dunkel-violettschwarz und etwas glänzend. Sie enthalten in der Regel drei längliche Steinkerne (oben rechts), die innerhalb des harten Endokarps jeweils einen Samen führen.
Vereinzelt sind Fruchtstiele vorhanden.

<u>Geruch</u>: Eigenartig.

<u>Geschmack</u>: Süß-säuerlich, mit charakteristischem Aroma.

Abb. 2: *Sambucus nigra* L., Fruchtstände. Beschreibung siehe Abb. 2, Seite 528.

Stammpflanze: *Sambucus nigra* L. (Schwarzer Holunder), Sambucaceae bzw. Caprifoliaceae.

Synonyme: Baccae (Drupae, Grana) Sambuci (nigrae), Grana Actes, Holler-, Holder-, Aalhorn-, Fliederbeeren, Fliedertee, Hulertrauben. Elder fruit (engl.). Baies de sureau (franz.).

Herkunft: Heimisch in ganz Europa, West- und Mittelasien, Nordafrika. Die Steinfrüchte werden aus Wildbeständen eingesammelt. Die Droge wird aus Rußland, Polen, Ungarn, Portugal und Bulgarien importiert.

Inhaltsstoffe: Die Flavonoidglykoside Rutin, Isoquercitrin und Hyperosid; die Anthocyanglykoside Sambucin, Sambucyanin und Chrysanthemin (=Cyanidin-3-rhamnoglucosid, -3-xyloglucosid [≡3-sambubiosid] bzw. -3-glucosid) sowie als Diglykoside die 5-O-Glucosidderivate von Sambucyanin und Chrysanthemin [1–5]; ca. 0,01% äther. Öl mit 34 identifizierten Aromastoffen [6–8]; im Samen die cyanogenen Glykoside Sambunigrin, Prunasin, Zierin und Holocalin [9]. 7,5% Zucker (Glucose, Fructose); Fruchtsäuren (Citronensäure, Äpfelsäure); Vitamine: in 100 g frischen Beeren ca. 65 mg Vitamin B_2, 18 mg Vitamin C und 17 mg Folsäure [10].

Indikationen: Die Droge findet nur noch selten Anwendung als Laxans, Diuretikum und Diaphoretikum bei Erkältungskrankheiten. Die frischen, reifen Früchte werden zur Saft- und Marmeladenbereitung genutzt. Der Saft (Roob Sambuci, Succus Sambuci inspissatus Helv. V) wird in großen Dosen als Purgans sowie als harn- und schweißtreibendes Mittel verwendet, frisch ausgepreßt _volksmedizinisch_ auch als Spezifikum gegen Ischias und Neuralgien [1, 11]. Wegen des rel. hohen Anthocyangehaltes werden Holunderbeeren auch als Quelle für Lebensmittelfarbstoffe herangezogen [12].

Sambucin	: R = β-D-rhamnosylglucose
Sambucyanin	: R = β-D-xylosylglucose
Chrysanthemin	: R = β-D-glucose

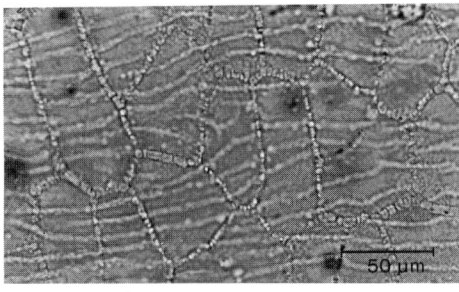

Abb. 3: Epidermis der Fruchtwand (Exocarp) mit knotig verdickten Zellwänden und grober Kutikularstreifung

Nebenwirkungen: Der Genuß _roher_ oder ungenügend erhitzter Früchte kann zu Übelkeit und Erbrechen führen [13–15].

Teebereitung: Nicht sehr gebräuchlich. Etwa 10 g Droge mit kaltem Wasser ansetzen, mehrere min stehen lassen und dann langsam zum Sieden erhitzen; kurz aufkochen, 5–10 min stehen lassen und abseihen. Als leichtes Diuretikum oder bei fieberhaften Erkältungskrankheiten zur Unterstützung der sonstigen Therapie mehrmals täglich 1 Tasse, eventuell leicht gesüßt und mit etwas Zitronensaft versetzt.
1 Teelöffel = etwa 3,2 g.

Teepräparate: Keine.

Phytopharmaka: Holunderbeersäfte und -Elixiere werden von einigen wenigen Herstellern angeboten.

Prüfung: Makroskopisch (s. Beschreibung) und mikroskopisch anhand der sklerenchymatischen Elemente der Steinkerne. Diese besitzen unterhalb eines dünnen Parenchyms stark verdickte, kurze, radial gestreckte, stark verzahnte Steinzellen und darunter zwei Schichten Sklerenchymfasern mit spitzen oder abgerundeten, auch knorrig gegabelten Enden.
Recht charakteristisch ist auch die Epidermis der Fruchtwand (Abb. 3).

Verfälschungen: Kommen praktisch nicht vor.

Literatur:
[1] Hager, Band **6**, 582 (1994).
[2] R. Reichel und W. Reichwald, Pharmazie **32**, 40 (1977).
[3] K. Broenum-Hansen und S.H. Hansen, J. Chromatogr. **262**, 385 (1983).
[4] K. Broenum-Hansen, F. Jacobsen und J.M. Fink, J. Food Technol. **20**, 703 (1985).
[5] E. Pogorzelski, Przem. Spozyw **37**, 167 (1983); C.A. **100**, 21524 (1984).
[6] J. Davidek und Mitarb., Lebensm.-Wiss. und Technol. **15**, 181 (1982).
[7] K. Mikova und Mitarb., Lebensm.-Wiss. u. Technol. **17**, 311 (1984).
[8] A. Askar und H. Treptow, Ernährung/Nutrition **9**, 309 (1985).
[9] E. Pogorzelski, J. Sci. Food Agricol. **33**, 496 (1982).
[10] S.W. Souci, W. Fachmann und H. Kraut (Hrsg.), Die Zusammensetzung der Lebensmittel, 4. Aufl., S. 798, Wiss. Verlagsges., Stuttgart 1989.
[11] G. Madaus, Lehrbuch der biologischen Heilmittel, S. 2418, Georg Olms-Verlag, Hildesheim, New York 1976.
[12] F.J. Francis, Crit. Rev. Food Sci. Nutr. **28**, 273 (1989).
[13] R. Bergmann, Flüssiges Obst **46**, 8 (1979).
[14] F. Kuhlmann, Lebensm. Rdsch. **75**, 390 (1979).
[15] D. Frohne und H.J. Pfänder, Giftpflanzen, 4. Aufl., Wiss. Verlagsges., Stuttgart 1997.

Willuhn

Santali lignum rubri — Sandelholz

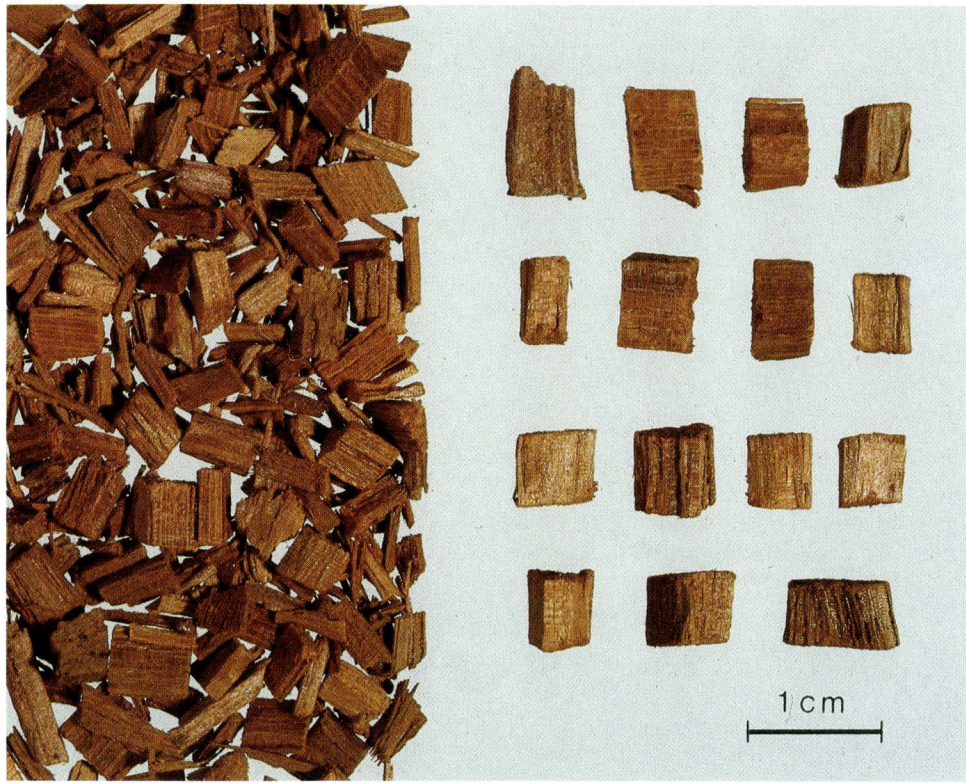

Abb. 1: Sandelholz

Die Droge besteht aus dem vom hellen Splintholz befreiten Kernholz.

<u>Beschreibung</u>: Dichte, schwere, aber leicht spaltbare, in dickeren Stücken fast schwarzviolette Blöcke oder Scheiben. In der Schnittdroge dunkel blutrote Holzsplitter, die Punkte oder Löcher zeigen (Gefäße, schon mit freiem Auge erkennbar); an radialen und tangentialen Spaltflächen sind hellere Querstreifen (Parenchymbänder) und feine Striche (Markstrahlen) zu sehen.

<u>Geruch</u>: Beim Zerreiben sehr schwach würzig.

<u>Geschmack</u>: Schwach adstringierend.

Abb. 2: *Pterocarpus santalinus* L.

Ein bis ca. 7 m hoher Baum mit meist 3-zählig gefiederten Blättern. Die Fiederblättchen sind breit-elliptisch, bis etwa 7 cm lang, die Blüten in kurzen Trauben angeordnet. Das Kernholz des Baumes ist dunkelpurpurn gefärbt und extrem hart.

Erg. B. 6: Lignum Santali rubri

Stammpflanze: *Pterocarpus santalinus* L., Fabaceae.

Synonyme: Rotsandelholz, Kaliaturholz. Red saunders wood, Red sandal wood, Rubywood (engl.). Bois de santal rouge (franz.). Hinweis: Das weiße Sandelholz (Erg. B.6) stammt von der Santalacee *Santalum album* L.; diese Droge ist kein Farbholz, sondern enthält ätherisches Öl.

Herkunft: In Indien beheimateter Baum, auf den Philippinen kultiviert. Importe der Droge kommen aus diesen Ländern. Da die Stammpflanze unter das Artenschutzabkommen fällt, wird die Droge heute ausschließlich aus Kulturen gewonnen.

Inhaltsstoffe: Rote Farbstoffe, Derivate des Benzoxanthenons, die beiden

Santalin A R = H
Santalin B R = CH₃

Pterocarpol

Hauptpigmente sind Santalin A und B [1]; kleine Mengen ätherisches Öl (mit Cedrol, Pterocarpol, Isopterocarpol, Eudesmol u.a. Sesquiterpenen); Triterpene und Sterole [2]; Stilbenderivate [3]; mehrere Cumarinderivate [4, 5]; Isoflavone; Neoflavone mit antiandrogener Wirkung, für die ein japanisches Patent erteilt wurde [6].

Indikationen: Als Schmuckdroge in Teemischungen, in gepulverter Form auch zum Färben von Zahnputzpulvern.

Auszug aus der Monographie der Kommission E (BAnz Nr. 193 vom 15. 10. 1987)

Anwendungsgebiete
Rotes Sandelholz wird bei Erkrankungen und Beschwerden des Magen-Darm-Traktes, als Diuretikum, Adstringens, „Blutreinigungsmittel" sowie bei Husten angewendet.

Risiken
Keine bekannt.

Bewertung
Da die Wirksamkeit nicht belegt ist, ist eine therapeutische Anwendung von Rotem Sandelholz nicht zu befürworten.

Die *volksmedizinische* Anwendung bei Magen-Darmbeschwerden oder als Diuretikum (auch als Obstipans) ist nicht belegt und die therapeutische Anwendung deshalb nicht zu befürworten.
Die Droge spielte früher in der Wollfärberei eine bedeutende Rolle, ist heute aber durch synthetische Farbstoffe verdrängt.

Teebereitung: Entfällt. Zum Herstellen von Farblösungen (z.B. Färben von Eierschalen) werden 10–20 g Sandelholz mit 1 l Wasser etwa 15 min lang gekocht und anschließend abgeseiht.

Teepräparate: Die Droge wurde früher häufig, heute aber nur noch selten als Hilfsstoff in Teegemischen (Schmuckdroge) sowie als Färbemittel verwendet.

Phytopharmaka: Keine.

Prüfung: Makroskopisch (s. Beschreibung) und mikroskopisch. Die Hauptmasse des Holzes besteht aus dunkelroten, dickwandigen, langen Holzfasern mit weitem Lumen. Die bis 300 µm weiten Hoftüpfelgefäße sind nicht selten durch rotgefärbte Thyllen verschlossen. Kristallkammerfasern und einreihige Markstrahlen kommen vor.
Mit Kalilauge oder Ammoniak färbt sich das Holz tiefdunkelrot bis schwarz.

Verfälschungen: Kommen in der Praxis kaum vor; sie würden an abweichenden mikroskopischen Merkmalen leicht erkannt werden, ebenso an abweichender Färbung mit Kalilauge.

Literatur:
[1] T.R. Seshadri, Phytochemistry **11**, 881 (1972).
[2] N. Kumar und T.R. Seshadri, Phytochemistry **14**, 521 (1975); **15**, 1417 (1976).
[3] N. Kumar, B. Ravindranath und T.R. Seshadri, Phytochemistry **13**, 633 (1974).
[4] S. Singh und Mitarb., Fitoterapia **64**, 84 (1993).
[5] S. Singh und Mitarb., Fitoterapia **63**, 555 (1992).
[6] Ref. in C.A. **119**, P256518 (1993).

Nagell

Saponariae rubrae radix

Rote Seifenwurzel

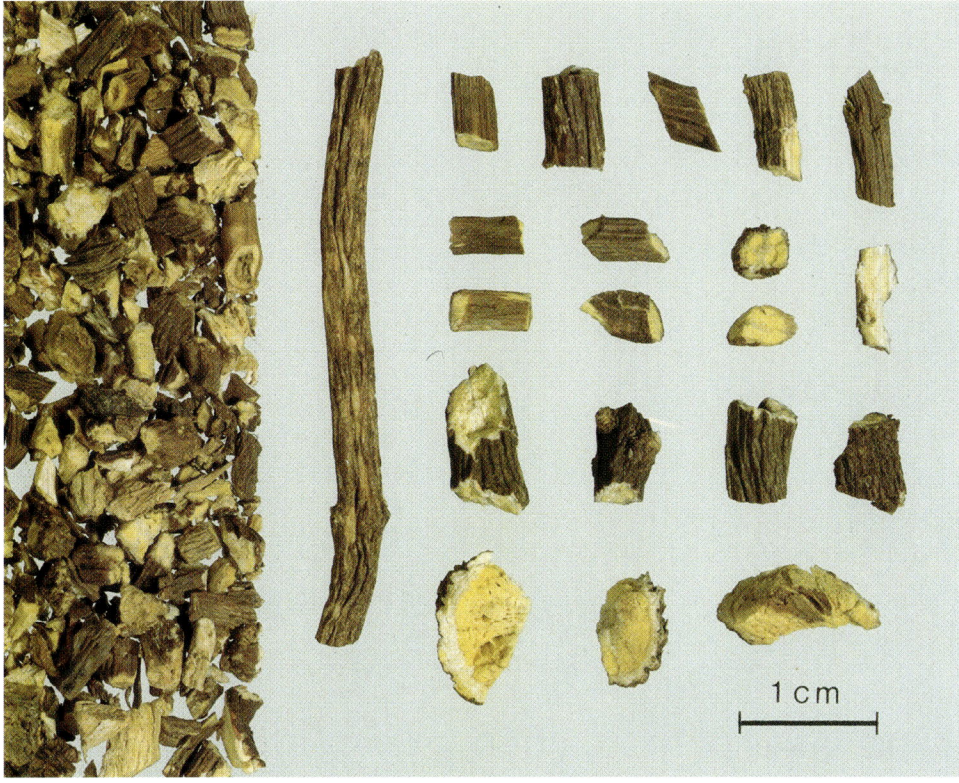

Abb. 1: Seifenwurzel

<u>Beschreibung</u>: Stielrunde, außen rotbraune, 1–5 mm dicke Wurzelstücke. Harter, nicht faseriger Bruch. Am Querschnitt (Lupe!) eine helle weiße Rinde erkennbar, innerhalb des Kambiumringes ein zitronengelber, nicht strahliger Holzkörper (Abb. 3).

<u>Geschmack</u>: Zunächst süßlich-bitter, dann kratzend.

Abb. 2: *Saponaria officinalis* L.

Im Schotter entlang von Flußläufen anzutreffende, etwa 50 cm hohe, ausdauernde Pflanze, die unterirdische Ausläufer treibt. Die weißen Blüten erscheinen in gedrängt-rispigen Blütenständen am Ende der meist unverzweigten, mit langen, schmalen, gegenständigen Blättern besetzten Stengel.

Stammpflanze: *Saponaria officinalis* L. (Gemeines Seifenkraut), Caryophyllaceae.

Synonyme: Waschwurzel, Seifenkrautwurzel. Soapwort root (engl.). Racine de saponaire (franz.).

Herkunft: In Europa und West- bis Zentralasien heimisch, häufig auch kultiviert. Drogenimporte kommen aus der Türkei, China und Iran.

Inhaltsstoffe: Etwa 2–5% Saponine, ein Gemisch verschiedener Triterpenglykoside: das Hauptsapogenin ist nach genaueren Untersuchungen nicht das (vielfach genannte) Gypsogenin sondern Quillajasäure [1] (s. Seifenrinde); verschiedene Zucker und Kohlenhydrate; Ribosomen-inaktivierende Proteine, die sog. Saporine [2, 3].

Indikationen: Aufgrund des Saponingehaltes als Expektorans bei Bronchitis,

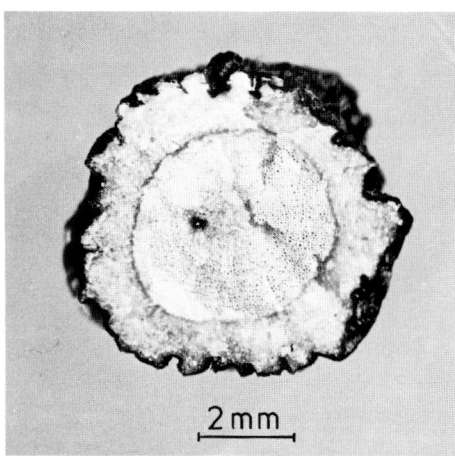

Abb. 3: Querbruch einer Seifenwurzel mit hellgelbem, zerstreutporigem Holzkörper und weißlicher Rinde

aber ebenso wie Seifenrinde heute durch andere Drogen (Radix Primulae, Radix Senegae) ersetzt.

In der *Volksmedizin* gelegentlich noch bei Hautkrankheiten und bei rheumatischen Beschwerden.

Anwendung als Schaumbildner ähnlich wie Seifenrinde, siehe diese. Bei pharmakologischen Prüfungen von saponinhaltigen Extrakten dieser Droge sind antiphlogistische Effekte (am Carrageenin-Ödem der Rattenpfote) nachgewiesen worden, in vitro hemmen die Saponine die Prostaglandin-Synthetase [4]; auch analgetische Wirkungen wurden dabei beobachtet. Die Saponine der Seifenwurzel besitzen auch eine spermizide Wirkung, die aber derzeit (noch) nicht ausgenützt wird [5].

Zur serumcholesterolsenkenden Wirkung der Saponine siehe Seifenrinde, Indikationen.

Auszug aus der Monographie der Kommission E (BAnz Nr. 80 vom 27.04.1989)

Anwendungsgebiete
Katarrhe der oberen Luftwege.

Gegenanzeigen
Nicht bekannt.

Nebenwirkungen
In seltenen Fällen Magenreizungen.

Wechselwirkungen mit anderen Mitteln
Nicht bekannt.

Dosierung
Soweit nicht anders verordnet:
Tagesdosis 1,5 g Droge; Zubereitungen entsprechend.

Art der Anwendung
Zerkleinerte Droge für Teeaufgüsse sowie andere galenische Zubereitungen zum Einnehmen.

Wirkungen
Expektorierend durch eine Reizung der Magenschleimhaut; in hoher Dosierung zelltoxisch.

Teebereitung: Nur noch wenig gebräuchlich; analog zu Seifenrinde (s. dort) aber mit 0,4 g mittelfein geschnittener Droge.
1 Teelöffel = etwa 2,6 g.

Teepräparate: Keine.

Phytopharmaka: Keine.

Prüfung: Makroskopisch (s. Beschreibung) und mikroskopisch: Die Wurzel enthält im Rinden- und Holzparenchym Calciumoxalatdrusen; die Gefäße sind nur 10–60 µm weit und liegen unregelmäßig verstreut im Holzparenchym. Stärke fehlt.
0,1 g gepulverte Droge, mit 5 ml kochendem Wasser übergossen, gibt nach dem Abkühlen beim Umschütteln einen stabilen Schaum.
Zum Nachweis von Saponinen auf DC-Schichten mit Nilblau s. [6].

Verfälschungen: Kommen in der Praxis nicht vor.

Literatur:
[1] M. Henry, J.D. Brion und J.L. Guignard, Plantes Med. Phytothér. **15**, 192 (1981).
[2] R. Carzaniga und Mitarb., Planta **194**, 461 (1994).
[3] J. Ferreras und Mitarb., Biochim. Biophys. Acta **1216**, 31 (1993).
[4] B. Cebo und Mitarb., Herba Pol. **22**, 154 (1976); C.A. **88**, 31943 (1978).
[5] A. Abd Elbary und S.A. Nour, Pharmazie **34**, 560 (1979).
[6] H.P. Franck, Dtsch. Apoth. Ztg. **115**, 1206 (1975).

Wichtl

Sassafras lignum — Sassafrasholz

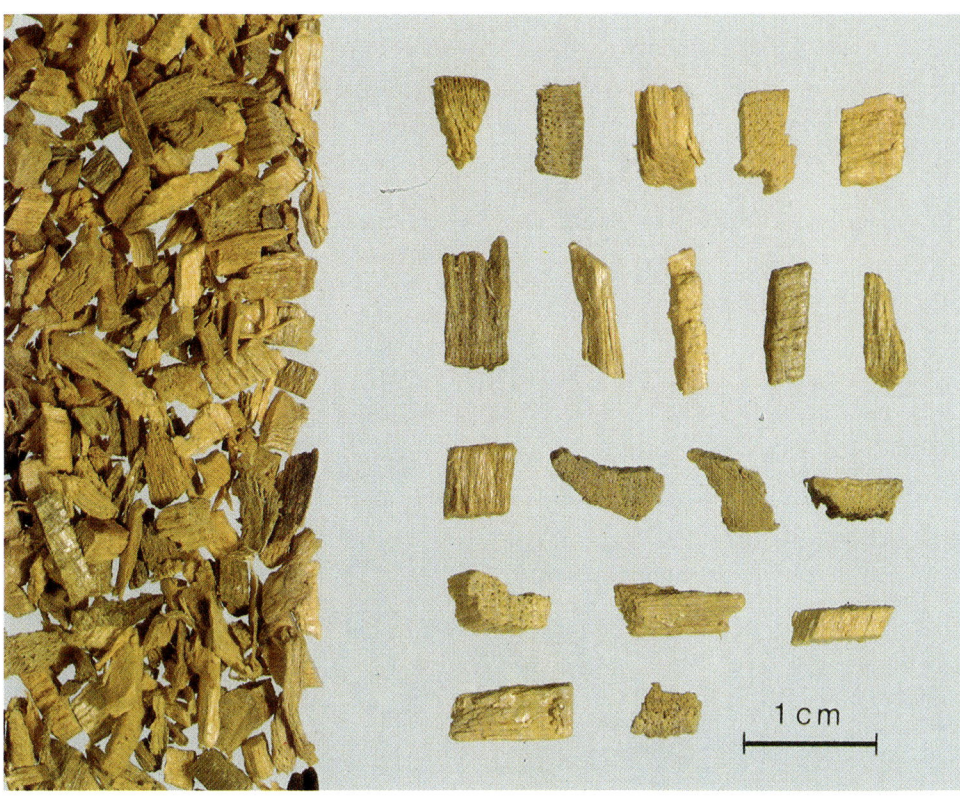

Abb. 1: Sassafrasholz

Die Droge besteht aus den im Herbst gegrabenen und entrindeten Wurzeln (Wurzelholz).

Beschreibung: Unregelmäßig dicke, bräunliche oder rötlichgraue Stücke oder Scheiben, an denen noch Reste der dünnen, braunroten Rinde anhaften können. Am Querschnitt rötliche Markstrahlen und weniger deutlich Jahresringe erkennbar. Der Bruch ist faserig.

Geruch: Würzig, an Fenchel erinnernd.

Geschmack: Aromatisch und süßlich.

Abb. 2 und 3: *Sassafras albidum* (Nutt.) Nees

Der in Nordamerika heimische, sommergrüne, diöcische Baum wird bis 30 m hoch und hat wechselständige, sehr variable (von eiförmig bis tief 2- oder 3-lappig), gestielte Blätter und vor den Blättern erscheinende, kleine, gelbliche, in Trugdolden angeordnete Blüten. Die kleinen, ovalen, tiefblauen Steinfrüchte sitzen in einem verbreiterten Achsenbecher.

DAB 6: Lignum Sassafras

Stammpflanze: *Sassafras albidum* (Nutt.) Nees (=*Sassafras officinalis* Nees et Eberm.), Lauraceae.

Synonyme: Fenchelholz, Lignum floridum, Lignum pavanum. Sassafras root (engl.). Bois de Sassafras (franz.).

Herkunft: In Nordamerika heimisch; die Droge wird aus den USA importiert.

Inhaltsstoffe: 1–2% ätherisches Öl, das zu etwa 80% aus Safrol besteht, daneben kommen weitere Phenylpropane sowie Mono- und Sesquiterpene vor; bisher sind ca. 30 Komponenten des ätherischen Öles in ihrer Struktur bekannt [1]. Kleine Mengen an Lignanen (dimere Phenylpropane) wie Sesamin, Desmethoxyaschantin u.a.; Gerbstoffe; Sitosterol u.a. Sterole.

Abb. 4: Schwammige, grobporige Bruchstücke des Wurzelholzes

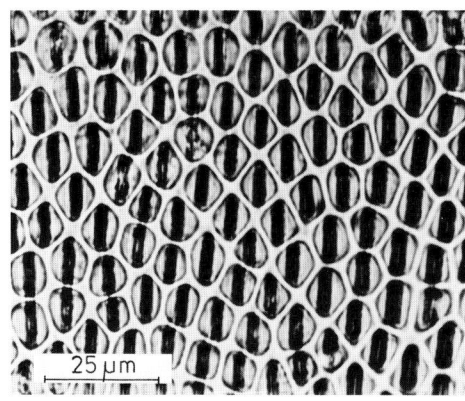

Abb. 5: Gefäßwandbruchstück mit typischen schlitzförmigen Hoftüpfeln („Katzenaugentüpfel")

In der Wurzelrinde sind 6 Alkaloide (Aporphin- und Benzylisochinolin-Derivate) nachgewiesen worden [2].

Indikationen: Ausschließlich in der _Volksmedizin_ als Diuretikum und „Blutreinigungsmittel", auch bei Hautausschlägen, Katarrhen und rheumatischen Beschwerden, wegen des Safrolgehaltes jedoch abzulehnen (s. Nebenwirkungen).
Zum Aromatisieren von Lebensmitteln ist nur ein Extrakt aus der Wurzelrinde, den man von Safrol befreit hat, geeignet.
In den USA wurde ein Kombinationspräparat, das Sassafrasholz enthält, in der Indikationsgruppe Analgetika patentiert [3].

Nebenwirkungen: In höherer Dosis kann die Droge Vergiftungen hervorrufen, die sich in Absenken der Körpertemperatur, Mattigkeit, Tachykardie und Kollaps äußern. Der toxische Bestandteil ist Safrol (und besonders dessen Metabolit 1′-Hydroxysafrol), das als Nervengift einzustufen ist und das sich bei pharmakologischen Prüfungen an verschiedenen Tierarten als hepatokanzerogen wirksam erwiesen hat.

Teebereitung: Heute obsolet: jedenfalls nicht über längere Zeit anwenden! 2,5 g fein geschnittene Droge mit kochendem Wasser übergießen und nach 10 min abseihen.
1 Teelöffel = etwa 3 g.

Teepräparate: Keine.

Phytopharmaka: Keine.

Prüfung: Makroskopisch (s. Beschreibung) und mikroskopisch. Das Holz ist ziemlich porös (Abb. 4) mit zu Gruppen vereinigten Gefäßen von 100–160 µm Durchmesser, die charakteristische Tüpfel besitzen (Abb. 5); Ölzellen im Parenchym mit gelblichem Inhalt; kein Mark.
Der Safrolgehalt kann mittels GC bestimmt werden [4].

Verfälschungen: Als solche gelten auch das Stammholz der gleichen Pflanze (sehr schwacher Geruch, Mark enthaltend) sowie andere Safrol enthaltende Hölzer, die aber anatomische Unterschiede aufweisen.

Literatur:
[1] D.P. Kamdem und D.A. Gage, Planta Med. **61**, 574 (1995).
[2] B.K. Chowdhury und Mitarb., Phytochemistry **15**, 1803 (1976).
[3] T. Koloff, US Pat. 4, 521.411; C.A. **103**, P 59340 (1985).
[4] D.L. Heikes, J. Chromatogr. Sci. **32**, 253 (1994).

Wichtl

Scoparii herba — Besenginsterkraut

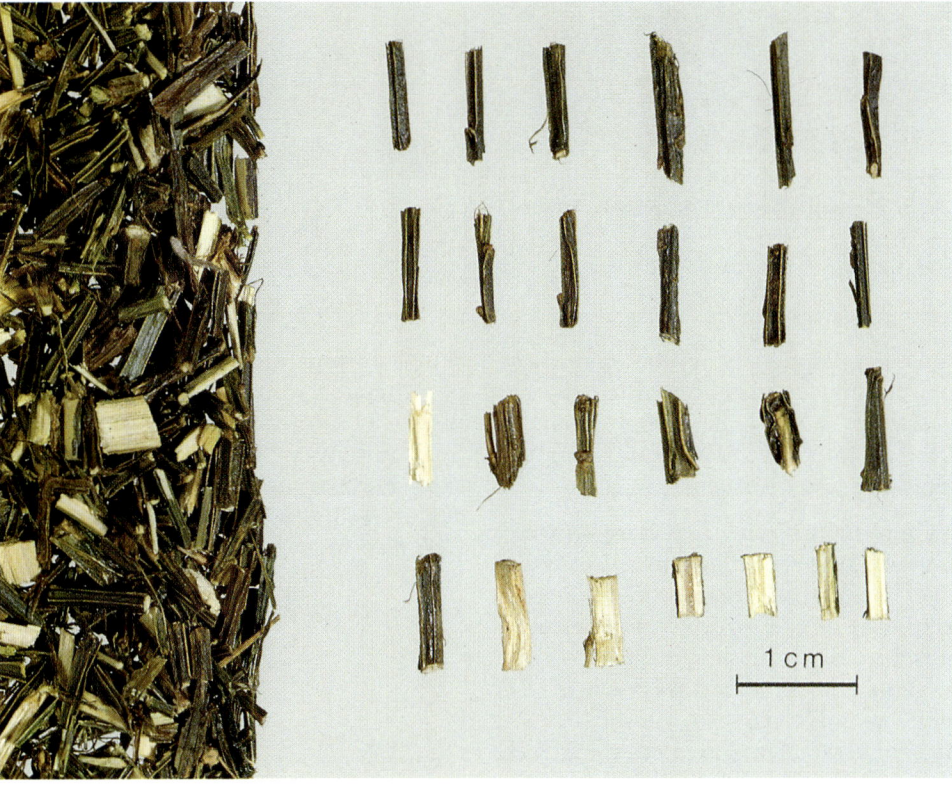

Abb. 1: Besenginsterkraut

<u>Beschreibung</u>: Schwarzbraune, etwa 2–3 mm dicke, verholzte Zweigstückchen, die 5 deutlich hervortretende, hellgrüne Längskanten besitzen. An einigen Zweigabschnitten Bruchstücke der seidig behaarten Blättchen und der gelbbraunen Blütenknospen erkennbar. Blatt- und Blütenteile treten aber mengenmäßig gegenüber den Zweigstückchen wenig in Erscheinung.

<u>Geschmack</u>: Stark bitter.

Abb. 2 und 3: *Cytisus scoparius* (L.) LINK

Bis 2 m hoher Strauch mit 5kantigen, grünen, rutenförmigen Zweigen und kleinen, hinfälligen Blättern. Gelbe Schmetterlingsblüten bis 25 mm lang, mit spiralig gedrehtem Griffel.

DAC 1986: Besenginsterkraut
St. Zul. 1439.99.99

Stammpflanze: *Cytisus scoparius* (L.) LINK, syn. *Sarothamnus scoparius* (L.) KOCH (Gewöhnlicher Besenginster) Fabaceae.

Synonyme: Herba Spartii scoparii, Herba Genistae scopariae, Ginsterkraut. Scotch broom tops, Irish broom tops, Broom (engl.). Herbe de genêt à balais (franz.).

Herkunft: In Mittel-, Süd- und Osteuropa verbreitet vorkommend. Die Droge wird z.T. aus den Balkanländern importiert.

Inhaltsstoffe: 0,8 bis 1,5% Chinolizidin-Alkaloide, vor allem (−)-Spartein, daneben etwas Lupanin, 4-Hydroxylupanin, 13-Hydroxylupanin, 17-Oxo-

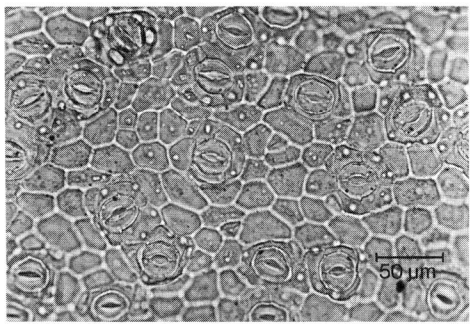

Abb. 4: Stengelepidermis mit zahlreichen Stomata, zumeist von 4 kleinen Nebenzellen umgeben

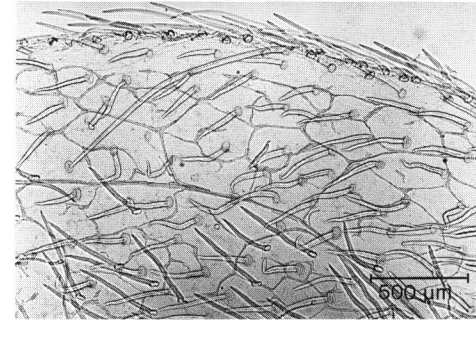

Abb. 5: Dichte Behaarung der Blattunterseite

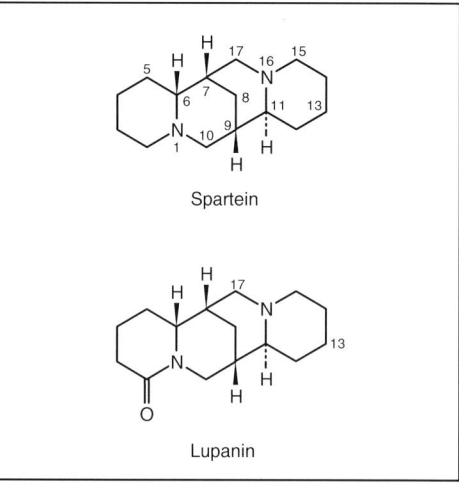

spartein, Ammodendrin und in Spuren etwa 20 weitere Alkaloide [1, 2]. Im DAC 1986 ist ein Mindestalkaloidgehalt, ber. als Spartein, von 0,7% vorgeschrieben. Die Alkaloide sind vorwiegend im Stamm lokalisiert, in den übrigen Organen findet man sie besonders in der Epidermis und Subepidermis [3]. Auch biogene Amine wie z.B. Tyramin kommen, besonders in den Blüten, vor [4]. 0,2 bis 0,6% Flavonoide wie Spiraeosid, Isoquercitrin, Genitosid, Scoparosid und weitere Kämpferol- und Quercetinderivate [5, 6]. Auch Isoflavone, z.B. Sarothamnosid, sind nachgewiesen worden [7, 8]. Die Droge enthält Cumarine, Kaffeesäurederivate und Spuren an ätherischem Öl [9]. In den Samen kommen Lectine (Phythämagglutinine) vor.

Indikationen: Besenginsterkraut dient, als Tee zubereitet, der Verbesserung einer Kreislaufregulationsstörung. Die Wirksamkeit wird vor allem durch den Alkaloidgehalt bedingt, deshalb ist auch bei der Standardzulassung eine Gehaltsbestimmung vorgeschrieben. Das Hauptalkaloid Spartein ist ein Antiarrhythmicum, das den Natriumionen-Transport durch die Zellmembran hemmt und damit eine gesteigerte Erregbarkeit des Reizleitungssystems im Herzen reduziert; eine pathologisch veränderte (meist beschleunigte) Reizbildung im Vorhof wird normalisiert. Ohne einen positiv inotropen Effekt zu besitzen, verlängert Spartein die Diastole. Bei zu niedrigem Blutdruck ist ein günstiger Einfluß im Sinne einer Normalisierung festgestellt worden. In der _Volksmedizin_ wird die Droge auch als Diuretikum verwendet, weiters zur Behandlung von Ödemen.

Nebenwirkungen: Da Besenginsterzubereitungen beim graviden Uterus zu einer Tonussteigerung führen können, ist die Droge während einer Schwangerschaft kontraindiziert. Ebenso ist wegen des leicht hypertonisierenden Effekts die Droge bei Bluthochdruck nicht anzuwenden. Patienten die MAO-Hemmstoffe verordnet bekommen, sollen Besenginsterzubereitungen _nicht_ einnehmen (siehe Monographie der Kommission E).

Teebereitung: 1–2 g fein zerschnittene Droge mit kochendem Wasser übergießen, 10 min stehen lassen und anschließend abseihen.
Bis zu viermal täglich eine Tasse.
1 Teelöffel = ca. 2 g.

Teepräparate: Keine.

Phytopharmaka: Extrakte aus der Droge sind in wenigen Herz-Kreislaufpräparaten enthalten, z.B. in Spartiol® (Tropfen), ebenso in einigen wenigen Kombinationspräparaten aus der Gruppe Herz-Kreislauf- sowie Venenmittel, z.B. Intradermi® forte N (Tropfen), Venacton® (Tropfen) u.a.

Prüfung: Makroskopisch (s. Beschreibung), wobei vor allem die Zweigstückchen mit den 5 ausgeprägten, hellgrünen Längskanten typisch sind. Mikroskopisch sind die Epidermisstückchen des Stengels durch braune, dickwandige, vieleckige Zellen mit zahlreichen Spaltöffnungen (Abb. 4), charakterisiert. Die Behaarung der Blätter besteht aus dreizelligen bis 600 μm langen, hin und her gewundenen Haaren, deren Kutikula fein gekörnt ist, die beiden kurzen Basalzellen sind flachgedrückt, kurz und dickwandig (Abb. 5).

Auszug aus der Monographie der Kommission E
(BAnz Nr. 11 vom 17.01.1991)

Anwendungsgebiete
Funktionelle Herz- und Kreislaufbeschwerden.

Gegenanzeigen
Keine bekannt.

Nebenwirkungen
Keine bekannt.

Wechselwirkungen mit anderen Mitteln
Die Verabreichung der Droge kann aufgrund ihres Tyramingehalts bei gleichzeitiger Behandlung mit MAO-Hemmstoffen zu einer Blutdruckkrise führen.

Dosierung
Soweit nicht anders verordnet:
Tagesdosis: wäßrig-äthanolische Auszüge entsprechend 1–1,5 g Droge.

Art der Anwendung
Wäßrig-äthanolische Auszüge zum Einnehmen.

Wortlaut der Packungsbeilage gemäß Standardzulassung:

6.1 Anwendungsgebiete

Zur Unterstützung der Therapie von Kreislaufregulationsstörungen und zu niedrigem Blutdruck.

6.2 Gegenanzeigen

Besenginsterkrautzubereitungen sollen nicht bei Bluthochdruck sowie während der Schwangerschaft angewendet werden.

6.3 Dosierungsanleitung und Art der Anwendung

Ein knapper Teelöffel voll (1 bis 2 g) **Besenginsterkraut** wird mit siedendem Wasser (ca. 150 ml) übergossen und nach 10 Minuten durch ein Teesieb gegeben. Soweit nicht anders verordnet, wird 3- bis 4mal täglich 1 Tasse frisch bereiteter Teeaufguß getrunken.

6.4 Hinweis

Vor Licht und Feuchtigkeit geschützt aufbewahren.

Identitätsprüfung mittels DC:

Sorbens: Kieselgel 60 F_{254} (lufttrocken) (Merck) (5 × 10 cm, Glas oder Folie).

Untersuchungslösung: 0,5 g pulv. Droge werden mit 5 ml Methanol 10 Min. unter Rückfluß erhitzt und warm filtriert. Das Filtrat dient als Untersuchungslösung.

Referenzlösung: 10 mg Spartein, 5 mg Hyperosid und 5 mg Chlorogensäure werden in 5 ml Methanol gelöst.

Aufzutragen: 3 Startzonen, je 5 µl Untersuchungslösung rechts und links und 2 µl Referenzlösung in der Mitte strichförmig (10 × 2 mm).

Fließmittel: Ethylacetat – wasserfr. Ameisensäure – Wasser (65 + 15 + 20) (Kammersättigung).

Laufstrecke: 8 cm, **Zeit:** 33 min.

Sichtbarmachung und Auswertung: Nach vollständigem Abdunsten des Fließmittels (im Heißluftstrom) wird

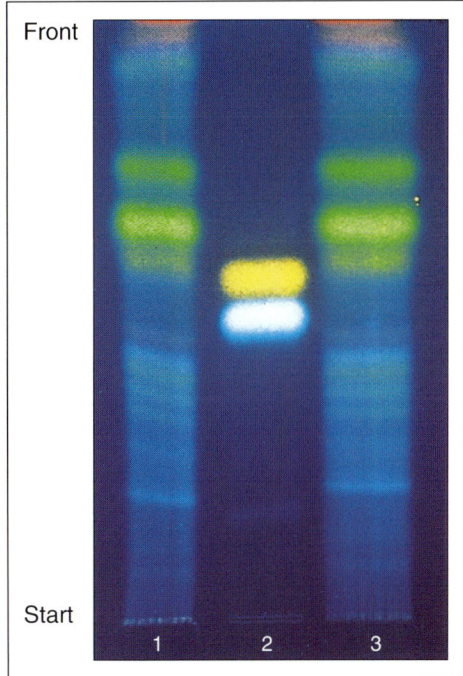

Abb. 6: DC von Besenginsterkraut, Glasplatte 5 × 10 cm, besprüht mit Diphenylboryloxyethylamin, unter UV_{365}
1: Untersuchungslösung
2: Referenzlösung
3: Untersuchungslösung

Abb. 7: DC von Besenginsterkraut, Glasplatte 5 × 10 cm, besprüht mit Dragendorffs Reagenz, im Tageslicht
1: Untersuchungslösung
2: Referenzlösung
3: Untersuchungslösung

die linke Hälfte des DC (nach Abdeckung der rechten DC-Hälfte mit einer Glasplatte) mit 1proz. methanolischen Lösung von Diphenylboryloxyethylamin und mit einer 5proz. methanolischen Lösung von Polyethylenglykol 400 besprüht und unter UV_{365} ausgewertet. Anschließend wird die rechte Hälfte des DC (nach Abdeckung der linken DC-Hälfte) mit Dragendorffs Reagenz besprüht und im Tageslicht ausgewertet. Die Referenzsubstanzen erscheinen mit folgenden Rf-Werten: Spartein (0,10; nur mit Dragendorffs Reagenz als orange gefärbte Zone sichtbar), Chlorogensäure (0,49), Hyperosid (0,56). Das DC der Untersuchungslösung zeigt oberhalb der Referenzsubstanz Hyperosid drei intensiv gelbgrün fluoreszierende Zonen (Rf ~ 0,58, 0,63, 0,70).

Verfälschungen: Gelegentlich sind Verwechslungen oder Verfälschungen mit Färberginsterkraut (s.d., S. 252) beobachtet worden. Die Haare des Färberginsterkrautes sind ebenfalls meist dreizellig, aber in der Blattepidermis findet man, anders als beim Besenginsterkraut, Schleimzellen.

Literatur:

[1] K. Saito und Mitarb., Phytochemistry **36**, 309 (1994).
[2] M. Wink und L. Witte, Z. Naturforsch. **40 C**, 767 (1985).
[3] M. Wink, L. Witte und T. Hartmann, Planta Med. **43**, 432 (1981).
[4] I. Murakoshi und Mitarb., Phytochemistry **25**, 521 (1986).
[5] M. Brum-Bousquet und P. Delaveau, Plantes Méd. Phytothér. **15**, 201 (1981).
[6] M. Brum-Bousquet, F. Tillequin und R.R. Paris, Lloydia **40**, 591 (1977).
[7] P. Viscardi, J. Reynaud und J. Raynaud, Pharmazie **39**, 781 (1984).
[8] M. Brum-Bousquet u.a., Planta Med. **43**, 367 (1981); Tetrahedron Lett. **22**, 1223 (1981).
[9] T. Kurihara und M. Kikuchi, Yakugaku Zasshi **100**, 1054 (1980); C.A. **93**, 235183 (1980).

Wichtl

Senecionis herba — Kreuzkraut

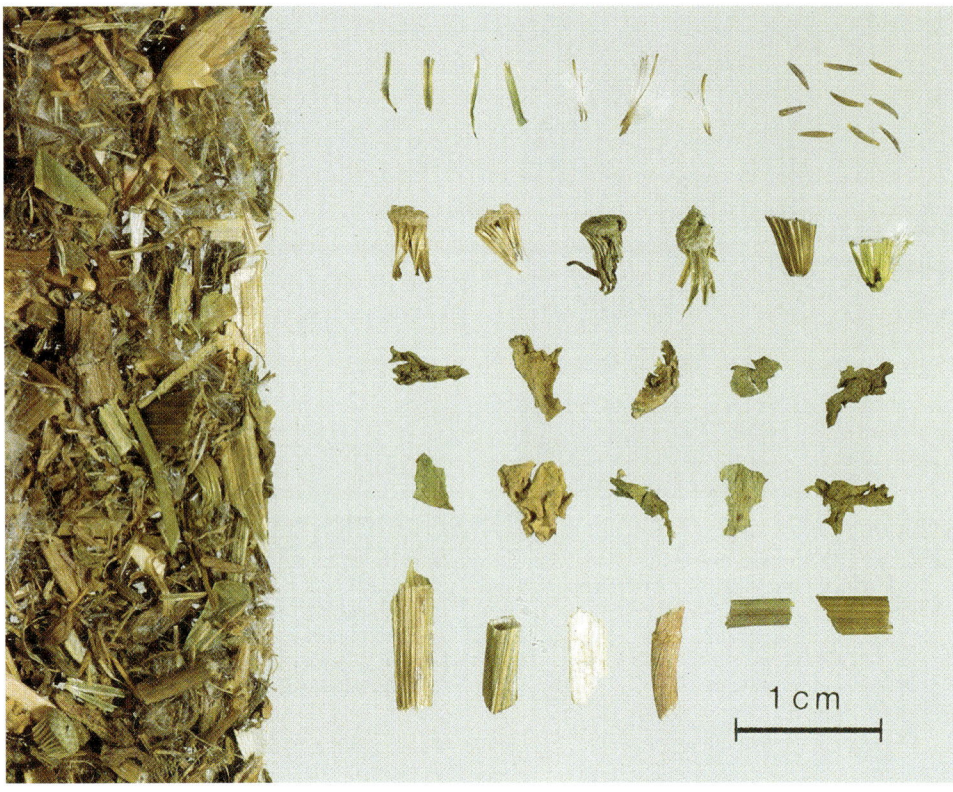

Abb. 1: Kreuzkraut

Beschreibung: Gelbe Blütenköpfchen (Zungen- und Röhrenblüten) mit 10–20 linealischen, kurz zugespitzten, gras- oder olivgrünen Hüllkelchblättern, die an der Spitze häufig braunschwarz gefärbt sind (Abb. 3). Einzelblüten mit ca. 4 mm langen, längsgestreiften, kahlen Fruchtknoten (Achänen) und Pappus. Grüne Blattfragmente, Randstücke fein gesägt-gezähnt bis grob gekerbt und häufig borstig bewimpert, die Fläche kahl oder wenig behaart. Kantige, grüne oder auch rot überlaufene Stengelstücke, kahl oder mehr oder weniger behaart.

Abb. 2: *Senecio nemorensis* L. ssp. *fuchsii*

Etwa 1 m hohe, mehrjährige Pflanze mit schmalen Blättern mit fein gezähntem Blattrand. Die in lockeren Doldenrispen angeordneten, gelben Blütenköpfchen besitzen neben den Röhrenblüten nur wenige Zungenblüten.

Stammpflanze: *Senecio nemorensis* L. subsp. *fuchsii* (GMEL.) CELAK (Hain-Greiskraut), Asteraceae (nach neueren Vorstellungen *Senecio ovatus* (GAERTN., MEY et SCHERB) WILLD. ssp. ovatus [1, 2]).

Synonyme: Fuchskreuzkraut, Hainkreuzkraut. Unter der Bezeichnung Kreuzkraut wurden auch verschiedene andere in Europa heimische Arten der Gattung *Senecio* (Kreuzkraut) in gleicher Weise verwendet; für alle war im Mittelalter der Sammelbegriff „Herba Consolidae sarracenicae" gebräuchlich. Es sind dies vor allem *Senecio vulgaris* L. (Gemeines Kreuzkraut). Herbe à la chardonette, Feuille de Senecion (franz.). *Senecio jacobaea* L. (Jakobskreuzkraut): Herba Senecionis jacobaeae, Herba Jacobaeae. Herbe St. Jacques, Herbe dorée (franz.). *Senecio aureus* L. (Goldkreuzkraut), heimisch in Nordamerika, in Europa kultiviert. Golden Senecio, Life root, Squaw weed (engl.). Herbe de séneçon (franz.).

Herkunft: Heimisch in kollinen bis alpinen Gebieten Mitteleuropas bis zum Kaukasus. Die Droge stammt aus Kulturen in Deutschland (z.B. Winterberg, Sauerland), Polen, Ungarn, der Tschechei und dem ehemaligen Jugoslawien, z.T. auch aus Wildvorkommen.

Inhaltsstoffe [1]: Pyrrolizidinalkaloide: ca. 0,01–0,1%, 14 Verbindungen, bei denen die 1,2-gesättigten dominieren. Identifiziert wurden Fuchsisenecionin (=9-Senecionylplatynecin), Isofuchsisenecionin (=7-Senecionylplatynecin), Sarracin, Platyphyllin und ein Isomeres davon, Bulgarsenin, Nemorensin, Dehydrofuchsisenecionin, 7-Angeloylretronecin, Senecionin, Retroisosenin und Triangularin. Unterschiede im Komponentenspektrum können bei verschiedenen Drogenherkünften auftreten. Ca. 0,1% ätherisches Öl mit Anhydrooplopanon, α-Bisabolol, β-Caryophyllen und β-Caryophyllenoxid als Hauptkomponenten. Flavonoide: mind. 5 Flavonolderivate, Rutin (1%) und Quercitrin; 15 Cumarinderivate, davon identifiziert Aesculetin; Chlorogensäure, Cynarin, Fumarsäure, Tannoside (0,14%); Alkane, gesättigte und ungesättigte Alkanole, Fettsäuren; in den Rhizomen und wahrscheinlich auch im Kraut [3], Sesquiterpenester vom Furanoeremophilan-Typ: u.a. Nemosenin A, B, C und D.

Indikationen: Fuchskreuzkraut gilt als Hämostyptikum, das in Form eines Flüssigextrakts gelegentlich bei kapillaren und arteriellen Blutungen verschiedener Genese Anwendung findet, insbesondere im Bereich der Gynäkologie bei klimakterischen Blutungen und Hypermenorrhöen. Die Wirkung wurde tierexperimentell bestätigt [4], jedoch sind diese älteren Untersuchungen wegen der unzureichenden Angaben nicht als Wirksamkeitsbeleg ausreichend. Bei hypertrophischen Gingividiten wurde ein Rückgang der Blutungen nachgewiesen [5–7]. Das Wirkprinzip ist unbekannt.

Von der Kommission E wird eine therapeutische Anwendung von Fuchskreuzkraut sowohl wegen der unzureichenden bzw. nicht belegten Wirksamkeit sowie auch wegen des Gehaltes an toxischen Pyrrolizidinen (s. Nebenwirkungen) abgelehnt [8].

In neuerer Zeit wurde die Droge als Diabetiker-Tee empfohlen [7] (s. dazu aber: Nebenwirkungen!).

In der *Volksmedizin* werden das Fuchs'sche Kreuzkraut und verschiedene andere Kreuzkraut-Arten bei Menstruationsstörungen (Dysmenorrhöen, Amenorrhöen) sowie gegen Würmer und Koliken verwendet.

Nebenwirkungen: Pyrrolizidinalkaloide mit einer 1,2-Doppelbindung und veresterter Hydroxymethylgruppe sind hepatotoxisch, kanzerogen und mutagen. Sie werden in der Leber metabolisch aktiviert und zu alkylierenden Pyrrolderivaten gegiftet, die mit den Basen der DNA reagieren und eine Verknüpfung der DNA-Stränge (cross-linking) herbeiführen können [9, 10, dort weitere Literatur]. Einige der in der Droge vorkommenden Pyrrolizidine (z.B. Senecionin, Triangularin, 7-Angelicoylretronecin) besitzen diese Struk-

---

Auszug aus der Monographie der Kommission E
(BAnz Nr. 138 vom 27.07.1990)

Anwendungsgebiete

Fuchskreuzkraut wird bei Diabetes mellitus, Blutungen, hohem Blutdruck und bei Krämpfen sowie als „uteruswirksames Mittel" angewendet.
Die Wirksamkeit bei diffusen Schleimhautblutungen ist nicht ausreichend belegt.
Die Wirksamkeit bei den übrigen beanspruchten Anwendungsgebieten ist nicht belegt.

Risiken

Fuchskreuzkraut enthält wechselnde Mengen toxischer Pyrrolizidinalkaloide (PA), von denen organtoxische, insbesondere hepatotoxische Wirkungen bekannt sind. Tierexperimentell wurden für PA kanzerogene Wirkungen mit einem genotoxischen Wirkungsmechanismus nachgewiesen.
Die Anwendung eines unwirksamen Mittels bei Diabetes mellitus stellt darüber hinaus ein erhebliches gesundheitliches Risiko dar.

Beurteilung

Die therapeutische Anwendung von Fuchskreuzkraut ist sowohl wegen der unzureichend bzw. nicht belegten Wirksamkeit als auch wegen des Gehaltes an toxischen Pyrrolizidinalkaloiden nicht vertretbar.

Wirkungen

Verkürzungen der Blutungszeit.

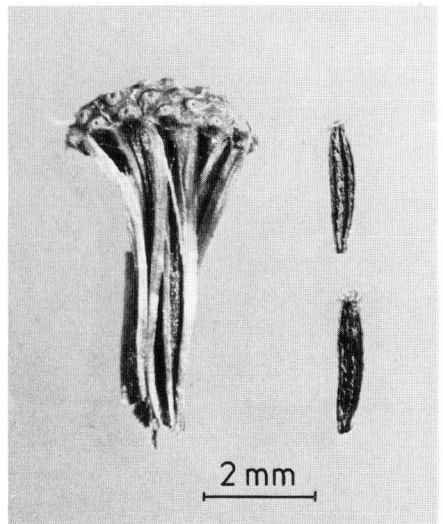
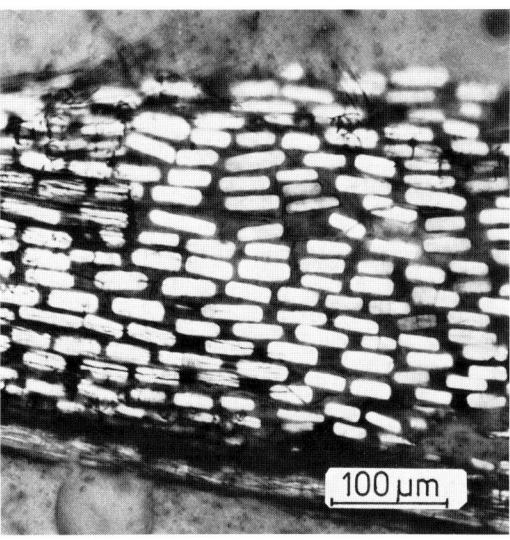

Abb. 3: Verblühtes Körbchen mit lanzettlichen Hüllkelchblättern (links) und dunkel gefleckte Früchte (rechts)

Abb. 4: Fruchtwandzellen mit stark doppelbrechendem Inhalt (polarisiertes Licht)

tur. In langzeittoxikologischen Untersuchungen wurden für den Alkaloidextrakt aus dem Fuchs'schen Kreuzkraut hepatotoxische, kanzerogene und mutagene Wirkungen nachgewiesen [9, 10, 11]. Die Droge ist deshalb als potentiell genotoxisches Kanzerogen für den Menschen einzustufen, obwohl der Gehalt an 1,2-ungesättigten Verbindungen gering ist. Das genetische Risiko scheint jedoch im Vergleich zum toxischen und cancerogenen Risiko von untergeordneter Bedeutung zu sein [12]. Da Diabetiker zur Therapieunterstützung in der Regel Tee über längere Zeiträume trinken, muß wegen möglicher Spätfolgen im Sinne einer Nutzen-Risiko-Abschätzung Kreuzkraut-Tee abgelehnt werden.

Teebereitung: 1 g fein zerschnittene Droge mit kochendem Wasser übergießen, nach 5–10 min abseihen. Anwendung problematisch, siehe Nebenwirkungen!
1 Teelöffel=etwa 1 g.

Teepräparate: Keine.

Phytopharmaka: Fuchskreuzkrautextrakt ist nur noch enthalten im Haemostypticum Senecion® (Tropfen).

Prüfung: Mikroskopische Merkmale zum Ausschluß anderer *Senecio*-Arten sind noch nicht erarbeitet worden. Eine DC-Analyse von Pyrrolizidinalkaloiden findet man bei [13]. Die qualitative und quantitative Bestimmung der Pyrrolizidine kann mittels GC, GC/MS und HPLC erfolgen [14–17].

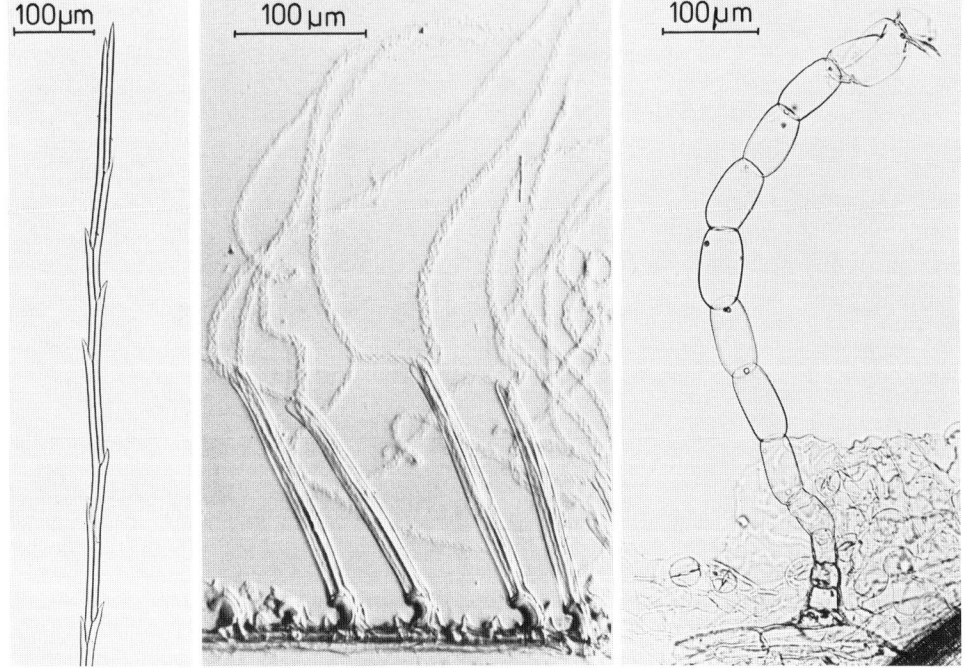

Abb. 5: Zweizellreihiges Pappushaar

Abb. 6: Zwillingshaare der Fruchtwand mit spiralig hervorquellendem Inhalt (Chloralhydrat-Präparat)

Abb. 7: Mehrzelliges Gliederhaar des Laubblattes

Einige mikroskopische Merkmale für das Kreuzkraut sind in den Abb. 4 bis 7 dargestellt. Der Inhalt der Epidermiszellen des Fruchtknotens zeigt im polarisierten Licht starke Doppelbrechung (Abb. 4); die Pappushaare sind zweizellreihig (Abb. 5); der Inhalt der Zwillingshaare des Fruchtknotens tritt im Chloralhydratpräparat spiralenförmig aus (Abb. 6); die Gliederhaare des Laubblattes bestehen aus dünnwandigen, runden Zellen (Abb. 7).

Verfälschungen: Kommen praktisch kaum vor, wenn man davon absieht, daß innerhalb verschiedener *Senecio*-Arten schwer unterschieden werden kann.

Literatur:

[1] Hager, Band **6**, 674 (1994).
[2] J. Herborg, Diss. Bot. **107**, 1 (1987).
[3] D. Cheng, J. Gao und L. Yang, Goadeng Xuexiao Huaxue Xuebao **13**, 781 (1992); C.A. **117**, 128169 (1992).
[4] B. Manstein, Ärztl. Forschung **13**, I/32–I/34 (1959).
[5] W. Klatt, Zahnärztl. Rundschau **62**, 20 (1953).
[6] E. Schmidt, Zahnärztl. Praxis **4**, 16 (1953).
[7] H. Funke, Naturheilpraxis **1978**, 253.
[8] Monographie Senecionis herba (Fuchskreuzkraut) der Kommission E, BAnz Nr. 138 vom 27.07.1990.
[9] E. Röder, Dtsch. Apoth. Ztg. **122**, 2081 (1982).
[10] H. Habs, Dtsch. Apoth. Ztg. **122**, 799 (1982).
[11] H. Habs und Mitarb., Arzneim. Forsch. **32**, 144 (1982).
[12] O. Schimmer, Dtsch. Apoth. Ztg. **123**, 1361 (1983).
[13] A.R. Mattocks, J. Chromatogr. **27**, 505 (1967).
[14] R. Gottlieb, Dtsch. Apoth. Ztg. **130**, 285 (1990).
[15] H.J. Segall, J. Liq. Chromatogr. **7**, 377 (1989).
[16] B. Kedzierski und B. Buhler, Analyt. Chem. **152**, 59 (1986).
[17] R. Chizolla, J. Chromatogr. **A 668**, 427 (1994).

Willuhn

Sennae folium
Ph. Eur.

Sennesblätter
DAB 1996

Abb. 1: Sennesblätter

Beschreibung: Die kurzgestielten, ganzrandigen, lanzettlichen bis schmal lanzettlichen Fiederblättchen sind 2–6 cm lang und 7–12 mm breit. Ihr Blattgrund ist asymmetrisch, ihre Spreite ist dünn, starr, zerbrechlich, hellgrün und erscheint kahl.

Geruch: Schwach, eigentümlich.

Geschmack: Anfangs süßlich, dann bitter.

Abb. 2: *Cassia angustifolia* VAHL

Der etwa 1 bis 1,5 m hohe Strauch trägt traubige Blütenstände mit zahlreichen gelben, etwa 3 cm großen, zygomorphen Blüten (im Gegensatz zu den Schmetterlingsblüten mit aufsteigender Knospendeckung!). Die Blätter sind paarig gefiedert mit oval-lanzettlichen Fiederblättchen, die Hülsen flach, etwas nierenförmig gebogen, braungrün und pergamentartig mit sich deutlich abdrückenden Samen.

ÖAB: Folium Sennae
Ph. Helv VII: Sennae folium
St. Zul. 7399.99.99

Stammpflanzen: *Cassia angustifolia* VAHL (liefert sog. Tinnevelly-Senna) und *Cassia senna* L. (= *Cassia acutifolia* DELILE, liefert sog. Alexandriner Senna), Caesalpiniaceae.

Synonyme: Senna leaf, Cassia leaf (engl.). Feuilles se séné, Folioles de séné (franz.).

Herkunft: *Cassia angustifolia* ist in Arabien heimisch, wird aber in großem Umfang in Indien kultiviert [1]; *Cassia senna* ist in Nord- und Nordostafrika beheimatet und wird im Niltal angebaut. Die Drogenimporte kommen hauptsächlich aus Indien und aus dem Sudan.

Inhaltsstoffe: Meist etwas über 3% Dianthronglykoside – die Sennoside A, A_1

(=G), B, C, D, E und F [2–4] und kleine Anteile an Anthrachinonglykosiden [5, 6], bes. Rhein-8-glucosid, Anthranoidgehalt nach DAB 1996 mind. 2,5%, ber. als Sennosid B und bezogen auf die getrocknete Droge; etwa 2–3% Schleimstoffe [7]; Flavonoide, bes. Kämpferolderivate [5, 8]; Naphthalinglykoside wie z.B. Tinnevellinglucosid bzw. Hydroxymusicinglucosid [9].

Indikationen: Sennesblätter gehören zu den am häufigsten gebrauchten pflanzlichen Abführmitteln; man rechnet sie zu den hydragog und antiabsorptiv wirksamen Laxantien. Die Droge wird bei akuter Obstipation und in allen Fällen angewendet, bei denen ein weicher Stuhl bei der Darmentleerung angezeigt ist, also bei Hämorrhoiden, nach operativen Eingriffen im Rektum oder Analbereich, vor und nach Bauchoperationen, bei Analfissuren, zur Entleerung von Röntgenkontrastmitteln aus dem Darm usw.; siehe aber unter **Nebenwirkungen**. Über den Wirkungsmechanismus der Sennoside ist man relativ gut unterrichtet: sie entfalten ihre Wirkung erst im Zusammenspiel mit Darmbakterien [10–12], von denen sie hydrolytisch gespalten und zur Anthronstufe als eigentlicher Wirkform reduziert werden. Standardisierte Sennesextrakte (Sennosidgehalt ca. 20%) wirken um etwa 30% stärker laxierend als die äquivalente Menge an reinen Sennosiden, weil Begleitstoffe die Wirkung verstärken [13].

Hinweise für die Beratungspraxis geben Lit. [14] und [15].

Nebenwirkungen: Rotfärbung des Harns (harmlos) und Übergang eines Teiles der Anthraderivate in die Muttermilch (löst bei Säuglingen meist keinen Durchfall aus), schon bei normaler Dosierung.

Überdosierung kann zu kolikartigen Bauchschmerzen und Abgang dünnflüssiger Stühle führen.

Längerdauernde Anwendung ist wegen der Gefahr einer Störung des Wasser- und Salzhaushaltes (Kaliumverluste!) zu vermeiden. Kontraindiziert ist die Droge bei Ileus (Darmverschluß), während der Schwangerschaft und bei Entzündungen in der Bauchhöhle. Wie alle Drogen mit Anthraderivaten sollten auch Sennesblätter nicht bei chronischer Obstipation angewendet werden.

Zum mutagenen bzw. cancerogenen Potential von Anthrachinonderivaten sind in den letzten Jahren viele Berichte erschienen, die fast ausschließlich Aglyka betreffen [16–18]. Für Sennoside und Rhein wurden jedoch keine genotoxischen oder carcinogenen Wirkungen gefunden [19, 20]. Dennoch hat das (frühere) BGA wegen der Schwere des Risikos die Stufe II des sog. Stufenplanes (Abwehr von Arzneimittelrisiken) erlassen und für Anthranoidhaltige Arzneimittel weitreichende Auflagen verfügt [21].

Einer der angesehensten belgischen Pharmakognosten, der jahrzehntelang über Anthranoiddrogen geforscht hat, Prof. Dr. Dr. h.c. J. Lemli, tritt jedoch tendenziellen Berichten mit den Worten entgegen: „Es ist unverantwortlich, Senna pauschal als mögliches Kanzerogen zu verdächtigen, den Apotheker und die Anwender damit zu verunsichern und sie zugunsten anderer, schlechter untersuchter Laxanzien aus der Therapie zu drängen …" [19].

Teebereitung: 0,5–2 g feingeschnittene Droge werden mit warmem oder heißem (nicht kochendem) Wasser übergossen und nach 10–20 min abgeseiht. Von vielen Autoren wird auch empfohlen, die Droge mit kaltem Wasser 10–12 Std. lang ziehen zu lassen und dann abzuseihen; als Begründung wird angeführt, daß dabei weniger „Harze" in Lösung gehen, die für Leibschmerzen verantwortlich gemacht werden. Nach Lit. [22] ergeben Heißaufgüsse mit 5 min Extraktionsdauer und Kaltansätze (20 °C) von 2 Stunden annähernd gleiche Sennosidgehalte; allerdings erzielt man bei 20 °C nach 2 Stunden nur etwa 65% Sennosidausbeute, bei 100 °C aber 95% Sennosidausbeute, aus Früchten werden Sennoside viel rascher freigesetzt [22].

Um die als Richtdosis angesehene Menge von 20–30 mg Sennosid A/B pro Tag zu erreichen, reicht die Heißwasserextraktion von 2 g Droge/10 min vollkommen aus (liefert etwa 20–30 mg Sennosid A/B).

Eintritt der Wirkung etwa 10–12 Std. nach Einnahme.

1 Teelöffel = etwa 1,5 g.

Sennosid A: R=COOH
Sennosid C: R=CH₂OH

Sennosid B: R=COOH
Sennosid D: R=CH₂OH

Rhein-Anthron

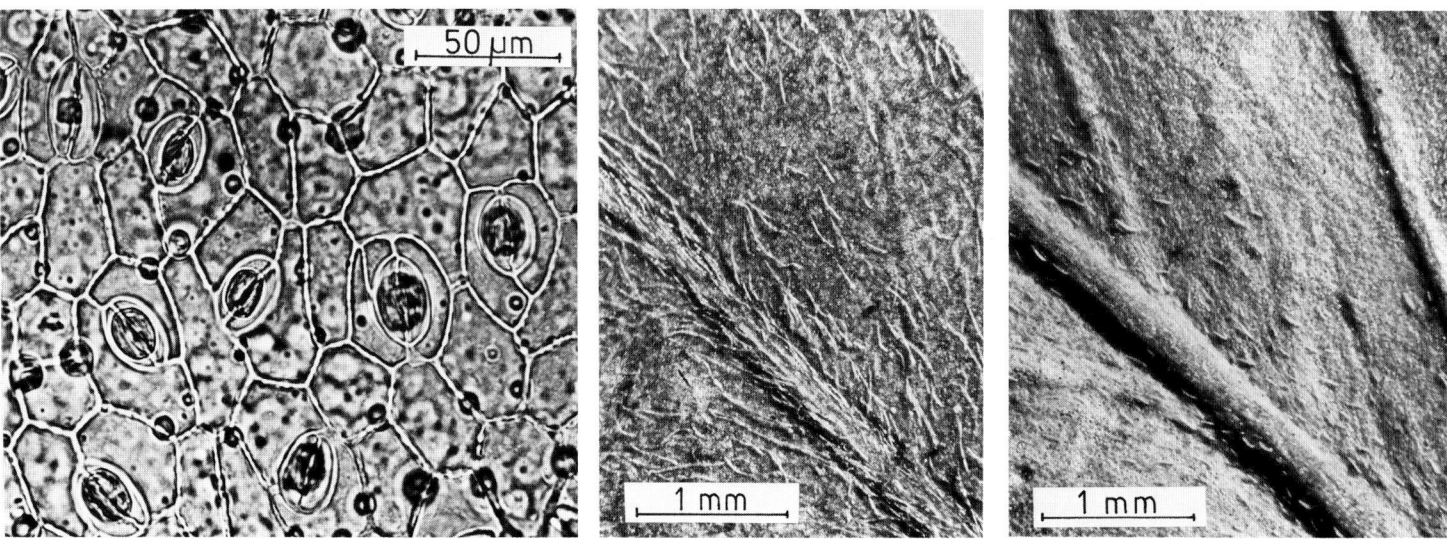

Abb. 3: Blattepidermis mit überwiegend paracytischen Spaltöffnungen

Abb. 5: Blattunterseite von *Cassia auriculata* (Verfälschung) mit langer, dichterer Behaarung

Abb. 6: Blattunterseite von *Cassia senna* mit kurzen Borstenhaaren

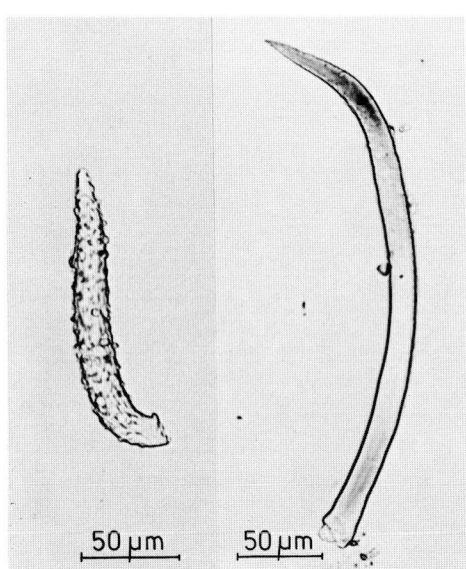

Abb. 4: Einzelliges Borstenhaar von *Cassia senna* (links; mit warziger Kutikula) und von *Cassia auriculata* (Verfälschung, rechts)

Teepräparate: Sennesblätter werden als Tee von zahlreichen Herstellern, auch unter besonderem Warenzeichen, lose oder in Filterbeuteln, oder in Teegemischen, bzw. auch als Instant Tee, als Abführtee angeboten. Sie sind auch Bestandteil der „Schwedenkräuter" – Mischungen zum Ansetzen mit Alkohol.

Phytopharmaka: Als Abführmittel bestimmte Früchtewürfel mit Feigen und Fruchtpasten enthalten auch Sennesblätter.

Viele Fertigarzneimittel sind bereits auf einen bestimmten Sennosidgehalt eingestellt (pro Dosis meist 12–22 mg Sennosid B), ihnen sollte der Vorzug vor nicht standardisierten Präparaten gegeben werden [23]. Die aus der Droge isolierten Sennoside werden als Calciumsalze in Fertigarzneimitteln angewendet (Pursennid®, u.a.).

Sennesblätterextrakt mit eingestelltem Sennosidgehalt wird in einigen Monopräparaten eingesetzt, z.B. in Drix® Abführ-Dragees, Floripuran® (Dragees) u.a.

Es gibt zahlreiche Kombinationen mit Quellstoffen, mit anderen Anthraglykosiddrogen oder Verdauungsfermenten, z.B. Neda® Früchtewürfel, Kräuterlax®, Kneipplax®N, Dralinsa Abführkörner u.v.a.

Prüfung: Makroskopisch (s. Beschreibung) und mikroskopisch nach DAB 1996. Charakteristisch sind die überwiegend paracytischen Spaltöffnungen (Abb. 3), die einzelligen, dickwandigen, kutikular gewarzten, an der Basis gekrümmten Haare (Abb. 4), der isolaterale Blattquerschnitt, verschleimte Epidermiszellen, Kristallzellreihen und Oxalatdrusen.

Es besteht die Möglichkeit, Tinnevelly-Senna und Alexandriner-Senna auch in gepulverter Form, ja selbst in Extrakten zu unterscheiden: beide Arten unterscheiden sich in ihrem Muster an Naphthalinglykosiden, was man mittels DC erfassen kann [9].

DC-Nachweis der Sennoside nach DAB 1996.

*Auszug aus der Monographie der Kommission E
(BAnz Nr. 133 vom 21.07.1993)*

Pharmakologische Eigenschaften, Pharmakokinetik, Toxikologie

1,8-Dihydroxyanthracenderivate haben einen laxierenden Effekt. Dieser beruht bei den Sennosiden bzw. ihrem aktiven Metaboliten im Dickdarm, Rheinanthron, vorwiegend auf einer Beeinflussung der Colonmotilität im Sinne einer Hemmung der stationären und einer Stimulierung der propulsiven Kontraktionen. Daraus resultieren eine beschleunigte Darmpassage und aufgrund der verkürzten Kontaktzeit eine Verminderung der Flüssigkeitsresorption. Zusätzlich werden durch eine Stimulierung der aktiven Chloridsekretion Wasser und Elektrolyte sezerniert.

Systematische Untersuchungen zur Kinetik von Zubereitungen fehlen, jedoch ist davon auszugehen, daß die in der Droge enthaltenen Aglyka bereits im oberen Dünndarm resorbiert werden. Die β-glykosidisch gebundenen Glykoside sind Prodrugs, die im oberen Magen-Darm-Trakt weder gespalten noch resorbiert werden. Sie werden im Dickdarm durch bakterielle Enzyme in Rheinanthron abgebaut. Rheinanthron ist der laxative Metabolit. Die systemische Verfügbarkeit von Rheinanthron ist sehr gering. Im Tierexperiment werden im Urin <5% in Form der oxidierten, teils konjugierten Produkte Rhein und Sennidine ausgeschieden. Der größte Teil des Rheinanthrons (>90%) wird in den Faeces an Darminhalt gebunden und in Form von polymeren Verbindungen ausgeschieden.

Aktive Metaboliten, wie Rhein, gehen in geringen Mengen in die Muttermilch über. Eine laxierende Wirkung bei gestillten Säuglingen wurde nicht beobachtet. Tierexperimentell ist die Plazentagängigkeit von Rhein äußerst gering.

Drogenzubereitungen besitzen, vermutlich aufgrund des Gehaltes an Aglyka, eine höhere Allgemeintoxizität als die reinen Glykoside. Untersuchungen zu Sennesblätterzubereitungen liegen nicht vor. Ein Sennesextrakt war in vitro mutagen, die Reinsubstanzen Sennosid A, B waren negativ. In-vivo-Untersuchungen zur Mutagenität mit einem definierten Extrakt aus Sennesfrüchten verliefen negativ. Untersucht wurden Zubereitungen mit einem Gehalt von 1,4–3,5% Anthranoiden (berechnet als Summe der einzeln bestimmten Verbindungen), die rechnerisch 0,9–2,3% potentiellem Rhein, 0,05–0,15% potentiellem Aloe-Emodin und 0,001–0,006% potentiellem Emodin entsprechen. Die Ergebnisse scheinen auf entsprechend spezifizierte Blätterzubereitung übertragbar zu sein. Für Aloe-Emodin und Emodin liegen teilweise positive Befunde vor. Untersuchungen zur Kanzerogenität liegen mit einer angereicherten Sennosidfraktion vor, die etwa 40,8% Anthranoide, davon 35% Gesamtsennoside (berechnet als Summe der einzeln bestimmten Verbindungen) enthält, entsprechend ca. 25,2% rechnerisch ermitteltem potentiellem Gesamtrhein, 2,3% potentiellem Aloe-Emodin und 0,007% potentiellem Emodin. Die geprüfte Substanz enthielt 142 ppm freies Aloe-Emodin und 9 ppm freies Emodin. In dieser Studie an Ratten über 104 Wochen mit Dosen bis zu 25 mg/kgKG wurde keine substanzbedingte Häufung von Tumoren beobachtet.

Klinische Angaben

1. Anwendungsgebiete

Obstipation.

2. Gegenanzeigen

Darmverschluß, akut-entzündliche Erkrankungen des Darmes, z.B. Morbus Crohn, Colitis ulcerosa, Appendizitis; abdominale Schmerzen unbekannter Ursache. Kinder unter 12 Jahren.

3. Nebenwirkungen

In Einzelfällen krampfartige Magen-Darm-Beschwerden. In diesen Fällen ist eine Dosisreduktion erforderlich.
Bei chronischem Gebrauch/Mißbrauch: Elektrolytverluste, insbesondere Kaliumverluste, Albuminurie und Hamaturie; Pigmenteinlagerung in die Darmschleimhaut (Pseudomelanosis coli), die jedoch harmlos ist und sich nach Absetzen der Droge in der Regel zurückbildet. Der Kaliumverlust kann zu Störungen der Herzfunktion und zu Muskelschwäche führen, insbesondere bei gleichzeitiger Einnahme von Herzglykosiden, Diuretika und Nebennierenrindensteroiden.

4. Besondere Vorsichtshinweise für den Gebrauch

Stimulierende Abführmittel dürfen ohne ärztlichen Rat nicht über längere Zeiträume (mehr als 1 bis 2 Wochen) eingenommen werden.

5. Verwendung bei Schwangerschaft und Laktation

Aufgrund unzureichender toxikologischer Untersuchungen nicht anzuwenden in Schwangerschaft und Stillzeit.

6. Medikamentöse und sonstige Wechselwirkungen

Bei chronischem Gebrauch/Mißbrauch ist durch Kaliummangel eine Verstärkung der Herzglykosidwirkung sowie eine Beeinflussung der Wirkung von Antiarrhythmika möglich. Kaliumverluste können durch Kombination mit Thiaziddiuretika, Nebennierenrindensteroiden und Süßholzwurzel verstärkt werden.

7. Dosierung und Art der Anwendung

Geschnittene Droge, Drogenpulver oder Trockenextrakte für Aufgüsse, Abkochungen oder Kaltmazerate. Flüssige oder feste Darreichungsformen zur Einnahme.

Soweit nicht anders verordnet:
20–30 mg Hydroxyanthracenderivate/Tag, berechnet als Sennosid B.
Die individuell richtige Dosierung ist die geringste, die erforderlich ist, um einen weichgeformten Stuhl zu erhalten.

Hinweis:
Die Darreichungsform sollte auch eine geringere als die übliche Tagesdosis erlauben.

8. Überdosierung

Elektrolyt- und flüssigkeitsbilanzierende Maßnahmen.

9. Besondere Warnungen

Eine über die kurzdauernde Anwendung hinausgehende Einnahme stimulierender Abführmittel kann zu einer Verstärkung der Darmträgheit führen.
Das Präparat sollte nur dann eingesetzt werden, wenn durch eine Ernährungsumstellung oder Quellstoffpräparate kein therapeutischer Effekt zu erzielen ist.

10. Auswirkungen auf Kraftfahrer und die Bedienung von Maschinen

Keine bekannt.

Verfälschungen: Kommen heute kaum noch vor, auch die im Arzneibuch erwähnten Blätter von *Cassia auriculata* L. (Palthé-Senna) werden im Drogenhandel nur noch selten gefunden; diese Verfälschung enthält keine Sennoside, man erkennt sie schon bei der Betrachtung mit der Lupe an der dichten Behaarung der Blattunterseite (Abb. 5, im Vergleich mit Sennesblättern Abb. 6), diese Haare erweisen sich als sehr lang (bis über 600 µm), nur wenig gewarzt und mehr in der Spitze gekrümmt (Abb. 4 im Vergleich mit Haaren der Sennesblätter). Palthé-Senna gibt mit 80%iger Schwefelsäure eine karminrote Färbung (Übergang des Leukoanthocyanidins Goratensidin in Oxoniumsalze [6]).

Wortlaut der Packungsbeilage gemäß Standardzulassung:

5.1 Anwendungsgebiete*)

Verstopfung; alle Erkrankungen, bei denen eine leichte Darmentleerung mit weichem Stuhl erwünscht ist, wie z.B. bei Analfissuren, Hämorrhoiden und nach rektalanalen operativen Eingriffen; zur Reinigung des Darmes vor Röntgenuntersuchungen, sowie vor und nach operativen Eingriffen im Bauchraum.

5.2 Gegenanzeigen*)

Sennesblätterzubereitungen sind nicht anzuwenden bei Vorliegen von Darmverschluß, während der Schwangerschaft und der Stillzeit.

5.3 Nebenwirkungen

Bei bestimmungsgemäßem Gebrauch nicht bekannt.
Bei häufiger und langdauernder Anwendung oder bei Überdosierung ist ein erhöhter Verlust von Wasser und Salzen, insbesondere von Kaliumsalzen, möglich. Weiterhin kann es zur Ausscheidung von Eiweiß (Albuminurie) und Blut (Hämaturie) im Urin kommen sowie zur Pigmenteinlagerung in der Darmschleimhaut (Melanosis coli). Schädigungen von Darmnerven (Plexus myentericus) können ebenfalls auftreten.

5.4 Wechselwirkungen mit anderen Mitteln

Auf Grund erhöhter Kaliumverluste kann die Wirkung von Herzglykosiden (Digitalis, Strophanthus) verstärkt werden.

5.5 Dosierungsanleitung und Art der Anwendung

$1/2$ bis 1 gestrichener Teelöffel **Sennesblätter** wird mit warmem oder heißem Wasser (ca. 150 ml) übergossen und nach etwa 10 min durch ein Teesieb gegeben. Der Tee kann auch durch Ansetzen mit kaltem Wasser und längerem Ziehen bereitet werden.

Soweit nicht anders verordnet, werden morgens und/oder abends vor dem Schlafengehen eine Tasse frisch bereiteter Tee getrunken.

5.6 Dauer der Anwendung*)

Tee aus Sennesblättern soll nur einige Tage eingenommen werden. Bei längerer Anwendung sollte der Arzt gefragt werden.

Hinweis: Um den Darm zu normaler Funktion zu erziehen, ist auf eine ballaststoffreiche Ernährung, ausreichende Flüssigkeitszufuhr sowie möglichst viel Bewegung zu achten.

5.7 Hinweis

Vor Licht und Feuchtigkeit geschützt aufbewahren.

---

*) Im Kommentar zu den Standardzulassungen wird empfohlen, die entsprechenden Texte auf Grund der Auflagen des BGA für Anthranoide enthaltende Arzneimittel [21] wie folgt zu ändern:

Anwendungsgebiete

Es darf nur noch beansprucht werden, generell: „Verstopfung (Obstipation)"

Gegenanzeigen

generell:
„Darmverschluß; akut-entzündliche Erkrankungen des Darms, z.B. Morbus Crohn, Colitis ulcerosa, Appendizitis; abdominale Schmerzen unbekannter Ursache. Nicht anzuwenden bei Kindern unter 12 Jahren. Aufgrund bisher noch unzureichender toxikologischer Untersuchungen nicht anzuwenden in Schwangerschaft und Stillzeit."

Dauer der Anwendung

Folgender Passus ist aufzunehmen:
„Stimulierende Abführmittel dürfen ohne ärztlichen Rat nicht über einen längeren Zeitraum (mehr als ein bis zwei Wochen) eingenommen werden."

Literatur:

[1] B. Bornkessel, Dtsch. Apoth. Ztg. **131**, 171 (1991).
[2] H. Miething, W. Boventer und R. Hänsel, Pharm. Ztg. **131**, 747 (1986).
[3] H. Tanaka und Mitarb., Chem. Pharm. Bull. **30**, 1550 (1982).
[4] H. Oshio, Y. Naruse und M. Tsukui, Chem. Pharm. Bull. **26**, 2458 (1978).
[5] J. Kinjo und Mitarb., Phytochemistry **37**, 1685 (1994).
[6] J. Lemli, Fitoterapia **57**, 33 (1986).
[7] B.H. Müller, J. Kraus und G. Franz, Planta Med. **55**, 536 (1989).
[8] G.M. Wassel und H.H. Baghdadi, Plantes Med. Phytothér. **13**, 34 (1979).
[9] J. Lemli, J. Cuveele und E. Verhaeren, Planta Med. **49**, 36 (1983).
[10] M. Dreessen und J. Lemli, Pharm. Acta Helv. **57**, 350 (1982).
[11] M. Dreessen, H. Eyssen und J. Lemli, J. Pharm. Pharmacol. **33**, 679 (1981).
[12] K. Kobashi und Mitarb., Planta Med. **40**, 225 (1980).
[13] M. Marvola und Mitarb., J. Pharm. Pharmacol. **33**, 108 (1981).
[14] G. Franz, Dtsch. Apoth. Ztg. **132**, 1697 (1992).
[15] F.W. Jekat, H. Winterhoff und F.H. Kemper, Z. Phytother. **11**, 177 (1990).
[16] L. Heidemann und Mitarb., Pharmacology **47** (Suppl. 1) 178 (1993).
[17] J. Westendorf und Mitarb., Mutat. Res. **240**, 1 (1990).
[18] J. Brown und P. Dietrich, Mutat. Res. **66**, 9 (1979).
[19] J. Lemli, Dtsch. Apoth. Ztg. **134**, 4395 (1994).
[20] M. Lydén-Sokolowski und Mitarb., Pharmacology **47** (Suppl. 1) 209 (1993).
[21] BAnz Nr. 129 vom 13.07.1994; siehe Dtsch. Apoth. Ztg. **134**, 2794 (1994).
[22] H. Miething, W. Boventer und R. Hänsel, Dtsch. Apoth. Ztg. **126**, 2158 (1986).
[23] H.G. Menßen, Dtsch. Apoth. Ztg. **122**, 2317 (1982).

Wichtl

Sennae fructus acutifoliae Ph. Eur. — Alexandriner-Sennesfrüchte DAB 1996
Sennae fructus angustifoliae Ph. Eur. — Tinnevelly-Sennesfrüchte DAB 1996

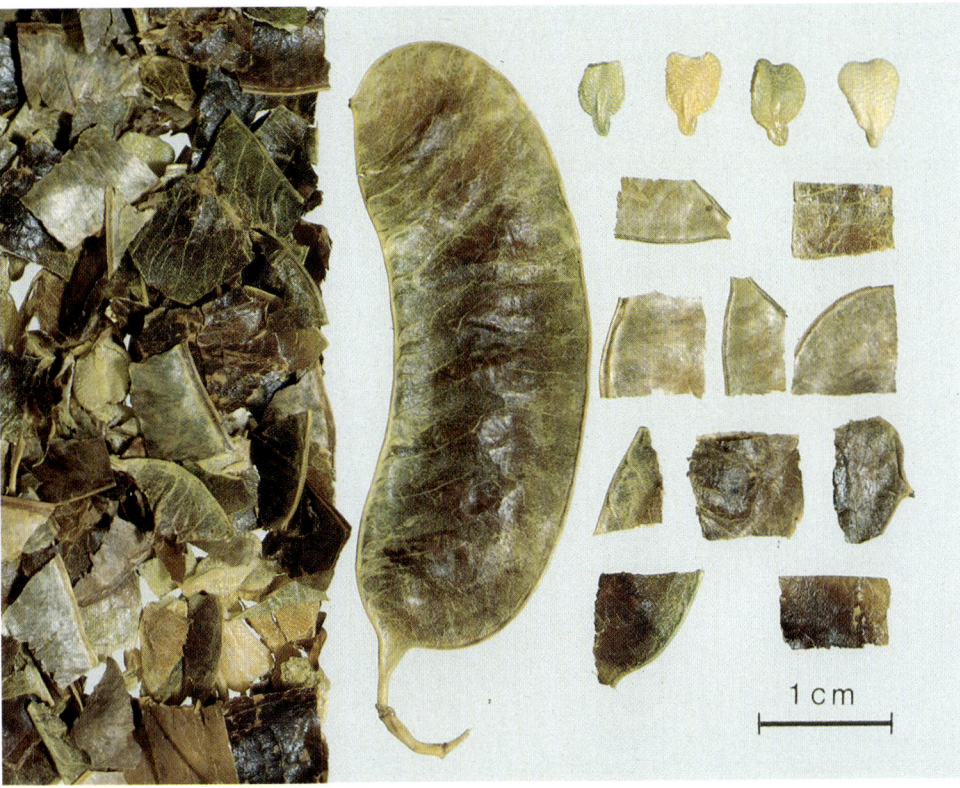

Abb. 1: Sennesfrüchte

Die flach zusammengedrückten, braungrünen oder graugrünen, häutig-lederigen Hülsen sind bis 5 cm lang und etwa 15–18 mm (*Cassia angustifolia*) bzw. 20–25 mm (*Cassia acutifolia*) breit und schwach nierenförmig gebogen. Die beiden Fruchtblatthälften, die auf der ganzen Fläche aneinanderhaften, lassen sich nur schwer trennen. Die Hülsen enthalten gewöhnlich 7–10 Samen (*Cassia angustifolia*) bzw. 5–7 Samen (*Cassia acutifolia*), die annähernd herzförmig, weißlich bis graugrün und sehr hart sind und eine grubig netzrunzelige Oberfläche zeigen (Abb. 3)

<u>Geruch</u>: Schwach, eigentümlich.

<u>Geschmack</u>: Schleimig-süßlich, danach etwas bitter und kratzend.

Abb. 2: *Cassia angustifolia* VAHL
Beschreibung siehe Abb. 2 bei Sennae folium.

ÖAB: Fructus Sennae angustifoliae und Fructus Sennae acutifoliae
Ph. Helv. VII: Sennae fructus acutifoliae und Sennae fructus angustifoliae
St. Zul.: 1259.99.99 (Alexandriner Sennesfrüchte)
St. Zul.: 1269.99.99 (Tinnevelly Sennesfrüchte)

Stammpflanzen: *Cassia angustifolia* VAHL (liefert Tinnevelly-Senna) und *Cassia senna* L. (=*Cassia acutifolia* DELILE, liefert Alexandriner-Senna), Caesalpiniaceae.

Synonyme: Sennesbälge, Sennesschoten (beide Ausdrücke botanisch falsch!), Mutterblätter, Muttersennesblätter, Folliculi Sennae. Senna pods, Cassia fruit (engl.). Gousses de séné (franz.).

Herkunft: Siehe Sennae folium.

Inhaltsstoffe: Sehr ähnliche Anthranoide wie in Sennesblättern (s.d.), jedoch unterschiedlicher Gehalt an Sennosiden und anderen Anthrachinonderivaten je nach *Cassia*-Art, deshalb im DAB 1996 zwei verschiedene Monographien: Alexandriner-Sennesfrüchte (Sennae fructus acutifoliae) enthalten mind. 3,4% Hydroxyanthracenderivate, ber. als Sennosid B; Tinnevelly-Sennesfrüchte (Sennae fructus angustifoliae) enthalten mind. 2,2% Hydroxyanthracenderivate, ber. als Sennosid B. Dies sind Mindestgehalte nach DAB 1996, die tatsächlichen Werte liegen für Tinnevelly-Sennesfrüchte bei etwa 3%, bei Alexandriner-Sennesfrüchten bei 4 bis 5%. Hauptbestandteil der Anthraderivate sind wie bei Sennesblättern die Dianthronglykoside Sennosid A, B, C und D; auch glucosereichere Verbindungen (Gluco-sennoside) kommen vor. Der Anteil an Anthrachinonglykosiden ist in den Früchten geringer als im Blatt, auch deren Zusammensetzung ist verschieden [1]. Weiterhin Flavonoide (bes. Kämpferolderivate). Schleimstoffe, bes. auch in den Samen [2, 3].

Indikationen: Wie bei Sennesblättern, s. dort. Trotz des (im Vergleich zur Blattdroge) etwas höheren Anthraglykosidgehaltes wirkt die Fruchtdroge etwas milder (und wird deshalb z.B. bei Kindern bevorzugt verwendet); dies hängt weniger – wie früher vermutet – mit dem Fehlen von „Harzen" in den Sennesfrüchten zusammen, sondern damit, daß die Früchte nur wenig (stark wirksames) Aloeemodinglucosid enthalten.

Nebenwirkungen: Siehe Sennesblätter.

Teebereitung: Siehe Sennesblätter; aus Sennesfrüchten werden die Sennoside rascher freigesetzt als aus Sennesblättern [5].
1 Teelöffel = etwa 2 g.

Teepräparate: Sennesfrüchte sind in wenigen Teegemischen enthalten. Die Droge ist Bestandteil der sog. Schwedenkräuter zum Ansetzen mit Alkohol.

Phytopharmaka: Mehrere Abführpräparate enthalten eingestellten Sennesfrüchte-Extrakt, z.B. Depuran® N (Kapseln), Liquidepur® N (Lösung), Ramend® Abführtabletten, Ramend® Tee Aufgußpulver (instant) X-Prep® Liquidum u.a., ebenso einige Kombinationspräparate, z.B. Agiolax® Granulat u.a. Produkte aus sprühgetrockneten Extrakten weisen einige Vorteile gegenüber anders hergestellten Extrakten auf [6].

Wortlaut der Packungsbeilage gemäß Standardzulassung (gleicher Wortlaut für beide Cassia-Arten, ausgenommen Dosierung, siehe *):

5.1 Anwendungsgebiete**)
Verstopfung; alle Erkrankungen, bei denen eine leichte Darmentleerung mit weichem Stuhl erwünscht ist, wie z.B. bei Analfissuren, Hämorrhoiden und nach rektal-analen operativen Eingriffen; zur Reinigung des Darmes vor Eingriffen; zur Reinigung des Darmes vor Röntgenuntersuchungen sowie vor und nach operativen Eingriffen im Bauchraum.

5.2 Gegenanzeigen**)
Tee aus Sennesfrüchten ist nicht anzuwenden bei Vorliegen von Darmverschluß sowie während der Schwangerschaft und der Stillzeit.

5.3 Nebenwirkungen
Bei bestimmungsgemäßem Gebrauch nicht bekannt. Bei häufiger und langdauernder Anwendung oder bei Überdosierung ist ein erhöhter Verlust von Wasser und Salzen, insbesondere von Kalium möglich. Weiterhin kann es zur Ausscheidung von Eiweiß (Albuminurie) und Blut (Hämaturie) im Urin kommen sowie zur Pigmenteinlagerung in der Darmschleimhaut (Melanosis coli). Schädigungen von Darmnerven (Plexus myentericus) können ebenfalls auftreten.

5.4 Wechselwirkung mit anderen Mitteln
Aufgrund erhöhter Kaliumverluste kann die Wirkung von Herzglykosiden verstärkt werden.

5.5 Dosierungsanleitung und Art der Anwendung
Ein halber Teelöffel*) voll **Sennesfrüchte** wird mit warmem oder heißem Wasser (ca. 150 ml) übergossen und nach etwa 10 min durch ein Teesieb gegeben. Der Tee kann auch durch Ansetzen von 1 Teelöffel voll Sennesfrüchten mit kaltem Wasser und zwei- bis dreistündiges Ziehen bereitet werden.

Soweit nicht anders verordnet, werden morgens und/oder abends vor dem Schlafengehen eine Tasse frisch bereiteter Tee getrunken.

5.6 Dauer der Anwendung**)
Tee aus Sennesfrüchten soll nur wenige Tage eingenommen werden. Bei längerer Anwendung sollte der Arzt befragt werden.

Hinweis
Um den Darm zu normaler Funktion zu erziehen, ist auf eine ballaststoffreiche Ernährung, ausreichende Flüssigkeitszufuhr sowie möglichst viel Bewegung zu achten.

5.7 Hinweis
Vor Licht und Feuchtigkeit geschützt aufbewahren.

---

*) bei Alexandriner-Sennesfrüchten; bei Tinnevelly-Sennesfrüchten 1/2 bis 1 gestrichener Teelöffel

**) Im Kommentar zu den Standardzulassungen wird empfohlen, die entsprechenden Texte auf Grund der Auflagen des BGA für Anthranoide enthaltende Arzneimittel [4] wie folgt zu ändern:

Anwendungsgebiete
Es darf nur noch beansprucht werden, generell: „Verstopfung (Obstipation)."

Gegenanzeigen
generell:
„Darmverschluß; akut-entzündliche Erkrankungen des Darms, z.B. Morbus Crohn, Colitis ulcerosa, Appendizitis; abdominale Schmerzen unbekannter Ursache. Nicht anzuwenden bei Kindern unter 12 Jahren. Aufgrund bisher noch unzureichender toxikologischer Untersuchungen nicht anzuwenden in Schwangerschaft und Stillzeit."

Dauer der Anwendung
Folgender Passus ist aufzunehmen:
„Stimulierende Abführmittel dürfen ohne ärztlichen Rat nicht über einen längeren Zeitraum (mehr als ein bis zwei Wochen) eingenommen werden."

Auszug aus der Monographie der Kommission E
(BAnz Nr. 133 vom 21.07.1993)

Pharmakologische Eigenschaften, Pharmakokinetik, Toxikologie

1,8-Dihydroxyanthracenderivate haben einen laxierenden Effekt. Dieser beruht bei den Sennosiden bzw. ihrem aktiven Metaboliten im Dickdarm, Rheinanthron, vorwiegend auf einer Beeinflussung der Colonmotilität im Sinne einer Hemmung der stationären und einer Stimulierung der propulsiven Kontraktionen. Daraus resultieren eine beschleunigte Darmpassage und aufgrund der verkürzten Kontaktzeit eine Verminderung der Flüssigkeitsresorption. Zusätzlich werden durch eine Stimulierung der aktiven Chloridsekretion Wasser und Elektrolyte sezerniert.

Systematische Untersuchungen zur Kinetik von Drogenzubereitungen fehlen, jedoch ist davon auszugehen, daß die in der Droge enthaltenen Aglyka bereits im oberen Dünndarm resorbiert werden. Die β-glykosidisch gebundenen Glykoside sind Prodrugs, die im oberen Magen-Darm-Trakt weder gespalten noch resorbiert werden. Sie werden im Dickdarm durch bakterielle Enzyme in Rheinanthron abgebaut. Rheinanthron ist der laxative Metabolit. Die systemische Verfügbarkeit von Rheinanthron ist sehr gering. Im Tierexperiment werden im Urin <5% in Form der oxidierten, teils konjugierten Produkte Rhein und Sennidine ausgeschieden. Der größte Teil des Rheinanthrons (>90%) wird in den Faeces an Darminhalt gebunden und in Form von polymeren Verbindungen ausgeschieden.

Aktive Metaboliten, wie Rhein, gehen in geringen Mengen in die Muttermilch über. Eine laxierende Wirkung bei gestillten Säuglingen wurde nicht beobachtet. Tierexperimentell ist die Plazentagängigkeit von Rhein äußerst gering.

Drogenzubereitungen besitzen, vermutlich aufgrund des Gehaltes an Aglyka, eine höhere Allgemeintoxizität als die reinen Glykoside. Ein Sennesextrakt war in vitro mutagen, die Reinsubstanzen Sennosid A, B waren negativ. In-vivo-Untersuchungen zur Mutagenität mit einem definierten Extrakt aus Sennesfrüchten verliefen negativ. Untersucht wurden Zubereitungen mit einem Gehalt von 1,4–3,5% Anthranoiden (berechnet als Summe der einzeln bestimmten Verbindungen), die rechnerisch 0,9–2,3% potentiellem Rhein, 0,05–0,15% potentiellem Aloe-Emodin und 0,001–0,006% potentiellem Emodin entsprechen. Für Aloe-Emodin und Emodin liegen teilweise positive Befunde vor. Untersuchungen zur Kanzerogenität liegen mit einer angereicherten Sennosidfraktion vor, die etwa 40,8% Anthranoide, davon 35% Gesamtsennoside (berechnet als Summe der einzeln bestimmten Verbindungen) enthält, entsprechend ca. 25,2% rechnerisch ermitteltem potentiellem Gesamtrhein, 2,3% potentiellem Aloe-Emodin und 0,007% potentiellem Emodin. Die geprüfte Substanz enthielt 142 ppm freies Aloe-Emodin und 9 ppm freies Emodin. In dieser Studie an Ratten über 104 Wochen mit Dosen bis zu 25 mg/kg KG wurde keine substanzbedingte Häufung von Tumoren beobachtet.

Klinische Angaben

1. Anwendungsgebiete

Obstipation.

2. Gegenanzeigen

Darmverschluß, akut-entzündliche Erkrankungen des Darmes, z.B. Morbus Crohn, Colitis ulcerosa, Appendizitis; abdominale Schmerzen unbekannter Ursache. Kinder unter 12 Jahren.

3. Nebenwirkungen

In Einzelfällen krampfartige Magen-Darm-Beschwerden. In diesen Fällen ist eine Dosisreduktion erforderlich.
Bei chronischem Gebrauch/Mißbrauch: Elektrolytverluste, insbesondere Kaliumverluste, Albuminurie und Hämaturie; Pigmenteinlagerung in die Darmschleimhaut (Pseudomelanosis coli), die jedoch harmlos ist und sich nach Absetzen der Droge in der Regel zurückbildet. Der Kaliumverlust kann zu Störungen der Herzfunktion und zu Muskelschwäche führen, insbesondere bei gleichzeitiger Einnahme von Herzglykosiden, Diuretika und Nebennierenrindensteroiden.

4. Besondere Vorsichtshinweise für den Gebrauch

Stimulierende Abführmittel dürfen ohne ärztlichen Rat nicht über längere Zeiträume (mehr als 1 bis 2 Wochen) eingenommen werden.

5. Verwendung bei Schwangerschaft und Laktation

Das Präparat sollte im ersten Drittel der Schwangerschaft nur dann eingesetzt werden, wenn durch eine Ernährungsumstellung oder Quellstoffpräparate kein therapeutischer Effekt zu erzielen ist.
Aktive Metaboliten, wie Rhein, gehen in geringen Mengen in die Muttermilch über. Eine laxierende Wirkung bei gestillten Säuglingen wurde nicht beobachtet.

6. Medikamentöse und sonstige Wechselwirkungen

Bei chronischem Gebrauch/Mißbrauch ist durch Kaliummangel eine Verstärkung der Herzglykosidwirkung sowie eine Beeinflussung der Wirkung von Antiarrhythmika möglich. Kaliumverluste können durch Kombination mit Thiaziddiuretika, Nebennierenrindensteroiden und Süßholzwurzel verstärkt werden.

7. Dosierung und Art der Anwendung

Geschnittene Droge, Drogenpulver oder Trockenextrakte für Aufgüsse, Abkochungen oder Kaltmazerate. Flüssige oder feste Darreichungsformen zur Einnahme.

Soweit nicht anders verordnet:
20–30 mg Hydroxyanthracenderivate/Tag, berechnet als Sennosid B.
Die individuell richtige Dosierung ist die geringste, die erforderlich ist, um einen weichgeformten Stuhl zu erhalten.

Hinweis:
Die Darreichungsform sollte auch eine geringere als die übliche Tagesdosis erlauben.

8. Überdosierung

Elektrolyt- und flüssigkeitsbilanzierende Maßnahmen.

9. Besondere Warnungen

Eine über die kurzdauernde Anwendung hinausgehende Einnahme stimulierender Abführmittel kann zu einer Verstärkung der Darmträgheit führen.
Das Präparat sollte nur dann eingesetzt werden, wenn durch eine Ernährungsumstellung oder Quellstoffpräparate kein therapeutischer Effekt zu erzielen ist.

10. Auswirkungen auf Kraftfahrer und die Bedienung von Maschinen

Keine bekannt.

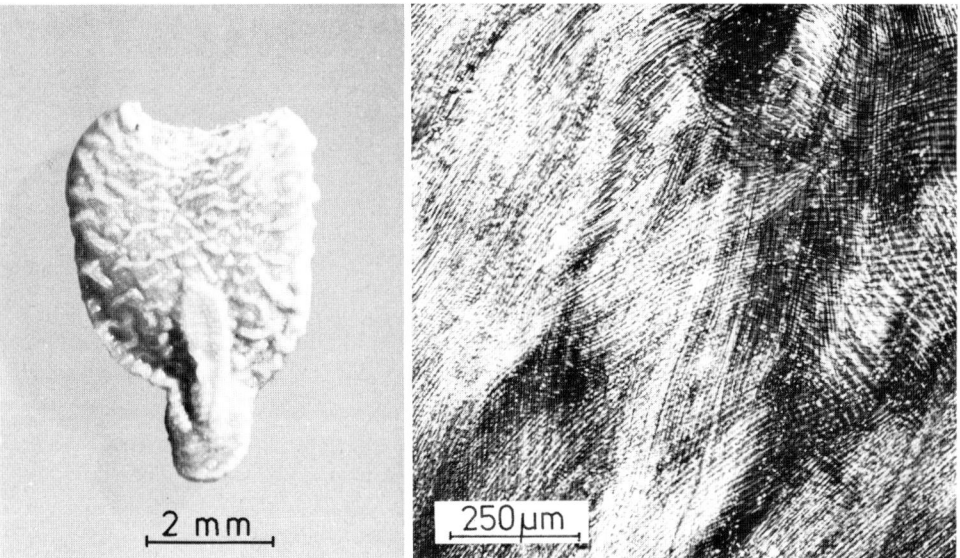

Abb. 3: Herzförmiger, netzrunzeliger Same

Abb. 4: Endokarp (Faserschicht) der Hülsenfrucht (polarisiertes Licht)

Prüfung: Makroskopisch (s. Beschreibung) und mikroskopisch nach DAB 1996. Die äußere Fruchtwand besitzt eine dicke Kutikula und weist nur vereinzelt Spaltöffnungen und Haare auf. Die innere Fruchtwand, das Endokarp, besteht aus dicken, sich kreuzenden Fasern (Abb. 4).

Recht gut lassen sich die Früchte auch durch die Oberflächenstruktur ihrer Samen (Abb. 3) unterscheiden: bei *Cassia angustifolia* weisen die Samen auf der Oberfläche meist quer verlaufende, nicht zusammenhängende Leisten auf; bei *Cassia senna*-Samen ist die Oberfläche durch ein zusammenhängendes Netz von Leisten bedeckt. DC-Prüfung nach DAB 1996.

Verfälschungen: Kommen praktisch nicht vor.

Hinweis: Werden Sennesfrüchte (Fructus Sennae, Folliculi Sennae) ohne nähere Angabe verordnet, so sind Tinnevelly-Sennesfrüchte zu verwenden.

Literatur:
[1] L. Kabelitz und K. Reif, Dtsch. Apoth. Ztg. **134**, 5085 (1994).
[2] B.M. Müller, J. Kraus und G. Franz, Planta Med. **55**, 536 (1989).
[3] N. Alam und P.C. Gupta, Planta Med. **52**, 308 (1986).
[4] BAnz Nr. 129 vom 13.07.1994; siehe Dtsch. Apoth. Ztg. **134**, 2794 (1994).
[5] H. Miething, W. Boventer und R. Hänsel, Dtsch. Apoth. Ztg. **126**, 2158 (1986).
[6] W. Silber, Dtsch. Apoth. Ztg. **131**, 349 (1991).

Wichtl

Serpylli herba

Quendelkraut
DAB 1996

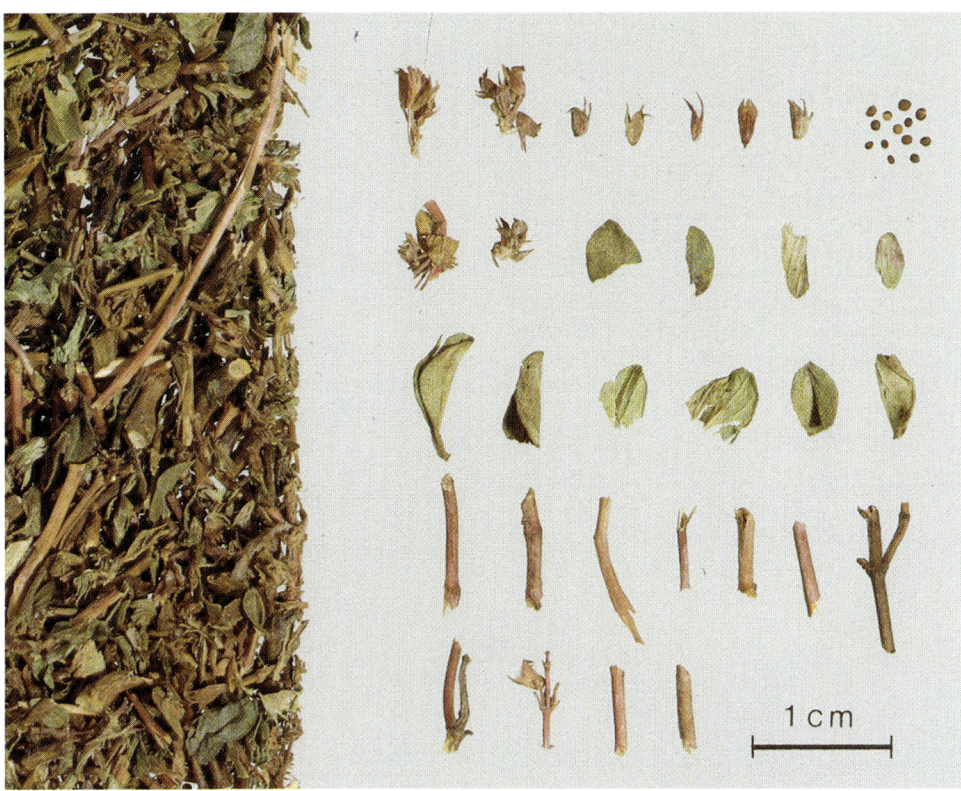

Abb. 1: Quendelkraut

Die Droge besteht aus den getrockneten oberirdischen Teilen, die zur Zeit der Blüte gesammelt werden.

Beschreibung: Die blauvioletten Zweige sind ca. 1 mm dick, hohl, undeutlich vierkantig und schwach behaart. Die bis 1 cm langen Blätter stehen kreuzgegenständig, sind länglich bis länglich-eiförmig, ganzrandig und am Rande kaum eingerollt. Die Behaarung ist verschieden stark, der Blattgrund ist gewimpert. Mit der Lupe ist eine drüsige Punktierung zu erkennen (Abb. 3). Die rosa Blumenkrone ist stark geschrumpft; der rotviolette Kelch ist zweilippig und fünfzähnig, röhrig und im Schlund weiß behaart (Abb. 3).

Geruch: Stark würzig.

Geschmack: Stark würzig-aromatisch, etwas bitter.

Abb. 2: *Thymus serpyllum* L.

Eine niedrige (bis 20 cm), mattenbildende, duftende Staude oder ein Halbstrauch, mit kriechenden Zweigen. Die länglichen bis elliptischen Blätter sind am Rand bewimpert, ungestielt, die kleinen, rosa Blüten sind zu mehr oder weniger rundlichen Köpfen vereinigt.

Ph. Helv. VI (nicht mehr in VII): Herba Serpylli

Stammpflanze: *Thymus serpyllum* L. s.l. (Quendel), Lamiaceae (=Labiatae); von vielen Taxonomen heute als Sammelart zu *Thymus pulegioides* L. vereinigt. In Flora Europaea wird noch unterschieden in *Thymus serpyllum* ($2n=24$; Stengel ringsum behaart) und *Thymus pulegioides* ($2n=28$ oder 30; Stengel nur an den Kanten behaart).

Synonyme: Wilder Thymian, Feldthymian, Sandthymian, Feldpoley, Feldkümmel, Rainkümmel, Grundling, Marienbettstroh (nicht zu verwechseln mit *Galium verum*), Wurstkraut, Kuttelkraut. Wild thyme, Mother of thyme, Serpolet (engl.). Herbe de serpolet (franz.).

Herkunft: In fast ganz Europa heimisch; die Droge wird aus der Ukraine und vom Balkan eingeführt.

Inhaltsstoffe [1, 2, 2a]: 0,2–0,6% ätherisches Öl (DAB 1996: mind. 0,3%; mind. 0,1% wasserdampfflüchtige Phenole, ber. als Thymol), das in Abhängigkeit von der Herkunft der Droge in seiner Zusammensetzung stark variiert. Typisch ist ein hoher Carvacrolgehalt (20–40%), daneben: Thymol (1–5%), p-Cymen, γ-Terpinen, Borneol, Bornylacetat, 1,8-Cineol, Linalool, α-Terpineol; außerdem Lamiaceen-Gerbstoffe (ca. 3%), Flavonoide [3] u.a.m.

Indikationen: Ähnlich dem Echten Thymian (s. Thymi herba), aber schwächer wirksam. In der *Volksmedizin* als Stomachikum, Karminativum, Expektorans, bei Blasen- und Nierenerkrankungen, als Aromatikum; äußerlich zu Kräuterkuren und Bädern; alkoholische Auszüge zu Einreibungen bei rheumatischen Schmerzen, Verstauchungen.

Teebereitung: 1,5–2 g fein zerschnittene Droge werden mit kochendem Wasser übergossen und nach 10 min abgeseiht. Als Expektorans mehrmals täglich 1 Tasse Tee, als Stomachikum vor oder zu den Mahlzeiten 1 Tasse Tee. 1 Teelöffel=etwa 1,4 g.

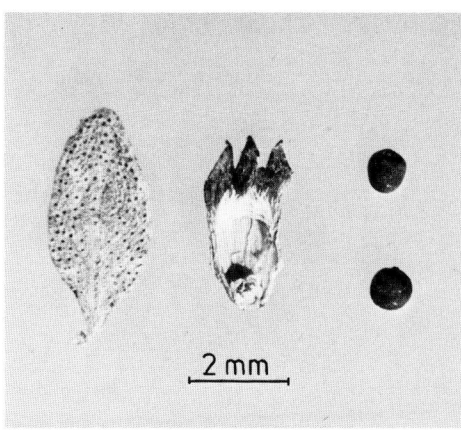

Abb. 3: Laubblatt mit zahlreichen Drüsenschuppen (links), aufgeschnittene Kelchröhre mit weißem Borstensaum (Mitte) und Samen (rechts) von *Thymus serpyllum*

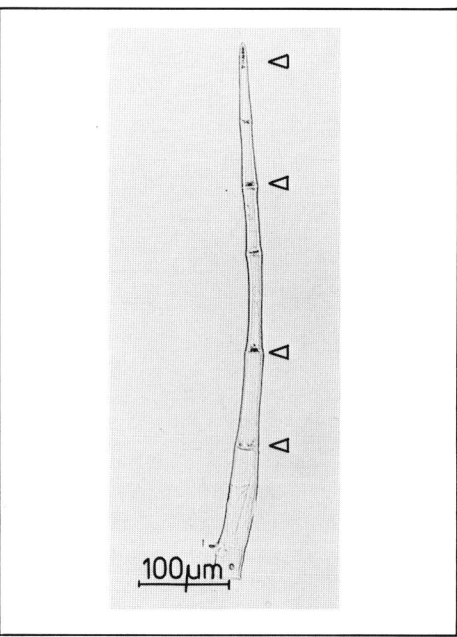

Abb. 4: Mehrzelliges Gliederhaar mit feinsten Oxalatnadeln ($\triangleleft$)

Teepräparate: Die Droge wird nur selten als Hilfsstoff (Aromadroge) in Teegemischen verwendet.

Phytopharmaka: Keine.

Prüfung: Makroskopisch (s. Beschreibung) und mikroskopisch. Es ist besonders auf folgende Haartypen der Stengel- und Blatteile zu achten: a) einzellige, kurze bis längere Deckhaare mit längsgestreifter Kutikula, b) mehrzellige Gliederhaare, kutikular längsgewarzt, in den Zellecken häufig winzige Oxalatnädelchen (Abb. 4), c) Lamiaceendrüsenschuppen mit 12 (!) Exkretionszellen (Abb. 5) und d) Köpfchenhaare mit einzelligem Stiel und Köpfchen (selten). Das Parenchymgewebe führt meist neben dem Chlorophyll einen roten Farbstoff. Blattstücke mit den für *Thymus vulgaris* typischen Knie- und Kegelhaaren dürfen nicht vorhanden sein.

Identitätsprüfung mittels DC:
(nach DAB 1996 oder mit folgendem System).

Sorbens: Kieselgel-Folie 4×8 cm.

Untersuchungslösung: Das aus 25 g Droge bei der Gehaltsbestimmung des ätherischen Öles nach DAB 1996 (ohne Vorlage von Xylol) gewonnene ätherische Öl wird mit 10 ml Ethanol verdünnt.

Referenzlösung: 10 mg Thymol werden in 10 ml Methanol gelöst.

Aufzutragen: Je 5 µl Untersuchungs- und Referenzlösung.

Fließmittel: Toluol-Ethylacetat (97 + 3), 5 cm hoch.

Sichtbarmachung: Nach vollständigem Abdunsten des Fließmittels besprüht man zuerst mit 5 proz. ethanolischer Schwefelsäure, dann mit einer 1 proz. Lösung von Vanillin in Ethanol. Die Folie wird hierauf 3–5 min auf 105 °C erhitzt, anschließend sofort ausgewertet.

Auswertung: Im Tageslicht. Thymol erscheint als leuchtend rote Zone im mittleren Rf-Bereich. Im Chromatogramm der Untersuchungslösung ist ebenfalls eine dem Thymol entsprechende Zone erkennbar. Direkt unterhalb liegt eine violette, direkt oberhalb eine bläulich gefärbte Zone. Im unteren Rf-Bereich sind zwei türkisfarbene Zonen sichtbar (Abb. 6).

Abb. 5: Lamiaceendrüsenschuppe mit 12 (!) Exkretionszellen (E) und abgehobener Kutikula (K)

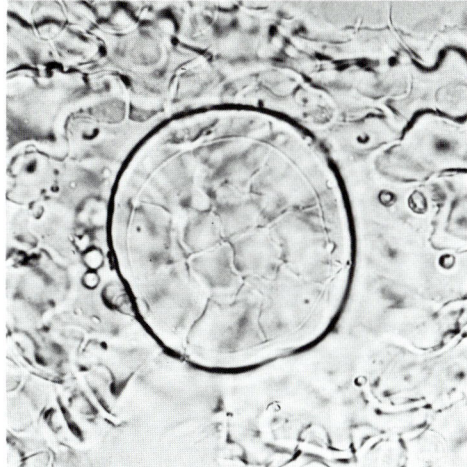
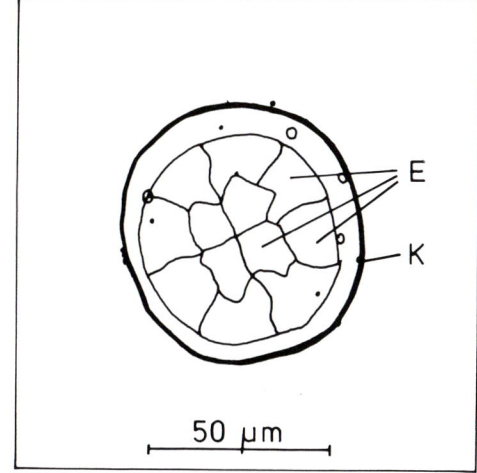

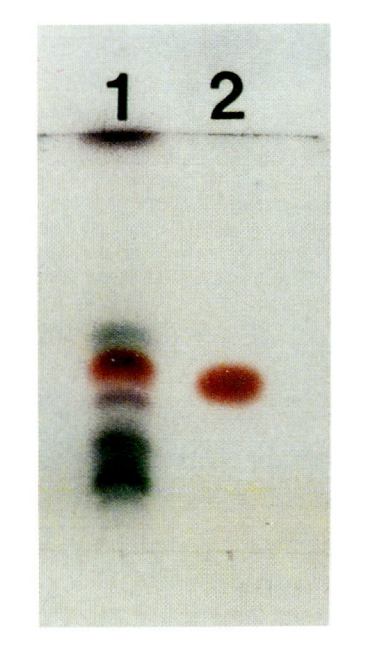

Abb. 6: DC auf 4 × 8 cm Folie
1: Quendel
2: Thymol
Einzelheiten s. Text

Auszug aus der Monographie der Kommission E
(BAnz Nr. 193 vom 15. 10. 1987 und Nr. 50 vom 13. 03. 1990)

Anwendungsgebiete
Katarrhe der oberen Luftwege.

Gegenanzeigen
Keine bekannt.

Nebenwirkungen
Keine bekannt.

Wechselwirkungen mit anderen Mitteln
Keine bekannt.

Dosierung
Soweit nicht anders verordnet, Tagesdosis 4 bis 6 g Droge; Zubereitungen entsprechend.

Art der Anwendung
Zerkleinerte Droge für Aufgüsse sowie andere Zubereitungen zum Einnehmen.

Wirkungen
antimikrobiell,
spasmolytisch.

Verfälschungen: Kommen selten vor. Meist unbeabsichtigte Vermengungen mit Thymian (Herba Thymi) lassen sich mikroskopisch und mittels DC (s. Prüfung) sicher erkennen; siehe auch Thymi herba.

Aufbewahrung: Vor Feuchtigkeit und Licht geschützt, in gut verschlossenen Metall- oder Glasgefäßen, nicht in Kunststoffgefäßen (ätherisches Öl!).

Literatur:
[1] Hager, Band **6**, 922 (1994).
[2] F.-C. Czygan und R. Hänsel, Z. Phytother. **14**, 104 (1993).
[2a] R. Länger und Mitarb., Sci. Pharm. **63**, 325 (1995).
[3] T. Adzet und F. Martinez-Verges, Planta Med. Suppl. 1980, 52.

Czygan

Sinapis nigrae semen — Schwarze Senfsamen

Abb. 1: Senfsamen

Beschreibung: Dunkelrotbraune, gelegentlich auch hellere, annähernd kugelige Samen mit 1–1,5 mm Durchmesser. Der Nabel tritt als heller Punkt hervor. Mit der Lupe ist die feingrubige Oberfläche erkennbar (Abb. 3). Im Inneren ist der Same gelb.

Geruch: Unzerkleinert geruchlos; nach dem Anrühren zerkleinerter Samen mit Wasser entsteht rasch der Geruch nach Senföl.

Geschmack: Anfangs mild ölig und schwach säuerlich, dann brennend scharf.

Abb. 2: *Brassica nigra* (L.) W.D.J. Koch

Das stark verzweigte Kraut wird etwa 1 m hoch und ist charakterisiert durch gestielte Blätter, die im unteren Stengelbereich gefiedert sind, mit 2–4 stumpfen Lappen und großem Endabschnitt, im oberen Bereich länglich und ungeteilt, den gelben 4-zähligen Blüten und den aufrechten, dem Stengel anliegenden Schoten.

ÖAB: Semen Sinapis
Ph. Helv. VII: Sinapis nigrae semen
DAC 1986: Schwarze Senfsamen

Stammpflanze: *Brassica nigra* (L.) W.D.J. Koch (Schwarzer Senf), Brassicaceae (gelegentlich werden auch die Samen von *Brassica juncea* (L.) Czern. et Coss. als „Schwarzer Senf" bezeichnet).

Synonyme: Brauner, Roter Senf, Grüner Senf, Holländischer Senf, Französischer Senf, Semen Sinapis viridis, Semen Sinapeos. Black mustard, brown mustard, mustard seed (engl.). Moutarde noire, Graine de moutarde noire, Semence de moutarde noire (franz.).

Herkunft: Im Mittelmeergebiet heimisch, weltweit in gemäßigten Zonen kultiviert. Drogenimporte kommen aus Osteuropa (insb. Rumänien, Polen), Türkei, China, Indien und Pakistan.

Inhaltsstoffe: Bis 30% fettes Öl (Glyceride der Erucasäure [13-Docosaensäure], der Öl- und Linolensäure im Verhältnis von etwa 5:3:2); medizinisch und volksmedizinisch von Interesse sind die Glucosinolate (=Senfölglucoside). Sie werden durch das Enzym Myrosinase (=Thioglucosidase), das innerhalb der Zellen in besonderen Kompartimenten (u.a. an Mitochondrien assoziiert) räumlich getrennt von den Glucosinolaten (in der Vakuole lokalisiert) vorkommt, beim Zerreiben oder Zerkauen der Samen hydrolytisch gespalten. So entsteht aus 1,0–1,2% Sinigrin etwa 0,7% flüchtiges Allylsenföl (Gehalt der Samen nach ÖAB und Ph. Helv. VII mind. 0,7%, nach DAC mind. 0,6% Allylsenföl). [Anmerkung: Im Gegensatz dazu wird aus dem Glucosinolat des Weißen Senfs (Semen Erucae DAB 6=Semen Sinapis albae, von *Sinapis alba* L.), dem Sinalbin, das nicht flüchtige p-Hydroxybenzylsenföl gebildet.] Daneben ca. 1% Sinapin (=Ester des Cholins mit Sinapinsäure); 20% Schleim [1].

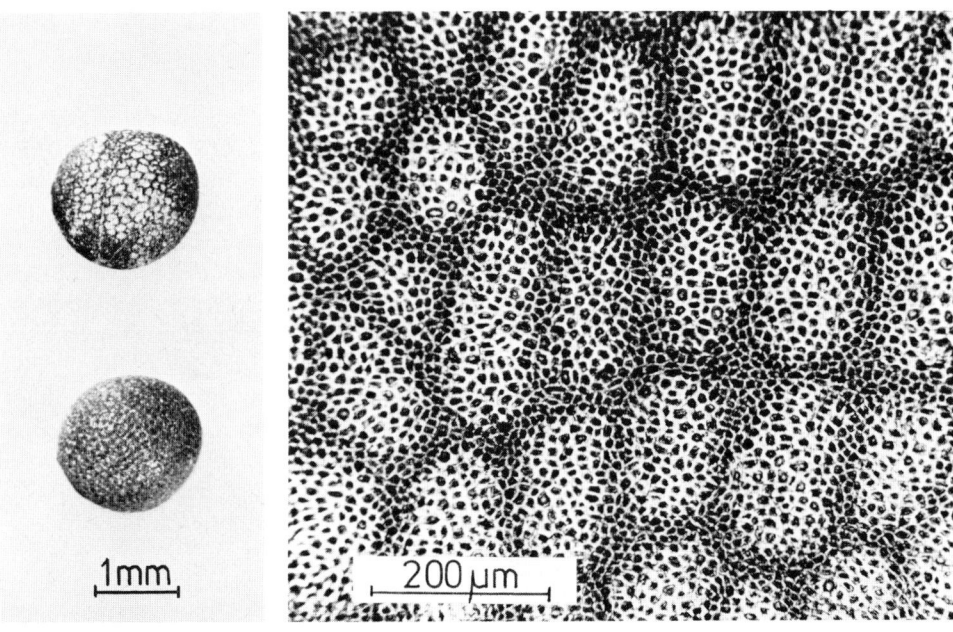

Abb. 3: Kleine, dunkle Samen mit feingrubiger Oberfläche

Abb. 4: Aufsicht auf die Samenschale mit kleinlumigen Palisadenzellen (Becherzellen) und durchscheinendem Muster der sogenannten Großzellen

Indikationen: Die medizinische Nutzung des Senfpflasters und der Senfwickel ist heute selten, da Senföle (biogen oder synthetisch) die Haut besonders stark hyperämisieren. Senfpflaster erzeugen sehr schnell Rötung der Haut und stechende Schmerzen. Allylsenföl dringt rasch in tiefere Hautschichten und führt dort zu Entzündungen.

Allerdings finden Senfölpräparationen heute wieder Anwendung in einigen „Naturheilverfahren": Senfwickel zur ableitenden Therapie auf der Haut bei akuter Bronchitis sowie bei Bronchopneumonie: Man verrührt etwa zwei Handvoll Senfmehl mit *lauwarmem* Wasser zu einem dicken Brei. *Heißes* Wasser (60 °C) inaktiviert das Enzym! Sobald Dampf aufsteigt, der die Augen reizt, auf Leinen aufstreichen und (z.B. auf die Brust) auflegen. Wenn starkes Brennen auftritt, entfernt man die Wickel und wäscht die Haut ab. Senfpflaster zur Segmenttherapie: Auch das Senfpflaster muß vor der Anwendung einige Zeit mit lauwarmem Wasser durchfeuchtet werden, um die Myrosinase wirken zu lassen. Etwa 5 min nach Auflegen des Pflasters beginnt sich die Haut zu röten; die Hauttemperatur steigt beträchtlich an. Nach spätestens 15–30 min muß das Pflaster entfernt werden (Unterschied zu einem Capsaicin enthaltenden Pflaster!). Der lokale Hautreizeffekt hält 24–48 Std. lang an (Indikationen nach [2]).

Volksmedizinisch werden Senf-Präparate und Senföle auch bei Pleuritiden, Neuritis, bei rheumatischen Erkrankungen, bei grippalen Infekten, gelegentlich bei Harnweginfektionen, als appetit- und verdauungsförderndes Gewürz (hier spielt ebenfalls die bakterizide Wirkung der Senföle eine wichtige Rolle!) genutzt.

Der Schwarze Senf, mehr noch der milder schmeckende Weiße Senf sind in gemahlener Form Grundlage des Speisesenfs oder des Mostrichs (Rezepte bei [3]).

Nebenwirkungen: Zu lange an der Applikationsstelle belassene Senfpflaster oder Senfwickel verursachen Blasenbildung, oft mit eiternden, schlecht heilenden Ulzerationen und Nekrosen. Das gilt besonders für empfindliche, prädisponierte Patienten. Außerdem sind bei schweren Kreislaufschädigungen, Krampfadern und anderen Venenleiden Senfpräparationen kontraindiziert [2].

Teebereitung: Entfällt. Zur Herstellung von Kataplasmen (Zubereitungen für Umschläge) s. Indikationen.

Phytopharmaka: Senfsamen werden vereinzelt in der Schweiz und in Frankreich als Umschlagpaste angeboten, in Deutschland nur im Stuhlregulierungsmittel „Darmfix Leinsamen (Hagen)".

Prüfung: Makroskopisch (s. Beschreibung) und mikroskopisch nach DAC 1986. Besonders charakteristisch ist die Aufsicht auf die Samenschale (Abb. 4) mit Palisadenzellen und durchscheinenden „Großzellen". Es sind dies jedoch keine echten Zellen; das Maschennetz ist durch einen optischen Effekt bedingt. Er wird bewirkt durch die unterschiedliche Höhe der Palisadenzellen. Stärke fehlt oder ist nur in Spuren vorhanden, ebenso fehlen Kristalle. Gehaltsbestimmung nach DAC 1986 jodometrisch. Die in der Droge enthaltenen Glucosinolate müssen nach enzymatischer Spaltung mindestens 0,6% ätherisches Öl, berechnet als Allylisothiocyanat ergeben.

Verfälschungen: Selten vorkommend, mit den Samen anderer *Brassica*-Arten, z.B. *Brassica juncea* (L.) Czern et Coss., Sarepta-Senf oder Rumänischer Braunsenf, *Brassica cernua* Matsum., Chinesischer Senf u.a. Diese Samen sind nur schwer von Schwarzem Senf zu unterscheiden, zur Untersuchung ist daher Spezialliteratur (und meist auch eine Polarisationseinrichtung zum Mikroskop) erforderlich [4]. Da aber alle diese Senfsamen Sinigrin enthalten, sind sie wohl eher als Substitution denn als Verfälschung zu betrachten.

Anmerkung: Es ist darauf zu achten, daß in der Apotheke kein überaltertes Senfmehl abgegeben wird. Im Handel ist auch das länger haltbare „entfettete Senfmehl".

Literatur:
[1] Hager, Band **4**, 544 (1992).
[2] R. Hänsel und H. Haas, Therapie mit Phytopharmaka. Springer Verlag, Berlin etc. 1984.
[3] Hager, Band **3**, 503 (1972).
[4] G. Gassner, Mikroskopische Untersuchung pflanzlicher Lebensmittel, 5. Aufl., Gustav Fischer Verlag, Stuttgart 1989.

Czygan

Solidaginis (giganteae) herba (Riesen-)Goldrutenkraut
DAB 1997

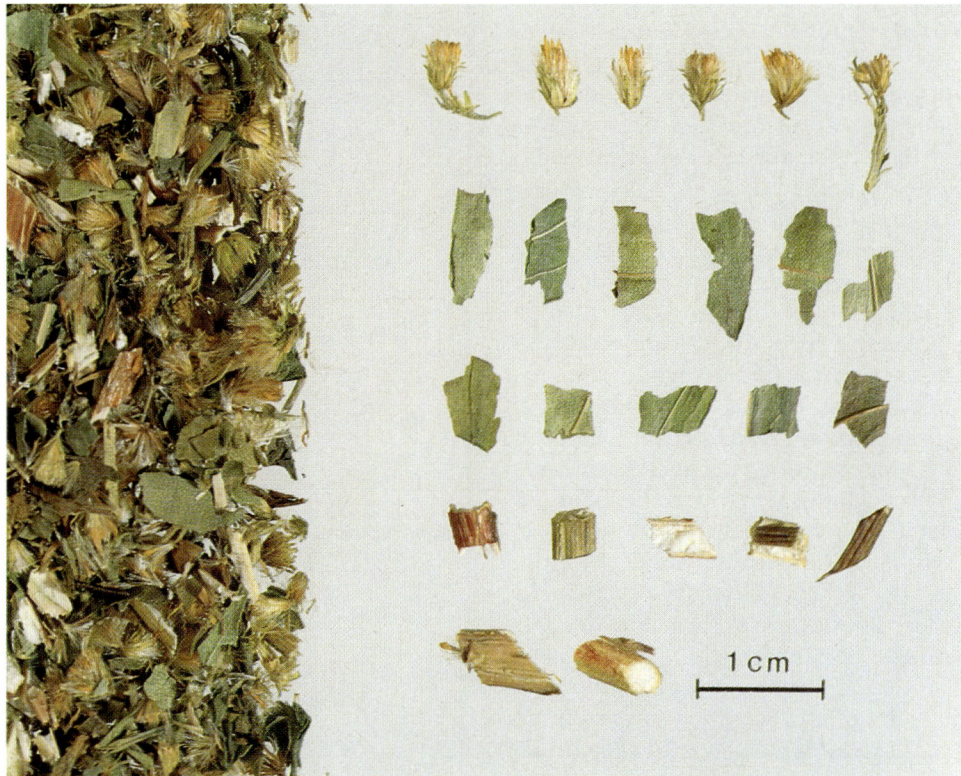

Abb. 1: Riesengoldrutenkraut

Beschreibung: Zahlreiche gelbe Blütenköpfchen (oberste Reihe), gelegentlich noch in Form der Blütenstände als einseitswendige, bogig gekrümmte Trauben erkennbar. Zungenblüten 4–6 mm lang, die Hüllkelchblätter nur wenig überragend (*Solidago gigantea*) oder nur 2,5 bis 3 mm lang und kaum länger als der Hüllkelch (*Solidago canadensis*). Blattbruchstücke oberseits grün, unterseits graugrün, mit stark hervortretendem Mittelnerv. Bruchstücke des derben, tief längsgerieften Stengels (die beiden untersten Reihen).

Geruch: Aromatisch.

Geschmack: Schwach adstringierend.

Abb. 2: *Solidago gigantea* AIT.

Die Staude wird bis zu 1,5 m hoch, der Stengel ist – im Unterschied zu *S. canadensis* – kahl und mit zahlreichen lanzettlich zugespitzten, sitzenden Blättern versehen. Die sehr zahlreichen, nur etwa 5–8 mm großen Blütenköpfchen sind in rispigen Blütenständen angeordnet.

Aufnahme in das DAB 1997 als Goldrutenkraut/Solidaginis herba erfolgt.
St. Zul. 1639.99.99

Stammpflanzen: *Solidago gigantea* AITON einschl. var. *serotina* (O. KUNTZE) CRONQ. = *Solidago serotina* AITON (Riesengoldrute), Asteraceae, (nach St. Zul. ist nur Droge von dieser Species zugelassen) und *Solidago canadensis* L. (Kanadische Goldrute), Asteraceae (nach DAC waren bis 1988 beide Arten zugelassen; im DAB-Monographie-Entwurf ist vorgesehen, beide Arten zuzulassen).

Synonyme: Herba Solidaginis [1], Herba Serotinae, Riesengoldrutenkraut. Early golden-rod herb (engl.).

Herkunft: Ursprünglich nur heimisch in Nordamerika; in Europa eingebürgert, als Gartenpflanze und verwildert in Auwäldern und an Uferböschungen

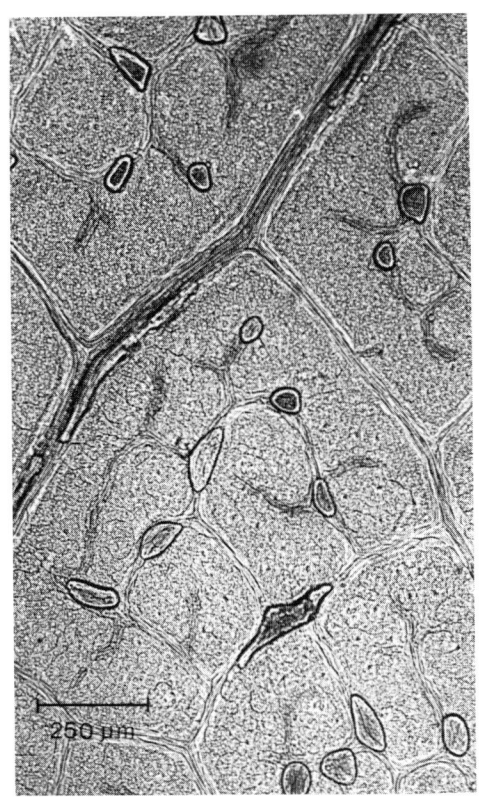

Abb. 3: Exkretbehälter im Mesophyll von *Solidago gigantea*

vorkommend; *S. canadensis* auch an Ruderalstandorten und Bahndämmen. Überwiegend aus Wildbeständen stammend. Hauptlieferländer sind das ehemalige Jugoslawien, Ungarn, Polen und Bulgarien.

Inhaltsstoffe [2]: Flavonoide: ca. 3,8% (*S. gigantea*) bzw. 2,4% (*S. canadensis*) mit Quercetin, Kämpferol und Isorhamnetin sowie deren 3-O-Glykosiden. In beiden Arten u.a. deren 3-O-Glucoside, die 3-O-Rhamnoside von Quercetin und Kämpferol, die 3-O-Galactoside von Kämpferol und Isorhamnetin und das 3-O-Rutinosid und -Robinobiosid von Quercetin; nur in *S. canadensis* daneben u.a. Kämpferol-3-O-robinobiosid, die 6″-O-Acetylglucoside von Quercetin, Kämpferol und Isorhamnetin, sowie Rhamnetin-3-O-β-D-glucorhamnosid und nur in *S. gigantea* die 3-O-Arabinoside von Quercetin, Kämpferol und Isorhamnetin und Quercetin-3-O-β-apiosyl-β-glucosid [3]. Hauptkomponente ist bei *S. canadensis* mit einem Gehalt von 1,4% Rutin (Quercetin-3-O-rutinosid) und bei *S. gigantea* mit 1,3% Quercitrin (Quercetin-3-O-rhamnosid). Ca. 9% (*S. gigantea*) bzw. 12,5% (*S. canadensis*) Triterpensaponine vom Oleanan-Typ. Hauptsaponine sind jeweils die 3,28-Bisdesmoside mit Bayogenin als Aglykon. Bei den Giganteasaponinen 1–4 [4, 5] ist an C-3 das Trisaccharid Apiosyl-(1→3)-glucosyl-(1→3)-Glucose und an C-28 esterglykosidisch eine verzweigte Zuckerkette aus 6 oder 7 Monosacchariden gebunden mit jeweils der Chinovose (=6-Desoxyglucose) am Aglykon. Bei den Canadensissaponinen 1–8 [6, 7] fehlt an C-3 die Apiose, während an C-28 ebenfalls eine verzweigte Zuckerkette aus 6 oder 7 Monosacchariden vorliegt mit der Chinovose oder Arabinose am Aglykon. Die bei den Solidagosaponinen der echten Goldrute (Virgaureae herba) als Aglykon auftretende Polygalasäure (s. S. 623) fehlt bei beiden Arten. Von den Solidagosaponinen unterscheiden sie sich des weiteren durch die höhere Anzahl der Zuckerbausteine in der C-28-Zuckerkette und durch das Fehlen der Acylierung der Zucker [8]. Diterpene: In *S. canadensis* 1 Diterpensäure und 3 Diterpene vom Labdan-Typ [9], in *S. gigantea* die Diterpenbutenolide 6-Desoxy-solidagolacton IV-18,19-olid und dessen 2β-Hydroxyderivat (Clerodan-Typ), die in *S. canadensis* und *S. virgaurea* nicht gefunden werden konnten [10]. Ätherisches Öl: *S. canadensis*: 0,6%, mit über 40 identifizierten Mono- und Sesquiterpenen und Curlon (23,5%), Germacren D (19,8%), α-Pinen (14,7%), β-Sesquiphellandren (10,4%) sowie Limonen (9,3%) als Hauptkomponenten [11, 12]; *S. gigantea*: 0,5% mit γ-Cadinen (30–60%) als Hauptkomponente sowie 14 weiteren identifizierten Mono- und Sesquiterpenen [2]. Phenolcarbonsäuren: in beiden Arten 2–2,3% freie, veresterte und glykosidisch gebundene Säuren, u.a. Kaffee-, Ferula-, Sinapin-, Vanillin-, Protocatechu- und Salicylsäure [13], Chlorogensäure, Hydroxyzimtsäure; Gerbstoffe. Polysaccharide (*S. canadensis*): Ein β-1,2-Fructosan mit einer Kettenlänge von 12–20 Einheiten sowie ein Gemisch saurer Polysaccharide mit gleicher Zuckerzusammensetzung: 23,5% Uronsäuren, 25% D-Galactose, 21,5% L-Rhamnose, 15% L-Arabinose, 5% D-Xylose, 4% L-Fucose, 2% D-Mannose [14]. Die im Echten Goldrutenkraut vorkommenden Phenolglykoside Leiocarposid und Virgaureosid A (s. Virgaureae herba) konnten im Riesengoldrutenkraut nicht nachgewiesen werden [15].

Indikationen: Die Droge wird wie das Echte Goldrutenkraut (s. dort) zur Erhöhung der Harnmenge bei Entzündungen im Bereich der Niere und Blase verwendet, wobei als Wirkstoffe die Flavonoide und Saponine vermutet werden. Riesengoldrutenkraut hat zunächst als Verfälschung und dann als Austauschdroge für das Echte Goldrutenkraut Eingang in die Therapie gefunden, begünstigt durch den höheren Saponin- und Flavonoidgehalt. Beide Drogen unterscheiden sich jedoch in ihrem Wirkstoffspektrum [8]. Das diuretisch und antiphlogistisch wirkende Leiocarposid fehlt im Riesengoldrutenkraut [15], desgleichen die antimycetisch wirkenden Estersaponine der Polygalasäure, wobei im gleichen Test die Saponine des Riesengoldrutenkrauts nicht wirksam waren [16]. Ein exakter Wirkungsnachweis mit definierter Droge ist deshalb für das Riesengoldrutenkraut wünschenswert. Die in Tierversuchen mit Goldrutenkraut erhaltenen unterschiedlichen Ergebnisse hinsichtlich der diuretischen Wirkung, die als schwach oder auch kräftig angegeben werden, könnten aus der Verwendung unterschiedlicher Drogen, Echtes Goldrutenkraut oder Riesengoldrutenkraut, resultieren. Für einen kommerziell erhältlichen *S. gigantea*-Extrakt wurden an Ratten inzwischen anti-inflammatorische (Rattenpfotenödemtest) und moderate diuretische und spasmolytische Eigenschaften nachgewiesen [17]. Auch für wäßrige Auszüge aus dem Kraut von *S. gigantea* und *S. canadensis* wurden diuretische Wirkungen an Ratten beobachtet [18].

Saponinfreie Extrakte aus Riesengoldrutenkraut zeigten nach i.v.-Applikation (10–300 mg/kg) bei Hunden eine hypotensive Wirkung [19]. Die wasserlöslichen Polysaccharide wirkten nach i.p.-Applikation im Sarkom-180-Stammzell-Assay antitumoral [14].

Das ätherische Öl der Infloreszenzen von *S. canadensis* wirkt toxisch auf Insekten und ist als Repellent wirksam [20].

Teebereitung: 1–2 Teelöffel voll fein geschnittener Droge mit kochendem Wasser übergießen, 10–15 min ziehen lassen, anschließend abseihen. Auch das Ansetzen mit kaltem Wasser, kurzes Aufkochen und Abseihen (noch warm durch ein Teesieb) wird empfohlen. Als Diuretikum 3 bis 5mal täglich eine Tasse. 1 Teelöffel=etwa 2 g.

Teepräparate: Die Droge ist in einigen wenigen Blasen-Nierenteegemischen enthalten.

Phytopharmaka: Es darf angenommen werden, daß viele der unter Echtem Goldrutenkraut genannten Phyto-

Wortlaut der Packungsbeilage gemäß Standardzulassung:

6.1 **Anwendungsgebiete**
Zur Erhöhung der Harnmenge bei Entzündungen im Bereich von Niere und Blase.

6.2 **Gegenanzeigen**
Bei chronischen Nierenerkrankungen soll vor der Anwendung von Zubereitungen aus Riesengoldrutenkraut der Arzt befragt werden.

6.3 **Dosierungsanleitung und Art der Anwendung**
1 bis 2 Teelöffel voll (3 bis 5 g) **Riesengoldrutenkraut** werden mit siedendem Wasser (ca. 150 ml) übergossen und nach etwa 15 Minuten durch ein Teesieb gegeben.
Soweit nicht anders verordnet, wird 3- bis 4mal täglich 1 Tasse Teeaufguß zwischen den Mahlzeiten getrunken.

6.4 **Hinweis**
Vor Licht und Feuchtigkeit geschützt aufbewahren.

pharmaka (s.Virgaureae herba) auch Extrakte aus Riesengoldrutenkraut enthalten.

Prüfung: Makroskopisch (s. Beschreibung) und mikroskopisch. Blattfragmente mit glänzenden Exkretbehältern (Abb. 3), ca. 30–50 µm breit und 40–80 µm lang (*S. gigantea*), Blattspreite dicht besetzt mit einzelreihigen Gliederhaaren mit abgewinkelter Endzelle, im Mesophyll Exkretbehälter (*S. canadensis*). Hüllkelchblattrand an der Spitze mit bis zu 5(6)-zelligen Gliederhaaren und Geißelhaaren mit relativ dicker Endzelle (*S. canadensis*) oder nur spärlich mit vorspringenden Zellecken und vereinzelten 2–3zelligen Gliederhaaren und wenigen Geißelhaaren mit dünner Endzelle (*S. gigantea*); Röhrenblüten mit langen, schlanken (8–10 µm breiten) Papillen am Narbenschenkel und unter 100 µm langen Zwillingshaaren am Fruchtknoten (*S. canadensis*) oder mit 14–19 µm breiten Papillen am Narbenschenkel und bis 200 µm langen Zwil-

Abb. 4: Zwillingshaare vom Fruchtknoten

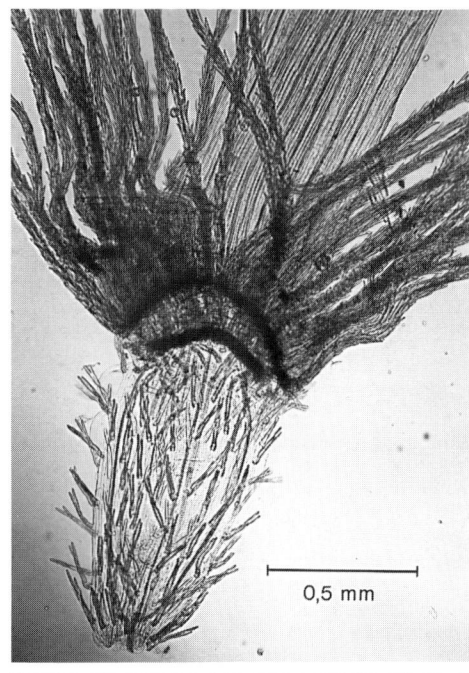

Abb. 5: Fruchtknoten mit Zwillingshaaren und Pappus

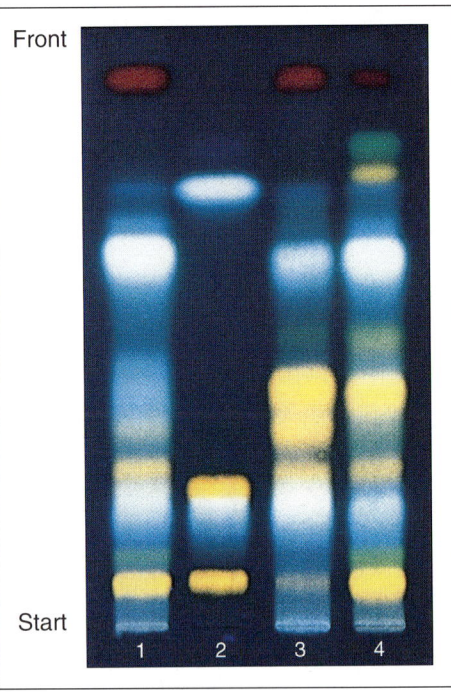

Abb. 6: DC verschiedener Solidagoarten, auf Glasplatten 5 × 10 cm, Laufstrecke 8 cm, besprüht mit Diphenylboryloxyethylamin-Reagenz, unter UV$_{365}$
1 Solidago virgaurea (5 µl)
2 Referenzlösung (2 µl)
3 Solidago gigantea (5 µl)
4 Solidago canadensis (5 µl)

lingshaaren am Fruchtknoten (Abb. 4 und 5) mit deutlich welliger oder streifiger Kutikula (*S. gigantea*). Bei *S. virgaurea* ist die Mittelwand der Zwillingshaare stark getüpfelt. Zur mikroskopischen Unterscheidung der drei *Solidago*-Arten siehe [21, 22].

Identitätsprüfung mittels DC:

Sorbens: Kieselgel 60 F$_{254}$ (lufttrocken) (Merck) (5 × 10 cm, Glas oder Folie).

Untersuchungslösung: 0,5 g pulv. Droge wird mit 5 ml Methanol 10 Min. unter Rückfluß erhitzt und warm filtriert. Das Filtrat dient als Untersuchungslösung.

Referenzlösung: Je 5 mg Rutosid, Chlorogensäure, Hyperosid und Kaffeesäure werden in 10 ml Methanol gelöst.

Aufzutragen: 5 µl Untersuchungslösung und 2 µl Referenzlösung strichförmig (10 × 2 mm).

Fließmittel: Ethylacetat – wasserfr. Ameisensäure – Wasser (88 + 6 + 6) (Kammersättigung).

Laufstrecke: 8 cm, **Zeit:** 19 min.

Sichtbarmachung und Auswertung: Nach vollständigem Abdunsten des Fließmittels (im Heißluftstrom): Besprühen a) mit einer 1proz. methanolischen Lösung von Diphenylboryloxyethylamin und b) mit einer 5proz. methanolischen Lösung von Polyethylenglykol 400 und anschließende Auswertung unter UV$_{365}$. Die Referenzsubstanzen erscheinen mit folgenden Rf-Werten und Fluoreszenzfarben: Rutosid (0,07, orangegelb), Chlorogensäure (0,17, hellblau), Hyperosid (0,21, orangegelb) und Kaffeesäure (0,71, blau). Das Flavonoidmuster der drei Solidago-Arten unterscheidet sich in charakteristischer Weise: bei *Solidago virgaurea* fehlen deutlich gelb fluoreszierende Zonen im Rf-Bereich zwischen Hyperosid und Kaffeesäure. *Solidago gigantea* und *Solidago canadensis* unterscheiden sich im Gehalt an Rutosid (Abb. 6). Siehe auch die Angaben in [23].

Verfälschungen: Nicht selten. Im Handel befindet sich z.T. Droge, die aus einem Gemisch von Echtem Goldrutenkraut und Riesengoldrutenkraut besteht. Durch mikroskopische Prüfung sind solche Verwechslungen oder Verfälschungen jedoch sicher zu erkennen, siehe unter Prüfung, siehe auch Virgaureae herba, Prüfung. Zur Unterscheidung wichtige Merkmale sind die Gliederhaare der Laubblätter, die Haare der Blütenblätter (nur bei *Solidago virgaurea* vorkommend), die Zwillingshaare am Fruchtknoten und die Größe der Pollen [21, 22].

Literatur:

[1] Monographie der Kommission E, BAnz Nr. 50 vom 13.03.1990.
[2] Hager, Band **6**, 752 (1994).
[3] J. Budzianowski, L. Skrzypczak und M. Wesolowska, Sci. Pharm. **58**, 15 (1990).
[4] G. Reznicek und Mitarb., Planta Med. **55**, 623 (1989).
[5] G. Reznicek und Mitarb., Tetrahedron Lett. **30**, 4097 (1989).
[6] G. Reznicek und Mitarb., Phytochemistry **30**, 1629 (1991).
[7] G. Reznicek und Mitarb., Planta Med. **58**, 94 (1992).
[8] K. Hiller und Mitarb., Pharmazie **46**, 405 (1991).
[9] F. Bohlmann und Mitarb., Phytochemistry **19**, 2655 (1980).
[10] J. Jurenitsch und Mitarb., Phytochemistry **27**, 626 (1988).
[11] S.H. Shin, Saengyak Hakhoe Chi **12**, 215 (1981); C.A. **96**, 222998 (1981).
[12] P. Weyerstahl und Mitarb., Planta Med. **59**, 281 (1993).
[13] D. Kalemba, Pharmazie **47**, 471 (1992).
[14] J. Kraus, M. Martin und G. Franz, Dtsch. Apoth. Ztg. **126**, 2045 (1986).
[15] K. Hiller und G. Fötsch, Pharmazie **41**, 415 (1986).
[16] G. Bader und Mitarb., Pharmazie **42**, 140 (1987).
[17] J. Leuschner, Arzneim. Forsch. **45**, 165 (1995).
[18] H. Schilcher und H. Rau, Urologe B **28**, 274 (1988).
[19] G. Racz, E. Racz-Kotilla und J. Jozsa, Planta Med. **36**, 259 (1979).
[20] D. Kalemba und Mitarb., C.A. **115**, 3142 (1991).
[21] H. Schilcher und U. Bornschein, Dtsch. Apoth. Ztg. **126**, 1377 (1986).
[22] J. Saukel und Mitarb., Österr. Apoth. Ztg. **40**, 560 (1986).
[23] P. Rohdewald, G. Rücker und K.-W. Glombitza, Apothekengerechte Prüfvorschriften, S. 725. Deutscher Apotheker Verlag Stuttgart 1986.

Willuhn

Spiraeae flos — Mädesüßblüten

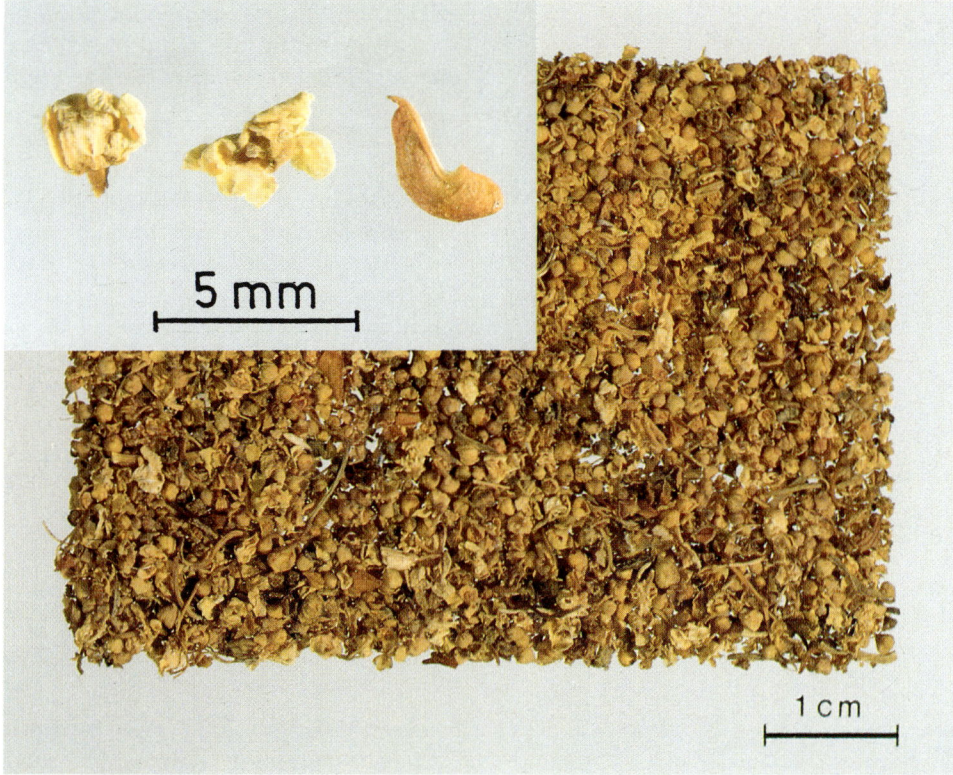

Abb. 1: Mädesüßblüten

Beschreibung: Gelblichweiße, bis 5 mm (sehr selten bis 8 mm) breite Blüten. Der etwas vertiefte, krugförmige Blütenboden trägt 5 kleine, dreieckige, behaarte Kelchblättchen, die meist nach unten geklappt sind. Die 5 Korollblätter sind verkehrt eiförmig, kurz genagelt und nicht miteinander verwachsen, etwa 2 bis 3 mm lang. Staubblätter zahlreich, lang, mit rundlichen Antheren. Blütenachse mit 5 bis 10 (selten 12) kleinen, freien, leicht spiralig gedrehten Fruchtknoten.

In der Droge überwiegen die leicht abfallenden Kronblätter, daneben findet man zahlreiche noch geschlossene Blütenknospen (Detailaufnahmen seitlich und von unten: links und Mitte), daneben kommen vereinzelt spiralige Früchte (Detailaufnahme: rechts) vor.

Geruch: Schwach, an Salicylsäuremethylester erinnernd.

Geschmack: Adstringierend und bitter.

Abb. 2 und 3: *Filipendula ulmaria* (L.) Maxim.

Die an feuchten Standorten verbreitet anzutreffende, bis 2 m Höhe erreichende Staude mit zahlreichen kleinen, in rispigen Blütenständen angeordneten, duftenden, gelblichweißen Blüten besitzt unpaarig gefiederte Blätter mit höchstens 5 Paaren Fiederblättchen (Unterschied zu *Filipendula vulgaris*) und Nebenblättern am Blattgrund.

St. Zul. 1609.99.99

Stammpflanze: *Filipendula ulmaria* (L.) MAXIM. (Echtes Mädesüß), Rosaceae.

Synonyme: Flores Ulmariae. Spierblumen, Spierstaudenblüten, Sumpfspireenblüten. Meadowsweet, Queen-of-the-meadow, Bridewort (engl.). Fleur d'ulmaire (franz.).

Herkunft: Heimisch in Europa, außerdem in Nordamerika vorkommend. Die Droge wird aus südosteuropäischen Ländern importiert.

Inhaltsstoffe: Die Droge enthält etwa 0,3–0,5% einfache Phenolglykoside, so vor allem Monotropitin (=Primverosid des Salicylaldehyds) und Spiraein (das Primverosid des Salicylsäuremethylesters) [1, 2]. Aus diesen Verbindungen entsteht beim Trocknen und Lagern eine kleine Menge an ätherischem Öl, das vorwiegend aus Salicylaldehyd (ca. 75% des äther. Öls) besteht, daneben kommen Salicylsäuremethylester, Phenylethylalkohol, Benzylalkohol u.a. vor [3].
1 bis 5% Flavonoide [4], vor allem Spiraeosid (Quercetin-4'-glucosid) Kämpferol-4'-glucosid [5] u.a. Die Gerbstoffe der Droge gehören zur Gruppe der Ellagitannine (Ester der Hexahydroxydiphensäure mit Glucose) [6], sie sind für den adstringierenden Geschmack verantwortlich.

Indikationen: Vor allem als Diaphoretikum bei Erkältungskrankheiten, daneben besonders in der *Volksmedizin* auch als Diuretikum. Ausschließlich in der *Volksmedizin* werden Mädesüßblüten auch bei Muskel- und Gelenkrheumatismus sowie bei Gicht verwendet.
In einer russischen Arbeit wird von antitumoralen und immunmodulierenden Aktivitäten eines Dekokts berichtet [7]. Die Isolierung einer heparinähnlichen Substanz ist in Lit. [8] beschrieben.

Teebereitung: 3–6 g geschnittene Droge werden mit kochendem Wasser übergossen und nach etwa 10 min durch ein Teesieb gegeben. Mehrmals täglich eine Tasse.
1 Teelöffel=etwa 1,4 g.

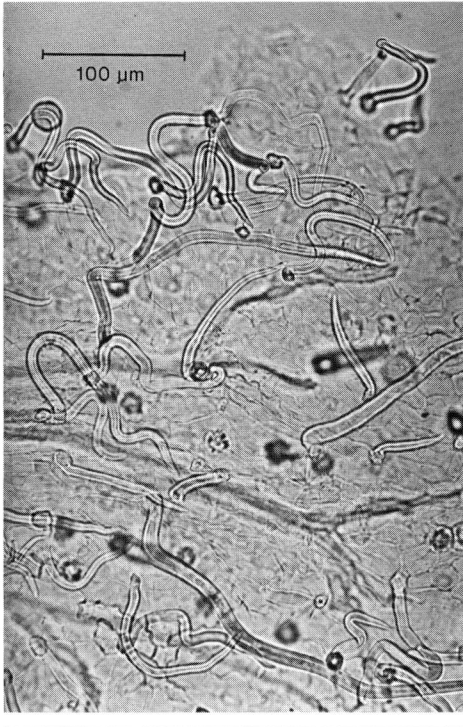

Abb. 4: Kelchblattfragment mit einzelligen, gekrümmten Haaren

Teepräparate: Die Droge ist Bestandteil von Teegemischen der Gruppe Erkältungstee.

Phytopharmaka: Mädesüßblüten sind im Kombinationspräparat Lapidar®9 Tabletten (Antipyreticum-Analgeticum) enthalten.

Prüfung: Makroskopisch (s. Beschreibung) und mikroskopisch. Die Blütenachse und die äußere Epidermis der Kelchblätter führen zahlreiche anomocytische Spaltöffnungen und tragen einzellige, etwas gekrümmte, dickwandige zugespitzte Haare, die 50 bis 150 µm lang sind (Abb. 4). Im Mesophyll der Kelchblätter viele Oxalatdrusen, im Fruchtknoten Einzelkristalle (Abb. 5). Das Endothecium besitzt sternförmige Verdickungsleisten (Abb. 6). Die Pollen sind kugelig, glatt, mit 3 Austrittsporen.

Identitätsprüfung mittels DC:

Sorbens: Kieselgel 60 F_{254} (lufttrocken) (Merck) (5 × 10 cm, Glas oder Folie).

Untersuchungslösung: 1,0 g pulv. Droge wird mit 5 ml Methanol 10 Min. unter Rückfluß erhitzt und warm filtriert. Das Filtrat dient als Untersuchungslösung.

Referenzlösung: Je 5 mg Rutosid, Chlorogensäure und Hyperosid werden in 5 ml Methanol gelöst.

Aufzutragen: 3–5 µl Untersuchungslösung und 2 µl Referenzlösung strichförmig (10 × 2 mm).

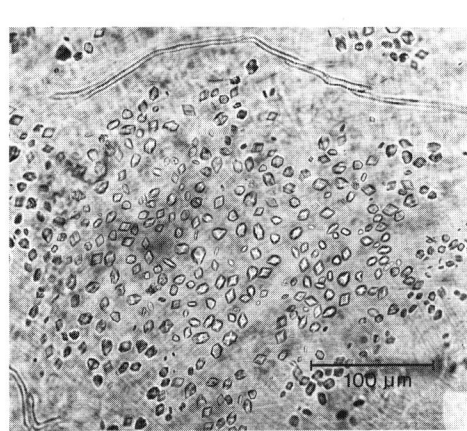

Abb. 5: Einzelkristalle aus dem Fruchtknoten

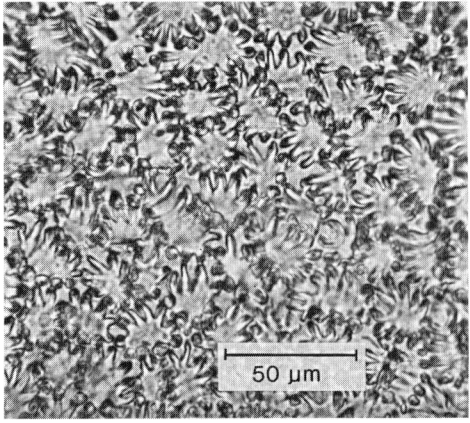

Abb. 6: Endothecium mit sternförmigen Verdickungsleisten

Auszug aus der Monographie der Kommission E (BAnz Nr. 43 vom 02.03.1989)

Anwendungsgebiete

Zur unterstützenden Behandlung von Erkältungskrankheiten.

Gegenanzeigen

Keine bekannt.

Hinweis:

Mädesüßblüten enthalten Salicylate. Sie sollten daher bei Salicylat-Überempfindlichkeit nicht angewendet werden.

Nebenwirkungen

Keine bekannt.

Wechselwirkungen mit anderen Mitteln

Keine bekannt.

Dosierung

Soweit nicht anders verordnet:
Tagesdosis: 2,5–3,5 g Mädesüßblüten bzw.
4–5 g Mädesüßkraut;
Zubereitungen entsprechend.

Art der Anwendung

Zerkleinerte Droge und andere galenische Zubereitungen für Teeaufgüsse. Mehrmals täglich 1 Tasse Teeaufguß möglichst heiß trinken.

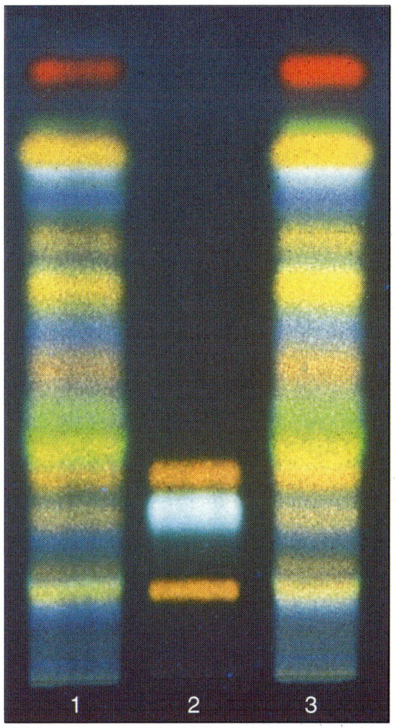

Abb. 7: DC von Mädesüßblüten, auf Glasplatten 5 × 10 cm, Laufstrecke 8 cm, besprüht mit Diphenylboryloxyethylamin-Reagenz, unter UV_{365}
1 Mädesüßblüten (3 µl)
2 Referenzsubstanzen (2 µl)
3 Mädesüßblüten (5 µl)

Wortlaut der Packungsbeilage gemäß Standardzulassung

6.1 Anwendungsgebiete

Fiebrige Erkältungskrankheiten, bei denen eine Schwitzkur erwünscht ist; zur Erhöhung der Harnmenge.

6.2 Dosierungsanleitung und Art der Anwendung

Etwa 2 Teelöffel voll (4 bis 6 g) Mädesüßblüten werden mit siedendem Wasser (ca. 150 ml) übergossen und nach etwa 10 Minuten durch ein Teesieb gegeben. Soweit nicht anders verordnet, wird mehrmals täglich eine Tasse frisch bereiteter Teeaufguß möglichst heiß getrunken.

6.3 Hinweis

Vor Licht und Feuchtigkeit geschützt aufbewahren.

Fließmittel: Ethylacetat – wasserfr. Ameisensäure – Wasser (80 + 8 + 12) (Kammersättigung).

Laufstrecke: 8 cm, **Zeit:** 20 min.

Sichtbarmachung und Auswertung: Nach vollständigem Abdunsten des Fließmittels (im Heißluftstrom): Besprühen a) mit einer 1proz. methanolischen Lösung von Diphenylboryloxyethylamin und b) mit einer 5proz. methanolischen Lösung von Polyethylenglykol 400 und anschließende Auswertung im UV_{365}. Die Referenzsubstanzen erscheinen mit folgenden Rf-Werten und Fluoreszenzfarben: Rutosid (0,15, orangegelb), Chlorogensäure (0,28, hellblau), Hyperosid (0,35, orangegelb). Das DC der Untersuchungslösung zeigt eine charakteristische Folge von Flavonoidzonen (Abb. 7). Deutlich erkennbar sind Spiraeosid (Rf ca. 0,35, knapp über der Hyperosidzone) und Quercetin (Rf ca. 0,8).

Verfälschungen: Eine Verwechslung mit Holunderblüten (s. dort, S. 528) ist möglich. Sie kann schon bei Betrachtung mit der Lupe erkannt werden, da Holunderblüten 5 miteinander verwachsene Blumenkronblätter besitzen. Bei mikroskopischer Prüfung wäre der Kristallsand auffällig (Abb. 4, S. 530), der bei Mädesüßblüten fehlt.

Aufbewahrung: Vor Licht geschützt, trocken.

Literatur:
[1] B. Meier, Habilitationsschrift ETH Zürich, 1988.
[2] H. Thieme, Pharmazie **20**, 113 (1965).
[3] A. Lindeman, P. Jounela-Eriksson und M. Lounasmaa, Lebensm. Wiss. Technol. **15**, 286 (1982).
[4] J.L. Lamaison, C. Petitjean-Freytet und A. Carnat, Pharm. Acta Helv. **67**, 218 (1992).
[5] Th. Scheer und M. Wichtl, Planta Med. **53**, 573 (1987).
[6] R.K. Gupta und Mitarb., J. Chem. Soc., Perkin Trans. **1982**, 2525; C.A. **98**, 86339 (1983).
[7] V.G. Bespalov und Mitarb., Khim. Farm. Zh. **26**, 59 (1992); C.A. **116**, 227822 (1992).
[8] B.A. Kudryashov und Mitarb., Izv. Akad. Nauk SSSR, Ser. Biol. 939 (1991); C.A. **116**, 165953 (1992).

Wichtl

Symphyti radix — Beinwellwurzel

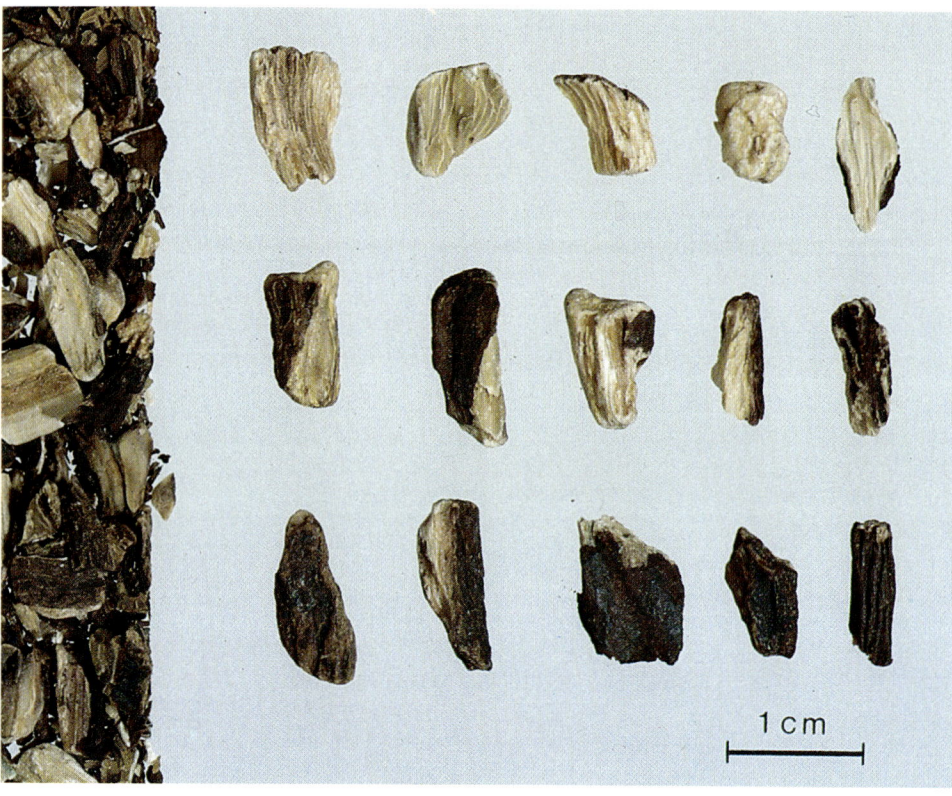

Abb. 1: Beinwellwurzel

Beschreibung: Außen längsrunzlige schwarze bis schwarzbraune Wurzelstücke mit ebenem Bruch. Das Querschnittsbild zeigt eine dünne, helle Rinde und einen weißlichen bis schwach bräunlichen, strahligen Holzkörper mit breiten Markstrahlen. Mit der Lupe können innerhalb der Holzparenchymstrahlen zerstreut einzelne oder in Gruppen von 2–3 zusammenliegende, weite Gefäße ausgemacht werden. Einzelne Rhizomstücke mit Mark kommen vor.

Geschmack: Schleimig, etwas süßlich und schwach adstringierend.

Abb. 2: *Symphytum officinale* L.

Mehrjährige, 50–150 cm hohe, borstig behaarte Staude; Blätter lang und an den Enden verschmälert, mit grober Netznervatur. Glockige Blumenkrone gelblichweiß oder rotviolett.

Stammpflanze: *Symphytum officinale* L. (Beinwell), Boraginaceae.

Synonyme: Radix Consolidae, Wallwurz, Waldwurz, Schwarzwurz (nicht zu verwechseln mit Schwarzwurzel, einem Gemüse von *Scorzonera hispanica* L., Asteraceae), Wundallheil, Beinwurzel, Beinbruchwurzel, Heilwurzel, Schadheilwurzel, Wundwurzel, Milchwurzel, Schneewurzel, Schmeerwurz (Verwechslungsgefahr, da auch Wurzeln anderer Pflanzen [*Tamus communis* L., *Sedum maximum* (L.) SUTER] als Schmeerwurz bzw. Schmerwurz bezeichnet werden). Comfrey root, Symphytum root (engl.). Racine de (grand) consoude (franz.).

Herkunft: Heimisch in fast ganz Europa, im Osten bis Sibirien reichend, aus Kulturen in Nordamerika verwildert. Die Droge stammt aus dem Anbau. Als Futter- und Düngepflanzen

werden weitere *Symphytum*-Arten kultiviert (*S. asperum* LEPECH., *S.* × *uplandicum* NYM.), als Gemüsepflanze *S. peregrinum* LEDEB.
Importe der Droge aus Bulgarien, Polen, Rumänien und Ungarn.

Inhaltsstoffe: Ca. 0,6–0,8% Allantoin; Pyrrolizidin-Alkaloide: ca. 0,04–0,6% ([1], siehe auch die Angaben für kommerzielle Beinwell-Produkte bei [2]): Intermedin, Acetylintermedin, Lycopsamin, Acetyllycopsamin, Symphytin, bei manchen Herkünften auch Echimidin und Symviridin [3], alle in der Droge zum Teil auch als N-Oxide vorliegend; ca. 4–6% Gerbstoffe; reichlich Schleime (Fructane); Stärke; Triterpene (Isobauerenol), monodesmosidische sowie bisdesmosidische Triterpensaponine mit Hederagenin als Aglykon [4–8] und ein monodesmosidisches Oleanolsäureglykosid [9]; Sterole (Sitosterol); Depside der α-Hydroxydidehydrokaffeesäure (=„Lithospermsäure"); ca. 1–3% Asparagin; Aminosäuren (u.a. γ-Aminobuttersäure).

Indikationen [10]: *Äußerlich* in Form von Umschlägen und Pasten als entzündungshemmendes Mittel bei Knochenhautreizungen, Gelenkentzündungen, Gichtknoten, zur Förderung der Kallusbildung bei Knochenbrüchen, bei Sehnenscheidenentzündungen, Arthritis, Distorsionen, Kontusionen, Hämatomen, bei Thrombophlebitis, Phlebitis, Mastitis, Parotitis und Drüsenschwellungen sowie zur Behandlung schlecht heilender Wunden und Furunkel. Dekokte als Mund- und Gurgelwasser bei Parodontose, Pharyngitis und Angina (u.a. muzilaginose Wirkung der Schleimstoffe, adstringierende Gerbstoffwirkung). Die praktizierte innerliche Anwendung bei Gastritis sowie Magen- und Darmgeschwüren wird von der Kommission E abgelehnt [11] (siehe Nebenwirkungen!).
In der *Volksheilkunde* wird die Droge darüber hinaus bei Rheuma, Bronchitis, Pleuritis und auch als Antidiarrhoikum (Gerbstoffe, Schleime) verwendet.
Ein Wirkprinzip der Droge ist Allantoin, das die Granulation und Gewebsregeneration fördert.
Für Symphytumblatt-Extrakte wurde an Ratten eine wundheilende und eine leichte analgetische Wirkung nachgewiesen [12] und als anti-inflammatorisch wirkender Inhaltsstoff die Rosmarinsäure isoliert [13].
Pyrrolizidinalkaloid-freie Wurzelextrakte zeigten bei Patienten u.a. mit Epicondylitis antiinflammatorische Wirkungen [14]. In vitro wird von wäßrig-ethanolischen Wurzelauszügen der klassische und der alternative Weg der Komplementaktivierung gehemmt [15]. Für diese Wirkung konnten hochmolekulare Stoffe (>300 kDa, Glykoproteine?) verantwortlich gemacht werden, die dosisabhängig die Komplementfaktoren C3 und C4 hemmen, nicht jedoch die Faktoren C1 und C2.
Die Triterpensaponine der Wurzel wirken antibakteriell [5]. Für das bisdesmosidische Triterpensaponin Symphytoxid A wurden nach i.v. Injektion an Ratten eine blutdrucksenkende Wirkung und in in-vitro Modellen (Meerschweinchen-Vorhof und -Ileum, Rattenuterus, Skelettmuskulatur des Frosches) acetylcholinähnliche Wirkungen nachgewiesen [16]. Nach Verfütterung der Wurzeln an Ratten wurde ein Anstieg der Aktivität der Aminoypyrin-N-Demethylase beobachtet [17].

Auszug aus der Monographie der Kommission E
(BAnz Nr. 138 vom 27.07.1990)

Anwendungsgebiete
Äußere Anwendung:
Prellungen, Zerrungen, Verstauchungen.

Gegenanzeigen
Nicht bekannt.

Hinweis:
Die Anwendung darf nur auf intakter Haut erfolgen; die Anwendung in der Schwangerschaft sollte nur nach Rücksprache mit dem Arzt erfolgen.

Nebenwirkungen
Nicht bekannt.

Wechselwirkungen mit anderen Mitteln
Nicht bekannt.

Dosierung
Soweit nicht anders verordnet:
Salben oder andere Zubereitungen zur äußeren Anwendung mit 5 bis 20 Prozent getrockneter Droge; Zubereitungen entsprechend.
Die pro Tag applizierte Dosis darf nicht mehr als 100 μg Pyrrolizidinalkaloide mit 1,2 ungesättigtem Necingerüst einschließlich ihrer N-Oxide enthalten.

Art der Anwendung
Zerkleinerte Droge, Extrakte, Frischpflanzenpreßsaft für halbfeste Zubereitungen und Kataplasmen zur äußeren Anwendung.

Dauer der Anwendung
Nicht länger als 4 bis 6 Wochen pro Jahr.

Wirkungen
entzündungshemmend
Förderung der Kallus-Bildung
antimitotisch

	R¹	R²	R³	R⁴
Intermedin	OH	H	H	H
Acetylintermedin	OH	H	Acetyl	H
Lycopsamin	H	OH	H	H
Acetyllycopsamin	H	OH	Acetyl	H
Symphytin	H	OH	Tigloyl	H
Echimidin	H	OH	Angeloyl	OH
Symviridin	OH	H	Senecioyl	H

Hederagenin
(Aglykon der Saponine)

Nebenwirkungen: Die Pyrrolizidinalkaloide der Droge haben sich *in Langzeituntersuchungen* an Ratten als hepatotoxisch, kanzerogen und mutagen erwiesen [18, 19, 20], dort weitere Literatur, s. auch bei Kreuzkraut. Die Verbindungen werden in der Leber zu hochreaktiven Pyrrolderivaten metabolisiert, d.h. gegiftet [21]. In verschiedenen Testsystemen konnten für die Symphytum-Pyrrolizidine mutagene Wirkungen nachgewiesen werden [22–24]. So induzierte z.B. ein Alkaloid-Extrakt aus der Wurzel (0,1% bezogen auf die Droge) in einer Kultur humaner Lymphozyten bei einer Konzentration von 140 µg/ml Schwesterchromatidenaustausch und Chromosomenbrüche [23]. Bei einer Konzentration von 14 µg/ml waren keine Effekte nachweisbar. Die Droge ist deshalb als potentiell genotoxisches Kanzerogen für den Menschen einzustufen.

Das genetische Risiko durch Pyrrolizidinalkaloide scheint gegenüber ihrer toxischen Potenz jedoch nur von untergeordneter Bedeutung zu sein [25]. Wegen der toxikologischen Gefahren hat das Bundesgesundheitsamt die Zulassung von pyrrolizidin-haltigen Arzneimitteln mit Auflagen verbunden. Bei der nur noch vorgesehenen äußerlichen Anwendung von Symphytum-Zubereitungen darf die pro Tag applizierte Dosis einen Grenzwert von 100 µg Pyrrolizidin-Alkaloiden mit 1,2-ungesättigtem Necingerüst, einschließlich ihrer N-Oxide nicht überschreiten [11]. Zur qualitativen und quantitativen Analytik der Pyrrolizidin-Alkaloide siehe bei [2, 26–28].

Eine normale Tasse Tee kann bis zu 8,5 mg Alkaloide enthalten [29]. *Vor einer innerlichen Anwendung zumindest über längere Zeiträume ist abzuraten*, da mögliche schädigende Wirkungen dann nicht auszuschließen sind. Bei der äußerlichen Anwendung findet nur eine geringe Resorption statt. Nach Auftragen eines alkoholischen Extrakts, entsprechend einer Dosis von 194 mg Alkaloidgemisch-N-oxid/kg Körpergewicht, wurden bei Ratten zwischen 0,1–0,4% Alkaloide überwiegend als N-oxide im Harn ausgeschieden. Die orale Applikation führte innerhalb dieses Zeitraumes zu einer 20- bis 50fach höheren Exkretion im Urin [30].

Teebereitung: 5–10 g der feinzerschnittenen oder grob gepulverten Droge mit kochendem Wasser übergießen und nach 10–15 min durch ein Teesieb geben. 2–3mal täglich 1 Tasse, nicht über längere Zeit (s. Nebenwirkungen).

Zur äußerlichen Anwendung – sofern nicht der Brei frischer Wurzeln verwendet wird – dient eine Abkochung 1:10. 1 Teelöffel = etwa 4 g.

Teepräparate: Keine. Der Wurzelbrei ist als Umschlagpaste unter verschiedenen Markenbezeichnungen im Handel (siehe auch Phytopharmaka).

Phytopharmaka: Extrakte aus der Droge werden *nur noch extern* angewendet z.B. im Antiphlogisticum Kytta-Plasma® F (Paste), Kytta-Salbe® F (Salbe) u.a., und in wenigen Kombinationspräparaten der Gruppe Antirheumatika-Antiphlogistika, z.B. Kytta-Balsam® F (Balsam), Syviman® N (Salbe) u.a.

Prüfung: Makroskopisch (siehe Beschreibung) und mikroskopisch entspr. der Monographie im DAC 1979 (im DAC 1986 nicht mehr enthalten): Schleimhaltige Parenchymzellen, Netz- und Tüpfelgefäße, wenig kleinkörnige Stärke; im DAC 1979 auch DC-Nachweis des Allantoins: 1,0 g gepulverte Droge mit 25 ml 70%igem Ethanol 30 min unter Rückfluß extrahieren, nach Abkühlen filtrieren. 10 µl des Filtrates und 10 µl einer Lösung von 50 mg Allantoin in 25 ml 70%igem Ethanol auf eine Kieselgelschicht (10 × 20 cm) auftragen. 10 cm hoch mit Methanol entwickeln, nach Verdunsten des Fließmittels mit 4-Dimethylaminobenzaldehydlösung (1 g in 20 ml konz. Salzsäure, mit Ethanol ad 100 ml) besprühen; im oberen Drittel des DC werden nach Aufblasen von warmer Luft (Fön) die gelben Allantoinzonen sichtbar.

Quellungszahl mindestens 8 (Ein Ausschluß von Wurzeln anderer, ebenfalls kultivierter *Symphytum*-Arten ist hierüber jedoch nicht möglich).

Verfälschungen: Kommen praktisch nicht vor.

Literatur:
[1] R. Mütterlein und C.G. Arnold, Pharm. Ztg. Wiss. **6/138**, 119 (1993).
[2] J.M. Betz und Mitarb., J. Pharm. Sci. **83**, 649 (1994).
[3] E. Röder, T. Bouranel und W. Neuberger, Phytochemistry **31**, 4041 (1992).
[4] V.U. Ahmed und Mitarb., Phytochemistry **32**, 1003 (1993).
[5] V.U. Ahmed und Mitarb., Fitoterapia **64**, 478 (1993).
[6] V.U. Ahmed und Mitarb., Planta Med. **59**, 461 (1993).
[7] M. Noorwala und Mitarb., Phytochemistry **36**, 439 (1994).
[8] F.V. Mohammed und Mitarb., Planta Med. **61**, 94 (1995).
[9] V.U. Ahmed und Mitarb., J. Nat. Prod. **56**, 329 (1993).
[10] H. Köhler und G. Franz, Z. Phytother. **8**, 166 (1987).
[11] Monographie der Kommission E, BAnz Nr. 138 vom 27.07.1990.
[12] R.S. Goldman, P.C.D. de Freitas und S. Oga, Fitoterapia **56**, 323 (1985).
[13] L. Gracza, H. Koch und E. Löffler, Arch. Pharm. (Weinheim) **318**, 1090 (1985).
[14] G. Petersen und Mitarb., Planta Med. **59** (Suppl.), A 703 (1993).
[15] F.M. van den Dungen und Mitarb., Planta Med. **57** (Suppl.), A 62 (1991).
[16] A.H. Gilani und Mitarb., Fitoterapia **65**, 333 (1994).
[17] J.B. Garret und Mitarb., Toxicol. Letters **10**, 183 (1982).
[18] E. Röder, Dtsch. Apoth. Ztg. **122**, 2081 (1982).
[19] P. Stengel, H. Wiedenfeld und E. Röder, Dtsch. Apoth. Ztg. **122**, 851 (1982).
[20] R. Schoental, Toxicol. Letters **10**, 323 (1982).
[21] H.R. Mattocks, Chemistry and toxicology of pyrrolizidine alkaloids. Acad. Press, London 1986.
[22] U. Graf und Mitarb., Mutat. Res. **120**, 233 (1983).
[23] C. Behninger und Mitarb., Planta Med. **55**, 518 (1989).
[24] H. Frei und Mitarb., Chem. Biol. Interact. **83**, 1 (1992).
[25] O. Schimmer, Dtsch. Apoth. Ztg. **123**, 1361 (1983).
[26] E. Röder und V. Neuberger, Dtsch. Apoth. Ztg. **128**, 1991 (1988).
[27] U. Zweifel und J. Lüthy, Pharm. Acta Helv. **65**, 165 (1990).
[28] E. Röder, K. Liu und R. Mütterlein, Fesenius J. Anal. Chem. **343**, 621 (1992).
[29] J.N. Roitman, Lancet 1 (8226) 944 (1981); C.A. **95**, 92071 (1981).
[30] J. Brauchli und Mitarb., Experientia **38**, 1085 (1982).

Willuhn

Taraxaci radix cum herba — Löwenzahn

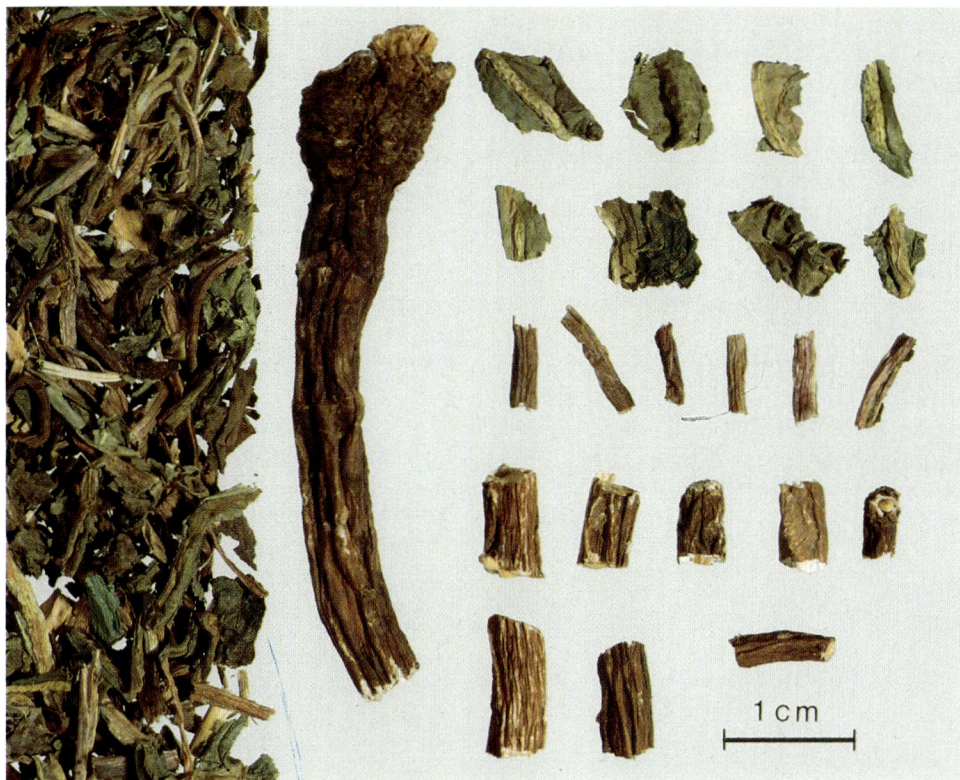

Abb. 1: Löwenzahnkraut und -wurzel

Die Droge besteht aus den vor der Blüte geernteten, getrockneten gesamten Pflanzenteilen des Löwenzahns.

Beschreibung: Außen grob längsrunzelige, dunkelbraune bis schwärzliche Wurzelstücke. Ihr Querschnittsbild zeigt in der breiten, weißlichgrauen bis bräunlichen Rinde mehrere konzentrische Zonen mit tangential aneinandergereihten, braunen Milchsaftröhren (Abb. 3). Die dunkler gefärbte Kambiumzone umschließt einen zitronengelben, porösen, nicht strahligen Holzkörper, der bei manchen Stücken auch zerklüftet sein kann. Der Bruch ist hornig-spröde, nicht faserig. Des weiteren unbehaarte oder auch zottig behaarte Blattfragmente, oft mit violettem Mittelnerv, rotviolette Blattstielteile, Blütenstandsknospen und nur vereinzelt gelbe Zungenblüten mit weißem Pappus.

Geruch: Schwach, eigenartig.

Geschmack: Etwas bitter.

Abb. 2: *Taraxacum officinale* WEB.

Ein Kosmopolit auf Wiesen und Wegrändern mit einer kräftigen Pfahlwurzel und schrotsägeförmigen, grundständigen Blättern. Das Blütenköpfchen besteht nur aus Zungenblüten, der weiße Pappus dient den Achänen als Flugapparat. Die Pflanze führt in allen Teilen Milchsaft.

DAC 1986: Löwenzahn
ÖAB: Radix Taraxaci
St. Zul. 1139.99.99

Stammpflanze: *Taraxacum officinale* WEB. (Löwenzahn), Cichoriaceae.

Synonyme: Kuhblumenkraut, Butterblumenkraut, Kettenblumenkraut, Akkerzichorienkraut, Pfaffendistelkraut, Wiesenlattichkraut, Seicherwurzel, Bettseicherwurzel, Radix et Folia Dentis Leonis. Dandelion root and herb (engl.). Racine et herbe de dent de lion, racine et herbe de pissenlit (franz.).

Herkunft: Heimisch mit vielen Unterarten und Varietäten auf der gesamten nördlichen Halbkugel, nach Südamerika eingeschleppt. Die Droge stammt aus Wildvorkommen und aus Kulturen. Hauptlieferländer sind Bulgarien, das ehemalige Jugoslawien, Rumänien, Ungarn und Polen.

Inhaltsstoffe [1]: Die in der älteren Literatur als Taraxacin bezeichneten Bitterstoffe wurden inzwischen identifiziert [2–4]. Es handelt sich um die anderweitig noch nicht gefundenen Eudesmanolide Tetrahydroridentin B und Taraxacolid-β-D-glucopyranosid und die ebenfalls neuen Germacranolide Taraxinsäure-β-D-glucopyranosid und 11,13-Dihydrotaraxinsäure-β-D-glucopyranosid sowie Taraxacosid [4], ein Esterderivat der p-Hydroxyphenylessigsäure mit 3-Hydroxy-γ-butyrolacton-3-O-β-D-glucosid. Das vermutete Lactucapikrin konnte nicht gefunden werden. Triterpene: Taraxasterol (=α-Lactucerol), ψ-Taraxasterol (=Isolactucerol), ihre Acetate und 16-Hydroxyderivate Arnidiol und Faradiol, β-Amyrin. Sterole: Sitosterol, Stigmasterol; Carotine; Xanthophylle; Flavonoide (Blätter und Blüten): u.a. die 7-O-Glucoside von Apigenin, Quercetin und Luteolin, Luteolin-7-O-rutinosid und -4'-O-glucosid sowie Isorhamnetin-3-O- und 3,7-Di-O-glucosid [5, 5a]. Phenolcarbonsäuren: u.a. Kaffee-, p-Cumar-, Ferula-, p-Hydroxybenzoe-, Protocatechu- und p-Hydroxyphenylessigsäure [5, 5a]; Cumarine: Scopoletin, Aesculetin und Umbellife-

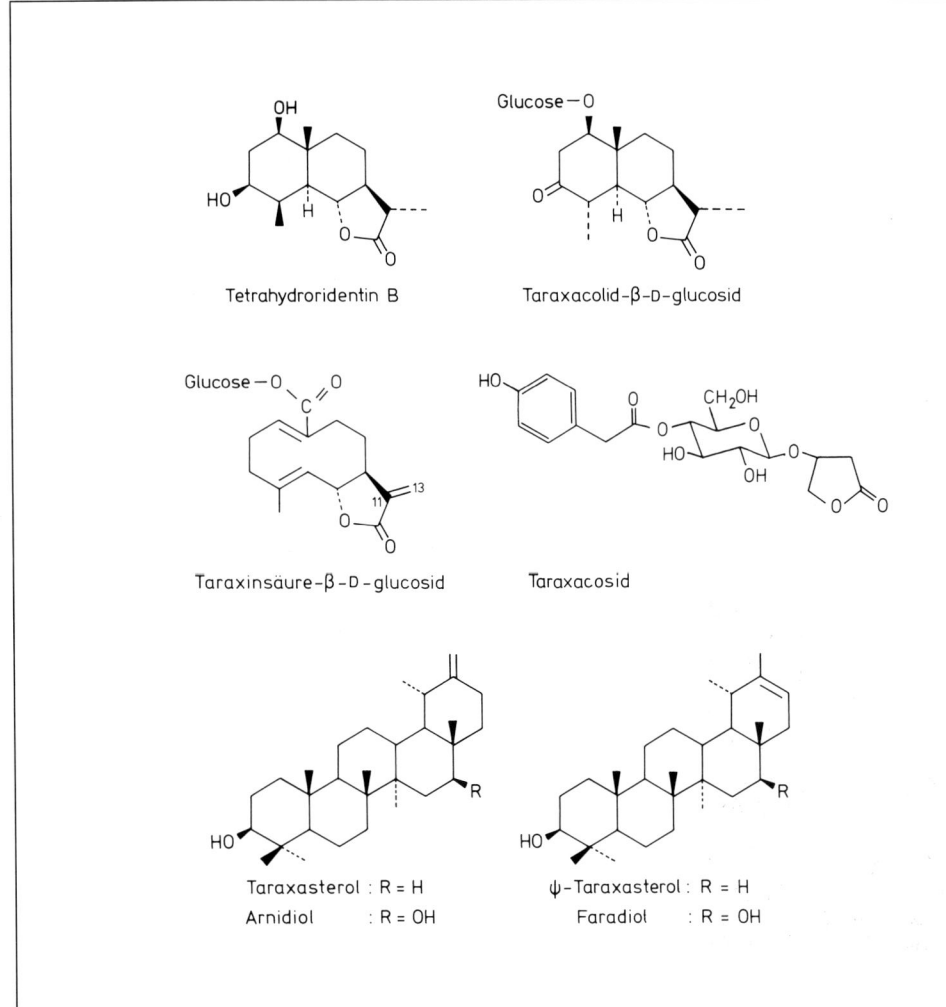

*Auszug aus der Monographie der Kommission E
(BAnz Nr. 228 vom 05. 12. 1984 und Nr. 164 vom 01. 09. 1990)*

Löwenzahnwurzel mit -kraut

Anwendungsgebiete

Störungen des Gallenflusses. Zur Anregung der Diurese. Appetitlosigkeit und dyspeptische Beschwerden.

Gegenanzeigen

Verschluß der Gallenwege, Gallenblasenempyem; Ileus. Bei Gallensteinleiden nur nach Rücksprache mit einem Arzt anzuwenden.

Nebenwirkungen

Wie bei allen bitterstoffhaltigen Drogen können superazide Magenbeschwerden auftreten.

Wechselwirkungen

Keine bekannt.

Dosierung

Soweit nicht anders verordnet:
Als Aufguß: 1 Eßlöffel der geschnittenen Droge auf 1 Tasse Wasser.
Als Abkochung: 3–4 g der geschnittenen oder gepulverten Droge auf 1 Tasse Wasser.
Als Tinktur: täglich 3 × 10–15 Tropfen.

Art der Anwendung

In flüssigen und festen Darreichungsformen zur oralen Anwendung.

Wirkungen

Choleretische und diuretische Wirkungen.
Appetitanregende Eigenschaften.

ron [5, 5a]; Kohlenhydrate (Wurzel): ca. 1,1% Schleim. Im Frühjahr ca. 18% Zucker (Fructose), ca. 2% Inulin, zum Herbst bis zu 40% ansteigend. Erwähnenswert ist ferner ein hoher Kaliumgehalt von durchschnittlich 4,5% (Kraut) bzw. 2,45% (Wurzel), der etwa ein Drittel des Aschegehaltes ausmacht [6].

Indikationen: Als mild wirkendes Choleretikum, Diuretikum, appetitanregendes Amarum und als Adjuvans bei Hepatopathien, Cholezystopathien sowie bei Verdauungsbeschwerden, insbesondere bei mangelhafter Fettverdauung.

In der *Volksheilkunde* gilt die Droge als sog. „Blutreinigungsmittel" und wird als mildes Laxans, zur Behandlung von Gicht und Erkrankungen des rheumatischen Formenkreises sowie von Ekzemen und anderen Hauterkrankungen genutzt. Neben dem Tee werden hier auch aus der frischen Pflanze hergestellte Preßsäfte verwendet. Beliebt ist des weiteren, besonders in den romanischen Ländern, die Verwendung der im Frühjahr gesammelten frischen Blätter als Salat (sog. „Frühjahrskuren"). Die im Herbst geernteten (dann inulinreichen) Wurzeln werden geröstet als Kaffee-Ersatz verwendet.

Hinweise auf die cholagoge und diuretische Wirkung der Droge sind in älteren tierexperimentellen [7–10] und klinischen Untersuchungen [10, 11] zu finden. In neuerer Zeit wurde für Fluidextrakte an Ratten eine diuretische und saluretische Wirkung nachgewiesen [13]. Sie entspricht der Wirkung des mitgetesteten Saluretikums Furosemid und ist stärker als die anderer pflanzlicher Diuretika (u.a. Equiseti Herba, Juniperi Fructus). Parallel zur Diurese zeigten Ratten und Mäuse nach täglichen Gaben des Fluidextrakts einen Gewichtsverlust von ca. 30%. Toxische Wirkungen wurden nicht beobachtet. Obwohl mit den isolierten Sesquiterpenlactonen noch keine pharmakologischen Untersuchungen durchgeführt wurden, darf nach den bisher vorliegenden Kenntnissen über die Wirkungen dieser Bitterstoffe (s. bei Arnikablüten) angenommen werden, daß sie die Hauptwirkstoffe der Droge sind. Für die diuretische Wirkung ist fast ausschließlich der ungewöhnlich hohe Kaliumgehalt verantwortlich zu machen [6, 13].

Nebenwirkungen: Über Nebenwirkungen bei therapeutischer Verwendung ist nichts bekannt. Bei häufigem Kontakt mit Löwenzahn (insbesondere dem Milchsaft) wurden gelegentlich Kontaktdermatitiden beobachtet [14], für die wegen seiner α-Methylen-γ-lacton-Struktur das Taraxinsäureglucosid verantwortlich sein dürfte. Das Sensibilisierungspotential des Löwenzahns wird jedoch als sehr schwach eingestuft [15].

Teebereitung: 1–3 g der fein geschnittenen Droge werden mit kaltem Wasser angesetzt, kurz aufgekocht und nach 10 min durch ein Teesieb gegeben.
1 Teelöffel = etwa 1,2 g.

Teepräparate: Die Droge wird als Löwenzahntee von einigen Herstellern, auch im Filterbeutel, angeboten und ist Bestandteil einiger Gallen- oder Leber-Gallen-Tee-Gemische.

Phytopharmaka: Löwenzahnextrakt ist Bestandteil von Kräutertabletten sowie von zahlreichen Kombinationspräparaten der Indikationsgruppe Cholagoga, z.B. Aristochol® N (Tropfen), Cefachol® N (Tropfen), Gallemolan® forte (Kapseln) u.a. und der Gruppe Urologika z.B. Nieron® S (Kapseln, -Liquidum) u.a.

Prüfung: Makroskopisch und mikroskopisch nach DAC 1986, dort eine sehr ausführliche Beschreibung anatomischer Merkmale. Besonders auffallend

---

Auszug aus der Monographie der Kommission E (Nr. 162 vom 29.08.1992)

Löwenzahnkraut

Pharmakologische Eigenschaften, Pharmakokinetik, Toxikologie
Nicht bekannt.

Klinische Angaben

1. Anwendungsgebiete
Appetitlosigkeit, dyspeptische Beschwerden wie Völlegefühl und Blähungen.

2. Gegenanzeigen
Verschluß der Gallenwege, Gallenblasenempyem; Ileus. Bei Gallensteinleiden nur nach Rücksprache mit einem Arzt anzuwenden.
Nach Kontakt mit dem Milchsaft wurden selten Kontaktallergien, bedingt durch Sesquiterpenlaktone, beobachtet. Untersuchungen oder Beobachtungen zu Drogenzubereitungen liegen nicht vor.

3. Nebenwirkungen
Keine bekannt.

4. Besondere Vorsichtshinweise für den Gebrauch
Keine bekannt.

5. Verwendung bei Schwangerschaft und Laktation
Keine bekannt.

6. Wechselwirkungen mit anderen Mitteln
Keine bekannt.

7. Dosierung
Soweit nicht anders verordnet:
3 × täglich 4–10 g Droge,
3 × täglich 4–10 ml Liquidextrakt 1:1 in 25%igem Alkohol.

8. Art der Anwendung
Zerkleinerte Droge für Teeaufgüsse sowie flüssige Darreichungsformen zur Einnahme.

9. Dauer der Anwendung
Nicht eingeschränkt.

10. Überdosierung
Keine bekannt.

11. Besondere Warnungen
Keine bekannt.

12. Auswirkungen auf Kraftfahrer und die Bedienung von Maschinen
Keine bekannt.

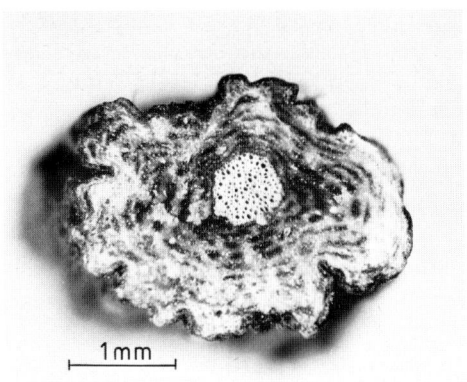

Abb. 3: Bruchstück einer Wurzel; weißliche Rinde mit zahlreichen, konzentrischen, bräunlichen Zonen (Milchröhren)

sind die langen, dünnwandigen Gliederhaare der Blätter, die meist kollabiert sind (Abb. 4). Der histochemische Nachweis von Inulin (nach DAB 1996 mit 1-Naphthol-Schwefelsäure) und von Schleim (nach DAB 1996 mit Tusche, bzw. Methylenblau) ist möglich. Im DAC 1986 ist auch eine DC-Prüfung des Methanolextraktes der Droge angegeben; die Aussagekraft der dort angegebenen Vorschrift ist fraglich.
Bitterwert für die Wurzeldroge (nach ÖAB) mindestens 100.

Verfälschungen: In der Praxis sehr selten. Beschrieben sind Beimengungen von *Leontodon*-Arten, bes. *Leontodon autumnalis* L. (Herbst-Löwenzahn), kenntlich an Blütenknospen, die einen aus gefiederten Haaren bestehenden, ungestielten Pappus aufweisen. Die Wurzeldroge könnte mit den Wurzeln von *Cichorium intybus* L. (Gemeine Wegwarte) verunreinigt sein (selten!), deren Querschnitt eine nur schmale Rinde zeigt und einen durch breite Markstrahlen deutlich strahligen Holzkörper.

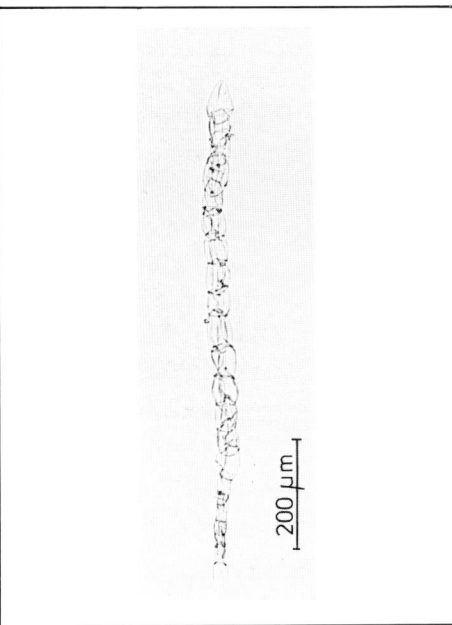

Abb. 4: Langes Gliederhaar mit völlig kollabierten Zellen

Literatur:
[1] Hager, Band **6**, 900 (1994).
[2] R. Hänsel und Mitarb., Phytochemistry **19**, 857 (1980).
[3] T. Kuusi, H. Pyysalo und K. Autio, Lebensm.-Wiss. Technol. **18**, 347 (1985).
[4] H.W. Rauwald und J.T. Huang, Phytochemistry **24**, 1557 (1985).
[5] M. Wolbis, M. Krolikowska und P. Bednarek, Acta Pol. Pharm. **50**, 153 (1993).
[5a] Ch.A. Williams, F. Goldstone und J. Greenham, Phytochemistry **42**, 121 (1996).
[6] I. Hook, A. McGee und M. Heuman, Int. J. Pharmacog. **31**, 29 (1993).
[7] J. Büssemaker, Arch. exp. Path. Pharmakol. **181**, 512 (1936).
[8] J. Büssemaker, Pharm. Ztg. **82**, 851 (1937).
[9] M.R. Bonsmann, Arch. exp. Path. Pharmakol. **199**, 376 (1942).
[10] K. Böhm, Arzneim.-Forsch. **9**, 376 (1959).
[11] Mercks Jahresbericht **46**, 87, 138 (1932).
[12] W. Ripperger, Med. Welt **41**, 1467 (1935).
[13] E. Rácz-Kotilla, G. Rácz und A. Solomon, Planta Med. **26**, 212 (1974).
[14] D. Janke, Hautarzt **1**, 177 (1950).
[15] B.M. Hausen, Dermatosen **30**, 51 (1982).

Wortlaut der Packungsbeilage gemäß Standardzulassung:

6.1 Anwendungsgebiete

Störungen im Bereich des Galleabflusses; Beschwerden im Bereich von Magen und Darm wie Völlegefühl, Blähungen und Verdauungsbeschwerden; zur Anregung der Diurese.

6.2 Gegenanzeigen

Entzündungen oder Verschluß der Gallenwege; Darmverschluß.

6.3 Dosierungsanleitung und Art der Anwendung

Etwa 1 bis 2 Teelöffel voll **Löwenzahn** werden mit Wasser (ca. 150 ml) kurz aufgekocht und nach etwa 15 Minuten Ziehen durch ein Teesieb gegeben.
Soweit nicht anders verordnet, wird morgens und abends 1 Tasse frisch bereiteter Teeaufguß warm getrunken.

6.4 Dauer der Anwendung

Zubereitungen aus Löwenzahn sollen kurmäßig 4 bis 6 Wochen lang angewendet werden.

6.5 Hinweis

Vor Licht und Feuchtigkeit geschützt aufbewahren.

Willuhn

Theae nigrae folium — Schwarzer Tee

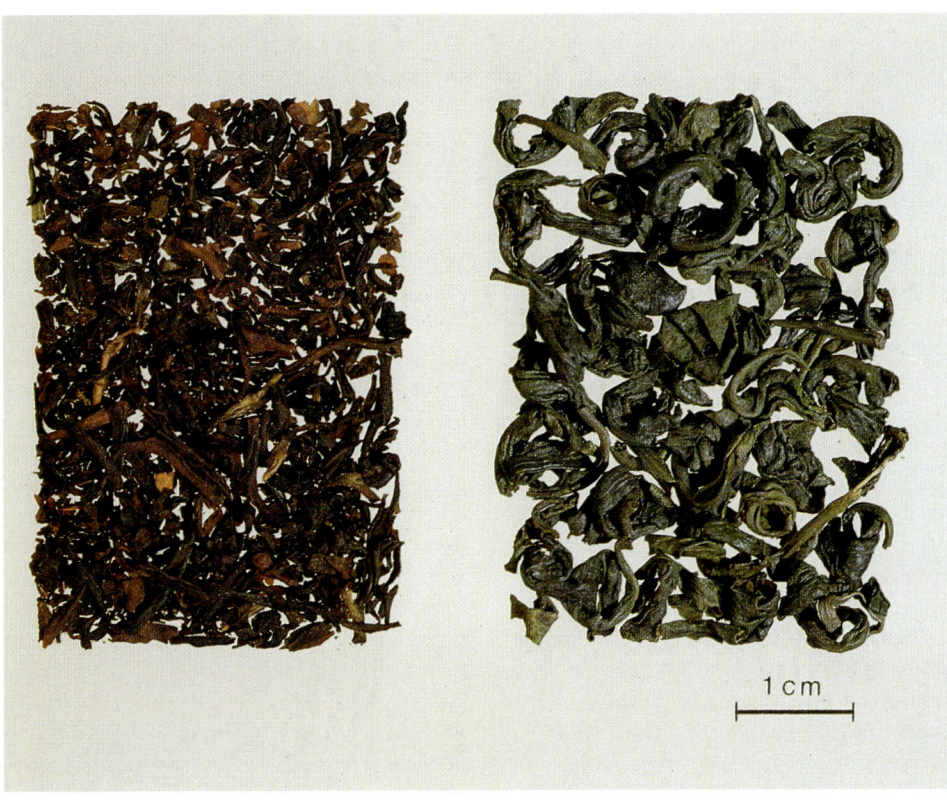

Abb. 1: Schwarzer (und grüner) Tee

Zur Gewinnung von Schwarzem Tee werden die jungen Blätter des Teestrauches zunächst in luftigen Kammern zum Welken gebracht. Die dann biegsam und weich gewordenen Blätter werden gerollt, wobei ein Teil des Zellsaftes austritt und das Blattgewebe partiell zerstört wird. Bei der anschließenden Fermentation werden durch Oxidasen die Catechine in Gerbstoffrote umgewandelt, gleichzeitig entstehen die Aromastoffe. Die Blätter werden sodann mittels Heißluft getrocknet, sortiert und verpackt.

Beim grünen Tee unterbleibt die Fermentation, die Blätter werden nach der Ernte mit Wasserdampf (unter Druck) behandelt, wodurch die Enzyme inaktiviert werden, und anschließend getrocknet.

Beschreibung: Schwarzer Tee (Abb. 1, links) besteht aus rotbraunen bis nahezu schwarzen, stark geknitterten Blattbruchstücken, deren ursprüngliche Form erst nach Aufkochen mit Wasser feststellbar ist. Bessere Qualitäten bestehen aus Blattknospen und sind unterseits fein behaart (Lupe!). Der Rand ist fein gesägt, jede Spitze trägt eine kleine keulenförmige Drüsenzotte.

Grüner Tee (Abb. 1, rechts) besteht aus grünlichgelben bis bräunlichgrünen Blattbruchstücken, deren Struktur besser erkennbar ist.

Geruch: Schwarzer Tee schwach aromatisch, grüner Tee praktisch geruchlos.

Geschmack: Adstringierend, bitter.

Abb. 2: *Camellia sinensis* (L.) O. Kuntze

Der Blattrand der länglich-eiförmigen, dunkelgrünen, glänzenden Blätter ist deutlich gesägt, die duftenden, bis 3 cm großen Blüten erscheinen einzeln mit 5–6 weißen Korollblättern und zahlreichen, gelben Staubblättern.

Abb. 3: *Camellia sinensis* (L.) O. Kuntze

Der bis 15 m hohe Strauch wird in Kultur niedrig gehalten, ist buschig verzweigt und nur an den jungen Trieben mehr oder weniger stark behaart. Diese werden von Hand gepflückt und geben die beste Teequalität.

Stammpflanze: *Camellia sinensis* (L.) O. KUNTZE, syn. *Thea sinensis* L. (Teestrauch), Theaceae.

Synonyme: Schwarzer Tee, auch als Russischer oder Chinesischer Tee bezeichnet, kommt in sehr vielen unterschiedlichen Sorten in den Handel, die z.T. Rückschlüsse auf die Herkunft oder auf die Qualität (Blattalter-Insertion) erlauben, z.B. flowery pekoe, pekoe, souchong, broken orange pekoe (BOP) usw. Tea, Black tea (engl.). Théier (franz.).

Herkunft: Urheimat vermutlich in West-Yünnan (sinensis-Sippe) und in den wärmeren Gebieten von Assam, Burma bis Vietnam und Südchina (assamica-Sippe). Alte Kulturpflanze in China; in Indonesien seit dem 18. Jahrhundert, in Indien und Sri Lanka seit dem 19. Jahrhundert großflächig angebaut; auch sonst in Ländern mit mildem Klima und hohen Niederschlägen in Höhenlagen von 500 bis 2000 m angepflanzt. Der Import der Droge erfolgt aus den genannten Ländern und weiteren tropisch-subtropischen Anbaugebieten.

Inhaltsstoffe: Eine gute Übersicht über Inhaltsstoffe, aber auch über biologische und pharmakologische Wirkungen von Tee findet man in Lit. [1]. 1. Methylxanthine: Coffein („Thein") bis 4%, daneben in geringer Menge Theobromin und Theophyllin (die Angaben in der Literatur sind unterschiedlich), ferner Adenin und Xanthin in Spuren. Die Methylxanthine sind z.T. an Gerbstoffe gebunden. 2. Polyphenole, insbesondere Gerbstoffe: Überwiegend Catechingerbstoffe, in Abhängigkeit vom Teekultivar und vom Alter der Blätter zwischen 10 und 20%; die Hauptkomponenten sind Gallussäureester von Proanthocyanidinen; zahlreiche Einzelkomponenten wurden isoliert, z.B. (−)-Epicatechin, 4-Gallocatechin und weitere Catechingallate; ferner die bei der Fermentation entstehenden gelben (Theaflavine) und roten (Theaflagalline) dimeren Flavanderivate mit einem Benzotropolonringsystem als Chromophor [2]; Phenolcarbonsäuren wie Gallussäure und Chlorogensäure u.a. 3. Weitere Komponenten: Reichlich Flavonoide, darunter Flavan-3-ole und Flavan-3,4-diole sowie die Apigeninderivate Isoschaftosid und Vicenin-3 [3]; Lipoxigenase-Hemmstoffe [4], Triterpensaponine, und flüchtige Aromastoffe, die überwiegend erst bei der Fermentation entstehen. In dem „ätherischen Öl" überwiegen Monoterpen-Aldehyde und -Alkohole, durch GC sind über 300 Verbindungen nachgewiesen. Theanin, das 5-Ethylamid der Glutaminsäure, ist eine im Aminosäurenspektrum des Tees charakteristische Komponente, die die zentralerregenden, krampfauslösenden Wirkungen des Coffeins zu antagonisieren vermag und auch zur Qualitätsbeurteilung herangezogen werden kann [5].

Erwähnenswert ist die Aluminium-Akkumulation in den Teeblättern und der z.T. hohe Gehalt an Fluorverbindungen in älteren Blättern [1, 6].

Indikationen: Tee dient wegen des Gehalts an Coffein als Anregungsmittel und kann auf Grund des Gerbstoffgehalts als Antidiarrhoikum eingesetzt werden. Nach HØJGAARD ([7], zitiert nach [8]) wird die obstipierende Wirkung dem Gehalt an Theophyllin zugeschrieben, das zu einer vermehrten Flüssigkeitsresorption aus dem Darmlumen (infolge der diuretischen Wirkung und einer dadurch bedingten extrazellulären Dehydratation?) führen soll.

Obwohl der Teeaufguß von Schwarzem Tee also durchaus als eine arzneilich wirkende Zubereitung angesehen werden kann, gilt vor allem aromatisierter Tee nach derzeitiger Rechtsprechung als „Genußmittel" und damit als nicht apothekenübliche Ware; eine Abgabe in der Apotheke ist daher – im Gegensatz zum Mate-Tee – nicht zulässig [9, 10].

Unerwünschte Wirkungen von Schwarzem Tee: Infolge der adstringierenden Wirkungen der Gerbstoffe kann es zu einer verzögerten Resorption von Arzneistoffen kommen. Komplexbildung mit N-haltigen Arzneimitteln kann zu einer Reduzierung der Bioverfügbarkeit im Gastrointestinaltrakt führen. Diese für Alkaloide (außer Morphin) seit langem bekannte Tatsache ist auch für N-haltige Neuroleptika [11] und Antidepressiva [12] untersucht worden. Eine Zusammenstellung praxisrelevanter Interaktionen zwischen Arzneimitteln und Schwarzem Tee findet sich in einer neueren Übersichtsarbeit [13]. Daraus läßt sich ableiten, daß die Einnahme von Arzneimitteln und das Trinken von Schwarztee nicht zur gleichen Zeit erfolgen sollte. Ob die Behauptung, daß exzessiver Genuß gerbstoffhaltiger Getränke das Auftreten von Speiseröhrenkrebs fördert [14], für „normale" Teetrinker von Bedeutung ist, muß bezweifelt werden. Zu dieser Frage und zur Pharmakologie und Toxikologie pflanzlicher Gerbstoffe, darunter auch solcher des Schwarztees, vgl. [15].

Teebereitung: 1 Teelöffel voll Tee mit kochendem Wasser übergießen und je nach Verwendungszweck 2 bis 10 min in bedecktem Gefäß ziehen lassen, dann abseihen. Als Stimulans nur 2 min ziehen lassen, mehrmals täglich eine Tasse. Als Obstipans, zur Unterstützung der Therapie von Durchfällen, 10 min ziehen lassen, 2 bis 3mal täglich eine Tasse. Die stimulierende Wirkung ist am stärksten bei kurz aufgebrühtem Tee, da Coffein in heißem Wasser rasch in Lösung geht. Bei längerer Extraktionsdauer gehen verstärkt Gerbstoffe in Lösung, die stimulierende Wirkung nimmt

Theophyllin: $R^1 = CH_3, R^2 = CH_3, R^3 = H$
Theobromin: $R^1 = H, R^2 = CH_3, R^3 = CH_3$
Coffein: $R^1 = CH_3, R^2 = CH_3, R^3 = CH_3$

Theanin

ab (Bindung des Coffeins an Gerbstoffe, Retardierung der Wirkung!), die antidiarrhoische Wirkung wird erhöht.
1 Teelöffel = etwa 2,5 g.

Teepräparate: Die Droge wird als Schwarzer Tee von zahlreichen Herstellern in vielen Sorten und Geschmacksrichtungen, auch im Filterbeutel, angeboten.

Phytopharmaka: Tee oder Tee-extrakt wird in wenigen Kombinationspräparaten als Hilfsstoff eingesetzt.

Prüfung: Bei der Beurteilung von Schwarzem Tee als Genußmittel steht die sensorische (organoleptische) Prüfung immer noch an erster Stelle. Die Qualität nimmt mit zunehmendem Alter der Blätter ab: Coffein- und Gerbstoffgehalt werden geringer. Bei der mikroskopischen Prüfung sind neben den einzelligen, dickwandigen, der Epidermis anliegenden Borstenhaaren (Abb. 4) vor allem die charakteristischen verzweigten Idioblasten des Mesophylls („Astrosklereiden", Abb. 5) von Interesse. Bei jüngeren Blättern sind sie selten und noch wenig auffällig, bei älteren trifft man sie regelmäßig an. Die Behaarung nimmt, wie auch sonst bei Blättern oftmals üblich, mit zunehmendem Alter ab. Der Nachweis des Coffeins ist auf einfache Weise durch Mikrosublimation möglich.

In den meisten europäischen Ländern ist die Qualität von Tee durch lebensmittelrechtliche Vorschriften (Tee-Verordnung) geregelt.

Verfälschungen: In der älteren Literatur finden sich Angaben über eine Reihe von Verfälschungen oder Tee-Ersatzdrogen, so z.B. Weidenröschenblätter („Abessinischer Tee"), Steinsamenblätter („Böhmischer Tee"), Heidelbeerblätter und Blätter der kaukasischen Heidelbeere („Kaukasischer Tee"), Weidenblätter, fermentierte Brombeerblätter u.a.m., nähere Angaben dazu vgl. [16]. Verfälschungen kommen heute praktisch nicht mehr vor.

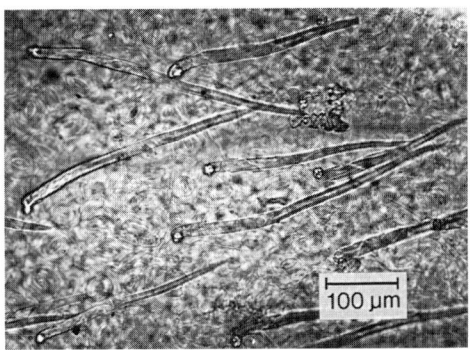

Abb. 4: Einzellige, dickwandige Borstenhaare

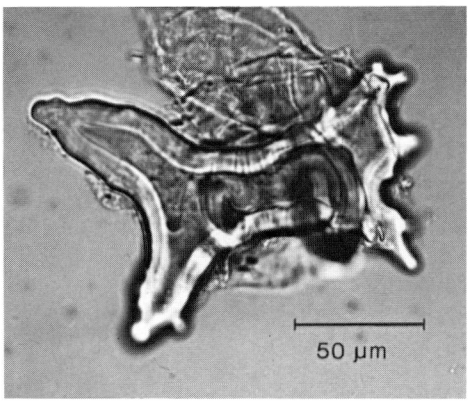

Abb. 5: Verzweigter Idioblast („Astrosklereide") aus dem Teeblatt

Literatur:
[1] E. Scholz und B. Bertram, Z. Phytother. **17**, 235 (1995).
[2] H. Rimpler, Biogene Arzneistoffe, G. Thieme Verlag, Stuttgart New York (1990).
[3] A. Chaboud, J. Raynaud und G. Dellanonica, Pharm. Act. Helv. **64**, 16 (1989).
[4] K. Matsui und Mitarb., Phytochemistry **30**, 2109 (1991).
[5] K. Neumann und A. Montag, Dtsch. Lebensm. Rdsch. **79**, 160 (1983).
[6] R. Hegnauer, Chemotaxonomie der Pflanzen, Bd. VI, 499 Birkhäuser Verlag, Basel (1973).
[7] L. Højgaard und Mitarb., Br. Med. J. **282**, 864 (1981).
[8] R. Hänsel, Phytopharmaka, Springer Verlag, Berlin, Heidelberg, New York, Tokyo (1991).
[9] Pharm. Ztg. **129**, 575 (1984).
[10] Pharm. Ztg. **129**, 1766 (1984).
[11] F. Kulhanek, O.K. Linde und Mitarb., Dtsch. Apoth. Ztg. **120**, 1771 (1980).
[12] O.K. Linde, Dtsch. Apoth. Ztg. **134**, 3306 (1994).
[13] R.L. Ludewig, Dtsch. Apoth. Ztg. **135**, 2203 (1995).
[14] J.F. Morton, Econ. Bot. **32**, 111 (1978).
[15] E. Scholz, Dtsch. Apoth. Ztg. **134**, 3167 (1994).
[16] G. Gassner, B. Hohmann und F. Deutschmann, Mikroskopische Untersuchung pflanzlicher Lebensmittel. G. Fischer Verlag, Stuttgart, 1989.

Frohne

Thymi herba
Ph. Eur.

Thymian
DAB 1996

Abb. 1: Thymian

Die Droge besteht aus den ganzen, von den Stengeln abgestreiften („abgerebelten"), getrockneten Blättern und Blüten von *Thymus vulgaris* L. oder *Thymus zygis* L. oder von beiden Arten.

Beschreibung: Die Blätter von *Thymus vulgaris* sind lanzettlich bis eiförmig, ganzrandig und nur am Rand nach unten eingerollt. Oberseits sind sie grün, unterseits graufilzig, mit vielen Drüsen in grubigen Vertiefungen (Abb. 4). Am Grunde des kurzen Blattstieles befinden sich keine Wimpernhaare. Von den violetten Blüten sind nur die Kelche erkennbar, diese sind kurz behaart und tragen am Grunde weiße Borsten (Abb. 4).
Die Blätter von *Thymus zygis* sind ungestielt, lineal-lanzettlich bis nadelförmig und am Rande eingerollt. Sie sind beiderseits grün bis graugrün und behaart. Am Grunde befinden sich bis 1 mm lange Wimpernhaare. Von den weißlichen Blüten sind wie bei *Thymus vulgaris* nur die Kelche erkennbar, die von diesen praktisch nicht zu unterscheiden sind.

Geruch: Aromatisch, intensiv und charakteristisch.

Geschmack: Aromatisch, etwas scharf.

Abb. 2 und 3: *Thymus vulgaris* L.

Der aromatische Zwergstrauch ist reich verzweigt und besitzt kleine, elliptische, unterseits stark behaarte Blätter mit nach unten eingerolltem Blattrand. Die dorsiventralen, hellvioletten Blüten stehen in ährigen oder köpfchenförmig angeordneten Quirlen. Bei der Kultur von *Thymus vulgaris* ist seine Frostempfindlichkeit zu beachten.

ÖAB: Herba (Folium) Thymi
Ph. Helv. VII: Thymi herba
St. Zul. 1329.99.99

Stammpflanzen: *Thymus vulgaris* L. (Echter Thymian) und *Thymus zygis* L. (Spanischer Thymian), Lamiaceae (= Labiatae).

Synonyme: Für Echten Thymian: Garten-Thymian, Gemeiner Thymian,

Thymianblatt, Römischer (Welscher) Thymian (Quendel), Kuttelkraut. Common Thyme, Garden Thyme, Rubbed Thyme (engl.). Herbe de thym (franz.).

Herkunft: *Thymus vulgaris:* In verschiedenen Unterarten und Formen in Mittel- und Südeuropa, in den Balkanländern und im Kaukasus beheimatet; in Mitteleuropa, Ostafrika, Indien, Türkei, Israel, Marokko und Nordamerika wird die Pflanze kultiviert [1–3]. *Thymus zygis:* Auf der Iberischen Halbinsel beheimatet; dort auch kultiviert [2]. Die Droge stammt zum größten Teil aus dem Anbau in Deutschland; kleinere Mengen werden aus Spanien, Polen, Ungarn und anderen Ländern eingeführt.

Inhaltsstoffe [1], [2]: 1,0–2,5% ätherisches Öl (DAB 1996 mind. 1,2% ÖAB und Ph. Helv. VII mind. 1,5%), das vorwiegend die isomeren Monoterpene Thymol (25–50%) und Carvacrol (3–10%) enthält (nach DAB 1996 und Ph. Helv. VII muß die Droge mind. 0,5% wasserdampfflüchtige Phenole, ber. als Thymol enthalten); ein kleiner Teil der Phenole liegt in der Droge auch als Glucosid bzw. Galactosid vor; daneben kommen im ätherischen Öl noch andere Monoterpene wie p-Cymen, γ-Terpinen, Linalool, Campher und Limonen vor. Beide Stammpflanzen liefern ähnlich zusammengesetztes Öl. Allerdings kann dessen Zusammensetzung in Abhängigkeit von der Herkunft und dem Erntezeitpunkt der Droge stark variieren [3]. Die Droge enthält außerdem Labiatengerbstoffe, Flavonoide, Triterpene und antiperoxidative Biphenyle [3a].

Indikationen (nach [1], [2]): Aufgrund des Gehaltes an ätherischem Öl innerlich als Expektorans und Bronchospasmolytikum (z.B. bei akuten und chronischen Bronchitiden und Keuchhusten; allgemein bei Katarrhen der oberen Luftwege); es wird sowohl die Sekretion gesteigert als auch die Transportfunktion der Zilienbewegungen in den Bronchien erhöht [2]. Das wird vor allem durch einen direkten Einfluß auf die Bronchialschleimhaut bewirkt, da das ätherische Öl zum Teil über die Lunge ausgeschieden wird. Hier kommt auch der antiseptische und antibakterielle Effekt des Thymols zum Tragen. Zur kritischen Bewertung von diversen Thymian-Präparationen vgl. [4]. Äußerlich wird Thymian als hyperämisierendes, antibakterielles, aber auch desodorierendes Mittel bei Entzündungen des Mund- und Rachenraumes (als Mund- und Gurgelmittel) und als hautreizendes Mittel in Einreibungen, Badezusätzen und Kräuterkissen verwendet [1].
Die *Volksmedizin* nutzt die Droge nicht zuletzt wegen ihrer spasmolytischen Wirkung als Stomachikum und Karminativum, sowie als Diuretikum, Harndesinfizienz und als Wurmmittel. Schließlich wird Thymian als Gewürz und in der Likörindustrie gebraucht [1, 5].

Nebenwirkungen: Thymian und seine Zubereitungen sind normalerweise ungefährlich und nur sehr selten allergen. Es sollte aber darauf hingewiesen werden, daß bei der innerlichen Anwendung von *Thymol* (z.B. in der *Volksmedizin* als Wurmmittel) in therapeutischen Dosen (0,3–0,6 g, max. 1,0 g) Leibschmerzen und ein vorübergehender Kollaps auftreten können. Bei Enterokolitis, Herzinsuffizienz und in der Gravidität ist die interne Applikation von Thymol kontraindiziert [6].

Teebereitung: 1,5–2 g Thymian mit kochendem Wasser übergießen und nach 10 min durch ein Teesieb geben.
1 Teelöffel = etwa 1,4 g.

Teepräparate: Thymian wird als Tee von einigen Herstellern, auch im Filterbeutel, angeboten und ist Bestandteil zahlreicher Teemischungen aus der Gruppe Antitussiva (Erkältungstee).

Phytopharmaka: Zahlreiche Fertigarzneimittel der Gruppe Antitussiva enthalten Extrakte aus Thymian, entweder allein z.B. Expectal®N (Sirup und Tropfen), Pertussin®N (Saft), Soledum® (Saft und Tropfen), Thymipin® (Saft und Tropfen), oder zahlreiche Kombinationspräparate der gleichen Indikationsgruppe, z.B. Aspecton®N (Tropfen), Bronchipret® (Filmtabletten, Saft und Tropfen), Eupatal® (Saft und

---

Wortlaut der Packungsbeilage gemäß Standardzulassung:

6.1 Stoff- oder Indikationsgruppe
Pflanzliches Mittel zur Behandlung von Atemwegserkrankungen.

6.2 Anwendungsgebiete
Symptome der Bronchitis, Katarrhe der oberen Luftwege.

6.3 Gegenanzeigen
Keine bekannt.

6.4 Wechselwirkungen mit anderen Mitteln
Keine bekannt.

6.5 Dosierungsanleitung und Art der Anwendung
Soweit nicht anders verordnet, wird mehrmals täglich eine Tasse des wie folgt bereiteten Teeaufgusses getrunken:
1 Teelöffel voll (ca. 1,4 g) Thymian oder die entsprechende Menge in einem oder mehreren Aufgußbeutel(n) wird mit siedendem Wasser (ca. 150 ml) übergossen und nach etwa 10 bis 15 Minuten gegebenenfalls durch ein Teesieb gegeben.

6.6 Dauer der Anwendung
Bei akuten Beschwerden, die länger als eine Woche andauern oder periodisch wiederkehren, wird die Rücksprache mit einem Arzt empfohlen.

6.7 Nebenwirkungen
Keine bekannt.

6.8 Hinweis
Vor Licht und Feuchtigkeit geschützt aufbewahren.

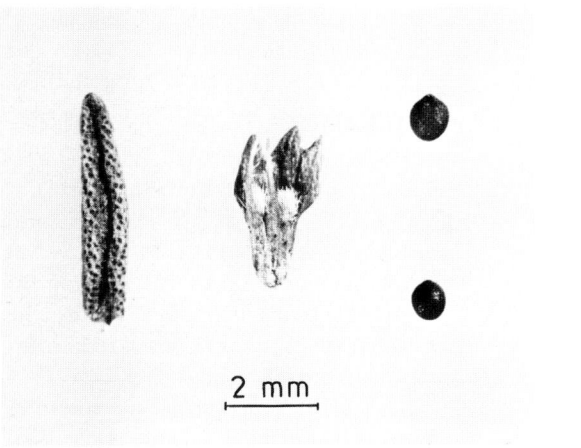
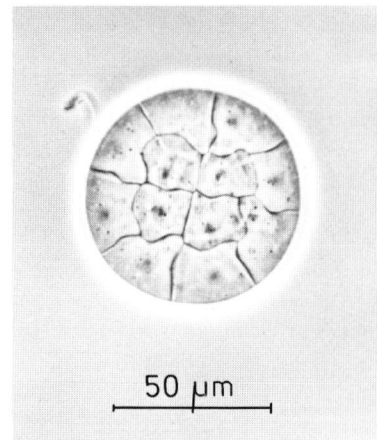

Abb. 4: Lanzettliches Blatt mit nach unten eingerollten Rändern (links). Blütenkelch mit weißen Schlundhaaren (Mitte) und eiförmig abgeflachte Samen (rechts)

Abb. 7: Lamiaceen-Drüsenschuppe mit 12(!) sezernierenden Zellen [Phasenkontrastaufnahme]

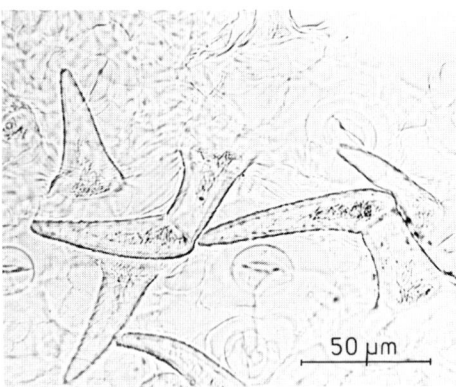
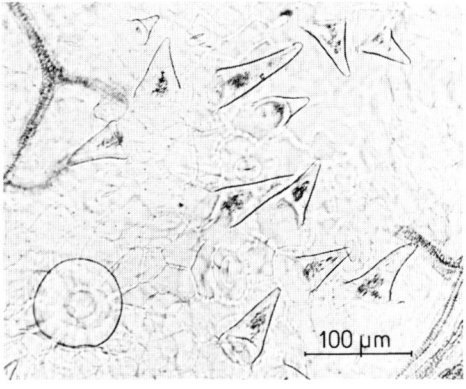

Abb. 5: Eckzahnförmige Haare mit feinen Oxalatnadeln; Drüsenschuppe (links unten)

Abb. 6: Kniehaare mit abgewinkelter Endzelle

Auszug aus der Monographie der Kommission E
(BAnz Nr. 228 vom 05. 12. 1984, Nr. 50 vom 13. 03. 1990 und Nr. 226 vom 02. 12. 1992)

Anwendungsgebiete

Symptome der Bronchitis und des Keuchhustens.
Katarrhe der oberen Luftwege;

Gegenanzeigen

Keine bekannt.

Nebenwirkungen

Keine bekannt.

Wechselwirkungen

Keine bekannt.

Dosierung

Soweit nicht anders verordnet:
1–2 g Droge auf eine Tasse als Aufguß mehrmals täglich nach Bedarf; 1–3mal täglich 1–2 g Fluidextrakt.
Für Umschläge 5prozentiger Aufguß.

Art der Anwendung

Geschnittene Droge, Drogenpulver, Flüssig-Extrakt oder Trocken-Extrakt für Aufgüsse und andere galenische Zubereitungen. Flüssige und feste Darreichungsformen zur innerlichen und äußerlichen Anwendung.

Hinweis

Kombinationen mit anderen expektorierend wirkenden Drogen können sinnvoll sein.

Wirkungen

Bronchospasmolytisch, expektorierend, antibakteriell.

Tropfen) u.v.a.; zahlreiche Interna und Externa (Säfte, Tropfen, Bäder, Einreibungen) enthalten Thymianöl.

Prüfung: Makroskopisch (s. Beschreibung) und mikroskopisch nach DAB 1996. Zu achten ist auf die Eckzahnhaare der Blattoberseite (Abb. 5), die häufig feine Oxalatnadeln enthalten, auf die Kniehaare der Unterseite (Abb. 6), die aber bei *Thymus zygis* fehlen, auf mehrzellige Deckhaare (sog. Spießhaare) und die Lamiaceen-Drüsenhaare, hier mit 12 Sekretionszellen (Abb. 7).

DC-Identitätsprüfung nach DAB 1996 oder nach [7].

Verfälschungen: Kommen praktisch nicht vor, jedoch sind Verwechslungen mit Quendel bekannt geworden. Zum Nachweis s. Serpylli herba.

Aufbewahrung: Vor Licht und Feuchtigkeit geschützt, in dicht schließenden Behältern, nicht in Kunststoffgefäßen (ätherisches Öl!).

Literatur:
[1] Hager, Band **6**, 980 (1994).
[2] Kommentar DAB 10.
[3] G. Vampa und Mitarb., Plantes Med. Phytothér. **22**, 195 (1988).
[3a] H. Haraguchi und Mitarb., Planta Med. **62**, 217 (1996).
[4] F.-C. Czygan und R. Hänsel, Z. Phytother. **14**, 104 (1993).
[5] V. Formáček und K.-H. Kubeczka, Essential Oils Analysis by Capillary Gas Chromatography and Carbon-13 NMR Spectroscopy. John Wiley & Sons. Chichester etc. 1982.
[6] H. Braun und D. Frohne, Heilpflanzenlexikon für Ärzte und Apotheker. Gustav Fischer Verlag, Stuttgart/New York 1994.
[7] P. Pachaly, DC-Atlas, Dünnschichtchromatographie in der Apotheke, Wissenschaftl. Verlagsges. mbH, Stuttgart 1995.

Czygan

Tiliae flos
Ph. Eur.

Lindenblüten
DAB 1996

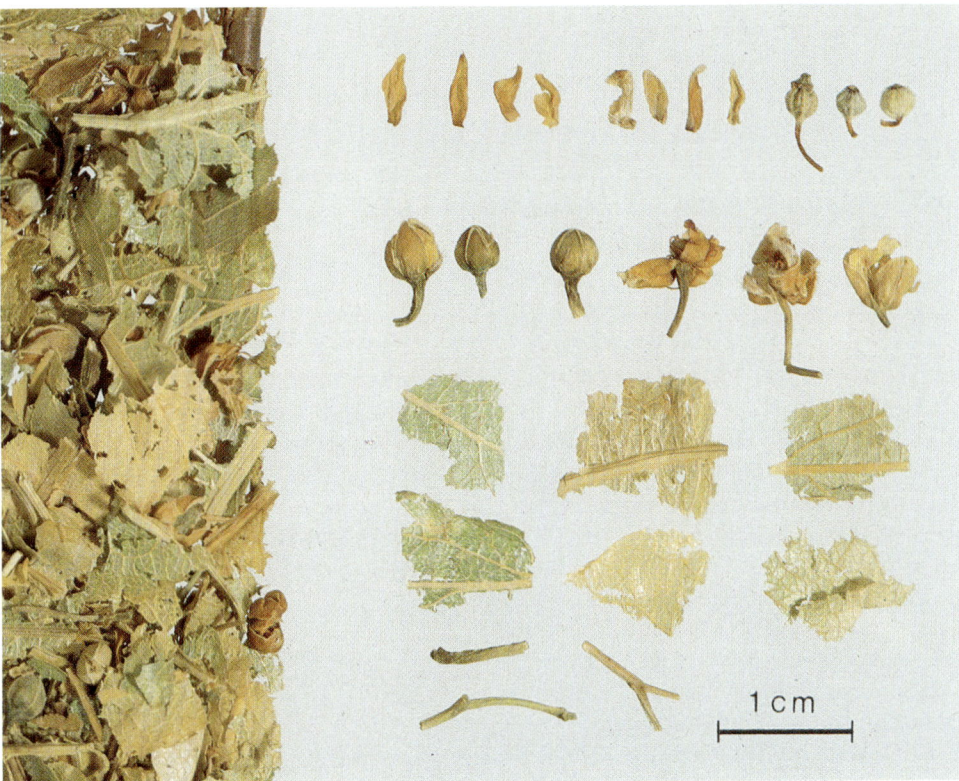

Abb. 1: Lindenblüten

Beschreibung: Charakteristisch sind Fragmente der bleichen, gelbgrünen, ganzrandigen, auffällig netznervigen Hochblätter, die zum Teil mit der Blütenstandsachse verwachsen sind. Daneben gelblich-weiße Blüten mit 5 Kelchblättern, 5 freien Kronblättern, zahlreichen Staubblättern und oberständigem, dicht behaartem Fruchtknoten (Abb. 4). Gelegentlich finden sich auch geschlossene Blütenknospen.

Geruch: Eigenartig, schwach aromatisch.

Geschmack: Leicht süß, schleimig, angenehm.

Abb. 2 und 3: *Tilia cordata* MILL.

Die Winterlinde wird bis 30 m hoch; die herzförmigen Blätter sind kahl, nur blattunterseits finden sich in den Nervaturwinkeln braune Haare (bei der Sommerlinde sind diese weiß), der Blattrand ist gesägt. Die grünlichgelben, duftenden Blüten sind 5-zählig mit zahlreichen Staubblättern und einem relativ großen, behaarten Fruchtknoten, zu 5 bis 10 (2 bis 5 bei der Sommerlinde) in einer Trugdolde vereinigt, deren Stiel mit dem zugehörigen Hochblatt verwachsen ist.

ÖAB: Flos Tiliae
Ph. Helv. VII: Tiliae flos
St. Zul. 1129.99.99

Stammpflanzen: *Tilia cordata* MILL. (Winterlinde), *Tilia platyphyllos* SCOP. (Sommerlinde) und deren Hybride *Tilia x vulgaris* HEYNE, Tiliaceae.

Synonyme: Für Winterlinde auch Steinlinde, Spätlinde, Waldlinde, Bastbaum, für Sommerlinde auch Graslinde, Frühlinde. Lime tree flowers, Linden flowers (engl.). Fleur de tilleul (franz.).

Herkunft: Heimisch in ganz Europa, z.T. angepflanzt. Die Droge stammt aber zum Teil aus China, zum Teil kommt sie aus den Balkanländern und der Türkei.

Inhaltsstoffe: Etwas über 1% an Flavonoiden, vor allem Quercetinglykoside (Rutin, Hyperosid, Quercitrin, Isoquercitrin, ein Rhamnoxylosid und ein 3-Gluco-7-rhamnosid) sowie Kämpferolglykoside (Astragalin, sein 6″-p-Cumarsäureester Tilirosid, das 3-Gluco-7-rhamnosid und 3,7-Dirhamnosid). Etwa 10% eines komplex zusammengesetzten Schleimes [1, 2], vor allem Arabinogalactane enthaltend; etwa 2% Gerbstoff; Leukoanthocyanidine; Kaffee-, p-Cumar- und Chlorogensäure; 0,02–0,1% ätherisches Öl mit vorwiegend Monoterpenen (Linalool, Geraniol, 1,8-Cineol, Carvon Campher, Thymol, Carvacrol) und Anethol, Eugenol, Benzylalkohol, 2-Phenylethanol und seine Essigsäure- und Benzoesäureester als dominierende Bestandteile (jeweils 2–4%) sowie ca. 60 weiteren identifizierten Komponenten [3].

Indikationen: Zur Linderung des Hustenreizes bei Katarrhen der Atemwege (Schleime). Als Diaphoretikum bei fiebrigen Erkältungs- und Infektionskrankheiten, bei denen eine Schwitzkur erwünscht ist.
Für die schweißtreibende Wirkung konnten bisher keine bestimmten Inhaltsstoffe verantwortlich gemacht werden. Wahrscheinlich beruht die Wirkung vorwiegend auf der Aufnahme großer Mengen an heißem Wasser.
In der *Volksmedizin* finden Lindenblüten gelegentlich noch Anwendung als Diuretikum, Stomachikum, Antispasmodikum und auch Sedativum.
Bei den sedierenden Effekten wird eine aromatherapeutische Wirkung diskutiert [4]. Motilitätsmessungen an Mäusen nach Inhalation des ätherischen Öls der Lindenblüten zeigten eine Abnahme der Motilität der Versuchstiere um ca. 40% [4]. Als die nach einer Inhalation sedierend wirkenden Verbindungen sind u.a. Linalool, Geraniol und Benzylalkohol beschrieben worden [5].

Teebereitung: 2 g Lindenblüten mit kochendem Wasser übergießen oder mit kaltem Wasser ansetzen und kurz zum Sieden erhitzen; nach 5–10 min durch ein Teesieb geben.
1 Teelöffel = etwa 1,8 g.

Teepräparate: Lindenblüten werden von einigen Herstellern als Tee, auch im Filterbeutel, angeboten. Sie sind auch in einigen Teegemischen der Indikationsgruppe Husten-Bronchial- und Erkältungstee enthalten.

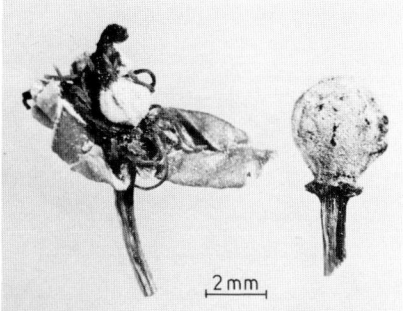
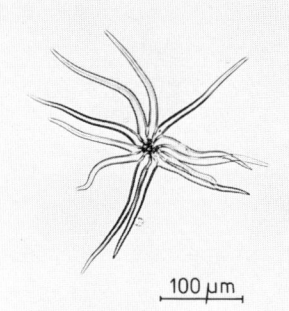
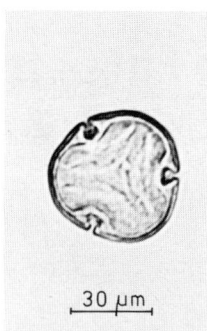

Abb. 4: Einzelblüte (links) und behaarte Frucht (rechts)
Abb. 5: Büschelartiges Sternhaar
Abb. 6: Tricolpates Pollenkorn

Auszug aus der Monographie der Kommission E (BAnz Nr. 164 vom 01.09.1990)

Anwendungsgebiete
Erkältungskrankheiten und damit verbundener Husten.

Gegenanzeigen
Nicht bekannt.

Nebenwirkungen
Nicht bekannt.

Wechselwirkungen mit anderen Mitteln
Nicht bekannt.

Dosierung
Soweit nicht anders verordnet: Tagesdosis 2–4 g Droge; Zubereitungen entsprechend.

Art der Anwendung
Zerkleinerte Droge für Teeaufgüsse sowie andere galenische Zubereitungen zum Einnehmen.

Wirkungen
diaphoretisch

Tilirosid

Wortlaut der Packungsbeilage gemäß Standardzulassung:

6.1 Stoff- oder Indikationsgruppe
Pflanzliches Mittel zur Behandlung von Atemwegserkrankungen.

6.2 Anwendungsgebiete
Erkältungskrankheiten und damit verbundener Husten.

6.3 Gegenanzeigen
Keine bekannt.

6.4 Wechselwirkungen mit anderen Mitteln
Keine bekannt.

6.5 Dosierungsanleitung und Art der Anwendung
Soweit nicht anders verordnet, wird 1- bis 2mal täglich eine Tasse des wie folgt bereiteten Teeaufgusses getrunken:
1 Teelöffel voll (ca. 1,8 g) Lindenblüten oder die entsprechende Menge in einem oder mehreren Aufgußbeutel(n) wird mit siedendem Wasser (ca. 150 ml) übergossen und nach etwa 10 bis 15 Minuten gegebenenfalls durch ein Teesieb gegeben.

6.6 Dauer der Anwendung
Bei akuten Beschwerden, die länger als eine Woche andauern oder periodisch wiederkehren, wird die Rücksprache mit einem Arzt empfohlen.

6.7 Nebenwirkungen
Keine bekannt.

6.8 Hinweis
Vor Licht und Feuchtigkeit geschützt aufbewahren.

Phytopharmaka: Keine.

Prüfung: Makroskopisch und mikroskopisch nach DAB 1996. Auffällige Merkmale bei der mikroskopischen Untersuchung sind die Sklereiden des Hochblattes, Büschelhaare der Kelchblätter und Sternhaare des Fruchtknotens (Abb. 5); die Pollen sind 30–40 µm groß, rundlich und tricolpat (Abb. 6). Nach DAB 1996 weiterhin Prüfung auf Identität anhand der mittels Methanol aus der Droge extrahierten Flavonoide, die einerseits nach Shinoda mit Magnesium/Salzsäure nachgewiesen werden (Überführung in rot gefärbte Anthocyanidine), andererseits mittels DC getrennt werden (Eine Farbabbildung eines nach der Vorschrift des DAB 1996 hergestellten DC findet man bei [6]). Die kurz oberhalb der Hyperosidzone erscheinende Hauptzone wurde inzwischen als Isoquercitrin (Quercetin-3-glucosid) identifiziert [7]). Die Quellungszahl (früher im DAB 10 vorgeschrieben, mit dem 3. Nachtrag gestrichen) ist ein Reinheitskriterium; der früher geforderte Wert von 32 wird von Verfälschungen nicht erreicht. Siehe dazu erläuternde Anmerkungen bei [8]. Die Quellungszahl ist auch als haltbarkeitsbegrenzender Parameter anzusehen [9].

Verfälschungen: Nicht gerade selten, besonders mit den Blüten von *Tilia tomentosa* MOENCH (Syn.: *T. argentea* DC. = Silberlinde) und *T. × euchlora* C. KOCH (vermutlich Bastard zwischen *T. cordata* und *T. dasystyla* STEVEN) (beide Arten werden häufig als Zierbäume gepflanzt!), aber auch anderen *Tilia*-Arten (chinesische Ware z.B. *Tilia chinensis* MAXIM. und *Tilia mandschurica* RUPR.). Diese besitzen meist einen abweichenden Geruch und Geschmack (nach ÖAB darf ein wässeriger Aufguß von Lindenblüten keinen unangenehmen, widerlichen Geruch oder Geschmack besitzen). Mikroskopisch sind Verfälschungen auch daran zu erkennen, daß die Hochblätter dicht behaart sind (z.B. *T. americana* L., *T. tomentosa*) und/oder die Blüten kronblattartige Staminodien tragen (*T. tomentosa*). – Einige Arten kann man auch an ihren Früchten erkennen, die fast immer in der Droge zu finden sind: Frucht kugelig und fast kahl bei *T. cordata*; Frucht birnenförmig bei *T. platyphyllos*; Frucht eiförmig fein warzig bei *T. tomentosa*; Frucht an den Enden zugespitzt bei *T. × euchlora* (nach Flora Europaea).
Die Verfälschungen besitzen stets eine niedrigere Quellungszahl als die offizinelle Droge (s. dazu Prüfung).

Literatur:
[1] G. Kram und G. Franz, Planta Med. **49**, 149 (1983).
[2] G. Kram und G. Franz, Pharmazie **40**, 501 (1985).
[3] G. Buchbauer und L. Jirovetz, Dtsch. Apoth. Ztg. **132**, 748 (1992).
[4] G. Buchbauer, L. Jirovetz und W. Jäger, Arch. Pharm. (Weinheim) **325**, 247 (1992).
[5] G. Buchbauer und Mitarb., Z. Naturforsch. **46c**, 1067 (1991).
[6] E. Stahl und S. Juell, Dtsch. Apoth. Ztg. **122**, 1951 (1982).
[7] M. Wichtl, B. Bozek und T. Fingerhut, Dtsch. Apoth. Ztg. **127**, 509 (1987).
[8] H. Kanschat und C. Lander, Pharm. Ztg. **129**, 370 (1984).
[9] H. Kanschat und C. Lander, Pharm. Ztg. **132**, 2558 (1987).

Willuhn

Tormentillae rhizoma — Tormentillwurzelstock
DAB 1996

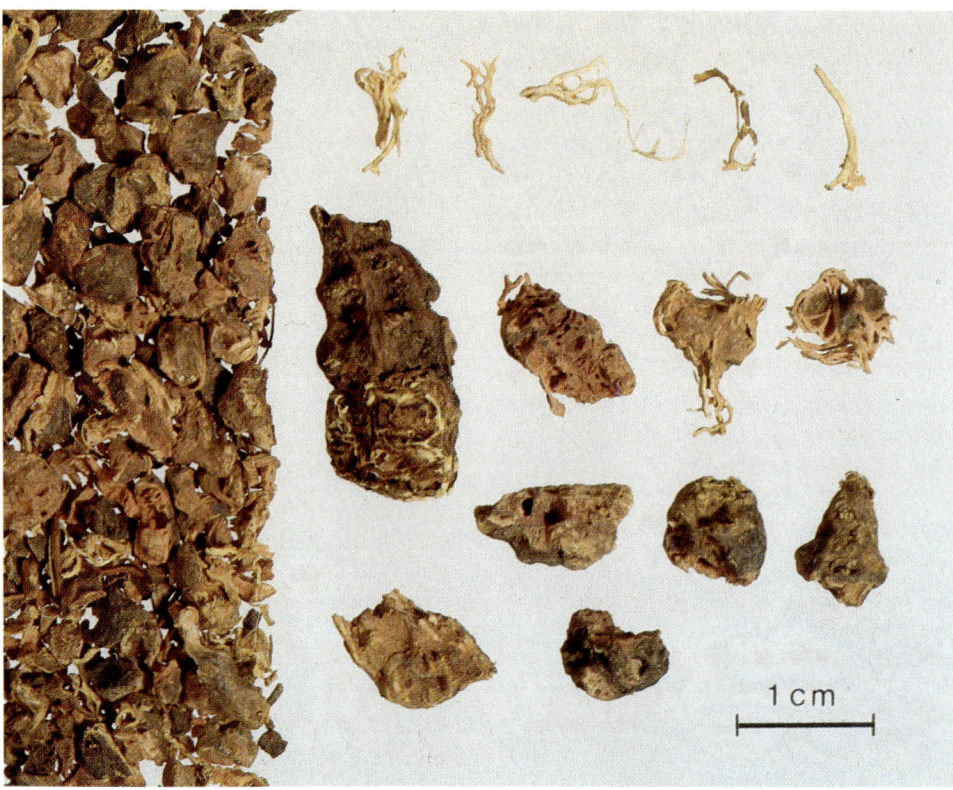

Abb. 1: Tormentillwurzelstock

Die Droge besteht aus dem von den Wurzeln befreiten Rhizom.

Beschreibung: Die Schnittdroge besteht aus dunkelrotbraunen, unregelmäßig höckerigen, sehr harten Rhizomstücken; sie sind z.T. mit schwarzbraunem Kork bedeckt und weisen weißliche Wurzelnarben auf. Einzelne löcherig durchbrochene Stücke lassen die sehr hellen Leitbündel der ausmündenden Wurzeln erkennen (Abb. 3), die manchmal auch isoliert vorkommen.

Geruch: Sehr schwach, angenehm.

Geschmack: Stark zusammenziehend.

Abb. 2: *Potentilla erecta* (L.) RAEUSCHEL

Die niedrige (bis 30 cm), saure Böden liebende Pflanze besitzt ein kräftiges, sich an frischen Bruch- oder Schnittflächen rasch blutrot färbendes (Name!) Rhizom; der Stengel ist niederliegend bis aufsteigend, die Blätter sind meist 5-zählig gefingert, sitzend, mit Nebenblättern. Ein gutes Erkennungsmerkmal sind die gelben, meist 4-zähligen (! – für eine Rosacee ungewöhnlich –) Blüten.

ÖAB: Radix Tormentillae
St. Zul. 1689.99.99

Stammpflanze: *Potentilla erecta* (L.) RAEUSCHEL (= *Potentilla tormentilla* STOKES; Aufrechtes Fingerkraut, Blutwurz), Rosaceae.

Synonyme: Ruhrwurz, Tormentill, Tormentil, Potentilla, Erect cinquefoil (engl.). Rhizome de tormentille (franz.).

Herkunft: In Mittel- und Nordeuropa verbreitet vorkommende, kleine, bis 30 cm hohe Staude; die gelben Blüten mit nur *vier* (bei anderen *Potentilla*-Arten 5) Korollblättern. Die Droge wird aus osteuropäischen Ländern importiert.

Inhaltsstoffe: 15 bis über 20% überwiegend kondensierte Gerbstoffe [1, 2, 3], die bei der Lagerung der Droge langsam in weniger lösliche Phlobaphene („Tormentillrot") übergehen. DAB 1996 schreibt einen Mindestgehalt von 15% (Hautpulvermethode, gravimetrisch) vor. Neben den Polymeren sind auch eine Reihe monomerer und dimerer Bausteine nachgewiesen worden, so z.B. (+)Catechin, (−)Epicatechin [4] und die dimeren Procyanidine B3 und B6 [5, 6]; beschrieben sind auch Catechintrimere [5, 7] sowie penta- und hexamere Catechinderivate mit beachtlicher Antioxidans-Wirkung [8]. Daneben kommen als hydrolysierbare Gerbstoffe Ellagitannine vor (ca. 10 bis 15% des Gesamtgehalts an Gerbstoffen [9]), die überproportional an der Gerbwirkung beteiligt sind [10]. Hauptkomponente ist das dimere Agrimoniin [10], ferner sind Pedunculagin und 2,3-Hexahydroxydiphensäureglucosid [9] sowie Laevigatin B und F [11] bekannt. Weitere Inhaltsstoffe: Flavonoide, z.B. Kämpferol [12], Phenolcarbonsäuren wie Kaffee- und Gallussäure, auch Catechingallate [12, 13], p-Cumar- und Sinapinsäure [14], ferner Triterpensäuren: Chinova-, Tormentill-, Ursol- und 3-epi-Pomolsäure [15], die, mit Glucose verknüpft, Saponineigenschaften haben [15], z.B. Tormentosid (Tormentillsäureglucosid) und Isomere [16, 17].

Indikationen: Auf Grund des hohen Gerbstoffgehaltes ist die Droge ein gutes Adstringens: innerlich als Antidiarrhoikum bei akuter und subakuter Gastroenteritis, Enterokolitis und Dysenterie; äußerlich bei Schleimhautentzündungen im Mund- und Rachenraum zum Gurgeln oder Spülen bzw. als Pinselung (Tinktur). Die Droge wird als Austauschdroge für Ratanhiawurzel vorgeschlagen [18], der sie hinsichtlich des Gerbstoffgehalts sogar überlegen ist.

Für Extrakte der Droge sind weitere pharmakologische Aktivitäten – antiallergische, antihypertensive, antivirale, immunstimulierende und interferoninduzierende Wirkungen – nachgewiesen worden. Ob sie für die medizinische Verwendung der Droge bedeutsam werden, bleibt abzuwarten; siehe dazu die zusammenfassende Darstellung [9].

Teebereitung: 2–3 g fein geschnittene oder grob gepulverte Droge werden mit kaltem Wasser angesetzt und anschließend kurz zum Sieden erhitzt; nach kurzem Stehenlassen durch ein Teesieb geben; empfehlenswert ist auch ein Kaltwasserauszug, während längeres Kochen zur Hydrolyse der Ellagitannine und zu verminderter Gerbwirkung führt [10].
Bei Diarrhoe wird auch empfohlen, 2–4 g Pulverdroge, mit Rotwein aufgeschwemmt, einzunehmen. Als Antidiarrhoikum 3–4mal täglich 1 Tasse Tee oder Rotwein-Aufschwemmung.
1 Teelöffel = etwa 4 g.

Teepräparate: Keine.

Phytopharmaka: Tormentillwurzelextrakt ist in wenigen Mundpflegemitteln enthalten, z.B. Mundra® Lösung und Repha-Os® Mundspray.

Prüfung: Makroskopisch (s. Beschreibung) und mikroskopisch gemäß DAB 1996. Da die Droge sehr hart ist, empfiehlt es sich, etwas Drogenpulver für die Mikroskopie zu verwenden. Charakteristisch sind Parenchymfragmente mit roten Gerbstoffzellen, mäßig große Oxalatdrusen, Gefäße mit seitlichen Perforationsplatten und kleinkörnige Stärke.
Auf die sehr nützliche, ausführliche Beschreibung von Staesche [19] sei hingewiesen.
Nachweis der Gerbstoffe: Mit Vanillin-Salzsäure färben sich die Drogenteilchen rot. Ein 1:30 mit Wasser ver-

---

Auszug aus der Monographie der Kommission E
(BAnz Nr. 85 vom 05.05.1988 und Nr. 50 vom 13.03.1990)

Anwendungsgebiete
Unspezifische, akute Durchfallerkrankungen;
leichte Schleimhautentzündungen im Mund- und Rachenraum.

Gegenanzeigen
Keine bekannt.

Nebenwirkungen
Bei empfindlichen Patienten Magenbeschwerden.

Wechselwirkungen mit anderen Mitteln
Keine bekannt.

Dosierung
Soweit nicht anders verordnet:
mittlere Tagesdosis: 4–6 g Droge;
Zubereitungen entsprechend.

Art der Anwendung
Zerkleinerte Droge für Abkochungen und Aufgüsse sowie andere galenische Zubereitungen zum Einnehmen und zur lokalen Anwendung.

Dauer der Anwendung
Sollten die Durchfälle länger als 3–4 Tage anhalten, ist ein Arzt aufzusuchen.

Wirkungen
Adstringierend.

Agrimoniin

dünnter methanolischer Drogenauszug (1:10) färbt sich beim Zutropfen von FeCl$_3$-Lösung olivgrün. Nach [20] wird bei dieser Prüfung zuviel FeCl$_3$ zugesetzt, so daß an Stelle einer rein blauen Reaktionsfarbe eine „unkorrekte" grüne Mischfarbe entsteht (FeCl$_3$-Lösung: gelb). In der gleichen Arbeit [20] wird vorgeschlagen, daß bei der dc-Analyse der Nachweis des Tormentosids als einer für die Droge charakteristischen Substanz im Vordergrund stehen sollte. Nach DAB 1996 werden die monomeren Catechine mit Ethylacetat aus einem wässerigen Extrakt ausgeschüttelt und nach dc-Trennung mit Echtblausalz als Sprühreagens lediglich die phenolischen Substanzen detektiert (Cianidanol als Referenzsubstanz).

Verfälschungen: Können vorkommen, und zwar mit Radix Bistortae (Rhizoma Bistortae, Knöterichwurzel,

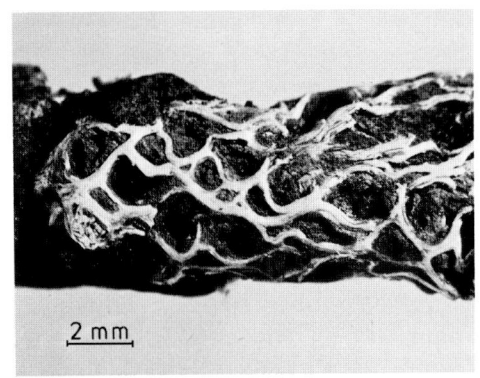

Abb. 3: Löcherig durchbrochenes Rhizomstück mit weißlichen Faser- und Gefäßbündeln

von *Polygonum bistorta* L.), einer Rhizomdroge, die ebenfalls 15–20% Gerbstoff enthält. Die etwa 1 cm dicken Stücke sind S-förmig gebogen (Ganzdroge) und etwas heller als Rhizoma Tormentillae. Auffällig ist die aus derbwandigen Parenchymzellen bestehende Rinde, die z.T. sehr große Interzellularen aufweist und eingestreut dünnwandige Zellen mit je einer großen Oxalatdruse enthält. Im Gegensatz zu Tormentillwurzelstock kommen nur ganz vereinzelt Holzfasern vor. Aufgrund des hohen Gerbstoffgehaltes wird Radix Bistortae von manchen Autoren als vollwertiger Ersatz für Tormentillwurzelstock, aber auch für Ratanhiawurzel angesehen. Nicht selten sind auch Verfälschungen mit Rhizomen von *Geum*-Arten, z.B. von *G. montanum* L. [19].

Literatur:
[1] K. Herrmann und W. Enge, Arch. Pharm. **290**, 276 (1957).
[2] H. Glasl, Dtsch. Apoth. Ztg. **123**, 1979 (1983).
[3] E. Scholz und H. Rimpler, Österr. Apoth. Ztg. **48**, 138 (1994).
[4] B. Vennat und Mitarb., J. Pharm. Belg. **47**, 485 (1992).
[5] B.Z. Ahn, Arch. Pharm. (Weinheim) **307**, 241 (1974).
[6] S. Schleep, H. Friedrich und H. Kolodziej, J. Chem. Soc. Chem. Comm. X, 392 (1986).
[7] B.Z. Ahn, Dtsch. Apoth. Ztg. **113**, 1466 (1973).
[8] B. Vennat und Mitarb., Biol. Pharm. Bull. **17**, 1613 (1994).
[9] K. Lund und H. Rimpler, Dtsch. Apoth. Ztg. **125**, 105 (1985).
[10] K. Lund, Dissertation Freiburg i.Br. 1986.
[11] C. Geiger, E. Scholz und H. Rimpler, Planta Med. **60**, 384 (1994).
[12] L.V. Selenina, R.N. Zolulya and T.N. Yakovleva, Rastit. Resur. **9**, 409 (1973); C.A. **80**, 22614 (1974).
[13] G. Schenk, K.-H. Frömming und L. Frohnecke, Arch. Pharm. (Weinheim) **10**, 453 (1957).
[14] W. Enge und K. Herrmann, Pharmazie **12**, 162 (1957).
[15] A.R. Bilia und Mitarb., Planta Med. **58** (Suppl.), A723 (1992).
[16] M. Pailer und H. Berner, Monatsh. Chem. **98**, 2082 (1967).
[17] L. Stachursky und Mitarb., Planta Med. **61**, 94 (1995).
[18] W. Schier, Dtsch. Apoth. Ztg. **121**, 323 (1981).
[19] K. Staesche, Dtsch. Apoth. Ztg. **108**, 329 (1968).
[20] R. Länger, K. Winkler und W. Kubelka, Pharmazie **48**, 776 (1993).

Frohne

Wortlaut der Packungsbeilage gemäß Standardzulassung:

6.1 Stoff- oder Indikationsgruppe

Pflanzliches Magen-Darm-Mittel/Mund- und Rachenmittel.

6.2 Anwendungsgebiete

Akute Durchfallerkrankungen; leichte Schleimhautentzündungen im Mund- und Rachenraum.

6.3 Gegenanzeigen

Keine bekannt.

Durchfälle bei Säuglingen und Kleinkindern sind in jedem Fall von einer Selbstbehandlung auszuschließen.

6.4 Wechselwirkungen mit anderen Mitteln

Keine bekannt.

6.5 Dosierungsanleitung und Art der Anwendung

Soweit nicht anders verordnet, wird 2- bis 3mal täglich bei Durchfall eine Tasse Teeaufguß getrunken bzw. bei Mund- und Rachenentzündungen mit einem lauwarmen Teeaufguß gespült oder gegurgelt. Der Aufguß wird wie folgt bereitet:

Etwa $1/2$ Teelöffel voll (ca. 2 g) Tormentillwurzelstock oder die entsprechende Menge in einem oder mehreren Aufgußbeutel(n) wird mit siedendem Wasser (ca. 150 ml) übergossen und nach etwa 10 bis 15 Minuten gegebenenfalls durch ein Teesieb gegeben.

6.6 Dauer der Anwendung

Bei Durchfällen, die länger als 2 Tage andauern oder mit Blutbeimengungen oder Fieber einhergehen, ist die Rücksprache mit einem Arzt erforderlich.

6.7 Nebenwirkungen

Bei empfindlichen Patienten können Magenbeschwerden auftreten.

6.8 Hinweis

Vor Licht und Feuchtigkeit geschützt aufbewahren.

Trifolii fibrini folium — Bitterkleeblätter

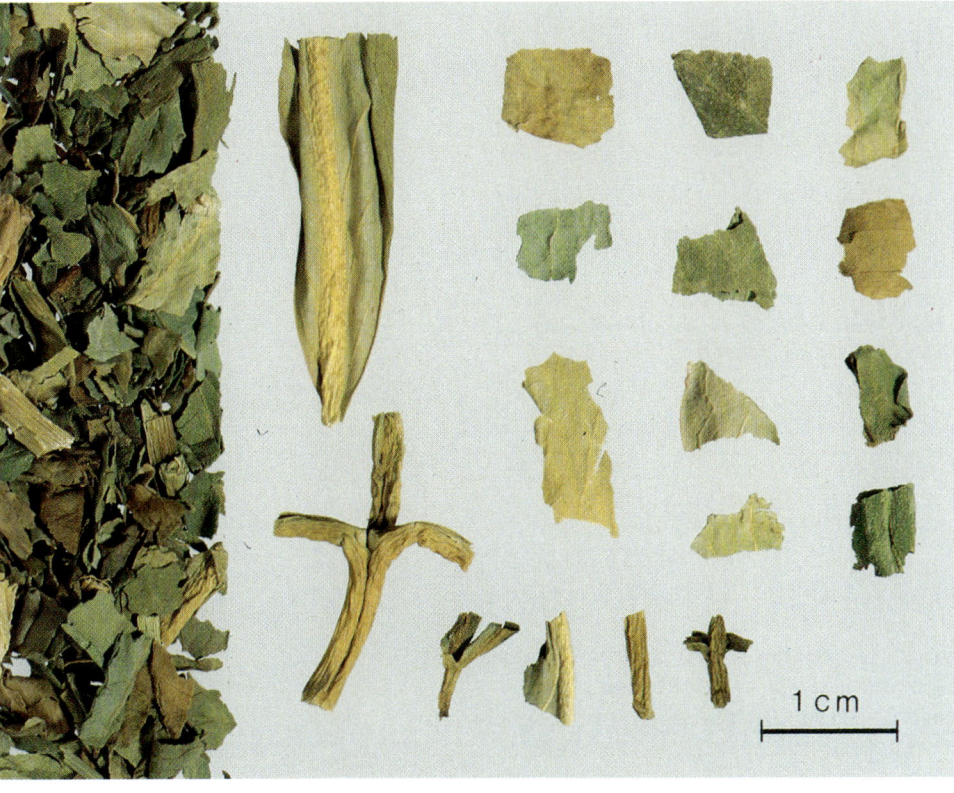

Abb. 1: Bitterkleeblätter

<u>Beschreibung:</u> Blätter dreizählig („Klee") mit etwa 10 cm langem Blattstiel; die Einzelblättchen 5–10 cm lang, elliptisch, glattrandig, unbehaart. Blattstückchen der Schnittdroge grau-grün, z.T. mit den runzeligen, bräunlich verfärbten Blattnerven, Bruchstücke der dickeren Blattstiele infolge starker Schrumpfung des Aerenchyms beim Trocknen runzelig-längsrinnig. Nur sehr selten Stielstückchen mit den Ansatzstellen der 3 Blättchen erkennbar.

<u>Geschmack:</u> Sehr bitter.

Abb. 2: *Menyanthes trifoliata* L.

Mehrjährige, bis 30 cm hohe Sumpfpflanze mit dreiteiligen Blättern. Blüten weiß, Kronblätter auf der Innenseite bärtig behaart.

ÖAB: Folium Menyanthis
DAC 1986: Bitterkleeblätter

Stammpflanze: *Menyanthes trifoliata* L. (Dreiblättriger Fieberklee), Menyanthaceae.

Synonyme: Fieberkleeblätter, Folia Trifolii aquatici, Menyanthidis folium. March trefoil leaf, Bogbean leaf, Buckbean leaf (engl.). Feuilles de menyanthe, Feuilles de trèfle des marais (franz.).

Herkunft: Feuchte Standorte der nördlichen gemäßigten Zone. Die Droge stammt von Importen aus osteuropäischen Ländern.

Inhaltsstoffe: Die charakteristischen Bitterstoffe der Bitterkleeblätter sind dimere Secoiridoidglykoside: Eine sich vom Nerol ableitende Monoterpensäure ist mit dem Secoiridoidgrundgerüst verestert, so z.B. beim Dihydrofolia-

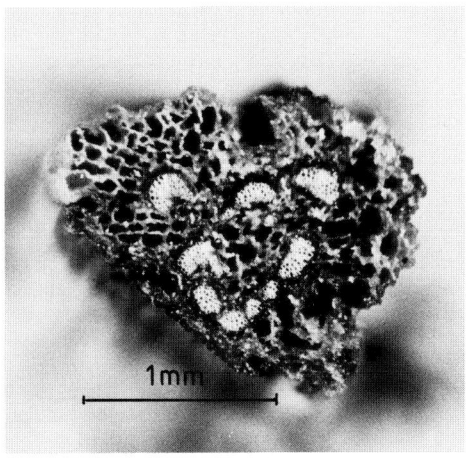

Abb. 3: Querbruch eines Blattstengels mit weißlichen Leitbündeln und schwammigem Aerenchym

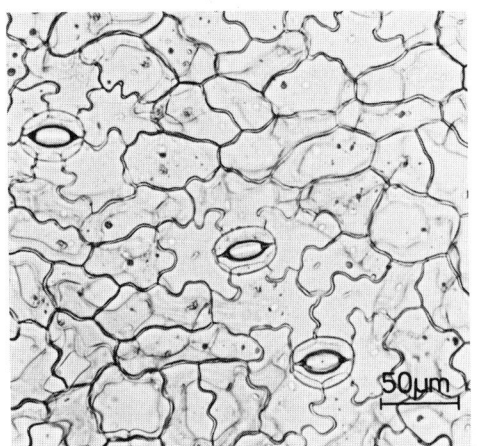

Abb. 4: Spaltöffnungen der Blattunterseite von *Menyanthes trifoliata*

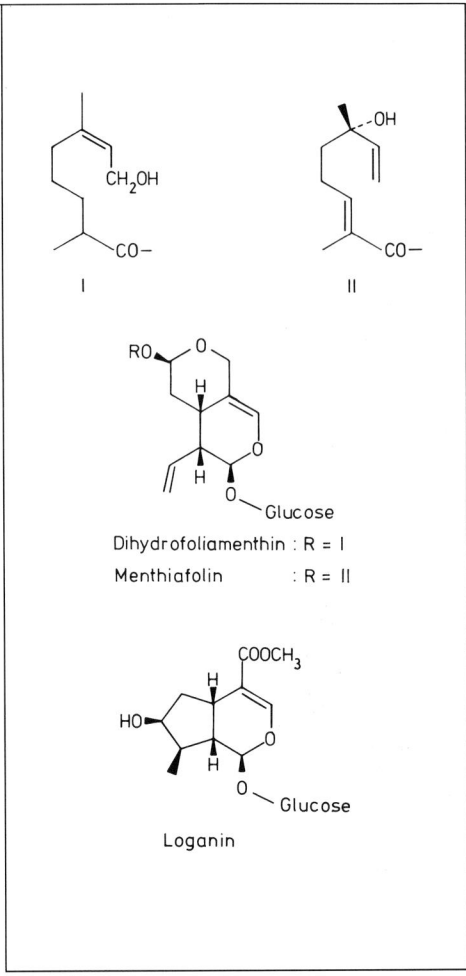

menthin, der Hauptkomponente in den Blättern [1]. Ferner kommen neben Swerosid die vornehmlich im Blattstengel (und im Rhizom) lokalisierten Verbindungen Menthiafolin sowie die Iridoidglykoside Loganin und Desoxyloganin vor [1–3]. Die für die Droge beschriebenen Monoterpenalkaloide Gentianin, Gentianidin, Gentialutein und Gentiatibetin (0,035% Rohalkaloidgemisch) sind möglicherweise Isolierungsartefakte, da bei der Isolation Ammoniak verwendet wurde [4, 5]. Weitere Inhaltsstoffe sind neben geringen Mengen nicht näher charakterisierter Gerbstoffe Flavonoide, insbesondere Hyperosid und Rutin [6–8], ferner Triterpene, Cumarine [9] und Phenolcarbonsäuren [10].

Indikationen: Die Droge wird wie Enzianwurzel oder Tausendgüldenkraut als appetitanregendes, die Magensaftsekretion förderndes Amarum (purum) angewendet.
Die im Namen „Fieberklee" noch dokumentierte frühere Indikation für diese und andere Bitterdrogen ist obsolet, eine antipyretische Wirkung ist nicht vorhanden.

Teebereitung: 0,5–1 g fein zerschnittene Droge werden mit kochendem Wasser übergossen oder mit kaltem Wasser angesetzt und kurz aufgekocht; nach 5–10 min durch ein Teesieb geben. Verschiedentlich wird auch das mehrstündige Ansetzen mit Wasser bei Raumtemperatur empfohlen. Jeweils $1/2$ Stunde vor den Mahlzeiten 1 Tasse ungesüßt.
1 Teelöffel = etwa 0,9 g.

Teepräparate: Keine.

Phytopharmaka: Extrakte aus der Droge sind nur noch in wenigen Kombinationsarzneimitteln enthalten, z.B. Vitasana® Lebenstropfen.

Prüfung: Makroskopisch (siehe Beschreibung) und mikroskopisch. Abgesehen von einer feinen Kutikularstreifung und von dem charakteristischen Aerenchym (sowohl der Blattspreite als auch des Blattstiels) finden sich mikroskopisch nur wenig auffällige Merkmale (Abb. 3 und 4). Die Identitäts- und Reinheitsprüfung mittels DC kann in folgender Weise durchgeführt werden

---

Auszug aus der Monographie der Kommission E (BAnz Nr. 22a vom 01.02.1990)

Anwendungsgebiete
Appetitlosigkeit.
Dyspeptische Beschwerden.

Gegenanzeigen
Nicht bekannt.

Nebenwirkungen
Nicht bekannt.

Wechselwirkungen mit anderen Mitteln
Nicht bekannt.

Dosierung
Soweit nicht anders verordnet:
Tagesdosis: 1,5–3 g Droge; Zubereitungen mit entsprechendem Bitterwert.

Art der Anwendung
Zerkleinerte Droge für Aufgüsse sowie andere bitter schmeckende Zubereitungen zum Einnehmen.

Wirkungen
Förderung der Magensaft- und Speichelsekretion.

[11]: 1 g gepulverte Droge mit 10 ml Methanol bei 60 °C 10 min lang extrahieren, Filtrat auf 2 ml einengen, 40 µl auftragen (Kieselgelschicht). Fließmittel Ethylacetat-Methanol-Wasser (77 + 15 + 8); Detektion mit Vanillin/Schwefelsäurereagenz. Dunkelblaue Zonen im Rf-Bereich 0,6 (eine) und 0,8–0,85 (zwei), die den Bitterstoffen entsprechen.

Der Bitterwert soll mindestens 3000 (DAC, bestimmt nach Vorschrift des DAB 1996) bzw. 4000 (nach ÖAB) betragen.

Verfälschungen: Kommen praktisch nicht vor.

Literatur:

[1] P. Junior, Planta Med. **55**, 83 (1989).
[2] K.G. Krebs und J. Matern, Arch. Pharm. (Weinheim) **291**, 163 (1958).
[3] A.R. Battersby und Mitarb., J. Chem. Soc. Chem. Commun. 826 (1970).
[4] E. Steinegger und T. Weibel, Pharm. Acta Helv. **26**, 259 (1951).
[5] F. Rulko, Roczniki Chemii **43**, 1831 (1969).
[6] P. Lebreton und M.P. Dangy – Caye, Plantes Med. Phytothér. **7**, 87 (1973).
[7] N.N. Melchakova und N.P. Kharitonova, Khim. Prir. Soedin., 106 (1976).
[8] B.A. Bohm und Mitarb., Am. J. Bot. **73**, 204 (1986).
[9] G. Ciaceri, Fitoterapia **43**, 134 (1972).
[10] L. Swiatek, U. Adamczyk und R. Zadernowski, Planta Med. **52**, 530 (1986).
[11] H. Wagner, S. Bladt und E.M. Zgainski, Drogenanalyse, Springer, Berlin, Heidelberg, New York (1983).

Frohne

Urticae folium/herba — Brennesselblätter/-kraut
DAB 1996

Abb. 1: Brennesselkraut/Brennesselblätter

<u>Beschreibung:</u> Die Droge besteht aus den während der Blüte gesammelten und getrockneten oberirdischen Teilen mit höchstens 3 mm dicken Stengeln. Schnittdroge: Stark geschrumpfte, vielfach knäuelig eingerollte, oberseits schwarzgrüne, unterseits hellgrüne Blattstückchen mit großen, verstreut stehenden Brennhaaren (Abb. 4) und zahlreichen kleinen Borstenhaaren. Blatteile mit grobgesägtem Rand. Nervatur unterseits deutlich hervortretend. Stengelteile vierkantig, meist breitgedrückt, grün bis braun, stark gefurcht. Vereinzelt Teile der grünen Blütenrispen.
Brennesselblätter (DAB 1996) dürfen höchstens 2% Blütenanteile und höchstens 5% Stengelanteile enthalten.

<u>Geruch:</u> Nicht charakteristisch.

<u>Geschmack:</u> Nicht charakteristisch.

Abb. 2

Abb. 3

Abb. 2: *Urtica dioica* L., weibliche Pflanze
60–120 cm hohe Staude, Blätter eiförmig, zugespitzt, mit grob gesägtem Rand; Brenn- und Borstenhaare vorkommend. Blütenrispen länger als die Blattstiele (Unterschied zu *Urtica urens* L.).

Abb. 3: *Urtica dioica* L., männliche Pflanze
Gleicher Habitus wie in Abb. 2 beschrieben, Blüten gelblich (Antheren mit gelben Pollenkörnern).

Ph. Helv. VII: Urticae herba
DAC 1986: Brennesselkraut
St. Zul.: 8599.99.99

Stammpflanzen: Meist *Urtica dioica* L. (Große Brennessel), gelegentlich auch *U. urens* L. (Kleine Brennessel), Urticaceae.

Synonyme: Nesselkraut, Haarnesselkraut, Hanfnesselkraut. Nettle wort, Nettle leaf (engl.). Herbe d'ortie (franz.).

Auszug aus der Monographie der Kommission E
(BAnz Nr. 76 vom 23. 04. 1987)

Anwendungsgebiete
Bei Einnahme und äußerer Anwendung: zur unterstützenden Behandlung rheumatischer Beschwerden;

Bei Einnahme:
Zur Durchspülung bei entzündlichen Erkrankungen der ableitenden Harnwege. Als Durchspülung zur Vorbeugung und Behandlung von Nierengrieß.

Gegenanzeigen
Keine bekannt.

Hinweis:
Keine Durchspülungstherapie bei Ödemen infolge eingeschränkter Herz- oder Nierentätigkeit.

Nebenwirkungen
Keine bekannt.

Wechselwirkungen mit anderen Mitteln
Keine bekannt.

Dosierung
Soweit nicht anders verordnet:
mittlere Tagesdosis: 8–12 g Droge;
Zubereitungen entsprechend.

Art der Anwendung
Zerkleinerte Droge für Aufgüsse sowie andere galenische Zubereitungen zum Einnehmen: als Brennesselspiritus zur äußeren Anwendung.

Hinweis:
Durchspülungstherapie:
Auf reichliche Flüssigkeitszufuhr ist zu achten.

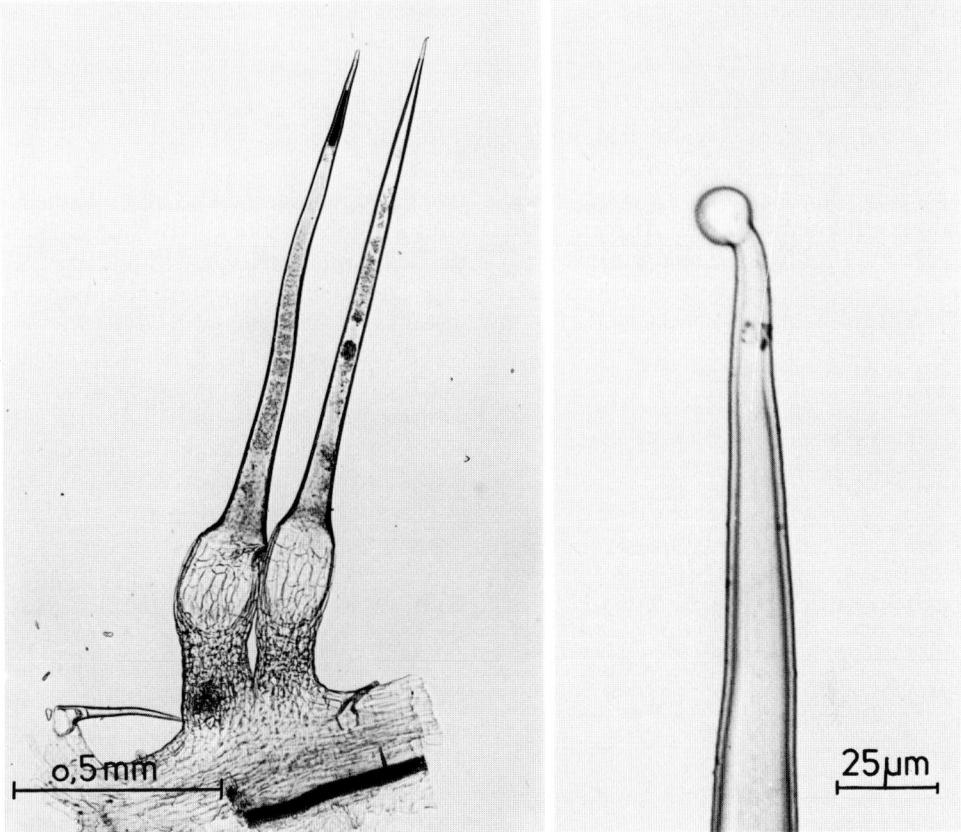

Abb. 4: Typische Brennhaare (Emergenzen) von *Urtica dioica*
Abb. 5: Unversehrte, kugelförmige Spitze des Brennhaares

Herkunft: Vorkommen fast kosmopolitisch als Ruderalpflanzen; Droge aus Wildvorkommen in Mittel- und Osteuropa, u.a. Bulgarien.

Inhaltsstoffe: Nach [1] 1–2% Flavonoide (v.a. Glucoside und Rutinoside des Quercetins, Kämpferols und Isorhamnetins); 1–4% (z.T. wasserlösliche) Silikate; Scopoletin und Sitosterol (auch als 3-O-β-D-glucosid), Proteine, Fett, Kohlenhydrate, Spuren von Nicotin, in den Brennhaaren kleine Mengen an Acetylcholin, Serotonin, Ameisensäure; Leukotriene umstritten; Kaffeesäureester. Die oft zu findende Angabe, der Chlorophyllgehalt sei im Vergleich zu anderen Blattdrogen besonders hoch, konnte nicht bestätigt werden [2]. Die immer wieder für die „antidiabetische" Wirkung verantwortlich gemachten „Glukokinine" wurden nie nachgewiesen.

Indikationen: Klinische und pharmakologisch abgesicherte Ergebnisse zur Wirkung und Wirksamkeit liegen nur vereinzelt zum Diureseeffekt vor. So soll Brennesselkraut eine günstige diuretische Wirkung, die einhergeht mit beträchtlicher Ausscheidung von Chloriden und Harnstoff, haben [nach 3]. Neuere Untersuchungen [4] bestätigen die leicht diuretische Wirkung von Brennessel-Frischpflanzensaft. Es kam im Verlauf einer 14-tägigen Therapie zu einer Steigerung des Harnvolumens, zur Senkung des Körpergewichts sowie zu einer geringfügigen Senkung des systolischen Blutdrucks. – Zur unterstützenden Behandlung von Miktionsbeschwerden [1]. Zur Behandlung von

Ödemen infolge von Herz- oder Niereninsuffizienz ist die Droge jedoch nicht geeignet [1].

In der *Volksmedizin* wird Brennesselkraut als Teedroge oder als Frischpflanzenpreßsaft in vielfältiger Weise genutzt [3]. Innerlich als „blutbildendes" Mittel, als Diuretikum bei Arthritis, Gelenk- und Muskelrheumatismus, zur „Erhöhung der Enzymproduktion" der Bauchspeicheldrüse, als Bestandteil von „antidiabetischen" Tees (vor deren Anwendung allerdings ärztlicherseits gewarnt wird [5]), zur Förderung der Wundheilung, bei Gallenwegserkrankungen, äußerlich zur Pflege der Kopfhaut und Haare gegen Kopfschuppen und zu fettes Haar. (Weitere volksmedizinische Indikationen, vor allem auch in den osteuropäischen Ländern bei [3]). Die Vielzahl der zum Teil sehr ungenau und weitgefaßten Indikationen für Brennesselkraut [3] und die bisher nur in sehr geringem Ausmaß durchgeführten pharmakologischen Prüfungen sollten Grund sein, die Therapie mit dieser Droge kritisch zu verfolgen. Als *leichtes Diuretikum* kann man sie sicherlich empfehlen [5].

Nebenwirkungen: Gelegentlich (selten) sind nach Einnahme von Brenneseltee Allergien (Hautaffektionen, Ödeme, Oligurie, Magenreizung) beobachtet worden.

Teebereitung: 1,5 g fein geschnittenes Kraut werden mit kaltem Wasser angesetzt, kurz aufgekocht oder direkt mit kochendem Wasser übergossen und nach 10 min abgeseiht. Als Diuretikum mehrmals täglich 1 Tasse.
1 Teelöffel = etwa 0,8 g, 1 Eßlöffel = etwa 2,2 g.

Teepräparate: Die Droge wird von zahlreichen Herstellern als Tee, auch im Filterbeutel, angeboten, und ist Bestandteil einiger Teegemische.

Phytopharmaka: Brennesselkraut-Extrakt ist in einigen wenigen Pflanzenpreßsäften enthalten und in nur wenigen Urologika, z.B. Prostawern Urtica-Liquidum u.a. sowie in Haarpflegepräparaten, z.B. Crinocedin® Haartonikum.

Prüfung: Makroskopisch und mikroskopisch nach DAB 1996. Typisch sind die Brennhaare (Abb. 4 und 5) sowie in der Epidermis liegende, bis 70 µm große Cystolithen. Dünnschichtchromatographisch nach DAB 1996 mit Scopoletin und Cholesterol als Referenzsubstanzen.

Verfälschungen: Als solche werden Blätter von *Lamium album* L. (Weiße Taubnessel) beobachtet. Sie besitzen einen ungleich gesägten Blattrand, es fehlen die bei Brennesselkraut vorhandenen Cystolithen und Brennhaare, dafür kommen zweizellige Gliederhaare und kurze Haare mit einzelligem Köpfchen vor (siehe Lamii albi herba, S. 332).

Literatur:
[1] Kommentar DAB 10 (Brennesselblätter) und N. Chaurasia und M. Wichtl, Planta Med. **53**, 432 (1987).
[2] F.-C. Czygan: Der Durchschnittswert von 35 Einzelanalysen lag bei 1,5%.
[3] J. Lutomski und H. Speichert, Pharm. Unserer Zeit **12**, 181 (1983).
[4] H.W. Kirchhoff, Z. Phytother. **4**, 621 (1983).
[5] R.F. Weiß, Lehrbuch der Phytotherapie. Hippokrates. Stuttgart 1991.

Czygan

Wortlaut der Packungsbeilage gemäß Standardzulassung:

6.1 Anwendungsgebiete
Zur Erhöhung der Harnmenge; zur Unterstützung der Behandlung von Beschwerden beim Wasserlassen.

6.2 Gegenanzeigen
Wasseransammlungen (Ödeme) infolge eingeschränkter Herz- und Nierentätigkeit.

6.3 Dosierungsanleitung und Art der Anwendung
Etwa 3–4 Teelöffel voll (ca. 4 g) **Brennesselkraut** werden mit heißem Wasser (ca. 150 ml) übergossen und nach etwa 10 Minuten durch ein Teesieb gegeben. Soweit nicht anders verordnet, wird 3- bis 4mal täglich eine Tasse frisch bereiteter Teeaufguß getrunken.

6.4 Hinweis
Vor Licht und Feuchtigkeit geschützt aufbewahren.

Urticae fructus (semen)   Brennesselfrüchte („-samen")

Abb. 1: Brennesselfrüchte

Beschreibung: Die Brennesselfrüchte (fälschlich als Brennesselsamen bezeichnet) kommen fast immer vermischt mit mehr oder weniger vielen kleinen Blattstücken von *Urtica* in den Handel. Die Frucht selbst ist ein einsamiges oberständiges Nüßchen mit einer atropen Samenanlage. Die reife Frucht (sie entstammt einem rispenartigen Fruchtstand) ist sandfarben, gelb bis braun und von eiförmig-spitzer, flachgedrückter Form. Am spitzen Ende trägt sie Reste der pinselförmigen Narbe. Die Länge der Frucht beträgt 1,0–1,5 mm, die Breite 0,7–1,0 mm. Meist sind die Früchte von den zwei äußeren schmalen, kleinen und den zwei inneren breit-eiförmigen, größeren, grünen Perigonblättern (oder deren Resten) umgeben (Abb. 3; Beschreibung nach [9]).

Geruch: Karottenartig.

Geschmack: Nicht charakteristisch; ein ranziger Geschmack weist auf zu lange gelagerte Droge hin.

Abb. 2: Früchte von *Urtica dioica* L.

Die in Rispen angeordneten Blüten der weiblichen Pflanzen bilden kleine gelbbraune Früchte aus. Der Blüten- bzw. Fruchtstand ist gewöhnlich länger als die Blattstiele der benachbarten Blätter.

Stammpflanze: *Urtica dioica* L. (Große Brennessel), Urticaceae; gelegentlich auch: *U. urens* L. (Kleine Brennessel); alle weiteren Angaben beziehen sich auf *U. dioica*.

Herkunft: Als nitratophile Ruderalpflanze fast weltweit verbreitet. Die Droge wird aus Südosteuropa importiert.

Synonyme: für Brennessel s. Urticae folium/herba.

Inhaltsstoffe: Die reifen Früchte enthalten Proteine [1], Schleime (Quellungszahl für die gequetschte Droge 5–6 [2]) und fettes Öl (bis 30% der Trockenmasse [3, 4]). Das durch Extraktion mit organischen Lösungsmitteln oder durch kaltes Pressen gewonnene Öl ist durch Carotinoide (β-Carotin, Lutein, Violaxanthin u.a.) und durch Chlorophyllabbauprodukte gelblich grün bis grün gefärbt [4]. Die wenigen bisher vorliegenden Fettanalysen ([2]: hier auch Angabe der Fettkennzahlen;) ergaben u.a. einen hohen Gehalt an Linolsäure (bis 83% Anteil an den Gesamtfettsäuren) und 0,1 bis 0,2% Tocopherole [5, 6].

Indikationen: Verwendung vor allem in der *Volksmedizin* [6]. Die zerstoßenen Früchte werden äußerlich als Auflage bei Hautleiden und Rheuma benutzt. Innerlich werden Brennesselfrüchte bzw. das aus ihnen gewonnene (vor allem kalt gepreßte) Öl als Tonikum und sog. „Biostimulans" zur Steigerung der „Aktivität der Lebensvorgänge" eingesetzt. Wissenschaftliche Nachweise für diese Indikation liegen jedoch bisher nicht vor. In volkskundlichen Kräuterbüchern finden sich Hinweise auf den Einsatz dieser Droge bei Durchfall, bei Beschwerden der Galle, als Hämostyptikum u.a.m. – In der Veterinärmedizin wurden früher zur Verbesserung der Legeleistung dem Hühnerfutter Brennessel„samen" untergemischt [7]. Das Fell alter Pferde soll nach Gabe von Brennesselfrüchten glänzender werden. Auch auf galaktogene Wirkungen der Droge wird gelegentlich in der Literatur hingewiesen [6].

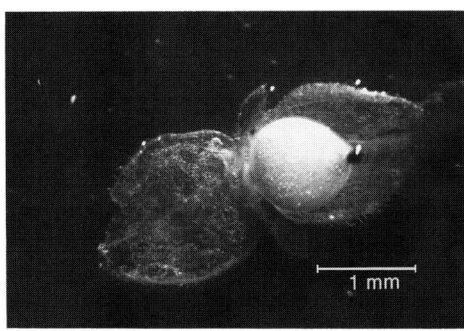

Abb. 3: Frucht mit den beiden inneren, breiteiförmigen und zwei äußeren schmalen und kleineren Perigonblättern

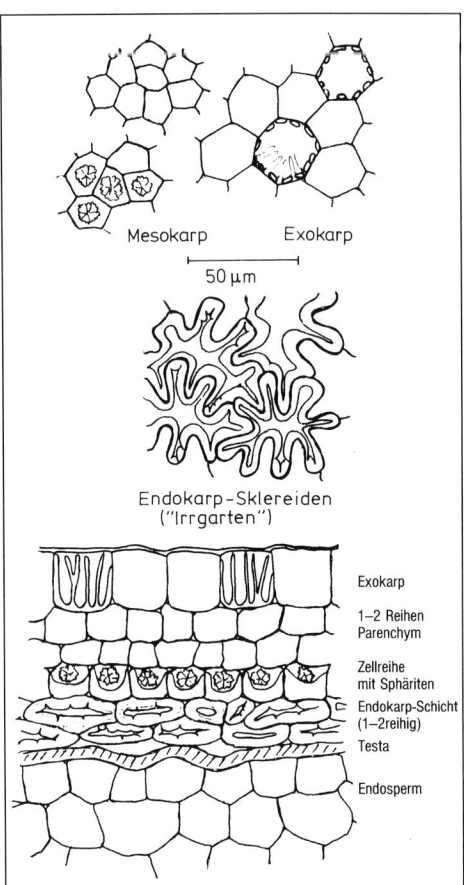

Abb. 4: Aufsicht auf Bestandteile des Perikarps

Abb. 5: Querschnitt durch das Perikarp der Brennesselfrüchte

Teebereitung: Kaum gebräuchlich. 2–4 g gequetschte Droge mit Wasser ansetzen, aufkochen, 10–15 min stehen lassen und abseihen. Dosierungsangaben für die Verwendung als Tonikum oder Antirheumatikum fehlen.
1 Teelöffel = etwa 1,6 g.

Teepräparate: Keine.

Phytopharmaka: Keine.

Prüfung: Makroskopisch (s. Beschreibung); die Droge soll aus *reifen* Früchten bestehen. Es ist auf Sphärokristalle der Fruchtschale zu achten [8]. Diese Kristalle fehlen unreifen Früchten. – Da zusammenfassende mikroskopische Untersuchungen von Brennesselfrüchten bisher nicht vorliegen, folgt eine anatomische Beschreibung von Schier [9]: Aufsicht auf die Frucht (Abb. 4): An der Schmalseite ist ein hyaliner Rand erkennbar. Auf der Fläche leuchten im polarisierten Licht zahlreiche Sphärokristalle auf. Mit Sudan III zeigen sich orangefarbene Erhöhungen. Querschnitt der Frucht (Abb. 5): Am hyalinen Rand ist eine dünne Kutikula erkennbar, auf die ein dünnwandiges Exokarp folgt. Darin eingestreut befinden sich Zellen mit antiklinen leistenförmigen Verdickungen. Das Mesokarp ist ebenfalls dünnwandig mit zarten Gefäßen. Es schließt sich eine gelbe Schicht u-förmig verdickter, konischer Zellen an, die jeweils einen Sphärokristall enthalten (Abb. 6). Es folgt eine Schicht mit unregelmäßig verdickten Zellen und Interzellularen (in der Aufsicht wie ein Irrgarten anzusehen). Darauf folgt die mit dem Endokarp verwachsene Samenschale, die aus rotbraunen, dickwandigen, verholzten, tangential gestreckten Zellen besteht. An diese schließt sich das kleinzellige Endosperm an. – Die kleinen Perigonblätter sind an der Spitze gegabelt. Die inneren und äußeren Perigonblätter sind mit meist 1-, selten 2-zelligen, am Grund mehr oder weniger retortenförmig ausgebildeten Haaren besetzt, die häufig gebogen sind (Abb. 7). Sie sind dick-

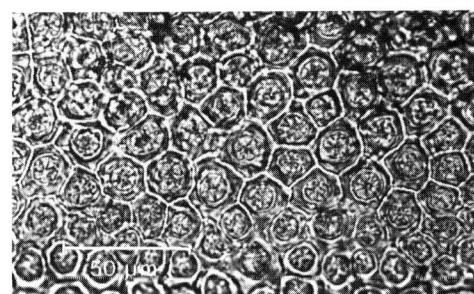

Abb. 6: Sphärokristalle der *reifen* Früchte

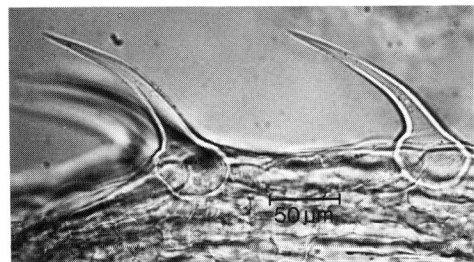

Abb. 7: Retortenförmige Haare der Perigonblätter

wandig, spitz und enthalten im Lumen zuweilen kleine körnige oder nadelförmige Kristalle. Ihre Wände leuchten im polarisierten Licht hell auf. Die Epidermiszellen sind polygonal-buchtig, die anomocytischen Spaltöffnungen besitzen meist vier Nebenzellen.

Verfälschungen: Kommen in der Praxis nicht vor.

Aufbewahrung: Vor Licht und Feuchtigkeit geschützt; nicht über ein Jahr nach der Ernte aufbewahren, da das fette Öl sonst ranzig wird.

Literatur

[1] Berger Band **4**, 522 (1954).
[2] F.-C. Czygan und A. Krüger, unveröffentl. Ergebnisse (1987); untersucht wurden elf Proben von „Semen Urticae" verschiedener Herkunft auf ihr Quellungsvermögen.
[3] R. Prögler, Fette und Seifen **48**, 541 (1936).
[4] F.-C. Czygan und A. Krüger, unveröffentl. Ergebnisse (1986). Die Gesamtfette wurden im Soxhlet mit Petroläther (Kp. 40–50 °C) extrahiert. Die Chloroplastenpigmente wurden nach Weber und Czygan (Arch. Mikrobiol. **84**, 243, [1972]) bestimmt.
[5] J.H. Schmitt, Fa. Keimdiät, Augsburg, persönl. Mitteilung (1987).
[6] J.H. Schmitt, Z. Naturheilkunde **30**, 74 (1979).
[7] G.A. Buchmeister, Hdb. d. Drogistenpraxis, p. 216, Berlin, 1911.
[8] H. Molisch, Mikrochemie der Pflanze, Jena 1916.
[9] W. Schier, unveröffentl. Ergebnisse (1987).

Czygan

Urticae radix — Brennesselwurzel
DAB 1996

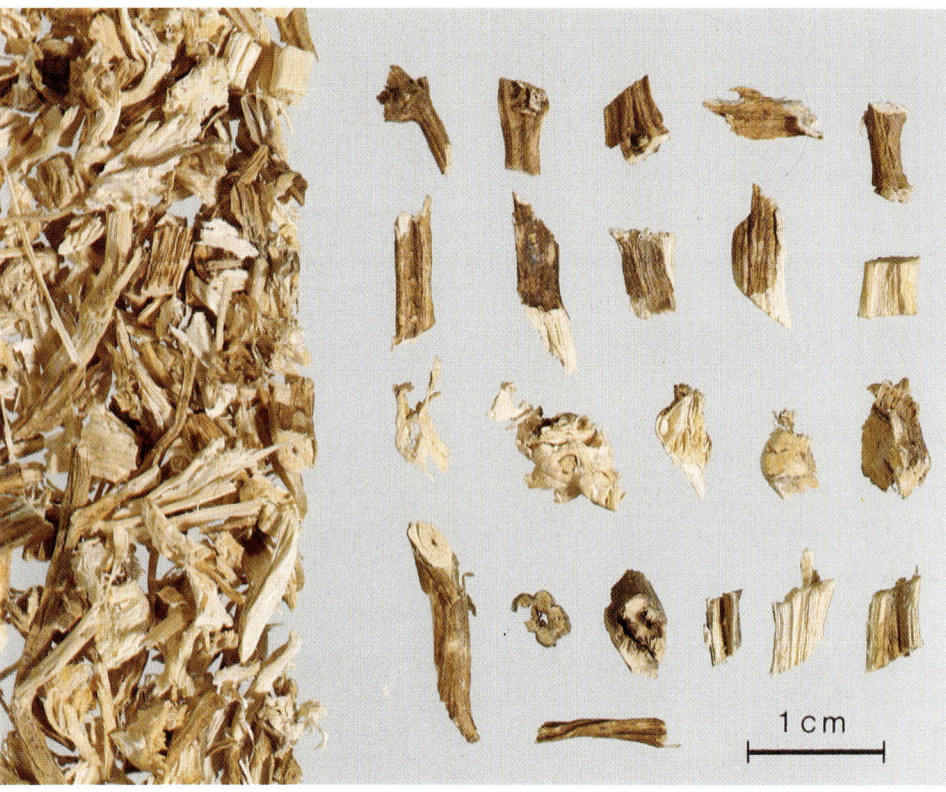

Abb. 1: Brennesselwurzel

Beschreibung: Unregelmäßig zusammengebogene, etwa 5 mm dicke, graubraune, mit deutlichen Längsfurchen versehene Wurzelstücke. Im Querschnitt ist die Wurzel hohl, die Schnittfläche weiß, im Bruch zähfaserig.

Geruch: Ohne charakteristischen Geruch.

Geschmack: Ohne charakteristischen Geschmack.

Abb. 2: Die unterirdischen Organe von *Urtica dioica* L. bestehen aus den 3–10 mm dicken, zylindrischen Rhizomen und den langen, 1–5 mm dicken, mit vielen dünnen Wurzelfasern versehenen Wurzeln.

Stammpflanzen: Meist *Urtica dioica* L. (Große Brennessel), gelegentlich auch *Urtica urens* L. (Kleine Brennessel), Urticaceae.

Synonyme: Nesselwurzel, Haarnesselwurzel, Hanfnesselwurzel; Rhizoma Urticae. Nettle root (engl.). Racine d'ortie (franz.).

Herkunft: Vorkommen fast kosmopolitisch als Ruderalpflanze; als Droge v.a. aus Wildvorkommen in Mittel- und Osteuropa.

Inhaltsstoffe: Erst in den letzten Jahren hat man begonnen, Wurzeln der Großen Brennessel phytochemisch intensiv zu untersuchen.
Nach [1] enthält die Droge ca. 0,1% eines besonders aufgebauten Lectins (UDA = Urtica dioica Agglutinin), das sich in verschiedene nahe verwandte Isolectine auftrennen läßt, die alle für

N-Acetylglucosamin spezifisch sind. UDA hat eine Molmasse von 8500 Dalton, ist verhältnismäßig säureresistent und hitzeunempfindlich. Es besteht aus einer einzigen Polypeptidkette ohne Kohlenhydratanteil. Weiter enthält die Droge ein Gemisch von Polysacchariden [2] (zwei Glucane, zwei Glucogalakturonane, ein saures Arabinogalaktan), Sitosterol, Sitosterolglucosid, Scopoletin, weitere Phenylpropane (u.a. Lignane und Lignanglucoside wie Neo-Olivil, Secoisolariciresinol), spezielle Ceramide (= Säureamide von Fettsäuren mit Polyhydroxyalkylaminen; es sind Bausteine der Sphingolipide), Fettsäuren, wie z.B. die 9-Hydroxy-10-trans-12-cis-octadiensäure, Monoterpendiole und deren Glucoside, Gerbstoffe.

Indikationen: In der *Volksmedizin* ähnlich wie Brennesselkraut, z.B. als Diuretikum, aber auch wegen des Gerbstoffgehalts als Adstringens und Gurgelmittel. – Neuerdings wird die Anwendung eines Extraktes von Radix Urticae bei benignen Prostataerkrankungen empfohlen, vor allem zur Behandlung von Kongestionen und damit von Miktionsbeschwerden, im Frühstadium bzw. den Stadien I–IIa der benignen Prostatahyperplasie; die ersten Berichte gehen allerdings schon auf das Jahr 1950 zurück [3].

Der Wirkstoff oder die Wirkstoffe für diesen Effekt sind noch umstritten. Nach [2] könnte er auf Eingriffen in den Hormonstoffwechsel sowie auf antientzündlichen Vorgängen beruhen, deren Auslöser die 9-Hydroxy-10-trans-12-cis-octadiensäure ist. Von ihr ist bekannt, daß sie die Aromatase hemmt. Allerdings ist nach [4] diese Säure ihrer Instabilität wegen in den üblichen *Extrakt*-Präparationen nicht nachweisbar. Auch eine Hemmung der Testosteron-5-α-Reduktase, die für den Wirkungsmechanismus der Droge (mit) verantwortlich gemacht wurde, konnte nicht endgültig belegt werden [5]. – Inwieweit für die Besserung der Miktionsbeschwerden möglicherweise antiphlogistisch wirkende Isolectine (z.B. UDA) oder Polysaccharide, die auf T-Lymphozyten bzw. auf die Reduktion des Testosterons Einfluß haben, wirksam sind [5], ist noch nicht abgeklärt. Immerhin unterstützen neuere Untersuchungen [6] an der experimentell vergrößerten Prostata von Balb/c Mäusen die Annahme antiproliferativer Wirkungen von wäßrig-methanolischen Extrakten auf das Prostatagewebe; dabei konnte gezeigt werden, daß der wachstumshemmende Effekt methanolischer Extrakte (UDA, Polysaccharide enthaltend) deutlich stärker war als der von Extrakten, die mit hydrophoben Lösungsmitteln hergestellt waren. Aufgrund weiterer Untersuchungen wird auch diskutiert, ob eine hydrophile Fraktion des Wurzelextrakts die Bindung des sexualhormonbindenden Globulins (SHBG) an seinen Rezeptor an der Prostatamembran effektiv hemmt [7]. Das SHBG reguliert die Konzentration des Sexualhormons im Blut. Nach Bindung des SHBG an den membranständigen Rezeptor der Prostatazellen wird die Konzentration des cAMP bis zu 700% gesteigert. Das heißt, das SHBG und sein Rezeptor spielen im Stoffwechsel der Androgene und Östrogene eine wichtige Rolle. Damit würde eine Substanz aus der Brennesselwurzel, die die Bindung von SHBG an seinen Rezeptor verhindert, die Pathophysiologie der Prostatahyperplasie günstig beeinflussen.

Teebereitung: 1,5 g grob gepulverte Droge mit kaltem Wasser ansetzen, zum Sieden erhitzen und etwa 1 min im Sieden halten, anschließend 10 min bedeckt stehen lassen, dann abseihen. 1 Teelöffel = etwa 1,3 g.

Teepräparate: Keine.

Phytopharmaka: Brennesselwurzelextrakt ist in einigen Urologika, z.B. Bazoton®N (Kapseln), Bazoton® uno (Filmtabletten), Prostaforton®N (Dragees) u.a., sowie in den Kombinationsarzneimitteln Prostagutt® forte (Kapseln und Liquidum), Prostatin®F (Filmtabletten) u.a. enthalten. Diese Präparate sind untereinander *nicht* vergleichbar, weil die verwendeten Extrakte mit Methanol bzw. Ethanol sehr unterschiedlicher Konzentration (20–60%) hergestellt wurden.

Prüfung: Makroskopisch (s. Beschreibung) und mikroskopisch [1].
DC-Prüfung nach DAB 1996 mit Scopoletin und Cholesterin als Referenzsubstanzen. UDA läßt sich auch immunchemisch mit dem ELISA-Test und mittels HPLC nachweisen und quantitativ bestimmen [8].

Auszug aus der Monographie der Kommission E
(BAnz Nr. 173 vom 18.09.1986, BAnz Nr. 43 vom 02.03.1989, Nr. 50 vom 13.03.1990 und Nr. 11 vom 17.01.1991)

Anwendungsgebiete
Miktionsbeschwerden bei Prostataadenom Stadium I bis II.

Gegenanzeigen
Keine bekannt.

Nebenwirkungen
Gelegentlich leichte Magen-Darm-Beschwerden.

Wechselwirkungen mit anderen Mitteln
Keine bekannt.

Dosierung
Soweit nicht anders verordnet:
Tagesdosis 4 bis 6 g Droge;
Zubereitungen entsprechend.

Art der Anwendung
Zerkleinerte Droge für Aufgüsse sowie andere galenische Zubereitungen zum Einnehmen.

Wirkungen
Erhöhung des Miktionsvolumens.
Erhöhung des maximalen Harnflusses.
Erniedrigung der Restharnmenge.

Hinweis
Dieses Medikament bessert nur die Beschwerden bei einer vergrößerten Prostata, ohne die Vergrößerung zu beheben. Bitte suchen Sie daher in regelmäßigen Abständen Ihren Arzt auf.

Verfälschungen: Nach [9] gelegentlich durch Wurzeln von *Urtica kioviensis* ROGOW., die zwar nicht mikroskopisch, jedoch über das DC von *Urtica dioica*-Wurzeln differenzierbar sind. – In einigen Handelspartien aus dem Mittelmeergebiet waren hohe Anteile an Wurzeln von *Urtica pilulifera* L. wahrscheinlich [10]. Sie unterscheiden sich weder mikroskopisch noch im DC von DAB 1996-Droge. Etwa 1% der Drogenmasse bestand jedoch aus Resten der kugeligen (Name !) weiblichen Blütenstände der Pillen-Brennessel.

Literatur:
[1] W.J. Peumans, M. De Ley und W.F. Broekaert, FEBS-Letters **177**, 99 (1984).
[2] Kommentar DAB 10, Brennesselwurzel.
[3] E. Rückle, Hippokrates **2**, 55 (1950); ref. Pharmazie **6**, 633 (1951).
[4] H. Schilcher, Z. Geriatrie **4**, 124 (1991).
[5] L. Rhodes und Mitarb., Prostate **22**, 43 (1993).
[6] J.J. Lichius und Mitarb., Z. Phytother., Abstractband 6. Phytotherapiekongreß in Berlin, S. 5 (1995).
[7] D.J. Hryb und Mitarb., Planta Med. **61**, 31 (1995).
[8] F. Willer, H. Wagner und E. Schecklies, Deutsch. Apoth. Ztg. **131**, 1217 (1991).
[9] M. Wichtl und M. Daniel, in: Benigne Prostatahyperplasie III, Hrsg. G. Rutishauser, W. Zuckschwerdt Verlag, München etc., 1992.
[10] F.-C. Czygan, unveröffentlicht, (1994)

Czygan

Uvae ursi folium
Ph. Eur.

Bärentraubenblätter
DAB 1996

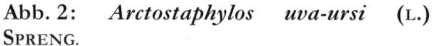

Abb. 1: Bärentraubenblätter

Beschreibung: Spatelige, dicklederige, ganzrandige, unbehaarte, an der Oberseite glänzend-grüne Blättchen; der Blattrand ist zum Teil zurückgebogen, die Nervatur deutlich feinnetzig. Ganz junge Blätter sind behaart (dickwandige, 1-zellige, meist gekrümmte Haare).

Geschmack: Zusammenziehend, schwach bitter.

Abb. 2: *Arctostaphylos uva-ursi* (L.) Spreng.

Niederliegender, bodenbedeckender Strauch mit immergrünen, ledrigen, spateligen Blättern. Blumenkrone krugförmig, weiß mit rötlichen Zipfeln.

ÖAB: Folium Uvae-ursi
Ph. Helv. VII Uvae ursi folium
St. Zul.: 8299.99.99

Stammpflanze: *Arctostaphylos uva-ursi* (L.) Spreng. (Bärentraube), Ericaceae.

Synonyme: Wolfsbeere, Sandbeere, Wilder Buchs. Uva-ursi, Bearberry leaf, Ptarmigan berry leaf, Mountain box (engl.). Feuille de raisin d'ours (franz.).

Herkunft: Über die nördliche Hemisphäre verbreiteter niedriger Strauch. Die Droge stammt ausschließlich von wildwachsenden Pflanzen aus Spanien oder Italien; aus osteuropäischen Ländern darf sie aus Gründen des Artenschutzes nicht mehr importiert werden.

Inhaltsstoffe: Phenolheteroside, darunter als Hauptkomponente das Hydrochinonmonoglucosid Arbutin (Arbutosid) [1] – mindestens 8,0% nach DAB

1996, bezogen auf die wasserfreie Droge; ÖAB: mind. 5,0%; Ph. Helv. VII: mind. 8,0% –; in wechselnden, meist geringen Mengen Methylarbutin, vor allem in Drogen aus der Schweiz und Österreich [2]; des weiteren Arbutin-Gallussäureester [3], freie Gallussäure und weitere Phenolcarbonsäuren [4] sowie Piceosid (p-Hydroxyacetophenonglucosid) [5]. Nach älteren Angaben 15–20% Gerbstoffe, sowohl Gallotannine als auch Catechingerbstoffe [6, 7] (nach eigenen Untersuchungen überschreitet der Wert selten 10%).
Als weitere Inhaltsstoffe seien Flavonoide (insbesondere Hyperosid), Triterpene und das Iridoidglykosid Monotropein genannt [8, 9, 10].

Indikationen: Als „Harndesinfiziens" bei leichteren entzündlichen Erkrankungen der ableitenden Harnwege und der Blase. Der antibakterielle Effekt wird nach einer schon 1883 von Lewin aufgestellten Hypothese dem aus Arbutin durch Glykosidspaltung freigesetzten Hydrochinon zugeschrieben [11, 12]. Es fehlen jedoch immer noch zuverlässige Kenntnisse über den Arbutin/Hydrochinon-Metabolismus im menschlichen Körper. Fest steht, daß Hydrochinon überwiegend als Glucuronid ausgeschieden wird. In alkalischem Harn kann es z.T. daraus freigesetzt werden und dann seine antibakterielle Wirkung entfalten. Eine schwach alkalische Reaktion des Harns, die nur bei Infektionen mit *Proteus vulgaris* gegeben wäre, kann – wenn auch nur kurzfristig – durch Gabe von Natriumhydrogencarbonat hergestellt werden; auch reichliche pflanzliche Nahrung kann zur Bildung eines alkalisch reagierenden Harns beitragen.
Eine diuretische Wirkung kommt der Droge nicht zu. Für antibakterielle Effekte von Bärentraubenblatt-Extrakten in vitro können, abgesehen von den polyphenolischen Gerbstoffen auch die Phenolcarbonsäuren [4] und das Piceosid [5] verantwortlich gemacht werden. Ob diese Wirkung nach dem Trinken von Bärentraubenblättertee auch in vivo zur Geltung kommt, ist nicht näher untersucht.

Auszug aus der Monographie der Kommission E (BAnz Nr. 109 vom 15.06.1994)

Pharmakologische Eigenschaften, Pharmakokinetik, Toxikologie

Zubereitungen aus Bärentraubenblättern wirken in vitro antibakteriell gegen Proteus vulgaris, E. coli, Ureaplasma urealyticum, Mycoplasma hominis, Staphylococcus aureus, Pseudomonas aeruginosa, Klebsiella pneumoniae, Enterococcus faecalis, Streptococcusstämme sowie gegen Candida albicans. Die antimikrobielle Wirkung wird mit dem im alkalischen Harn aus Arbutin (Transportform) oder Arbutinausscheidungsprodukten freigesetzten Aglykon Hydrochinon in Verbindung gebracht.
Ein methanolischer Extrakt der Droge (50%) soll eine Hemmwirkung auf die Tyrosinaseaktivität haben. Der Extrakt soll ebenso die Bildung von Melanin aus DOPA mittels Tyrosinase sowie aus DOPA-CHROM durch Autoxidation hemmen.
Es gibt Hinweise, daß nach Einnahme von Bärentraubenblättertee (3 g/150 ml) im Urin überwiegend Hydrochinonglukuronid neben geringen Mengen Hydrochinon auftritt.

Klinische Angaben

1. Anwendungsgebiete

Entzündliche Erkrankungen der ableitenden Harnwege.

2. Gegenanzeigen

Schwangerschaft, Stillzeit. Kinder unter 12 Jahren.

3. Nebenwirkungen

Bei magenempfindlichen Personen können Übelkeit und Erbrechen auftreten.

4. Besondere Vorsichtshinweise für den Gebrauch

Keine bekannt.

5. Verwendung bei Schwangerschaft und Laktation

Keine Anwendung in der Schwangerschaft. Der Übergang von Arbutin/Hydrochinon in die Muttermilch ist nicht untersucht. Eine Anwendung in der Stillzeit sollte daher nicht erfolgen.

6. Medikamentöse und sonstige Wechselwirkungen

Bärentraubenblätter-Zubereitungen sollten nicht zusammen mit Mitteln gegeben werden, die zur Bildung eines sauren Harns führen, da dies die antibakterielle Wirkung vermindert.

7. Dosierung

Soweit nicht anders verordnet:
Einzeldosis: 3 g Droge auf 150 ml Wasser als Aufguß oder Kaltmazerat bzw. 100–210 mg Hydrochinon-Derivate, berechnet als wasserfreies Arbutin.
Tagesdosis: bis zu 4× täglich 3 g Droge bzw. 400–840 mg Hydrochinon-Derivate, berechnet als wasserfreies Arbutin.
Art der Anwendung:
Kleingeschnittene Droge, Drogenpulver für Aufgüsse oder Kaltmazerate, Extrakte und feste Darreichungsformen zum Einnehmen.
Dauer der Anwendung:
Arbutinhaltige Arzneimittel sollten ohne ärztlichen Rat nicht länger als jeweils 1 Woche und höchstens fünfmal jährlich eingenommen werden.

8. Überdosierung

Keine bekannt.

9. Besondere Warnungen

Keine bekannt.

10. Auswirkungen auf Kraftfahrer und die Bedienung von Maschinen

Keine bekannt.

Arbutin: R = H
Methylarbutin: R = CH$_3$
Piceosid: R = COCH$_3$

Abb. 3: Blattbruchstücke von *Arctostaphylos uva-ursi* (links) und *Vaccinium vitis-idaea* (rechts)

Nebenwirkungen: Infolge des hohen Gerbstoffgehalts der Blätter schmeckt der Teeaufguß bitter-zusammenziehend und kann bei Patienten mit empfindlicher Magenschleimhaut zu Übelkeit und Erbrechen führen. Die Toxizität des Hydrochinons scheint bei der Einnahme von Bärentraubenblättertee nicht zur Wirkung zu kommen, jedoch muß darauf hingewiesen werden, daß Hydrochinon im Verdacht steht, mutagene und möglicherweise karzinogene Effekte zu haben. Daraus resultiert auch die in der Monographie der Kommission E (s.d.) festgelegte zeitliche Beschränkung der Einnahme von Bärentraubenblättertee.

Teebereitung: 2,5 g der fein zerschnittenen oder besser grob gepulverten Droge mit kochendem Wasser übergießen oder mit kaltem Wasser ansetzen und kurz aufkochen, nach 15 min abseihen.
Das Kaltwasser-Mazerat (6–12 Std) enthält bei gleichem Arbutingehalt weniger Gerbstoffe! [13, 14].
1 Teelöffel=etwa 2,5 g.

Teepräparate: Die Droge wird von zahlreichen Herstellern als Tee, auch im Filterbeutel, und in Teegemischen als Blasen-Nierentee angeboten.

Phytopharmaka: Gepulverte Bärentraubenblätter sind in Pflanzendragees und -Tabletten enthalten. Auf Arbutin eingestellte Extrakte enthalten die Urologica Arctuvan®N (Dragees), Cystinol® akut (Dragees), Uvalysat® (Tropfen) u.a., und einige Kombinationspräparate, z.B. Cysto Fink® (Kapseln), Cystinol® (Liquidum), Prostatin®F (Filmtabletten) u.a.

Prüfung: Makroskopisch, mikroskopisch und mittels DC nach DAB 1996. Braun verfärbte Blätter deuten auf nied-

---

Wortlaut der Packungsbeilage gemäß Standardzulassung:

5.1 Anwendungsgebiete
Zur Unterstützung bei der Therapie von Blasen- und Nierenbeckenkatarrhen.

5.2 Nebenwirkungen
Bei Magenempfindlichkeit und bei Kindern können Übelkeit und Erbrechen auftreten.

5.3 Wechselwirkungen mit anderen Mitteln
Bärentraubenblätterzubereitungen sollen nicht zusammen mit Mitteln gegeben werden, die zur Bildung eines sauren Harns führen.

5.4 Dosierungsanleitung und Art der Anwendung
Ein knapper Teelöffel voll (ca. 2 g) **Bärentraubenblätter**pulver wird mit Wasser (ca. 150 ml) 15 min gekocht und durch ein Kaffeefilter gegeben. Der Tee kann auch durch Ansetzen mit kaltem Wasser und mehrstündigem Ziehen bereitet werden. Soweit nicht anders verordnet, werden 3 bis 4mal täglich 1 Tasse getrunken.
Hinweis: Durch reichlich pflanzliche Nahrung soll dafür Sorge getragen werden, daß ein alkalischer Harn gebildet wird. Die zusätzliche Einnahme von Natriumhydrogencarbonat ist möglich.

5.5 Dauer der Anwendung[*]
Tee aus Bärentraubenblättern soll ohne Rücksprache mit dem Arzt nicht langfristig angewendet werden.

5.6 Hinweis
Vor Licht und Feuchtigkeit geschützt aufbewahren.

---
[*] siehe Monographie der Kommission E (Anm. d. Verfassers)

rige Arbutingehalte hin. Wegen zunehmender Schwierigkeiten, Drogen in bisheriger Qualität zu erhalten, ist nach DAB 1996 die Prüfung auf Reinheit geändert worden: nach V.4.2 dürfen höchstens 8% fremde Bestandteile, davon höchstens 5% Stengelanteile sowie maximal 10% Blätter anderer Farbe vorhanden sein.

Verfälschungen: Verwechslungen mit anderen Ericaceen-Blättern, insbesondere mit den – ebenfalls arbutinhaltigen – Preiselbeerblättern (Fol. Vitis idaeae) können vorkommen; sie lassen sich meist schon am Fehlen der feinnetzigen Nervatur erkennen (Abb. 3). Preiselbeerblätter zeigen auf der Blattunterseite paracytische Spaltöffnungen (Bärentraubenblätter anomocytische). Beimengungen lassen sich auch mittels DC nach DAB 8 (nicht DAB 1996!) erfassen: nach dem Besprühen mit Aluminiumchloridlösung weist das Chromatogramm, wenn Preiselbeerblätter beigemischt waren, im mittleren und oberen Rf-Bereich gelbgrüne, grünblau und blau fluoreszierende Zonen auf, die bei Bärentraubenblättern fehlen.

Im DAB 1996 werden nach der dc-Trennung Arbutin, Gallussäure und Hyperosid mit Dichlorchinonchlorimid ($+NH_3$-Dämpfe) detektiert. Die in Ph. Helv. VII erwähnte Verfälschung mit Buchsbaumblättern (von *Buxus sempervirens* L.) kommt in der Praxis kaum vor. Vor einiger Zeit wurde auf eine neu im Handel aufgetauchte Verfälschung aufmerksam gemacht [15]: Eine aus Mexiko stammende Droge bestand aus den Blättern von *Arctostaphylos pungens* H.B.K., einem in Mexiko und Kalifornien beheimateten Strauch, der bis zu 3,50 Meter hoch werden kann. Die behaarten(!) Blättchen waren frei von Arbutin (dc-Prüfung).

Literatur:
[1] H. Thieme und H.J. Winkler, Pharmazie **26**, 235; 419 (1971).
[2] Lj. Kraus, Dtsch. Apoth. Ztg. **111**, 1225 (1974).
[3] G. Britton und E. Haslam, J. Chem. Soc. (London), 7312 (1965).
[4] E. Dombrowicz und Mitarb., Pharmazie **46**, 680 (1991).
[5] G.A. Karikas, M.R. Euerby und R.D. Waigh, Planta Med. **53**, 307 (1987).
[6] K. Herrmann, Arch. Pharm. (Weinheim) **286**, 515 (1953).
[7] Ch. Wähner, J. Schönert und H. Friedrich, Pharmazie **29**, 616 (1974).
[8] H. Geiger und Mitarb., Z. Naturforsch. **30c**, 296 (1975).
[9] A. Proliac, Plantes Med. Phytothér. **14**, 155 (1980).
[10] L. Jahodar, I. Leifertova und M. Lisa, Pharmazie **33**, 536 (1978).
[11] D. Frohne, Planta Med. **18**, 1 (1970).
[12] B. Kedzia und Mitarb., Med. Dosw. Mikrobiol. **27**, 305 (1975).
[13] D. Frohne, Pharm. Ztg. **125**, 2582 (1980).
[14] D. Frohne, Z. Phytother. **7**, 45 (1986).
[15] W. Schier und H. Schultze, Dtsch. Apoth. Ztg. **130**, 464 (1990).

Frohne

Valerianae radix
Ph. Eur.

Baldrianwurzel
DAB 1996

Abb. 1: Baldrianwurzel

Die Droge besteht aus Rhizom, Wurzeln und Ausläufern.

Beschreibung: Das eiförmig-zylindrische, hell graubraune Rhizom hat etwa die Größe einer Fingerkuppe und trägt zahlreiche lange Wurzeln. Diese sind hell bis mittel graubraun, 1–3 mm dick und mehrere cm lang, z.T. grob längsrunzelig. Ausläufer kommen in der Droge nur selten vor, sie sind hell graubraun und schwach knotig verdickt.

Geruch: Charakteristisch, an Isovaleriansäure erinnernd.

Geschmack: Süßlich-würzig, etwas bitter.

Abb. 2 und 3: *Valeriana officinalis* L. s.l.

Je nach Kleinart 30–150 cm hohe Staude mit gefiederten oder fiederschnittigen Blättern. Blüten in Trugdolden, weiß oder rosa; Antheren deutlich herausragend.

ÖAB: Radix Valerianae
Ph. Helv. VII: Valerianae radix
St. Zul. 6199.99.99

Stammpflanze: *Valeriana officinalis* L. s.l., mit zahlreichen Unterarten (Echter Baldrian), Valerianaceae.

Synonyme: Katzenwurzel, Balderbrakkenwurzel, fälschlich auch Speikwurzel. Valerian root (engl.). Racine de valériane (franz.).

Herkunft: Heimisch in Europa und Asien, eingebürgert im nordöstlichen Amerika. Die Droge stammt aus Kulturen in England, Belgien, Osteuropa und zum kleineren Teil in Deutschland.

Inhaltsstoffe: Die Droge enthält 0,3 bis 0,7% ätherisches Öl (DAB 1996, ÖAB, Ph. Helv. VII mindestens 0,5%), das je nach Herkunft recht verschieden zusammengesetzt ist [1, 2], meist ist

Bornylacetat die Hauptkomponente; neben weiteren Monoterpenen wie Camphen, α-Pinen u.a. kommen stets auch Sesquiterpene (β-Caryophyllen, Valerenal, Valeranon u.a.) vor [1, 3]. Schonend getrocknete Wurzeln (d.h. unterhalb 40 °C, Arzneibuchvorschrift!) enthalten 0,5–2% Valepotriate (*Valeriana-Epoxy-Tri*ester, bicyclische Monoterpene, zur Gruppe der Iridoide gehörend); die Zusammensetzung des Valepotriatgemisches ist je nach Kleinart recht verschieden [4], mengenmäßig herrschen aber zumeist Valtrat und Isovaltrat vor, daneben kommen kleine Mengen Didrovaltrat und IVHD-Valtrat (Isovaleroxyhydroxydidrovaltrat) vor sowie das Glykosid Valerosidatum. Charakteristische Inhaltsstoffe der offizinellen Droge („Leitsubstanzen"), die in anderen *Valeriana*-Arten nicht vorkommen, sind die Sesquiterpene Valerensäure und Acetoxyvalerensäure [5] (etwa 0,08–0,3%) und etwas Hydroxyvalerensäure; ebenfalls als Leitsubstanz zu bezeichnen ist die trans-Hesperidinsäure [6]. Baldrianwurzel enthält sehr kleine Mengen an Alkaloiden (0,01–0,05%) wie Valerianin und α-Methylpyrrylketon [7].

Indikationen: Wie die Prüfvorschriften der Arzneibücher erkennen lassen, haben sich die Ansichten darüber, welche Inhaltsstoffe oder Inhaltsstoffgruppen denn für die sedierende Wirkung der Droge (und Tinktur) wesentlich sind, im Laufe der letzten 20 Jahre häufig geändert. Mit dem Auffinden der Valepotriate durch Thies [8] glaubte man, die eigentlichen Wirkstoffe gefunden zu haben; in Teebereitungen und in der Tinktur sind jedoch Valepotriate nicht enthalten, wohl aber deren Abbauprodukte (die sog. Baldrinale), die vermutlich (zumindest zum Teil) für die sedierende Wirkung in Betracht kommen [9]. Auch für das ätherische Öl wird ein Anteil an der sedierenden Wirkung der Droge bzw. der Zubereitungen diskutiert [10, 11], so daß die Arzneibücher Mindestgehalte fordern.

Trotz intensiver Bemühungen ist es aber bisher nicht gelungen, eine einzelne Substanz oder Substanzklasse als *den* sedativ wirksamen Stoff zu ermitteln, obwohl bereits 1988 die Hoffnung geäußert wurde: „Der Weg bis zur Isolierung und Strukturaufklärung dieser Stoffe sollte eigentlich nicht mehr weit sein" [12].

Für einzelne Inhaltsstoffe sind pharmakodynamische Effekte genauer geprüft worden. So wirkt Valerensäure spasmolytisch, muskelrelaxierend und ZNS-dämpfend [13].

Valerensäure und verwandte Sesquiterpene hemmen den Abbau der im Zentralnervensystem als Überträger bedeutsamen γ-Aminobuttersäure (GABA)

Auszug aus der Monographie der Kommission E (BAnz Nr. 90 vom 15.05.1985)

Anwendungsgebiete
Unruhezustände, nervös bedingte Einschlafstörungen.

Gegenanzeigen
Keine bekannt.

Nebenwirkungen
Keine bekannt.

Wechselwirkungen
Keine bekannt.

Dosierung
Soweit nicht anders verordnet:
Infus: 2–3 g Droge pro Tasse 1- bis mehrmals täglich.
Tinktur: 1/2–1 Teelöffel voll (1–3 ml) 1- bis mehrmals täglich.
Extrakte: entsprechend 2–3 g Droge 1- bis mehrmals täglich.

Art der Anwendung
Innerlich: als Pflanzenpreßsaft, Tinktur, Extrakte und andere galenische Zubereitungen.
Äußerlich: als Badezusatz.

Wirkungen
Beruhigend, die Schlafbereitschaft fördernd.

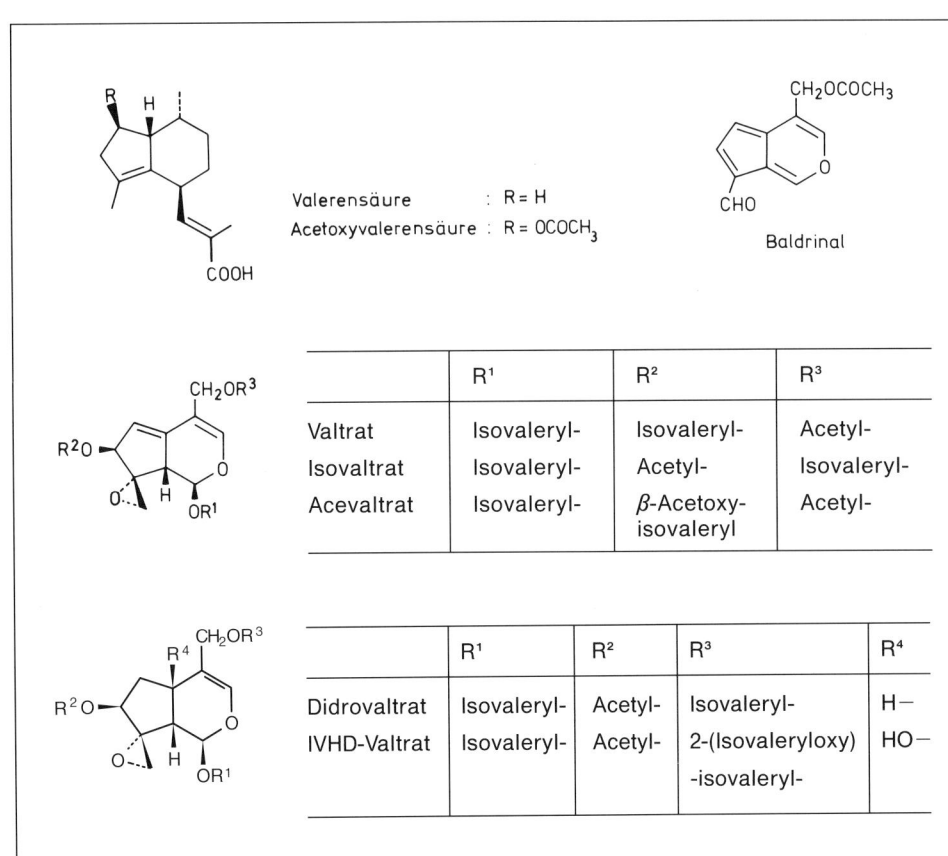

	R¹	R²	R³
Valtrat	Isovaleryl-	Isovaleryl-	Acetyl-
Isovaltrat	Isovaleryl-	Acetyl-	Isovaleryl-
Acevaltrat	Isovaleryl-	β-Acetoxy-isovaleryl	Acetyl-

	R¹	R²	R³	R⁴
Didrovaltrat	Isovaleryl-	Acetyl-	Isovaleryl-	H–
IVHD-Valtrat	Isovaleryl-	Acetyl-	2-(Isovaleryloxy)-isovaleryl-	HO–

[14]. In den letzten Jahren wurde vor allem diesem Aspekt viel Aufmerksamkeit gewidmet: wässerige Drogenauszüge hemmen den Transport von GABA in die Synaptosomen [15, 16]. Auch Bindungsstudien an Benzodiazepin-Rezeptoren ergaben Anhaltspunkte für sedativ wirksame Inhaltsstoffe [17, 18].

Man nimmt heute aus guten Gründen an, daß die sedierende Wirkung valepotriatfreier Baldriantinktur oder Baldrian-Teezubereitungen auf dem Zusammenwirken der oben erwähnten verschiedenen Inhaltsstoffe und Abbauprodukte beruht.

Die noch vor wenigen Jahren übliche Trennung in (meist valepotriatfreie) Baldrianextraktpräparate und in vorwiegend die reinen Valepotriate enthaltende Fertigarzneimittel mit Zuordnung zu den Sedativa einerseits und den Psychostimulantien/Tranquillantien andrerseits ist heute weitgehend aufgehoben. Dementsprechend findet man Valepotriate enthaltende Präparate trotz des etwas anderen Wirkungsspektrums (sie sind äquilibrierende Tagessedativa) wie die eigentlichen Baldrianpräparate gemeinsam in der Gruppe der Sedativa [19].

Teepräparate: Die Droge wird für sich als Baldriantee oder sehr häufig als Bestandteil von Teegemischen (Nerventee, Beruhigender Tee) verwendet.

Phytopharmaka: Mit über 200 Eintragungen in der Pharmazeutischen Stoffliste 1995 gehört die Droge zu den meistverwendeten Phytopharmaka. Baldriantinktur wird z.T. auch unter eigenem Warenzeichen vertrieben, z.B. Hewedormir (Tropfen) u.a., oder als Gemisch mit Hopfen- und Melissenextrakt, z.B. Valpetrin® S (Liquidum). Viele Präparate enthalten Trockenextrakte in recht unterschiedlicher Dosierung(!) z.B. Baldrian-Phyton® 250 (Dragees), Baldrisedon® Mono (Dragees), Scopolia® P (Kapseln), Valdispert® (Dragees) u.v.a.

Zahlreiche Kombinationspräparate enthalten neben Baldriantrockenextrakt noch weitere Pflanzenextrakte aus z.B. Hopfen: Hovaletten® N (Filmtabletten), Melisse: Euvegal® forte (Dragees), Hopfen + Melisse: Baldriparan® stark N (Dragees), Kava-Kava-rhizom: Kava-sporal® comp. (Dragees), Hopfen + Passiflora: Visinal® (Dragees), Johanniskraut: Sedariston® Konzentrat (Kapseln) u.a. Baldrianwurzelöl ist in einigen wenigen Interna enthalten, z.B. Nervinfant® N (Kinder Suppositorien), Tenerval® N Beruhigungstee (instant) u.a.

Zu nennen sind an dieser Stelle auch Präparate, die Extrakte aus mexikanischem Baldrian (*Valeriana edulis* Nutt., ssp. *procera*) enthalten, z.B. Nervipan® (Kapseln) oder Dormocaps® N (Kapseln) oder aus indischem Baldrian (*Valeriana wallichii* DC.) z.B. Valmane® (Dragees).

Für eine Reihe fixer Kombinationen hat die Kommission E eigene Monographien erstellt (sog. Muster für den humanmedizinischen Bereich):

Fixe Kombinationen aus Baldrianwurzel, Hopfenzapfen und Melissenblättern *(BAnz Nr. 85 vom 08.05.1991)*; siehe Pharm. Ztg. **136**, 1469 (1991) bzw. Dtsch. Apoth. Ztg. **131**, 1031 (1991).

Fixe Kombinationen aus Passionsblumenkraut, Baldrianwurzel und Melissenblättern *(BAnz Nr. 95 vom 25.05.1991)*; siehe Pharm. Ztg. **136**, 1620 (1991) bzw. Dtsch. Apoth. Ztg. **131**, 1206 (1991).

Baldrianextrakte oder das ätherische Öl der Baldrianwurzel werden auch als sog. Baldrian-Bäder angewendet. Hierfür gibt es eine eigene Monographie der

---

Monographie der Kommission B 8, Balneologie (BAnz Nr. 212 vom 10.11.1989)

Wirksame Bestandteile

Baldrianbäder enthalten Extrakte und/oder ätherisches Öl der Baldrianwurzel (Valerianae officinalis radix).

Pharmakologische Eigenschaften, Pharmakokinetik, Toxikologie

Baldrian wirkt im Bad als mildes Sedativum. Das warme Bad wirkt muskelentspannend.

Toxikologische Erscheinungen sind für die in Bädern vorkommenden Konzentrationen von Inhaltsstoffen der Baldrianwurzel nicht zu erwarten.

Klinische Angaben

1. Anwendungsgebiete

Nervöse Beschwerden wie
– Schlafstörungen
– allgemeine Unruhe

2. Gegenanzeigen

Bei
– größeren Hautverletzungen und akuten unklaren Hauterkrankungen
– schweren fieberhaften und infektiösen Erkrankungen
– Herzinsuffizienz
– Hypertonie
sollen Vollbäder unabhängig vom Inhaltsstoff nur nach Rücksprache mit dem Arzt angewendet werden.

3. Nebenwirkungen

Keine bekannt.

4. Besondere Vorsichtshinweise für den Gebrauch

Keine.

5. Verwendung bei Schwangerschaft und Laktation

Keine Einschränkungen notwendig.

6. Medikamentöse und sonstige Wechselwirkungen

Keine bekannt.

7. Dosierung und Art der Anwendung

Anwendung als Vollbad mit mindestens 0,002 g ätherischen Öles pro Liter Wasser (abgeleitet aus Erfahrungswerten).
– Badetemperatur: 34–37 °C
– Badedauer: 10–20 Minuten.

8. Überdosierung

Keine bekannt.

9. Besondere Warnungen

Keine.

10. Auswirkungen auf Kraftfahrer und die Bedienung von Maschinen

Keine bekannt, jedoch können Beruhigungsmittel grundsätzlich Auswirkungen haben.

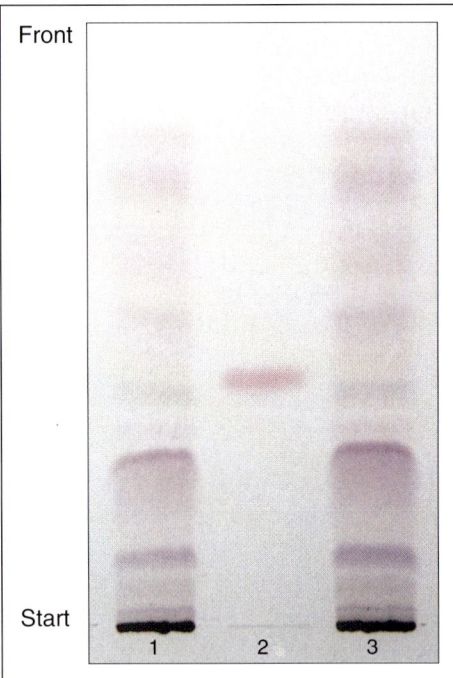

Abb. 4: DC von Baldrianwurzel, Glasplatte 5 × 10 cm, besprüht mit Anisaldehyd-Schwefelsäure, im Tageslicht,
1: Untersuchungslösung
2: Referenzlösung
3: Untersuchungslösung

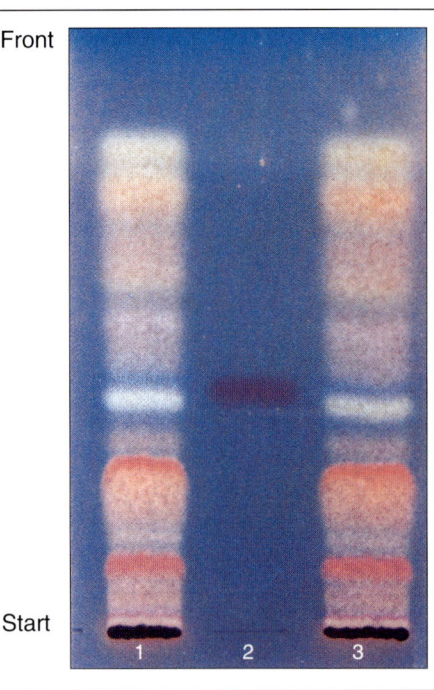

Abb. 5: DC von Baldrianwurzel, Glasplatte 5 × 10 cm, besprüht mit Anisaldehyd-Schwefelsäure, unter UV_{365},
1: Untersuchungslösung
2: Referenzlösung
3: Untersuchungslösung

Kommission B 8 (Balneologie), die auf S. 605 vorgestellt wird.

Prüfung: Makroskopisch (siehe Beschreibung) und mikroskopisch nach DAB 1996. Um die Wurzeln anderer *Valeriana*-Arten sicher ausschließen zu können (in stark zerkleinertem Zustand durch Mikroskopie nur schwierig festzustellen), verwendet man am besten den DC-Nachweis von Valerensäure.

Identitätsprüfung mittels DC:

Sorbens: Kieselgel 60 F_{254} (lufttrocken) (Merck) (5 × 10 cm, Glas oder Folie).

Untersuchungslösung: 0,2 g pulv. Droge werden 5 Min. lang mit 5 ml Methanol geschüttelt und filtriert. Das Filtrat wird schonend (Vakuum) eingedampft und der Rückstand in 0,2 ml Methanol aufgenommen. Diese Lösung dient als Untersuchungslösung.

Referenzlösung: 1 mg Sudanrot G wird in 5 ml Methanol gelöst.

Aufzutragen: 5 μl Untersuchungslösung und 2 μl Referenzlösung strichförmig (10 × 2 mm).

Fließmittel: n-Hexan – Ethylmethylketon (70 + 30) (Kammersättigung).
Hinweis: Das Ethylmethylketon sollte frisch destilliert sein, andernfalls färbt sich das DC beim Besprühen mit Anisaldehyd-Schwefelsäure braun-gelb.

Laufstrecke: 8 cm, **Zeit:** 10 min.

Sichtbarmachung und Auswertung: Nach vollständigem Abdunsten des Fließmittels wird mit Anisaldehyd R (DAB 1996) besprüht, anschließend 2 Min auf 105 bis 110 °C erhitzt und nach dem Erkalten der DC-Platte im Tageslicht und unter UV_{365} ausgewertet.
Die Referenzsubstanz erscheint bei Rf 0,39. Im DC von Baldrianwurzel erkennt man unterhalb der Referenzsubstanz die intensiv violette Zone der Valerensäure (Rf = 0,26) und die blauviolette Zone der Hydroxyvalerensäure bei Rf 0,10, beide Zonen fluoreszieren im UV_{365} intensiv ziegelrot (Abb. 4 und 5).

Verfälschungen: Wie die Praxis zeigt, werden Baldrianwurzeln gar nicht so selten verfälscht. Solche Verfälschungen sind in toto leichter feststellbar, bei der Schnittdroge ist dies schwieriger und bedarf fast immer der Zuhilfenahme des

---

Wortlaut der Packungsbeilage gemäß Standardzulassung:

6.1 Stoff- oder Indikationsgruppe
Pflanzliches Beruhigungsmittel.

6.2 Anwendungsgebiete
Unruhezustände, nervös bedingte Einschlafstörungen.

6.3 Gegenanzeigen
Keine bekannt.

6.4 Wechselwirkungen mit anderen Mitteln
Keine bekannt.

6.5 Dosierungsanleitung und Art der Anwendung
Soweit nicht anders verordnet, wird ein- bis mehrmals täglich eine Tasse des wie folgt bereiteten Teeaufgusses getrunken oder einmal täglich ein Vollbad genommen.
1 Teelöffel voll (ca. 2,5 g) Baldrianwurzel oder die entsprechende Menge in einem oder mehreren Aufgußbeutel(n) wird mit siedendem Wasser (ca. 150 ml) übergossen und nach etwa 10 bis 15 Minuten gegebenenfalls durch ein Teesieb gegeben.
Zur äußerlichen Anwendung werden 100 g Baldrianwurzel für ein Vollbad eingesetzt.

6.6 Dauer der Anwendung
Bei akuten Beschwerden, die länger als eine Woche andauern oder periodisch wiederkehren, wird die Rücksprache mit einem Arzt empfohlen.

6.7 Nebenwirkungen
Keine bekannt.

6.8 Hinweis
Vor Licht und Feuchtigkeit geschützt aufbewahren.

Mikroskops. Häufiger bestehen die Verfälschungen aus den Wurzeln anderer *Valeriana*-Arten, doch kommen auch Wurzeln von Apiaceen vor. Eine gute Übersicht über mikroskopische Merkmale solcher Verfälschungen mit Abbildungen findet man in [20]. Zur Mikroskopie des „Mexikanischen Baldrians" siehe [21]. Sicherer Nachweis mittels DC (siehe Prüfung).

Aufbewahrung: Vor Licht geschützt, kühl, nicht in Kunststoffbehältern (ätherisches Öl!).

Literatur:

[1] A. Nikiforov, B. Remberg und L. Jirovetz, Sci. Pharm. **62**, 331 (1994).
[2] R. Bos und Mitarb., Phytochemistry **25**, 133 (1986).
[3] W. Titz und Mitarb., Sci. Pharm. **51**, 63 (1983).
[4] W. Titz und Mitarb., Sci. Pharm. **50**, 309 (1982).
[5] R. Hänsel und J. Schulz, Dtsch. Apoth. Ztg. **122**, 215 (1982).
[6] S. Kallmann, Dissertation FU Berlin, 1987.
[7] M. Janot und Mitarb., Ann. Pharm. Fr. **37**, 413 (1979).
[8] P.W. Thies und Mitarb., Tetrahedron Lett. **1966**, 1155 und 1163; Tetrahedron **24**, 313 (1968).
[9] J. Veith und Mitarb., Planta Med. **52**, 179 (1986).
[10] H. Becker und J. Reichling, Dtsch. Apoth. Ztg. **121**, 1185 (1981).
[11] G. Buchbauer und Mitarb., Pharmazie **47**, 620 (1992).
[12] J. Krieglstein und D. Grusla, Dtsch. Apoth. Ztg. **128**, 2041 (1988).
[13] H. Hendriks und Mitarb., Planta Med. **42**, 62 (1981); **51**, 28 (1985).
[14] E. Riedel, R. Hänsel und G. Ehrke, Planta Med. **46**, 219 (1982).
[15] M.S. Santos und Mitarb., Planta Med. **60**, 278 (1994).
[16] M.S. Santos und Mitarb., Arch. Int. Pharmacodyn. Ther. **327**, 220 (1994).
[17] T. Mennini und Mitarb., Fitoterapia **64**, 291 (1993).
[18] J. Hölzl und P. Godau, Planta Med. **55**, 642 (1989).
[19] J. Hölzl, Dtsch. Apoth. Ztg. **136**, 751 (1996).
[20] L. Langhammer und B. Janßen, Pharm. Ztg. **130**, 75 (1985).
[21] L. Langhammer und Chr. Belgard, Pharm. Ztg. **130**, 2653 (1985).

Wichtl

Verbasci flos — Wollblumen

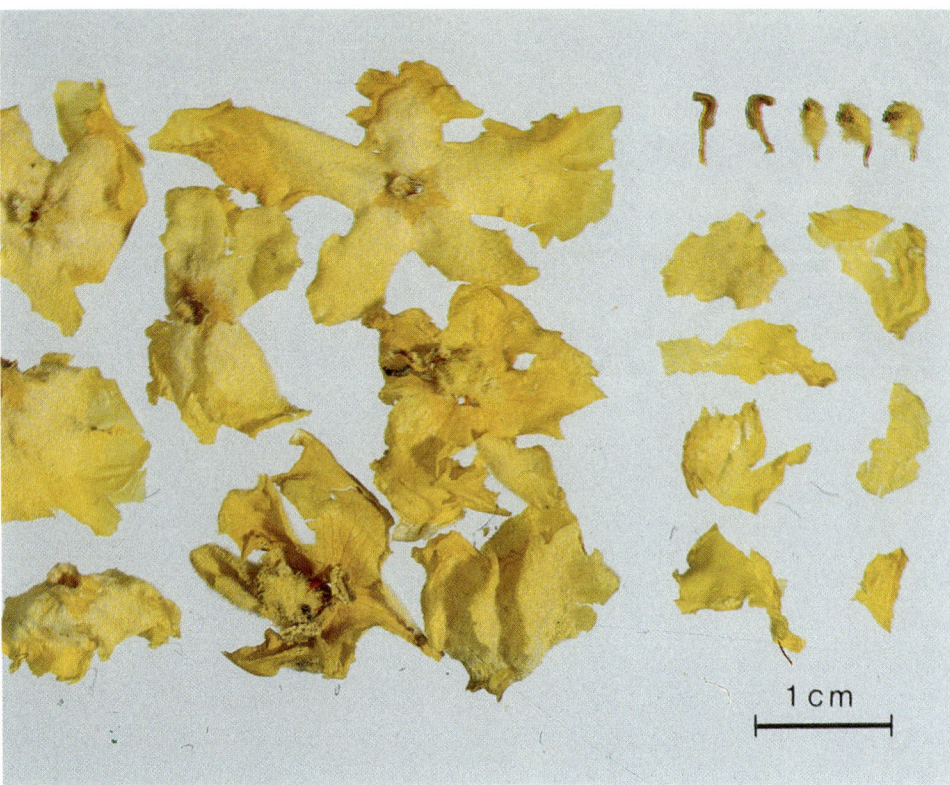

Abb. 1: Wollblumen

Die Droge besteht nur aus Korolle und Staubblättern.

Beschreibung: Gelbe, fünfzählige Blumenkronen mit zwei kleineren oberen und 3 größeren unteren, außen jeweils weißwollig behaarten Korollblättern sowie Fragmente davon. Vereinzelt rötlichgelbe Staubblätter mit filzig behaarten Filamenten und quer aufsitzenden Antheren (=die 3 kurzgestielten oberen Staubblätter der Blüte) oder gelbe Staubblätter mit kahlen Filamenten (=die beiden langgestielten unteren Staubblätter der Blüte).

Geruch: Schwach honigartig.

Geschmack: Süßlich und schleimig.

Abb. 2: *Verbascum densiflorum* BERTOL.

Die filzig behaarte, zweijährige Pflanze mit großen grauweißen, lang elliptischen Rosettenblättern und wechselständigen Stengelblättern wird bis zu 2 m hoch. Die zahlreichen, gelben, zu 2–5 gebüschelten Blüten sind zu einer langen, aufrechten Ährentraube angeordnet.

Abb. 3: *Verbascum densiflorum* BERTOL.

Die schwach zygomorphen 5-zähligen Blüten erreichen einen Durchmesser bis zu 5 cm, von den 5 Staubblättern sind die 3 kürzeren stark wollig behaart, die beiden längeren kahl.

ÖAB: Flos Verbasci
Ph. Helv. VII: Verbasci flos
DAC 1986: Wollblumen
St. Zul. 2449.99.99

Stammpflanzen: *Verbascum densiflorum* BERTOL. (=*Verbascum thapsiforme* SCHRAD.*,* Großblumige Königskerze) und/oder *Verbascum phlomoides* L. (Gemeine Königskerze), Scrophulariaceae.

Synonyme: Königskerzenblumen, Wollkrautsblumen, Himmelbrandstee, Windblumen, Flores Thapsi barbati. Verbascum flowers, Mullein flowers, (engl.). Fleurs de bouillon blanc, Fleurs de molène (franz.).

Herkunft: Heimisch in Mittel-, Ost- und Südeuropa, Kleinasien, Nordafrika und Äthiopien. Die Droge stammt überwiegend aus Kulturen und wird aus Ägypten, Bulgarien und der ehemaligen CSSR importiert.

Inhaltsstoffe: Etwa 3% Schleimstoffe (Quellungszahl nach DAC 1986 mind. 9, nach Ph. Helv. VII mind. 12), nach Hydrolyse 47% D-Galactose, 25% Arabinose, 14% D-Glucose, 6% D-Xylose, 4% L-Rhamnose, 2% D-Mannose, 1% L-Fucose und 12,5% Uronsäuren liefernd, aus mehreren Komponenten bestehend, u.a. ein Xyloglucan, ein Arabinogalactan und ein saures Arabinogalactan [1]. Iridoide: Aucubin, 6β-Xylosylaucubin, Catalpol, 6β-Xylosylcatalpol, Methylcatalpol, Isocatalpol u.a. [2–4]; Saponine (H.I. etwa 350): u.a. Verbascosaponin und sein 16α-Hydroxy-13β,28-epoxy-Derivat (=Verbascosaponin B) [5–7]; Verbascosid (=Acteosid), das α-L-Rhamnosyl-(1→3)-(4-O-caffeoyl)-β-D-glucosid des 3,4-Dihydroxyphenylethanols, in *V. densiflorum* ca. 0,6%, in *V. phlomoides* nur in Spuren [8]; etwa 0,5–4% Flavonoide, darunter Apigenin, Luteolin und deren 7-O-Glucoside, Rutin, Kämpferol u.a. [9–11]; Phenolcarbonsäuren wie Kaffeesäure, Ferulasäure, Protocatechusäure u.a. [12]; Sterole; Digiprolacton; etwa 11% Invertzucker.

Indikationen: Bei Erkältungskrankheiten und Husten als mildes Expektorans, wobei die reizmildernde Wirkung der Schleime (Abdeckung von Epitheldefekten) und die expektorierende Wirkung der Saponine zusammentreffen. Eine Beeinflussung der mukoziliären Aktivität konnte am Flimmer-Epithel-Präparat des Frosches nicht nachgewiesen werden [13]. Für eine Saponinfraktion aus dem wässerigen Extrakt wurde an isolierten Rattenleber-Ribosomen eine starke Hemmwirkung auf die Proteinbiosynthese gefunden, die wahrscheinlich aus der Besetzung der Bindungsstelle für die Elongationsfaktoren EF_1 und EF_2 an den Ribosomen resultiert [14].

Volksmedizinisch wird die Droge darüber hinaus als Diuretikum und Antirheumatikum sowie äußerlich zur Wundbehandlung verwendet. Die Wirksamkeit in diesem Bereich ist (noch) nicht belegt.

Teebereitung: 1,5–2 g fein zerschnittene Droge werden mit kochendem

Auszug aus der Monographie der Kommission E (BAnz Nr. 22a vom 01.02.1990)

Anwendungsgebiete
Katarrhe der Luftwege.

Gegenanzeigen
Nicht bekannt.

Nebenwirkungen
Nicht bekannt.

Wechselwirkungen mit anderen Mitteln
Nicht bekannt.

Dosierung
Soweit nicht anders verordnet:
Tagesdosis: 3–4 g Droge; Zubereitungen entsprechend.

Art der Anwendung
Zerkleinerte Droge für Aufgüsse sowie andere galenische Zubereitungen zum Einnehmen.

Wirkungen
reizlindernd
expektorierend

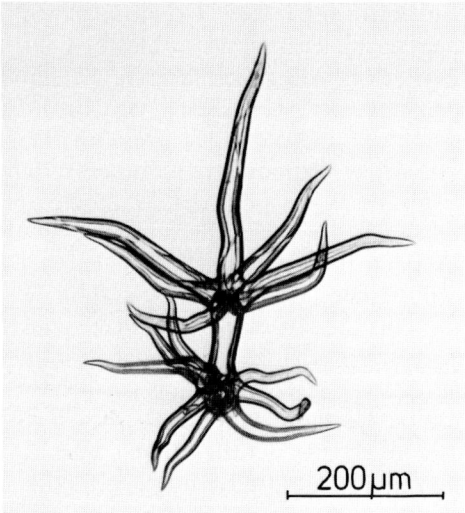
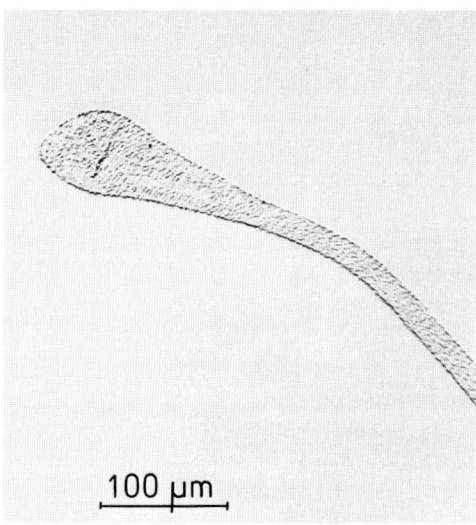

Abb. 4: Quirlästiges Etagensternhaar der Blütenblätter
Abb. 5: Einzelliges, keulenförmiges Haar der Staubblätter mit körniger Kutikula

Wasser übergossen (oder auch mit kaltem Wasser angesetzt und zum Sieden erhitzt) und nach 10–15 min durch ein Teesieb gegeben.
1 Teelöffel = etwa 0,5 g.

Teepräparate: Wollblumen sind in einigen wenigen Teemischungen enthalten, z.B. Salus® Bronchial-Tee u.a.

Phytopharmaka: Extrakte aus der Droge sind im Monopräparat Eres®N (Lösung) und im Kombinationspräparat Equisil® (Saft) enthalten.

Prüfung: Makroskopisch (s. Beschreibung) und mikroskopisch nach DAC 1986. Besonders charakteristisch sind die Etagensternhaare der Korolle (Abb. 4) und die dünnwandigen, einzelligen Haare der Staubblätter mit einer gekörnten oder wellig-gestreiften Kutikula (Abb. 5).

Der Anteil an braun verfärbten Blüten sollte 5% nicht übersteigen. Quellungszahl, bestimmt mit gepulverter Droge, nach DAC 1986 mind. 9, nach Ph. Helv. VII mind. 12.

Eine DC-Analyse der Flavonoide mit Schemachromatogramm findet sich bei [15].

Verfälschungen: Kommen praktisch kaum vor. Die Blüten anderer *Verbascum*-Arten sind entweder deutlich kleiner oder fallen durch 5 gleichgestaltete, violett behaarte Staubblätter auf.

Aufbewahrung: Vor Licht geschützt, in dicht verschlossenen Gefäßen, zweckmäßig über Blaugel. Der Schutz vor Feuchtigkeit ist bei dieser Droge besonders wichtig, da sie sich sonst leicht aufgrund des Iridoidgehaltes braun bis dunkelbraun verfärbt.

Wortlaut der Packungsbeilage gemäß Standardzulassung:

6.1 Stoff- oder Indikationsgruppe
Pflanzliches Mittel zur Behandlung von Atemwegserkrankungen.

6.2 Anwendungsgebiete
Katarrhe der Luftwege.

6.3 Gegenanzeigen
Keine bekannt.

6.4 Wechselwirkungen mit anderen Mitteln
Keine bekannt.

6.5 Dosierungsanleitung und Art der Anwendung
Soweit nicht anders verordnet, wird 3- bis 4mal täglich eine Tasse des wie folgt bereiteten Teeaufgusses getrunken:
2 Teelöffel voll (ca. 1 g) Wollblumen oder die entsprechende Menge in einem oder mehreren Aufgußbeutel(n) werden mit siedendem Wasser (ca. 150 ml) übergossen und nach etwa 10 bis 15 Minuten gegebenenfalls durch ein Teesieb gegeben.

6.6 Dauer der Anwendung
Bei akuten Beschwerden, die länger als eine Woche andauern oder periodisch wiederkehren, wird die Rücksprache mit einem Arzt empfohlen.

6.7 Nebenwirkungen
Keine bekannt.

6.8 Hinweis
Vor Licht und Feuchtigkeit geschützt aufbewahren.

Literatur:
[1] K. Kraus und G. Franz, Dtsch. Apoth. Ztg. **127**, 665 (1987).
[2] K. Seifert und Mitarb., Planta Med. **51**, 409 (1985).
[3] L. Swiatek, O. Salama und O. Sticher, Planta Med. **45**, 153 (1982).
[4] L. Swiatek, B. Grabias und P. Junior, Pharm. Weekbl. (Sci. Ed.) **9**, 246 (1987).
[5] R. Tschesche, S. Sepulveda und M.Th. Braun, Chem. Ber. **113**, 1754 (1980).
[6] E. Haslinger und H. Schröder, Sci. Pharm. **60**, 202 (1992).
[7] H. Schröder und E. Haslinger, Liebigs Ann. Chem., 959 (1993).
[8] B. Klimek, Acta Pol. Pharm. **48**, 51 (1991).
[9] V. Pápav und Mitarb., Pharmazie **35**, 334 (1980).
[10] R. Tschesche, S. Delhri und S. Sepulveda, Phytochemistry **18**, 1248 (1979).
[11] B. Klimek, Farm. Pol. **47**, 571 (1991).
[12] L. Swiatek, A. Kurowska und D. Rotkiewicz, Herba Pol. **30**, 173 (1984).
[13] W. Müller-Limmroth und H.-H. Fröhlich, Fortschr. d. Med. **98**, 95 (1980).
[14] A. Paszkiewicz-Gadek, K. Groschowska und W. Galasinski, Phytother. Res. **4**, 117 (1990).
[15] P. Rohdewald, G. Rücker und K.-W. Glombitza, Apothekengerechte Prüfvorschriften, Deutscher Apotheker-Verlag Stuttgart 1986, S. 1069.

Willuhn

Verbenae herba — Eisenkraut

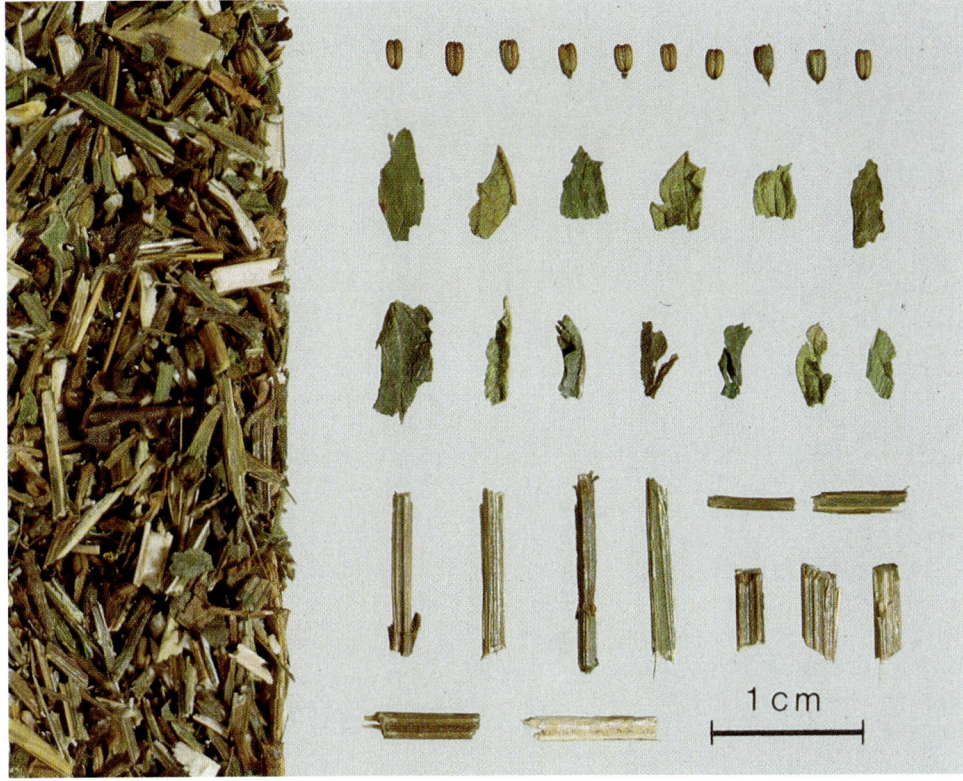

Abb. 1: Eisenkraut

<u>Beschreibung</u>: Der vierkantige, rauhe Stengel trägt kurzgestielte bis sitzende, ei-längliche Blätter mit grob eingeschnittenen, gekerbten Zipfeln. Die Blüten stehen in Ähren oder Rispen; sie haben einen 4- bis 5-spaltigen Kelch und eine undeutlich zweilippige, 5-spaltige, blaßlila gefärbte Blumenkrone. Die Spaltfrüchtchen sind braun und zerfallen leicht in 4 Nüßchen (Abb. 4).

<u>Geschmack</u>: Bitter und herb.

Abb. 2 und 3: *Verbena officinalis* L.

Mehrjährige, bis 70 cm hohe, krautige Pflanze. Stengel am Grunde holzig, Blätter gegenständig, ungleich gekerbt. Blaßlila Blüten in 10–25 cm langen Ähren.

DAC 1986: Eisenkraut

Stammpflanze: *Verbena officinalis* L. (Echtes Eisenkraut), Verbenaceae.

Synonyme: Taubenkraut, Katzenblutkraut, Sagenkraut. Vervain, Verbena (engl.). Herbe de vervaine officinale, Herbe à tous les maux (franz.). Die deutsche Bezeichnung Eisenkraut wird auf die im Volksglauben verwurzelte Meinung zurückgeführt, die Pflanze eigne sich als Schutz vor Verletzungen durch Eisenwaffen [1].

Herkunft: Zerstreut bis weit verbreitetes Unkraut in allen gemäßigten Zonen der Erde. Droge aus Wildsammlungen in Südosteuropa.

Inhaltsstoffe [1]: 0,2–0,5% Iridoidglykoside (Verbenalin, Hastatosid, Dihydrocornin u.a.); Kaffeesäurederivate wie z.B. Verbascosid, Isoverbascosid, Martynosid u.a.; Flavonoide, vor allem Luteolin-7-O-diglucuronid [1, 2], die Diglucuronide des Apigenins und Acacetins [1, 3] u.a.; ca. 2% Stachyose, wenig β-Sitosterol, Ursolsäure und Lupeol, Spuren an ätherischem Öl.

Indikationen: Trotz mehrfacher pharmakologischer Untersuchungen von Inhaltsstoffen des Eisenkrautes erfolgt die Anwendung der Droge vorwiegend in der *Volksmedizin*, und zwar als Diuretikum, Galaktagogum, und Antirheumatikum. Die Wirksamkeit in diesen Gebieten ist nicht ausreichend belegt. Andrerseits sind für einzelne Inhaltsstoffe oder Stoffgruppen interessante pharmakologische Effekte beschrieben (Übersicht in [1]).
Durch Heißwasserextrakte aus Eisenkraut wird die Lutropin (LH)-Abgabe aus zuvor mit LHRH stimulierten Hypophysenzellen deutlich stimuliert [1], wobei vor allem Kaffeesäurederivate an diesem Effekt beteiligt sind. Möglicherweise hängt die volksmedizinische Verwendung der Droge als Emmenagogum damit zusammen; dafür würde sprechen, daß auch die Follitropin (FSH)-Abgabe durch Verbena-Extrakte gesteigert wird [1]; zur Abklärung sind jedoch weitere Untersuchungen erforderlich. Andere Wirkungen

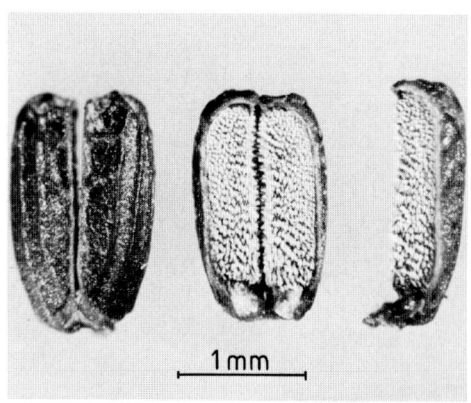

Abb. 4: In vier Nüßchen zerfallende Spaltfrüchte

auf das endokrine System waren schon früher beobachtet worden, so die antithyreotropen Effekte [4], aber auch synergistische Effekte zu Prostaglandin E_2, so daß in China erwogen wurde, Eisenkraut als Abortivum zu verwenden [5].
Verbena-Extrakte zeigen deutlich immunmodulierende Effekte, vor allem eine Phagozytose-inhibierende Wirkung auf humane Granulozyten [1]; diese läßt sich derzeit (noch) nicht auf bestimmte Inhaltsstoffgruppen zurückführen.

Teebereitung: 1,5 g fein geschnittene Droge werden mit kochendem Wasser übergossen und nach 5 bis 10 min abgeseiht.
1 Teelöffel = etwa 1,4 g.

Teepräparate: Keine.

Phytopharmaka: Die Droge ist Bestandteil eines der umsatzstärksten Phytopharmaka (Sinupret®), wobei möglicherweise die Iridoide auf Grund

---

Auszug aus der Monographie der Kommission E
(BAnz Nr. 22a vom 01.02.1990)

Anwendungsgebiete

Zubereitungen aus Eisenkraut werden bei Erkrankungen und Beschwerden im Bereich der Mund- und Rachenschleimhaut wie Angina, Halsschmerzen, bei Erkrankungen der Atemwege wie Husten, Asthma, Keuchhusten, ferner bei Schmerzen, Krämpfen, Erschöpfungszuständen, nervösen Störungen, Verdauungsstörungen, Leber- und Gallenerkrankungen, Gelbsucht, Erkrankungen und Beschwerden im Bereich der Niere und ableitenden Harnwege, bei Beschwerden im Klimakterium, unregelmäßiger Periode, zur Förderung der Milchsekretion bei Stillenden, weiterhin bei rheumatischen Erkrankungen, Gicht, Stoffwechselstörungen, „Bleichsucht", „Wassersucht" sowie äußerlich bei schlecht heilenden Wunden, Geschwüren und Brandwunden angewendet.
Die Wirksamkeit bei den beanspruchten Anwendungsgebieten ist nicht belegt.

Risiken

Keine bekannt.

Beurteilung

Da die Wirksamkeit bei den beanspruchten Anwendungsgebieten nicht belegt ist, kann eine therapeutische Anwendung nicht befürwortet werden.
Aufgrund der sekretolytischen Wirkung ist ein positiver Beitrag zur Wirksamkeit von fixen Kombinationen bei Katarrhen der oberen Luftwege denkbar.
Dieser Beitrag muß jedoch präparatespezifisch begründet werden.

Wirkungen

sekretolytisch.

Verbenalin (= Cornin)

Hastatosid

Verbascosid

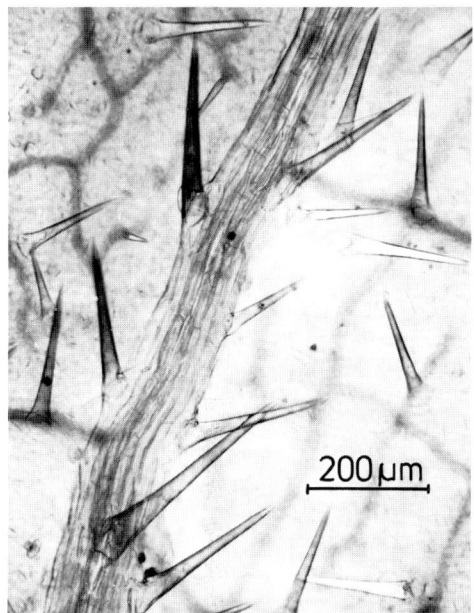 

Abb. 5: Steife, borstige Behaarung beider Blattseiten
Abb. 6: Längere Zwiebelturmhaare vor allem auf den Blattnerven

ihrer antitussiven Eigenschaften [6–8] zum Gesamtspektrum der Wirksamkeit dieses Präparates beitragen (Tropfen und Dragees).

Prüfung: Makroskopisch (siehe Beschreibung) und mikroskopisch. Charakteristisch sind bis 500 µm lange, einzellige, dickwandige Haare (Abb. 5), die besonders am Blattrand und auf der Nervatur der Blattunterseite zu finden sind; sie sind an ihrer Basis von einem einreihigen Kranz kugelartig aufgewölbter Epidermiszellen umgeben. Weitere Haartypen sind etwa 200 µm lange Köpfchenhaare (Abb. 6, sog. „Zwiebelturmhaare") und kurzgestielte Drüsenhaare mit vierzelligem Köpfchen. DC-Prüfung auf Verbenalin nach DAC 1986 (7. Erg. 1995).

Verfälschungen: Sehr selten. Es sei jedoch darauf hingewiesen, daß Verwechslungen mit einer anderen Verbenacee vorkommen, nämlich mit den unter der Bezeichnung „Echte Verbene" oder „Verbenenkraut" im Handel befindlichen getrockneten oberirdischen Pflanzenteilen von *Lippia citriodora* H.B.K. (syn. *Lippia triphylla* (L.HER.) KUNTZE oder auch *Aloysia triphylla* (L'HER.) BRITT.) [9]. Diese Droge wird vor allem in Frankreich als Sedativum und Stomachicum verwendet; die Droge riecht beim Zerreiben deutlich nach Zitrone (ätherisches Öl mit Citral a und b sowie Limonen).

Literatur:
[1] R. Weber, Dissertation Marburg 1995, erschienen in der Reihe Dissertationes Botanicae, Band 252, J. Cramer in Brüder Borntraeger Verlagsbuchhandlung, Berlin-Stuttgart 1995.
[2] A. Carnat und Mitarb., Planta Med. **61**, 490 (1995).
[3] J. Reynaud, A. Couble und J. Raynaud, Pharm. Acta Helv. **67**, 216 (1992).
[4] M. Auf'm Kolk und Mitarb., Endocrinology **116**, 1687 (1985).
[5] ref. in C.A. **82**, 149650 (1975).
[6] Ch. Kui und R. Tang, Zhongyao Tongbao **10**, 467 (1985); C.A. **104**, 203945 (1986).
[7] N. Neubauer und R.W. März, Phytomedicine **1**, 177 (1994).
[8] G. Chibanzuga, R. März und W. Sterner, Arzneim. Forsch. **34**, 32 (1984).
[9] S. Pignol, Dissertation Université Louis Pasteur, Strasbourg 1990.

Wichtl

Veronicae herba — Ehrenpreiskraut

Abb. 1: Ehrenpreiskraut

<u>Beschreibung</u>: Dünne, stielrunde, braune Stengelstücke mit 1–2,5 cm langen, verkehrt eiförmigen bis lanzettlichen, kurz und rauh behaarten Blättern mit gesägtem Rand. Kleine, bis 5 mm lange Blüten in blattachselständigen, gedrungenen, vielblütigen Trauben, Früchte flach, herzförmig (obere Reihe Abb. 1; Abb. 3).

<u>Geruch</u>: Sehr schwach aromatisch.

<u>Geschmack</u>: Schwach bitter, etwas adstringierend.

Abb. 2: *Veronica officinalis* L.

Niedrige, bis 20 cm hohe, mehrjährige krautige Pflanze. Blätter gegenständig, behaart. Blüten blaßblau, in aufrechten Trauben.

DAC 1986: Ehrenpreiskraut

Stammpflanze: *Veronica officinalis* L. (Wald-Ehrenpreis), Scrophulariaceae.

Synonyme: Wundkraut, Grundheilkraut, Herba Betonicae albae. Speedwell herb (engl.). Herbe de véronique, Herbe aux ladres (franz.).

Herkunft: In lichten Wäldern, besonders der Gebirge Europas, Vorderasiens und Nordamerikas. Drogenimporte kommen aus einigen Balkanländern.

Inhaltsstoffe: Etwa 0,5–1% Iridoidglykoside (Catalpol, Veronicosid [=6-Benzoylcatalpol], Verprosid, Ladrosid u.a. [1–3]); Flavonoide [4] (hauptsächlich Derivate des Luteolins); Mannit; Gerbstoffe; Chlorogensäure, Kaffeesäure u.a.; Triterpene; β-Sitosterol; alle diese Stoffe nur in kleinen Mengen.

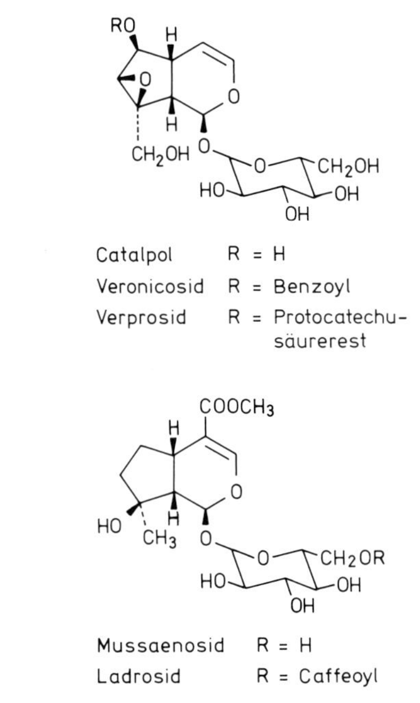

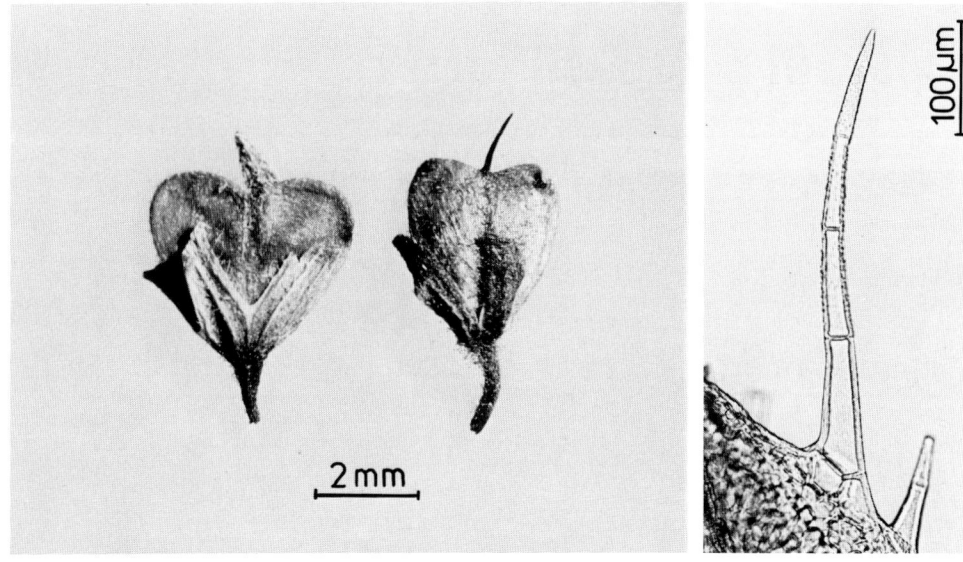

Abb. 3: Flache, herzförmige Fruchtkapsel mit schmallanzettlichen Kelchblättern von *Veronica officinalis*

Abb. 4: Mehrzelliges, dickwandiges Gliederhaar des Laubblattes mit rauher Kutikula

Indikationen: Nur in der *Volksmedizin* als Expektorans bei Bronchitis und Asthma bronchiale. Als Tee auch bei Gicht und bei rheumatischen Beschwerden. Pharmakologische oder klinische Belege für diese Indikationen fehlen.

Teebereitung: 1,5 g fein zerschnittene Droge werden mit kochendem Wasser übergossen und nach 10 min abgeseiht. Als Expektorans 2–3mal täglich 1 Tasse. 1 Teelöffel=etwa 1 g.

Teepräparate: Keine.

Phytopharmaka: Keine.

Prüfung: Makroskopisch (siehe Beschreibung) und mikroskopisch. Auf Blättern und Stengeln kommen zahlreiche Gliederhaare mit rauher Kutikula (Abb. 4) und Köpfchenhaare (einzelliger Stiel, zweizelliges, längliches Köpfchen) vor. Im DAC 1986 ist auch eine DC-Prüfung auf Flavonoide angegeben.

Verfälschungen: Kommen in der Praxis kaum vor.

Literatur:
[1] O. Sticher und F.Ü. Afifi-Yazar, Helv. Chim. Acta **62**, 530 und 535 (1979).
[2] F.Ü. Afifi-Yazar und O. Sticher, Helv. Chim. Acta **63**, 1905 (1980).
[3] F.Ü. Afifi-Yazar und Mitarb., Helv. Chim. Acta **64**, 16 (1981).
[4] M. Tamas und Mitarb., Clujul Med. **57**, 169 (1984); C.A. **102**, 75759 (1985).

Wichtl

Auszug aus der Monographie der Kommission E (BAnz Nr. 43 vom 02.03.1989)

Anwendungsgebiete

Ehrenpreiskraut-Zubereitungen werden bei Erkrankungen und Beschwerden im Bereich der Atemwege, des Magen-Darm-Traktes, der Leber sowie der Niere und ableitenden Harnwege, bei Gicht, Rheuma und rheumatischen Beschwerden, Milzerkrankungen, Skrofulose, nervöser Überreiztheit, zur „Blutreinigung", Stoffwechselförderung, als appetitanregendes und Stärkungsmittel sowie als schweißtreibendes Mittel, ferner äußerlich bei Fußschweiß, Wunden, zur Förderung der Wundheilung, chronischen Hautleiden und Hautjucken angewendet.

Die Wirksamkeit bei den beanspruchten Anwendungsgebieten ist nicht belegt.

Risiken

Keine bekannt.

Beurteilung

Da die Wirksamkeit bei den beanspruchten Anwendungsgebieten nicht belegt ist, kann eine therapeutische Verwendung nicht befürwortet werden.

Viburni prunifolii cortex — Schneeballbaumrinde

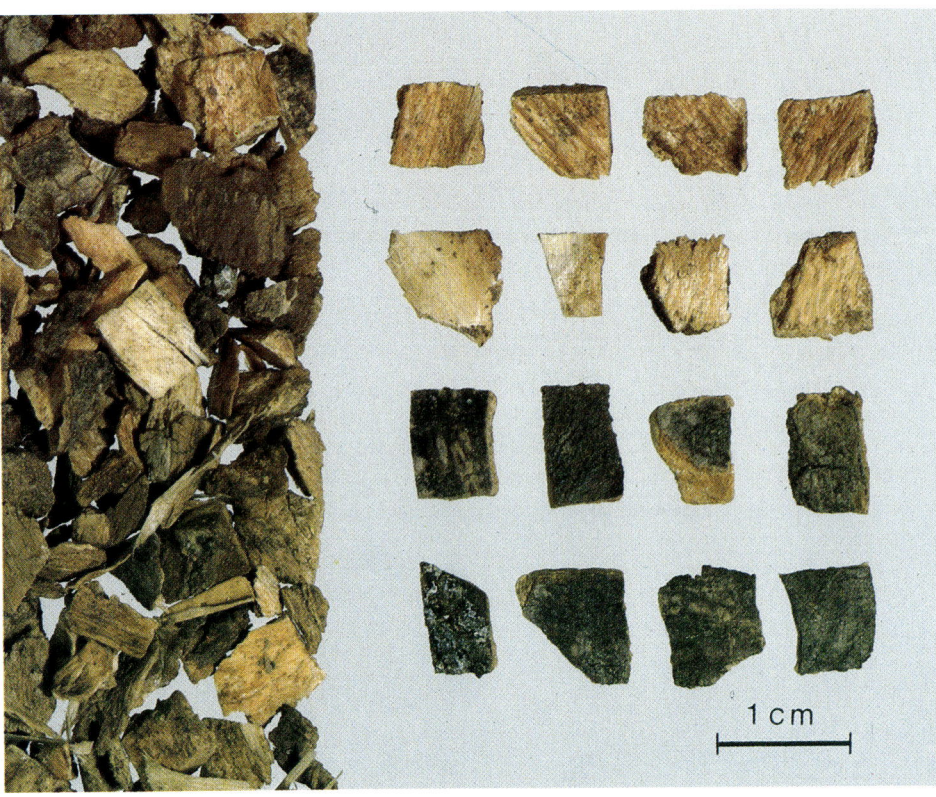

Abb. 1: Schneeballbaumrinde

Die Droge besteht aus Stamm- und Zweigrinde, im Handel befindet sich gelegentlich auch Wurzelrinde.

Beschreibung: Die Schnittdroge ist außen graubraun und je nach Alter mehr oder weniger stark mit grauen Flechten und runden bis quergestellten Korkwarzen bedeckt. Die Innenseite ist rötlichbraun, glatt bis schwach längsstreifig und oft noch mit anhaftenden gelblichen Holzresten besetzt. Der Bruch ist kurz, fast eben oder grob körnig. Mit der Lupe lassen sich im Querschnitt gelbe Punkte oder Flecken erkennen (Steinzellnester).

Geruch: Eigentümlich, schwach loheartig.

Geschmack: Bitter und adstringierend.

Abb. 2: *Viburnum prunifolium* L.

Stattlicher Strauch oder kleiner Baum mit scharf gesägten, ovalen, langgestielten Blättern, weißlichen Blüten in Trugdolden und blauschwarzen, oft weißlich bereiften, ca. 1,5 cm großen Beerenfrüchten mit glänzenden, flachen Kernen.

Erg. B. 6: Cortex Viburni prunifolii

Stammpflanze: *Viburnum prunifolium* L. (Amerikanischer Schneeballbaum), Caprifoliaceae.

Synonyme: Amerikanische Schneeballrinde, Viburnumrinde. Black haw bark, Sweet viburnum, American sloe, Stagbush (engl.). Ecorce à aubépine, Écorce de viorne (franz.).

Herkunft: Heimisch in Nordamerika; in Europa als Zierstrauch angebaut. Die Droge wird aus den USA eingeführt.

Inhaltsstoffe: Amentoflavon (ein Biflavon); Triterpene: α- und β-Amyrin, Oleanol- und Ursolsäure sowie deren Essigsäureester; Sitosterol; Cumarine: Scopoletin, Scopolin, Aesculetin; Arbutin(?); Chlorogensäure, Isochlorogensäure, Salicylsäure und Salicosid(?)

(= Salicin); Fettsäuren und niedermolekulare organische Säuren; Alkane; etwa 2% Gerbstoffe; ein als Viburnin bezeichneter harzartiger Bitterstoff [1]. Das Vorkommen von Iridoiden, den charakteristischen Blattinhaltsstoffen von Virburnum-Arten, ist wahrscheinlich, da Verbindungen dieser Stoffklasse aus anderen *Viburnum*-Rinden bereits isoliert und identifiziert worden sind [2, 3].

Indikationen: Schneeballbaumrinde gilt als ein uteruswirksames Spasmolytikum, das zur Beruhigung und Schmerzlinderung im Bereich der Gebärmutter, so bei Menstruationsstörungen (Dysmenorrhoe und Amenorrhoe) Verwendung findet. Die spasmolytische Wirksamkeit auf die Uterusmuskulatur auch nach oraler Zufuhr ist von verschiedenen Arbeitsgruppen experimentell in vitro und in vivo mehrfach beschrieben worden (u.a. [4–6], dort weitere Literatur). Das Wirkprinzip ist immer noch ungeklärt. Nach [7] enthält der Methanolextrakt mindestens vier Substanzen, die direkt an der Uterusmuskulatur angreifen und nicht sympathomimetisch wirken sollen. Musculotrop-spasmolytisch wirksam sind auch Scopoletin und Aesculetin [4, 5].

In der *Volksmedizin* wird die Droge auch bei Schwangerschaftserbrechen und klimakterischen Beschwerden verwendet. Auch die Benutzung als Kontrazeptivum wurde erwähnt [8].

Teebereitung: 1,0 g fein geschnittene Droge wird mit kochendem Wasser übergossen und nach 10 min durch ein Teesieb gegeben. Als Spasmolytikum, vorwiegend bei Dysmenorrhoe, 2–3mal täglich 1 Tasse Tee.
1 Teelöffel = etwa 1,2 g.

Teepräparate: Keine.

Phytopharmaka: Keine.

Prüfung: Makroskopisch (s. Beschreibung) und mikroskopisch. Kork aus dünnwandigen, tafelförmigen Zellen mit braunem Inhalt; Parenchym der primären Rinde derbwandig und tangential gestreckt, gelegentlich dazwischen kleine Steinzellen. An der Grenze zur sekundären Rinde vereinzelt stark verdickte Sklerenchymfasern, oft zu Bündeln zusammengefaßt. Bei Stücken älterer Rinden nur sekundäre Rinde; in dieser Steinzellgruppen sowie ein und zwei Reihen breite Markstrahlen, deren Zellinhalt sich mit Kalilauge braunrot färbt. Die etwas verdickten Parenchymzellen führen Stärke und Gerbstoff (Grünfärbung mit Eisen(III)-chlorid). Im Längsschnitt Kristallkammerfasern mit Calciumoxalatdrusen, seltener Einzelkristallen.

Verfälschungen: Als solche kommen Rindenstücke von *Viburnum opulus* L. (Gemeiner Schneeball) gelegentlich vor; sie lassen sich makroskopisch und mikroskopisch nicht mit Sicherheit von der echten Droge unterscheiden, hingegen ist die DC hierfür geeignet.

Reinheitsprüfung mittels DC.

Untersuchungslösung: 2 g gepulverte Droge zwecks Entfernung störender Harz- und Fettbestandteile zuerst mit 50 ml Petroläther etwa 15 min unter Rückfluß extrahieren. Der Drogenrückstand wird anschließend mit 50 ml Methanol unter Rückfluß zum Sieden erhitzt, anschließend filtriert. Das Filtrat engt man auf ca. 2 ml ein, etwa auftretende Trübungen stören nicht.

Referenzlösung: 20 mg Cianidanol (Catechin) werden in 10 ml Methanol gelöst.

Aufzutragen: 4 µl Untersuchungslösung strichförmig, 1 µl Referenzlösung.

Fließmittel: Chloroform-Aceton-Eisessig (75 + 10 + 25), 6 cm hoch.

Sichtbarmachung: Zunächst Fluoreszenz unter UV_{365} beobachten, dann mit einer 1proz. Lösung von Vanillin in Ethanol-H_3PO_4 (4 + 1) besprühen und sofort im Tageslicht auswerten.

Auswertung: Vor dem Besprühen zeigt die Untersuchungslösung unter UV_{365} neben intensiv fluoreszierenden Zonen im unteren Drittel eine blau fluoreszierende Zone bei Rf ~ 0,85, die bei *Viburnum opulus* fehlt. Nach dem Besprühen ist die Referenzsubstanz als rote Zone bei Rf ~ 0,3 sichtbar. Die Untersuchungslösung zeigt in diesem Bereich keine roten Zonen, während bei

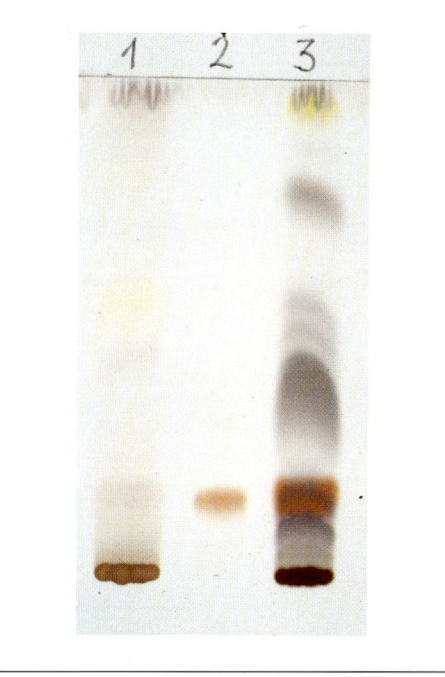

Abb. 3: DC auf 4 × 8 cm Folie
1: *Viburnum prunifolium*
2: Catechin (Referenzsubstanz)
3: *Viburnum opulus* (Verfälschung)
Einzelheiten s. Text

der Verfälschung auf der Höhe des Catechins eine rote Zone sowie knapp darüber eine violettgraue und etwas darunter zwei rotviolette Zonen auftreten (Abb. 3).

Ein in gleicher Weise angefertigtes DC zeigt nach Besprühen mit einer 1proz. Lösung von Diphenylboryloxyethylamin in Methanol und Nachsprühen mit einer 5proz. Lösung von Polyethylenglykol 400 in Ethanol bei der Untersuchungslösung eine unter UV_{365} intensiv grün fluoreszierende Zone (Amentoflavon) bei Rf~0,2–0,3, die bei Verfälschungen fehlt.

Literatur:
[1] Hager, Band **6**, 435 (1979).
[2] N. Handjieva und Mitarb., Phytochemistry **27**, 3175 (1988).
[3] S.R. Jensen, B.J. Nielsen und V. Norn, Phytochemistry **24**, 487 (1985).
[4] L. Hörhammer, H. Wagner und H. Reinhardt, Dtsch. Apoth. Ztg. **105**, 1371 (1965).
[5] L. Hörhammer, H. Wagner und H. Reinhardt, Z. Naturforsch. **22b**, 768 (1967).
[6] F. Morales und J.S. Mutis, Farmacoterap. actual **3**, 84 (1946).
[7] C.H. Jarboe und Mitarb., Nature **212**, 837 (1967).
[8] V.J. Brondegaard, Planta Med. **23**, 167 (1973).

Willuhn

Violae tricoloris herba — Stiefmütterchenkraut

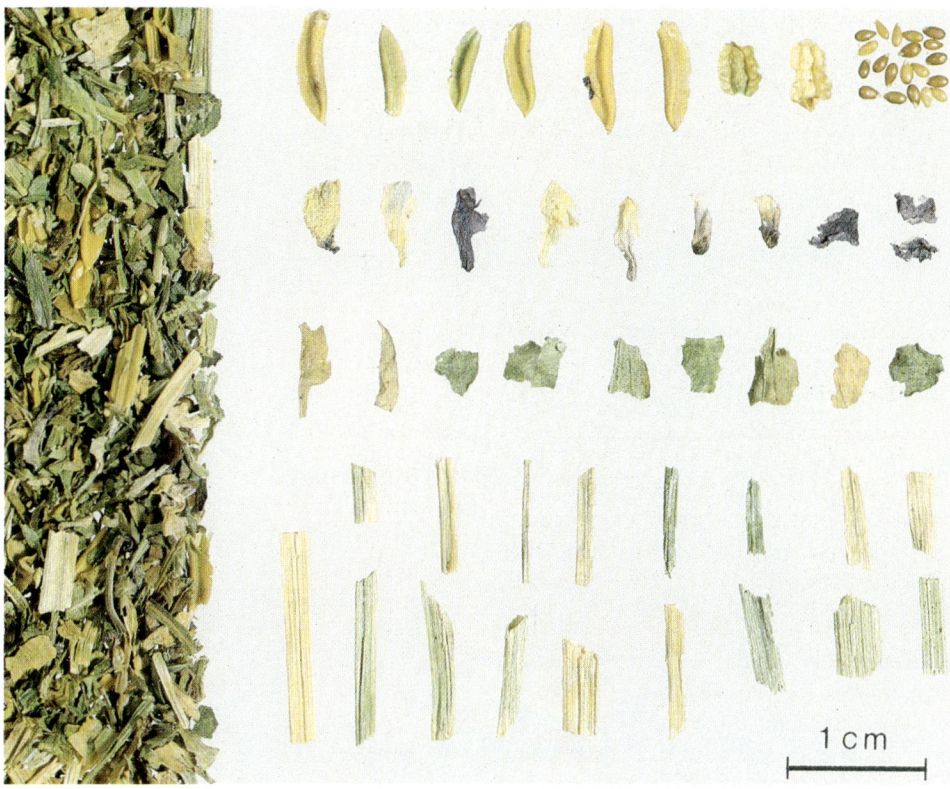

Abb. 1: Stiefmütterchenkraut

<u>Beschreibung</u>: Charakteristisch sind die tiefblauen und leuchtend gelben und/oder blaßviolett bis weißen, meist eingerollten Blüten und Kronblatteile. Häufig findet man gelbe bis gelbbraune, geschlossene oder der Länge nach dreiklappig aufspringende (loculizide) Fruchtkapseln (oder kahnförmige Teile davon) mit zahlreichen hellgelben, birnenförmigen Samen mit weißlichem Anhängsel (Elaiosomen, Abb. 3). Des weiteren dünne, kantig-rundliche, innen hohle Stengelstücke und hellgrüne, stark geschrumpfte Blattfragmente.

<u>Geruch</u>: Sehr schwach, eigentümlich.

<u>Geschmack</u>: Schleimig-süßlich.

Abb. 2: *Viola tricolor* L.

Eine formenreiche, bis 30 cm hohe Art, 1- bis mehrjährig, mit herzförmigen bis länglich-eiförmigen, stumpf gezähnten Blättern und fiederschnittigen Nebenblättern. Die zygomorphen Blüten sind gelb, violett oder dreifarbig, etwa 2 cm groß und mit einem kurzen Sporn versehen.

ÖAB: Herba Violae tricoloris
DAC 1986: Stiefmütterchenkraut
St. Zul. 1679.99.99

Stammpflanze: *Viola tricolor* L. (Acker-Stiefmütterchen), Violaceae.

Synonyme: Ackerveilchen, Ackerstiefmütterchenkraut, Dreifaltigkeitskraut, Dreifaltigkeitstee, Freisamkraut, Freisamtee, Herba Jaceae, Herba Trinitatis. Heartsease herb, Love-in-idleness, <u>Wild pansy</u> (engl.). Herbe de pensée Sauvage, Pensée des champs (franz.).

Herkunft: In zahlreichen Unterarten, Varietäten und Formen heimisch in allen gemäßigten Zonen Europas und Asiens, von denen als Drogenlieferant vor allem die Subspecies *vulgaris* (KOCH) OSBORNY und *arvensis* (MURRAY) GAUDIN genutzt werden (letztere als Getreideunkraut fast über die ganze Erde ver-

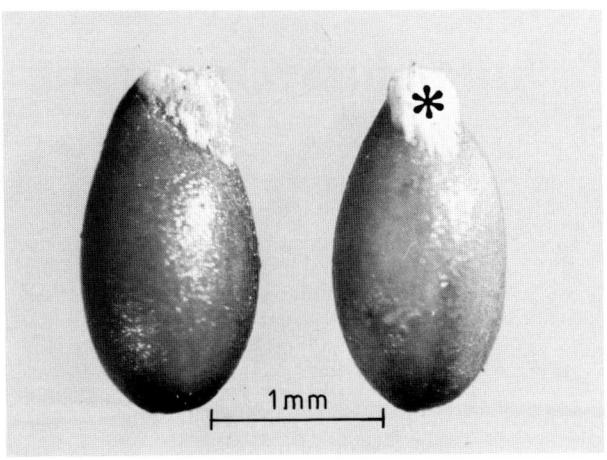

Salicylsäuremethylester

Abb. 3: Birnenförmige Samen mit kleinen, weißen Anhängseln (*; Elaiosomen) von *Viola tricolor*

Abb. 4: Eckzahnförmiges Haar des Blattes mit Kutikularstreifen

breitet). Zur Drogengewinnung werden die oberirdischen Teile der Pflanzen zur Blütezeit von Wildstandorten gesammelt, z.T. jedoch auch kultiviert, so in Holland und Frankreich. Die Droge wird aus Holland importiert.

Inhaltsstoffe: 0,06 bis etwa 0,3% Salicylsäure und deren Derivate wie Salicylsäuremethylester und Violutosid (=Violutosin, das Glucosidoarabinosid des Salicylsäuremethylesters), weitere Phenolcarbonsäuren (0,18%) wie trans-Kaffeesäure, trans- und cis-p-Cumarsäure, Gentisinsäure, Protocatechusäure u.a. [1].
Etwa 10% Schleime, zusammengesetzt aus Glucose (35%), Galactose (33%), Arabinose (18%) und Rhamnose (8%). 2,4–4,5% Gerbstoffe. Flavonoide (DAC 1986 mind. 0,2% ber. als Hyperosid): Quercetin, Luteolin, Luteolin-7-glucosid, Rutin (=Violaquercitrin), die C-Glucoside Vitexin und Isovitexin (8-C- bzw. 6-C-glucosylapigenin), Vicenin 2 und Violanthin (6,8-di-C- bzw. 6-C-rhamnosyl-8-C-glucosylapigenin), Orientin und Isoorientin (8-C- bzw. 6-C-glucosylluteolin), Scoparin, Saponarin, Saponaretin [2, 3]. Anthocyanidinglykoside; Carotinoide: Violaxanthin und vier geometrische Isomere [4], Zeaxanthin u.a.; Cumarine: Umbelliferon; Xanthinderivate [4], Ascorbinsäure und α-Tocopherol [2]. Die Literaturangaben über das Vorkommen von Saponinen müssen berichtet werden. Die Droge enthält keine Saponine [5], sondern hämolytisch aktive Peptide (*V. arvensis* MURRAY).

Indikationen: Äußerlich und innerlich als Adjuvans bei verschiedenen Hauterkrankungen wie Ekzemen, Impetigo (Grindflechte), Akne und Pruritus. In Fütterungsversuchen an Ratten mit experimentell erzeugten Ekzemen wurden Hinweise für eine therapeutische Wirksamkeit erhalten [2].
Weitere, aus der älteren *Volksmedizin* stammende Indikationsgebiete sind: Katarrhe der Luftwege, Keuchhusten, Halsentzündungen (Gurgeln) und fiebrige Erkältungen. Die Wirkstofffrage ist nicht geklärt. Diskutiert werden für die einzelnen Anwendungsgebiete die Salicylsäure und ihre Derivate und Schleime.
In der *Volksmedizin* gilt die Droge als sog. „Blutreinigungsmittel" d.h. sie soll eine stoffwechselfördernde Wirkung entfalten und wird deshalb als Adjuvans bei entsprechenden Indikationen eingesetzt, so als Diuretikum, Diaphoretikum und Purgativum sowie bei Rheuma (Salicylsäure?), Gicht und Arteriosklerose. Die diuretische Wirkung ist umstritten. Nach [6] wird nicht die Harnmenge vermehrt, wohl aber die Chloridausscheidung gesteigert.

Teebereitung: 1,5 g fein geschnittene Droge werden mit kochendem Wasser übergossen oder mit kaltem Wasser angesetzt und aufgekocht; nach 10 min abseihen.
1 Teelöffel=etwa 1,8 g.

Teepräparate: Die Droge wird von einigen Herstellern als Tee angeboten, sie ist auch in einigen Teegemischen enthalten (Abführtees, Haut-Tees).

Phytopharmaka: Stiefmütterchentinktur ist im Hautpräparat Antipsoricum N Truw® enthalten, Stiefmütterchenöl neben anderen Pflanzenauszügen im Dermatikum Befelka® Öl.

Auszug aus der Monographie der Kommission E
(BAnz Nr. 50 vom 13. 03. 1986)

Anwendungsgebiete
äußere Anwendung:
leichte, seborrhoische Hauterkrankungen; Milchschorf der Kinder.

Gegenanzeigen
Keine bekannt.

Nebenwirkungen
Keine bekannt.

Wechselwirkungen mit anderen Mitteln
Keine bekannt.

Dosierung
Soweit nicht anders verordnet:
1,5 g Droge auf 1 Tasse Wasser als Teeaufguß, 3mal täglich anzuwenden; Zubereitungen entsprechend.

Art der Anwendung
Zerkleinerte Droge für Aufgüsse oder Abkochungen sowie andere galenische Zubereitungen zur äußeren Anwendung.

Prüfung: Makroskopisch (s. Beschreibung) und mikroskopisch nach DAC 1986. Charakteristisch sind die Eckzahnhaare der Blätter (Abb. 4), Papillen, Flaschenhaare und buckelige Deckhaare der Kronblätter, kleeblattartig verdickte Endothecien und die etwa 50 µm großen, glatten Pollenkörner. Im DAC 1986 ist auch eine DC-Prüfung auf Salicylsäure angegeben, sowie eine Gehaltsbestimmung der Flavonoide.

Identitätsprüfung mittels DC (Salicylsäure):

Untersuchungslösung: 2,0 g gepulverte Droge werden mit 20 mg Natrium-EDTA (evtl. entbehrlich) und 25 ml 2 N Schwefelsäure versetzt und 45 min zum Sieden erhitzt. Nach dem Abkühlen filtriert man und schüttelt das Filtrat 3mal mit je 40 ml Chloroform aus. Die vereinigten Chloroformphasen werden über Na_2SO_4 getrocknet, filtriert und zur Trockne eingeengt. Den Rückstand nimmt man mit 2 ml Ethanol auf.

Referenzlösung: 10 mg Salicylsäure werden in 10 ml Ethanol gelöst.

Aufzutragen: 6 µl Untersuchungslösung strichförmig und 2 µl Referenzlösung.

Wortlaut der Packungsbeilage gemäß Standardzulassung:

6.1 **Anwendungsgebiete**
Leichte seborrhoische Hauterkrankungen, z.B. Milchschorf bei Kindern.

6.2 **Dosierungsanleitung und Art der Anwendung**
Zwei Teelöffel voll (ca. 4 g) **Stiefmütterchenkraut** werden mit heißem Wasser (ca. 150 ml) übergossen und nach 10 Minuten durch ein Teesieb gegeben. Soweit nicht anders verordnet, wird mehrmals täglich ein Aufguß zur Verwendung für Umschläge bereitet.

6.3 **Hinweis**
Vor Licht und Feuchtigkeit geschützt aufbewahren.

Abb. 5: DC auf 4 × 8 cm Folie
1: Stiefmütterchenkraut
2: Salicylsäure (Referenzsubstanz)
Einzelheiten s. Text

Fließmittel: Chloroform-Toluol-Etherwasserfreie Ameisensäure (60 + 60 + 15 + 5), 5 cm hoch.

Sichtbarmachung: Nach vollständigem Abdunsten des Fließmittels im Heißluftstrom besprüht man mit einer 10,5 proz. Eisen-III-chloridlösung.

Auswertung: Im Tageslicht. Die Referenzsubstanz erscheint als rotviolette Zone auf bräunlichem Untergrund. Die Untersuchungslösung zeigt auf gleicher Höhe ebenfalls eine rotviolette Zone (Abb. 5). Nach längerer Zeit färben sich beide Zonen grau.

Alternativ bietet sich an:

Identitätsprüfung mittels DC (Flavonoide):

Sorbens: Kieselgel $60 F_{254}$ (lufttrocken) (Merck) (5 × 10 cm, Glas oder Folie).

Untersuchungslösung: 1,0 g pulv. Droge wird mit 5 ml Methanol 10 min. unter Rückfluß erhitzt und warm filtriert. Das Filtrat dient als Untersuchungslösung.

Referenzlösung: je 5 mg Rutosid, Chlorogensäure und Hyperosid werden in 5 ml Methanol gelöst.

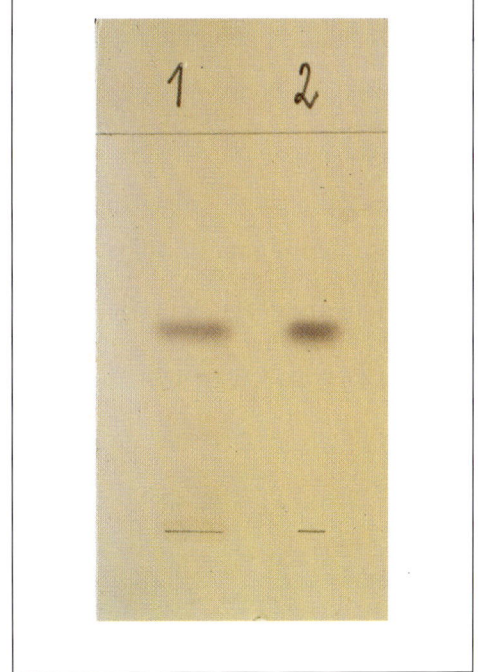

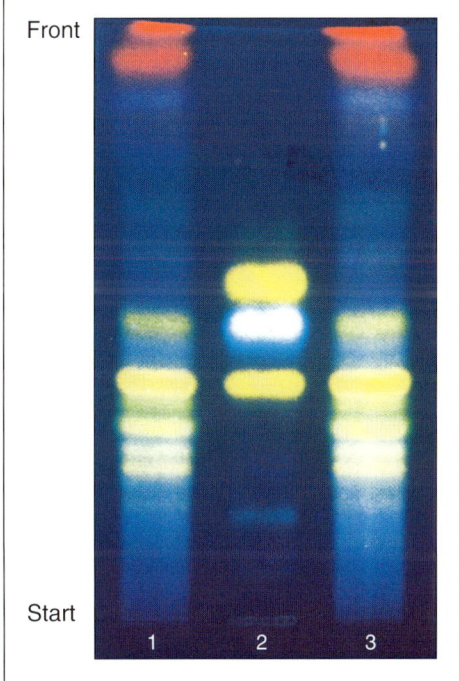

Abb. 6: DC von Stiefmütterchenkraut (Flavonoide), auf Glasplatte 5 × 10 cm, Laufstrecke 8 cm, besprüht mit Diphenylboryloxyethylamin-Reagenz unter UV_{365}
1 Stiefmütterchenkraut (5 µl)
2 Referenzsubstanzen (2 µl)
3 Stiefmütterchenkraut (5 µl)

Aufzutragen: 5 µl Untersuchungslösung und 2 µl Referenzlösung strichförmig (10 × 2 mm).

Fließmittel: Ethylacetat – wasserfr. Ameisensäure – Wasser (65 + 15 + 20) (Kammersättigung).

Laufstrecke: 8 cm, **Zeit:** 32 min.

Sichtbarmachung und Auswertung: Nach vollständigem Abdunsten des Fließmittels (im Heißluftstrom): Besprühen a) mit einer 1proz. Lösung von Diphenylboryloxyethylamin in Methanol und b) mit einer 5proz. methanolischen Lösung von Polyethylenglykol 400 und anschließende Auswertung unter UV_{365}. Die Referenzsubstanzen erscheinen mit folgenden Rf-Werten: Rutosid (0,40, orange-gelb), Chlorogensäure (0,48, hellblau), Hyperosid (0,58, orange). Das DC der Untersuchungslösung zeigt eine intensive Rutosid-Zone und darunter 5 weitere orange-gelbe Flavonoid-Zonen (Abb. 6).

Verfälschungen: Kommen in der Praxis nicht vor.

Literatur:

[1] T. Komorowski und Mitarb., Herba Pol. **29**, 5 (1983).
[2] Hager, Band **6**, 1148 (1994).
[3] S. Mánez und A. Villar, Pharmazie **44**, 250 (1988).
[4] P. Molnár, J. Szaboles und L. Radics, Phytochemistry **25**, 195 (1986).
[5] Th. Schöpke und Mitarb., Sci. Pharm. **61**, 145 (1993).
[6] H. Vollmer und R. Weidlich, Arch. exp. Pathol. Pharmacol. **186**, 574 (1936).

Willuhn

Virgaureae herba — Echtes Goldrutenkraut
DAB 1997

Abb. 1: Echtes Goldrutenkraut

Echtes Goldrutenkraut besteht aus den getrockneten, während der Blütezeit (August/Oktober) gesammelten oberirdischen Teilen.

Beschreibung: Charakteristisch sind goldgelbe Blütenköpfchen mit einem Hüllkelch aus trockenhäutigen, dachziegelartig anliegenden, weißlich-grünen Hüllkelchblättern mit stark glänzender Innenseite und grünem Mittelnerv, mit randständigen Zungenblüten und zentralen Röhrenblüten, beide mit weißlichem Pappus. Daneben einzelne gelbe Blüten mit Pappus, ganzrandige, graue bis braungrüne, dicht netznervige, leicht gerunzelte Blattfragmente (Abb. 3) und dicke, meist rotviolette oder dunkle, längsgestreifte, markhaltige Stengelstücke.

Geschmack: Herb, etwas adstringierend.

Abb. 2: *Solidago virgaurea* L.

Ausdauerndes, bis 1 m hohes Kraut. Untere Stengelblätter elliptisch, mit gezähntem Rand, die oberen Blätter schmal. Gelbe Blütenkörbchen mit je 6–12 Randblüten in zusammengesetzten Trauben.

Aufnahme in das DAB 1997 als Echtes Goldrutenkraut/Solidaginis virgaureae herba erfolgt.
St. Zul. 1519.99.99

Stammpflanze: *Solidago virgaurea* L. (Echte, Wilde oder Gemeine Goldrute), Asteraceae. (Siehe dazu aber auch den Abschnitt „Verfälschungen".)

Synonyme: Herba Solidaginis virgaureae, Herba Consolidae sarracenicae, Herba Consolidae aureae, Herba Fortis, Herba Doria, Goldwundkraut, Heidnisch Wundkraut, Edelwundkraut, Goldrautenkraut, Schoßkraut. Golden rod (engl.). Herbe de verge d'or (franz.).

Herkunft: Heimisch in Europa, Asien (außer subtropische und tropische Gebiete), Nordafrika, Nordamerika. Die Droge stammt aus Wildvorkommen. Importe aus Ungarn, dem ehemaligen

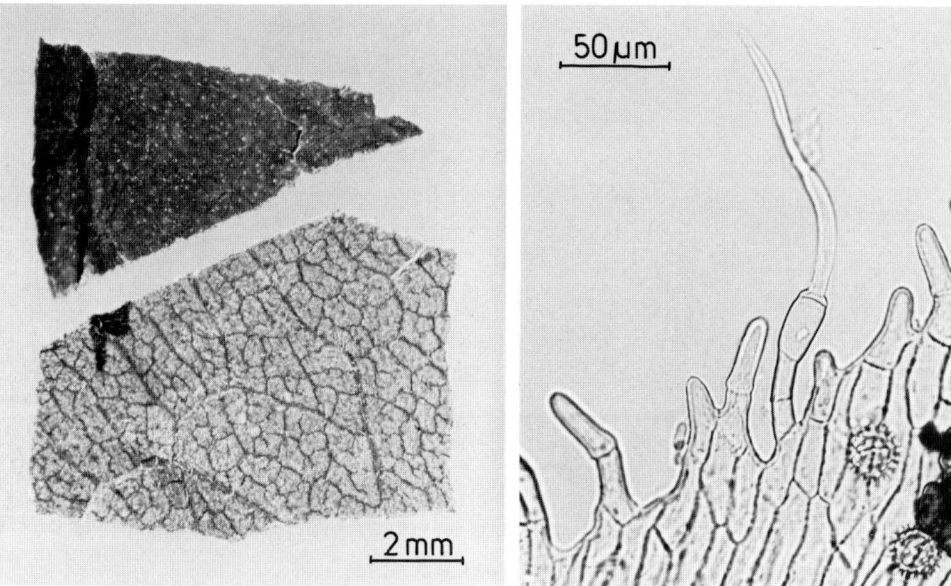

Abb. 3: Dunkle Oberseite (oben) und hellere Unterseite (unten) mit feinmaschigem Nervennetz der Blätter von *Solidago virgaurea*

Abb. 4: 2–4-zellige Gliederhaare mit fahnenartiger Endzelle (Geißelhaar) vom Hüllkelchrand und Pollenkörner mit stacheliger Exine

Jugoslawien, Bulgarien und Polen. Zur Herstellung homöopathischer Mittel existiert ein kleinflächiger Vertragsanbau.

Inhaltsstoffe [1]: Ca. 1,4% Flavonoide: u.a. das 3-O-β-Glucosid, 3-O-β-Galactosid, 3-O-α-L-Arabinosid, 3-O-β-D-Rutinosid und 3-O-β-D-Robinobiosid von Quercetin und Kämpferol, sowie Isorhamnetin-3-O-β-glucosid, -3-O-β-galactosid und -3-O-β-rutinosid und Rhamnetin-3-O-β-glucorhamnosid. Hauptkomponente mit einem Gehalt von ca. 0,8% ist Quercetin-3-O-rutinosid (=Rutin). Anthocyanidine: Cyanidin-3-O-diglucosid und 3-O-gentiobiosid (=Mycocyanin). Ca. 2,4–6,2% Titerpensaponine vom Oleanan-Typ mit der Polygalasäure als Aglykon. Identifiziert wurden über 30, als Solidagosaponine bezeichnete, Verbindungen [2–5]. Charakteristisch sind an der Zuckerkette acylierte 3,28-Bisdesmoside mit Glucose, 4-O-Glucosylglucose oder 3-O-Xylosylglucose an C-3 und das esterglykosidisch an C-28 gebundene Tetrasaccharid α-L-Rhamnosyl-(1→3)-O-β-D-xylosyl-(1→4)-O-α-L-rhamnosyl(1→2)-β-D-fucosid, bei dem die am Aglykon gebundene Fucose mit verschiedenen Carbonsäuren (β-Hydroxybuttersäure, deren Di- und Trimere sowie Essigsäure oder Crotonsäure) an C-4 O-acyliert sein kann [2–5]. Daneben auch 3,28-Bisdesmoside mit 5 Zuckern an C-28 sowie 3,16,28-Tridesmoside mit Glucose an C-3, 2-O-Arabinosylglucose an C-16 und acetylierter Arabinose an C-28, des weiteren auch 3-Mono-, 16-Mono- und 16,28-Bisdesmoside. Die Zusammensetzung des komplexen Polygalasäuresaponin-Gemischs scheint bei der europäischen Subspecies *virgaurea* und der Subspecies *asiatica* Unterschiede aufzuweisen [5]; die bisdesmosidischen Phenolglykoside Leiocarposid (0,08–0,48%) und Virgaureosid A (0,01–0,14%); Diterpene vom cis-Clerodan-Typ (Solidagolactone, nur in einer indischen Herkunft); 0,12–0,5% ätherisches Öl mit γ-Cadinen (40–46%) als Hauptkomponente sowie 22 weiteren identifizierten Mono- und Sesquiterpenen, und Benzylester der Benzoesäure und 2,6-Dimethoxybenzoesäure; Phenolcarbonsäuren: 10 Verbindungen, frei vorliegend (0,03%), u.a. Salicylsäure (0,01%), Vanillin-, Protocatechu-, Ferula-, Kaffee- und Sinapinsäure, sowie auch verestert und glykosidiert vorliegend (1,9 bzw. 0,02%) [6], 0,2–0,4% Chlorogensäure und Isochlorogensäure; Catechingerbstoffe; Polysaccharide.

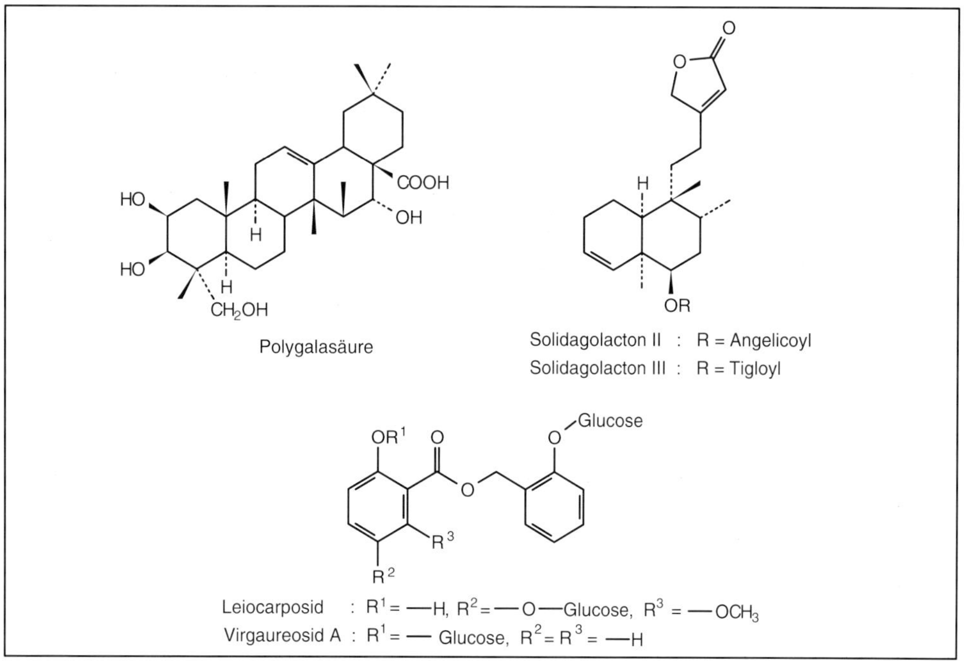

Indikationen: Für die Droge wurden diuretische, antihypertensive und spasmolytische Effekte nachgewiesen (Übersicht bei [7]). Sie gilt als entzündungswidriges Diuretikum, wobei die Wirkung – wegen unterschiedlicher Ergebnisse bei Tierversuchen – in der Literatur als schwach oder auch kräftig angegeben wird. Sie findet vor allem Verwendung bei Blasen- und Nierenentzündungen, bei Nierensteinen und -grieß. Im klinischen Bereich wurden eine diuretische Wirksamkeit und gute Erfolge bei akuter und chronischer Nephritis sowie bei Ödemen renalen Ursprungs nachgewiesen [8]. Bei Ratten wurde nach per os Applikation einer Flavonoidfraktion (25 mg/kg) die Übernacht-Diurese um 57–88% gesteigert bei gleichzeitiger Verminderung der K^+- und Na^+-Exkretion sowie Anstieg der Ca^{2+}-Elimination [9]. Alkoholische Extrakte zeigten im Rattenpfotenödem- und Adjuvans-Athritis-Test anti-inflammatorische Wirkungen [10] sowie in vitro bei verschiedenen biochemischen Modellreaktionen antioxidative Eigenschaften [11]. An Ratten wurde für Leiocarposid (25 mg/kg, i.p.) eine diuretische Wirkung nachgewiesen [12] und an verschiedenen Entzündungsmodellen auch eine antiphlogistische und analgetische Aktivität [13]. Nach p.o. Applikation von Leiocarposid an Ratten wurden im Urin folgende Metabolite (% von der applizierten Dosis) gefunden [14]: 2% Leiocarpsäure (=3,6-Dihydroxy-2-methoxybenzoesäure, 2% Konjugate der Leiocarpsäure, 0,5% Salicylsäure, 0,1% Konjugate der Salicylsäure und 0,5% Salicylursäure. Im Rattenpfotenödemtest zeigten auch die Saponine eine antiphlogistische Wirkung (counter irritation?), vergleichbar mit der von Aescin [15]. Für die Estersaponine wurde eine antimykotische Aktivität gegenüber humanpathogenen Pilzen (u.a. *Candida albicans*) nachgewiesen, die sich erst nach Esterhydrolyse voll entfaltete [16]. Das aus dem Kraut von *Solidago canadensis* isolierte Saponingemisch war unter analogen Bedingungen dagegen wirkungslos. Tierexperimentell konnte nach i.v.-Applikation eines Extrakts ein Schutzeffekt gegenüber Röntgenstrahlen-Schädigungen der Haut nachgewiesen werden, der als Verminderung der Kapillarpermeabilität durch die Flavonoide interpretiert wurde [17]. Saponinfreie Extrakte zeigten bei normotensiven Hunden hypotensive und bei Mäusen sedative Effekte [18]. Für die Saponine wurde in vitro eine spermizide Aktivität an menschlichen Spermien nachgewiesen, die für Saponine vom Oleanan-C-28-carboxy-Typ mit dort gebundener besonderer Sequenz des Zuckeranteils gegeben sein soll [19]. In der *Volksmedizin* wird die Droge als sog. „Blutreinigungsmittel" bei Gicht, Rheuma, Arthritis, Ekzemen und anderen Hauterkrankungen verwendet, wie dies für viele Saponindrogen der Fall ist. Neben der Diurese wird als Wirk-

Abb. 5: Pappushaar von *Solidago virgaurea* (ganz rechts)

Abb. 6: Zungenblüte, Röhrenblüte, Hüllkelchblatt von *Solidago virgaurea* (links) und *Solidago canadensis* (rechts).

---

*Auszug aus der Monographie der Kommission E
(BAnz Nr. 193 vom 15. 10. 1987 und Nr. 50 vom 13. 03. 1990)*

Der nachstehende Text gilt auch für **Riesengoldrutenkraut!**

Anwendungsgebiete

Zur Durchspülung bei entzündlichen Erkrankungen der ableitenden Harnwege, Harnsteinen und Nierengrieß; zur vorbeugenden Behandlung bei Harnsteinen und Nierengrieß.

Gegenanzeigen

Keine bekannt.

Hinweis:
Keine Durchspülungstherapie bei Ödemen infolge eingeschränkter Herz- oder Nierentätigkeit.

Nebenwirkungen

Keine bekannt.

Wechselwirkungen mit anderen Mitteln

Keine bekannt.

Dosierung

Soweit nicht anders verordnet:
Tagesdosis 6–12 g Droge;
Zubereitungen entsprechend.

Art der Anwendung

Zerkleinerte Droge für Aufgüsse sowie andere galenische Zubereitungen zum Einnehmen.

Hinweis:
Auf reichliche Flüssigkeitszufuhr ist zu achten.

Wirkungen

diuretisch,
schwach spasmolytisch,
antiphlogistisch.

> *Wortlaut der Packungsbeilage gemäß Standardzulassung:*
>
> **6.1 Anwendungsgebiete**
> Zur Erhöhung der Harnmenge bei Entzündungen im Bereich von Niere oder Blase.
>
> **6.2 Gegenanzeigen**
> Bei chronischen Nierenerkrankungen soll vor der Anwendung von Zubereitungen aus Goldrutenkraut der Arzt befragt werden.
>
> **6.3 Dosierungsanleitung und Art der Anwendung**
> 1–2 Teelöffel voll (3–5 g) **Goldrutenkraut** werden mit siedendem Wasser (ca. 150 ml) übergossen und nach etwa 15 Minuten durch ein Teesieb gegeben.
> Soweit nicht anders verordnet, wird 2- bis 4mal täglich 1 Tasse Teeaufguß zwischen den Mahlzeiten getrunken.
>
> **6.4 Hinweis**
> Vor Licht und Feuchtigkeit geschützt aufbewahren.

mechanismus neuerdings eine durch die Saponine ausgelöste unspezifische Immunstimulation diskutiert [20]. Durch die schleimhautreizende Wirkung der Saponine werden an Magen- und Darmschleimhäuten leichte Entzündungen gesetzt, über die es zu einer unspezifischen Aktivierung der Immunabwehr kommen könnte. Äußerlich findet die Droge als Adstringens (Gerbstoffe) bei Entzündungen der Mund- und Rachenhöhle (Spülungen) und bei schlecht heilenden Wunden Anwendung.

Teebereitung: 2–3 g fein zerschnittene Droge wird mit kochendem Wasser übergossen oder kalt angesetzt und kurz aufgekocht; nach 5–10 min durch ein Teesieb geben. Als Diuretikum 3–5mal täglich 1 Tasse.
1 Teelöffel = etwa 2 g.

Teepräparate: Goldrutenkraut wird von einigen Herstellern als Tee und in Teegemischen der Indikationsgruppe Blasen-Nieren- und Harntee angeboten.

Phytopharmaka: Goldrutenextrakt ist in einigen Monopräparaten der Gruppe „Urologika" enthalten, z.B. in Cystinol® long (Kapseln), Kalkurenal® Goldrute Lösung u.a., sowie in mehreren Kombinationspräparaten derselben Indikationsgruppe, z.B. Canephron® novo (Tabletten und Tropfen), Cystinol® Liquidum, Nieron®S Liquidum, Solubitrat®N Instant-Tee u.a., und das Antirheumaticum Phytodolor® (Tinktur). Häufig wird dabei nicht zwischen Goldrute und Riesengoldrute unterschieden.

Prüfung: Makroskopisch (siehe Beschreibung): Zungenblüten größer als 5 mm und doppelt so lang wie die Hüllkelchblätter, diese (zumindest die größeren) größer als 4 mm; Pappuslänge durchschnittlich größer als 3 mm. Mikroskopisch (siehe auch bei [21]): Obere Epidermis der Blattfragmente in Aufsicht fast polygonal mit zierlich knotig verdickten Zellwänden und starker Kutikularstreifung; wenige Spaltöffnungen. Untere Epidermis buchtig bis polygonal, zahlreiche Spaltöffnungsapparate mit meist 3–4 Nebenzellen (anomocytisch), Kutikularstreifung gering. Blattfläche wechselnd stark oder dicht behaart. Am Blattrand knotig geformte, zur Blattspreite hin gerichtete, etwas geschlängelte, deutlich gestreifte bis gekörnte Gliederhaare aus (4–) 5–6 (–7–8) Zellen, 200–1000 µm, meist 400 µm lang; weiß glänzende Exkretbehälter in der Nähe der Mittelrippe fehlend, oder wenn vorhanden, dann meist nur 20–30 µm breit und 30–50 µm lang. Auf der Blattfläche und am Nerv sowie an den Hüllkelchblatträndern Geißelhaare mit 1–3 Stielzellen und fahnenartiger Endzelle (Abb. 4). Fruchtknoten mit ca. 300 µm langen Zwillingshaaren mit deutlich getüpfelter Mittelwand. Pappushaare aus 3–5 Reihen langer Zellen bestehend (Abb. 5). Kronblätter mit 200–300 µm langen zweizellreihigen Drüsenzotten. Ca. 25 µm große, kugelige Pollenkörner mit stacheliger Exine und 3 Austrittsstellen. Eine **DC-Auftrennung der Flavonoide** mit Abbildung des Chromatogramms findet sich bei Solidaginis (giganteae) herba, S. 564 und in Lit. [22], ein dünnschichtchromatographischer Nachweis der Polygalasäure bei [23]. Das für *S. virgaurea* spezifische phenolische Glykosid Leiocarposid läßt sich neben den Flavonoidglykosiden durch zweidimensionale DC nachweisen [24].

Verfälschungen: Echtes Goldrutenkraut ist im Handel kaum noch erhältlich. Meist wird dort als Austauschdroge das von *Solidago gigantea* AIT. und *Solidago canadensis* L. stammende Riesengoldrutenkraut (Abb. 6, siehe auch S. 561) unter der Bezeichnung Herba Solidaginis oder auch Solidaginis giganteae herba angeboten. Zur Unterscheidung von diesen Arten siehe [23–29].

Aufbewahrung: Vor Licht und Feuchtigkeit geschützt, nicht in Kunststoffbehältern (ätherisches Öl!).

Literatur:
[1] Hager, Band **6**, 758 (1994).
[2] Y. Inose, T. Miyase und A. Ueno, Chem. Pharm. Bull. **39**, 2037 (1991).
[3] Y. Inose, T. Miyase und A. Ueno, Chem. Pharm. Bull. **40**, 946 (1992).
[4] T. Miyase, Y. Inose und A. Ueno, Chem. Pharm. Bull. **42**, 617 (1994).
[5] G. Bader, W. Wray und K. Hiller, Planta Med. **61**, 158 (1995).
[6] D. Kalemba, Pharmazie **47**, 471 (1992).
[7] S. Kruedener, W. Schneider und E.F. Elstner, Arzneim. Forsch. **45**, 169 (1995).
[8] A. Meyer und M. Meyer, Pharmazie **5**, 82 (1950).
[9] A. Chodera und Mitarb., Acta Pol. Pharm. **48**, 35 (1991).
[10] M. El-Ghazaly und Mitarb., Arzneim. Forsch. **42**, 333 (1992).
[11] B. Meyer, W. Schneider, E.F. Elstner, Arzneim. Forsch. **45**, 174 (1995).
[12] A. Chodera und Mitarb., Acta Pol. Pharm. **42**, 199 (1985).
[13] J. Metzner, R. Hirschelmann und K. Hiller, Pharmazie **39**, 869 (1984).
[14] G. Fötsch und Mitarb., Pharmazie **44**, 555 (1989).
[15] H.J. Jacker, G. Voigt und K. Hiller, Pharmazie **37**, 380 (1982).
[16] G. Bader und Mitarb., Pharmazie **42**, 140 (1987).
[17] H.H. Wagner, Arzneim. Forsch. **16**, 859 (1966).
[18] E. Rácz-Kotilla und G. Rácz, Planta Med. **33**, 300 (1978).

[19] B.S. Setty und Mitarb., Contraception **14**, 571 (1976).
[20] R. Hänsel, Dtsch. Apoth. Ztg. **124**, 54 (1984).
[21] P. Rohdewald, G. Rücker und K.-W. Glombitza, Apothekengerechte Prüfvorschriften, S. 725. Deutscher Apotheker Verlag Stuttgart 1986.
[22] H. Wagner, S. Bladt und E.M. Zgainski, Drogenanalyse. Dünnschichtchromatographische Analyse von Arzneidrogen. Springer-Verlag, Berlin, Heidelberg, New York 1983.
[23] O.B. Genius, Dtsch. Apoth. Ztg. **120**, 1739 (1980).
[24] J. Budzianowski, L. Skrzypczak und M. Wesolowska, Sci. Pharm. **58**, 15 (1990).
[25] W. Schier, Dtsch. Apoth. Ztg. **98**, 225 (1958).
[26] L. Langhammer, Dtsch. Apoth. Ztg. **103**, 335 (1963).
[27] H. Schilcher, Dtsch. Apoth. Ztg. **105**, 681 (1965).
[28] J. Saukel und Mitarb., Österr. Apoth. Ztg. **40**, 560 (1986).
[29] H. Schilcher und U. Bornschein, Dtsch. Apoth. Ztg. **126**, 1377 (1986).

Willuhn

Visci herba — Mistelkraut
DAB 1996

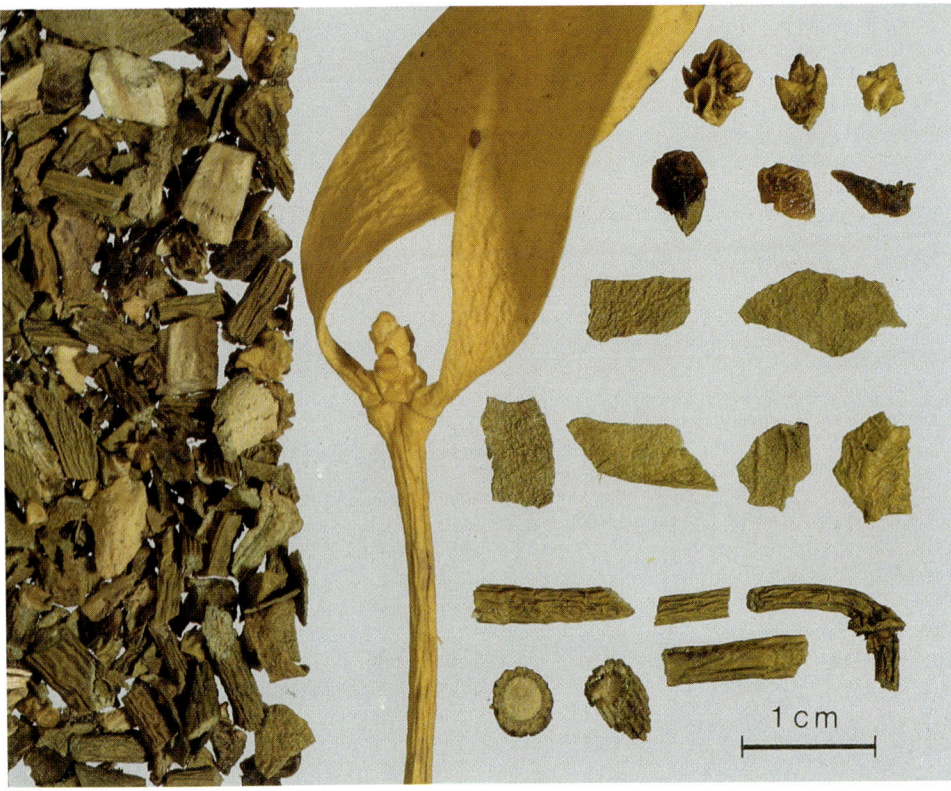

Abb. 1: Mistelkraut

Beschreibung: Auffallend die wiederholt dichotom verzweigten, 2–4 mm dicken, gelbgrünen, längsrunzeligen Zweigstücke mit ungestielten, ganzrandigen, lederig-steifen, lanzettlich bis spateligen Blättern von gelbgrüner Farbe und 2–6 cm Länge und 1–2 cm Breite. Die unscheinbaren, gelblichgrünen männlichen und weiblichen Blüten sind meist abgefallen, ebenso die fast erbsengroßen, geschrumpften, gelblichweißen oder blaßrötlichen Beerenfrüchte.

Geruch: Sehr schwach, eigenartig.

Geschmack: Bitter.

Abb. 2 und 3: *Viscum album* L.

Ein diözischer, kleiner, annähernd kugeliger Strauch (Halbschmarotzer) mit länglichen, immergrünen, ledrigen, ganzrandigen Blättern. Die Verzweigung ist deutlich dichasial, die unscheinbaren, gelbgrünen, 4-zähligen Blüten stehen in den Achseln der Zweige und bilden weiße, klebrige Beerenfrüchte aus.

Stammpflanze: *Viscum album* L. (Mistel, Laubholz-Mistel), Viscaceae bzw. Loranthaceae.

Synonyme: Vogelmistel, Leimmistel, Hexenbesen, Drudenfuß, Mistelsenker, Folia Visci, Stipites Visci. Mistletoe herb, Birdlime mistletoe, European mistletoe (engl.). Herbe de gui (franz.).

Herkunft: In Europa und Asien heimischer Halbschmarotzer, auf nahezu allen Laubbäumen (nicht auf Buche), zwei Unterarten nur auf Nadelhölzern. Drogenimporte aus Balkanländern, der Türkei und aus Rußland.

Inhaltsstoffe [1]: Lectine (Glykoproteine mit spezifischem Bindungsvermögen für bestimmte Zucker und für Zelloberflächen), die z.T. in reiner Form isoliert wurden und über deren Struktur bereits weitreichende Teilinformationen vorliegen, am besten untersucht ist derzeit das Mistellectin I (ML I) [2–5], es enthält zwei toxische Polypeptidketten A (29,5 und 27,5 kDa) und eine zuckerbindende B-Kette [6]. Aus ca. 46 Aminosäuren aufgebaute Polypeptide, die sog. Viscotoxine [7]. Flavonoide, bes. Derivate des Isorhamnetins, Rhamnazins u.a. [8, 9], das Flavonoidmuster kann zur Differenzierung einiger Un-

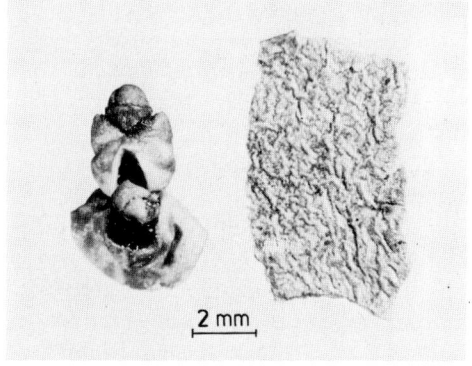

Abb. 4: Zapfenartiger Blütenstand (links) und lederartig gerunzeltes Blattstück (rechts)

Auszug aus der Monographie der Kommission E (BAnz Nr. 228 vom 05. 12. 1984)

Anwendungsgebiete

Zur Segmenttherapie bei degenerativ entzündlichen Gelenkerkrankungen durch Auslösung cuti-visceraler Reflexe nach Setzen lokaler Entzündungen durch intracutane Injektionen. Zur Palliativtherapie im Sinne einer unspezifischen Reiztherapie bei malignen Tumoren.

Gegenanzeigen

Eiweiß-Überempfindlichkeit, chronisch-progrediente Infektionen (z.B. Tbc).

Nebenwirkungen

Schüttelfrost, hohes Fieber, Kopfschmerzen, pektanginöse Beschwerden, orthostatische Kreislaufstörungen und allergische Reaktionen.

Wechselwirkungen

Keine bekannt.

Dosierung

Soweit nicht anders verordnet: Nach Angaben des Herstellers.

Art der Anwendung

Frischpflanze, Schnitt- oder Pulverdroge zur Herstellung von Injektionslösungen.

Wirkungen

Bei intracutaner Injektion entstehen lokale Entzündungen, die bis zur Nekrose fortschreiten können.
Im Tierversuch zytostatisch, unspezifisch immunstimulierend.

Hinweis

Die blutdrucksenkenden Wirkungen und die therapeutische Wirksamkeit bei milden Formen der Hypertonie (Grenzwerthypertonie) bedürfen einer Überprüfung.

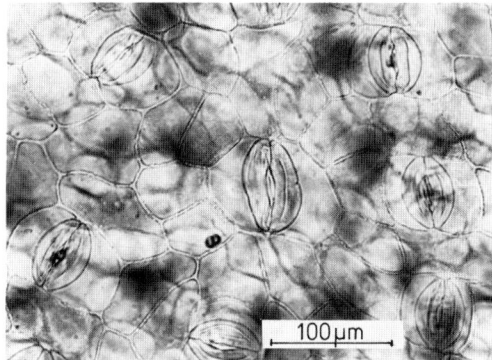
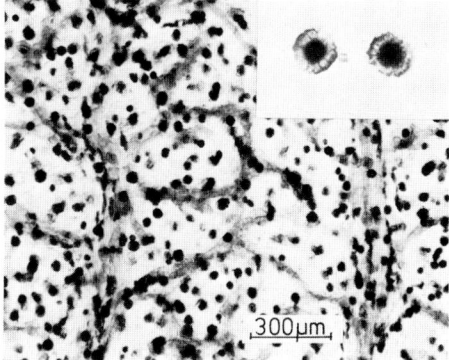

Abb. 5: Blattepidermis mit paracytischen Spaltöffnungen

Abb. 6: Massenhaftes Vorkommen von Calciumoxalat-Drusen mit dunklem Zentrum und grauem Hof (rechts oben)

terarten herangezogen werden [10]. Phenylpropane und Lignane wie z.B. Syringenin-4'-glucosid und Syringaresinol-4'-4''-diglucosid [11, 12]. Kaffeesäurederivate. Biogene Amine (Tyramin u.a.). Polysaccharide, besonders Galacturonane und Arabinogalactane [13, 14]. Cyclitole, bes. Viscumitol [15], wobei die Zusammensetzung der Cyclitole von der Wirtspflanze abhängig ist [16]. Basische Proteine und möglicherweise Alkaloide, über deren Struktur noch nichts bekannt ist [17].

Indikationen: Es muß streng unterschieden werden zwischen *oraler* Anwendung der Droge in Form von wäßrigen Auszügen, z.B. Teezubereitungen (als Adjuvans bei der Therapie des Bluthochdrucks) und der *parenteralen* Anwendung isolierter Inhaltsstoffe, z.B. in Form von Injektionspräparaten.
Für die Anwendung von Misteltee als einer unterstützenden Maßnahme bei Bluthochdruck gibt es keine echte Begründung, obwohl zahlreiche Untersuchungen durchgeführt wurden, mit dem Ziel, eine antihypertone Wirkung nachzuweisen. Die Ergebnisse bei Tierversuchen sind recht widersprüchlich und lassen auch keine Übertragung auf die Humanmedizin zu. Zwar erwiesen sich die isolierten Viscotoxine bei parenteraler Gabe als hypotensiv wirksam, als ein mögliches Wirkprinzip kommen sie aber nicht in Betracht, da sie oral nicht resorbiert werden, außerdem sind sie stark hautreizend, bei höherer Dosierung sogar nekrotisierend. Die in den letzten Jahren aus der Mistel isolierten Lectine sind auf ihre tumorhemmende Wirkung hin intensiv untersucht worden [2, 3, 18–22]. ML I bindet in vitro selektiv an monocytische Leukaemiezellen, hemmt an der Maus das Entstehen von Metastasen im Falle von Melanom, Lympho- und Fibro-Sarkom, es erweist sich als immunmodulierend

in extrem niedriger Dosierung: ca. 1 ng/kg Maus [6]; die immunmodulierende Wirkung äußert sich bei Krebspatienten im Anstieg der Anzahl von Helfer- und natürlichen Killer-Zellen sowie im Anstieg der Interleukin 2-Rezeptor-Expression [21].

Die zuletzt genannten klinischen Untersuchungen bestätigen die Annahme, daß die zur Injektion bestimmten Mistelpräparate (z.B. Iscador®, Plenosol®, Helixor® u.a.) ihre Effizienz dem Gehalt an Lectinen verdanken. Die Skepsis, die diesen Präparaten z.T. auch von ärztlicher Seite entgegengebracht wird, rührt wohl daher, daß sie aus der Anthroposophie abgeleitet sind.

Es ist jedoch unzulässig, aus dem Vorkommen der hochwirksamen Viscotoxine und Lectine in der Mistel und den mit ihnen bei parenteraler (!) Applikation erhaltenen pharmakologischen Befunden Rückschlüsse auf die Wirksamkeit von Mistel*tee* ziehen zu wollen, wie dies in manchen Kräuterbüchern oder verantwortungslosen Gesundheitsratgebern geschieht (Anpreisung von Mistel*tee* als Krebsheilmittel).

Misteltee wird *rein empirisch*, als Adjuvans in der Therapie des Bluthochdruckes, bei Schwindelgefühl, Blutandrang zum Kopf, angewendet. Eine rationale Begründung fehlt bisher, da die hypotensiv wirksamen Viscotoxine, falls sie überhaupt in das Teegetränk übergehen, wie bereits erwähnt, im Magen-Darm-Trakt abgebaut bzw. nicht unzersetzt resorbiert werden. Patienten, die Misteltee einnehmen, sollte die kontinuierliche Kontrolle des Blutdruckes angeraten werden.

In der *Volksmedizin* wird Mistelkraut auch bei Schwindelanfällen, Amenorrhöe und Gelenkserkrankungen angewendet.

Nebenwirkungen: Siehe Monographie der Kommission E; bei langdauernder Einnahme können allergische Reaktionen auftreten.

Teebereitung: 2,5 g feingeschnittene Droge werden mit kaltem Wasser übergossen und bei Raumtemperatur 10–12 Std. stehengelassen, dann abgeseiht. 1–2 Tassen täglich (siehe dazu Indikationen!).
1 Teelöffel = etwa 2,5 g.

Teepräparate: Misteltee wird von einigen Herstellern, auch im Filterbeutel und als Pflanzenpulver angeboten.

Phytopharmaka: Mistelextrakt ist in einigen Monostoffpräparaten aus der Indikationsgruppe Antihypertonica bzw. Lipidsenker/Arteriosklerosemittel enthalten, z.B. Mistel-Kapsel-S (Kapseln), Regivital-Mistel-Tropfen (Tropfen), Viscysat® (Tropfen) u.a. Darüber hinaus sind zahlreiche Kombinationspräparate mit unterschiedlichen Indikationen wie Lipidsenker, Herz-Kreislauf-Mittel, Antihypertonikum, Geriatrikum u.a. im Handel, die neben Mistelextrakt noch Weißdorn und Knoblauch, z.T. auch als Ölmazerat, enthalten. Wässerige Mistelextrakte von Misteln bestimmter Wirtspflanzen werden als „Zytostaticum mit immunmodulierenden Eigenschaften" in Ampullen verschiedener Stärken, auch in Serienpackungen mit steigender Konzentration, angeboten, z.B. Helixor® A (Abies), M (Malus), P (Pinus) oder Iscador® M, P, Qu (Quercus), U (Ulmus), auch mit Zusätzen von Silber (c. Arg.), Kupfer (c. Cu) und Quecksilber (c. Hg).

Prüfung: Makroskopisch (s. Beschreibung) und mikroskopisch nach DAC 1986. Die ledrigen, gerunzelten Blattbruchstücke sowie die zapfenartigen Blütenstände (sitzende Trugdolden!) sind in der Schnittdroge auffallende Merkmale (Abb. 4). Bei der mikroskopischen Prüfung erkennt man relativ große, paracytische Spaltöffnungen (Abb. 5) und zahlreiche Oxalatdrusen mit grauem, scharf begrenztem Hof im Inneren (Abb. 6). Vorschläge für eine Standardisierung der Droge mittels verschiedener Methoden zur Bestimmung des Lectingehaltes liegen vor [23].

Verfälschungen: Kommen in der Praxis nicht vor.

Literatur:
[1] H. Becker und H. Schmoll gen. Eisenwert, Mistel, Arzneipflanze-Brauchtum-Kunstmotiv im Jugendstil. Wissenschaftl. Verlagsges. Stuttgart 1986 sowie P. Luther und H. Becker, Die Mistel. Springer Verlag Berlin-Heidelberg-New York 1987.
[2] H.J. Gabius und S. Gabius, Pharm. Ztg. **139**, 1745 (1994).
[3] H.J. Gabius und Mitarb., Planta Med. **60**, 2 (1994).
[4] H.J. Gabius und Mitarb., Anticancer Res. **12**, 669 (1992).
[5] H. Debray und Mitarb., Carbohydr. Res. **236**, 135 (1992).
[6] H.J. Gabius und A. Bardosi, Ger. Offen: DE 4,221.836 (Cl. A61K37/02); C.A. **120**, 173454 (1994).
[7] G. Samuelsson und Mitarb., Acta Pharm. Suec. **18**, 179 (1981).
[8] T. Fukunaga und Mitarb., Chem. Pharm. Bull. **36**, 1185 (1988).
[9] H. Becker und J. Exner, Z. Pflanzenphysiol. **97**, 417 (1980).
[10] E. Lorch, Z. Naturforsch. **48c**, 105 (1993).
[11] D. Krüger und B. Frank, Pharm. Ztg. **131**, 2540 (1986).
[12] H. Wagner und Mitarb., Planta Med. **52**, 102 (1986).
[13] E.A. Müller und F.A. Anderer, Cancer Immunol. Immunother. **32**, 221 (1990).
[14] H. Wagner und E. Jordan, Phytochemistry **27**, 2511 (1988).
[15] A. Richter, Phytochemistry **31**, 3925 (1992).
[16] A. Richter und M. Popp, New Phytol. **121**, 431 (1992).
[17] T.A. Khawaja und Mitarb., Experientia **36**, 599 (1980).
[18] O. Janssen, A. Scheffler und D. Kabelitz, Arzneim.-Forsch. **43**, 1221 (1993).
[19] J. Beuth und Mitarb., Arzneim.-Forsch. **43**, 166 (1993).
[20] V. Bocci, J. Biol. Regul. Homeostatic Agents **7**, 1 (1993); C.A. **119**, 173359 (1993).
[21] J. Beuth und Mitarb., Clin. Invest. **70**, 658 (1992).
[22] A.V. Timoshenko und Mitarb., Anticancer Res. **13**, 1789 (1990).
[23] R. Scheer, Erfahrungsheilkunde **42**, 332 (1993).

Wichtl

Zingiberis rhizoma

Ingwer
DAB 1997

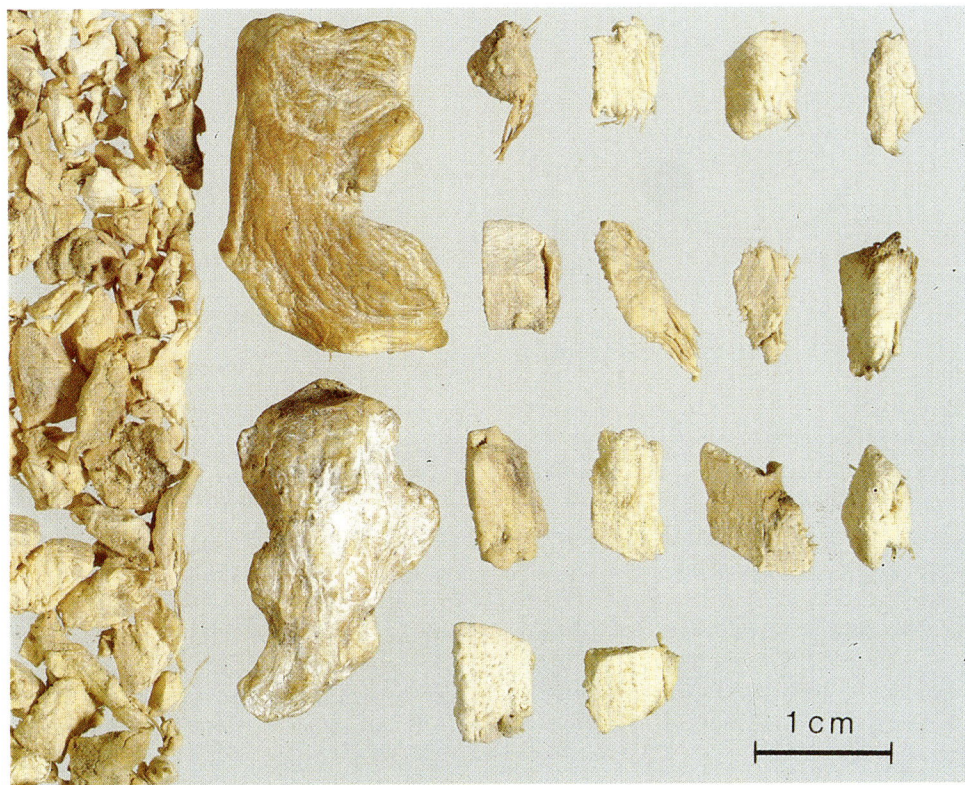

Abb. 1: Ingwer

Beschreibung: Flachgedrückte, nur in einer Ebene sich verzweigende Rhizomstücke, die an den Flachseiten zumeist geschält sind und an den Schmalseiten noch Korkreste erkennen lassen. Oberfläche fein längsgestreift, gelblichgrau. Am Querschnitt eine schmale Rinde und ein breiter, ovaler Zentralzylinder; die Leitbündel ragen als kurze, steife Spitzchen heraus.

Geruch: Charkteristisch, aromatisch.

Geschmack: Brennend scharf und gewürzhaft.

Abb. 2: *Zingiber officinale* ROSCOE
Tropische Rhizompflanze mit bis über 20 cm langen, lineallanzettlichen Blättern. Blütentriebe lang mit dichtem Blütenstand, Einzelblüten von Deckblättern umgeben.

DAB 1997: Ingwerwurzelstock
DAC 1986: Ingwer
ÖAB: Radix Zingiberis
Ph. Helv. VII: Zingiberis rhizoma

Stammpflanze: *Zingiber officinale* ROSCOE (Ingwer), Zingiberaceae.

Synonyme: Ingberwurzel. Ginger, Ginger root (engl.). Gingembre, Rhizome de gingembre (franz.).

Herkunft: Kultiviert in den meisten tropischen Ländern. Zahlreiche Handelssorten, als beste Droge gilt die aus Jamaika, gute Drogen sind ferner Bengalischer und Australischer Ingwer; heutige Importe zu ca. 80% aus China.

Inhaltsstoffe: 2,5–3% ätherisches Öl (Arzneibücher: mindestens 1,5% [ÖAB, DAC 1986] bzw. 1,7% [Ph. Helv. VII]), das je nach Herkunft außerordentlich verschieden zusammengesetzt ist. Zumeist herrschen Sesquiter-

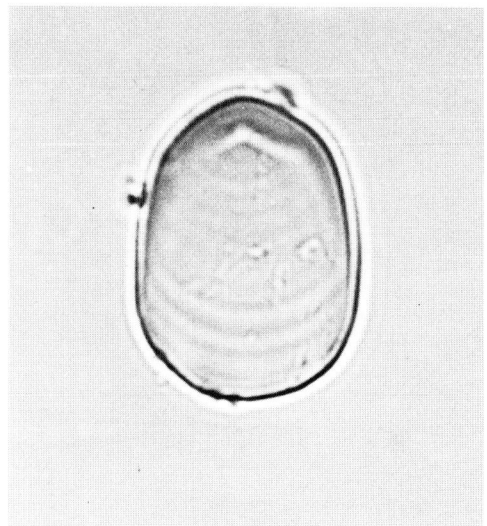
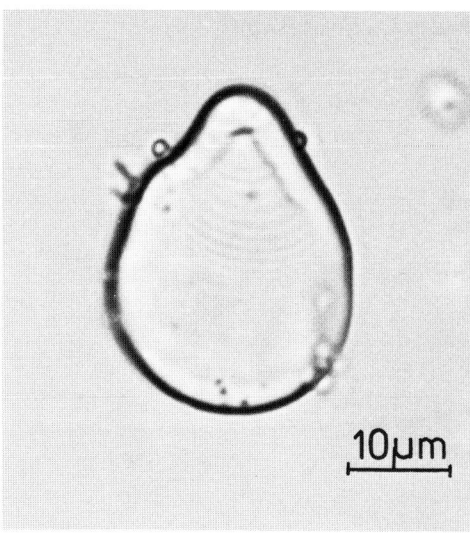

Abb. 3: Typische Zingiberaceen-Stärke. Große flache Körner mit exzentrischer Lage des Bildungszentrums und z.T. zitzenförmiger Gestalt (rechts).

pene vor, so (−)-Zingiberen, ar-Curcumen, β-Bisabolon und (E)-α-Farnesen; das ätherische Öl des australischen Ingwer enthält vorwiegend Monoterpene wie Campher, β-Phellandren, Geranial, Neral und Linalool nebst kleinen Anteilen an Sesquiterpenen [1, 2], bisher wurden mehr als 150 Komponenten nachgewiesen [3]. Die nichtflüchtigen sog. Scharfstoffe gehören in die Gruppe der Arylalkane, wobei die aliphatische Seitenkette unterschiedliche Länge aufweist und meist Carbonyl- und/oder Hydroxylgruppen enthält [1, 4, 5]; die wesentlichen Inhaltsstoffe dieser Gruppe sind die Gingerole, bes. das [6]-Gingerol, und die Shogaole (shoga ist die japanische Bezeichnung für Ingwer). Daneben kommen mehrere Diarylheptanoide [6–9, 9a] vor, z.B. Gingerenon A, B usw. Eine spezielle Sorte von japanischem Ingwer (der sog. Kintoki, in chinesischen Arzneimitteln verwendet) enthält neben wenig Gingerolen und Shogaolen als Hauptinhaltsstoffe zwei Diterpene, Galanolacton und (E)-8β,17-Epoxylabd-12en-15,16-dial [10].

Indikationen: Hauptsächlich als Gewürz, aber auch als Stomachikum, Tonikum und Digestivum bei subazider Gastritis, bei Dyspepsien und bei Appetitlosigkeit. Ingwer steigert den Speichelfluß, erhöht den Tonus der Darmmuskulatur und aktiviert die Peristaltik. Ingwerpulver ist in einer Dosierung von 2 g ein stark wirksames Antiemetikum, was durch mehrere Doppelblindstudien belegt wird [11, 12]. Als antiemetisch wirksame Inhaltsstoffe wurden 1993 die [6]-, [8]- und [10]-Shogaole und -Gingerole erkannt [13].

Die Gingerole und Shogaole weisen darüber hinaus andere interessante Effekte auf: sie sind molluscicid und antischistosomal wirksam [14] und somit potentielle Mittel zur Bekämpfung der Bilharziose (*Schistosoma*-Arten sind tropische Saugwürmer, die Schnecken als Zwischenwirte besiedeln).

Gingerole und einige Diarylheptanoide hemmen die Prostaglandin- und Leukotrien-Biosynthese [15]. Auch über günstige Wirkungen dieser Stoffe bei Ulcus wurde berichtet [8, 16, 17]. In der Ayurvedischen Medizin wird Ingwer – offenbar mit Erfolg – in der Migränebehandlung eingesetzt [18]. Die Sesquiterpene des Ingwers, vor allem β-Sesquiphellandren, sind in vitro gegen Rhinoviren wirksam [19]. Das im Ingweröl vorkommende Zingiberen wurde erfolgreich zur Bekämpfung des Colorado-Kartoffelkäfers eingesetzt [20].

Für einzelne Shogaole (Phenylalkanole) ist eine kardiotone Wirkung (positiv inotrope Wirkung) am Meerschweinchenvorhof nachgewiesen worden [4].

Zur Hemmwirkung der Phenylalkanone auf die Prostaglandinbiosynthese s. Galangae rhizoma.

In der *Volksmedizin* wird Ingwer auch als Karminativum, Expektorans und Adstringens gebraucht.

Teebereitung: Nicht gebräuchlich, eventuell 0,5–1 g grob gepulverte Droge mit kochendem Wasser übergießen und nach 5 min durch ein Teesieb geben.

Als Antiemetikum 2 g frisch gepulverte Droge mit etwas Flüssigkeit einnehmen.
1 Teelöffel = etwa 3 g.

Auszug aus der Monographie der Kommission E
(BAnz Nr. 85 vom 05.05.1988, Nr. 50 vom 13.03.1990 und Nr. 164 vom 01.09.1990)

Anwendungsgebiete
Dyspeptische Beschwerden;
Verhütung der Symptome der Reisekrankheit.

Gegenanzeigen
Bei Gallensteinleiden nur nach Rücksprache mit einem Arzt anzuwenden.

Hinweis:
Keine Anwendung bei Schwangerschaftserbrechen.

Nebenwirkungen
Keine bekannt.

Wechselwirkungen mit anderen Mitteln
Keine bekannt.

Dosierung
Soweit nicht anders verordnet:
Tagesdosis 2 bis 4 g Droge;
Zubereitungen entsprechend.

Art der Anwendung
Zerkleinerte Droge und Trockenextrakte für Aufgüsse; andere galenische Zubereitungen zum Einnehmen.

Wirkungen
Antiemetisch, positiv inotrop.
Förderung der Speichel- und Magensaftsekretion,
cholagog;
beim Tier: spasmolytisch;
beim Menschen: Steigerung von Tonus und Peristaltik des Darms.

Teepräparate: Keine.

Phytopharmaka: Die gepulverte Droge ist Bestandteil des Mono-Präparates Zintona® Kapseln gegen Reisekrankheit (250 mg), und weniger Kombinationspräparate, z.B. im Magen-Darm-Mittel Imbak® (Tabletten) u.a.

Prüfung: Makroskopisch (s. Beschreibung) und mikroskopisch. Unter dem dünnen, unregelmäßigen Kork liegt eine schmale Rinde, in deren Parenchym zahlreiche Ölzellen mit gelbem oder braungelbem Inhalt vorkommen, ferner kleine kollaterale Leitbündel. Im Zentralzylinder ebenfalls kollaterale Leitbündel, hier von weitlumigen gekammerten Fasern begleitet; Ölzellen auch im Zentralzylinder reichlich vorkommend. In allen Parenchymzellen typische Stärkekörner: diese sind sackförmig, oft mit einer vorgezogenen, abgerundeten Spitze (Abb. 4), in der das Bildungszentrum liegt; die Schichtung ist nicht immer deutlich zu erkennen. Quantitative Bestimmung der Hauptscharfstoffe mittels DC/HPLC ist möglich [5].
Prüfung auf Schönungsmittel: Beim Übergießen mit verdünnter Essigsäure darf kein Aufbrausen (Entwicklung von CO_2 aus Calciumcarbonat) wahrnehmbar sein; im Filtrat darf nach Zusatz von Ammoniaklösung und Ammoniumoxalat keine Trübung oder Fällung entstehen.

Verfälschungen: Die in der Literatur beschriebenen Verfälschungen mit anderen *Zingiber*-Arten kommen im Drogenhandel praktisch nicht vor; sie würden bei der mikroskopischen und der DC-Prüfung (z.B. nach DAC 1986 oder Lit. [21] bzw. [22]) erkannt werden. Hingegen sind mit $CaCO_3$ geschönte Drogen häufig beobachtet worden (s. hierzu Prüfung).

Aufbewahrung: Vor Licht geschützt, kühl, nicht in Kunststoffbehältern (ätherisches Öl!).

Literatur:
[1] D.J. Harvey, J. Chromatogr. **212**, 75 (1981).
[2] J. Erler und Mitarb., Z. Lebensm. Unters. Forsch. **186**, 231 (1988).
[3] C.C. Chen und C.T. Ho, J. Agric. Food Chem. **36**, 322 (1988).
[4] H. Kikuzaki, S.M. Tsai und N. Nakatani, Phytochemistry **31**, 1786 (1992).
[5] N. Nakatani und H. Kikuzaki, Chem. Express **7**, 221 (1992); C.A. **117**, 128142 (1992).
[6] E. Katsuya, E. Kanno und Y. Oshima, Phytochemistry **29**, 797 (1990).
[7] H. Kikuzaki, M. Kobayashi und N. Nakatani, Phytochemistry **30**, 3647 (1991).
[8] J. Yamahara und Mitarb., Yakugaku Zhassi **112**, 645 (1992); C.A. **118**, 109473 (1993).
[9] H. Kikuzaki, J. Usuguchi und N. Nakatani, Chem. Pharm. Bull. **39**, 120 (1991).
[9a] H. Kikuzaki und N. Nakatani, Phytochemistry **43**, 273 (1996).
[10] Y. Kano, M. Tanabe und M. Yasuda, Shoyakugaku Zasshi **44**, 55 (1990); C.A. **114**, 12041 (1991).
[11] M.E. Bone und Mitarb., Anaesthesia **45**, 669 (1990).
[12] G. Grontved und Mitarb., Acta Otolaryngol. **105**, 45 (1988).
[13] T. Kawai und Mitarb., Planta Med. **60**, 17 (1994).
[14] C.O. Adewunmi, B.O. Oguntimein und P. Furu, Planta Med. **56**, 374 (1990).
[15] F. Kiuchi und Mitarb., Chem. Pharm. Bull. **40**, 387 (1992).
[16] J. Yamahara und Mitarb., J. Ethnopharmacol. **23**, 299 (1988).
[17] M. Yoshikawa und Mitarb., Chem. Pharm. Bull. **42**, 1226 (1994).
[18] T. Mustafa und K.C. Srivastava, J. Ethnopharmacol. **29**, 267 (1990).
[19] C.V. Denyer und Mitarb., J. Nat. Prod. **57**, 658 (1994).
[20] C.D. Carter, T.J. Gianfagna und J.N. Sacalis, J. Agric. Food Chem. **37**, 1425 (1989).
[21] J. Wolf, Pharm. Ztg. **140**, 4142 (1995).
[22] S. Germer, R. Carle und G. Franz, Poster K7, GA-Congress Halle/Saale, 3.–7. Sept. 1995.

Wichtl

Verzeichnisse

Indikations-Verzeichnis

Dieses Verzeichnis soll die Verbindung zwischen bestimmten, im Text häufiger genannten Indikationen und den in diesem Buch behandelten Teedrogen herstellen. Es ist nicht, oder jedenfalls nicht unmittelbar, für eine Selbstmedikation des Laien gedacht: dies wäre schon deshalb nicht möglich, weil z.B. die Angabe „bei Husten" eine differenziertere Behandlung erfordert, je nachdem ob ein trockener Reizhusten oder ein Husten mit viel zähflüssigem Auswurf vorliegt.

Es ist also in jedem Einzelfall notwendig, im Hauptteil bei den betreffenden Drogen nachzuschlagen und sich dort im einzelnen über Indikationen (und auch Nebenwirkungen) zu informieren. Das Verzeichnis gibt aber eine Übersicht, mit welchen Drogen in z.B. einem „Hustentee", einem „Magentee", einem „Abführtee" usw. zu rechnen ist, wobei in Teemischungen natürlich auch Drogen aus anderen Kategorien anzutreffen sind (in einem „Abführtee" außer den typischen Laxantien auch spasmolytisch oder karminativ wirksame Teedrogen).

In größeren Indikationsbereichen sind, je nach vorherrschender Wirkung, Unterteilungen in verschiedene Wirkungsqualitäten vorgenommen worden, entsprechende Stichworte sind dabei angegeben. Die Unterscheidung zwischen anerkannter und volksmedizinischer Anwendung ist auch hier beibehalten worden.
Die Reihenfolge, in der die Teedrogen genannt sind, entspricht *etwa* ihrer Bedeutung, d.h. wichtige Drogen werden zuerst (erste Spalte) angeführt.
Mit * gekennzeichnete Drogen werden praktisch nur als Phytopharmaka angewendet.

Störungen im Magen-Darm-Bereich

Appetitanregend **Verdauungsfördernd** **Stomachika** **„Magentee"**	Wermutkraut Tausendgüldenkraut Enzianwurzel Pomeranzenschale Schafgarbenkraut Kalmuswurzelstock Benediktenkraut Bitterkleeblätter Bitterholz *Chinarinde *Condurangorinde Salbeiblätter Andornkraut Beifußkraut	Angelikawurzel *Curcumawurzelstock Pomeranzen, unreife Zitronenschale Rosmarinblätter Hopfenzapfen Isländisches Moos Ingwer Kümmel Löwenzahnkraut, -wurzel Römische Kamille Sternanis Zimtrinde	*Volksmedizinisch:* Thymian Wacholderbeeren Bärlauchkraut Basilikumkraut

Krampflösend **Entzündungswidrig** **Spasmolytika** **Antiphlogistika** **„Magen-Darm-Mittel"**	Kamillenblüten Schafgarbenkraut Pfefferminzblätter Süßholzwurzel Angelikawurzel Melissenblätter Kümmel Koriander *Ammi-visnaga Früchte Galgantwurzel	Ringelblumen Malvenblätter Malvenblüten Eibischwurzel Pestwurzblätter Odermennigkraut Tormentillwurzelstock Gewürznelken Beinwellwurzel	*Volksmedizinisch:* Lavendelblüten Leinsamen Liebstöckelwurzel Quendel Safran Walnußblätter
Abführend **Laxantia** **„Abführtee"**	Sennesblätter Leinsamen Faulbaumrinde Rhabarberwurzel Sennesfrüchte Cascararinde Hibiscusblüten (Aloe)	Flohsamen Indische Flohsamen Kreuzdornbeeren	*Volksmedizinisch:* Hagebutten Schlehenblüten
Stopfend **Obstipantia** **Antidiarrhoika** **„Stopfmittel"**	Ratanhiawurzel Tormentillwurzelstock Heidelbeeren Brombeerblätter Hamamelisblätter Hamamelisrinde Eichenrinde Erdbeerblätter Salbeiblätter	Gänsefingerkraut Hohlzahnkraut Edelkastanienblätter Walnußblätter Frauenmantelkraut Odermennigkraut	*Volksmedizinisch:* Himbeerblätter Johanniskraut Nelkenwurz Roßkastanienrinde
Blähungswidrig **Carminativa** **„Windtee"** **„Blähungstreibender** **Tee"**	Kümmel Fenchel Anis Koriander Kamillenblüten Angelikawurzel Kalmuswurzelstock Pfefferminzblätter Römische Kamille	Schafgarbenkraut Salbeiblätter Dreilappiger Salbei *Curcumawurzelstock Wermutkraut Rosmarinblätter Zimtrinde Gewürznelken Krauseminzblätter	*Volksmedizinisch:* Ingwer Liebstöckelwurzel Thymian Wacholderbeeren Quendel Lavendelblüten Selleriefrüchte

Husten und Erkältungskrankheiten

Schleimlösend
Auswurffördernd
Sekretolytika
Sekretomotorika
„Hustentee"
„Bronchialtee"

Thymian
Süßholzwurzel
Fenchel
Anis
Ipecacuanhawurzel
Spitzwegerichblätter, -kraut
Lindenblüten
Primelwurzel
Senegawurzel
Wollblumen
Sonnentaukraut
Seifenwurzel
Eucalyptusblätter
Efeublätter
*Ammi visnaga-Früchte
Mädesüßblüten
Alantwurzelstock

Bibernellwurzel
Primelblüten
Seifenrinde
Sternanis
Gewürznelken

Volksmedizinisch:

Quendel
Lungenkraut
Pestwurzblätter
Liebstöckelwurzel
Stiefmütterchenkraut
Taubnesselblüten, weiße
Edelkastanienblätter
Roßkastanienblätter
Ehrenpreiskraut
Eisenkraut
Queckenwurzelstock
Veilchenwurzel
Vogelknöterichkraut
Holunderbeeren
Ingwer
Heublumen

Hustenberuhigend
Antitussiva
„Bronchialtee"
„Hustentee"

Eibischwurzel
Malvenblüten
Huflattichblätter
Isländisches Moos
Malvenblätter
Eibischblätter

Gallenwegserkrankungen

Cholagoga
Cholekinetika
Choleretika
„Leber-Galle-Tee"

*Javanische Gelbwurz
Boldoblätter
Pfefferminzblätter
Katzenpfötchenblüten
*Curcumawurzelstock
Löwenzahnkraut, -wurzel
Erdrauchkraut
Schöllkraut
*Mariendistelfrüchte
Andornkraut
Schafgarbenkraut

Wermutkraut
*Ammi visnaga-Früchte
Alantwurzelstock
Rosmarinblätter
Mariendistelkraut
Pestwurzblätter
Melissenblätter
Lavendelblüten
Ringelblumen
Rhabarberwurzel

Volksmedizinisch:

Kardobenediktenkraut
Teufelskralle

Nieren- und Blasenerkrankungen

Harntreibend
Diuretika
Harndesinfizientia
„Blasentee"
„Harntreibender Tee"
„Nieren- und Blasentee"

Bärentraubenblätter ✓
Bruchkraut
Birkenblätter
Hauhechelwurzel
Orthosiphonblätter
Schachtelhalmkraut
Liebstöckelwurzel
Wacholderbeeren
Buccoblätter
Petersilienfrüchte
Brennesselkraut
Petersilienwurzel
Alantwurzelstock
Löwenzahnkraut, -wurzel ✓
*Ammi visnaga-Früchte
Goldrutenkraut
Riesengoldrutenkraut
Färberginsterkraut
Hagebutten-Kerne
Maisgriffel

Volksmedizinisch:
Selleriefrüchte
Bärlappkraut
Wacholderholz
Queckenwurzelstock
Lindenblüten
Bohnenhülsen
Klettenwurzel
Katzenpfötchenblüten
Quendel
Schwarze Johannisbeerblätter
Eisenkraut
Steinkleekraut
Eberwurz
Vogelknöterichkraut
Hagebutten
Hohlzahnkraut
Gelbes Labkraut
Schlehenblüten
Isländisches Moos
Teufelskrallenwurzel
Wollblumen
Hennablätter

Psychische Störungen

Sedativa
„Nerventee"
„Beruhigender Tee"

Baldrianwurzel
Melissenblätter
Pfefferminzblätter
Hopfenzapfen
*Kava-kavawurzelstock
Lavendelblüten

Passionsblumenkraut
Johanniskraut
Liebstöckelwurzel
Selleriefrüchte

Volksmedizinisch:
Orangenblüten
Lindenblüten
Grüner Hafer
Angelikawurzel
Safran

Verschiedene Indikationsgebiete, zur innerlichen und äußeren Anwendung

Entzündungshemmend **Antiphlogistika** **Antirheumatika** „Antirheumatischer Tee" „Entzündungswidriger Tee"	Weidenrinde Kamillenblüten Arnikablüten (äußerlich) Stiefmütterchenkraut Ringelblumen Beinwellwurzel (äußerlich) Bockshornsamen (äußerlich)		*Volksmedizinisch:* Johanniskraut Goldrutenkraut Eisenkraut Löwenzahnkraut, -wurzel Selleriefrüchte Wacholderholz Hauhechelwurzel Maisgriffel Teufelskrallenwurzel Primelwurzel Wollblumen Seifenwurzel Heublumen (äußerlich) Brennesselfrüchte (äußerlich)
Zur Wundbehandlung, **nur äußerlich**	Kamillenblüten Arnikablüten Eichenrinde *Perubalsam Schafgarbenkraut Römische Kamille Johanniskraut Ringelblumen Beinwellwurzel Walnußblätter Bockshornsamen		*Volksmedizinisch:* Goldrutenkraut Eisenkraut Pestwurzblätter Lavendelblüten Andornkraut Rosmarinblätter Stiefmütterchenkraut Malvenblätter Malvenblüten Leinsamen
Bei Rachenentzündungen **Adstringierend** **Antiseptisch** „Zum Gurgeln"	Salbeiblätter Dreilappiger Salbei Kamillenblüten Römische Kamille Schafgarbenkraut Tormentillwurzelstock Ratanhiawurzel Thymian *Myrrhe Hamamelisblätter Hamamelisrinde Arnikablüten Spitzwegerichblätter, -kraut Beinwellwurzel Bibernellwurzel	Odermennigkraut Eberwurz Holunderblüten	*Volksmedizinisch:* Goldrutenkraut Stiefmütterchenkraut Kümmel Nelkenwurz

„Bei Menstruations-beschwerden"	Schneeballbaumrinde Gänsefingerkraut Kamillenblüten Römische Kamille Pestwurzblätter	*Volksmedizinisch:* Frauenmantelkraut Hirtentäschelkraut Schafgarbenkraut Alantwurzelstock Taubnesselblüten, weiße Petersilienfrüchte Petersilienwurzel Mistelkraut
Blutstillend **„Als Hämostyptikum"**	Hirtentäschelkraut	*Volksmedizinisch:* Schafgarbenkraut Spitzwegerichblätter Schachtelhalmkraut Vogelknöterichkraut Zimtrinde
Für die sog. **„Kleine Herztherapie"** **„Als Herztonikum"** **„Bei Kreislaufstörungen"**	Weißdornblätter mit Blüten Weißdornfrüchte Besenginsterkraut Arnikablüten Melissenblätter (?) Ammi visnaga-Früchte (?)	*Volksmedizinisch:* Primelblüten
Zur „Anregung der Milchdrüsen" **„Als Galaktagogum"**		*Nur volksmedizinisch:* Fenchel Kümmel Eisenkraut Petersilienwurzel Petersilienfrüchte Isländisches Moos
„Als antidiabetischer Tee"		*Nur volksmedizinisch:* Bohnenhülsen Geißrautenkraut Heidelbeerblätter Salbeiblätter

Literatur-Verzeichnis

Außer den im Text wiederholt zitierten Büchern (Berger, Hager, Arzneibücher und deren Kommentare, s. Abkürzungs-Verzeichnis) seien nachstehend noch einige Bücher genannt, die zum Studium spezieller Fragen, z.T. aber auch allgemein von Interesse sind.

Braun H. und D. Frohne, Heilpflanzenlexikon für Ärzte und Apotheker. 6. Auflage. G. Fischer-Verlag, Stuttgart 1994.

Czygan F.-C., Biogene Arzneistoffe. Verlag F. Vieweg & Sohn, Braunschweig, Wiesbaden 1984.

Deutschmann F., B. Hohmann, E. Sprecher und E. Stahl, Pharmazeutische Biologie, Band 3, Drogenanalyse I: Morphologie und Anatomie. 3. Auflage. G. Fischer-Verlag, Stuttgart-New York 1992.

Diener H., Arzneipflanzen und Drogen. VEB Fachbuchverlag Leipzig, 1987.

Fischer R. und Th. Kartnig, Praktikum der Pharmakognosie. 5. Auflage, Springer-Verlag, Wien-New York 1978.

Flück H. und R. Jaspersen-Schib, Unsere Heilpflanzen. 7. Auflage, A. Ott-Verlag, Thun 1986.

Franz G. und H. Kochler, Drogen und Naturstoffe. Grundlagen und Praxis der chemischen Analyse. Springer Verlag, Berlin-Heidelberg-New York 1992.

Frohne D., Anatomisch-mikrochemische Drogenanalyse. 3. Auflage. Thieme-Verlag, Stuttgart-New York 1985.

Frohne D. und H.J. Pfänder, Giftpflanzen. 4. Auflage. Wissenschaftliche Verlagsgesellschaft Stuttgart 1997.

Grünsfelder M., Makroskopische und mikroskopische Untersuchungen von Arzneidrogen. G. Thieme Verlag, Stuttgart-New York 1991.

Hänsel R. und J. Hölzl, Lehrbuch der Pharmazeutischen Biologie. Springer-Verlag, Berlin-Heidelberg-New York 1996.

Loew D. und N. Rietbrock, Phytopharmaka in Forschung und klinischer Anwendung. Steinkopff Verlag, Darmstadt 1995.

Luckner M., Secondary Metabolism in Microorganisms, Plants and Animals. 3. Aufl., Gustav Fischer Verlag Jena 1990.

Newall C.A., L.A. Anderson und J.D. Phillipson, Herbal Medicines. The Pharmaceutical Press, London 1996.

Pachaly P., DC-Atlas Dünnschichtchromatographie in der Apotheke. 1.–3. Lieferung, Wissenschaftliche Verlagsgesellschaft mbH, Stuttgart 1995.

Pahlow M., Meine Heilpflanzentees, Gräfe und Unzer-Verlag, München 1981.

Pfänder H.J., Farbatlas der Drogenanalyse unter Verwendung des Stereomikroskos. G. Fischer Verlag, Stuttgart-New York 1991.

Poletti A., H. Schilcher und A. Müller, Heilkräftige Pflanzen in Farbe. W. Hädecke-Verlag, Weil der Stadt 1982.

Reuter H.D., Phytopharmaka in der Apotheke. G. Fischer Verlag, Jena-Stuttgart 1996.

Rimpler H., Pharmazeutische Biologie. Thieme-Verlag, Stuttgart-New York 1990. (2. Aufl. bei G. Fischer-Verlag in Vorbereitung).

Saller R., J. Reichling und D. Hellenbrecht, Phytotherapie. Haug Verlag, Heidelberg 1996.

Samuelsson, Drugs of Natural Origin. Swedish Pharmaceutical Press, Stockholm 1992.

Schneider G., Arzneidrogen. Bibliographisches Institut, Mannheim-Wien-Zürich 1990.

Schulz, V. und R. Hänsel, Rationale Phytotherapie, 3. Aufl., Springer-Verlag, Berlin-Heidelberg-New York-Tokyo 1996.

Stahl E. und W. Schild, Pharmazeutische Biologie, Band 4, Drogenanalyse II: Inhaltsstoffe und Isolierungen. G. Fischer-Verlag, Stuttgart-New York 1981.

Steinegger E. und R. Hänsel, Pharmakognosie. 5. Auflage, Springer-Verlag, Berlin-Heidelberg-New York 1992.

Teuscher, E., Biogene Arzneimittel. Wissenschaftliche Verlagsgesellschaft Stuttgart 1997.

Teuscher E. und U. Lundquist, Biogene Gifte. 2. Aufl., G. Fischer Verlag, Stuttgart-Jena-New York 1994.

Wagner H., Pharmazeutische Biologie, Band 2, Drogen und ihre Inhaltsstoffe. 5. Auflage, G. Fischer-Verlag, Stuttgart-Jena-New York 1993.

Wagner H. und S. Bladt, Plant Drug Analysis. A Thin-Layer Chromatography Atlas. Springer-Verlag, Berlin-Heidelberg-New York 1996.

Wagner H. und M. Wiesenauer, Phytotherapie. Phytopharmaka und pflanzliche Homöopathika. G. Fischer-Verlag, Stuttgart-Jena-New York 1995.

Weiß R.F., Lehrbuch der Phytotherapie. 7. Auflage. Hippokrates-Verlag, Stuttgart 1991 (Neuauflage in Vorbereitung).

Wolters B., Drogen, Pfeilgift und Indianermedizin. Arzneipflanzen aus Südamerika. Urs Freund Verlag, Greifenberg 1994.

Sachverzeichnis

Monographie-Titel sowie größere Kapitel im allgemeinen Teil sind durch **Fettdruck** hervorgehoben.
Wissenschaftliche Pflanzennamen sind *kursiv* gesetzt.
Sternchen beziehen sich auf Formeln.
Wegen der unterschiedlichen Verwendung von Singular und Plural, auch in Arzneibüchern (Folium, Folia; Flos, Flores usw.), sind viele Drogen doppelt, unter den entsprechenden Bezeichnungen, im Sachverzeichnis zu finden.
Inhaltsstoff**gruppen** (Gerbstoffe, Flavonoide, ätherisches Öl, Bitterstoffe) sind nur dann ins Sachverzeichnis aufgenommen worden, wenn es sich um Wirkstoffe oder wirksamkeitsmitbestimmende Substanzen und nicht um Begleitstoffe handelt.

A

Aalhornbeeren 531
Aalhornblüten 528
Abführender Tee 12
Abkochung 19
Abkochungen 17
Absinth 35
Absinthii herba 35
Absinthin 36, 36*
Absinthismus 37
Absinth-Liköre 37
Absintholid 36
Acanthosicyos naudianus 279
Acetoxychavicolacetat 238, 238*
Acetoxyvalerensäure 604, 604*
2-Acetyl-1,8-dihydroxynaphthalin 228
8-O-Acetylharpagid 244*
Acetylintermedin 569, 569*
Acetyllycopsamin 569, 569*
Acevaltrat 604*
Achillea asplenifolia 395
– *collina* 395
– *distans* 395
– *millefolium* 395
– *pannonica* 395
– *pratensis* 396
– *rosea-alba* 395
– *setacea* 395
– *tomentosa* 398
Achilleskraut 396
Achillicin 396, 396*
Achillifolin 396
Achillin 396
Achimillsäuremethylester A 396*
– A, B und C 396

Ackergraswurzel 267
Ackerkraut 39
Ackermennig 39
Ackerrautenkraut 234
Ackerrittersporn-Blüten 164
Acker-Schachtelhalm 204
Ackerschachtelhalmkraut 204
Ackerstiefmütterchenkraut 619
Ackerveilchen 619
Ackerzichorienkraut 572
Acoradin 117
Acoragermacron 117
Acoramon 117
Acorenon 117
Acoron 117, 118*
Acorus calamus 116
Acorus root 116
Actcosid 444, 444*
Aculeosid A 515
Acylphloroglucide 357
Adenandra fragrans 103
Adenostyles alliariae 431
Adhyperforin 310
Adlerblume 164
Aescin 299, 305, 307
α-Aescin 306
β-Aescin 305, 306*
Aescin-Ia 306*
Aescin-Ib 306*
Aescin-IIa 306*
Aescin-IIb 306*
Aescin-IIIa 306*
Aesculetin 300*, 616, 617*
Aesculi hippocastani cortex 299
Aesculin 299 f., 300*, 303
Aesculus hippocastanum 299, 302 f., 305
Aetheroleum
– Anisi 70

– Caryophylli 137
– Chamomillae 378
– Eucalypti 210
– Foeniculi 219 f.
– Juniperi 324
– Lavandulae 336
– Melissae 385
– Menthae crispae 389
– – piperitae 392
– Rosmarini 507
– Thymi 580
Afrikanische Aloe 52
– Malve 298
– Teufelskralle 278
Agathosma 101
Agrimonia eupatoria 39
– *odorata* 39
– *procera* 39
Agrimoniae herba 39
Agrimoniin 42, 225, 226*, 585, 585*
Agrimony herb 39
Agripaume 339
Agrogyron repens 265, 267
Ägyptisches Färbekraut 291
Ail des bois 47
– des ours 47
Ajmalicin 483, 483*
Ajmalin 483, 483*
Ajugol 339, 339*
Ajugosid 339
Akuammidin 470
Alantkampfer 284
Alantolacton 284, 284*, 285
Alantwurzelstock 283
Albosid A 332*
– A und B 332
– B 332*
Alcea rosea 365
Alchemilla vulgaris 42
– *xanthochlora* 42

Alchemillae herba 42
Alchemistenkraut 42
Aletwurzel 284
Alexandriner Senna 546, 551
Alexandriner-Sennesfrüchte 551
Alginsäure 233
Alkaloide 110, 148, 151, 234, 314, 470, 483, 539
Alkamide 192
Alkamine 193
Alkanet 45
Alkanna root 45
Alkanna tinctoria 45
Alkannae radix 45
Alkannarot 45
Alkannawurzel 45
Alkannin 46
Alkanninester 46, 46*
Alkermeswurzel 45
Alkylamide 192
Allantoin 466, 569, 569*
Allii ursini herba 47
Alliin 48
Allium ursinum 47
Allocryptopin 148
(+)-Allohydroxyzitronensäurelacton 298*
1-Allyl-2,3,4,5-tetramethoxybenzol 433
Allylisothiocyanat 560
Allylsenföl 559, 559*
Allyltetramethoxybenzol 433*
Alnus glutinosa 230
Aloe 50
–, Afrikanische 52
– barbadensis 49
– **barbadensis 49 f.**
– *barbadensis* 50
– capensis 49

– **capensis** 49, 52
–, Curaçao- 49
–, **Curaçao-** 49 f.
– *ferox* 49, 52, 53
–, -Kap- 49
–, **Kap-** 49, 52
–, Kenia- 52
– Mokka- 52
– *perryi* 52
–, Sansibar- 52
– Sokotra- 52
– Uganda- 52
– *vera* 50
Aloe-Emodin 50, 51, 53, 489, 493, 493*
Aloe-Emodinanthron 50, 50*, 52
Aloenin A 52
– B 52
Aloeresin A 50, 50*, 52
– B 50, 50*, 52
– C 50, 50*, 52
Aloès 50, 52
Aloesin 50, 50*, 52
Aloeson 50, 50*
Aloe-vera-Gel 50, 52
Aloin 51
– A 50, 50*, 52, 489*
– B 50, 50*, 52, 489*
Aloine 489
Aloinosid A 52
– B 50*, 52
Aloinoside 52
Alopecurus spp. 265
Aloysia triphylla 613
Alpendost 431
Alpinia officinarum 237
Alpinia-Arten 239
Althaea officinalis 54, 56
– *rosea* 57, 365
Althaeae folium 54
– **radix 56**
Altheeblätter 54
Altwurzel 284
Amarogentin 255, 255*
Amberwurzel 132
Amentoflavon 258, 258*, 310, 616, 617*
American sloe 616
Amerikanische Faulbaumrinde 488
– Kreuzdornrinde 488
– Schneeballrinde 616
Amerikanischer Faulbaum 488
– Schneeballbaum 616
Ammeos visnagae fructus 58
Ammi majus 61
– *visnaga* 58
Ammidin 59

Ammiol 58 f., 59*
Ammi-visnaga-Früchte 58
Ammodendrin 540
Amselbaumrinde 228
Amselbeeren 485
α-Amyrin 529*
Anagalligenin 458, 458*
Anagyrin 252, 252*
Anchusa Dyer's 45
Andorn, Gemeiner 370
– Weißer 370
Andornkraut 370
Aneth doux 218
trans-Anethol 66, 67*, 70, 219, 219*, 410
Angelica archangelica 62
Angelica root 62
Angelicae radix 62
Angelicin 63, 63*
Angelikawurzel 62
2′-Angeloyl-3′-isovaleryl-vaginat 63*
7-Angeloylretronecin 46
Angeolid 341
Anis 66
Anis des Vosges 134
–, Kleiner 66
– vert 66
Anisaldehyd 67*
Anisatin 71
Anise 66
Aniseed 66
Anisi aetheroleum 67, 70
Anisi fructus 66
– **stellati fructus 69**
Anisöl 67, 70
Anserinae herba 72
Antennaria dioica 287
Antennariae dioicae flos 287
Anthecotulid 376*, 377*
Anthemis cotula 377
Anthemis nobilis 144
Anthemis odorata 144
Anthemosid 145
Anthocyanglykoside 498
Anthophylli 138
Anthoxantum odoratum 265
Anthranoide 50, 53, 228, 485, 489, 493, 546, 549, 552
Antirr(h)inosid 243
Antirrinosid 244*
Apigenin 145, 376 f., 609
Apigenin-7-glucosid 377
Apigenin-7-O-Glucosid 376
Apigravin 76, 76*
Apii fructus 75
Apiin 145, 433, 436
Apiol 433*, 436*
p-Apiol 433, 436
Apium graveolens 75

Apiumetin 76, 76*
Apiumosid 76, 76*
Aporphinalkaloide 110
Arbre aux quarante ecus 257
Arbutin 599, 600*, 601
Arbutosid 599
Archangelenon 63, 63*
Archangelicin 63, 63*
Arctigenin 99, 159
Arctiin 99, 99*
Arctinal 99, 99*
Arctinol 99, 99*
Arctinon 99, 99*
Arctium lappa 98, 216
– *minus* 98
– *tomentosum* 98
Arctostaphylos pungens 602
– *uva-ursi* 599
Arenarin 288
Arenol 288, 288*
Aretsäure 99, 99*
Armoise commune 84
Arnica chamissonis 79
Arnica flowers 79
Arnica montana 78 f.
Arnicae flos 78
Arnidiol 572, 572*
Arnifoline 79, 79*, 82
Arnika, Mexikanische 82
Arnikablüten 78
Arnikatinktur 80
Aromaschutz 15
Arschkratzerl 503
Artabsin 36, 36*
Artanolid 36
Artemisia absinthium 35
– *vulgaris* 38, 83 f.
Artemisiae herba 83
Artemisiifolin 158
Artenolid 36
γ-Asaron 117
α-Asaron 117
β-Asaron 117 ff., 118*
Asarum europaeum 314
Ascaridol 110, 396
Asclepias umbellata 162
Ascophyllum nodosum 232
L-Ascorbinsäure 503
Ascorbinsäure 504
Asperulosid 246, 443
Aspidosperma quebrachoblanco 470
Aspidosperma-Arten 471
Aspidospermin 470, 471*
Astragalin 582
Ätherisches Öl 35, 63, 66, 70, 75, 79, 84, 87 f., 90, 101, 105, 110, 117, 120, 133, 135 f., 145, 154, 156, 166, 182, 186, 192, 196, 209, 219, 237, 317,

323, 326, 336, 341, 357, 376, 384, 389, 391, 396, 410, 433, 435, 441, 506, 522, 525, 528, 537, 556, 579, 603, 631
– Wacholderbeeröl 324
Aucubin 211, 212*, 443, 444*, 609, 609*
Aufbereitungskommissionen 29
Aufbereitungsmonographien 29
Aufbewahrung 20
Aufbewahrung 20
Aufbewahrung, in dicht schließenden Gefäßen" 20
–, in gut schließenden Gefäßen" 20
–, mit einem geeigneten Trocknungsmittel" 20
–, vor Insektenfraß geschützt" 20
Aufgüsse 17
Aufguß 18
Aufgußbeutel 15
Aufrechtes Fingerkraut 584
Augentrost, Gemeiner 211
Augentrostkraut 211
Aurantii amari flavedo 90
Aurantii flos 86
– **fructus immaturi 88**
– **pericarpium 89**
Aurikeln 455
Aurin, Roter 141
Avena sativa 92
Avenacoside 93
Avenae herba 92
Avens root 250
Avicularin 453
Aviculin 453, 453*

B

Babenkern 178
Baccae Aurantii immaturae 88
– Juniperi 323
– Myrtilli 406
– Sambuci 531
Bachanolid 396
Bachnelkenwurz 250
Bärenklauwurzel 442
Bärenklee 381
Bärenlauch 47
Bärentraubenblätter 599
Bärlappkraut 360
Bärlappsporen 361
Bärlauchkraut 47
Baies de genièvre 323

– de myrtille 406
– de sureau 531
Bakkenolid 429
Bakterien 24 f.
Balderbrackenwurzel 603
Baldrian, Echter 603
– Indischer 605
– Mexikanischer 605
Baldrian-Bäder 605
Baldriantinktur 605
Baldrianwurzel 603
Baldrinal 604*
Ballota-Arten 386
Balm 384
Balsamum peruvianum 95
Barbados-Aloe 50
Barbaloin 50, 50*, 52
Bardane root 98
Bardannae radix 98
Barosma betulina 101
– *crenulata* 103
– *ericifolia* 103
– *serratifolia* 103
Barosmacampher 101
Barosmae folium 101
Barringtogenol C 305
– R_1 306
Basilgenkraut 105
Basilici herba 104
Basilienkraut 105
Basilikumkraut 104
Basilikumöl 105
Bastbaum 582
Bauchwehkraut 396
Bauernrosenblüten 418
Bauernsenf 113
Baume de San Salvador 96
– du Péou 96
Bayogenin 281, 562, 562*
Bdelliumharz 402
Bean 438
Bearberry leaf 599
Bear's garlic 47
Befindlichkeitsstörungen 14
Begasungsrückstände 24
Behaarte Birke 107
Beifuß, Bitterer 35
Beifußkraut 83
Beinbruchwurzel 568
Beinwellwurzel 568
Beinwurzel 568
Benediktenkraut 158
Benediktenwurzel 250
Bennet's root 250
Benzoesäurebenzylester 96*
Benzylbenzoat 96 f.
Benzylcinnamat 96 f.
Berberin 148, 148*
Bergapten 63, 63*, 436, 436*, 441

Bergdistelwurzel 132
Bergfieberwurzel 255
Bergwohlverleih 79
Beruhigender Tee 8
Beruhigungstee 9
Berula-Arten 409
Besenbirke 107
Besenginsterkraut 539
Besenkraut 84
Bestandteile, Sonstige 7, 11
– Wirksame 7, 11
Betonicin 371
Betscheletee 528
Bettseicherwurzel 572
Betula pendula 107, 107
– *pubescens* 107
– *verrucosa* 107
Betulae folium 107
Betula-Triterpensaponin 1 108*
– 2 108*
Betula-Triterpensaponine 108
Beutelschneiderkraut 113
Bezoesäurebenzylester 96
I3,II8-Biapigenin 310, 310*
Bibernelle 440
Bibernellwurzel 440
Bickbeerblätter 403
Bickbeeren 406
Bienensaugblüten, Weiße 332
Biflavone 258*
Bigaradeblüten 87
Bigaradeschale 90
Bilberry fruit 406
– leaf 403
Bilobalid 258, 258*
Bilobetin 258, 258*
Biochanin A-7-glucosid 410
biologischer Anbau 26
Birch leaf 107
Birdlime mistletoe 628
Birkenblätter 107
Birken-Elixiere 109
Birkenpreßsaft 109
β-Bisabolen 441
Bisabolol 376, 377
(–)-α-Bisabolol 376*
Bisabololoxide A, B und C 376
β-Bisabolon 632
Bisabolonoxid 376
Bisamkürbis 178
Bischofskrautfrüchte 58
Bisdesmethoxycurcumin 182, 182*, 183
Bitter bark 488
– wood 468
Bitterdistelkraut 158
Bitterer Beifuß 35

Bitterer Fenchel 218
Bitterfenchel 218
Bitterfenchelöl 219
Bitterholz 468
Bitterkleeblätter 587
Bitterkraut 141
Bitterorangenschale 90
Bitterstoffe 35, 88, 142, 158, 161, 255, 284, 357, 370, 468, 587
Bittertee 8
Bitterwurz 255
Black alder bark 228
– haw bark 616
– mustard 558
– Sampson root 192, 195
– tea 576
Blackberry 509
Black-tang 232
Blackthorn flower 461
Bladderwrack 232
Blähungswidriger Tee 9
Blätterflechte 344
Blankenheimer Tee 243
Blasen- und Nierentee I 9
Blasentang 232
Blasentee 9
Blasse Kegelblumenwurzel 195
Blasser Igelkopf-Wurzel 195
Blaßfarbener schmalblättriger Sonnenhut 195
Blaubeerblätter 403
Blaubeeren 406
Blaue Luzerne 412
– Pappelblume 364
– Schlüsselblume 465
Blaugummibaumblätter 209
Blei 25
Blessed thistle 158
Blond psyllium 447
Blondes Psyllium 447
Blue mallow 367
Blue gum leaf 209
Blutblume 498
Blutkraut 113, 310, 452
Blutwurz 584
Bockshornsamen 221
Bockskraut 240
Bockwurz 440
Bockwurzel 440
Bogbean leaf 587
Bohnenhülsen 438
Bois amer 468
– de quassia 468
– de santal rouge 533
– de Sassafras 537
– doux 351
Boldiblätter 110

Boldin 110, 111*
Boldo folium 110
Boldo leaf 110
Boldoblätter 110
Boldublätter 110
Bombilla 373
Borneol 323, 507, 507*, 522, 579*
Bornylacetat 507*, 604
Bq-Werte 27
Bramble leaf 509
Brandlattich 214
Brasilianische Ipecacuanha 314
Brassica cernua 560
– *juncea* 558, 560
– *nigra* 558
Brassica-Arten 560
Brauner Senf 558
Braunsenf, Rumänischer 560
Brechenerregender Sirup 314
Brechwurzel 314
Brennessel, Große 591, 596
– Kleine 591, 596
Brennesselblätter/-kraut 590
Brennesselfrüchte ("-samen") 593
Brennesselwurzel 596
Bridewort 566
Brohmbeere 509
Brombeerblätter 509
Bromus hordeaceus 265
Broom 539
Brotkümmel 134
brown mustard 558
Bruchkraut 294
Bruchweide 518
Brunnenkressenkraut 408
Brustalant 284
Brustlattich 214
Brusttee 9
Brustwurz 62
Buccoblätter 101
Buccocampher 101
Buchu leaf 101
Buckbean leaf 587
Buckthorn bark 228
– fruit 485
Bugloss 45
Bulgarsenin 543
Burdock root 98
Burnet-saxifrage root 440
Bursae pastoris herba 113
Butcher's broom 515
Butter bur leaf 429
Butterblumenkraut 572
Butterfäßlein 503
Butylidenphthalid 341
n-Butylphthalid 76
3-Butylphthalid 341, 341*

Butylphthalid 436
Butylphthalide 75
Buxus sempervirens 602

C

α-Cadinen 323*
β-Cadinen 323*
Cadinol 120
Cadmium 25 f., 26
Calamenon 117
Calami rhizoma 116
Calendin 120
Calendula arvensis 120
– *officinalis* 82, 119 f., 177
Calendulae flos 82, 119
Camellia sinensis 575 f.
Cammock root 410
Campfer s. Campher
Camphen 604
Campher 84, 166, 166*, 396, 506, 507*, 579*, 632*
Canadensissaponine 562
Cannelle de Ceylan 154
Capsaicin 124, 124*
Capsaicinoide 124
Capsella bursa-pastoris 113
Capsici fructus acer 123
Capsici frutescentis fructus 123
Capsicum 123
Capsicum annuum 123
– *frutescens* 123
Capsicum-Oleoresin 124
Caraway 134
Carbenoxolon 353
Carbenustee 158
Cardamine amara 409
Cardiaque 339
Cardui mariae fructus 126
– – **herba 130**
Carduus marianus 126, 130
Carlina acaulis 132
Carlinae radix 132
Carlinaoxid 133, 133*
Carnosol 507, 507*, 522*, 526
Carnosolsäure 507, 507*
Carotinoide 176
Cartagena-Ipecacuanha 314
Carthamus tinctorius 177
Carum carvi 134
Carvacrol 556, 579, 579*
Carvi fructus 134
(S)-(+)-Carvon 135*
Carvon 135, 389, 410
Caryophyllatae 250
β-Caryophyllen 137, 137*, 384, 384*, 396, 604
Caryophyllenepoxid 336, 384
Caryophylli flos 136
Caryophyllum 136
Caryophyllus aromaticus 136
Caryoptosid 332, 332*
Cascara sagrada 488
Cascararinde 488
Cascarosid A 489*
– B 489*
– C 489*
– D 489*
Cascaroside 489
Cassia acutifolia 546, 551
– *angustifolia* 546, 551
– *auriculata* 550
Cassia fruit 551
– leaf 546
Cassia senna 546, 551
Cassis 102
Castalagin 139
Castanea sativa 139
– *vesca* 139
– *vulgaris* 139
Castaneae folium 139
Casuarictin 139
Catalpol 211, 443, 444*, 609, 609*, 614, 615*
Cayennepfeffer 123
Cayennepfefferliquidextrakt 124
Cayennepfeffertinktur 124
Cedrol 534
Celary fruit 75
– seed 75
Celereoin 76
Celerin 76
Centapikrin 142*
Centaurea benedicta 158
Centaurii herba 141
Centaurium erythraea 141
– *minus* 141
– *pulchellum* 143
– *umbellatum* 141
Centaurium-Arten 143
Centaury herb 141
Cephaelin 314, 314*
Cephaelis acuminata 314
– *emetica* 315
– *ipecacuanha* 313 f.
Cetraria ericetorum 344
– *islandica* 343 f.
– *tenuifolia* 344
Cetrarsäure 344, 344*
Ceylon Cinnamon 154
Ceylonzimt 154
Ceylonzimtrinde 154
Chamaemelum nobile 144
Chamaenerion 201
– *angustifolium* 202
Chamaviolin 376, 376*
Chamazulen 36, 376, 376*, 377, 396
Chamissonolide 79, 79*, 82
Chamomilla nobilis 144
– *recutita* 376
Chamomile flowers 376
Chamomillae romanae flos 144
Cheese rennet 246
Chelerythrin 148, 148*
Chélidoine 148
Chelidonii herba 147
Chelidonin 148, 148*
Chelidonium majus 147 f.
Chelidonsäure 148, 148*
Chestnut leaf 139
Chillies 123
– Tabasco pepper 123
Chinaöl 96
Chinarinde 150
Chinarinde, Rote 151
Chinchonaine 151
Chinchonin 151
Chinese ginger 237
Chinese star anise 70
Chinesischer Senf 560
– Sternanis 70
– Tee 576
– Zimt 155
Chinidin 151, 152*
Chinin 151, 152*
Chinovasäure 151, 152*
Chlorogensäure 108*, 529, 529*, 576
Chondrillasterol 179
Chrysanthemin 531 f., 532*
Chrysanthenylacetat 36
Chrysophanol 50 ff., 52, 228, 228*, 489, 493, 493*
Cichorium intybus 574
Cinchona pubescens 150 f.
– *succirubra* 151
Cinchona bark 151
Cinchona-Arten 151
Cinchonae cortex 150
Cinchonidin 151
Cineol 110, 209, 209*, 522, 526, 579*
1,8-Cineol 84, 166*, 209 396, 506, 507*
Cinnamein 96
Cinnamomi cortex 153
Cinnamomum aromaticum 155
– *burmanii* 155
– *cassia* 155
– *loureirii* 155
– *verum* 154
– *zeylanicum* 154
Cinnamomum sp. 153
Cinnamon bark 154
Citral 157, 384, 384*
– b 384
Citri percarpium 156
Citronellal 341, 384, 384*
Citronellöl 385
Citronenöl 157, 385
Citrus aurantium 86 f., 89 f.
– *limon* 156
– *medica* 156
– *sinensis* 87
Cladonia-Arten 345
trans-Cleroda-3,13(16),14-trien-15,16-epoxy-20-säure 562*
Clous de girofle 136
Clove 136
Cnici benedicti herba 158
Cnicin 158, 159*
Cnicus benedictus 158
Coffearin 222
Coffein 373, 373*, 424, 424*, 427, 576, 576*
Colewort 250
Coltsfoot 214
Comfrey root 568
Commiphora molmol 400
– *mukul* 402
Commiphora-Arten 400
Common clubmoss 360
– ladies mantle 42
– seawrack 232
– Thyme 579
– Wormwood 84
Communis-Säure 326
trans-Communis-Säure 327*
Condurangamin A 161
Condurangin 161
Condurango cortex 160
Condurango bark 161
Condurangoglykosid A 161, 161*
Condurangorinde 160
Condurangowein 161
Conduritol 161
Coneflower root 192
Coniin 68
Consolida orientalis 164
– *regalis* 164
Consolidae regalis flos 163
Coptisin 148, 148*
Coriander fruit 165
Coriander seed 165
Coriandri fructus 165
Coriandrin 166
Coriandrum sativum 165
Corn poppy flowers 498
Cornin 612*
Cortex Alni nigri 228

Sachverzeichnis 649

– Avorni 228
– Cascarae sagradae 488
– Castaneae equinae 299
– Chinae 150
– Cinchonae 150
– Cinnamomi 153
– – ceylanici 154
– Citri fructus 156
– Condorango 161
– Condurango 161
– Frangulae 227
– Hamamelidis 270
– Hippocastani 299
– Limonis 156
– Pomorum Aurantii 90
– Quebracho 470
– Quercus 472
– Quillajae 476
– Rhamni americanae 488
– – fallacis 489
– – frangulae 228
– – purshianae 488
– Salicis 517
– Saponariae 476
– Viburni prunifolii 616
Corylus avellana 272, 276
Costussäure 99, 99*
Couch grass root 267
Couronne royale 381
Crataegi flos 172
Crataegi folium cum flore 168
– **fructus 173**
Crataegus-Arten 172
Crataegus azarolus 169
– fruit 173
– *laevigata* 169, 173, 173
– *monogyna* 168 f., 173
– *nigra* 169
– *oxyacantha* 169, 173
– *pentagyna* 169
Cresson de Fontaine 408
Crocetin 176, 176*
Croci stigma 175
Crocin 176, 176*
Crocus 175
– electus 176
– hispanicus 175
– naturalis 176
– orientalis 175
Crocus sativus 175
Cryptocarya peumus 112
Cucurbita ficifolia 178
– *mixta* 178
– *moschata* 178
– *pepo* 178
Cucurbitin 179
Cuja 373
Cumarin 154*, 381*
Cumin de prés 134

Curaçao-Aloe 49
Curaçao-Aloe 49 f.
Curcubitae semen 178
Curcuma domestica 181 f.
– *longa* 182
– *xanthorrhiza* 185
– *zanthorrhiza* 185
Curcuma zanthorrhiza-Wurzelstock 185
Curcumae longae rhizoma 181
– **xanthorrhizae rhizoma 185**
Curcumawurzelstock 181
Curcumawurzelstock 182
α(=ar)-Curcumen 182, 182*
β-Curcumen 186, 186*
ar-Curcumen 186, 186*, 632
Curcumin 182, 182*, 185, 186, 186*
Curcuminoide 182, 185
Curcurbita maxima 178
Cure all 384
Curled mint leaf 389
Curry-Pulver 182
Curzerenon 401*
Cyanidin-3-sophorosid 498
Cyanin 498
Cyclopseudohypericin 310
Cymbopogon-Arten 385
p-Cymen 579
p-Cymol 110
Cynarin 192, 192*
Cynarosid 246
Cynodon dactylon 269
Cynorrhodon 503
Cynosbati fructus 503
Cynosbatos 503
Cytisin 252
Cytisus scoparius 539

D

Dactylis spp. 265
Dage of Jerusalem 465
Dammarandienol 284, 284*
Dandelion root and herb 572
Darmwurz 284
DC 23
DC-Kammern 23
DC-Trennkammer 23
4,7-Decadienal 117
Decoct 19
Decocta 17
Dehydrocostuslacton 99, 99*
Dehydromatricariaester 145, 145*
Delphin 164
Delphinidin 164

Delphinidin-3-sambubiosid 298*
Delphinidin-3-xylosylglucosid 298*
Delphinium consolida 163 f.
– *orientale* 164
Desacetylcentapikrin 142
Desacetylglobicin 36
Desacetylmatricarin 376
Deserpidin 483, 483*
Desmethoxyaschantin 537
Desmethoxycurcumin 182*, 186*
Desmethoxyyangonin 329*
11-Desoxyaloin 489*
11-Desoxyaloine 489
Desoxyloganin 588
Deutsche Kamille 376
– Theriakwurzel 440
Deutscher Haustee 510
– Ingwer 116
– Pfeffer 105
– Zitwer 116
Devil's claw 278
Diacetylglucofrangulin A 485
Dianthronglykoside 546
Diarylheptanoide 186, 238*
Dicaffeoyltartrat 414, 414*
Dickköpfe 144
Didrovaltrat 604, 604*
Digiprolacton 609, 609*
Dihydrocapsaicin 124, 124*
Dihydrocarveolacetat 389
Dihydrocoptisin 148
Dihydrocornin 611
3,4-Dihydrocumarin 381
Dihydrofoliamenthin 588, 588*
4,5-Dihydrofuranodien-6-on 401*
11α,13-Dihydrohelenalin 79
11,13-Dihydrohelenalin 79*
11,13-Dihydrohelenalinester 79
Dihydrokawain 329
(+)-(6S)-Dihydrokawain 329*
Dihydrolycopodin 361, 361*
Dihydromethysticin 329, 329*
Dihydroparthenolid 396
2,3-Dihydro-Quercetin 127*
Dihydroreynosin 396, 396*
Dihydrosamidin 58, 59*
1,8-Dihydroxyanthracenderivate 50, 52, 228, 485, 489, 493, 546, 549, 552
Diiodtyrosin 233
Dimeres Procyanidin (A-2) 169*

– – (B-2) 169*
Diosgenin 222
Diosmetin 507, 507*
Diosmin 102, 102*
Diosphenol 101, 102*
Distelkraut 158
Dodeca-2E,4E,8Z,10E-tetraensäure-isobutylamid 192*
Dog grass root 267
– wood bark 228
Dogwood bark 488
Dollenkrautwurzel 98
Donavarwurzel 284
Doppelkammerbeutel 15
Doppelte Kamille 144
Dorant, Weißer 370
Dornapfel 503
Dornige Hauhechel 410
Dornmyrte 515
Doronicum-Arten 82
Dover'sches Pulver 314
Dreifaltigkeitskraut 619
Dreifaltigkeitstee 619
Dreilappiger Salbei 525
Dried bitter orange peel 90
Drosera anglica 188
– *intermedia* 188
– *madagascariensis* 189
– *peltata* 189
– *ramentacea* 188 f.
– *rotundifolia* 188, 188
Drosera-Arten 188 ff.
Droserae herba 188
Droseron 189, 189*
Droseron-5-glucosid 189
Drudenfuß 360, 628
Drudenkraut 360
Drupae Sambuci 531
Dünnschicht-Chromatographie 23
Dürrkraut 294
Dyer's greenweed herb 251
Dyer's' broom 251

E

Eagle-vine bark 161
Early golden-rod herb 561
East Indian root 237
Eberwurz 132
Echimidin 569, 569*
Echinacea angustifolia 191 f., 197
– *pallida* 195
– *purpurea* 197
Echinaceae angustifoliae radix 191
– **pallidae radix 195**

Echinacea-pallida-Wurzel 195
Echinaceawurzel 192
Echinacein 192
Echinacosid 192, 192*, 193, 196
Echinatin 352
Echinolon 196*
Echte Goldrute 623
– Kamille 376
– Myrrhe 400
– Verbene 613
Echter Baldrian 603
– Galgant 237
– Kanel 154
– Kümmel 134
– Salbei 521
– Thymian 578
– Zimt 154
Echtes Goldrutenkraut 623
Echtes Lungenkraut 465
Echtes (gelbes) Labkraut 246
Ecorce à aubépine 616
– d'aune noir 228
– de bourdaine 228
– de cannelle de Ceylan 154
– de cascara 488
– de chêne 473
– de citron 156
– de condurango 161
– de frangule 228
– de fruit d'oranger amer 90
– de marronier d'Inde 299
– de quebracho 470
– de quillaya 476
– de Quina 151
– de saponaire 476
– de saule 518
– de viorne 616
– d' hamamélis de virginie 270
– du noisetier de la sorcière 270
Edelherzwurzel 284
Edelkastanie 139
Edelkastanienblätter 139
Edelsalbei 522
Edelwundkraut 623
Efeublätter 280
Ehrenpreiskraut 614
Eibischblätter 54
Eibischsirup 56
Eibischtee 9
Eibischwurzel 56
Eichenlohe 473
Eichenrinde 472
Eichenrinden-Bäder 474
Eichenrindenextrakt 474
Eingangskontrolle 22
Eingangskontrolle 22
Eisenkraut 611

Elcomarrhiza amylacea 162
Elder flowers 528
– fruit 531
Elecampane 284
Elefantenohrbaum 257
Elemol 401, 401*
Elephantorrhiza spec. 279
Elfdock root 284
Elymus repens 265, 267
Emetin 314, 314*
Engelkraut 79
Engelwurz 62
English chamomile 144
cis-En-In-dicycloether 376*
trans-En-In-dicycloether 376*
Enterobakterien 24 f.
Enterodiol 347*, 348
Enterolacton 347*, 348
Enzian, Gelber 255
– Großer 255
– Ungarischer 255
Enzianwurzel 254
Epilobe 200
Epilobii herba 199
Epilobium alsinifolium 201 f.
– *angustifolium* 200, 202
– *collinum* 200 ff.
– *dodonaei* 201 f.
– *fleischeri* 201 f.
– *hirsutum* 200, 202
– *montanum* 200, 202
– *palustre* 201 f.
– *parviflorum* 199 f., 202
– *roseum* 200, 202
Epilobium-Arten 200 ff.
3-Epinobilin 145
8,9-Epoxy-10-isobutyryloxy-thymol-isobutyrat 284, 284*
cis-Epoxy-ocimen 36
Epoxy-pseudoisoeugenolester 441*
Eppig 281
Equiseti herba 203
Equisetolsäure 204, 204*
Equisetum arvense 203 f.
– *palustre* 205
Equisetum-Arten 205
Erbelkraut 225
Erdbeerblätter 225
Erdgallenkraut 141
Erdrauchkraut 234
Erdrautenkraut 234
Erdwurzel 132
Erect cinquefoil 584
Ergänzungsdrogen 7
Eriocitrin 392
Erkältungstee I 9
Erkältungstee II bis V 11

Erythraea centaurium 141
Erzengelwurzel 62
Eschendornblüten 461
Escherichia coli 25
Eselfenchel 218
Estragol 66, 105, 219*
Eßkastanie 139
24β-Ethyl-5α-cholesta-7,25(27)-dien-3β-ol 179
Ethylenoxid 25, 27
Eucalypti Aetheroleum 210
Eucalypti folium 208
Eucalyptol 209
Eucalypton 209, 209*
Eucalyptus globulus 208 f.
Eucalyptus leaf 209
Eucalyptusblätter 208
Eucalyptusöl 209 f.
Eudesmol 534
Eugenia caryophyllata 136
Eugenol 105, 137, 137*, 154, 154*, 250
Eugenolacetat 137, 137*
Euglobale 209
Eukalyptusöl 210
Eukovosid 212, 212*
Euparon 515
Eupatorin 414
Euphrasia 211
Euphrasia rostkoviana 211
– *stricta* 211
Euphrasia-Arten 211
Euphrasiae herba 211
Euphrosid 211, 212*
European mistletoe 628
Everlasting 287
Extrakte 31
Extraktzubereitungen 31
Eyebright herb 211

F

Fadenwurzel 284
Fächerblattbaum 257
Färbekraut, Ägyptisches 291
Färberginsterkraut 251
Färberkrautwurzel 45
(+)-Falcarindiol 341, 341*
Falcarinol 281, 281*, 436, 436*
Falcarinon 281, 436
Falcarinonol 436
Fallkraut 79
Falsche Myrrhe 402
Falscher Huflattich 429
Faradiol 572, 572*
Farbkraut 251
Farfarae folium 214

Faulbaum, Amerikanischer 488
Faulbaumrinde 227
Faulbaumrinde, Amerikanische 488
Feldgarbenkraut 396
Feldhopfenkraut 310
Feldkamille 376
Feldkümmel 134, 556
Feldmohnblüten 498
Feldpoley 556
Feldrittersporn-Blüten 164
Feldrose 498
Feldthymian 556
Fellhornrinde 518
Felon herb 84
Feminell 177
Fenchel, Bitterer 218
– Süßer 218
Fenchelholz 537
Fenchelhonig 219
Fenchelöl 219 f.
Fenchelsirup 219
Fencheltinktur, Zusammengesetzte 219
γ-Fenchen 219
Fenchon 219, 219*
Fennel fruit 218
Fenugreek seed 221
Feroxidin 52
Fertigarzneimittel 28
Festuca pratensis 265
Feuchtigkeit 20
Feuerblume 498
Feuerkraut 201
Feuille de raisin d'ours 599
– de Senecion 542
Feuilles de barbiflore 413
– de boldo 110
– de bouleau 107
– de buchu 101
– de châtaigner 139
– de fraisier 225
– de framboisier 512
– de guimauve 54
– de mauve 367
– de mélisse 384
– de menthe 391
– de menthe crepue 389
– de menyanthe 587
– de myrtille 403
– de noyer 320
– de pétasite 429
– de plantain 443
– de ronce noire 509
– de ro(s)marin 506
– de sauge officinale 522
– de trèfle des marais 587
– de tussilage 214
– d'alchemille 42

- d'armoise commune 84
- d'eucalyptus 209
- d'hamamélis 273
- d'Henné 291
- du marronier d'Inde 303
- du noisetier de la sorcière 273
- se séné 546
- Fever tree leaf 209
- Fieberbaumblätter 209
- Fieberflechte 344
- Fieberkleeblätter 587
- Fieberkraut 141
- Fiebermoos 344
- Fieberrinde 151
- Fieberweidenrinde 518
- Fieberwurzel 237, 255
- Field melilot 381
- *Filipendula ulmaria* 565 f.
- Filterbeutel 15
- Fingerkraut 72
- -, Aufrechtes 584
- Flachs 347
- Flachslinsen 347
- Flachssamen 347
- Flattermohnblüten 498
- Flavedo Citri recens 156
- Flavonoide 79, 90, 108, 120, 130, 169, 174, 200, 204, 246, 251, 258, 288, 414, 420, 453, 461, 499, 531, 562, 566, 582 f., 591, 624
- Flavonole 258*
- Flavonolglykoside 258
- Flaxseed 347
- Fleawort seed 463
- Flechtensäuren 344
- Fleckenkraut 240, 465
- Fleischfarbige Passionsblume 420
- Fleur de camomille 376
- de camomille romaine 144
- de pied de chat 287
- de souci 120
- de tilleul 582
- de tous les mois 120
- d'ulmaire 566
- Fleurs de bouillon blanc 609
- de coquelicot 498
- de lamier 332
- de lavande 336
- de mauve 364
- de molène 609
- de péone 418
- de pied-d'aloutte 164
- de pivoine 418
- de primevère 455
- de prunellier 461
- des sureau 528
- d'arnica 79

- d'épine noire 461
- d'oranger amer 87
- d'ortie blanche 332
- Fliederbeeren 531
- Fliedertee 528, 531
- Fliegenholz 468
- Fliegenkraut 84
- **Flohsamen 463**
- **Flohsamen, Indische 447**
- Flohsamen-Wegerich 463
- Florentine orris 316
- Flores Acaciae 172, 461
- – – nostratis 461
- – Anthemidis 144
- – Arnicae 78 f.
- – Aurantii 87
- – Calcatrippae 164
- – Calendulae 119
- – Caryophylli 136
- – Chamomillae 375
- – Chamomillae romanae 144
- – Consolidae regalis 163 f.
- – Crataegi 172
- – Croci 175
- – Delphinii consolidae 164
- – Gnaphalii arenarii 287
- – Graminis 265
- – Helichrysi 287
- – Hibisci 297
- – Lamii albi 331
- – Lavandulae 335
- – Malvae 364
- – – arboreae 365
- – Matricariae 375
- – Naphae 87
- – Paeoniae 417
- – Papaveris erratici 498
- – – rubri 498
- – – silvestris 498
- – Paralyseos 455
- – (Petala) Papaveris rhoeados 498
- – Primulae 454
- – – cum Calycibus 455
- – – sine Calycibus 455
- – Pruni spinosae 460
- – Rhoeados 497
- – Rosae benedictae 418
- – Sambuci 528
- – Spicae 336
- – Spiraeae 565
- – Stoechados citrinae 287
- – Thapsi barbati 609
- – Tiliae 581
- – Ulmariae 566
- – Urticae mortuae 332
- – Verbasci 608
- Flos Arnicae 79
- – Aurantii 87
- – Calcatrippae 164

- Calendulae 119
- Caryophylli 136
- Chamomillae 375
- – romanae 144
- – vulgaris 376
- Consolidae regalis 163
- Croci 175
- Graminis 265
- Helichrysi 287
- Hibisci 297
- Lamii albi 331
- Lavandulae 335
- Malvae 364
- Matricariae 375
- Paeoniae 417
- Primulae 454
- Pruni spinosae 460
- Rhoeados 497
- Spiraeae 565
- Tiliae 581
- Verbasci 608
- Foeniculi aetheroleum 220
- **Foeniculi amari fructus 218**
- **– dulcis fructus 218**
- Foeniculin 71
- *Foeniculum vulgare* 218
- **Foenugraeci semen 221**
- Foenugraeci semen ad usum veterinarium 221
- Foenugraecin 222, 222*, 223
- Folia Althaeae 54
- – Anthos 506
- – Barosmae 101
- – Betulae 107
- – Boldo 110
- – Bucco 101
- – Buchu 101
- – Castaneae 139
- – Citronellae 384
- – Crataegi cum floribus 169
- – Diosmeae 101
- – Eucalypti 208
- – Farfarae 214
- – Fragariae 225
- – Ginkgo 257
- – Hamamelidis 273
- – Hederae 280
- – – helicis 281
- – Hennae 291
- – Herbae saccae 522
- – Hippocastani 302
- – Juglandis 319
- – Lawsoniae 291
- – Malvae 367
- – Mate 372
- – Melissae 383
- – – citratae 384
- – Menthae crispae 388
- – – piperitae 391
- – Menyanthidis 587

- Menyanthis 587
- Myrtilli 403
- Orthosiphonis 413
- Petasites 429
- Petasitidis 428
- Plantaginis 443
- Ribis nigri 499
- Roris marini 506
- Rosmarini 506
- Rubi fruticosi 509
- – idaei 512
- Salviae 521
- – trilobae 525
- Sennae 546
- Trifolii aquatici 587
- Urticae 590
- Uvae-ursi 599
- Visci 628
- Folioles de séné 546
- Folium Althaeae 54
- Betulae 107
- Boldo 110
- Bucco 101
- Castaneae 139
- Crataegi cum florae 169
- Eucalypti 208
- Farfarae 214
- Fragariae 225
- Ginkgo 257
- Hamamelidis 273
- Hederae 280
- Hennae 291
- Hippocastani 302
- Juglandis 319
- Malvae 367
- Mate 372
- Melissae 383
- Menthae crispae 388
- – piperitae 391
- Menyanthidis 587
- Menyanthis 587
- Myrtilli 403
- Orthosiphonis 413
- Petasitidis 428
- Plantaginis 443
- Ribis nigri 499
- Rosmarini 506
- Rubi fruticosi 509
- – idaei 512
- Salviae 521
- – trilobae 525
- Sennae 546
- Theae nigrae 575
- Thymi 578
- Tussilaginis 214
- Urticae 590
- Uvae-ursi 599
- Folliculi Sennae 551
- Foppkastanienrinde 299
- Forking larkspur flowers 164

Formononetin-7-glucosid 410
Fragaria vesca 225
Fragaria-Arten 226
Fragariae folium 225
Fragilin 518, 518*
Franganin 228
Frangula alnus 227 f., 487
– *purshiana* 488
Frangula bark 228
Frangulae cortex 227
Frangulaemodin 228, 228*, 485, 489
Frangulaemodin-8-O-Glucosid 228
Frangulaemodinanthron 228, 228*
Frangulanin 228
Frangulin A 228, 228*
– B 228, 228*
Französischer Senf 558
Frauendistelfrüchte 126
Frauenkraut 384
Frauenmantelkraut 42
Fraxetin 300*
Fraxin 299, 300*, 303
Freisamkraut 619
Freisamtee 619
Friedelin 284
Fruchtsäuren 298, 503
Fructus Ammeos visnagae 58
– Anisi 66
– – stellati 70
– Apii 75
– – hortensis 433
– Aurantii immaturi 88
– Capsici 123
– – frutescentis 123
– Cardui mariae 126
– Carvi 134
– Conii 68
– Coriandri 165
– Crataegi 173
– Cynorrhoidi 503
– Cynosbati 503
– Foeniculi amari 218
– – dulcis 218
– Juniperi 322
– Myrtilli 406
– Oxyacanthae 173
– Petroselini 432
– Rhamni cathartici 485
– Sambuci 531
– Sennae acutifoliae 551
– – angustifoliae 551
– Silybi mariae 126
– Spinae albae 173
– Urticae 593
Frühlinde 582
Fruit de céleri 75
– de chardon Marie 126

– de coriandre 165
– de fenouil 218
– de Khella 58
– d'anis 66
– – étoile 70
Fruits de carvi 134
– de nerprun purgatif 485
– de persil 433
– d'aubépine 173
– d'oranger amer, verts 88
Fuchsisenecionin 543, 543*
Fuchskreuzkraut 542
Fucoidin 233
Fucole 233
Fucophloretole 233
Fucus 232
Fucus (Muscus) islandicus 344
– (Muscus, Lichen) catharticus 344
Fucus vesiculosus 232
Fünffingerkraut 39
Fukinanolid 429
Fukinon 429, 429*
Fumaria officinalis 234
– *schleicheri* 236
– *vaillantii* 236
Fumaria-Arten 236
Fumariae herba 234
Fumarilin 234, 235*
Fumarin 234
Fumarprotocetrarsäure 344, 344*
Fumarsäure 234
Fumitory herb 234
Furanochromone 58
Furanocumarine 63 f.
Furanoelemen-Typ 401*
Furanoeudesman-Typ 401*
Furanogermacran-Typ 401*
Furanopetasin 429*
Furocumarine 63

G

Gänsefingerkraut 72
Gänsekraut 84
Gänsekresse 113
Gänserich 72
Galanga du chine 237
Galangae rhizoma 237
Galangal root 237
Galangol 238
Galanolacton 632
Galbuli Juniperi 323
Galega officinalis 240
Galegae herba 240
Galegin 240 f., 241*

Galei 240
Galeopsidis herba 243
Galeopsis ochroleuca 243
– *segetum* 243
– *speciosa* 245
– *tetrahit* 245
Galgant, Echter 237
Galgantwurzel 237
Galgantwurzelstock 237
Galii veri herba 246
Galii lutei herba 246
Galiridosid 339
Galium verum 246
Gallentee I 10
Gallocatechin(4,8)-Catechin 473
Galloylglucose 493
Galloylsaccharose 493
Garbenkraut 396
Garden basil 105
– Marigold 120
– mint 389
– sage leas 522
– Thyme 579
Gartenangelika 62
Gartenbohnenhülsen, Samenfreie 438
Gartenkoriander 165
Gartenmelisse 384
Gartenpetersilie 433, 435
Gartenringelblume 120
Gartensalbei 522
Gartenteppichsamen 433
Garten-Thymian 578
Gebärmutterwurzel 340
Gei urbani rhizoma 249
Geijeren 441, 441*
Gein 250
Geistwurzel 62
Geißklee 240
Geißrautenkraut 240
Gelbbeeren 485
Gelbe Immortellen 287
– Mottenkrautblumen 287
– Scharte 251
Gelber Enzian 255
– Steinklee 381
Gelbes Käselabkraut 246
– Sternkraut 246
Gelbholzrinde 228
Gelbsuchtwurzel 182
Gelbwurzel 182
Gelbwurzelstock 182
Gemeine Goldrute 623
– Königskerze 609
– Wegwarte 574
Gemeiner Andorn 370
– Augentrost 211
– Schneeball 617
– Thymian 578

Gemeines Kreuzkraut 542
– Seifenkraut 535
Genêt de teinturies 251
Geniposidsäure 246
Genista tinctoria 251
Genistae herba 251
Genistein 251
Genistin 251
Genitosid 540
Genkwanin 507, 507*
Gentialutein 588
Gentian, Yellow 255
Gentiana-Arten 255
Gentiana asclepiadea 255
– *lutea* 254, 255
– *pannonica* 255
– *punctata* 255
– *purpurea* 255
Gentianae radix 254
Gentianidin 588
Gentianin 588
Gentianose 255
Gentiatibetin 588
Gentiobiose 255
Gentioflavosid 142
Gentiopikrin 255, 255*
Gentiopikrosid 142, 142*, 255, 255*
Gentiosid 255
Gentisin 255
Geosid 250
Geranial 157, 384, 632
Geraniol 96, 166, 166*, 323, 384*
Geranylacetat 384
Gerbstoffe 39, 42, 72, 139, 209, 225, 243, 250, 270, 273, 320, 336, 403, 406, 424, 473, 480, 493, 509, 512, 576, 584, 600
Germacren D 384, 384*, 396
Germacren-D-lacton 284, 284*
Germacron 186
Geröstete Mateblätter 373
Gesamtkeimzahlen 24
Geschälte Süßholzwurzel 351
Geum montanum 586
– *rivale* 250
– *urbanum* 249 f.
Gewöhnlicher Kümmel 134
Gewürzfenchel 218
Gewürzkalmus 116
Gewürznägelein 136
Gewürznelken 136
Gewürzsafran 175
Gichtrosenblüten 418
Gichtstockwurzel 340
Giftwurz 62
Giganteasaponine 562

Gilbkraut 251
Gingembre 631
Ginger 631
– root 631
Gingerenon A 632*
– A, B 632
– B 632*
[8]-Gingerol 238*
[6]-Gingerol 632
Gingerole 632, 632*
Ginkgetin 258, 258*
Ginkgo biloba 257
– **folium 257**
Ginkgobaum 257
Ginkgoblätter 257
Ginkgolide 257, 258*
Ginkgolsäuren 258
Ginseng radix 261
Ginseng root 262
Ginsengwurzel 261
Ginsenosid Rb_1 262*
– Rb_2 262*
– Rc 262*
– Rd 262*
– Re 262*
– Rg_1 262*
– Rg_2 262*
Ginsenoside 262
Ginsterkraut 539
Gipsy onion 47
Glabrinsäure 352
Glabrol 352, 352*
Glabrolid 352
Glandula lupuli 356
Gliederkraut 246
Globularin 443
Glockenwurzel 284
Glucofrangulin A 228, 228*, 485*
– B 228, 228*
Gluconasturtiin 408, 409*
Glucose 426
Glucosinolate 408, 559 f.
5-O-Glucosylantirrinosid 244*
Glückenwurzel 62
γ-Glutamylallylcysteinsulfoxid 48
γ-Glutamylpeptide 48
Glycycumarin 352
18β-Glycyrrhetinsäure 352
Glycyrrhetinsäure 353
Glycyrrhiza glabra 351
Glycyrrhizin 351, 353
Glycyrrhizinsäure 352, 352*, 353
Gnaphalium dioicum 287
Goat's rue herb 240
Goldbloom 120
Goldblume 120

Golden rod 623
– Senecio 543
Goldkreuzkraut 542
Goldrautenkraut 623
Goldrute, Echte 623
– Gemeine 623
– Wilde 623
Goldrutenkraut 561
–, **Echtes 623**
Goldwundkraut 623
Goldwurz 148
Goratensidin 550
Gossypetin 455*
Gousses de séne 551
– d'haricot 438
Graine de courge 178
– de Cynorrhodon 505
– de fenugrec 221
– de lin 347
– de moutarde noire 558
– de pépon 178
– d'eglantine 505
Graminis flos 265
– **rhizoma 267**
Grana Actes 531
– Sambuci 531
Granulattees 16
Grapple plant 278
Grasblüten 265
Graslinde 582
Grass flowers 265
Graswurzel 267
Greater Celandine 148
Green mint 389
Greenweed 251
Griechische Heusamen 221
Griechisches Leberkraut 39
Grindholzrinde 228
Grindkraut 234
Großblättriger Huflattich 429
Großblumige Königskerze 609
Große Brennessel 591, 596
– Kamille 144
Großer Enzian 255
– Heinrich 284
Ground pine 360
Grüne Mateblätter 373
– Orangen 88
Grüner Hafer 92
Grüner Senf 558
Grünholz 251
Grundheil 396
Grundheilkraut 614
Grundling 556
Guadl 426
Guarana 423
Guaranaextrakte 424
Guaranapaste 424
Gürtelkraut 360

Guimauve 56
Gummi Myrrha 400
Gummiresina Myrrha 400
Gynocardin 421
Gypsogenin 535
Gypsogensäure 294, 295*

H

Haarlinsen 347
Haarnesselkraut 591
Haarnesselwurzel 596
Haarwuchswurz 98
Hänge-Birke 107
Hafer, Grüner 92
Hafergiftblume 164
Hagebutten 502 ff.
Hagebuttenkerne 505
Hagebuttennüßchen 505
Hagebuttensamen 505
Hagebuttenschalen 502
Hagedorn 169
Hagedornbeeren 173
Hainbutten 503
Hain-Greiskraut 542
Hainkreuzkraut 542
Haltbarkeit 20
Haltbarkeit 20 f.
Hamamelidis cortex 270
– **folium 273**
Hamamelis bark 270
– leaf 273
Hamamelis virginiana 270, 273
Hamamelisblätter 273
Hamamelisrinde 270
Hamameliswasser 274
Hamamelitannin 270, 271*, 273
Handwurzel 284
Hanfnesselkraut 591
Hanfnesselwurzel 596
Harnblumen 287
Harnkraut 294
Harnkrautwurzel 410
Harpagid 243, 244*, 278, 278*
Harpagophyti radix 277
Harpagophytum procumbens 277 f.
– *zeyheri* 278
Harpagosid 278, 278*
Harpago-Tee 279
Hartrinde 518
Haselnuß 272
Haselnußblätter 276
Hasenpappelblätter 367
Hastatosid 611, 612*

Haudornwurzel 410
Hauhechel, Dornige 410
Hauhechelwurzel 410
Haustee 12
Haustee, Deutscher 510
Hawthorn berry 173
– herb 169
Hay safron 175
Heartsease herb 619
Hechelkrautwurzel 410
Heckendornblüten 461
Hedera helix 280 f.
Hederacosid B 281*
– C 281, 281*
Hederae folium 280
Hederagenin 281, 569, 569*
Hederasaponin C 281
Hederasaponine 281
α-Hederin 281, 281*
Heerabol-Myrrha 400
Hefen 25
Heideflechte 344
Heidelbeerblätter 403
Heidelbeeren 406
Heidnisch Wundkraut 623
Heiligenbitter 62
Heiligengeistwurzel 62
Heiligenwurzel 62
Heilwegerich 443
Heilwurzel 568
Heinrich, Großer 284
Helenalin 79 ff.
Helenaline 79, 79*, 82
Helenalinester 79
Helenenkrautwurzel 284
Helenii rhizoma 283
Helenin 284
Helichrysi flos 287
Helichrysin A 288, 288*
– B 288*
Helichrysum angustifolium 290
– *arenarium* 287
– *stoechas* 290
Helichrysum-Arten 289
Hemialbosid 332
Hemp-nettle herb 243
Henna leaf 291
Hennablätter 291
Hennae folium 291
Heracleum sphondylium 65, 442
Herb d'avoine 92
– of knotweed 452
Herba Absinthii 35
– Achilleae albae 396
– – millefolii 396
– Agrimoniae 39
– Alchemillae 42
– Allii ursini 47

- Anserinae 72
- Artemisiae 84
- Avenae 92
- Basilici 104
- Betonicae albae 614
- Bursae pastoris 113
- Cardamines 408
- Cardui benedicti 158
- – mariae 130
- Centaurii 141
- Centumnodii 452
- Chelidonii 147
- Chironiae 141
- Consolidae aureae 623
- – sarracenicae 623
- Crataegi 169
- Doria 623
- Droserae 188
- – madagascariensis 190
- – rotundifoliae 190
- Epilobii 199
- Equiseti 203 f.
- Eupatoriae 39
- Euphrasiae 211
- Felis terrae 141
- Fortis 623
- Fumariae 234
- Galegae 240
- Galeopsidis 243
- Galii veri 246
- Genistae 251
- – scopariae 539
- Herniariae 294
- Hyperici 309
- Jaceae 619
- Jacobaeae 542
- Lamii albi 332
- Lappulae hepaticae 39
- Leontopodii 42
- Leonuri cardiacae 338
- Lycopodii 360
- Malvae visci 54
- Marrubii 370
- Meliloti 380
- Millefolii 395
- Nasturtii 408
- – aquatici 408
- Passiflorae 419
- Plantaginis angustifoliae 443
- – lanceolatae 443
- Polygoni 452
- Pulmonariae 465
- regia 84
- Rubi idaei 512
- Rutae caprariae 240
- Salviae 522
- Sanguinalis 452
- Sanguinariae 113
- Sarothamni 539
- Scoparii 539
- Senecionis 542
- – jacobaeae 542
- Serotinae 561
- Serpylli 555
- Solidaginis 561
- – virgaureae 623
- Spartii scoparii 539
- Thymi 578
- Trinitatis 619
- Urticae 590
- Verbenae 611
- Veronicae 614
- Violae tricoloris 619
- Virgaureae 623
- Visci 628

Herbe à la chardonette 542
- à la vierge 370
- à tous les maux 611
- au charpentier 396
- aux chantes 408
- aux ladres 614
- aux mousches 381
- aux poumons 465
- de bourse à pasteur 113
- de centaurée 141
- de chardon benit 158
- de dent de lion 572
- de droséra africaine 189
- de fumeterre 234
- de galéga 240
- de galéopside 243
- de genêt à balais 539
- de grand basilic 105
- de gui 628
- de lycopode 360
- de millefeuille 396
- de millepertuis 310
- de molette 113
- de passiflore 420
- de pensée Sauvage 619
- de plantain 443
- de prêle 204
- de pulmonaire officinale 465
- de renouée des oiseaux 452
- de sénéçon 543
- de serpolet 556
- de thym 579
- de verge d'or 623
- de véronique 614
- de vervaine officinale 611
- des champs 204
- dorée 542
- d'absinthe 35
- d'aigremoine 39
- d'ansérine 72
- d'aubépine avec fleurs 169
- d'eupatoire 39
- d'euphraise 211
- d'herniaire 294
- d'ortie 591
- St. Jacques 542

Herbst-Löwenzahn 574
Herkulessamen 178
Herniaria glabra 294
– *hirsuta* 294
Herniariae herba 294
Herniariasaponine 1 bis 7 295
Herniarin 295, 295*, 377
Herniary 294
Herrenkraut 105
Herrgottsblut 310
Hervea 373
Herzelkraut 113
Herzgespannkraut 338
Herzkraut 384
Hesperetin 157
Hesperidin 88, 90
trans-Hesperidinsäure 604
Heterotheca inuloides 82
Hetscherln 503
Heublumen 265
Heublumen-Badeextrakt 266
Heublumenkissen 266
Heublumensack 266
Heusamen 463
– Griechische 221
Hexenbesen 628
Hexenhaselblätter 273
Hexenhaselrinde 270
Hexenkraut 310, 360
Hexenzwiebel 47
Hibisci flos 297
Hibiscin 298*
Hibiscus sabdariffa 297 f.
Hibiscusblüten 297
Hibiscussäure 298, 298*
Hiefen 503
Hilfsdrogen 7
Himbeerblätter 512
Himmelbrandstee 609
Himmelschlüsselblumen 455
Hip 503
– seeds 505
Hippoaesculin 306
Hippocastani cortex 299
– **folium 302**
– **semen 305**
Hippocastanosid 306
Hirschhornflechte 344
Hirschkohl 465
Hirschmangold 465
Hirtentäschelkraut 113
Hispaglabridin A 352*
Hispaglabrin A 352
Hochwurzel 255
Höckertang 232
Hog's garlic 47

Hoher Steinklee 381
Hohlzahnkraut 243
Holderbeeren 531
Holderblüten 528
Holländischer Senf 558
Hollerbeeren 531
Hollerblüten 528
Holly 515
Holocalin 532
Holunder, Schwarzer 528
Holunderbeeren 531
Holunderblüten 528
Holy thistle 158
Homeriana-Tee 452
Homoarenol 288, 288*
Homodihydrocapsaicin 124*
Homonataloine 52
Honigklee 381
Hop grains 357
Hopfenblüten 357
Hopfendrüsen 356
Hopfenkätzchen 357
Hopfenkissen 358
Hopfenmehl 357
Hopfenzapfen 356
Hops 357
Hornsamen 347
Horse-chestnut bark 299
– – leaf 303
– – seeds 305
Horsetail herb 204
HPTLC-Fertigplatten 23
Huckleberry leaf 403
Huflattich 214
Huflattich, Falscher 429
– Großblättriger 429
Huflattichblätter 214
Hulertrauben 531
Humulon 357, 357*
Humulus lupulus 356 f.
Hundskamille, Römische 144
Hundszahngras 269
Hustentee 10
Hydrochinon 600 f.
Hydrochinonglukuronid 600
Hydrojuglon 320, 320*
Hydrojuglonglucosid 320*
1β-Hydroperoxyisonobilin 145
4α-Hydroperoxyromanolid 145, 145*
5-Hydroxyaloin A 53
7-Hydroxyaloine 50
p-Hydroxybenzylsenföl 559*
4-Hydroxycyclocitral 176*
β-Hydroxycyclocitral 176
1β-Hydroxydiosgenin 515
8-Hydroxyderon 189
Hydroxygalegin 240
3-Hydroxyglabrol 352*

24-Hydroxyglycyrrhizin 352
6-Hydroxykynurensäure 258
4-Hydroxylupanin 539
13-Hydroxylupanin 539
16α-Hydroxymedicagensäure 294, 295*
Hydroxymusicinglucosid 547
9-Hydroxy-10-trans-12-cis-octadiensäure 597
Hydroxypelenolid 36, 36*
8-Hydroxy-pentadeca-9 E-en-11,13-diin-2-on 196*
18-Hydroxyquassin 468
1'-Hydroxysafrol 538
Hydroxyvalerensäure 604
Hyperforin 310, 310*
Hyperici herba 309
Hypericin 310, 310*
Hypericum-Arten 312
Hypericum barbatum 312
– *maculatum* 312
– *montanum* 312
– *perforatum* 309 f.
Hyperosid 108, 108*, 169, 169*, 189, 310, 461, 529, 531, 582, 588, 600

I

Iceland moss 344
Identifizierung 23
Igelkopfwurzel 192
Ilex paraguariensis 372 f.
Illicium anisatum 71
– *religiosum* 71
– *verum* 69 f.
Immortellen, Gelbe 287
Immunstimulation 13
Imperata cylindrica 269
Imperatorin 436
Indian balsam 96
– Corn silk 362
– psyllium 447
– saffron 182
Indigo tinctoria 292
Indikationen 13 ff.
Indikationsbereiche 14
Indische Flohsamen 447
Indische Schlangenwurzel 483
Indischer Baldrian 605
– Nierentee 413
Indisches Melissenöl 385
– Psyllium 447
Infus 18
Infusa 17
Ingberwurzel 631
Ingwer 631

Ingwer, Deutscher 116
– Japanischer 632
Instant-Tees 15
Instanttees, Tassenfertige 16
Intermedin 569, 569*
Inula helenium 283 f.
Inulin 98, 133, 573
Invertzucker 323
Iod 233
Iodaminosäuren 233
Iodgorgosäure 233
Ionisierende Strahlen 25
Ipecac root 314
Ipecacuanha, Brasilianische 314
– glycyphloea 315
– root 314
Ipecacuanhae radix 313
Ipecacuanhatinktur 314
Ipecacuanhawurzel 313
–, Schwarze 315
Ipecosid 314
Iridis rhizoma 316
Irigenin 317
(+)-γ-Irigermanal 317, 317*
Irilon 317, 317*
Iris florentina 316
– *germanica* 316
– *pallida* 316
Irish broom tops 539
Irisolon 317, 317*
Iriswurzel 316
α-Iron 317
β-Iron 317
γ-Iron 317
(+)-cis-α-Iron 317*
(+)-cis-γ-Iron 317*
Isfagul 447
Isländische Flechte 344
Isländisches Moos 343
Isoabsinthin 36
Isoacoron 117
Isoacteosid 444
Isoalantolacton 284, 284*
cis-Isoasaron 117, 118*
Isobergapten 441, 441*
Isocatalpol 609
Isochelidonin 148
Isocorydin 110
Isoeugenol 137
Isofuchsisencionin 543
Isogentisin 255
Isohypericin 310
Isoimperatorin 63, 63*, 436*
Isolactucerol 572
Isolichenin 344
Isolindleyin 493
Isoliquiritigenin 352, 352*, 353
Isoliquiritin 352*

Isomyricitrin 200
Isoorientin 420
Isoorientin-2''-glucosid 420, 420*
Isopetasin 429, 429*, 430
Isopetasol 429, 429*
Isopimpinellin 441, 441*
Isopterocarpol 534
Isoquercitrin 189, 200, 310, 529, 531, 540, 582
Isorhamnetin 120, 120*
Isorhoeadin 498
Isorutin 246
Isosalipurposid 288, 288*
Isoschaftosid 576
Isoshinanolon 189, 189*
Isosilybin 127
Isosilychristin 127
Isospartein 252
Iso-S-petasin 429, 429*
Isotussilagin 215
Isovaltrat 604, 604*
Isoverbascosid 612
Isovitexin 420, 620
Isovitexin-2''-glucosid 420, 420*
Ispaghula 447
Ispagul 447
Ispagula seed 447
Iuniperi aetheroleum 324
IVHD-Valtrat 604, 604*
Ivy leaf 281
Ixorosid 211

J

Jakobskreuzkraut 542
Jamaica sorrel 298
Jamaika-Bitterholz 468
Jambosa caryophyllus 136
Japanischer Ingwer 632
– Sternanis 71
Java tea 413
Javanese turmeric 185
Javanische Gelbwurz 185
Javanischer Gelbwurzelstock 185
– Nierentee 413
Javatee 413
Jesuit's tea 373
– bark 151
Johannesgürtelkraut 84
Johannisbeerblätter, Schwarze 499
Johannisblut 310
Johanniskraut 309
Johanniskrautöl 310
Johannisöl 311

Jonaskerne 178
Juglandis folium 319
Juglans regia 319 f.
Juglon 320, 320*
Jungfernkraut 84, 294
Jungfrauenkraut 396
Juniper berry 323
– fruit 323
Juniperi fructus 322
– **lignum 326**
Juniperus communis 322 f., 326
– *oxycedrus* 325
– *sabina* 325
Juniperus-Arten 325

K

Kaddigbeeren 323
Kaempferia galanga 239
Kämpferol-4'-glucosid 566
Käsekraut 367
Käselabkraut, Gelbes 246
Käsepappelblätter 367
Käsepappelblüten 364
Käsepappeltee 367
Kaffeesäure-Äpfelsäureester 235
Kakaobutter 426
Kakaomasse 426
Kaliaturholz 533
Kalmusöl 118
Kalmuswurzelstock 116
Kaltauszug 19
Kamille, Deutsche 376
– Doppelte 144
– Echte 376
– Große 144
– Kleine 376
Kamillenblüten 375
Kamillenöl 378
Kamprinde 518
Kanel, Echter 154
Kannenkraut 204
Kap-Aloe 49, 52
Karbensamen 134
Kardobenediktenkraut 158
Karkade 298
Karkadé 298
Karlsdistelwurzel 132
Katzenbart 413
Katzenblutkraut 611
Katzenkraut 391, 396
Katzenpfötchenblüten 287
Katzenpfötchenblüten 287
–, Weiße 287
Katzenwurzel 603
Kavain 329

Kava-Kava rhizoma 328
Kavakavapfeffer 329
Kava-Kava-root 329
Kavakavawurzelstock 328
Kawain 329
(+)-(6R)-Kawain 329*
Kawakawa 329
Kawalactone 329
Kawapyrone 329
Keime, Pathogene 24
Keimreduzierung 19, 25
Keimzahl 24
Kelpware 232
Kenia-Aloe 52
Kernlestee 505
6-Keto-13R-labdadien-
 9,13:15,16-diepoxid 562*
Ketoalkene 195
Ketoalkenine 195
Kettenblumenkraut 572
Keulen-Bärlapp 360
Khella 58
Khellenin 58 f., 59*
Khellin 58 f., 59*, 60*
Khellinol 58, 59*, 60*
Khellinon 58, 59*
Khellol 58 f., 59*, 60*
Kidney bean 438
Kieselsäure 93
Kinderwurzel 316
King's sweet clover 381
Kintoki 632
Klanner 165
Klappermohnblüten 498
Klapperschlangenwurzel 450
Klapprosenblüten 498
Klatschmohnblüten 497
Klatschmohnblütenblätter
 498
Klatschrosenblüten 498
Kleberwurzel 98
Kleine Brennessel 591, 596
– Kamille 376
Kleiner Anis 66
Klettendistelwurzel 98
Klettenwurzel 98
Klettenwurzelöl 99
Klissenwurzel 98
Knackrinde 518
Knight's spur flowers 164
Knöterichwurzel 586
Knollenpetersilie 435
Knotengraswurzel 267
Knotentang 232
Koemis koetjing 413
Königsbisam 105
Königskerze, Gemeine 609
–, Großblumige 609
Königskerzenblumen 609
Königskraut 105, 105

Königssalbei 522
Kolben-Bärlapp 360
Kombinationsarzneimittel 29
Kommission E 29
Kondorliane 161
Konradskraut 310
Kontamination, Mikrobielle
 24
– Mikrobiologische 24
– mit Pflanzenbehandlungs-
 mitteln 26
– mit radioaktiven Stoffen
 27
– mit Schwermetallen 25
Kontaminationsprobleme
 24 ff.
Korb-Weide 518
Korean ginseng 262
Koriander 165
Kornrosenblüten 498
Kornschnalle 498
Kräuterboden 20
Kraftwurz 79
Kraftwurzel 132, 262
Krameria lappacea 479 f.
– root 480
– *triandra* 480
Krameria-Arten 481
Kramperltee 344
Krampfkraut 72
Kranewitterbeeren 323
Krankrautblätter 506
Kranzenkrautblätter 506
Kratzbeere 509
Krauseminzblätter 388
Krauseminzöl 389
Kreidenelken 136
Kreuzdornbeeren 485
Kreuzdornrinde, Amerikani-
 sche 488
Kreuzkraut 542
Kriechwurzel 267
Kümmel 134
–, Echter 134
– Gewöhnlicher 134
– Süßer 66
Kümmelöl 135
Kümmich 134
Kürbiskernöl 179
Kürbissamen 178
Kürbschsamen 178
Kürwessam 178
Kuhblumenkraut 572
Kuhbohnen 221
Kuhhornsamen 221
Kumis kuting 413
Kunststoffbehälter 21
Kurkumawurzelstock 182
Kuttelkraut 556, 579
Kwannin 63

L

Labiatengerbstoff 384*, 507*
Labstockwurzel 340
Lactone, Makrocyclische 63,
 63*
α-Lactucerol 572
Ladrosid 614, 615*
Lady's bedstraw herb 246
Laevigatin 42
– B und F 585
Lagerhaltung 20
Lagerung 20
Lakritz 354
Lakritzenwurzel 351
Lakritzwaren 354
Lamalbid 332, 332*
Lamii albi flos 331
– – herba 331
Laminarin 233
Lamium album 331 f., 592
Langblättriger Sonnentau
 189
Lappa root 98
Lark's claw flowers 164
Laubholz-Mistel 628
Lauch, Wilder 47
Lauchöl 48
Laufqueckenwurzel 267
Lavandula angustifolia 335 ff.
– *hybrida* 337
– *latifolia* 337
Lavandulae flos 335
Lavatera thuringiaca 55
Lavendelbäder 336
Lavendelblüten 335
Lavendelkissen 336
Lavendelöl 336
Lavender 336
Lawson 291
Lawsonia alba 291
– *inermis* 291
Leberkraut, Griechisches 39
Lecithin 426
Leckerchen 426
Lectine 628 f., 630
Leimmistel 628
Lein 347
Leinsamen 346
Leinsamenmehl 349
Leinwanzen 347
Leiocarposid 624, 624*, 625
Leitdrogen 7
Leitsubstanzen 31
Lemon balm 384
– peel 156
Lemongrasöl 385
Leocardin 339
Leontodon autumnalis 574

Leonuri cardiacae herba 338
Leonurid 339
Leonurus cardiaca 338 f.
– *villosus* 339
Leopard's bane 79
Lerchenklaublüten 164
Leucodin 396
Leukodin 396*
Levistici radix 340
Levisticum officinale 65, 340
Levistolid A u. B 341
Levomenol 376
Lichen catharticus 344
– d'Islande 344
Lichen islandicus 343
Lichenin 344
Lichesterinsäure 344
Lichtschutz 20
Licochalcon A 352
Licopyranocumarin 352,
 352*
Licurosid 352
Liebfrauenstroh 246
Liebstengelwurzel 340
Liebstockwurzel 340
Liebstöckelwurzel 340
Lierre commun 281
Life root 543
Lignum floridum 537
– Juniperi **326**
– *pavanum* 537
– Quassiae 468
– Santali rubri 533
– Sassafras 537
Ligusticumlacton 341, 341*
Ligustilid 341, 341*, 436
Lime tree flowers 582
Limonen 75, 90, 135, 157,
 166*
(+)-Limonen 90*, 219*
(R)-(+)-Limonen 135*
Limonenschale 156
Linalool 84, 105, 166, 336,
 396, 579, 579*, 632
D-Linalool 166*
Linalylacetat 336
Linamarin 347
Linden flowers 582
Lindenblüten 581
Lindestren 401*
Lindleyin 493, 493*
Lini semen 346
Linocinnamarin 347
Linseed 347
Linum usitatissimum 346 f.
Linusitamarin 347
Linustatin 347, 347*
Lion's foot 42
Lippia citriodora 613
– *triphylla* 613

Liquiritiae radix 351
Liquiritigenin 352, 352*
Liquiritin 352*
Liquorice root 351
Lithospermsäure 569
Liverwort 39
Löffelmaße 17
Löwenfuß 42
Löwenschwanzkraut 339
Löwenzahn 571
Löwenzahnkraut 571
Löwenzahnwurzel 571
Loganin 588, 588*
Loliolid 120, 120*
Lolium perenne 265
Longifolin 326
Lonicera-Arten 334
Lorbeerweide 518
Lotaustralin 347
Lovage root 340
Love-in-idleness 619
Luftfeuchtigkeit 20
Lungen- und Schwindsucht-tee 465
Lungenflechte 344
Lungenkraut 465
Lungenkraut, Echtes 465
Lungenmoos 344
Lungwort 465
Lupanin 252, 539, 540*
Lupuli glandula 356
— **strobulus** 356
Lupulin 357
Lupulon 357, 357*
Luteolin 251, 252*, 507, 507*, 609
Luteolin-7-O-diglucuronid 612
Luzerne, Blaue 412
Lycodin 361, 361*
Lycodolin 361, 361*
Lycopodii herba 360
Lycopodin 361, 361*
Lycopodium annotinum 361
— *clavatum* 360
Lycopsamin 569, 569*

M

Macerata 17
Machandelbeeren 323
Mackerel mint 389
Macrocarpal A 209*
Macrocarpale 209
Macropiper latifolium 329
— *methysticum* 329
Madagascar sundew 189
Mädchenhaarbaum 257

Mädesüßblüten 565
Männliche Myrrhe 400
Märzwurzel 250
Mäusedorn, Stechender 515
Mäusedornwurzel 515
Mäusedornwurzelstock 514
Magen- und Darmtee I 11
Magendistelsamen 126
Magentee I 10
Magenwurz 116
Maggiwurzel 340
Maidenhair tree 257
Maidis stigma 362
Maiholzrinde 518
Maisgriffel 362
Maishaare 362
Maiskeimöl 363
Maisnarben 362
Maize silk 362
— stigmas 362
Makrocyclische Lactone 63
Malabar-Zimt 154
Mallow flower 364
— leaf 367
Malottenkraut 381
Malva neglecta 367
— *silvestris* L. ssp. *mauritiana* 364
— *sylvestris* 364, 367
Malvae flos 364
— **folium** 367
Malve, Afrikanische 298
— Mauretanische 364
— Wilde 364, 367
Malvenblätter 367
Malvenblüten 364
Malvenblüten, Wilde 364
Malven-Tee 298
Malventee 365
Malvin 365
Mannskraft 310
Mannskraftwurzel 250
March trefoil leaf 587
Marian thistle fruit 126
Marienbettstroh 556
Mariendistelfrüchte 126
Mariendistelkraut 130
Marienkörner 126
Marienmantel 42
Marigold 120
Marindinin 329
Marronier d'Inde 305
Marrube blanc 370
Marrubenol 370
Marrubii herba 370
Marrubiin 370, 371*
Prä-Marrubiin 371*
Marrubiol 370
Marrubium vulgare 370
Marsdenia condurango 161

— *cundurango* 160 f.
Marshmallow leaf 54
— root 56
Martynosid 612
Mary-bud 120
Massa guaranae 424
Mate 372
— **folium** 372
Mateblätter, Geröstete 373
— Grüne 373
Matricaria recutita 375 f.
— *chamomilla* 376
Matricariae flos 375
Matricariaester 396*, 397
Matricarin 376
Matricin 36, 376, 376*, 377
Mattenkümmel 134
Mauer-Andorn 370
Mauerefeu 281
Mauretanische Malve 364
Maypop 420
Mazerat 19
Mazerate 17
Meadowsweet 566
Mecocyanin 498
Medicagensäure 294, 295*
Medicago sativa 412
Medicarpin 411, 411*
Medizinalrhabarber 492
Meereiche 232
Mehlbeeren 173
Mehldorn 169
Melilot 381
Meliloti herba 380
Melilotin 381, 381*
Melilotosid 381, 381*
Melilotus albus 382
— *altissimus* 381
— *dentatus* 382
— *officinalis* 380 f.
Melissa officinalis 383 f.
Melissae folium 383
Melissenblätter 383
Melissen-Ersatzöle 385
Melissenöl 385
Melissenöl, Indisches 385
Melonenkürbis 178
Melotenkraut 381
Mentha arvensis 393
— *spicata* L. var. *crispa* 388, 389
Mentha × piperita 391
Menthae crispae folium 388
— **piperitae folium** 391
Menthe poivrée 391
Menthiafolin 588, 588*
Menthofuran 392, 392*
Menthol 391, 410
(—)-Menthol 392*
Mentholester 391

Menthon 392, 392*
Menyanthes trifoliata 587
Menyanthidis folium 587
8-Mercapto-*p*-methan-3-on 102*
2-Methoxyfuranodien 401*
o-Methoxyzimtaldehyd 154, 154*
Methylanthranilat 90
Methylarbutin 600, 600*
Methylbellidifolin 142
2-Methyl-butansäure 4-methoxy-2-propen-1-yl-phenolester 67*
2-Methyl-3-buten-2-ol 357, 357*
2-Methylbuttersäureester des 4-Methoxy-2-(1-propenyl)-phenols 67, 67*
Methylcatalpol 609
Methylchavicol 66, 67*, 105, 219, 219*
N-Methylcytisin 252, 252*
8-O-Methyl-7-hydroxyaloine 50
7-Methyljuglon 189, 189*
N-Methyl-laureotetanin 110
O-Methylpsychotrin 314
α-Methylpyrrylketon 604
Methysticin 329, 329*
Mexikanische Arnika 82
Mexikanischer Baldrian 605
Mikrobielle Kontamination 24
Mikrobiologische Kontamination 24
— Reinheit 25
— Reinheitsanforderungen 25
Mikroorganismen 24
Milchwurzel 568
Milfoil 396
Milk-thistle fruit 126
Millefin 396, 396*
Millefolii flos 396
Millefolii herba 395
Missionstee 373
Mistelkraut 628
Mistellectin I 628
Mistelpräparate 630
Mistelsenker 628
Misteltee 630
Mistletoe herb 628
ML I 628 f.
Mokka-Aloe 52
Monodesmethoxycurcumin 182, 182*, 185, 185*
Monotropein 246, 600
Monotropitin 566
Moor-Birke 107
Moos, Isländisches 343

Moosfarn 360
Moschuskürbis 178
Mother of thyme 556
Motherwort herb 339
Mottenklee 381
Mottenkrautblumen, Gelbe 287
Mountain box 599
– tabacco 79
Moutarde noire 558
Mugwort 84
Mullein flowers 609
Mundholz 291
Muscus catharticus 344
– islandicus 344
Mussaenosid 615*
mustard seed 558
Mutterblätter 551
Mutterkraut 391
Mutternelken 138
Muttersennesblätter 551
Myricetin-3-galaktosid 189
Myricetin-3-O-galactosid 200
Myricetin-3-O-glucosid 200
Myricetin-digalaktosid 108*
Myricitrin 200
Myristicin 71, 433, 433*, 436, 436*
Myrosinase 559
Myroxylon balsamum 95 f.
Myrrh 400
Myrrha 400
– vera 400
Myrrhe 400
–, Echte 400
– Falsche 402
– Männliche 400
– Rote 400
Myrrhentinktur 400 f.
Myrtendorn 515
Myrtilli folium 403
– **fructus 406**

N

Nachzulassung 29
Nägelein 136
Naphthochinone 189
Narcissin 120
Narcotic pepper root 329
Nardenwurzel 250
Naringenin 157, 288
Naringin 90, 90*
Nasturtii herba 408
Nasturtium officinale 408
Natal-Aloe 52
Nelkenöl 137
Nelkenwurz 249

Nemorensin 543
Nemosenin A 543*
– A, B, C und D 543
Neohesperidin 90, 90*
Neohesperidose 90
Neolicurosid 352
Neolinustatin 347, 347*
Neo-Olivil 597
Neopetasin 429, 429*
Neopetasol 429, 429*
Neoquassin 468
Neoruscogenin 515, 515*
Neosilyhermin A 127
– B 127
Neo-S-petasin 429, 429*
Nepeta cataria var. *citriodora* 386
Neral 157, 384, 384*, 632
Nerol 96, 384
Neroli flowers 87
Neroliblüten 87
Nerolidol 96, 96*, 97
Nerolilöl 87 f.
Nervennahrung 426
Nesselblumen, Weiße 332
Nesselkraut 591
Nesselwurzel 596
Nettle leaf 591
– root 596
– wort 591
Nicaragua-Ipecacuanha 314
Nierentee, Indischer 413
– Javanischer 413
Nobiletin 90
Nobilin 145, 145*
Nodakenetin 76
Norchelidonin 148
Nordamerikanische Wiesen-arnika 79
Nordihydrocapsaicin 124*
Nor-Isocorydin 110
Nor-Trachelosid 159
Norvisnagin 58, 59*
Nosebleed 396
Noyer du lapon 257
Nubiablütentee 298
Nußblätter 320

O

Oak bark 473
Oats 92
Ochsenbrechwurzel 410
Ochsenzungenwurzel, Rote 45
cis-Ocimen 219
Ocimum basilicum 104 f.
– *sanctum* 106

Odermenningkraut 39
Odinskopfwurzel 284
Oldwurzel 284
Oleanolsäure 281, 529
Oleoresina Capsici 124
Oleum Hyperici 310
Oligomere Proanthocyanidi-ne 273
– Procyanidine 169, 174
Ölkürbis 179
–, Weichschaliger Steirischer 178
Onjisaponine 451
α-Onocerin 411, 411*
Onocol 411, 411*
Ononidis radix 410
Ononin 410, 411*
Ononis spinosa 410
Ophioxylon obversum 483
– *salutiferum* 483
– *serpentinum* 483
Opopanax chironium 400
Orange peas 88
– flowers 87
Orangen, Grüne 88
Orangenblüten 86
Orangetten 88
Orchanet 45
Oreoherzogia fallax 230
Organochlor-Insektizide 27
Organophosphor-Insektizide 27
Orris root 316
Orthosiphol A 414*
Orthosiphole A–E 414
Orthosiphon aristatus 413
– *spicatus* 413
– *stamineus* 413
Orthosiphon-Arten 415
Orthosiphonblätter 413
Orthosiphonis folium 413
Osthenol 63, 63*, 64, 76, 76*
Osthol 63, 63*
3-Oxa-achillicin 396, 396*
17-Oxospartein 539
Oxypeucedanin 436, 436*

P

Packungsbeilage 28
Padang-Zimt 155
Padus avium 462
Paeonia mascula 418
– *officinalis* 417 f.
Paeoniae flos 417
Paeonidin-3,5-diglucosid 418
Päonienblüten 418

Paeonin 418
Paigle(s) 455
Pale Conflower root 195
Palthé-Senna 550
Palustrin 204*, 205
Palustrosid 246
Panama bark 476
Panama-Ipecacuanha 314
Panamarinde 476
Panax ginseng 261 f.
– *quinquefolius* 262
Panaxoside 262
Papaver dubium 498
– *rhoeas* 497 f.
Papierbeutel 21
Pappelblume, Blaue 364
Paraguaytee 373
Paramunitätsinducer 13
Paranátee 373
Parishin B 36
– C 36
Parsley fruit 433
– root 435
– seed 433
Parthenium integrifolium 197
Pas d'âne 214
Passiflora incarnata 419 f.
Passiflora-Arten 422
Passiflorae herba 419
Passion flower herb 420
Passionsblume, Fleischfarbige 420
Passionsblumenkraut 419
Pasta Guarana 423
Pasta Seminum Paulliniae 424
Pasta Theobromae 426
Pasteurisation 25
Pastinaca sativa 436, 442
Pastinak 436
Pastinakwurzel 436, 442
Pathogene Keime 24
Paullinia cupana 423 f.
– *sorbilis* 424
Payta-Ratanhia 480
Peagle 455
Pedunculagin 42, 139, 225, 585
Peganin 240
Pensée des champs 619
Pentadeca-1,8 Z-dien 196*
Pentadeca-8 Z-en-11,13-diin-2-on 196*
Peony flower 418
Pépins de citrouille 178
Peponensamen 178
Peppermint 391
– leaf 391
Peregrinol 370
Pergaminbeutel 21

Pericarpium Aurantii amari 90
– Citri 156
– Phaseoli 438
α-Peroxyachifolid 396, 396*
Perubalsam 95
Peru-Ratanhia 480
Peruvian balsam 96
– bark 151
Pestizide 24, 26
Pestizid-Rückstände 24, 27
Pestwurzblätter 428
Petasin 429, 429*, 430
S-Petasin 429, 429*
Petasites hybridus 428 f.
– *officinalis* 429
Petasites-Arten 216
Petasitidis folium 428
Petasol 429, 429*
Peterleinsamen 433
Peterleinwurzeln 435
Petersilienfrüchte 432
Petersilienwurzel 435
Petit galanga 237
Petroselini fructus 432
– **radix 435**
Petroselinum crispum 432 f., 435
– *hortense* 433
– *sativum* 433
Peucenin-7-methylether 63
Peumus boldus 110
PEX-Verfahren 19
Pfaffendistelkraut 572
Pfeffer, Deutscher 105
– Polynesischer 329
– Spanischer 123
Pfefferfenchel 218
Pfefferminzblätter 391
Pfefferwurzel 440
Pferdefuß 214
Pferdekastanienrinde 299
Pferdeschwanzkraut 204
Pferdewurzel 132
Pfingstrosenblüten 417
Pfingstrosenblütenblätter 418
Pflanzenbehandlungsmittel 26
Pflanzenschutzmittel 24, 26
Phaseoli pericarpium 438
Phaseolus vulgaris 438
Phegopolin 507
α-Phellandren 63
β-Phellandren 63, 632
Phellandren 341
2-Phenylethylisothiocyanat 408
Phleum spp. 265
Phyrethroid-Insektizide 27
Physcion 228, 228*, 489, 493,

493*
Phytopharmaka 31
Phytotherapie 29
Piceosid 600, 600*
Picrasma excelsa 468
Picrocrocin 176*
Pikrosalvin 507, 507*, 522, 522*
Pilze 24
Pimpernell root 440
Pimpernelle 440
Pimpernellwurzel 440
Pimpinella anisum 66
– *major* 440, 442
– *peregrina* 441 f.
– *saxifraga* 440
Pimpinella-Arten 65, 442
Pimpinellae radix 440
Pimpinellin 441, 441*
Pin heads 376
α-Pinen 63, 166*, 323, 323*, 506, 604
(+)-α-Pinen 219*
β-Pinen 323, 323*, 436
Piper methysticum 328 f.
Plantaginis lanceolatae folium 443
– – **herba 443**
– **ovatae semen 447**
Plantago afra 463
– *arenaria* 463
– *indica* 463
– *ispaghula* 447
– *lanceolata* 443
– *major* 446, 449
– *media* 446, 449
– *ovata* 447
– *psyllium* 463
– seed 463
– *sempervirens* 463
Plantago-Arten 449, 464
Plantain herb 443
Plantamajosid 444
Platyphyllin 543
Plumbagin 189, 189*
Plumperskern 178
Plutzersamen 178
Pockenraute 240
Podophyllotoxin 326, 327*
Poivre de Cayenne 123
Polyamid-Behälter 21
Polygala cyparissias 450
– *senega* 450
– *tenuifolia* 450
Polygala-Arten 451
Polygalae radix 450
Polygalasäure 624, 624*
Polygoni avicularis herba 452
Polygonum aviculare 452
– *bistorta* 586

Polynesischer Pfeffer 329
Polysaccharide 192 f., 196, 344, 597, 597, 629
Pomeranzenschale 89
Ponticaepoxid 396*, 397
Populin 518, 518*
Potentilla 584
Potentilla anserina 72
– *erecta* 584
– *tormentilla* 584
Potentillin 139
Pregeijeren 441, 441*
Preiselbeerblätter 405
Presenegin 451
Primelblüten 454
Primelwurzel 457
Primrose flower 455
Primula elatior 455, 457
– elatior-Saponin 458*
– flower 455
– *officinalis* 455, 457
– root 457
– *veris* 454 f., 457
Primulae flos 454
– **radix 457**
Primulasäure 455
Primulaverin 458
Primulaverosid 458
Priverogenin B 458, 458*
Procumbid 278, 278*
Procyanidin B_3 473
– B-3 473*
–, Dimeres (A-2) 169*
– – (B-2) 169*
– Trimeres (C-1) 169*
Procyanidine, Oligomere 169, 174
Prodelphinidine 500
Prominzen 391
Protoaescigenin 305
Protocetrarsäure 344, 344*
Protohypericin 310
Protolichesterinsäure 344, 344*
20 S-Protopanaxadiol 262*
20 S-Protopanaxatriol 262*
Protopin 148, 148*, 234, 235*
Protoprimulagenin A 458
Protopseudohypericin 310
Prüfung 22
Prüfung 22
Prunasin 532
Pruni spinosae flos 460
Prunus padus 230, 462
– *spinosa* 172, 460 f.
Pseudofructus iuniperi 323
Pseudohypericin 310, 310*
Psilostachyin 84, 84*
– C 84, 84*
Psychotria acuminata 314

Psychotrin 314
Psyllii semen 463
Psyllium 463
–, Blondes 447
– Indisches 447
Ptarmigan berry leaf 599
Pterocarpol 534, 534*
Pterocarpus santalinus 533
Puccinia malvacearum 366, 368
– *menthae* 393
Pulmonaire 465
Pulmonaria maculosa 465
– *mollis* 467
– *officinalis* 465
Pulmonaria-Arten 467
Pulmonariae herba 465
Pulverholzrinde 228
Pulvis Ipecacuanhae opiatus 314
Pumpkin seed 178
Purgierbeeren 485
Purgiermoos 344
Purpur-Enzian 255
Purpurweide 518
Purshiana bark 488
Pygmaein 326, 327*
Pyranocumarine 58
Pyrrolizidin-Alkaloide 214, 429, 543, 569, 570

Q

Qualität 29
Qualitätsprüfung 23
Quassia amara 468
Quassia wood 468
Quassiae lignum 468
Quassiaholz 468
Quassimarin 468
Quassin 468, 469*
Quassinoide 468
Quebrachamin 470
Quebracho bark 470
– **cortex 470**
Quebrachorinde 470
Quebrachorindentinktur 471
Quebrachotinktur 471
Queckenwurzelstock 267
Quecksilber 25 f.
Queen-of-the-meadow 566
Quendelkraut 555
Quercetin 108*, 189
Quercetin-3-O-glucosid 200
Quercitrin 108, 108*, 461, 529, 562, 582
Quercus cortex 472
– oak bark 476

Quercus pedunculata 473
– *petraea* 473
– *robur* 472 f.
– *sessiliflora* 473
Quillaja bark 476
– *saponaria* 476
– **cortex 476**
Quillajasäure 476, 477*, 535

R

Racine de bardane 98
– de Benoîte 250
– de boucage 440
– de bugrane 410
– de carline acaule 132
– de dent de lion 572
– de gentiane 255
– de ginseng 262
– de (grand) consoude 568
– de guimauve 56
– de livèche 340
– de persil 435
– de poivre envivrant 329
– – narcotique 329
– de Polygala 450
– de primevère 457
– de ratanhia 480
– de réglisse 351
– de rhubarbe 492
– de saponaire 535
– de sénéga 450
– de serpentine 483
– de valériane 603
– de violette 316
– douce 351
– d'alcanna 45
– d'althée 56
– d'angélique 62
– d'aunée 284
– d'Echinacea 192, 195
– d'ipécuanha 314
– d'orcanette 45
– d'ortie 596
– et herbe de pissenlit 572
radioaktive Stoffe 27
Radionuklide 27
Radix Agropyri 267
– Alkannae 45
– Alkannae spuriae 45
– Althaeae 56
– Anchusae 45
– Anchusae tinctoriae 45
– Angelicae 62
– – sativae 62
– Apii hortensis 435
– Archangelicae 62
– Arctii 98

– Bardanae 98
– Bistortae 586
– Calami 116
– Cardopatiae 132
– Carlinae 132
– Caryophyllatae 250
– Chamaeleontis albae 132
– Consolidae 568
– Curcumae 181
– – xanthorrhizae 185
– Cynagrostis 267
– Echinaceae angustifoliae 191
– – pallidae 195
– Enulae 284
– et Folia Dentis Leonis 572
– Gei aquaticae 250
– Gentianae 255
– Ginseng 261
– Glycyrrhizae 351
– Graminis albi 267
– Harpagophyti 277
– Inulae 284
– Ipecacuanhae 313
– – nigrae 315
– Iridis 316
– Krameriae 480
– Lappae 98
– Laserpitii germanici 340
– Levistici 340
– Ligustici 340
– Liquiritiae 351
– Ononidis 410
– Paralyseos 457
– Pastinacae 436
– Personatae 98
– Petroselini 435
– Pimpernellae albae 440
– – hircinae 440
– – majoris 440
– – minoris 440
– – saxifragae 440
– Pimpinellae 440
– – franconiae 442
– Polygalae senegae 450
– Primulae 457
– Ratanhiae 479
– Rauwolfiae 482
– Rhabarbari 492
– Rhei 492
– – sinensis 492
– Rusci 515
– Saponariae rubrae 535
– Schinseng 262
– Senegae 450
– Symphytis 568
– Syriacae 62
– Taraxaci 572
– – cum herba 571
– Tormentillae 584

– Urticae 596
– Valerianae 603
– Zingiberis 631
Rainblumen 287
Rainkümmel 556
Rama 298
Ramentaceon 189
Ramenton 189
Ramsel 47
Ramson 47
Rankenefeu 281
Raspberry leaf 512
Ratanhiae radix 479
Ratanhiaphenole 480
Ratanhiarot 480
Ratanhiatinktur 480
Ratanhiawurzel 479
Ratanhin 480
Raubasin 483, 483*
Rauhbirke 107
Raupin 483
Rauschbeere 407
Rauschpfeffer 329
Rauvolfia canescens 483
– *heterophylla* 483
– *hirsuta* 483
– *obversa* 483
– *serpentina* 482 f.
– *tetraphylla* 483
– *trifoliata* 483
– *vomitoria* 483
Rauwolfia root 483
– **radix 482**
Rauwolfiawurzel 482
Reckholderbeeren 323
Red cinchona bark 151
– poppy flowers 498
– sandal wood 533
– saunders wood 533
Réglisse 351
Rehkörner 221
Reifweide 518
Reinheit, Mikrobiologische 25
Reinheitsanforderungen, mikrobiologische 25
Reizkörpertherapie, Unspezifische 13
Reptosid 339
Rescinnamin 483, 483*
Reserpin 483, 483*
Reserpinin 483
Restharrow root 410
Retroisosenin 543
Rf-Werte 23
Rhabarber, Südchinesischer 492
Rhabarberwurzel 492
Rhamnazin 414
Rhamni cathartici fructus 485

– **purshiani(ae) cortex 488**
Rhamnus 485
Rhamnus-Arten 230
Rhamnus alpinus 229 f., 489
– *catharticus* 230, 485, 489
– *frangula* 228
– *purshianus* 230, 488
Rhaponticin 493*, 495
Rhaponticosid 493*, 495
Rhapontigenin 493*
Rhapontik 494
Rhatany root 480
Rhei radix 492
Rhein 51, 493, 493*
Rhein-8-glucosid 547
Rhein-Anthron 547*
Rheum 492
Rheum-Arten 494
Rheum officinale 492
– *palmatum* 492
– *rhabarbarum* 494
– *rhaponticum* 494
Rheumemodin 493, 493*
Rhizoma Bistortae 586
– Calami 116
– Caryophyllatae 250
– Curcumae javanicae 185
– – longae 181
– – xantorrhizae 185
– Galangae 237
– Gei urbani 249
– Glycyrrhizae nativum 351
– Graminis 267
– Helenii 283
– Iridis 316
– Kava-Kava 328
– Pimpernellae 440
– Primulae 457
– Rhei 492
– Rusci aculeati 514
– Tormentillae 584
– Urticae 596
– Zingiberis 631
Rhizome de calamé 116
– de chiendent 267
– de curcuma 182
– de galanga 237
– de gingembre 631
– de petit-houx 515
– de Temoé-Lawaq 185
– de tormentille 584
– d'acore vrai 116
– d'aunée officinale 284
– d'iris 316
Rhoeadin 498
Rhoeados flos 497
Rhoeagenin 498
Rhombifolin 252
Rhubarb 492
Ribes nigrum 499

Ribis nigri folium 499
Ribwort 443
Richardsonia scabra 315
(Riesen)-Goldrutenkraut 561
Riesengoldrutenkraut 561
Riesenkürbis 178
Ringelblumen 119
Rio-Ipecacuanha 314
Rittersporblüten 163
Rockweed 232
Römische Hundskamille 144
Römische Kamille 144
Römischer Thymian 579
Rohrheide 251
Roob Sambuci 532
Root of the Holy Ghost 62
Rosa alpina 503
– *canina* 502 f., 505
– *cinnamomea* 503
– *foetida* 504
– *lutea* 504
– *pendulina* 503
– *pimpinellifolia* 504
– *spinosissima* 504
Rosa-Arten 503
Rosae pseudofructus 502
– pseudofructus cum fructibus 503 f.
– "**semen**" 505
Roselle 298
Rosemary 506
Rosenbeere 503
Rosmadial 507
Rosmanol 507, 507*, 522, 522*
Rosmarein 506
Rosmarinblätter 506
Rosmarini aetheroleum 507
Rosmarini folium 506
Rosmarinöl 507
Rosmarinsäure 384, 384*, 389, 414, 414*, 507, 507*, 522, 526
Rosmarinus officinalis 506
Roßkastanienblätter 302
Roßkastanienextrakt 306
Roßkastanienrinde 299
Roßkastaniensamen 305
Roßkastaniensamenextrakt 307
Roßklettenwurz 98
Roßmalvenblüten 364
Roßwurzel, Weiße 132
Rotbeerkraut 225
Rote Chinarinde 151
– Myrrhe 400
– Ochsenzungenwurzel 45
– Ratanhia 480
Rote Seifenwurzel 535
Roter Aurin 141

– Senf 558
Rotfärbewurzel 45
Rotsandelholz 533
Rozelle 298
Rubbed Thyme 579
Rubi fruticosi folium 509
– **idaei folium** 512
Rubus fruticosus 509
– *idaeus* 512
Rubywood 533
Rückstände auf den Teedrogen 24
Rückstände auf pflanzlichen Drogen 24 ff.
Rückstellmuster 22
Ruhrkrautblüten 287
Ruhrwurz 584
Ruhrwurzel 314
Rumänischer Braunsenf 560
Rumex alpinus 256
Running clubmoss 360
– pine 360
Rupicolin A und B 396
Rupturewort 294
Rusci aculeati rhizoma 514
Ruscin 515
Ruscodibenzofuran 515
Ruscogenin 515, 515*
Ruscogenine 515
Ruscosid 515, 515*
Ruscus aculeatus 514 f.
Russischer Knöterichtee 452
– Tee 576
Russisches Süßholz 351
Rutaretin 76
Rutin siehe Rutosid
Rutosid 90, 169, 310, 461, 529, 529*, 531, 562, 582, 588, 609, 624

S

Sabdariff-Eibisch 298
Sabinen 396
trans-Sabinylacetat 36
Sacred bark 488
Säckelkraut 113
Safficinolid 522, 522*
Saffron 175
Saflor 177
Safran 175
Safranal 176*
Safrankulturen 175
Safranspitzen 176
Safrol 537 f.
Sagenkraut 611
Sagrada bark 488
Sagradarinde 488

Sahnepulver 426
Sahneschokolade 426
Saigon-Zimtrinde 155
Saint Johns wort 310
Sakuranetin 500
Salbei, Dreilappiger 525
–, Echter 521
Salbeiblätter 521
Salicin 518, 518*, 519
Salicis cortex 517
Salicortin 518, 518*
Salicylaldehyd 566
Salicylalkohol 518 f.
Salicylate 518, 518 f., 620
Salicylsäure 518*, 519, 620
Salicylsäuremethylester 566, 620, 620*
Salicylursäure 519
Saligenin 518, 518*, 519
Salipurposid 288
Salix alba 518
– *daphnoides* 518
– *fragilis* 518
– *myrsinifolia* 518
– *pentandra* 518
– *purpurea* 518, 518
– *viminalis* 518
Salix sp. 517
Salix-Arten 518
Salmonellen 25
Salonitenolid 158
Salvadorbalsam 96
Salvia-Arten 523, 526
Salvia fruticosa 524 f.
– *grandiflora* 521
– *lavandulifolia* 521
– *officinalis* 521, 521
– *tomentosa* 521
– *triloba* 524 f.
Salviae folium 521
– **trilobae folium** 525
Salvigenin 414, 526
Sambuci flos 528
– **fructus** 531
Sambucin 531, 532*
Sambucus ebulus 530
– *nigra* 528, 531
Sambucyanin 531 f., 532
Sambunigrin 529, 529*, 532
Samenfreie Gartenbohnenhülsen 438
Samidin 58 f., 59*, 60
Samwurzel 262
Sandbeere 599
Sandbirke 107
Sanddistelwurzel 132
Sandelholz 533
Sandelholz, Weißes 533
Sandgoldblumen 287
Sandimmortellen 287

Sand-Strohblume 287
Sandthymian 556
Sandwegerich 463
Sanguinaria-Tee 452
Sanguinarin 148, 148*
Sanguisorba minor 440
Sansibar-Aloe 52
Santali lignum rubri 533
Santalin A 534*
– A und B 534
– B 534*
Santalum album 533
Saponaria officinalis 535
Saponariae rubrae radix 535
Saponine 281, 294, 299, 305, 450, 455, 457, 476, 515, 535, 562, 569, 609, 624 ff.
Saponoside A–F 120, 120*
Saporine 535
Sarepta-Senf 560
Sarothamnosid 540
Sarothamnus scoparius 539
Sarpagin 483
Sarracin 543
Sassafras albidum 537
– **lignum** 537
– *officinalis* 537
– root 537
Sassafrasholz 537
Sauerkrautwurz 340
Saukastanienrinde 299
Sawge 522
Scabwort 284
Scandosid 246
Schachtelhalmkraut 203
Schadheilwurzel 568
Schafgarbenkraut 395
Schafrippenkraut 396
Schaftosid 420, 420*
Scharfstoffe 124, 238
Schellkraut 148
Scheuerkraut 204
Schierlingsfrüchte 68
Schimmelpilze 25
Schlangen-Bärlapp 361
Schlangenmoos 360
Schlangenwurz 284
Schlangenwurzel, Indische 483
– Virginische 450
Schlehdornblüten 461
Schlehenblüten 460
Schleimstoffe 54, 56, 98, 214 f., 221, 233, 268, 344, 344, 347, 364, 367, 447, 464 f., 569, 582, 609, 620
Schleimtee 56
Schleimwurzel 56
Schließgraswurzel 267
Schlüsselblumenblüten 455

Schlüsselblumenwurzel 457
Schmalblättrige Kegelblumenwurzel 192
Schmalblättrige Sonnenhutwurzel 191
Schmalblättriger Sonnenhut 192
Schmecker 391
Schmeerwurz 568
Schminkbohne 438
Schminkwurzel 45
Schmuckdrogen 7
Schneeball, Gemeiner 617
Schneeballbaum, Amerikanischer 616
Schneeballbaumrinde 616
Schneewurzel 568
Schnittgrößen 18
– fein geschnitten 18
– gepulvert 18
– grob geschnitten 18
Schöllkraut 147
Schokki 426
Schoßkraut 623
Schotenklee 381
Schwalbenwurz-Enzian 255
Schwarzbeeren 406
Schwarzdornblüten 461
Schwarze Ipecacuanhawurzel 315
Schwarze Johannisbeerblätter 499
– Senfsamen 558
Schwarze Senfsamen 558
Schwarzer Holunder 528
– Senf 559
Schwarzer Tee 575
Schwarzwurz 568
Schwedenbitter 176
Schweinetang 232
Schwermetalle 24 ff.
Schwertelwurz 316
Schwertlilie 316
Schwindelkraut-Samen 165
Schwitztee 528
Scoparii herba 539
Scoparosid 540
Scopoletin 300*, 441, 616, 617*
Scopolin 299, 300*, 303, 616, 617*
Scorzonera hispanica 568
Scotch broom tops 539
Scouring rush 204
Scutch 267
Scutellareintetramethylether 414
Secoisolariciresinol 348, 597
Secoisolariciresinol-diglucosid 347, 347*

Sedanenolid 75, 341, 341*
Sedanolid 75, 76*
Sedum maximum 568
Seicherwurzel 572
Seifenkraut, Gemeines 535
Seifenkrautwurzel 535
Seifenrinde 476
Selinen 75
Selleriefrüchte 75
Selleriesamen 75
Semen Absinthii dulcis 66
– Anisi 66
– Apii graveolentis 75
– Cardui mariae 126
– Castaneae equinae 305
– Cucurbitae 178
– Cumini pratensis 134
– Cynosbati 505
– Erucae 559
– Foeniculi germanici 218
– Foenugraeci 221
– Hippocastini 305
– Ispaghulae 447
– Lini 346
– Peponis 178
– Petroselini 433
– Plantaginis ovatae 447
– Psyllii 463
– Pulicariae 463
– Sinapeos 558
– Sinapis 558
– – albae 559
– – viridis 558
– Trigonellae 221
Semence de moutarde noire 558
Semences de carvi 134
– (graines) de puces 463
Seneca root 450
Senecio aureus 542
– *jacobaea* 542
– *nemorensis* 542, 542
– *ovatus* 542
– *vulgaris* 542
Senecionin 214, 543, 543*
Senecionis herba 542
Senegasaponine A–D 451
Senegawurzel 450
Senegosen A bis I 451
Senf, Chinesischer 560
– Schwarzer 559
– Weißer 559
Senföl 560
Senfölglucoside 559
Senfölglykoside 408
Senfpflaster 559
Senfwickel 559
Senkirkin 214
Senkyunolid 341, 341*, 436
Senna leaf 546

– pods 551
Sennae folium 546
– **fructus acutifoliae 551**
– – **angustifoliae 551**
Sennesbälge 551
Sennesblätter 546
Sennesfrüchte, Alexandriner- 551
Sennesfrüchte, Tinnevelly- 551
Sennesschoten 551
Sennosid A 547*
– A und B 493
– B 547*
– C 547*
– D 547*
Sennoside 546 f., 549, 552 f.
Serpentidin 483
Serpentin 483, 483*
Serpentinin 483
Serpolet 556
Serpylli herba 555
Sesamin 537
β-Sesquiphellandren 182, 182*
Seville orange flowers 87
Shepherd's purse 113
Shikimifrüchte 71
Shogaole 632, 632*
Shyobunon 117, 118*
Silandrin 127
Silberdistelwurzel 132
Silberkraut 42, 72
Silberlinde 583
Silberweide 518
Silibinin 127
Silikate 93, 204, 243, 268, 453, 591
Silverweed 72
Silybin 127, 127*
Silybinomer 127
Silybum marianum 126, 130
Silychristin 127, 127*
Silydianin 127, 127*
Silyhermin 127
Silymarin 127 f.
Silymonin 127
Sinactin 234
Sinalbin 559, 559*
Sinapin 559, 559*
Sinapinsäure 559*
Sinapis alba 559
Sinapis nigrae semen 558
Sinau 42
Sinensetin 90, 414, 414*
Sinigrin 559, 559*
Sirupus Althaeae 56
– Aurantii amari 90
– emeticus 314
β-Sitosterol 200, 597

Sitosterolglucosid 597
Snake root 450
Soap bark 476
Soapwort root 535
Sojasaponine I und II 352
Sokotra-Aloe 53
Solidaginis (giganteae) herba 561
Solidago canadensis 561, 626
– *gigantea* 561, 626
– *serotina* 561
– *virgaurea* 623
Solidagolacton II 624*
– III 624*
Solidagolactone 624
Solidagosaponine 562, 624
Somali-Myrrha 400
Sommer-Eiche 473
Sommerlinde 582
Sommité fleurie de caille-lait jaune 246
Sonnendistelwurzel 132
Sonnenhut, Blaßfarbener schmalblättriger 195
– Schmalblättriger 192
Sonnentau, Langblättriger 189
Sonnentaukraut 188
Sonnenwendkraut 84
Sonnwendblume 120
Sonnwendkraut 310
Sonstige Bestandteile 7, 11
Sorbus aucuparia 172
Sotolon 222
Spätlinde 582
Spanischer Pfeffer 123
– Tee 243
– Thymian 578
Spanisches Süßholz 351
Spartein 539, 540*
Spathulenol 376, 376*
Spearmint leaf 389
Spearmintblätter 389
Spechtwurzel 132
species 7
Species 8
– Althaeae 9
– amaricantes 8
– anticystiticae 9
– carminativae 9
– laxantes 12
– sedativae 8
Speedwell herb 614
Speikwurzel 603
Speiwurzel 314
Sphondin 441, 441*
Spierblumen 566
Spierstaudenblüten 566
Spinnendistelkraut 158
Spiraeae flos 565

Spiraein 566
Spiraeosid 540, 566
Spiritus Melissae compositus 385
Spiroether 376 f.
Spitzwegerichblätter 443
Spitzwegerichkraut 443
Spogel seeds 447
Sporopollenin 361
Sprühextrakt 16
Squaw weed 543
St. Bartholomew's tea 373
St. Ottilienblume 164
Stabilität der Teedrogen 21
Stachelkrautwurzel 410
Stachydrin 339, 371
Stachys-Arten 386
Stagbush 616
Standardisierung 31
Standardzulassungen 28
Star anise 70
Starklakritz 354
Stechender Mäusedorn 515
Stechkörner 126
Stechmyrte 515
Steinklee, Gelber 381
– Hoher 381
Steinkleekraut 380
Steinlinde 582
Stemless carlina root 132
Stereolupe 22
Sternanis 69
Sternanis, Chinesischer 70
– Japanischer 71
Sternanisöl 70
Sternkraut, Gelbes 246
Steroide 179
Δ^7-Sterole 179
Stichsaat 126
Stichsamen 126
Stickwort 39
Stiefmütterchenkraut 619
Stiefmütterchentinktur 620
Stiel-Eiche 473
Stigmata Maidis 362
Stigmates de mais 362
Stinkdill 165
Stipites Visci 628
Stockmalve 57
Stolones graminis 267
Strauchwegerich 463
Strobulus lupuli 356
Strohblumen 287
Studentenblume 120
Styles de blé de Turquie 362
Stylopin 148
Succus Liquiritiae 353 f.
– Sambuci inspissatus 532
Suchtkraut 240
Sudan-Eibisch 298

Sudan-Tee 298
Südchinesischer Rhabarber 492
Süßer Fenchel 218
Süßer Kümmel 66
Süßfenchel 218
Süßholz, Russisches 351
– Spanisches 351
Süßholzwurzel 351
Süßholzwurzel, Geschälte 351
(+)-Sugiol 326
Sugiol 327*
Summitates Artemisiae vulgaris 84
Sumpfspireenblüten 566
Surinam-Bitterholz 468
Sweet balm 384
– basil 105
– briar fruits 503
– melilot 381
– root 351
– viburnum 616
Sweet chamomile 144
Sweet flag root 116
Swerosid 142, 142*, 255, 588
Swertiamarin 142, 142*, 255
Swertisin 420
Symphyti radix 568
Symphytin 569, 569*
Symphytoxid A 569
Symphytum officinale 568
Symphytum root 568
Symviridin 569, 569*
Syringaresinol-4'-4''-diglucosid 629
Syringenin-4'-glucosid 629
Syzygium aromaticum 136

T

Täschelkraut 113
Tagetes-Arten 177
Tamus communis 568
Tang 232
Tangeretin 90
Tannenkraut 204
Tanner's bark 473
Taraxaci radix cum herba 571
Taraxacin 572
Taraxacolid-β-D-glucopyranosid 572
Taraxacolid-β-D-glucosid 572*
Taraxacosid 572, 572*
Taraxacum officinale 571 f.
Taraxasterol 572, 572*

ψ-Taraxasterol 572, 572*
Taraxinsäure-β-D-glucopyranosid 572, 572*
Tartschenflechte 344
Taschenknieper 113
Tassenfertige Instanttees 16
Taubenkerbel 234
Taubenkraut 611
Taubnesselblüten, Weiße 331
Taubnesselkraut, Weißes 331
Taumantel 42
Tauremisin 84
Tauschüsselchen 42
Tausendgüldenkraut 141
Tausendkorn 294
Taxifolin 127, 127*
Tea 576
Tectoridin 317
Tee, Abführender 12
– Beruhigender 8
– Blähungswidriger 9
– Blankenheimer 243
– Chinesischer 576
– Russischer 576
– Schwarzer 576
– Spanischer 243
Teeaufgußbeutel 15
Teebereitung 17 ff.
Teedosen 21
Teedrogen und Teemischungen 7 ff.
Teemischungen 7 f.
Teepräparate 15 f.
Teetasse 17
Tellimagrandin I 139
– II 139, 140*
Temoe lawak 185
Tempelbaum 257
Temu lawak 185
Tenuifolosen A bis P 451
γ-Terpinen 579
Terpinen-4-ol 102, 323, 323*
α-Terpineol 323
Terpinolen 436
Tetrahydroridentin B 572, 572*
Teufelskralle, Afrikanische 278
Teufelskrallenwurzel 277
Thallus Cetrariae islandicae 344
Thé de Java 413
– de Paraguay 373
Thea sinensis 576
Theae nigrae folium 575
Theaflagalline 576
Theaflavine 576
Theanin 576, 576*
Théier 576
Thein 576

Theobroma helvetica 426
– *milkea vulgaris* 427
– *toblerii* 427
– *vacca alba* 427
Theobromin 373, 424, 424*, 427*, 576, 576*
Theophyllin 424, 424*, 427, 427*, 576, 576*
Therapeutische Breite 17
Therapiemöglichkeiten 13 ff.
Theriakwurzel 62
Theriakwurzel, Deutsche 440
Thujon 37, 84, 522, 526
α-Thujon 522, 522*
β-Thujon 36, 36*, 522, 522*
Thujopsen 326, 327*
Thymi herba 578
Thymian 578
Thymian, Echter 578
– Gemeiner 578
– Römischer 579
– Spanischer 578
– Wilder 556
Thymianblatt 579
Thymianöl 580
Thymol 556, 579, 579*
Thymus pulegioides 556
– *serpyllum* 555 f.
– *vulgaris* 578
– *zygis* 578
Tilia americana 583
– *argentea* 583
– *chinensis* 583
– *cordata* 581 f.
– *mandschurica* 583
– *platyphyllos* 582
– *tomentosa* 583
Tilia × euchlora 583
Tilia × vulgaris 582
Tiliae flos 581
Tilirosid 582, 582*
Tinctorin 252
Tinctura Arnicae 80
– Aurantii 90
– Capsici 124
– Ipecacuanhae 314
– Myrrhae 401
– Primulae 458
– Quebracho 471
– Ratanhiae 480
– Tormentillae 585
– Valerianae 605
Tinkturen 31
Tinnevellinglucosid 547
Tinnevelly-Senna 546, 551
Tinnevelly-Sennesfrüchte 551
α-Tocopherol 209
Tocopherole 179
Tormentil 584
Tormentill 584

Tormentillae rhizoma 584
Tormentillrot 585
Tormentilltinktur 585
Tormentillwurzelstock 584
Tormentosid 585
Totenblume 120
Totenranke 281
Trachelogenin 159, 159*
Traditionell angewendet 31
Trampelklette 278
Trauben-Eiche 473
Traubenkirsche 462
Tremulacin 518
Triandrin 518, 518*
Triangularin 46, 543
Trideca-dien-tetrain-(3,5,7,9) 99*
trans-Tridecen-(2)-al(1) 166*, 166*
Trifolii fibrini folium 587
Trigofoenosid A 222, 222*
– B 222
– C 222
– D 222
– E 222
– F 222
– G 222
Trigonella 221
Trigonella foenum-graecum 221
Trigonellin 222, 222*
Trimeres Procyanidin (C-1) 169*
Triticin 268
Triticum repens 267
Tubentee 15
Tubera Harpagophyti 278
Tubercule de griffe du diable 278
Tüpfel-Enzian 255
Tüpfelhartheu 310
Turkiyenin 148
Turmeric, Javanese 185
– root 182
α-Turmeron 182, 182*
Tussilagin 215
Tussilago 214
Tussilago farfara 214
Twitch 267
Tyramin 169, 629

U

UDA 596 f.
Uganda-Aloe 52
Ukonan A 182
Umbelliferon 295, 295*, 441
Umlenkwurzel 284

Unbedenklichkeit 29
Ungarischer Enzian 255
Ungewöhnliche Verunreinigungen 26
Unreife Pomeranzen 88
unripe orange 88
Unserer-Lieben-Frauen-Milchkraut 465
Unspezifische Reizkörpertherapie 13
Ursolsäure 529*
Urtica dioica 590 f., 593 f., 596
– dioica Agglutinin 596
– kioviensis 598
– pilulifera 598
– urens 591, 594, 596
Urticae folium/herba 590
– **fructus (semen) 593**
– **radix 596**
Uvae ursi folium 599
Uva-ursi 599

V

Vaccinium myrtillus 403, 406
– uliginosum 407
– vitis-idaea 405
Vaccinium × intermedium 403
Valepotriate 604 f.
Valeranon 604
Valerenal 604
Valerensäure 604, 604*
Valerian root 603
Valeriana-Arten 607
Valeriana edulis 605
– officinalis 603
– wallichii 605
Valerianae radix 603
Valerianin 604
Valerosidatum 604
Valtrat 604, 604*
Vanillin 96, 96*, 426
Varech vésiculeux 232
Veilchenwurzel 316
Venezuela-Aloe 50
Verbasci flos 608
Verbascosaponin 609, 609*
Verbascosid 339, 444*, 609, 612, 612*
Verbascum densiflorum 608 f.
Verbascum flowers 609
Verbascum phlomoides 609
– thapsiforme 609
Verbascum-Arten 610
Verbena 611
Verbena officinalis 611

Verbenae herba 611
Verbenalin 611, 612*
Verbene, Echte 613
Verbenenkraut 613
Verfälschungen 22
Veronica officinalis 614
Veronicae herba 614
Veronicosid 614, 615*
Verprosid 614, 615*
Verunreinigungen, Ungewöhnliche 26
Vervain 611
Vescalagin 139
Viburni prunifolii cortex 616
Viburnum opulus 617
– prunifolium 616
Viburnumrinde 616
Vicenin-2 420, 420*
Vicenin-3 576
Vimalin 518, 518*
Vincetoxicum hirundinaria 459
– officinale 459
Vinum Condurango 161
Viola tricolor 619
Violae tricoloris herba 619
Violanthin 620
Violaquercitrin 620
Violaxanthin 620
Violutosid 620
Violutosin 620
Virgaureae herba 623
Virgaureosid A 624, 624*
Virginische Schlangenwurzel 450
– Zaubernußblätter 273
– Zaubernußrinde 270
Visammin 58
Visammiol 58, 59*
Visci herba 628
Viscotoxine 629, 630
Viscum album 628
Viscumitol 629
Visnadin 58 f., 59*, 60
Visnaga fruit 58
Visnagafrüchte 58
Visnagin 58 f., 59*, 60
Visnaginon 58, 59*
Vitamin -C 504
Vitexin 620
Vitexin-2''-O-α-L-rhamnosid 169, 169*
Vitis idaeae Folium 405
Vixirrinde 299
Vogelknöterichkraut 452
Vogelmistel 628
Volemitol 455
Vollmilchpulver 426
Vulgarin 84, 84*
Vulgarol 370

W

Wacholderbeeren 322
Wacholderbeeröl, Ätherisches 324
Wacholdergeist 324
Wacholderholz 326
Wacholderholzöl 327
Wacholderöl 324
Waldbrustwurz 62
Walderdbeerblätter 225
Wald-Erdbeere 225
Walderdbeerkraut 225
Waldhopfenkraut 310
Waldknoblauch 47
Waldlauch 47
Waldlinde 582
Waldmalvenblüten 364
Waldwurz 568
Wallwurz 568
Walnußblätter 319
Walnut leaf 320
Walpurgiskraut 310
Wandläusekraut 165
Wanzendill 165
Wanzenkrautsamen 165
Warzenbirke 107
Warzenkraut 148
Waschholz 476
Waschrinde 476
Waschwurzel 535
Wasserkresse 408
Water cress 408
Water avens root 250
Wegdornbeeren 485
Wegdornrinde 228
Weg-Malve 367
Weiberkraut 84
Weichschaliger Steirischer Ölkürbis 178
Weidemannscher Tee 452
Weidenrinde 517
Weidenröschenkraut 199
Weißbirke 107
Weißblechdosen 21
Weißdornbeeren 173, 173
Weißdornblätter mit Blüten 168
Weißdornfrüchte 173
Weiße Bienensaugblüten 332
– Katzenpfötchenblüten 287
– Nesselblumen 332
– Roßwurzel 132
Weiße Taubnesselblüten 331
Weißer Andorn 370
– Dorant 370
– Senf 559
Weißes Sandelholz 533
Weißes Taubnesselkraut 331

Weißfelberrinde 518
Weißheckdorn 169
Weißwurzel 56
Welschkornhaare 362
Welschkornnarben 362
Wermut, Wilder 84
Wermutkraut 35
Werzwisch 84
Wetterdistelwurzel 132
White Deadnettle flowers 332
– horehound 370
– houndsbene 370
Whitethorn herb 169
Whortleberries 406
Wiesenarnika, Nordamerikanische 79
Wiesenkümmel 134
Wiesenlattichkraut 572
Wild garlic 47
– pansy 619
– strawberry leaf 225
– tyhme 556
Wilde Goldrute 623
– Malve 364, 367
– Malvenblüten 364
Wilder Buchs 599
– Lauch 47
– Thymian 556
– Wermut 84
Willow bark 518
– herb 200
Windblumen 609
Winter-Eiche 473

Winterlinde 582
Wirksame Bestandteile 7, 11
Wirksamkeit 29
Wirksamkeitsnachweis 13, 31
Wisch 84
Wissenschaftliches Erkenntnismaterial 29
Witch hazel bark 270
– – leaf 273
Withania somnifera 484
Wolf's bane 79
Wolfsbeere 599
Wolfsklaue 360
Wolfsraute 360
Wolfstrappkraut 339
Wollblumen 608
Wollkrautsblumen 609
Wood garlic 47
Woodbind 281
Wormwood 35
Wundallheil 568
Wundkraut 79, 614
Wundwegerich 443
Wundwurzel 568
Wurmkraut 35
Wurstkraut 556
Wurzelpetersilie 435

X

Xanthohumol 357, 357*
Xanthonderivate 142

(+)-Xanthoperol 326
Xanthoperol 327*
Xanthorhamnin 229, 230
Xanthorrhizol 186, 186*
Xanthotoxin 59, 63*, 441*

Y

Yamogenin 222
Yangonin 329, 329*
Yarrow 396
Yellow bark 488
– bedstraw 246
– chaste weed 287
– gentian 255
– melilot 381
– sweet clover 381
Yemen-Myrrha 400
Yerba maté 373
Yerbabaum 373
Yohimbin 470, 471*

Z

Zahnstocher-Ammei 58
Zahnstocherammeifrüchte 58
Zahnwurzel 62, 316
Zauberhaselblätter 273
Zauberhaselrinde 270

Zauberstrauchblätter 273
Zauberstrauchrinde 270
Zea mays 362
Zehrwurz 116
Zellophanbeutel 21
Zerkleinerungsgrad 17, 19
Zickenblüten 528
Ziegenhornkleesamen 221
Ziegenraute 240
Ziegensamen 221
Zierin 532
Zigeunerlauchkraut 47
Zimt, Chinesischer 155
– Echter 154
Zimtaldehyd 154, 154*
Zimtalkohol 154, 154*
Zimtöl 154
Zimtrinde 153
Zimtsäurebenzylester 96, 96*
Zimttropfen 154
Zingiber officinale 631
Zingiberen 182, 182*, 632, 632*
Zingiberis rhizoma 631
Zinnkraut 204
Zitronenkraut 384
Zitronenmelisse 384
Zitronenschale 156
Zitwer, Deutscher 116
ZL-Zeichen 22
Zusammengesetzte Fencheltinktur 219
Zweckenbaumrinde 228
Zwergdistelwurzel 132

Bildnachweis

Drogenbilder:

Priv. Doz. Dr. G. Abel Neustadt/Obpf.	Pasta Theobromae (1)
Dr. H.J. Pfänder, Kiel	(alle übrigen 191)

Pflanzenbilder:

Prof. Dr. R. Bauer Düsseldorf	Echinacea angustifolia (1) Echinacea pallida (1)
Dr. W. Buff Biberach/Riß	alle übrigen nicht namentlich genannten (151)
M.W.H. Czygan Hammelburg	Pasta Theobromae (2)
Dr. K. von der Dunk Hemhofen	Citrus aurantium (1) Genista tinctoria (1) Quassia amara (1) Rubus idaeus (1) Saponaria officinalis (1)
J. Frantz Tübingen	Sassafras albidum (2)
Dr. W. Herold Andernach	Aloe (1)
N. Höfer (Lavendel-Foto) Hamburg	Paullinia cupana (1) Rauwolfia serpentina (1)
Dr. R. König Kiel	Apium graveolens (1) Cinchona pubescens (1) Citrus aurantium (1) Curcuma domestica (2) Galeopsis segetum (1)
H.E. Laux Biberach/Riß	Chamaemelum nobile (1) Citrus limon (1) Malva sylvestris (1) Ocimum basilicum (1) Rheum palmatum (1) Viscum album (1)
Dr. H.G. Menßen Bergheim	Cassia angustifolia (1)
I. Milas Rottenburg	Fucus vesiculosus (1)
Dr. H.D. Neuwinger St. Leon-Rot	Capsicum frutescens (1)
Prof. Dr. W. Rauh Heidelberg	Herniaria glabra (1) Krameria triandra (1)
Dr. H. Sauerbier Lauchringen	Aspidosperma quebracho-blanco (1) Crocus sativus (1) Illicium verum (1) Myroxylon balsamum (1) Orthosiphon aristatus (1) Polygala senega (1) Pterocarpus santalinus (1) Rhamnus purshianus (1) Ruscus aculeatus (2) Salvia triloba (1) Zingiber officinale (1)
Prof. Dr. P. Schönfelder Regensburg	Artemisia absinthium (1) Alkanna tinctoria (1) Ammi visnaga (1) Angelica archangelica (1) Apium graveolens (1) Arctium lappa (1) Brassica nigra (1) Carum carvi (1) Helichrysum arenarium (1) Hypericum perforatum (1) Lycopodium clavatum (1) Pimpinella anisum (1) Plantago ovata (1) Polygonum aviculare (1) Trigonella foenum-graecum (1)
M. Spohn (Lavendel-Foto) Hamburg	Barosma betulina (1) Lawsonia inermis (1) Paullinia cupana (1) Peumus boldus (1) Piper methysticum (1)
Prof. Dr. A. Vömel† Ebsdorfergrund	Cinchona pubescens (1)
Prof. Dr. O.H. Volk Würzburg	Crocus sativus (1) Harpagophytum procumbens (2)
Prof. Dr. H.C. Weber Marburg/L.	Panax ginseng (2)

Prof. Dr. M. Wichtl Marburg/L.	Camellia sinensis (2) Carum carvi (1) Cassia angustifolia (1) Cinnamomum sp. (1) Curcuma zanthorrhiza (2) Glycyrrhiza glabra (2) Hamamelis virginiana (1) Hibiscus sabdariffa (1) Ilex paraguariensis (2) Malva sylvestris (1) Passiflora incarnata (1) Pimpinella anisum (1) Plantago psyllium (1) Rauwolfia serpentina (1) Salvia triloba (1) Silybum marianum (1) Syzygium aromaticum (1) Theobroma helvetica (1) Thymus vulgaris (1) Verbascum densiflorum (1)
Prof. Dr. B.E. van Wyk Johannesburg, S.A.	Aloe ferox (1)
Mikroaufnahmen:	Dr. H.J. Pfänder (233) Kiel Dr. W. Wichtl-Bleier (79) Marburg/L.
DC-Aufnahmen:	Prof. Dr. Dr. A. Hiermann (2) Graz Dr. A. Nagell (5) Hamburg Prof. Dr. P. Pachaly (42) Bonn Dr. M. Veit (1) Würzburg Prof. Dr. M. Wichtl (8) Marburg/L.